HANDBUCH DER GESAMTEN AUGENHEILKUNDE

BEGRÜNDET VON **A. GRAEFE** UND **TH. SAEMISCH**

FORTGEFÜHRT VON **C. HESS**

HERAUSGEGEBEN UNTER MITARBEIT VON

TH. AXENFELD-Freiburg i. Br., C. BEHR-Hamburg, St. BERNHEIMER-Wien †, A. BIELSCHOWSKY-Breslau, A. BIRCH-HIRSCHFELD-Königsberg i. Pr., A. BRÜCKNER-Basel, R. CORDS-Köln, A. ELSCHNIG-Prag, O. EVERSBUSCH-München †, A. FICK-Herrsching a. Ammersee, B. FLEISCHER-Erlangen, E. FRANKE-Kolberg, S. GARTEN-Leipzig †, W. GILBERT-Hamburg, ALFR. GRAEFE-Halle †, R. GREEFF-Berlin, A. GROENOUW-Breslau, K. GRUNERT-Bremen, O. HAAB-Zürich, E. HEDDAEUS-Dresden, L. HEINE-Kiel, E. HERING-Leipzig †, E. HERTEL-Leipzig, C. von HESS-München †, E. von HIPPEL-Göttingen, J. HIRSCHBERG-Berlin †, F. B. HOFMANN-Berlin, J. van der HOEVE-Leiden, J. IGERSHEIMER-Göttingen, E. KALLIUS-Heidelberg, J. KÖLLNER-Würzburg †, A. KRAEMER-San Diego †, E. KRÜCKMANN-Berlin, H. KUHNT-Bonn, R. KÜMMELL-Hamburg, F. LANGENHAN-Hann.-Münden, H. LAUBER-Wien, TH. LEBER-Heidelberg †, G. LENZ-Breslau, A. LINK-Königsberg i. Pr., W. LÖHLEIN-Greifswald, A. LÖWENSTEIN-Prag, F. MERKEL-Göttingen †, J. von MICHEL-Berlin †, J. W. NORDENSON-Upsala, M. NUSSBAUM-Bonn †, E. H. OPPENHEIMER-Berlin, A. PETERS-Rostock, A. PÜTTER-Kiel, M. von ROHR-Jena, R. SALUS-Prag, TH. SAEMISCH-Bonn †, H. SATTLER-Leipzig, C. H. SATTLER-Königsberg i. Pr., O. SCHIRMER-Greifswald †, W. SCHLAEFKE-Kassel †, G. SCHLEICH-Tübingen, H. SCHLOFFER-Prag, H. SCHMIDT-RIMPLER-Halle a. S. †, L. SCHREIBER-Heidelberg, OSCAR SCHULTZE-Würzburg †, R. SEEFELDER-Innsbruck, H. SNELLEN jun.-Utrecht, K. STARGARDT-Marburg, W. STOCK-Tübingen, S. v. SZILY sen.-Budapest †, A. v. SZILY-Münster i. W., W. UHTHOFF-Breslau, H. VIRCHOW-Berlin, A. WAGENMANN-Heidelberg, K. WESSELY-München, M. WOLFRUM-Leipzig

VON

TH. AXENFELD UND A. ELSCHNIG

DRITTE NEUBEARBEITETE AUFLAGE

BERLIN

VERLAG VON JULIUS SPRINGER

1925

DIE UNTERSUCHUNGSMETHODEN

DRITTER BAND

BEARBEITET VON

E. ENGELKING · H. ERGGELET
H. KÖLLNER † · F. LANGENHAN
J. W. NORDENSON · A. VOGT

MIT 212 ZUM TEIL FARBIGEN TEXTFIGUREN
UND 3 FARBIGEN TAFELN IM TEXT

BERLIN

VERLAG VON JULIUS SPRINGER

1925

ISBN-13: 978-3-642-88878-6   e-ISBN-13: 978-3-642-90733-3

DOI: 10.1007/978-3-642-90733-3

Inhaltsverzeichnis.

Namen- und Sachverzeichnis folgt in Band IV. (Schlußband)

VII. Die Ophthalmoskopie im rotfreien Licht.

Von

Alfred Vogt.

Dem Augenarzt Dr. Theodor Bänziger in Zürich gewidmet.

Mit Textfig. 1—40 und Tafelfig. 1—47.

A. Allgemeiner Teil.

Die Ophthalmoskopie im rotfreien Licht[1]) bildet eine Ergänzung (nicht einen Ersatz) der Ophthalmoskopie im gewöhnlichen Licht. Insbesondere zeigt sie, hinreichende Intensität vorausgesetzt, die Makula in ihrer gelben Eigenfarbe, wodurch dieser wichtigste, im gewöhnlichen Licht nicht immer auffindbare Netzhautbezirk an der Farbe erkennbar und nach Lage, Form und Ausdehnung der Beobachtung zugänglich wird. Die Reflexion ist in der genannten Lichtquelle eine stärkere als im gewöhnlichen Ophthalmoskopierlicht, und zufolge Wegfall des Aderhautlichts tritt die Netzhautopazität kräftiger und reiner hervor, während gleichzeitig das Aderhautbild an Deutlichkeit verliert. Die Nervenfaserzeichnung der Netzhaut und ihre Veränderungen werden sichtbar, Niveauunebenheiten der Netzhautvorderfläche (Fältelungen) zeigen sich durch Reflexe an, wo sie im gewöhnlichen Licht nicht oder doch schwerer nachweisbar sind. Aus den genannten Gründen treten auch Medientrübungen, Gefäßeinscheidungen und andere Retinaveränderungen im rotfreien Licht besser zutage, feine Netzhautgefäße und Gefäßanomalien heben sich, weil schwarz auf weißem statt rot auf rotem Grunde, besser ab, als im gewöhnlichen Licht.

1. Die Apparatur.

Filtriert man das Licht einer Bogenlampe von 1200—2000 Mk nach dem Vorgange des Verfassers (v. Graefes Arch. f. Ophth. 84. 1913) durch eine konzentrierte Kupfersulfat- und eine schwache Erioviridinlösung, so erhält man ein vollkommen rotfreies Licht. Die Mittagssonne, durch dieses

---

1) A. VOGT, Herstellung eines gelbblauen Lichtfiltrates, in welchem die Macula centralis in vivo in gelber Färbung erscheint, die Nervenfasern der Netzhaut und andere feine Einzelheiten derselben sichtbar werden und der Grad der Gelbfärbung der Linse ophthalmoskopisch nachweisbar ist. v. Graefes Arch. f. Ophth. 84 S. 293. 1913. Ein Referat über die Methode s. auch Verf. in ABDERHALDENS Handbuch der biologischen Arbeitsmethoden, Abt. 5, Teil 6, 1922. Ferner A. AFFOLTER, Ophthalmoskopische Untersuchungen im rotfreien Licht. v. Graefes Arch. f. Ophth. 94, 1, 1917 (auch als Dissertation erschienen). Ferner R. VON DER HEYDT (Amer. Journ. of Ophth., May 1919) und F. ED. KOBY (Rev. gen. d'Opht., tome 34 [1920], S. 6 u. 361).

Filter spektroskopisch betrachtet, weist keine Spuren von Rot auf[1]). Das Filtrat besteht, was das sichtbare Spektrum anbetrifft, hauptsächlich aus gelben, grünen und blauen Strahlen.

Der fluoreszenzerregende, kurzwellige Abschnitt ist abgeschwächt.

Von den beiden Filtern absorbiert das Kupfersulfat das äußere (langwellige) Rot, das Erioviridin das innere Rot und je nach der Konzentration auch einen Teil des Orange und Gelb. Die Erioviridinlösung soll etwa die Konzentration von $0{,}0078:100$ H$_2$O aufweisen[2]).

Man wähle die Erioviridinlösung eher zu dünn als zu dicht, und überzeuge sich mit dem Spektroskop, daß durch sie das Rot eben ausgelöscht wird, daß aber Orange noch reichlich durchgeht. (Übrigens stört ein schmaler Streifen Rot beim Ophthalmoskopieren nicht. Der Ton des Makulagelb wird dadurch etwas wärmer. Eine zu dicke Erioviridinlösung dagegen absorbiert die gelben Töne in unerwünschtem Maße.)

In der letzten Zeit hat die Firma C. Zeiss auf unsere Veranlassung ein fixes, bequem zu handhabendes Filter hergestellt, bestehend aus Kupfersulfatglas und fester Erioviridinlösung.

Zu ophthalmoskopischen Zwecken wird das rotfreie Filter mit einer Sammellinse kombiniert. In deren Fokus befindet sich der Krater einer Gleichstrombogenlampe. Letztere besteht am besten in einer Mikrobogenlampe von 1200—1500 Kerzen, z. B. derjenigen von Zeiss oder Leitz. Wechselstromlicht ist wegen des doppelten Kraters unzweckmäßig. Eine Mikrobogenlampe von 1200 Kerzen bei Gleichstrom leistet bei Wechselstrom kaum 500 Kerzen und ist schon deshalb zu vorliegenden Zwecken nicht geeignet. Man beachte auch, daß eine Gleichstrombogenlampe, die unterbelastet brennt, einen zu kleinen und daher unbrauchbaren Krater liefert. Die Prüfung der Lampe auf ihre Belastung ist unerläßlich, wenn Mißerfolge vermieden werden sollen.

Wir haben außer der Bogenlampe eine Reihe verschiedener Lichtquellen auf ihre Brauchbarkeit als Filterlicht zu ophthalmoskopischen Zwecken durchgeprüft. Metallfadenlampen, auch sehr starke, sind wegen zu geringer spezifischer Helligkeit nicht zu verwenden (wir untersuchten solche bis zu 5000 Kerzen), ebensowenig die Nernst- und Nitralampe[3]). Nur der Krater der Gleich-

---

1) Weniger vollkommen ist die Auslöschung des Rot bei Verwendung von Kupferazetat statt des Sulfates.

2) Hergestellt wird dieser Farbstoff, der auch durch andere, ähnlich wirkende ersetzt werden kann (vgl. auch eine kürzliche Mitteilung von H. Lauber, Klin. Monatsbl. f. Augenheilk. 68 S. 226. 1922), durch die Firma J. R. Geigy A. G. in Basel. Die obige Angabe über die Konzentration gilt nur für Verwendung des ursprünglichen Farbstoffes. Das in der letzten Zeit hergestellte Präparat färbt nämlich wesentlich stärker.

3) Auch die von Cantonnet empfohlene Lichtquelle (Clin. Opht. 24 p. 534. 1920) ist unzureichend. Und ähnlich sind es die Lichtquellen einiger anderer Autoren

strombogenlampe ergibt nach Schwächung durch das Filter eine hinreichende spezifische Helligkeit und — was wesentlich ist — ein genügend großes Leuchtfeld. Nur mit Bogenlicht gelang es uns bisher, die innere Reflexion der Makula so zu steigern, daß die gelbe Lackfarbe hervorzutreten vermochte bei gleichzeitigem gutem Überblick über die Umgebung.

Fig. 1.

Unsere ursprüngliche Montierung der Rotfreilampe.

Verwendet man zu schwache Lichtquellen oder Fadenlampen, so gelingt die Wahrnehmung der Einzelheiten in Makula und Netzhaut nicht. Nicht

---

(z. B. HEINE's, v. Graefes Arch. f. Ophth. 97. S. 271), in denen die Makulafarbe ebensowenig zutage treten konnte, als etwa im Lichte der Quecksilberdampflampe, das schon GULLSTRAND (v. Graefes Arch. f. Ophth. 62. S. 1, 1905) und DIMMER (ebenda 1907) in der Frage der Makulafarbe benutzt hatten.

Erwähnt sei ein Irrtum HELMBOLDS im Hinblick darauf, daß er sich vor kurzem in einem an die Ophthalmologen versandten Rundschreiben beklagt, seine Untersuchung des Fundus im monochromatischen Licht des Spektrums (Med. Klinik 1910, Nr. 42) sei mit Stillschweigen übergangen worden, trotzdem sie das Prinzip der Augenuntersuchung im rotfreien Licht enthalte.

Daß HELMBOLDS Methode mit der Untersuchung im rotfreien Licht nichts zu tun hat, weil es undenkbar ist, im monochromatischen Licht differente Färbungen des Fundus (z. B. die Makulafarbe) zu sehen, ist offenbar diesem Autor nicht zum Bewußtsein gelangt. Er verwechselt »grünes« mit rotfreiem Licht.

einmal die gelbe Makulafarbe tritt zutage (mittelst Nitralampe ist die gelbe Makulafarbe nicht deutlich erhältlich.)

Der Krater der Gleichstromlampe befinde sich im Fokus der Sammellinse[1]), was dadurch erreicht wird, daß man durch Verschiebung der Linse ein paralleles Strahlenbüschel erzeugt. Letzteres wird durch das Filter geschickt.

Das Strahlenbüschel sei im allgemeinen nicht ganz parallel, sondern leicht divergent[2]). Bei stärkerer Hypermetropie der untersuchten Funduspartie mache man jedoch das Büschel konvergent, da sonst ein zu kleines beleuchtetes Feld entsteht. Man vergrößert zu diesem Zwecke die Distanz zwischen Linse und Krater etwas[3]).

Bogenlampe und Linse finden sich innerhalb eines lichtdicht abschließenden schwarzen Kastens (Textfig. 1., ursprüngliches Modell) dessen Wand eine Öffnung für das Filter besitzt. Letzteres wird zweckmäßig durch eine Glasplatte vor zu starker Erhitzung geschützt. (Bei Verwendung des fixen Filters ist dies nicht nötig.)

Die Öffnung für das Filter befindet sich in der Höhe des Patientenauges (vgl. Textfig. 1).

Der Kasten wird zweckmäßig auf einen in vertikaler Richtung verschiebbaren Tisch montiert.

Fig. 2.

Das neue Modell der Rotfreilampe.

Man blende alles störende Nebenlicht ab und die Lampe ist gebrauchsfertig.

Vor Kurzem hat die Firma C. Zeiss einen neuen, handlicheren Apparat konstruiert (Textfig. 2), dem eine Gebrauchsanweisung beigegeben ist. Die Lampe wird für Handregulierung oder mit Uhrwerk geliefert. — Die Lampe mit Handregulierung hat sich mir bei allen Probemodellen, die mir die Firma zur Verfügung stellte, besser bewährt, als die (»selbstregulierende«) mit Uhrwerk. — Wesentlich ist die in der Textfig. 2 sichtbare Blende B, welche etwa 5 cm Lichtung hat und störendes Nebenlicht beseitigt.

---

1) Als solche dient z. B. die Beleuchtungslinse der Mikrobogenlampe.

2) Von dem Strahlenverlauf überzeuge man sich mittels eines Schirmes oder Zigarrenrauch usw.

3) Die Linsenverschiebung geschieht durch Brechung des Tubus in einem Spiralgewinde (bei B Fig. 2).

2. Technik der Untersuchung.

Untersucht haben wir fast nur im aufrechten Bild. Die vollkommene Beherrschung der Technik im aufrechten Bild ist für die Ophthalmoskopie im rotfreien Licht erste Bedingung.

Wer dieser Technik im gewöhnlichen Lichte nicht Meister ist, der lasse die neue Methode lieber.

Das umgekehrte Bild liefert schon deshalb weniger vollkommene und nicht besonders wertvolle Resultate, weil es sich gerade um die Erkennung feiner Details handelt[1]).

Fig. 3.

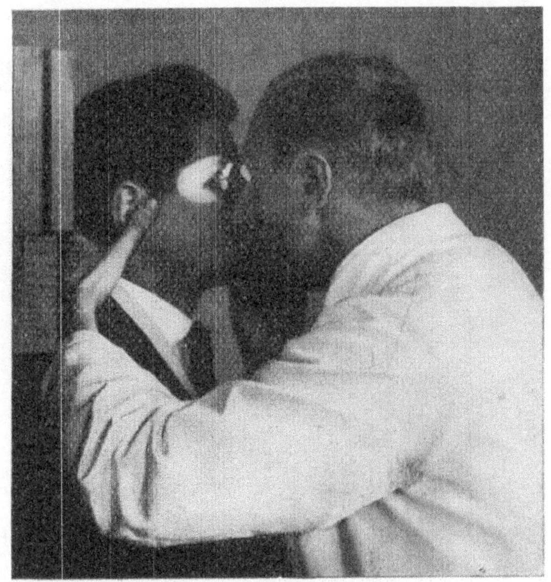

Lage des Büschels bei der Ophthalmoskopie.

Wichtig sind bei der Ophthalmoskopie die Stellung des Untersuchten und des Beobachters. Sie gehen aus Textfig. 3 hervor. Das Lichtbüschel falle zur Hälfte auf die Schläfe des Untersuchten, die andere Hälfte diene zum Spiegeln. Daraus geht hervor, daß der Kopf des Untersuchten in einer ganz bestimmten Lage festgehalten werden muß, und es wäre gewiß von Vorteil, wenn zu diesem Zwecke eine Kinn- und Stirnstütze vorhanden wäre.

Der Anfänger pflegt auf die genaue Kopfhaltung des Untersuchten wenig oder nicht zu achten, der Spiegel rutscht daher samt Kopf gleich nach Beginn der Untersuchung immer wieder aus dem Bereiche des Büschels und

---

1) Zum Auffinden der Fovea bzw. Makula kann dagegen bei Nystagmus und sehr hochgradiger Myopie, sowie bei Unruhe oder Lichtscheu (totale Farbenblindheit) das umgekehrte Bild unerläßlich sein, weil es eine bessere Übersicht gewährt.

das plötzliche Verschwinden oder Lichtschwachwerden des Bildes ermüdet. Der Anfänger lasse daher, wenn keine Kinnstütze zur Verfügung steht, durch eine Drittperson den Kopf des Untersuchten des genauesten in der beschriebenen Stellung fixieren.

Der Winkel, den die Sagittalebene des Schädels des Untersuchten mit dem Lichtbüschel bildet, soll nicht ein zu spitzer, sondern im Gegenteil ein fast rechter sein (ähnlich wie bei der GULLSTRANDschen zentrischen Ophthalmoskopie).

Durch einen Drehstuhl sind Personen verschiedener Größe in die geeignete Höhe zu bringen (sofern man den Lichtkasten nicht auf einen vertikal verschiebbaren Tisch montiert hat). Man achte auch ganz besonders darauf,

Fig. 4.

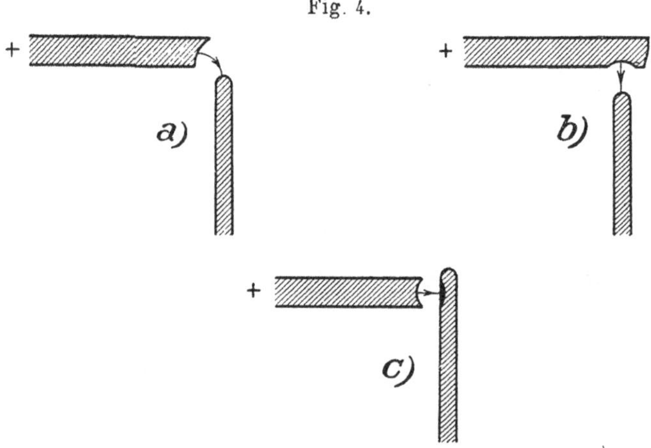

Stellung der Kohlenstifte bei der Untersuchung. a) Richtig, b) und c) falsch.

daß während der Untersuchung die Schläfe des Patienten nicht in vertikaler Richtung aus dem Bereich des Lichtbüschels gerät. Der mittlere Teil des letzteren soll beständig auf den äußeren Lidwinkel des Untersuchten fallen. Während der Untersuchung lasse man den Patienten eine helle Marke der gegenüberliegenden Wand fixieren. Man lasse ihn beim Aufsuchen der Makula nicht in den Spiegel blicken, sondern suche die letztere durch geeignete Drehung des Spiegels und des eigenen Kopfes auf.

Vor dem Ophthalmoskopieren überzeuge man sich mittels eines Papiers oder ähnlichem, daß der Querschnitt des Lichtbüschels eine (annähernde) Kreisfläche darstellt[1]). Ist dies nicht der Fall, so stehen die Kohlen falsch. Ihre Stellung soll diejenige der Textfig. 4 a sein. Eine Stellung wie in Textfig. 4 b oder 4 c wäre unrichtig und würde Mißerfolge verursachen. Von der richtigen Kohlenstellung (Textfig. 4 a) überzeuge man sich sorgfältig vor jeder Untersuchung. Die Kohlenregulierung geschieht bequem durch die an der

[1]) Gleichstromlampe vorausgesetzt.

Lampe angebrachte Hebelvorrichtung, Beobachtung durch das Lampenfenster. Benützt man Gleichstrom, so achte man darauf, daß die Pole richtig eingeschaltet sind und der Strom nicht in verkehrter Richtung durch die Kohlen geht. Die Kohlenenden würden in diesem Falle durch ungleiches Abbrennen sofort in falsche Stellung geraten, und abgesehen davon würde die Lampe in kurzen Intervallen auslöschen. (Die an der ausgedehnteren Glut erkennbare positive Kohle stehe horizontal.)

Als Ophthalmoskop verwende man einen Hohlspiegel. Wir benützen heute den von uns modifizierten LORINGschen. Das Spiegelloch soll gut ausgeschwärzt sein, weil glänzende Stellen gerade im rotfreien Lichte besonders lebhafte Reflexe des Lochrandes verursachen. Letztere erzeugen dann in der Netzhaut des Beobachters sehr störende Zerstreuungskreise, die den Einblick in das beobachtete Auge erschweren.

Das Bild des Kraters soll in den Hintergrund geworfen werden. Der erleuchtete Netzhautbezirk erscheint hierbei grün bis blaßgrüngelb, der Rand zufolge chromatischer Aberration etwas gelblicher. Für die Beurteilung eines Farbentones, z. B. eines gelben, im Fundus, ist daher nicht der Rand, sondern der mittlere Abschnitt des beleuchteten Bezirkes maßgebend.

Man hüte sich, die gelbe Randzone des Büschels in den Spiegel zu bekommen, da sonst der Fundus gelb erscheinen und die Makulafarbe nicht hervortreten würde. (Über die Bedeutung der Gelbfärbung der Linse für das Sichtbarwerden der gelben Makulafarbe vgl. Verfasser: v. Graefes Arch. f. Ophth. 84 S. 306. 1913.)

Man lasse den Patienten von Zeit zu Zeit, etwa alle halben Minuten, wieder ausruhen und vermeide eine länger anhaltende Belichtung der Makula. Schädigungen durch das Licht haben wir in der langen Zeit der Anwendung desselben — seit 1912 an mehreren tausend Personen — nie beobachtet.

Was nun die zur Ophthalmoskopie im rotfreien Licht notwendige Übung anbetrifft, so wird dieselbe in erster Linie von dem Grade der Übung in der Ophthalmoskopie des aufrechten Bildes abhängen. Bestehen keine Fehler in der Kohlenstellung, in der Stellung der Lampe und ist die Haltung des Kopfes des Untersuchten eine tadellose, so ist die Ophthalmoskopie im rotfreien Licht nicht schwieriger als im gewöhnlichen Licht.

3. Der Augenhintergrund im rotfreien Licht.

a) Die Opazität der Netzhaut im rotfreien Licht.

Filtrierte ich Kohlenbogenlicht (das sein Intensitätsmaximum im innern Ultrarot, in der Nähe des Rot hat) durch ein Kupferrubinüberfangglas oder durch eine Schicht verdünnten Blutes, so daß in der Hauptsache nur rote Strahlen durchgingen, und ophthalmoskopierte ich mit einem derartigen Lichtfiltrate, so erschien der Fundus — auch des kindlichen Auges — außerordentlich reflexarm (vgl. Verfasser: v. Graefes Arch. f. Ophth. 84 S. 310. 1913; Klin. Monatsbl. f. Augenheilk. 58 S. 593. 1917). Ophthalmoskopierte ich umgekehrt mit an stärker brechbaren Strahlen reichem Licht, z. B. reinem Tageslicht, mit blauem oder mit rotfreiem Licht, so konnte der Reflexreichtum insbesondere durch die Reflexion im Bereiche der Limitans interna retinae so groß werden, daß er Einzelheiten der Aderhautzeichnung verschleierte.

Die Ursache dieses verschiedenen Verhaltens der Netzhaut geht aus nachstehenden Versuchen hervor.

Man beachte zuerst folgende experimentelle Tatsache.

Läßt man Tageslicht oder ein ihm ähnliches künstliches Licht durch die losgelöste Aderhaut (samt Pigmentepithel!) des Leichenauges treten (indem man sie im durchfallenden Licht, ausgebreitet auf einem Objektträger, betrachtet), so erscheint das durchgehende Licht rötlich, d. h. es verlor einen Teil seiner stark brechbaren Strahlen. Noch in höherem Maße muß dies der Fall sein im lebenden, blutdurchströmten Auge.

Die Rotfärbung des ophthalmoskopischen Hintergrundlichts geschieht nämlich sowohl durch das Hintergrundpigment, wie durch das Blut.

MARX (v. Graefes Arch. f. Ophth. 71 S. 141, 1909), ein Schüler EXNERS, schloß unter anderem daraus, daß er im roten Hintergrundlicht die Oxyhämoglobinstreifen nicht fand, daß dem Blut für die Rotfärbung des Funduslichtes keine Bedeutung zukomme, daß diese vielmehr einzig durch das Funduspigment bedingt sei. Das Unzutreffende dieser Schlußfolgerung geht jedoch schon aus der roten Farbe des Funduslichtes bei Albinotischen hervor.

Verwendete ich übrigens einen WOLFFschen elektrischen Spiegel mit hinreichend hellem Lämpchen (der Spiegel wurde vor dem Patienten fixiert, dessen Kopf ruhte auf einer Kinnstütze), so gelang es mir nicht nur bei albinotischem, sondern auch öfters bei (mäßig) pigmentiertem Fundus, die Oxyhämoglobinstreifen zu sehen[1]).

MARX hatte einen Umstand nicht berücksichtigt, daß nämlich reines oder verdünntes Blut im auffallenden (fokalen) Lichte, auch wenn es die rote Farbe ausgesprochen zeigt, die Oxyhämoglobinstreifen nicht oder nur schwer erkennen läßt, wie ich das in darauf gerichteten Versuchen nachweisen konnte.

Das ophthalmoskopische Hintergrundlicht setzt sich zur Hauptsache aus zwei Komponenten zusammen.

1. Aus dem von der (klaren, farblosen) Retina reflektierten, relativ wenig veränderten Licht. Wir wollen dieses Licht der Einfachheit halber als »Netzhautlicht« bezeichnen.

---

1) A. VOGT, Untersuchungen des Auges im rotfreien Licht, in ABDERHALDEN, Biologische Arbeitsmethoden, Abt. V, Teil 6, 1922, S. 370. Vor kurzem gelangten F. ED. KOBY (Ann. d'Ocul., août 1923) und M. MARQUEZ (ibidem, août 1924), denen meine eigenen Beobachtungen offenbar entgangen waren, zu ähnlichen Resultaten.

2. Aus dem von Sklera, Chorioidea und Pigmentepithel reflektierten Licht, das durch zweimalige Passage von Blut, Pigment und Gewebe seine kurzwelligen Strahlen in wesentlichem Maße eingebüßt hat und daher rot gefärbt ist. Wir nennen dieses Licht im folgenden »Aderhautlicht«.

Schon unter normalen Verhältnissen wirkt das Netzhautlicht leicht verschleiernd auf die Zeichnung der Aderhaut. So ist z. B. das lebhaftere Rot, das die Makula im gewöhnlichen Lichte zeigt, zum Teil wenigstens Folge der in der Makula vorhandenen Dünnheit der Netzhaut.

Steigern wir das Netzhautlicht durch Verwendung passender Lichtquellen, so muß es das Bild der Aderhaut noch mehr verschleiern, umgekehrt wird ein relativ starkes »Aderhautlicht« Einzelheiten der Netzhautzeichnung, z. B. feine Reflexe derselben, verwischen.

Fig. 5.

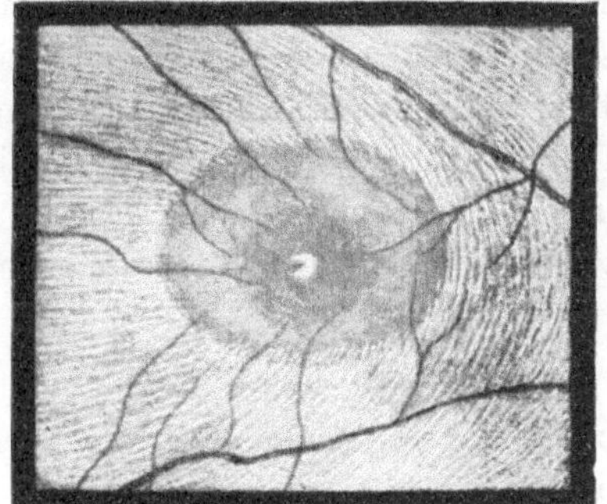

Makula im rotfreien Licht.
Chorioidealzeichnung verdeckt.

Fig. 6.

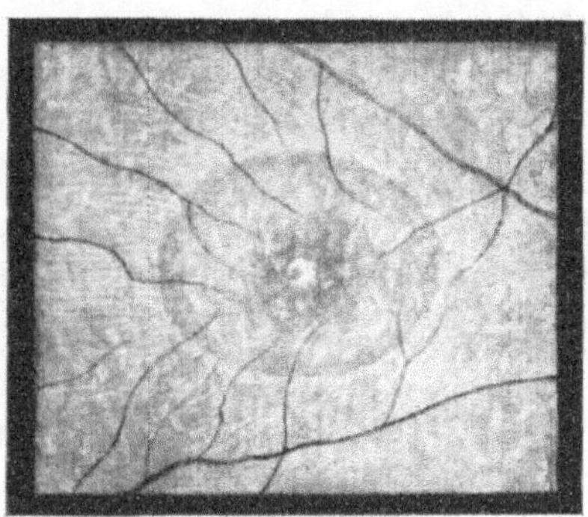

Makula im gewöhnlichen Licht.
Chorioidealzeichnung deutlich.

Letzteres ist bei der Ophthalmoskopie im gewöhnlichen Licht, im höchsten Grade jedoch bei der oben geschilderten im rein roten oder nahezu rein roten Licht der Fall.

Das Entgegengesetzte, die Verschleierung des Aderhautbildes durch das Netzhautbild und die damit einhergehende Verdeutlichung des letzteren erreichen wir auf vollkommenste Art durch die Ophthalmoskopie im rotfreien Licht. Einerseits fällt nämlich durch die Verwendung rotfreien Lichtes das hauptsächlich aus roten Strahlen zusammengesetzte Aderhautlicht größtenteils oder ganz weg — wodurch die Verschleierung des Netzhautbildes verhindert wird — andererseits entsteht durch die Verwendung eines relativ kurzwelligen und damit in trüben Medien stärker abgebeugten Lichtes eine besonders lebhafte Opazität der Netzhaut.

Diese ist bei Verwendung rotfreien Mikrobogenlichtes so stark, daß die Retina gewissermaßen zu einem trüben Medium wird[1]). Oberflächliche Netz-

---

1) Dabei spielt auch die retinale Fluoreszenz eine gewisse Rolle.

hautpartien sind z. B. in diesem Lichte wesentlich deutlicher als tiefe. Letztere werden durch die Reflexion oberflächlicher Partien relativ verdeckt. So erscheinen Pigmentherde oder Blutungen der tieferen Netzhautschichten gegenüber solchen der oberflächlichen Partien verschleiert.

Die Aderhautzeichnung z. B. ist in diesem Lichte undeutlich. Die feine Fleckung und Streifung, welche durch die durchscheinende Choriocapillaris normalerweise bei Individuen mittlerer Pigmentierung in der Makulagegend erzeugt wird (Textfig. 6), ist im rotfreien Licht vollkommen unsichtbar[1] (Textfig. 5). Der Vergleich derartiger normaler Makulapartien im rotfreien und im rothaltigen Licht belehrt uns über die relativ stark vermehrte äußere und innere Reflexion, welche auch speziell die Makula (Textfig. 5) im rotfreien Licht zeigt. Es ist dies eine Tatsache, die für die Erklärung der im rotfreien Licht zu beobachtenden gelben Makulafarbe der Netzhaut von Bedeutung ist.

Aderhautherde, z. B. Aderhautblutungen, pflegen aus den genannten Gründen im rotfreien Licht nur schwach oder gar nicht sichtbar zu sein. Sind sie sichtbar, so erscheinen sie verschleiert. Dagegen ist das rotfreie Licht das souveräne Ophthalmoskopierlicht der Netzhaut, indem es die Nervenfaserstreifung der normalen Retina sichtbar macht, die Gefäße bis in die feinsten Ausläufer erkennen läßt und eine Reihe pathologischer Netzhautveränderungen aufdeckt, welche auf gewöhnlichem Wege nicht feststellbar sind.

b) Die gelbe Makulafarbe im rotfreien Licht.

Das rotfreie Ophthalmoskopierlicht zeigt uns ferner in allen gesunden Augen die gelbe Lackfarbe der Macula lutea.

E. Dimmer sah (v. Graefes Arch. f. Ophth. 65. 1907) mittels Tageslicht bei dunkel pigmentierten Individuen die Makula in gelblichem Tone[2]. Im gewöhnlichen Lichte und bei mittlerer und schwacher Pigmentierung war die Farbe nicht sichtbar.

Der dunkle Fundus ist charakterisiert durch eine besonders dunkle Färbung des Pigmentepithels. Dieses letztere läßt nur wenig Licht durch und der Fundus erscheint zufolgedessen im gewöhnlichen Ophthalmoskopierlicht grau statt rot.

Dieser dunkle Fundus kann also bis zu einem gewissen Grade dem Fundus im rotfreien Licht an die Seite gesetzt werden. Denn das Netzhautbild wird hier durch das Aderhautbild naturgemäß weniger verschleiert als im Auge gewöhnlicher Pigmentierung. Es ist daher seit langem bekannt, daß Einzelheiten der Netzhaut im dunklen Fundus besonders deutlich sind.

---

1) Ist dagegen das Epithelpigment schwach entwickelt, so ist die Fleckung auch im rotfreien Licht zu sehen, jedoch weniger deutlich als im gewöhnlichen Licht.

2) Auch schon H. v. Helmholtz (Beschreibung eines Augenspiegels, Berlin 1851) sah die Makula graugelb.

Eine gelbe, der Macula vergleichbare Lackfarbe, z. B. ein durchsichtiges gelbes Glas erkennen wir am besten auf weißem Grunde, d. h. im durchfallenden (von dem weißen Grunde reflektierten) Licht.

Ist das gelbe Medium dagegen inhomogen, in mäßigem Grade opak (also nicht durchsichtig, sondern durchscheinend), so bedarf es des weißen Hintergrundes, i. e. des durchfallenden Lichtes nicht. Die innere Reflexion genügt in diesem Falle, um die Farbe auch im rein fokalen Lichte sichtbar zu machen.

Dies läßt sich an beliebigen Beispielen veranschaulichen. Die klare Lösung eines gelben Farbstoffes z. B. in Wasser zeigt ihre Farbe, gegen einen dunklen Hintergrund gehalten, nicht oder unvollkommen. Ist aber derselbe Farbstoff oder ein weißes Pulver in der Lösung korpuskulär suspendiert, dann sind die einzelnen Teilchen reflektierend, es besteht eine »innere Reflexion« der Lösung, wodurch die Farbe zur Geltung kommt, ähnlich wie bei einer Pigmentfarbe.

Bringen wir eine klare gelbe Lösung, z. B. ein gelbes durchsichtiges Glas, zur Hälfte auf ein weißes, zur Hälfte auf ein rotes Papier, so ist die gelbe Farbe vor dem weißen Papier deutlich, vor dem roten undeutlich oder unsichtbar. Letzteres besonders dann, wenn das rote Papier gelbrot (mennige) gefärbt ist, und wir nicht im Tageslicht, sondern im künstlichen Licht untersuchen. Noch mehr erschwert ist die Sichtbarkeit der gelben Farbe, wenn wir statt des roten Papiers ein rotes Glas verwenden, weil nämlich das rote Glas, ähnlich wie die Aderhaut, noch weniger anders gefärbtes Licht durchläßt, als solches von einem roten Papier zurückgeworfen wird. Man überzeuge sich davon mit dem Spektroskop und betrachte nun beide Medien in der Durchsicht. Vom Gelb ist dann nichts mehr zu sehen. Nach diesem Versuche werden wir erwarten können, daß die gelbe Makulafarbe im gewöhnlichen roten Hintergrundslicht bei der Augenspiegeluntersuchung nicht in Erscheinung tritt.

Ahmen wir ferner einen sehr dunklen Hintergrund dadurch nach, daß wir das gelbe Glas auf schwarzes oder schwarzbraunes Papier legen und fokal beleuchten, so ist auch auf diesem Hintergrunde die gelbe Farbe nur schwer oder nicht erkennbar. Sie ist um so deutlicher, je intensiver die verwendete Lichtquelle ist (dies gilt auch für die Verwendung im rotfreien und rotarmen Licht), wohl deshalb, weil dann von der schwarzen Unterlage und insbesondere auch von der hinteren Fläche des Glases genügend Licht reflektiert wird, um die gelbe Farbe im durchfallenden Lichte erkennen zu lassen.

Endlich sei noch auf den Umstand hingewiesen, daß bei der Beurteilung irgendeines Farbentones die Farbe der herrschenden Beleuchtung von Wichtigkeit ist. In rotfreiem Licht z. B. erscheint uns jede rote Pigmentfarbe schwarz. In dem gelblichen Licht unsrer Glühlampen kann auch der Farbentüchtige feinere Nüancen von Gelb nicht mehr auseinanderhalten,

weshalb z. B. ein Farbentechniker die Farben niemals bei Gas- oder Glühlampenlicht beurteilen wird.

Daraus folgt wiederum, daß eine gelbe Netzhautmakula, also eine gelbe
Farbe der (durchsichtigen!) Macula centralis retinae, im gewöhnlichen, gelblichen Ophthalmoskopierlicht nur schwer zur Geltung kommen kann, und
man braucht sich nicht zu wundern, daß die Farbe von den bisherigen
Beobachtern im gewöhnlichen Ophthalmoskopierlicht nicht gesehen wurde.
Sehen wir doch in diesem Lichte auch die gelbe Farbe der Linse nicht, trotzdem ihre intravitale Existenz niemand bestreiten wird! Es ergeben also die
vorstehenden Versuche und Überlegungen, daß das Makulagelb um so
schlechtere Chancen hat, beim Ophthalmoskopieren gesehen zu werden, je
geringer einerseits die innere Reflexion (Opazität) der Makula, je wärmer
anderseits der Ton des Ophthalmoskopierlichts, sowie des zur Beobachtung
gelangenden Funduslichtes ist.

Schon günstigere Bedingungen sind bei Verwendung diffusen Tageslichtes (Licht der Mittagsstunden) gegeben. Dieses Licht ist an kurzwelligen
Strahlen reicher als das gebräuchliche Ophthalmoskopierlicht und gelbe Töne
werden daher besser als in letzterem erkannt. Ist außerdem das Pigmentepithel stark entwickelt, so daß von der Aderhaut aus wenig rotes Licht
reflektiert wird, so kann die innere Reflexion der Makulá derart dominierend
werden, daß ihre gelbe Farbe sichtbar wird. So erklären sich die genannten
Beobachtungen Dimmers.

Ähnlich günstige Bedingungen sind gegeben, wenn Pigmentepithel und
Aderhaut vollkommen fehlen, wenn also die weiße Sklera zutage liegt. Auch
in derartigen Fällen kann das Makulagelb schon im gewöhnlichen Licht sichtbar sein als gelbe Lackfarbe im durchfallenden Licht[1]).

Ganz bedeutend günstigere Bedingungen liefert das rotfreie oder rot-
arme Licht.

---

[1]) Schon im gewöhnlichen Ophthalmoskopierlicht (Halbwattmattlampe von
50—100 Mk.) sah ich die Makula schön gelb in einigen Fällen von Chorioidealatrophie der Makulagegend, in denen den Hintergrund die weiße Sklera bildet.
Ebenso bei weißem retromakulären Exsudat, Beobachtung mit elektrischem Spiegel.
Besonders deutlich war das Gelb beidseits in zwei Fällen von familiärer groß-
fleckiger Tapetoretinaldegeneration der Makula- und Papillengegend (Typus Holt-
house-Batten). Die Makulaherde sind in solchen Fällen gelb, die unmittelbar daneben liegenden weiß (s. Textfig. 7).
Endlich ist die Makula gelb gesehen worden in einigen Fällen von Embolie
der Zentralarterie (VAN DER HOEVE, LOTRUPP ANDERSON u. a., vgl. auch S. 68
den von uns beobachteten Fall). Das Sichtbarwerden der gelben Farbe dabei
einzig und allein auf die Gewebstrübung zu beziehen, erscheint nicht gut haltbar,
da sonst die gelbe Farbe bei dieser Affektion häufiger sein müßte. Eher möchte
ich mit VAN DER HOEVE annehmen, daß in diesen Fällen auch gleichzeitig der ziliare
Zufluß unterbrochen und daher auch die Aderhaut anaemisch war. Dies schien
in VAN DER HOEVES und in meiner Beobachtung der Fall zu sein. Vgl. auch eine
Beobachtung von KOBY von Sichtbarkeit der gelben Makulafarbe im gewöhnlichen
Licht bei Retinitis acuta centralis (Arch. d'Opht. 39. janv. 1922).

Mit dem (ebenfalls rotarmen) Hg-Bogenlicht gelingt es nicht, die Makula gelb zu sehen. Diese Lichtquelle ist von unzureichender Intensität, um die oben geforderten Bedingungen zu erfüllen (s. S. 3 Fußnote und S. 9). Abgesehen hiervon stört die Fluoreszenz der Linse, welche durch das reichliche Violett und Ultraviolett dieser Lichtquelle hervorgerufen wird.

In dem von uns angegebenen rotfreien Licht erscheint die Makula in jedem normalen Auge in lebhaftem Gelb, das sich außerordentlich deutlich

Fig. 7.

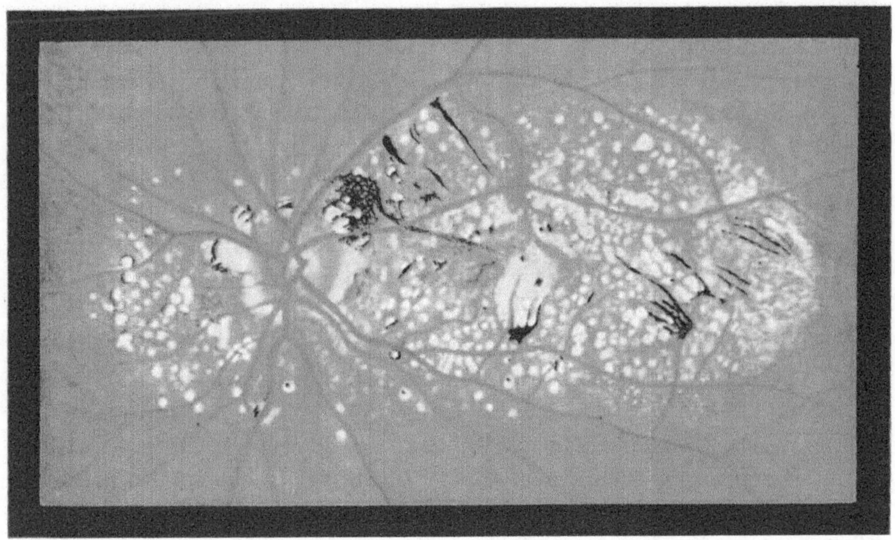

Fall von sogenannter rundfleckiger tapeto-retinaler Degeneration der Makulagegend mit schon im gewöhnlichen Licht (Halbwattlampe) deutlicher gelber Makulafarbe.
Von 7 über 30 Jahre alten Geschwistern (5 Schwestern, 2 Brüder) sind 4 Schwestern befallen, von denen ich 2 untersuchen konnte, welche an beiden Augen das in Fig. 7 wiedergegebene Krankheitsbild zeigen. Die fünfte Tochter und die Brüder sind verschont. Die weißen Herde betreffen das Pigmentepithel und die Aderhaut. Das relativ spärliche Pigment umspinnt meist die Netzhautgefäße (sekundäre Netzhautpigmentierung). Das Makulagelb ist sehr lebhaft, doch ist die gelbe Zone unregelmäßig geformt. — Der primäre Sitz der Erkrankung scheinen Aderhaut oder Pigmentepithel zu sein.
Die Krankheit trat bei allen 4 Schwestern an beiden Augen zwischen dem 30. und 40. Jahre auf. Vorher bestand angeblich tadelloser Visus. Visus centralis heute auf $1/10$—$1/6$ reduziert. Refr. E. bis leichte H. Die 73jährige Mutter hat normale Augen, auch der mit 70 Jahren gestorbene Vater sah gut. Von 11 Geschwistern sind 3 jung, eines mit 18 Jahren gestorben. Alles sind gesunde kräftige intelligente Personen. Keine Zeichen von Lues, Wassermann negativ. Konsanguinität der nächsten Vorfahren wird negiert. Rezessive Vererbung ist trotzdem wahrscheinlich. (Auf die beiden Fälle wurde ich durch Herrn Hofrat Dr. H. v. HOFFMANN, früher in Baden-Baden, aufmerksam gemacht.)

vom übrigen (grünen bis weißgrünen) Fundus abhebt, wie dies auch GULLSTRAND und alle Beobachter bestätigen, welche unsere Untersuchungen nachprüften (vgl. unsere Demonstrationen in den Sitzungen der Ophth. Gesellschaft zu Heidelberg 1913 und 1918).

Es erübrigt sich, an dieser Stelle auf die heute erledigte Streitfrage der intravitalen Makulagelbfärbung einzutreten. Ist doch die Frage in positivem Sinne entschieden worden. (Vgl. Verfasser: Klin. Monatsbl. f. Augenheilk. 60 S. 449. 1918).

Auf anderem Wege, mit Hilfe des Spaltlampenmikroskops, vermochte kürzlich KOEPPE (Münch. med. Wochenschr. Nr. 43 1918; v. Graefes Arch. f. Ophth. 99 S. 58. 1919), wenigstens in den peripheren Makulateilen eine gelbe Farbe zu sehen. Da aber diese Feststellung nur in Fällen von Embolie der Zentralarterie gelang, so kommt ihnen unseres Erachtens nicht die prinzipielle Bedeutung zu, die ihnen KOEPPE zuerkennt. Eine gelbe Makulafarbe bei Embolie ist auch schon von anderen beobachtet, von GULLSTRAND jedoch nicht als Beleg für die intravitale Gelbfärbung angesehen, sondern der Leichenveränderung an die Seite gestellt worden.

Der gelbe Bezirk hat im rotfreien Licht intra vitam und normalerweise etwa $\frac{1}{3}$ bis $\frac{1}{2}$ Papillendurchmesser. Er füllt also nur den mittleren Teil der Fovea aus. Die gelbe Farbe verliert sich allmählich in der Umgebung. Sie ist in den zentralen Teilen am gesättigtsten.

EJERS HOLM (v. Graefes Arch. f. Ophth. 108, S. 13, 1923) fand kürzlich bei Untersuchung mit direktem Sonnenlicht zwar diesen Abschnitt der Makula am kräftigsten gelb, jedoch war auch noch die weitere Umgebung deutlich gelb, und die Farbe verlor sich erst allmählich außerhalb der Fovea. Diese Ausbreitung der Gelbfärbung habe ich selber als erster im rotfreien Licht beobachtet und schon vor 10 Jahren beschrieben (v. Graefes Arch. f. Ophth. 84, S. 308, 1913). Sie ist aber so gering, daß wir sie für praktische Zwecke vernachlässigen können, während sie theoretisch, wie auch HOLM betont, Beachtung verdient. Ich konnte sie übrigens nicht in allen normalen Augen finden. Ich möchte ganz allgemein in bezug auf die Feststellung gelber Töne im Fundus das rotfreie Licht als dem gewöhnlichen Licht überlegen bezeichnen: auch direktem Sonnenlicht mischt sich nämlich im Fundus trügerisches Aderhautlicht bei. Bei normalen Individuen deutlich gelb gefärbt ist ausschließlich das Zentrum der Fovea, i. e. die Macula lutea.

Bei völlig rotfreiem Licht ist der Ton der Makula etwa zitrongelb, im rotarmen Licht ist er wärmer, da sich jetzt rotes Aderhautlicht beimischt.

Nicht bekannt zu sein scheint, daß man die gelbe Farbe der Makula entoptisch im rotfreien Licht sehen kann. Zu diesem Zweck wirft man das Büschel mittels einer Sammellinse auf die Sklera, und zwar zweckmäßig auf die nasale, weil dann die (zu Vergleichen zu verwendende) Papille samt den anschließenden nasalen Gefäßen deutlicher in Erscheinung tritt, als bei temporaler Belichtung. Die Deutlichkeit, auch der gelben Farbe, gewinnt wesentlich, wenn man die Beleuchtungslinse hin und her oszillieren läßt. Dabei beobachtete ich, daß die gelbe Makulafarbe wahrnehmbar ist bei Belichtung möglichst peripherer Partien der Sklera, dagegen bei Belichtung der vordersten Sklerapartien verschwindet (von meinen Mitbeobachtern bestätigt). Wir konnten ferner feststellen, daß der kapillarenfreie

Makulabezirk etwas größer ist, als gewöhnlich angegeben wird, nämlich etwa $1/2$ Papillendurchmesser mißt. Dieser ganze Bezirk ist gleichmäßig blaßgelb. Die gelbe Farbe erstreckt sich in Spuren auch noch in die Umgebung, hebt sich übrigens nicht scharf von der gelbgrünen weiteren Umgebung ab.

Größe und Form des gelben Bezirkes sowie die Intensität seiner Farbe werden durch pathologische Prozesse beeinflußt (s. unten.)

B. Spezieller Teil.

1. Die normalen und pathologischen Erscheinungen der Macula lutea.

In der Literatur herrscht bis heute über die Begrilfe »Fovea« und »Makula« Unsicherheit und Verwirrung und es wird der Ausdruck »Makula« s. »Macula lutea« von vielen Autoren wahllos für die ganze foveale Vertiefung gebraucht oder umgekehrt die eigentliche Makula als Fovea bezeichnet.

Wie die Untersuchung im rotfreien Licht bis jetzt an Tausenden von normalen Augen gelehrt hat, ist immer nur ein Teil der fovealen Grube gelb gefärbt und verdient den Namen Makula, i. e. Macula lutea. Sein Durchmesser entspricht ungefähr einem Drittel der gesamten, vom fovealen Wall umschlossenen Grube (Fovea). Sprechen wir also von »Fovea«, so haben wir darunter die ganze, zirka papillengroße Grube zu verstehen, während wir nach den Befunden im rotfreien Licht als »Makula« oder »Macula lutea« nur den zentralen, gelben, den »Foveolareflex« s. »Makulareflex« einschließenden Teil der Fovea zu bezeichnen berechtigt sind.

Dementsprechend kann unter Makulareflex nur der im Makulazentrum sitzende Reflex verstanden sein.

Ein zweiter Reflex, in Form eines Ringes, entsteht bekanntlich an dem die Fovea peripher abschließenden Wall. Wir bezeichnen ihn als Wallreflex (umständlicher und weniger treffend ist die Bezeichnung zirkumfovealer Reflex)[1].

a) Der Makulareflex, sein normales und pathologisches Verhalten.

Der Foveola-, besser Makulareflex, der Reflex des Makulazentrums, hat schon in den 50er bis 70er Jahren eine Anzahl von Forschern beschäftigt. Es seien nur Coccius (1853), Liebreich (1863), Mauthner (1868), Jäger (1869), Loring (1871), Brecht (1875), Schmidt-Rimpler (1875), Schweigger (1864, 1880) genannt. Einzelne dieser Autoren hatten das Wesen des Makulareflexes bereits ungefähr richtig gedeutet. Erst Dimmer jedoch klärte 1891 (Die ophthalmoskopischen Lichtreflexe der Netzhaut, bei F. Deuticke) seine Entstehung in optischer Hinsicht auf und beschrieb gleichzeitig eine Reihe

---

[1] Von einzelnen Autoren wurde dieser Wallreflex als Makulareflex bezeichnet. Das rotfreie Licht hat aber gezeigt, daß er gar nicht in der Makula liegt und den Namen Makularreflex daher zu Unrecht trug.

abnormer oder ungewöhnlicher Reflexformen als Folge besonderer Konfiguration der Makulaoberfläche. Einige Jahre vorher hatte GUNN (Transact. of the Ophth. Soc. 1888) den fächerförmigen Makulareflex bei Myopie beschrieben. Im Jahre 1901 schilderte dann WOLFF (Zeitschr. f. Augenheilk. 5 S. 272) gelegentlich der Publikation seines Augenspiegels den Makulareflex neuerdings und wies auf dessen pathologische Veränderungen bei Chorioiditis, Iritis, Retinitis usw. hin. Auch ein pathologisches Fehlen des Reflexes hat WOLFF beobachtet. In neuerer Zeit hat O. HAAB (Arch. f. Augenheilk. 81, S. 2 1916) den Reflex und seine Veränderungen sehr eingehend beschrieben und speziell auf das Verschwinden des Reflexes als pathologisches Symptom hingewiesen. Auch STÄHLI (Klin. Monatsbl. f. Augenheilk. 62, S. 206 1919), der die obere zeitliche Sichtbarkeitsgrenze untersuchte, und Referent (Klin. Monatsbl. f. Augenheilk. 58, S. 589 1917) haben über den Reflex berichtet. Letzterer hob insbesondere die Abhängigkeit desselben von der Qualität der Lichtquelle hervor. — Im rotfreien Licht ist der Reflex z. B. noch in sehr vielen Fällen sichtbar, wo er in anderen Lichtquellen unsichtbar ist.

Der Makulareflex entsteht durch Konkavspiegelung an der Limitans interna retinae im Grunde der fovealen Grube. Er liegt also vor der Limitans und bewegt sich bei seitlicher Bewegung des Spiegels und des Beobachters[1] diesem entgegengesetzt. Wo nur ein punktförmiger zentraler Reflex vorhanden ist, kann diese Bewegung oft schwer nachweisbar sein, besonders bei enger Pupille. Bei ausgedehnteren Reflexen und weiter Pupille ist sie dagegen oft sehr lebhaft. DIMMER, der diese Bewegung zuerst nachgewiesen und genau studiert hat, spricht hierbei von einer parallaktischen, andere Autoren von einer parallaktischen »oder besser perspektivischen« [2] Verschiebung [3].

Ich habe die Verschieblichkeit des Makulareflexes in einer großen Zahl von Fällen geprüft und bin dabei zu folgenden Beobachtungen und Überlegungen gelangt.

---

[1] Man verwechsle seitliche Bewegung des Spiegels nicht mit Drehung des Spiegels! Bei der Drehung verschieben sich Auge und Lichtquelle entgegengesetzt, heben sich somit mehr oder weniger auf!

[2] Die von REIMER (1900) in die Ophthalmoskopie eingeführte Bezeichnung »perspektivische Verschiebung« erscheint mir unzweckmäßig und verwirrend. Denn was er so nennt, ist nichts besonderes, sondern reine »Parallaxe« im physikalisch-optischen Sinne.

[3] Hier und da begegnet man der Vorstellung, es werde der gewöhnliche Makulareflex durch eine in der Foveamitte gelegene spezielle Vertiefung (Foveola) bedingt. Daher wohl der Name »Foveolareflex. Diese Annahme ist unrichtig. Eine derartige Vertiefung müßte Doppelringreflexe zur Folge haben (wie sie bekanntlich in seltenen Fällen vorkommen). — Die Ringform des Reflexes kommt durch das Spiegelloch zustande. Ein unbelegter und undurchlochter Spiegel erzeugt einen flächenhaften, nicht einen ringförmigen Foveolareflex.

Beim Studium der Reflexwanderung bei enger Pupille täusche man sich nicht durch die Parallaxe des Fundus mit dem Pupillarrand!

Zunächst kann es zu Mißverständnissen führen, wenn wir, wie bisher, kurz von Parallaxe des Reflexes sprechen. Das dürfen wir doch wohl nur dann, wenn zwei fixe Punkte in ihrer Scheinlage verglichen werden. Der Makulareflex wandert aber und zwar entgegengesetzt der Lichtquelle, wie das bei jedem Konkavspiegelreflex unter ähnlichen Bedingungen der Fall ist. Er wandert nicht nur entgegen der Lichtquelle, sondern auch entgegen dem Auge des Beobachters. Beides läßt sich an beliebigen Konkavspiegeln, z. B. an Uhrgläsern, veranschaulichen, und ein einfaches Schema erläutert die optischen Vorgänge.

In Textfig. 8 entspreche der Kreisbogen einem Hohlspiegel. Auge und (punktförmige) Lichtquelle befinden sich außerhalb Brennweite. Zunächst wandere das Auge, die Lichtquelle sei fix. Das Auge finde sich in A^1, die Lichtquelle in L^1. Der Reflex kann nach dem Spiegelgesetz, wenn wir von Doppelreflexion absehen, nur in der Richtung des bei r_1 gezeichneten Pfeils gesehen werden. Das Auge wandre jetzt nach A^2. Aus der Richtung r_1 erhält es nun kein Licht mehr, sondern einzig aus der Richtung r_2. Es haben sich somit Auge und Reflex in entgegengesetzten Richtungen verschoben.

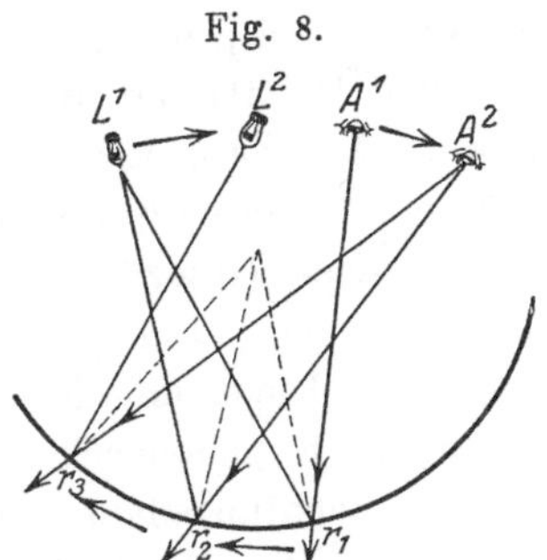

Hohlspiegelbildwanderung bei Änderung von Beobachter- und Beleuchtungsrichtung.

Betrachten wir nun bei fixem Auge die Verschiebung der Lichtquelle. Das Auge finde sich in A_2, es sieht den Reflex von L_1 in der Richtung des Pfeils r_2. Bewegt sich L_1 nach L_2, so empfängt A_2 nur noch aus der Richtung r_3 Licht. Alle anderen Punkte erscheinen dunkel. Wieder hat sich somit der Reflex in der Lichtquelle entgegengesetzter Richtung bewegt.

Betrachten wir endlich die dritte Möglichkeit, Auge und Lichtquelle verschieben sich, und zwar gleichsinnig (wie das in praxi bei der seitlichen Kopf- und Augenspiegelverschiebung geschieht!). Dann müssen sich die beiden Einzeleffekte addieren: A_1 gehe nach A_2, L_1 nach L_2. Für die Primärstellung A_1L_1 liegt der Reflex wieder in der Pfeilrichtung r_1, für die Sekundärstellung A_2L_2 in der Richtung r_3, mit anderen Worten, die Summierung der Verschiebung von Lichtquelle und Auge hatte eine Summierung der (entgegengesetzt gerichteten) Reflexverschiebungen zur Folge.

So wenig wir daher bei einem Planspiegel kurz von Parallaxe sprechen können, weil das Bild gleichsinnig mit dem des Objektes wandert, so wenig dürfen wir dies an der Fovea tun, wo es entgegengesetzt wandert.

Wir dürfen es auch nicht tun bei dem am Fovearand entstehenden Wallreflex, der sich gleichsinnig bewegt (Konvexspiegelung). Beim Kometen- oder Fächerreflex (Marcus Gunn) konnte ich den Fächer mittels entsprechender seitlicher Spiegelbewegungen verkürzen oder verlängern. (Gleichsinnige und gegensinnige Bewegung der beiden Reflexe, i. e. des Wallreflexes und des Makulareflexes).

In pathologischen Fällen fand ich nun in bezug auf die Wanderung des Reflexes folgendes:

Es gibt nicht nur, wie man bisher annahm, Konkavspiegelreflexe des fovealen Grundes, sondern auch Konvexspiegelreflexe[1].

1. Den ersten Typus eines gleichsinnig wandernden (Plan- oder Konvexspiegel-) Reflexes des Makulazentrums fand ich an beiden Augen eines 3 $\frac{1}{2}$ jährigen Knaben mit vorübergehender linksseitiger Protrusio bulbi unbekannter Ursache. (Die Nebenhöhlen waren anscheinend normal, doch wurden die hinteren Siebbeinzellen nicht untersucht). Es handelte sich um einen, im gewöhnlichen Licht schwer sichtbaren, im rotfreien Licht sehr deutlichen, gelben, ausgesprochen gleichsinnig beweglichen Makulareflex beider Augen (Tafelfig. 1). Da der Reflex gelb war, konnte er nicht durch die Limitans interna hervorgerufen sein, sondern er mußte in einer tieferen Schicht (Limitans externa?) entstehen. Der Reflex zeigte rundliche Form, leicht verwaschene Grenzen und hatte etwa den Durchmesser einer Hauptvene an der Papille. Der gewöhnliche weiße Makulareflex fehlte beiderseits vollkommen. Rings um den fovealen Wall ein Kranz von radiären Doppelreflexlinien der Retinaoberfläche (Tafelfig. 1).

Beobachtungsdauer an unserer Klinik 14 Tage. Rechte S. = $^6/_9$, linke S. = $^6/_{12}$. Vier Wochen später: Protrusio verschwunden, ophthalmoskopisch jedoch die präretinalen Radiärreflexe unregelmäßig und im Schwinden begriffen. Die gelben Makulareflexe sind weniger deutlich und es beginnen sich in den mittleren Foveapartien feine weiße Punkt- und Strichreflexe zu zeigen. Nach weiteren 3 Wochen beiderseits ein punktförmiger zentraler, weißer, umgekehrt verschieblicher Makulareflex. Die gelben Konvexspiegelreflexe sind nicht mehr zu sehen. (Bei diesem Knaben bildete sich später Keratitis parench. e lue congenita.)

2. Dieser gelbe Konvexspiegelreflex kann gleichzeitig neben dem gewöhnlichen Konkavspiegelreflex vorhanden sein. Dieses ist z. B. zu sehen im rechten Auge der 32 jährigen B. Ch. mit beiderseitiger Iridozyklitis: gleichsinnig beweglicher gelber und entgegengesetzt beweglicher weißer, zentraler Makulareflex (Tafelfig. 2, vgl. den zugehörigen Text). Auch bei Verschluß der

---

[1]) Genauer ausgedrückt: gleichsinnig verschiebliche Reflexe. Es ist nämlich auch die Möglichkeit des Planspiegels vorhanden, doch dürften vollkommen plane Flächen praktisch nicht in Betracht fallen. Auch flache Konkavspiegel können gleichsinnig verschiebliche Bilder liefern. Es ist dies stets dann der Fall, wenn sich das Beobachterauge innerhalb der Spiegelbrennweite befindet. Diese beiden Eventualitäten sind also im Folgenden nicht außer acht zu lassen, wenn wir auch, der Kürze halber, statt von gleichsinnig verschieblichen Reflexen von Konvexspiegelreflexen sprechen.

Zentralarterie sowie der Zentralvene beobachteten wir diese beiden Reflexe, wobei im Verlaufe von Wochen der (gelbe) Konvexspiegelreflex sich zurückbildete.

3. Bei zystoider Makuladegeneration kann sich ein dritter, ebenfalls bis jetzt nicht bekannter fovealer Reflextypus zeigen: ein gleichsinnig beweglicher, weißer Reflex des Makulazentrums, also ein Konvexspiegelreflex (Tafelfig. 3, Beobachtung während 6 Wochen), der nur an der Oberfläche der vorgewölbten Limitans interna seine Entstehung haben kann. Dieser Reflex ist von Wichtigkeit. Er beweist uns die Abflachung oder Prominenz der Makulaoberfläche. (Näheres siehe im speziellen Teil.)

In anderen Fällen von zystoider Degeneration sah ich einen entgegengesetzt verschieblichen Makulareflex (also einen Konkavspiegelreflex), so z. B. im Falle der Tafelfig. 26. Anscheinend lag hier eine partielle Lochbildung vor (Beobachtung während eines halben Jahres).

4. Reflexe, die von zylindrischen bzw. zylindroiden Flächen stammen. In der letzten Zeit wurde ich mehrfach aufmerksam auf Fälle von länglichem bis linear gestrecktem Makulareflex bei pathologisch veränderter Makula. Diese Reflexe gaben bei Spiegelverschiebung quer zur Längsrichtung des Reflexes gegensinnige Reflexwanderung, bei Verschiebung in der Längsrichtung dagegen gleichsinnige. So z. B. bei dem 23 jährigen Graf Anton, der vor 1 1/2 Jahren auswärts eine isolierte entzündliche Makulaerkrankung durchmachte. Heute in und neben der gelben Zone weiße und Pigmentherde, Pigmentepithel fehlt, Herde z. T. leicht prominent, alle Veränderungen noch innerhalb des Wallreflexes. In der gelben Zone der linken Makula ein vertikal linearer Reflex, der sich bei horizontaler Spiegelverschiebung gegensinnig, bei vertikaler gleichsinnig verschiebt.

Eine derartige Differenz in der Verschiebung kann nur durch eine Differenz der Krümmung bedingt sein. Offenbar ist im genannten Beispiel der vertikale Meridian der Fovea abgeflacht, plan oder angenähert plan, der dazu senkrechte nach vorn konkav.

5. In einem Falle von zystoider Makulaerkrankung bei jugendlicher Retinitis pigmentosa (22 jähriger stud. O. Vo. l. Auge) fand ich kürzlich eine Verdoppelung des an der Limitans interna entstehenden Reflexes, indem die Makula von einer oberen und unteren Zyste eingenommen war, die sich gegenseitig abplatteten (s. den Abschnitt Bienenwabenmakula) und von denen jede einen selbständigen, gleichsinnig verschieblichen, weißen Oberflächenreflex aufwies. Die beiden Reflexe, ein oberer und ein unterer, waren etwa 1/4 P.D. voneinander entfernt und hatten die Dicke einer mittleren Vene. Neben den großen noch kleine Zysten und in der Umgebung die für Retinitis pigmentosa typischen unregelmäßigen superfiziellen Netzhautfältchen (s. den Abschnitt über Reflexion der Netzhautoberfläche). Linke S. = $^6/_{12}$, auf der anderen Seite Makula noch intakt, rechte S. = $^6/_4$, Fältchen

der Umgebung wie links (ich verdanke den Fall der Freundlichkeit des Herrn Kollegen Dr. TH. BÄNZIGER).

Kehren wir zum gewöhnlichen normalen Konkavspiegelreflex zurück. Er kann unter pathologischen Bedingungen die mannigfaltigsten Formen zeigen. Er kann, wie HAAB nachwies, bei pathologischen Prozessen verschwinden. Bei diesen Beobachtungen ist allerdings nach unseren Untersuchungen die Qualität der Lichtquelle stets zu berücksichtigen. Häufig fehlt ein Makularreflex im gewöhnlichen Licht, im Tageslicht oder im rotfreien ist er dagegen vorhanden.

Die Abhängigkeit der Reflexform von der Konfiguration der Makulaoberfläche konnte ich in anschaulicher Weise bei Narbenzug beobachten.

Narbenbildungen der Netzhaut z. B. infolge Exsudation oder Verletzung (gelegentlich auch Tumoren) erzeugen durch Zugwirkung »Traktionsfältchen«.

Gehen solche Falten durch die Makula, so erscheinen sowohl die gelbe Zone als auch der Makularreflex verzogen.

Der Makularreflex kann in solchen Fällen zu einem rein linearen Reflex werden (Tafelfig. 4 u. 5). Im Falle der Tafelfig. 5 konnte ich den schlitzförmigen Reflex noch kürzlich, mehr als 3 Jahre nach der Verletzung, in unveränderter Weise beobachten. Schließlich sei betont, daß eine Deformierung des Makularreflexes nur dann auf eine abnorme Konfiguration der fovealen Grube schließen läßt, wenn die brechenden Medien normal sind. Bei Astigmatismus inversus fand ich den Makularreflex in horizontaler, bei Astigmatismus directus in vertikaler Richtung verzogen.

Der die Fovea abschließende Reflexring (Wallreflex) ist bekanntlich, im Gegensatz zum Makularreflex, im aufrechten Bild weniger deutlich, als im umgekehrten. Dies gilt sowohl für die Beobachtung im gewöhnlichen, als auch im rotfreien Licht. Beachtenswert ist, daß im Wallreflexringe ein stärkeres Hervortreten der Nervenfaserzeichnung und präretinalen Vertikallinierung manchmal feststellbar ist (über diese vgl. Verf. Klin. Monatsbl. f. Augenheilk. 60 S. 47. 1918 und Tafelfig. 6).

Die nasale Partie des fovealen Wallreflexes ist im aufrechten Bild oft dadurch charakterisiert, daß hier die Nervenfasern des papillomakulären Bündels wie abgebrochen erscheinen. Besonders deutlich tritt das gelegentlich bei Jugendlichen zutage. Temporal wird dagegen der Wallreflex häufig durch die Kreisbogenfasern markiert (Tafelfig. 6).

Im Gegensatz zum Makularreflex verschiebt sich der Wallreflex gleichsinnig[1]) mit der Lichtquelle. Er entsteht an einem ringförmigen Konvexzylinderspiegel.

Bei Netzhautatrophie ist häufig der Durchmesser des gelben Bezirks vergrößert (bis auf $1/2$ und mehr Papillendurchmesser) und die Gelbfärbung

<hr>

1) Vgl. A. GULLSTRAND, Dioptrik des Auges im Handb. d. physiol. Meth. von TIGERSTEDT.

erscheint meist abgeschwächt, der Makulareflex fehlt oder ist flächenhaft verbreitert, zerteilt oder fetzig, wenig lichtstark.

Oft sah ich in solchen Fällen an Stelle des Wallreflexes unregelmäßige mehr oder weniger konzentrische Linienreflexe, die zum Teil noch über das foveale Gebiet hinausgingen und zentralwärts bis in die gelbe Zone reichten (Tafelfig. 7).

Derartige Veränderungen zeichnen z. B. die Neuritis retrobulbaris mit bleibendem zentralem Skotom, ganz allgemein die Atrophie des papillomakulären Bündels und auch die allgemeine Netzhautatrophie aus (s. u.). Sie müssen als der Ausdruck unregelmäßiger Niveauabflachung im Bereiche des fovealen Walles angesehen werden.

b) Die gelbe Makulafarbe und die Veränderungen des gelben Bezirks in bezug auf Ausdehnung und Form, sowie Intensität der Färbung.

Die gelbe Farbe der Makula ist für denjenigen, der im rotfreien Licht ophthalmoskopiert, deshalb von großer praktischer Wichtigkeit, weil die Gelbfärbung ihm dazu dient, die Makula aufzufinden, in Fällen, in denen im gewöhnlichen Ophthalmoskopierlicht dieser wichtigste Netzhautbezirk überhaupt auf keine Weise gefunden werden kann. Solche Fälle sind nicht selten, sowohl bei Chorioretinitis und Chorioiditis disseminata, als auch bei Netzhautabhebung, Tumoren und vielen anderen Erkrankungen. So ist z. B. in dem Falle der Tafelfig. 8 mit inveterierter Retinitis auf luetischer Basis die Makula im gewöhnlichen Licht in keiner Weise angedeutet, während sie im rotfreien ohne weiteres an ihrer leuchtend gelben Farbe erkannt wird (Tafelfig. 9). Ähnliches gilt von Tafelfig. 10 und 11 usw.

Der gelbe Bezirk ist in pathologischen Fällen bald vergrößert, bald verkleinert. Oben erwähnt wurde die Vergrößerung (Tafelfig. 7) und Abschwächung bei Optikusatrophie, besonders bei Atrophia centralis retinae nach Neuritis retrobulbaris. Offenbar kommt die Vergrößerung in solchen Fällen durch die Abflachung der Fovea zustande. Statt, wie normalerweise etwa $^1/_3$ kann die gelbe Zone $^1/_2$ und mehr des Papillendurchmessers betragen.

Bei Retinitis in macula, dann bei Chorioiditis disseminata mit Beteiligung der Makulagegend, bei Chorioidealatrophie (z. B. durch Myopie) dokumentiert sich die Makulaschädigung durch mannigfaltige Verzerrungen, durch Einengung und durch Zerteilung des gelben Abschnittes. Tafelfig. 12 und 13 geben derartige Makulaveränderungen bei seit einigen Wochen bestehender, also ziemlich frischer Chorioiditis centralis wieder. Der zentrale Visus war im Falle der Tafelfig. 12 auf $^1/_4$ reduziert. Tafelfig. 13 stellt denselben Fall 4 Wochen später dar. Tafelfig. 14 gibt die Makula eines anderen Auges wieder, das seit mehreren Jahren zufolge Chorioiditis disseminata schlechte Sehschärfe besitzt. (Bei Chorioiditis centralis fand ich abnorme Form der gelben Zone fast regelmäßig.)

Die Veränderung der Konfiguration des gelben Abschnittes läßt sich in progredienten Fällen von Chorioiditis von Woche zu Woche verfolgen.

Bei derartiger chorioretinitischer Erkrankung des Hintergrundes ist nicht nur die Ophthalmoskopie im rotfreien Licht die einzige Methode, die Makula überhaupt aufzufinden, sondern es ist auch der objektive Nachweis einer eventuellen zentralen Visusschädigung nur auf dem hier geschilderten Wege möglich. Aus dem bunten Gewirr der chorioiditischen Herde tritt die Makula im rotfreien Lichte als zitrongelber Fleck hervor.

Durch Wucherung des retinalen Pigmentes, durch Exsudation oder durch Zerreißung kann die gelbe Zone partiell verdeckt oder zerteilt werden (Tafelfig. 14). Erstere Fälle sind nicht selten: Sekundäre Pigmentierung der Netzhaut ist häufig bei inveterierter Chorioretinitis und Chorioiditis (Tafelfig. 9 u. 11), Verdeckung durch Exsudat ist in Fig. 12 der AFFOLTERschen Dissertation (v. Graefes Arch. f. Ophth. 94, S. 1. 1917) dargestellt.

In einem hier nicht abgebildeten Falle von retromakulärem Tumor (Sarkom) lag Zerreißung der gelben Zone vor. Häufiger sind Fälle von Lochbildung (s. unten).

In allen unseren bisherigen Fällen von Tumor, welche den makulären Netzhautabschnitt empordrängten, waren die makulären Reflexe verschwunden. Die Makula selber ließ sich auch in solchen Fällen stets an ihrer gelben Farbe feststellen. Mehrfach war die gelbe Zone vergrößert, die Farbe abgeblaßt.

Verlagerungen der gelben Zone fanden wir öfters bei Tumorbildung, auch beim senilen Makulapseudotumor (s. u.), bei Amotio retinae (Tafelfig. 15), seltener bei Chorioiditis. Verlagerung bei Retinitis exsudativa hat in einem Falle A. AFFOLTER abgebildet. Daß bei hoher Achsenmyopie die Papillenmakuladistanz vergrößert ist, ist eine aus der Anatomie bekannte Tatsache. Auch durch Verletzungen kann (zufolge Traktionsfaltung) eine Makulaverlagerung zustande kommen, z. B. war dies so in den Fällen der Tafelfigg. 4 und 5, in welchen die Makula etwas nach unten außen, in der Richtung des Narbenzuges, verschoben war. Temporal aufwärts nach der skleralen Perforationsnarbe hin verzogen (mit schlitzförmigem Makulareflex) ist sie bei dem 47jährigen Ga. M. (BJERRUM-Methode und aufrechtes Bild zeigen, daß auch normalerweise die Lage der Makula zur Papille individuell ziemlich variiert.)

Theoretisch höchst interessant ist die Verlagerung in dem Falle der Textfig. 9. Der 1899 geborene Kaufmann Otto End. machte vor 4 Jahren links eine Amotio retinae nach unten, offenbar entzündlicher Genese, durch. (Wa. neg., Pirquet pos., Glask. mit etwas Staubtrübung, peripher unten ein chorioretinaler Herd.) Die Netzhaut legte sich im Laufe von 2 Jahren unter Striabildung wieder vollständig und dauernd an. In der Peripherie links nach unten einige Pigmentherde. Mehrere z. T. pigmentierte tiefe

Striae, die größte derselben zieht von der Papille über die Makula hinaus (Textfig. 9). Diese Stria bezeichnet ungefähr die obere Grenze der Ablösung;

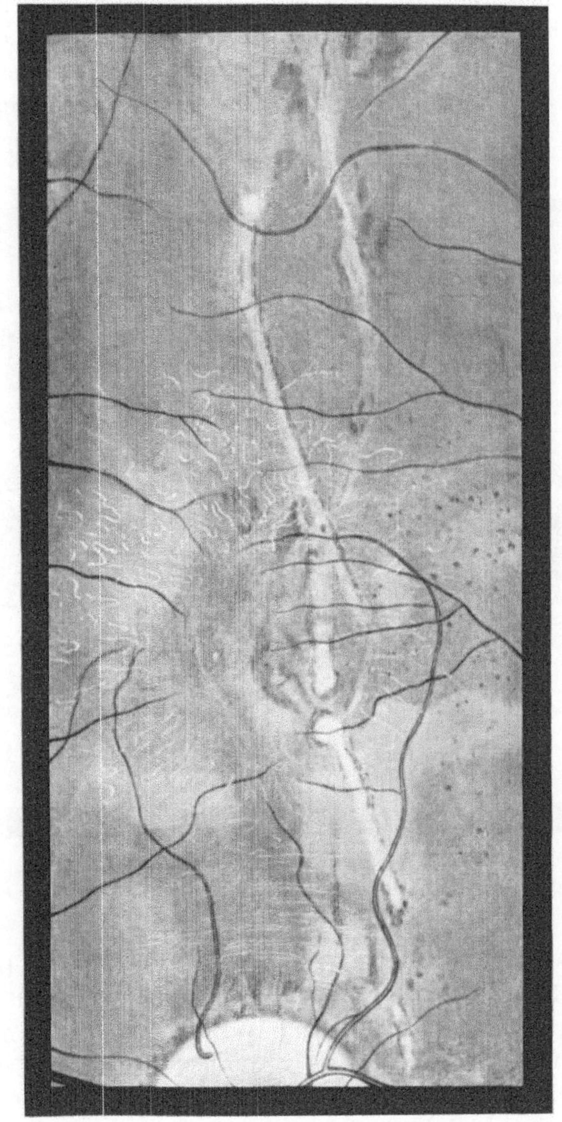

Fig. 9.

Dislokation der Makula nach oben bei Amotio retinae sanata. Unterhalb der Makula eine in der Figur zu stark hervortretende leichte diffuse Gelbfärbung. In der weiteren Umgebung Fältchenreflexe. In der Tiefe dicke weiße horizontale Netzhautstränge.

letztere hatte die Makula nur ganz vorübergehend ein wenig überschritten. Die Makula (gelbe Zone!) ist aber durch die Ablösung definitiv etwas verlagert worden, und zwar nach oben. Während rechts die Makulamitte etwas oberhalb der durch den untern Papillenrand gelegten Horizontalen liegt, zieht sie links oberhalb einer Horizontalen durch die Papillenmitte. Rechte S. = 1 (— 1,5), linke S. = $^6/_8$ (— 1,5).

Patient ist hierdurch seit 2 Jahren durch Doppeltsehen belästigt, irgend eine Muskelstörung ist nicht nachweisbar. Das Doppeltsehen stört beim Lesen nicht, da Patient gewöhnlich ausschließlich mit dem rechten Auge liest, dagegen beim Sehen in die Ferne. Es bestehen vertikal distante Doppelbilder, die in 6 m Entfernung eine Scheindistanz von etwa

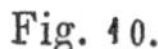

Fig. 10.

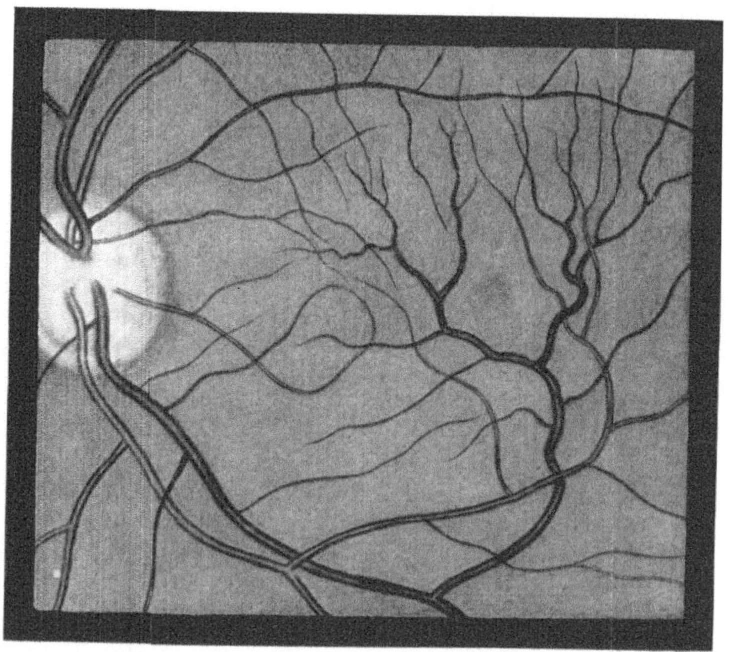

Abnormer Verlauf der Netzhautgefäße bei der 55jährigen Elise Utzinger, mit Pseudosklerose.
(Der KAYSER-FLEISCHERsche Pseudosklerosering dieser Patientin wird an anderer Stelle genauer beschrieben werden.)

2—3 cm aufweisen. (Auch am W. R. HESSschen Apparat sind Doppelbilder zu finden.) Das Bild des linken (kranken) Auges steht konstant tiefer und ein wenig mehr temporal als das des rechten (gesunden) Auges. Die Doppelbilder können dadurch vereinigt werden, daß Patient den rechten vorderen Bulbusabschnitt etwas nach oben schiebt, wodurch das rechte Bild nach unten geht (bzw. durch ein linksseitiges Prisma, Basis unten und etwas temporal).

Doppelbilder zufolge Verlagerung der Makula sind meines Wissens bis jetzt nicht beschrieben. Ich verzichte an dieser Stelle auf die nicht ganz einfache Deutung der Doppelbildergenese des vorstehenden Falles und begnüge mich mit der Wiedergabe des in zwei verschiedenen Jahren (1922—1923) jeweilen an verschiedenen Tagen erhobenen einzigartigen, nur durch die Methode des rotfreien Lichts ermöglichten objektiven Befundes (Textfig. 9).

Abnorme, wohl angeborene Lage in Kombination mit abnormer Gefäßversorgung zeigt die linke Makula der an Pseudosklerose (mit KAYSER-FLEISCHERschem Hornhautring) leidenden 55jährigen Elise Utzinger. Ein mächtiger, von unten kommender Venenstamm umfaßt als Gabel die Makula, so daß das papillomakuläre Netzhautbündel von dem einen der Venenäste durchsetzt wird (s. Textfig. 10, die Nervenfaserzeichnung ist weggelassen). Die Makula ist reflexlos, von normaler gelber Farbe und liegt $2^1/_4$ Papillendurchmesser breit temporal und etwas über der durch die Papillenmitte zu legenden Horizontalen.

Ohne die im rotfreien Licht sichtbare gelbe Farbe ist die Makula in diesem Falle nicht auffindbar.

Auf dem andern (rechten) Auge besteht ein ähnliches Bild, aber in wesentlich schwächerer Ausprägung. Der Makulareflex ist dort vorhanden.

Es ist in diesem Falle von Pseudoklerose das Lumen der Netzhautvenen insofern ungewöhnlich, als sie, besonders auffällig endwärts, in plumper Art verdickt und geschlängelt erscheinen. Auch besitzen Venen und Arterien im aufrechten Bild (gewöhnliches Licht) auffallend ähnliche Farbe und Zeichnung.

Bei Amotio retinae sah ich die gelbe Makulafärbung oft auffallend lange erhalten bleiben. Tafelfig. 15 gibt ein naturgetreues Bild eines Falles von posttraumatischer Amotio wieder. Die Beobachtung wurde 2 Jahre nach Auftreten der Amotio aufgenommen. Die gelbe Zone ist im Falle der Tafelfig. 15 etwas abgeblaßt und vergrößert[1]). Ich verfüge noch über einen zweiten ähnlichen Fall[2]).

Solche Beobachtungen eines Fortbestehens der gelben Zone bei Amotio der Makula retinae sind theoretisch von besonderem Interesse. Sie beweisen die Existenz einer der makulären Netzhautsubstanz eigenen gelben Lackfarbe. Diese Farbe kann lange erhalten bleiben, auch ohne daß die Makula dem Pigmentepithel, resp. der Chorioidea aufliegt. Bemerkenswerterweise trat die Netzhautablösung in beiden hier mitgeteilten Fällen erst längere Zeit nach der Verletzung auf. Es handelt sich also nicht um eine durch das Trauma direkt bedingte Losreißung.

---

1) Eine derartige Vergrößerung wird bekanntlich am Leichenauge, schon kurz post mortem, beobachtet. Es bleibt noch zu untersuchen, ob diese Vergrößerung nicht Vortäuschung ist (bedingt durch zunehmende Opazität der toten Retina). Zwei Jahre später war in dem mitgeteilten Falle die gelbe Zone verschwunden.

2) Schon im gewöhnlichen Licht hat LIEBREICH 1859 (v. Graefes Arch. f. Ophth. 5, 2. S. 257) die gelbe Farbe der Makula bei Netzhautablösung gesehen. Seither ist über eine solche Beobachtung meines Wissens nie mehr berichtet worden. Die Art der von LIEBREICH verwendeten Lichtquelle (Tageslicht?) konnte ich nicht ermitteln.

Während normale oder pathologische Veränderungen — z. B. die normale Kapillarzeichnung[1]) — des makularen Chorioidealbezirks im rotfreien Licht schwer oder gar nicht erkennbar sind, zeigen sich in der Netzhautmakula schon allerfeinste Veränderungen mit großer Schärfe. Häufig trifft man anscheinend physiologischerweise einzelne feine weißliche Herdchen bzw. Pünktchen, die scharf aus dem Gelb hervortreten. Irgendwelche Störungen brauchen subjektiv nicht zu bestehen. In pathologischen Fällen sind solche Herde häufig vermehrt, z. B. bei Netzhautatrophie.

Als physiologisch bildet diese Herdchen z. B. FROST (The Fundus Oculi 1896) mehrfach ab (»GUNN's Dots«, weil sie MARCUS GUNN zuerst genauer beschrieb). Auch von anderen Beobachtern sind sie wiedergegeben worden.

In Tafelfig. 16 sieht man solche Herdchen in besonders großer Zahl. Man trifft sie häufig auch außerhalb der Makula. Ob es sich lediglich um Drusen der Glaslamelle handelt, steht noch dahin.

Nicht zu verwechseln sind solche gelblich-weiße Herdchen mit den viel feineren »Glitzerpünktchen« (metallic dots), die in manchen Netzhäuten, besonders bei Verwendung des rotfreien Lichtes, recht häufig sind und anscheinend in der Limitans interna sitzen. Ich sah sie öfters auch vor großen Netzhautgefäßen. Genauer beschrieben sind diese Glitzerpünktchen zuerst von FROST (Atlas 1896, z. B. S. 27 u. 199).

Von diesen Glitzerpünktchen möchte ich grobe isolierte Glanzpunkte unterscheiden, die ich meist nur in einem Exemplar an der normalen Netzhautoberfläche fand, und die deutlich den Eindruck von Kristallen machen. Sie sind von großer Konstanz und nicht zu verwechseln mit den Kriställchen, die manchmal nach Resorption von Blutungen längere Zeit sichtbar sind (z. B. nach PURTSCHERscher Fernschädigung oder in einem Falle von traumatischem Makulaloch, in welch letzterem sie gleichzeitig im Glaskörper schwebten und, wie die Spaltlampe lehrte, wahrscheinlich aus Cholesterin bestanden).

In Tafelfig. 17 ist eine andere Art Makulafleckung dargestellt, welche auch die zirkummakulären und zirkumpapillären Netzhautbezirke betraf und zwar beider Augen. Ich beobachtete diese eigentümliche Veränderung bisher in zwei Fällen. Die Flecken liegen anscheinend in den oberflächlichen oder mittleren Netzhautschichten und sind nur im rotfreien Licht deutlich. (Die helleren derselben sieht man auch schon im gewöhnlichen Licht). Sie haben mit Retinitis punctata albescens nichts zu tun.

Opake Herde der gelben Zone in Fällen von Retinitis verschiedener Art, z. B. von Retinitis albuminurica (Tafelfig. 18) zeigen eine gelbe Deckfarbe, so daß diese letztere schon im gewöhnlichen (weißen!) Lichte sichtbar wird.

---

[1]) Die feinen gelblichroten Stippchen und Streifchen der Choriokapillaris, welche man in der Makula mittelpigmentierter jugendlicher Individuen im aufrechten Bilde durchschimmern sieht (Textfig. 5 u. 6 u. S. 10).

Dagegen ist die Opazität der Makula bei Embolie der Zentralarterie nicht hinreichend, um die Makulafarbe im rotfreien Lichte als Deckfarbe hervortreten zu lassen, es sei denn, daß gleichzeitig noch Störungen der Aderhautzirkulation vorliegen.

Außerhalb der gelben Zone heben sich weiße Herde vom ebenfalls weißen Hintergrund im rotfreien Licht weniger auffällig ab als im gewöhnlichen. Eine Sternfigur (weiße Spritzerfigur) der Makulaumgebung ist im gewöhnlichen Licht auffälliger als im rotfreien. Aber es treten im rotfreien Licht mehr weiße Herde zutage als im gewöhnlichen, z. B. in Fällen von Retinitis punctata albescens oder im Falle der Tafelfig. 17.

Vergleiche auch die zitierte Arbeit von AFFOLTER und eine Mitteilung von E. WÖLFFLIN (Klin. Monatsbl. f. Augenheilk. 62, S. 456. 1919).

Pigmentherde der Netzhautmakula zufolge sog. sekundärer Netzhautpigmentierung bei Chorioiditis (Tafelfig. 14, vgl. auch 9, 11), Pigmentdegeneration, Verletzungen usw. erscheinen im rotfreien Licht schwarz. Es läßt sich häufig an dem Verlaufe der Makulagefäße feststellen, daß derartige Herde in den oberflächlichsten Partien der fovealen Netzhaut, also wohl auch der gelben Zone liegen. Trotz dieser Lage erscheint das Pigment schwarz und hebt sich deutlich von der umgebenden, gelben Substanz ab. Sind zufällig lebhafte Makulareflexe vorhanden, so vermögen diese weder den gelben Farbton, noch das Schwarz des Pigments (durch Kontrastwirkung) zu beeinflussen. Mit oder ohne Reflexbildung ist der gelbe Ton des Makulareflexbezirks derselbe. Tafelfig. 9 und 11 illustrieren derartige oberflächliche Makulapigmentherde.

Durch diese Beobachtungen fallen jene im Streit um die Makulafarbe erhobenen Einwände, welche den intravitalen gelben Farbton durch Kontrastwirkung und durch die Farbe von gewöhnlichem Epithel- oder Aderhautpigment erklären wollten[1]).

Über Fehlen und Schwund der gelben Makulafarbe vgl. S. 46 und 66.

c) Die Bienenwabenmakula. Das Makulaloch (Foramen maculae).

Eine Affektion des gelben Feldes und des fovealen Bezirks, welche sich mir zum erstenmal im rotfreien Licht darbot, ist die der Bienenwabenmakula (Tafelfig. 3, 19—27), die offenbar regelmäßig oder doch vielfach ein Ausdruck zystoider Makuladegeneration ist. (Verf. Correspbl. f. Schweizerärzte Nr. 18, 1918 und Klin. Monatsbl. f. Augenheilk., Okt. 1918[2]).

---

[1]) Theoretisch von Interesse ist, daß die hier geschilderten und zu schildernden Beobachtungen an der Makula im rotarmen Licht ähnliche sind, wie im rotfreien. Daß es ferner gelingt, bei entoptischer Beobachtung der Netzhautgefäße im rotfreien Licht eine gelbe Farbe der Makula zu sehen (s. S. 14).

[2]) In ausgesprochenen Fällen gelang es mir, die Zystenwände auch im gewöhnlichen hellen Ophthalmoskopierlicht zu sehen, besonders gut im Halbwatt- oder im Azolicht (Tafelfig. 25, 27) und mittelst WOLFFschem elektrischem Spiegel.

Weniger passend ist der Ausdruck »zystische« statt zystoide Degeneration.

Die gelbe Zone (manchmal auch ihre angrenzenden fovealen und die zirkumfovealen Partien) erscheint in rundliche bis polygonale, wabenähnliche Fächer eingeteilt, deren Wände weißliche, im Bereiche der gelben Zone gelbliche, zierliche Linien darstellen. Die polygonale Gestalt ist der Ausdruck gegenseitiger Abplattung (vgl. Tafelfig. 19, 21, 24). Die einzelnen Fächer können bis $\frac{1}{3}$ Papillendurchmesser haben, sind jedoch meist wesentlich kleiner. Die foveale Grube erscheint abgeflacht oder gar prominent (Untersuchung im aufrechten Bild und besonders im GULLSTRANDschen binokularen Ophthalmoskop), zufolge der durch die zystoide Degeneration gegebenen Volumvermehrung. Sofern ein Oberflächenreflex sichtbar ist, zeigt er im aufrechten Bild fast immer gleichsinnige Verschieblichkeit (s. o. S. 18).

Im indirekten Licht ist eine Höckerung der Makulaoberfläche nicht selten sehr deutlich; die Oberfläche kann hierbei ausgesprochenen Himbeer-(Maulbeer)-Typus aufweisen, indem die Vorderwände der einzelnen Fächer (Zysten) gegen den Glaskörper prominieren. Belichtet man direkt, so treten wieder die Seitenwände mehr zu Tage, es besteht Bienenwabenzeichnung.

Eine mittlere Zyste ist bisweilen am größten und deutlichsten, wodurch leicht ein Makulaloch vorgetäuscht wird (z. B. Tafelfig. 3, 19).

Die Bienenwabenzeichnung ist nicht selten schon in spezifisch hellem, gewöhnlichem Licht sichtbar, weit besser jedoch und in vielen Fällen ausschließlich nur tritt sie im rotfreien Licht zu Tage. Mit letzterem Licht ist die zystoide Veränderung von uns klinisch entdeckt worden.

Eine Frage die erst durch eingehende klinisch-anatomische Untersuchungen lösbar sein wird, ist die, ob der typischen Bienenwabenzeichnung in allen Fällen zystoide Entartung entspricht, oder ob dieses ophthalmoskopische Bild auch durch andere Veränderungen hervorgerufen sein kann. In jenen Bildern, in denen die Wabenzeichnung sehr zart und fein ist (z. B. Tafelfig. 21, 22), sind wir nicht ohne weiteres berechtigt, von zystoider Degeneration, wohl aber von »Bienenwabenmakula« zu sprechen[1].

---

[1] Geschichtlich ist von Interesse, daß J. P. NUËL im Jahre 1908 (Oedème vesiculaire de la macula lutea, Arch. d'Opht. 28, p. 737) eine vesikuläre Degeneration der Makula und Umgebung anatomisch beschrieb (wie übrigens schon frühere Autoren) und ursprünglich (1908) auch in einigen (nur ophthalmoskopisch untersuchten) Fällen von seniler Makulaveränderung gesehen zu haben glaubte. Anatomisch fand er die zystoide Degeneration in einem Fall von intraokularem Eisensplitter, eine ophthalmoskopische Untersuchung hatte aber nicht stattgefunden. (Die Henlesche Faserschicht zeigte in diesem Fall eine Menge von Flüssigkeitsblasen, die, wie die mitgegebene Abbildung zeigt, so dicht standen, daß sie sich gegenseitig abplatteten und ferner die Makulagegend emporwölbten. Diese Blasen hätten, wie ich glaube, ophthalmoskopisch das Bild der Bienenwabenmakula ergeben müssen. In der Foveamitte liegt eine solche Blase der Limitans

Die Bienenwabenmakula ist bei genauer Untersuchung nicht selten. Zum erstenmal sah ich sie in einem Falle von Retinitis pigmentosa bei einem 13 jährigen Knaben M. M. aus S. Seither fand ich sie bei dieser Krankheit noch mehrmals und zwar handelte es sich stets um jüngere Individuen (z. B. Tafelfig. 19, 20).

Daß ich sie bei älteren Fällen von Retinitis pigmentosa nicht häufiger sah, mag vielleicht an der in solchem Alter öfters vorhandenen hinteren Rindentrübung (Cataracta complicata posterior) liegen. Wahrscheinlicher ist jedoch, daß die zystoide Makuladegeneration bei Retinitis pigmentosa ein Frühsymptom darstellt, ein Symptom von Netzhautschwellung, welches der eigentlichen »Cirrhosis retinae« vorübergehend vorangeht. Hierfür spricht das Vorhandensein oberflächlicher Retinafältchen (s. unten), die ich in keinem Falle von jugendlicher Retinitis pigmentosa vermißte. Ferner die wohl ausnahmslos mit der Spaltlampe nachweisbare Einlagerung punktförmiger Elemente in den Glaskörper, und endlich bezeugen dies vereinzelte anatomische Befunde bei jugendlichen Fällen dieser Krankheit, die ein Ödem und eine zystoide Degeneration ergaben (z. B. Fall LEBER-STOCK, s. LEBER, Dieses Handb., 2 Aufl., 1916).

---

interna so nahe, daß bei weiterer Entwicklung eine Lochbildung denkbar gewesen wäre.) Ophthalmoskopisch glaubte NUËL die zystische Degeneration in Fällen von seniler Makulaveränderung zu erkennen (bei welcher bekanntlich bis jetzt eine Zystenbildung anatomisch nicht nachgewiesen ist), und er weist auf eine Abbildung im HAABschen Atlas hin, wo ein Hackensplitter durch 8 tägiges Verweilen im Glaskörper eine »feine Fleckung« der Makula und Umgebung hervorrief und spricht auch die Fleckung dieses Falles als vesikuläres Ödem der Makula an.

NUËL selber beobachtete ophthalmoskopisch bei Senilen, anscheinend zufolge von Arteriosklerose, mehrfach (Mitteilung von 5 Fällen) runde, krebsrote, unscharf begrenzte, verwaschene Flecken, die in einiger Distanz voneinander lagen (also sich nicht abplatteten) und die Makulagegend und ihre Umgebung einnahmen. Diese Flecken, die er in 2 Fällen abbildet, und die, wie ich betonen möchte, mit dem Bilde der Bienenwabenmakula nichts gemeinsam haben, hält NUËL als durch Zysten der HENLEschen Faserschicht bedingt.

Später belehrte ihn aber eine anatomische Untersuchung eines derartigen Falles (Dégénération pommelée de la macula lutea, Arch. d'Opht. 32, p. 465, 1912), daß die erwartete zystische Degeneration nicht vorlag, daß aber die Flecken durch ein in keiner Weise sich färbendes »Exsudat« zwischen Pigmentepithel und Lamina elastica erzeugt wurden. NUËL glaubt nun diese Entstehung auch für seine übrigen Fälle annehmen zu müssen, gibt also seine Auffassung von der zystischen Natur der senilen Fleckung auf.

Mit der Bienenwabenmakula hat die »dégénération pommelée« NUËLs in der Tat nichts zu tun, wenigstens nicht jene Form, welche von ihm abgebildet wird. —

Wenn also auch weder von NUËL, noch von anderen Beobachtern bisher eine zystoide Makuladegeneration ophthalmoskopisch gesehen worden ist, so wäre doch die Möglichkeit nicht ausgeschlossen, daß bei der Verschwommenheit der Bilder, welche gewöhnliches Ophthalmoskopierlicht liefert, unter bisher mitgeteilten Beobachtungen solche vom Bienenwabenmakulatypus sich befunden hätten.

Dann fand ich die genannte eigentümliche Makulaveränderung auch bei Amotio retinae (Tafelfig. 26, 27) und zwar besonders oft bei der posttraumatischen und der durch Chorioretinitis exsudativa bedingten, ferner bei schleichender Iridozyklitis (Tafelfig. 3), wo sie nicht selten vorübergehend auftritt, ferner regelmäßig und besonders schön bei Verschluß der Zentralvene und vereinzelt bei einigen anderen Hintergrundserkrankungen (Neuroretinitis luetica, Neuroretinitis bei Nebenhöhlenerkrankung, vereinzelt schwach angedeutet bei Neuritis retrobulbaris ex abusu, Tafelfig. 22, endlich hin und wieder deutlich bei entzündlichen (Tafelfig. 23) und bei senilen Neubildungen der Makulagegend). Tumorartige senile Schwellungen (seniler Pseudotumor) der Makulagegend (Possek, Leber, Krankheiten d. Netzhaut Dieses Handb. S. 2054, vgl. besonders die anatomischen Befunde von Axenfeld u. Elschnig, Klin. Monatsbl. f. Augenheilk. 62, S. 145) fanden wir bei Untersuchung im aufrechten Bild und im binokularen Ophthalmoskop im 7. und 8. Jahrzehnt nicht so selten. Ein flacher rundlich begrenzter Tumor, dessen Umfang die Fovea meist überschreitet, hat als Kuppe bald die gelbe Zone, bald erscheint letztere an den Abhang verlagert. Häufig ist sie deformiert; sie kann ferner abgeschwächt sein oder fehlen. Die Tumormasse und ihre Umgebung ist nicht selten von weißen Herden und von tiefschwarzen, manchmal verzweigten, gelegentlich zirkulär geordneten Pigmentherden durchsetzt. Auch kleine Blutungen haben wir vereinzelt beobachtet, und es ist dann die Differentialdiagnose gegenüber entzündlichen Prozessen keine leichte. Zystoide Degeneration fehlt meistens. Vom Abhang können radiäre Limitansfältchen ausgehen. Der »senile Makulatumor« tritt nach unseren Beobachtungen bald einseitig, bald beidseits auf und setzt den Visus dauernd hochgradig herab. Manchen bisher beschriebenen Fällen von seniler Makuladegeneration dürften bei Untersuchung mit binokularem Gullstrandschem Ophthalmoskop solche flache Tumoren zugrunde liegen.

Wie bei diesem senilen Foveatumor eine zystoide Zeichnung meist vermißt wird, so bei einer andern, ebenfalls noch kaum bekannten typischen Schwellung der Foveagegend: derjenigen bei Verschluß der Zentralarterie. (Auch diese überaus charakteristische, oft geradezu kegelförmige Schwellung der ganzen fovealen und zirkumfovealen Gegend pflegt man ohne Gullstrandsches binokulares Ophthalmoskop zu übersehen, trotzdem sie bei Arterienverschluß regelmäßig eine Reihe von Tagen oder Wochen zu beobachten ist[1]); ähnlich etwa wird die nach Contusio bulbi so häufige Papillenschwellung ohne das genannte Instrument übersehen.) Bis jetzt konnte ich in keinem Falle derartiger, durch Arterienverschluß bedingter Schwellung der Foveagegend zystoide Zeichnung nachweisen.

---

[1] Seltener ist die Schwellung flach, wobei die Papillengegend einbezogen ist, so bei dem 65jährigen G. K., der vor 9 Tagen an Arterienverschluß erblindet war.

Dagegen konnte ich sie fast regelmäßig bei dem ebenfalls mit enormer Schwellung der fovealen Partie einhergehenden Verschluß der Zentralvene finden (auch diese Schwellung der gesamten Foveagegend, welche eine Prominenz der Makulapartie veranlaßt, ist kaum bekannt[1]). Wir

Fig. 11.   Fig. 12.

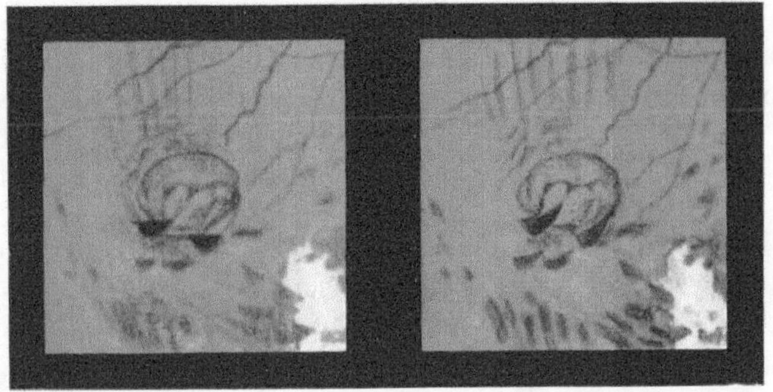

Zystenhyphämen in der Bienenwabenmakula des 67jährigen Hartmann, rechtes Auge. Bild vom 13. August 1920. 14 Tage vorher bestand lediglich zystoide Degeneration und Auftreibung der Makula mit Streifenhämorrhagien der Umgebung, zufolge Verschlusses des unteren temporalen Hauptvenenastes. Nach oben matte vertikale Netzhautfältchen (Textfig. 11 u. 12). 14 Tage später kamen die Zystenhyphämen der Textfig. 11 hinzu. Textfig. 11 zeigt die Hyphämen bei aufrechter Kopfhaltung, Textfig. 12 nach Liegen auf linker Kopfseite während einiger Minuten.

fanden letztere bei Beobachtung mit GULLSTRANDschem Ophthalmoskop regelmäßig. Ist nur ein Venenzweig betroffen, so ist die Schwellung auf den

---

[1] Die Prominenz betrug, refraktometrisch gemessen, in einem Falle über 1 1/2 mm.

Bei Verschluß der Zentralarterie hatte die Basis des Schwellungskegels, auf dessen Spitze die Makula saß, gelegentlich einen Durchmesser bis zu 5 P.D., so daß sie die Papille erreichte.

Kegelförmige Schwellung der Foveagegend erzeugen auch andere Retinitiden, z. B. Retinitis albuminurica, besonders diejenige mit Sternfigur der Makulagegend, Retinitis acuta centralis beliebiger Art, Chorioretinitis juxtapapillaris usw.

Die hochgradigen fovealen Schwellungen bei Gefäßverschluß werfen meines Erachtens ein Licht auf die immer noch rätselhafte Genese der sog. Leichenfalte der Netzhaut. Ist die kegelförmige Netzhautschwellung der Foveagegend die Folge einer akuten Zirkulationsstörung, z. B. des Verschlusses der Zentralarterie, so ist zu erwarten, daß sie auch kurz post mortem auftritt. Dies konnte ich in der Tat an frischen Leichenbulbi feststellen, die ich Herrn Kollegen HEDINGER verdanke, und die ich zusammen mit Herrn Assistenzarzt Dr. KLAINGUTI an der Spaltlampe untersuchte. Es bestand eine ganz ähnliche mächtige Schwellung der Foveagegend, wie bei Verschluß der Zentralarterie.

Ich fasse daher die Leichenfalte, die bekanntlich von der Papille in horizontaler Richtung über die Makula hinauszieht, diese deformierend, als den collabierten Zustand jener kurz post mortem auftretenden akuten Foveaschwellung auf. Die Richtung der Falte radiär zur Papille ist durch die Fixierung der Netzhaut an letztere ohne weiteres gegeben.

Wie allerdings die Schwellung selbst zustande kommt, bleibt ungeklärt. Denkbar ist, daß das reiche retrofoveale Choriokapillarnetz eine Rolle spielt.

Netzhautbereich dieses Zweiges beschränkt. So sah ich Fälle, in denen die eine (obere oder untere) Hälfte der Fovea samt angrenzender Netzhaut normales Niveau besaß, während die andere Hälfte die Schwellung aufwies. In die zystoiden Räume gelangt Blut, das häufig die Form und Lage kleiner Hyphämen annimmt und sein Niveau bei Änderung der Kopfhaltung mehr oder weniger rasch ändert (vgl. Textfig. 11 u. 12). Vgl. auch S. 38.

Auch bei von Idiotie begleiteter Schwachsichtigkeit fand ich Bienenwabenmakula (Tafelfig. 21). Makulaveränderungen dieser und anderer Art sah ich ferner mehrfach bei mongoloider Idiotie. Eine genauere Morphologie solcher Makulabefunde bei Idioten dürfte von Interesse sein, speziell auch im Hinblick auf Beziehungen zur TAY-SACHSschen Makulaerkrankung. Es tritt uns hier die Gehirnschicht der Netzhaut als Abschnitt des Zentralnervensystems entgegen.

Daß die zystoide Zeichnung in Verbindung mit Netzhautschwellung das einzige sichere Zeichen einer Retinitis subacuta sein kann, lehrt folgender Fall:

Die 45jährige Frau Nickmann klagt seit 6 Monaten über Sehstörungen rechts. Rechte S. $= {}^6/_{24}$ E. Wa. neg., keine Tbk., keine Beschläge. Lupenspiegel: Reichliche Staubtrübungen im Glaskörper, an der Spaltlampe sind es gelbliche Punkte. Foveale Partie verschleiert, nicht prominent. Makulagelb verwaschen (links normal). In der Makula die Zeichnung der Textfig. 13. Befund während Monaten nahezu stationär. Es handelt sich somit um anscheinend selbständige Retinitis mit zystoider Makuladegeneration und Glaskörpertrübungen. Das einzige sichere objektive Symptom ist die zystoide Makulaveränderung.

Zweimal konnte ich nach äquatorialer Halbierung frisch enukleierter Bulbi von Kindern mit perforierender, seit Wochen bestehender, infizierter Verletzung das Bild der Bienenwabenmakula am Spaltlampenmikroskop sehen. Es war hierbei stereoskopisch feststellbar, daß die Wabenzellen mit Flüssigkeit gefüllten Blasen entsprachen, die, wo sie oberflächlich lagen, die Limitans interna emporwölbten und die so dicht standen, daß sie sich gegenseitig abplatteten, wie dies Flüssigkeitsblasen zu tun pflegen. Die gesamte Makulagegend war verdickt und glaskörperwärts vorgewölbt. (Textfig. 14 ist nach einer mikrophotographischen Aufnahme eines solchen Falles gezeichnet.)

Fig. 13.

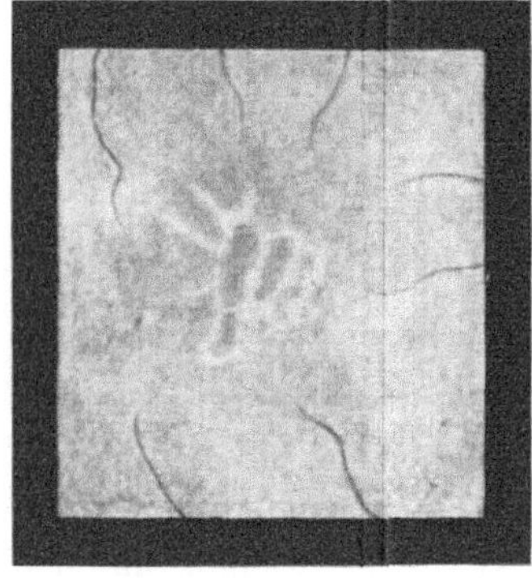

Zystoide Makuladegeneration als objektives Symptom von Retinitis diffusa centralis mit Glaskörpertrübungen. Die zystoide Zeichnung war 5 Monate nach Aufnahme des Bildes undeutlich, jedoch in der Makula feine weiße Streifchen. Glaskörpertrübung wieder stärker. Visus ⁶/₆₀.

Diese gegenseitige Abplattung ist auch ophthalmoskopisch am Lebenden sichtbar und besonders charakteristisch.

Anatomisch ist die zystoide Makuladegeneration schon mehrfach beschrieben worden. Bei Leber (dieses Handb.) u. a. sind eine Anzahl Abbildungen wiedergegeben.

Über die anatomischen Befunde von zystoider Degeneration der Makulagegend sei folgendes zitiert:

1. Retinitis pigmentosa. In einem von Leber genauer untersuchten Präparate Stocks von Retinitis pigmentosa (Stock, »Über eine besondere Form der amaurotischen Idiotie«. 33. Vers. d. Ophth. Ges. Heidelberg 1906, S. 48, ferner Klin. Monatsbl. f. Augenheilk. 1908, XLVI. Bd. und Leber in diesem Handb., Krankheiten der Netzhaut, S. 1681) zeigte die Makula das einemal spontane Lückenbildung in der äußeren Faser- und inneren Körnerschicht.

Die von Leber wiedergegebene Abbildung zeigt die zystenartigen, an einer Stelle konfluierten Lücken, welche durch schmale Wände von Stützsubstanz gegeneinander getrennt sind und wohl zu einem ophthalmoskopischen Makulabilde Anlaß geben würden, das dem von uns wiedergegebenen ähnlich wäre.

Leber bemerkt zu dem anatomischen Befunde u. a.: »An dem abgebildeten Schnitt nimmt die Lückenbildung genau die Mitte der Makula ein. Die äußeren Schichten sind hier sehr gut erhalten, nur an wenigen Stellen sind einige Zapfen ausgefallen. In der Mitte ist die Stelle der Fovea durch eine aus zweien nahezu zusammengeflossene, große Lücke verdickt, so daß hier die Retina nur noch eine ganz leichte Vertiefung zeigt. Die Lücke ist nach innen nur von einer minimal dünnen Gewebsschicht überbrückt. Nach beiden Seiten schließen sich kleinere und allmählich niedriger werdende Lücken der inneren Körnerschicht an, welche durch Pfeiler zusammengedrängter und hypertrophierter Stützfasern voneinander getrennt sind....

In den Lücken findet sich eine zarte Eiweißgerinnung.«

Fig. 14.

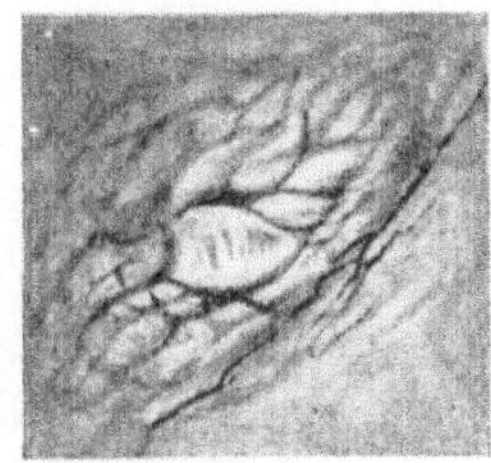

Zystoide Makuladegeneration bei sympathisierender Entzündung des linken Bulbus eines 5 jährigen Mädchens. Enukleation 4 Wochen post trauma, äquatoriale Eröffnung des frisch enukleierten Bulbus, Beobachtung und mikrophotographische Aufnahme am Spaltlampenmikroskop, 16 fache Linearvergrößerung.

Leber schließt aus dieser Beobachtung, daß eine Makulalochbildung durch derartige zystoide Degeneration denkbar sei. Eine solche Makulalochbildung ist von Noll (1908) in einem Falle von Retinitis pigmentosa in der Tat ophthalmoskopisch beobachtet worden. Schon 1885 hatte F. W. Hoffmann (Klin. Monatsbl. f. Augenheilk.) Gelegenheit, das Vorkommnis eines, wohl auf Lochbildung der Makula zu beziehenden Befundes bei einem Kinde mit Retinitis pigmentosa anzugeben.

Deutschmann (1914) fand bei einem 21 jährigen mit Pigmentdegeneration Behafteten beidseits ein $^1/_4$ P. D. großes Loch der Makula bei einer Sehschärfe von 0,5 und fehlendem Zentralskotom.

Nach diesen Beobachtungen dürfte künftig die Untersuchung der Makula bei Pigmentdegeneration mittels des rotfreien Lichtes ganz besonderes Interesse bieten, da wir mit dieser Lichtquelle nicht nur die Lochbildung, sondern auch die zystoide Entartung wahrnehmen können. Über Verwechslung von Zyste und Loch s. S. 40.

2. Amotio retinae. Zystoide Netzhautentartung ist auch bei Amotio retinae anatomisch erwiesen, sowohl in Form echter Zysten des Gewebes, als auch solcher durch Verklebung und Verlötung von Falten.

Die zystoide Degeneration kann dabei auf die Makulagegend lokalisiert sein und zu Lochbildung führen. Die Zysten können vereinzelt oder in großen Mengen vorkommen. Sie finden sich hauptsächlich in den äußeren Netzhautschichten. So fand Gonin (1904) an der Außenfläche einer abgelösten Netzhaut zahlreiche Zysten von Stecknadelkopf- bis Pfefferkorngröße, die zumeist aus der Zwischenkörnerschicht hervorgingen.

3. Iridozyklitis. In Fällen schwerer, mit Iridozyklitis verbundener Erkrankung des vorderen Bulbusabschnittes ist anatomisch zystoide Entartung der

Fig. 15.

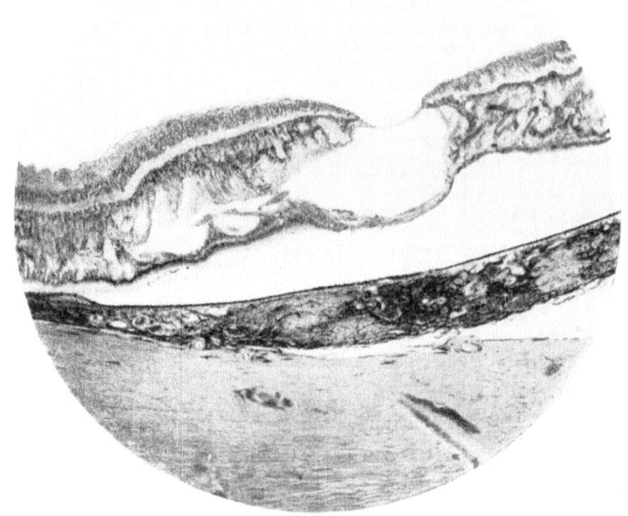

Zystoide Makuladegeneration bei Iridocyclitis sympathica.

Makula besonders von Nuël nachgewiesen worden, der die Erscheinung als »vesikuläres Ödem« der Makulagegend bezeichnet hat. Wie Fuchs, E. v.Hippel, Coats, Nuël (s. o.) fanden, kann dieses gleichfalls zu spontaner Makulalochbildung führen.

Auch hier sitzen die Zysten und Lücken hauptsächlich in der äußeren Faserschicht.

Es sei schließlich auf die kürzlich von Fuchs (v. Graefes Arch. f. Ophth. 97, S. 74. 1918) mitgeteilten anatomischen Beobachtungen von zystoider Makuladegeneration hingewiesen.

Die Mikrophotographie zweier Präparate, die ich der Güte von Herrn Hofrat Prof. E. Fuchs verdanke, gebe ich in Textfig. 15 und 16 wieder. Es handelt sich um einen Fall von sympathischer Augenentzündung nach Perforation (Textfig. 15) und um einen solchen von alter Skleralruptur (Textfig. 16).

Man beachte die teilweise Konfluenz und gegenseitige Abplattung der Zysten, die enorme Verdünnung der Vorderwand der Hauptzyste in Textfig. 15 wo offenbar Lochbildung bevorsteht und die Verdickung und Prominenz der gesamten Makulazone. (Eine solche Prominenz der zystoid degenerierten Makulagegend konnte ich gelegentlich schon ophthalmoskopisch feststellen, vgl. auch Textfig. 14.)

Stellt man sich vor, die Vorderwand der Hauptzyste von Textfig. 15 platze, so ist als nächste Folgeerscheinung anzunehmen, daß die entsprechende Lochbildung durch den Druck der angrenzenden Zysten durch Zusammendrängung verkleinert, unter Umständen sogar aufgehoben wird. Man wird also entweder an Stelle einer geplatzten Zyste eine entsprechende kleinere Lochbildung erwarten können, oder aber eine durch Platzen allmählich entstandene Lochbildung

Fig. 16.

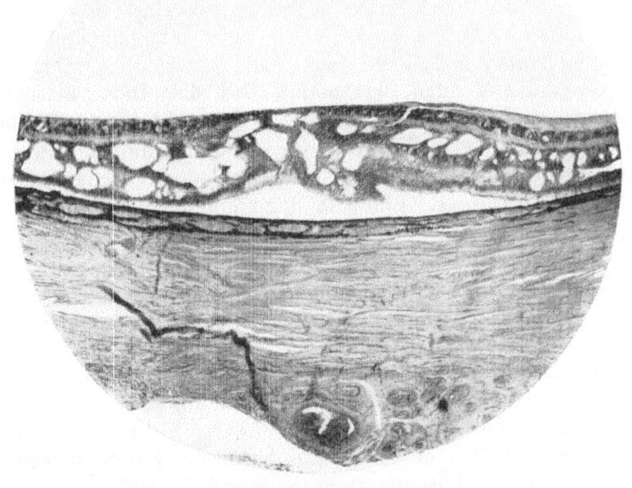

Zystoide Makuladegeneration bei alter Skleraruptur.

wird, zufolge der seitlichen Kompression, allmählich zum Schwinden gebracht. (Hierin liegt ein differentielles Merkmal gegenüber der wohl immer stationären posttraumatischen Lochbildung.) So erklärt sich wohl das spätere Verschwinden des Loches in Textfig. 23 und in einigen von uns im Laufe der letzten Jahre beobachteten Fällen von Iridozyklitis, Verschluß der Zentralvene und Retinitis pigmentosa, sowie vielleicht auch eine Beobachtung DEUTSCHMANNS von Ersatz einer spontanen Lochbildung durch Pigment (Zeitschr. f. Augenheilk., 27). Daß durch Schwinden der meist aus (hypertrophierten) Stützfasern gebildeten Seitenwände eine Konfluenz von Zysten zustande kommen kann, lehrt ein Blick auf die Textfig. 15 u. 16.

Die Zystenbildung zeigte in diesen Fällen noch folgende Einzelheiten:

Die foveale Netzhaut ist in beiden Fällen abgehoben, besonders stark im Falle der Textfig. 15 und zwar durch eine eiweißhaltige Flüssigkeit, die dieselbe schwache Färbung zeigt wie der Inhalt der Zysten. Alle Netzhautschichten der

Foveagegend sind durch Ödem hochgradig verdickt. Das Ödem gibt sich durch reichliche Vakuolenbildung und Flüssigkeitsansammlung in allen Schichten kund. Besonders im Falle der Textfig. 15 erscheinen die einzelnen Schichten durch lokale Flüssigkeitsdurchtränkung verbogen, so daß sie stellenweise wirr durcheinandergehen. Am stärksten leiden die Schicht der inneren Körner und die HENLEsche Faserschicht. Im Falle der Textfig. 16 ist zirkumfoveal hauptsächlich die Schicht der inneren Körner von der zystoiden Degeneration ergriffen, axialwärts besonders stark die äußere Körnerschicht. Eine Strecke weit ist in beiden Fällen die Limitans externa unterbrochen und es quellen die Zapfenkörner hier nach außen. Dabei sind im Falle der Textfig. 15 einzelne Zapfengruppen quer gestellt und im Schnitte quer getroffen. Auf eine beträchtliche Strecke sind die Außenglieder zerfallen und durch eine schlecht gefärbte, zum Teil aus kugeligen Gebilden zusammengesetzte Masse ersetzt. Stellenweise sind auch die Innenglieder verändert (gequollen und in kleine Kügelchen zerfallen). Die mächtige Hauptzyste dieses Falles ist gegen die Limitans interna durch ein dünnstes Gewebshäutchen, das 3 oder 4 Kerne aufweist, abgesetzt. Nasal und temporal von der Fovea typische Falten der Limitans interna und des oberflächlichen Teiles der (durch Ödem gequollenen) Faserschicht. (Nasal der Papille fehlen solche Falten regelmäßig.) Die Faltenbreite schwankt zwischen 52 und 105 Mikra, die meisten Fältchen messen 60—70 Mikra (in der Figur sind nur die nasal von der Fovea gelegenen Falten sichtbar). Die Aderhaut zeigt in diesem Falle das Bild der sympathisierenden Entzündung und ihre Dicke beträgt hinter der Fovea, wo ein mächtiges Infiltrat besteht, etwa das Vierfache der normalen.

Das Pigmentepithel zeigt relativ geringe Veränderungen. Hier und da ist es aufgelockert, stellenweise nahezu fehlend, an anderen Stellen bestehen lokale Wucherungen geringen Grades. Links in der Figur flache lokale Abhebung durch eine Blutung.

Unmittelbar post enucleationem eines perforierten, schwer entzündeten Bulbus beobachtete ich am Spaltlampenmikroskop ausgedehnte zystische Degeneration mit Vorwölbung des gesamten fovealen Bezirks. Es handelte sich um einen Fall von sympathisierender Entzündung nach Limbusperforation und es wurde am Spaltlampenmikroskop eine Mikrophotographie (16fache Vergrößerung) aufgenommen. Textfig. 14 ist nach dieser Photographie gezeichnet. Man beachte die Abplattung der Zysten, deren Inhalt wasserklar war. Die schwarzen Linien stellen Netzhautgefäße dar (zum Teil in einer Falte neben der Fovea liegend). Die mittleren Zysten wiesen gelbe Färbung ihrer Seitenwände auf.

Geschichtlich sei noch erwähnt, daß anatomisch die zystoide Degeneration der Makula zuerst von NAUMOFF (1890) nachgewiesen wurde, während die zystoide Veränderung des vorderen Netzhautabschnittes seit den 50er Jahren des vorigen Jahrhunderts bekannt und zuerst von IWANOFF (1869) genauer studiert wurde. Über die Literaturnachweise vgl. LEBER l. c.

Während somit eine Reihe anatomischer Befunde der zystischen, bzw. zystoiden Makuladegeneration vorliegen, ist die letztere ophthalmoskopisch zuerst von uns beobachtet worden (Korrespondenzbl. f. Schweizer Ärzte 1918, Nr. 18 und Klin. Monatsbl. f. Augenheilk. Okt. 1918).

Die zystoide Makuladegeneration betrifft nach den vorliegenden anatomischen Untersuchungen hauptsächlich die mittleren und tieferen Netzhautschichten. Es ist daher natürlich, daß sie im rotfreien Licht am deutlichsten in der Makulagegend zutage tritt. Peripher von der Makula wird sie von den oberflächlichen dickeren Schichten mehr oder weniger verdeckt. Es werden die Zystenwände in Fällen, in denen die Degeneration das makulare Gebiet überschreitet, in den peripheren Bezirken wesentlich undeutlicher als zentral. (Es bedarf oft großer Sorgfalt, insbesondere möglichster Annäherung des Spiegels an das Auge, um die periphere Wabenzeichnung zu erkennen.) Dazu kommt, daß, wie auch die anatomischen Befunde lehren, die zystoiden Bildungen im fovealen Abschnitt am größten sind.

Wie verhält sich die Makulafarbe im Bereiche der Zysten? Im allgemeinen ist sie abgeschwächt. Regelmäßig fand ich die sagittal, also senk-

Fig. 17.   Fig. 18.

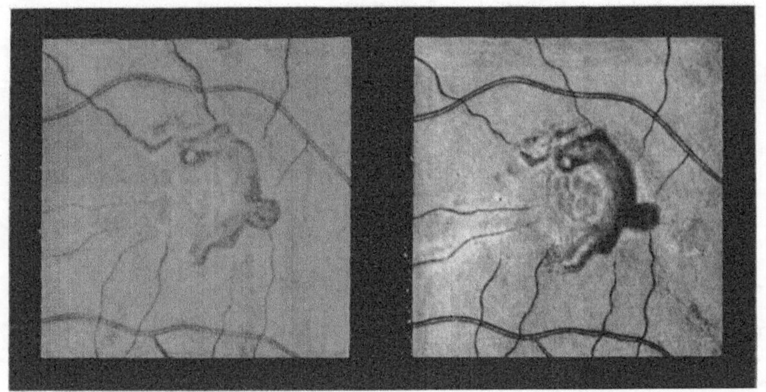

Zystoide Degeneration der Makula mit bogenförmiger temporal und oben die Makula umfassender Blutung, die im rotfreien Licht schwarz erscheint (Textfig. 18). Im gewöhnlichen Licht (Textfig. 17) ist von der zystoiden Degeneration nichts zu sehen. Im rotfreien Licht treten die Wabenwände gelb hervor (ein Zeichen dafür, daß die Wabenwände aus fester Makulasubstanz bestehen, während der ungefärbte Zysteninhalt flüssig ist). Die gelbe Wandfarbe ist ein Beweis dafür, daß das Makulagelb nicht durch Kontrastwirkung oder durch Durchschimmern des Pigmentepithels zustande kommt, sondern auf einem gelben Farbstoff beruht. — Es handelt sich um die linke Makula des 64jährigen Joh. Schürmann, der uns am 11. Mai 1920 wegen Sehstörung links konsultierte. L. S. = Fingerzählen in 2½ m. Hyperm. 1,0. R. S. = 1 (H. 1,0). Spontane zirkummakuläre Blutung. Wassermann negativ. Urin ohne Befund. Textfig. 17 und 18 stammen vom 14. Juni 1920. Am 23. September 1920 bestand statt der Blutung ein schwarzer Pigmentherd, Visus unverändert.

recht zur Limitans interna stehenden Zystenwände im Bereich der zentralen Makulazone deutlicher gelb, als die anstoßenden Zystenteile. Nicht oder nur andeutungsweise gelb erscheinen die von diesen Seitenwänden eingeschlossenen Partien selbst. Es heben sich somit in dem Wabenbilde die Wabenwände gelb vom Inhalte ab (Tafelfig. 3, 19—27 und Textfig. 17 und 18).

Die Zystenmakula bietet also dasjenige optische Verhalten, das man erwarten muß, wenn die Netzhautmakula eine gelbe Eigenfarbe besitzt: die Farbe der Gewebssubstanz selber tritt hervor. (Wäre dagegen die gelbe Makulafarbe nur die Farbe des hinter ihr liegenden Epithelpigments, so wäre das eben geschilderte Verhalten nicht verständlich.)

Ein besonders instruktives Bild lieferte ein Fall von Verschluß der Zentralvene bei dem 46jährigen S. (Klin Monatsbl. f. Augenheilk. 61 S. 390, 1918). Hier hatte sich Monate nach Eintritt des Verschlusses eine zystoide Degeneration bis weit über die Fovea hinaus gebildet, und zwar unter Ansammlung von Blut in einzelnen Zystchen. (Textfig. 19 und 20.) Die Zystchen waren vom Blut nur teilweise ausgefüllt, so daß Hyphämen bestanden. Diese kleinen Hyphämen verschoben sich der Schwere nach, je nach der Kopfhaltung des Patienten. Neigte er den Kopf nach rechts, legte er sich z. B. für eine oder zwei Minuten auf die Seite, so rutschte das Blut in den Zystchen nach rechts (Textfig. 20), und umgekehrt. Gleichzeitig wurde im Bereiche der blutfreien Zystenpartie vorübergehend eine leichte Aufwirbelung des Blutes feststellbar, so daß sich der klare Zysteninhalt über dem Hyphäma eine Zeitlang etwas trübte. Der Zystencharakter wurde also durch diese Hyphämen besonders schön demonstriert.

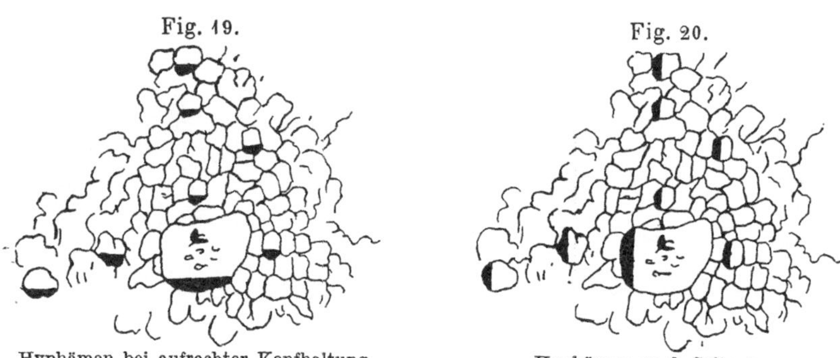

Fig. 19.

Fig. 20.

Hyphämen bei aufrechter Kopfhaltung.

Hyphämen nach Seitenlage.

Seither gelang es uns noch mehrfach, ja in fast allen Fällen von Verschluß der Zentralvene, derartige bewegliche Hyphämenbildungen von Halbmondformen wahrzunehmen (vgl. z. B. Fig. 11 und 12, S. 31).

Die zystoide Degeneration selber pflegt erst Wochen oder Monate nach Eintritt der Netzhautschädigung aufzutreten.

Was die Größe der einzelnen makulären Zysten betrifft, so erreichte sie in den bisher beobachteten Fällen niemals die Ausdehnung der gelben Zone. Doch blieb sie vereinzelt nicht weit darunter.

Aufgefallen ist mir in den Fällen von Retinitis pigmentosa mit zentraler Zystenbildung die relativ gut erhaltene zentrale Sehschärfe. Sie kann 0,25—0,5 und mehr betragen, was wohl auf die relativ gute Erhaltung der Neuroepithelschicht hinweist.

Die Zystenbildung ist stets der Ausdruck einer längere Zeit stationären Erkrankung.

Die Zysten können sich im weiteren Verlaufe früher oder später zurückbilden und vollkommen verschwinden, was das Gewöhnliche ist, oder aber zu Lochbildungen führen.

So sah ich sie wiederholt bei Iridocyclitis subchronica im Verlaufe von Monaten wieder vollkommen verschwinden. Ähnlich in Fällen von Venenverschluß und von jugendlicher Retinitis pigmentosa.

Nach iridozyklitischer Makulaerkrankung kann ferner eine weiße Marmorierung zurückbleiben, die feinen weißen Fleckchen können radiär gruppiert sein.

Auf die besondere Häufigkeit der Makulaerkrankung bei Iridozyklitis weist kürzlich wieder P. C. Zeemann hin (v. Graefes Arch. f. Ophth. 112, Heft 2, S. 164 ff.), nachdem schon früher O. Haab Veränderungen der Makula bei Iridozyklitis beobachtet hatte. Meller, Lippmann u. a. machten auf die zentralen Sehstörungen aufmerksam. Daß die zuerst von mir nachgewiesenen objektiven Veränderungen nicht allgemeiner bekannt sind, darf wohl z. T. als eine Folge der Vernachlässigung des aufrechten Bildes betrachtet werden.

In anderen Fällen konnte der klinische Nachweis geliefert werden, daß die hier geschilderte Zystenbildung zu Makulalochbildung führt. Z. B. hatte ich in dem oben erwähnten Falle M. M. (zystoide Degeneration der Makula bei Retinitis pigmentosa) die Zystenbildung mehrfach genau kontrolliert und abgebildet. Sie war monatelang stationär geblieben. Heute $2^1/_2$ Jahre später, besteht anscheinend ein Makulaloch (Tafelfig. 20). Im Grunde des Loches noch makuläre Gewebsreste und Zystenwände[1].

Auch in Fällen von Amotio sah ich Lochbildung nach zystoider Degeneration auftreten.

Für derartige Lochbildung möchte ich den Ausdruck »metazystische Lochbildung« (im Gegensatz zur traumatischen) vorschlagen. Da das Loch durch Platzen einer (oberflächlichen!) Zyste zustande kommt, so wird meist im Grunde solcher Löcher noch Gewebe, z. B. der Neuroepithelschicht erhalten sein, so daß im Gegensatz zur posttraumatischen Lochbildung nicht eine Totalperforation vorzuliegen braucht.

Der Übergang der zystoiden Degeneration in die Lochbildung ergibt sich als wahrscheinlich auch aus anatomischen Befunden.

Z. B. ist in dem bereits zitierten Stock-Leberschen Falle von Retinitis pigmentosa oder noch mehr in dem Falle unserer Textfig. 15 die größte der Makulazysten dem Platzen nahe. Nur noch die Limitans interna trennt die Zyste vom Glaskörper. Leber selber zitiert ferner aus der Literatur einige ophthalmoskopisch beobachtete Fälle von Makulalochbildung bei Retinitis pigmentosa. Doch sind aus nachher zu erörternden Gründen manche bisherige Diagnosen von »Makulaloch« mit Vorsicht aufzunehmen.

Das **Makulaloch**[2] im allgemeinen, also sowohl das eben geschilderte »metazystische« als auch das traumatische, zeigt im rotfreien Licht interessante und lehrreiche Bilder.

[1] Nach weiteren 5 Jahren unscharfe, zystoide Zeichnung, keine Zeichen von Lochbildung!

[2] Foramen maculae. Das »foramen centrale« der alten Autoren (Th. Sömmering 1791), das als physiologisch galt, war bekanntlich eine Leichenerscheinung.

Die Einzelheiten sind in mancher Hinsicht wesentlich feiner und klarer als im gewöhnlichen Licht, dies schon deshalb, weil im rotfreien Licht das Loch schwarz aus weißem bis weißgrünem Grunde sich abhebt, während es im gewöhnlichen Licht, weil dunkelrot auf rotem Grunde, weniger gut hervortritt. Die Lochränder heben sich im rotfreien Licht schärfer ab und auch ohne das Mittel der Parallaxe tritt in einzelnen Fällen der Niveauunterschied zwischen Lochgrund und Rand deutlich zutage, indem (ähnlich wie bei der zentrischen Ophthalmoskopie von GULLSTRAND) mit unserer Lichtquelle eine Art gut begrenzter fokaler Beleuchtung möglich ist, welche die Niveaudifferenzen des Fundus unterscheiden läßt[1]).

Trotzdem ist die Differentialdiagnose zwischen Zysten- und Lochbildung nicht immer leicht, und es erscheint mir denkbar, daß bisher, d. h. so lange man an die Möglichkeit einer Zystenbildung noch nicht dachte, eine größere oberflächliche Zyste wohl stets für ein Makulaloch gehalten wurde. Zeigt uns doch z. B. die zitierte anatomische Abbildung von LEBER wie auch unsere Textfig. 15, daß das Dach einer Zyste außerordentlich dünn und daher ophthalmoskopisch schwer nachweisbar sein kann.

So sind z. B. eine Reihe von uns festgestellten, im rotfreien Licht sicheren Cystenmaculae, die später wieder verschwanden, von guten Beobachtern zunächst als Lochbildungen angesprochen worden.

Wir sind bei der Diagnose auf die Feststellung eines scharf begrenzten Lochrandes angewiesen. Auch wird eine Steigerung der Opazität des Gewebes, wie sie uns das rotfreie Licht bietet und die Vermeidung störenden Nebenlichtes (»fokale Belichtung«) von Nutzen sein.

In den von mir bis jetzt im rotfreien Licht beobachteten Fällen von Makulaloch — meist handelt es sich um traumatische Lochbildung — war der Grund des Loches stets schwarz oder schiefergrau, nie gelb. In einem Falle der oben erwähnten metazystischen Lochbildung (Tafelfig. 23) war ein Stückchen des Grundes lebhaft gelb. Dabei war erkennbar, daß die gelbe Partie einen Fetzen restierenden Makulagewebes darstellte. Die Oberfläche dieses Fetzchens lag eine Spur höher als der eigentliche dunkle Grund.

Einen ähnlichen derartigen Fall (Amotio retinae unbekannter Ursache bei 12jährigem Knaben) gebe ich in Tafelfig. 26, 27 wieder. Auch dieser

---

1) Dagegen treten im gewöhnlichen Licht, wie ein Vergleich von Tafelfig. 24 bis 27 lehrt, weißlich-trübe an das Loch angrenzende Stellen der Netzhaut deutlicher zutage als im rotfreien. Auch ist eine von mir oft beobachtete feine Höckerung der Netzhautoberfläche (in der Umgebung des Loches, Tafelfig. 27) im gewöhnlichen Licht deutlicher. Diese Höckerung wird vielleicht durch besonders feine zystoide Räume verursacht. Ich sah sie deutlicher im indirekten als im direkten Licht. In einigen Fällen zeigten die im indirekten Licht sichtbaren Höcker bei direkter Belichtung gewöhnlichen Bienenwabentypus.

Fall von Lochbildung konnte in seiner Genese verfolgt werden. Die Amotio retinae des emmetropen Auges trat anscheinend spontan auf. Es bestand bei der ersten Untersuchung das Bild der zystoiden Makuladegeneration. Ein halbes Jahr später war eine oberflächliche Zyste geplatzt. Im Grunde des Loches sind heute noch einige kleine Zysten bzw. Zystenreste vorhanden (vgl. auch ähnliches in Tafelfig. 24). Die Netzhaut der Makulagegend war in diesem Falle stets angelegt. Die Gelbfärbung der Makula hatte stark gelitten.

Der Lochgrund zeigte einen Konkavspiegelreflex.

Da die ganze Makulagegend stark emporgewölbt war, mußte als wahrscheinlich gelten, daß der Reflex nicht von der Limitans interna stamme. Denn die letztere würde, wenn sie noch erhalten wäre, über die Zyste nach vorne gewölbt sein.

Von großem Interesse ist bei Bienenwabenmakula die Verschieblichkeit eines eventuell vorhandenen Reflexes. Ein weißer Konvexspiegelreflex (vgl. S. 19 und Tafelfig. 3) wird wohl immer einer Vorwölbung der Limitans interna entsprechen und somit vor der Diagnose Lochbildung schützen.

Auch die genannten zystischen Überreste im Grunde des Loches bilden ein differentialdiagnostisches Merkmal der metazystischen gegenüber der posttraumatischen Lochbildung. Endlich darf differentialdiagnostisch nicht übersehen werden, daß die zystoide Degeneration häufig nach Wochen oder Monaten wieder spurlos verschwindet (vor allem sah ich dies bei Iridozyklitis, Retinitis pigmentosa und Verschluß der Zentralvene), während die (traumatische) Lochbildung persistent ist.

Ist in der Umgebung des Loches noch restierendes Makulagewebe vorhanden, wie dies zuweilen bei posttraumatischem Loch der Fall ist, so zeichnet sich dieses Gewebe durch die erhalten gebliebene gelbe Farbe aus (z. B. Tafelfig. 28).

Auch die Lochbildung der Makula zeigt also dasjenige optische Verhalten, das erwartet werden muß, wenn die Eigenfarbe der Netzhautmakula gelb ist.

In Fällen von metazystischer Lochbildung und Scheinlochbildung besteht öfter nicht nur im Grunde, sondern auch häufig noch in der Umgebung des Loches Wabenzeichnung, zufolge zystoider Degeneration (Fig. 3, 19 bis 27).

Hierin liegt, soweit meine bisherigen Beobachtungen reichen, ein weiteres differentialdiagnostisches Merkmal der degenerativen gegenüber der traumatischen Lochbildung. Dabei ist an unsere oben mitgeteilte Feststellung zu erinnern, daß die posttraumatische Amotio retinae ebenfalls zu zystoider Makuladegeneration und damit auch zur Lochbildung vom degenerativen Typus neigt. Wir können hier nur von einer indirekten traumatischen Lochbildung sprechen.

Bei traumatischer Lochbildung fand ich im Grunde des Loches lange Zeit noch feine weiße Glitzerpünktchen (Tafelfig. 28), herrührend wohl von Zerfallsprodukten, wie Myelin, Cholesterin oder ähnlichem. Auch in der vor dem Loch liegenden Glaskörperpartie konnte ich im rotfreien Licht dieselben glitzernden Pünktchen schweben sehen (ähnliches ist schon von früheren Beobachtern mitgeteilt worden).

In einem Falle handelt es sich um Kryställchen, die bis zur Linse nachweisbar waren und hier die Umgebung des Hyaloidearestes einnahmen, so daß an eine Ausbreitung via canal. hyaloid. gedacht werden konnte.

Zusammengefaßt ergeben sich folgende differentialdiagnostische Merkmale.

1. Bienenwabenmakula (eventuell mit Vortäuschung eines Makulaloches). Häufig, bei jugendlicher Ret. pigmentosa, Amotio retinae, Iridocyclitis chr., Verschluß der Zentralvene usw.

Makulagegend flach oder prominent, wabenartige Zeichnung, mittlere Wabe öfters am größten, ein Loch vortäuschend.

Bei indirekter Beleuchtung häufig Maulbeermakula.

Ränder des Scheinlochs nicht sehr scharf.

Bisweilen gleichsinnig verschieblicher Makulareflex.

Prämakulärer Glaskörper ohne Glitzerpünktchen.

Zentrale Sehschärfe nicht sehr verändert.

Häufig ist die Bienenwabenmakula ephemerer Natur, verschwindet nach Wochen bis Monaten.

2. Metazystisches Loch. Selten. Entstehung aus Bienenwabenmakula. Wurde bisher sicher oft verwechselt mit grober Zystenbildung bei Bienenwabenmakula.

Makulagegend flach oder prominent, Parallaxe der scharfen Ränder mit dem Grunde.

Im GULLSTRANDschen binokularen Ophthalmoskop: Vertiefung, ebenso bei indirekter Belichtung.

Im Lochgrund gelegentlich gelbe Makulafetzen.

Umgebung des Loches mit Bienenwabenzeichnung.

Makulareflex, wenn vorhanden, wohl meist entgegengesetzt verschieblich.

Prämakulärer Glaskörper ohne Glitzerpünktchen. Zentrale Sehschärfe stark vermindert.

Das Loch ist wohl häufig ephemerer Natur oder verkleinert sich nach Wochen und Monaten.

3. Traumatisches Loch.

Nach Contusio bulbi:

Makulagegend nicht prominent: Scharfe Parallaxe der wie ausgestanzten Lochränder.

Im binokularen Ophthalmoskop: Vertiefung, ebenso bei indirekter Belichtung.

In der Lochumgebung gelegentlich Reste von Gelbfärbung.

Umgebung des Loches ohne Bienenwabenzeichnung. Makulareflex, wenn vorhanden, ungleichsinnig verschieblich.

Prämakulärer Glaskörper oft mit Glitzerpünktchen.

Zentrale Sehschärfe hochgradig vermindert.

Lochbildung wohl meist konstant, durch Jahrzehnte unverändert.

Das Pigmentepithel und die Chorioidea im Grunde des Loches können erhalten sein. In anderen Fällen sind sie rarefiziert, die Sklera scheint durch, und es bestehen Pigmentwucherungen.

Unklar blieb mir die Genese einer wenigstens lochähnlichen Bildung, welche in Textfig. 21 u. 22 wiedergegeben ist. Der 50jährige Joh. Schüepp bemerkte vor einiger Zeit, daß er links schlechter sehe. Nie Trauma. Linke S. $= < 0{,}1$, rechte S. $= 1$ (M. 1). Ophthalmosk. kreisrunder Herd der linken Makula von $1/2$ Papillendurchmesser, der im binokularen Ophthalmoskop scharf abgegrenzt und flach exkaviert erscheint. Der umgebende Wall senkt sich ähnlich wie bei einem Loch mit scharfer Grenze gegen die Vertiefung ab. Im rotfreien Licht bildet

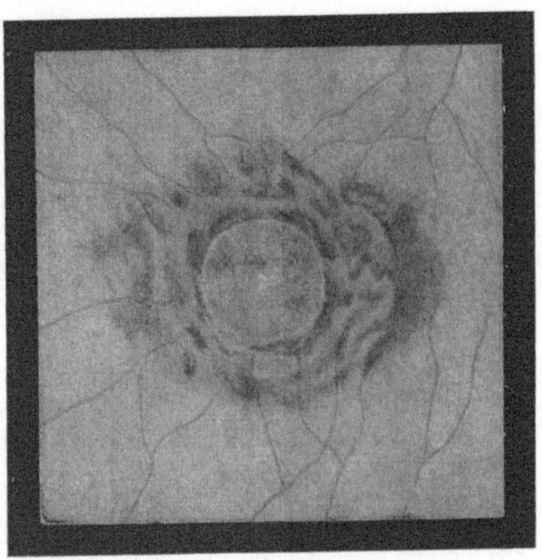

Fig. 21.

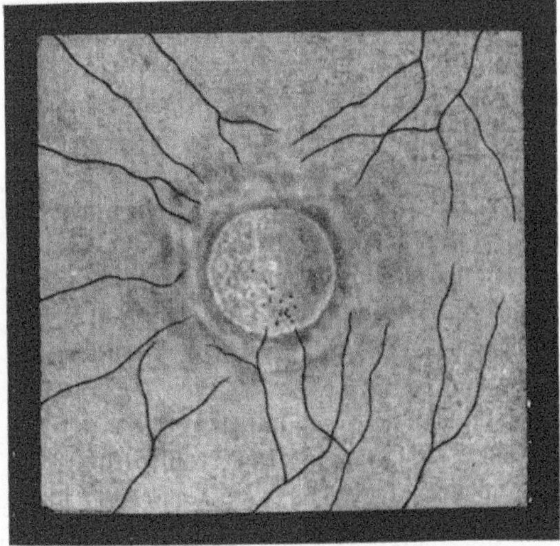

Fig. 22.

Textfig. 21 und 22. Lochähnliche Bildung der Makula unbekannter Ursache. Im rotfreien Licht (Textfig. 22) sind die im gewöhnlichen Licht (Textfig. 21) sichtbaren, leicht durchschimmernden Aderhautstämme nicht zu sehen, dagegen sind noch Makulagelb und ein Makulareflex vorhanden, woraus auf Netzhautgewebe im Lochgrunde geschlossen werden darf.

die Grenze der Vertiefung ein weißes Rändchen, mit dem die Exkavation beginnt. Makulagelb besonders nasal kräftig, zentral fast fehlend, kleiner zentraler Konkavspiegelreflex. In der Umgebung der lochähnlichen Veränderung Verschiebungen und Verdichtungen des Pigmentepithels (Textfig. 21). Unten zieht ein Netzhautgefäßchen über den Rand. Im Loche selber scheint das Pigmentepithel rarefiziert zu sein, indem hier grobe Chorioidalgefäße durchschimmern (Textfig. 21), von der Choriokapillaris ist nichts zu sehen.

Von einer gewöhnlichen traumatischen Lochbildung unterscheidet sich die vorliegende Veränderung dadurch: 1. daß die Ränder nicht steil, ausgestanzt, in das Loch abfallen, sondern daß letzteres zwar eine sehr scharf begrenzte, aber flache Grube darstellt, 2. daß die Netzhaut und damit ihr gelber Farbstoff im »Loche« erhalten sind, wenn sie auch stark rarefiziert erscheinen. Pigmentepithel und Choriokapillaris scheinen gelitten zu haben.

Differentialdiagnostisch mit Lochbildung kommt die senile Makulaerkrankung in Betracht, die in diesem Falle allerdings ganz ungewöhnlicher Art wäre.

Eine ebenfalls seltene, bis jetzt nicht beschriebene, vielleicht kongenitale Lochbildung ist in Tafelfig. 29 dargestellt. Das Loch ist sehr klein, etwa vom Durchmesser eines starken Gefäßes. Ich fand diese »feine zentrale« Lochbildung bisher zweimal, und zwar wurde sie deshalb entdeckt, weil seit früher Jugend Herabsetzung der Sehschärfe vorlag, die dann zur ophthalmoskopischen Untersuchung führte. Im gewöhnlichen Licht war von der Lochbildung nichts zu sehen. Sie wurde erst im rotfreien Lichte aufgefunden. In dem einen Falle handelte es sich um eine 58jährige Frau E. G., in dem anderen Falle um den 28jährigen Soldaten Jakob Ch.

Bei der Frau hat das Loch Nierenform, mit Andeutung eines Septums. Lochbreite = $1—1^{1}/_{2}$ der Breite einer Hauptvene. Dicht oberhalb des Loches eine schiefergraue Partie mit feinen unscharfen Septen. Bestand hier angeborne Veränderung bzw. sehr alte zystoide Degeneration?

Einige Reflexe der Makulaumgebung, die am anderen Auge fehlten, sprachen für alte entzündliche Veränderungen, so daß hier vielleicht eine allerdings besonders kleine Lochbildung zufolge zystoider Veränderung vorliegt.

Rätselhaft ist die kleine zentrale Lochbildung auch im anderen Falle (J. Ch., Tafelfig. 29). Das rechte Auge war schon in der Schule das sehschwächere (heute S. = schwach $^{6}/_{36}$, kleines absolutes Zentralskotom).

Die Anamnese ergibt keine Verletzung, auch kein Geburtstrauma. Lochränder scharf, fein gezackt, gute Parallaxe mit dem Grund. Feiner zentraler Reflex[1]).

---

1) Bei einem 24jährigen mit beiderseitiger Makulalochbildung nahm Deutschmann (Beiträge 1914) angeborene Lochbildung an (die Eltern des Mannes waren blutverwandt, es bestand jedoch keine Pigmentdegeneration. Visus 0,5 und leichte

Es unterscheidet sich nach dem Gesagten das klinische Bild dieser feinen (im gewöhnlichen Lichte in beiden genannten Fällen nicht nachweisbaren) Lochbildung sehr wesentlich von dem des großen »metazystischen« oder des traumatischen Loches. Letzteres nimmt den überwiegenden Teil des gelben Bezirkes ein und es läßt sich meist ein Trauma oder eine zystoide Degeneration bzw. eine schwere Bulbuserkrankung als Ursache nachweisen. Bei der feinen zentralen (vielleicht angeborenen) Lochbildung ist die Lochform atypisch und nimmt nur einen Teil des gelben Bezirkes ein[1]).

Eine andere offenbar ebenfalls seltene, vielleicht eine angeborene Makulaveränderung sah ich bei einer 45 jährigen Frau. Es handelt sich um eine dreieckige Vertiefung von etwa $1/4$ P. D. (Lochbildung?) temporal neben dem gelben Fleck des linken Auges. Der Grund der Vertiefung ist im gewöhnlichen Licht, wo sie kaum erkennbar ist, rot, im rotfreien schiefergrau. Die Umrandung ist leicht gelblich. Anderes Auge ohne Besonderheit.

Eine viel häufigere und zwar physiologische zentrale Grubenbildung (grubenartige Vertiefung) bei einem 20 jährigen mit S. = 1 ist in Tafelfig. 30 dargestellt. In der Makulamitte eine rundliche dunkle Vertiefung, etwa vom Durchmesser eines starken Gefäßes, ziemlich gut gegen die Umgebung abgegrenzt. Peripher der Fovea präretinale Reflexlinien (nach Kontusion). Am anderen Auge eine ähnliche zentrale Grube, woraus folgt, daß die Grube des verletzten Auges nichts mit dem Trauma zu tun hat. Beiderseits zentraler Reflex vorhanden, rechte Sehschärfe und linke Sehschärfe = schwach 1.

Von einer Lochbildung unterscheidet sich diese Grube dadurch, daß die Ränder nicht so scharf sind und daß der Grund bei guter Belichtung eine gelbe bis gelbbräunliche Farbe aufweist. Aber der Grund zeigt deutliche parallaktische Verschiebung mit dem Rand. Daß in solchen Fällen die Makula physiologischerweise eine zentrale Grubenbildung zeigen kann, welche bei oberflächlicher Betrachtung eine Lochbildung vortäuschen kann, geht auch aus Betrachtung von Tafelfig. 31 hervor (vgl. auch den Text zu Tafelfig. 30 und 31). Von Bedeutung für die Unterscheidung von einem Loch ist unter Umständen auch die normale Beschaffenheit des Makularreflexes (vgl. S. 344).

Im gewöhnlichen Lichte sieht man derartige zentrale Grubenbildungen nicht.

Gesichtsfeldeinschränkung). Es erscheint heute denkbar, daß in diesem Falle zystoide Degeneration die Ursache des Lochbildes war. Über einen nur im rotfreien Licht sichtbaren kleinen zentralen Makuladefekt berichtet Jess (Klin. Monatsh. f. Augenheilk. 64. S. 203. 1920).

[1]) Eine besonders feine (posttraumatische) Lochbildung ist anatomisch durch Coats (Ophth. Hosp. Rep. XVII, 1907) festgestellt worden. Während das traumatische Makulaloch durchschnittlich $1/3$—$1/2$ P. D. mißt, also etwa der Ausdehnung der gelben Zone entspricht, war dasselbe in Coats Fall nur 0,1 mm weit.

Geschichtlich sei in bezug auf die Makulalochbildung erwähnt, daß anatomisch die spontane Lochbildung zuerst von Pagenstecher und Genth (Atlas 1875) nachgewiesen wurde. Die traumatische Lochbildung stellte zuerst Noyes (1871) fest und zwar bei Amotio, bei angelegter Netzhaut Ogilvie (1900).

Ophthalmoskopisch sahen die posttraumatische Lochbildung fast gleichzeitig zuerst Haab und Ogilvie (1900), während die spontane Lochbildung ophthalmoskopisch zuerst 1900 von Kuhnt konstatiert wurde (nach Leber, l. c., wo sich die Literatur verzeichnet findet).

Die zystoide Degeneration der Makula (Bienenwabenmakula), sowie die daraus resultierende Lochbildung (metazystische Lochbildung) sind ophthalmoskopisch zuerst von uns (1918 und 1921) nachgewiesen worden. Beiträge zur Bienenwabenmakula hat in neuester Zeit Candian geliefert (1921).

d) Starke Abschwächung, Fehlen oder Schwund der Gelbfärbung der Makula und vollständiges Fehlen der letzteren.

Form und Ausdehnung, sowie Farbensättigung des gelben Bezirks erscheinen von pathologischen Netzhaut- und Aderhautprozessen, wie zum Teil bereits erwähnt, stark beeinflußt. Es gibt ferner, wie hier gezeigt werden soll, eine angeborne und vererbte Abschwächung, sowie ein angebornes und vererbtes Fehlen der gelben Makulafarbe. Davon zu trennen sind diejenigen Fälle, in denen auch noch die Makulagrube fehlt, also weder ein Wall- noch ein Makulareflex, noch eine gelbe Farbe nachweisbar sind. Wir werden im folgenden sehen, daß die letzteren Fälle einen geschlechtsgebunden-rezessiven Defekt darstellen können.

Bei der Beurteilung der Gelbfärbung ist der Zustand der brechenden Medien zu berücksichtigen.

Der Grad der Gelbfärbung der Linse influenziert zunächst in hohem Maße nicht nur die gesamte Fundusfarbe, sondern auch die Deutlichkeit der gelben Makulazone. Wer sich dies veranschaulichen will, vergleiche den aphakischen Fundus mit dem linsenhaltigen desselben Individuums. Die rotfreien Strahlen werden nämlich beim Ophthalmoskopieren zweimal durch die Linse des Untersuchten filtriert und es dominiert dadurch in dem Filtrate entsprechend das Gelb. Bei intensiv gelber oder gelbbrauner Linse, wie gelegentlich im hohen Alter, kann es vorkommen, daß das Makulagelb nur noch undeutlich erkannt wird, auch wenn es im aphakischen Auge lebhaft ist.

Auch Medientrübungen, z. B. des Glaskörpers, erzeugen eine wärmere Fundusfarbe. So erscheint bei diffusen Staubtrübungen, z. B. zufolge Blutung, der Fundus in besonders gelber Farbe. Instruktiv ist folgender Fall von beiderseitiger Aphakie nach Starextraktion bei einem 70 jährigen. Durch Kuhhornstoß trat rechts Hämophthalmus auf mit Irideremia totalis. Als der Glaskörper soweit aufgehellt war, daß der Fundus bequem gesehen werden konnte, zeigte der letztere noch einen so lebhaft gelben Ton, daß das Makulagelb nicht erkennbar war. Die Spaltlampe erwies im Glaskörper reichliche staubförmige, gelblich glänzende Einlagerungen, wie man sie nach Blutungen stets findet. Am anderen Auge normale Fundusfarbe mit gelber Makula.

Wie die Makula und der übrige Fundus dem Untersucher mit stark gelber Linse (bzw. bei stark gelber Linse des Untersuchten) im rotfreien Licht erscheinen, genauer ausgedrückt, in welchem Farbenkontrast sie erscheinen, davon können wir uns einen Begriff machen, wenn wir ein Glasstückchen von gelber Farbe über die hintere Öffnung des Ophthalmoskops kleben. Wir erkennen sofort, daß der Kontrast zwischen Makula- und Fundusfärbung gelitten hat und daß uns z. B. die Papilla nervi optici in stärker gelber Farbe erscheint, als ohne jenes Glas.

Die Beobachtung eines möglichst weißen Hintergrundsbezirkes, also z. B. der Papille, mittelst rotfreiem Ophthalmoskopierlicht, gibt uns nach dem Gesagten eine gute Vorstellung von dem Grade der Linsengelbfärbung.

Die letztere selber können wir unmittelbar mittelst Spaltlampe erkennen (vgl. A. Vogt, Atlas der Spaltlampenmikroskopie. Julius Springer, 1921).

1. Fehlen oder hochgradige Abschwächung der gelben Zone in normalem Fundus.

Daß die gelbe Makulafarbe in anscheinend normalen Augen, häufiger in pathologischen, ganz oder fast ganz fehlen kann, ist von mir schon vor Jahren beobachtet und mitgeteilt worden.

Ein solches Fehlen bzw. hochgradige Abschwächung habe ich u. a. in folgenden beiden Fällen feststellen können.

Fall 1. 41jähriges Fräulein St., Lingère, mit verheilter Hüftgelenktuberkulose, welche sie als Kind durchmachte und allgemeinen anämischen Erscheinungen mäßigen Grades. Das rechte Auge ist gesund und emmetrop, das linke seit einem halben Jahre an rezidivierender schleichender Zyklitis mit Präzipitaten krank, zurzeit keine Präzipitate.

Das gesunde Auge hat eine zentrale Sehschärfe von nur 0,5. Durch Gläser ist sie nicht zu heben. Links S. == schwach 0,5. An beiden Augen ist im rotfreien Licht keine gelbe Zone erkennbar. Ein zentraler Reflex fehlt. Fundus beiderseits ohne Besonderheit, insbesondere auch ohne abnorme Pigmentierung. Zur Zeit der Entzündung konnte man am linken Auge zwischen Papille und Makula unsichere Andeutungen von präretinalen Radiärreflexen sehen.

Das rechte Auge wurde am Nagelschen Anomaloskop (Modell II) auf den Farbensinn untersucht. Die Untersuchung ergab folgendes: Rot- Gelb- und Grün-Gelbgleichung nicht erhältlich. Rayleighgleichung: 1. Gelbschraube 14 : 57, 55, 53$^{1}/_{2}$, 46, 55. 2. Gelbschraube 20: Gleichung bei 55, 58, 54, 58. 3. Gelbschraube 25: Gleichung bei 53, 54, 58, 50.

Der zentrale Farbensinn weist somit gewisse Abnormitäten auf, von welchen es natürlich zweifelhaft ist, ob sie mit dem Fehlen der gelben Makulafärbung in Beziehung stehen oder nicht. Weitere Beobachtungen werden vielleicht hier Aufklärung bringen.

Hochgradige Abschwächung der gelben Zone bestand im folgenden Fall:

Fall 2. M. Franz, 19 Jahre, Gymnasiast (mit linksseitiger Keratitis offenbar skrofulöser Art) zeigt an beiden Augen nur eine spurweise Gelbfärbung. Rechts fehlt der zentrale Makularefiex, links ist er sehr blaß, flächenhaft. Beiderseits Emmetropie, Javal 0,75 D. dir. beiderseits. Rechts S. = 0,3, links S. = 0,3, Gläser bessern nicht. Zentraler Farbensinn normal (keine Rot- Gelb- und Grün-Gelbgleichung, Rayleighgleichung 60—61). Offenbar besteht in diesem Falle ein Kausalkonnex zwischen der zentralen Sehstörung und der schwachen Ausprägung der gelben Zone.

In diesen Fällen zeigte die Gullstrandsche Spaltlampe ein normales Verhalten der Linsengelbfärbung, der Glaskörper war klar und der extramakulare Netzhautabschnitt hatte im rotfreien Licht die normale weißgrüne Farbe. (Auf das Verhalten der Fovea am Gullstrandschen Ophthalmoskop, auf die Pigmentierung des Fundus und auf eventuelle ähnliche Veränderungen in der Familie hatte ich bei den ersten, auf das Jahr 1914 zurückgehenden Fällen noch nicht geachtet.)

2. u. 3. Fehlen oder hochgradige Abschwächung der gelben Zone bei lokalem oder allgemeinem Albinismus.

Bei der systematischen Durchmusterung von normalen und pathologischen Augen auf das Vorhandensein und den Ausprägungsgrad der gelben Makulafarbe stießen wir auf unbekannte Zusammenhänge zwischen Makuladifferenzierung und Augenpigmententwicklung. So gelangten wir zu der Feststellung, daß die gelbe Makulafarbe und überhaupt die Makuladifferenzierung an die Anlage des retinalen Pigmentblattes erblich geknüpft sind. Die Differenzierung der Fovea als Stelle des schärfsten Sehens kann entweder ausbleiben oder aber mehr oder weniger beeinträchtigt sein.

Betrachten wir zunächst das

2. Fehlen der gelben Makulafarbe bei Albinismus universalis.

Schon in früheren Mitteilungen wurde von mir erwähnt[1]), daß die gelbe Zone bei Albinotischen völlig fehlt. Bei im ganzen 3 Albinos (2 Geschwister H., Knabe und Mädchen von 18 bis 20 Jahren, beides reine Albinos, und Jüngling H., 21 Jahre, dessen reiner Albinismus fraglich ist), alle mit Nystagmus horizontalis und stark verminderter zentraler Sehschärfe, die ich seither weiter untersuchte, fand ich keine gelbe Zone und keinen Makularefiex.

---

1) Verf. v. Graefes Arch. f. Ophth. 84, 2, 1913, (l. c.). Affolter, l. c.

Nur in dem dritten Falle konnte ich eine schwache Spur einer Gelbfärbung im Bereich der Makulagegend erkennen. In diesem Falle war jedoch im rotfreien Licht die Zeichnung der Chorioidealgefäße — im Gegensatz
zu den anderen beiden Fällen — so sehr verschleiert, daß ich nennenswerten Pigmentgehalt des Pigmentepithels vermutete. Auch die Pupille war
in diesem Falle bei Tageslicht nicht so leuchtend, wie in den beiden anderen
und die Iris ließ weniger Licht durch.

Die Sehschärfe dieser 3 Albinos war folgende:

Fall 1. Hans H., 18 Jahre, beiderseits Kornealastigmatismus von 2—3 D.
vom Typus directus. Im horizontalen Meridian Refraktion rechts $+$ 5,0, links
$+$ 6,0, im vertikalen rechts $+$ 3,0, links $+$ 4,0 D. Rechte Sehschärfe und
linke Sehschärfe korrigiert $=$ schwach 0,1.

Fall 2. Fräulein Flora H., 21 Jahre. Beiderseits Kornealastigmatismus vom
Typus directus 3,0 D. Refraktion: Astigmatismus mixtus. Rechte Sehschärfe und
linke Sehschärfe $=$ korrigiert 0,1—0,125.

Fall 3. Jüngling H., 21 Jahre, $=$ Astigmatismus corneae rechts 3,0 irreg.
(Maculae corneae). Links Strabismus convergens. Refraktion Astigmatismus
hypermetr. 3—4 D. beiderseits. Rechts Sehschärfe korrigiert $=$ 0,1, links Sehschärfe korrigiert $=$ 0,1.

Seither hatte ich noch 6 weitere jugendliche Fälle von Albinismus
universalis zu untersuchen Gelegenheit. Auch in diesen Fällen fehlten
sowohl die Makulareflexe, als auch besonders die gelbe Makulafarbe.

In dreien dieser Fälle war der Albinismus kein kompletter, indem die Haare
und stellenweise das Irismesoderm deutlich gelb waren[1]. (So hatte die
38 jährige albinotische Karol. Gautschi-Bickel in Z. ausgesprochen grüngelbe,
schlecht durchleuchtbare Irides. Fundus albinotisch, Pupillarpigmentsaum
vorhanden, Haare hell-flachsblond. Rechte S. und linke S. $= {}^6/_{60} — {}^6/_{36}$, Glbn.
Nystagm. horiz. 2 Großeltern Geschwister.)

Die rezessive Heredität dieser Fälle war schon dadurch evident, daß
Geschwister, Eltern und Großeltern normale Haut- und Augenpigmentierung
zeigten, und daß in allen 3 Fällen Blutsverwandtenehe der Aszendenz
vorlag. In einem dieser letzteren Fälle (Elise Tanner, geb. 1888) war der
Nystagmus nur minimal und nur zeitweise vorhanden, so daß die Makulagegend naturgetreu abgebildet werden konnte (s. Textfig. 23). Wie die
Figur zeigt, fehlt jede Spur einer Makuladifferenzierung. In diesem Falle
war zufolge der Bulbusruhe auch die Untersuchung am GULLSTRANDschen
binokularen Ophthalmoskop bequem möglich. Dabei zeigte sich, daß die
Fovea nicht nur völlig fehlte, sondern daß hier, im Bereiche der dichtesten
Choriokapillaris, sogar eine Andeutung flacher Prominenz bestand! Papillen

---

[1] Um Verwechslungen dieses unvollständigen Albinismus mit dem auf einzelne Organe beschränkten (s. unten) zu vermeiden, stelle ich den unvollständigen
Albinismus als »Albinismus universalis incompletus« dem »Albinismus solum bulbi
(bzw. fundi)« gegenüber.

mit leichten temporalen Sicheln, Myopie 6 beids., Visus korrigiert $^3/_{60}$. Leichter Turmschädel, auch bei einer Schwester. 2 Großeltern (gleichen Namens) sind Geschwister.

Bei unvollständigem Albinismus universalis (Albinismus universalis incompletus) kann die Makulafarbe angedeutet sein, so z. B. bei dem 17jährigen Schr. mit hellblondem (aber nicht albinotischem) Haar, hellen Brauen, aber dunkeln Wimpern und mit verminderter Hautpigmentierung

Fig. 23.

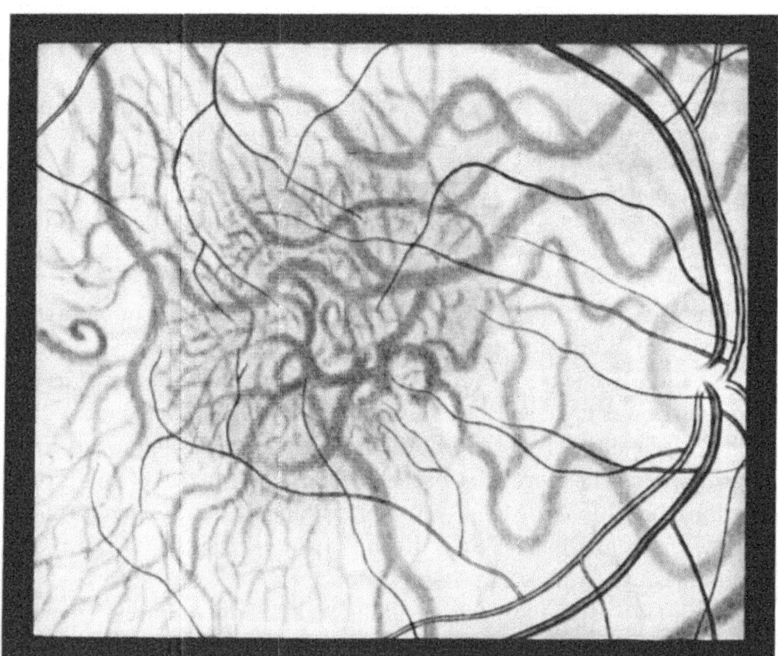

Inkompleter Totalalbinismus (Elise Tanner) bei fehlendem Nystagmus und vollkommen fehlender Fovea und Makula. Die leicht gelbliche Tönung der Foveagegend rührt von der Choriokapillaris her (Blut erscheint in dünner Schicht im rotfreien Licht gelb, in dicker Schicht schwarz).

(die einzige Schwester hat angeblich etwas weniger helle Haare, jedoch keinen Nystagmus, der Bruder und die Eltern haben dunkle Haare). Es besteht langsamer Nystagmus horizontalis, Hornhautbrechkraft rechts 41,75 und 42,5 D., links 41,25 und 42,5 D. schräge Achsen. R. S. = $^6/_{24}$, Gl. b. n. Irides blau, gut durchleuchtbar, dabei zeigt sich die von mir früher (v. Graefes Arch. f. Ophth. 112. S. 130, Fig. 27) beschriebene periphere Schattenlinie. Pupillarpigmentsaum kräftig, gelblich. Im rotfreien Licht findet man wegen des Nystagmus die Makulagegend leichter im umgekehrten Bild. Es ist sowohl der Wallreflex, als der Makularreflex erkennbar, beide sind aber abgeschwächt und deformiert. Gelbe Zone klein, blaß.

Bisher liegt nur eine sichere anatomische Untersuchung des makularen Bezirkes albinotischer Augen vor. 1913 ist von ELSCHNIG (Vers. d. Ophth. Ges. Heidelberg) in einem Falle von Albinismus anatomisch nachgewiesen worden, daß eine Fovea centralis fehlte, d. h. nicht differenziert war. Das von uns nachgewiesene Fehlen des gelben Makulafarbstoffes können wir entweder auf den Mangel jener anatomischen Differenzierung oder auf die Abwesenheit des epithelialen Pigments beziehen.

Außer dem Albinismus universalis gibt es einen den Ophthalmologen noch kaum bekannten, und doch nicht seltenen und überaus scharf charakterisierten, auf den Augapfel beschränkten Albinismus, den ich als Albinismus solum bulbi bezeichne. An einer größeren Zahl von Mitgliedern zweier Stammbäume dieses Albinismus konnte ich den Nachweis liefern, daß allen diesen Betroffenen sowohl die gelbe Makula als auch die Makulagrube fehlt. Der Defekt ist, im Gegensatz zum Universalalbinismus, meist geschlechtsgebunden vererbt.

Schließlich fanden wir einen nur auf den Fundus beschränkten, scheinbar ebenfalls vererbten Albinismus, der mit Fehlen der gelben Makula und Abschwächung der Makulareflexe einhergeht, also einen »Albinismus solum fundi« mit Fehlen der gelben Makulafarbe.

Betrachten wir zunächst diesen letztern, auf den Fundus beschränkten Albinismus (wobei, um Mißverständnissen vorzubeugen, bemerkt sei, daß natürlich nicht jeder beliebige Fundusalbinismus kombiniert ist mit Fehlen der gelben Makulafarbe).

3. Albinismus solum fundi mit Fehlen der gelben Makulafarbe.

Ich fand ihn in zwei Haupttypen:

3a. in einem bis jetzt nicht beschriebenen Typus, dem Albinismus solum fundi bei normaler Refraktion.

3b. in dem als Fundus flavus oder albinoticus bezeichneten, mit mittlerer bis hochgradiger Myopie gekoppelten Typus.

3a. Isolierter Fundusalbinismus mit fehlender Makulafarbe bei normaler Refraktion.

In folgendem, im November 1923 von uns beobachtetem Falle besteht völliges Fehlen der Gelbfärbung bei im übrigen normalem Netzhautbefund (Beobachtung Dr. KLAINGUTI). 23jähriger Militärpatient Paul Scheidegger, der vor einem halben Jahre rechtsseitige Keratitis bei Tränenkanalverschluß durchmachte. Vor der Keratitis bestand ein Visus rechts $= 0{,}75$, links $= 0{,}5$ (Refr. $+ 1$ beiderseits). Der heutige Visus ist derselbe. Papillen mit schmaler temporaler Sichel, gelbe Zone fehlt vollkommen (s. Textfig. 24). Auch ein Makulareflex ist nicht zu sehen, während der Wallreflex im binokularen Ophthalmoskop angedeutet ist. (Es ist somit die Fovea, wenn auch mangelhaft, differenziert.) Fundus mit Ausnahme der Makulagegend albinotisch. Offenbar steht der unterwertige Visus im Zusammenhang mit der (wohl kongenitalen) Abwesenheit des Makulagelb. Eine Anomalie des Farbensinns konnte nicht gefunden werden (Wollproben, Stilling, Anomaloskop).

Ist in diesem Falle mit leicht verminderter Sehschärfe und Fundusalbinismus das Fehlen der Gelbfärbung angeboren bzw. vererbt oder erworben? Ich suchte darüber dadurch Aufschluß zu gewinnen, daß ich die Eltern und Geschwister des Sch., soweit sie erreichbar waren, untersuchte. Das Ergebnis war überraschend. Vater und Mutter hatten normale Makula und Sehschärfe 1 an beiden Augen, ebenso der ältere Bruder Fritz des Unter-

Fig. 24.

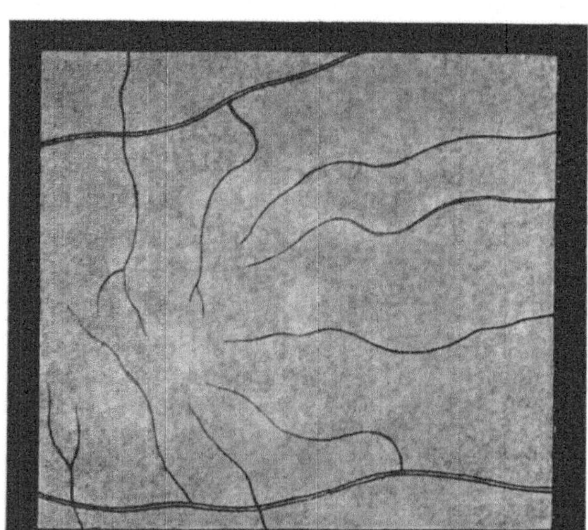

Fehlen von Fovea und Makula bei isoliertem Albinismus solum fundi (Fall Paul Scheidegger.)
Die Chorioidealgefäßzeichnung ist weggelassen.

suchten. Dagegen hatte der 1895 geborene Bruder Willy beiderseits ebenfalls nur $^6/_{12}$ Sehschärfe (Refr. + 1) und es fehlte auch hier jede Andeutung der gelben Makulafarbe vollkommen. Auch der Makulareflex fehlte, sowohl bei Beobachtung im rotfreien Licht, als am binokularen GULLSTRANDschen Ophthalmoskop. Genau wie bei Paul ist der Fundus mit Ausnahme der Makulagegend auch bei Willy albinotisch. Letztere zeigt bei beiden eine nur lockere Ausbildung des Pigmentepithels. Im Gegensatz dazu weisen alle andern untersuchten Familienmitglieder normale Funduspigmentierung auf (s. untenstehenden Stammbaum Scheidegger-Wenske, Textfig. 25).

Körperlich gleichen die beiden betroffenen Brüder einander ganz auffällig. Große abstehende Ohrmuscheln zeichnen sie aus, ähnlich wie die

Brüder des weiter unten mitgeteilten Stammbaums Binder mit isoliertem Bulbusalbinismus (Textfig. 26). Weder bei Paul noch bei Willy ist die helle Iris durchleuchtbar. Die Haare sind bei allen Familienmitgliedern dunkelblond, Hautpigmentierung bei allen Mitgliedern ohne Besonderheit.

Von den Schwestern (s. Stammbaum) wurde nur Lina untersucht, Fundus und Visus sind normal.

Es liegt also hier ein bisher nicht bekannter, offenbar hereditärer isolierter Fundusalbinismus (Albinismus solum fundi) mit Fehlen der gelben Zone vor. Charakteristisch ist eine leichte Herabsetzung der zentralen Sehschärfe und eine mäßige Pigmentierung der Makulagegend bei im übrigen albinotischem Fundus. Es drängt sich der Gedanke auf, daß ein Erbleiden vorliegt, das vielleicht geschlechtsgebunden weitergeleitet wird, wie der unten zu schildernde isolierte Bulbusalbinismus. Diese letztere Frage konnte an Hand von Verwandten oder von Kindern der Schwestern der Befallenen bis jetzt nicht entschieden werden.

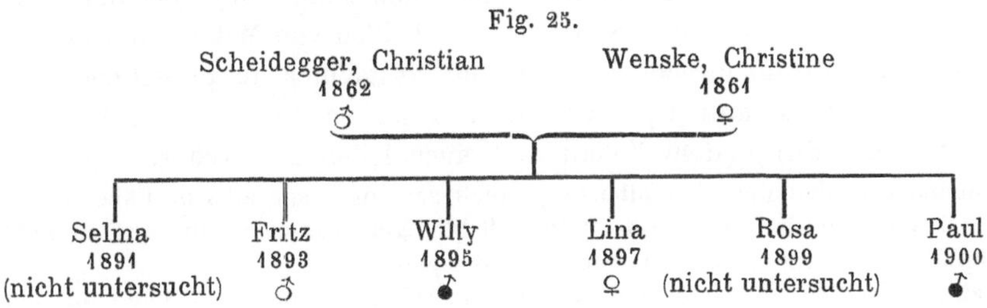

Stammbaum von Albinismus solum fundi mit fehlender gelber Zone und normaler Refraktion.

3b. Isolierter Fundusalbinismus mit fehlender Makulafarbe bei mittlerer oder hochgradiger Myopie (Albinismus solum fundi myopici).

Bisher fand ich in zwei Fällen von nystagmusbehafteter hochgradiger Myopie mit Fundus flavus Fehlen der gelben Makulafarbe und der Foveadifferenzierung. Bei dem einen Fall (39jähriger Jak. Müller) besteht rechts eine Myopie von 30, links von etwa 40 D.). Es fehlt jede Differenzierung der Fovea und Makula. In der Makulagegend nur grobe Chorioidealgefäße, keine Choriokapillaris. Der Visus beschränkt sich auf Fingerzählen in 1—2 m.

Das Fehlen der gelben Farbe bei Fundus flavus myopicus ist vielleicht nicht sehr selten. Ich hatte bis jetzt nur eine kleine Zahl von Fällen daraufhin zu untersuchen Gelegenheit. Fälle, die keinen Nystagmus zeigten, wiesen auch die gelbe Makulafarbe auf.

Vom Standpunkte der Hereditätsforschung verdient die Koppelung von Myopie mit mangelnder Funduspigmentierung mit bzw. ohne Fehlen der gelben Makulafarbe besonderes Interesse.

Im Anschluß hieran erwähne ich noch folgendes Beispiel von anscheinend vererbter Makulaabschwächung bei normaler Funduspigmentierung:

Bis auf geringe Spuren fehlt die gelbe Farbe bei dem 13 jährigen außerehelichen Max Bos. in Ho. mit gut pigmentiertem Fundus, Vis. rechts $= {}^6/_8$ (H. 3,0), links $= {}^6/_{24}$ (H. 4,0). Der Makulareflex ist im rotfreien Licht schwach angedeutet, unscharf. Der Wallreflex ist im umgekehrten Bild gut ausgesprochen. Die Mutter hat normale Makula, bei ihrem Bruder Rud. B. (1885) ist sie auffallend schwach entwickelt. Dessen 5 jähriger Sohn Rud. zeigt normale Gelbfärbung. Alle haben mittlere Funduspigmentierung. Es liegt also vielleicht in diesem Falle ein Beispiel von geschlechtsgebunden vererbter starker Makulaabschwächung vor, ohne daß Fundusalbinismus besteht.

Außerordentlich viel auffälliger und mit schweren Sehstörungen einhergehend ist die zweite Form von isoliertem Albinismus, der nun zu schildernde Albinismus solum bulbi.

4. Isolierter Bulbusalbinismus (Albinismus solum bulbi) mit Nystagmus und Makulalosigkeit.

Die Fälle von isoliertem Bulbusalbinismus (Albinismus solum bulbi) sind, im Gegensatz zu den Fällen 3a (Albinismus solum fundi bei normaler Refraktion), durch hochgradige Sehschwäche, Fehlen von Makula und Fovea, häufigen Astigmatismus directus corneae und Nystagmus ausgezeichnet. Wo dieser Defekt vererbt auftritt, erscheint er meist an das männliche Geschlecht gebunden, latent behaftete Frauen leiten ihn weiter.

Zunächst beobachtete ich allerdings auch scheinbar sporadische Fälle dieser Defekte, bei denen der Albinismus kein vollständiger war oder auf den Fundus beschränkt blieb. Es seien folgende zwei Beispiele mitgeteilt:

Fehlen der gelben Zone und des Makulareflexes konnte ich 1921 in den mit Nystagmus horizontalis behafteten isoliert albinotischen Augen des 11 jährigen Mädchens Lyd. Stäubli feststellen.

Der mit seitlichen Kopfdrehungen leichten Grades kombinierte grobschlägige Nystagmus wurde zum erstenmal nach einer »Gehirnentzündung« beobachtet, welche das Kind in der 9. Lebenswoche durchmachte. Alle 6 Geschwister der Patientin und die Eltern haben angeblich normale Augen. Nur der jüngste Bruder ist kurzsichtig, doch besteht kein Nystagmus. Auch in der Verwandtschaft findet sich keine Augenstörung. Die Irisfarbe des betroffenen Mädchens ist graublau, Krausen- und Sphinktergebiet sind gelb. Die Irides sind an der Spaltlampe ein wenig durchleuchtbar, besser die Sklera. Pupillarsaum normal. Der Fundus ist beiderseits völlig albinotisch. Im übrigen ist die Patientin normal pigmentiert. Die Kopfhaare sind dunkelrot, wie bei 4 Geschwistern, bei zweien sind sie blond. Dagegen sind die Zilien und Brauen der Patientin gelbweiß, albinotisch, wie dies bei Rothaarigen häufig ist (auch Geschwister der Patientin zeigen solche albinotische Wimpern).

Der Fundus der Patientin ist albinotisch. Nur in der Foveagegend sind die Chorioidealgefäße nicht zu sehen. Am binokularen Gullstrand (Nitralampe) ist weder ein Wallreflex noch ein Makulareflex auch nur angedeutet.

Im rotfreien Licht sind die Chorioidealgefäße sehr deutlich. Von einer Gelbfärbung der Makula oder einem Makulareflex ist nichts zu sehen. Beiderseits Kornealastigmatismus vom Typus dir. 3—4 D. L. S. $= 0,1—0,2$, R. S. $= 0,1—0,2$ (konkav 4,5 kombiniert — cyl. 2,0, Achse horizontal, beiderseits).

Die Prüfung am Nagelschen Anomaloskop (Modell II) ergibt beiderseits: Rot-Gelb- und Grün-Gelbgleichung negativ. Rayleigh-Gleichung: Gelbschraube 14: 58, 60, 55. Gelbschraube 20: keine Gleichung. Die Stillingschen Tafeln werden gelesen.

Der zentrale Farbensinn kann somit als normal bezeichnet werden.

In diesem Falle ist also das Fehlen der gelben Zone, wie bei den Albinos, mit totalem Pigmentmangel des Fundus kombiniert, doch ist der Albinismus des übrigen Bulbus kein vollständiger. —

Nur auf den Fundus beschränkt ist der Albinismus bei dem ebenfalls mit Nystagmus horizontalis behafteten 6 jährigen Karl Naegeli, mit fast schwarzen Haaren und brauner Iris. Fundus albinotisch, keine Makula, keine Foveareflexe. Refraktion annähernd Emmetropie. R. S. und L. S. $= {}^6/_{36}$ unkorrigierbar. Kein Astigmatismus. Alle drei Brüder und beide Schwestern, sowie die Eltern und Großeltern und deren Geschwister haben normale Augen.

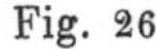

Fig. 26.

Albinismus solum bulbi. Mit Spaltlampe durchleuchtete albinotische Iris.
Man beachte die schwarze Kreislinie in der Irisperipherie, die Linie ist als optisches Phänomen zu deuten (Verf. in v. Graefes Arch. f. Ophth. 112, S. 130, Fig. 27 [1923]).

Der Fall unterscheidet sich, wie der vorige, von den sofort zu beschreibenden geschlechtsgebundenen Fällen dadurch, daß der Albinismus auf den Fundus beschränkt ist.

Während in diesen nicht typischen Fällen eine erbliche Belastung nicht nachweisbar war, fand ich kürzlich zwei Stammbäume von exquisit geschlechtsgebundenem Albinismus solum bulbi mit Makulalosigkeit.

In beiden Familien erscheint der Defekt geschlechtsgebundenrezessiv, indem er ausschließlich beim männlichen Geschlecht zu Tage tritt, jedoch durch gesunde Mütter weitergeleitet wird (wie dies etwa für die Hämophilie oder die Dichromasie usw. gilt). Ich gebe in Textfig. 28 6 Mitglieder der

Fig. 27.

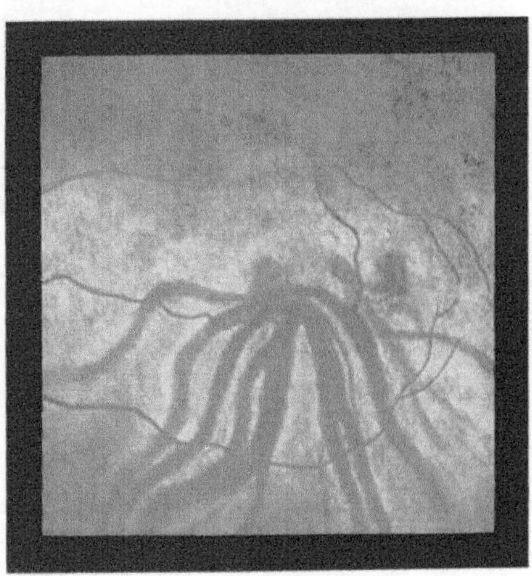

Albinismus solum bulbi. Makulagegend des Hugo Binder. Genau in der Makulagegend mündet eine Vortexvene. (Die gelbliche Tönung der Figur fehlt in Wirklichkeit.)

ersteren der beiden Familien (Familie B i n d e r , Gebenstorf), 4 befallene fovea- und makulalose Brüder und deren eine gesunde Schwester mit ihrem ebenfalls befallenen halbjährigen Sohn (dem ersten Kinde) wieder. Wie aus dem Stammbaum (Textfig. 29a) ersichtlich, sind 2 Onkel mütterlicherseits der 4 abgebildeten Brüder ebenfalls betroffen (genauere Beschreibung des Stammbaums erfolgt an anderer Stelle. Die in Textfig. 28 abgebildeten Familienmitglieder stellte ich am 17. Oktober 1923 im ärztlichen Fortbildungskurs in Zürich vor). Also sind die Mütter der in Textfig. 28 abgebildeten Befallenen gesunde Überträgerinnen.

Haut- und Haarfarbe aller Befallenen sind normal (sämtliche Haare, auch die Wimpern, sind braun bis dunkelbraun). Die Iris ist graublau, manchmal leicht gelblichgrau, die Pupille und Iris leuchteten an der Spalt-

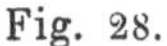

Fig. 28.

Die 4 befallenen Brüder mit ihrer gesunden Schwester (Konduktor ♀) und deren befallenem Söhnchen.

lampe in allen Fällen rot auf (Textfig. 26). Es besteht Nystagmus und seitliches Kopfwackeln. Fundus albinotisch, fovea- und makulalos. Am GULLSTRANDschen binokularen Ophthalmoskop (Nitralampe) keine Andeutung von Wallreflex oder Makulareflex, ebenso nicht im aufrechten Bilde (rotfreies Licht). Die Makula einer der Fälle (14jähriger Hugo B., rechtes Auge, Befund am anderen Auge ähnlich) ist in Textfig. 27 wiedergegeben. In diesem Falle wird die Makulagegend seltsamerweise von einer Vortexvene eingenommen. Der Visus schwankt in allen 4 Fällen zwischen $1/6$ und $1/3$, Glbn.

Einen noch weiter verzweigten Stammbaum dieses merkwürdigen, praktisch wichtigen Defekts liefert uns die ebenfalls über die Nordschweiz verbreitete, mit der ersten nicht nachweisbar blutsverwandte Familie Sta.-Wa.-Pfu.

II. Stammbaum von isoliertem Bul

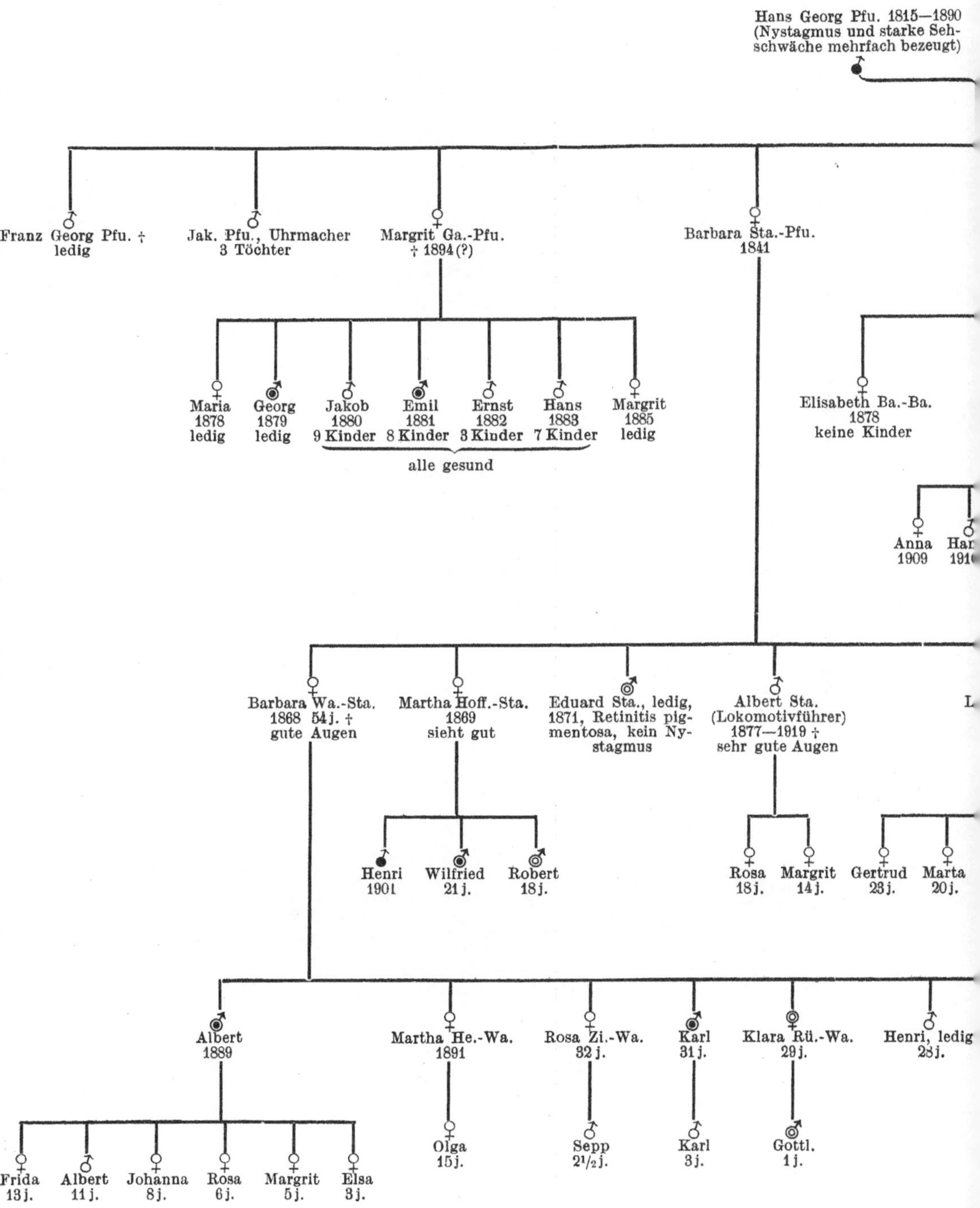

Die 1896 geborene Frau Hedwig Ha.-Wa. (jetzt Frau Ro.-Wa.) brachte 1924 ihre beiden Kinder Emil H. (1920) und Hedwig H. (1922) in die Poliklinik (Dr. FRANCESCHETTI). Der blondhaarige 4jährige Knabe leidet an Sehschwäche, isoliertem Bulbusalbinismus (Iris bräunlich, jedoch vollkommen durchleuchtbar) und vollkommener Makulalosigkeit. Augen der Mutter Hedwig Ha.-Wa. (jetzt Ro.) normal, dagegen sind von ihren 10 Geschwistern (5 männl. und 5 weibl.) 4 Brüder mit dem gleichen Defekt behaftet (s. Stammbaum Fig. 29b). Die Schwestern sind gesund, unter ihnen hat Hilda Fa. einen Sohn Werner mit demselben Defekt. Die Stammutter dieser Generation, Frau Barbara Wa.-Sta., geb. 1868, erweist sich als Konduktor, indem ihre beiden Brüder Robert Sta. und Hans Sta. befallen sind, während ihre Schwester Martha Hoff.-Sta. zwei befallene Söhne hat (Henri und Wilfried Hoff). Wieder als Konduktor erweist sich die Mutter von Barbara Wa.-Sta., namens Barbara Sta.-Pfu., geboren 1841. Ihre Brüder und Schwestern sind zwar gesund, aber zwei der letzteren, Margrit Ga.-Pfu. und Marie Ga.-Pfu., haben neben gesunden auch befallene Söhne. Das Endglied der Reihe, das wir ermitteln konnten, ist Hans Georg Pfu., 1815—1890. Es ist durch den Enkel dieses Stammhalters, Dr. Ba., der ihm persönlich sehr nahe stand, und durch eine Reihe anderer Nachkommen und Bekannte hinreichend sicher bezeugt, daß Hans Georg Pfu. zeitlebens an hochgradiger unkorrigierbarer Sehschwäche und Nystagmus litt, ganz wie seine kranken Nachkommen, so daß wir mit größter Wahrscheinlichkeit annehmen können, daß Pfu. bereits Träger des bei seinen Nachkommen so häufig auftretenden Defektes war.

Diese Feststellung ist von theoretischer Wichtigkeit. Ergibt sich nun doch auch wieder bei diesem schweren geschlechtsgebundenen Defekte, daß auch Männer den Defekt übertragen können. Für die LEBERsche Optikusatrophie steht dieser Nachweis deshalb noch aus, weil zur Prüfung geeignete Stammbäume fehlen. Nach der Hämophilieregel von LOSSEN soll diese Übertragung durch Männer bei der Hämophilie nicht vorkommen. Ich habe aber andernorts[1]) gezeigt, daß diese LOSSENsche Regel, die in allen Lehrbüchern zu lesen ist, mit keinem einzigen Stammbaum belegt ist, auch nicht mit demjenigen von MAMPEL, und daß sie lediglich einer mangelhaften Kenntnis der Vererbungsgesetze die Entstehung verdankt. (Kürzlich ist übrigens auch bei Hämophilie die Übertragung durch affizierte Männer auf Enkel durch SCHLÖSSMANN nachgewiesen.)

Der mitgeteilte Stammbaum von rezessiv-geschlechtsgebundener Vererbung veranschaulicht wieder, mit welcher Strenge die Vererbungsgesetze die Augenmerkmale beherrschen. Bedenken wir, daß in erster Linie das Normale vererbt wird, so wird uns bewußt, welche noch kaum übersehbare Bedeutung der bisher sehr vernachlässigten Vererbungsforschung für unser Wissensgebiet zukommt.

---

1) Schweizer med. Wochenschr. Nr. 4, 1922, Fußnote 30.

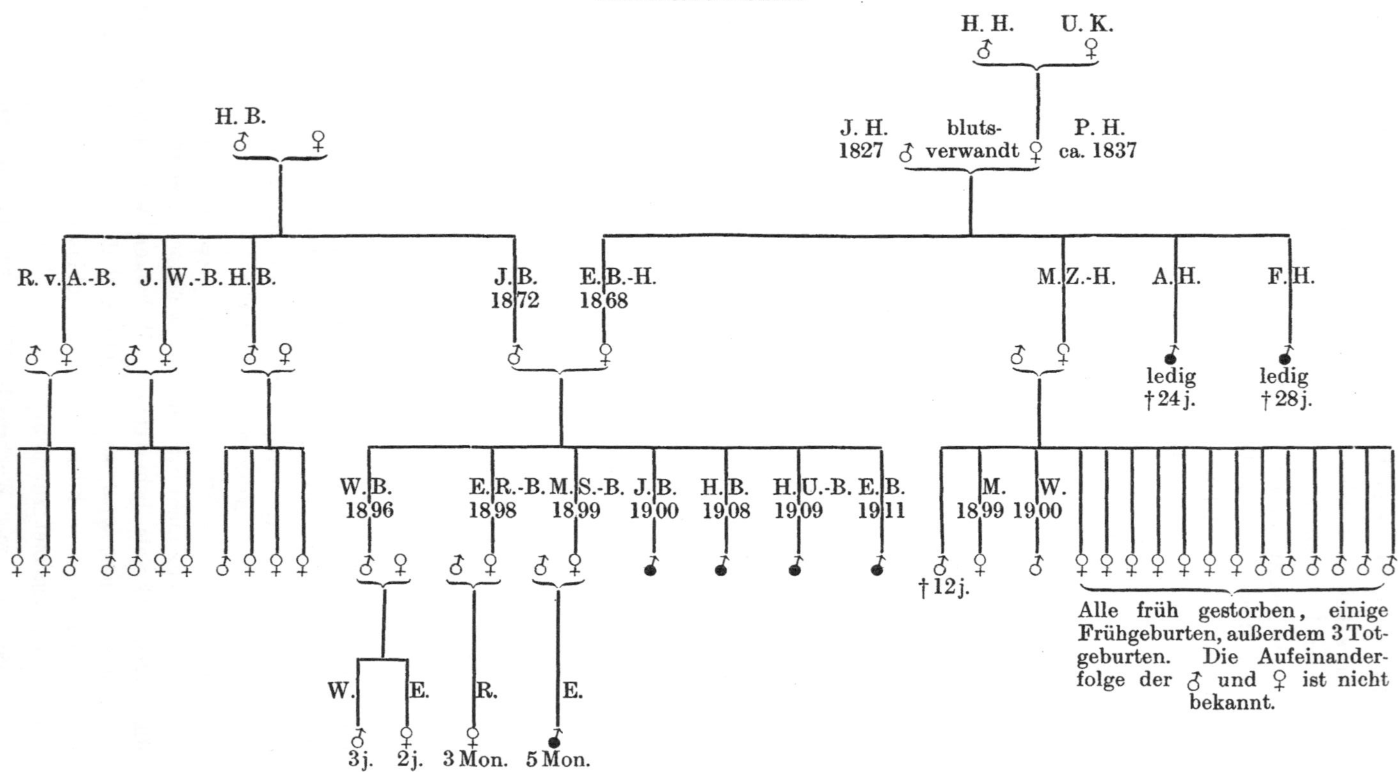

Fig. 29a.
I. Stammbaum Binder. Oktober 1923.
Geschlechtsgebundene Vererbung von mit Makulalosigkeit, Nystagmus und Kopfwackeln verbundenem isoliertem Bulbusalbinismus.
H. H. U. K.
J. H. 1827 bluts-verwandt P. H. ca. 1837
H. B.
R. v. A.-B. J. W.-B. H. B.
J. B. 1872 E. B.-H. 1868
M. Z.-H. A. H. F. H.
ledig †24j. ledig †28j.
W. B. 1896 E. R.-B. 1898 M. S.-B. 1899 J. B. 1900 H. B. 1908 H. U.-B. 1909 E. B. 1911
M. 1899 W. 1900
†12j.
W. E. R. E.
3j. 2j. 3 Mon. 5 Mon.
Alle früh gestorben, einige Frühgeburten, außerdem 3 Totgeburten. Die Aufeinanderfolge der ♂ und ♀ ist nicht bekannt.

Im einzelnen ergibt sich für Stammbaum Fig. 29b noch folgendes:

Die Haarfarbe unserer Patienten variiert zwischen schwarz, dunkelblond, blond und dunkelrot. Sie steht in keinem Zusammenhang mit der Augenstörung. Brauen und Zilien sind normal pigmentiert. Hautfarbe normal. Der Grad des Bulbusalbinismus variiert. Die Iris ist nicht bei allen blau. Manchmal hat das mesodermale Blatt eine deutlich bräunliche Farbe (z. B. bei Robert Sta. 1881, Hans Sta. 1885 und bei Hallauer Emil 1920). Trotzdem sind auch solche Irides gut durchleuchtbar. Wie bei Albinismus universalis completus, so ist auch hier der Pupillarpigmentsaum stets nachzuweisen, aber er ist schwach entwickelt und das Pigment ist von mehr gelblicher bis gelbrötlicher Farbe. Alle Fälle zeigen bei Durchleuchtung der Pupille mittels Spaltlampenbüschel die von mir beschriebene, für Albinismus typische Linsenschattenlinie der Iris (s. oben Fig. 26, ferner v. Graefes Arch. f. Ophth. 112. S. 130, Fig. 27, 1923). Die Beobachtung geschehe makroskopisch, nicht mikroskopisch.

Auch der Fundusalbinismus ist nicht in allen Fällen gleich vollkommen. (Bei Jakob Ba. 1879 z. B. ist der Fundus deutlich getäfert, und es besteht in diesem Falle eine etwas bessere Sehschärfe und bemerkenswerterweise keine abnorme Hornhautkrümmung, wie sie doch bei allen anderen Befallenen vorhanden ist.) Die Gefäße sind meist etwas stärker geschlängelt, ähnlich wie in gewissen Fällen von Hyperopie. Ganz auffällig und durchaus gesetzmäßig besteht ein Astigmatismus nach der Regel (bei den Erwachsenen war er stets hypermetrop).

Dieses sozusagen völlige Gebundensein des Astigmatismus corneae an den Defekt in den verschiedenen Zweigfamilien unseres Stammbaums ist theoretisch von Interesse und eröffnet uns neue Einblicke in das Wesen des Hornhautastigmatismus. Man vergegenwärtige sich: Die Überträgerinnen, deren Hornhautkrümmung normal ist, heiraten Männer von beliebiger Refraktion. Aber ihre befallenen Söhne weisen alle Astigmatismus hyperopicus auf. Das ganz gleiche zeigen auch die Befallenen unseres ersten Stammbaumes (Binder). Über den Grad des Astigmatismus und der Sehschärfe von Mitgliedern der beiden Stammbäume gibt untenstehende Tabelle Auskunft. Wir dürfen die Differenzen wohl z T. als Ausdruck fluktuierender Variation deuten. Ich möchte eine Abhängigkeit des Astigmatismus vom Makuladefekt vermuten. Weisen doch Albinotische sehr häufig einen Astigmatismus directus hyperopicus auf.

Es lehren unsere Stammbäume die bisher unbekannte Tatsache, daß Hornhautastigmatismus geschlechtsgebunden vererbt sein kann.

Der korrigierte Visus schwankt zwischen 0,1 und 0,25. Einzelne haben gelernt, den meist hochgradigen und meist ziemlich langsamen und ungleiche Phasen zeigenden, horizontalen Nystagmus in gewissen Bulbusstellungen zu unterdrücken (z. B. Paul Wa. 26 Jahre). In diesen Fällen ist das absolute

Fehlen jeder Andeutung einer Gelbfärbung im rotfreien Licht und das Fehlen einer Niveauänderung im GULLSTRANDschen Ophthalmoskop besonders bequem und übersichtlich zu ermitteln.

Kopfwackeln ist nicht so ausgesprochen, wie im Stammbaum I, deutlich ist es bei Gotthelf Ba. 1882.

Wie es ferner meine Untersuchungen schon für Stammbäume der ebenfalls geschlechtsgebunden fortgeleiteten LEBERschen Optikusatropie als eine Regel ergaben, so zeigen auch bei isoliertem Bulbusalbinismus mehr männliche Nachkommen den Defekt als theoretisch zu erwarten ist. Das Zahlenverhältnis zwischen Gesunden und Befallenen sollte $= 1:1$ sein, entsprechend der Kreuzungsformel:

$$Aa \times AA'$$
$$F_1: AA + AA' + Aa + A'a,$$

in welcher Aa das in bezug auf Bulbuspigmentierung und Makula normale männliche, AA das normale weibliche Individuum bezeichnet, $A'a$ den befallenen Mann und AA' das Konduktorweib. Schon im Stammbaum Binder (s. o.) ist von 5 Brüdern nur einer frei und in der Filialgeneration Wa.-Sta. unseres zweiten Stammbaums sind ebenfalls von 5 Brüdern 4 befallen, während bei der vorangehenden Generation allerdings von 4 Brüdern nur 2 betroffen sind, bei den noch älteren Generationen besteht ebenfalls ein normales Verhältnis.

3 Schwestern der genannten 4 Brüder haben jede einen einzigen Sohn, davon sind 2 betroffen. Und von der vorangehenden Generation (Pfu.) erweisen sich sämtliche 3 Schwestern als Konduktoren. Demnach scheint auch eine zweite Regel sich hier wieder zu finden, die ich bereits bei LEBERscher Optikusatrophie ermittelt hatte. Auch die Konduktoren sind auffallend häufig, häufiger, als zu erwarten wäre. Denn auch das Zahlenverhältnis von Konduktoren und Nichtkonduktoren sollte $= 1:1$ sein ($AA + AA'$ in obiger Formel).

Man kann zur Erklärung dieser, wohl nicht zufälligen, aus dem Rahmen der geschlechtsgebundenen Vererbung herausfallenden Erscheinung gewiß nicht annehmen, daß affizierte Eier bei der Befruchtung bevorzugt werden. Eine ungezwungenere Erklärung liegt vielleicht auf anderem Gebiete.

Ich könnte mir vorstellen, daß der weiblichen Geschlechtszellenbildung ausnahmsweise oder mehr oder weniger häufig ein Faktorenaustausch der Gonochromosomen vorausginge. Dadurch würde allerdings ein im Tierversuch begründetes Vererbungsgesetz durchbrochen. Der Faktorenaustausch würde zu homozygot affizierten Eizellen und damit zur Kreuzung führen:

$$A'A' \times Aa$$
$$F_1: A'A + A'A + A'a + A'a,$$

mit anderen Worten, es würde der Faktorenaustausch zu einer ausschließlich manifest befallenen männlichen und einer latent befallenen weiblichen

Generation Anlaß geben. Die Hypothese würde also darin bestehen, daß der den somatischen Chromosomen eigene Faktorenaustausch unter pathologischen Bedingungen auch in Gonochromosomen sich geltend machen könne. —

Man darf nicht etwa glauben, daß der hier geschilderte geschlechtsgebundene Bulbusalbinismus sehr selten sei. Er ist lediglich bisher, wenigstens auf dem Kontinent, übersehen worden. Recht oft waren unsere Patienten von verschiedener Seite ophthalmologisch untersucht worden, und doch blieb die merkwürdige Genese verdeckt.

Geschlechtsgebundener Bulbusalbinismus war bisher nur in der englischen Literatur bekannt, und zwar hat NETTLESHIP, dem wir auf dem Gebiete der Stammbaumforschung so Vieles verdanken, einige allerdings rudimentäre Stammbäume mitgeteilt. Die Makula wurde damals noch nicht untersucht. (In einem Falle fand NETTLESHIP die retromakuläre Chorioidea blaß, »chorioid at yellow spot pale«, vgl. Transact. of the Ophth. Soc. of the Unit. kingd. 1909. p. 123. Die dort zitierten Fälle von LLOYD OWEN [Ophth. Rev. 1. p. 239. 1882], JAMESON EVANS [Quelle nicht angegeben] und NETTLESHIP selbst [Royal London Ophth. Hosp. Rep. 11. p. 366. Case 17. 1887] sind nicht alle einwandfrei. Vgl. ferner NETTLESHIP in »Albinism in man« von PEARSON, NETTLESHIP und USHER, Drapers Comp. Research Memoirs Cambridge 1913, Text part. 4, Appendices, Fig. 410, 449, 295.) Vielleicht gehören auch Stammbäume von Nystagmus L. CASPARS, LANZ' und einiger anderer hierher.

Um der Verwirrung zu steuern, die auch in der englischen Literatur dadurch entstanden ist, daß unvollständiger Allgemeinalbinismus mit auf ein Organ (z. B. das Auge) beschränktem Albinismus zusammengeworfen wird, habe ich oben für letzteren den Ausdruck »isolierter Albinismus« gewählt [1]). Die

---

1) »Albinismus solum bulbi« im Gegensatz zu »Albinismus universalis incompletus«.

Irisfarbe, Hornhautkrümmung und Sehschärfe der Untersuchten.

Stammbaum Fig. 29 a.

♂ Jakob Bi. 1900. Iris blau. Javal R. hor. $44\frac{1}{2}$, vert. $46\frac{1}{2}$; L. hor. 43, vert. $47\frac{1}{2}$ (hyperoper Astigmatismus).

♂ Hans Bi. 1908. Iris blau. Javal R. $10°45$ D, $100°47\frac{1}{2}$ D; L. $10°44\frac{1}{2}$, $100°47\frac{1}{2}$.

♂ Hugo Bi. 1909. R. $20°43$, $110°46\frac{1}{2}$ D; L. $0°44$, $90°47$ D (stärkstes Kopfwackeln).

Stammbaum Fig. 29 b.

♂ Robert St. 1881. Iris graugelb bis graubraun. Javal R. $10°44$ D, $100°47$ D; L. $175°44$ D, $85°47$ D. R. S. und l. S. $= \frac{5}{24}$ ($+ 0,75° +$ cyl. 2,75).

♂ Hans St. 1885. Iris braun. Javal $6°44$ D, $90°48,5$ D beiderseits. R. S. und L. S. $= \frac{5}{36}$ ($+$ cyl. 4,0).

♂ Albert Wa. 1889. Iris graublau. Javal R. $10°44\frac{3}{4}$, $100°48\frac{1}{2}$; L. $170°45$ D, $80°48\frac{1}{4}$. R. S. $= \frac{5}{36}$ ($+ 1,0° +$ cyl. 4), l. S. $= \frac{5}{24}$ ($+$ cyl. 3,0).

♂ Karl Wa. 1893. Iris blau. Javal R. $10°42\frac{3}{4}$, $100°45\frac{1}{2}$; L. $175°42\frac{1}{2}$, $85°45\frac{1}{2}$. R. S. $= \frac{5}{36}$ ($+$ cyl. 2,5), l. S. $= \frac{5}{24}$ ($+$ cyl. 2,5).

♂ Paul Wa. 1898. Iris blau. Javal R. $5°44\frac{1}{4}$, $95°46$; L. $165°44\frac{1}{2}$, $75°45$ D. R. S. $= \frac{5}{24}$ ($+ 1,25 \subset$ cyl. 4,5), l. S. $= \frac{5}{18}$ ($+$ cyl. 3,5).

Haut- und Haarfarbe ist leider in den erwähnten englischen Fällen nicht immer notiert, wodurch eine Unsicherheit in die Bewertung der einzelnen Beobachtungen hineinkommt.

In die Vererbungsliteratur des Menschen ist durch einen Irrtum die Notiz übergegangen, daß »Mansfield« (statt NETTLESHIP) einen Stammbaum des hier geschilderten Defektes mitgeteilt habe. Ein solcher »Mansfield«, wie ihn F. LENZ in »Grundriß der menschlichen Erblichkeitslehre und Rassenhygiene, die krankhaften Erbanlagen, 2. Aufl., S. 168« zitiert, existiert nach meinen Nachforschungen nicht. Der von LENZ dort wiedergegebene Stammbaum ist vielmehr der oben erwähnte, von NETTLESHIP aufgestellte und wurde von diesem zum erstenmal publiziert in »Royal London Ophth. Hosp. Rep.« 11. p. 36. Case 17. 1887. Der Irrtum ist wohl dadurch entstanden, daß die betroffene Familie Mansfield hieß.

Die hier mitgeteilten Befunde stellen uns vor die bisher nicht bekannte Tatsache, daß der isolierte, geschlechtsgebunden fortgeleitete Bulbusalbinismus durch Makulalosigkeit ausgezeichnet ist. Wir dürfen ferner als möglich annehmen, daß zwei äußerlich völlig verschiedene Krankheitsbilder — dasjenige des oben unter 3a geschilderten Fundusalbinismus mit fehlender Makulafarbe und ganz leicht verminderter zentraler Sehschärfe bei normaler Refraktion, und dasjenige des isolierten Bulbusalbinismus mit schwerer Schädigung des Visus, mit Nystagmus und Kopfwackeln — nichts anderes als Abstufungen eines und desselben, offenbar geschlechtsgebundenen Defektes darstellen. Interessant ist die Knüpfung der Bulbuspigmentierung und damit der Diffe-

---

♂ Wilfried Ho. 1903. Iris dunkelblau. Javal R. 20° 44 D, 110° 46 1/2 D; L. 165° 43 1/2, 75° 46 D. R. S. = 5/36 (+ cyl. 2,25), l. S. = 5/36 (+ cyl. 2,25).

♂ Robert Ho. 1906 (normal). Iris dunkelbraun. Javal R. 0° 46 1/2 D, 90° 47 D; L. dasselbe. R. S. = 5/6 (H 0,5), l. S. = 5/6 (H 0,5).

♂ Emil Ha. 1920. Iris blau, Visus und Javal nicht meßbar. Ref. Astigm. hyperopicus.

♀ Frau Ro. (früher Ha.-Wa.) 1896. Blaue Irides, dunkelrote Haare. Javal beiderseits hor. 45 1/2, vert. 45 3/4. Refr. E. r. S. = 5/5, l. S. = 6/5 ohne Glas.'

♂ Emil Ha. 1920, rötliche Haare wie Mutter. Iris hellbraun. (Vater hatte blaue Iris!). Neigung zu Strab. converg. Javal R. hor. 44 1/2, vert. 49 1/2; L. hor. 45, vert. 48 1/2 D. Scheinbar Astigm. mixtus.

♂ Gotthelf Ba. 1882. Iris graublau, mit Stich ins Gelbliche. Javal R. 165° 41, 75° 42 3/4 D; L. 30° 41, 120° 43 D. R. S. = schwach 5/24 (+ 1,5° + cyl. 1,25 Akk. 85°), l. S. = 5/50 (+ cyl. 1,5 Achse 120° bessert).

♂ Jakob Ba. 1879. Iris grau, Krausen- und Sphinktergebiet rotbraun. Javal. hor. 42 1/2, vert. 43 D beiderseits. Refraktion + 2 bis + 2,5 beiderseits. Nystagmus kurzschlägig, rasch. R. S. = 5/18 + 2,5, l. S. = 5/18 + 2,0. Fundus etwas getäfert. Makula und foveale Grube fehlen vollkommen.

♀ Frau Hulda Fa.-Wa., 25 Jahre. Iris graugelb, Stich ins Bräunliche. Javal hor. 46 1/2, vert. 47 beiderseits. R. S. und l. S. = 6/5. Refr. + 1.

♂ Werner Fa. 1921. Iris Spur bräunlicher als bei Mutter Fa.-Wa. Javal hor. etwa 41 D, vert. etwa 45 D. Refr. Astigm. mixtus mit Vorwiegen der myopischen Komponente. (Die Schwester Elsa, 1918, hat dunkelbraune Iris, Hedwig, 1922, graugelbliche, Vater braune.)

renzierung der gelben Makulafarbe an das Geschlechtschromosom. Beide sind nämlich nicht nur von der allgemeinen Pigmentanlage, sondern speziell noch vom Geschlecht abhängig. Bindungen von rezessiven Augenmerkmalen mit Gonochromosomen sind schon mehrfach festgestellt, ich erinnere nur an die mit Myopie kombinierte Hemeralopie, an die Dichromasie, an gewisse Formen von Megalokornea und an die hereditäre Degeneration des papillomakulären Bündels.

Wir erkennen in den mitgeteilten Beobachtungen ferner erblich bedingte Zusammenhänge zwischen uvealer Pigmentierung und derjenigen des retinalen Blattes. Die gesamte Bulbuspigmentierung erweist sich als selbständiges, geschlechtsgebundenes Merkmal und erscheint unabhängig von der Pigmentierung des Integuments.

Ohne Pigmentanlage des Retinalblattes — das zeigen die mitgeteilten Beispiele, wie diejenigen von universellem Albinismus, s. o. — ist eine Differenzierung der Makula ausgeschlossen.

Daß die Pigment- und Makulalosigkeit des Bulbus hier als selbständiges rezessiv-geschlechtsgebundenes Merkmal auftritt, also an die Gonochromosomen geknüpft erscheint, während sie bei dem Universalalbinismus einfach rezessiv vererbt wird, weist mit Bestimmtheit auf eine Multiplizität der Faktoren hin, die der Pigmentanlage zugrunde liegen. (Aus ganz anderen Gründen wird eine solche Multiplizität [Polymerie, Arnold Lang] auch für die Pigmentbildung der Haut und andere Pigmente gefordert, vgl. die Versuche von Nilsson-Ehle und die Untersuchungen Davenports.)

5. Fehlen der gelben Makulafarbe bei Aniridie.

Kürzlich berichtete Lindberg (Klin. Monatsbl. f. Augenheilk. Jan.-Febr. 1923) über eine Aniridie-Familie, bei deren Mitgliedern er die gelbe Makulafarbe vermißte. Ich hatte kürzlich Gelegenheit, den mit totaler beidseitiger Aniridie behafteten 25jährigen Erdarbeiter Joh. Bl. im rotfreien Licht zu ophthalmoskopieren und kann den Lindbergschen Befund bestätigen. An den Nystagmus aufweisenden Augen fehlen sowohl die gelbe Zone, als auch die Makulareflexe vollkommen. Visus beids. $^6/_{60} - ^6/_{36}$.

Ich hatte später Gelegenheit (durch Vermittlung der Herren Prof. Löffler und Dr. Hanhart) eine mit Aniridie behaftete Familie (Krummbein) ophthalmoskopisch genauer zu untersuchen. An Aniridie leidet der Vater K. (die Mutter hat Schichtstar) und von seinen 3 Kindern (Martha 1914, Adolf 1916, Hans 1921) weisen 2 Aniridie auf. Diese letztere ist insofern keine totale, als da und dort ganz schmale Reste der Iris, speziell ihres Pigmentblattes, peripher nachweisbar sind. Die Sehschärfe schwankt bei allen Betroffenen zwischen $^1/_{10}$ und $^1/_6$. Der Vater Krummbein, 31 Jahre, mit leichter Mikrokornea (10 mm), ist derart mit axialen und peripheren Linsentrübungen behaftet, daß bei dem lebhaften Nystagmus ein sicherer

Makulabefund nicht zu erheben ist. Doch fehlt anscheinend die gelbe Zone. Auch der 2jährige Hans K. läßt wegen lebhafter Unruhe die Makula nicht sicher auffinden, auch hier konnte allerdings, trotz aller Bemühungen, von einer Gelbfärbung nichts gesehen werden. Einen einwandfreien Befund erhob ich dagegen bei dem 8jährigen Adolf K. Hier konnte ich mich durch mehrfache Untersuchung vom Fehlen der Makula mit Sicherheit überzeugen. Auch die Wallreflexe fehlten. Die Gefäße durchschritten die Makulagegend regellos. Das linke Auge zeigte außerdem einige periphere Linsentrübungen, das rechte einen hinteren Polstar von $1\frac{1}{4}$ mm Durchmesser und poröser Struktur. Das Mädchen Martha hat normale Augen.

Kürzlich untersuchte ich den mit Aniridia totalis und vorderem Polstar behafteten 19jährigen Hans Hitzler (mit Visus beiderseits $= \frac{6}{60}$, Myopie 10 D., Javal 40 D. hor. und vert.), dessen Schwester und Eltern angeblich normale Augen haben. Auch bei diesem Fall fehlte die Makula vollständig. In ihrer Gegend ein schwacher unstet-horizontaler Streifenreflex.

Endlich fand ich dasselbe bei dem 7jährigen Josef Stutz mit fast vollständiger Aniridie (die 4 Geschwister und Eltern des Patienten sind gesund.) Die Makula fehlt, in der Gegend derselben ist die Choriokapillaris in gewöhnlicher Art verdichtet.

Es scheint demnach, daß Makulalosigkeit bei Aniridie ein konstantes Symptom ist.

Auch hier also wieder Zusammenhänge zwischen Makuladifferenzierung und Anlage der Iris, ähnlich wie wir solche oben zwischen Makula und Pigmentblatt kennen lernten. Es tritt uns die Tatsache entgegen, der wir in der modernen Hereditätsforschung so oft begegnen, daß ein uns als einheitlich imponierendes Merkmal (in diesem Falle die Macula lutea) genetisch von einer Reihe von Faktoren abhängt, bzw. mit ihnen in Verbindung steht, deren lückenloses Vorhandensein für die Entstehung Bedingung ist.

Wie weit diese Faktoren in unseren Beispielen von Makulalosigkeit selbständig mendeln, wie weit sie (oder die Defekte selber) gekoppelt sind, können nur ausgedehnte sorgfältige Stammbaumforschungen entscheiden. Heute wissen wir bloß, daß das Merkmal der Aniridie wahrscheinlich einfach dominant vererbt werden kann, daß die intraokulare Pigmentanlage (als selbständiges Merkmal) rezessiv-geschlechtsgebunden sich fortleitet, während der universelle Albinismus ausnahmslos einfach rezessiv mendelt.

Die mitgeteilten Stammbäume fügen den spärlichen, bisher beim Menschen bekannten Merkmalskoppelungen einige neue bei. Die überraschende Tatsache, daß einerseits die beiden Schutzstoffe gegen Licht, das Fuscin und die Makulalackfarbe, andererseits die Iris (als Blende) und die von ihr beschützte wichtigste Netzhautstelle, die Makula, genetisch verknüpft erscheinen, kann nicht auf Zufall beruhen. Die Funktion beherrscht die Entwicklung. Dieses einst von Rabl ausgesprochene Gesetz scheint auch auf die hier mitgeteilten Ergebnisse der Hereditätsforschung anwendbar. Topographisch weit auseinanderliegende, anatomisch differente und voneinander unabhängige Organteile, wie Makula und Iris, geben ihre funktionelle Zusammengehörigkeit durch Koppelung kund. Legen wir unseren Befunden die Wilsonsche Chromosomenlehre zugrunde, die heute in den Morganschen Forschungen eine so glänzende Stütze findet, so müssen Gene für Makula und Iris nicht nur im selben Chromosom, sondern auch in benachbarten Chromomeren liegen.

6. Die Makula bei totaler Farbenblindheit.

Von·besonderem theoretischem Interesse sind Makulabefunde bei totaler Farbenblindheit.

Bei einem 14jährigen Knaben mit angeborener totaler Farbenschwäche (leichte Lichtscheu, leichter Nystagmus, Herabsetzung des zentralen Visus) waren Makulagelb und Makulareflex normal. Dagegen waren in 2 Fällen von totaler Farbenblindheit (vgl. Ber. üb. d. Vers. d. Ges. schweiz. Augenärzte 1922, Klin. Monatsbl. d. Augenheilk. 1922) die gelbe Zone verkleinert, die gelbe Farbe undeutlich, ebenso die Reflexe. In einem dritten Falle fehlte die gelbe Zone bis auf Reste, welche um ein weißes schlitzförmiges, queres Fleckchen gruppiert waren, so daß der Eindruck einer kleinen Narbe entstand[1]). (Genaue Makulauntersuchungen sind bei totaler Farbenblindheit erschwert einmal durch den Nystagmus und die Lichtscheu, dann auch dadurch, daß eine hinreichende, der starken Belichtung standhaltende Mydriasis in diesen Fällen schwer erzielbar ist. Am meisten leistet hier noch das umgekehrte Bild, vgl. S. 5 Fußnote.)

Anerkennt man die Schultze-v. Kriessche Duplizitätstheorie, so ist das Fehlen oder die mangelhafte Entwicklung der gelben Zone mit dem Fehlen oder der mangelhaften Funktion des Zapfenapparates in Beziehung zu setzen.

Zusammenfassend können wir sagen, daß uns das rotfreie Licht, was angeborene Anomalien betrifft, bisher nicht bekannte Makulaveränderungen bei folgenden hereditären Defekten erkennen ließ:

1. Albinismus universalis completus et incompletus (fehlende Makula und Fovea, s. S. 48).

2. Geschlechtsgebunden-rezessiver isolierter Bulbusalbinismus (Albinismus solum bulbi) mit Sehschwäche und Nystagmus (Fehlen der Makula und Fovea, s. S. 56).

3a. Isolierter partieller Fundusalbinismus (Albinismus solum fundi) mit leicht herabgesetzter zentraler Sehschärfe und fehlendem Makulareflex, dagegen Andeutung der Fovea (Vererbung vielleicht geschlechtsgebunden-rezessiv, s. S. 51).

---

1) Bei 4 kürzlich beobachteten weiteren Fällen, darunter 3 Geschwistern, war die gelbe Zone abnorm klein, die Makulareflexe unregelmäßig.

3b. Albinismus fundi myopici, S. 53.

4. Scheinbar sporadische Fälle von isoliertem Fundusalbinismus (s. S.55, Fälle Stäubli und Naegeli).

5. Aniridie (Fehlen der Makula und Fovea, s. S. 63).

6. Totale Farbenblindheit (scheinbare mangelhafte Ausbildung oder Mißbildung der gelben Zone, s. S. 65).

Hierher zu rechnen sind ferner die oben erwähnten Veränderungen bei angeborener Idiotie, die wohl als Teilerscheinung einer Entwicklungsstörung des Gehirns zu gelten haben.

Häufiger als angeborene sind erworbene Veränderungen der gelben Zone.

7. Erworbene Veränderungen der gelben Zone.

Zunächst kann die gelbe Färbung der Makula bei retinitischen Prozessen völlig verloren gehen. Dies beobachtete ich bisher in einer relativ großen Zahl von Fällen.

Von vornherein verständlich ist dieses Fehlen bei destruierenden Prozessen der Makulagegend, durch welche dieser Netzhautabschnitt ganz oder teilweise zerstört wird: degenerative Netzhautkrankheiten myopischer, seniler oder chorioretinitischer Art, nach Entzündungen, Hämorrhagien oder Traumen, in denen die Macula centralis durch unregelmäßige Pigmentherde ersetzt ist. In solchen Fällen fehlt gelegentlich jede Spur einer Makulagelbfärbung oder eines Makulareflexes. In Fällen von traumatischer Lochbildung der Makula fand ich vereinzelt Reste der Gelbfärbung am Rande des Makulaloches in der erhaltenen Netzhautpartie.

Ebenso verständlich ist es, daß die Gelbfärbung unter Exsudatherden verschwinden kann.

Anderer Art ist dagegen das Fehlen der Gelbfärbung in Fällen von Retinitis verschiedener Form, in denen die Makulazone weder zerstört noch verhüllt erscheint. Für derartigen Schwund der Gelbfärbung ist eine Erklärung vorläufig nicht zu geben.

Folgende hierher gehörige Fälle seien erwähnt:

1. Mehrfach fand ich Fehlen oder starke Abschwächung der Gelbfärbung bei Retinitis albuminurica leichten Grades und zwar an beiden Augen.

Ebenso bei Verschluß der Zentralvene.

2. Fehlen der Gelbfärbung bis auf unsichere Spuren zeigte ferner die ziemlich anämische 35jährige Frau D. an beiden Augen. Gleichzeitig waren in der Makulagegend vereinzelte feine weißliche Herde vorhanden. Wassermann negativ. Unter Schonung und roborierender Diät hob sich die Sehschärfe im Laufe von 3 Monaten von 0,2 beiderseits auf 0,3 rechts und 0,4 links. Dabei trat keine deutliche ophthalmoskopische Änderung auf. (Heute, 2 Monate später beträgt die Sehschärfe rechts 0,8, links 1. Der zentrale Farbensinn war stets normal. Ophthalmoskopischer Befund unverändert.)

3. Vollkommenes Fehlen der Gelbfärbung findet sich ferner in dem rechten Auge des jetzt 24jährigen M. Oskar, den ich vor 6 Jahren wegen Retinitis exsudativa (mit späterer Amotio retinae im unteren Netzhautabschnitt) behandelte. Heute sieht man, besonders nach unten, einzelne Stränge und Streifen von Retinitis striata.

In der Makulagegend weiße Stippchen. An Stelle der gelben Zone ein grauer rundlicher Herd, an den sich ein unregelmäßiger Reflex anschließt. Die zirkummakulären Gefäße erscheinen intakt. Oberhalb der Makula ein Zug doppelkonturierter präretinaler Falten. Linke Macula lutea ohne Besonderheit. Rechte Sehschärfe = 0,1, linke Sehschärfe = 1, beiderseits leichte H.

Fig. 30.

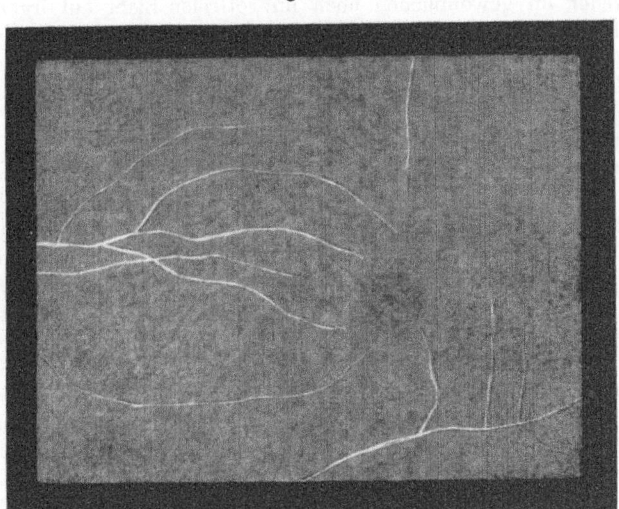

Die linke Makulagegend des jetzt 49jährigen W., der die nebenstehend geschilderte Kontusion vor 7 Jahren erlitt. Sämtliche Netzhautgefäße sind bis auf dünne Reste (oberhalb und unterhalb Papille) obliteriert, Papille atrophisch, S. = 0. Die in Textfig. 30 sichtbaren feinen weißen Überreste von verödeten Gefäßen sind im gewöhnlichen Licht nicht zu sehen. Das Makulagelb ist nicht einmal in Spuren angedeutet (am rechten Auge gelbe Zone normal). Eine feine Marmorierung ersetzt die in der ganzen Netzhaut vollkommen fehlende Nervenfaserzeichnung. Irgendwelche Reflexe, welche auf die physiologische Unebenheit der Makulagegend hinweisen, sind nicht vorhanden, auch nicht im binokularen GULLSTRANDschen Ophthalmoskop (Abplattung der Foveagegend).

4. In einem ähnlichen Fall von Retinitis exsudativa (19jähriges Mädchen), den Dr. AFFOLTER[1]) publizierte, war die gelbe Zone längere Zeit, zuerst partiell, dann ganz verschwunden, um später, durch die Exsudatschrumpfung etwas disloziert, zwischen Exsudatherden teilweise wieder aufzutauchen (vgl. Fig. 10—13 der AFFOLTERschen Arbeit).

5. Es gibt Fälle von Schwund des Makulagelbes infolge Verletzung. Völligen Schwund der gelben Färbung zeigte Patient W. (42jährig). Vor 4 Wochen erlitt W. eine heftige Kontusion des linken Auges durch eine durch eine Mauer gestoßene Eisenstange. Das Auge war sofort blind, Hornhaut gequetscht, sonst Medien klar. Erste Untersuchung am Tage der Verletzung.

---

1) A. AFFOLTER, l. c.

Die Blutzirkulation der Papille und Netzhaut erschien vom Verletzungstage an vollständig unterbrochen. Die Netzhaut war blaß, fast weiß. Arterien hochgradig verdünnt, scharf hervortretend. ' Im gewöhnlichen Licht Makula als kleiner zitrongelber Fleck sichtbar. In den nächsten Tagen in der Makulaumgebung immer zahlreicher werdende kleine Netzhautblutungen. Diese sind heute (4 Monate post trauma) bis auf Spuren verschwunden.

Wenige Tage nach der Verletzung begann ein Schwinden der Gelbfärbung. Tag für Tag konnte von mir und von anderen Beobachtern festgestellt werden, daß die gelbe Zone undeutlicher wurde. Etwa 14 Tage post trauma war eine gelbe Farbe nicht mehr nachweisbar.

Die meisten der kleinen Netzhautgefäße stellen heute weiße leere Stränge dar. Es besteht totale Optikusatrophie bei stark verdünnten Gefäßen. Die Makula ist weder im gewöhnlichen noch im rotfreien Licht auf irgendwelche Art erkennbar (Textfig. 30). Dabei ist die Netzhaut von Exsudat völlig frei. Außer der Gelbfärbung der Makula fehlt auch die Nervenfaserzeichnung der Retina. An ihrer Stelle findet sich eine grobe Marmorierung. Die noch blutführenden Gefäße erscheinen im rotfreien Licht weiß eingescheidet.

In ähnlicher Weise verschwand die gelbe Farbe nach Orbitaschußverletzung (mit beiderseitiger Erblindung) im rechten Auge des 27jährigen H. (Tafelfig. 36). Ich konnte hier das Verschwinden der gelben Farbe zeitlich nicht verfolgen, da ich den Patienten erst 6 Wochen nach der Verletzung sah. Die gelbe Makulafarbe fehlt im rechten Auge vollkommen, während sie im linken in normaler Weise vorhanden ist. Der Patient wird von uns seit einem Jahre regelmäßig kontrolliert. In dieser Zeit ist die gelbe Makulafarbe nie mehr erschienen.

Die chorioidealen Veränderungen und die hochgradige Fundusmarmorierung weisen auch in diesem Falle auf eine Schädigung der Aderhaut, vielleicht durch Zerstörung hinterer Ziliargefäße hin.

Auch bei dem 19jährigen Bretscher mit Resten von Lichtempfindung links nach Orbitaschuß fehlt links die gelbe Zone (unterhalb Fovea ein großer Chorioidealherd).

Derartige Beobachtungen dürften künftig zur Aufklärung der Entstehungsweise des gelben Makulafarbstoffes nicht unwesentlich sein[1].

6. Ausgesprochene Abblassung der gelben Zone beobachtete ich wiederholt bei Netzhautatrophie, insbesondere Neuritis retrobulbaris ex abusu mit zentralem Skotom.

Es ist in letzterer Hinsicht beachtenswert, daß der gelbe Makulafarbstoff in Wasser unlöslich, im Äther und Alkohol dagegen löslich ist (vgl. z. B. EJERS HOLM,

---

1) Wird der gelbe Farbstoff von dem Pigmentepithel geliefert? Dafür würde in gewissem Grade auch das Fehlen desselben bei Albinotischen sprechen. Die experimentellen Untersuchungen WAGENMANNS (v. Graefes Arch. f. Ophth. 36, 4) und HERTELS (ebenda 46, S. 277) über die Degeneration der Netzhaut nach Durchschneidung des Sehnerven, bzw. des Sehnerven und der Ziliargefäße beim Kaninchen lehrten uns die Abhängigkeit der Netzhaut von der Ernährung der Aderhaut kennen. Die Netzhautdegeneration ist eine wesentlich promptere und gründlichere und ist von Pigmentwucherung begleitet, sofern gleichzeitig mit dem Optikus auch die Ziliargefäße durchtrennt werden. Diese Experimente sprechen dafür, daß unseren beiden obigen Fällen W. und H. nicht nur eine Optikus- sondern auch eine Ziliargefäßdurchtrennung zugrunde liegt. Der gelbe Makulafarbstoff, der in diesen beiden Fällen verschwand, würde somit von der Aderhaut bzw. vom Pigmentepithel produziert und einer ständigen Erneuerung bzw. Ernährung bedürfen. Bei einfacher Netzhautatrophie schwindet er nämlich nicht.

v. Graefes Arch. f. Ophth. 108, S. 7, 1922). Die Annahme drängt sich auf, daß vielleicht der gelbe Farbstoff durch dauernde Alkoholüberschwemmung gelöst und abtransportiert werde.

Damit hätten wir sehr verschiedene Erkrankungen mit Schwund der Gelbfärbung zusammengestellt.

Während bei Albinotischen, Bulbus-Albinotischen und Fundus-Albinotischen, bei Aniridie und totaler Farbenblindheit die angeborene Natur des Defekts zweifellos ist, sind die übrigen Fälle, zum Teil wenigstens, in dieser Hinsicht fraglich.

Sicher erworben ist das Fehlen der gelben Farbe in dem unter 3. erwähnten Fall mit Retinitis exsudativa und Amotio retinae und in den unter 5. und 6. erwähnten Fällen (Erblindung infolge traumatischer Unterbrechung der Blutzufuhr, erworbene Atrophie der Netzhaut). In diesen beiden Fällen zeigte das gesunde Auge eine intakte gelbe Zone.

Über eventuelle zentrale Farbensinnstörungen (Ausfall der terminalen Absorption kurzwelligen Lichtes), welche das Fehlen der Gelbfärbung bedingen muß, werden vielleicht weitere Unterschungen Aufklärung bringen.

2. Die Nervenfaserzeichnung der menschlichen Netzhaut im rotfreien Licht.

a) Normale Nervenfaserzeichnung.

Nachdem vor einigen Jahren durch den Verf. (v. Graefes Arch. f. Ophth. 84, S. 292. 1913, Korrespondenzbl. f. Schweizer Ärzte Nr. 3, 1918 u. Klin. Monatsbl. f. Augenheilk., März 1918), später auch durch Affolter (v. Graefes Arch. f. Ophth. 94, S. 1, 1917), von der Heydt (Amer. Journ. of Ophth., Februar und Mai 1919) und F. Ed. Koby (Revue gén. d'Opht. 1920) über das Sichtbarwerden der normalen Faserzeichnung und die Veränderung und den Schwund dieser Zeichnung unter pathologischen Verhältnissen kurz berichtet worden ist, sollen im folgenden die weiteren Ergebnisse dieser Untersuchung zusammengefaßt und mitgeteilt werden. Es bieten sich uns hier, wie auch an der Macula lutea bisher nicht bekannte objektive Befunde dar, welche zur Verfeinerung und Vertiefung der ophthalmologischen Diagnostik beitragen.

Schon im gewöhnlichen Licht ist ophthalmoskopisch rings um die Papilla nervi optici eine weiße Radiärstreifung sichtbar, die schon mehrfach richtig als Nervenfaserstreifung gedeutet worden ist. Anatomisch gelang es v. Michel (Festschrift, C. Ludwig gewidmet 1875. Vgl. auch Dogiel, Arch. f. mikrosk. Anat. XL, 1892), den Nervenfaserverlauf der Retina festzustellen (eine Abbildung hiervon vgl. bei R. Greeff [dieses Handb. 2. Aufl.: Mikroskopische Anatomie der Netzhaut, S. 158]).

Je weißer die Lichtquelle, um so deutlicher ist ophthalmoskopisch die Nervenfaserzeichnung, und es kann bekanntlich in einzelnen, besonders günstigen Fällen gelingen, den bogenförmigen Verlauf der Faserung temporal von der Makula schon im gewöhnlichen recht hellen Lichte zu sehen.

Im allgemeinen kann gesagt werden, daß die Nervenfaserstreifung im gewöhnlichen Licht um so deutlicher ist, je jünger das Individuum, je dunkler der Fundus und je reicher der Gehalt der Lichtquelle an kurzwelligen Strahlen. Stören können bei ganz Jugendlichen die Reflexe der Limitans interna retinae.

Daß die Beobachtung der Nervenfaserstreifung im gewöhnlichen Licht keine leichte, sondern eine recht unsichere ist, beweisen eine Anzahl in der neueren und älterer Literatur wiedergegebener Fundusbilder, in denen die Nervenfaserung teils als rein radiär zur Papille, teils als radiär zur Fovea verlaufend dargestellt ist.

Viel leichter, sozusagen in allen Fällen, gelingt der ophthalmoskopische Nachweis der Streifung in der peripapillären und perimakulären Gegend bei Verwendung des rotfreien Lichtes (vgl. Verf., v. Graefes Arch. f. Ophth. 84, S. 230, 1913 und A. Affolter, ibidem 94, S. 1, 1917). Fig. 1 in der zitierten Arbeit, Klin. Monatsbl. f. Augenheilk. 58, S. 403, 1917 gibt eine Übersicht über den Faserverlauf.

Zum Studium ist dabei nur das aufrechte Bild geeignet.

Die Faserung ist nicht bei allen Individuen gleich deutlich. Am deutlichsten ist sie bei Jugendlichen und in Augen mit dunklem Hintergrund. Besonders ausgeprägt wird sie jedoch in gewissen pathologischen Fällen.

Normalerweise stellt sie eine feine Parallelstreifung dar, wobei eine korbgeflechtähnliche Zeichnung zufolge Anastomosierung der einzelnen Bündel

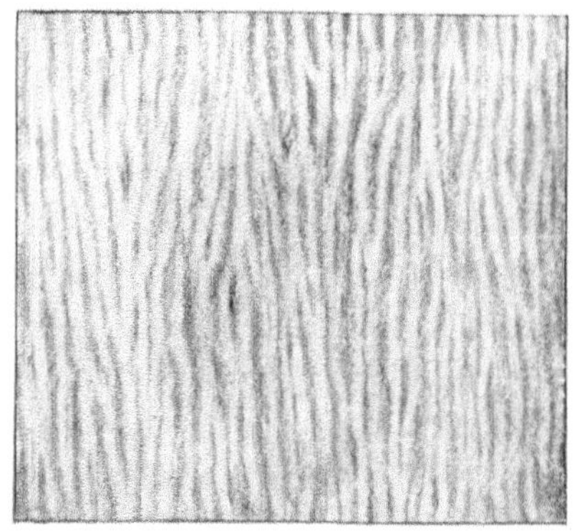

Fig. 31.

Die Nervenfasern der Netzhaut.

stets erkennbar ist. Zwischen den letzteren sieht man nämlich dunkle Längsschlitze, Stellen, in denen die Bündel weniger dicht liegen, und durch welche die erwähnte Zeichnung zustande kommt (Textfig. 31), gezeichnet nach mikrophotographischer Aufnahme an dem frisch enukleierten Auge eines Kindes mit Perforatio bulbi. Die Breite der einzelnen Bündel temporal von der Makula betrug in diesem Falle 0,04—0,05 mm. Derartige Anastomosen und schlitzförmige Lücken hat schon v. Michel gelegentlich seiner anatomischen Untersuchungen als konstanten, normalen Befund beschrieben.

Die Bündel besitzen überall dasselbe mattweise Aussehen. Von Reflexlinien unterscheiden sie sich nicht nur durch den fehlenden Glanz, sondern auch dadurch, daß sie bei seitlichen Spiegelverschiebungen fix bleiben.

Der parallele Verlauf der Bündel bleibt erhalten, wenn sie über Netzhautfältchen hinwegziehen. Sie bekommen dann, den Fältchenfirsten und -tälern entsprechend, einen welligen Verlauf und sind auf den stärkst belichteten Partien am deutlichsten (Tafelfig. 34). Durch Reflexlinien werden sie verdeckt, doch sind sie häufig in den Interstitien zwischen den letzteren sichtbar, so daß unter Umständen das Bild einer Gitterung zustande kommt. (Vgl. den späteren Abschnitt »Reflexlinien« und die dortige Tafelfig. 43.)

Die Streifung nimmt am Rande des Gefäßtrichters ihren Anfang, setzt sich über den Papillenrand in die Netzhaut fort und folgt dort, was die Richtung anbelangt, im großen und ganzen dem Gefäßverlauf. Gefäßbiegungen macht jedoch die Faserung nicht mit, sondern in geraden bis sanft gebogenen Zügen zieht sie, immer schwächer werdend, zur Netzhautperipherie. Während ihr die großen Gefäßstämme fast stets aufliegen, werden kleine Arterien- und Venenzweige häufig von der Faserung überdeckt·

Ganz bestimmte Besonderheiten des Faserverlaufs bestehen im Bereich des wichtigsten Netzhautbezirks, der Makularegion und temporal derselben.

Die Faserung erscheint im peripapillären Netzhautabschnitt etwas grobstreifiger als in der Peripherie. Auf der Papille selber ist sie im nasalen Teil dichter als im temporalen und zwar oft so dicht, daß der nasale Papillenrand nicht mehr durchscheint, trotzdem er im gewöhnlichen Licht scharf hervortritt. (Wegen der weißen Farbe der Papille ist die Streifung auf letzterer nicht immer leicht erkennbar.)

Der Grad der Feinheit der Faserbündel variiert bei verschiedenen Individuen etwas. Die kräftigsten Bündel finden sich stets nach oben und unten von der Papille und ziehen von da an im Bogen temporalwärts. Die zarteste Zeichnung zeigt das papillomakuläre Bündel. Hier stellt die Faserung, wie schon anatomisch festgestellt wurde (v. MICHEL, DOGIEL), eine besonders dünne Schicht dar, und die Faserbündel liegen zum Teil einzeln. Zu ihrer Erkennung sind eine gewisse Übung, scharfe Einstellung und möglichste Annäherung an das Auge des Untersuchten unerläßlich. Man übe sich zunächst an jugendlichen Individuen. Bei albinotischem Fundus sind die Fasern naturgemäß schwieriger zu sehen, als bei normal pigmentiertem oder sehr dunklem Fundus. Im ersten Fall stört das von Sklera und Chorioidea reflektierte Licht (vgl. Tafelfig. 38 partielle Optikusatrophie bei albinotischem Fundus).

Verfolgen wir an Hand von Tafelfig. 32 den normalen Faserverlauf.

Während die Faserrichtung in der Umgebung der Papille relativ leicht erkannt werden kann, ist ihre Beobachtung in der Makulaumgebung etwas schwieriger. Temporal von der Papille ist als zarter aber wichtiger Teil der Faserung das papillomakuläre Bündel in gerader Linie vom Papillenrand nach der Foveamitte gerichtet (vgl. z. B. Tafelfig. 32 u. 37). Unmittelbar unter- und oberhalb dieses schmalen Faserzuges schließen sich sanft gebogene Faserbündel an, denen zwiebelschalenartig allmählich immer stärker gebogene, gleichzeitig immer weiter temporal ausgreifende, ebenfalls der Fovea zustrebende Faserbündel folgen. In einer charakteristischen Kurve biegen diese Bündel zur Fovea ein, sowohl von oben als von unten her, und zwar im temporalen Foveabezirk so stark, daß die Fasern hier auf eine kurze Strecke eine annähernd vertikale Richtung annehmen.

Eine Unterbrechung dieser Fasern, z. B. auf traumatischem Wege, sowohl nasal, wie aber auch oberhalb und unterhalb der Fovea, muß deshalb eine zentrale Funktionsschädigung zur Folge haben.

Insbesondere bei Jugendlichen markiert sich, wie ich schon 1913 (l. c. S. 130) mitgeteilt habe, der zirkumfoveale Reflexring im aufrechten Bild manchmal dadurch, daß hier die von der Papille kommenden, parallelen Stäbchen vergleichbaren Fasern plötzlich scharf abgebrochen erscheinen, so daß die Knickungsstellen eine glänzende Bogenlinie bilden, welche im Reflexringe liegt.

Bei passendem Lichteinfall sieht man aber gelegentlich die Fasern als feinste Linien kontinuierlich über den fovealen Wall in die Tiefe ziehen, und sich gegen den Rand der gelben Zone hin allmählich verlieren. (In den meisten Fällen gelang es mir zwar nicht, innerhalb der Fovea eine deutliche Faserzeichnung zu sehen.)

An die letzten, in die Fovea einbiegenden Fasern schließen sich solche an, welche, von oben und unten herkommend, einen Kreisbogen bilden und so die Fovea temporal in charakteristischer Weise umkreisen.

Diese schön kreisbogenförmige Umfassung der Fovea durch die Nervenfaserung ist in allen von mir untersuchten normalen und pathologischen Augen, welche die Faserung überhaupt erkennen lassen, vorhanden.

Den kreisbogenförmigen Bezirk konnte ich temporal in seiner Breite auf eine bis zwei Papillenbreiten schätzen. Manchmal hatte ich in diesem Bezirk den Eindruck einer feinen, sehr steilen Kreuzung der von unten und oben kommenden Fasern, wobei allerdings die gekreuzten Fasern nur ganz kurze Strecken weit verfolgbar waren. Diese Kreuzung lag etwa in der Schnittlinie der Horizontalebene, welche die Makulamitte trifft (»Raphe«).

Während der bisher beschriebene Verlauf in den meisten jugendlichen Augen ohne besondere Mühe verfolgt werden kann, gestaltet sich die Beobachtung der Faserung weiter temporalwärts immer schwieriger. Dies mag hauptsächlich daran liegen, daß peripheriewärts die Faserung immer weniger dicht und spärlicher wird.

Weit deutlicher wird jedoch der Faserverlauf in pathologischen Fällen. Besonders geeignet zum Studium erwiesen sich mir frische Fälle von Verschluß der Zentralvene oder eines Hauptastes derselben, vorausgesetzt, daß die Individuen nicht zu bejahrt waren.

Schon in normalen Augen ist erkennbar, daß die Fasern temporal von der beschriebenen Kreisbogenzone, welche die Fovea umzieht, allmählich weniger steil verlaufen, daß sich somit die oberen und unteren Fasern nicht mehr zu einem Bogen schließen, sondern in einem Winkel zusammentreffen. Hierbei findet eine Durchkreuzung der Fasern statt.

Die gekreuzten Fasern sowohl, wie auch ein Teil der ungekreuzten, biegen ferner in diesem Abschnitt in sanfter Kurve temporal ab (vgl. Klin. Monatsbl. f. Augenheilk. 58, S. 403, 1917. Fig. 1. Vgl. ferner den anatomischen Nachweis der Abbiegung durch v. Michel l. c.).

Besonders instruktiv für die Erkennung der Kreuzung und der temporal gerichteten Abbiegung der von oben und unten kommenden Fasern wirken in den erwähnten Fällen von Venenverschluß die feinen streifigen Blutungen, die sich im rotfreien Licht tiefschwarz abheben und, zwischen den Fasern gelegen, diese prägnant hervortreten lassen.

In einem von uns beobachteten Fall (Klin. Monatsbl. f. Augenheilk. 58, S. 405, 1917) konnten wir nicht nur sich kreuzende Fasern, sondern auch sich kreuzende Blutstreifen beobachten.

Wo ferner im gekreuzten Abschnitt größere Blutungen in Resorption sind, erkennt man in Form eines durchscheinenden hellen Gitterwerks, gebildet aus sich kreuzenden parallelen Streifen, die Richtung der sich kreuzenden Faserbündel. Diese Streifung ist einfach, nicht gittrig, wenn die Blutung außerhalb des Kreuzungsabschnittes liegt.

b) Pathologische Nervenfaserzeichnung und Schwund der letzteren.

Das rotfreie Licht deckt uns nicht nur den normalen Nervenfaserverlauf der Netzhaut auf, sondern es bringt uns auch zum erstenmal das Bild der pathologisch veränderten Nervenfaserung.

Die normale Faserzeichnung der Netzhaut erfährt bei Neuroretinitiden, Zentralvenenverschluß und ähnlichen Schädigungen, welche die Netzhaut treffen, zunächt häufig eine Verdeutlichung und Vergröberung, indem die Faserbündel derber werden, oft unregelmäßige Verdickung und Ineinanderfließen, dann wieder Unterbrechungen in der Längsrichtung und treppenweise Abstufungen zeigen, wobei im letzteren Falle manchmal ein Bild entsteht, das an die Zeichnung der Herzmuskelfasern höherer Tiere erinnert. Man könnte daran denken, daß derartige Sakkadierungen durch Zerfall bedingt seien, während die Verdickung wohl auf Quellung der Fasern zu beziehen ist, wie sie sich anatomisch nachweisen läßt.

Am ausgesprochensten ist die Faserquellung gewöhnlich in den nach oben und unten temporal ziehenden Hauptbündeln sichtbar (Tafelfig. 34).

Diese Veränderungen können wochen- oder monatelang zu sehen sein (z. B. im Falle der Tafelfig. 34 Neuroretinitis luetica einer 39 jährigen).

Die Vergröberungen können wieder vollständig zurückgehen und der normalen Streifung Platz machen. Doch pflegt diese letztere dann weniger deutlich zu sein.

Kommt es zur Degeneration, so tritt an die Stelle der Faserzeichnung eine mehr oder weniger feine schollige partielle oder totale Marmorierung (z. B. Tafelfig. 35). Diese letztere wird sowohl bei aszendierender, wie deszendierender Netzhautatrophie sichtbar. (Man vergleiche die gewöhnliche, sehr feine Marmorierung der Tafelfig. 35 mit der genetisch verschiedenen, grobfleckigen der Tafelfig. 36.)

Bis die Faserzeichnung bei derartiger Atrophie verschwunden ist, bedarf es meist einer Reihe von Monaten.

So sah ich einen 60 jährigen Patienten mit genuiner Optikusatrophie (Tabes dorsalis), bei welchem das rechte Auge schon seit einem Vierteljahr völlig erblindet war. Trotzdem waren noch Reste der Nervenfaserzeichnung nach oben und unten von der Papille ophthalmoskopisch nachweisbar. Erst nach drei weiteren Monaten waren auch diese Reste verschwunden (Tafelfig. 35).

Ähnliches fand ich in einem Falle von beiderseitiger Erblindung durch Orbitaschuß. Von diesem Falle ist in Tafelfig. 36 die Makulagegend des rechten Auges wiedergegeben.

Sechs Wochen nach der Verletzung fand ich rechts bereits die großfleckige Marmorierung der Tafelfig. 36. Nervenfaserzeichnung und Makulagelb völlig fehlend, stellenweise Wucherung des Pigmentepithels.

Links Makulafarbe vorhanden, Nervenfaserzeichnung außer im papillomakulären Bündel überall deutlich. Vier Wochen später Nervenfaserzeichnung noch nach oben und unten von der Papille vorhanden. Nach weiteren 3 Wochen Zeichnung wesentlich undeutlicher, 6 Wochen später nur noch Spuren der Nervenfaserzeichnung in der Nähe der Papille.

Ein halbes Jahr nach der Verletzung waren links auch die letzten Andeutungen der Zeichnung unsichtbar geworden. Überall bestand feine Marmorierung.

Die rechte Retina zeigte in diesem Falle besonders mächtige Schollenbildungen und die Nervenfaserzeichnung war viel früher erloschen als links. Dieser rasche Zerfall der Zeichnung und der Schwund des Makulagelbes wie auch die auftretenden chorioiditischen Veränderungen machen es denkbar, daß rechts der Blutzufluß zur Aderhaut (Ziliararterien) unterbrochen war. Es scheint also, daß bei Unterbrechung der chorioidealen Blutzufuhr die Nervenfaserzeichnung besonders rasch verschwindet.

Daß zufolge der Netzhautatrophie die Gefäße firstartig hervortreten können, lehrte ein Fall von beidseitiger Erblindung durch Hypophysentumor (Frl. O. H., 18 Jahre). Es fehlte jede Spur von Nervenfaserzeichnung. Die Netzhautgefäße sahen zufolge flächenhafter Reflexe wie reifbehangen aus, als prominierten sie kräftig aus der Umgebung. Eine besondere Verdünnung der Gefäße war nicht zu erkennen. Die Erblindung bestand seit einem Jahr.

Besonders instruktiv für die Bewertung des Schwundes der Nervenfaserzeichnung zufolge Netzhautdegeneration sind Beobachtungen im rotfreien Licht, welche ich bei Degeneration des papillomakulären Bündels gemacht habe.

Bei der Feststellung der bei uns ziemlich häufigen und schweren Intoxikationsamblyopie durch Tabak-Alkoholabusus sind wir zurzeit ganz auf die subjektiven Untersuchungsmethoden angewiesen. (Anamnestische Angaben über Intoxikation, Skotom, Nyktalopie usw.). Es haben zwar schon verschiedene Autoren auf degenerative Erkrankungen der Netzhautgefäße aufmerksam gemacht, die dieses Leiden öfters begleiten. Allein diese Veränderungen sind nicht immer vorhanden und außerdem schwer feststellbar. Aber auch, wo sie vorhanden sind, sind sie für die Neuritis retrobulbaris mit Erkrankung des papillomakulären Bündels nicht pathognomonisch.

Ähnliches ist von der »temporalen Abblassung« der Papille zu sagen, die man als objektives Symptom angeführt hat. Da der temporale Abschnitt der Papille schon normalerweise blasser zu sein pflegt, gilt dieses Symptom allgemein als unsicher.

Es ist daher von besonderem praktischem Werte, daß uns im rotfreien Lichte ein Untersuchungsmittel zu Verfügung steht, welches die degenerativen Veränderungen des papillomakulären Bündels der Retina bei Neuritis retrobulbaris, ophthalmoskopisch nachweisen läßt.

Im rotfreien Lichte fand ich bei fortgeschrittener Neuritis retrobulbaris die zu bleibendem Skotom geführt hatte, regelmäßig[1]) zwischen Papille und Makula an Stelle der Nervenfaserzeichnung eine diffuse feine weißliche Marmorierung (ähnlich wie Fig. 33). Die Faserzeichnung ist völlig erloschen. Sie tritt erst wieder außerhalb des Bereiches der Horizontalfasern, nach dem oberen und unteren Papillenrande zu, auf.

In weniger fortgeschrittenen Fällen ist die Zeichnung bloß abgeschwächt oder hochgradig verwischt.

So war sie in einem Falle mit rechter und linker Sehschärfe $= \frac{1}{6}$ noch beiderseits spurweise sichtbar.

Auf alle Fälle stellt das Verschwinden der Faserzeichnung ein Signum mali ominis dar.

Solange die Nervenfaserzeichnung zwischen Papille und Makula noch als solche erkennbar ist, besteht anscheinend immer noch die Möglichkeit einer Besserung oder Wiederherstellung des zentralen Visus. In einigen Fällen sah ich eine solche auch noch eintreten, trotzdem eine Faserzeichnung zwischen Papille und Makula nicht mehr zu finden war.

Man beachte, daß auch im papillomakulären Bündel die Faserzeichnung erst Monate nach Unterbrechung der Leitung durch die Marmorierung verdrängt zu werden pflegt.

Ein Beispiel von Marmorierung des papillomakulären Bündels mit Verschwinden der Faserzeichnung ist in Tafelfig. 33 dargestellt. Fig. 33 zeigt den pathologischen Fundus des linken, Fig. 32 den normalen Fundus des rechten Auges desselben Patienten W. T. Links besteht zentrales Skotoma absolutum von etwa 5°, linke Sehschärfe = einige Zweihundertstel exzentrisch, rechte Sehschärfe $= \frac{6}{9}$, Emmetropie beiderseits. Die zentrale Erblindung soll nach Schädelbasisfraktur (Sturz auf den Schädel vor 1 1/2 Jahren) aufgetreten sein.

Von großem theoretischem Interesse sind Befunde, die gewissermaßen den Typus inversus dieses Fundusbildes der Degeneration des papillomakulären Bündels darstellen, nämlich die ophthalmoskopischen Bilder des Verschlusses der Zentralarterie, mit erhaltenem zilioretinalem Bezirk. Hier überdeckt nach eingetretenem Zerfall den ganzen Fundus

---

[1]) Ich hatte bisher Gelegenheit etwa 30 Fälle von chronischer Neuritis retrobulbaris infolge Tabak-Alkoholabusus und einige Fälle anderer Ursache im rotfreien Licht zu untersuchen.

Beobachtungen von Venenverschluß, akuter Neuritis nervi optici usw. lehrten, daß bei akuter Erkrankung die Nervenfaserzeichnung zunächst erhalten, ja sogar stark ausgeprägt ist.

die Marmorierung. Die Nervenfaserzeichnung fehlt. Gerade nur im Bereiche des zilioretinalen Gefäßbezirks ist sie erhalten.

Tafelfig. 37 gibt eine einwandfreie derartige Beobachtung wieder. Angeblich infolge Herzfehlers plötzlicher Verschluß der rechten Arteria centralis retinae 4 Jahre vor Aufnahme der Abbildung.

Durch Erhaltenbleiben der in der Figur temporal von der Papille sichtbaren zilioretinalen Arterie blieb ein kleiner röhrenförmiger partiell-zentraler und parazentraler, bis zum blinden Fleck reichender Gesichtfeldrest erhalten.

Gesichtsfeld s. Textfig. 32, zentraler Visus = $^6/_8$. Periphere Rot- und Weißgrenzen des Gesichtsfeldes durchschneiden den Fixationspunkt. Der etwa 20° breite erhaltene Gesichtsfeldstreifen zieht sich temporal abwärts, mit einem Ausläufer bis zu 35° vom Fixationspunkt. Dieser Befund war,

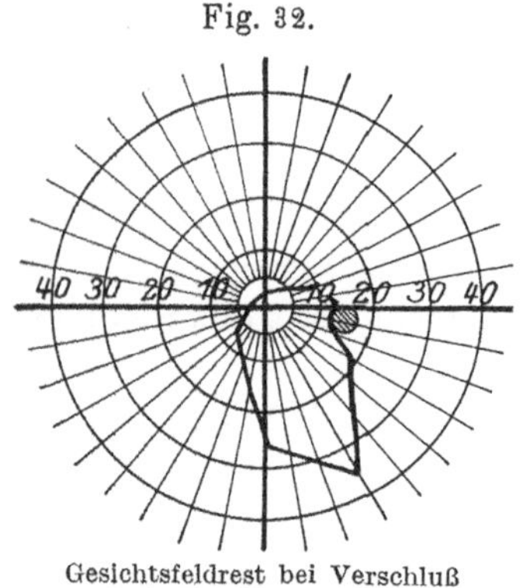

Fig. 32.

Gesichtsfeldrest bei Verschluß
der Zentralarterie.

sowohl am Perimeter, als an der BJERRUMschen Gardine, innerhalb einer Beobachtungszeit von 1 1/2 Jahren unverändert.

Ophthalmoskopisch: Im rotfreien Licht Fehlen des zentralen Makulareflexes (Tafelfig. 37), Vergrößerung und Abblassung der gelben Zone (gegenüber derjenigen des anderen Auges), gelbe Zone besonders nach unten von unregelmäßig konzentrischen Strichreflexen umrahmt (wie ich sie bei der Atrophie der Netzhaut oft fand).

Während der ganze übrige Fundus die für Atrophie der Netzhaut typische Marmorierung zeigt, bei Fehlen jeder Nervenfaserstreifung, sind die oberen Partien des papillomakulären Bündels und die unmittelbar nach oben angrenzenden Fasern intakt sichtbar. Wir sehen sie von der Papille nach der Makula hinziehen und diese temporal oben umkreisen.

Der erhaltene Netzhautbezirk liegt somit nach oben und nach innen von der Makula. Damit deckt sich der erwähnte Gesichtsfeldrest (Tafelfig. 32), indem er noch den Fixationspunkt einbezieht und von da nach unten außen sich ausbreitet, bis zum blinden Fleck reichend, so daß objektiver und subjektiver Befund sich vollkommen entsprechen.

Es ist somit durch das rotfreie Licht der objektive Nachweis der Erhaltung der Makulafunktion möglich, sowohl bei aszendierender als bei deszendierender Atrophie des papillomakulären Bündels. Dabei ist zu berücksichtigen, daß der ophthalmoskopische Befund der Degeneration erst eine Reihe von Monaten nach Eintritt der Läsion positiv wird.

In welcher Weise auch die Makula selber bei dieser Beleuchtungsmethode für die Netzhautatrophie charakteristische Veränderungen zeigt, haben wir bei Besprechung der Makula erwähnt (Klin. Monatsbl. f. Augenheilk. 66, S. 321, 1921).

Fehlen der Nervenfaserzeichnung im Bereiche der g e s a m t e n Netzhaut wurde von uns bisher in allen Fällen bleibender, ein Jahr oder länger bestehender Erblindung festgestellt: Bei sogenannter genuiner, posttraumatischer, postneuritischer Atrophie, wie auch bei Atrophie zufolge Retinitis pigmentosa, Arterienverschluß, Thrombose der Zentralvene, Glaukom usw.

Nur zweimal haben wir bis jetzt eine Ausnahme beobachtet.

In zwei Fällen von nahezu völliger Amaurose (Lichtschein exzentrisch), die seit Jahren bestand, war noch stellenweise eine Nervenfaserstreifung zu sehen, die allerdings nicht mehr das normale Ausehen hatte.

Es handelt sich um folgende zwei j u g e n d l i c h e F ä l l e :

1. W. M., 18jähriges Fräulein, blind seit 4 Jahren infolge beiderseitiger, vielleicht postneuritischer Optikusatrophie.

Am 28. Juni 1918: Unscharf begrenzte atrophische Papillen, geschlängelte Gefäße ohne besonders starke Einscheidungen. Makulagelb schwach, gelbe Zone verbreitert. Äußerst zahlreiche, präretinale Reflexlinien beiderseits, besonders rechts. Beiderseits sind diese Linien von ungeordnetem Typus, doch verlaufen sie rechts zwischen Papille und Makula vorwiegend schräg vertikal, zum Teil sind sie wellig. N a s a l sieht man beiderseits in der Richtung der Nervenfaserung eine feine glänzende Streifung, von der es zweifelhaft ist, ob sie Reflexlinien oder Nervenfasern darstellt. Die Verlaufsrichtung der Linien spricht dafür, daß sie Nervenfasern entsprechen. Manchmal scheint es aber, daß die Linien bei Spiegelbewegung sich verschieben. Die dunklen lanzettlichen Lücken, welche die so charakteristische Korbgeflechtzeichnung ergeben, sind nicht zu sehen.

2. Vielleicht liegt, wenigstens zum Teil, Nervenfaserzeichnung in dem Falle der Tafelfig. 39 vor (s. Text zu dieser Figur). Das fast blinde Auge mit totaler Optikusatrophie zeigt um die Papille herum nach allen Richtungen eine ä u ß e r s t z a r t e , nur bei genauestem Zusehen erkennbare Radiärstreifung, die stellenweise von feinen, meist in der Richtung der Streifen verlaufenden Reflexlinien verdeckt wird. D i e s e z i e h e n a b e r t e m p o r a l ü b e r d i e F o v e a i n g e s t r e c k t e r r a d i ä r e r R i c h t u n g h i n a u s . In der Streifung sind ferner die typischen dunklen Schlitzinterstitien nicht zu sehen. Außerdem geht die Streifung vielfach in Marmorierung über, oder besteht neben solcher. Stellenweise, z. B. temporal oben, läßt sie sich nicht bis zum Papillenrand verfolgen, sondern ist von diesem durch eine marmorierte Partie getrennt. Der eigentümliche Verlauf temporal der Makula macht es wahrscheinlich, daß hier nicht »Nervenfaserstreifung« vorliegt, wenn auch zunächst der Verlauf radiär zum Sehnerveneintritt an solche denken läßt.

Feine Andeutungen von Radiärstreifung, besonders nach oben und unten von der Papille, die an der Grenze der Wahrnehmbarkeit lagen, konnten wir auch noch in einigen anderen Fällen mehrere Jahre nach totaler Erblindung beobachten. Auffallenderweise handelte es sich dabei stets um sehr Jugendliche.

Den vorstehenden Beobachtungen über pathologische Veränderung der Nervenfaserzeichnung sei noch ein seltenes, bis jetzt nicht beschriebenes Krankheitsbild angeschlossen, das darin besteht, daß im Bereiche der Faseroberfläche, insbesondere in der Gegend der Hauptgefäßstämme eigentümliche, an Flächenreflexe gemahnende, aber nur wenig verschiebliche weiße Herde auftreten, welche ein unregelmäßiges, höckeriges Relief anzeigen und die im gewöhnlichen Licht (aufrechtes Bild) nicht oder schwer sichtbar sind, während sie im rotfreien Licht weiß glänzen. Die Netzhautgefäße werden von den Herden anscheinend stets verdeckt. Es läßt sich nicht entscheiden, ob die Herde eine Veränderung der superfiziellen Nervenfaserschicht oder der Limitans interna anzeigen. Ich besitze Notizen und Skizzen von 4 derartigen Fällen, die alle alte Leute mit Arteriosklerose betreffen. Hier 2 Beispiele:

1. 66jähriger Potator Hartm. Visus $^1/_4$, Papillen temporal blaß, Wa neg. Spur Alb. Gesichtsfeld gut, einige Glaskörpertrübungen. Die Flecken nehmen die Nervenfaserschicht der Gegend der großen Gefäßbogen ein, reichen oben bis gegen die Makula, nach mehreren Monaten Befund unverändert.

2. Herr Irm. 65 Jahre. Einige feine Glaskörpertrübungen, sonst Augen o. B. R. S. = $^6/_8$ (— 1,5) l. S. = 1 (— 1,0) klagt über Schlechtersehen rechts. Urin o. B. Wa neg. gesteigerter Blutdruck. Rechter Makulareflex fehlt, die genannten $^1/_2$ P.D. großen, aber auch größeren und kleineren, etwas zerschlissenen Herde nur im rechten Auge, im Bereiche der Faserung des unteren temporalen Gefäßbogens. Die Herde verschwanden im Verlaufe von Monaten. —

In 2 Fällen bestanden neben diesen reflexähnlichen Herden arteriosklerotische Netzhautblutungen.

3. Die Reflexion der Netzhautvorderfläche im rotfreien Licht. Präretinale (superfizielle retinale) Fältchenbildung.

Die stärkere Reflexion im rotfreien Licht ist einerseits dem Überwiegen kurzwelliger Strahlen, andererseits dem Fehlen des (verschleiernden) Aderhautlichtes zuzuschreiben. Verwendet man rein rotes Licht, so erscheint der Fundus umgekehrt äußerst reflexarm. (Verf. v. Graefes Arch. f. Ophth. 84, S. 310, 1913.)

Als normal haben die bekannten Reflexe der Gefäße zu gelten (lineare Reflexstreifen der Venen und Arterien, fetzige und zerschlissene flächenhafte Reflexe vor und neben den die Limitans interna vorwölbenden Gefäßen [1]). Ebenso der bekannte bogenförmige Reflex, der bald nasal, bald temporal die Papille umkreist und der wohl auf die Prominenz der Papille über die Umgebung zu beziehen ist, also durch einen Ring-Hohlspiegel hervorgerufen wird. (Über den Wallreflex und makularen Reflex haben wir uns schon in dem Abschnitt über die Fovea ausgesprochen. Vgl. auch noch den von GULLSTRAND beschriebenen extrafovealen Ringreflex.)

Als normal kann ferner eine feine vertikale präretinale Reflexlinienbildung »Vertikallinierung«[2] bezeichnet werden (Tafelfig. 6 und Textfig. 33), welche wir besonders bei jugendlichen Individuen und besser bei unerweiterter Pupille im rotfreien Licht häufig fanden. Diese feinen schmalen, fast ganz vertikalen und parallelen Reflexlinien nehmen hauptsächlich den Raum zwischen Papille und Fovea ein und sind bisweilen besonders lichtstark im Bereiche des zirkumfovealen

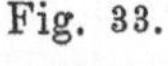

Fig. 33.

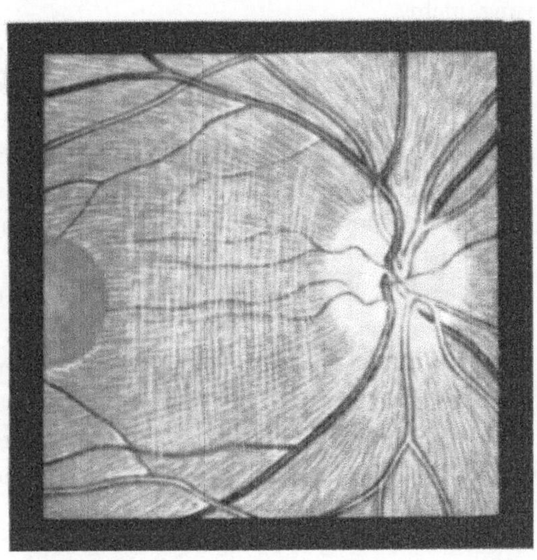

Vertikallinierung. Bei einer großen Zahl, besonders jugendlicher Augen, im rotfreien Licht sichtbare feine Vertikallinierung zwischen Papille und Makula. Die Linierung ist deutlicher bei enger Pupille. Vor Papille und Makula fehlt die Linierung anscheinend konstant.

Ringreflexes. Sehr selten sah ich sie auch nasal der Papille, und dann stets nur in geringer Ausdehnung. Nach oben und unten von der Papille waren die temporal liegenden in einigen Fällen leicht nasal abgebogen. Die Fovea selber lassen diese Linien frei, ebenso auch die Papille [3].

---

1) Nicht nur neben und über Venen, sondern auch neben Arterien fand ich an solchen Reflexen normalerweise Pulsation. — Besonders bei Kindern zeigen die flächenhaften Reflexe gelegentlich Nervenfaserzeichnung.

2) Verf. Klin. Monatsbl. f. Augenheilk. 60, Jan. 1918.

3) Es ist denkbar, daß präretinalen Reflexlinien nicht immer dasselbe Substrat zugrunde liegt. So sah ich in einem Falle von Narbenzugreflexlinien diese über die Papille hinwegziehen, was gegen den Sitz der Fältchen im Bereiche der Limitans interna sprach (vgl. S. 100). Durch Narbenzug am Glaskörpergerüst können scharf begrenzte, parallele, gerade Linien entstehen, die in großer Zahl nebeneinander gereiht sind, wie ich das im vorderen Augenabschnitt mit Hilfe des Spaltlampenmikroskops öfters nachwies (vgl. den Atlas der Spaltlampen-

Es scheint, daß schon vor uns diese häufige »Vertikallinierung« vereinzelt gesehen worden ist, und zwar im gewöhnlichen Licht, nämlich von Lindsay Johnson (A Pocket Atlas and Text Book of the Fundus oculi etc., 1911 Titelbild), und in einem Falle wenigstens teilweise von O. Haab, welcher gleichzeitig auf eine hierher gehörige Beobachtung von Frost (Transact. Ophth. Soc. XXII, 1902) hinweist.

In der Tat erkennt man die Vertikallinierung bei starker Ausprägung gelegentlich schon im gewöhnlichen Licht.

Bei älteren Personen (jenseits etwa des 40. Jahres) sah ich diese Linierung nicht.

Bei stärkerem Astigmatismus vom Typus directus glaube ich die Vertikallinierung häufiger gesehen zu haben, als in normalen Augen.

Mit der Nervenfaserstreifung ergibt die Vertikallinierung, die der Grenzfläche zwischen Limitans interna und Glaskörper angehört, eine zarte Gitterzeichnung, die an die Fäden eines Gewebes erinnert.

Die Vertikallinierung unterscheidet sich von pathologischen Reflexlinien stets durch ihre große Feinheit und durch ibren Verlauf. Doppelkontur einzelner Linien konnte ich einige Male (bei enger Pupille und engem Spiegelloch) erkennen, im allgemeinen pflegt sie nicht deutlich zu sein. [Eine Ausnahme bildete das rechte (gesunde) Auge des Falles der Tafelfig. 43.]

Traten in Fällen von Vertikallinierung pathologische doppeltkonturierte Reflexlinien (Netzhautfältchen) auf, so konnte ich bisweilen feststellen, daß die Vertikallinierung im Bereiche der Faltenreflexlinien verschwand.

Man könnte demnach vermuten, daß beiden Erscheinungen dieselbe Reflexionsfläche zugrunde liegt[1]).

In einem von R. Birkhäuser publizierten, im rotfreien Licht untersuchten Fall von Verschluß der Zentralarterie (Klin. Monatsbl. f. Augenheilk. 62, S. 390, 1919), den ich zu untersuchen ebenfalls Gelegenheit hatte, zeigte die Linierung einige Wochen nach dem Verschluß eine wellige Form (auf der anderen Seite war sie von gewöhnlichem geradem Verlauf).

Besteht in jugendlichen Augen die Vertikallinierung nicht, so ist die Gegend zwischen Papille und Makula oft durch besonders zierliche und wunderliche Bogenreflexe, oder durch unregelmäßig gerichtete, hier und

---

mikroskopie des Verfassers.) Trotzdem machen es unsere klinischen und anatomischen Beobachtungen, wie auch Untersuchungen Koeppes am lebenden Auge mittelst Spaltlampenmikroskop wahrscheinlich, daß in der überwiegenden Zahl der Fälle die Limitans interna und wohl auch die angrenzenden oberflächlichen Netzhautschichten die Grundlage der Fältchen abgeben. Dies hatten übrigens schon die frühesten Beobachter (A. Siegrist, Öller u. a.) angenommen.

1) Es ist ferner wohl nicht zufällig, daß sich die unten zu besprechenden, pathologischen superfiziellen Netzhautfältchen temporal von der Papille in der Richtung der Vertikallinierung anzuordnen pflegen. Vgl. auch die Falten bei Amotio in dem Abschnitt über die Makula.

da mehr oder weniger parallelstreifige Linienreflexe eingenommen. Auch diese unregelmäßigen Reflexe sind öfters schon im gewöhnlichen Lichte zu sehen. Ihre feinere Anordnung wird im rotfreien Lichte und bei enger Pupille ganz besonders deutlich. Die Wiedergabe dieser Reflexlinien und Streifen ist deshalb schwierig, weil ihre Form mit der Einfalls- und Beobachterrichtung wechselt.

Pathologisch sind die (präretinalen) Reflexdoppellinien, die durch Fältchenbildung zustande kommen.

Derartige Fältelungen betreffen wiederum die Grenzflächen zwischen Netzhaut und Glaskörper.

Hier treten aus noch nicht ganz abgeklärter Ursache bei einer enormen Zahl von Augenerkrankungen Faltungen und Unebenheiten auf, die im Abschnitte temporal von der Papille und im zirkummakulären Bereich zu einer Reihe von Reflexen Anlaß geben. Einen Teil dieser Reflexe haben wir bereits gelegentlich der Besprechung der Makula kennen gelernt (z. B. Tafelfig. 1, 28, 30).

Wohl unter ähnlichen mechanischen Bedingungen, wie an der Korneahinterfläche bei Bulbusschrumpfungen, Keratitiden, sowie nach operativen Eingriffen, die Descemetifalten, so treten im genannten polaren Gebiete der Retinaoberfläche die Netzhautfalten bei bestimmten Bulbuserkrankungen in Erscheinung. Sie sind, offenbar entsprechend ihrem anatomischen Substrate, feiner und zarter als die Descemetifalten, jedoch von ähnlichen optischen Eigenschaften (vgl. A. Vogt, Reflexlinien durch Faltung spiegelnder Grenzflächen usw., v. Graefes Arch. f. Ophth. 99, 1919), und auch von ähnlicher Vergänglichkeit.

Die bei entzündlichen Prozessen des vorderen Bulbusabschnittes beobachteten Fältchen der Makulaumgebung beruhen vielleicht auf kollateralem Ödem, ähnlich die diagnostisch so wichtigen Fältelungen bei Nebenhöhlenerkrankungen mit Beteiligung des Optikus und diejenigen bei akuter und subakuter Neuritis retrobulbaris. Es ist wahrscheinlich nicht zufällig, daß das Gebiet der Netzhautfältchen der Ausdehnung nach sich so ziemlich mit dem Gebiet des dichtesten Netzes der Choriokapillaris deckt.

Durch Narbenzug entstehen ferner »Traktionsfältchen« (Tafelfig. 4 und 5), durch Zusammenschiebung, z. B. bei Tumoren und gelegentlich auch bei Stauungspapille »Korrugationsfältchen«.

Ganz allgemein kann gesagt werden, daß alle diese Faltenbildungen ihren Sitz vorwiegend in dem Abschnitte zirkulär um die Fovea und temporal der Papille haben, also in jenem Gebiete, welches auch bei Retinitis acuta bevorzugt ist. Fältelungen nasal der Papille sind seltene Ausnahmen. Die Bevorzugung eines relativ kleinen Netzhautbezirkes ist einstweilen nicht in befriedigender Weise zu erklären.

Nach meinen Befunden im rotfreien Licht habe ich die Fältchen der Retinavorderfläche in zwei Haupttypen geteilt, die sich, wie mir weitere Untersuchungen zeigten, allerdings nicht immer scharf auseinanderhalten lassen.

I. Typus: Fältchen, die sich durch doppelt konturierte Reflexlinien kund geben.

II. Typus: »Echte« Netzhautfältchen, d. h. Fältchen ohne Reflexlinien.

Es hat sich mir im Laufe der letzten Jahre als feststehend ergeben, daß der erstere Typus vorwiegt, charakteristisch ist für die Jugend (z. B. Tafelfig. 41, 43), bis etwa zum 30.—40. Jahre, der letztere dagegen hauptsächlich im Alter vorkommt (Tafelfig. 40, 44, 46, 47). Dabei ergab sich, daß das Substrat von Typus I und Typus II dasselbe ist. Die Verschiedenheit liegt lediglich in der optischen Beschaffenheit der Oberfläche. Gelingt es nämlich, beim Typus I die Reflexlinien zum Verschwinden zu bringen, z. B. durch geeignete Änderung der Lichtquelle, oder werden die Fältchen zufolge Gewebsveränderung matt, so entsteht der Typus II.

Die Änderung der Lichtquelle geschieht dadurch, daß wir ein an langwelligen Strahlen reicheres Licht benützen, z. B. gewöhnliches Glühlampenlicht. Dadurch können die Reflexlinien meist zum Verschwinden gebracht werden, und es treten Fältchen vom Typus II zutage, d. h. spiegelnde Fältchen sind in matte Fältchen verwandelt worden.

In ganz analoger Weise erscheinen im selben Licht, im rotfreien, dieselben Fältchen in der Jugend spiegelnd, im Alter matt.

Wie erklärt sich dieses gesonderte klinische Bild in Augen verschiedenen Alters?

Es erklärt sich diese Differenz wohl durch die schon lange bekannte, im Laufe des Lebens eintretende Änderung der gesamten Netzhautspiegelung. Großer Reflexreichtum der Retinavorderfläche zeichnet ja stets das jugendliche Auge vor dem alternden aus. Wir kennen die Ursache dieser physiologischen Erscheinung nicht. Sie ist vielleicht in der Änderung des Gewebsturgors zu suchen.

A priori wären zweierlei optische Ursachen möglich. Einmal könnte die Indexdifferenz zwischen Glaskörperflüssigkeit und Retina (i. e. Limitans interna) im Alter geringer werden. Zweitens könnte sich die Differenz mit fortschreitendem Alter aus einer mehr sprunghaften in eine mehr kontinuierliche verwandeln. Das wären optische Ursachen, denen irgendwelche noch nicht bekannte anatomische Zustände zugrunde liegen müßten.

Sei dem wie ihm wolle, von praktischer Wichtigkeit ist, daß der ganze gefältelte Bezirk, je nachdem Reflexlinien vorhanden sind oder fehlen, ein vollkommen verschiedenes Aussehen bietet. Fehlen die Reflexlinien (Tafelfig. 40, 42, 46, 47), so erscheinen die Fältchen matt, plastisch.

Ihre Faltennatur ist dann ohne weiteres sichtbar. Reflexlinien dagegen verdecken die Fältchen als solche mehr oder weniger vollkommen (Tafelfig. 43). Wer sich dieses verschiedene optische Verhalten der Netzhaut veranschaulichen will, vergleiche eine gut spiegelnde Wellenfläche, z. B. gewelltes Glanzpapier, gewellten glasierten Ton oder Porzellan usw. mit gleichgekrümmten matten Flächen (mattes Papiert, z. B. Fließpapier u. a.). Wo Reflexe glänzen, ist die Wellung durch diese Reflexe verdeckt. Sie tritt

Fig. 34.

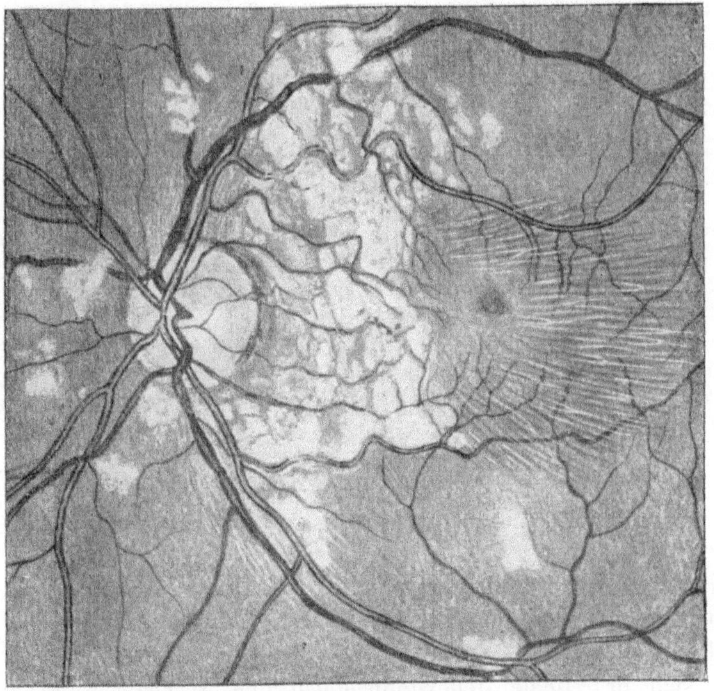

Fall von »PURTSCHER« mit matten Netzhautfältchen.
(Der Fall ist beschrieben in Klin. Monatsbl. f. Augenheilk. 67. S. 513. 1923.)

dagegen plastisch zutage, wo statt der unregelmäßigen Reflexion die diffuse herrscht, also außerhalb des spiegelnden Abschnittes.

Besprechen wir zunächst das klinische Bild der präretinalen Reflexdoppellinien. (In bezug auf ihre Genese und ihre optisch-physikalischen Eigenschaften sei auf die oben zitierte Arbeit [v. Graefes Arch. f. Ophth. 99, 1919] verwiesen.)

Diese Linien kommen vor bei Erkrankungen des vorderen Bulbusabschnittes (Keratitis, Iridozyklitis), nach Contusio bulbi (einige Tage post contusionem bei Jugendlichen fast regelmäßig (Tafelfig. 43), bei

6*

Neuritis nervi optici, bisweilen bei Stauungspapille, Retinitis exsudativa, Retinitis pigmentosa, z. B. Tafelfig. 19 (bei Jugendlichen wohl ausnahmslos[1]) als wichtiges Merkmal), ferner bei Verschluß der Zentralvene, bei akuter Neuritis retrobulbaris und oft als einziges ophthalmoskopisches Symptom bei Nebenhöhlenerkrankungen. Bei PURTSCHERscher Fernschädigung der Netzhaut (Textfig. 34) dürften sie nach unseren Befunden ein regelmäßiges Merkmal sein (Klin. Monatsbl. f. Augenheilk. 67, S. 513, 1921, ferner Schweiz. med. Wochenschr. Nr. 41, 1923).

Oft sind im rotfreien Licht die Faltenreflexlinien, besonders bei etwas älteren Personen (um das 30.—40. Jahr) noch deutlich und scharf ausgesprochen, wenn von ihnen mit anderen guten Lichtquellen, wie mit Azoprojektionslampe und elektrischem Augenspiegel auch nicht eine Andeutung mehr erkennbar ist.

Daß das große GULLSTRANDsche Ophthalmoskop alle diese Reflexerscheinungen wesentlich weniger zu sehen gestattet, dürfte zum Teil in dem relativ großen Verluste an kurzwelligen Strahlen begründet sein, welche das Nernstlicht dieses Instrumentes beim Durchgang durch das optische System erleidet. Bessere Resultate liefert neuerdings die Nitralampe. Geeignet zur Wahrnehmung der Reflexe ist ferner der WOLFFsche elektrische Spiegel. Immerhin zeigt das rotfreie Bogenlicht häufig auch da noch Reflexe und Falten, wo der elektrische Spiegel versagt.

Ähnliches wie vom elektrischen Spiegel gilt von der von STÄHLI empfohlenen Azoprojektionslampe. Doch wirken die unregelmäßige Verteilung der Helligkeit in dem Fadenbilde der letzteren und seine zackige Vielgestaltigkeit bei der Untersuchung störend. Ein besseres Bild liefert die Nitralampe. Die zentrische Ophthalmoskopie von GULLSTRAND ist diesen Methoden vorzuziehen.

Die Reflexdoppellinien überdecken die Nervenfaserung und die Retinagefäße.

Durch ihre größere Feinheit und ihren vertikalen Verlauf unterscheidet sich von den genannten Linien die oben erwähnte, bei Jugendlichen häufig beobachtete »Vertikallinierung«.

Wo sich präretinale Reflexdoppellinien und Nervenfaserung kreuzen, entsteht eine Gitterung (vgl. z. B. Tafelfig. 43, in welcher gleichzeitig die Gitterbildung der Fasern mit den Vertikallinien zu sehen ist).

---

1) Bei Ret. pigmentosa werden wir also künftig, besonders im Jugendstadium, zwei bis jetzt nicht bekannte klinische Symptome zu unterscheiden haben:
    1. Die Fältelungen im Bereiche der Limitans interna,
    2. Die Bienenwabenmakula, die vereinzelt zur Lochbildung führt.
Dazu kommt als drittes Symptom die von KOEPPE und von uns nachgewiesene »Punkteinlagerung« in den Glaskörper. KOEPPE hält diese Einlagerungen für Pigment und zieht daraus bestimmte Schlüsse. Wir selber fanden die Einlagerung jedoch nicht wie KOEPPE braun bzw. braunrot, sondern gelblichweiß bis weiß. Es scheint sich daher nicht um eine Pigmenteinlagerung zu handeln (auch an der Mikrobogenspaltlampe erscheinen die Einlagerungen nicht braun oder rot, sondern stets weißlich).

Reflexlinien infolge Narbenzuges (Traktionsfalten Tafelfig. 47, 4 u. 5) zeigen die Doppellinierung meist nicht mehr deutlich, wohl deshalb, weil diese Falten sehr schmal und kantig sind.

Während die Traktionsfalten mehr oder weniger parallelen und sehr gestreckten Verlauf in der Zugrichtung aufweisen, stehen die durch die Entzündung, bzw. Kollateralödem bedingten (also die überwiegende Mehrzahl), teils radiär zur Makula, teils verlaufen sie temporal von der Papille vertikal oder leicht konzentrisch zu der letzteren (Textfig. 35, *M* Makula, *P* Papille, Reflexlinien bei einem 11jährigen nach Contusio bulbi, und Tafelfig. 43).

Bei Iridozyklitis, Retinitis pigmentosa usw. finden sich vielfach auch andere Verlaufsrichtungen. Doch sind ausschließlich der temporal von der Papille gelegene Abschnitt und die Umgebung der Makula, etwa so weit das dichteste Choriokapillarnetz reicht[1]), betroffen. Als Ausnahme sei ein Fall von Retinitis albuminurica gravidarum ante et post partum erwähnt, mit weißem Exsudatherd nasal der Papille und mit sehr feinen, schräg vertikalen Präretinallinien dieser nasalen Partie. Temporal von der Papille breite Doppelreflexlinien und feine Vertikallinierung.

Auch die Traktionsfältelung bei Narbenzug beobachtete ich bisher hauptsächlich nur in dem temporal von der Papille gelegenen (zirkumfovealen) Bezirk. Bei dieser Faltung bildet gewöhnlich die Papille das eine, die Narbe das andere punctum fixum. Liegt die Narbe sehr peripher, so wird sie von den Faltenlinien nicht erreicht. Auch das Umgekehrte kann vorhanden sein, daß nämlich die Falten die Papille nicht erreichen.

Die besondere Art, in der die Reflexlinienbildung zu beginnen pflegt, konnte ich bequem nach Contusio bulbi jüngerer Personen studieren. Die Linien erscheinen dabei nicht sofort post contusionem, sondern erst 1 oder 2 Tage später (seltener treten sie erst nach 5—10 Tagen auf).

Dabei fand ich stets zunächst unregelmäßige Formen, die sich dann allmählich zu den regelmäßigen radiären (bzw. zum temporalen Papillenrand konzentrischen) ordneten. Die Linien können tage-, wochen-, ja monatelang, oft unter leichter Veränderung der Verlaufsrichtung, bestehen bleiben (z. B. nach Kontusionen, wo sie noch vorhanden sein können, wenn die sonst nachweisbaren Kontusionsfolgen schon seit Wochen geschwunden sind).

Sie sind aus diesem Grunde unfalltechnisch von Wichtigkeit.

Alle diese Linien und die ihr zugrunde liegenden Fältelungen zeigen innerhalb der Fovea und speziell auch der Makula ein besonderes Verhalten, welches durch den anatomischen Bau dieses Abschnittes bedingt ist. Die

---

1) Etwa jener Abschnitt des Kapillarnetzes, der beim Albino als diffus roter Teppich den hinteren Pol einnimmt. Über die Dichte des Netzhautkapillarnetzes der zirkummakularen Partien im Vergleich zu derjenigen der Peripherie geben die bisherigen anatomischen Untersuchungen keinen sicheren Aufschluß.

Netzhaut ist hier normalerweise bedeutend dünner und eine Nervenfaserschicht fehlt fast vollkommen. Die letztere ist es aber, welche sich, wie unsere bisherigen anatomischen Untersuchungen ergeben, an der Fältelung beteiligt und vielleicht an deren Zustandekommen einen wichtigen Anteil hat. Es stände damit vielleicht in Zusammenhang, daß die Doppelreflexlinien und die Fältchen am fovealen Rande meist aufhören. Immerhin sah ich gelegentlich den Fältchenkranz auch in die gelbe Zone reichen, so in einigen Fällen von Iridozyklitis, Amotio retinae, bei Retinitis centralis und in einem Fall von »atrophierender Stauungspapille«. Traktionsfältchen können durch die Makula hindurchziehen, wobei der Makulareflex Schlitzform annimmt und parallel zu den Faltenlinien steht (vgl. Tafelfig. 5. Vgl. andererseits auch Tafelfig. 47, wo die Falten vor der Makula Halt machen). Endlich ist klar, daß die Reflexion auf den Fältchen im Bereiche der Fovea zufolge der Krümmungsänderung der Netzhautoberfläche besonderen optischen Bedingungen unterliegt. (Vgl. das weiter unten über scheinbares Verschwinden der Fältchen vor Gefäßen S. 91 Gesagte.)

Das optische Verhalten aller dieser Reflexlinien, der regelmäßigen wie der unregelmäßigen, ist durchaus ähnlich demjenigen, das ich an der Membrana Bowmani, der Descemeti, der Konjunktiva und dem Nachstarhäutchen, sowie an einer großen Anzahl von Modellen studiert, durch Photographie festgehalten und theoretisch erklärt habe (vgl. Verf.: Reflexlinien durch Faltung spiegelnder Grenzflächen usw. v. Graefes Arch. f. Ophth. 99, S. 296, 1919).

· Es gelingt dementsprechend leicht, die Präretinallinien in gesetzmäßiger Weise zum Wandern zu bringen, gerade so, wie alle Reflexlinien wellenförmiger Grenzflächen. Durch Verschieben des Spiegels (aufrechtes Bild) senkrecht zur Längsrichtung einer Liniengruppe tritt genau dasselbe Spiel der Doppellinienwanderung ein, wie am Modell. Wir können willkürlich ein Linienpaar vereinigen, auseinanderrücken lassen, wir können gleiche Linienabstände erzeugen und endlich neue Linienpaare entstehen lassen. Damit ist das Vorhandensein alternierend geordneter Konvex- und Konkavzylinderspiegel, wie sie wellenförmige Falten zeigen, erwiesen.

Gleichmäßige Linienbreite, gleichmäßige Verschieblichkeit beweisen nach den von uns ermittelten Gesetzmäßigkeiten gleichen Krümmungsradius der Falten, also eine gleichmäßige Fältelung.

Eine solche Gleichmäßigkeit ist bei den präretinalen Reflexlinien zwar häufig, aber nicht immer zu beobachten. Oft scheinen Fältchen vorzuliegen von einem Querschnitt, wie ich ihn in der eben zitierten Mitteilung beschrieb, in denen der Krümmungsradius von Tal und First ein auffallend ungleicher ist.

Dieses war auch in einem Falle so, den ich anatomisch am Spaltlampenmikroskop zu untersuchen Gelegenheit hatte. Ich konnte nämlich die Fältchen in einem Falle von Perforatio bulbi durch eine Messerspitze (später auch noch in einer Reihe anderer ähnlicher Fälle) bei einem 6jäh-

rigen Mädchen 4 Wochen nach der Perforation an dem frisch enukleierten
Auge mittels Spaltlampenmikroskop nachweisen und genauer studieren.
Der Glaskörper war verflüssigt, bzw. wohl zum Teil verloren gegangen
(Limbus- und Skleralperforation) und durch Flüssigkeit ersetzt worden. Von
der zystisch degenerierten Makula, die in Form einer flachen Verdickung
prominierte, strahlten nach allen Seiten oberflächlich gelegene Fältchen etwa
von der Form derjenigen in Textfig. 35 (ophthalmoskopische Beobachtung
nach Contusio bulbi), je von etwa 0,04—0,06 mm Breite aus, welche dicht
standen, peripheriewärts Einschaltungen (*E*) zeigten und deutliche Nervenfaserstreifung ihrer Firste aufwiesen. Es war erkennbar, daß der Krümmungsradius der Täler ein kleinerer, die Täler wesentlich schmäler waren als

Fig. 35.

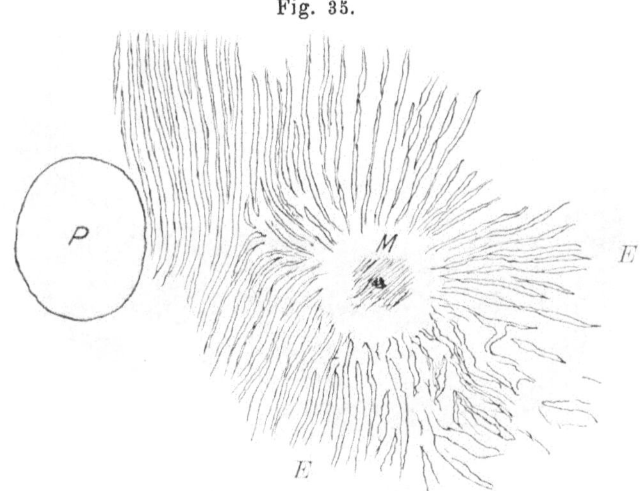

Ophthalmoskopische Beobachtung nach Contusio bulbi.

die Firsten. Auf dem temporal von der Makula gelegenen Teil dieser Falten-
partie spielten, wie im ophthalmoskopischen Bild, die doppelkonturierten
präretinalen Reflexlinien. Hier waren die Täler deutlicher ausgeprägt, jedoch
waren sie auch hier etwas schmäler als die Firsten.

Die Nervenfaserzeichnung unterschied sich in diesem und in anderen
Fällen scharf von den Fältchen. Sie wurde nach leichtem oberflächlichem
Verdunsten der Gewebsflüssigkeit ($^1/_2$ Stunde post enucleationem) deutlicher
und es waren die einzelnen Nervenbündelchen sichtbar. Sie waren gewöhnlich etwa 0,05 mm dick und zeigten, wie ich dies schon ophthalmoskopisch
im rotfreien Licht nachwies, korbgeflechtartige Zeichnung.

Die Netzhautfältchen und die präretinalen Reflexlinien erstreckten sich
in der Makulagegend nicht über einen Bezirk hinaus, der etwa durch die
großen temporalen Gefäßbogen und die Papille begrenzt wird, verhielten

sich also übereinstimmend wie im lebenden Auge. — Man erkannte deutlich, wie sich die Fältchen über kleinere Gefäßstämmchen hinwegsetzten. Diese schienen bisweilen die Fältchenbiegung mitzumachen, doch konnte man sich hiervon nicht immer deutlich überzeugen.

Nachdem der Bulbus 2 Stunden in 10 prozentigem Formalin gelegen hatte, waren die Fältchen noch sichtbar, hatten aber anscheinend ihren Querschnitt in der Weise verändert, daß nun die Täler breiter waren als die Firsten. Die Reflexion war ebenfalls noch sichtbar.

Fig. 36.

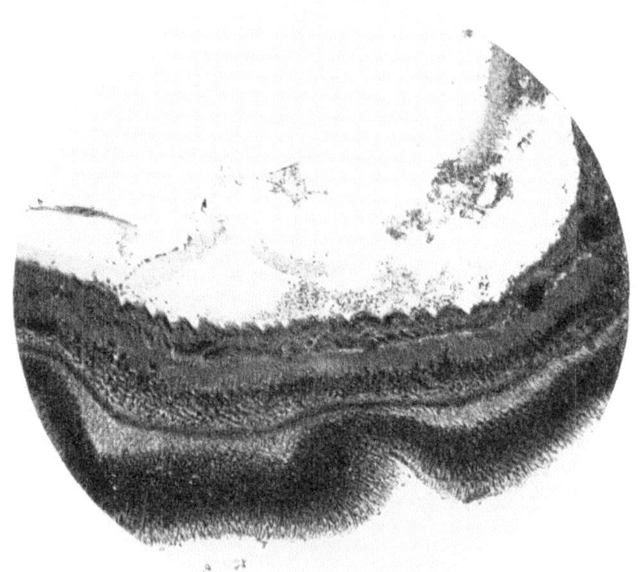

Netzhautfältchen. (Schwache Vergrößerung.)

Eine ebenso typische und instruktive Spaltlampenbeobachtung unmittelbar post enucleationem stellt Tafelfig. 45 dar. Der 22jährige G. H. erlitt vor 14 Tagen eine ausgedehnte Perforation des rechten Auges durch einen Schraubenzieher. Bulbus hochgradig kollabiert, der Glaskörper scheint zum Teil verloren gegangen zu sein. Irisprolaps in der 1 cm langen, zum unteren Limbus tangentialen Skleralwunde. Hämophthalmus. Die Netzhaut des frisch enukleierten Auges ist normal anliegend. Im Abschnitt zwischen Papille und Makula und weit über letztere hinaus ist sie in matte Fältchen von durchschnittlich 59 Mikra Breite gelegt (es wurde jeweilen die Zahl der Fältchen bestimmt, die auf 0,5 mm gingen und das Mittel genommen, die Furchen zwischen den Fältchen sind also eingerechnet). Die Fältchen stehen sehr dicht gedrängt und es steht wohl damit im Zusammenhang, daß die Täler relativ schmal sind, stellenweise Furchen darstellen. Nur ganz vereinzelte Fältchen zeigen Spiegelung und zwar nur streckenweise (vgl. die Reflexlinien im oberen Teil der Tafelfig. 45). Im Bereich dieser Spiegelung sind die Fältchen als solche nicht oder schwer zu erkennen.

Nach oben von der Makula in den Furchen hier und da Blutstreifchen. Nervenfaserung meist deutlich, eine Gitterung mit den Falten bildend. Neben der Papille eine Hämorrhagie in der oberflächlichen Faserschicht. Makulagegend in weiter Ausdehnung anscheinend zertrümmert und mit weißlicher Auflagerung. Beobachtung am Spaltlampenmikroskop, wenige Minuten post enucleationem.

Fig. 37.

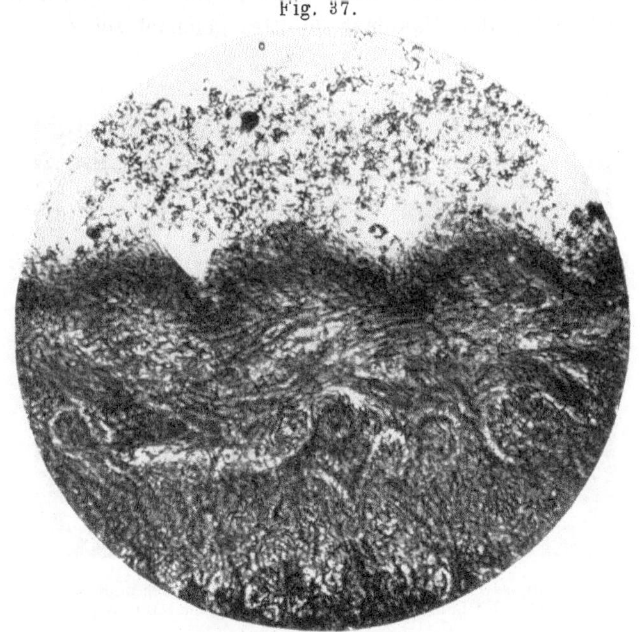

Netzhautfältchen. (Starke Vergrößerung.)

Textfig. 36 gibt die anatomische Untersuchung dieses Falles wieder. Nach Aufnahme der Abbildung Tafelfig. 45, etwa 1 1/2 Stunden post enucleationem, wurde der hintere Bulbusabschnitt in Zenkerscher Lösung fixiert. Einbettung in Zelloidin.

Textfig. 36 stellt die Mikrophotographie eines mit Hämatoxylin-Eosin gefärbten Horizontalabschnittes dar. (Die Schnitte hat Herr Volontärassistent Dr. Ochi verfertigt.)

Die Retinaschichten sind ödematös durchtränkt, Fältelung nasal und temporal von der Makula. Faltenbreite 54—64 Mikra. (Die Faltenbreite deckt sich somit mit der unmittelbar post mortem gefundenen in wünschbarer Genauigkeit.) Die Faltung betrifft, wie auch die stärkere Vergrößerung, Textfig. 37, zeigt, die Limitans interna und den angrenzenden oberflächlichen Teil der Faserschicht. Vereinzelte Fältchen enthalten statt der Nervenfasern Gewebsflüssigkeit. Wie es also an der Descemeti sowohl parenchymhaltige als auch leere, d.h. gewebsflüssigkeithaltige Fältchen gibt (vgl. Verf. in v. Graefes Arch. f. Ophth. 99, S. 296, 1919), so auch an der Limitans interna retinae[1]).

Nasal von der Papille ist die Retina völlig glatt.

Der verletzte Makulaabschnitt ist exsudatbedeckt. Wo Exsudat oder Glaskörper der Limitans aufliegen, machen sie die Fältelungen mit.

Durch diese Untersuchung dürfte der anatomische Nachweis der Fältelungen des zirkumfovealen Makulaabschnittes geleistet sein[2]).

Fig. 38.

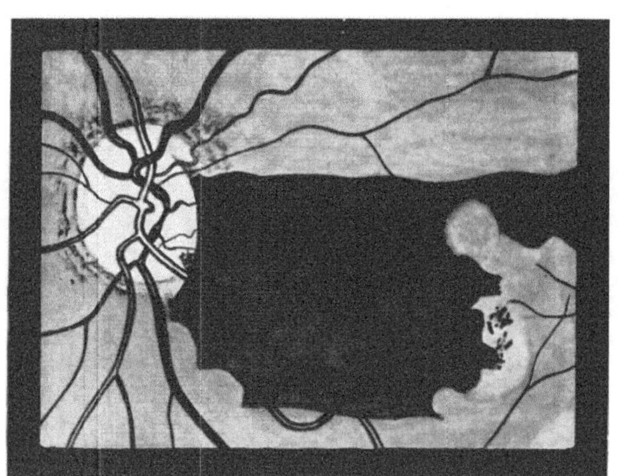

61 jährige Frau M. L. Aussparung der linken Makula bei sogenannter präretinaler (in Wirlichkeit hinter der Limitans interna retinae gelegener) Blutung.

Die Untersuchung des frisch enukleierten Bulbus ergab somit in diesen Fällen echte, oberflächlich gelegene Netzhautfältchen, welche zum Teil von präretinalen Reflexlinien bedeckt, zum Teil jedoch matt waren.

Es bestätigen solche Untersuchungen, daß die präretinalen Reflexlinien durch Netzhautfältchen von spiegelnder Oberfläche erzeugt sind, wobei die Reflexlinien die Fältchen selber verhüllen. Daß ferner die nicht spiegelnden Fältchen identisch sind mit jenen »echten superfiziellen Netzhautfältchen«, welche nicht durch Reflexlinien verschleiert werden (s. oben S. 82).

---

1) Koeppe teilt mit, mit dem Spaltlampenmikroskop auch klinisch »echte vordere Netzhautfalten« von »Faltungen der Limitans interna« bei Verschluß von Retinalgefäßen und bei Stauungspapille unterschieden zu haben (v. Graefes Arch. f. Ophth. 99, S. 150, 1919).

2) Vgl. auch eine kürzlich gemeinsam mit E. Hedinger mitgeteilte Beobachtung (v. Graefes Arch. f. Ophth. 102, S. 354, 1920).

Warum stehen die Fältchen im allgemeinen radiär zur Makula? Auf diese Frage gibt vielleicht eine Beobachtung von Aussparung der Makula bei sogenannter präretinaler Blutung Antwort[1].

Die 61 jährige Frau M. L. war vor drei Jahren wegen Retinalblutungen rechts in Behandlung. Heute R S = $^5/_{200}$, Retinitis proliferans. Plötzlich auch Sehstörung links. Oberhalb Papille streifige Netzhautblutungen. Zwischen Papille und Makula und um die letztere herum große schalenförmige Blutung, die noch um die Breite einer Hauptvene den Papillenrand überdeckt, in scharfem typischem Bogen parallel zu dem letzteren verlaufend (ein Symptom, das klinisch auf den Sitz unter der Limitans weist). Am unteren äußeren Rande der Blutung und einige P. D. über derselben je ein rundlicher graulichweißer Netzhautherd.

In den folgenden Wochen Zunahme der Blutung. Zunächst umfaßt sie die Makula von oben und innen, dann auch von unten und außen, nur einen schmalen Zugang von unten außen her freilassend (Textfig. 38). Die so in scharfer kreisförmiger Linie umfaßte Makula zeigt im rotfreien Licht die gelbe Zone. Der foveale Wall und der periphere Teil des fovealen Abhangs sind von der Blutung überdeckt. Der Makulareflex fehlt. Temporal der Makula breitet sich die Blutung 1$^1/_2$ P. D. weit aus, so daß sie die Form eines durch die Fovea eingeschnürten Zwerchsackes erhält. Die zentrale Sehschärfe sank während der ganzen Beobachtungszeit nie unter $^6/_6$ (H. 1,0). Die vollkommene und reine Aussparung der Makula wird also nicht nur durch den Nachweis derselben im rotfreien Licht, sondern auch durch die vollerhaltene zentrale Sehschärfe erwiesen.

Nachdem die Blutung in dieser Form einige Wochen bestanden und die Makula dauernd verschont hatte, trat allmählich Rückbildung derselben ein. Heute, 5 Monate nach Beginn, noch schalenförmiger Rest 2 P. D. nach außen unten von der Papille. Untersuchung auf Lues und Tuberkulose negativ.

Wir wissen heute auf Grund anatomischer und klinischer Befunde, daß zum mindesten ein großer Teil der früher sogenannten präretinalen schalenförmigen Blutungen nicht vor der Limitans interna, sondern zwischen dieser und der Nervenfaserschicht der Netzhaut liegt.

Ein isoliertes Freibleiben der Makula, wie es im vorliegenden Falle nachgewiesen ist, ist von theoretischem Interesse. Unsere hier mitgeteilte Beobachtung steht nicht einzig da, in ähnlicher Weise wurde sie in einem Falle von O. Schwarz erhoben und am Heidelberger Kongreß 1903 mitgeteilt. Die ausgesparte Stelle erschien wie ein Loch in der Blutung.

Es setzt eine solche Aussparung der Makula besondere anatomische Bedingungen im Bereiche der letzteren voraus. Die isolierte Aussparung ist nur denkbar, wenn die Limitans interna an dieser Stelle besser fixiert ist, als in der Umgebung. In der Tat ist eine derartige bessere Fixation (durch die Müllerschen Stützfasern) anatomisch durch Dogiel festgestellt. Unser klinischer Befund bildet für diese anatomische Feststellung die Bestätigung.

Das theoretische Interesse des Befundes besteht nun darin, daß er den bisher rätselhaften Verlauf der präretinalen Fältelung in der Makulaumgebung erklärt: Die Fältchen stehen, wenn wir von denjenigen durch Narbenzug

---

1) Vgl. Verf.: Bericht über d. 14. Jahresvers. d. Ges. d. Schweiz. Augenärzte. Klin. Monatsbl. f. Augenheilk. 1921.

absehen, zur Makula fast ausnahmslos radiär. Diese Radiärstellung kann nur mechanisch bedingt sein und ist durch die bessere Fixation der Limitans im Makulazentrum ohne weiteres verständlich. Es beruht hierauf wohl auch die besondere Häufigkeit der horizontalen, zwischen Papille und Makula (also zwischen zwei Fixationspunkten!) ausgespannten Fältchen.

Endlich erklärt unser Befund die Tatsache, daß die superfiziellen Netzhautfältchen die Makula selber meist freilassen, gleich wie auch die Papille von ihnen verschont bleibt.

Wir dürfen wohl annehmen, daß bei Entzündungen des vorderen und hinteren Bulbusabschnittes und nach Contusio eine Netzhautschwellung (Ödem?) zu den Fältelungen der Limitans Anlaß gibt. Die erwähnten (relativen) Fixationspunkte bedingen die Faltenrichtung. Nicht selten findet man bei derartigen Prozessen, besonders nach Contusio bulbi, eine mehrere Tage oder Wochen anhaltende Papillenschwellung, sofern man die Fälle mit binokularem Ophthalmoskop untersucht und die beiden Seiten vergleicht. Dieser Schwellung verdanken vielleicht die gelegentlich temporal der Papille verlaufenden Vertikalfältchen die Entstehung. Eine solche Erklärung drängt sich z. B. in Fällen von Verschluß der Zentralvene auf, in denen die Partie temporal der Papille oft geradezu zwischen die enorm gequollene Makula und Papille hineingezwängt erscheint.

Zu den unregelmäßigen Doppelreflexlinien kann man die (von mir auch an der Descemeti gefundenen und künstlich leicht erzeugbaren) gebrochenen (segmentierten) Doppellinien rechnen, die präretinal häufig sind und, wie wir nachgewiesen haben (v. Graefes Arch. f. Ophth. 99, S. 308, 1919), dadurch entstehen, daß eine Falte durch flachere Partien unterbrochen ist, bzw. sich verjüngt, wobei die verjüngte Partie die optischen Erscheinungen der Faltenenden zeigt (terminale Konvergenz der beiden Reflexlinien).

Zur Zeit des Auftretens und Verschwindens der präretinalen Faltenlinien ist eine solche Segmentierung nicht selten zu erkennen.

Die präretinalen Falten zeigen ferner, wie die Descemetifalten, Verzweigungen. Die Deutung, ob jeweilen eine Tal- oder eine Firstverzweigung vorliegt, ist keine leichte. Die Verzweigungen konnte ich oft viele Tage lang (z. B. im Falle der Textfig. 35, Contusio bulbi bei einem 11jährigen) an derselben Stelle beobachten.

Bachtenswert ist das Verhalten im Bereiche der Gefäße. Bekanntlich prominieren die größeren Gefäße über das Netzhautniveau und die Reflexlinien machen die dadurch entstehende Biegung der Limitans interna mit. Es ist dabei verständlich, daß im Bereiche der Biegung, je nach dem Grade der letzteren, die gemeinsame Tangentialebene der Fältchenfirsten (bzw. Täler) kontinuierlich sich ändert [1]).

<hr>

1) Vgl. auch die Untersuchungen F. Dimmers über die normalen Netzhautreflexe. »Ersichtlicherweise kann nur dort ein Reflex sichtbar sein, wo die Oberflächennormale durch die Pupille geht.« (A. Gullstrand.)

Es kommt also bei bestimmter Einfallsrichtung (Spiegelhaltung) vor, daß die Linien im Bereiche des Gefäßübertrittes und in der nächsten Nähe desselben erlöschen (vgl. Tafelfig. 41a), bzw. zu fehlen scheinen, um jedoch wieder aufzutreten, wenn die Einfallsrichtung entsprechend geändert wird (Tafelfig. 41b).

Nun noch einige Bemerkungen zu den mehrfach erwähnten, matten (von mir ursprünglich als »echte« unterschiedenen) Fältchen. Sie sind dargestellt z. B. in Tafelfig. 40, 42, 44, 46, 47.

Matte Fältchen können bei allen oben S. 81 aufgezählten Krankheitsbildern vorkommen. Da sie hierbei außerdem das Alter charakterisieren, finden wir sie besonders oft bei gewissen senilen Netzhauterkrankungen (z. B. Verschluß der Zentralvene Tafelfig. 46)[1]. Bei Jugendlichen sah ich sie ferner bei Tumoren, retrobulbärem Abszeß, schwerer Kontusion, Netzhautexsudat usw. Im höheren Alter kann superfizielle Fältelung endlich die senile Makula- und Netzhautdegeneration begleiten, wie dies z. B. Tafelfig. 40 illustriert (auch in einer Reihe anderer, mit seniler Makulaveränderung einhergehender Fälle fand ich im rotfreien Licht derartige matte Netzhautfältchen. Besonders oft stehen sie radiär zur Makula oder verlaufen annähernd vertikal zwischen letzterer und der Papille. Senile Blutungen können dabei vorhanden sein [Tafelfig. 40] oder fehlen).

Wie aus den obigen Ausführungen hervorgeht, sind diese matten Netzhautfältchen dem Wesen nach identisch mit den Fältchen, die den präretinalen Reflexlinien zugrunde liegen.

Sie sind dem Aussehen nach den Falten vergleichbar, welche wir an einer matten Fläche, z. B. einem matten Papier hervorrufen können.

Experimentell können wir, wie bereits erwähnt, den Unterschied zwischen den beiden Faltentypen dadurch veranschaulichen, daß wir wellenförmige Falten eines Glanzpapiers vergleichen mit denjenigen eines matten Papiers (z. B. von Fließpapier). Am ersteren erzeugt jeder Konkav- und jeder Konvexzylinderspiegel eine Reflexlinie, wodurch das Bild der Doppelreflexlinien zustande kommt. Am matten Papier sind die Linien durch diffuse Reflexion ersetzt. Es wechseln demnach diffus belichtete und beschattete Partien miteinander ab. Im Bereiche der belichteten Partie ist die Nervenfaserstreifung deutlich (vgl. Tafelfig. 44, ferner Tafelfig. 34 u. 28).

Derartige matte Fältchen der Netzhautoberfläche ersetzen die spiegelnden im höheren Alter (etwa nach dem 40. Jahre). Die (matten) Fältchen sind aber im Alter wesentlich seltener zu finden als (die spiegelnden) in der Jugend, und wir konnten sie bei Entzündungen des vorderen Bulbusabschnittes

[1] Bei Verschluß der Zentralvene (Tafelfig. 46) heben sich die Falten oft als weiße, blutfreie Streifen aus der durchbluteten umgebenden Nervenfaserschicht heraus. Vielleicht kommt dieses auffällige Bild dadurch zustande, daß das Gewebe im Bereich der Falten unter stärkerer Spannung steht und daher eine Durchblutung weniger leicht zuläßt.

und nach Contusio bulbi usw. nur ausnahmsweise feststellen, häufiger dagegen bei Neuroretinitis (Tafelfig. 34), Verschluß der Zentralvene (Tafelfig. 46), Amotio retinae Jugendlicher mit nicht abgehobener Makula usw. Woran dieses unterschiedliche Verhalten liegt, läßt sich vorläufig nicht entscheiden.

Es scheint mir denkbar, daß matte Fältchen nur bei stärkerer Ausprägung ophthalmoskopisch feststellbar sind, während bei spiegelnder Oberfläche schon sehr viel feinere Unebenheiten sich verraten.

Die matten Fältchen fand ich gelegentlich auch in jugendlichen Augen, z. B. häufig bei Tumor chorioideae, Amotio retinae, retrobulbärem Abszeß, somit bei Erkrankungen, welche wohl imstande sind, eine Änderung der Indexdifferenz im Bereiche der Retinaoberfläche hervorzurufen, wodurch das Verschwinden der Spiegelung vielleicht erklärt würde.

Manchmal mag Exsudation die Ursache der Reflexlosigkeit sein, wie z. B. nachweislichermaßen im Falle der Tafelfig. 45. Die Exsudation (Textfig. 37 u. 38) macht es selbstverständlich, daß hier die Netzhautoberfläche nicht spiegeln konnte.

An matten Fältchen sieht man manchmal besonders deutlich eine Schlängelung darüber wegziehender feinerer Netzhautgefäßzweige. Diese machen in solchen Fällen die Biegung mit (z. B. Tafelfig. 44).

Besonders instruktiv für die Beziehungen matter und spiegelnder Fältchen sind Fälle, in denen spiegelnde gleichzeitig neben matten Fältchen zu sehen sind, wie z. B. im Falle der Tafelfig. 28. Hier war oft eine Falte axialwärts, nach dem Foramen maculae zu matt, peripheriewärts, wo ihr Gewebe wohl weniger gelitten hatte, zeigte sie die Spiegellinien. Einige Wochen, nachdem die Abbildung aufgenommen worden, zeigten auch solche Fältchen Spiegelung, die vorher matt gewesen waren. Offenbar hatte sich ihr Gewebe inzwischen erholt.

Auch die oben erwähnten anatomischen Beobachtungen (Tafelfig. 45 und Textfig. 37 u. 38) illustrieren das gleichzeitige Vorkommen matter und spiegelnder Abschnitte eines und desselben Fältchens.

Die Bedeutung der Lichtquelle für die Spiegelung veranschaulicht dagegen ein Vergleich zwischen Tafelfig. 42 und 43 (Tafelfig. 42 mattierte Metallfadenlampe von 50 M.-K., Tafelfig. 43 rotfreies Mikrobogenlicht).

Schließlich mache ich darauf aufmerksam, daß es auch eine (wohl angeborene) stationäre Faltenbildung gibt, die mit keiner nachweisbaren pathologischen Augenveränderung im Zusammenhang steht.

Während mehr als 2 Jahren beobachtete ich die vollkommen stationären Netzhautfältchen der Tafelfig. 44 des linken Auges einer 45jährigen Frau, deren Augen außer Presbyopie nicht die geringsten Besonderheiten aufweisen.

Die 4 Fältchen tauchen am nasalen oberen Papillenrande scheinbar unter Gefäßen und embryonalen Gewebsresten hervor und verlaufen, leicht divergierend, schräg abwärts.

Historisches zur Fältelung im Bereiche der Netzhautoberfläche[1]).

Eine treffliche Abbildung von (matten) oberflächlichen Netzhautfältchen findet sich bei ADAMS (Transact. Ophth. Soc. 1883, p. 115).

ADAMS gibt hier einen Eisensplitter der Retina wieder, aus dessen Umgebung oberflächliche Fältchen in radiärer Richtung ausstrahlen. Die Gefäßschlängelung im Bereiche der Fältchen ist in vielleicht etwas übertriebener Weise dargestellt. Es fällt auf, daß der Verf. die Fältchen in der Beschreibung nicht erwähnt. Die Abbildung verfertigte die bekannte Funduszeichnerin Miss BOOLE.

NETTLESHIP gibt schon im Jahre 1886 (Ophth. Hosp. Rep. p. 556) an, daß er nach Contusio bulbi Jugendlicher radiäre Retinalstreifen öfters beobachtet habe. Einmal sah er sie um einen atrophischen posttraumatischen Chorioidealherd herum.

Am internationalen Ophthalmologenkongreß in Edinburgh 1894 machte MARCUS GUNN auf Linien und verschiedenartige Fältchen der Netzhaut aufmerksam, welche bei Ödem der letzteren (bei Chorioretinitis, Anämie und Thrombose der Retinalarterie) von der Makula ausstrahlen. GUNN bringt eine Abbildung von radiär zur Makula stehenden Faltenstreifen, die beinahe die Papille erreichen. (Es handelt sich um Chorioretinitis bei einem Mädchen, Visus normal.)

GUNN hat durch Behandlung von Leichennetzhäuten mit Chlorallösung und verdünntem Alkohol ähnliche Bildungen erhalten. Er bringt sie mit der bekannten Leichenfalte der Netzhaut in Beziehung und möchte sie durch ödematöse bzw. entzündliche Flüssigkeitsdurchtränkung erklären. GUNN scheint anzunehmen, daß die Fältchen die ganze Netzhautdicke betreffen und somit durch eine Art lokaler Ablösung bedingt sind. Er trennt ferner die Radiärfältchen nicht scharf von den bekannten Sternfiguren der Makulaumgebung. Er sah die Fältchen bei Chorioretinitis, bei Anämie und bei Verschluß der Zentralarterie.

A. SIEGRIST bildet Radiärreflexe der Foveaumgebung ab. (A. SIEGRIST, Ophthalmoskopische Studien II. Traumatische Ruptur von Ziliararterien. Mitt. aus den Kliniken und med. Instituten der Schweiz, 1895) und faßt sie als Faltenbildung der obersten Schichten der Netzhaut auf, und zwar scheint ihm die Membrana limitans interna fast ausschließlich an dieser Faltung beteiligt zu sein, da die feinen weißen Linien über die Netzhautgefäße hinwegziehen. SIEGRIST »scheint es fast, als ob die makularen Schrumpfungsprozesse die umliegende intakte Retina konzentrisch in Falten gezogen haben.«

---

1) Die bisherigen historischen Zusammenstellungen waren recht lückenhaft. — Im Handbuche LEBERS (GRAEFE-SAEMISCH, Krankheiten der Netzhaut) sind die Fältelungen noch nicht berücksichtigt.

W. Adams Frost (Ophthalmoscopic Atlas 1896) gibt in Fig. 70 eine »Papillitis« (with »Redging of the Retina«) wieder, mit Horizontalfaltung zwischen Papille und Makula (»On the temporal side of the disc the fundus presents about eight parallel horizontal light lines, giving an appearance as if the retina were thrown into folds«). Frost gibt S. 134 an, daß bei Neuroretinitis »more rarely the surface is thrown into regular parallel ridges«.

v. Ammon (Über eine Chorioiditis paramacularis und das Ödem der Macula lutea, Zeitschr. f. Augenheilk. IV, S. 277, 1900) sah eine vorübergehende Strahlenfigur »als Ausdruck kollateralen Ödems« bei Chorioiditis (wahrscheinlich Chorioretinitis juxtapapillaris), wobei er im Sinne von Gunn als Ursache Fältelung annimmt. Ähnliches hat nach Ammon Schlösser bei Neuritis nervi optici gesehen.

A. Obermeier veröffentlicht 1901 in den Klin. Monatsbl. f. Augenheilk. eine beiderseitige »subhyaloide« Netzhautblutung nach Sturz auf den Hinterkopf. Beiderseits bestand radiär zur Makula eine superfizielle Reflexlinienbildung, die nach den beigefügten zwei Bildern und nach der Auffassung des Autors selber einer »Fältelung der Membrana hyaloidea« die Entstehung verdankte. (Anm. des Ref.: Der Obermeiersche Fall läßt es denkbar erscheinen, daß Radiärfältelung der zirkumfovealen Limitans interna-Partie als reine mechanische Folge einer Vordrängung dieser Partie auftreten kann, wohl dadurch, daß diese Vordrängung eine Flächenverminderung zur Folge hat.)

Oeller bildet in seinem Atlas (seit 1897) verschiedene pathologische Bilder ab, welche die superfizielle Fältelung mehr oder weniger deutlich erkennen lassen. Ich erwähne C. III. Neuroretinitis albuminurica, wo jedoch die Streifen Gefäße zu unterbrechen scheinen, C. XIII. Blutungen in Radiärform, ob über oder unter der Limitans, ist wohl nicht sicher zu entscheiden, C. XXVII. Radiärgestreifte Blutung oberhalb Makula bei Deg. senilis, C. XIV. Radiärfalten bei Embolie, von Oeller wohl zutreffend als Runzeln nach Ödem erklärt (1906) »radiär zu der zu dem Ödem vermöge ihrer anatomischen Struktur wohl nicht disponierten Fovea«. Anscheinend ebenfalls Radiärfalten erzeugt das Gumma retinae der Fig. C. XVI. In C. XX. aus dem Jahre 1910 sieht man bei einem 19jährigen mit Retinitis pigmentosa Radiärfältchen bei gleichzeitiger Makulaerkrankung: »Ich habe diese Art Sternfigur schon öfters gesehen, sie ist aber wohl wegen der Schwierigkeit der Wahrnehmung offenbar nur wenig bekannt, obwohl sie durchaus nicht so selten zu sein scheint. Ich kann nur meine früher schon ausgesprochene Vermutung wiederholen, daß diese Form kaum mit einer Anhäufung von Fettkörnchenzellen im Gewebe etwas zu tun hat... Am wahrscheinlichsten ist mir immer noch die Annahme, daß eine ganz zarte Faltenbildung in der Netzhaut vorliegen dürfte.

Dor sen. glaubte 1898 (Vers. d. Ophth. Ges. Heidelberg) Faltung der Limitans interna retinae in einem Falle von Hintergrundserkrankung gesehen

zu haben, die er auf Narbenbildung nach abgelaufener Neuroretinitis, auf
peripapilläres Ödem oder Netzhautablösung bezog, nachdem er vorher
Retinitis proliferans angenommen hatte. »Es kann sich hier nicht
um Retinitis specifica und um Retinitis proliferans handeln, denn der Inhalt
der Faltungen ist durchsichtig.« Er sah die Gefäße ganz normal unter diesen
Faltungen hinweglaufen, »welche deutlich doppelt konturiert sind.« Der
ophthalmoskopische Befund war während mehrerer Jahre derselbe. Die
Zeichnung zeigt einen einfachen weißen Zickzackstreifen konzentrisch um
die Papille herum, so daß eine Bildung vorlag, deren Natur als »Faltung«
sehr fraglich erscheint. Das Bild macht es wahrscheinlich, daß die Dorsche
Beobachtung gar nicht hierher gehört.

Fridenberg (Fibrilläres Ödem der Netzhaut nach Kontusion, Arch. f.
Augenheilk. 52, S. 296, 1905) fand in einem Falle von Kontusion radiäre
blendend weiße, stark leuchtende Streifen, welche er aber irrtümlicherweise
auf die Nervenfasern bezieht.

Nach Coats (The Royal London Ophthalmic Hosp. Reports) sah Hardridge
weiße Radiärstreifen um ein Makulaloch, die auf Netzhautödem bezogen wurden.

Wilh. Reis erkennt bei nicht traumatischer Lochbildung der Makula
Reflexradiärfältchen als Fältelungen der Limitans interna retinae (Zeitschr.
f. Augenheilk. 19, S. 505, 1908). Dasselbe sah er in einem Fall von Eisensplitter der Netzhaut.

Birkhäuser (Siegristsche Klinik) teilt in seiner Dissertation (Über die
Schädigungen des menschlichen Sehorgans durch stumpfe Traumen usw.
Basel bei Birkhäuser 1909) einen Fall von Kontusion durch einen Holzpfeil
bei einem 10jährigen Knaben mit, in dem sich an einen mächtigen chorioretinitischen Herd der Papillen-Makulaumgebung temporal »zahlreiche feinste,
radiär gestellte Fältchen« der Netzhaut anschlossen (S. 47). Auf der zugehörigen Abbildung ist stellenweise Doppelkontur der Reflexlinien zu sehen
(Taf. VII, Fig. 2). Auch von Purtscher, (Heidelberger Bericht 1910) werden
Retinafältchen abgebildet.

In Lindsay Johnsons »Pocket Atlas of the fundus oculi (1911) gibt
Fig. 57 schräge und radiär zur Makula gestellte (in dem von dem Autor
benützten Lichte matte) Netzhautfältchen bei einem 19jährigen Mädchen
mit Contusio bulbi wieder. Es bestand anscheinend gleichzeitig Lochbildung
der Makula. Der Autor erklärt das Loch als Folge des Durchbrechens
eines chorioidealen Ergusses, welcher auch die Faltenbildung in der Richtung
der Linien gerinsten Widerstandes veranlaßt habe. Die Faltung faßt er als
Zeichen beginnender flacher Netzhautablösung auf.

Bei Krauss (Zeitschr. f. Augenheilk. 27, S. 142, 1912) und bei Oloff
(Klin. Monatsbl. f. Augenheilk. II. S. 315, 1915) finden wir radiär zu einem
Tumor der Sehnervenpapille gestellte Fältchen als solche der inneren Netz-
hautschichten gedeutet.

A. Affolter bildet aus der Kant. Krankenanstalt Aarau nur im rotfreien Licht sichtbare offenbar durch Narbenzug bedingte superfizielle Fältchenreflexe ab (Dissertation verfaßt unter Leitung des Ref., eingereicht im März 1916, aus äußeren Gründen erst 1917 erschienen).

O. Haab beschreibt in seinen Augenspiegelstudien 1916 eine größere Zahl von Reflexlinien und Streifenbildungen verschiedener Art und Ursache mit eingehender Kasuistik, Beobachtungen, die auf Jahrzehnte zurückreichen. Er betont die allgemeine Wichtigkeit dieser Bildungen als pathognomonischer Symptome. Die Art, wie sich Haab die Reflexlinien entstanden denkt, sei hier kurz mitgeteilt.

Ursprünglich hatte er, in Übereinstimmung mit früheren Autoren, als Substrat der Reflexlinien eine oberflächliche Netzhautfältelung angenommen. Neuerdings aber führen ihn eine Reihe von Überlegungen dazu, die Ursache eher in einer Faltenbildung der Membrana hyaloidea zu erblicken. (Falten dünner Häutchen, vgl. S. 93—99 seiner Augenspiegelstudien, Arch. f. Augenheilk. 81, 1906.) Er möchte aber trotzdem die Reflexe nicht in der »Membrana hyaloidea selber«, sondern in einer subhyaloidealen Flüssigkeitsschicht, »einem Erguß zwischen den beiden Membranen«, entstehen lassen (S. 98 unten und nochmals ibidem 85, S. 114, 1919).

Blaaw teilt im Juli 1916 (Reprinted from Ophthalmology) einen Fall von Contusio bulbi mit radiär zur Makula und konzentrisch zum temporalen Papillenrand verlaufenden Linien (mit Skizze) mit, die er als Faltung der Limitans interna auffaßt. Ein zweiter Fall zeigte hauptsächlich vertikale Fältchen, temporal der Papille.

Verfassers Untersuchungen ergaben die außerordentliche Verbreitung nicht nur der Reflexfältchen, sondern auch der zuerst von ihm als »echte (superfizielle) Netzhautfältchen« unterschiedenen (reflexlinienfreien) Bildungen.

Verfassers experimentelle und klinische Studien führten ferner zu der Feststellung, daß das Substrat »echter« Fältchen und präretinaler Reflexlinien zum mindesten in einer sehr großen Zahl von Fällen ein und dasselbe ist. Dieselben Fältchen können nämlich in relativ langwelligem Lichte matt, in kurzwelligem spiegelnd sein.

In ähnlicher Weise ergab sich eine Abhängigkeit vom Lebensalter. Reflexlinien finden sich meist nur bei jugendlichen Individuen. Daß ferner der Brechungszustand der begrenzenden Medien (Glaskörper und Netzhaut) von Bedeutung ist, lehrten Fälle, wo matte Fältchen, sowohl simultan als sukzessive, in spiegelnde übergingen.

Matte Fältchen erscheinen ferner plastisch, spiegelnde können dagegen nur durch die Gesetzmäßigkeit des Verhaltens ihrer Reflexlinien als Fältchen erkannt werden. Erst das Studium des optischen Verhaltens solcher Reflexlinien lieferte den zwingenden Beweis der Fältchennatur.

Während für matte Fältchen die Lage im superfiziellen Netzhautgewebe an Licht- und Schattenbildung, sowie am Verlauf der Nervenfaserstreifung und der kleinen Gefäße vom Verfasser 1917 und 1918 im rotfreien Licht unmittelbar erkannt werden konnte, herrschte aus eben genannten Gründen über das Substrat der Reflexlinien keine volle Bestimmtheit. Immerhin konnte aus der ophthalmoskopischen Beobachtung festgestellt werden, daß die Reflexlinien der optischen Grenzfläche zwischen Netzhaut und Glaskörper ihre Entstehung verdankten. Dies wurde nicht nur per exclusionem, sondern auch dadurch bewiesen, daß die Reflexlinien Gefäße und Nervenfaserzeichnung verdeckten und daß zu ihrer Beobachtung auf die Retinaoberfläche eingestellt werden mußte. Was aber hat als optische Grenzfläche zu gelten?

Es entspricht dem heutigen Stande der anatomischen Forschung, wenn wir als Grenzfläche zwischen Glaskörper und Netzhaut die Limitans interna-Vorderfläche auffassen, und daher die präretinalen Reflexlinien auf die letztere beziehen, statt (wie andere, z. B. Haab und wir selber es bisher getan hatten) auf die sehr hypothetische »Membrana hyaloidea«.

Selbstverständlich darf aber deshalb nicht, wie das geschah, die Bedeutung des Glaskörpers negiert werden, vielmehr erscheint es naheliegend, daß der letztere die Fältelung mitmacht und daß die Reflexlinien einzig und allein der Indexdifferenz zwischen Glaskörper und Limitans die Entstehung verdanken. (Weniger plausibel wäre die Annahme einer namhaften Indexdifferenz zwischen Limitans und übriger Netzhaut, stellt doch erstere das Ende der Müllerschen Stützfasern dar.)

1919 beobachtete Koeppe mittels der von ihm angegebenen Mikroskopie des lebenden Fundus spiegelnde Fältchen bei Verschluß von Zentralgefäßen und bei Stauungspapille, wobei nach ihm der Sitz in der Limitans interna bzw. in der superfiziellen Retinaschicht zweifellos war. Es konnte sich nach seiner Ansicht »unter keinen Umständen um etwaige Fältelungen der Hyaloidea handeln« (v. Graefes Arch. f. Ophth. 99, S. 74, 1919). Erwähnt sei noch aus neuester Zeit eine ophthalmoskopische Beobachtung von Junius (mit Abbildung, Fall von Erblindung nach Erysipel, Zeitschr. f. Augenheilk. 42, S. 1, 1919).

Schließlich wurde der anatomische Nachweis der zu Reflexlinien Anlaß gebenden Fältelung der Netzhaut-Glaskörpergrenzfläche von uns 1919 durch Spaltlampenbeobachtung des frischen Leichenauges und durch nachherige anatomische Untersuchung geleistet. Die Ansicht Siegrists und späterer Autoren, welche die Reflexlinien auf die Limitans interna bezogen, bestätigt sich damit. Da die Netzhaut-Glaskörpergrenze schon normalerweise zu den Reflexen der Netzhautvorderfläche Anlaß gibt, ist es m. E. nicht notwendig, im Sinne O. Haabs eine subhyaloideale Flüssigkeitsschicht zur Erklärung der Reflexlinien herbeizuziehen.

　　　Daß die Radiärstellung der Fältchen zur Makula durch die relativ starke Fixation der Limitans interna im Bereiche der Makula bedingt ist, hat Verf. 1921 an Hand eines Falles von Aussparung der Makula bei präretinaler Netzhautblutung wahrscheinlich gemacht (s. oben S. 89—90).

　　　Mit der in dieser Arbeit niedergelegten Auffassung soll jedoch die Frage der Genese präretinaler Reflexlinien nicht für alle Fälle beantwortet sein.

Fig. 39.

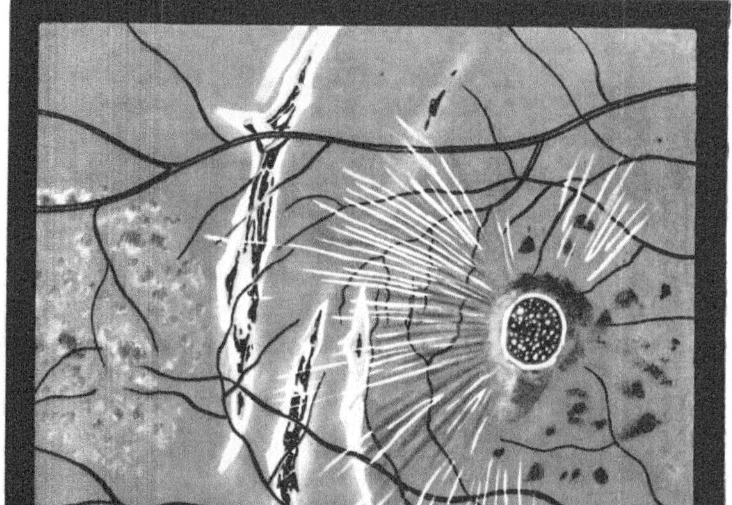

Fall der Tafelfig. 28. Temporal der Chorioidealrisse war zunächst eine (im rotfreien Licht schwarze, im gewöhnlichen Licht leicht rote) diffuse Durchblutung des Netzhautgewebes sichtbar. 2—3 Monate nachher war diese schwarze Blutfärbung im rotfreien Licht nicht mehr vorhanden, sondern es bestanden die dunkelhoniggelben bis kandiszuckerbraunen, manchmal etwas weißgerandeten Herde und Bröckel der Textfig. 39, die sich erst nach Monaten vollständig verloren. Im gewöhnlichen Licht war dieses Blutderivat nicht oder nur spurweise nachweisbar, indem es sich vom roten Grunde nur mangelhaft abhob. — Hin und wieder habe ich auch noch in anderen Fällen von Netzhautblutungen im Verlaufe der Resorption solche gelbbraune Derivate auftreten sehen, die ebenfalls nur langsam verschwanden.

　　　Unsere Beobachtung eines Falles von präpapillären Reflexlinien durch Narbenzug (AFFOLTER 1916) läßt z. B. die Möglichkeit offen, daß auch superfizielle Glaskörperveränderungen, unabhängig von der Netzhautgrenzmembran, unter Umständen zu Reflexlinienbildung führen (vgl. auch Anm. 3, S. 79).

　　　Solche Linien wären wohl den von uns mehrfach bei Perforatio sclerae mittelst Spaltlampenmikroskop beobachteten, im Bereiche der Linsenhinterkapsel oder dicht hinter ihr hinziehenden zarten Narbenzuglinien (der vorderen Grenzschicht?) analog zu setzen (vgl. Fig. 342 des Atl. d. Splm., Julius Springer, 1921).

Seither hat eine weitere Reihe von Autoren über derartige Fältelungen berichtet.

Fig. 40.

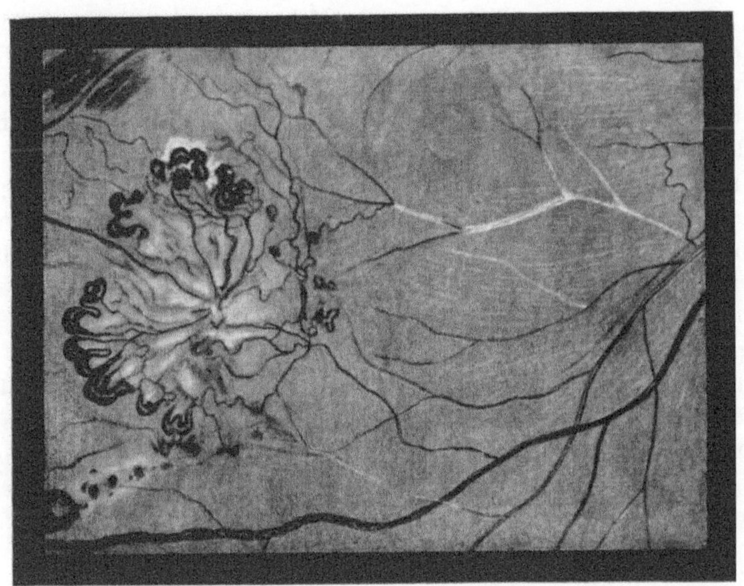

Zirkulär geordnete Knotenvarizen der Netzhautvenen bei dem 54jährigen kräftigen Wirt und Metzger Haldemann (Wa. negativ, Urin ohne Befund). Rechtes Auge, Partie nach unten und außen von der reflexlosen, abgeblaßten Makula. Die prallen kurzen wurst- bis kugelförmigen Varizen sitzen an Umbiegungsstellen feiner radiär gestellter Gefäße (Venen oder erweiterte Kapillaren?), zu denen an diesen und anderen (auf dem Bilde nicht sichtbaren) Stellen feine Venenzweige hinführen. Unten die durch Einschnürungen und Erweiterungen korallenartig gestaltete temporal-untere Hauptvene. An dieser Vene hatte sich 2 Jahre später an der Stelle, wo ein Venenzweig zu der abgebildeten Narzissenrosette abgeht, eine zweite Varizengruppe ähnlicher Gestalt und Gruppierung entwickelt. Der genannte verbindende Venenzweig war jetzt stark geschlängelt und erweitert. Auch nasal bildeten sich zwei kleinere, dicht nebeneinander liegende Varizengruppen, die Sektoren von Rosetten darstellten. In Textfig. 40 sieht man oben außen entlang einer Vene eine Streifenblutung. Man beachte ferner, daß eine obere Varizengruppe von einem weißlichen Herd gleichsam umsäumt ist.

Mehrere Gefäße (anscheinend meistens Arterien) sind weiß eingescheidet oder obliteriert. R. S. = 1/4 Glbn. L. S. = 1/2 Glbn. Andere als die beschriebenen Netzhautveränderungen bestanden nie. Am linken Auge dieses durch mehrere Jahre von uns kontrollierten Mannes bestanden geringe Veränderungen in Form stärkerer Schlängelung und Anastomosenbildung einiger kleiner Venenzweige nasal der Papille. Ein solches kleines, etwa ringförmiges Venengewirr von 1/5 P.D. war hier von einem Kreis von weißen Circinataflecken umgeben. Durchmesser des Kreises 2 P.D.

Textfig. 40 ist hier wiedergegeben, um die Deutlichkeit kleinster Arterien und Venen im rotfreien Licht zu veranschaulichen. Sie heben sich schwarz auf grünem bis weißgrünem Grunde ab. Manche dieser Gefäße (auch obliterierte) sind im gewöhnlichen Licht, weil rot auf rotem Grunde, nicht zu sehen. Ebenso können die abgebildeten Varixknoten im gewöhnlichen Licht mit Blutungen verwechselt werden.

4. Blutungen im rotfreien Licht.

Schon GULLSTRAND hob 1905 (v. Graefes Arch. f. Ophth. 62. S. 1) die Deutlichkeit von Netzhautgefäßchen und Hämorrhagien in dem rotarmen Licht der Hg-Dampflampe hervor.

Wie kleinste Netzhautgefäße, Wundernetze, Cirrhositäten, so sind auch kleinste Netzhautblutungen im rotfreien Licht wesentlich distinkter und können weniger übersehen werden als im gewöhnlichen Licht. So treten schon normalerweise im Bereiche der Nervenfaserung oberhalb und unterhalb der Papille Kapillaren zutage, die im gewöhnlichen Licht unsichtbar sind. Ähnliches gilt von kleinsten Blutungen der Makulagegend bei Arteriosklerose, Diabetes mellitus, Albuminurie usw. Variköse Knoten bei Wundernetzbildung, die im gewöhnlichen Licht von Hämorrhagien nicht sicher unterscheidbar sind, treten mit ihren glatten Oberflächenreflexen im rotfreien Licht als besondere Gefäßbildungen zutage (Textfig. 40).

Alle diese Unterschiede beruhen im wesentlichen darauf, daß sich Gefäße und Blutungen im gewöhnlichen Licht vom gleichgefärbten Fundus schlecht abheben, während sie im rotfreien tiefschwarz aus weißem Grunde hervortreten. In dünner Schicht hat Blut eine gelbe Farbe. Daher rührt die gelbe Färbung der ganzen Choriokapillarisgegend bei Albinismus (z. B. Textfig. 23, S. 50).

Blutderivate im Gefolge von Netzhautblutungen, die im gewöhnlichen Licht nicht oder kaum sichtbar sind, fallen im rotfreien durch ihre bräunliche bis honiggelbe Farbe auf (die gelben Bröckel im linken, temporalen Teil der Textfig. 39). Das Blut gibt durch solche Farbenänderung die Veränderung seiner chemischen Zusammensetzung kund.

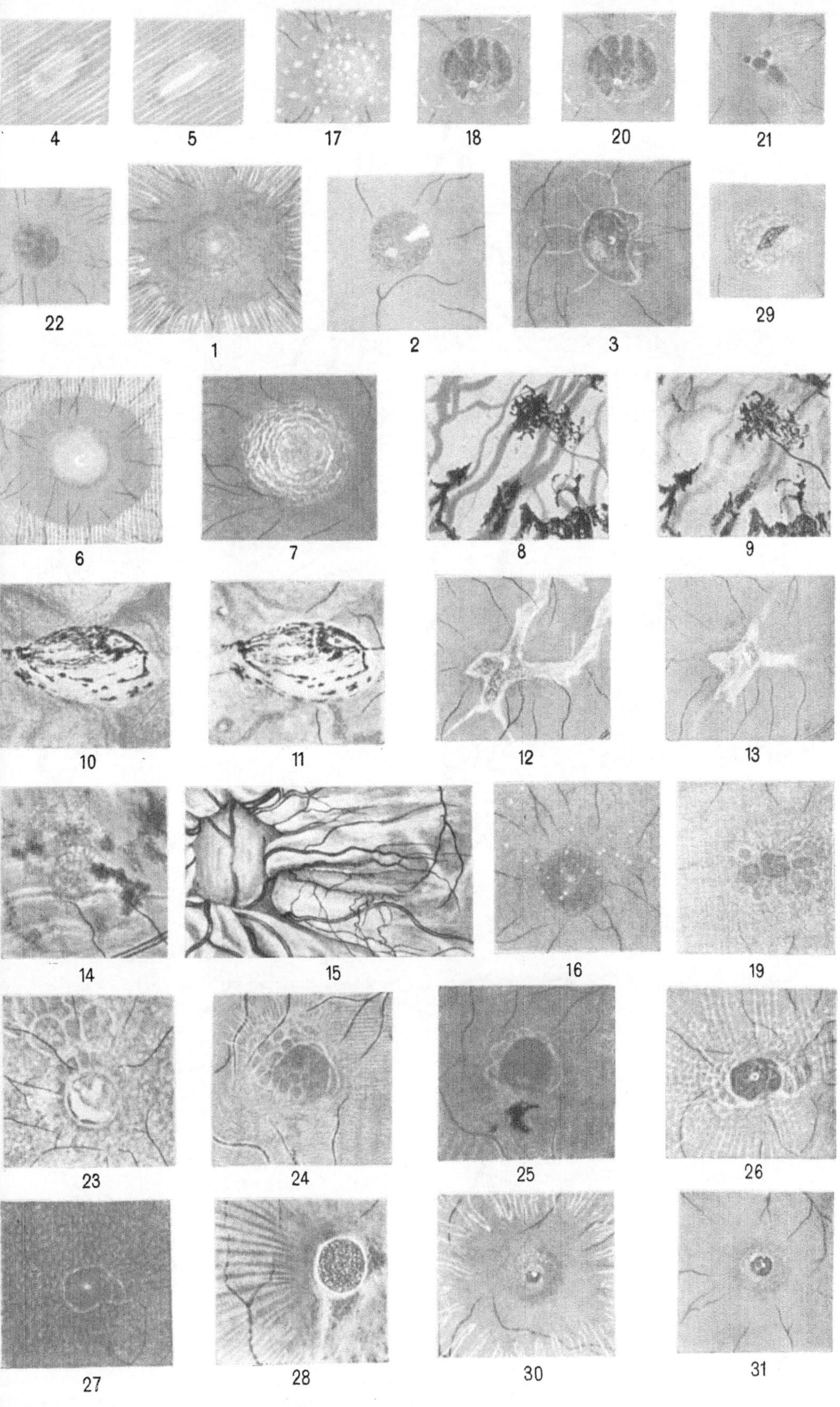

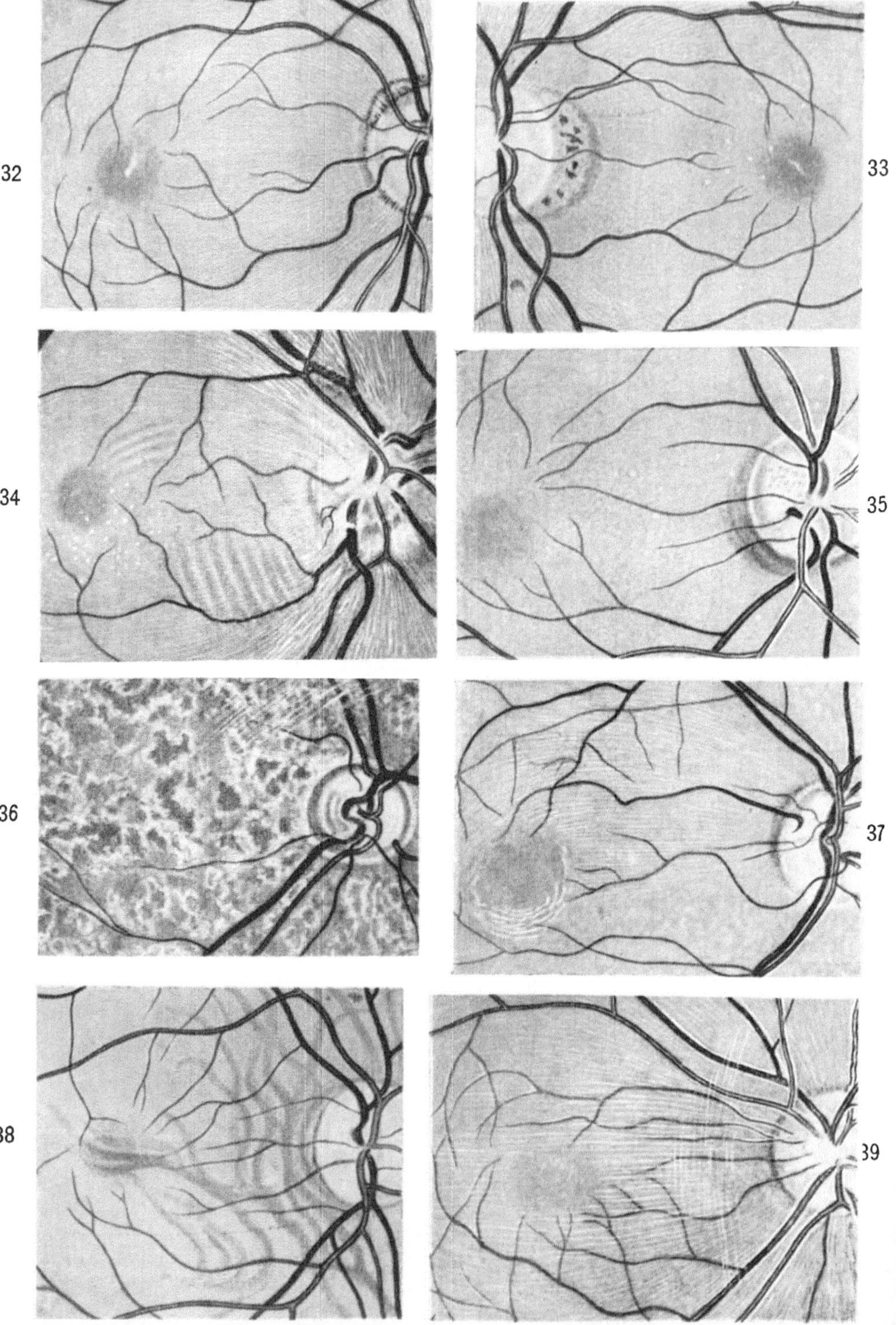

32 33 34 35 36 37 38 39

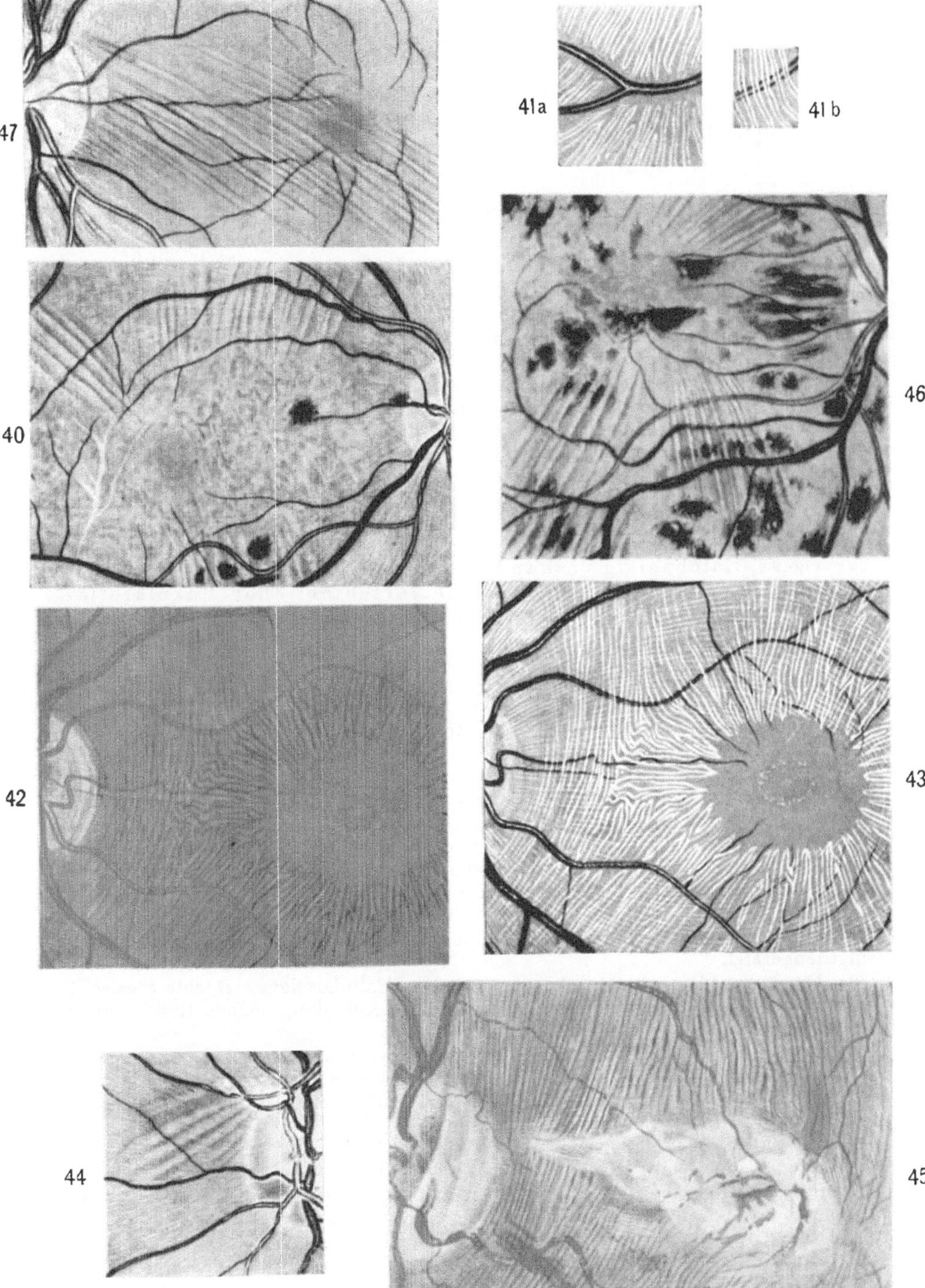

47
41a
41 b
40
46
42
43
44
45

Erklärung der Figuren auf Tafeln.

Fig. 1. Gelber zentraler, gleichsinnig mit dem Spiegel verschieblicher Makulareflex (gelber Konvexspiegelreflex). Linkes Auge. 3½jähriger Knabe E. K., seit 8 Tagen starke Rhinitis, allmählich Exophthalmus links. Linker Bulbus nach vorn und etwas nach unten außen protrundiert. Exophthalmus (nach HERTEL gemessen) = 4 mm. Weißer Makulareflex fehlt beiderseits, im Zentrum der in der Figur sichtbare hellgelbe, mit dem Spiegel gleichsinnig verschiebliche Reflex (Konvexspiegelreflex). Beiderseits reichliche, zur Makula radiäre präretinale Reflexlinien. (Die Enden derselben sind in der Figur noch sichtbar.)

Rhinologische Untersuchung (Prof. SIEBENMANN) ergibt nur Rhinitis. Ein Röntgenbild wurde nicht aufgenommen.

Im Laufe der nächsten 10 Tage Rückgang des Exophthalmus auf etwa 1 mm. Rechts $S = {}^6/_9$, links $S = {}^6/_{12}$. Hintergrundsbild unverändert. Später luetische Keratitis parenchymatosa.

Fig. 2. Gleichzeitig vorhandener gelber, gleichsinnig verschieblicher und weißer, entgegengesetzt verschieblicher Makulareflex. (Gelber Konvexspiegel- und weißer Konkavspiegelreflex.) Rechtes Auge des 35jährigen Frl. B. Ch. Iridocyclitis chronica seit 5 Monaten, feine Hornhautbeschläge, Wassermann negativ.

Die beiden Makulareflexe des rechten Auges bewegen sich bei seitlicher Spiegelverschiebung (bzw. bei Spiegelverschiebung nach oben und unten) in entgegengesetzter Richtung. Der weiße Reflex ist nicht sehr lichtstark, von länglich eckiger Form und steht gewöhnlich etwas nasal von der Makulamitte. Der rundliche gelbe Reflex sitzt dagegen eine Spur temporal vom Makulazentrum. Sind Kopf- und Spiegelhaltung des Beobachters derart, daß er genau am temporalen Pupillenrand vorbeiblickt, so ist die gegenseitige Horizontaldistanz der beiden Reflexe am größten. Blickt der Beobachter dagegen am nasalen Pupillenrand vorbei, so besitzen die Reflexe die kleinste Distanz, ohne sich jedoch bis zur Deckung zu nähern. Es finden sich dann beide Reflexe in der Nähe der Makulamitte. Bei Verschiebung des Spiegels nach oben und unten gehen die Reflexe in vertikaler Richtung auseinander, der gelbe wandert wieder gleichsinnig, der weiße entgegengesetzt.

Am linken Auge zurzeit keine deutlichen Makulareflexe. Rechts $S = {}^6/_{18}$ E links $S = {}^6/_{18}$ E. 2 Monate nach Aufnahme der Abbildung gelber Reflex etwas unschärfer. Sonst Status idem.

Fig. 3. Weißer Konvexspiegelreflex bei zystoider Makuladegeneration. Die 33jährige Frau H. A. litt in der Kindheit an skrofulöser Keratitis, seit 2 Jahren an schleichender Iridozyklitis mit staubförmigen Glaskörpertrübungen. Rechts $S = 0{,}3$, links $S = 0{,}4$ (Pupillarexsudat).

Die Patientin wird von uns seit 2 Monaten beobachtet. Rechts besteht seit der ersten Beobachtung das Makulabild der Fig. 3. Man beachte die Wabenzeichnung, die im Makulabereich gelben Wabenwände und den kleinen scharf umschriebenen Sichelreflex, der sich gleichsinnig mit Spiegel und Beobachterauge verschiebt (Konvexspiegelreflex).

Fig. 4. Makula bei Traktionsfältelung. Fig. 4 betrifft das rechte Auge des 25jährigen A., das von einem mit Sideroskop und Röntgenbild nachweisbaren, in der Orbita sitzenden Stahlsplitter doppelt perforiert wurde: im Limbus sclera temporalis und im temporalen Netzhautabschnitt. Heute, 5 Monate nach der Verletzung, besteht Netzhautnarbe an der hinteren Perforationsstelle. Aus der Gegend der Papille ziehen reichliche, parallele, temporalwärts schwächer werdende und leicht konvergierende präretinale Fältchen, die gelbe Zone zwischen sich einengend und oval gestaltend, teilweise sie durchsetzend, nach der Narbe hin. Oft sieht man einzelne Fältchenlinien ineinander übergehen. Doppelreflexlinien sind meist nicht zu erkennen. Die Makula ist ohne Reflex, mindestens drei Papillen breit von der Papille entfernt und der Höhe nach so gelegen, daß sie etwas unterhalb dem Niveau des unteren Papillenrandes sich befindet. Es besteht somit eine Verlagerung der Makula nach außen und unten, d. h. in der Richtung des Faltenzuges. Visus = 0,7!

Fig. 5. **Schlitzförmiger Makulareflex parallel zu Traktionsfalten.** Eine ganz ähnliche Form und anscheinende Verlagerung weist die gelbe Zone des 7jährigen B. auf (Fig. 5). Hier ist der Makulareflex vorhanden, und zwar hat er lanzettförmige Gestalt angenommen, weil er parallel zu den Falten gerichtet ist. Es handelt sich auch hier um zweifache Perforation der Bulbuswand, etwa in der gleichen Gegend wie im vorigen Fall. Das Perforationsinstrument war eine eiserne Heugabelzinke. Visus 4 Monate post trauma ohne Glas = 0,1—0,2. Auch hier scheint Verlagerung nach unten außen in der Richtung der Narbe vorzuliegen, nach der die Falten hinzeigen.

In diesem wie in dem vorigen Falle erreichen die Fältchen die (ziemlich periphere) Narbe nicht, **sondern verlieren sich vorher allmählich.** Sie beginnen am Rande und in der Nähe der Papille. Vor der letzteren waren sie mit Sicherheit nicht vorhanden.

Eine Verschiedenheit ist in Fig. 4 und 5 insofern vorhanden, als man im ersteren Falle die Fältchen die gelbe Zone durchziehen sieht, im letzteren nicht.

In beiden Fällen trotz der offenbar starken Traktion keine Netzhautablösung. Es lehren diese Fälle die interessante Tatsache, daß die Retina normalerweise einen recht beträchtlichen Zug aushält, ohne daß Amotio eintritt, eine Tatsache, auf welche kürzlich auf Grund anatomischer Befunde Hanssen[1] hinwies. Bei derartigem Narbenzug wirkt wohl einer Ablösung vor allem der Glaskörper entgegen, gute Konsistenz des letzteren und normale Tension vorausgesetzt[2].

Fig. 6. **Normale Fovea und Makula eines Jugendlichen.** Rechtes Auge. Vertikallinierung der Retinaoberfläche bis in den fovealen Wall reichend, mit den Nervenfaserlinien eine Gitterung bildend. Am nasalen Wall die letzteren wie abgebrochen, temporal dagegen im Bogen die Fovea umkreisend. Sichelreflex.

Fig. 7. **Beiderseitige Atrophie des papillomakulären Bündels, wahrscheinlich auf hereditärer Grundlage.** Der 35jährige Sch. D. leidet seit Jahren an beiderseitiger Abnahme der zentralen Sehschärfe. Wassermann negativ. Die verschiedenste Therapie war erfolglos. (Ein Bruder der Mutter des Sch. litt angeblich an derselben Krankheit. Lebersche Krankheit?) Visus beiderseits schwach 1/10 exzentrisch. Beiderseits Zentralskotom von 10° (weiß) bis 25° (rot).

Im gewöhnlichen Licht außer unsicherer Abblassung des temporalen Papillenabschnittes kein Befund.

Das rotfreie Licht zeigt beiderseits völligen Schwund der Faserzeichnung im papillomakulären Bündel: die Zeichnung ist durch feine Marmorierung ersetzt. Gelbe Zone stark verbreitet auf 1/2—3/4 des Papillendurchmessers, ohne zentralen Reflex. **Dafür umziehen die Makula unregelmäßige konzentrische, oft leicht zackige Reflexlinien,** die man mit dem Spiegel in gewissem Betrage zum Wandern bringen kann. (In Fig. 7 sind diese Linien zufolge Versehens bei der Reproduktion zahlreicher als im Originalbild.)

Diese Reflexlinien fand ich mehrfach bei Degeneration des papillomakulären Bündels und auch bei allgemeiner deszendierender Optikusatrophie.

---

1) Klin. Monatsbl. f. Augenheilk. Sept. 1919.

2) Mehr als 3 Jahre nach Aufnahme der Fig. 5 zeigte die Makula noch dasselbe Bild.

Fig. 8. Veraltete Chorioretinitis specifica der Makulagegend bei Lues congenita. Rechtes Auge des 40jährigen Frl. L. K. Rechts S = 6/18. Partielle Optikusatrophie (am linken Auge ähnliche, aber weniger starke Veränderungen). Beobachtung im gewöhnlichen Licht.

Das Epithelpigment fehlt an Ort und Stelle anscheinend völlig, wenig Pigment in den Chorioidealinterstitien. Choriokapillaris fehlt anscheinend ebenfalls. Netzhautgefäße verdünnt. Reichliche sekundäre Netzhautpigmentierung. Das gewucherte Pigment zeigt knochenkörperchen- bis wabenförmige Anordnung. Es sitzt sowohl in der Makulagegend als in der Peripherie in der Netzhaut. Von der Makula ist keine Spur zu sehen. Sie ist in keiner Weise irgendwie angedeutet.

Fig. 9. Fall der Fig. 8 im rotfreien Licht. Die im gewöhnlichen Licht unsichtbare Makula[1]) tritt im rotfreien als leuchtend gelber Fleck zutage. Sie ist reflexlos. Das Pigment ist tiefschwarz, auch da, wo es in die gelbe Zone hineinreicht. Es überdeckt ein foveales Gefäßchen. Die chorioidealen Gefäße erscheinen durch die opake Netzhaut verschleiert.

Das Makulagelb hat denselben Ton vor den dunklen Chorioidealgefäßen wie vor den skleralen Interstitien.

Fig. 10 und 11. Inveterierter atrophischer Herd der Foveagegend im gewöhnlichen und im rotfreien Licht. Die gelbe Zone vor skleralem und vor chorioidealem Grunde bei gleichzeitiger sekundärer Netzhautpigmentierung der Foveagegend.

Die 45jährige Arbeitslehrerin H. mit Drüsennarben am Hals und beginnendem Lupus faciei machte 1912 und 1913 eine »Chorioretinitis centralis« rechts durch. Heute, 7 Jahre später, besteht der Herd der Fig. 10, der ein zentrales Skotom von 3 zu 7° verursacht.

Wo liegt in diesem Falle die gelbe Zone? Im gewöhnlichen Lichte (Fig. 10) ist ihre Lage wiederum in keiner Weise zu ermitteln. Im rotfreien (Fig. 11) stellt sie einen leuchtend zitronengelben, reflexlosen Fleck dar, der zum größten Teil im Bereiche des weißen Skleralfleckes, zum kleinen Teil noch vor der Chorioidea liegt (wie man sieht, ist vor der letzteren in weitem Hofe das Pigmentepithel rarefiziert bzw. fehlend).

Das zum Teil vor Netzhautgefäßen liegende, zu Klumpen und Zügen gewucherte Pigment des Herdes erscheint im gewöhnlichen wie im rotfreien Licht tiefschwarz.

Dieser Fall lehrt, daß die gelbe Lackfarbe der Makula sich im rotfreien Licht in gleicher Weise vor chorioidealem wie vor skleralem Grunde kund gibt. Auch hier wieder ist es die gelbe Farbe, die uns die Lage unseres wichtigsten Netzhautbezirkes aufzufinden gestattet.

Auf keinem der bisher gebräuchlichen Wege ist sie in solchen Fällen zu finden.

Die gelbe Zone ist im vorliegenden Falle vertikal-oval und leicht eckig begrenzt. Unterhalb ihrer Mitte eine helle, weniger gesättigte Partie.

Fig. 12. Pathologische Makulaform bei Chorioiditis centralis (disseminata) mit Beteiligung der Netzhaut. Die 25jährige Frau K. A. leidet seit vielen Jahren an rechtsseitiger Sehschwäche. Wassermann negativ. Rechts besteht inveterierte Chorioiditis disseminata et diffusa. Rechts S = 1/10 unsicher. Seit einigen Wochen ist auch das linke Auge erkrankt und im gewöhnlichen Licht sieht man vereinzelte gelbliche chorioiditische Herde in der Makulagegend mit beginnender Pigmentierung.

Im rotfreien Licht zeigt sich links das Makulabild der Fig. 12. [Visus 6/24. (4 Wochen später dasjenige der Fig. 13.)] Die gelbe Zone erscheint von vier Seiten eingeschnürt, so daß Kreuzform entsteht, und scharf durch eine weißliche Linie begrenzt. In Fig. 12 sieht man die Enden dieser Kreuzfigur in unscharfe weiße Bänder oder Streifen münden, die sich in der Umgebung allmählich verlieren. Der Makularflex ist vorhanden.

---

1) Sie erscheint, da Pigment und Choriokapillaris fehlen, im gewöhnlichen Licht nicht einmal mehr als dunkler rote Stelle!

Derartige unregelmäßige Makulaformen sah ich bei Chorioiditis disseminata mit Herabsetzung des zentralen Visus nicht selten. Im gewöhnlichen Licht ist die Makula meist nicht auffindbar.

Fig. 13. **Makulaform bei Chorioiditis centralis.** Späteres Stadium der Makula von Fig. 12. Die gelbe Zone ist kleiner, immer noch kreuzförmig. Die peripheren Streifen sind ganz unscharf geworden. An einzelnen Stellen geht die gelbe Farbe mehr ins bräunliche. $S = {}^6/_8$.

Fig. 14. **Gelbe Zone bei alter Chorioiditis disseminata mit Beteiligung der Makulagegend.** Der 34jährige M. O. leidet seit einer Reihe von Jahren an beiderseitiger Sehschwäche. Rechts $S = 0{,}3$, links $S = 0{,}6$ (Myopie 4,0 beiderseits). Augenhintergrund beiderseits mit weißen und schwarzen Aderhautherden bunt übersät. Vielfach sekundäre Netzhautpigmentierung. So überdeckt z. B. der in Fig. 12 gezeichnete makuläre Pigmentherd des rechten Auges mit seinem unteren Ende ein kleines Netzhautgefäß (am linken Auge ähnliche oberflächliche makuläre und zirkummakuläre Pigmentherde). Das Pigment erscheint im rotfreien Licht tiefschwarz, die Makula zitronengelb. Ihre Lage ist nur im rotfreien Licht (also nur zufolge der gelben Farbe) zu ermitteln.

Beachtenswert ist auch die vielfache Sklerose der Aderhautgefäße. Diese tritt im rotfreien Licht als weiße Einscheidung zutage, auch da noch, wo sie im gewöhnlichen Licht nicht sichtbar ist.

Fig. 15. **Amotio retinae posttraumatica mit erhaltener vergrößerter gelber Zone.** Der 41jährige M. A. erlitt vor 2 Jahren eine schwere Contusio bulbi durch Anfliegen eines Plafondstückes. Erblindung seit 18 Monaten. Die Netzhaut ist heute abgehoben, insbesondere vollkommen rings um die Papille. Medien ziemlich klar.

Die gelbe Zone der abgehobenen Retina ist bedeutend vergrößert, sie dehnt sich über mehr als Papillenweite aus. In der Umgebung läßt sie sich in Spuren auch noch auf einige grauweiße, netzartig unter sich in Verbindung stehende Streifen oder Stränge verfolgen. Entlang einzelner Gefäße erscheint die Intensität der Gelbfärbung gesteigert. Kein Makulareflex.

Grenzen von Papille und Makula wegen der Falten zum Teil nicht übersehbar. Refraktion der Papille und ihrer Gefäße $= -1{,}0$ D., der Makula $= +6{,}0$ D.

Fig. 16. **Gunns dots im rotfreien Licht.** Linkes Auge. Zufälliger, an beiden Augen ähnlicher Befund bei der 55jährigen Sch. R. mit Visus beiderseits $= {}^6/_6$ (H 0,75). Diese im Alter häufigen, im gewöhnlichen Licht mehr gelblichen Punkte bevorzugen den fovealen Bezirk. Sie sind nach Form, Größe und Anordnung in Fig. 16 naturgetreu wiedergegeben.

Fig. 17. **Weiße Fleckung der Makula wie auch der übrigen Netzhaut** bei dem 42jährigen M. E. In ganz ähnlicher Weise wie heute bestand diese (im gewöhnlichen Licht kaum sichtbare) weiße Fleckung schon vor 3 Jahren. Wo eine dichte weiße Nervenfaserstreifung besteht, wie ober- und unterhalb der Papille, sind die Flecken etwas verdeckt, zum Teil nicht erkennbar. Ich sah sie nirgends mit Sicherheit vor einem Gefäße liegen. In der Netzhautperipherie sind sie etwas spärlicher.

Von Drusen der Glaslamelle unterscheiden sie sich durch ihre weiße Farbe, ihre anscheinend mehr oberflächliche Lage und durch ihre enorme Zahl. Auch findet nirgends, wie bei der Drusenbildung, Konfluenz (z. B. zu Hantel- oder Bisquitform) statt. Sie erinnern an die Flecken der Retinitis punctata albescens, ohne daß irgendwelche Symptome dieser Krankheit bestehen (weder Hemeralopie noch Gesichtsfeldveränderung). Sie finden sich im Gegensatz zu dieser Krankheit auch im Bereiche der Makula, bis in die Nähe von deren Zentrum, wo sie ebenfalls nahezu weiß erscheinen.

Beachtenswert ist eine in diesem Falle besonders starke Ausprägung der Netzhautkapillaren im Bereiche der Faserbündel oberhalb und unterhalb der Papille. Rechts $S = {}^6/_8$, links $S = {}^1/_2$ E, während 3 Jahren unverändert.

Mit Wolffschem Spiegel sind die Flecken, wenn auch weniger deutlich, erkennbar. Eine Lokalisation mit Hilfe des Gullstrandschen binokularen Ophthalmoskopes war nicht möglich, da die Fleckung im letzteren unsichtbar war.

Einen zweiten Fall ähnlicher Art beobachtete ich zufällig bei einer Patientin K. fast gleichen Alters und desselben Wohnorts, einer kleinen Landgemeinde. Blutverwandtschaft mit dem erstgeschilderten Falle war nicht nachzuweisen.

Der zentrale Visus auch dieser Patientin erschien leicht vermindert.

Ein dem hier geschilderten ähnliches Bild finde ich im Atlas von W. Adams Frost 1896, Fig. 31. Dort sind allerdings die Flecken in der Makulagegend größer und lassen deren zentralsten Teil frei. Der Visus war in Frosts Fall rechts $6/12$, links $6/9$, Gesichtsfeld konzentrisch eingeengt.

Frost bezeichnet den Fall als »Diffuse Punctated Condition of Retina«. Offenbar lag in diesem Falle, im Gegensatz zu den unsrigen, Retinitis punctata albescens vor.

Fig. 18. Makula bei Retinitis albuminurica mit ausgeprägter Sternfigur. 39jährige Frau mit Nephritis chronica. Fig. 18 gibt den zentralsten Teil einer Sternfigur des linken Auges wieder. Links bestand eine ähnliche Veränderung. Die sehr dichte Sternfigur hatte beiderseits einen Durchmesser von etwas über 2 P. D. R S und L S = 1.

Im Gegensatz zum vorigen Fall erscheinen hier die weißen Flecken völlig opak und zeigen innerhalb der unbestimmt schiefergrauen Makula leuchtendes Gelb. Die gelben Herde haben etwa die Form und Größe der übrigen Spritzerflecken.

In diesem und in einigen anderen ähnlichen Fällen konnte ich die gelbe Farbe, die hier als Deckfarbe wirkt, schon im gewöhnlichen weißen Ophthalmoskopierlicht erkennen.

Im Gegensatz zu den Makulaflecken ist der im vorliegenden Falle erhaltene Makulareflex rein weiß.

Fig. 19. Bienenwabenmakula bei Retinitis pigmentosa. Der 32jährige Patient B. E. steht seit 6 Jahren in augenärztlicher Beobachtung wegen Retinitis pigmentosa. Zurzeit R S und L S = $6/18$.

Rechtes Auge: Fundusperipherie mit den gewöhnlichen Pigmentherden übersät. Pigmentepithel locker, peripher zum Teil fehlend. Gesichtsfeld bei mittlerer Zimmerbeleuchtung und Adaptation peripher hauptsächlich nach oben eingeschränkt. Außerdem beiderseits 20—30° starkes Ringskotom konzentrisch zum Fixationspunkt. Die Wabenzeichnung beider Makulae ist seit einem Jahre ziemlich unverändert. Reichliche, zum Teil unregelmäßige präretinale Doppelreflexlinien im zirkumfovealen Netzhautabschnitt.

Fig. 20. Bienenwabenmakula mit metazystischer Lochbildung bei Retinitis pigmentosa. Bei dem jetzt 17jährigen M. M. wurde die Retinitis pigmentosa vor 3 Jahren ganz zufällig gelegentlich einer skrofulösen Keratitis entdeckt. Periphere typische Pigmentherde, beginnende Gefäßverdünnung, Hemeralopie. Hereditär nichts besonderes nachweisbar. (Es ist dies der erste Fall, in welchem ich die von mir späterhin häufig gefundene Bienenwabenmakula nachweisen konnte. Über die damals gefundene Wabenzeichnung des linken Auges vgl. Klin. Monatsbl. f. Augenheilk. 61, S. 384, 1918.)

Es bestanden außerdem massenhafte präretinale Doppelreflexlinien, die zu parallelen Zügen in verschiedenen, teils mehr radiären, teils mehr konzentrischen Richtungen geordnet waren. Visus war = $1/3$. Am anderen Auge undeutliche Wabenzeichnung der Makula.

Heute, 3 Jahre später, stellt der ganze gelbe Bezirk des linken Auges eine Lochbildung mit scharfen Rändern dar. Der Grund des Loches ist schmutzig gelbbraun und enthält gelblichgraue Reste der Zystenwände. Die Ränder des Loches geben parallaktische Verschiebung mit dessen Grund.

Umgeben ist die Makula heute in weitem Umkreise von unregelmäßigen, hauptsächlich konzentrischen Reflexlinienzügen, ein Zeichen, daß die früher vorhandenen, mehr regelmäßigen Fältchenbildungen der Netzhautoberfläche im Laufe der Jahre unregelmäßig geworden sind. Visus $1/6$—$1/4$. Das zentrale Sehvermögen hat also verhältnismäßig wenig gelitten.

Fig. 21. Bienenwabenmakula von Halbmondform bei dem 14 jährigen Imbezillen L. Rechtes Auge. Die Netzhautperipherie der beiden über 10 D. hypermetropen, mit lebhaftem Nystagmus horizontalis behafteten Augen ist mit weißen Flecken ähnlich denen bei Retinitis punctata albescens übersät. Hemeralopie soll nach Angabe der Eltern nicht bestehen.

Die rechte gelbe Zone (Fig. 21) hat Halbmondform und ist in vier ungleiche Wabenfächer geteilt. Ausgesprochen ist die Gelbfärbung nur in den Seitenwänden der Fächer. In den letzten 3 Jahren hat sich dieses Bild in der Hauptsache in der Weise verändert, daß sich an die drei in einer Reihe liegenden Zysten eine weitere nach oben angelagert hat. In der nächsten Umgebung feine unscharfe Reflexlinien. Visus wegen Imbezillität (Mikrozephalie) nicht bestimmbar.

Fig. 22. Andeutung von Bienenwabenmakula in dem einen Auge bei beiderseitiger Degeneration des papillomakulären Bündels und sklerotischen Gefäßveränderungen mit vereinzelten feinen Netzhautblutungen infolge Nikotin-Alkoholabusus. Der 57 jährige Fabrikarbeiter T. E. wurde schon vor einem Jahre wegen Nyktalopie infolge Abusus behandelt. Damals rechte Sehschärfe = 0,2 und linke Sehschärfe = 0,3, zentrales Rotskotom und kleines zentrales Skotom für Weiß. Wassermann negativ. Besserung des Visus im Verlaufe einer vierwöchentlichen klinischen Behandlung (Abstinenz, Karlsbader Salz, subkonjunktivale Kochsalzinjektionen) beiderseits auf annähernd $6/6$.

Schon damals war der gelbe Bezirk verkleinert und abgeblaßt, die Faserzeichnung im papillomakulären Bündel rechts undeutlich, links vorhanden.

Nach der Spitalbehandlung Rezidiv infolge erneuten Abusus. Heute rechte und linke Sehschärfe = weniger als $1/10$, Zentralskotom von etwa 10°. Faserzeichnung des papillomakulären Bündels durch feinfleckige Marmorierung ersetzt. Rechte Makula mit Andeutung von Wabenzeichnung, ebenso auch die Gegend des papillomakulären Bündels. Zentraler Visus nach 4 wöchentlicher Behandlung ungebessert (Totalabstinenz, NaCl-Injektionen, Karlsbader Salz). Nach weiterer 4 wöchentlicher Behandlung Visus mühsam $1/4$—$1/3$ beiderseits. Ophth. Status idem.

Fig. 23. Bienenwabenmakula mit Lochbildung. Erhaltung eines gelben Makulafetzens im Grunde des Loches (?). Bei dem 60 jährigen B. G. ist die linke Makula samt Umgebung leicht tumorartig emporgehoben. Auf dem Scheitel der Vorwölbung die gelbe Zone (Fig. 23), die in der Hauptsache von einem runden Loch von schwach $1/3$ P. D. eingenommen ist. Lochränder scharf, im Grunde des Loches nasal unten ein gelber Gewebsfetzen, dessen oberer Rand mit dem Lochgrunde leichte Parallaxe zeigt (offenbar handelt es sich um einen Rest des Makulagewebes). Auch der Rand des Loches ist leicht gelblich gefärbt. Die nasale Umgebung des Loches und die oben anschließende Netzhautpartie zeigen Wabenzeichnung. Besonders nasal und nach unten weist die Netzhautoberfläche eine (im indirekten Licht deutlichere) feine Höckerung auf. Zwischen Papille und Vorwölbung oberflächliche Netzhautfältchen, wagrecht verlaufend (in der Figur nicht mehr zu sehen).

Wassermann negativ. Es besteht auf beiden Augen eine disseminierte Chorioiditis. Die zum Teil isolierten, zum Teil zu großen Plaques konfluierten Einzelherde weisen vereinzelt beginnende Atrophie und Pigmentwucherung auf. Da und dort bestehen jedoch frische Herde. (Die Erkrankung, welche bereits auch die Makulagegend betrifft und den Visus beiderseits auf einige Zweihundertstel herabsetzt, datiert angeblich erst seit 2 Monaten.) Während rechts die Makulagegend von einem gewöhnlichen chorioretinitischen Herd eingenommen ist, besteht links die geschilderte, im gewöhnlichen Licht weißliche schwache Vorwölbung, die temporal weit über die Fovea hinausreicht. Glaskörper fein staubförmig getrübt.

10 Monate später hatte ich Gelegenheit, den Patienten wieder zu sehen. Das Bild erwies sich links außerordentlich verändert. Die Chorioretinitis hatte peripher zu ausgedehnten Atrophien und Pigmentwucherungen geführt. Man erkannte an Stelle der tumorähnlichen Prominenz ein sehr ausgedehntes weißes Narbengewebe, das sich scharf gegen die Umgebung abgrenzte und nur wenig mehr über dieselbe prominierte. Die Makula lag am oberen inneren Rande dieses Gewebes.

Die gelbe Zone erschien uneben und in einzelne weiß eingefaßte länglich-rundliche Herde zerlegt, die wohl als Reste der Waben aufzufassen waren. Nach oben von den gelben zwei graue Wabenzellen. Unterhalb der Makula vereinzelte, zum Teil neugebildete Gefäße. Eines derselben endigte in feinen Punktblutungen.

Fig. 24 und 25. **Metazystische Makulalochbildung im Anschluß an flache Netzhautablösung unbekannter Ursache:** a) im rotfreien, b) im gewöhnlichen Licht. Die von uns während mehr als einem Jahre beobachtete 34jährige Frau W. T. zeigt Herabsetzung des Visus des rechten emmetropen Auges auf Handbewegungen. Gesichtsfeldeinengung nach oben. Nach unten dichte Glaskörpertrübung, graugrüner Reflex, weißliche Punkte und Streifen schimmern durch. Unterhalb der Makula flache, matte, parallele Vertikalfältchen mit schöner Nervenfaserzeichnung, welche auf den Firsten der Fältchen am deutlichsten ist. Die Fältchen selber verjüngen sich nach oben und konvergieren ein wenig nach der Makula hin. Die Makula und ihre Umgebung zeigen Bienenwabentypus. Eine mittlere Wabe hat sich im Laufe der Beobachtung stark vergrößert, auf etwa $1/3$ P.D., um schließlich in Lochbildung überzugehen. Die Ränder des Loches sind scharf und ergeben Parallaxe mit dem graubraunen Grund. In dem letzteren noch Reste unscharfer Wabenzeichnung.

Die dem Loche unmittelbar benachbarten Fächer zeigen lebhaft gelbe Seitenwände, die da, wo sie an das Loch grenzen, eingebogen sind. Die untere Wand des Loches verliert sich unscharf gegen die Fältchen. Hier liegt, wie besonders die Untersuchung im gewöhnlichen Licht zeigt, ein chorioidealer Pigmentherd. Er ist im rotfreien Licht nur angedeutet zu sehen. — In diesem, wie auch in einer Reihe hier nicht abgebildeter Fälle von Bienenwabenmakula konnte ich die Wabenzeichnung auch schon im gewöhnlichen guten Ophthalmoskopierlicht, wenigstens teilweise, in einzelnen Fällen recht deutlich wahrnehmen. Auch die Netzhautfältchen waren als verwaschene helle Streifen erkennbar.

Fig. 26 und 27. **Bienenwabenmakula mit Lochbildung bei Netzhautablösung.** Amotio retinae rechts bei dem 11jährigen Knaben W. K. Rechts $S = {}^2/_{200}$, links $S = {}^6/_6$. Beiderseits Emmetropie.

Die Netzhaut ist überall außer im Bereich des hinteren Pols abgehoben. In der Makulagegend besitzt sie ungefähr die Refraktion der Papille. Sie ist aber hier in zahlreiche, hauptsächlich vertikale, temporal der Makula in zu dieser radiäre matte Fältchen gelegt. Die Fältchen haben die Breite etwa eines Hauptgefäßes. Die Nervenfaserzeichnung ist nirgends deutlich. Nach unten außen von der Papille eine schleierige Trübung, welche eine Arterie verdeckt.

In der Makula noch vor 6 Monaten Bienenwabenzeichnung, heute anscheinend ein großes querovales Loch mit scharfem, gelbem Rande, nasal anschließend drei wabenartige, offenbar zystische Räume. Die gelbe Färbung ist fast ausschließlich auf die Seitenwände des Loches beschränkt. Doch sieht man auch im Lochgrunde einzelne gelbliche Pünktchen und Fleckchen. Im Lochgrunde ein rundlicher weißer verschieblicher Reflex. Bei Spiegelbewegung geschieht die Verschiebung des Reflexes in entgegengesetzter Richtung (Konkavspiegelreflex). Temporal und nach oben und unten vom Lochrand eine feine Höckerung der Netzhautoberfläche, die sich nach den Fältchen hin fortsetzt.

Glaskörper mit feinen fetzigen und Staubtrübungen. Neben der Papille im gewöhnlichen Licht feine chorioiditische Veränderungen.

Ursache und Dauer der Amotio unbekannt, Anamnese negativ. Die Sehstörung bestand bei der ersten Konsultation angeblich seit 3 Wochen. Doch war bereits Bienenwabenmakula vorhanden. Die Glaskörpertrübungen lassen an eine Tuberkuloseerkrankung der Aderhaut denken.

$^1/_2$ Jahr später Makulagegend vorgewölbt, Vorwölbung besonders plastisch im GULLSTRANDschen Binokularmikroskop zu sehen. Refraktionsdifferenz mit der Papille = etwa 4 D. Makulaloch wesentlich größer. Im Grunde des Loches wabenartige Zeichnung. Im Anschluß an das Loch neue Wabenzellen. Reflex wie früher. Glaskörpertrübungen zahlreicher.

Im gewöhnlichen Licht (Fig. 27) ist die Höckerung in der Umgebung des Loches deutlicher als im rotfreien. Sie ist am deutlichsten im indirekten Licht, d. h. bei Belichtung einer neben ihr liegenden Stelle. Die Höcker erscheinen dann seitlich beleuchtet und zeigen belichtete und beschattete Teile, wodurch sie plastisch werden. Im fokalen rotfreien Licht (Fig. 26) sieht man statt der Höcker ein feines Wabennetz, wodurch denkbar wird, daß die Höcker der Oberfläche der zystoiden Räume entsprechen. Ich sah eine derartige Höckerung in der Umgebung einer Bienenwabenmakula mehrmals.

Fig. 28. Traumatisches Makulaloch, oberflächliche Netzhautfältchen und Aderhautrisse. Der 18jährige D. F. erlitt am 15. November 1918 eine Contusio bulbi dextri durch Karbidexplosion. Superziliumwunde, die bis auf den Knochen und wohl auch noch in die Orbita geht. Brettharte Lidsuggilation, welche die Untersuchung zunächst verunmöglicht. Blutungen der Retina an verschiedenen Stellen, auch neben Papille. Zahlreiche präretinale Reflexlinien werden erst nach 5 Tagen deutlicher. Die Makula stellt anfänglich einen Blutfleck dar, mit schwanzförmigem Ausläufer nach unten.

8 Tage post trauma Makulablutung weniger stark, in der Makula wird ein hellumrandetes Loch sichtbar, das sich absolut scharf gegen die Umgebung abgrenzt.

Fig. 28 wurde $3^1/_2$ Monate post trauma aufgenommen.

Das fast vollkommen runde, scharf weiß gerandete Makulaloch übertrifft um ein weniges $^1/_3$ P. D. und hat einen grauschwarzen (im gewöhnlichen Licht dunkelroten) Grund, in welchem zahlreiche weiße Glitzerpünktchen sitzen. Solche Pünktchen schweben auch noch vor dem Loch, im angrenzenden Glaskörper[1]). Im rotfreien Licht sind sie besonders zahlreich.

Der Lochrand ist wesentlich schärfer als bei den metazystischen Lochformen. Irgendwelche Wabenzeichnung in der Umgebung fehlt, ebenso ermangelt der Lochgrund irgendwelcher Gewebsfetzen. Der sehr scharfe Rand des Loches stellt eine rein weiße Linie dar (in anderen Fällen fand ich diese Linie mehr gelblich). Temporal von dem Loche und etwas nach oben ein Rest von Gelbfärbung (auch noch nach 13 Monaten vorhanden).

Die nach unten und nasal vom Loche sichtbare dreieckige dunkle Partie stellt eine Durchblutung des Netzhautgewebes dar, die im Laufe einiger Monate völlig verschwand. Im gewöhnlichen Licht heben sich derartige Durchblutungen nur schwer ab, im rotfreien erscheinen sie schwarz bis grauschwarz auf hellem Grunde.

Radiär zur Makula stehen temporal nach oben und unten zum Teil matte, zum Teil spiegelnde Netzhautfältchen. Die Spiegelung findet sich hauptsächlich an den nach oben und unten gerichteten Fältchen in Form von präretinalen Doppelreflexlinien.

Die temporalen, nach der Makula hin sich verjüngenden, Nervenfaserstreifung zeigenden matten (»echten«) Fältchen weisen zum Teil, besonders peripheriewärts, ebenfalls Doppelreflexlinien auf, besonders wenn sie intensiv belichtet werden. (Solche, vom theoretischen Standpunkt aus interessante, halb matte, halb spiegelnde

---

1) Teilweise sieht man diese Pünktchen schon im gewöhnlichen Licht. Sie sind in Fällen von traumatischem Makulaloch auch schon von anderen Beobachtern, z. B. OGILVIE (1900), QUINT (1906), TWIETMEYER (1907), in ähnlicher Weise gesehen worden.

Fältchen sieht man in Fig. 28 temporal oben, anschließend an den gelben Makularest.)

Die Gegend des papillomakulären Bündels erscheint unregelmäßig marmoriert und es waren schon wenige Wochen post trauma rundliche, unscharfe Pigmentflecken in diese Partie eingestreut.

In gutem, gewöhnlichem Lichte, z. B. in demjenigen des WOLFFschen Spiegels, waren die genannten Fältchen und Reflexlinien, wenigstens teilweise, ebenfalls zu sehen.

Fragen wir, was aus der »ausgestanzten« Makulapartie geworden ist, so dürfen wir wohl die erwähnten Glitzerpünktchen und Wölkchen als die Reste der Zertrümmerung ansprechen.

Die Sehschärfe dieses Falles wurde durch die Verletzung auf einige Zweihundertstel (exzentrisch) reduziert[1]. Weitere Veränderungen dieses Fundus — Chorioidealrisse, im rotfreien Licht nachweisbare Blutderivate — s. Textfig. 39 u. S. 102.

Fig. 29. Zentrales Makulaloch, vielleicht angeborener Natur. Der 23jährige Soldat Ch. J. litt von jeher an rechtsseitiger Sehschwäche.

Rechts S = $^6/_6$ (M. 1,25), links S = $^6/_{18}$ (M. 1,25).

Im Zentrum der rechten Makula, welche eine normale Ausdehnung zeigt, ein annähernd rhombisches Loch mit schwarzem Grund und scharfen, zum Grund Parallaxe zeigenden Rändern. Im Lochzentrum ein punktförmiger Reflex. Irgendein Trauma, auch ein Geburtstrauma, fand angeblich nicht statt. Auch bestehen keine sonstigen Zeichen überstandener Augenerkrankung.

Linke Makula intakt.

Fig. 30. Beiderseitige zentrale grubenförmige Makulavertiefung bei annähernd voller Sehschärfe. Der Befund wurde zufällig bei Contusio bulbi erhoben. (Kontusion und Riß der Conjunctiva bulbi dicht oberhalb der Hornhaut durch Andringen einer Messerklinge.) Die feine zentrale Vertiefung des gelben Bezirks zeigt Parallaxe zwischen Rand und Grund. Während die peripheren Makulapartien rein gelb sind, erscheint der Grund der Vertiefung dunkelbraungelb (im gewöhnlichen Licht dunkelrot). Ein kleiner zentraler Reflex ist vorhanden. Peripher der Fovea die für die Kontusion charakteristischen radiären Reflexdoppellinien. Sie sind von etwas unregelmäßiger Form.

Am linken Auge ähnlicher Makulabefund wie rechts.

Rechts S = $^6/_6$ E., links S = $^6/_3$ E.

Normalerweise sah ich nicht sehr selten, besonders bei Kindern, die gelbe Zone in zwei derartige, durch verschiedene Sättigung bzw. Helligkeit gegeneinander abgesetzte Bezirke scharf getrennt: in einen dunkleren zentralen und einen helleren peripheren. Die zentrale Partie entspricht in ihrem Durchmesser gewöhnlich etwa einer starken Vene und stellt eine Foveola, d. h. eine grubenförmige Vertiefung innerhalb der Fovea dar[2].

Diese Grube kann, wo sie sehr ausgesprochen ist, bei oberflächlicher Betrachtung eine zentrale Lochbildung vortäuschen. Selbstverständlich ergibt der Spiegel Parallaxe zwischen Grund und Rand des Grübchens.

Der dunklere Ton des Grundes ist wohl weniger durch die Kontrastwirkung des Makularreflexes[2] bzw. durch die stärkere Verdünnung der Netzhaut an dieser Stelle bedingt, als vielmehr durch die Art der besonderen Reflexion, welche durch den unvermittelten steilen Abfall zu dieser Grube gegeben ist: Die Grube bildet einen Hohlspiegel von kleinerem Krümmungsradius als die Fovea, so daß naturgemäß nur ein relativ kleiner Teil des diffus reflektierten Lichtes in die Pupille gelangt.

---

1) In der starken Herabsetzung der zentralen Sehschärfe bei traumatischer Lochbildung scheint mir ein weiteres differentialdiagnostisches Merkmal gegenüber der metazystischen Lochbildung zu liegen, das sich dem oben (S. 44) erwähnten anschließt.

2) Nur in diesen Fällen sind die Ausdrücke »Foveola« und »Foveolarreflex« berechtigt.

Fig. 31 stellt die rechte Makula des 13jährigen Knaben N. M. dar, welche den soeben geschilderten, bei diesem Knaben ebenfalls an beiden Augen vorhandenen Makulatypus wiedergibt. RS und LS = 1 E.

Fig. 32. Normale Papillenmakulagegend des rechten Auges des Falles der Fig. 33. Man beachte die normale Zeichnung des papillomakulären Bündels und den normalen Makulareflex. Rechts S = 6/8.

Fig. 33. Fehlen der Nervenfaserzeichnung im papillomakulären Bündel der linken Netzhaut. Statt des Bündels sieht man eine feine Marmorierung. Der 62jährige Patient W.T. erlitt durch Sturz auf die rechte Schädelseite vor 18 Monaten eine Basisfraktur.

Anscheinend als Folge bestand links ein kleines absolutes Zentralskotom und ein größeres zentrales Rotskotom von 10—15°.

Die von uns 12 und 18 Monate post trauma vorgenommene Untersuchung ergab das in Fig. 33 dargestellte isolierte Fehlen der Nervenfaserzeichnung des papillomakulären Bündels, ferner einen undeutlichen Makulareflex und weiße Stippchen nasal der gelben Zone. (Das rechte Auge s. Fig. 32.) Links S = Fingerzählen in 2 m, rechts S = 6/8.

Fig. 34. Pathologische Verdeutlichung der Nervenfaserstreifung in den Hauptbündeln oberhalb und unterhalb der Papilla nervi optici.

Die Bündel sind verdickt, stärker reflektierend, stellenweise erscheinen sie unterbrochen. Die Papillengrenzen sind zufolge Neuroretinitis luetica stark verwaschen (39jährige Frau M. mit positivem Wassermann). Makulareflex fehlt (am anderen gesunden Auge vorhanden). In der Makulaumgebung weiße Netzhautstippchen. Oben innen von der Makula und nach unten vom papillomakulären Bündel matte Netzhautfältchen (d. h. Fältchen ohne Spiegelung).

Schräg horizontale Fältchen (oben innen von der Makula) waren anfänglich 4 Stück vorhanden, schräg vertikale (unten innen) etwa 12 Stück. Der nasale Teil der letzteren war zunächst matt, während die 5 oder 6 mehr temporal gelegenen bereits Andeutung von Reflexlinien zeigten. Diese traten dann im Laufe der Heilung auch auf den nasalen Fältchen auf. (Es ist also das Auftreten der Reflexe auf bisher matten Fältchen prognostisch günstig.)

Nach 14tägiger Schmierkur und zwei Neosalvarsaninjektionen waren von den schräg vertikalen Fältchen nur noch 4 oder 5, nach der Papille zu gelegene, übrig.

Heilung unter Hg und Salvarsan mit Hinterlassung einer leichten Netzhautatrophie. Der Makulareflex kehrte zurück unter Ansteigen des Visus von 1/10 auf 1.

Ein Teil der Fältchen war im vorliegenden Falle auch schon im gewöhnlichen guten Ophthalmoskopierlicht zu sehen. Dabei konnte ich feststellen, daß Fältchen, die im gewöhnlichen Lichte noch matt waren, im rotfreien bereits Reflexe zeigten.

Fig. 35. Netzhautatrophie bei Tabes dorsalis. 55jähriger U. F. Völlige Erblindung rechts seit mehr als 1½ Jahren. Die Nervenfaserstreifung ist durch Marmorierung ersetzt. Ein Vierteljahr nach der Erblindung war die Streifung nach unten und oben von der Papille noch sichtbar. Gelbe Zone abgeblaßt, vergrößert. Makulareflex fehlt. Einscheidung der verdünnten Gefäße. (Die intravenöse Behandlung mit Neosalvarsan war in diesem Falle von besonders raschem Gesichtsfeldzerfall begleitet.) Nasal von der Papille zum Teil konfluierende rundliche weißliche Flecken, die in ähnlicher Art schon vor 2 Jahren zu sehen waren. Es scheint sich um Drusen der Glaslamelle zu handeln.

Fig. 36. Optikus- und Netzhautatrophie mit völligem Schwund der gelben Zone. Sehr grobfleckige Marmorierung. Fehlen der Nervenfaserzeichnung 6 Wochen nach Orbitaschuß. Rechts S = 0. Nach oben außen von der Papille Andeutung von präretinalen Reflexlinien. In der Makulagegend und oberhalb derselben chorioiditische Herde, zum Teil beginnende Pigmentwucherungen (gewöhnliches Licht).

Wahrscheinlich waren an diesem Auge auch die Trunci ciliares oder doch die hinteren Ziliargefäße unterbrochen, wodurch sich wohl die schwereren Veränderungen besonders der Chorioidea und der Schwund des Makulagelbes erklären (außer Parese und Lähmung der äußeren Muskulatur bestand rechts Protrusio leichten Grades). Die Lähmung der äußeren Muskeln ging im Laufe von 1½ Jahren nicht zurück. Das Makulagelb kehrte nicht wieder. Am zweiten, gleichzeitig erblindeten, jedoch die gelbe Zone intakt zeigenden Auge blieb die Nervenfaserzeichnung viel länger erhalten. Völlig geschwunden war sie erst etwa 1 Jahr nach der Verletzung.

Fig. 37. Partielle Atrophie der Retina bei Verschluß der Zentralarterie mit Freibleiben eines zilioretinalen Bezirkes.

Das jetzt 34jährige Frl. M. B. erblindete vor 4 Jahren plötzlich durch Verschluß der Zentralarterie, wobei jedoch ein kleiner partiell zentraler und parazentraler Gesichtsfeldrest (zilioretinal versorgt) erhalten blieb (vgl. S. 76).

Die Fig. 37 zeigt die erhaltene kräftige zilioretinale Arterie, deren Ende von oben her bis in die vergrößerte gelbe Zone reicht. Diese ist unten und bei geeigneter Spiegelhaltung auch auf anderen Seiten von konzentrischen Reflexlinien eingefaßt (vgl. das Kapitel über die Makula und Klin. Monatsbl. f. Augenheilk. 1921, S. 321).

Der die erhaltene zilioretinale Arterie begleitende Netzhautbezirk ist in sehr schöner Weise gegenüber der Umgebung durch Nervenfaserstreifung ausgezeichnet. Die ganze übrige Netzhaut ist marmoriert. Nur nasal oben von der atrophischen Papille glaubt man hin und wieder einen feinen Rest der Nervenfaserstreifung zu erkennen.

Der dem erhaltenen zilioretinalen Bezirk der Lage nach genau entsprechende Gesichtsfeldrest ist in Textfig. 32 wiedergegeben. Er liegt nach unten außen vom Fixationspunkte und reicht bis zum blinden Fleck. Rechts S = ⁶/₈, links S = 1 ohne Glas.

Innerhalb 1½ Jahren war dieser Befund, den ich zum ersten Male 3½ Jahre nach dem Arterienverschluß erhob, unverändert. Die Ursache des letzteren ließ sich nicht ermitteln.

Das andere Auge ist ohne zilioretinales Gefäß, Befund im rotfreien Licht ohne Besonderheiten, gelber Bezirk kleiner als rechts, mit normalem Reflex.

Fig. 38. Schwer erkennbare Nervenfaserzeichnung bei albinotischem Fundus und angeborener Sehschwäche. Der 10jährige Knabe Sch. W. mit albinotischem Fundus und leicht atrophischen Papillen hat rechts S = ⅓. Makula ohne Reflex, gelbe Zone sehr blaß.

Faserstreifung nur nach oben und nach unten von der Papille deutlich. Eine Ursache der Atrophie ist nicht zu ermitteln.

Refraktion: Emmetropie, Javal 0,5 D. dir. Fundus fast vollkommen albinotisch, Haare aschblond, Iris grünlich, kein Nystagmus.

Fig. 39. Fragliche Reste von Nervenfaserzeichnung bei lange bestehender Netzhautatrophie.

Der 10jährige Knabe B. P. besitzt rechts (angeblich zufolge Geburtstrauma) nur unsicheren Lichtschein. Rechts Refraktion + 5,0 D., links Emmetropie. (Rechts Kornealastigmatismus von 1,0 D., Typ. dir., links keine Krümmungsdifferenz der beiden Hauptmeridiane.)

Strabismus convergens concomitans dext. Papille atrophisch, unscharf. Netzhautgefäße sämtlich stark eingescheidet, vielfach obliteriert. Gelbe Zone etwas blaß, unregelmäßig begrenzt, reflexlos. Feine schräg vertikale helle Linien zwischen Papille und Makula. Stärkere solche Linien ziehen von der Papille aus horizontal nach der Makula hin und über diese hinaus ins temporale Netzhautgebiet. (Letztere können somit nicht Nervenfasern entsprechen.) Nach oben nasal und unten zieht von der Papille eine noch zartere derartige Streifung, die man wegen ihrer Verlaufsrichtung als Nervenfaserung deuten könnte. Da und dort ist sie jedoch von Marmorierung unterbrochen oder besteht neben solcher.

So läßt sie sich z. B. temporal oben nicht bis zur Papille verfolgen, sondern ist von letzterer durch eine marmorierte Zone geschieden. Zwischen Papille und Makula und in der Makulagegend ist die Streifung nicht nachzuweisen. Sie ist überall wesentlich feiner und schwerer erkennbar als normal und die charakteristischen dunklen Längsschlitze zwischen den Faserbündeln sind nicht zu sehen.

Fig. 40. Senile Sklerose der Retinalgefäße mit Blutungen und Faltenbildungen. 70jähriger Lehrer H. Rechtes Auge. Hochgradige Gefäßveränderungen (Einschnürungen, Verdickungen, Rosenkranzformen, Obliterationen). Zahlreiche matte Falten stehen mehr oder weniger radiär zu der nur undeutliche Gelbfärbung zeigenden Makula. Gegend des papillomakulären Bündels undeutlich marmoriert. Hier und da eine Netzhautblutung. Links ähnliche Veränderungen. Rechts Visus = Fingerzählen in 2 m, links = Handbewegungen in einigen Metern.

Fig. 41. Fältchenreflexlinien in der Nähe eines größeren Gefäßes. Die Reflexlinien endigen in Gefäßnähe, wobei zwei Doppellinien meist konvergent zulaufen. Ändern wir die Spiegelhaltung (Einfall- oder Beobachterrichtung), so gelingt es, die Linien auch über das Gefäß treten zu lassen (Fig. 41b, vgl. Verf. in v. Graefes Arch. f. Ophth. 99, S. 332, 1919).

Fig. 42 und 43. Oberflächliche Netzhautfältelung und präretinale Reflexlinien nach Contusio bulbi. Der 10jährige Knabe Sch. erlitt vor 8 Tagen eine Kontusion des linken Auges durch einen Fußtritt.

3 Tage post trauma waren zunächst mehr unregelmäßige Reflexlinien in der Makulaumgebung zu sehen, die sich in den folgenden Tagen mehr und mehr radiär zur Makula ordneten (Fig. 42). Nach der Papille zu bestehen annähernd vertikale Falten, die in zahlreichen, zum Teil unregelmäßig gebogenen und gewundenen Anastomosen an die Radiärfalten sich angliedern. Die Radiärfältchen zeigen peripheriewärts vielfach dichotomische Verzweigung. Zentralwärts verlieren sie sich am Rande der Fovea. Die Fältchen sind größtenteils schon im gewöhnlichen Lichte zu sehen, zeigen aber nur bei Intensivlicht Reflexlinien. Viel ausgesprochener sind die letzteren im rotfreien Lichte (Fig. 43, welche einige Tage nach Fig. 42 aufgenommen ist). Visus = 1 E.

Es handelte sich hier gleichzeitig um einen Fall von besonders grober Vertikallinierung beider Augen. Nach Abklingen der Kontusionsreflexlinien bestand die Vertikallinierung beiderseits in gleicher Weise.

Fig. 44. Stationäre (angeborene?) oberflächliche Netzhautfältchen neben der linken Papille. 54jährige Frau C., zufälliger Befund bei der Brillenkontrolle. Augen sonst ohne Befund. Visus = 1 H 2,0. Die vier Fältchen konvergieren etwas nach dem oberen inneren Papillenrande hin und zeigen Nervenfaserstreifung. An der Konvergenzstelle etwas stärkere Netzhautreflexion (Bindegewebsreste?). 1½ Jahre später Status idem.

Fig. 45. Oberflächliche Netzhautfältchen, unmittelbar post enucleationem nach äquatorialer Halbierung des Bulbus am Spaltlampenmikroskop beobachtet. Papille zum Teil verschleiert (Glaskörperfalte?). Enukleation 14 Tage nach Bulbusperforation (siehe Text S. 88).

Fig. 46. Matte Falten der oberflächlichen Netzhautschichten bei Verschluß der Zentralvene. Die 63jährige Frau U. J. erlitt vor einigen Wochen eine plötzliche schwere Sehstörung rechts. Fundus bei der ersten Untersuchung von streifigen Blutungen übersät. Sklerotische Veränderungen der Netzhautgefäße. Heute gelbe Zone wenig hervortretend, reflexlos, radiär [zu ihr matte Netzhautfältchen, über welche dünnere Gefäße, zum Teil in Schlängelungen, hinwegziehen. Auch die Blutungen, die größtenteils in der Nervenfaserschicht liegen, machen zum Teil die Faltungen mit. Rechts Visus = Fingerzählen in 1—2 m, links = 6/8 (auch links vereinzelte kleine Netzhautblutungen).

Rechts waren zeitweise mit Spaltlampenmikroskop feinste Präzipitate (von 0,01—9,02 mm) der hinteren Hornhautwand nachweisbar. Tension normal. Wassermann negativ.

Fig. 47. **Traktionsfältchen der Netzhautoberfläche, an der Makula vorbeiziehend.** Der jetzt 42jährige St. erlitt vor 13 Jahren beim Hämmern auf Stein eine Perforation des linken Auges. Ein Fremdkörper wurde damals nicht entfernt. Perforationsnarben im temporalen Teil von Hornhaut, Iris, Linse. Hintere Irissynechie. Auf Vorderkapsel Sternchenpigment in Wirbelzügen[1]). Hintere subkapsuläre Katarakt vom porösen Typus der Cataracta complicata[1]). Farbenschillern des hinteren Linsenbildes. Im temporal unteren Fundus der scharf umschriebene kantige schwarze Fremdkörper, von etwas weißem Exsudat umgeben. — Von der Papillengegend aus ziehen temporalwärts nach unten in der Richtung dieses Exsudates annähernd parallele oberflächliche matte Netzhautfältchen bis zur gelben Makula und über diese hinausreichend, aber am Fleck selber vorbeiziehend. Der letztere unterbricht die Fältchen, wobei ein leichtes Konvergieren derselben nach der Makula unverkennbar ist. Die gelbe Zone erscheint in der Faltenrichtung etwas in die Länge gezogen und nach unten außen verlagert, der Makulareflex erscheint strichförmig. Die Reflexlinien verlieren sich 2 oder 3 P. D. nach unten und außen von der Makula. Zwischen Papille und Makula sind etwa 12 oder 13 Fältchen zu zählen. Vor 2 Jahren und noch vor 1 Jahr zeigte ein Teil der Fältchen Reflexlinien. Heute sind alle matt und der Makulareflex ist weniger deutlich.

Die Tension des Auges ist normal, keine Zeichen von Siderosis. Links Visus = $^6/_{12}$, rechts = $^6/_6$. Mit dem linken Auge sieht Patient gerade Linien verbogen. (Magnetextraktionsversuche waren seinerzeit negativ gewesen.) Das andere Auge ist ohne Besonderheit.

---

1) Vgl. A. Vogt, Atlas der Spaltlampenmikroskopie. 1921.

VIII. Das Spaltlampengerät.

Die Gullstrandsche Spaltlampe und die Beobachtungsmittel zur Untersuchung in fokaler Beleuchtung.

Von

H. Erggelet,
Jena.

Mit Textfig. 1—30.

Einleitung.

§ 1. Wenn wir mit dem Auge einen tatsächlich bestehenden Unterschied zwischen zwei benachbarten Stellen der Außenwelt feststellen können, so beruht das darauf, daß das Licht, das von einer Stelle in unser Auge geschickt wird, sich irgendwie von dem unterscheidet, das von der unmittelbaren Nachbarschaft stammt, und daß dieser Unterschied der Lichter für das beobachtende Auge überschwellig ist. Handelt es sich darum, bei dieser Unterscheidung eine besonders große Genauigkeit und Feinheit zu erzielen, etwa zur Untersuchung der brechenden Teile des Auges, so stehen zu diesem Ziel zwei Wege offen. Erstens hat man für eine möglichste Steigerung der Unterschiede der beiden Lichter zu sorgen. Das ist, da wir es mit nicht selbstleuchtenden Dingen zu tun haben, innerhalb gewisser Grenzen möglich, und geschieht durch Herstellung einer zweckmäßigen Beschaffenheit und geeigneten Verwendungsweise des auffallenden Lichtes, also mit Hilfe der Beleuchtung. Zweitens hat man die Empfindlichkeit der Beobachtung möglichst zu steigern.

Was nun den ersten Weg angeht, so kann der Unterschied der beiden Strahlungen erhöht werden, indem man verschiedene Eigenschaften des Lichtes beeinflußt, nämlich die Lichtstärke oder die Lichtrichtung oder die Lichtbegrenzung oder andere physikalische Eigenschaften, wie den Polarisationszustand und die spektrale Zusammensetzung.

Auf dem zweiten Weg vorgehend, werden wir eine Steigerung der Beobachtungsleistung dadurch erzielen, daß wir zunächst die Lichtempfindlichkeit des Auges durch eine geeignete Dunkeladaptation erhöhen, ferner schädliches Licht, besonders von der Seite einfallendes, fernhalten, und schließlich physikalische Beobachtungsgeräte zur Hilfe heranziehen. Diese wirken einesteils quantitativ, indem sie vergrößerte Bilder der Dinge liefern

(Verfeinerung des räumlichen Auflösungsvermögens im einäugigen Sehen und Erhöhung der scheinbaren Tiefenunterschiede im beidäugigen); anderenteils wirken sie qualitativ, indem sie berufen sind, Unterschiede in den physikalischen Eigenschaften des von den Dingen zurückgestrahlten Lichtes, für die das freie Auge nicht empfindlich ist, überzuführen in die physiologisch wirksamen der Lichtstärke und Farbe (Anwendung eines Analysators für polarisiertes Licht oder des Spektroskops). Die Ausnutzung der Wärme und Ultrastrahlung, sowie die Zwischenabbildung mit Hilfe der Photographie dürfte sich vorläufig auf reine Gedankenarbeit beschränken.

Nicht immer lassen sich die Mittel getrennt anwenden, meist sind mehrere gleichzeitig oder in rascher Folge wechselnd wirksam.

Die Beleuchtungsmittel in optischer Beziehung.

§ 2. In der seitlichen Beleuchtung, die nach J. Hirschberg (24. S. 347/8.) zuerst K. Himly 1806 erwähnt, werden zum Teil und in grober Weise derartige Bedingungen hergestellt und benützt, aber erst in der Spaltlampenuntersuchung sind sie bis aufs äußerste verfeinert und ausgenützt worden.

In erster Linie bezweckt die fokale Beleuchtung eine Steigerung der Beleuchtungsstärke. Sie wird erreicht, indem die auseinanderfahrenden Strahlen einer Lichtquelle meist durch eine gleichseitige Linse gesammelt werden, d. h. indem ein Bild der Lichtquelle auf dem Auge entworfen wird. Mit dem so erlangten Gewinn an Beleuchtungsstärke tauschen wir aber gegen eine ganz gleichmäßige Beleuchtung durch das ausgestrahlte Licht eine ungleichmäßige ein. Denn das Bild der Lichtquelle wird infolge des Kugelgestalts- und des Farbenfehlers der einfachen Sammellinse ungleichmäßig und unscharf selbst dann, wenn ausnahmsweise einmal eine ganz gleichmäßige Lichtquelle vorhanden wäre. Obendrein bilden sich die ungleich hellen Fassungsteile des Brenners mit ab.

Um aber mit dem Schluß von dem gesehenen oder nachgewiesenen Unterschied der Strahlung auf eine tatsächlich bestehende Verschiedenheit der physikalisch-optischen Eigenschaften der betreffenden Gewebsstelle keiner Täuschung zu unterliegen, muß man eine gleichmäßige Beleuchtung des Feldes voraussetzen dürfen.

Bei der gewöhnlichen fokalen Beleuchtung trifft diese Voraussetzung nach dem Gesagten in keiner Weise zu, und man hilft sich durch Verschieben des ungleich hellen Feldes über die untersuchte Stelle und überzeugt sich so davon, ob der wahrgenommene Helligkeitsunterschied an den Gewebsort gebunden ist, ob die sich so trennenden Gebiete Form und Größe beibehalten und den Bewegungen des Leuchtfeldes folgen, bzw. höchstens nach der Neigung der Auffangfläche zum Büschel eine wechselnde Projektionsfigur darbietet. Oft stört auch die unscharfe Abgrenzung des Leuchtfeldes.

Hieraus folgt die Forderung einer Beleuchtungseinrichtung, die mit Hilfe der angewendeten Lichtquelle ein gleichmäßiges Leuchtfeld herstellt. Diesem Feld wird man eine größere Ausdehnung geben, wenn es sich etwa zu Beginn einer Untersuchung darum handelt, eine Übersicht zu gewinnen. Ein gleichmäßig helles Feld von genügender Ausdehnung läßt sich leicht erzeugen und ist z. B. in der Beleuchtungsvorrichtung am Hornhautmikroskop von C. Zeiss verwirklicht. In den Grundzügen entspricht sie einer Anordnung, wie sie in der Fig. 5 dargestellt ist, nur müßte die Leuchtfeldblende *Bl* die ganze Öffnung der Lampenlinse frei lassen. Dann würde auch ihr Bild *Bl'* im gleichen Verhältnis wachsen.

Fig. 1.

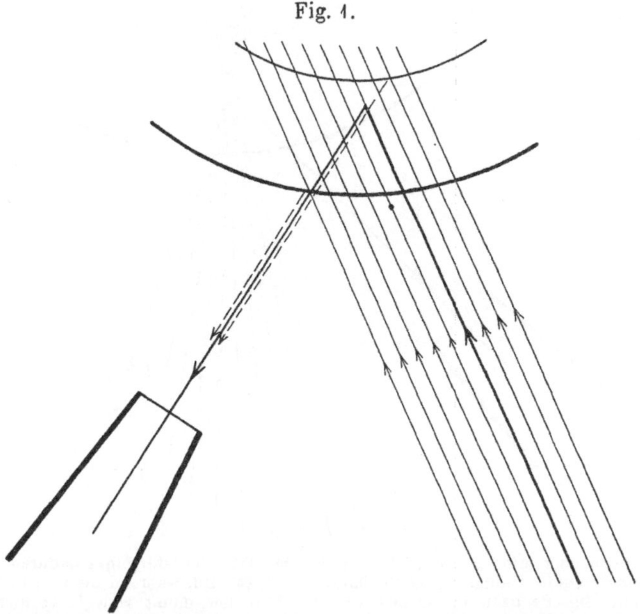

Wird ein mehr oder weniger durchsichtiges Gewebe von einem Bündel gleichgerichteter Lichtstrahlen durchsetzt, so schicken alle in der Beobachtungsrichtung hintereinander liegenden Punkte Strahlen (durch Pfeile angedeutet) in das Auge des Beobachters, bzw. in das hier mit einer äußerst engen Eintrittspupille versehene Beobachtungsgerät, nicht nur ein Punkt, der etwa die Aufmerksamkeit besonders fesselt und in der Figur auf dem stark ausgezogenen Strahl angenommen ist.
(Von der brechenden Wirkung der Flächen ist in dem Übersichtsbild abgesehen worden.)

Bei der Untersuchung der brechenden Teile des Auges hat man es nicht nur mit einfachen Oberflächen zu tun, sondern mit körperlichen, mehr oder weniger durchsichtigen Gebilden, in denen alle in der Beobachtungsrichtung hintereinander liegenden Gewebspunkte mehr oder weniger Licht ins Auge schicken. Wollen wir nun eine mitten im Gewebe liegende Stelle untersuchen, so stehen wir vor der Aufgabe, aus diesem Lichtgemisch den von einem Einzelpunkt stammenden Anteil gesondert wahrnehmbar zu machen (s. Fig. 1). Man wird also einesteils die Strahlung der vor und hinter der beobachteten Stelle liegenden Punkte möglichst zu schwächen, bzw. möglichst ganz auszuschließen, anderenteils diejenige des beobachteten Punktes möglichst zu steigern haben. Das erste geschieht dadurch, daß man die Nachbarschaft unmittelbar gar nicht oder wenigstens nur möglichst schwach beleuchtet, jedenfalls schwächer als die beobachtete Stelle, und als zweites hat man möglichst viele Strahlen auf dieser einen untersuchten Stelle zu sammeln. Ein scharf begrenztes, spitzes, schnittstrebiges Büschel großer Öffnung würde diese Aufgabe erfüllen (s. Fig. 2). Von einer ähnlichen Beschaffenheit war das Beleuchtungsbüschel der ursprünglichen GULL-

Fig. 2.

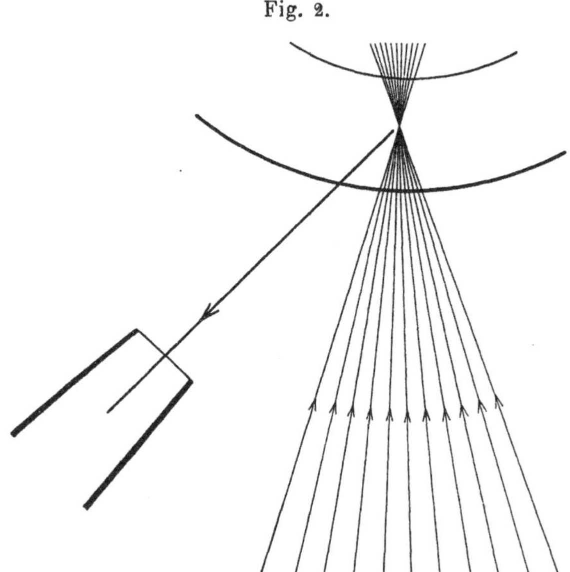

Innerhalb eines mehr oder minder durchsichtigen Gewebes läßt sich ein Punkt dadurch hervorheben, daß die Spitze eines schnittstrebigen Bündels darauf gerichtet wird, während die Umgebung möglichst unbelichtet bleibt. Die Beobachtung erfolgt von der Seite her, damit vom Licht nicht getroffene Stellen in der Beobachtungsrichtung vor oder hinter diesem Punkt liegen.

STRANDschen Spaltlampe. Fremdes, also schädliches Licht ist fernzuhalten, d. h. das Zimmer möglichst völlig zu verdunkeln. Dazu gehört auch ein geeigneter Abschluß der zur Untersuchung verwendeten Lichtquelle. Vollkommen dunkel halten läßt sich die Nachbarschaft des untersuchten Gewebsteiles indessen auch im völlig verdunkelten Zimmer darum nicht, weil an den unmittelbar beleuchteten Gewebsstellen des Auges eben immer eine regelmäßige oder unregelmäßige Lichtzerstreuung auftritt. Als ein anderes Hilfsmittel kann man sich einen einzelnen Lichtstrahl oder ein unendlich dünnes ebenes Büschel denken, deren Weg man von der Seite zu beobachten hätte. Verwirklichen läßt sich bekanntlich ein unendlich dünnes Büschel nicht. Ist aber ein Büschel verhältnismäßig dünn und scharf abgegrenzt, so nähert man

sich dem Ideal. Diesen Weg ging A. Vogt mit größtem Erfolg (s. S. 132—135).
Die Vorstellung eines Einzelstrahles, der die gesamte Beleuchtung besorgen
soll, bringt uns unmittelbar die Notwendigkeit einer Lichtquelle von hoher
natürlicher Leuchtkraft (spezifischer Intensität) nahe. Der Träger dieser
Eigenschaft ist eben der Einzelstrahl.

Kurz, es liegt die Aufgabe vor, ein (kleines) scharf begre
mäßig beleuchtetes Feld von einfacher und regelmäßiger geom
grenzung durch ein schlankes Büschel großer Leuchtkraft unt
schädlichen Lichtes auf der untersuchten Stelle zu entwerfen[1]

§ 3. Diese Aufgabe erfüllt die Gullstrandsche Blenden]
ihrer wesentlichen Eigenschaften ist die Sammlung der Strahlen unter Ausschaltung schädlichen Lichtes, insbesondere des von den Fassungsteilen des
Glühkörpers stammenden, mit Hilfe einer Zwischenabbildung. H. Wolff
(19.) erkannte diese Lösung der Aufgabe zum erstenmal für einen ähnlichen Zweck und verwirklichte sie mit einem geradlinigen Glühfaden in
seinem elektrischen Handaugenspiegel. Diese Anordnung erlaubt, mit dem
unter Umständen sehr heißen Brenner genügend fern vom Auge zu bleiben,
ohne allzu große Einbuße an Helligkeit des Feldes. Die Art der Verwirklichung wird einerseits und in erster Linie von der Art der Lichtquelle
bestimmt, andererseits wirken auch wieder die Beobachtungsweise und Beobachtungsgeräte rückwärts auf die optischen Mittel der Beleuchtungsanord-
nung ein (s. unten S. 164). Von Lichtquellen hoher natürlicher Leuchtkraft,
auf die man, wie gesagt, angewiesen ist, sind in der Blendenlampe der
Reihe nach verwendet worden: der Nernstbrenner, die Nitrabirne, der elektrische Lichtbogen, die Pointolitelampe[2] und auch unmittelbares Sonnenlicht.
Aus naheliegenden Gründen kommt im allgemeinen das letzte nicht in Betracht. Doch berichtet E. Jackson (74. u. 75.) von seiner Anwendung in einer
klimatisch günstigen Gegend[3]. Beim Entwurf der Blendenlampe standen nur
Nernst- und Bogenlicht zur Wahl. (Gewöhnliche Glühlampen besitzen keine
genügende Flächenhelle.) A. Gullstrand entschied sich für den Nernstbrenner.
Er ist viel handlicher als die Bogenlampe, verlangt im Gebrauch nur einen
mäßigen Strom, und schließlich besitzt sein Glühkörper den Vorzug einer

---

1) Ein an sich gleichmäßiges Büschel kann bei der Untersuchung räumlicher
Gebilde an der Unregelmäßigkeit schon durchstrahlter Schichten seine Gleichmäßigkeit einbüßen. Die Natur der Erscheinung verrät sich durch ihre Unbeständigkeit
bei seitlichen Bewegungen des Büschels.

2) Das wohl nicht jedermann verständliche Wort bedeutet Point of light.
Man hat die Regeln der Rechtschreibung absichtlich nicht befolgt und die laut-
rechte Schreibweise gewählt, um dem englischen Gesetz über Warenzeichen zu
entsprechen.

3) A. Vogt (68. S. 136) hat Sonnenlicht gelegentlich zur gewöhnlichen seitlichen Beleuchtung benützt. Nach E. Jackson (75.) ist zum Schutz vor Wärmestrahlen eine 6%ige wässerige Alaunlösung davorzuschalten.

gleichmäßig leuchtenden Oberfläche.   Da dieser in der Form eines langgestreckten Stäbchens in den Handel gelangte, wurde die erste Blendenlampe
eine Spaltlampe (s. Anm. 1 S. 125).   Aber auch kreisförmige Blenden sind
(ursprünglich zu andern Zwecken) an der GULLSTRAND.schen Lampe angebracht worden und werden bei der Untersuchung der Augengewebe gelegentlich mit großem Vorteil benützt (A. VOGT 56. 68. S. 3 u. 10.).   Man nähert
sich dann den erdachten günstigen Untersuchungsbedingungen eines Einzel-
strahls.

Die Nernst-Spaltlampe, die A. GULLSTRAND »ursprünglich zur An-
»wendung bei der Ophthalmometrie[1]) konstruierte, deshalb auch ophthalmo-

Fig. 3.

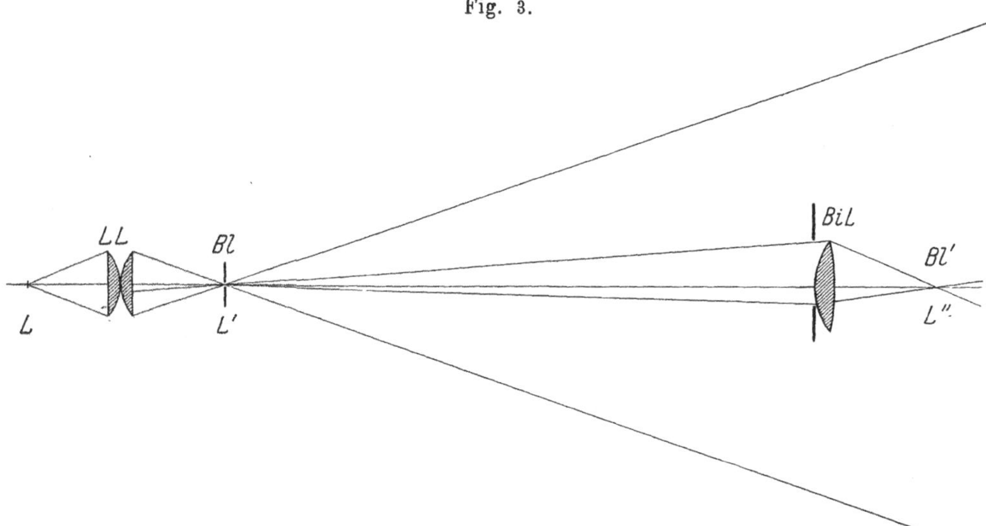

Übersichtsbild über die optische Anlage der GULLSTRANDschen Blendenlampe in der ursprünglichen
GULLSTRANDschen Anordnung.   Die Lichtquelle L wird von der »Lampenlinse« LL als L' in der
Blende Bl (Kreis oder Spalt) abgebildet, und diese samt dem in ihr schwebenden Bild L' weiterhin
durch die »Bildlinse« BiL als Bl' und L'' in den Untersuchungsraum.   Ein ziemlich weit geöffnetes
Büschel verläßt die Blende Bl.   Aus ihm wird durch die größere (oberhalb der Achse) oder kleinere
(unterhalb der Achse) wirksame Bildlinsenöffnung ein Büschel zur Untersuchung herausgenommen.

»metrische Nernstspaltlampe benannte«, »besteht aus einem geschlossenen
»Rohr, in dessen einem Ende die Nernstlampe eingeführt ist, während das
»glühende Stäbchen derselben durch ein Linsensystem in einem am anderen
»Ende angebrachten Spalte abgebildet wird, so daß der Spalt die anzu-
wendende Lichtquelle darstellt« (15. S. 79; s. a. H. v. HELMHOLTZ 12. S. 280/1.).
Das heißt, dieser leuchtende Spalt wird seinerseits wieder auf der zu untersuchenden Stelle abgebildet.   Zu dieser Abbildung »empfehlen sich vor allem

---

1) Dabei war auch ein weit geöffnetes Büschel erwünscht und nötig, um ein
großes Feld am Augenhintergrund beleuchten zu können.

»die nach meiner Angabe von v. Rohr berechneten und von Zeiß hergestellten »aplanatischen Ophthalmoskoplinsen mit einer asphärischen Fläche« (A. Gullstrand 16. S. 119.). Die Umrißzeichnung Fig. 3 gibt einen Überblick über den Strahlengang. In der von Zeiß gelieferten Nernstspaltlampe hat man als »Lampenlinse« nicht die asphärische aplanatische Ophthalmoskoplinse verwendet, sondern eine Verbindung aus 2 ebenerhabenen Sammellinsen von etwa 22 dptr, die ihre erhabenen Flächen einander zukehren. Dabei ist der Kugelgestaltsfehler nicht aufgehoben, aber doch sehr vermindert (Begründung s. 48. S. 16/17.). Da nach 46. S. 22 das Brennerbild von der Spaltblende etwas beschnitten wird, so macht sich der geringe Fehlerrest i. a. nicht störend bemerkbar. [Erst recht dann nicht, wenn das Brennerbild in der noch zu erwähnenden Art der Anordnung der Nitrabirne nach Köhler-Vogt nicht in dem Spalt, sondern auf der Bildlinse entworfen wird.] (S. aber S. 138.) Das Nernststäbchen L steht im dingseitigen Brennpunkt des ersten Gliedes der beiden Sammellinsen, der Spalt im bildseitigen der zweiten, so daß das umgekehrte, auffangbare Lichtquellenbild L' in gleicher Größe in der Blendenebene erscheint. Als Blende steht ein etwa 1 cm langer, in seiner Breite durch eine Schraubeneinrichtung zwischen 0 und 1, heute 3 mm symmetrisch verstellbarer Spalt[1]) und zwei kreisförmige Löcher von $^3/_4$ und $^1/_2$ mm zur Verfügung. Die Löcher sind in einer Scheibe 6 angebracht, durch deren Drehung sie sich nach Bedarf vor den Spalt schalten lassen (s. Fig. 14—16 S. 160). Die »Bildlinse« von 7 cm Brennweite besitzt eine schwächer gekrümmte kugelförmige und eine stärker gekrümmte, in bestimmter Weise von der Kugelform abweichende Fläche[2]). Die Linse soll nach Gullstrand in etwa 40 cm (mindestens 30 cm) so gehalten werden, daß ihre Achse durch die Blende geht. Dann entwirft sie ein auf $^1/_5$—$^1/_4$ verkleinertes umgekehrtes auffangbares Bild der Blendenöffnung in rund 85 mm Abstand von der letzten Linsenfläche[3]). Schaut die erhabenere zum Spalt, so entsteht ein scharfes Bild ohne Hof[4]), Licht einer Wellenlänge voraus-

---

1) Da der gewählte Glühkörper ein Stäbchen war, und dementsprechend sein Bild ein langgestrecktes Rechteck darstellte, so war die Wahl der Blende dann nicht mehr frei und mußte auf die Spaltform fallen, wenn man keine Strahlen zurückhalten, sondern möglichst alles Licht, das von der Lampenlinse aufgenommen wird, auch für die Untersuchung heranziehen wollte.

2) Eine Begündung der Brechkraftverteilung auf die beiden Flächen zwecks Hebung des Kugelgestaltsfehlers gibt L. Koeppe (48. S. 16/17.) wieder. Über die Ableitung der asphärischen Fläche von einer Ausgangskugel wird auf M. v. Rohr (14. S. 18; 64. S. 132/5) verwiesen.

3) Über den Einfluß der Abstandsänderung zwischen Spaltblende und Lampenlinse auf den Ort des Spaltbildes s. S. 164.

4) Wird umgekehrt die schwach gewölbte Fläche dem Spalt zugewendet, so treten die Folgen des Kugelgestaltsfehlers stark hervor, indem die bekannten kaustischen Flächen den Büschelquerschnitt durchaus ungleich hell machen (s. Fig. 4).

gesetzt. Von Farbenfehlern ist die Bildlinse nicht befreit, so daß ein Farbensaum nicht zum Verschwinden zu bringen ist, solange man die volle Öffnung benutzt (s. unten). Das aus der Spaltblende austretende Büschel ist so weit geöffnet, daß man bei der Führung der Bildlinse mit freier Hand, wie GULLSTRAND die fokale Beleuchtung ursprünglich ausübte, und bei mäßigen Kopfbewegungen des Untersuchten nicht Gefahr läuft, sofort das Licht zu verlieren. Für die laufenden Sprechstundenuntersuchungen empfiehlt sich diese Anordnung. Sie kann ebenso schnell ausgeführt werden wie die alte Art der seitlichen Beleuchtung, die man doch in jedem Fall gebraucht, und ist ihr trotzdem weit überlegen. Fig. 14 u. 15 (S. 158/9) zeigen das Aussehen der ersten von C. Zeiß gebauten Lampen.

§ 4. An diesem ursprünglich GULLSTRANDschen Gerät sind aus verschiedenen Gründen Änderungen vorgenommen worden, und zwar sowohl am Glühkörper wie an der optischen Einstellung der Beleuchtung, wie an der Bildlinse, wobei sich alle diese Änderungen mehr oder weniger stark wechselseitig teils verursacht, teils beeinflußt haben. Den ersten Anstoß gab die Änderung des Glühkörpers[1]). Im Krieg hörte die Herstellung des Nernstbrenners auf. An seine Stelle trat dann (O. HENKER 42. S. 109, L. KOEPPE 31. S. 130.) die Nitrabirne, die überdies Licht von höherer Leuchtkraft liefert (H. HARTINGER 81. S. 19.), und endlich die noch stärkere elektrische Bogenlampe (L. KOEPPE 28. S. 306, A. VOGT 57. S. 124; H. STREULI 67.; W. F. SCHNYDER 66.; R. BIRKHÄUSER 60.), als sich das Bedürfnis nach weiterer Steigerung der Leuchtkraft, besonders bei der Untersuchung des Glaskörpers und bei der Beobachtung mit hohen Vergrößerungen geltend machte. Sie erwies sich in der Folge ganz allgemein als eine außerordentlich wertvolle Verbesserung, im besonderen auch bei der mikroskopischen Untersuchung des Augenhintergrundes, bei der Verwendung von Farbscheiben und bei der Ultra- und Polarisationsmikroskopie (L. KOEPPE 34. 37. 44. 45. 51. und 63.).

Den Vorteilen bei verschiedenen Lichtquellen stehen auch Nachteile gegenüber. Am Nernstbrenner stört im lebhaften Sprechstundenbetrieb der Zeitverlust zwischen dem Einschalten des Stromes und dem Aufglühen recht empfindlich. Man hatte zwar nur einen kleinen Widerstand nötig, aber dieser saß in der Lampe selbst, und das Lampengehäuse erhitzte sich im Gebrauche so, daß man es nach kurzer Zeit nicht mehr anfassen konnte, ein Nachteil, der auch Nitralampen und Bogenlampen anhaftet. Ferner wird das Brennerstäbchen leicht verletzt. Als besonderer Vorteil ist die gleichmäßig leuchtende Oberfläche des Nernstglühkörpers schon hervor-

---

1) Schon 1915 rühmt J. STÄHLI (26) das Licht der Osramazoprojektionslampe, das weißer sei als das Nernstlicht, so daß er eine solche Lampe von 150 HK der Nernstlampe vorzog.

gehoben worden. Die mit chemisch trägem Gas gefüllte Nitrabirne enthält als Glühkörper eine kurze, eng gedrehte Wolframspirale, die die Form des Nernststäbchens nachahmt, aber wegen der Zwischenränme zwischen den einzelnen Gängen eine ungleichmäßige Oberfläche, nämlich abwechselnd helleuchtende und dunkle Streifen aufweist. Selten, erst nach längerer Brenndauer und starker Überlastung verbiegt sich die Spirale, wodurch sich die Einstellung etwas erschweren kann. Gebräuchlich ist heute die Nitralampe von 50 HK (Stromverbrauch $1/2$ Watt für eine Kerze). Sie läßt sich auch mit Wechselstrom speisen und brennt bei 8 Volt. Man scheue sich nicht, die Nitralampe höher zu belasten. Die Lampen besitzen eine sehr hohe Brenndauer und ertragen eine ziemliche Mehrbelastung ohne plötzliche Schädigung. Der Lichtgewinn ist recht groß, wie HARTINGERS Kurve (81. S. 20)

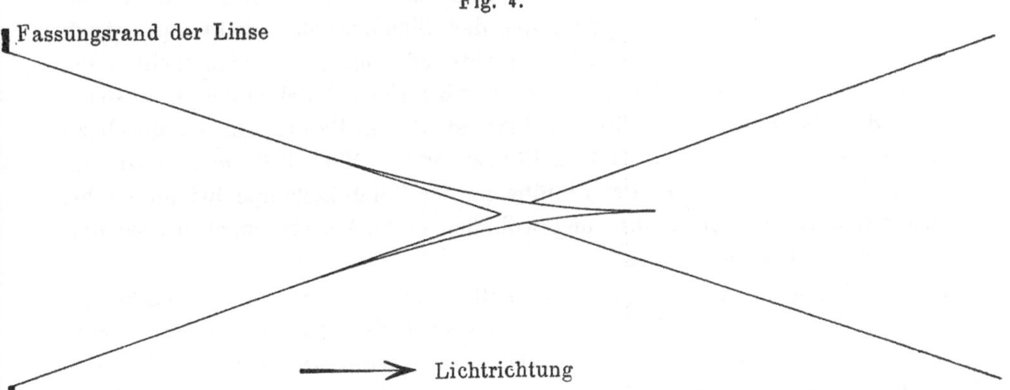

Fig. 4.

Ein Achsenschnitt des Untersuchungsbüschels bei verkehrter Stellung der aplanatischen, asphärischen Bildlinse von 7 cm Brennweite zeigt eine Kaustik als Folge des Kugelgestaltsfehlers (wahre Größe).

zeigt (s. S. 129). Zum Anschluß an das Stadtnetz hat man einen ziemlich umfangreichen Widerstand nötig, der übrigens in der gelieferten Form unter Umständen bis zur Rotglut erhitzt wird[1]).

Als Ersatz für den fehlenden Nernstbrenner empfiehlt A. GULLSTRAND (72. 73.) neuerdings die Pointolitelampe, eine Wolframbogenlampe von großer Leuchtkraft. Die Oberfläche ihres Glühkörpers ist völlig gleichmäßig. In einer Glasbirne, die unter niedrigem Druck mit chemisch trägem Gas

---

[1]) Die Jogalampe, die LEMOINE und VALOIS (82.) in ihrem als Blendenlampe gebauten, verschiedenen Zwecken dienenden Gerät verwenden, ähnelt der Nitralampe (Wolframspirale in verdünntem indifferentem Gas). Doch hat die Spirale nicht eine zylindrische Gestalt bekommen, sondern eine derartig kegelförmige, daß die aufeinander folgenden Gänge von der Lampenlinse aus gesehen keine Lücken zwischen sich lassen, vielmehr jeweils hinter dem Rand eines kleineren Umganges der nächstgrößere erscheint. Der Glühkörper mißt am Grund 6 mm im Durchmesser und liefert bei 16 Volt und 6 Ampère 400 K.

gefüllt ist, befindet sich eine Wolframkugel als Anode. Die kleinste, 30 kerzige Lampe von Edison and Swan Co. genügt. Sie wird durch einen über 4 Ampère starken Ionisationsstrom kurzer Dauer angezündet und brennt dann mit weniger als $1/2$ Ampère bei einer Spannung, die höher ist als bei der Nitralampe. Daher braucht man auch nur einen kleinen Anschlußwiderstand[1]). Dank der gleichmäßigen Brenneroberfläche läßt sie sich wie die Nernststäbchen verwenden, d. h. sie gibt in der Spaltblende bzw. mittelbar auf die untersuchte Gewebsstelle abgebildet, ein gleichmäßiges Feld. Allerdings kann diese Gleichmäßigkeit dadurch leiden, daß die optisch nicht bearbeitete Glaswand der Birne, in die der Brenner eingeschlossen werden muß, die Bildgüte verschlechtert. Auch bei der Nitralampe kann die Glaswand zur Ungleichförmigkeit des Büschels beitragen, selbst bei der noch (S. 129/30) zu behandelnden Anlage nach Köhler-Vogt (s. W. F. Schnyder 66. S. 343). Da die Wolframkugel kleiner ist als das Nernststäbchen, so füllt ihr Bild in der heutigen Spaltlampe den Blendenschlitz nicht aus. Auch macht die Verbindung der kleinen Lichtquelle mit den beiden nicht völlig aplanatisch abbildenden Lampenlinsen den Kugelgestaltsfehler dergestalt sichtbar, daß das Bild in der Mitte dunkler ist als am Rande. In der gleich zu betrachtenden Anordnung nach A. Köhler und A. Vogt läßt sie sich wie die Nernstlampe verwenden. Der Einführung der Pointolitelampe bei uns steht, wie ich höre, vor allem ihre ungewöhnlich große Verletzlichkeit bei leichten Erschütterungen im Wege.

Elektrisches Bogenlicht übertrifft durch seine höhere natürliche Leuchtkraft und die größere Menge kurzwelliger Strahlen[2]) alle übrigen Lichtquellen und ist unentbehrlich für viele Untersuchungen lichtschwacher Gebilde, insbesondere des Glaskörpers, sowie bei der Ultra- und Polarisationsmikroskopie. Die Bogenlampe hat weiter den Vorzug, auch als Lichtquelle für das Spiegeln des Augenhintergrundes im rotfreien Licht brauchbar zu sein, wenn die Spaltlampen, wie meistens, dazu eingerichtet sind. Der Nachteil des großen Gewichtes ist in den neueren Formen von Zeiß beseitigt. Die Hitzeentwicklung, der Zeitverlust durch den Kohlenwechsel, der Kohlenverbrauch, gelegentliche Störungen, die häufiger als bei der Nernstspaltlampe Arbeit bereiten, stellen fraglos Nachteile dar, die indessen angesichts der sachlich wichtigeren Vorteile gut in Kauf genommen werden können.

Über die natürliche Leuchtkraft der verschiedenen Lichtquellen gibt H. Hartinger (81. S. 19.) genau Auskunft auf Grund von Messungen mit dem Weberschen Photometer.

---

1) Solche Blendenlampen liefert J. L. Rose in Upsala.

2) Es ist weißer. Gelbe Gewebstöne entgehen daher der Beobachtung nicht so leicht.

Mittlere spezifische Helligkeiten der Lichtquellenbilder.
(Nach H. Hartinger.)

Lichtquelle	Spannung Volt	Stromstärke Amp.	Mittlere spez. Helligkeit (HK/cm²)
Nernstbrenner	110	0,48	230
Pointolitelampe	35	0,60	269
Nitralampe {	8	3,4	598
	10	3,9	1335
	12	4,3	2398
Bogenlampe	58	3,4	11550

§ 5. Wie erwähnt liegt in der Blende *Bl* der ursprünglichen Nernstspaltlampe das Bild *L′* des Glühstäbchens *L* (s. Fig. 3). Beide, diese Blendenöffnung *Bl* und das von ihr begrenzte Stück des Bildes *L′*, werden durch die Bildlinse *BiL* natürlich am gleichen Ort *L″* bzw. *Bl′* abgebildet. Sie liegen bei der Untersuchung also auf dem untersuchten Gewebsteil des Auges. Das Lichtbild *L′* war geradlinig, scharf begrenzt und ziemlich

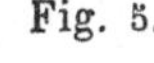

Fig. 5.

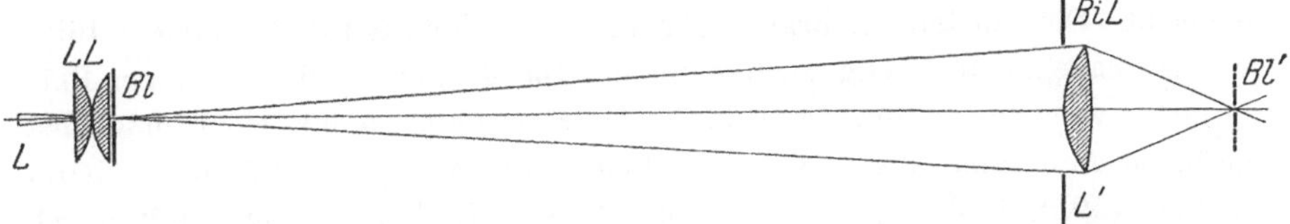

Übersichtsbild über die optische Anlage einer Blendenlampe, die in der Art eines Bildwerfers nach A. Köhler gedacht ist. Die Lichtquelle *L* wird von der Lampenlinse *LL* vergrößert in die Ebene der Bildlinse *BiL* abgebildet, und ihr Bild begrenzt je nach seiner Form und Größe allein oder in Gemeinschaft mit dem Bildlinsenrand die für die Abbildung wirksame Öffnung (s. auch Fig. 7). Die Bildlinse *BiL* liefert ihrerseits von der Lampenlinse *LL*, bzw. ihrer freien Öffnung, ein Bild bei *Bl′*. (Auf die genaue Wiedergabe der Strahlenbrechung in der Lampenlinse wurde verzichtet.)

gleichmäßig hell, da ja das Nernststäbchen an seiner Oberfläche gleichmäßig leuchtet, und in der Gullstrandschen Anlage (15. S. 85; 16.) eine aplanatische Abbildung durch die Lampenlinse *LL* verlangt worden ist. Setzt man an die Stelle des Nernststäbchens die seine Form nachahmende glühende Wolframspirale der Nitralampe, so erscheint im Beleuchtungsfeld ihr Bild *L″*, das die Spirale auf einer Fläche als abwechselnd helle und dunkle Striche wiedergibt, während ihr auch im Lichtweg vor und hinter dem Bildort Schatten- und Lichtstreifen entsprechen, die sich in durchsichtigen räumlichen Gewebsteilen (wie z. B. der Hornhaut und der Linse) natürlich sehr bemerkbar machen (s. O. Henker 42. S. 117, A. Vogt 59. S. 359/60.). Es liegt also ein Verstoß gegen die grundlegende Forderung eines gleichmäßigen Leuchtfeldes vor, der zu Täuschungen Anlaß geben kann, worauf auch A. Vogt (69. S. 510.) hinweist. Dieser Übelstand wird vermieden, wenn die von A. Köhler (4.) beschriebene, von dem Bildwerfer her

bekannte Art der optischen Anordnung gewählt wird.   Dann wird die Lichtquelle L nicht in der Blende Bl, sondern als L' auf der spaltseitigen Fläche
der Bildlinse BiL abgebildet.   Zu dieser Einstellung (s. Fig. 5) gelangt man,
wenn man (in Fig. 3) den Brenner weiter in sein Gehäuse hinein gegen die
Lampenlinse LL hinschiebt.   Auf Grund der Rechtläufigkeit des Bildes wandert dabei natürlich das Brennerbild L' in gleichem Sinne vom Blendenort Bl
auf die Bildlinse BiL zu.   Die Blende Bl, also der Spalt bei der Spaltlampe,
spielt ungefähr die Rolle des Glasbildes beim Bildwerfer[1]).   Seiner häufigsten
Form gemäß würde dann auch die Blende nahe an die Lampenlinse gestellt werden.   Die ganze Öffnung der Lampenlinse erhält von jedem Punkt
der abzubildenden Lichtquellenoberfläche Strahlen und kann, da die Lichtquelle besonders in einer Richtung nur eine sehr geringe Ausdehnung besitzt, als gleichmäßig erleuchtet gelten.   Wenn man dieses gleichmäßig erleuchtete Stück der Linsenöffnung durch die aplanatische Bildlinse BiL
weiter abbildet, so entsteht ein gleichmäßig helles Linsen- bzw. Blendenbild
LL' bzw. Bl' nahezu am gleichen Ort.   Bei der Augenuntersuchung könnte
also an der gewünschten Stelle eine gleichmäßige Beleuchtung herbeigeführt
werden.   Die Abweichung wegen der Kugelgestalt ist in den beiden nur
kugelflächigen Linsen des Spaltrohres nicht ganz beseitigt, aber unschädlich
gemacht.   Die Umstellung brauchte beim Zeißischen Gerät die übliche Bild-
werferanlage nicht streng nachzuahmen.   Die Blende konnte in einiger Entfernung von der Lampenlinse bleiben.   Man kam so mit einer möglichst
geringen Änderung aus.   Die neue Beleuchtungsanlage verwendete zuerst
A. Vogt (59. S. 359/60.).   O. Henker (42. S. 117.) hat ihr am Gerät durch
Änderung des Brennergehäuses Rechnung getragen.   Sie ist auch für die
Bogenlampe die gegebene.   H. Streuli (67. S. 517.) und R. Birkhäuser
(60. S. 242.) haben für die Möglichkeit dieser Einstellung an ihrer Bogen-
(licht-Fokal)lampe gesorgt.   Daß das Gerät seine Brauchbarkeit längst zur
Genüge erwiesen hat, mag bemerkt sein, bevor die Eigenschaften des Unter-
suchungsbüschels besprochen werden.

§ 6.   Die erste eingehende Untersuchung über die Lichtverteilung in
diesem Büschel haben W. F. Schnyder (65. 66.) und H. Streuli (53.) geliefert.   War zunächst die neue Anordnung [von A. Vogt (59.) für die
Nernstlampe] aus dem Bestreben heraus gewählt worden, Lichtverluste zu
vermeiden und zu diesem Zweck auch die bisher seitlich an der Bildlinse
vorbeigehenden Strahlen ins Untersuchungsgebiet zu schicken, so liegt ihre

---

    1) In den Veröffentlichungen werden für die beiden sammelnden Linsen bzw.
Linsenfolgen verschiedene Bezeichnungen gebraucht, nämlich u. a. Spaltlampenlinse, Kollektor, Kollektorsystem, Ophthalmoskoplinse, Beleuchtungslinse, eigentliche Beleuchtungslinse, Kondensor, Spaltarmlinse.   Der Verf. gebraucht allgemeine Namen, um auch den Fall des Bildwerfers einzuschließen.   Sie sind oben
durch den Hinweis auf die Bilder erklärt und eindeutig bestimmt.

Bedeutung darin, daß sie gestattet das Blendenfeld auch mit dem ungleichmäßigen Nitraglühkörper gleichmäßig zu beleuchten, und daß nun seine viel höhere Leuchtkraft und sein weißeres Licht zur Geltung kommen kann. Untersucht man Querschnitte des Untersuchungsbüschels auf einer berußten Glasplatte, so findet man im Blendenbild Bl' ein gleichmäßig helles und scharf begrenztes Leuchtfeld, dagegen am Ort des Bildes LL' der Lampenlinsenöffnung eine nach dem Rande zunehmende Abschattung. Natürlich darf man dabei die Blende nicht entfernen. Läßt man sie aber einmal weg, so verlaufen zwischen LL und BiL Strahlenkegel, die in LL ihre gemeinsame Grundfläche besitzen, und deren Spitzen, die Bilder der Glühkörperpunkte L', über die Öffnung der Bildlinse verteilt sind. Während die Fläche LL

Fig. 6.

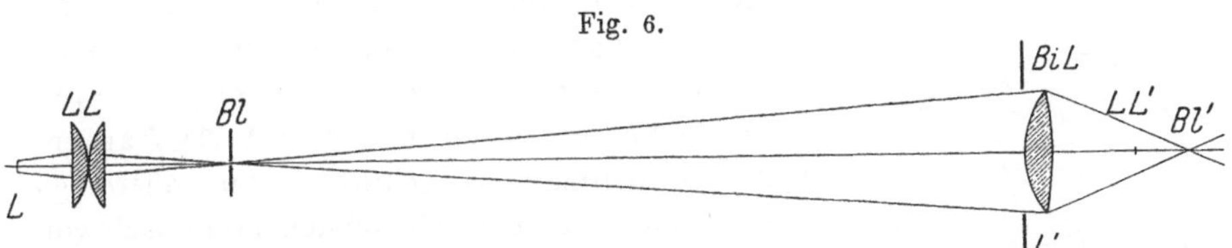

Übersichtsbild über die optische Anlage einer der heute gebräuchlichen Spaltlampen von CARL ZEISS (Anlage nach KÖHLER-VOGT). Die Lichtquelle L wird wie in Fig. 5 als L' in die blendennahe Scheitelebene der Bildlinse BiL abgebildet. Bl hat von LL einen endlichen Abstand. Daher liegen auch die von der Bildlinse BiL entworfenen Bilder Bl' und LL' nicht an der gleichen Stelle im Untersuchungsraum. Die wirksame Öffnung der Bildlinse BiL wird begrenzt wie in Fig. 5 (s. auch Fig. 7).

als gleichmäßig durchstrahlt gelten mag, werden die Büschelquerschnitte die Ungleichmäßigkeit der Brenneroberfläche um so mehr verraten, je näher sie der Bildlinse liegen, weil ja die Kegel in dieser Richtung auseinandertreten. Also muß auch die Blendenebene weniger gleichmäßig beleuchtet sein als LL. Hat man nun aber den achsensenkrechten Ebenen, die im Bildraum der Bildlinse diesen Querschnitten zugeordnet sind und wegen der Rechtläufigkeit der Abbildung in der gleichen Reihenfolge auftreten, die gleichen Eigenschaften hinsichtlich der Lichtverteilung in der Blendenlampe zugesprochen, so hat man vergessen, daß darüber die Strahlenbegrenzung entscheidet. Tatsächlich läßt die enge Blende Bl eine Anzahl der aus LL austretenden Strahlen garnicht zur Bildlinse gelangen. Sie fehlen im Querschnitt LL' an einzelnen Stellen, so daß er nicht mehr gleichmäßig beleuchtet ist. Hingegen ist die Ungleichmäßigkeit in Bl' nun beseitigt. Wenn die ursprüngliche Anordnnng der Blende in endlichem Abstand hinter LL für die neue Anlage mit der Nitralampe erhalten blieb, so ist das nicht nur zulässig, sondern vorteilhaft, denn das Abrücken von LL kommt einer Vergrößerung der Öffnung gleich (s. auch H. ERFLE 85. S. 549 ff.).

§ 7. Bevor die Fragen nach den Farbenfehlern und der Beleuchtungsstärke erörtert werden, empfiehlt es sich, hier die weitere Entwicklung hinsichtlich der Strahlenbegrenzung vorweg zu nehmen. Hierauf hatten die

Bestrebungen A. Vogts (55. S. 394, 58., 68. u. 71. S. 63.), Tiefenbestimmungen von der Unsicherheit der beidäugigen stereoskopischen Schätzung zu befreien und sie zu großer Meßgenauigkeit auszubilden, bestimmenden Einfluß. Wie schon erwähnt, machte er sich dazu schon die Nernstspaltlampe dienstbar. Da Gullstrand mit dem Büschel ein großes Feld des Augenhintergrundes beleuchten wollte, so mußte das Büschel weit geöffnet sein. Daher wurden Bildlinsen, *BiL*, von 70 mm Brennweite mit der großen freien Öffnung von 50 mm Durchmesser bzw. von 60 mm Brennweite und 43 mm Durchmesser ausgeführt. Zur Tiefenbestimmung aber bedarf es möglichst schlanker Büschel

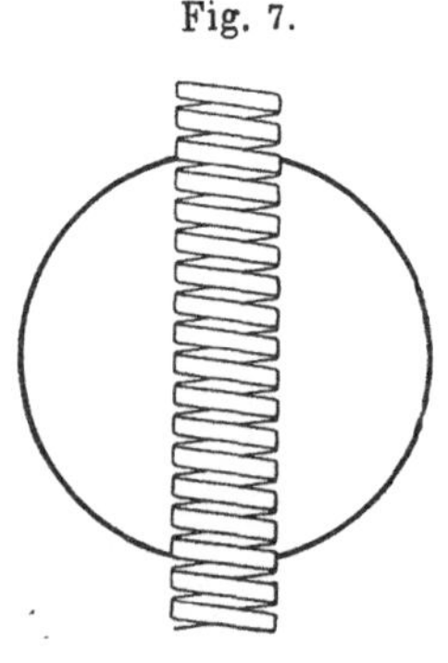

Fig. 7.

Die Strahlenbegrenzung wird in der Anlage der Spaltlampe nach Köhler-Vogt (s. Fig. 6) ausgeübt, teils (nach oben und und unten) vom Bildlinsenrand, teils (nach den Seiten hin) vom Rand des Lichtquellenbildes. Die Figur zeigt das vergrößerte Bild der Glühspirale einer Nitralampe in der Öffnung der großen aplanatischen asphärischen Bildlinse nach Gullstrand und von Rohr im natürlichen Größenverhältnis. Die Seitenteile der großen Linse bleiben unbenutzt.

(s. oben S. 122/3). Deshalb mußte das weite Büschel mindestens seitlich beschnitten werden. Das geschah mit Hilfe der zu dem Gerät gehörigen, an der spaltseitigen Bildlinsenfläche anzubringenden rechteckigen Aufsteckblende (12:50 mm). Dadurch wird das Büschel in seinem ganzen Verlauf außerhalb des Spaltbildes *Bl'* schmäler. Eine allerdings nicht scharf begrenzte Abflachung ergibt sich von selbst, wenn man die neuere, die allgemeinen Vorschriften A. Köhlers befolgende Anordnung der Nitralampe wählt und die Glühspirale in die Bildlinsenöffnung abbildet. Dem Lagenverhältnis von Ding und Bild entspricht eine erhebliche Vergrößerung. Das Spiralenbild mißt etwa 11 : 80 mm. Dabei beteiligt sich das Lichtquellenbild an der Strahlenbegrenzung als Öffnungsblende, indem die Bildlinsenöffnung von dieser langgestreckten Spirale nicht ausgefüllt wird (Fig. 7).

Als die Nernstbrenner verschwunden waren, und nur noch Nitralampen gebrannt wurden, bot sich kaum noch Anlaß, die seitlichen Teile der großen asphärischen Ophthalmoskoplinse zu benutzen. Auf A. Vogts (39. S. 592/3.) Veranlassung wurden sie weggeschnitten. Das hatte überdies Vorteile für die Beobachtung (s. unten), indem sich der Winkel zwischen der Beleuchtungs- und der Beobachtungsachse weiter verkleinern ließ. Die rechteckige, dem Spalt zugekehrte Bildlinsenblende mißt 20 : 50 mm. Doch genügt auch dies noch nicht, so daß A. Vogt 1918 nach Zickendrahts Rat eine quadratische Blende von 15 mm Seitenlänge vorsetzte (36. S. 101.). 1919 schlug er 12 : 20 mm (39. S. 397.), dann 10 : 16 mm vor. L. Koeppe (48. S. 24/5.) hielt 10 : 15, 9 : 13, 6 : 9 mm[1]) für besondere Zwecke (die letzte Größe zu ultra-

---

1) Diese lassen sich als Drehblenden abwechselnd vorschalten.

mikroskopischen Untersuchungen) (45. S. 282/3.) für das Richtige.   Für die Bogenlampe wird von A. Vogt 16 : 45 mm angegeben.

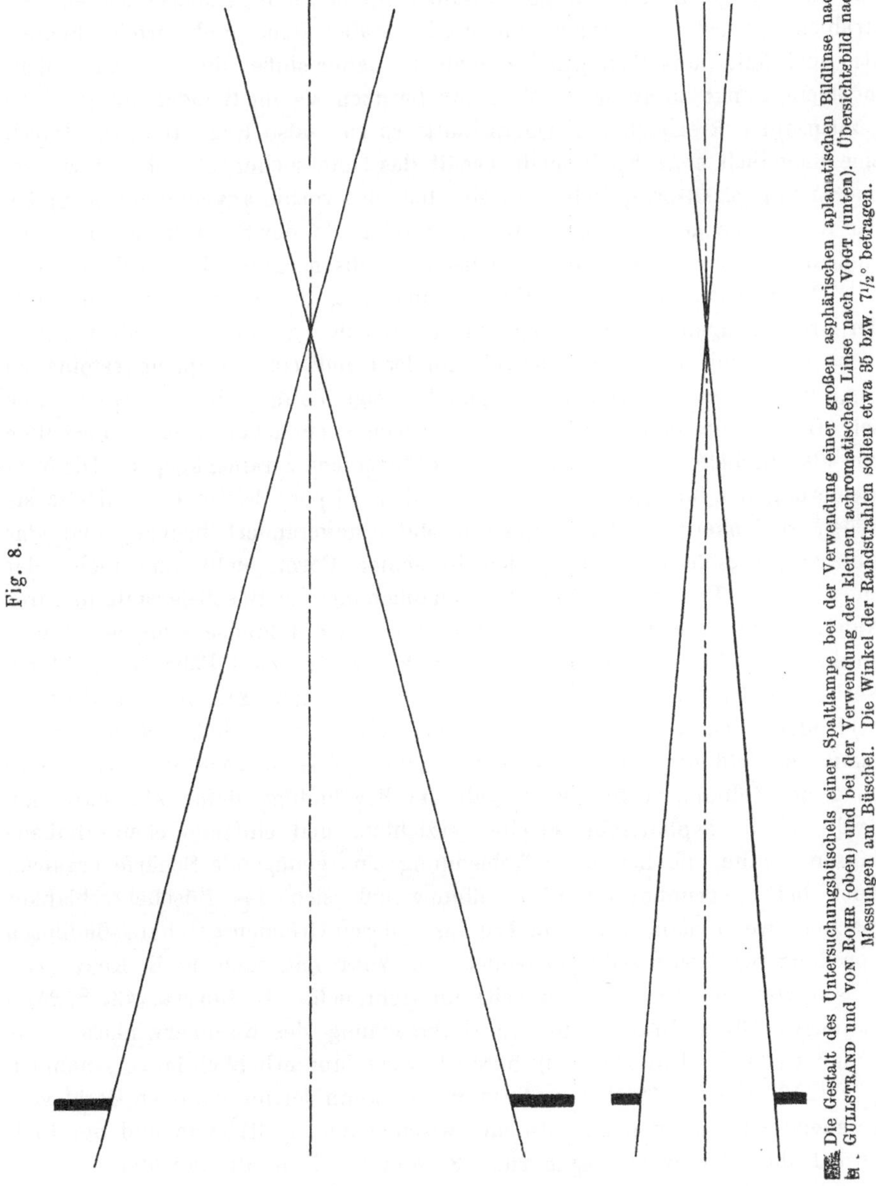

Fig. 8. Die Gestalt des Untersuchungsbüschels einer Spaltlampe bei der Verwendung einer großen asphärischen aplanatischen Bildlinse nach Gullstrand und von Rohr (oben) und bei der Verwendung der kleinen achromatischen Linse nach Vogt (unten). Übersichtsbild nach Messungen am Büschel. Die Winkel der Randstrahlen sollen etwa 35 bzw. 7½° betragen.

Hier sei die Gestalt des aus der Bildlinse austretenden Strahlenkörpers näher betrachtet. Die Form der engsten Einschnürung hängt allein von der Lampenblende ab. Sie sei zunächst einmal punktförmig angenommen. Dann stellt das Untersuchungsbüschel diesseits des Blendenbildes einen geraden Kreiskegel dar, an den sich jenseits des Blendenbildes ein zweiter Kegel gleichen Öffnungswinkels ohne endliche Begrenzung anschließt. Man hat einen Doppelkegel mit gemeinsamer Spitze und gemeinsamen Mantelstrahlen vor sich. Streng genommen gibt es aber keine punktförmige Blende, also auch kein punktförmiges Blendenbild. Daher stoßen die Kegel auch nicht in einem Punkt zusammen. Vielmehr besitzen sie im Blendenbild je einen gemeinsamen kreisförmigen Querschnitt; es sind also Kegelstümpfe. Durch eine unendlich enge Spaltblende erhält das Untersuchungsbüschel gewissermaßen Doppelzeltform, indem an die Stelle der vorhin angenommenen Spitze der Kegel eine gerade kurze Linie tritt oder, da der Spalt tatsächlich eine endliche Breite besitzt, ein gemeinsames achsensenkrechtes Rechteckchen.

Wird jetzt, wie es im Entwicklungsgang der Lampe geschah, statt der kreisförmigen Linsenöffnung eine rechteckige gewählt, so haben wir es nicht mehr mit einem Kreiskegel, sondern mit einer Doppelpyramide zu tun, wenn wieder zunächst eine punktförmige Lampenblende angenommen sei. Gehen wir dann über zu der Spaltblende endlicher Größe, so erhalten wir als Büschelform einen kantigen, geradflächigen Strahlenkörper. Die Verkleinerung der Bildlinsenöffnung macht den Körper, dessen Grundfläche sie bildet, schlanker, da seine anderen Maße unverändert bleiben, und das Untersuchungsbüschel nähert sich in seiner Form mehr und mehr der einer geraden Pyramide. Zur Veranschaulichung der Büschelgestalt in ihrer Abhängigkeit vom wirksamen Durchmesser der Bildlinse sind die Randstrahlen des Untersuchungsbüschels in Fig. 8 für zwei Fälle im richtigen Verhältnis der Schnittweite dargestellt (Büschelöffnung $2w$, bei der nicht abgeblendeten asphärischen aplanatischen Bildlinse etwa $35°$, bei der achromatischen Bildlinse nach Vogt etwa $7,5°$). Diese beträchtliche Verminderung des Öffnungsverhältnisses gab die Begründung dafür ab, daß man bald auf die asphärische Fläche verzichtete und einfache eben-erhabene Linsen wählte, die bei dieser Abblendung eine genügende Schärfe ergaben. Auch bei unverminderter Linsenöffnung läßt sich das Büschel schlanker machen, wenn man, was zum Teil aus anderen Gründen geschah, Bildlinsen von längerer Brennweite anwendet. A. Vogt hat nach F. E. Koby (76.) Linsen von 10—15 cm Brennweite im Gebrauch. L. Koeppe (43. S. 240.) empfiehlt 10 cm Brennweite zur Untersuchung des Kammerwinkels. Die Schnittweite des Untersuchungsbüschels wird dann erheblich länger, nämlich 142 (270) mm für 10 (15) cm Brennweite, wenn der im heutigen Gerät vorgesehene Abstand von 32—36 cm zwischen der Spaltblende und der Bildlinse beibehalten wird, gegen rund 87 mm für 7 cm Brennweite.

Das verschmälerte Büschel kann in der Nähe der engsten Einschnürung auf kurze Strecken hin als prismatisch gelten, und der aufleuchtende prismatische Gewebskörper, z. B. der Hornhaut, gestattet eine um so feinere räumliche Untersuchung und Tiefenbestimmung, je schärfer die Büschelgrenzen ausfallen. Die Beobachtung der dem Untersucher zugekehrten Seite des leuchtend gemachten Gewebsprismas gelingt um so sicherer, je weniger dick die beleuchtete Gewebsschicht hinter einem ins Auge gefaßten Punkt, je dünner also das Lichtbüschel ist. Je schmäler das Büschel, desto mehr nähert sich das aufleuchtende Gewebsstück einem mikroskopischem Schnitt. »Nur am dünnen Schnitt reihen sich sagittalwärts Schicht für Schicht in »Hornhaut, Vorderkammer, Linse, Glaskörper übersichtlich und scharf ge- »schieden hintereinander. Der dicke Schnitt dagegen verwischt die Grenzen« (A. Vogt 71. S. 64). Die engste Einschnürung des Untersuchungsbüschels liegt aber in der Gegend des Spaltbildes. Dort muß also eine weitere Ver- schmälerung erstrebt werden. Dazu bedarf es nur einer Spaltverenge- rung, die bereits im Gerät vorgesehen war. So kommen nach A. Vogt (56. S. 238, 68. S. 9, 70. S. 6, Anm., 71. S. 64), dem der systematische Ausbau der Tiefenbestimmung an der Spaltlampe zu verdanken ist, Büschel von 0,05 mm und weniger zur Verwendung. Unter 0,1 mm Spaltbreite, ent- sprechend 0,02 mm Büschelenge, beginnen Beugungserscheinungen zu stören.

Einen breiten und einen schmalen Spalt hat R. Birkhäuser (60. S. 244, Abb. 4.) vereinigt in einer besonderen Blendenform, einer rechteckigen Blende, deren eine Längsseite sich nach unten, deren andere sich nach oben als Rand eines schmalen Schlitzes fortsetzt; auch eine L-Form enthält seine Blendenscheibe neben zwei kreisrunden Löchern von 5 und 1 mm Durch- messer.

Nicht nur die seitliche Verschmälerung erleichtert die Tiefenbestim- mung, sondern in gewissen Fällen gewährt die Anordnung der ursprünglich zur Stigmatoskopie bestimmten engen Kreisblende große Vorzüge. Diese erzeugt ein Büschel, das mit entsprechendem Vorbehalt auf kurze Strecken hin als zylindrisch bezeichnet werden kann (A. Vogt 68.). Spricht man wohl bei der Untersuchung mit dem schmalen Spaltbüschel von der Zer- legung des lebenden Gewebes in optische Serienschnitte, so läßt sich die Anwendung des zylindrischen Büschels vergleichsweise als eine optische Probepunktion hinstellen. Eine kreisförmige Bildlinsenöffnung an Stelle der rechteckigen könnte hier ein wenig nützen[1]).

§ 8. Das Untersuchungsbüschel verläuft nun im Gebrauch nicht un- gestört, wie es bisher betrachtet worden ist. Es wird vielmehr in die brechenden Mittel des Auges geschickt und erfährt dort Veränderungen. Wenn man will, kann man die Flächenfolge des Auges als einen, allerdings wechselnd wirksamen, optischen Teil des Beleuchtungsgerätes betrachten, wie andererseits auch die brechenden Flächen des Auges als ein Teil des

---

1) A. Vogt (68. S. 10 Anm. **) hat dabei die Bildlinse mit einer runden Blendenöffnung von 10 mm Durchmesser versehen lassen.

Beobachtungsgerätes gelten können, soweit sie den ins Auge gefaßten Gewebspunkten vorgelagert sind. Meist sind nicht gerade die gleichen Stellen der einzelnen Flächen zugleich in beiden Strahlenräumen enthalten. Sie bewirken einmal als brechende Flächen eine Richtungsänderung der einfallenden Strahlen, die sowohl das Einzelbüschel im ganzen (seine Hauptstrahlenrichtung wird geändert) als auch die gegenseitige Neigung der das Büschel aufbauenden Strahlen betrifft. Zum anderen sind sie zu regelmäßiger Spiegelung befähigt, die A. Vogt zu ihrer Untersuchung und zur Tiefenbestimmung ausnutzte. Betrachtet man zunächst nur das Beleuchtungsbüschel, so verkürzt der Eintritt des schnittstrebigen Büschels ins Auge zum mindesten seine Schnittweite, da die Sammelwirkung immer überwiegt. Die Hornhauthinterfläche kommt ja nie für sich allein zur Wirkung. Es sei einmal angenommen, daß die Beleuchtung in der Richtung der Achse des Auges erfolge. In Gemeinschaft mit der Schnittweite der verwendeten Bildlinse bestimmt die brechende Flächenfolge des Auges eine Grenze für die Tiefe, bis zu der noch eine fokale Beleuchtung im Auge ohne weiteres möglich ist. Jenseits dieser Stelle streben die Strahlen je nach der Öffnungsgröße des Büschels mehr oder weniger stark auseinander. Dringt man, mit der Büschelschneide von der Hornhaut ausgehend, ins Augeninnere vor, so findet man bald, daß man die Bildlinse auffallend stark vorschieben muß, um mit der Büschelschneide auch nur mäßig größere Tiefen zu erreichen, und zwar muß man um so größere Linsenverschiebungen vornehmen, je tiefer die Büschelschneide beim Beginn schon liegt. Dieser Zusammenhang macht sich natürlich hauptsächlich erst hinter der Augenlinse bemerkbar. Den Grund dafür sieht man sofort ein, wenn man sich erinnert, daß der hier wirksame Strahlengang ganz dem bei einer hohen Übersichtigkeit gleich kommt. Strahlen, die sich im Auge vor dem bildseitigen Brennpunkt schneiden sollen, müssen schnittstrebig auf die brechenden Flächen auftreffen. Das geschieht nun auch bei dem Spaltlampenbüschel. Der Punkt, auf den die aus der Bildlinse austretenden Strahlen in der Luft hinstreben, ist sozusagen der Fernpunkt derjenigen Gewebsstellen im Augeninnern, auf der tatsächlich die endgültige Strahlenvereinigung erfolgt. Einem Untersuchungsbüschel von rund 85 mm Schnittweite entspricht, bezogen auf den vorderen Augenhauptpunkt, ein Brechwert von rund $+14$ dptr, wenn man annimmt, daß man die Bildlinse dem untersuchten Auge auf den üblichen Brillenglasabstand von 12 mm nähern könnte. Denn der Punkt, auf den die Strahlen des Untersuchungsbüschels zielen, liegt dabei 73 mm hinter der Hornhautfläche, das sind $(73 - 1{,}35 = 71{,}65)$ mm $(= \frac{1}{14}\,\mathrm{dptr})$ hinter dem vorderen Augenhauptpunkt. Diesen Punkt der Außenwelt, der dem Auge gegenüber als Dingpunkt zu betrachten ist, bilden die brechenden Flächen des beleuchteten Auges ab. Die Auswertung der Lagenformel $B = A + D$ ergibt, wenn $A = +14$ dptr und $D = +58{,}64$ dptr ist, als Brechwert des bildseitigen

Büschels ein $B = 72,64$ dptr. Diesem B entspricht ein Bildabstand $b = n/B$ im Glaskörper. Das sind $\dfrac{1,336}{72,64\ \text{dptr}} = 0,0184$ m. Der Punkt, auf den Strahlen des Untersuchungsbüschels im Auge unter den gegebenen Bedingungen hinzielen, liegt also 18,4 mm hinter dem zweiten Augenhauptpunkt, bzw. $18,4 + 1,6 = 20$ mm hinter dem Hornhautscheitel oder 12,8 mm hinter dem hinteren Linsenscheitel. Da man aber bei der Untersuchung die Bildlinse dem Auge nicht so sehr nähern kann (s. unten), so läßt sich diese Tiefe bei der Beobachtung ohne weiteres nicht erreichen. Ein Mittel, um mit der Büschelschneide tiefer einzudringen, bietet die Verlängerung der Brennweite der Bildlinse auf 10 und 15 cm. Führt man die soeben angestellte Überschlagsrechnung unter der Annahme einer Bildlinse von 10 (15) cm Brennweite durch, so ergeben sich für einen gleichen Zwischenraum zwischen Spalt und Bildlinse entsprechend den viel längeren Schnittweiten auch niedrigere Übersichtigkeitswerte für die noch eben erreichbaren Gewebsfernpunkte, nämlich rund $+ 7$ (3,75) dptr bezogen auf den vorderen Augenhauptpunkt; sie entsprechen einer Tiefenlage des eben noch erreichbaren Gewebspunktes von 20 mm (21 mm) hinter dem hinteren Augenhauptpunkt oder 2,3 (1 mm) vor der Netzhaut eines emmetropischen Durchschnittauges. Der Verwirklichung dieses Vorgehens steht u. a. ein oft nicht unbeträchtlicher Lichtverlust im Wege. Er kommt dann zustande, wenn die Pupille kleiner ist als der Büschelquerschnitt und somit hinter der Bildlinse bei weitem nicht das ganze Büschel aufnehmen kann. Gerade wegen der großen Schnittweite wird der Büscheldurchmesser nur sehr allmählich kleiner, d. h. er wird im allgemeinen die Kleinheit der Pupille erst in einem größeren Abstand von der Bildlinse erreichen, als zwecks möglichst tiefen Eindringens der Büschelschneide ins Auge oben angenommen worden ist. Ein Büschel mit der Schnittweite 140 mm hat z. B. bei einer wirksamen Öffnung der Bildlinse von 16 (bzw. 10) mm den Durchmesser von 6 mm erst in 52,6 mm (84 mm) Abstand von dem Spaltbild. Bei der geringsten Bewegung würden auch an diesen Stellen weitere Büschelteile neben die Pupille fallen und verloren gehen, ganz abgesehen davon, daß auch ein Teil des Pupillengebietes für die Beobachtung frei, d. h. unbelichtet bleiben muß. Somit stellen diese Zahlen nicht das erreichbare Optimum dar.

Schließlich sei vorweg bemerkt, daß die Beobachtung noch weitere Beschränkungen bringt (s. unten S. 152 ff.). Bei Einfallsrichtungen außerhalb der Augenachse treten Entstellungen des Büschels auf infolge der Abweichungen wegen der Flächenform. Außerdem findet je nach der Einfallsrichtung auch eine Änderung der Richtung des Büschels im ganzen statt.

§ 9. Die asphärische aplanatische Bildlinse ist von Farbenfehlern nicht befreit. Das war ursprünglich auch nicht nötig, weil sie ja für die Ophthalmoskopie bestimmt war. Da das Augenhintergrundsbild sowieso ziemlich einfarbig ist, brauchte man sich um die Farbenfehler der Beobachtungslinse nicht zu kümmern, erst recht nicht bei ihrer Verwendung als Beleuchtungslinse im Ophthalmoskop. Diesseits der Stelle größter Gleichmäßigkeit findet man am Querschnitt einen roten, jenseits einen blauen Saum. Schon bei den ersten Beobachtungen des Kammerstaubes machte sich dem Verfasser (23.) die störende Wirkung der Farbsäume bemerkbar, da sie die Beurteilung der Farben der gesehenen Pünktchen erschwerte. Anders als der Kugelgestaltsfehler fällt der Farbenfehler kaum weniger ins Gewicht, wenn die Öffnung begrenzt wird, wie es die Entwicklung der Tiefenbestimmung nach der eben gegebenen Schilderung mit sich brachte. Bei der Untersuchung mit stärker vergrößernden Beobachtungsgeräten und an farbigen Gewebsteilen fielen denn auch die Farbsäume oft recht störend auf, während man den Kugelgestaltsfehler nicht bemerkte. So kehrte man, nachdem eine Zeitlang mit einfachen ebenerhabenen Einzellinsen gearbeitet worden war, wieder zu höher ausgebildeten optischen Mitteln zurück, legte aber jetzt Wert auf Farbenfehlerfreiheit (L. Koeppe 48. S. 24 griff zu einem Fernrohrobjektiv) und verzichtete auf die aplanatische Abbildung (A. Vogt 57. S. 125.). Wenngleich L. Koeppe den Schaden der Farbsäume nicht sehr hoch einschätzt (46. S. 33.), so stellt m. E. eine von beiden Fehlern befreite Linse das Ideal dar. Auch A. Vogt (62. S. 5.) spricht sich dahin aus. Das wird dann deutlich empfunden, wenn man Linsen nicht ganz geringer Öffnung benützt (12 : 50 mm). Zeiß besitzt auch eine asphärische, aplanatische und achromatische Linse. Man ist auf eine solche in beiden Hinsichten fehlerfreie Folge angewiesen, wenn man eine große Öffnung anwendet. Der Vorteil, wie er von einer großen Beleuchtungsstärke (s. oben) dank einer großen Öffnung vermittelt wird, drängt sich jedem ohne weiteres auf, der einmal einen Vergleich mit verschiedenen Linsen anstellt, zumal wenn bei starker Vergrößerung untersucht wird. Wenn man auch von Lampenlinsen Farbenfehlerfreiheit verlangt hat, um das Untersuchungsbüschel farbenfrei zu halten, so geht diese Forderung im allgemeinen zu weit. Von ihr hängt die Farbenfehlerfreiheit am wenigsten ab. Doch hat A. Vogt (68. S. 10, Anm. **) auch von einer aplanatisch-achromatischen Lampenlinse beim zylindrischen Büschel Vorteile gesehen. Bei der Nitralampe können kleine Farbenreste nicht ganz beseitigt werden, weil es sich dabei um Beugungserscheinungen handelt. Auf das von den hinteren Windungen der Glühspirale ausgeschickte Licht wirken die Zwischenräume der vorderen als beugende Mittel (L. Koeppe 47. S. 818.). Der Wegfall dieser Farbenerscheinungen beim Bogenlicht bedeutet auch einen Vorzug neben dem anderen schon berührten wichtigeren der höheren Leuchtkraft und des höheren Gehaltes an kurzwelligen Strahlen.

§ 10. Was nun die Beleuchtungsstärke im Spaltbild angeht, so liegen darüber Äußerungen von A. Vogt (58. 70.), F. E. Koby (76.), H. Hartinger (81.) und H. Streuli (53.) vor. Bei unmittelbarem Vergleich fand A. Vogt (70.), daß die Lichtstärken der Nernstspaltlampe in der Gullstrandschen Anlage der Nernstspaltlampe, in der Köhler-Vogtschen, der Nitralampe in der Vogtschen und der Bogenlampe sich verhalten wie 1 : 2,4 : 3,3 : 24. An Vergleichsaufnahmen des auf berußten Flächen liegenden Spaltbildes fand Koby zwischen der Gullstrandschen und der Vogtschen Anordnung keinen bemerkenswerten Unterschied. H. Streuli (53. S. 778/80.) erachtet auf Grund der Rechnung die Helligkeit beider Anordnungsweisen als gleich groß. H. Hartinger (81. S. 22/3.) berechnet unter Zugrundlegung seiner Messungsergebnisse (s. S. 128) die durchschnittlichen Beleuchtungsstärken im Spaltbild für verschiedene Lichtquellen und Brennweiten sowie Öffnungen der Bildlinse. Seine drei Täfelchen folgen hier:

Durchschnittliche Beleuchtungsstärken im fokalen Spaltbild bei Verwendung der Vogtschen Linse $f = 7$ cm mit der Blendenöffnung 10 : 16 mm.

Lichtquelle	Spannung Volt	Stromstärke Amp.	Beleuchtungsstärke Lx.
Nernstbrenner . .	110	0,48	48 100
Pointolitelampe . .	35	0,60	56 300
Nitralampe	8	3,4	125 000
Nitralampe	10	3,9	279 000
Nitralampe . .	12	4,3	501 000
Bogenlampe . . .	58	3,4	2 417 000

Durchschnittliche Beleuchtungsstärken im fokalen Spaltbild bei Verwendung der Vogtschen Linse $f = 10$ cm mit der Blendenöffnung 10 : 16 mm.

Lichtquelle	Spannung Volt	Stromstärke Amp.	Beleuchtungsstärke Lx.
Nernstbrenner . .	110	0,48	18 800
Pointolitelampe . .	35	0,60	22 000
Nitralampe	8	3,4	49 000
Nitralampe	10	3,9	109 000
Nitralampe	12	4,3	196 000
Bogenlampe . . .	58	3,4	945 000

Durchschnittliche Beleuchtungsstärken im fokalen Spaltbild bei Verwendung der asphärischen Spaltlampenlinse $f = 7$ cm mit der spaltförmigen Blende 12 : 50 mm.

Lichtquelle	Spannung Volt	Stromstärke Amp.	Beleuchtungsstärke Lx.
Nernstbrenner . .	110	0,48	156 200
Nitralampe. . . .	8	3,4	406 000
Nitralampe. . . .	10	3,9	908 000
Nitralampe. . . .	12	4,3	1 629 000

§ 11. Angesichts der gesteigerten Lichtstärke erhebt sich natürlich auch die Frage, ob das Bogenlicht wegen der Möglichkeit, das untersuchte Auge durch die Strahlenwirkung zu schädigen, zulässig sei. Hierüber haben Vogts Untersuchungen Auskunft gegeben. Vor allem ist den wärmereicheren, nämlich den langwelligen Strahlen, Aufmerksamkeit zu schenken. Messungen an berußten Thermometern, die im Untersuchungsbüschel bestrahlt wurden (H. Streuli (67. S. 522.), R. Birkhäuser (60. S. 245.), A. Vogt (58. S. 616.), W. F. Schnyder (66. S. 333.)), und Tierversuche (A. Vogt, W. F. Schnyder) haben die Unschädlichkeit bei vorsichtiger Handhabung erwiesen. Dazu gehört die Einschaltung eines Troges (s. unten S. 166/70) mit dünner etwa $^1/_2\%$iger Kupfersulfat- oder nach E. Jackson 6-, nach L. Koeppe 10%iger Alaunlösung oder von Graugläsern und eine nicht zu lange Ausdehnung der Untersuchung. Auch lasse man die Lichtquelle nicht fixieren (Vogt 70.). Selbstverständlich spielt die Größe des Spaltes und der wirksamen Bildlinsenöffnung eine Rolle dabei. Wie wirkungsvoll das Kupfersulfatfilter ist, läßt sich an Leichenaugen (Tieraugen) anschaulich vorführen. Die Vorderkammer solcher Augen enthält reichlich Staub, der völlig still steht, so daß man zunächst den Eindruck einer von Unreinigkeiten durchsetzten Gallerte haben kann. Beleuchtet man mit der Bogenspaltlampe durch eine Bildlinse nicht zu kleiner Öffnung und läßt den Kupfersulfattrog entfernen, so setzen sich die Pigmentkörnchen augenblicklich in Bewegung und verraten die auftretende Wärmeströmung in der Vorderkammer, die allerdings umgekehrt verläuft wie beim Lebenden. Mit dem Einschalten der Kupfersulfatlösung hört auch sogleich die Strömung wieder auf.

Die Beobachtungsmittel.

§ 12. Was die günstige Gestaltung der Beobachtungsbedingungen, insbesondere der Beleuchtung, bedeutet, wird am einfachsten klar, wenn man an die bekannte Erscheinung der Sonnenstäubchen erinnert. Vorher ganz unsichtbare Staubteilchen bemerkt man deutlich und in großer Menge, sobald ein Sonnenstrahl ins dunkle Zimmer fällt.

In ähnlicher Weise wirkt die fokale Beleuchtung mit dem GULLSTRAND-schen Gerät, wovon man sich schon in einem unmittelbaren Vergleich mit der gewöhnlichen fokalen Beleuchtung überzeugt, indem man zunächst wie dort nur mit freiem Auge betrachtet. Die gewaltigen Vorteile, die die neue Beleuchtungsweise barg, kamen aber erst recht zur Geltung bei der mikroskopischen Untersuchung des lebenden Auges, die ja denn auch eine Unmenge neuer Beobachtungen brachte. Dieser ganze Fortschritt beruht tatsächlich allein auf dem neuen Beleuchtungsverfahren. Die Beobachtungsmittel besaßen wir längst. Doch war ihre Leistungsfähigkeit mangels geeigneter Beleuchtung bisher in keiner Weise ausgenutzt worden. Die vergrößernden Geräte vermindern nämlich die Beleuchtungsstärke auf der Netzhaut, weil unter sonst gleichen Umständen die zur Abbildung zugelassene Lichtmenge auf größere Flächen verteilt wird, und daher die Helligkeit mit dem Quadrat der Vergrößerung abnimmt. Ein Ausgleich für diese Einbuße wäre denkbar durch eine Vergrößerung der numerischen Apertur gegenüber der Beobachtung mit freiem Auge, indem der freie Dingabstand, z. B. beim Hornhautmikroskop, erheblich kürzer ist, als der übliche Lese- bzw. Beobachtungsabstand, und gleichzeitig die Objektivöffnung zum Teil sogar größer ist als die Pupille. Doch erreicht die Zunahme der numerischen Apertur nicht den zum Ausgleich nötigen Grad, vielmehr hält sich das maßgebende Verhältnis der Quadrate der numerischen Apertur in der Nähe von eins. (Es beträgt z. B. $1{,}07$ für die Objektive a_2, a_3.) Außerdem kommen Lichtverluste durch Spiegelung an den brechenden Flächen und durch Absorption auf den Glaswegen hinzu. Es war ein besonders glücklicher Zufall, daß, als die GULLSTRANDsche Spaltlampe entstand, verschiedene vergrößernde und beidäugige Beobachtungsgeräte von hoher Vollkommenheit schon entwickelt waren, zu denen man nur zu greifen brauchte, um die Vorteile, die in der neuen Releuchtung steckten, gleich aufs äußerste auszunutzen. Der besondere Zweck erforderte nur zum Teil und dann immer ganz geringe, im wesentlichen mechanische Anpassungen.

GULLSTRAND beobachtete an seiner Spaltlampe von vornherein mit einer beidäugigen vergrößernden Lupe, und zwar der WESTIENschen Binokularlupe (10facher Vergrößerung) (2.; 3.). (».. die Linse in der einen, die WESTIENsche Binokularlupe in der anderen Hand..«; 16. S. 143) (15. S. 94; 18. S. 483). Obgleich, streng genommen, das Ergebnis jeder stereoskopischen Beobachtung auch auf einäugigem Wege erreichbar ist, erweist sich das beidäugige körperliche Sehen bekanntlich als weit überlegen, dank der viel größeren Bequemlichkeit und Schnelligkeit, mit der die räumliche Tiefenanordnung unter oft verwickelten Verhältnissen durchschaut wird. Im beidäugigen körperlichen Sehen erkennt man die Tiefenreihenfolge fast augenblicklich, während beim einäugigen Sehen dieses gleichzeitige örtliche Hintereinander in ein zeitliches Nacheinander übergeführt werden muß. Bei der Untersuchung des lebenden, nie völlig ruhenden Auges an der Blendenlampe führt gelegentlich nur augenblickliches Erfassen zum Ziel, wenn die Augenunruhe zu einem gleichsam analytischen einäugigen Beobachten keine Zeit läßt. In der Folge griff man zu nachstehenden Geräten:

1. Zur beidäugigen Fernrohrlupe, 2. zum beidäugigen Hornhautmikroskop von C. Zeiss und 3. zum einfachen Mikroskop mit dem Abbeschen stereoskopischen Okular oder mit dem beidäugigen Mikroskoptubus (Bitumi) von H. Siedentopf.

§ 13. Die Fernrohrlupe (Fig. 14 rechts. S. 158) nach Henker u. v. Rohr (11.) ist ein beidäugiges Prismenfernrohr mit gleichgerichteten Achsen, bei dem der seitliche Abstand der Objektivlinsen mit Rücksicht auf die Verwendung als Lupe kleiner gehalten wurde als der Augenabstand des Benutzers. Das Standlinienverhältnis im Ding- und Bildraum liegt also gerade umgekehrt wie bei den bekannten Prismenfeldstechern mit vergrößertem Achsenabstand. Eine dingseitige Vorstecklinse bildet die in ihrer vorderen Brennebene befindlichen Dingpunkte im Unendlichen ab, und dieses unendlich ferne Bild wird mit einem Prismenfernrohr beobachtet. Hat die als Lupe wirkende Vorstecklinse, wie es war, 20 bzw. 10 cm Brennweite, so liefert sie nach der Formel $V = l \cdot D$ eine 1,25 bzw. 3,5fache Vergrößerung. Die so vergrößerten Bilder werden dem Auge mit der 3 (6)fachen Vergrößerung des Fernrohres dargeboten, so daß im Ganzen eine 3,75 (7,5)fache bzw. 7,5 (15)fache Vergrößerung herauskommt. Man genießt dabei den Vorzug eines sehr großen freien Dingabstandes und den der einseitigen Verstellbarkeit der Okulare bei ungleichsichtigen Augen.

§ 14. Die von Gullstrand vorgeschriebene Führung der Fernrohrlupe mit der freien Hand hat bei einer nicht mehr niedrigen Vergrößerung den Nachteil, daß nicht nur die Gegenstände, sondern auch die Zitterbewegungen der Hand vergrößert werden; zumal bei längeren Untersuchungen stellen sich diese infolge der Ermüdung der Hand gar häufig ein. Daher kehrte der Verf. auch sehr bald zum feststehenden Hornhautmikroskop zurück, dessen er sich bei den ersten Untersuchungen mit der Spaltlampe zunächst in Ermangelung einer beidäugigen Fernrohrlupe bedient hatte (H. Erggelet 23.). Aus dem gleichen Grunde und auch mit Rücksicht auf die Vorführung der beobachteten Befunde hatte sich auch gleichzeitig der Wunsch nach einer Befestigung und einer festen Führung der Lupe eingestellt. O. Henker ließ bei C. Zeiß einen Halter anfertigen (27. S. 82. Abb. 4i). Vor allem anderen ist aber die Möglichkeit der genauen stetigen feinen Einstellung mit Zahn und Trieb beim Hornhautmikroskop ein Vorteil gegenüber der gröberen Verschiebung dieses kurze Zeit versuchsweise angewendeten Lupenträgers. Heute wird fast ausschließlich das bekannte Greenoughsche Doppelmikroskop für den vorderen Augenabschnitt benutzt, das S. Czapski (5., 6., 7., 8. und 9.) auf A. Barkans Anregung hin wagrecht angeordnet hat (Fig. 18, 19a und 23). Zwei Mikroskope sind unter einem Neigungswinkel von 14° miteinander verbunden. Die schlank gebauten Objektive entwerfen umgekehrte Bilder, die mit einem Porroschen Prismensatz aufgerichtet werden, so daß die Tiefenfolge für den Beobachter richtig wiedergegeben ist. Die Anpassung des Gerätes an den Augenabstand des jeweiligen Beobachters ist zwischen 62 und 80 mm möglich und geschieht einfach durch Schwenken der Prismensätze mit den Okularröhren um die Objektivachsen. So bleiben die fest miteinander verbundenen Objektive unverändert, und ihre Achsen liegen dauernd in einer Ebene. Über die zur Verfügung stehenden Objektivpaare, ihre Hauptbrennweite, ihren (verhältnismäßig großen) freien Dingabstand und die in Verbindung mit den verwendeten Huygensischen Okularen gelieferten Vergrößerungen gibt die folgende aus den Zahlen der Druckschrift Med. 4 von Carl Zeiß angefertigte Zusammenstellung Auskunft.

Die Doppelobjektive		(55)		(a_2)		(a_3)	
mit einer Brennweite von .		55 mm		37 mm		28 mm	
liefern bei einem freien Dingabstand von		70 mm		40 mm		30 mm	
in Verbindung mit den Huygensischen Okularen der							
Bezeichnung	Brennweite mm	die Vergrößerung V	Sehfelddurchmesser mm	V	Sehfelddurchmesser mm	V	Sehfelddurchmesser mm
1	50	8	13	20	5	31	3,3
2	40	9	13	23	5	35	3,3
3	30	13	10,5	32	4,2	50	2,7
4	25	16	8,5	40	3,3	61	2,2
5 5 a	20	23	6,2	57	2,5	88	1,6
6	15	26	7,1	67	2,7	103	1,8

Brennweiten der Doppelobjektive und Okulare, Vergrößerung (V), freier Dingabstand und Sehfelddurchmesser in der Einstellebene des Dingraumes am Czapskischen Hornhautmikroskop von C. Zeiß.

Das von E. Leitz in Wetzlar ausgeführte Hornhautmikroskop ist ganz ähnlich gebaut. Die zugehörigen Okulare und Objektive haben nach einem Verzeichnis der Werkstätte folgende Wirkung.

Vergrößerungen.

Objektiv-paar Brennweite mm	Eigen-vergr. $\dfrac{\Delta}{F(Ob)}$	HUYGENSische Okulare						Orthoskop. Okulare		
		0	I	II	III	IV	V	$F=15\,\mathrm{mm}$	$F=12\,\mathrm{mm}$	$\dfrac{250}{F(Ok)}$
		4	5	6	8	10	12	17	22	
55	1,85	7,5	9	11	15	18	22	30	37	
48	2,7	11	13	16	22	27	32	45	54	
40	3,6	14	18	22	29	36	43	60	72	
32	5,2	21	26	31	42	52	62	85	105	
25	7,6	31	38	46	61	76	91	125	150	

$\dfrac{250}{F(Ok)}$ = Eigenvergrößerung des Okulars

Freier Dingabstand und Sehfeldgröße im Dingraum.

Objektivpaar Brennweite mm	Freier Ding-abstand mm	Sehfeldgröße im Dingraum							
		0 mm	I mm	II mm	III mm	IV mm	V mm	$f=15\,\mathrm{mm}$ mm	$f=12\,\mathrm{mm}$ mm
55	70	11	11	10,5	8,5	8	7,3	6,2	5,2
48	65	7,8	7,8	7,5	6	5,7	5,0	4,3	3,5
40	52	5,8	5,8	5,6	4,4	4,2	3,7	3,2	2,7
32	39	4,1	4,1	3,9	3,1	2,9	2,6	2,2	1,9
25	30	2,8	2,8	2,7	2,1	2	1,8	1,5	1,3

§ 15. Die Fig. 9 zeigt das ABBESche stereoskopische Okular in einem Schnitt durch seine beiden Achsen in $^2/_3$ der natürlichen Größe (aus M. v. ROHR 52. S. 166). Es ist ein unsymmetrisch gebautes Okular. Mit dem Ansatz C wird es in ein Mikroskoprohr eingeführt. Die Hälfte BC bildet mit ihrem HUYGENSischen Okular ein einfaches, gerades Mikroskop. Das Prismenpaar ab wirkt auf dieser Seite grundsätzlich nur als dicke Glasplatte mit ebenen, gleichgerichteten Seiten. Da die beiden Teile ab aber durch eine sehr dünne Luftschicht voneinander getrennt sind, so findet dort an den ebenen, unter einem gewissen Winkel zur Achse geneigten Grenzflächen eine Spiegelung statt. Jeder durchtretende Strahl wird gespalten. Der seitlich abgespiegelte Teil dient nach geeigneter Weiterführung durch das dritte Prisma b' zur Abbildung in der anderen Okularhälfte B', deren Achse mit der ersten einen Winkel von 13° einschließt (E. ABBE 1. in CARLS Repert. S. 201). Das zweite Okular B' ist anders gebaut als das erste B (ähnlich einem RAMSDENschen), und zwar besitzt es bei gleicher Brennweite eine von B verschiedene Schnittweite, so daß es ein Bild in der gleichen Vergrößerung, aber in einer größeren Entfernung vom Objekt entwirft als das erste Okular B. Auf diese Weise ist für die zweite Seite B' der Umweg des Lichtes über die Prismen unschädlich gemacht. Beide Augen erhalten daher übereinstimmende Bilder, die sich nur in der Lichtstärke unterscheiden. Zwei Drittel des eintretenden Lichtes gehen gerade durch, ein Drittel wird gespiegelt. Das bedeutet keinen Nachteil. Die zur Gewinnung der körperlichen Wahrnehmung erforderlichen Verschiedenheiten der Perspektive beider Seiten werden mit Hilfe eines oder zweier halbkreisförmiger Deckel hergestellt, die die Austrittspupillen in geeigneter Weise beschränken. Die Wirkungsweise mag im folgenden erklärt werden: Bei jedem auf einen hellen Gegenstand gerichteten Mikroskop sieht man be-

kanntlich über der Augenlinse ein helles Scheibchen schweben, wenn man beidäugig aus etwa 30 cm Entfernung auf sie hinblickt. Es ist die Austrittspupille, der RAMSDENSCHE Kreis, das Bild, das das ganze Gerät von der dingseitigen Linsenöffnung, der Eintrittspupille, entwirft. Als Ding und Bild sind sie einander ähnlich. Dieser Kreis steht dem vom Mikroskop gelieferten Gegenstandsbild (dem Abbildsbild nach M. v. ROHR) in gleicher Weise gegenüber wie die genannte Objektivöffnung, die Eintrittspupille, dem Gegenstand (Abbild nach M. v. ROHR) gegenüber. Teilt man die Eintrittspupille des Mikroskopes etwa durch eine aufgelegte Blendenscheibe mit zwei auf einem Durchmesser angeordneten Löchern, so sind damit die Zentren für zwei Perspektiven bzw. für zwei stereoskopische Halbbilder ge-

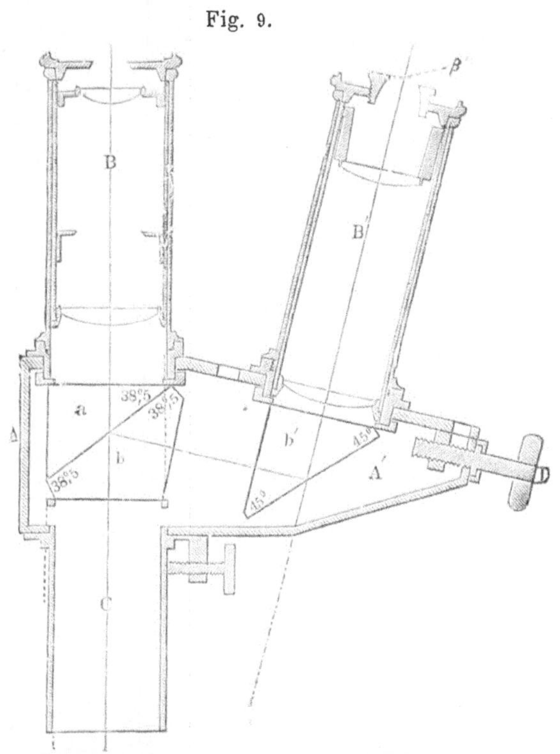

Fig. 9.

Das stereoskopische Okular von E. ABBE im Achsenschnitt a, b, b' Prismen. Eine sehr dünne Luftschicht trennt a und b und befähigt die dortigen Grenzflächen jeden eintretenden Strahl teilweise zu spiegeln. B, B' sind die beiden (verschieden gebauten) Okulare mit ihren Austrittspupillen. (Nach E. ABBE.)

geben. Setzt man auf dieses Mikroskop das beidäugige stereoskopische Okular von E. ABBE, so würde entsprechend den soeben gegebenen Erläuterungen die Doppelöffnung des Objektivs als Bild in beiden Okularhälften jeweils an der Stelle der einfachen RAMSDENSCHEN Kreisscheibchen erscheinen. Durch die Mitten der Doppelöffnungen eines jeden Okulares verlaufen die Hauptstrahlen zu den Bildpunkten und ergeben als Büschel zwei im Sinne der Stereoskopie verschiedene Perspektiven, ganz wie die von den Dingpunkten aus nach der Doppelöffnung der Eintrittspupillen zielenden Hauptstrahlen. Um nun mit

Fig. 10.

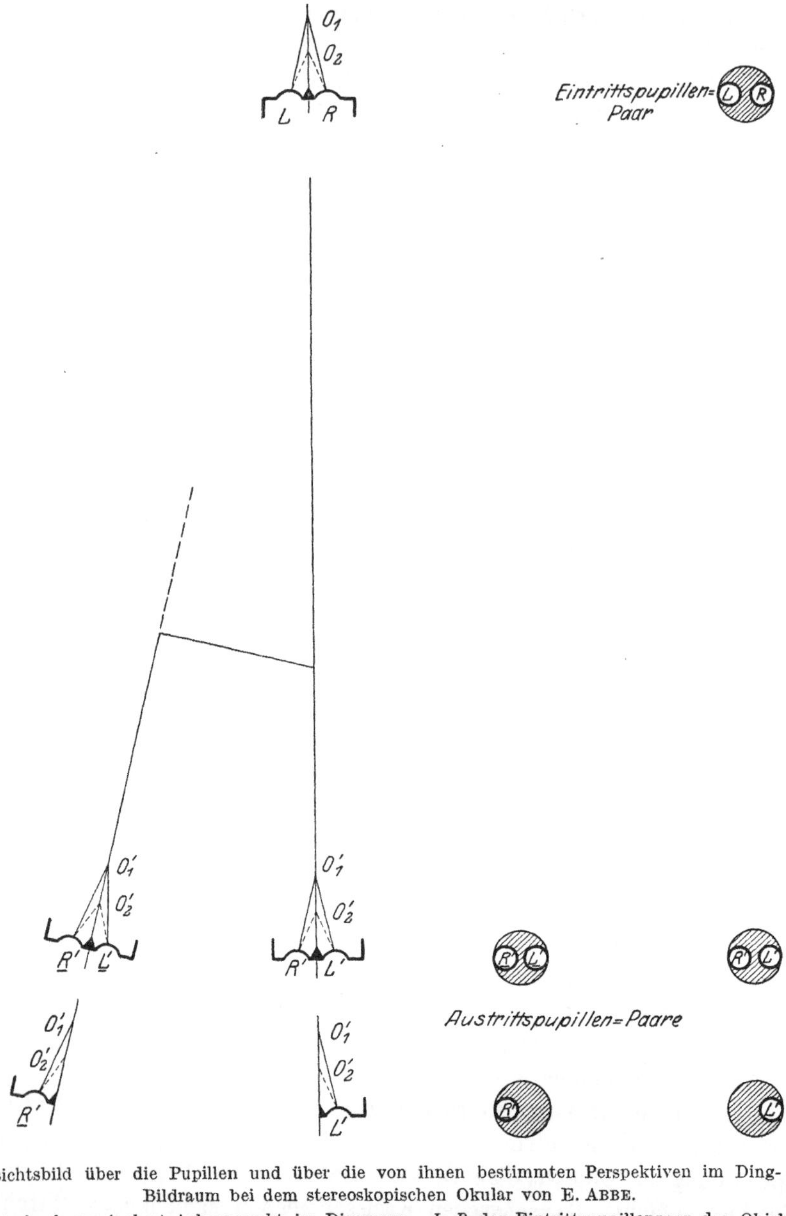

Übersichtsbild über die Pupillen und über die von ihnen bestimmten Perspektiven im Ding- und Bildraum bei dem stereoskopischen Okular von E. ABBE.

O_1 (O_2) ein ferner (naher) Achsenpunkt im Dingraum. L, R das Eintrittspupillenpaar des Objektivs. L', R', $\underline{L'}$, $\underline{R'}$ die Austrittspupillenpaare, in der linken Hälfte der Figur mit ihren Perspektiven im Achsenschnitt, in der rechten Hälfte der Figur in der Aufsicht vom Beobachterraum her unter der Annahme, daß eine Doppelblende $L\,R$ vor dem Objektiv stehe. Darunter sind die Austrittspupillen $\underline{R'}$, L' wiedergegeben, die für die Wahrnehmung einer natürlichen Tiefenordnung zu verwenden sind, unter Ausschluß der beiden anderen, eine Tiefenverkehrung vermittelnden, $\underline{L'}$ und R'.

dieser Einrichtung zu einer wirklichen stereoskopischen Beobachtung zu gelangen, hat man dafür zu sorgen, daß jedes Auge von den beiden ihm durch das Okular gebotenen Perspektiven nur eine aufnimmt, und zwar ist die zu wählen, die von der in das andere Okular eingelassenen zu einem natürlichen Paar ergänzt wird, nämlich zu einem solchen, wie es in ähnlicher Weise der Gegenstand durch den vollständigen Strahlenverlauf mit den beiden Eintrittspupillen bestimmt. Die Aussonderung der richtigen Perspektiven geschieht einfach dadurch, daß man die anderen durch Verdecken des betreffenden Loches ausschließt. Zur Beobachtung sind die beiden schläfenseitigen Löcher zu verwenden. Daß in dieser Anordnung eine natürliche räumliche Tiefenordnung gesehen wird, erhellt aus der folgenden, in Anlehnung an M. v. Rohr (52. S. 11—15) dargestellten Übersicht. In Fig. 10[1]) sind die Lochblenden vor dem Objektiv durch L und R angedeutet. In den zugehörigen Perspektiven finden sich die von dem näherliegenden Dingpunkt O_2 kommenden (Haupt-)Strahlen gestrichelt, die von dem ferneren O_1 ausgezogen. Daß diese beiden Perspektiven im beidäugigen Sehen eine natürliche Raumwahrnehmung bestimmen, versteht sich von selbst. Da das Mikroskop umgekehrte Bilder liefert, hinter der Doppelpupille LR aber nur ein gemeinsames Objektiv folgt, so wird die Doppelblende LR als Ganze umgekehrt in der Austrittspupille des Okulars $R'L'$ erscheinen. Die beiden Perspektiven bleiben in natürlichem Zusammenhang. In dem anderen, unsymmetrischen Okular findet eine genaue Wiederholung dieser Abbildung in gleicher Lage $\underline{R'}\,\underline{L'}$ statt. Beobachtet nun der Benutzer des Mikroskopes mit einem Auge durch das Lochbild $\underline{R'}$ des unsymmetrischen Okulars und mit dem anderen durch das Lochbild L' des geraden, so ergänzen sich diese so gewählten beiden Perspektiven in seinem Augenpaar zu einer natürlichen Verbindung $\underline{R'}L'$, wie sie am Objektiv auf der Dingseite bestand (s. die unteren Zusatzbilder). Wie dort verläuft jetzt in den beiden Augenpupillen der gestrichelte Hauptstrahl nasal vom ausgezogenen, und sie bestimmen somit zusammen einen näher gelegenen Bildpunkt O_2' und einen ferner liegenden O'_1. Beobachtet man durch die anderen Hälften L' und R', so entsteht eine Umkehrung der Tiefenordnung. Die gestrichelten Hauptstrahlen liegen dann schläfenwärts von den ausgezogenen, und der Bildpunkt O_1' erscheint näher als O_2'. Eine Blende mit einem Lochpaar am Objektiv anzubringen ist nun gar nicht nötig. Es genügt, wie Abbe zeigte, völlig, wenn man nur die nasalen Hälften der Austrittspupillen durch Okulardeckel ausschließt, während eine halbkreisförmige Lücke die schläfenseitige Hälfte freigibt. (Näheres s. E. Abbe 1. und M. v. Rohr 52. S. 11 u. 167.)

---

1) Da in den Überlegungen zur Fig. 10 die Begriffe Nähe und Ferne vorkommen, habe ich sie umgekehrt gelegt als Fig. 9, um nicht mit den gewohnten räumlichen Vorstellungen des Beschauers in Widerspruch zu geraten.

Da, wie gesagt, die Austrittspupille eines Mikroskopes und mit ihr auch die Augenpupille des Beobachters optisch der dingseitigen Objektivöffnung zugeordnet ist, so wird durch ein Mikroskop mit dem stereoskopischen Okular nach Abbe die schläfenseitige Hälfte L' der Austrittspupille des rechten Okulars (s. Fig. 10), somit die rechte Beobachterpupille, ferner die verdeckte nasale Hälfte L' der linken Austrittspupille des linken Okulars in die linke Hälfte des Objektives (bzw. in dem oben angenommenen Blendenloch L) abgebildet.

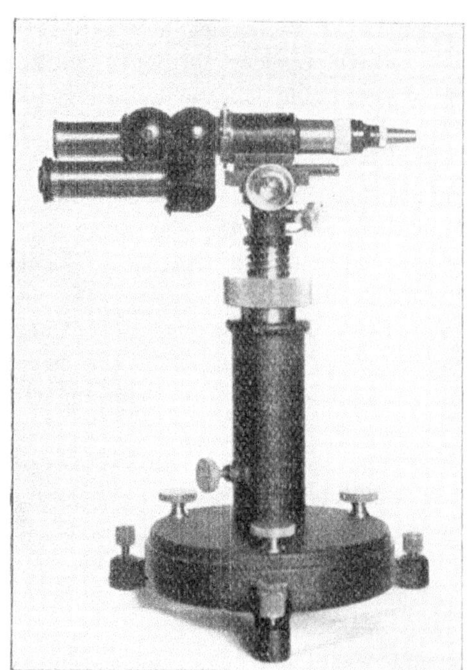

Fig. 11.

Ein Augenmikroskop mit dem binokularen Tubusaufsatz (Bitumi) von H. Siedentopf. Hochstellvorrichtung auf dem ringförmigem Dreifuß. (Nach L. Koeppe 50. S. 13, Fig. 6.)

In gleicher Weise wird die schläfenseitige Hälfte R' der Austrittspupille des linken Okulars samt der linken Beobachterpupille, sowie die verdeckte nasale Hälfte R' des rechten Okulars in der rechten Hälfte der Objektivöffnung bzw. in dem vorhin angenommenen Blendenloch R entworfen. Man kann sich jetzt mit M. v. Rohr die Leistung des Mikroskopes so denken, daß es das beobachtende Augenpaar verkleinert und als ganzes umgekehrt, also in natürlicher gegenseitiger Anordnung der beiden Augen in die dingseitige Öffnung des Objektives versetzt. Wenn man ein kleines unter dieses Mikroskop gebrachtes Tier vom Objektiv her in dieses beidäugige Mikroskop hinaufschauen ließe, so würde es das Pupillenpaar des Beobachters aus der Objektivöffnung wie aus einer Maske herabblicken sehen.

Die Anpassung des Abbeschen stereoskopischen Okulars an die verschiedenen Augenabstände der Benutzer geschieht mit Hilfe einer parallelen Verschiebung des unsymmetrischen Okularteiles durch eine Schraube. Die Verkürzung oder Verlängerung des seitlichen Abstandes verändert aber die Länge des Lichtweges bis zur Pupille um den gleichen Betrag. Daher muß ein Ausgleich geschaffen werden, der durch Hebung oder Senkung des Blendendeckels herbeigeführt wird. Dadurch wird der Wechsel der Beobachter etwas erschwert. Außerdem lassen sich nicht beliebige Okulare in dem Ansatz verwenden, weil ja, wie eben ausgeführt, die unsymmetrische

Hälfte eines besonders berechneten, zu dem anderen abgestimmten Okulares bedarf. Aus diesen und anderen Gründen lag für den binokularen Tubusaufsatz für Mikroskope, Bitumi, ein Bedürfnis vor. Er wurde von H. Siedentopf gebaut und gewährt mancherlei Vorteile (s. Fig. 11, 15 und 29. S. 175). Im Gegensatz zu Abbes stereoskopischem Okular erhielt er parallele Achsen. Darin liegt die Voraussetzung für einige wichtige Eigenschaften. Die Anpassung an den Pupillenabstand geschieht z. B. einfach und schnell wie beim Feldstecher durch Schwenken beider Hälften um die gemeinsame Mikroskopachse. Es können ferner, was auch für unsere Zwecke wichtig ist, beliebig starke Objektive und Okulare verwendet werden. Da es sich um ein symmetrisches Gerät handelt, sind die Okulare beiderseits gleich. Wie beim Abbeschen stereoskopischen Okular wird jeder vom Gegenstand durchgeschickte Strahl geteilt. Die Trennung erfolgt an der halbdurchlässigen Silberschicht einer Prismenfläche. Die beiden Felder erscheinen daher, wie die Zeißische Druckschrift Mikro 355 S. 3 sagt, oft ungleich hell oder gefärbt. Hinsichtlich der genaueren Beschaffenheit der Prismen wird auf die soeben genannte Zeißische Druckschrift, und auf L. Koeppe (50. S. 323/24) und auf Fig. 24 S. 172 verwiesen. Die stereoskopische Verschiedenheit der beiden Bilder wird durch Aufsteckblendendeckel grundsätzlich in gleicher Weise herbeigeführt wie beim stereoskopischen Okular von E. Abbe. Die Öffnungen der Okulardeckel müssen den freizulassenden Austrittspupillenhälften kongruent sein und richtig stehen. Sonst wird die Pupille auf der einen Seite abgeschnitten, und auf der anderen Seite werden auszuschließende Strahlen zugelassen. Insbesondere muß die gerade Grenzlinie, die dem Durchmesser der vollen kreisförmigen Austrittspupille entspricht, gut gerichtet sein und am gehörigen Ort stehen. An dieser Stelle bedeutet eine bestimmte lineare Abweichung von der richtigen Lage der Deckel einen unverhältnismäßig großen Zuwachs oder Verlust an Licht, da dieser dem Zuwachs oder dem Verlust an Pupillenfläche proportional ist. Von der richtigen Anordnung der Deckelöffnungen überzeugt man sich dadurch, daß man mit einem schwach vergrößernden Mikroskop oder einer Lupe von der Dingseite her auf die Eintrittspupille des Objektivs einstellt, während die Okulare auf eine helle Fläche gerichtet sind. Am besten mißt man mit einem Mikrometer die Grenzpunkte für jedes Okular. An den Deckeln neuer Ausführung lassen sich Fehler in der Lage der geraden Grenzlinie ausgleichen, da diese durch den Rand eines kleinen durch ein Schräubchen festzustellenden Schiebers gebildet wird. Ein von F. Jentzsch (20.) angegebener Mikroskopansatz wird bei E. Leitz in Wetzlar gemacht.

Hinsichtlich der stereoskopischen Wirkung der verschiedenen Beobachtungsgeräte gewinnt man am besten im Versuch einen deutlichen Eindruck. Wenn wir zum Vergleich bei gleicher Vergrößerung z. B. eine Stecknadel mit einem kleinen Glasknopf oder einen feinen berußten Glasfaden beobachten, so sehen wir im beidäugigen CZAPSKISCHEN Hornhautmikroskop ein Gegenstandsbild von merklich größerer Tiefe, als sie der Bitumi gleicher Vergrößerung gibt. Der Grund für die Verschiedenheit ist leicht einzusehen, wenn man die Beziehungen aufstellt zwischen der dingseitigen Augenstandlinie und dem Beobachtungsabstand bei den verschiedenen Geräten.

Die übersichtliche Beziehung zwischen Ding und Raumbild bei der Fernrohrlupe wird offenbar gering bewertet, wie der Mangel der Dingähnlichkeit der im Hornhautmikroskop gesehenen Bilder nicht empfunden wird.

Neben dem Nachteil geringerer Tiefenwirkung muß auch die beträchtliche Lichtschwäche erwähnt werden. Sie beruht vor allem darauf, daß die Teilung der Austrittspupille einer entsprechend ähnlichen Unterteilung der wirksamen Öffnung gleichkommt, also einer Verminderung der numerischen Apertur. Sind doch die Objektive gleichen Ausmaßes wie die Glieder des CZAPSKISCHEN Hornhautmikroskopes. Obendrein findet an der versilberten Zwischenschicht nicht nur eine Spaltung der Strahlen, sondern auch eine Dämpfung des durch die Silberschicht tretenden Anteils, also eine Schwächung der Leuchtkraft des jedem Auge zukommenden Lichtes statt, was beim Hornhautmikroskop nicht der Fall ist. Daß die Verteilung nicht ganz gleich ist, spielt keine wesentliche Rolle.

Die Eigenschaft des Bitumi, umgekehrte Bilder zu liefern, wird, wenn auch nicht als ein Fehler, so doch als eine Unbequemlichkeit von den Benützern vermerkt werden, die, wie allerdings die meisten, an die aufrechten Bilder des CZAPSKISCHEN Hornhautmikroskopes gewöhnt sind. Das Haus C. Zeiß hat denn auch an einer ähnlichen Anlage, Orthobitumi genannt (L. KOEPPE 50.), die Bildaufrichtung mit Hilfe eines nicht ganz einfachen Prismensatzes durchgeführt, von dessen regelmäßiger Anfertigung jedoch abgesehen wurde, da er nicht in jeder Richtung befriedigte.

Ist die Beobachtung im umgekehrten Mikroskopbild Gewohnheitssache, so wird man dies auch beim Übergang vom Hornhautmikroskop oder vom ABBESCHEN stereoskopischen Okular zum Bitumi daran bemerken, daß man die übliche Konvergenz der Augen aufgeben muß. Haben doch die Okularteile des Bitumi gleichgerichtete Achsen. Die für die meisten Beobachter nötige Umstellung macht gelegentlich zunächst wohl Schwierigkeiten.

Für den Brillenträger bilden die Okulardeckel ein Hindernis, weil er sein Auge nicht so nahe an die Austrittspupille heranbringen kann wie bei anderen Mikroskopen. Beim gewöhnlichen Okular schwebt ja der RAMSDENSCHE Kreis, die Austrittspupille, in einiger Entfernung vor der Okularfassung frei in der Luft, und wenn die Brille an die Okularfassung anstößt, so liegt die Austrittspupille bzw. ihr Bild zwischen dem Brillenglas und dem Auge. Die Stelle der Austrittspupille ist aber beim Bitumi nicht mehr frei. Denn die Okulardeckel müssen, um ihre Aufgabe richtig zu erfüllen, in den Austrittspupillen liegen. Die Okularfassung ist also nach dem Auge zu verlängert, und wenn die Brille das Okular berührt, so liegt die Austrittspupille am Brillenglas. Näher kann das Auge nicht an sie herangebracht werden.

Über die Vergrößerung bei der Anwendung des binokularen Tubusaufsatzes für Mikroskope gibt die nachstehende Zusammenstellung Auskunft, die auf der Zeißischen Druckschrift med. 131 (V. I. 21) beruht.

		a_1	a_2	a_3	aa
Objektive	Alte Bezeichnung	a_1	a_2	a_3	aa
	Objektivvergrößerung (v_1) (= neue Bezeichnung). . .	2×	3×	5×	6×
Vergrößerung des Objektives $(\bar{v}_1)$ in Verbindung mit der vergrößernden Wirkung der brechenden Flächen des Auges und der Haftgläser bei der Untersuchung des Kammerwinkels (KW) und der Netzhaut (Nht)		etwa $3^1/_4$ (KW)	etwa $3^1/_4$ (Nht)	etwa 5 (Nht)	
Okulare	Alte Bezeichnung	2	3	4	
	Neue Bezeichnung	*Bi* 9×	*Bi* 12,5×	*Bi* 18×	
	Okularvergr. v_2 im Bitumi[1] .	9×	12,5×	18×	

Die Gesamtvergrößerung V des Augenmikroskopes ist gleich $v_1 \cdot v_2$. Z. B. ergibt das Objektiv (a_1) 2× in Verbindung mit Okular (3) *Bi* 12,5× eine Gesamtvergrößerung $V = 2 \cdot 12,5 = 25$.

Neben der Änderung der Strahlenrichtung üben die brechenden Flächen des untersuchten Auges auch eine vergrößernde Wirkung aus. A. Vogt (68. S. 5.) hat ihren Betrag im Versuch ermittelt, indem er eine mit einer Teilung versehene Nadel bei stehender Kammer in einer stirnrechten Ebene nahe dem vorderen und hinteren Linsenpole durch ein Auge durchstieß, die Teilung mit dem Okularmikrometer maß und mit den entsprechenden Messungen an der freien Nadel verglich. Danach erscheinen Gebilde der Pupillenebene $1^1/_{12}$ bis $1^2/_{12}$, dem hinteren Linsenscheitel $1^1/_2$ mal so groß als in Wirklichkeit. Über Kammertiefe s. H. Hartinger (62.).

§ 16. Hier mag das auch von O. Haab (61.) angegebene Verfahren der Selbstbeobachtung erwähnt werden. Eine starke Lupe entwirft von dem beleuchteten Auge ein vergrößertes Bild. Die aus der Lupe austretenden Strahlen werden von einem Hohlspiegel zurückgeworfen und durchsetzen zum zweiten Male die Lupe, um dann in die Pupille des beleuchteten Auges selbst einzutreten. Nimmt man der Einfachheit halber an, daß die Stelle des Auges in den Lupenbrennpunkt falle, daß ferner der Hohlspiegel

---

1) Dabei ist die im Mikroskoprohr befestigte, zur Verlängerung der optischen Tubuslänge von 160 auf 230 mm dienende achromatische Zerstreuungslinse mit zum Okular gerechnet; die Vergrößerung ist dadurch rund 1,8× so groß, wie wenn die Okulare im gewöhnlichen Mikroskop verwendet würden.

von der Lupe so weit entfernt sei, wie die Summe der Lupen- und der Spiegelbrennweite ausmacht, dann verläßt das Licht nach dem zweiten Durchgang in rückläufiger Richtung die Linse in parallelstrahligen Büscheln und entwirft ein unendlich fernes Bild. Ein rechtsichtiges Auge sieht also seinen vorderen Augenabschnitt in fokaler Beleuchtung vergrößert bei völliger Akkommodationsruhe. Für die angenommenen Bedingungen läßt sich ein Ausdruck der Vergrößerung leicht ableiten, nämlich $V = -\dfrac{D_1{}^2}{4\,D_2}$. Darin bedeutet D_1 (D_2) die Brechkraft der Lupe (des Hohlspiegels). Für $D_1 - 10$ (35) dptr und $D_2 = 6{,}25$ dptr wird $V = -4$ (49).

Die obere Grenze für die anwendbare Vergrößerung liefert vor allem die Unruhe des beobachteten Auges, das ja nicht völlig festgestellt werden kann. Sie liegt bei etwa 100. Für gewöhnlich arbeitet man zweckmäßigerweise mit geringeren Stärken, nämlich etwa 25—37. Doch würde auch bei völliger Ruhe des untersuchten Auges eine Grenze gezogen durch die optischen Eigenschaften der brechenden Teile des Auges. Von Bedeutung ist dabei die unvermeidliche Benutzung der optischen Flächen auch beträchtlich außerhalb der Achsenrichtung und oft mit großen Neigungen zur Achse. A. Vogt (69. S. 527.) warnt vor unnötig starken Vergrößerungen.

§ 17. Begrenzung des Beobachtungsbereichs nach der Tiefe hin. Da wir es bei der fokalen Beleuchtung zunächst mit nahen Dingen zu tun haben und sie bei nicht unbeträchtlicher Vergrößerung zu beobachten wünschten, mußten die Beobachtungsgeräte nach der Art der Mikroskope auf kurze Entfernungen eingestellt sein. In dieser Eigenschaft liegt in ganz gleicher Weise wie in der endlichen Schnittweite des Untersuchungsbüschels für die Beobachtung die Beschränkung auf eine gewisse Tiefe begründet, über die sie nicht ohne weiteres ins Augeninnere vordringen kann. Hierbei gelten grundsätzlich dieselben Überlegungen wie oben S. 136/7. Schon dort wurde darauf aufmerksam gemacht, daß auch die Abschnitte der brechenden Flächen des untersuchten Auges, die vor der beobachteten Gewebsstelle liegen, zum optischen Teil des Beobachtungsgerätes gehören. Ihre Wirkung ist in der Hauptsache bei der Untersuchungstechnik zu behandeln. Doch muß auch hier wenigstens einiges darüber gesagt werden.

Unser Beobachtungsgerät, das Czapskische Hornhautmikroskop, liefert als Mikroskop deutliche Bilder nur von nahen Gegenständen, die in einer bestimmten Entfernung liegen. Die Rolle des Gegenstandes spielen bei der Augenuntersuchung die Bilder, die von den brechenden, vor den beobachteten Gewebsteilen liegenden Flächen entworfen werden. Diese Bilder entstehen dort, wo der Fernpunkt des betreffenden Auges läge, wenn sich seine Netzhaut am Ort des untersuchten Gewebes befände (»Gewebsfernpunkt«). Handelt es sich um weiter vorn im Auge liegende Gewebsstellen

so stehen ihre Bilder entsprechend ihrer hohen »Gewebsübersichtigkeit«
nicht viel hinter dem Gegenstandsort selber. Je tiefer man indessen ins
Auge eindringt, desto niedriger wird die Gewebsübersichtigkeit, und desto
weiter rückt der Gewebsfernpunkt nach hinten. Eine deutliche Beobachtung
wird also nur so lange möglich sein, als der Abstand dieser Bilder vom Objektiv nicht größer ist als der dem Objektiv eigene freie Dingabstand. Werde
etwa das Objektiv 55 benützt, das einen freien Dingabstand von 70 mm
hat, und sei eine Annäherung des Mikroskops an die Hornhaut bis auf
10 mm möglich (mit der Bildlinse geht das beim jetzigen Aufbau des Gerätes nicht an), dann würde eine 60 mm hinter dem Hornhautscheitel,
das sind 58,6 mm, hinter dem vorderen Augenhauptpunkt liegende Ebene
der Außenwelt gerade noch für eine deutliche Abbildung zu erreichen sein.
Weiter darf der Gewebsfernpunkt nicht vom Auge aus nach hinten rücken,
sonst liegt er außerhalb des Dingabstandes des Mikroskopes und ist für
es unerreichbar. Dem Abstand von 58,6 mm entspricht eine Gewebsübersichtigkeit von mindestens $+ 17$ dptr. Im Augeninnern ist dieser Entfernung eine Glaskörperstelle zugeordnet, die 17,7 mm vom Hornhautscheitel
entfernt ist und 4,4 mm vor der Netzhaut eines rechtsichtigen Auges liegt.
Auch für das stereoskopische Mikroskop mit einem Einzelobjektiv gilt diese
Überlegung, da die Objektive in der heute gebräuchlichen Anlage mit dem
binokularen Tubusaufsatz ebenso gebaut sind wie die Einzelglieder der Doppelobjektive des Czapskischen Hornhautmikroskopes. Aber im allgemeinen
wird die Achse des Beobachtungsgerätes nicht gerade mit der Gesichtslinie
des Auges zusammenfallen. Bei Doppelobjektiven kann das jedenfalls nie
für beide Hälften der Fall sein. Die Folge solcher Abweichungen von der
Achsenrichtung ist eine Ablenkung der dingseitigen Büschelachse, d. h. der
Hauptstrahlenrichtung, eine Richtungsänderung des Büschels im ganzen
und ferner eine Änderung der das Büschel aufbauenden Strahlen in ihren
gegenseitigen geometrischen Beziehungen. Hier bei der Beobachtung machen
sich die letzten Fehler, nämlich die wegen der Kugelgestalt der Flächen und
die Koma natürlich störender bemerkbar als im Beleuchtungsteil. Die Verschiedenheit der Bildgüte in beiden Objektivbildern kann erheblich sein
und sehr stören. Die Einhaltung der Achsenrichtung für die Beobachtung
ist im allgemeinen natürlich nicht möglich. In vielen Fällen kann man
sich jedoch ihre Vorteile zunutze machen, wenn man statt der Doppelobjektive einfache Mikroskopobjektive wählt. Will man dabei aber nicht
auf die Vorteile der stereoskopischen Beobachtung, deren Vorzüge oben
gestreift wurden, verzichten, so sieht man sich vor die optische Aufgabe
gestellt, die E. Abbe vor 44 Jahren in seinem stereoskopischen Okular gelöst hat. L. Koeppe ging zu diesem Beobachtungsmittel über, um Raum
vor dem untersuchten Auge zu gewinnen, als er die Ausdehnung der Untersuchung auf die tieferen Teile erstrebte.

Die Erweiterung des Untersuchungsgebietes.

§ 18. Aus dem auf S. 136/7 und 152/3 gesagten geht hervor, daß sowohl durch die Beleuchtung als auch durch das Beobachtungsgerät dem Vordringen in die Tiefe Grenzen gesetzt sind. Wie ebenfalls schon oben angegeben ist, lassen sich die dort ermittelten Höchstgrenzen in Wirklichkeit noch gar nicht erreichen. Das ist vor allem deswegen nicht möglich, weil man zwar jeweils eines der beiden Glieder der Untersuchungsgerätschaften in der oben angenommenen Weise dem untersuchten Auge nähern kann, aber nicht gleichzeitig beide, wie es nötig ist. Die Grenze liegt daher viel weniger tief. Sie ergibt sich, wenn man den geringsten Winkel ermittelt, den die optische Achse des Untersuchungsbüschels, d. h. der Lampe mit der Achse des vom Büschel abgewendeten Objektivs bilden kann, während Spaltbild und der Achsenpunkt der Dingebene des Mikroskopes im Winkel scheitel zusammenfallen. Die Mindestgröße dieses Winkels beträgt etwa 30° und hängt von der räumlichen Ausdehnung der Geräteteile ab.

Was für eine Untersuchungstiefe bei dieser Zusammenstellung erreicht wird, hängt nun von der Pupillenweite ab. Ist sie groß, so faßt sie die beiden Achsenstrahlen noch in einem größeren Abstand vor dem Scheitel, als wenn sie gering ist. Da der Scheitel aber den Gewebsfernpunkt bestimmt, so wird man bei weiter Pupille tiefere Teile untersuchen können, als bei enger. So konnte man kaum über das vordere Drittel des Glaskörpers hinaus vordringen. Die Verschmälerung der Bildlinse hat man dabei schon vorgenommen. Man konnte weiter kommen, wenn man die Büschelachse der Lampe zwischen die Objektivachsen verlegte. Da die räumlichen Verhältnisse dies nicht zulassen, lag es nahe, die Verlegung optisch mit Hilfe eines Spiegelchens vorzunehmen, womit der Verfasser 1914 Versuche anstellte. L. Koeppe ließ (28. S. 287) ein Spiegelchen mit einem Kugelgelenk an der Bildlinse befestigen (s. Fig. 12, S. 155 und Fig. 21, S. 168). Da zwischen den Objektiven nicht genügend Raum frei ist, mußte das Spiegelchen unmittelbar neben oder über dem Objektivpaar zu stehen kommen. Noch vorteilhafter gestalteten sich die räumlichen Verhältnisse, als L. Koeppe (28. S. 295 f.) auf das Doppelobjektiv des Czapskischen Hornhautmikroskops verzichtete und nur ein Objektiv in Verbindung mit dem stereoskopischen Okular von Abbe einführte. Dazu nötigte auch die erhebliche Verschlechterung der Abbildung infolge der Kugelgestalts- und der Komafehler, die eintraten, wenn Hornhaut und Linse weit außerhalb ihrer Achsenrichtung durchsetzt wurden. Daß man aber den Augenhintergrund noch immer nicht erreichen konnte, erhellt aus den Darlegungen auf S. 136. Dort ist die Brechkraft des rechtsichtigen Gullstrandschen Übersichtsauges eingesetzt worden. Abweichungen davon können natürlich andere Ergebnisse bedingen. So wird man bei Augen mit schwächerer Brechkraft weiter kommen. Insbesondere sei an das linsenlose Auge erinnert, das in der Regel dank seiner geringen Brechkraft stark übersichtig ist, und dessen Netzhaut somit der Hornhaut optisch verhältnismäßig nah steht. Um aber auch bei rechtsichtigen Vollaugen die Netzhaut zu erreichen, mußte das Büschel eine größere Schnittweite erhalten. Der Angriffspunkt zur Änderung des Büschels wurde von L. Koeppe (a. a. O.) an die Hornhaut verlegt. Die Sammelwirkung der vorderen Hornhautfläche läßt sich ausschalten durch eine Wasserschicht, deren Brechzahl der der Hornhaut annähernd gleichkommt, und deren vordere Begrenzung beliebig gestaltet werden kann.

Auf diesen Verhältnissen beruhende Beobachtungen sind schon lange bekannt. In dem Orthoskop von Czermak und der Lohnsteinschen Wasserkammer sind sie zu verschiedenen Zwecken benutzt worden. Die Lohnsteinsche Wasserkammer, als das für die vorliegende Aufgabe zunächst handlichste Mittel, hat der Verfasser auch versuchsweise herangezogen. Mancherlei Mängel, die L. Koeppe (28.) darlegt, ließen die Verwendung eines Haftglases nach dem Vorbild des Fickschen Hilfsmittels vorteilhafter erscheinen. Es wurde dann im Lauf des Krieges von L. Koeppe für die Spaltlampenuntersuchung der Hornhaut ausgebildet. Die höhere Brechzahl des Glases verleiht der auf die Hornhaut aufzulegenden Hohlfläche eine erhebliche Zerstreuungswirkung, so daß auch die Sammelwirkung der Linse ausgeglichen wird. Die vordere Begrenzung der Glasschicht erhielt eine solche Erhabenheit, daß der Augenhintergrund annähernd in der Vergrößerung 1 gesehen wird. Störende, flächenhafte Reflexe einer ebenen Fläche werden

Fig. 12.

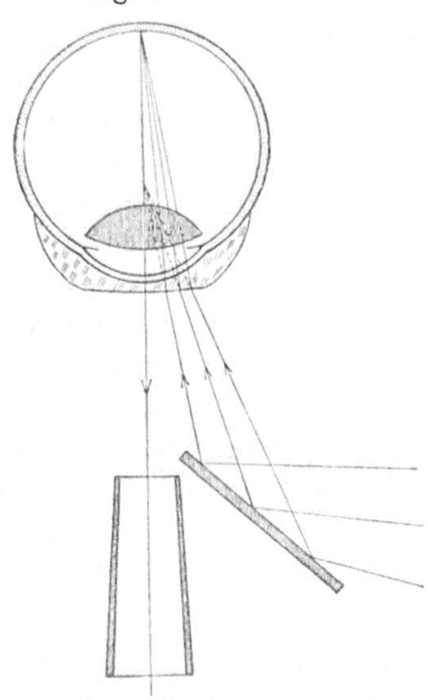

Ein Achsenschnitt durch ein Auge mit dem Haftglas zur Untersuchung des Augenhintergrundes mit dem Hornhautmikroskop oder dem Augenmikroskop. Durch das Glas wird die Schnittstrebigkeit des Beleuchtungsbüschels vermindert. Mit Hilfe des Silberspiegels wird die Beleuchtungsrichtung der Achse des Mikroskopobjektivs genähert.

durch die Krümmung der Vorderfläche vermieden, und der Astigmatismus der Randteile der Innenfläche wird herabgesetzt. Die Rücksicht auf die Bildgüte verweist die Beobachtung dringend auf die Achsenrichtung sowohl des Haftglases als auch des Auges und veranlaßte K. dazu, vom Doppelmikroskop zum Einzelmikroskop mit dem stereoskopischen Okular von Abbe überzugehen, wenngleich man den Augenhintergrund auch mit dem Czapskischen Hornhautmikroskop, allerdings nicht ganz bequem, zu Gesicht bekommen kann. Hinsichtlich der Einzelheiten, insbesondere wegen der Maßverhältnisse der verschiedenen von C. Zeiß angefertigten Gläser wird auf Koeppe (Münch. m. W. 1918. 65. S. 391/2 [9. IV.]; 28. und 48.) verwiesen. Das Anwendungsgebiet reicht bis zu 5—10 dptr Kurzsichtigkeit.

Daß H. Wolff mit anderen eigenen Mitteln schon vor Jahren die Netzhaut in fokalem Licht bei 60facher Vergrößerung beobachtet hat, darf nicht unerwähnt bleiben (9a. S. 108.).

§ 19. Die Bestrebungen, auch den Kammerwinkel bei fokaler Beleuchtung zu beobachten, führen auf ähnliche Wege wie die Ausdehnung der Untersuchung vom vorderen Augapfelabschnitt auf die tieferen Teile. Die Kammerbucht ist für die Untersuchungen ohne weiteres nicht zugängig (M. Salzmann 25. und A. Trantas 1907), auch nicht für die Untersuchung mit der Blendenlampe. Der Lederhautsporn ist undurchsichtig, und die unmittelbar an ihn angrenzenden Hornhautteile sind ebenfalls nicht genügend klar. Auf die nächsten klaren Hornhautabschnitte aber treffen die aus der Kammerbucht kommenden Strahlen unter einem so großen Einfallswinkel auf, daß sie zum Teil der Totalreflexion an der Hornhautfläche unterliegen, zum Teil aber als durchtretende Büschel eine außerordentlich starke astigmatische Entstellung erleiden, und die Bilder daher keine nennenswerte Vergrößerung ertragen. Um diese Strahlen unter einem anderen Winkel in die Luft austreten zu lassen, wird man auf dem Strahlenweg jeweils die vordere Hornhautfläche nicht an Luft, sondern an ein Mittel mit einer höheren Brechzahl (Kochsalzlösung oder Glas) angrenzen lassen und seiner Grenzfläche eine geeignete Neigung erteilen, da man auf die Strahlenrichtung in der vorderen Kammer selbst keinen merklichen Einfluß hat. (Eserin erweitert ja das Gebiet, von dem aus man Einblick in die Bucht gewinnt, durch Abflachung des Iriswulstes nur wenig.) M. Salzmann wählte ein Ficksches Haftglas, durch das die Austrittsfläche für die Strahlen weiter nach vorn geschoben wird. Aber auch dabei ist das Bild mit hohem Astigmatismus behaftet. Pläne und Versuche des Verf. gingen dahin, ein Glasstück auf die Hornhaut mit einer ihrer Form angepaßten Fläche aufzusetzen, die Seitenflächen in nahezu senkrechter Richtung zur Beobachtung zu benutzen und die Beleuchtung mit einer am Glas anzubringenden Spiegelfläche in den Kammerwinkel zu leiten. Auch mit der Lohnsteinschen Wasserkammer bzw. mit dem Tauchverfahren am Schweinsauge kam man zu einem besseren Einblick. Im Jahre 1919 veröffentlichte L. Koeppe (38. 43.) die beiden von ihm ausgearbeiteten Lösungen der Aufgabe, vom Kammerwinkel so gute Bilder zu erzielen, daß sie auch die Vergrößerung durch das Hornhautmikroskop vertragen können. Es handelt sich um eine kleine, mit Kochsalz-Glyzerinmischung ($n = 1{,}336$) gefüllte Kammer, die mit einer Gummidichtung, ähnlich der Lohnsteinschen, versehen war. Der Krümmungshalbmesser der vorderen Begrenzung betrug 15 mm; sie war kugelförmig, wenngleich die wirksame optische Zone viel kleiner war. Die andere Lösung war die eines Auflegeglases.   Der Krümmungshalbmesser der optisch wirksamen Zone betrug 13,5 mm (Fig. 13).   Im ersten Fall bildete die Beobachtungszone einen Winkel von 70° mit der Beobachtungsachse, im zweiten einen von 63°.   Da das Gebiet sehr eng begrenzt ist, aus dem zur Abbildung brauchbare Strahlen austreten, so nützt das Hornhautmikroskop mit dem Doppelobjektiv zur Beobachtung nicht gar viel, weil immer eines der beiden Objektive ein äußerst schlechtes Bild erhalten muß.   Daher war hier der Übergang zum einfachen Mikroskopobjektiv nötig.   Da ferner auch zur Beobachtung ein möglichst gutes Spaltbild sehr wertvoll, das Untersuchungsbüschel somit ebenfalls auf das in Rede stehende Gebiet als Eintrittsstelle angewiesen, und für beide Geräte möglichst senkrechter Strahleneinfall auf die vordere Begrenzungsfläche erwünscht ist, so mußten die Achsenrichtungen des Beleuchtungs- und des Beobachtungsgerätes einander tunlichst genähert werden.   Ähnlich wie bei der Untersuchung der tieferen Augenteile hilft hier der Silberspiegel über die räumliche Behinderung durch die Geräteteile hinweg.   Will man auf die Vorteile der stereoskopischen Beobachtung nicht verzichten, so ergibt sich auch hier von selbst die Notwendigkeit, die stereoskopische Wirkung am zweiten Teil des Mikroskops auf die von E. Abbe angegebene Weise mit dem stereoskopischen Okular herbeizuführen.   Da die Oberfläche des Glases eine starke Krümmung besitzt, also eine erhebliche Sammelwirkung ausübt, so muß die Schnittweite des Beleuchtungsbüschels genügend groß gewählt werden, damit das Spaltbild nicht schon vor dem Kammerwinkel entworfen wird.   Die Brennweite soll daher mindestens 10 cm lang sein, sonst hat man nicht genügend Abstand vom Auge.   (S. a. S. 134.) Immerhin muß man auf 2 bis $2\frac{1}{2}$ cm an das Glas herangehen.   Zur Beobachtung werden die Objektive a_1 und a_2 empfohlen.

Fig. 13.

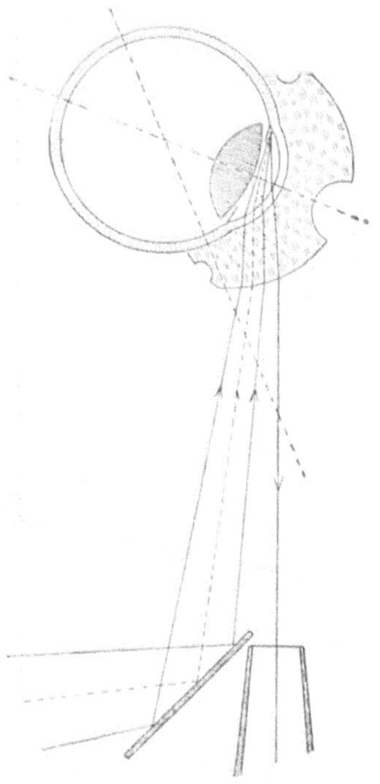

Ein Achsenschnitt durch ein rechtes Auge mit dem Auflegeglas zur Untersuchung des nasalen Kammerwinkels (von oben betrachtet). Die durch den Augendrehpunkt und den Rand des Glases laufende gestrichelte Gerade ist der Medianebene gleichgerichtet. Der Silberspiegel steht schläfenwärts neben dem Mikroskop. Das untersuchte Auge blickt nach links, nasenwärts. Die zweite punktierte Linie gibt die »Augenachse« an.

Der mechanische Aufbau des Gerätes von C. Zeiss.

§ 20.   Zum Verständnis des Aufbaus der ganzen Untersuchungsgerätschaft in ihrer heutigen Zusammenstellung, die mancherlei Wünsche nicht befriedigt und daher vielerlei Verbesserungsvorschlägen ausgesetzt ist, muß man wissen, daß sie aus der ursprünglich ganz als Einzelgerät geplanten

Fig. 14.

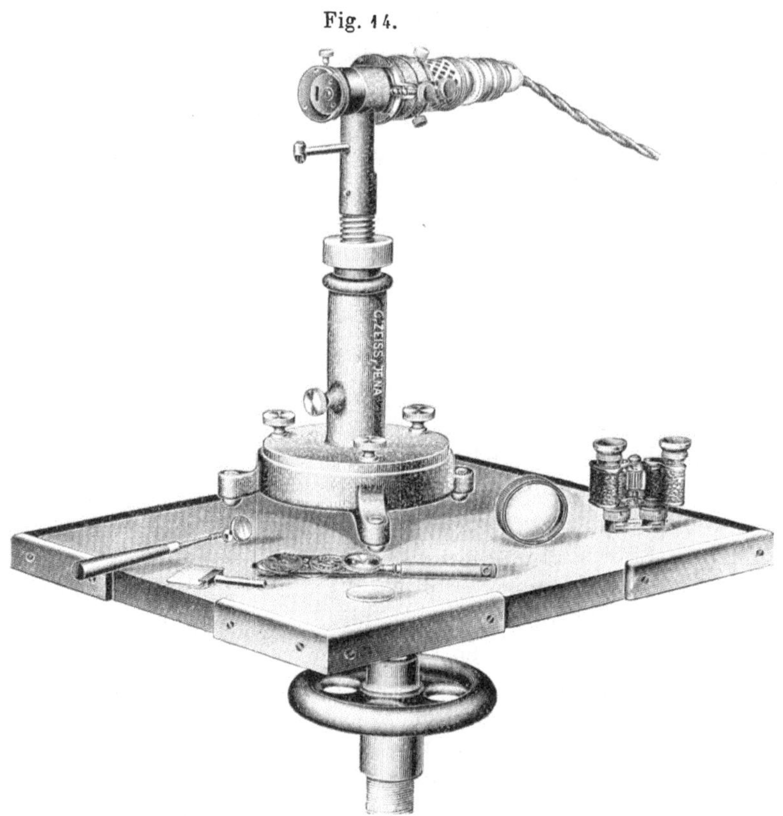

Die GULLSTRANDsche Nernstblendenlampe in der ursprünglichen Ausführung von C. Zeiß. Ringförmiger Dreifuß und Hochstellvorrichtung wie in Fig. 11. Rechts neben der Lampe liegt die Ophthalmoskopierlinse nach GULLSTRAND und v. ROHR; weiter rechts die beidäugige Fernrohrlupe von HENKER und v. ROHR mit ihrem Paar dingseitiger Aufsteckgläser. Man erkennt, daß der dingseitige Achsenabstand kleiner ist als der bildseitige.

GULLSTRANDschen Nernstspaltlampe durch Anfügung von Zusatzteilen zur Erfüllung neuer Forderungen nach und nach hervorgegangen ist.   Die Nernstspaltlampe dient nicht bloß der fokalen Beleuchtung, sondern auch andern Untersuchungsverfahren.   Auch ließ GULLSTRAND seinerzeit die fokale Beleuchtung an der Spaltlampe so ausüben, daß die Bildlinse in der freien Hand gehalten wurde, während die andere Hand eine vergrößernde Lupe führte.   Den so gestellten Aufgaben wurde die Nernst-Spaltlampe in ihrer ursprünglichen Gestalt, wie sie in Fig. 14 und 15 wiedergegeben ist, gerecht. Das Spaltlampenrohr enthält den Brenner, die Lampenlinse und die Blende. Blende und Glühkörper müssen in der optischen Achse der Lampenlinse angeordnet sein und den vorgeschriebenen gegenseitigen Abstand haben. Die richtige Anordnung der Blende konnte im Bau unveränderlich festgelegt werden. Damit aber auch jeder beliebige neue Brenner, von denen ja nie einer genau so ausfällt wie der andere, in die durch die optische Anlage vorgesehene Stellung gebracht werden kann, muß er mit seiner Fassung in zwei zueinander senkrechten Richtungen und quer

Fig. 15.

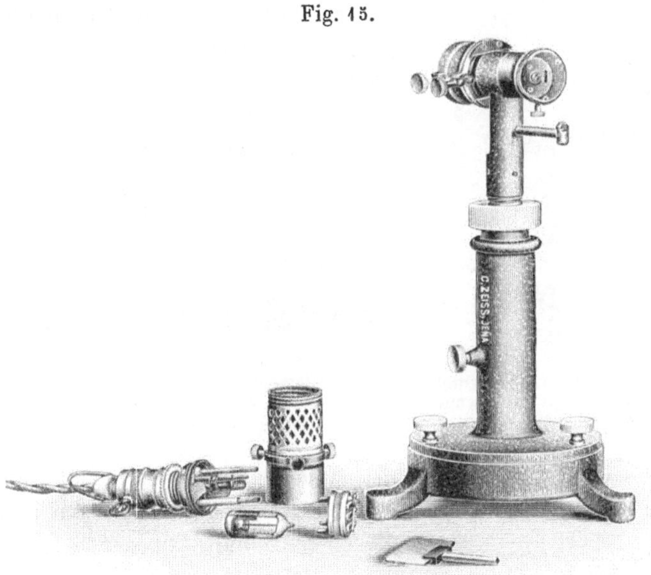

Die GULLSTRANDsche Nernst-Blendenlampe in der ursprünglichen Ausführung von C. Zeiß.
Das Brennergehäuse samt dem Nernstbrenner und Sockel sind entfernt und auseinander genommen.
Lampensockel, Widerstandsröhren, Nernstglühkörper rechts vor ihnen; dahinter steht das Brennergehäuse.

zur Achse um genügende Beträge stetig verschieblich sein und sich unabhängig von der Spaltblende um die optische Achse drehen lassen, so daß er mit seiner Längsausdehnung in die Spaltachsenebene eingestellt werden kann. Eine entsprechende Vorrichtung besitzt das Lampengehäuse. Bei der Nernstspaltlampe genügte neben der Drehbarkeit des Lampenfassungsstutzens im Rohr eine durch die Schraube t (in Fig. 16 und 19 bei N) zu betreibende Schlittenverschiebung senkrecht zur Spaltrichtung, weil das Nernststäbchen so lang war, daß sein Bild die Spaltblende an beiden Enden überragte, wenn sich das Stäbchen einmal in der optischen Achse befand und dem Spalt gleichgerichtet war. Für die Nitralampe sind außerdem kleine Verschiebungen des Brenners in zwei zueinander senkrechten Richtungen quer zur Achse durch die beiden Schrauben *5* (Fig. 16 und 17) vorgesehen. Der Fassungsstutzen *3* (s. Fig. 17) gleitet, gegen Achsendrehungen durch die Führung in dem Schlitz gesichert, in seiner Hülse *4*. Dadurch läßt sich die Entfernung des Glühkörpers von der Lampenlinse regeln, und zwar zwischen zwei solchen Endstellungen, daß entweder die Abbildung im Spalt oder die auf der Bildlinse herbeigeführt werden kann. Der Übergang von der einen zur anderen erfolgt lediglich durch einen Handgriff[1]). Der Lampenlinsenteil steckt in dem mittleren Teil des Rohres, das durch die Stirnwand mit der Spaltblendeneinrichtung verschlossen ist. Die Schraube *s* (in Fig. 16 und 19)

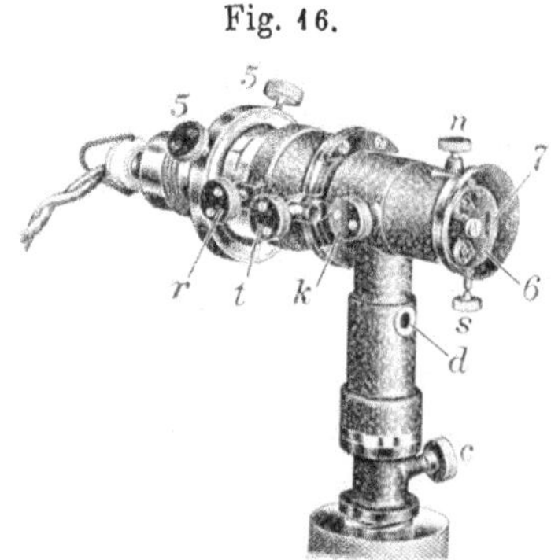

Fig. 16.

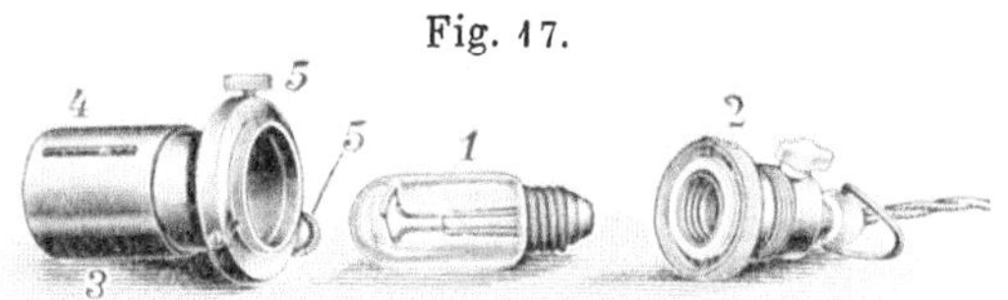

Fig. 17.

sorgt für eine sehr feine stetige und symmetrische Veränderung der Spaltbreite. Vor dem Spalt dreht sich die Scheibe *6*, die außer einer Aussparung *7* für den Spalt die beiden kreisrunden Lochblenden trägt (s. oben S. 124/5). Mit einer federnden Rast

Eine Nitra-Blendenlampe neuer Art. *6* drehbare Blendscheibe mit zwei Lochblenden und einem länglichen Ausschnitt zur Freigabe des dahinter in der Stirnwand der Röhre angeordneten Spaltes. Mit der Schraube *s* läßt sich die Spaltweite ändern. Die Stirnwand kann nach Lösen der Klemmschraube *n* gedreht werden. *t* Trieb für den Schlitten. Mit der Schraube *r* wird das Brennergehäuse festgeklemmt; die Schraube *k* verhindert Drehungen des Spaltlampenrohres um seine Achse. Wegen *r* und *t* siehe auch Fig. 19.

Das Nitralampengehäuse. *1* Nitrabirne, *2* Lampenfassung, *3* Lampenrohr samt ausziehbarer Hülse *4* und Richtschrauben *5* für die Brennereinstellung.

wird sie beim Drehen jeweils in der richtigen Stellung angehalten, so daß die betreffende Öffnung in der optischen Achse liegt. Diese ganze eigentliche Spaltlampe dreht sich in einem kurzen wagrechten Rohrstück, das den Oberteil des senkrecht stehenden Schaftes bildet, um ihre optische Achse, damit der Blendenspalt auch in beliebigen anderen als der senkrechten Stellung verwendet werden kann. Die Lampe dreht sich natürlich mit. Bei der elektrischen Bogenlampe ist das aber unzulässig. Daher wird an den neuen Lampen das ganze Rohr durch die Klemme *k* festgestellt. Dafür läßt sich die Stirnwand der Lampenröhre selbständig drehen (Klemme *n*, Fig. 16 und 19), so daß der Spalt selber bei unveränderter Stellung der Lampe in beliebige Lagen gebracht werden kann. Gelegentlich enthüllt eine so ermöglichte Änderung in der Lage der Büschelebene im Gewebe durch einen überraschend deutlichen Überblick Gestaltverhältnisse und Zusammenhänge, die bei der Beobachtung mit senkrecht

---

1) Neuerdings hat man ein anderes Fassungsstück für die Nitralampe verwendet.

stehendem Spalt oder mit einer einzigen Spaltrichtung recht verwickelt erscheinen. Selbstverständlich darf man bei etwa wagrecht liegendem Spalt die Beobachtungseinrichtung nicht in der wagrechten Büschelebene lassen, sondern muß etwas von oben hinab auf die beleuchtete Gewebsfläche blicken statt wie sonst von der Seite. L. Koeppe (46. S. 32/3.) hält es für »unbedingt notwendig, das leuchtende Spaltbündel stets vertikal angeordnet zu verwenden«. Dagegen hat der Verfasser nicht nur z. B. bei taschenförmigen Hornhautwunden oder -narben, sondern besonders auch bei der Untersuchung des vorderen Glaskörpers diesen Wechsel der Büschelebene gerade als großen Vorteil schätzen lernen.

Fig. 18.

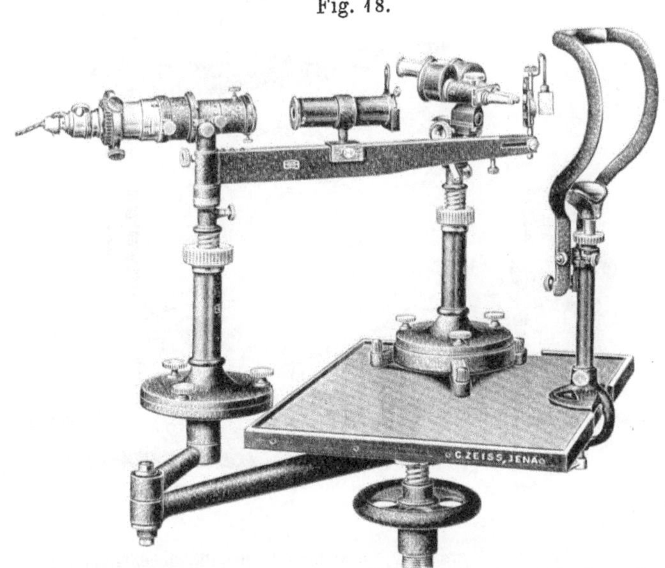

Eine Nitra-Blendenlampe auf dem zweigliedrigen Lampenträger an der Säule des Tisches. Im freien Ende des Bildlinsenarmes gleitet ein Schlitten mit einer Vogtschen Bildlinse. Über ihr ist der biegsame Draht mit dem Silberspiegelchen festgeklemmt. Einfache Blendenröhre mit vorgeschaltetem Rotfreifilter, dessen Griff nach oben ragt. Ringförmiger Dreifuß mit Hochstellvorrichtung samt Schlitten. Kinnstütze und Stirnbogen.

§ 21. Sehr bald machten sich an dem ursprünglichen Gerät weitere mechanische Hilfsteile nötig. Zunächst mußte für eine leichtere Beweglichkeit der ganzen Lampe gesorgt werden. Wenn die Untersuchung nicht durch eine unbequeme Haltung des Untersuchten oder des Beobachters leiden soll, so müssen die Tischplatte, die Kinnstütze und das Mikroskop unabhängig voneinander schnell und leicht der Höhe nach verstellt werden können. Dazu sind Vorrichtungen mit Schraubspindeln vor den Ausziehstangen mit Klemmschrauben bei weitem vorzuziehen. Auch die Lampe soll für sich auf- und niedergeschraubt werden können (s. S. 163). Beim Übergang von dem einem Auge des Untersuchten zum anderen mußte man die

nicht ganz leichte Lampe herumtragen, wenn man den oft noch mehr
Zeit raubenden und aus bekannten Gründen unangenehmen Platztausch mit
dem Kranken vermeiden wollte. Gleichzeitig gab der Übergang zu stärkeren
Vergrößerungen bei der Beobachtung, und zwar die im Zusammenhang damit
erfolgende Anwendung des Czapskischen Hornhautmikroskops (23.; S. a. S. 170)
Anlaß zur Verwendung des großen Kreuztisches, der eine feinere und sichere
Einstellung des Mikroskopes möglich macht. Den aus den ersten Erfahrungen

Fig. 19.

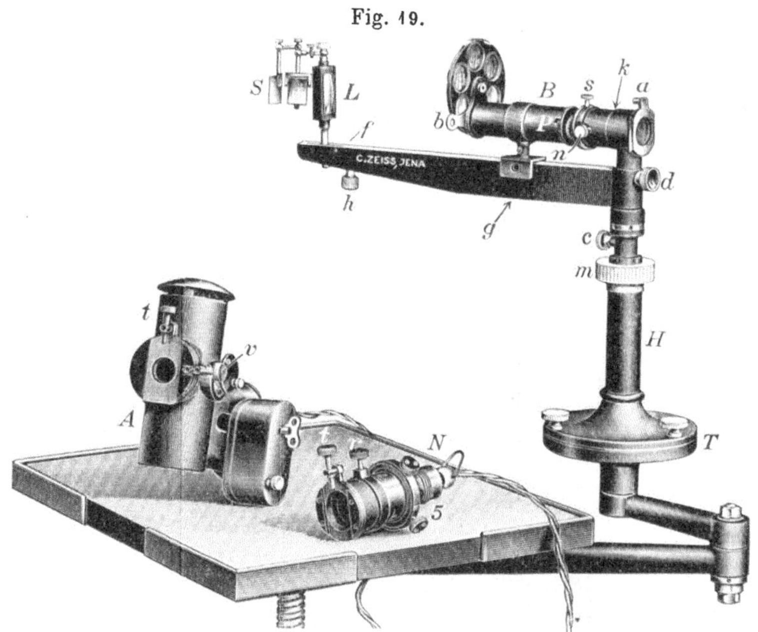

Eine Blendlampe, an der sich nach Wunsch die Nitralampe *N* oder die Bogenlampe *A* mit Hilfe ihrer
Schlittenführung unterhalb von *a* einsetzen läßt. Der Kreuzschlitten an *A* wird durch die Schrauben *t*
und *r* gehalten und bewegt. Die Schraube *t* greift in ein Gewinde bei *a* ein. Man sieht rechts am
Bogenlampengehäuse das Uhrwerk, das die abbrennenden Kohlen nachschieben soll. (*5*, *r* und *t* an *N*
s. Fig. 16.) Auf dem Teller *T* des zweigliedrigen Lampenträgers ruht die Hochstellvorrichtung *H*.
Sie ist mit drei Schrauben festgemacht wie auf Fig. 18. Mit der Mutter *m* setzt man die Höhenverstellung in Bewegung. *c* klemmt den Zapfen des Lampenschaftes fest. Die Stirnwand mit der Blendenscheibe kann durch die Schraube *n* festgeklemmt werden. Der Zapfen des Bildlinsenarmes *g* wird
durch die Schraube *d* festgehalten. *h* Triebschraube des Bildlinsenschlittens *f*. *L* aplanatisch asphärische Bildlinse nach Gullstrand und v. Rohr; die Seitenteile sind nach Vogts Angabe weggeschliffen.
S Silberspiegel. *B* Blendrohr mit fünfteiliger Farbglasscheibe. *b* Einsteckblende. An Stelle der
durchbohrten Deckenwand *P* läßt sich der Polarisator in die Blendröhre einschieben.

entspringenden Wünschen kam O. Henker (27.) durch die Herstellung eines
Lampenträgers in Form eines schwenkbaren zweigliedrigen Armes nach, der
am Fuß des Hornhautmikroskops durch eine Schelle befestigt wurde und
am freien Ende eine ausgiebige Höhenverstellung besaß. Er erhielt auf Anregung des Verf. eine Durchbiegung nach oben, damit der Untersucher in
der Linsenführung nicht behindert werde (27. Abb. 3). Da die Lampe und
das Mikroskop von der gleichen Säule, die auf dem Kreuztisch ruht, ge-

tragen wird, so erfolgen bei Einstellungsänderungen mit Hilfe des Kreuztisches gleiche Verschiebungen für beide.   Sind daher bei der Anwendung des noch zu beschreibenden Bildlinsenarmes die Schneide des Untersuchungsbüschels und das Mikroskop auf den gleichen Punkt eingestellt, so bleiben sie es auch bei der Verschiebung des ganzen Gerätes, wenigstens in der Gegend des vorderen Augapfels (s. S. 176/7).   Auch ließ O. Henker einen zweigliedrigen Lampenträger an der Säule des Instrumententisches unter der Tischplatte sehr leicht beweglich in Kugellagern anbringen, wobei allerdings die früher ausgiebigere Hochstellvorrichtung verkürzt wurde (Fig. 18, 19

Fig. 19a.

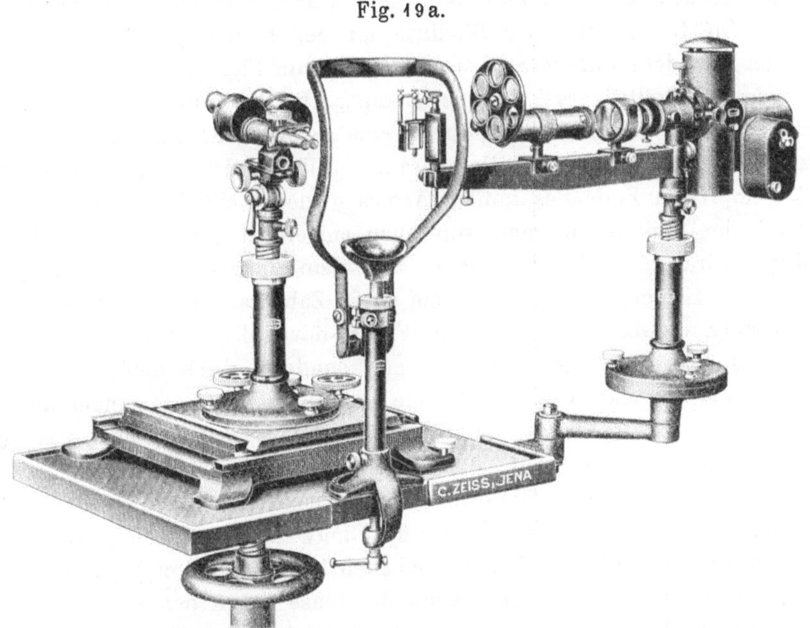

Eine Spaltlampengerätschaft mit dem Hornhautmikroskop auf einem großen Kreuzschlitten.

und 29 [S. 175]).   Dafür wurde das Hornhautmikroskop frei.   Auf einer reinen polierten Glasplatte gleitet der mit Korksohlen versehene Dreifuß, und die gewünschte Mikroskopstellung läßt sich so rasch und bequem unmittelbar erreichen (Fig. 18 u. 29).   Die feine Stetigkeit der Verschiebung durch Zahn und Trieb, die der Kreuztisch gewährt, vermißt man gelegentlich doch.   Die starken Vergrößerungen nötigten weiter dazu, die Lampenlinse ruhig zu stellen und mit der Lampe ein für allemal in der richtigen Stellung zu verbinden, so daß dieser wichtige Punkt bei der Untersuchung keine Aufmerksamkeit mehr beanspruchte (S. 142).   Damit war der Schritt von der freien zur starren Führung getan.   Er erwies sich in der Folge als eine äußerst vorteilhafte Maßnahme.   Denn der Übergang zur Nitralampe mit ihrer ungleichmäßigen

Lichtquelle hatte seinerseits die Änderung der optischen Anordnung im Sinne der Köhler-Vogtschen Abbildung des Glühkörpers in die Linse zur Folge, und damit war der Vorteil und auch nahezu die Möglichkeit der freien Führung doch verloren (S. 126 s. Fig. 3, 6 und 7). Denn jetzt hatte man kein großes Leuchtfeld mehr, innerhalb dessen man mit der Linse den Kopfbewegungen des Untersuchten ausgiebig nachgeben konnte, ohne das Licht zu verlieren. Das enge Beleuchtungsfeld zwang die Linse an eine ganz bestimmte Stelle. Diese inne zu halten, hätte dem Untersucher, ganz abgesehen von den Störungen durch die Unruhe des Untersuchten, eine neue, schwierigere Aufgabe gestellt, als sie die Einhaltung der richtigen Achsenlage und des Abstandes bedeutete. Der Bildlinsenträger wurde also jetzt erst recht notwendig. Die Befestigung der Bildlinse an der Lampe geschah an einem Arm, der mit dem kurzen Stift an Stelle des auf Fig. 14 und 15 noch vorhandenen Glaskeilträgers[1]) in die Lampenschaftbohrung (d Fig. 16) eingeschoben und dort zunächst durch eine seitliche Klemmschraube, jetzt wirklich sicher durch eine Mutterschraube (d in Fig. 19 S. 162) festgehalten wird. Im freien Ende des hohlen Armes g gleitet ein Schlitten f, in den der Stift der Bildlinsenfassung von oben eingeführt werden kann. Dieser Schlitten wird mit Hilfe der unten aus dem Träger ragenden gerieften Schraube h in einem Bereich von 4 cm durch Zahnstangen bewegt. Die Ortsveränderung, die das Spaltbild Bl' (s. Fig. 6) durch diese Linsenverschiebung erfährt, ist natürlich nicht gleich 4 cm, sondern gleich dem Unterschied zwischen der Strecke von der Blende zum Blendenbild in einem und im anderen Fall. Diese Strecke setzt sich aber jeweils zusammen aus zwei Teilen, nämlich der Ding- und der Bildentfernung von der Bildlinse. Wird aber das erste Teilstück verändert, so ändert sich auch das zweite. Die Abweichung ist nun solange gering, wie die Dingweite wesentlich größer ist als die Brennweite der Linse. Bei der üblichen Linse ($f = 7$ cm) verlagert sich das Spaltbild um rund $3^3/_4$ cm, wenn die Linse gegen den Spalt um 4 cm verschoben wird; bei $f = 10$ cm um 3,3 und bei $f = 15$ cm um 1,6 cm. Bei freier Führung der Linse kommen größere Dingabstände vor. Den Dingweiten von 32, 36, 40 und 50 cm entsprechen bei $f = 7$ cm Strecken zwischen Spalt und Spaltbild von 41, $44^3/_4$, $48^1/_2$, 52,2 cm, d. h. den Dingabstandszunahmen von 4, 8 und 18 cm entsprechen Ortsveränderungen des Spaltbildes von $3^3/_4$, $7^1/_2$ und 11,2 cm. Hätte man bei solchen Verschiebungen Linsen längerer Brennweite, so würden die erzielten Spaltbildveränderungen unübersichtlich, indem z. B. auch Umkehrpunkte erreicht würden. Den obigen Abständen entsprächen z. B. für $f = 10$ als Veränderungen $3^1/_3$, $6^3/_4$ und 6 cm, für $f = 15$ dagegen $1^1/_2$, 3,8, 11,2 cm. Bei der Birkhäuser-

---

1) Zur Ausführung der Stigmatoskopie wird ein Glaskeil vor der Blendenscheibe befestigt (Fig. 14 und 15). Er liegt links neben dem Mortonschen Spiegel auf dem Tisch.

schen Lampe (Fig. 30 S. 176) trägt ein Wagen, der auf Rollen leicht hin und her gleitet, die Lampe samt dem Bildlinsenarm und der Linse. Daher läuft die Büschelschneide genau so weit vor- oder rückwärts, als man den Gerätewagen verschoben hat, wenn man auf die ebenfalls vorhandene Schlittenverschiebung der Bildlinse mit der Schraube verzichtet. (Die Wagenverschiebung allein würde zur feineren Untersuchung nicht ausreichen, da sie nicht fein genug abgestuft werden kann.) Ähnlich wie die Drehung des Spaltes um die optische Lampenachse, so erwies sich dem Verfasser auch die Möglichkeit einer Neigung der Lampenachse zur wagrechten Ebene gelegentlich als angenehm. So z. B. wenn man hinter Trübungen der vorderen Schichten des Auges in die Tiefe schauen will, und entsprechende Augapfeldrehungen unmöglich oder nutzlos sind. Man kann dann das Büschel von unten oder von oben her in das untersuchte Auge schicken. Die Neigung wird durch die Einfügung des Kippgelenkes nach dem Vorschlag von J. KRAMER (s. bei O. HENKER 27. S. 84) in den senkrechten Spaltlampenträger ermöglicht. Es ist das gleiche Stück, das auch auf der Säulenspindel unter dem Hornhautmikroskop verwendet wird (Fig. 199). Damit die Neigung immer in der Achsenebene erfolge, muß der Lampenschaft fest an das Zwischenstück angeklemmt werden, sonst sinkt die Lampe gelegentlich seitlich um. Vielfach legt man auf die Kippbewegung keinen Wert und läßt das Kippgelenk weg, meines Erachtens mit Unrecht. Die Kippvorrichtung war ein brauchbarer Ersatz für die umständliche, langsame Höhenverstellung an der Lampensäule, deren Betätigung eine Unterbrechung der Beobachtung und eigentlich regelmäßig eine Neueinstellung verlangt. Nun genügen für die Höhenverstellung während der Untersuchung im allgemeinen Verschiebungen des Untersuchungsbüschels von 1—2 cm vollauf und sind mit dem Kippgelenk ohne Schwierigkeit auszuführen. Wie ungemein wertvoll und angenehm gar eine feine, stetig erfolgende Höhenveränderung während der Beobachtung sein kann, das zeigt der Beifall, den eine auf H. ARRUGAS Anregung vom Zeißwerk hergestellte Vorrichtung bei allen Teilnehmern eines Spaltlampenkurses in Jena (1924) fand. Eine genaue Beschreibung ist noch nicht veröffentlicht, steht aber nach einer persönlichen Mitteilung von Herrn Prof. HENKER in Aussicht[1]. Sie ist auf Fig. 29 (S. 175) zu sehen. Der Bildlinsenstift ist als Schraubspindel ausgebildet und mit einer Mutterhülse versehen. Diese wird wie vorher der glatte Stift allein in den beweglichen Schlitten des Spaltarmes eingeklemmt. Ein geränderter Schraubenkopf am unteren Ende der Hülse (unter dem Arm und vor dem Triebkopf für den Schlitten) besorgt die Hebung und Senkung um einen Betrag von über 2 cm. Allerdings verlangt die Vorrichtung ein genügend in senkrechter Richtung ausgedehntes Glühkörperbild, wie es als Rechteck nun

---

[1] Anm. bei der Korrektur. Der Aufsatz ist erschienen: Zeitschr. f. ophth. Optik 1925. 13. 4—7. Mit 4 Fig.

bei der Nitraspirale vorliegt. Wenngleich die Linsenachse bei dieser Bewegung seitlich gegen die optische Spaltlampenachse versetzt wird, so tritt doch keine merkliche Störung der Bildgüte auf, sofern die Verlagerung in mäßigen Grenzen bleibt und die Linse eine kleine Öffnung besitzt. Der Querschnitt des Bildlinsenarmes ist rechteckig, und seine Oberfläche eben. Sie liefert durch Spiegelung oberhalb des eigentlichen Spaltbildes ein störendes Nebenbild, zumal bei der ursprünglichen Nernstspaltlampe mit dem aus der Blende weit geöffnet austretenden Büschel. Daher wurde die Armoberfläche matt geschwärzt, und da das noch nicht genügte, ließ ferner L. Koeppe, um alle schädlichen Lichter von der Bildlinse fernzuhalten, ein Blendenrohr (*B* in Fig. 19; s. a. Fig. 18, 20 und 29) auf den Arm aufsetzen (Koeppe 29. S. 235; 31. S. 125, Abb. 1.). Es ist ein Rohr von 12 cm Länge und 4 cm Weite. In seiner spaltnahen hinteren Wand und nahe der Mitte trägt es einen kreisförmigen Blendenausschnitt von 1,5 bzw. etwa 2 cm

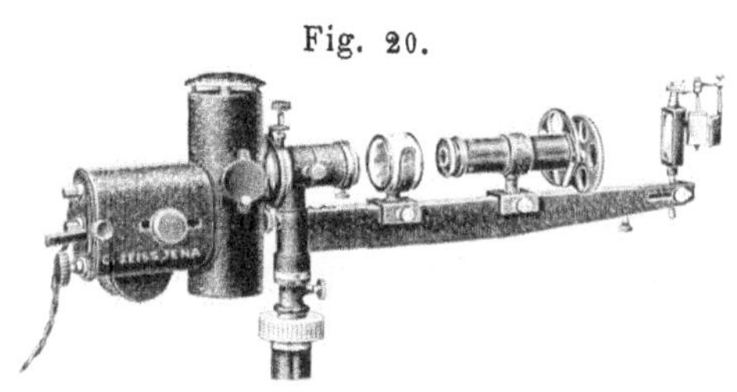

Fig. 20.

Eine Blendenlampe für Bogenlicht. Der Bildlinsenarm trägt einen Kühltrog. Das Blendenrohr ist mit einem Polarisator und den Drehscheiben für Glasfilter versehen. Bildlinse mit Silberspiegel wie auf Fig. 19.

Durchmesser. Die andere der Bildlinse zugewendete Stirnwand hat eine Öffnung von 28 mm (s. Fig. 18—20). Dort hat auch eine rechteckige Einsteckblende Platz.

An dem der Bildlinse zugewendeten Ende ist die Befestigung von Farbglasscheiben in verschiedener Art vorgesehen. Sie sollen gewisse Gewebsteile vor anderen dadurch hervorheben, daß gewissermaßen eine optische Differenzierung entsteht, ähnlich wie man sie durch chemische Mittel an Gewebsschnitten vornimmt. In einer solchen Absicht hat R. Helmbold (13.) farbiges Licht und zwar schmale Spektralbezirke zur Untersuchung des Augenhintergrundes und zur direkten Beleuchtung mit Nutzen verwendet. Zum gleichen Zweck hat er auch Lichtgemische aus verschiedenen Teilen des Spektrums in Erwägung gezogen. Koeppe griff zu farbigen Glasscheiben, um, wie er sich ausdrückt, in mehr monochromatischem Licht zu untersuchen. So bediente er sich einer Blauscheibe, um das fein verteilte gelbbraune oder hellbraune von dem mehr dunkelbraunen Pigment zu unterscheiden (30. S. 35.). Fluoreszeinfärbungen heben sich übrigens lebhaft von der Nachbarschaft ab. Später zog K. das Rotfreifilter vor, das A. Vogt (21. 22. 79.) mit so großem Erfolg in die Untersuchung des Augenhintergrundes eingeführt hatte. Eine Gelbscheibe verringert die Blendung an der Lederhaut, so daß davor liegende Gebilde, Blut- und Lymphgefäße deutlicher werden als im unfiltrierten Licht (29a. S. 2; 31. S. 126.). Zunächst trug die Blendenröhre ein federndes Lager zur Aufnahme eines festen Farbfilters für die Herstellung rotfreien Lichtes nach A. VOGT. Das Filter wird in geeigneter Fassung von C. Zeiß geliefert und besteht aus zwei Kupfersulfatglasscheiben, zwischen denen ein mit Erioviridin B gefärbtes Gelatineblatt liegt (Fig. 18). Dann ließ L. KOEPPE (48. S. 20) an dessen Stelle eine drehbare Blendenscheibe mit 5 Öffnungen anbringen (Fig. 19). Eine Öffnung bleibt frei, die anderen enthalten Farbgläser, nämlich je eine hellere und eine dunklere blaue und gelbe Scheibe. Die Einführung des elektrischen Bogenlichtes ließ eine Abstufung der Lichtstärke wünschenswert erscheinen. Darum wurde die Filtereinrichtung noch in Gestalt einer Doppelscheibe mit je vier Öffnungen (s. Fig. 20 und 29, S. 175) erweitert, von denen immer je eine in einer Rast vor dem Blendenrohr angehalten wird (63. S. 11). Von den vier Lücken bleibt jeweils eine frei. Die anderen drei enthalten in der einen Scheibe je ein rotes, gelbes und blaues Glas, in der anderen verschieden dunkle, rauchgraue Gläser zur Abstufung der Lichtstärke auf $1/2$, $1/4$ und $1/10$. Über die Durchlässigkeit verschiedener Gläser geben folgende Zahlen Auskunft, die ich Herrn Prof. HENKER verdanke:

Das SCHOTTsche Rotfilter F 4512, das in der Scheibendicke von 3 mm verwendet wird, hat bei 0,1 mm folgende Durchlässigkeiten für die Wellenlängen

644	578	546	509	480	436	405 $\mu\mu$
0,99	0,71	0,66	0,54	0,48	0,37	0,27

Das Blauglas ist das SCHOTTsche Blaufilter F 3873 mit einer Dicke von 1,4 mm. Seine Durchlässigkeit bei 1 mm Dicke beträgt für die Wellenlängen

Sichtbares Spektrum						Ultraviolettes Spektrum		
578	546	509	480	436	405	366	334	3 13/12 $\mu\mu$
0,01	0,01	0,16	0,47	0,74	0,72	0,43	0,03	0,01

Die Durchlässigkeitswerte für das Grünglas Grün II in einer Dicke von 2,62 mm betragen bei einer Wellenlänge von

644	578	546	509	480	436	405 $\mu\mu$
(nicht meßbar)	0,10	0,21	0,32	0,41	0,49	0,41

Beim Kupfersulfatglas von 2,52 mm Dicke sind es folgende:

644	578	546	509	480	436	405 $\mu\mu$
(nicht meßbar)	0,057	0,21	0,10	0,065	(nicht meßbar)	

So kann nicht nur das weiße, sondern auch das durch die Glasfilter gefärbte Licht mit Hilfe der Rauchgläser nach Wunsch innerhalb der genannten Stufen abgeschwächt werden. Ein VOGTsches Filter läßt sich nach Bedarf in die freie Lücke der bunten Scheibe einklemmen, insbesondere zur Untersuchung des Augenhintergrundes.

Das Silberspiegelchen von 2 cm $\times$ 3 cm Größe zur Ablenkung des Untersuchungsbüschels ist an der Bildlinse angebracht und verschiebt sich also mit ihr. Die Befestigung wird in zweierlei Art ausgeführt. In der einfachen Form (Fig. 21) ist der Spiegel durch ein Kugelgelenk an einem 6 cm langen biegsamen Kupferdraht angebracht, dessen anderes Ende mit einer Klemmschraube am Linsenhalter festgemacht wird. Die gewünschte Spiegelstellung wird zunächst grob durch Biegen des Drahtes herbeigeführt und dann durch Bewegungen in dem feststellbaren Kugelgelenk verbessert. Nach Lösen der Klemmschraube läßt sich der Spiegel auch zur Seite schwenken. Die zweite, jüngere Form (Fig. 22) wendet erheblich feinere mechanische

Fig. 21.

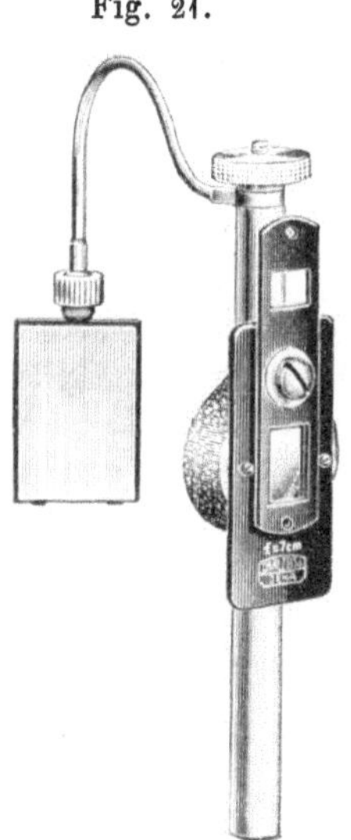

Fig. 22.

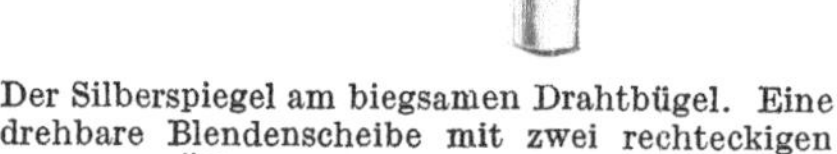

Der Silberspiegel am biegsamen Drahtbügel. Eine drehbare Blendenscheibe mit zwei rechteckigen Öffnungen vor der Bildlinse.

Der Silberspiegel mit Bewegungs- und Feststellvorrichtung, sowie Abblendschirmchen.

Mittel auf und gewährt eine sicherere Führung, indem Schwenkungen je um eine senkrechte und um eine wagrechte, außerhalb des Spiegelchens liegende, und Drehungen je um eine senkrechte und eine wagrechte, in in der Spiegelebene liegende Achse ermöglicht sind, und zwar lassen sie sich einzeln und in feiner, stetiger Weise ausführen. So sind feine Verbesserungen der Stellung mit größerer Genauigkeit und Sicherheit zu machen als bei dem einfachen Spiegelchen. Durch Festziehen der Schrauben kann auch die Stellung leicht einigermaßen eingehalten werden. Außerdem ist zur Abblendung von Reflexen ein kleines geschwärztes Schirmchen an einem kurzen Arm angebracht. Es lässt sich ebenfalls drehen um eine senkrechte, in der Schirmebene nahe am Rand liegende Achse und schwenken um eine zweite mit der senkrechten Drehungsachse des Spiegels zusammenfallende. Schließlich hat der Silberspiegel einen kleinen Griff erhalten, so daß die Berührungen der empfindlichen Silberfläche leichter vermieden werden. In Ruhe schützt ihn ein kleiner Schiebedeckel vor Verstaubung. Eine sehr zierliche Bewegungseinrichtung besitzt das in allen Ausmaßen viel kleinere Spiegelchen der BIRKHÄUSERschen Lampe (s. Fig. 30 S. 176).

§ 22. Die Einführung des Bogenlichtes als Lichtquelle erfordert einige Anpassungsmittel an der Blendenlampe[1]). Waren zunächst für die vorhandenen, zum Teil umfangreichen und schweren Lampen entsprechende Träger und selbst Gegengewichte nötig, so fallen diese Nachteile bei den neuen, von C. Zeiß gebauten recht zierlichen Formen von verhältnismäßig geringem Gewicht fort, so daß hinsichtlich des Umfanges und der Beweglichkeit kein nennenswerter Unterschied von der Nitraspaltlampe besteht (s. A Fig. 19, 20 und 29 S. 175). Die hierzu nötigen Bemerkungen können sich auf die neueste Form der Ausführung beschränken. Sie gestattet jederzeit den Austausch der kleinen 3,3, neuerdings 5 Ampère-Bogenlampe gegen die Nitralampe. Die Bogenlampe bedarf zur Einstellung des Lichtbogens, bzw. des Kraters der positiven Kohle in die Lampenachse außer der an der alten Spaltlampe befindlichen und in der Regel wagrecht wirkenden (t in Fig. 16; t in N Fig. 19) einer zweiten senkrecht laufenden Schlittenverschiebung (t in A Fig. 19). Diese läßt sich als Zusatzstück mit der Bogenlichtlampe einführen, nachdem der alte Schlitten samt dem Lampenrohr N mit der Nitralampe entfernt ist. So entsteht ein Kreuzschlitten (Fig. 19a) mit den Triebschrauben v und t. Das erwähnte Zwischenstück enthält eine Zerstreuungslinse, die mit Rücksicht auf die Hitzewirkung des nahen Lichtbogens aus Tempaxglas hergestellt ist. Sie soll den Abstand der Lichtquelle, die der Bildlinsenfolge nicht so nahe steht wie der Glühfaden der Nitralampe, optisch auf den richtigen Betrag verkürzen, damit die alten Lampenrohre mit ihren Lampenlinsen weiter verwendet werden können. Im übrigen kann die Bogenlampe in ihrem Gehäuse mit Hilfe einer Schraubspindel in genügend weiten Grenzen vor- und rückwärts verschoben werden, dass sich nach Bedarf die ursprüngliche GULLSTRANDsche oder die KÖHLER-VOGTsche Anordnung einstellt. Die abbrennenden Kohlen können mit der Hand oder durch ein Uhrwerk nachgerückt werden (s. A Fig. 19). Der Stromverbrauch ist bei Berücksichtigung der Widerstände für die Nitra- und die Bogenlampe gleich. Bei Wechselstrom ist die Lichtausbeute der Bogenlampe halb so groß als bei Gleichstrom.

Um die Wärmestrahlen aus dem elektrischen Bogenlicht abzufangen, wird ein gläsernes Wasserkästchen zwischen Spalt und Blendenrohr ein-

---

[1]) HENKER, O., Eine kleine Bogenlampe für augenärztliche Zwecke. [19. X.] Zeitschr. f. ophth. Opt. 1924. **12.** S. 129—146 m. 19 Fig. [6. X.]

geschaltet. Es sitzt in einer federnden Klammer, die mit Hilfe eines Reiters auf dem Bildlinsenarm Platz findet (s. Fig. 20 und 29 S. 175). Das Kästchen hat die Form eines geraden Zylinders und mißt in der Lichtrichtung etwa 30 mm, während der Querdurchmesser der Grundfläche etwa 50 mm beträgt. Wegen der Füllungsflüssigkeit s. S. 140.

§ 23. Hinsichtlich des Aufbaues der Beobachtungsgeräte ist nicht viel zu sagen, da das Hornhautmikroskop als bekannt gelten kann. Vielfach wird es auch sonst schon auf dem großen eisernen Kreuztisch gebraucht, der insonderheit von A. Vogt an der Spaltlampe geschätzt wird, weil er eine sehr sichere, feine Verschiebung nach den Seiten, sowie nach vorn und hinten gewährt. Man kommt auch sehr wohl ohne Kreuztisch aus, wenn man das Mikroskop auf dem Ringfuß anbringt und das Ganze mit einer Hand führt. Denn mit seinen drei abgerundeten Schraubenspitzen gleitet der Ringfuß flott auf der polierten und entfetteten Glasplatte (s. Fig. 18 und 29). Die Feineinstellung des Mikroskopschlittens mit Zahn und Trieb ist neuerdings unmittelbar unter dem Schlitten angebracht worden. Unbedingt muß verlangt werden, daß sowohl rechts als links ein Triebknopf vorhanden ist, damit man ihn mit der rechten oder linken Hand bedienen kann, wenn die andere mit dem Spaltlinsenarm beschäftigt ist. Die verlassene alte Anlage, bei der die Triebschraube ganz unten saß, hatte gerade bei der Spaltlampenuntersuchung viel für sich, weil dann der oben oft so wertvolle Raum für andere Teile, insbesondere für den Bildlinsenarm oder die Bildlinse frei bleibt. Gelegentlich kann man dann einen spitzeren Winkel zwischen Beobachtungs- und Beleuchtungsgerät erreichen als beim neueren Mikroskop. Doch haftet der alten Form der nicht minder unangenehme Nachteil an, daß die Schlittenverschiebung das ganze Mikroskop statt in der Richtung seiner Mittelachse unabhängig von ihrer Lage immer nur in der Wagrechten verschiebt, also Parallelversetzungen der Mittelachse ergibt, wenn sie etwa in der wagrechten oder senkrechten Ebene zur Schlittenrichtung geneigt ist. Die Neigung des Mikroskopkopfes nach vorn und hinten vermittelt das Kippgelenk des auf S. 165 genannten Zwischenstücks. Sein Trägerzapfen wird zweckmäßigerweise in seiner Buchse festgeklemmt, damit der Mikroskopkopf nicht unversehens seitlich umsinken kann. Sonst erfolgt oft eine sehr unangenehme Drehung des Mikroskops um die Schaftachse in der Hochstellvorrichung. Ein genügender Umfang der Höhenverstellung muß vorgesehen sein.

Zur Ruhigstellung des Untersuchten wird meistens eine Kinnstütze ausreichen, sonst braucht man noch einen Stirnbogen. Für die Untersuchung des Kammerwinkels erweist sich die Drehbarkeit der Kinnstütze um eine senkrechte Achse als nützlich. (L. Koeppe 43. S. 239, Anm 3.) Die Stellung kann durch eine Klemmschraube festgehalten werden.

Der Wechsel der Objektive war bisher lästig, weil die verschiedenen Objektivpaare auf Einzelschlitten befestigt waren, und zum Wechseln das gerade benutzte Paar aus der Schlittenführung am Mikroskopgehäuse ganz herausgezogen, weggelegt und dann das gewünschte an seine Stelle eingeführt werden mußte. Den sehr wünschenswerten raschen Wechsel ermöglicht die von C. Zeiß gelieferte, wie ein Mikroskoprevolver ausgebildete Einrichtung nach R. Pardo. Eine Drehscheibe trägt die drei Objektivpaare. Sie behindert u. a. die Überwachung des untersuchten Auges ein wenig, da sich der Beobachter weiter zur Seite beugen muß, um am Mikroskop vorbei das Auge zu sehen. Doch wird man diese kleine Mühe gern in Kauf nehmen gegen den großen Vorteil des raschen Wechsels, der überdies keine wesentlichen Änderungen der Mikroskopeinstellung verlangt. Gelegentlich sind allerdings die nicht gebrauchten starken Objektive im Wege.

§ 24. Wie bei jedem Mikroskop mit Huygensischen Okularen können auch am Hornhaut- und am Augenmikroskop mit dem Bitumi Messungen mit Hilfe eines Okularmikrometers vorgenommen werden. Es ist dabei nur in die eine Geräthälfte einzusetzen, und zwar beim Bitumi in das kürzere Rohr. Teilungen werden in verschiedener Art hergestellt. Mit Rücksicht auf die Tiefenbestimmungen, die bei der Verwendung des Vogtschen Winkelmessers (s. unten) eine bemerkenswerte Genauigkeit der Messungen ergeben können, empfiehlt sich vor allem eine geradlinige Teilung in Zehntel- oder Zwanzigstelmillimeter, also die übliche Maßstabsform. Da sich das Okular im Rohr drehen läßt, kann der Maßstab in jeden Meridian gebracht werden. L. Koeppe empfiehlt einen gekreuzten Maßstab. Die Eichung erfolgt in einfachster Weise an einem Objektmikrometer. Um auch im dunklen Feld messen zu können, hat Koeppe (50. S. 327) am Bitumi eine Strichglasbeleuchtung anbringen lassen, bei der die Glasteilung in streifender Einfallsrichtung vom Licht eines Lämpchens getroffen und hell auf dunklem Grund sichtbar wird.

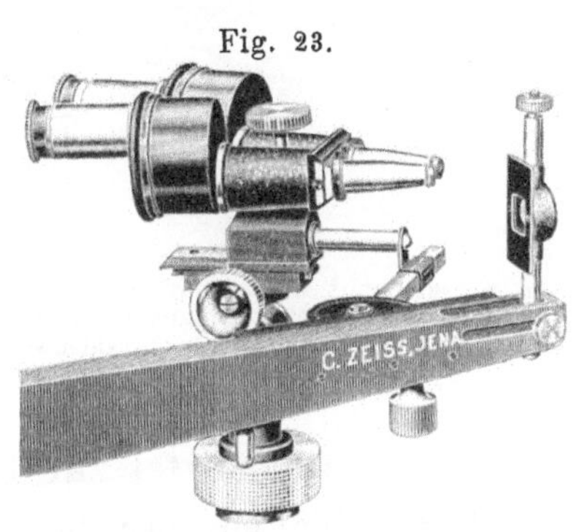

Fig. 23.

Der Winkelmesser nach A. Vogt am Hornhautmikroskop befestigt.

Die Tiefenmessung A. Vogts beruht darauf, daß man die stirnrecht liegende Kathete eines rechtwinkeligen Dreiecks mit dem Okularmikrometer mißt. Seine Hypotenuse, der gesuchte Tiefenabstand, etwa die Hornhautdicke, ergibt sich mit Hilfe des Sinus eines Dreieckswinkels, des Winkels nämlich zwischen Beleuchtungs- und Beobachtungsrichtung. Zur Ablesung dieses Winkels hat A. Vogt (54. S. 103) einen Winkelmesser bauen lassen

(s. Fig. 23). Am Bildlinsenarm wird eine Schiene angelegt, die an der freien Seite eine Halbkreisteilung trägt. Diese Schiene ist um den Mittelpunkt der Kreisteilung drehbar an einem Stab befestigt, der stets senkrecht steht zur Mittelachse des Doppelobjektivs. Er zeigt daher an der Kreisteilung den Winkel an, den er mit der Senkrechten auf den Bildlinsenarm bildet. Dieser Winkel und der gesuchte sind einander gleich, da ihre Schenkel paarweise aufeinander senkrecht stehen. Die Richtung des Stabes wird durch eine mit dem Mikroskop fest verbundene Hülse gesichert, in in die er je nach Bedarf mehr oder weniger tief eingeschoben werden kann. Die Hülse sitzt am Ende eines Stiftes, wie er sonst als Träger des Beleuchtungsbogens nach Gullstrand oder Lucanus verwendet wird.

Fig. 24.

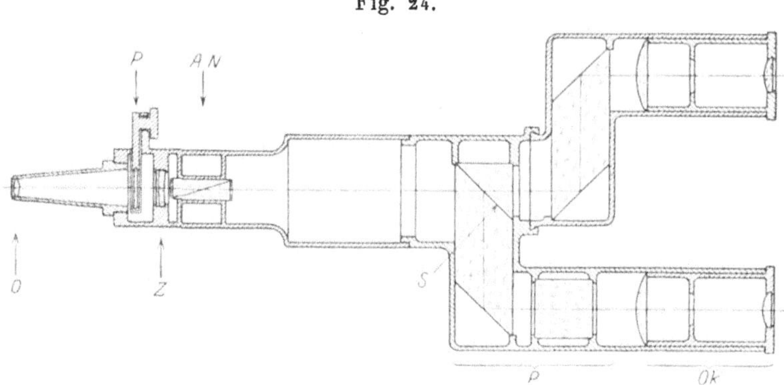

Ein Achsenschnitt durch ein Augenmikroskop zur Untersuchung von Polarisationserscheinungen. *O* Objektiv. *b* Prismenverbindung des binokularen Mikroskoptubus (Bitumi). *Z* seine Zerstreuungslinse zur optischen Verlängerung des Strahlenweges. *Ok* Okular. *AN* Analysator-Nikol. *P* Gipsplättchen zum Ausklappen.

Die Mittel zur Polarisationsmikroskopie.

§ 25. Die mit den hier geschilderten Gerätschaften ausgeführten Untersuchungen finden, wie erwähnt, ihre Grenzen hinsichtlich der anzuwendenden Vergrößerungen. Es ist das Verdienst L. Koeppes, Verfahren ansgebildet zu haben, um die gewonnenen Ergebnisse zu sichern und zu vermehren (34., 37. 44. 46. S. 109—149, 51. und 63. S. 121 ff.). In ähnlicher Weise, wie man eine optische Differenzierung durch entsprechend gewählte Färbung des Untersuchungsbüschels erstreben kann, nahm er eine Differenzierung vor durch Beachtung des Polarisationszustandes des Lichtes. Um aus dem Auftreten von Polarisation an dem vom Auge ins Mikroskop geschickten Licht oder aus der Veränderung des Polarisationszustandes ursprünglich schon polarisierten Lichtes Schlüsse auf den Gewebsaufbau zu ziehen, ist es nötig, das aus dem untersuchten Auge ins Beobachtungsgerät geschickte Licht zu prüfen. Das geschieht in bekannter Weise mit einem Analysator. Er ist (s. Fig. 24) in Gestalt eines Nikolschen Prismas mit

geraden Endflächen AN hinter dem Objektiv O eingebaut, und zwar ursprünglich am Mikroskop, das mit dem stereoskopischen Okular nach Abbe versehen
war, als auch später an dem mit dem Bitumi ausgerüsteten Gerät. Das
Prisma sitzt in einem Zwischenstück des Rohrs, das sonst die Zerstreuungslinse (s. S. 151 Anm.) faßt (Fig. 26, 27 und 29), und läßt sich um 90° drehen.
Die Lage der Polarisationsebene im Raum wird durch den Zeigerstrich
an einer Teilung angegeben. Um geradlinig polarisiertes Licht zur Beleuchtung zur Verfügung zu haben, wird das Untersuchungsbüschel durch ein
Nikolsches Prisma als Polarisator geschickt. Dieses läßt sich an die Stelle
der Hinterwand der Blendenröhre (P in Fig. 19) einsetzen, also gegenüber
dem Spalt, damit keine Beschränkung des Beleuchtungsbüschels eintritt, bzw.
damit ein unnötig großes Prisma erspart wird (s. auch Fig. 20). Ein genügender Abstand von der Spaltblende empfiehlt sich,
weil sonst der Kanadabalsam in den Kittflächen des
Nikols schmilzt, wenn die Lampe brennt. Natürlich
kann der Polarisator gedreht und seine Stellung an
einer Teilung abgelesen werden. Indessen gibt der
Analysator auch ohne die Hilfe eines Polarisators gewisse Auskünfte in der gewünschten Richtung, wenn
der Silberspiegel zur Beleuchtung verwendet wird.
Dabei wirkt eine Reihe von Ursachen zusammen, um
zu verhindern, daß in der Minimumstellung des Ana-

Fig. 25.

Polarisator, bestimmt zur
Einführung in das Blend-
rohr (an die Stelle von P
in Fig. 15). S. auch Fig. 20.

lysators eine vollständige Verdunkelung zustand kommt. Dahin gehört vor
allem die Tatsache, daß der Silberspiegel nicht rein polarisierte Lichtstrahlen, sondern ein Gemisch aus natürlichem und elliptisch polarisiertem
Licht liefert. Das Mengenverhältnis wird bestimmt, abgesehen von der Art des
Metalls, vom Einfallswinkel, der hier bei Silber ein Optimum von etwa 75°
besitzt, von der Flächenbeschaffenheit und von der Dicke der Metallschicht.
Ferner spricht mit, daß wir nicht ein Bündel gleichgerichteter, sondern
schnittstrebiger Strahlen auf den Spiegel schicken, und daß schließlich das
Bündel eine endliche Öffnung besitzt. Aus dem Grund ist auch die Be-
grenzung der Bildlinsenöffnung durch kleinere Blenden (s. S. 132) nötig.
Um den Helligkeitsunterschied zwischen der Maximum- und Minimumstellung
des Analysators deutlicher zu machen, ist ein Gipsplättchen vor den Analysator geschaltet, das einen Gangunterschied von $^1/_4$ der Wellenlänge des
angewendeten Lichtes zwischen dem ordentlichen und dem außerordentlichen
Strahl herbeiführt. Es kann noch zur Feststellung von Interferenzfarben
Verwendung finden. Auch die Spektroskopie hat Koeppe für die Untersuchung des Auges an der Spaltlampe nutzbar zu machen gesucht. Die
dazu nötigen Untersuchungsmittel sind von C. Zeiß hergestellt und bei Koeppe
(78. S. 106ff.) kurz beschrieben. Auch die Ultramikroskopie hat L. Koeppe
zur Untersuchung des Auges herangezogen (45. 63.). Für diese wie für

die Polarisationsmikroskopie war wegen des Zuwachses an Lichtstärke das Erscheinen der Bogenlampe in einer an der Blendenlampe brauchbaren Form ein großer Gewinn. Um in der Hornhaut einen Strahlenverlauf herzustellen, der zur Beobachtungsrichtung senkrecht verläuft, hat Koeppe ein ringförmiges Haftglas (36.) angegeben. Es besteht aus zwei ringförmigen Teilen, die in der Mantelfläche eines Kegelstumpfes aneinanderstoßen. Die Grundfläche ist dem Beschauer zugekehrt. Die Trennungsfläche des äußeren Ring-

Fig. 26.

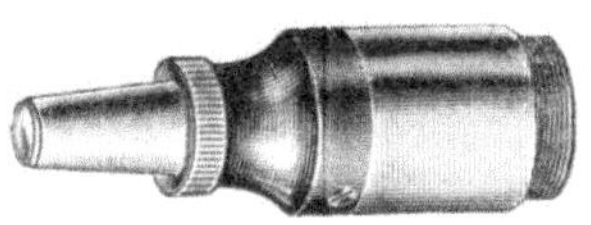

Ein Objektiv am Zwischenstück des Augenmikroskops, das die Zerstreuungslinse für den Bitumi enthält (s. S. 151 Anm.).

Fig. 28.

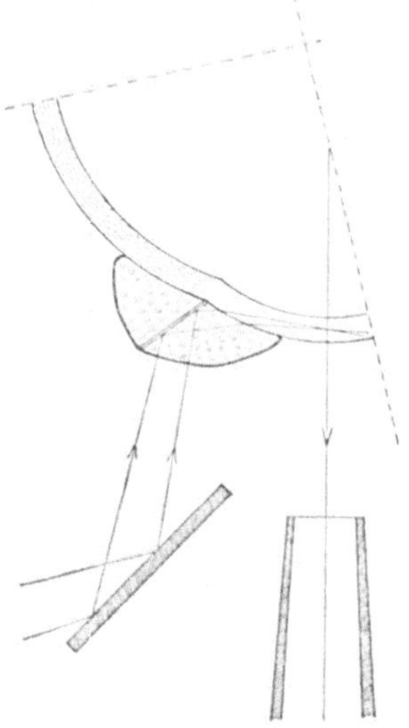

Fig. 27.

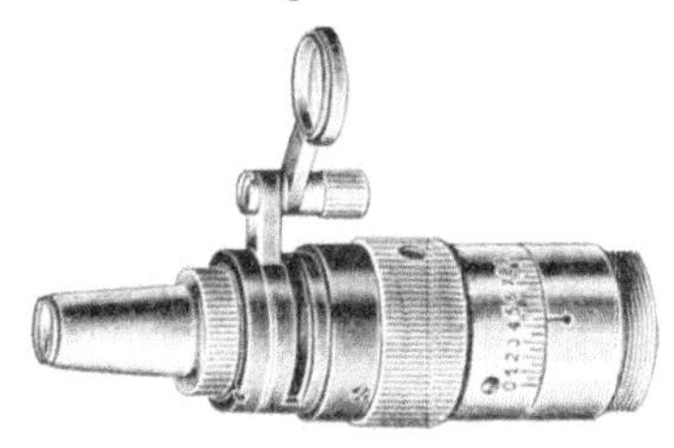

Das gleiche Objektiv wie in Fig. 26 in Verbindung mit dem Mittelstück des Polarisationsmikroskopes. Man sieht die Teilung zur Ablesung der Analysatorstellung. (Gipsplättchen herausgeklappt.)

Ein Achsenschnitt durch ein Augenstück mit der einen Hälfte eines zweiteiligen, ringförmigen Haftglases. An der Trennungsfläche werden die Strahlen, die vom Silberspiegel der Lampe kommen, abgelenkt und senkrecht zur Beobachtungsrichtung durch das Hornhautparenchym geschickt.

stückes ist versilbert und lenkt das schmale Untersuchungsbüschel in die Hornhaut ab (Fig. 28). In dem vom Ringglas umschlossenen freibleibenden Hornhautfeld von etwa 8 mm Durchmesser kann die Hornhaut in Dunkelfeldbeleuchtung untersucht werden.

Geräte fremder Herkunft und Änderungen.

§ 26. Nachdem das zurzeit am häufigsten gebrauchte Gerät, wie es C. Zeiß liefert, geschildert ist, sei wiederholt, daß es seine jetzige Gestalt einer Entwicklung verdankt, bei der Forderungen der ersten klinischen Untersucher möglichst schnell erfüllt wurden. Daß dabei auch der Krieg nicht ganz ohne Einfluß gewesen ist, wird man ohne weiteres annehmen dürfen. Man suchte eben, wo es anging, mit den vorhandenen Mitteln auszukommen und Neuarbeiten zu sparen, zumal es sich ja um ein eben erst betretenes Gebiet handelte. Einen Mangel empfindet der Verfasser von jeher sehr lebhaft. Das ist der Ort der senkrechten Schwenkachse für den Lampenträger. Sie geht durch die Mitte des Tisches, statt durch das untersuchte Auge. Diesen Übelstand vermeidet die Anlage einer von R. Birk-häurer (60.) gebauten Lampe. Die Fig. 30 zeigt diese Lampe in ihrer neuen Ausführung. Auf die Verschieblichkeit des Lampenwagens und die Bewegung der Bildlinse durch Trieb und Schlitten, auf den zierlichen Silberspiegel mit seiner von unten durch zwei Schrauben zu besorgenden Richtanlage ist schon oben aufmerksam gemacht worden. (§ 21, S. 169.) Es

Fig. 29.

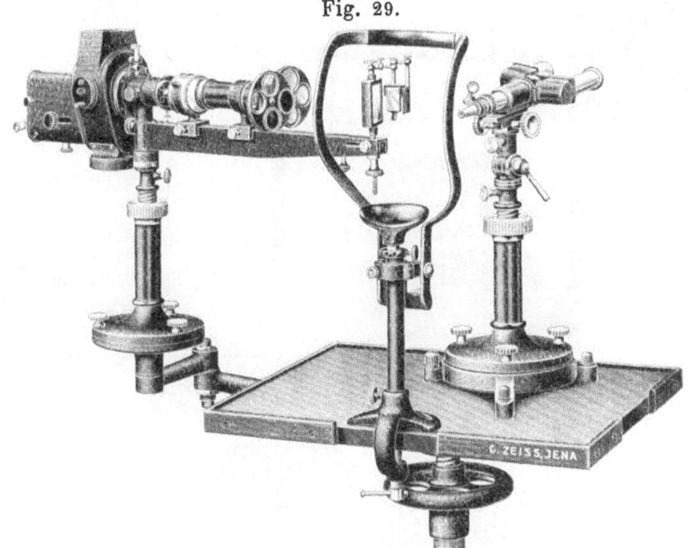

Eine Gerätschaft zur Polarisationsmikroskopie des Auges ähnlich wie in Fig. 20. Die neue Form der Bogenlampe. Unter der Bildlinse sieht man die Triebschraube zur Höhenverstellung nach H. Arruga.

sei noch bemerkt, dass sich die Lampe mit dem Bildlinsenträger um den nicht weit von dem Spaltort stehenden senkrechten Schaft der Höhenverstellung schwenken läßt, so daß man also das Lichtbüschel bequem wagrecht über die Augengewebe von links nach rechts wandern lassen kann. Auch für die Neigung in der senkrechten Achsenebene der Lampe ist gesorgt. Der Lampenträger ist nur eingliedrig. Die Stellung der senkrechten Lampenebene kann an einer Teilung auf der Tischplatte abgelesen werden.

Neben anderen Fragen, von deren Erörterung hier abgesehen sei, soll die leichte Schwenkbarkeit der Lampe auch in senkrechter Richtung und in genügendem Ausmaß noch einmal als wünschenswert hervorgehoben werden. Der an sich so außerordentlich angenehme Arrugasche Halter leistet zwar hervorragend gute Dienste, aber nur im Kleinen. In dieser

Hinsicht berühren sich meine Wünsche anscheinend mit denen von Nešić (84.), der seine Ausstellungen scheinbar nicht gerade bescheiden faßt. Seine Arbeit ist mir natürlich nicht zugänglich. Nach dem Referat bemängelt er das Gerät als weder technisch noch optisch vollkommen. Offenbar unterschätzt er die äußeren Schwierigkeiten, die die Entwicklung begleitete.

Von Änderungsvorschlägen mögen zwei lediglich erwähnt sein: Nämlich die Befestigung der Lampe an einem auf dem Zeißischen Lampen-

Fig. 30.

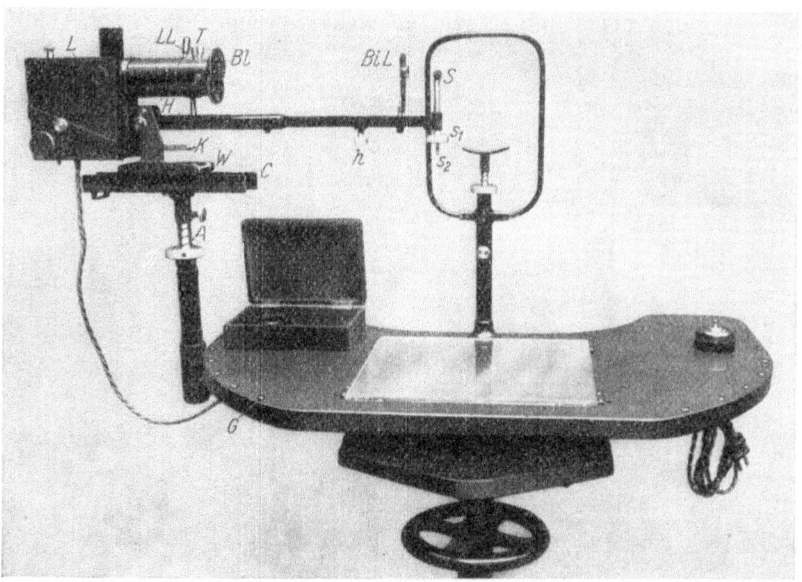

Die Bogenlicht-Fokallampe nach R. BIRKHÄUSER, ausgeführt von A. STREIT in Bern.

L Lampe; LL Lampenlinse; T Trog; Bl Blendenscheiben. Der Arm H trägt die Bildlinse BiL, deren Abstand von der Lampe sich durch die Schraube h ändern läßt, und das Spiegelchen S, das sich durch die Schrauben S_1 und S_2 um die senkrechte Stielachse drehen und um eine wagerechte neigen läßt. Die Lampe samt dem Arm kann um eine nahe dem Lampengehäuse befindliche wagerechte Querachse gekippt werden, wenn der Hebel K gelöst ist. Diese Teile ruhen auf dem Wagen W, der auf Rollen in der Schiene C in der Ebene der optischen Achse läuft. Die Schiene selber ruht auf der Hochstellvorrichtung A, um deren senkrechte Spindel Drehungen möglich sind, so daß man das Untersuchungsbüschel seitwärts über das Auge weg führen kann. Das Ganze sitzt auf dem wagerechten Lampenträger, der unter der Tischplatte verborgen ist und sich um eine senkrechte der Mitte des jenseitigen Tischrandes nahe Achse schwenken läßt. Seine Richtung und damit die Lampenstellung bzw. die Einfallsrichtung des Lichtes ist an der Gradteilung G der Tischplatte abzulesen.

träger aufgesetzten galgenartigen Metallrohr (E. GALLEMAERTS u. G. KLEEFELD (80.) ferner die Trennung des Silberspiegelchens von der Bildlinse und seine Unterbringung mit senkrechter Drehachse am Ende des Bildlinsenarmes. Die Trennung hat auch R. BIRKHÄUSER an seiner Lampe verwirklicht (s. S. 164 u. 169). Die von M. DUFOUR nach DANISENS (41.) Äußerung gewissermaßen als billigen Ersatz für die Spaltlampe empfohlene Verwendung eines geradlinigen

Glühfadens ist eben nur ein Ersatz, der kurz als ein Zurückgreifen auf eine seinerzeit wertvolle Erfindung von H. Wolff zu kennzeichnen sein dürfte. In der Anlage von E. F. Fincham (86.) sind Beobachtungs- und Beleuchtungsgeräte derartig miteinander verbunden, daß die Einstellung beider auf den gleichen Punkt ein für alle Mal im Geräte festgelegt ist[1]) und daher auch beim Übergang zu anderen Untersuchungsstellen erhalten bleibt. Den gleichen Dienst leistet auch der auf S. 162 (27. Fig. 3) erwähnte frühere Aufbau der Spaltlampe. Doch hat man beim Gebrauch keinen so wesentlichen Vorteil bemerkt, daß man auf die Erhaltung dieser Anlage Wert gelegt hätte. Bei dem Geräte von E. F. Fincham scheint eine Schwenkung der Lampe um das untersuchte Auge, wenigstens in einem beschränkten Winkelgebiet, vorgesehen zu sein. Allerdings nur auf einer Seite des Mikroskops.

Das Auflegeglas zur mikroskopischen Untersuchung des Auges wollen P. Lemoine und G. Valois (83.) vermeiden und ersetzen es durch eine vor dem Hornhautmikroskop angebrachte, das Auge nicht berührende Zerstreuungslinse. Ihre Stärke muß so gewählt werden, daß sie den aus dem Auge austretenden Strahlen einen genügenden Grad von Schnittflüchtigkeit verleiht, wie ihn das »kurzsichtige« Hornhautmikroskop erfordert. Über die Beleuchtung ist nichts ausgesagt. Anscheinend wird daran nichts geändert.

Ob die Vorschläge glücklich sind, mag dahingestellt bleiben. Um eine Durcharbeitung von Grund auf wird man wohl nicht herumkommen. Die bisherigen Änderungen können als Vorversuche gelten.

§ 27. Zum Schluß noch ein Wort über die Auswahl der Gerätschaften. Für die Sprechstunde ist ohne Zweifel die Nitra-Spaltlampe die gegebene Form, weil ihre Lichtquelle als Glühlampe keine Zeit zur Bedienung und Pflege beansprucht. Ist die Lampe optisch einmal eingerichtet, so bleibt sie für Wochen und Monate dauernd fertig gebrauchsfähig. Dazu gehört eine achromatische Bildlinse nach Vogt mit dem Arrugaschen Halter am Bildlinsenarm samt einer Blendenröhre. Notwendig ist ferner ein beidäugiges Hornhautmikroskop, das für jeden Augenarzt sowieso unentbehrlich ist, mit wenigstens zwei Objektivpaaren a_{55} und a_2, womöglich noch a_3, sowie zwei Paaren Huygensischer Okulare, 2 und 4 alter Bezeichnungsweise. Ein Einzelokular ist mit einem Mikrometer zu versehen. Daß ein schwerer Instrumententisch mit einer Hochstellvorrichtung und einem Lampenträger erst die befriedigende Benützung der Lampe ermöglicht, dürfte aus dem Vorhergehenden erhellen. Eine Kinnstütze, deren Höhe sich durch eine Schraubspindel verstellen läßt, ist ebenfalls nötig. Die höhere Ausgabe im Vergleich zu der mit einer Ausziehstange und Klemmschraube ausgerüsteten lohnt sich. Eher kann auf einen Stirnbogen verzichtet werden. Eine Spiegelglasplatte als Gleitbahn für den Dreifuß des Mikroskops ersetzt den Kreuztisch.

---

1) Grundsätzlich schon von H. Westien verwirklicht (3. S. 446. Fig. 1.).

Literatur.

1880. 1. Abbe, E., Beschreibung eines neuen stereoskopischen Oculars nebst allgemeinen Bemerkungen über die Bedingungen mikrostereoskopischer Beobachtung. [8. IV.] Zeitschr. f. Mikrosk., redigiert v. E. Kaiser. 2. S. 207—234. — Carls Repert. 1881. 17. S. 197—224. — Ges. Abhandl. v. Ernst Abbe. I. Bd. Jena, G. Fischer. 1904. VIII, 486 S. 8⁰ mit 2 Taf. u. 29 Textfig. S. 244—272.

1886. 2. [Zehender, W.] Rostock, Eine binoculäre Cornealoupe. Klin. Monatsbl. f. Augenheilk. 24. S. 504.

1887. 3. [Zehender, W.] Rostock, Beschreibung der binocularen Cornealoupe. Klin. Monatsbl. f. Augenheilk. 25. S. 496—499. Mit 2 Fig.

1893. 4. Köhler, A., Ein neues Beleuchtungsverfahren für mikrophotographische Zwecke. [17. X.] Zeitschr. f. wissensch. Mikrosk. u. mikrosk. Technik, begr. v. W. J. Behrens. 10, S. 433—440. Mit 1 Fig.

1895. 5. Schanz, F., Ein Hornhautmikroskop und ein Netzhautfernrohr mit conaxialer Beleuchtung. Arch. f. Augenheilk. 31. S. 265—272. Mit 1 Fig.

1897. 6. Czapski, S., und Gebhardt, W., Das stereoskopische Mikroskop nach Greenough und seine Nebenapparate. I. Das stereoskopische Mikroskop nach Greenough. Von S. Czapski. [29. IX.] Zeitschr. f. wissensch. Mikrosk. 14. S. 289—313. Mit 7 Fig.

1898. 7. Schanz, F., Demonstration eines stereoskopischen Hornhaut-Mikroskopes. [4. VIII. 1898.] Ber. über d. 27. Vers. d. Ophth. Ges., Heidelberg. 4.—6. VIII. 1899. S. 336—338. Mit 1 Fig.

   8. Harting, H., Über einige Vervollkommnungen an dem Zeiss-Greenough'schen stereoskopischen Mikroskop. [15. XI.] Zeitschr. f. wissensch. Mikrosk. 15. S. 299—303. Mit 5 Fig.

1899. 9. Czapski, S., Binoculares Cornealmikroskop. v. Graefes Arch. f. Ophth. 48, 1. S. 229—235. Mit Fig. [2. V.]

1901. 9a. Wolff, H., I. Ophthalmoskopische Beobachtungen mit dem elektrischen Augenspiegel (Demonstration in der Berl. mediz. Ges. 14. II. 1900. Berl. Klin. Woch. Nr. 16.). II. Anhang: Über die fokale Beleuchtung der Netzhaut und des Glaskörpers (Vortrag, geh. a. d. Pariser Kongr. August 1900). Zft. f. A. 1901. 5. S. 104—109. m. 1 Taf.

1909. 10. Gullstrand, A., Zusätze zu H. v. Helmholtz. Siehe v. Helmholtz, H. (1909).

   11. Henker, O., und M. v. Rohr, Über binokulare Lupen schwacher und mittlerer Vergrößerung. Zeitschr. f. Instrumentenk. 29. S. 280—286. Mit 7 Fig. [Sept.]

   12. v. Helmholtz, H., Handbuch der physiologischen Optik. 3. Aufl., ergänzt u. herausg. in Gemeinschaft mit A. Gullstrand und J. v. Kries von W. Nagel. I. Bd.: Die Dioptrik des Auges. Herausg. v. A. Gullstrand. Hamburg u. Leipzig, Leop. Voss. XVI, 376 S. Lex. 8⁰. Mit 146 Fig.

1910. 13. Helmbold, [R.,] Die Verwendung von Spektrallicht zur Augenuntersuchung. Med. Klinik 6. 1649/50. [16. X.]

   14. v. Rohr, M., Über Gullstrandsche Starbrillen mit besonderer Berücksichtigung der Korrektion von postoperativem Astigmatismus. (6. VIII. 1910.) Ber. über d. 36. Vers. d. Ophth. Ges., Heidelberg 4.—6. VIII. 1910. S. 186—195. Mit 4 Fig. u. 2 Taf.

1911. 15. Gullstrand, A., Einführung in die Methoden der Dioptrik des Auges des Menschen. Leipzig, S. Hirzel. (III.) 180 S. gr. 8⁰. Mit 20 Fig. Aus dem Handbuch der physiologischen Methodik, herausg. v. Robert Tigerstedt. III, 3.

   16. Gullstrand, A., Die reflexlose Ophthalmoskopie. Arch. f. Augenheilk. 68. S. 103—144. Mit 9 Fig.

1911. 17. Gullstrand, A., Demonstration der Nernst-Spaltlampe. [3. VIII. 1911.]
Ber. über d. 37. Vers. d. Ophth. Ges., Heidelberg. [3.—5. VIII. 1911.]
S. 374—376.

18. Gullstrand, A., Die Nernstspaltlampe in der ophthalmologischen
Praxis. (4. Jahresvers. d. Schwed. Augenärztl. Vereins. Stockholm.) Bericht: Klin. Monatsbl. f. Augenheilk. 50, I. (N. F. 13.) S. 483—484.

1912. 19. Wolff, H., Über die zentrische reflexlose Mikroophthalmoskopie. Zeitschr. f. Augenheilk. 28. S. 307—324. Mit 3 Fig.

1913. 20. Jentzsch-Wetzlar, F., Das binokulare Mikroskop. [16. IX.] Zeitschr.
f. wissensch. Mikrosk. 30. S. 299—318 mit 3 Fig.

21. Vogt, [A.,] Demonstration eines von Rot befreiten Ophthalmoskopier-
lichtes. [15. V.] Ber. über d. 39. Vers. d. Ophth. Ges., Heidelberg.
[15.—17. V. 1913.] S. 416—417.

22. Vogt, A., Herstellung eines gelbblauen Lichtfiltrates, in welchem die
Macula centralis in vivo in gelber Färbung erscheint, die Nervenfasern
der Netzhaut und andere feine Einzelheiten derselben sichtbar werden,
und der Grad der Gelbfärbung der Linse ophthalmoskopisch nachweisbar ist. v. Graefes Arch. f. Ophth. 84, 2. S. 293—311. [8. IV.]

1914. 23. Erggelet, H., Klinische Befunde bei fokaler Beleuchtung mit der Gullstrandschen Nernst-Spaltlampe. Klin. Monatsbl. f. Augenheilk. 53.
S. 449—470. Mit 1 Fig. im Text u. 1 stereosk. Taf.

24. Hirschberg, J., Geschichte der Augenheilkunde. 3. Buch, 10. Abschn.
Englands Augenärzte 1800—1850. Leipzig u. Berlin, W. Engelmann,
XVI, 483 S. 8⁰. Mit 5 eingedr. Fig. u. 25 Taf. Handb. d. ges. Augen-
heilk. begr. v. Graefe u. Saemisch. 2. Aufl. XIV. Bd. 4. Abt. (Neuzeit IV.)

25. Salzmann, M., Die Ophthalmoskopie der Kammerbucht. Zeitschr. f.
Augenheilk. 31. S. 1—19. Mit 1 Taf. u. 6 Fig. im Text. Ebenda 1915.
34. S. 26—69. Mit 4 Taf. u. 2 Fig. im Text. Nachtrag zur — — 160/162.

1915. 26. Stähli, J., Die Azo-Projektionslampe (Halb-Wattlampe) der deutschen
Auergesellschaft, ein Ersatz für Nernstlicht. Klin. Monatsbl. f. Augenheilk. 54. S. 685—688.

1916. 27. Henker, O., Ein Träger für die Gullstrandsche Nernstspaltlampe.
[19. IV.] Zeitschr. f. ophth. Optik. 4. S. 75—85. Mit 5 Fig. [1. VIII.]

1918. 28. Koeppe, L., Die Mikroskopie des lebenden Augenhintergrundes mit
starken Vergrößerungen im fokalen Licht der Gullstrandschen Nernstspaltlampe. I. Mitteilung. Die Theorie, Apparatur und Anwendungstechnik der Spaltlampenuntersuchung des Augenhintergrundes im
fokalen Licht. v. Graefes Arch. f. Ophth. 95. S. 282—306. Mit 5 Fig.
[9. IV.]

29. Koeppe, L., Klinische Beobachtungen mit der Nernstspaltlampe und
dem Hornhautmikroskop. II. Mitteilung. Die normale Histologie des
lebenden menschlichen Glaskörpers, seine angeborenen und vom
Alter abhängigen Veränderungen im Bilde der Gullstrandschen Nernstspaltlampe. v. Graefes Arch. f. Ophth. 96. 232—314. Mit 10 Abb. im
Text u. 3 Taf. [1. VII.]

29a. Koeppe, L., Klinische Beobachtungen mit der Nernstspaltlampe und
dem Hornhautmikroskop. 12. Mitt. Über die feinere Anordnung und
das Verhalten der Lymphgefäße in der Conjunktion bulbi und der
Episclera unter normalen und pathologischen Bedingungen. v. Graefes
Arch. f. Ophth. 97, 1—33. Mit 1 Taf. [15. VII.]

30. Koeppe, L., Klinische Beobachtungen mit der Nernstspaltlampe und
dem Hornhautmikroskop. 13. Mitt. Weitere Erfahrungen über die an
der Nernstspaltlampe zu beobachtende glaukomatöse Pigmentver-
stäubung im Irisstroma nebst Bemerkungen über deren Beziehungen
zu Störungen des Sympathicus, speziell bei der Heterochromie.
v. Graefes Arch. f. Ophth. 97, 34—56. Mit 1 Taf. [15. VII.]

1918. 30a. Koeppe, L., Klinische Beobachtungen mit der Nernstspaltlampe und dem Hornhautmikroskop. 14. Mitt. Die pathologische Histologie des lebenden menschlichen Glaskörpers im Bilde der Gullstrandschen Nernstspaltlampe. I. Teil. Die patho-histologischen Veränderungen des Glaskörpergewebes ohne eigentliche Veränderung seiner Fasern oder Destruktion resp. Umwandlung seines Fasergerüstes. v. Graefes Arch. f. Ophth. 97, 198—270. Mit 1 Taf. [16. IX.]

31. Koeppe, L., Die Fortschritte in der Anwendung der Gullstrandschen Nernstspaltlampe nebst Bemerkungen über die ophthalmologisch-optischen sowie praktisch-technischen Grenzen dieser Untersuchungsmethode. [31. VII.] Zeitschr. f. ophth. Optik. 6. S. 121—140. Mit 4 Fig. [1. XI.]

32. Koeppe, L., Aussprache zu Schieck: Die Anschauung von der Entstehung gewisser Glaukomformen durch Pigmentverschiebung und ihr Einfluß auf die Wahl der Operationsmethode. [5. VIII.] Ber. über d. 41. Vers. d. Ophth. Ges., Heidelberg. 5. u. 6. VIII. 1918. S. 68—75. Mit 1 Taf. im Text. S. 83/4.

33. Koeppe, L., Die Mikroskopie des lebenden Augenhintergrundes mit starken Vergrößerungen im fokalen Lichte der Gullstrandschen Nernstspaltlampe. 2. Mitt. Die Histologie des lebenden normalen Augenhintergrundes und einiger seiner angeborenen Anomalien im Bilde der Nernstspaltlampe. v. Graefes Arch. f. Ophth. 97. 346—381. [3. XII.]

34. Koeppe, L., Die Untersuchung des Auges im polarisierten Lichte der Gullstrandschen Nernstspaltlampe. [Vortrag v. 6. VIII.] Ber. über d. 41. Vers. d. Ophth. Ges., Heidelberg. [5.—6. VIII. 1918.] S. 273—281. Mit 2 Fig.

35. Koeppe, L., Über den derzeitigen Stand der Glaukomforschung an der Gullstrandschen Nernstspaltlampe, sowie den weiteren Ausbau der Glaukom-Frühdiagnose vermittelst dieser Untersuchungsmethode. Zeitschr. f. Augenheilk. 40. 138—150.

36. Vogt, A., Zur Kenntnis der Alterskernvorderfläche der menschlichen Linse, mit besonderer Berücksichtigung der C. v. Hess'schen Anschauungen. Klin. Monatsbl. f. Augenheilk. 61. S. 89—101. Mit 2 Fig.

1919. 37. Koeppe, L., Das biophysikalisch-histologische Verhalten der lebenden Augengewebe unter normalen und pathologischen Bedingungen im polarisierten Lichte der Gullstrandschen Nernstspaltlampe. I. Teil. Die Theorie, Apparatur und Wirkungsweise der Spaltlampenuntersuchung der lebenden Augengewebe im polarisierten Licht. v. Graefes Arch. f. Ophth. 98, 2. S. 171—210. Mit 10 Fig. u. 1 Taf. [22. I.]

38. Koeppe, L., Die Mikroskopie des lebenden Kammerwinkels im fokalen Lichte der Gullstrandschen Nernstspaltlampe. I. Teil. Die Theorie und Apparatur der Spaltlampenuntersuchung des lebenden Kammerwinkels. v. Graefes Arch. f. Ophth. 101,1. S. 48—66. Mit 1 Taf. [29. X. 1919.]

39. Vogt, A., Der hintere Linsenchagrin bei Verwendung der Gullstrandschen Spaltlampe. Klin. Monatsbl. f. Augenheilk. 62. S. 396—400. Mit 2 Fig.

40. Vogt, A., Das Farbenschillern des hinteren Linsenbildes. Klin. Monatsbl. f. Augenheilk. 62. S. 581—593. Mit 2 Fig.

1920. 41. Danis, M., L'éclairage focal au moyen du petit ophtalmoscope monoculaire de Gullstrand. Ann. d'ocul. 157. p. 632—633.

42. Henker, O., Das vereinfachte große Gullstrandsche Ophthalmoskop. [22. V.] Zeitschr. f. ophth. Optik. 8. S. 108—117. Mit 10 Fig. [10. VII.]

43. Koeppe, L., Die Mikroskopie des lebenden Kammerwinkels im fokalen Lichte der Gullstrandschen Nernstspaltlampe. II. Teil. Die spezielle Anwendungstechnik der Methode und die normale Histologie des lebenden Kammerwinkels im fokalen Licht. v. Graefes Arch. f. Ophth. 101, 2/3. S. 238—256. Mit 3 Fig. [13. IV.]

1920. 44. Koeppe, L., Das biophysikalisch-histologische Verhalten der lebenden Augengewebe unter normalen und pathologischen Bedingungen im polarisierten Lichte der Gullstrandschen Nernstspaltlampe. II. Teil. Das optisch-histologische Verhalten des lebenden vorderen Bulbusabschnittes im polarisations-mikroskopischen Bilde der Gullstrandschen Nernstspaltlampe. v. Graefes Arch. f. Ophth. 102, 1/2. S. 4—97. Mit 9 Textfig. u. 6 Fig. auf 1 Taf. [5. VII.]

45. Koeppe, L., Die Bedeutung der Diffraktion für das Problem der Ultramikroskopie des lebenden Auges im Bilde der Gullstrandschen Nernstspaltlampe. v. Graefes Arch. f. Ophth. 102, 3/4. S. 259—338. Mit 28 Fig. [10. VIII.]

46. Koeppe, L., Die biophysikalischen Untersuchungsmethoden der normalen und pathologischen Histologie des lebenden Auges. E. Abderhaldens Handb. d. biol. Arbeitsmethoden. Abt. V. Methoden zum Studium der Funktionen der einzelnen Organe des tierischen Organismus. Teil 6, Heft 1, Lief. 3. Berlin u. Wien, Urban & Schwarzenberg. 158 S. 8⁰. Mit 32 Textfig.

47. Koeppe, L., Bemerkungen zu einigen die Spaltlampenmikroskopie des lebenden Auges betreffenden Arbeiten von A. Vogt. Klin. Monatsbl. f. Augenheilk. 64. S. 817—825.

48. Koeppe, L., Die Mikroskopie des lebenden Auges. I. Bd. Die Mikroskopie des lebenden vorderen Augenabschnittes im natürlichen Lichte. Berlin, Julius Springer. IX, 310 S. gr. 8⁰. Mit 1 Bildnis, 1 Taf. u. 62 Textfig.

49. Koeppe, L., Die optischen Hilfsmittel für die mikroskopische Erforschung des lebenden Auges nebst zusammenfassendem Überblick über die bisherigen Ergebnisse der dabei anwendbaren Untersuchungsmethoden. Deutsche ophth. Wochenschr. 6. S. 258—264 [3. VIII.) u. S. 280—281 [17. VIII.] Mit 5 Fig.

50. Koeppe, L., Die Anwendung des Bitumi und Orthobitumi mit Strichglasbeleuchtung an der Gullstrandschen Nernstspaltlampe. [5. VIII.] Ber. über d. 42. Vers. d. Ophth. Ges., Heidelberg. [5.—7. VIII.] 1920. S. 322—329. Mit 4 Fig.

51. Koeppe, L., Die stereomikroskopische Sichtbarmachung des lebenden interfaszikulären Kittliniensystems der Hornhautlamellen sowie das Verhalten der lebenden Hornhautnerven im polarisierten Lichte der Gullstrandschen Nernstspaltlampe. (Demonstrationsvortrag im Verein d. Ärzte zu Halle a. S. 12. XI. 1919.) Münch. med. Wochenschr. 67. S. 39—42. Mit 2 Fig. [9. I.]

52. v. Rohr, M., Die binokularen Instrumente. Naturwissensch. Monographien u. Lehrbücher. 2. Bd. 2. Aufl. Berlin, Julius Springer. XVII, 303 S. gr. 8⁰. Mit 136 Fig. im Text u. 1 Taf.

53. Streuli, H., Beleuchtungstechnik der Spaltlampe. Mitteilung über ein neues Beleuchtungsprinzip und über dessen praktische Bedeutung. Klin. Monatsbl. f. Augenheilk. 65, 2. S. 769—782. Mit 8 Fig.

54. Vogt, A., Beobachtungen am Spaltlampenmikroskop. (Vers. d. Ges. d. Schweiz. Augenärzte. Bern. 12. u. 13. VI.) Bericht: Klin. Monatsbl. f. Augenheilk. 65. S. 102—103.

55. Vogt, A., Die Tiefenlokalisation in der Spaltlampenmikroskopie. Zeitschr. f. Augenheilk. 43. S. 393—402. Mit 3 Fig.

56. Vogt, A., Die Diagnose partieller und totaler Vorderkammeraufhebung mittels Spaltlampenmikroskop. Zeitschr. f. Augenheilk. 44. S. 237—241. Mit 1 Fig.

57. Vogt, A., Die Sichtbarkeit des lebenden Hornhautendothels. Ein Beitrag zur Methodik der Spaltlampenmikroskopie. v. Graefes Arch. f. Ophth. 101, 2/3. S. 123—144. Mit 2 Textfig. u. 1 Taf. [13. IV.]

1920. 58. Vogt, A., Vergleichende Untersuchungen über moderne fokale Beleuchtungsmethoden. Schweiz. med. Wochenschr. 50. Jahrg. des Correspond.-Blattes für Schweizer Ärzte. S. 613—618. Mit 3 Fig.

59. Vogt, A., Zu den von Koeppe aufgeworfenen Prioritätsfragen. Zugleich ein kritischer Beitrag zur Methodik der Spaltlampenmikroskopie. Klin. Monatsbl. f. Augenheilk. 65. S. 358—370.

1921. 60. Birkhäuser, R., Eine neue Beleuchtungsvorrichtung mit Bogenlicht (Bogenlicht-Fokallampe) für die Untersuchung des vorderen Bulbusabschnittes sowie für die Ophthalmoskopie mit rotfreiem Licht. [27. XI. 1920.]. Klin. Monatsbl. f. Augenheilk. 66. S. 240—248. Mit 6 Fig.

61. Haab, O., Wie man am eigenen Auge die Hornhaut (Nervenfasern etc.), die Linse und den vorderen Teil des Glaskörpers studieren kann. Münch. med. Wochenschr. 68. S. 728—729. [17. VI.]

62. Hartinger, H., Zur Messung der Kammertiefe und des Irisdurchmessers. [13. VIII.] Zeitschr. f. ophth. Optik. 9. S. 135—143. Mit 2 Fig. [20. IX.]

63. Koeppe, L., Die ultra- und polarisationsmikroskopische Erforschung des lebenden Auges und ihre Ergebnisse. Bern u. Leipzig, Ernst Bircher. XII, 269 (1) S. 8º. Mit 74 teils farb. Fig.

64. v. Rohr, M., Die Brille als optisches Instrument. Handb. d. ges. Augenheilk. herausg. v. Th. Axenfeld u. A. Elschnig. 3. Aufl. Berlin, J. Springer. XIV u. 254 S. 8º. Mit 112 Fig.

65. Schnyder, W. F., Bemerkungen zur Technik der Spaltlampenmikroskopie. Zeitschr. f. Augenheilk. 45. S. 76—82.

66. Schnyder, W. F., Eine einfache Bogenspaltlampe und theoretische Ausführungen über das neue Beleuchtungsprinzip der Spaltlampe und dessen Bedeutung. Zeitschr. f. Augenheilk. 46. 328—345. Mit 6 Fig.

67. Streuli, H., Beleuchtungstechnik der Spaltlampe. Mitteilung über ein einfaches und praktisches Modell einer Bogenspaltlampe nebst Vorrichtung zur Ophthalmoskopie im rotfreien Licht. [22. XI. 1920.] Klin. Monatsbl. f. Augenheilk. 66. S. 512—524. Mit 3 Fig.

68. Vogt, A., Altlas der Spaltlampenmikroskopie des lebenden Auges mit Anleitung zur Technik und Methodik der Untersuchung. Berlin, Julius Springer. (Juni.) [VI.] 163 S. gr. 8º. Mit 370 größtenteils farb. Fig.

69. Vogt, A., Fehldiagnosen am Spaltlampenmikroskop mit besonderer Berücksichtigung von Trugbildern. v. Graefes Arch. f. Ophth. 105. S. 507 bis 527. Mit 17 Fig. [14. VI.]

70. Vogt, A., Vergleichende Messungen über die spezifische Helligkeit von Nernst-Nitra- und Bogenspaltlampe bei alter und neuer Abbildungsweise. Zeitschr. f. Augenheilk. 46. S. 1—7.

71. Vogt, A., Weitere Ergebnisse der Spaltlampenmikroskopie des vorderen Bulbusabschnittes. (Cornea, Vorderkammer, Iris, Linse, vorderer Glaskörper, Conjunctiva, Lidränder.) I. Abschnitt. Hornhaut. v. Graefes Arch. f. Ophth. 106. 63—103. Mit 44 Fig. [30. VIII.]

1922. 72. Gullstrand, [A.,] Demonstration einer neuen Diaphragmenlampe. [8. VI.] Ber. über d. 43. Vers. d. Deutschen Ophth. Ges., Jena. S. 290—291.

73. Gullstrand, A., On diaphragm lamps in ophthalmology. Internat. congr. of ophth., Washington. 25.—28. IV. S. 69—80.

74. Jackson, E., Examination of the eye by direct sunlight. Journ. of the Amer. med. assoc. 79. S. 1216—1221. Mit 4 Fig.

75. Jackson, E., The examination of the eye by direct sunlight. Sect. on ophth. Amer. med. assoc. St. Louis. 22.—26. V. p. 141—153.

76. Koby, F. E., Propriétés optiques du faisceau lumineux de la lampe à fente. Arch. d'opht. 39. p. 662—673. Mit 5 Fig. [Nov. 1921. Nr. 11.]

77. Koeppe, L., Die Bedeutung der Gitterstruktur in den Augenmedien für die Theorie der subjektiven Farbenerscheinungen. Eine monographische Studie. Leipzig, Ernst Bircher. VIII, 150 S. 8º. Mit 20 Fig.

1922. 78. Koeppe, L., Die Mikroskopie des lebenden Auges. 2. Bd. Die Mikroskopie der lebenden hinteren Augenhälfte im natürlichen Lichte nebst Anhang: Die Spektroskopie des lebenden Auges an der Gullstrandschen Spaltlampe. Berlin, Julius Springer. VI, 122 S. gr. 8⁰. Mit 42 zum Teil farb. Textfig.

79. Vogt, A., Untersuchungen des Auges im rotfreien Licht. Handb. d. biol. Arbeitsmethoden, herausg. v. E. Abderhalden. Abt. V. Methoden zum Studium der Funktionen der einzelnen Organe des tierischen Organismus. Teil 6, Heft 3, Lief. 55. Sinnesorgane: Lichtsinn und Auge. Berlin u. Wien, Urban & Schwarzenberg. 8⁰. S. 365—378. Mit Fig. 83—90, davon Fig. 88 u. 89 auf Taf. I.

80. Gallemaerts, E., et G. Kleefeld, Étude microscopique du fond de l'œil vivant. Ann. d'ocul. 159. p. 264—274. Mit 4 Fig.

1923. 81. Hartinger, H., Zur Photometrie der Gullstrandschen Spaltlampe. [2. XII.] Zeitschr. f. ophth. Optik. 11. S. 9—23. Mit 5 Fig. [16. II.]

82. Lemoine, P., et Valois, G., Lampe sténopéique (J. Gambs, constructeur à Lyon). Rev. d'optique. 2. p. 167—170. Mit 4 Fig.

83. Lemoine et Valois, Ophtalmoscopie microscopique (sans verre de contact). Clin. opht. 12. p. 423—428.

84. Nešić, P., Beitrag zur Lösung der Frage von der Gewinnung des meridionalen optischen Durchmessers bei der mikroskopischen Untersuchung des lebenden Auges. Serb. Arch. f. d. ges. Med. 25. Heft 5. S. 193—200. (Serbo-Kroatisch.) Angeführt nach Zentralbl. f. d. ges. Ophth. u. ihre Grenzgeb. 11. S. 172.

1924. 85. Czapski, S. und O. Eppenstein, Grundzüge der Theorie der optischen Instrumente nach Abbe. 3. Aufl. herausgeg. von H. Erfle † und H. Boegehold. Leipzig, Joh. Ambr. Barth. XX, 747 S. 8⁰ in 316 Fig.

86. Fincham, E. F., A new form of corneal microscope with combined slit lamp illuminating device. Trans. opt. Soc. 1923/4. 25. 113—122. [14. II. 24.]

IX. Ophthalmometrie.

Von

J. W. Nordenson.

Mit Textfig. 1—36.

§ 1. Mit dem Namen Ophthalmometrie bezeichnet man die Lehre von den optischen Konstanten des Auges. Diese Konstanten können in drei Gruppen eingeteilt werden, von denen die erste die Brechungsindices der Medien, die zweite die Form, Orientierung und Lage der brechenden Flächen, die dritte die Größe und Lage der Blende umfaßt. Es sollen hier nur die zur Bestimmung dieser Konstanten dienenden ophthalmometrischen Methoden besprochen werden; für die Resultate der Ophthalmometrie sei auf Kap. XII dieses Handbuches — Die Refraktion und Akkommodation des menschlichen Auges und ihre Anomalien von CARL HESS — hingewiesen, wo man eine Zusammenstellung derselben auf S. 48 findet.

I. Die Untersuchung der Brechungsindices; Refraktometrie.

2. Die Bestimmung der Brechungsindices der brechenden Medien des Auges war lange ein sehr schwieriges Problem, das den Physiologen viel Mühe bereitete. Die Ursache hierzu war, daß man mit so äußerst kleinen Mengen des betreffenden Materials zu arbeiten hatte. Viele Versuche wurden mit verschiedenen Methoden von den älteren Forschern ausgeführt, ohne daß es ihnen doch gelang, besonders genaue Resultate zu erhalten. Diese älteren Methoden, die nunmehr nur ein geschichtliches Interesse besitzen, sollen hier bloß kurz erwähnt werden. So hat CHOSSAT (1818) und nach ihm BREWSTER (1819) die zu untersuchende Substanz in ein optisches System, das aus einer planparallelen Glasplatte und einer bikonvexen Linse bestand, zwischen diese eingeführt und dann mit dem Mikroskope die hierdurch entstandene Veränderung der Brennweite des Systems bestimmt; aus dieser wurde dann der gesuchte Brechungsindex berechnet. KRAUSE (1855) hat die Bestimmung durch Messung der Vergrößerung eines optischen Systemes vor und nach Einführung der zu untersuchenden Substanz in dasselbe vorgenommen, wobei die Messungen mit Okularmikrometer ausgeführt wurden, HELMHOLTZ (1867) hat nach ähnlichem Prinzipe wie KRAUSE die Unter-

suchungen ausgeführt, wobei aber die Größe der vom Systeme entworfenen Bilder nicht mit Okularmikrometer, sondern mit seinem Ophthalmometer gemessen wurde.

§ 3. Eine sehr große Förderung erfuhr die Methodik der Bestimmung der Brechungsindizes der betreffenden Medien, als ABBE (1874) sein Total-refraktometer hergestellt hatte. Das Prinzip dieses Instrumentes besteht darin, daß man das Licht von einem optisch dichteren in das zu unter-suchende Medium einfallen läßt und dann denjenigen Einfallswinkel des Lichtes auf die Trennungsebene bestimmt, bei dem Totalreflexion an der-selben entsteht. Aus diesem Winkel kann dann der gesuchte Brechungs-index berechnet werden. Dieses Instrument gibt recht genaue Resultate und es hat außerdem den großen Vorteil, daß es für die Indexbestimmung nur eine sehr geringe Menge der zu untersuchenden Substanz er-fordert, welche letztere Eigenschaft seine Einführung in die Ophthalmo-metrie ermöglichte. Es wurde bald nach seiner Herstellung von FLEI-SCHER (1872) und HIRSCHBERG (1874) für ophthalmometrische Zwecke gebraucht und hat hier die älteren, weniger exakten Methoden ganz verdrängt.

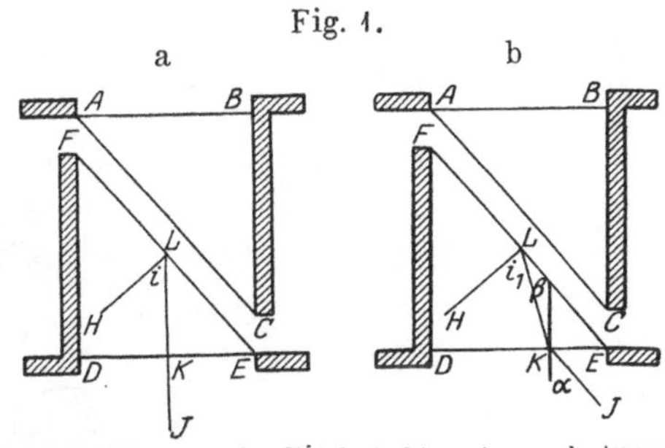

Fig. 1.

Der Strahlengang im Totalrefraktometer nach ABBE.

Der Apparat von ABBE besteht aus zwei rechtwinkeligen Prismen aus Glas von hohem Brechungsindex. Dieselben sind in einer kleinen Messing-fassung montiert, welche es erlaubt, die Prismen so aneinander zu legen, daß sie von einem ganz schmalen, von zwei planparallelen Ebenen be-grenzten Raume getrennt werden, wie aus Fig. 1 hervorgeht. In diesen Zwischenraum wird nun die Substanz, deren Brechungsindex geprüft werden soll, gebracht. An jedem Prisma wird, wie aus Fig. 1 weiter hervorgeht, eine Kathetenfläche von der Fassung frei gelassen, so daß Licht durch die Kombination der beiden Prismen des Apparates gehen kann. Das Licht wird dann mit einem kleinen astronomischen Fernrohr beobachtet. Wie aus Fig. 2 hervorgeht, sind nun Prismenfassung C und Fernrohr F auf einem kleinen Stative G angebracht, wobei die Prismenfassung um die Achse K so gedreht werden kann, daß die Achse des Fernrohres mehr oder weniger schräg zur Ebene der freien Kathetenfläche des oberen Prismas (AB, Fig. 1) zu stehen kommt. Der Drehungswinkel der Fassung kann dabei an der Alhidade A abgelesen werden.

Denkt man sich nun einen Lichtstrahl JL (Fig. 1a), der senkrecht auf die freie Kathetenfläche DE des unteren Prismas fällt, so trifft derselbe die Trennungsfläche FE unter dem Einfallswinkel i, der, wie leicht ersichtlich, dem Winkel FED gleich ist. Nach der Brechung an den beiden einander parallelen Flächen FE und AC, setzt sich der Strahl parallel zu sich selbst durch das zweite Prisma in das Fernrohr weiter fort. Wird nun aber die Fassung gedreht, so wird der Winkel i (Fig. 1b) immer größer, bis endlich der Strahl JKL an der Fläche FE Totalreflexion erfährt. Solange die Lichtstrahlen vom Prisma durchgelassen werden, erscheint das Gesichtsfeld im Fernrohre hell beleuchtet, wenn sie aber totalreflek-

Fig. 2.

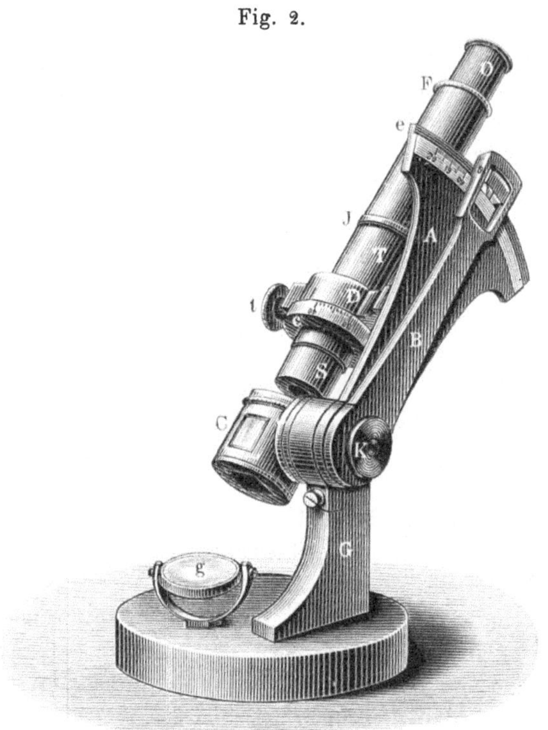

Das Totalrefraktometer von ABBE.

tiert werden, erscheint dasselbe dunkel. Der Übergang vom hellen zum dunklen Gesichtsfelde erscheint als eine scharfe Linie. Sobald diese Linie auf das Haarkreuz des Fernrohres eingestellt ist, hat der Einfallswinkel i_1 der Strahlen an der Fläche FE den Betrag des Grenzwertes, bei dem Totalreflexion entsteht, und der Drehungswinkel wird dabei an der Alhidade abgelesen.

Aus dem Werte dieses Drehungswinkels wird nun der Brechungsindex der untersuchten Substanz folgendermaßen berechnet:

Es trete die Totalreflexion bei einer Drehung der Prismenkombination um den Winkel α ein. Dies ist dann auch der Einfallswinkel des in die

Kombination an der freien Kathetenfläche DE einfallenden Strahles JK in der neuen Stellung derselben. Der Strahl wird hier unter dem Brechungswinkel β gebrochen, der, falls der Brechungsquotient des Prismenglases n bekannt ist, aus dem Brechungsgesetze berechnet werden kann; es ist

$$\sin \alpha = n \sin \beta \quad \ldots \ldots \ldots \ldots \quad (1)$$

Der Strahl treffe dabei die Trennungsfläche FE unter dem Einfallswinkel i_1. Für diesen hat man, wie aus Fig. 1b hervorgeht, den Ausdruck

$$i_1 = \beta + \varphi \quad \ldots \ldots \ldots \ldots \quad (2)$$

in welchem Ausdruck φ den Winkel FED des Prismas bezeichnet.

Ist nun weiter i_1 derjenige Einfallswinkel, bei dem der Strahl an der Trennungsfläche totalreflektiert wird, so erhält man, wenn N der Brechungsindex des zu untersuchenden Mediums ist

$$n \sin (\beta + \varphi) = N \sin 90° \quad \ldots \ldots \ldots \quad (3)$$

Aus diesen drei Gleichungen kann man nun den gesuchten Index N finden, falls φ und n bekannt sind. Diese Größen sind also die beiden Konstanten des Instrumentes, welche nun ein für allemal für das Instrument bestimmt werden müssen.

Dies geschieht auf folgende Weise: Der Brechungsindex n des Glases der beiden Prismen wird dadurch ermittelt, daß man den Winkel bestimmt, bei dem Totalreflexion eintritt, falls sich eine Substanz von bekanntem Brechungsindex, z. B. Luft, im Zwischenraume zwischen den Prismen befindet. Der Winkel φ der Prismen wird in der Weise bestimmt, daß das eine derselben fortgenommen und das Fernrohr auf ∞ eingestellt wird. Das andere Prisma, das in der Fassung bleibt, wird dann gedreht und so eingestellt, daß die Fläche AB senkrecht zur Achse des Fernrohres zu stehen kommt. Diese Einstellung wird in der Weise kontrolliert, daß man beobachtet, ob das vom Okular des Fernrohres gegebene Bild des in demselben befindlichen Haarkreuzes mit dem Spiegelbilde desselben Haarkreuzes an der betreffenden Fläche zusammenfällt. Um die zur Erzeugung des letzteren Bildes erforderliche Beleuchtung des Haarkreuzes zu erhalten, hat das Fernrohr in der Höhe desselben ein kleines Loch, durch welches man Licht einfallen lassen kann. Das Licht wird durch ein kleines, an diesem Loche eingeschaltetes Prisma auf das Haarkreuz abgelenkt. Nachdem die Einstellung dieser beiden Bilder übereinander ausgeführt ist, wird das Prisma so gedreht, daß nun die Fläche AC senkrecht auf die Achse des Fernrohres zu stehen kommt, was in derselben Weise kontrolliert wird. Die Drehung, welche das Prisma dabei erfahren hat, ist dann, wie leicht ersichtlich, gleich $180 - \varphi$.

Bei diesem Instrument kommt es oft vor, daß die Bestimmung der Konstanten überflüssig gemacht wird, indem die Alhidade C nicht in Grade geteilt, sondern so gradiert ist, daß man an derselben direkt den Brechungsindex ablesen kann, der einer gewissen Drehung der Prismen entspricht. Diese Gradierung läuft meistens zwischen den Brechungsindices 1,3—1,7 und Instrumente von diesem Typus können daher nicht durch Bestimmung

des Index für Luft geprüft werden, sondern werden mit einer Flüssigkeit
von bekanntem Brechungsindex, beispielsweise destilliertem Wasser, oder
mit einer für diesen Zweck dem Instrumente beigegebenen kleinen Glasplatte
geprüft. Diese kleine Platte, deren Brechungsindex an derselben eingraviert
ist, wird nach Auseinanderklappen der beiden Prismen auf die Hypotenusenfläche des oberen Prismas mittels Monobromnaphthalin oder irgendwelcher
anderen Flüssigkeit von höherem Brechungsindex als dem des Prismas an-
geklebt, wonach dann der Grenzwinkel bei der Brechung des in dieselbe
an der Hypotenusenfläche des Prismas streifend eintretenden Lichtes bestimmt wird. Stimmt der bei der Einstellung der Grenze zwischen hellem
und dunklem Gesichtsfelde auf das Haarkreuz des Fernrohres abgelesene
Wert für den Index nicht mit dem an der Platte angegebenen, so muß die
Stellung des Zeigers zur Prismenkombination korrigiert werden, was mit
der Hilfe eines dem Instrumente beigegebenen Uhrschlüssels geschieht.

Um die Ausführung der Messungen bei einer gewünschten konstanten
Temperatur zu ermöglichen, sind bei den neueren Instrumenten die beiden
Prismen von kleinen Metallgehäusen umgeben, in die aus einem regulier-
baren Apparate Wasser von bestimmter Temperatur mittels Gummischläuchen
eingeleitet werden kann. An dem einen der Gehäuse ist ein Thermometer
angebracht.

§ 4. Der Brechungsindex einer beliebigen Flüssigkeit wird nun mit dem
Abbeschen Instrumente folgendermaßen bestimmt. Einige Tropfen derselben
werden mit einer Pipette in den Zwischenraum zwischen den beiden Prismen
gebracht, das Licht wird durch die Prismen geworfen und durch das Fernrohr beobachtet. Die Prismenkombination wird dann gedreht, bis die
Grenzlinie zwischen dem hellen und dem dunklen Gesichtsfelde auf das
Haarkreuz des Fernrohrokulares scharf eingestellt worden ist, was bei
einem homogenen Medium keine Schwierigkeit macht. Als Lichtquelle wird
am zweckmäßigsten ein Bunsenbrenner, in dessen Flamme ein mit Kochsalzlösung imbibiertes Bimssteinstück eingeführt wird, benutzt. Hierdurch
erhält man Na-Licht, für dessen Wellenlänge die Brechungsindizes gewöhnlich bestimmt werden. An den neueren Instrumenten wird die Anwendung
von Tageslicht für die Untersuchungen dadurch ermöglicht, daß an ihnen das
Fernrohr mit einem sogenannten Farbenkompensator D (Fig. 2) versehen ist.
Dieser besteht aus zwei hintereinanderliegenden sogenannten Amicischen
Prismen à vision directe für Na-Licht, welche mittels einer Schraube t in
entgegengesetzter Richtung um die Achse des Instrumentes gedreht werden
können. Bei zwei verschiedenen Stellungen dieser Prismen wird die bei
der Totalreflexion entstehende Dispersion des Lichtes im Fernrohre aufgehoben, wobei die Grenzlinie scharf erscheint.

Die Schwierigkeit bei der Untersuchung der Augenmedien besteht
hauptsächlich darin, daß es nicht immer leicht ist, das Material genug

frisch und in ausreichender Menge zu bekommen. Tränen kann man doch leicht erhalten, indem man beispielsweise das untere Tränenröhrchen mit einer Sonde zustopft und dann mit einer Pipette die in die Lidspalte hervorquellende Flüssigkeit aufsammelt. Kammerwasser kann man durch Punktion der vorderen Kammer erhalten. Dabei empfehlen Löwenstein und Kubik (1915), die Hornhaut vor der Punktion mit Fließpapier abzutrocknen, so daß das erhaltene Kammerwasser nicht durch Tränenflüssigkeit und Schleim verunreinigt wird. Auch darf man nicht zu reichlich Kammerwasser ablassen, da dabei neues, eiweißreicheres Kammerwasser gebildet wird. Zur Punktion benutzt man eine kleine, gut gereinigte, sterile Spritze. Glaskörpersubstanz kann wohl unter besonderen Umständen auch durch Punktion am lebenden Auge erhalten werden, meistens ist man wohl für dieselbe wie auch für die Linsensubstanz auf enukleierte Augen oder Leichenaugen angewiesen. Oft dürfte es aber schwierig sein, die letzteren zu erhalten, da ja soziale Gründe die Herausnahme der betreffenden Substanzen von außen her öfters nicht erlauben. In solchen Fällen empfiehlt Freytag (1907) folgendes Verfahren: In der bei der Sektion geöffneten Schädelhöhle wird das Dach der Orbita durchbrochen und der Bulbus von oben her äquatorial durchschnitten, so daß man die Linse vorsichtig entfernen und Kammerwasser und Glaskörper aufsammeln kann. Die Operation erfordert eine gewisse Übung, wenn die Pupille nicht beschädigt werden soll, was die Operation leicht verraten kann. Einige Tropfen von den Medien werden dann mittels einer Pipette zwischen die beiden Prismen gebracht und der Brechungsindex bestimmt. Wenn es sich darum handelt, die Linsensubstanz an verschiedenen Punkten der Linse zu untersuchen, so verfährt man am besten so, daß man mit einem kleinen scharfen Löffel eine stecknadelkopfgroße Menge derselben an den gewählten Stellen entnimmt und dann untersucht. Hierbei zeigt es sich aber, daß sich die optische Heterogenität der Linsensubstanz auch bei sehr kleinen Mengen derselben geltend macht, da es mit gewissen Schwierigkeiten verbunden ist, zu entscheiden, wann die Totalreflektion eintritt; im Fernrohre ist nämlich das hell beleuchtete Feld nicht scharf von dem dunkeln abgegrenzt, sondern sie gehen allmählich ineinander über. Es müssen daher eine größere Zahl von Ablesungen die mangelnde Genauigkeit der einzelnen kompensieren.

Auch zur Bestimmung des Brechungsindex einer festen Substanz läßt sich das Doppelrefraktometer von Abbe anwenden; die Voraussetzung hierfür ist nur, daß man sie in Form einer dünnen, planparallelen Platte erhalten kann, die zwischen die Prismen gebracht wird. Um dabei zu vermeiden, daß auch Luft in dem Zwischenraume bleibt und durch Totalreflektion den Versuch vereitelt, bringt man in denselben einige Tropfen einer Flüssigkeit von hohem Brechungsindex. Bei der Untersuchung des Brechungsindex der Hornhautsubstanz wird indessen das Verfahren dadurch vereinfacht, daß dieselbe nicht ganz fest, sondern mehr halbfest ist. Die Forscher, welche sich mit diesen Bestimmungen beschäftigt haben, geben ihre Verfahrungsweise nicht näher an, aber man dürfte annehmen können, daß sie von der Hornhaut ein größeres Stück ausgeschnitten und dann in den Zwischenraum gebracht haben. Der Druck der Prismenflächen kann aber dabei die schon normal vorhandene Doppelbrechung der Hornhautsubstanz erhöhen, und die Grenzlinie erscheint daher auch nicht ganz scharf.

Was die Genauigkeit der mit dem Instrumente von ABBE gewonnenen Resultate betrifft, so gibt die Firma Zeiß an, daß der Brechungsindex mit einer Genauigkeit von etwa zwei Einheiten der vierten Dezimale mit demselben bestimmt werden kann. Daß der Messungsfehler bei dem einzelnen Instrumente nicht größer ist, als daß man eine solche Genauigkeit annehmen kann, ist sehr wahrscheinlich, aber hierbei sind die an der Methode selbst liegenden Fehlerquellen nicht in Betracht gezogen. Daß diese Fehler jedoch eine absehbare Rolle spielen, geht aus einer Zusammenstellung hervor, welche FREYTAG gemacht hat. Er verglich die Resultate, zu denen verschiedene Forscher bei der Bestimmung der Brechungsindices von destilliertem Wasser kamen, miteinander; hierbei zeigte es sich, daß in den betreffenden Werten schon die dritte Dezimale verschieden war. Doch waren die Temperaturen, bei denen diese Forscher gearbeitet hatten, etwas verschieden. Bei Untersuchungen mit dem Instrumente dürfte man wohl praktisch annehmen können, daß die drei ersten Dezimalen des erhaltenen Wertes richtig sind. Von großer Bedeutung ist es immer, die bei der Messung vorhandene Temperatur zu beobachten; dies ist besonders daher wichtig, weil der Untersucher leicht geneigt ist, das Instrument an die Lichtquelle zu nähern, und trotzdem die Resultate als für Zimmertemperatur geltend angibt. Auch muß man zusehen, daß die Resultate, die miteinander verglichen werden, Licht von derselben Wellenlänge betreffen.

§ 5. Ein anderes Instrument für die Bestimmung des Brechungsindex, welches in die Ophthalmometrie Eingang gefunden hat, ist das Eintauchrefraktometer von PULFRICH (1899). In diesem Instrumente kann man denselben sowohl durch Aufsuchen des Grenzwinkels bei streifender Inzidenz des Lichtes wie durch Feststellung des Einfallswinkels, bei dem Totalreflexion entsteht, bestimmen. Das Instrument besteht aus einem Glasprisma (Fig. 3 P), an dessen einer Kathetenfläche ein astronomisches Fernrohr angeschlossen ist. In der Fokalebene des Objektives Ob dieses Fernrohres ist eine Skala Sk angebracht. Das Prisma wird nun in die zu untersuchende Flüssigkeit, die sich in einem Becher B befindet, eingetaucht und mit Hilfe eines Spiegels S wird dann Licht auf das Prisma so geworfen, daß dasselbe an der Hypotenusenfläche streifend einfällt. Nach Brechung an dieser Fläche wird das Licht in das Fernrohr abgelenkt. Hier werden die Strahlen von dem Objektiv zur Fokalebene desselben zusammengebrochen. Die durch das Prisma gelangenden Strahlen leuchten nun einen Teil des Gesichtsfeldes hell auf, während der unbeleuchtete Teil desselben dunkel bleibt, und die Grenze zwischen diesen beiden Teilen des Gesichtsfeldes erscheint als eine scharfe Linie, deren Lage an der Skala mit dem Okular abgelesen werden kann. Je nach der Größe des Brechungsindizis der zu untersuchenden Flüssigkeit erhält diese Grenzlinie eine verschiedene Lage an der Skala. Um eine ge-

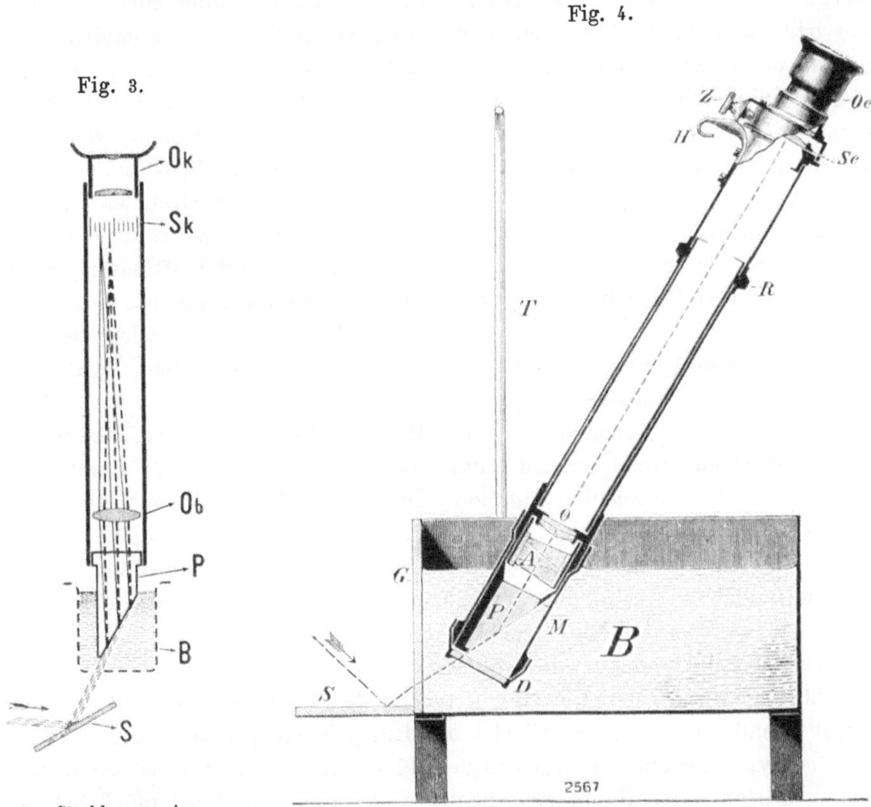

Der Strahlengang im Eintauchrefraktometer.

Das Eintauchrefraktometer.

naue Ablesung zu ermöglichen ist diese Skala nicht ganz fest, sondern kann um den Betrag eines Skalenteiles sich selbst parallel mittels einer Schraube (Fig. 4) verschoben werden. Diese Schraube ist mit einer gradierten Trommel versehen, an der die Größe der erforderlichen Verschiebung in Zehntel eines Skalenteiles abgelesen werden kann. Die Skala hat eine willkürliche Teilung von — 5 bis 105 und die den an derselben abgelesenen Werten entsprechenden Brechungsindizes werden aus einer dem Instrumente beigegebenen Tabelle gefunden. Um ein Konstantbleiben der Temperatur während der Untersuchung zu sichern, werden die Becher mit den zu untersuchenden Flüssigkeiten in einen Trog gesteckt, durch welchen Wasser von gewünschter Temperatur fließt. Die Anwendung von weißem Lichte bei der Untersuchung wird dadurch ermöglicht, daß ein Kompensator A (Fig. 4) zwischen Prisma und Fernrohr eingeschaltet ist.

In der hier beschriebenen Form eignet sich das Instrument nur zur Untersuchung größerer Flüssigkeitsmengen. Für die Untersuchung kleinerer Mengen, wie in der Ophthalmometrie erforderlich ist, muß eine besondere Vorrichtung gebraucht werden. Dem Prisma wird ein kongruentes Hilfsprisma aufgesetzt und zwischen diese beiden Prismen werden einige Tropfen der zu untersuchenden Flüssigkeit gebracht. Licht wird dann auf die Kombination der beiden Prismen geworfen. Von den Lichtstrahlen, welche in die Kombination eintreten, werden nun die, welche die Hypotenusenfläche des ersten Prismas unter einem kleineren Winkel als dem Grenzwinkel beim Übergang vom Prismenglas zur untersuchenden Substanz treffen, durchgelassen, die übrigen total reflektiert. Ein Teil des Gesichtsfeldes im Fernrohre wird hell beleuchtet, der andere nicht, und die Lage der Grenzlinie kann an der Skala abgelesen werden. Die Lage derselben wird dieselbe, wie bei der Bestimmung ohne Hilfsprisma unter streifendem Lichteinfall sein. Um ein Verdunsten der zu untersuchenden Flüssigkeit zu verhindern, werden die beiden Prismen von einer Hülse M (Fig 4) umgeben, der weiter ein Deckel D aufgesetzt werden kann. Hülse und Deckel bilden somit einen Becher um die Prismenkombination, der ein Eintauchen derselben in ein Temperierbad erlaubt. Der Deckel drückt das Hilfsprisma dicht an das Prisma des Instrumentes, indem dasselbe an seiner unteren Kathetenfläche mit einer kleinen Aushöhlung versehen ist, in die ein kleiner Korkstöpsel eingesetzt wird; auf diesen drückt dann der Deckel.

Die Messung einer kleinen Flüssigkeitsmenge mit dem Instrumente geschieht folgendermaßen: Die zu untersuchende Flüssigkeit wird auf die horizontal gehaltene Hypotenusenfläche des Hilfsprismas gebracht und dasselbe auf die Hypotenusenfläche des von der Hülse umgebenen Prismas des Instrumentes gelegt. Der Raum zwischen den Prismen soll dabei möglichst gut ausgefüllt sein. Der Deckel wird dann der Hülse aufgesetzt. Die Prismenkombination wird dann in das Temperierbad gesteckt und Licht auf dieselbe geworfen. Die Grenzlinie wird im Instrumente beobachtet und das Okular so eingestellt, daß man dieselbe scharf sieht. Erscheint dabei an der Grenzlinie ein Farbensaum, so wird der Kompensator so gedreht, daß dieser Saum verschwindet. Sobald die Grenzlinie scharf geworden ist, wird die Lage derselben an der Skala abgelesen. Fällt dieselbe dabei mit einem Teilstrich der Skala genau zusammen, so kann man den Wert direkt ablesen; ist aber dies nicht der Fall, so wird die Skala mit der Schraube so weit verschoben, daß die Grenzlinie mit einem Skalenstriche zusammenfällt. Der hierbei erforderliche Grad von Drehung wird an der Trommel

der Schraube abgelesen und die abgelesene Zahl der Zehntel wird dem vor
der Drehung an der Skala abgelesenen Werte zugefügt. Der dem Skalen-
wert entsprechende Brechungsindex wird dann einer dem Instrumente beigegebenen Tabelle entnommen, die rechnerisch aufgestellt ist. In dieser
Tabelle findet man die den ganzen Skalateilen entsprechenden Brechungsindices und kann für die Zehntel dieselben durch Interpolation berechnen.
Da das Okular des Instrumentes ziemlich stark vergrößert, kann die Ablesung
sehr genau gemacht werden. Der Ablesungsfehler am Apparate beträgt nach
den Angaben der Firma Zeiß $\pm$ 0,1 Skalenteil, was einem Fehler von drei Einheiten der fünften Dezimale des Brechungsindex entspricht. Hierzu dürften
aber die Fehler kommen, die an der Methode liegen. Für Eiweißbestimmungen
im Kammerwasser findet WESSELY (1921) die Genauigkeit unzureichend.

Für die Bestimmung der Brechungsindices der Medien dürften wohl
auch andere refraktometrische Instrumente wie das große Refraktometer
von PULFRICH und das Interferometer brauchbar sein, haben aber indessen
für diesen Zweck bis jetzt nicht Anwendung gefunden. — Methoden für die
Bestimmung der Größe der Doppelbrechung der Hornhaut sind von mir
(1921) angegeben worden.

§ 6. Für die Bestimmung des Brechungsindex in verschiedenen Punkten
der Linse hat HALBEN (1905) ein besonderes Instrument, das Differential-
refraktometer hergestellt. Während man im Totalrefraktometer von
ABBE das vom Objektiv des Fernrohres entworfene Bild durch das Okular
betrachtet, so beobachtet man in diesem Instrumente das von dem aus
Objektiv und Okular zusammengesetzten Systeme entworfene Bild, welches,
da es sich ja um parallele Strahlen handelt, in der Austrittspupille dieses
Systemes belegen ist. Demgemäß ist der Tubus des Fernrohres bis zur
Austrittspupille verlängert und hier mit einer Blende versehen, die in einem
rechtwinkeligen Koordinatensysteme verschiebbar ist. Aus Leseabstand
kann dann der Beobachter ein reelles Bild des Objektes, eines zwischen die
beiden Prismen gebrachten Linsendurchschnittes sehen und durch Verschieben der Blende können verschiedene Stellen des Bildes eingestellt und
deren Brechungsindex bestimmt werden. Die Konstruktion und Anwendung
dieses Instrumentes sind von FREYTAG einer eingehenden Kritik unterworfen
worden. Die mit demselben gewonnenen Resultate dürften doch wohl
einen qualitativen, kaum aber einen quantitativen Wert beanspruchen können.

§ 7. Für ophthalmometrische Zwecke, z. B. für die Berechnungen an
der hinteren Linsenfläche, würde es mit großen Schwierigkeiten verbunden
sein, dem Umstande Rechnung zu tragen, daß die Linsensubstanz kein
optisch homogenes Medium darstellt. Es dürfte daher wohl erlaubt sein,
für solche Zwecke diese Tatsache zu vernachlässigen und die Linse als
homogen zu betrachten. In diesem Falle ist es aber notwendig, den Total-

194 J. W. Nordenson: Ophthalmometrie.

index für eine optisch homogene Linse mit denselben Flächen und mit derselben Brechkraft wie die Kristallinse zu berechnen. MATTHIESSEN (1877) hat ein Gesetz für die Berechnung des Totalindex einer solchen Linse aufgestellt, aber spätere Untersuchungen von GULLSTRAND (1909) haben gezeigt, daß dasselbe nicht stichhaltig ist. Unter solchen Umständen bleibt bis jetzt keine andere Methode für die Bestimmung des gesuchten Totalindex übrig, als die Feststellung der Refraktionsänderung des Auges nach Extraktion der Linse. Die besten Bestimmungen in dieser Hinsicht wurden von BJERKE (1903) vorgenommen. Die von ihm angegebenen Rechnungen sind dann später von GULLSTRAND (l. c. S. 296) durch Anwendung der Dioptrienrechnung vereinfacht worden, und werden in folgender Weise ausgeführt.

Denkt man sich ein Auge das eine Mal als Vollauge mit Linse, das andere Mal aphakisch, und nimmt man weiter an, daß in beiden Fällen ein einfallendes Strahlenbündel auf die Netzhaut zusammengebrochen wird, so ist es einleuchtend, daß in beiden Fällen auch die Refraktion dieses Strahlenbündels am Orte des hinteren Hauptpunktes der Linse dieselbe ist. Um die Berechnungen zu vereinfachen sei weiter angenommen, daß die beiden Hauptpunkte der Linse in einem Punkte, dem optischen Zentrum der Linse (Fig. 5, Z) zusammenfallen. Dieses optische Zentrum der Linse hat nun in bezug auf das Hornhautsystem des betreffenden Auges einen konjugierten Punkt Z', der als das scheinbare optische Zentrum der Linse bezeichnet werden soll. Kennt man die Brechkraft des Hornhautsystems, D_c, und den reduzierten Abstand δ des reellen Linsenzentrums vom hinteren Hauptpunkte des Hornhautsystems, so kann die Lage des scheinbaren Linsenzentrums, dessen Abstand vom Achsenpunkt der vorderen Hornhautfläche mit x bezeichnet werden soll, aus den allgemeinen Formeln für die Dioptrierechnung

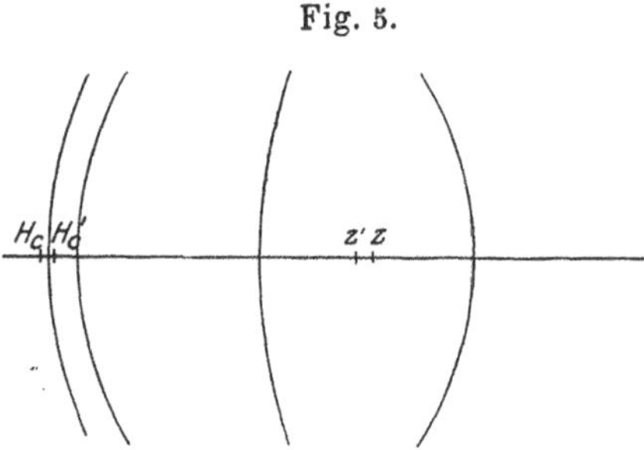

Fig. 5.

Querschnitt durch das optische System des Auges.

$$KB = A \qquad\qquad B = A + D$$

leicht berechnet werden. Man hat ja $B = 1/\delta$. Für A erhält man, falls h_c den Abstand des ersten Hauptpunktes des Hornhautsystems vom Achsenpunkt der vorderen Hornhautfläche bezeichnet, den Ausdruck $A = 1/(x - h_c)$. Wenn man den Vergrößerungskoeffizienten im optischen Zentrum mit $\varkappa$ bezeichnet, hat man $K = \varkappa$. Setzt man nun diese Werte in die obigen Formeln ein, erhält man

$$\frac{1}{\delta} = \frac{1}{x - h_c} + D_c\,; \qquad \frac{\varkappa}{\delta} = \frac{1}{x - h_c}$$

und nach einer kleinen Umformung

$$\varkappa = 1 - \delta D_c \quad \ldots\ldots\ldots\ldots \quad (4)$$

$$x = \frac{\delta}{\varkappa} + h_c \quad \ldots\ldots\ldots\ldots \quad (5)$$

Für die reduzierten Konvergenzen der Strahlenbündel im wirklichen und im scheinbaren Linsenzentrum in den genannten beiden Fällen, wo in einem Vollauge und in einem korrigierten aphakischen Auge eine scharfe Abbildung an der Netzhaut entsteht, bestehen die beiden Gleichungen der Dioptrierechnung

$$\varkappa^2 B_o = A_o + \varkappa D_c \qquad \varkappa^2 B = A + \varkappa D_t$$

in denen A_o, B_o im aphakischen, A, B im Vollauge die Refraktion im scheinbaren, bzw. wirklichen optischen Zentrum der Linse, D_c, D_l und D_t die Brechkraft der Kornea, Linse und des totalen optischen Systems bezeichnen. Da nun in beiden Fällen ein scharfes Bild auf der Netzhaut entsteht, so müssen die beiden linken Glieder dieser Gleichungen einander ähnlich sein, und man hat daher

$$A_o + \varkappa D_c = A + \varkappa D_t; \quad A_o - A = \varkappa (D_t - D_c).$$

Da man nun weiter aus der allgemeinen Formel für die Zusammensetzung von zwei Systemen den Ausdruck

$$D_t = D_c + \varkappa D_l$$

erhält, so ergibt sich schließlich die Gleichung

$$A_o - A = \varkappa^2 D_l \quad . \quad . \quad : \quad . \quad . \quad . \quad . \quad . \quad (6)$$

aus dem dann die Brechkraft der Linse berechnet werden kann. Kennt man nun die Dicke der Linse und den Radius ihrer Flächen, so kann man dann leicht den gesuchten Totalindex finden.

Um die nun beschriebene Berechnungsweise für den Totalindex näher zu erläutern, soll hier die Berechnung des Totalindex der Linse im schematischen Auge von GULLSTRAND angeführt werden. Bei der Bestimmung des Ortes des reellen optischen Zentrums der Linse wird dabei dasselbe innerhalb der Linse so verlegt, daß dessen Abstände von den beiden Flächen derselben sich wie die betreffenden Krümmungsradien verhalten. Wenn h_c den Abstand des ersten Hauptpunktes des Hornhautsystems vom Achsenpunkte der vorderen Hornhautfläche bezeichnet, d die Tiefe der vorderen Kammer, R_1 den Radius der vorderen, R_2 den Radius der hinteren Fläche der Linse, l die Dicke der Linse und n den Brechungsindex des Hornhautsystems bezeichnet, so hat man

$$\delta = \frac{- h_c + d + l\,\dfrac{R_1}{R_2 + R_1}}{n}.$$

Werden nun in diese Gleichung die Werte für das schematische Auge von GULLSTRAND eingesetzt, so erhält man

$$\delta = \frac{0,05 + 3,6 + 2,25}{1,336}.$$

Setzt man den so gefundenen Wert für δ in die Gleichungen (4) und (5) ein, so erhält man

$$k = 0,80987 \qquad x = 5,4 \,\text{mm}.$$

Um aus der Formel (6) den Wert für D_l zu berechnen, muß man außerdem die Werte für A_o und A kennen. Den Wert von A_o erhält man, indem man zuerst das Korrektionsglas für das aphakische Auge nach der Methode von DONDERS bestimmt und dann den gefundenen Refraktionswert für das scheinbare optische Zentrum der Linse umrechnet. Für A wäre man geneigt den schematischen Wert 0 anzunehmen; GULLSTRAND macht indessen darauf aufmerksam, daß dies kaum berechtigt ist. In dem Alter, wo die meisten Stare extrahiert werden, ist die Refraktion meistens etwas hypermetropisch und weiter ist die Refraktion im Vollauge von der Aberration unbeeinflußt, was im aphakischen nicht der Fall ist. A ist nun die Summe der Refraktion im durchschnittlichen Alter der Staroperierten und des auf der Aberration abhängigen Refraktionsunterschiedes und GULLSTRAND nimmt für A einen Wert von mindestens 0,75 dptr an.

Werden nun die angegebenen Werte für A und A_o in die Formel eingesetzt, kann man die Brechkraft D_l der Linse berechnen und daraus erhält man dann mit Kenntnis der Radien der Linsenflächen und der Dicke der Linse den gesuchten Totalindex.

Für die Bestimmung des Totalindex der Linse sind noch andere Methoden angegeben worden. Bei einem Teil derselben wird die Brennweite der Linse bestimmt; da aber die Brechkraft derselben mit der Form variiert, und dieselbe sich bei der toten Linse verändert, so können die hierbei erhaltenen Resultate nicht auf genügende Zuverlässigkeit Anspruch machen, andererseits hat BERLIN (1897) es versucht, den Totalindex durch Beobachtung der Lage des Bildes an der hinteren Linsenfläche für verschieden gefärbtes Licht zu bestimmen. Doch dürfte ein solches Verfahren eine viel größere Genauigkeit bei den nötigen ophthalmometrischen Messungen erfordern, als die von ihm eingehaltene.

II. Die Untersuchung der brechenden Flächen; Kampylometrie.

§ 8. Während die Untersuchung der Brechungsindices meistens an totem Material geschehen muß, kann die Untersuchung der brechenden Flächen am lebenden Auge in situ vorgenommen werden. Die Methodik dieser Untersuchung besteht hauptsächlich in der Messung der Größe der Bilder, die von bekannten Gegenständen an den bezüglichen Flächen entstehen. Bei der Bestimmung der Brechungsindices kamen die gewöhnlichen Methoden der geläufigen physikalischen Praxis zur Anwendung; für die Untersuchung der brechenden Flächen hat sich dagegen eine ganz besondere Methodik entwickelt, die der Ophthalmometrie eigen ist.

Berechnungsmethoden.

§ 9. Wenn es sich darum handelt, die Eigenschaften der brechenden Flächen des Auges näher zu untersuchen, ist es notwendig, zuerst einige der wichtigsten Begriffe der Flächengeometrie klar zu machen. Um eine Fläche kennen zu lernen, geht man in der Weise vor, daß man beliebige Punkte an derselben auswählt und die Eigenschaften der Fläche in der Umgebung dieser Punkte näher studiert. Dabei verfährt man am besten so, daß man durch den betreffenden Punkt verschiedene Ebenen legt und dann die Schnittlinie dieser Ebenen mit der zu untersuchenden Fläche ins Auge faßt. Diese Schnittkurven werden durch ihre Krümmung charakterisiert; als Maß der Krümmung einer Kurve in einem Punkte gibt man den inversen Wert des Radius desjenigen Kreises an, der sowohl durch den betreffenden Punkt als auch durch die beiden ihm an jeder Seite nächstliegenden Punkte an der Kurve gelegt werden kann, der, wie man sagt, eine Berührung zweiter Ordnung mit der Kurve im betreffenden Punkte hat.

Von den unendlich vielen Ebenen, die durch einen Punkt der Fläche gelegt werden können, kommen eigentlich nur die in Betracht, welche die Normale der Fläche im betreffenden Punkte enthalten. Unter diesen sogenannten Normalschnitten der Fläche gibt es zwei, welche die Eigenschaft haben, daß in ihnen die Krümmung ihrer Schnittlinie mit der Fläche ein Maximum oder Minimum erreicht. Diese Ebenen werden die beiden Hauptnormalenschnitte oder kurz Hauptschnitte der Fläche und die Krümmungen in diesen die Hauptkrümmungen der Fläche in dem betreffenden Punkte genannt. Diese Hauptkrümmungen spielen eine große Rolle beim Charakterisieren einer Fläche.

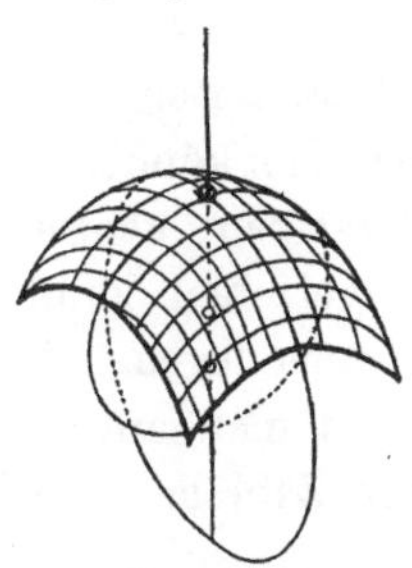

Fig. 6.

Die Krümmungslinien
eines Flächenelementes.

Legt man durch sämtliche Punkte der Fläche die Hauptschnitte, so kann man zwei Systeme von Kurven auf der Fläche ziehen, die in jedem Punkte von einer der betreffenden Ebenen berührt oder, wie man sagt, von den Hauptnormalebenen enveloppiert werden. Diese Kurven werden die Krümmungslinien der Fläche genannt, und da man zwei Systeme von Hauptschnitten hat, so hat man zwei Systeme von Krümmungslinien, die sich in jedem Punkte senkrecht schneiden. In Fig. 6 sind die Krümmungslinien eines Flächenelementes, die Flächennormale im Scheitelpunkt und die Hauptkrümmungskreise der Fläche in demselben dargestellt.

Die Untersuchung der Krümmung einer Fläche muß nun immer längs einer dieser Krümmungslinien geschehen. Wenn es sich darum handelt, die Krümmung einer physikalischen Fläche zu untersuchen, bietet es eine gewisse Schwierigkeit, immer dieser Bedingung zu genügen. Die Messungen müssen in einer Ebene, welche zwei nebeneinanderliegende Normalen der Krümmungslinie enthält, ausgeführt werden und werden vielfach erschwert, falls diese Ebene nicht immer dieselbe bleibt, sondern von Punkt zu Punkt wechselt. Es muß in solchem Falle die Ebene der Messungen immerfort während der Untersuchung geändert werden, was die Ausführung derselben in hohem Grade erschwert. Es ist daher von größtem Vorteil, falls die Fläche eine Krümmungslinie hat, die immer innerhalb einer und derselben Ebene verbleibt. Eine besondere Art von Ebenen, deren Schnittlinien mit der Fläche Krümmungslinien sind, findet man in den Symmetrieebenen einer Fläche. Als Symmetrieebene wird eine Ebene bezeichnet, welche so durch eine Fläche gelegt werden kann, daß, wenn sie durch eine spiegelnde Oberfläche ersetzt wird, das Spiegelbild des einen

Teiles der Fläche mit dem anderen Teile zusammenfällt. Beim Vorhandensein einer Symmetrieebene gibt es also eine Krümmungslinie, die immer innerhalb einer und derselben Ebene bleibt.

Vom Standpunkte der geometrischen Optik werden die Flächen am besten nach der Zahl der an ihnen bei der Lichtbrechung in Betracht kommenden Symmetrieebenen eingeteilt. Eine optisch wirksame Fläche hat nun entweder gar keine, eine, zwei oder unendlich viele solcher Symmetrieebenen, und sie wird je nachdem als doppelt asymmetrisch, einfach asymmetrisch, symmetrisch oder achsensymmetrisch bezeichnet. Doppelt asymmetrisch ist beispielsweise die Fläche eines gewöhnlichen Rollsteines; einfach asymmetrisch ist die von den Schalen einer Muschel gebildete Fläche, indem die Ebene, die durch Schloß und Schalenränder gelegt wird, dieselbe in zwei symmetrische Schalenhälften teilt; eine symmetrische Fläche ist zum Beispiel eine Zylinderfläche, auf der zwei Symmetrieebenen gelegt werden können, die eine längs der Zylinderachse, die andere senkrecht zu derselben; achsensymmetrisch schließlich ist ein Rotationskörper, z. B. eine Kugel; hier kann man durch die Rotationsachse unendlich viele Symmetrieebenen legen. In ganz analoger Weise, wie man die Flächen gruppiert, kann man auch die aus ihnen zusammengesetzten optischen Systeme nach der Zahl der Symmetrieebenen einteilen.

§ 10. GULLSTRAND (1911) hat gezeigt, daß man durch das optische System des Auges eine Ebene legen kann, die wenigstens ziemlich annähernd die Eigenschaften einer Symmetrieebene derselben hat, und daß das optische System des Auges also als ein einfach asymmetrisches System angesehen werden kann. Das Vorhandensein einer solchen Ebene bietet aber nicht nur den oben hervorgehobenen Vorteil, daß bei der Ausführung der Messungen das lästige Wechseln der Ebene ausfällt, sondern auch den, daß die weitere Verwertung der Messungsresultate bedeutend erleichtert wird. Die zur Verfolgung der Strahlen erforderlichen trigonometrischen Berechnungen können nämlich dann mit plantrigonometrischen Rechnungen ausgeführt und umständliche sphärisch-trigonometrische Rechnungen vermieden werden. Auch eine mühsame Bestimmung des Verlaufes der Krümmungslinien fällt dann fort. Eine erste Aufgabe der Ophthalmometrie wird also diejenige sein, die Lage der Symmetrieebene im Auge festzustellen. Für manche Zwecke dürfte man doch ohne weiteres jede Meridianebene durch das optische System des Auges als eine Symmetrieebene ansehen können.

§ 11. Die Verfolgung eines Lichtstrahls, der in seinem Verlaufe durch ein optisches System immer innerhalb einer und derselben Ebene verbleibt, kann also mittels plantrigonometrischer Rechnung geschehen. Diese Rechnungsweise findet in der Optotechnik eine sehr große Anwendung und ist von den rechnenden Optikern sehr weit entwickelt worden. Sie ist von

Gullstrand auch in die Ophthalmometrie eingeführt worden. Es hat sich bei
der Anwendung dieser Methode in der Optotechnik eine besondere Termino-
logie entwickelt und es dürfte vorteilhaft sein, dieselbe bei den ophthalmometrischen Anwendungen der trigonometrischen Methode beizubehalten.

Es sei in Fig. 7 GAF ein Normalschnitt der brechenden Fläche und
AB die zur Achse gewählte Normale desselben. Das Licht sei in der
Richtung von links nach rechts gehend gedacht und es sei LG ein innerhalb der Ebene des Normalschnittes verlaufender Lichtstrahl, der die Fläche
im Punkte G trifft. Die Verlängerung dieses Strahles würde dann die
Achse in D treffen, der Strahl wird aber gebrochen und nach der Brechung
trifft er die Achse in C. Die Abstände
AD und AC dieser beiden Schnittpunkte von dem Punkte A, in dem
die Achse die Fläche schneidet, dem
Achsenpunkte der Fläche, werden
die Schnittweiten der Strahlen genannt. AD wird mit s und AC mit
s' bezeichnet; die charakteristischen
Größen des gebrochenen Strahles werden mit denselben Buchstaben bezeichnet wie die des einfallenden, jedoch

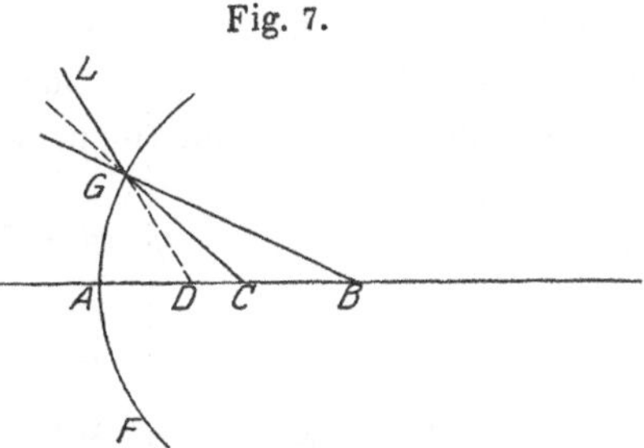

Fig. 7.

Querschnitt einer brechenden Fläche.

unter Hinzufügung einer »Spitze«. GB sei die Normale im Punkte G, und
die Winkel, welche die Strahlen mit ihr bilden, der Einfallswinkel DGB und
der Brechungswinkel CGB, werden mit i bzw. i' bezeichnet. Die Winkel
GDA und GCA werden die Öffnungswinkel der betreffenden Strahlen
genannt und mit u bzw. u' bezeichnet; der Winkel GBA heißt der Öffnungswinkel der Normalen in dem Punkte G und wird mit φ bezeichnet.

Was das Vorzeichen dieser Größen betrifft, so ist es nunmehr üblich
Radius und Schnittweiten in der Richtung der Lichtbewegung positiv zu
rechnen. Da die Schnittweiten von der brechenden Fläche aus gerechnet
werden, so sind im vorliegenden Falle $AD = s$ und $AC = s'$ beide positiv.
Der Radius der brechenden Fläche wird von der Fläche nach dem Krümmungszentrum, also von G nach B, gerechnet und ist hier gleichfalls positiv.
Um die Vorzeichen der Öffnungswinkel zu bestimmen, hat man auf der
Schnittlinie GAF eine positive Richtung zu wählen. Dadurch wird der
Ort des Schnittpunktes eines Strahles mit der Fläche seinem Zeichen nach
bestimmt. Der Öffnungswinkel hat nun dasselbe Vorzeichen wie das Produkt von Schnittweite und Ort. Im vorliegenden Falle sei die Richtung
von A nach G als die positive betrachtet. Da also sowohl der Ort h von
G, wie auch die Schnittweiten s und s' positiv sind, werden also die Pro-
dukte hs und hs' und somit die Winkel u und u' positiv, und da desgleichen der Abstand AB des Schnittpunktes B der Normalen mit der Achse

positiv ist, so wird nach derselben Regel der Winkel φ positiv. Das Zeichen der Winkel i und i' wird folgendermaßen bestimmt: Wie aus der Fig. 7 ohne weiteres hervorgeht, hat man im Dreieck GBD

$$BD/\sin i = GB/\sin u$$

oder da $BD = BA - DA$ und $DA = -s$

$$(s - AB)/\sin i = GB/\sin u \quad . \quad . \quad . \quad . \quad . \quad . \quad (1)$$

Analog hat man für den gebrochenen Strahl

$$(s' - AB)/\sin i' = GB/\sin u'. \quad\quad\quad\quad\quad (1')$$

Diese Gleichungen bestimmen nun die Zeichen der beiden Winkel i und i'. In dem vorliegenden Falle ist, wie leicht ersichtlich, $s - AB$ negativ und GB, das in der Richtung des Lichtes gerechnet wird, positiv. Da weiter u bzw. u' positiv sind, so werden i und i' hier negativ.

Aus der Figur erhält man, wie leicht ersichtlich, weiter folgende Beziehungen

$$\varphi = u + i = u' + i' \quad . \quad . \quad . \quad . \quad . \quad . \quad (2)$$
$$GB = h/\sin \varphi \quad . \quad . \quad . \quad . \quad . \quad . \quad . \quad (3)$$
$$GC = h/\sin u' \quad . \quad . \quad . \quad . \quad . \quad . \quad . \quad (4)$$
$$GD = h/\sin u \quad . \quad . \quad . \quad . \quad . \quad . \quad . \quad (5)$$

und schließlich ergibt die allgemeine Gleichung des Brechungsgesetzes

$$n \sin i = n' \sin i' \quad . \quad . \quad . \quad . \quad . \quad . \quad . \quad (6)$$

wo n und n' die Brechungsindizes im ersten bzw. zweiten Medium darstellen. Diese Gleichungen ergeben nun die nötigen Daten, um den fraglichen Strahl durch das optische System zu verfolgen.

Spezialfälle. Der einfallende Strahl kann die Fläche im Achsenpunkte A treffen; man hat dabei $s = 0$. Hierbei versagen scheinbar die beiden Gleichungen 1 und 2, so daß es anscheinend schwierig fällt, das Zeichen von i zu bestimmen. Denkt man sich aber die Fläche unendlich wenig verschoben, so kann man dasselbe leicht finden.

Die brechende Fläche kann eine Ebene sein. Hier hat man $h/s = tg\, u$, $h/s' = tg\, u'$. Ist der einfallende Strahl der Achse parallel, wobei also $u = 0$ und $i = \varphi$, so kann man mit den Gleichungen 3, 4, 6 rechnen.

Die brechende Fläche kann eine Kugelfläche sein, dabei ist die Schnittlinie GAF ein Kreis. AB ist dann gleich dem Radius ϱ und die Gleichungen 1 und 3 erhalten die Form

$$\frac{s - \varrho}{\sin i} = \frac{\varrho}{\sin u}$$

$$\varrho = h/\sin \varphi.$$

Ist die Fläche vom zweiten Grade, so besteht zwischen dem Scheitelradius und der Normalen in einem gewissen Punkte eine Beziehung.

Werden GB mit N, AB mit M bezeichnet, wie es in der optischen Literatur üblich ist, so hat man, wenn man den Krümmungsradius der Kurve im Punkte G mit ϱ bezeichnet, $N = \sqrt[3]{M^2\varrho}$.

§ 12. Durch trigonometrische Verfolgung von Strahlen nach den obigen Formeln kann man nun für Punkte an der betreffenden Schnittlinie einer brechenden Fläche die dieselben charakterisierenden Größen bestimmen und aus diesen Größen dann die Form der Schnittlinie ermitteln. Für die Bestimmung der Form eines Normalschnittes hat Gullstrand (1896) aus der allgemeinen Formel für die Krümmung die nötigen Ausdrücke abgeleitet. Kennt man nämlich für zwei Punkte an einer Kurve die Koordinaten und den Winkel, den die Normale in den betreffenden Punkten mit einer gewählten Achse bildet, so besteht zwischen diesen Größen und dem Radius des zwischen ihnen liegenden Kurvenelementes eine Beziehung, die folgendermaßen abgeleitet werden kann:

Es sei in Fig. 8 AF die gewählte Achse und B und C zwei gegebene Punkte auf der zu untersuchenden Kurve. Die Normalen der Schnittlinie in diesen Punkten schneiden sich im Punkte G, der als Krümmungszentrum des Bogenelementes BC angesehen werden kann und mit demselben um so genauer zusammenfällt, je kleiner das Element ist, so daß der Grenzwert des Abstandes $BG = CG$ den Krümmungsradius darstellt. Durch G wird nun eine Linie parallel zur

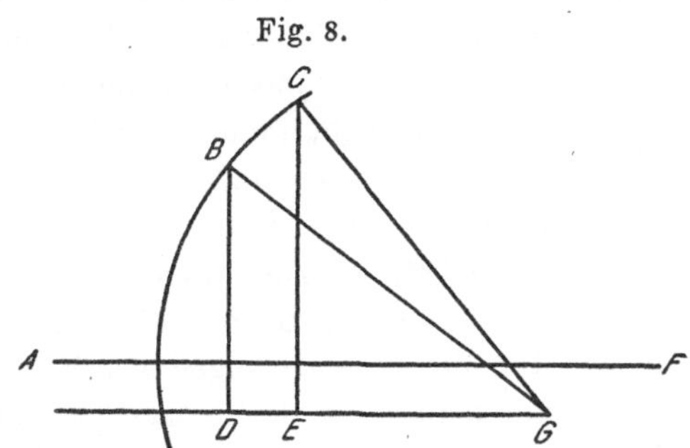

Fig. 8.

Die Berechnung des Radius aus den Bestimmungsstücken.

Achse gezogen und auf diese werden die Lote BD und CE gefällt. Werden nun die Koordinaten von B und C in einem rechtwinkeligen Koordinatensysteme, in dem der Achsenpunkt der Origo und AF die x-Achse ist, mit $x_1 y_1$ bzw. $x_2 y_2$ bezeichnet, und die Öffnungswinkel BGD und CGE der Normalen mit φ_1 bzw. φ_2 bezeichnet, so hat man

$$BD = \varrho \sin \varphi_1 \qquad CE = \varrho \sin \varphi_2$$

und da weiter $CE - BD = y_2 - y_1$ ist, erhält man für ϱ den Ausdruck

$$y_2 - y_1 = \varrho (\sin \varphi_2 - \sin \varphi_1) \quad . \quad . \quad . \quad . \quad . \quad (7)$$

In ähnlicher Weise erhält man $GD = \varrho \cos \varphi_1$, $GE = \varrho \cos \varphi_2$ und da $GD - GE = x_2 - x_1$ ist, hat man

$$x_2 - x_1 = \varrho (\cos \varphi_1 - \cos \varphi_2) \quad . \quad . \quad . \quad . \quad . \quad (8)$$

Liegen die beiden Punkte B und C symmetrisch um die Achse, so ist der Abstand zwischen ihnen, $b = y_2 - y_1$, der Formel (7). Da weiter das

System symmetrisch ist, hat man $\varphi_2 = - \varphi_1$ und die Formel nimmt dann die Form

$$\varrho = b/2 \sin \varphi \quad \ldots \ldots \ldots \ldots \quad (9)$$

an.

Die Koordinaten $x\,y$ und der Öffnungswinkel der Normalen φ werden die **Bestimmungsstücke** eines Punktes genannt.

Aus diesen Formeln kann man dann sowohl die Form eines Normalschnittes einer Fläche als auch den Radius in einem Elemente derselben bestimmen. Durch Ophthalmometermessungen kann man den Abstand der Punkte von der gemeinschaftlichen Achse bestimmen und mit Hilfe von Lichtquellen kann die Bestimmung der nötigen Winkel geschehen.

Hierbei ist zu bemerken, daß der Öffnungswinkel φ möglichst klein gemacht werden muß, sobald die Fläche, von der man ein Element messen will, nicht sphärische Form hat. Eine untere Grenze für die Größe des Elementes ist dadurch gegeben, daß mit abnehmender Größe des Winkels und des dazu gehörigen Elementes der Versuchsfehler bei der Messung, der ja bei verschiedenen Größen der Elemente derselbe ist, einen um so größeren Einfluß auf das endgültige Resultat haben wird. Aus denselben Gründen ist es klar, daß nur die bei einer und derselben Größe des Öffnungswinkels φ gewonnenen Resultate miteinander verglichen werden können, was aber nicht immer beachtet wird.

Die gefundenen Bestimmungsstücke für die untersuchten Punkte und die Radien der zwischen ihnen liegenden Elemente einer Schnittlinie werden zweckmäßig in Tabellen zusammengestellt, aus denen dann die Bestimmungsstücke von zwischenliegenden Punkten durch Interpolation gefunden werden können. Um die Veränderungen der Krümmung graphisch zu veranschaulichen, kann man nach dem Vorgange von SULZER (1891) die Werte für die Krümmung in sogenannte dioptrische Diagramme eintragen. Ein solches wird in Fig. 9 gegeben. Es sind Punkte mit dem dioptrischen Wert der Krümmung eines Elementes als Abszisse und dem Winkelabstand des Mittelpunktes des Elementes von der Achse als Ordinate in ein Koordinatensystem eingetragen; die sie verbindenden Kurven geben eine gute Vorstellung von den Schwankungen der Brechkraft längs einer Schnittlinie.

Um über die Form eines Schnittes einer brechenden Fläche ins klare zu kommen, kann man die gemessene Kurve mit einer Kurve zweiten Grades vergleichen. Dies geschieht entweder so, daß man eine Kurve zweiten Grades durch fünf ausgewählte Punkte legt, oder auch daß man aus sämtlichen gemessenen Punkten mit der Methode der kleinsten Quadrate die sich am engsten anschmiegende Kurve berechnet. Will man noch größere Genauigkeit erzielen, vergleicht man dieselbe mit einer Kurve höheren Grades, oder wie von AEBLY (1922) vorgeschlagen worden ist, mit einer transzendenten Kurve, beispielsweise einer Kettenlinie, die wohl dabei asymmetrisch sein dürfte.

§ 13. Neben der Bestimmung der Form der brechenden Flächen steht die Aufgabe, den Ort derselben zu bestimmen. Hierbei hat man zuerst eine Achse zu wählen, längs welcher derselbe bestimmt werden soll. Hierzu nimmt man im allgemeinen eine Hornhautnormale und rechnet die Abstände von dem Punkte aus, in dem dieselbe die vordere Hornhaut trifft. Unter der Annahme, daß die Flächen des optischen Systems sphärisch seien, hat man eine von Helmholtz angegebene und von ihm für die Bestimmung des Ortes der hinteren Linsenfläche angewandte Methode. Sie besteht in der trigonometrischen Verfolgung eines Strahles, der an der

Fig. 9.

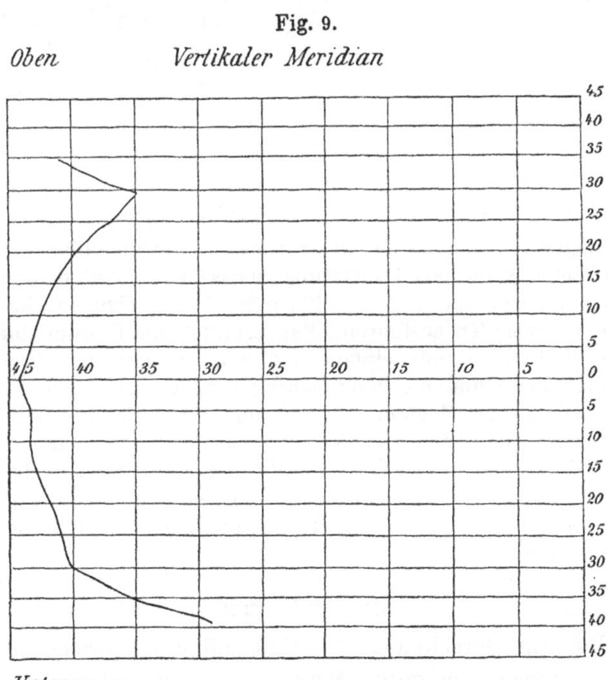

Dioptrisches Diagramm der vorderen Hornhautfläche nach Gullstrand.

Fläche, für die der Ort bestimmt werden soll, im Achsenpunkte reflektiert wird. Kennt man für diesen Strahl Einfalls- und Öffnungswinkel, und außerdem den Radius der Flächen, die vor der betreffenden Fläche im Systeme liegen, so ist es leicht, den Ort zu berechnen. Es sei in Fig. 10 CAD die Schnittlinie der ersten brechenden Fläche, $JB'H$ diejenige der zweiten brechenden Fläche und $AB'O$ die zur Achse gewählte gemeinschaftliche Normale zu den beiden Flächen. Der Strahl CB fällt auf die erste Fläche in C und wird dort gegen die Normale CO längs CB' gebrochen. Im Achsenpunkte B' der zweiten brechenden Fläche wird er reflektiert und verläßt das System in D. Kennt man nun die u- und i-Winkel des einfallenden Strahles in C, d. h. die Winkel CBA und BCO, den Brechungs-index des ersten und zweiten Mediums und den Radius der Fläche CAD, so kann man leicht den Ort der zweiten Fläche berechnen.

Fig. 10.

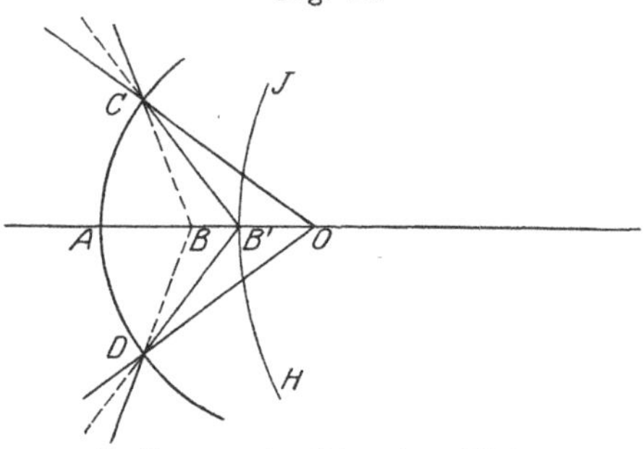

Bestimmung des Ortes einer Fläche.

Aus der obigen Gleichung (6) erhält man i' und dann aus Gleichung (2) u'. Aus dem Dreieck COB' erhält man weiter nach dem Sinussatze

$$OB'/\sin i' = CO/\sin u',$$

und da man weiter

$$OB' = OA - BA = d - r$$

und

$$CO = r$$

hat, so erhält man

$$(d - r)/\sin i' = r/\sin u'. \tag{10}$$

Bei der obigen Berechnung des Ortes wurde die Hornhautfläche als sphärisch und ihre Schnittlinie somit als kreisförmig angesehen. Will man aber auf die Abweichungen derselben von der Kugelform Rücksicht nehmen, kann man die Berechnung folgendermaßen ausführen: Man ermittelt die Bestimmungsstücke der Durchstoßungspunkte C, D des einfallenden und austretenden Strahles an der vorderen Hornhautfläche und die Öffnungswinkel dieser beiden Strahlen im hinter der Hornhaut befindlichen Medium. Man kennt dann die drei Winkel und die Seite CD des von den beiden Strahlen und der Verbindungslinie zwischen die Punkte C und D gebildeten Dreiecks $CB'D$ und kann dann leicht die Bestimmungsstücke des Punktes B' berechnen. Aus diesen kann dann der Radius der zweiten Fläche in der Umgebung des Reflexionspunktes B' und daraus der Wert für den Ort berechnet werden.

Instrumentarium.

§ 14. Die zur Berechnung der Konstanten der brechenden Flächen nötigen Daten werden nun durch Messungen an denselben gewonnen und zwar durch Messung von den an ihnen entstehenden Bildern von bekannten Gegenständen. Die zur Messung dieser Bilder gebrauchten Instrumente werden Ophthalmometer genannt.

Die Schwierigkeit bei diesen Messungen besteht darin, daß die Bilder an diesen Flächen alle die Bewegungen des Auges mitmachen, so daß eine Messung durch Einstellung der beiden Endpunkte eines Spiegelbildes nacheinander auf eine Mikrometerskala unmöglich gemacht wird. Diese Schwierigkeit wird nun dadurch umgangen, daß unter Anwendung eines der Astronomie entnommenen Prinzips die Einstellung nicht an einer Skala gemacht wird, sondern nach dem beweglichen Spiegelbilde selbst verlegt wird. Dies geschieht in der Weise, daß durch eine optische Vorkehrung, den Verdoppelungsmechanismus, ein Doppelbild des zu messenden Gegenstandes erzeugt wird, dessen zwei Bilder dann durch eine andere Anordnung, den Kollimationsmechanismus, so zueinander gestellt werden, daß das eine Ende des ersten Bildes mit dem anderen des zweiten zusammenfällt. Die Bilder liegen dann in einer Linie und haben nur einen einzigen Punkt gemeinsam, sie sind, wie man sagt, kollimiert. Die Veränderung am Kollimationsmechanismus, die zur Erreichung der Kollimation nötig ist, erlaubt dann die Größe des zu messenden Gegenstandes zu berechnen. Dieses Prinzip der Verdoppelung und Kollimation, welche dem Heliometer der Astronomen zugrunde liegt, ist nun von HELMHOLTZ für die Messung der Spiegelbilder im Auge aufgenommen worden und liegt sowohl seinem Ophthalmometer als auch allen anderen derartigen Instrumenten zugrunde.

Ein Ophthalmometer besteht im wesentlichen aus zwei Hauptteilen, Verdoppelungsmechanismus und Kollimationsmechanismus. Wie im Heliometer sind im Ophthalmometer von HELMHOLTZ diese beiden Teile in einem Mechanismus kombiniert; statt durch Teilung des Fernrohrobjektivs in zwei gegeneinander verschiebbare Hälften, wie im Heliometer, wird im Ophthalmometer dasselbe durch Anwendung von zwei planparallelen Glasplatten erreicht. Dieselben sind vor dem Objektive eines Fernrohres so aufeinander aufgestellt, daß ihre Trennungslinie das Objektiv des letzteren halbiert; außerdem sind die beiden Platten um eine senkrecht zur Trennungslinie stehende Achse drehbar. Solange diese Platten zur Achse normal sind, werden sie auf den Gang der achsenparallelen Strahlen keinen Einfluß haben. Sobald sie aber ein wenig schief gegen die Achse stehen, so erfährt das Licht, das von einem Objektpunkte kommt und durch die Platte geht, eine Brechung in den Begrenzungsebenen derselben, die eine scheinbare Verschiebung des Objektpunktes nach der Seite zur Folge hat. Werden nun die Platten in entgegengesetzter Richtung gedreht, so werden auch die Doppelbilder in demselben Sinne verschoben. Die Größe der Verschiebung hängt von der Drehung und Dicke der Platten ab. Beobachtet man nun mit dem Ophthalmometer eine Linie, so können die Doppelbilder derselben durch Drehung der Platten in eine Stellung gebracht werden, in der man die Kollimation ihrer Endpunkte erreicht. Die Länge der betreffenden Linie ist dann gleich der scheinbaren Verschiebung ihrer Endpunkte und kann mit Kenntnis des Drehungswinkels der Platten, ihrer Dicke und des Brechungsindizis des Glases berechnet werden.

Da das Ophthalmometer von HELMHOLTZ immer noch in seiner ursprünglichen Form gebraucht wird, kann hier, wie in der 2. Auflage, keine bessere Beschreibung desselben gegeben werden, als die des Meisters selbst.

v. HELMHOLTZ beschreibt (S. 11 seiner »Physiologischen Optik«) das Ophthalmometer in folgender Weise: »Das Ophthalmometer ist im wesentlichen ein Fernrohr, zum Sehen auf kurze Distanzen eingerichtet, vor dessen Objektivglas nebeneinander zwei Glasplatten stehen, so daß die eine Hälfte des Objektivglases durch die eine, die andere durch die andere Platte sieht. Stehen beide Platten in einer gegen die Achse des Fernrohres senkrechten Ebene, so erscheint nur ein Bild des betrachteten Objektes, dreht man aber beide Platten ein wenig, und zwar nach entgegengesetzten Seiten, so teilt sich das einfache Bild in zwei Doppelbilder, deren Entfernung desto größer wird, je größer der Drehungswinkel der Glasplatten. Diese Entfernung der

Fig. 11 a.

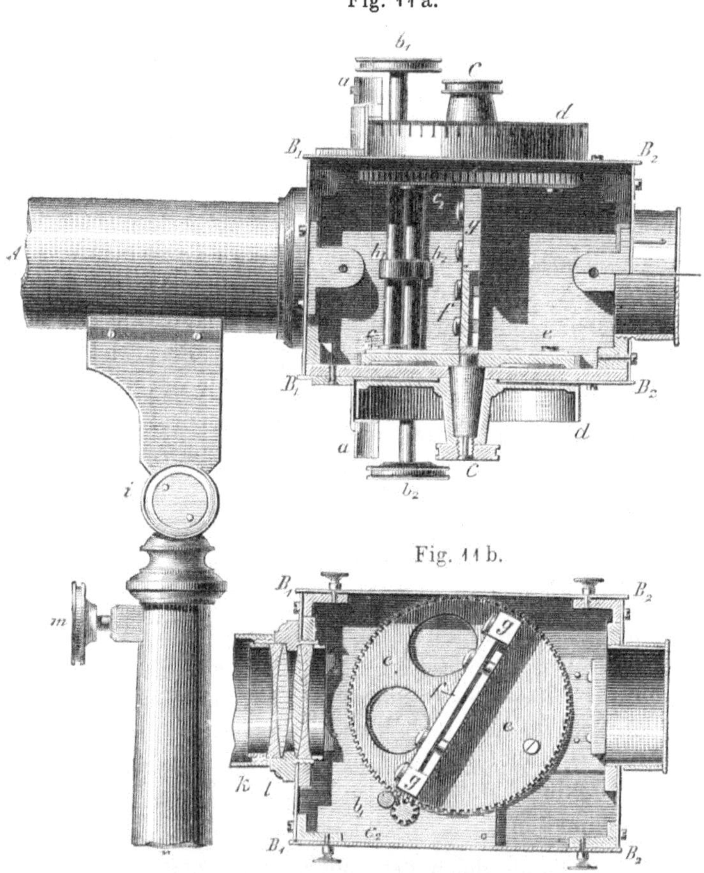

Ophthalmometer von HELMHOLTZ.
Vertikale Ansicht (Fig. 11a) und horizontaler Durchschnitt (Fig. 11b).

Doppelbilder aber kann aus den Winkeln, welche die Platten mit der Achse des Fernrohres machen, berechnet werden. Stellt man die beiden Doppelbilder einer zu messenden Linie so aufeinander ein, daß sie sich gerade mit ihren Enden berühren, so ist die Länge der Linie gleich der Entfernung der beiden Doppelbilder voneinander und wie diese zu berechnen.

Das Instrument ist in Fig. 11a in einer vertikalen Ansicht gezeichnet, in Fig. 11b in einem horizontalen Durchschnitte, in halber natürlicher

Größe. Der viereckige Kasten $B_1 B_1 B_2 B_2$, welcher die ablenkenden Glasplatten enthält, ist am vorderen Ende des Fernrohres A befestigt. In Fig. 11a ist die vordere Wand des Kastens weggenommen, und außerdem sind alle Teile der unteren Hälfte in der Mittelebene durchschnitten gedacht. Die Grundlage des Kastens bildet ein starker viereckiger Rahmen, den man in Fig. 11b rings um den Kasten laufen sieht; an diesem sind dünne Messingplatten als Wände befestigt. In der Mitte der horizontalen Teile des Rahmens sind konische Durchbohrungen vorhanden, in denen die Drehungsachsen CC (Fig. 11a) der beiden Gläser laufen. Jede der Achsen trägt außerhalb des Kastens eine Scheibe d, deren zylindrischer Umfang in Winkelgrade geteilt ist; bei a ist ein Nonius angebracht, mittels dessen Zehnteile eines Grades abgelesen werden können. Innerhalb des Kastens trägt jede Achse zunächst ein Zahnrad ee (Fig. 11b) und einen Metallrahmen g, in welchem die Glasplatte f befestigt ist. Der Rahmen jeder Platte hat aber nur drei Seiten, die der anderen Platte zugekehrte Seite derselben fehlt. Die beiden Glasplatten bildeten ursprünglich eine planparallele Platte. Für diese wurde ein vollständiger Metallrahmen gemacht und zwischen den Flächen der beiden Zahnräder befestigt, dann die Achsen abgedreht, und endlich der Rahmen in der Mitte durchschnitten. Ebenso wurde das Glas durchschnitten, jede Hälfte in der entsprechenden Hälfte des Rahmens befestigt. So wurde eine genau übereinstimmende Stellung der Platten auf den beiden Achsen erreicht. Bewegt werden die Zahnräder durch die Triebe c_1 und c_2, die an den Achsen $b_1 c_1$ und $b_2 c_2$ befestigt sind. Jede dieser Achsen trägt außerdem in ihrer Mitte einen Trieb h. Dreht man den Knopf bei b_1, so wird mittels des Triebes c_1 das untere Zahnrad mit der unteren Glasplatte bewegt. Außerdem greift der Trieb h_1 in den Trieb h_2 und dreht die zweite Achse $b_2 c_2$ um ebensoviel in der entgegengesetzten Richtung. Infolgedessen wirkt auch der Trieb c_2 auf das obere Zahnrad und dreht dieses mit der oberen Glasplatte um einen nahe ebenso großen Winkel wie die untere Platte. Gemessen wird die Drehung jeder Platte mittels der außerhalb des Kastens auf die Drehungsachse aufgesetzten geteilten Scheiben.

Es ist notwendig, zwei Platten anzubringen, welche um nahe gleiche Winkel gedreht werden, weil die Bilder der durch die Platten gesehenen Objekte nicht bloß seitlich verschoben, sondern auch ein wenig genähert werden, und wenn die Näherung für die beiden Bilder desselben Gegenstandes ungleich groß ist, man das Fernrohr nicht gleichzeitig auf beide genau einstellen kann.

In das vordere Ende des Fernrohres sind zwei Objektivlinsen einzusetzen (k und l). Die achromatische Doppellinse k allein wird gebraucht, wenn man entferntere Objekte zu betrachten hat. Ihre bikonvexe Crownglaslinse wird wie gewöhnlich dem Objekte zugekehrt. Will man dagegen sehr nahe Objekte betrachten, so gibt eine einzelne Linse kein gutes Bild mehr, weil diese Linsen darauf berechnet sind, parallel einfallende Strahlen in einen Punkt zu vereinigen. Deshalb setzte ich dann eine zweite achromatische Doppellinse l ein, deren Crownglas der anderen zugekehrt ist. Steht dann das Objekt im vorderen Brennpunkte dieser zweiten Linse, so macht sie die Strahlen parallel, die erste Linse vereinigt die Strahlen in ihrem hinteren Brennpunkte. Dadurch erhält man schärfere Bilder. Die Brennweite von k ist bei meinem Instrument 6 Zoll, die von l 16 Zoll. Das Fernrohr ruht auf einer Säule n, in der ein Zylinder gedreht, sowie auch auf- und abbewegt werden kann. Auf diesem ist mittels des Scharniergelenkes i das Fernrohr befestigt. So kann man der Fernrohrachse beliebige Stellungen geben. Außerdem ist auch der Kasten mit den Gläsern drehbar um das vordere Ende des Fernrohres.«

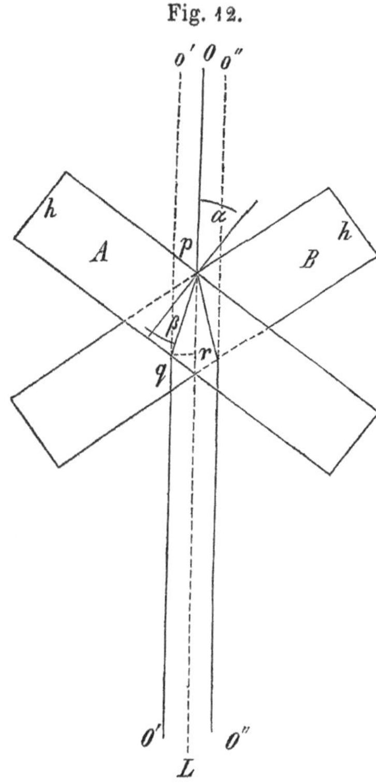

Fig. 12.

Der Strahlengang durch die Glasplatten des Ophthalmometers.

Die Verschiebung der Bilder wird aus der Drehung der Platten folgendermaßen berechnet: Es sei in Fig. 12 A eine planparallele Glasplatte von der Dicke h und es sei Op der einfallende, pq der gebrochene und qO' der austretende Strahl. Der Einfallswinkel werde α, der Brechungswinkel β genannt. Wird der austretende Strahl nach rückwärts verlängert, so wird der leuchtende Punkt in der Richtung dieser Verlängerung qo' zu liegen scheinen. Die scheinbare seitliche Verschiebung des Objektpunktes, $rq = x$, erhält man, indem man ein Lot in q auf OL fällt. Man hat nun (Fig. 12):

$$x = pq \sin (\alpha - \beta)$$
$$pq = h/\cos \beta$$
$$x = h \, \frac{\sin (\alpha - \beta)}{\cos \beta}.$$

Da bei dem Ophthalmometer nicht eine, sondern zwei Platten in Frage kommen, ist die Größe E der scheinbaren Verschiebung im Ophthalmometer

$$E = 2x = \frac{2h \sin (\alpha - \beta)}{\cos \beta} \quad \ldots \ldots \ldots \text{(A)}$$

Nach dem Brechungsgesetze hat man ferner, wenn n der Brechungsindex des Glases gegen Luft ist,.

$$\sin \alpha = n \sin \beta \quad \ldots \ldots \ldots \quad (B)$$

Von den in diesen Gleichungen vorkommenden Größen müssen nun die Werte der Konstanten n und h bestimmt werden. Falls dies nicht vorher mit den üblichen physikalischen Methoden geschehen ist, kann man es auch direkt am Ophthalmometer tun. Die Formel (A) enthält nämlich, wie leicht ersichtlich, außer den beiden gesuchten Größen n und h, noch die Größen E und α. Werden nun zwei zusammengehörige Wertepaare für E und α in diese Formel eingeführt, so erhält man zwei Gleichungen, aus denen man durch Elimination die Werte für n und h erhält. Die erforderlichen Wertepaare von E und α erhält man, indem man das Ophthalmometer auf Gegenstände bekannter Größe, z. B. zwei verschieden große Abstände an einem Maßstab, einstellt, und nach Kollimation die zugehörigen Werte für α abliest. Will man indessen genaue Werte für die Konstanten haben, darf man sich mit bloß zwei Ablesungen nicht begnügen, sondern muß dann eine größere Zahl von Wertepaaren durch Ophthalmometermessungen ermitteln und die Werte der Konstanten aus dem dadurch erhaltenen Gleichungssysteme, welches mehr Gleichungen als Unbekannte enthält, durch eine Ausgleichung nach der Methode der kleinsten Quadrate berechnen.

Will man mit einem Ophthalmometer mehrere Ablesungen vornehmen, so erspart man sich viel Mühe, wenn man die zu den verschiedenen Werten des Drehungswinkels α gehörigen Werte der Verdoppelung, E, in einer Tabelle zusammenstellt. Da die Ophthalmometermessungen bis zu einem Drehungswinkel von 60° als genügend genau betrachtet werden können, so verschafft man sich am besten eine Tabelle der E-Werte für jeden ganzen Grad von 0—60°, was durch Berechnung aus der Formel (A) geschieht, in welche die für n und h in obiger Weise gefundenen Werte eingesetzt werden. Auch kann man sich damit begnügen, nur für alle 5° eine Tabelle herzustellen. Will man sich nicht die Mühe geben, die Konstanten des Instrumentes zu bestimmen, so kann man das Ophthalmometer empirisch gradieren, indem man durch Messungen an einer Skala, die in Zehntel Millimeter geteilt ist, die verschiedenen Drehungswinkeln entsprechenden Längen bestimmt und in eine Tabelle einträgt. Hat man einmal eine Tabelle hergestellt, kann man bei den Ophthalmometermessungen direkt aus derselben die zu den Drehungswinkeln gehörigen Objektgrößen ablesen, wenn nötig durch eine Interpolation.

Die wichtigste Fehlerquelle dieses Instrumentes liegt in den Platten, an denen durch mangelnden Parallelismus der Flächen eine prismatische Wirkung entstehen kann. Dieselbe wird dadurch umgangen, daß man die Ablesungen nicht nur bei der zur Erreichung der Kollimation erforderlichen

Drehung von α°, sondern auch bei den Drehungen $-\alpha^\circ$, $180^\circ - \alpha^\circ$ und $180^\circ + \alpha^\circ$ macht, und aus den hierbei gefundenen Werten das Mittel nimmt. Da in jeder dieser Stellungen zwei Ablesungen gemacht werden müssen, eine an jeder Trommel, so müssen für jeden Wert von E acht Ablesungen gemacht werden.

Eine andere Fehlerquelle am Instrumente kann in fehlerhafter Gradierung desselben liegen. Diese wird aber auch durch die Ablesung in den vier verschiedenen Stellungen umgangen. Die Gradierung ergibt eine Grenze für die erzielbare Genauigkeit des Instrumentes; indem dieselbe Ablesungen in Zehntel eines Grades erlaubt, was einer linearen Größe des Gegenstandes von ungefähr 0,01 mm bei gewöhnlicher Dicke des Plattenglases entspricht, so dürfte die Genauigkeit des Instrumentes diesen Wert nicht übertreffen.

Zu diesen hier genannten Fehlerquellen, die am Instrumente selbst liegen, kommen nun noch andere, die bei der Handhabung desselben entstehen. Besondere Schwierigkeiten macht es zu entscheiden, wann die Bilder miteinander kollimiert sind. Sind die Lichtquellen so angeordnet, daß die beiden zu kollimierenden Halbbilder eine gerade, ungeknickte Linie bilden sollen, so kann man nach ausgeführter Kollimation die Platten noch ein paar Zehntel Grad drehen, ohne daß man eine Knickung der Linie wahrnehmen kann. Gegen diese ziemlich beträchtliche Fehlerquelle treten die am Instrumente selbst liegenden an Bedeutung ganz zurück. Bei den Messungen am lebenden Auge kommt weiter noch in Betracht, daß dasselbe nicht immer ruhig bleibt, sondern leicht kleine Bewegungen ausführt. Wären die Flächen desselben sphärisch, so würde dies keine Bedeutung haben, da so aber nicht der Fall ist, variiert bei den Bewegungen desselben die mittlere Krümmung des spiegelnden Elementes und damit auch die Größe des gemessenen Bildes. Aubert (1886) gibt an, daß er bei seinen Messungen oft eine maximale Differenz der Ablesungen von 0,7° erhalten hat. Bei guter Übung des Beobachters und bei Anwendung passender Lichtquellen dürfte doch die maximale Abweichung in einer Serie von 10—20 Ablesungen selten mehr als 0,2° betragen und der nach der Methode der kleinsten Quadrate ermittelte wahrscheinliche Fehler der einzelnen Ablesungen auf den Betrag von 0,03° herabgedrückt werden können. Da 0,1° bei einem mittleren Drehungswinkel der Platten einer Größe von 0,07—0,10 mm entspricht, so dürfte die Genauigkeit einer einzelnen Ophthalmometermessung auf $\pm$ 0,15 mm geschätzt werden können.

Um die Fehlerquellen des Ophthalmometers von Helmholtz möglichst zu verringern, hat Aubert (1886) dasselbe in einigen Beziehungen modifiziert. Um genauere Ablesungen zu erlauben, hat er die Kreisteilung größer gemacht und in $\frac{1}{4}$ Grade geteilt. Die Ablesungen werden unter dem Mikroskope ausgeführt und mit Hilfe von einem Nonius sollen sogar Sekunden abgelesen werden können.

§ 15. Um die Bilder an den brechenden Flächen des Auges beobachten zu können, ist es meistens notwendig, ein Fernrohr zu haben. Hierzu eignet sich gut das Fernrohr des Ophthalmometers, dem man das Plattengehäuse abnimmt. Zuweilen, z. B. bei der Untersuchung der hinteren Hornhautfläche, ist es aber notwendig, über ein Fernrohr verfügen zu können, das eine stärkere Vergrößerung gibt als es gewöhnlich bei dem Ophthalmometerfernrohre der Fall ist. Zu diesem Zwecke ist ein kleines, noch stärker vergrößerndes Fernrohr daher sehr zweckmäßig.

Die geeignetsten Lichtquellen zur Erzeugung der zu den ophthalmometrischen Messungen erforderlichen Spiegelbilder an den brechenden Flächen des Auges sind die ophthalmometrischen Nernstspaltlampen von GULLSTRAND (1909). Diese Lampen bieten einerseits eine Lichtquelle von sehr großer spezifischer Intensität, andererseits sind sie dabei sehr bequem zu handhaben. Da sie den im ersten Bande der Untersuchungsmethoden S. 339 beschriebenen ophthalmoskopischen Nernstspaltlampen von GULLSTRAND fast ganz gleich sind, sei hier auf ihre nähere Beschreibung verzichtet und auf die dortigen Angaben hingewiesen. Um zu ophthalmometrischen Zwecken bequem angewendet werden zu können, müssen die Lampen nicht nur um eine vertikale, sondern auch um eine horizontale Achse beweglich sein und sie müssen außerdem auf einem kräftigen Stativ so montiert sein, daß sie in die Höherichtung verschoben werden können. Nachdem die Nernstbrenner nicht länger fabriziert werden, können die ophthalmometrischen NERNSTlampen durch Nitraspaltlampen oder durch Diaphragmalampen nach GULLSTRAND (1922) ersetzt werden.

Außer diesen Lampen ist es auch notwendig, über einige schwächere Lichtquellen zu verfügen. Während die Spiegelbilder der Nernstlampen an der vorderen Hornhautfläche genügend lichtstark sind, um direkt eine Messung mit dem Ophthalmometer zu erlauben, ist dies nicht immer der Fall bei den an den tiefer liegenden Flächen entstehenden Bildern derselben. Nach dem Vorgang von HELMHOLTZ hilft man sich dabei in der Weise, daß man eine andere Lichtquelle vor dem Auge so aufstellt, daß das Bild derselben an der vorderen Hornhautfläche mit dem zu messenden Bilde an der betreffenden tieferen Fläche im Ophthalmometer zusammenfällt, und man kann dann dieses Hilfsbild an der vorderen Hornhautfläche mit anderen Bildern an derselben kollimieren. Weiter ist es oft nötig den Winkel zu bestimmen, den ein von den tieferen Flächen ins Ophthalmometer zurückkehrender Strahl mit der Normalen zur vorderen Hornhautfläche in dem Punkte bildet, wo er dieselbe durchstößt. Dies wird in der Weise gemacht, daß man eine Lichtquelle so aufstellt, daß ihr Bild an der vorderen Hornhautfläche mit dem Bilde der ophthalmometrischen Nernstlampe an der bezüglichen tieferen Fläche zusammenfällt (Fig. 13). Diese Lichtquelle L wird dann im Durchstoßungspunkte P des aus dem Auge heraustretenden

Strahles an der vorderen Hornhautfläche gespiegelt und der gesuchte Winkel POA ist gleich der Hälfte des Winkelabstandes LPC der zur Hilfe genommenen Lichtquelle L von der Ophthalmometerachse. Zu diesen und ähnlichen Zwecken wie z. B. zu Fixationsmarken braucht man nun einige kleine, handliche Lichtquellen, die außerdem, wenn möglich, nur aus einem geraden, glühenden Faden bestehen. Am besten eignen sich kleine

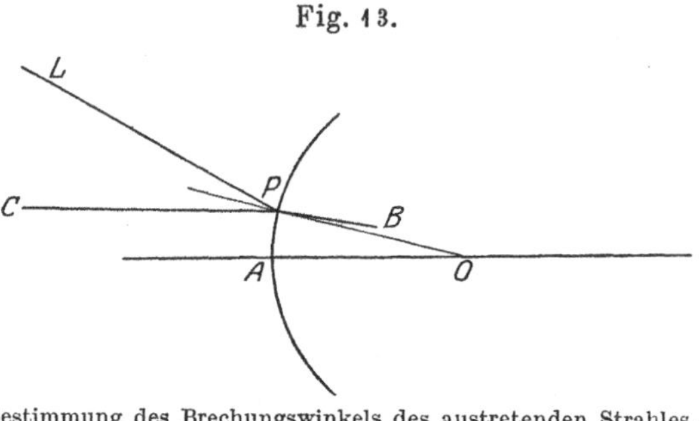

Fig. 13.

Bestimmung des Brechungswinkels des austretenden Strahles.

Glühlämpchen, die eine Stromstärke von 1 Amp. erfordern und von denen man drei oder vier mittels eines Widerstandes und eines Voltregulators in einen gewöhnlichen Strom einschalten kann. Der gerade glühende Faden dieser Lampen ergibt ein für die Messungen sehr geeignetes Bild an der vorderen Hornhautfläche. Die Glaskuppe der Lampen darf nicht, wie dies meistens der Fall ist, in eine Spitze auslaufen, sondern muß regelmäßig gewölbt sein. Man kann auch gewöhnliche Glühlampen mit einem Schirm umgeben, in dem eine einzige, geradlinige Öffnung ausgeschnitten ist.

§ 16. Zur Fixierung des Kopfes während der Messungen braucht man eine Kopfstütze. Als solche kann in den meisten Fällen ein gewöhnlicher einfacher Holzrahmen oder ein mit Löchern für Nase und Augen der Versuchsperson versehenes Brett dienen. Wenn es sich aber darum handelt, Messungen in Meridianen des Auges zu machen, die nicht mit der Horizontalebene zusammenfallen, ist es von großem Vorteile eine Kopfstütze zu haben, die eine Drehung des Kopfes um die Achse des zu messenden Auges erlaubt. Ich habe in solchen Fällen eine Kopfstütze benutzt, deren Beschaffenheit aus der Fig. 14 hervorgeht. Zwei feste Pfeiler tragen je eine Schiene. Zwischen diesen Schienen ist ein Kopfrahmen so eingepaßt, daß er sich zwischen ihnen um eine senkrecht zur Ebene des Rahmens gehende Achse dreht. Mit der Hilfe von vier verschiebbaren Stützen für Kinn, Schläfen und Stirn, wird nun der Kopf so in den Rahmen eingepaßt, daß die Achse des zu messenden Auges mit der Drehungsachse des Rahmens zusammenfällt. Die Lage der Drehungsachse wird durch zwei kleine Drähte angezeigt. Oberhalb des Rahmens tragen die beiden Pfeiler eine Scheibe, an der das unten zu besprechende Teodolitfernrohr zur Messung des Winkelabstandes der Lichtquellen angebracht ist. Die Spitze des Teodolitfernrohres kann nach Belieben über den Drehpunkt des zu messenden Auges oder über den Scheitel der vorderen Hornhautfläche eingestellt werden.

Um die Winkelabstände der angewandten Lichtquellen von dem untersuchten Auge messen zu können, stellt man am einfachsten vor das be-

Fig. 14.

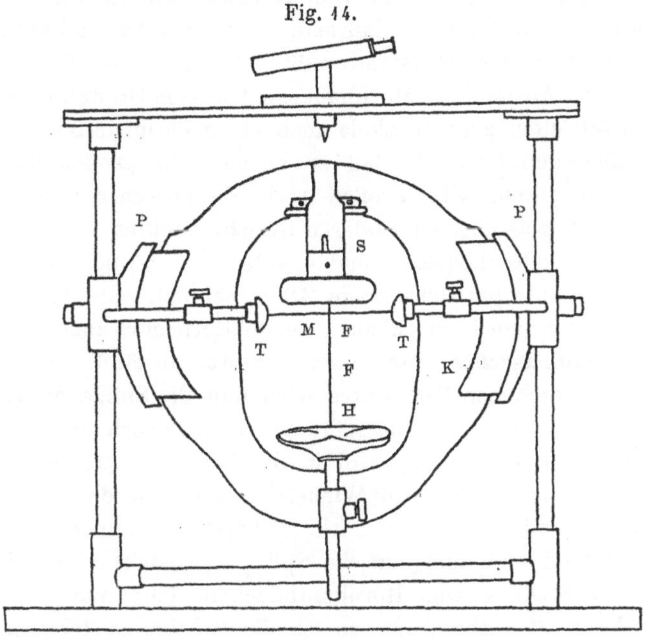

Drehbare Kopfstütze.

treffende Auge eine Skala senkrecht zur gewählten Achse. Hinter dieser
Skala werden dann die Lichtquellen angeordnet (Fig. 15). Mit Hilfe eines
kleinen von der Skala hinabhängenden Schirmes oder eines Lotes kann
man nun den Punkt bestimmen,
wo das zum untersuchten Auge
hinziehende Licht die Skala trifft.
Die Tangente des gesuchten
Winkelabstandes GAO ist dann
gleich $GO:OA$. Da bei größeren Winkeln die Lichtquellen
sehr weit vom 0-Punkte O der
Skala weg verschoben werden
müssen, ist es von Vorteil, sobald die Winkel mehr als 45°
betragen, eine zweite Skala in
einer Entfernung von ungefähr

Fig. 15.

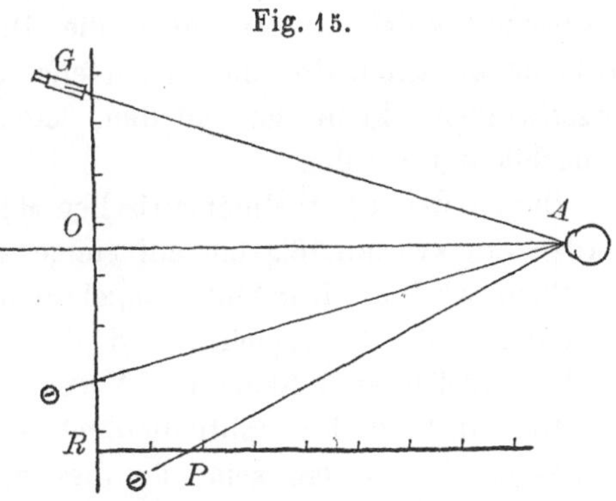

Anordnung der Instrumente bei der Messung.

1 m vom 0-Punkte senkrecht zur ersten aufzustellen. Ist R der Punkt, in
dem sich die beiden Skalen berühren, P der Punkt, in dem ein Lichtstrahl
die zweite Skala trifft, so findet man den gesuchten Winkelabstand PAO

bei Anwendung der zweiten Skala aus dem Ausdrucke $\operatorname{tg} PAO = RO : (OA - RP)$.

Den Abstand AO der Skala vom Hornhautscheitel des untersuchten Auges kann man so bestimmen, daß man zuerst den Abstand der Skala vom Orbitalrande mittels eines Maßstabes mißt, und dann mit Hilfe eines Exophthalmometers den Abstand des Hornhautscheitels vom Orbitalrande bestimmt. Man kann anstatt einer geraden Skala auch einen Perimeterbogen anwenden; dieser hat aber den Nachteil, daß er keinen sehr großen Radius haben kann, und daher keine sehr großen Abstände zwischen Hornhautscheitel und Skala erlaubt, was aber aus anderen Gesichtspunkten wünschenswert ist.

Eine andere sehr bequeme und exakte Vorrichtung zur Bestimmung dieser Winkelabstände hat GULLSTRAND (1909) benutzt. Oberhalb des Kopfes der Versuchsperson wird ein kleines Teodolitfernrohr angebracht, dessen vertikale Umdrehungsachse unten in eine Spitze ausläuft. Mit Hilfe eines mit Haarkreuz versehenen Fernrohres wird nun die Spitze dieses Teodolitfernrohres so orientiert, daß dasselbe senkrecht oberhalb des Hornhautscheitels steht. Die Einstellung wird in der Weise kontrolliert, daß Lichtquelle und Fernrohr in gleichem Winkelabstande von der Visierlinie aufgestellt werden, und dann das Haarkreuz des Fernrohres zuerst auf das Hornhautspiegelbild und dann auf die Spitze eingestellt wird. Behält nun die Spitze ihre Stellung zum Hornhautbildchen, falls man Fernrohr und Lampe die Plätze tauschen läßt, so ist die richtige Stellung erzielt. Mit dem Teodolitfernrohre wird dann der Winkelabstand der Lichtquellen, Fixationsmarken usw. von der Achse bestimmt.

Wie aus dem obigen hervorgeht, werden die Winkelabstände bei den hier angegebenen Methoden immer von dem Hornhautscheitel berechnet, trotzdem dieselben sich eigentlich auf andere Punkte der vorderen Hornhautfläche beziehen. Da aber die Dimensionen des Auges gegen die Abstände zwischen Hornhaut einerseits, Skala und Lichtquellen andererseits verschwindend klein sein dürften, kann diese Fehlerquelle ohne weiteres vernachlässigt werden.

Die zu den ophthalmometrischen Messungen erforderlichen Instrumente werden am zweckmäßigsten auf einige kleine Tische angeordnet; an einem derselben wird die Kopfstütze angebracht und dann in gehörige Entfernung an anderen die Lichtquellen und das Ophthalmometer. Man kann auch für Lichtquellen und Skala mit Vorteil eine Bank anwenden.

Der Abstand des Ophthalmometers von dem zu messenden Auge muß mindestens 60—70 cm sein, da dies der gewöhnliche Arbeitsabstand des Ophthalmometerfernrohres ist. Für die Lampen muß man den Abstand oft 2—3 Meter groß machen können.

TSCHERNING (1898) hat die verschiedenen bei diesen Messungen erforderlichen Instrumente — Fernrohr, Lichtquellen und Fixationsmarke — in einem Instrumente, das Ophthalmophakometer, zusammengestellt. Dasselbe besteht aus einem Perimeterbogen von 86 cm Radius, an dessen 0-Punkt ein Fernrohr angebracht ist. Am Perimeterbogen sind zwei stärkere Glühlampen (Trouvé) zur Erzeugung der Bilder an den tieferen Flächen, eine schwächere für die Hilfsbilder an der vorderen Hornhautfläche und eine als Fixationsmarke dienende kleine Metallkugel verschiebbar angebracht. Das Instrument ist sehr leicht zu handhaben, hat aber unter anderen den Nachteil, daß man Fernrohr und Lichtquellen nicht die Plätze tauschen lassen kann, was, wie oben dargelegt, für die Kontrolle bei den Messungen oft unbedingt notwendig ist.

Die von Tscherning und seinen Schülern für das Ophthalmophakometer angegebenen Berechnungsmethoden sind dagegen unanwendbar, da dieselben durchweg auf falschen Formeln aufgebaut sind.

Die einzelnen Konstanten der brechenden Flächen.

§ 17. Die Bestimmung der Konstanten der brechenden Flächen geschieht nach den oben angegebenen Methoden und mit dem beschriebenen Instrumentarium. Für die Bestimmung von einigen unter denselben sind indessen besondere Methoden und Instrumente vorgeschlagen worden, die aber hauptsächlich klinischen Zwecken dienen. Diese letzteren Apparate sollen bei den betreffenden einzelnen Konstanten Erwähnung finden.

Die Symmetrieebene.

Wie oben S. 197 dargelegt wurde, ist die Anwendung der plantrigonometrischen Berechnungsmethoden nur unter der Bedingung gestattet, daß die Flächen des Auges alle von einer und derselben Ebene längs einer Krümmungslinie geschnitten werden, welche Bedingung bei diesen Flächen mit derjenigen zusammenfällt, daß sie eine gemeinschaftliche Symmetrieebene haben sollen. Meistens ist man bei ophthalmometrischen Messungen von der Annahme ausgegangen, daß jede durch das optische System des Auges gelegte Meridianebene eine solche Symmetrieebene sei. Da nun die brechenden Flächen, wie bekannt, nicht zentriert sind, trifft dies nicht zu; doch dürfte wohl kein sehr bedeutender Fehler durch diese Annahme in die Rechnungen eingeführt werden. Indessen hat Gullstrand (1911) gezeigt, daß man für manche Augen doch gewissermaßen von einer Symmetrieebene des optischen Systemes sprechen kann, und er gibt eine Methode an, dieselbe aufzufinden, die auf einen von Tscherning (1904) beschriebenen Versuch zurückgeht. Der Kopf der Versuchsperson wird in der Kopfstütze fixiert und vor das Auge in der Horizontalebene durch die Pupillenmitte ein Fernrohr und jederseits desselben eine ophthalmometrische Nernstlampe aufgestellt. Die Bilder dieser Lichtquellen an den Flächen des Auges werden nun mit dem Fernrohre betrachtet und durch Hebung und Senkung der Visierlinie des untersuchten

Auges in einer vertikalen Ebene mittels einer Fixationsmarke untersucht man, ob die vier Bildpaare an den brechenden Flächen alle in eine Linie gebracht werden können. Ist dies der Fall, so hat man die gesuchte Symmetrieebene gefunden, wenn nicht, so wird durch Drehung der Kopfstütze eine andere Meridianebene des Auges in der Horizontalebene gebracht und in derselben Weise untersucht, bis man schließlich eine Ebene findet, welche die gestellte Bedingung erfüllt. Nicht immer ist eine solche Ebene an einem Auge vorhanden, oft kann man aber eine finden, mehr als eine jedoch nicht. Sie fällt meistens nicht mit der Horizontalebene zusammen, was freilich der Tatsache widerspricht, daß man für die vordere Hornhautfläche meistens in der Horizontalebene eine Symmetrieebene findet. Dieser Widerspruch wird dadurch erklärt, daß die gefundene Symmetrieebene des ganzen optischen Systemes nicht so große Ansprüche auf Genauigkeit befriedigt. Auch wenn für die vordere Hornhautfläche allein die Horizontalebene eine Symmetrieebene ist, kann man doch die meistens in unbedeutender Winkelentfernung von ihr in obiger Weise gefundene Ebene annäherungsweise als eine gemeinschaftliche Symmetrieebene des gesamten optischen Systemes des Auges betrachten.

Die optische Achse.

§ 18. Die brechenden Flächen des Auges sind, wie bekannt, nicht auf einer gemeinschaftlichen Achse zentriert. Man kann daher nicht von einer exakten optischen Achse des Auges sprechen. Als Ausgangspunkt für die Beurteilung der Zentrierung empfiehlt es sich indessen eine Achse zu wählen, welche annäherungsweise diese Forderungen erfüllt. Als solche hat GULLSTRAND (1909) die Normale zur vorderen Hornhautfläche, welche durch die Mitte der Pupille geht, gewählt. Die Lage dieser Achse kann man nach ihm folgendermaßen bestimmen:

Einem Fernrohr wird eine kreisrunde, weiße Pappscheibe, welche in der Mitte durchbohrt ist, am Objektivende aufgesetzt. Das Spiegelbild dieser Scheibe an der vorderen Hornhautfläche wird dann durch das Fernrohr beobachtet. Mit Hilfe einer Fixationsmarke wird die Visierlinie des beobachteten Auges dann so gestellt, daß das Bild der Scheibe konzentrisch zur Pupille gesehen wird. Aus der Stellung der Fixationsmarke im Verhältnis zur Fernrohrachse kann man dann die Orientierung der optischen Achse in bezug auf die Visierlinie berechnen. Bequem ist es hierbei, die Fixationsmarke an der weißen Scheibe so anzubringen, daß sie an einem kleinem Arme läuft, der seinerseits auf der Scheibe um die Achse des Fernrohres drehbar ist.

Der Einfallswinkel der Visierlinie.

Der Einfallswinkel der Visierlinie wird folgendermaßen bestimmt. Die Versuchsperson wird aufgefordert, in die Objektivmitte des Ophthal-

mometerfernrohres zu blicken, und eine kleine Lichtquelle so eingestellt, daß
ihr Bild an der vorderen Hornhautfläche mit der Mitte der Pupille zu-
sammenzufallen scheint. Durch Drehung des Plattengehäuses wird die
Lichtquelle in die Verdoppelungsebene gebracht; daß ihr Bild wirklich in
der Mitte der Pupille liegt, wird dadurch kontrolliert, daß man die Platten
dreht, bis die Doppelbilder der Lichtquelle jede mit einem Rande der ver-
doppelten Pupille zusammenfallen. Der Abstand der Lichtquelle von der
Achse des Ophthalmometers, dividiert durch den Abstand des Hornhautscheitels von der zur Achse senkrechten Ebene, in der sich die Lichtquelle
befindet, ist dann gleich der Tangente des doppelten Einfallswinkels. Die
Bestimmung sollte immer bei einer und derselben Größe der Pupille z. B.
4 mm Durchmesser vorgenommen werden, da der gesuchte Winkel mit
der Größe der Pupille variiert.

Die gemeinschaftlichen Normalen der brechenden Flächen.

Wie Helmholtz gezeigt hat, sind die brechenden Flächen des menschlichen Auges nicht zentriert, d. h. es gibt keine sämtlichen vier Flächen
des Auges gemeinschaftliche Normale, die durch die Spitze ihrer Evoluten
geht. Dagegen haben je zwei der Flächen gemeinschaftliche Normalen, deren
Lage Aufschluß über die Orientierung der Flächen gibt und deren Aufsuchung
daher von Interesse ist. Die Bestimmung der Richtung dieser Normalen ist
besonders von Tscherning (1904) vorgenommen worden und von ihm rührt
die bezügliche Methodik her.

Hat man eine Symmetrieebene des optischen Systemes oder wenigstens des paraxialen Gebietes desselben gefunden, so müssen die gesuchten
Normalen in dieser Ebene liegen. Die einfachste Methode, dieselben aufzufinden, wäre zu beobachten, in welcher Stellung des Auges ein leuchtender
Punkt selbst und seine beiden in der Symmetrieebene gelegenen Bilder an
den beiden betreffenden Flächen in einer und derselben Linie liegen. Da
es sich praktisch aber nicht exakt sagen läßt, wann sich die beiden Bilder
decken, verfährt man jedoch bei dieser Bestimmung in etwas anderer Weise.
Vor das zu untersuchende Auge wird ein Fernrohr mit der Achse in der
Symmetrieebene aufgestellt und dicht ober- und unterhalb desselben eine
ophthalmometrische Nernstlampe so angebracht, daß ihre Spalte auf eine
vertikale Linie durch die Achse des Fernrohrs zu stehen kommen. Des
Raumes wegen werden dabei die beiden Nernstlampen entweder etwas vor
dem Fernrohre aufgestellt oder auch in rechtem Winkel zur Fernrohrachse,
wobei vor dem Spalt ein kleines Prisma angebracht wird, welches das
Licht der Lampe um 90° abknickt. Mittels einer Fixationsmarke wird der
Visierlinie des Auges dann eine solche Richtung gegeben, daß die Bilder
der zwei Lampen an den beiden betreffenden Flächen alle vier in einer
geraden Linie stehen. Eine durch diese Linie und die Achse des Fern-

rohres gelegte Ebene schneidet die Symmetrieebene längs der gesuchten Normalen. Die Stellung der Fixationsmarke ergibt den Winkel zwischen der gefundenen Normalen und der Visierlinie. Das Resultat kann in der Weise kontrolliert werden, daß man die beiden Lampen und das Fernrohr symmetrisch zu jeder Seite in etwa 25° Entfernung von der gefundenen Normalen vor das Auge aufstellt und die Bilder an den Flächen betrachtet. Eine Glühlampe wird dann so aufgestellt, daß ihr Bild an der vorderen Hornhautfläche mit dem an der tieferen der beiden Flächen liegenden Bildpaare zusammenfällt, und dann der Winkelabstand dieser Glühlampe von der als Achse dienenden Normalen bestimmt. Läßt man nun Fernrohr und Lampen ihre Plätze tauschen, und stellt man in der neuen Stellung wieder in gleicher Weise die Glühlampe ein, so soll, falls die Bestimmung der Normalen richtig war, der Winkelabstand der Glühlampe in der neuen Stellung derselbe sein (HELMHOLTZ).

Für die weitere Untersuchung ist es nötig in dieser Weise die gemeinschaftliche Normale der beiden Hornhautflächen, der beiden scheinbaren Linsenflächen, der vorderen Hornhaut- und vorderen Linsenfläche und der vorderen Hornhaut- und scheinbaren hinteren Linsenfläche, zu bestimmen.

Die vordere Hornhautfläche.

§ 19. Die wichtigste brechende Fläche im optischen Systeme des menschlichen Auges ist die vordere Hornhautfläche. Der Unterschied zwischen den Brechungsindizes der beiden getrennten Medien ist bei ihr größer als bei irgend einer der anderen brechenden Flächen; die vordere Hornhautfläche hat daher auch einen größeren Einfluß auf den Gang der Lichtstrahlen im Auge als jene. Aus diesem Grunde kommt der Untersuchung derselben eine ganz besondere Bedeutung zu. Dabei bietet aber diese Fläche vor den anderen zwei entschiedene Vorteile bei der Untersuchung. Erstens ist sie nämlich der Beobachtung weit mehr zugänglich als jene, indem sie ja frei an der Luft liegt, so daß man die an ihr gemachten Beobachtungen ohne weiteres verwerten kann, während man bei der Untersuchung einer der tiefer liegenden brechenden Flächen immer den Einfluß der vor derselben liegenden Teile des optischen Systemes zu berücksichtigen hat, was umständliche Rechnungen erfordert und leicht Fehlerquellen mit sich bringen kann. Zweitens hat der oben erwähnte Umstand, daß der Unterschied der Brechungsindizes hier ziemlich beträchtlich ist, zur Folge, daß die an dieser Fläche erhaltenen Spiegelbilder recht lichtstark und daher leicht zu beobachten sind, was auch die Untersuchung in hohem Grade fördert.

§ 20. Der Krümmungsradius der vorderen Hornhautfläche, oder, besser ausgedrückt, der Radius des die Visierlinie umgebenden Hornhautelementes, wird durch die Ermittelung der Bestimmungsstücke von zwei symmetrisch um die Visierlinie gelegenen Punkten eines Normalschnittes des betreffenden Elementes berechnet. Bei der Messung dieser Bestimmungsstücke wird der Kopf der Versuchsperson in der Kopfstütze fixiert und dieselbe so gedreht, daß die Ebene, in der man die Messungen auszuführen wünscht, mit der Horizontalebene zusammenfällt. Vor dem Auge wird dann das Ophthalmometer in einer Entfernung von $1\frac{1}{2}$ — 2 m in der Richtung der O-Stellung des Theodolitfernrohres aufgestellt und zu jeder Seite symmetrisch zur Ophthalmometerachse eine Lichtquelle angebracht; als solche kann man hier entweder eine der kleinen Glühlampen mit geradem Faden oder eine ophthalmometrische Nernstlampe mit stark verengertem Spalt anwenden. Der Patient wird aufgefordert in die Mitte des Objektives des Ophthalmometerfernrohres hineinzublicken, wobei die Visierlinie des untersuchten Auges mit der Ophthalmometerachse praktisch zusammenfällt, und das Spiegelbild an der vorderen Hornhautfläche des von den beiden Lichtquellen dargestellten Gegenstandes mit dem Ophthalmometer gemessen. Mit Hilfe des Theodolitfernrohres wird dann der Winkelabstand der Lichtquellen von der Ophthalmometerachse bestimmt. Der Radius des Elementes, ϱ, wird, da die Lichtquellen symmetrisch zur Achse stehen, aus der Formel (7)

$$\varrho = \frac{\beta}{2\sin\varphi} \qquad\qquad\qquad\qquad (11\,\text{a})$$

berechnet, in der β die Größe des gemessenen Bildes, φ den Winkelabstand jeder der Lichtquellen von der Achse bezeichnet.

Da, wie bekannt, die vordere Hornhautfläche nicht sphärisch ist, werden die erhaltenen Werte um so exakter, je kleiner das gemessene Element gemacht wird. Bei kleinen Elementen erhalten aber die bei der Messung unvermeidlichen Versuchsfehler einen größeren Einfluß auf die gesuchten Werte für den Radius. In der Regel dürfte es daher nicht zweckmäßig sein, den Winkelabstand zwischen den beiden Lichtquellen kleiner als 4°—5° zu machen.

Die obige Formel ist mit der von Helmholtz für diese Messung angegebenen ganz identisch. Nennt man den Abstand des Gegenstandes von der vorderen Hornhautfläche a, die Größe desselben b, die Größe des gemessenen Spiegelbildes β, so hat man nach ihm

$$\varrho = \frac{\beta}{2\sin\left(\frac{1}{2}\operatorname{arc\,tg}\dfrac{b}{2\,a}\right)} \qquad\qquad\qquad (11\,\text{b})$$

Da aber $\dfrac{b}{2\,a} = \operatorname{tg} 2\varphi$ ist, so geht dieser Ausdruck in Formel (11 a) über.

Hierbei wird der Reflexionspunkt des gespiegelten Strahles, P in Fig. 13, dem Achsenpunkte A gleichgesetzt, was aber nur dann zulässig ist, falls a im Verhältnis zu den Koordinaten von P sehr groß ist.

Unter der Annahme, daß der Winkel φ sehr klein ist, so daß man denselben seiner Tangente und seinem Sinus gleichsetzen kann, reduziert sich die Formel auf

$$\varrho = \frac{2\,a\,\beta}{b} \quad \ldots \ldots \ldots \ldots \quad (11\,c)$$

in der man die gewöhnliche Formel für einen sphärischen Konvexspiegel erkennt.

Mit Dioptrierechnung erhält man diese Ausdrücke folgendermaßen. Für die reduzierte Konvergenz im hinteren Brennpunkte der vorderen Hornhautfläche hat man den Ausdruck

$$KD = L, \quad \ldots \ldots \ldots \ldots \ldots \quad (12)$$

wo K den Vergrößerungskoeffizienten, D die Brechkraft und L die reduzierte Konvergenz bedeuten. K erhält man nun bei der ophthalmometrischen Messung, indem $K = -\dfrac{\beta}{b}$ ist. Aus dem Abstand a des Objektes von der vorderen Hornhautfläche und dem Abstande l des hinteren Brennpunktes von derselben erhält man dann $L = \dfrac{1}{(a+l)}$; da es sich hier um eine Reflexion handelt, wird der Brechungsindex des zweiten Mediums $n_2 = -1$ und also $D = -\dfrac{(1+1)}{\varrho} = -\dfrac{2}{\varrho}$. In die obige Formel eingesetzt ergeben diese Werte den Ausdruck

$$\frac{2\,\beta}{b\cdot\varrho} = \frac{1}{a+l}; \quad \varrho = \frac{2\,\beta\,(a+l)}{b} \quad \ldots \ldots \ldots \quad (13)$$

Für l, das wie bekannt $\dfrac{\varrho}{2}$ gleichkommt, hat man nun entweder einen aus dem schematischen Wert für den Hornhautradius berechneten Wert einzusetzen, oder man kann a so groß machen, daß l ohne beträchtlichen Fehler vernachlässigt werden kann, und erhält dann den Ausdruck $\dfrac{2\,\beta\,a}{b} = \varrho$, welcher wie ersichtlich mit dem oben abgeleiteten Ausdruck (11 c) zusammenfällt.

§ 21. Die Ermittelung der Form der vorderen Hornhautfläche geschieht in der Weise, daß durch trigonometrisches Verfolgen von Strahlen, die an der Fläche reflektiert werden, die Bestimmungsstücke einer Anzahl von Punkten längs eines Normalschnittes derselben bestimmt werden. Als Achse für die Orientierung dieser Bestimmungsstücke wird dabei am besten die der Visierlinie parallele Normale zur Fläche gewählt. Das Ophthalmometer wird, die Achse parallel zur Visierlinie, vor das Auge gebracht und die Lichtquelle, welche die zu verfolgenden Strahlen erzeugen soll, nacheinander in verschiedenen Winkelabständen von der Achse, seitlich vom Ophthalmometer, aufgestellt. Für einen Lichtstrahl, der in einem Punkte der betreffenden Schnittlinie an der vorderen Hornhautfläche ins Ophthalmometer hinein reflektiert wird, können dann die Winkel u und u' leicht bestimmt werden, indem u dem Winkelabstand der Lichtquelle vom Ophthalmometer gleichkommt, und u' der Winkel ist, den der ins Ophthalmometer einfallende Strahl mit der Ophthalmometerachse bildet. Bei dem Ophthalmometer von HELMHOLTZ ist daher $u' = 0$. Es sei in Fig. 13 AO die zur Visierlinie parallele Hornhautnormale, die zur ophthalmometrischen Achse der vorderen Hornhautfläche gewählt ist, LP der einfallende Strahl, der von der Fläche in P reflektiert wird und ins Ophthalmometer fällt, OP die Normale im Einfallspunkt an der Fläche. Wird nun der Achsenpunkt A durch das Bild einer Lichtquelle ausgezeichnet, so kann man durch Messungen mit dem Ophthalmometer den Abstand des Punktes P von der Achse, d. h. die Größe seiner y-Koordinate bestimmen. Von den übrigen Bestimmungsstücken desselben Punktes P kann man weiter den Winkel φ leicht finden; wie aus der Figur ohne weiteres ersichtlich ist, hat man nämlich $\varphi = \dfrac{u}{2}$, was man auch leicht rechnerisch aus Formel (2) finden kann.

Bei der praktischen Ausführung der Messungen wird der Kopf der Versuchsperson in der Kopfstütze fixiert, die man so geneigt hat, daß der gewünschte Normalschnitt in der Horizontalebene liegt. Vor das zu untersuchende Auge wird dann das Ophthalmometer in einer Entfernung von $1\frac{1}{2} - 2$ m aufgestellt und die Versuchsperson aufgefordert in das Ophthalmometer hineinzublicken. (Soll eine andere Achse gewählt werden, als die zur Visierlinie parallele Normale, so muß die Einstellung des Auges mit Hilfe einer Fixationsmarke geschehen.) Um den Achsenpunkt der Hornhautfläche zu bezeichnen, werden zwei kleine Glühlämpchen mit geradem Faden dicht an der Eingangsöffnung zum Plattengehäuse des Ophthalmometers so angebracht, daß die beiden glühenden Fäden in dem senkrechten Durchmesser durch diese Öffnung zu liegen kommen. Die Lampen können an einem die Eingangsöffnung umgebenden Ringe montiert werden. Eine durch die Bilder dieser beiden Fäden an der vorderen Hornhautfläche senkrecht gelegte Ebene wird dann die Schnittlinie der vorderen Hornhautfläche mit der Horizontalebene im ophthalmometrischen Achsenpunkte schneiden. Durch Aufstellen einer Lichtquelle — einer Glühlampe oder einer der NERNSTlampen — nacheinander in verschieden großen Winkelabständen von der Achse werden dann die zu verfolgenden Strahlen erzeugt. Das Bild dieser Lichtquelle an der vorderen Hornhautfläche wird mit den Bildern der beiden den Achsenpunkt bezeichnenden Lampen im Ophthalmometer kollimiert und dadurch die y-Koordinate des Punktes an der vorderen Hornhautfläche bestimmt, in dem der von der Lichtquelle kommende Strahl ins Ophthalmometer reflektiert wird. Die Winkelabstände der Lichtquelle von der Achse werden wie oben dargelegt mit Skalen, Perimeterbogen oder Theodolitfernrohr gemessen. Die Fehlerquelle, die darin besteht, daß die Messung des Winkelabstandes vom Achsenpunkte und nicht vom Reflexionspunkte geschieht, kann, wie oben bemerkt, außer acht gelassen werden, falls man die Abstände der Lampen und des Ophthalmometers groß genug im Verhältnis zu dem Abstand des genannten Punktes vom Hornhautscheitel macht, was unter den oben gemachten Voraussetzungen auch der Fall ist.

Die Ermittelung der Bestimmungsstücke von Punkten an der vorderen Hornhautfläche kann auch in einer anderen Weise geschehen. Denkt man sich nämlich eine Schnittlinie der vorderen Hornhautfläche in eine Reihe von Elementen zerlegt, für die man die Richtung der Normalen in den Endpunkten kennt, und außerdem die Krümmung bestimmen kann, so kann man aus diesen bekannten Größen durch Einsetzen in die Formeln (7) und (8) die übrigen Bestimmungsstücke der Endpunkte der betreffenden Elemente berechnen. Die Messungen nach dieser Methode werden so ausgeführt, daß das Ophthalmometer und zwei Lichtquellen in der für die Bestimmung des Scheitelradius angegebenen Weise aufgestellt werden; die Versuchsperson wird dann zuerst aufgefordert, in das Ophthalmometer hineinzublicken, und der Radius im Scheitelelement gemessen. Dann wird der Radius des nebenliegenden Elementes in gleicher Weise gemessen. Die genaue Einstellung desselben geschieht in der Weise, daß mittels einer Fixationsmarke die Visierlinie des untersuchten Auges um einen so großen Winkel gedreht wird, daß sich bei der Messung des neuen Elementes die eine Lichtquelle gerade in demjenigen Punkte spiegelt, in dem sich bei der Messung des ersten die andere Lichtquelle spiegelte; um dies zu erzielen, muß das Auge um einen gerade so großen Winkel gedreht werden, wie die Winkelöffnung des zuerst gemessenen zentralen Elementes betrug. In dieser Weise wird in sämtlichen Elementen der Schnittlinie der Reihe nach der Radius bestimmt. Bei dieser Methode bestehen die hauptsächlichen Fehlerquellen darin, daß die beiden Lichtquellen asymmetrisch zur Achse der gemessenen Elemente zu stehen kommen, welcher Fehler jedoch bei genügend kleinen Elementen ohne weitere Bedeutung ist, und darin, daß die Drehung des Auges um den Drehpunkt desselben und nicht um das Hornhautzentrum geschieht, was aber bei großen Abständen ohne Bedeutung ist.

Die Untersuchung der Form der vorderen Hornhautfläche mit dem Ophthalmometer in einer der oben angegebenen Weisen erfordert, wie leicht ersichtlich, eine große Reihe von Einstellungen und Kollimationen, wobei sich leicht unvermeidliche Fehler in die Resultate einschleichen können. Um diesen Fehlern zu entgehen, hat GULLSTRAND (1896) alle die verschiedenen Ablesungen zu einer und derselben Einstellung verlegt, indem er die vordere Hornhautfläche mitsamt den darin entstandenen Bildern von einem bekannten Gegenstande photographisch aufnimmt und dann die Ablesungen an der photographischen Platte vornimmt. Als Objekt dient dabei eine schwarze Scheibe, an der konzentrische weiße Kreise aufgezogen sind. Diese Scheibe wird dem Objektiv der Kamera aufgesetzt und mit zwei

Bogenlampen stark belichtet. Das Bild der Scheibe wird dann bei fünf Blickrichtungen aufgenommen, nämlich einmal bei Blickrichtung geradeaus ins Objektiv und bei solcher Drehung der Blicklinie in den vier Hauptrichtungen, daß das peripherste bei der zentralen Stellung gemessene Element genau mit dem zentralsten bei der peripheren Stellung gemessenen zusammenfällt. Die Messung der Photogramme geschieht mit Teilmaschine und Mikroskop. Näheres über diese photographisch-ophthalmometrische Methode findet man in seiner bezüglichen Arbeit.

Erggelet (1922) hat Versuche angebahnt, die Form der vorderen Hornhautfläche mit dem Stercokomparator von Pulfrich zu messen.

Klinische Untersuchung der vorderen Hornhautfläche.

§ 22. Die vordere Hornhautfläche ist, wie oben hervorgehoben wurde, von den brechenden Flächen des Auges diejenige, welche die größte Bedeutung für die Brechung des ins Auge einfallenden Strahlenbündels hat und dabei auch die, welche der Untersuchung am leichtesten zugänglich ist. Es hat daher die klinische Untersuchung derselben nicht nur eine große Bedeutung für die Beurteilung der Brechungsanomalien des Auges, sondern dieselbe fällt auch leichter als die der übrigen Flächen. Bei der klinischen Untersuchung kommt eigentlich nur der zentrale Teil derselben, die optische Zone, in Betracht. Diese kann dabei als ein Flächenelement angesehen werden, und es kommt nun darauf an, die Lage der Hauptschnitte desselben und den Krümmungsradius dieser beiden Hauptschnitte zu bestimmen. Die Krümmung ist für den dioptrischen Wert maßgebend und der Unterschied der dioptrischen Werte der beiden Hauptschnitte ergibt die Größe des Astigmatismus. Bei der Bestimmung der Lage der Hauptschnitte geht man von der besonderen Eigenschaft einer brechenden oder spiegelnden Fläche aus, daß es von einem Gegenstande, der eine gerade Linie ausmacht, nur dann eine gerade Linie als Bild gibt, wenn der Gegenstand in einer der Hauptebenen der Fläche liegt; liegt der Gegenstand dagegen nicht in einer Hauptebene der brechenden Fläche, so entsteht eine Distorsion oder Verzerrung des Bildes, so daß dasselbe nicht als eine gerade, sondern als eine krumme Linie erscheint. Dabei werden bei der ophthalmometrischen Verdopplung die Doppelbilder der beiden Endpunkte dieser Linie nicht in einer und derselben Ebene liegen, was Veranlassung dazu gegeben hat, diesem Phänomen den Namen Denivellation zu geben. Eine große Reihe von Methoden sind für die Untersuchung ausgearbeitet worden, von denen die keratoskopischen nur einen mehr qualitativen Aufschluß über die Form, die astigmometrischen einen approximativen Wert für den Astigmatismus geben, die keratometrischen schließlich die Messung der Hauptkrümmungen und dadurch die genaue Bestimmung des Astigmatismus beabsichtigen.

Keratoskopie.

§ 23. Die einfachste Methode, nach der man sich klinisch von der Form der vorderen Hornhautfläche eine Vorstellung machen kann, ist die Beobachtung des Spiegelbildes, welches dieselbe von einem bekannten Gegenstande gibt. Diese Methode wird als Keratoskopie bezeichnet. Unter diesem Namen soll aber hier nicht die Beobachtung von gröberen Veränderungen an der vorderen Hornhautfläche, wie Staphylomen, Substanzverlusten, usw. mit eingerechnet werden, die schon durch bloße Betrachtung oder durch Untersuchung bei fokaler Beleuchtung studiert werden können, sondern nur die feineren Untersuchungsmethoden zur Feststellung von abnormer Wölbung, Astigmatismus und Asymmetrie.

Das älteste Instrument für Keratoskopie, das sich noch immer als eines der besten bewährt hat, ist das Keratoskop von PLACIDO (1882).

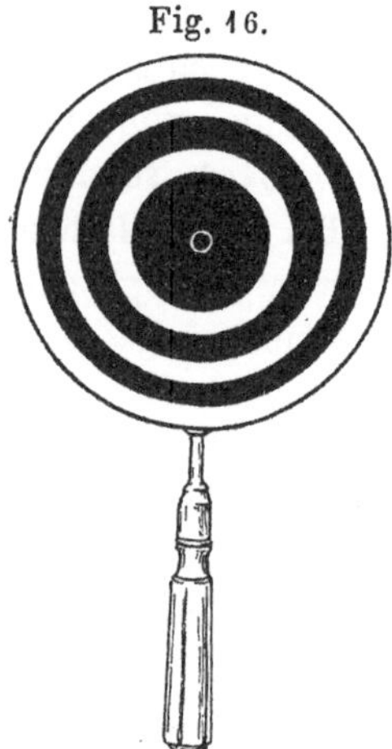

Fig. 16.

Keratoskop von PLACIDO.

Dasselbe besteht aus einer dünnen kreisförmigen Scheibe (Fig. 16) von ungefähr 23 cm Durchmesser. Die Vorderfläche der Scheibe ist mit einer Anzahl konzentrischer Ringe in abwechselnd schwarzer und weißer Farbe bemalt, die hintere Fläche ist schwarz. In der Mitte hat sie ein kleines Loch von ungefähr 1 cm Durchmesser, in welches ein kleiner, 3 cm langer Zylinder eingepaßt ist. Die Scheibe trägt außerdem einen kurzen Handgriff. Das Instrument wird nun in der Weise gebraucht, daß man den Patienten mit dem Rücken gegen das Fenster setzt und die Scheibe vor das zu untersuchende Auge in einem Abstande von ungefähr 15 cm vom Hornhautscheitel hält. Der Patient wird nun aufgefordert, durch die Mitte der Röhre so zu blicken, daß die Visierlinie des Auges praktisch mit der Achse der Röhre zusammenfällt. Der Beobachter befindet sich nun hinter der Scheibe und betrachtet durch die Röhre die Bilder, die von den Ringen der Scheibe an der Hornhautfläche entstehen. Um zu erzielen, daß die Scheibe immer auf der Visierlinie des beobachteten Auges senkrecht zu stehen kommt, muß der Beobachter sozusagen durch die Röhre visieren, indem er nachsehen muß, daß er die beiden Mündungen der kleinen Röhre immer als konzentrische Kreise sieht. Er darf also sein Auge nicht allzusehr an die Mündung der Röhre annähern.

Ist nun die vordere Hornhautfläche kugelförmig, so werden die Kreise annähernd als Kreise gespiegelt, ist sie dagegen astigmatisch, so erhalten sie die Form von Ellipsen, deren große Achsen mit dem schwächer brechenden Hauptschnitte zusammenfallen. Bei einiger Übung kann ein Astigmatismus von einer Dioptrie mit diesem Instrumente festgestellt werden. Ist das Auge asymmetrisch gebaut oder die Pupille dezentriert, so sieht man dies leicht, indem dann die Bilder der Ringe nicht mit der Pupille konzentrisch sind, was ja auch im normalen Falle in geringem Grade der Fall sein muß, da ja hier die Visierlinie nicht mit der Achse durch das Zentrum der Pupille zusammenfällt. Bei Keratokonus besteht eine Disproportion der Kreise, indem diese nach der Peripherie hin bedeutend an Breite zunehmen. Das Instrument eignet sich auch zur Untersuchung der Peripherie der vorderen Hornhautfläche, indem man zu diesem Zwecke den Patienten nur auffordert, nach den Seiten, nach oben und nach unten zu blicken. Hierbei kann man auch die Asymmetrie näher studieren; zu diesem Zwecke eignet sich jedoch das Keratoskop von GULLSTRAND besser.

Das Keratoskop von PLACIDO hat eine Modifikation von JAVAL (1882) erfahren, indem dieser in die kleine Röhre eine Konvexlinse einschaltete, um dem Untersucher die Spiegelbilder zu vergrößern.

BERGER (1882) ersetzte die konzentrischen Kreise PLACIDOS durch eine Gruppe von Radien (GREENS Sternfigur). Eine der Linien hebt sich durch besondere Farbe von den übrigen ab. Diese Linie ist mit einem Zeiger fest verbunden, der auf der Rückfläche der Scheibe über eine Kreisteilung gleitet. Die Kreisteilung ist an einer zylindrischen Röhre befestigt. Die Scheibe läßt sich in ihrer eigenen Ebene um die Röhre drehen. Man dreht nun die Scheibe, bis das Bild des farbigen Halbmessers länger erscheint als die aller anderen; dann gibt der Zeiger auf der Rückfläche in Winkelgraden an, wie der Längenkreis schwächster Brechung gerichtet ist.

Das Keratoskop von UHTHOFF (1896) ist wie ein SCHWEIGGERsches Handperimeter gebaut. Der Unterschied besteht darin, daß der Perimeterbogen 6 cm breit und mit drei schwarzen und vier weißen, gleichbreiten, parallelen Streifen ausgestattet ist; diese Streifen bilden das sich spiegelnde Objekt. Es soll den Vorteil bieten, daß der gespiegelte Gegenstand in allen seinen Punkten denselben Abstand von der Hornhaut hat und daß das keratoskopische Bild die ganze Hornhaut umspannt.

Die Untersuchung mit dem Keratoskope stellt eine handliche und bequeme Untersuchungsmethode dar, durch die man sich rasch über den Zustand der vorderen Hornhautfläche orientieren kann, und wird dadurch zu einem guten Hilfsmittel bei der Untersuchung von Refraktion und Sehschärfe.

Eine besondere Bedeutung hat die Keratoskopie für die Diagnose derjenigen Brechungsanomalie, die von JAVAL als »cornée décentrée«, von SULZER als Dissymmetrie der Hornhaut bezeichnet wurde, und die GULLSTRAND (1896) unter der Bezeichnung Asymmetrie der vorderen Hornhautfläche und Denzentration der Pupille beschrieben hat. Näheres über diese Anomalie findet man in diesem Handbuche Kap. XII, C. HESS, Die Refraktion und Akkommodation des menschlichen Auges und ihre Anomalien S. 508. Sie besteht in einer Verlagerung des Scheitels der vorderen Hornhautfläche, so daß dieselbe nicht länger symmetrisch zur Fläche im ganzen liegt, und in einer Verschiebung der Pupille, Veränderungen die entweder vereinzelt oder kombiniert auftreten können. Eine exakte Feststellung dieser Anomalie erfordert eine vollständige ophthalmometrische Untersuchung der vorderen Hornhautfläche und der Pupille; für den klinischen Gebrauch hat aber GULLSTRAND eine einfache keratoskopische Methode ausgearbeitet, und ein besonderes Instrument konstruiert.

Bei der Konstruktion dieses Keratoskopes geht er von der Tatsche aus, daß die Schätzung der Form eines gespiegelten Gegenstandes am leichtesten dann geschieht, falls das Bild bei Abwesenheit aller Deformationen ein Quadrat darstellt. Bei dieser Figur sind alle Deformationen äußerst leicht wahrzunehmen. Da bei Spiegelung an der vorderen Hornhautfläche eine tonnenförmige Distorsion entsteht, muß der gespiegelte Gegenstand, um ein quadratisches Bild an derselben zu erzeugen, die in der Fig. 17 gezeigte

Fig. 17.

Fig. 18.

Der gespiegelte Gegenstand des Keratoskops
von GULLSTRAND.

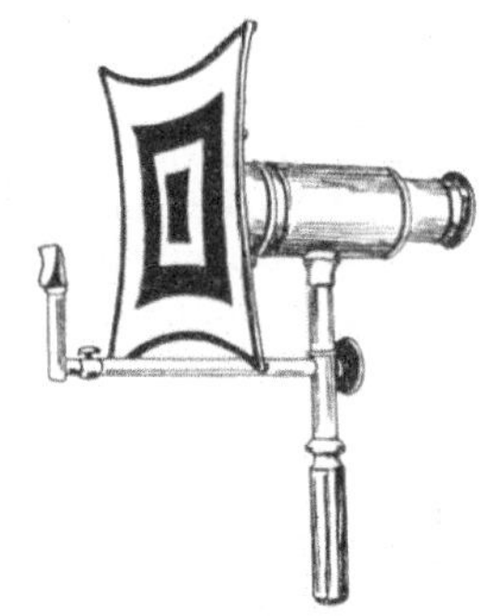

Keratoskop von GULLSTRAND.

Form haben. Für die Berechnung der Proportionen dieser Figur sei auf die diesbezügliche Schrift hingewiesen. Die Abstände zwischen den Linien sind so gewählt, daß sie im Spiegelbilde proportional den Radien der betreffenden Hornhautelemente sind. Das Instrument zur Untersuchung der Asymmetrie besteht nun aus einer Messingscheibe, welche die genannte Figur trägt. Dieselbe sitzt auf einem kleinen Fernrohr. Dieses Fernrohr wird von einem Handgriffe getragen, von dem eine kleine Stange hervorspringt, die eine Backenstütze trägt (Fig. 18).

Bei der Anwendung des Instrumentes hält der Untersucher dasselbe vor dem Patienten, so daß die kleine Stütze dem Infraorbitalrande des untersuchten Auges anliegt. Mit Hilfe der Schraube kann diese Stütze an der Stange verschoben werden. Der Abstand wird nun mittels derselben so groß gemacht, daß die Scheibe in den Abstand vom Hornhautscheitel kommt, für den sie berechnet worden ist, bei dem also die Figuren an der Scheibe von einer sphärischen Hornhaut als Quadrate gespiegelt werden.

Das Fernrohr wird dann so eingestellt, daß die an dem beobachteten Auge
entstandenen Spiegelbilder scharf gesehen werden können. Der Patient wird
dann zuerst aufgefordert, ins Fernrohr hineinzusehen, und das hierbei entstandene Spiegelbild beobachtet. Was man nun zu untersuchen hat, ist
erstens die Lage der optischen Zone auf der Hornhautfläche, zweitens die
Lage des Hornhautscheitels und der Pupille im Verhältnis zur optischen
Zone. Bei Blickrichtung des Patienten in die Mitte des Fernrohrs erhält

Fig. 19.

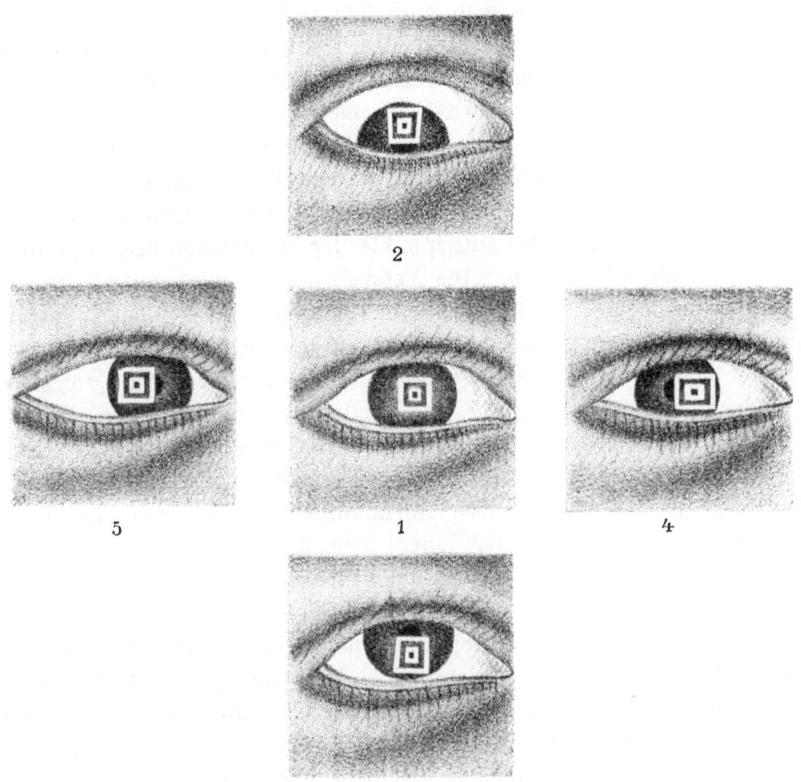

Die Hornhautbilder des Keratoskops von Gullstrand.

man ein Bild wie es Fig. 19 Bild 1 zeigt. Das quadratische Bild des Gegenstandes füllt die optische Zone fast aus und der ophthalmometrische
Achsenpunkt befindet sich im Kreuzungspunkte der Diagonalen der Vierecke. Man hat nun zuerst die Lage der quadratischen Bilder im Verhältnis zum Hornhautrande zu beobachten und erhält somit die Lage der
optischen Zone auf der Hornhaut; in dem in Fig. 19 dargestellten Falle sieht
man aus Bild 1, daß das Viereck ebensoweit von dem oberen wie von dem
unteren Teil des Limbus corneae entfernt ist; daß es dagegen dem inneren

15*

Teil dieses Randes näher als dem äußeren liegt. Die optische Zone ist also in diesem Falle ein wenig nach innen verschoben. Dann hat man die Lage der Pupille im Verhältnis zu den Vierecken zu betrachten, und kann daraus leicht die Dezentration derselben in bezug auf den Achsenpunkt feststellen; meistens ist sie ein wenig lateralwärts von dem Achsenpunkte verschoben. Auf die Lage des Hornhautscheitels kann man zuweilen schon aus dem zentralen Bilde an der optischen Zone schließen, indem dasselbe ein wenig deformiert und nicht regelmäßig quadratisch ist. Meistens ist aber dies nicht der Fall, sondern man muß, um sich über dieselbe klar zu werden, die peripheren Partien der vorderen Hornhautfläche beobachten; zu diesem Zwecke ist die Scheibe mit den Quadraten mit Fixationsmarken versehen, die so angebracht sind, daß je eine oben, unten, außen und innen vom Zentrum liegt, und so, daß bei peripherer Blickrichtung die beiden Punkte der vorderen Hornhautfläche, welche die Mittelpunkte der beiden inneren Konturen spiegeln, diejenigen sind, in denen beim gerade ins Objektiv gerichtetem Blicke die Mittelpunkte der bezüglichen beiden peripheren Konturen gespiegelt werden. Die Versuchsperson wird nun aufgefordert, diese Fixationsmarken nacheinander zu fixieren, und die dabei entstehenden Bilder des Gegenstandes beobachtet. Aus der Deformation dieser Bilder kann man nun auf die Lage des Scheitels schließen. So zeigen z. B. die Bilder 2 und 3 der Fig. 19 eine Abflachung der vorderen Hornhautfläche gegen die Peripherie an, und da diese Abflachung symmetrisch um die horizontale Mittellinie ist, deutet sie an, daß der Scheitel auf dieser liegt. Dagegen ist die vordere Hornhautfläche nicht um die vertikale Mittellinie symmetrisch, da der innere Teil der Quadrate bedeutend mehr deformiert ist, als der äußere, was eine größere Abflachung gegen die innere Seite beweist, und woraus der Schluß gezogen werden kann, daß der Hornhautscheitel nach außen vom ophthalmometrischen Achsenpunkte gelegen ist, daß also in horizontaler Richtung eine Asymmetrie besteht. Betrachtet man die Bilder 4 und 5 derselben Figur, so sieht man, daß das innere Bild bedeutend mehr nach der Peripherie zu deformiert ist, als das äußere, was gleichfalls eine Verschiebung des Hornhautscheitels nach außen angibt. Da diese beiden Bilder um die horizontale Mittellinie ziemlich symmetrisch sind, kann man schließen, daß der Scheitel annähernd auf dieser Linie gelegen ist. Je nach der Verschiebung von Hornhautscheitel und Pupille in einem Auge erhält man die verschiedenen Typen von Asymmetrie, auf die aber hier nicht weiter eingegangen werden kann, sondern für deren Studium auf den oben genannten Teil dieses Handbuches verwiesen wird. GULLSTRAND hat auch eine Methode zur photographischen Aufnahme der betreffenden Bilder an der vorderen Hornhautfläche ausgearbeitet, die ein näheres und bequemeres Studium der Asymmetrie erlaubt als die bloße Beobachtung, die eine gewisse Übung erfordert.

Astigmometrie.

Während die beschriebenen keratoskopischen Instrumente nur einen qualitativen Aufschluß über den Astigmatismus eines Hornhautelementes geben, hat man nun eine Reihe anderer Instrumente, die den Zweck haben, den Astigmatismus der vorderen Hornhautfläche durch Vergleichung der Bilder in zwei verschiedenen Meridianen direkt zu schätzen. Diese Instrumente seien Astigmometer genannt. Solche Instrumente sind:

Das Keratoskop von DE WECKER und MASSELON (1882). Es besteht aus einem schwarzen, in der Mitte durchbohrten Quadrat, das von einem weißen, 1,5 cm breiten Rahmen eingesäumt ist; der quadratische Rahmen hat 18 cm Seitenlänge; er ist das sich spiegelnde Objekt (Fig. 20 a). Auf der Rückfläche der Tafel sind Handgriff und Kreisteilung angebracht; an der Kreisteilung gleitet ein mit der Tafel fest verbundener Zeiger. Die Tafel wird in 20 cm Abstand der zu untersuchenden Hornhaut gegenübergehalten; ein Stäbchen von 20 cm Länge dient dazu, diesen Abstand festzuhalten; das Stäbchen wird mit dem einen Ende in die Vorderfläche der Tafel gesteckt und lehnt mit dem anderen Ende, bzw. mit einem hier angebrachten Ringe, gegen den Augenhöhlenrand des Kranken. Man dreht nun die Tafel in ihrer eigenen Ebene,

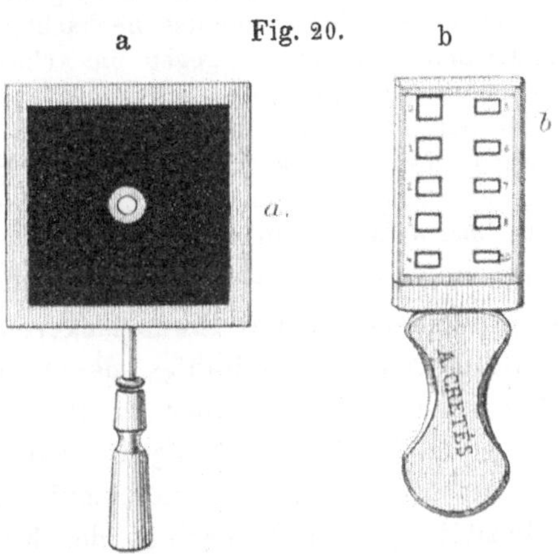

Fig. 20.

a Keratoskop von DE WECKER und MASSELON.
b Tafel mit Vergleichsfiguren.

bis das Spiegelbild des Rahmens rechteckig ist, und vergleicht dann dies Spiegelbild mit den 10 Figuren eines kleinen Täfelchens (Fig. 20 b). Jede dieser 10 Figuren stellt das Spiegelbild einer Hornhaut vor, die zwischen 0 und 8, bzw. 10 Dioptrien Astigmatismus hat. Man sucht diejenige der 10 Figuren heraus, die dem Spiegelbilde der untersuchten Hornhaut am ähnlichsten ist. Neben jeder der 10 Figuren steht eine Zahl, die in Dioptrien den Astigmatismus derjenigen Spiegelfläche nennt, die auf 20 cm Abstand diese Figur als Spiegelbild eines Quadrates liefert. Wenn eine astigmatische Hornhaut von einem quadratischen Objekt ein rechteckiges Spiegelbild liefert, dann muß es ein Rechteck geben, das von jener Hornhaut quadratisch gespiegelt wird. Diese Überlegung hat DE WECKER und MASSELON dazu geführt, ihr Keratoskop in einer vervollkommneten Spielart herzustellen. Durch einen Schraubentrieb werden zwei sich gegenüberliegende Seiten des Quadrates einander genähert. Gleichzeitig bewegt der Schraubentrieb einen Zeiger, der auf der Rückseite des Keratoskopes an einem Maßstabe entlang gleitet. Hat man durch Drehen an der Schraube dasjenige Rechteck hergestellt, dessen Spiegelbild genau quadratisch aussieht, so liest man die Stellung des Zeigers und damit den vorhandenen Astigmatismus in Dioptrien ab. Die Einteilung des Maßstabes kann sowohl durch Versuch als auch durch Rechnung bestimmt werden.

Das Keratoskop von C. DU BOIS-REYMOND (1890) hat als gespiegelter Gegenstand eine schwarze Scheibe mit weißem Ringe. Durch diesen zieht eine weiße Linie in der Richtung eines Durchmessers. Die Scheibe wird vor das Auge senkrecht zur Visierlinie desselben gestellt und dann gedreht, bis das Bild der weißen Linie mit der Längsachse des elliptischen Spiegelbildchens zusammenfällt. Dann wird die Stellung der weißen Linie an einer Kreisteilung auf der Rückfläche der Scheibe abgelesen. Nun macht man das elliptische Spiegelbildchen zu einem kreisförmigen durch Neigung der Scheibe gegen die gemeinsame Achse des untersuchten und des beobachtenden Auges. Aus dem hierzu nötigen Neigungswinkel der Scheibe gegen die Achse läßt sich der vorhandene Astigmatismus berechnen, bzw. an dem dazu eingerichteten Keratoskop ablesen. Da aber bei der Gradierung des Instrumentes keine Rücksicht auf den Umstand genommen wird, daß bei der Drehung der Scheibe die eine Hälfte derselben der spiegelnden Fläche genähert wird, die andere Hälfte von derselben entfernt, so hat das Instrument hierin eine beträchtliche Fehlerquelle.

Das Astigmometer von ROTH (1905) besteht aus einer dünnen, biegbaren PLACIDOschiebe mit etwas längerem Schaurohr. Diese Scheibe kann mit der Hilfe eines Stahldrahtes, der an den beiden Enden eines Diameters befestigt ist und das an einer am Schaurohr angebrachten Zahnreihe befestigt werden kann, in beliebigem Grade gekrümmt werden. Dabei werden die Kreise der Scheibe zu perspektivischen Ellipsen von verschiedener Exzentrizität. Durch Beobachten der Krümmung, die erforderlich ist, um die Hornhautbilder der Ringe als Zirkel erscheinen zu lassen, kann man den Astigmatismus der betreffenden Hornhaut bestimmen. Das Instrument ist empirisch gradiert.

Das Keratoskop von GERTZ. Nach denselben Prinzipien, die der Konstruktion des Instrumentes von DE WECKER und MASSELON zugrunde liegen, hat GERTZ (1910) ein Astigmometer konstruiert. Anstatt Rektangeln, die in der astigmatischen Hornhaut als Quadrate gespiegelt werden, benutzt er Ellipsen, die als Kreise an der vorderen Hornhautfläche hervortreten. Stellt man nämlich vor ein astigmatisches Auge einen Gegenstand mit elliptischer Kontur so, daß die Richtung der großen Achse derjenigen des stärker brechenden Hauptschnittes, die der kleinen Achse der des schwächeren Hauptschnittes parallel ist, so erhält man bei einer gewissen Proportion zwischen den Brechkräften und den Größen der Achsen ein kreisförmiges Bild an der vorderen Hornhautfläche. Im Instrument kommen vier verschiedene Ellipsengrößen vor. Die am meisten exzentrische Ellipse erscheint kreisförmig bei einem Astigmatismus von 7—8 D, die nächste bei 5—6 D, die dritte bei 3—4 D, die am wenigsten exzentrische bei 1—2 D. Zu einer gröberen Bestimmung des Astigmatismus dürfte diese Serie vollkommen genügen. Das Instrument besteht nun aus zwei auswechselbaren schwarzen Scheiben, die auf eine 12 cm lange, zum Visieren der Hornhaut dienende Röhre gesteckt werden. An diesen Scheiben können die aus einem weißen Bande bestehenden Ellipsen angebracht werden. Die Röhre ist in einer mit Handgriff versehenen Hülse drehbar und ist mit einer Sammellinse zur Vergrößerung der Bilder an der vorderen Hornhautfläche versehen. Der Apparat wird 12 cm vor das Auge des Patienten gehalten und die Scheibe mit der Ellipse so gedreht, daß das ellipsenförmige Bild eine möglichst große Exzentrizität hat. Die Achsenrichtungen der Ellipsen fallen dann mit den Hauptschnitten des spiegelnden Hornhautelementes zusammen, und zwar die größere Achse mit dem schwächer brechenden Hauptschnitte. Mittels Zeiger und Gradbogen wird die Lage der Achsen abgelesen. Die Scheibe wird dann um 90° gedreht und man beobachtet, ob das Bild Kreisform hat oder nicht. Ist dies der Fall, so gibt die Ellipse den Grad des Astigmatismus an; ist dies aber nicht der Fall, so wechselt man die Ellipse. Die Genauigkeit, mit der man den Astigmatismus mit diesem Instrumente bestimmen kann, dürfte 0,25—0,5 D betragen. Ist die Hornhaut frei vom Astigmatismus, soll das Bild beim Drehen seine Form überhaupt nicht verändern.

Keratometrie.

§ 23. Obwohl die Keratoskopie einen guten Überblick über die Formverhältnisse der vorderen Hornhautfläche und die Astigmometer, bei einiger Übung auch ziemliche gute Werte für den Astigmatismus ergeben, so genügen diese Methoden doch nicht höheren Ansprüchen auf Genauigkeit. Exakte Angaben kann man nur durch Messung des Radius der vorderen Hornhautfläche erhalten. Diese Messung kann, wie oben erwähnt, mit dem Ophthalmometer von HELMHOLTZ geschehen und geschieht wohl, wenn es sich um die Ermittelung von sehr exakten Resultaten handelt, immer noch am besten mit diesem Instrumente. Für die Praxis sind aber, wie leicht ersichtlich, die Messungen mit diesem Instrumente viel zu mühsam, als daß man sie allgemein ausführen könnte. Seit der Erfindung desselben ist es daher immer das Bestreben gewesen, das ophthalmometrische Verfahren zu vereinfachen, um die Ophthalmometrie in der Praxis leichter anwendbar zu machen.

Es würde zu weit führen, hier eine eingehende Darstellung der Entwickelung der klinischen Ophthalmometrie zu geben, und es soll daher nur an einige wichtigere Daten erinnert werden. Die mühsame Arbeit mit den vielen Ablesungen versuchte schon Coccius (1872) dadurch zu vereinfachen, daß er eine konstante Verdoppelung durch Anwendung eines doppelbrechenden Kalkspatprisma einführte. Die Kollimation wurde hier durch Veränderung des Objektes erzielt. In einer anderen Weise hat Landolt (1878) die mühsamen Ablesungen am Ophthalmometer überflüssig gemacht, indem er nämlich die Platten durch Prismen ersetzte, und die Kollimation durch Verschieben dieser Prismen längs der Achse des Instrumentes erreichte. Erst dann konnte aber die Ophthalmometrie in die klinische Praxis Entritt finden, als die Lichtquellen handlicher wurden. Helmholtz hatte Gasflammen benutzt, die aber eigentlich nur die Messung im horizontalen Meridiane erlaubten. Zur Messung von anderen Meridianen hat daher Middelburg (1863) einen großen Ring angewendet, an dem die Lichter in verschiedenen Meridianen orientiert werden konnten. Javal und Schiötz (1881) haben endlich durch Einführung von beleuchteten Milchglasscheiben als Objekte und unter Aufnahme der Idee von Coccius, die von doppelbrechenden Krystallen ergebene Verdoppelung anzuwenden, ihr handliches und bequemes Instrument hergestellt und damit den Grund zur modernen klinischen Ophthalmometrie gelegt.

§ 24. Das Ophthalmometer von Helmholtz findet, wie oben bemerkt wurde, bei der klinischen Untersuchung der vorderen Hornhautfläche wenig Anwendung, indem ja der Verdoppelungsmechanismus desselben eine große Reihe von Ablesungen erfordert und daher die Untersuchung sehr mühsam macht. Dazu kommt aber noch, daß das Aufsuchen der beiden Hauptschnitte mit demselben Schwierigkeiten bietet. In diesem Instrumente ist nämlich die Austrittspupille durch den Verdoppelungsmechanismus nach Art des Scheinerschen Versuches entzwei geteilt und eine mangelnde Genauigkeit der Einstellung des Instrumentes ergibt eine Denivellation der beiden Doppelbilder. Unter solchen Umständen kann die Anwesenheit einer Denivellation nicht als Zeichen dafür angesehen werden, daß die Hauptschnitte mit der Verdoppelungsebene nicht zusammenfallen, und die Aufsuchung derselben wird hierdurch erschwert. Da die Genauigkeit des Messungsresultates in diesem Instrumente von der Einstellung nicht beeinflußt wird, kann man jedoch bei Vorhandensein einer gewissen Unschärfe und Denivellation der Bilder dieselben mit Genauigkeit kollimieren. Nebenbei soll aber bemerkt werden, daß, falls, wie es in einigen weniger gebrauchten Verdoppelungsmechanismen der Fall ist, die Austrittspupille senkrecht zur Verdoppelungsebene geteilt wäre, ein Einstellungsfehler einen Einfluß auf die Genauigkeit haben würde. (Holth 1900.)

§ 25. Landolts (1878) Ophthalmometer wird von ihm selbst in der 2. Auflage dieses Handbuches folgendermaßen beschrieben: Ein Glasprisma wird, senkrecht zu seiner Kante entzweigeschnitten, und die beiden Hälften werden in entgegengesetzter Richtung so aufeinander gelegt, wie es die Fig. 21 zeigt. PSP sei das obere, $P'S'P'$ das untere Prisma. Ein Auge A, welches so durch die Trennungsebene der beiden Prismen blickt, daß dieselbe seine Pupille halbiert, sieht doppelt. Die Strahlen, welche von dem Punkte O des Objektes ab kommen, werden von dem Prisma PSP nach δ, von dem Prisma $P'S'P'$ nach δ' hin abgelenkt. Statt eines Punktes in O sieht also das Auge zwei: δ und δ'. Die gegenseitige Entfernung $\delta\delta' = x$ der beiden Punkte hängt ab einerseits von dem Brechungsindex und dem Winkel des Prismas, anderseits von der Entfernung $cO = \varDelta$ zwischen dem Objekt und der Prismenkombination. Nennen wir den Ablenkungswinkel des Prismas φ, so ist $x = 2\varDelta$ tang φ. Berühren sich die Doppelbilder eines Objektes ab mit ihren entgegengesetzten Endpunkten o Fig. 21, so ist die durch die Prismen hervorgebrachte Verdoppelung gleich dem Durchmesser des Objektes.

Für die in LANDOLTs Instrument (Fig. 22 und 23) verwendeten Prismen entsprach eine Exkursion von 40 mm einem Durchmesser des Objektes von 1 mm, so daß die Genauigkeit der Beobachtung mindestens $^1/_{20}$ mm betrug. Um noch größere Genauigkeiten zu erhalten, wählt man schwächere Prismen. Das Instrument besteht in einer an der Mauer befestigten, in Meridiane geteilten Scheibe M (Fig. 23). Um den Mittelpunkt derselben läßt sich eine Stange drehen, an welcher drei Lämpchen (B, C' und C) nach Art der HELMHOLTZschen befestigt sind. Sie bilden das Objekt, dessen von der Hornhaut geliefertes Reflexbild zu messen ist. Die Entfernung $MB = MB' = 50$ cm. Das Objekt BB' also $= 1$ m. Vom Mittelpunkte M der Scheibe geht ein fester Metallstab aus, der in F (Fig. 22) eine Stütze für die Stirne, in x eine Stütze für die Wange des zu Untersuchenden trägt. Diese Stützen können so gestellt werden, daß der zu beobachtende Teil des Auges A (Fig. 23) genau 1 m von M entfernt ist. Zur Kontrolle dienen die zwei Visiere v und v' (Fig. 22 und 23).

Das Ende m (Fig. 23) des Stabes ist unter einem Winkel von 45° abgeschnitten und trägt dort einen Metallspiegel. Er reflektiert das untersuchte Auge A rechtwinklig gegen D hin, wo sich die Prismenkombination befindet. Sie läßt sich auf dem eingeteilten Stabe tt' (Fig. 22) verschieben.

Der die Lichter tragende Balken sowohl wie die Trennungslinie der Prismen werden selbstverständlich in den Meridian gebracht, in welchem die Messung vorgenommen werden soll.

Wie man sieht, hat LANDOLT die Entfernung des Objektes dem Durchmesser desselben gleich gemacht: $MA = BB' = 1$ m. Dadurch wird die Berechnung des Radius der beobachteten Krümmung äußerst einfach. Er ist doppelt so groß wie das beobachtete Bild. Denn wenn in Formel (11c) (S. 220) $b = a$, d. h. der Abstand des Objektes vom Spiegel gleich der Größe des Objektes wird, dann wird $r = 2\beta$, d. h. der Krümmungsradius des Spiegels gleich dem Doppelten der Bildgröße.

§ 25. Das Ophthalmometer von JAVAL und SCHIÖTZ (1881) dürfte dasjenige Ophthalmometer sein, das in der Praxis den größten Eingang gewonnen hat. Der Verdoppelungsmechanismus besteht in diesem Instrumente aus einem doppelbrechenden Prisma; die Kollimation ist zum Objekte verlegt und der Kollimationsmechanismus besteht in der Verschiebung der Ob-

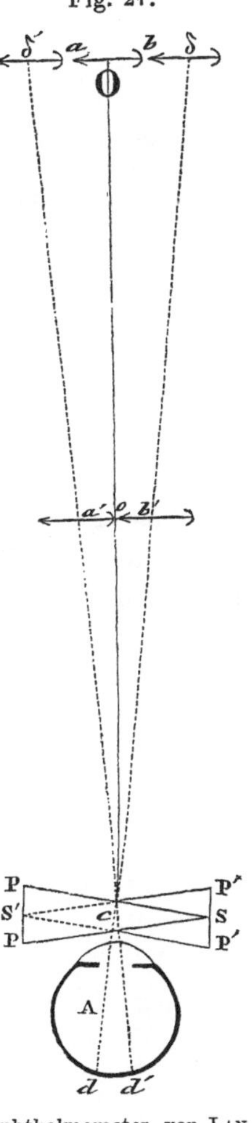

Fig. 21.

Ophthalmometer von LANDOLT: Strahlengang.

jektendpunkte, bis die Größe der Spiegelbilder mit der Größe der Verdoppelung zusammenfällt. Die Einrichtung des Instrumentes geht aus Fig. 24 her-

Fig. 22.

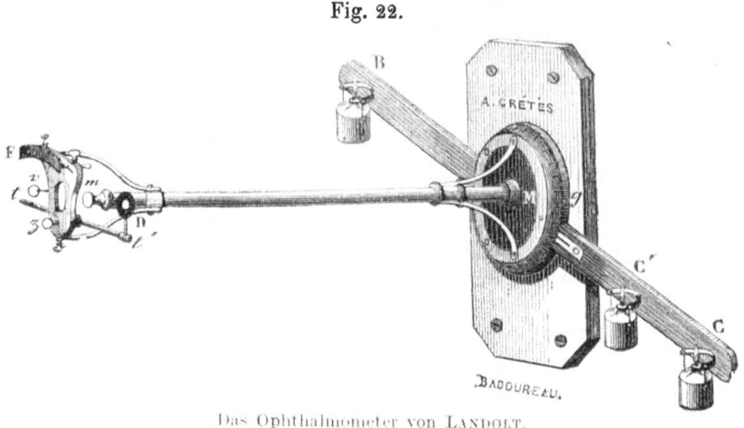

Das Ophthalmometer von LANDOLT.

vor. Vom gespiegelten Objekte BB' wird ein virtuelles Bild von der untersuchten Hornhautfläche in DD' erzeugt. Das von diesem Bilde kommende Licht wird nun zuerst von der Linse C parallel gemacht, indem das Bild

Fig. 23.

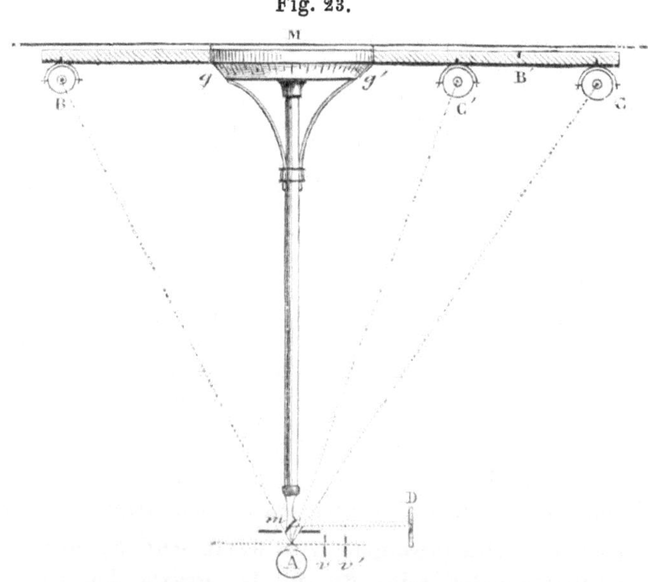

Das Ophthalmometer von LANDOLT, von oben gesehen.

DD' im Brennpunkte dieser Linse sich befindet. Hinter der Linse C ist dann der Verdoppelungsapparat angebracht, welcher das eintretende Strahlen-

bündel in zwei teilt. Diese erleiden nun jedes für sich eine Brechung in
der Linse C', welche dieselbe Brechkraft wie die Linse C hat. Die Linse
C' gibt also von BB' ein Doppelbild, das in ihrer Fokalebene liegt. Hier
wird das Doppelbild mittels einer Loupe LL' betrachtet.

Der Verdoppelungsapparat besteht aus einem WOLLASTONschen Prisma,
einer Kombination von zwei rechtwinkeligen Prismen aus Kalkspat. Dieses
Mineral hat die Eigenschaft, doppelbrechend zu sein. Es bildet sogenannte
einachsige Kristalle; diese haben eine von den geometrischen Eigenschaften
ihrer Oberfläche bestimmte kristallographische Achse. Jede Linie durch
das Kristall, welche dieser Achse parallel ist, wird eine optische Achse
des Kristalles genannt. Ein Lichtstrahl, der durch das Kristall parallel

Fig. 24.

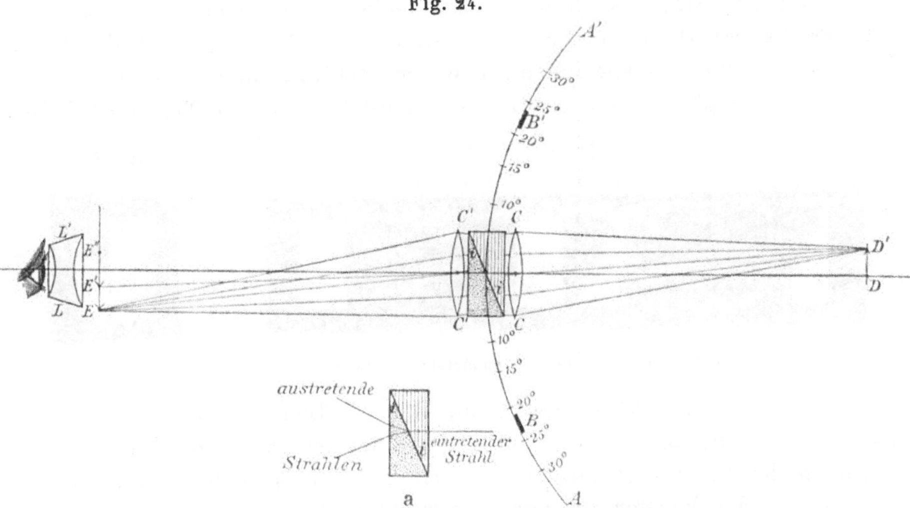

Der Strahlengang im Ophthalmometer von JAVAL und SCHIÖTZ.

der kristallographischen Achse geht, also mit einer optischen Achse zusammenfällt, wird ohne Ablenkung durchgelassen. Ein Strahl dagegen,
der während seines Verlaufes im Kristalle einen endlichen Winkel mit der
Richtung der kristallographischen Achse macht, wird in zwei Strahlen geteilt. Von den beiden Prismen, welche die Kombination von WOLLASTON
ausmachen, ist nun das eine so geschnitten, daß die kristallographische
Achse parallel der einen Kathetenfläche, also in der Papierebene in Fig. 24
läuft, das andere so, daß die optische Achse parallel den Seitenflächen, also
senkrecht zur Papierebene läuft. Ein Lichtstrahl, der senkrecht zur Vorderfläche des ersten Prisma fällt, wird in zwei Strahlen gebrochen, die doch
bis zur Hypotenusenfläche denselben Weg haben, sich hier aber in zwei
verschiedene Wege trennen. Die Größe der Ablenkung der Strahlen voneinander ist von der Größe des Winkels der Prismen abhängig.

Der Bau des Fernrohres geht aus der Figur hervor und wurde oben besprochen. Die Linsen C und C' haben jede eine Brennweite von 270 mm. Objektiv und Okular behalten immer dieselbe gegenseitige Lage und können nicht gegeneinander verschoben werden. Das Fernrohr ist also immer auf einen und denselben Punkt eingestellt. In der Brennebene des Okulars ist ein Haarkreuz angebracht.

Die Endpunkte des Objektes werden mittels zweier kleiner Fenster von Milchglas, der sogenannten »Mires« bezeichnet, welche an einem um die Achse des Fernrohres drehbaren Bogen senkrecht angebracht sind. Das eine der Fenster hat eine rektanguläre Form, das andere die Form einer Treppe (Fig. 25), die Höhe der Fenster ist 60 mm, die Breite 30 mm, die Breite jeder Treppenstufe ist 5 mm. Jedes Fenster ist, wie Fig. 25 zeigt, durch eine schwarze, $1/2$ mm breite Linie halbiert. Das eine Fenster ist längs des Bogens mit Hilfe eines Schraubentriebes verschiebbar. Der Bogen ist zirkelförmig, und so angebracht, daß sein Zentrum in dem Punkte liegt, auf den das Ophthalmometerfernrohr eingestellt ist. Der Bogen wird um

Fig. 25.   Fig. 26.

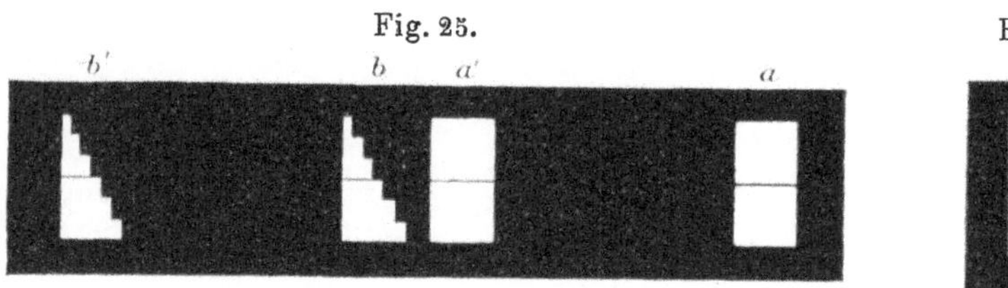

Die »Mires« des Ophthalmometers von JAVAL und SCHIÖTZ.

die Achse des Fernrohres so gedreht, daß die Linie, die die Mittelpunkte der Fenster miteinander verbindet, und die mit den schwarzen Halbierungslinien an denselben zusammenfällt, immer durch diese Achse geht. Durch Verschieben der Fenster am Bogen wird die Kollimation ermittelt. Da die Verdoppelungsgröße für das Prisma immer eine und dieselbe ist, ergibt der Abstand zwischen den Fenstern ein Maß der Brechkraft der untersuchten Hornhautfläche und diese kann auch an einer an dem Bogen angebrachten Gradierung abgelesen werden.

Die Gradierung dieser Skala gründet sich auf die Formel (13) S. 220, welche die Form

$$\varrho = \frac{2\beta(a+l)}{b}$$

hat. In dieser Formel muß nun ϱ in Dioptrien ausgedrückt werden. Dies geschieht mit Hilfe der Definition der Brechkraft. Man hat nämlich

$$D = \frac{n-1}{\varrho}.$$

Wird dieser Wert für ϱ in die Formel eingesetzt, so erhält man

$$D = \frac{b(n-1)}{2\beta(a+l)}.$$

Von diesen Größen ist nun $(n-1)$ durch den Brechungsindex des Hornhautsystemes gegeben. Bei der Gradierung des Instrumentes nimmt man für n gewöhnlich den Wert 1,3375 an. Die Größe der Verdoppelung wird so gewählt, daß eine Verschiebung der Fenster am Bügel von der Größe eines Winkelgrades einer Brechkraft des Hornhautsystemes von einer Dioptrie entspricht. Die hierzu nötige Verdoppelung wird folgendermaßen berechnet. Setzen wir $D=1$, so erhalten wir

$$b = \frac{2\,\beta\,(a+l)}{(n-1)} \quad \ldots \ldots \ldots \ldots \quad (14)$$

Nun soll aber b gleich der Bogenlänge eines Winkelgrades an dem Bügel sein, also

$$b = \frac{2\,\pi\,(a+l)}{360}\,.$$

Aus diesen beiden Ausdrücken für b ergibt sich dann

$$\beta = \frac{(n-1)\cdot\pi}{360} = \frac{0,3375\cdot\pi}{360} = 0,00294 \text{ m}.$$

Diese Größe der Verdoppelung wird mit einem Wollaston schen Prisma von dem brechenden Winkel 3° erhalten.

Wie aus diesen Auseinandersetzungen hervorgeht, kann die Größe $a+l$, die immer konstant bleibt, da sie ja den Abstand der Fenster vom vorderen Brennpunkt des nicht zusammenschiebbaren Fernrohres bedeutet, willkürlich gewählt werden. Meistens hat sie einen Betrag von 290 mm.

In der Formel (13) kann man eine Größe $k = \dfrac{(n-1)}{2\,\beta\,(a+l)}$ einführen und erhält dann $D = kb$. Diese Größe k wird die ophthalmometrische Konstante genannt.

Die Anordnung der verschiedenen Teile des Instrumentes geht aus Fig. 27 hervor. Auf einem Dreifuß, der an einem kleinen Tische auf Schienen vorwärts und rückwärts verschiebbar ist, ruht das Ophthalmometerfernrohr. Dasselbe trägt den Bügel mit den beiden Fenstern. Am Ende des Tisches befindet sich die Kopfstütze zur Fixierung des Kopfes der untersuchten Person. Die Einstellung der Bilder von den Fenstern an der vorderen Hornhautfläche geschieht durch Verschieben des ganzen Instrumentes am Tische, vor dem Kopfrahmen.

Von den Fehlerquellen dieses Instrumentes sei zuerst diejenige erwähnt, welche von der chromatischen Dispersion des verdoppelnden Prismas herrührt. Die Bilder der Fenster erscheinen im Fernrohre mit farbigen Säumen, was die Genauigkeit der Kollimation beeinträchtigt. Um diesen Fehler zu beseitigen, hat Streit (1903) den sinnreichen Vorschlag gemacht, jedes der Fenster in einer von zwei Komplementärfarben erscheinen zu lassen. Ihre Ränder werden dadurch frei von Farbensäumen und können mit großer Genauigkeit kollimiert werden. Sobald sie sich decken, erscheint der gemeinschaftliche Teil weiß. — Eine andere Fehlerquelle bei den Messungen mit diesem Instrumente liegt in dem Umstande, daß nach der Messung des ersten Hauptschnittes die Messung des zweiten eine neue Einstellung erfordert. Bei verschiedenen Einstellungen des Fernrohres sind aber die erhaltenen Werte für die Brechkraft miteinander nicht direkt vergleichbar. — Schließlich sei daran erinnert, daß die Skala gleichmäßig und für einen Mittelwert der Hornhautkrümmung gradiert ist, was den tatsächlichen Verhältnissen nicht immer entspricht, und daß bei den Messungen oft nur das eine Fenster

Fig. 27.

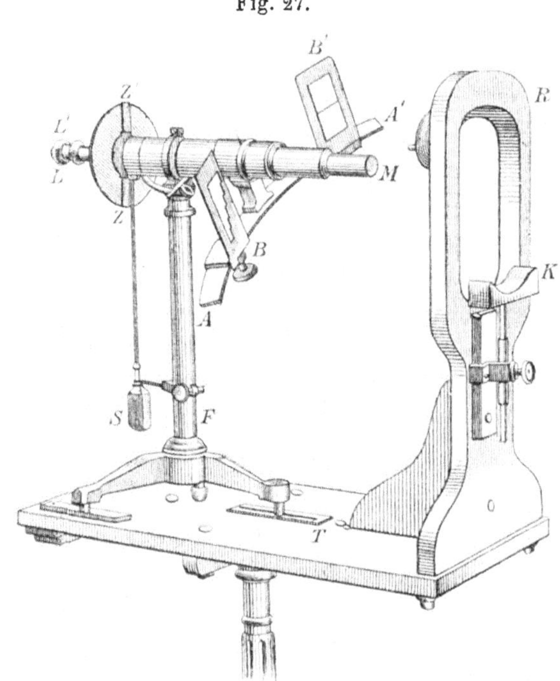

Das Ophthalmometer von JAVAL und SCHIÖTZ.

verschoben wird, so daß das Objekt asymmetrisch zur Achse wird, obwohl man mit Formeln rechnet, die ein symmetrisches Objekt voraussetzen.

Was die Genauigkeit des Ophthalmometers von JAVAL und SCHIÖTZ betrifft, so geben ERIKSEN (1893), TSCHERNING (1898) und andere an, daß man mit demselben bei einiger Übung und passender Beleuchtung eine Genauigkeit der einzelnen Ablesung von 0,25—0,10 dptr erzielen kann.

Das Instrument kann auch zu Messungen der Krümmung einer Schnittlinie der vorderen Hornhautfläche angewandt werden. Hierbei dürfte es doch notwendig sein, über mehrere kleine Prismen von verschieden großer Verdoppelung zu verfügen. Nach der Ersten der S. 221 angegebenen Methoden haben Sulzer (1891), Eriksen (1893) solche Messungen vorgenommen, nach der Zweiten Brudzewski (1899) und Baslini (1904). Betreffs ihrer Verfahren sei auf die bezüglichen Schriften verwiesen.

Bei der Benutzung des Instrumentes wird der Kopf des Patienten in dem Rahmen angebracht und derselbe aufgefordert, mit dem zu untersuchenden Auge in das Fernrohr hineinzublicken. Nachdem das Objektiv desselben auf das Haarkreuz fokusiert worden ist, wird das Fernrohr eingestellt, indem es vor dem Auge so lange hin und her geschoben wird, bis das Bild der Fenster an der vorderen Hornhautfläche scharf erscheint. Das Doppelbild der Fenster wird beobachtet und durch Drehung des Bogens die Verdoppelungsebene des Prismas in derjenigen Ebene eingestellt, wo die Denivellierung der Bilder aufhört. In Fig. 28 wird die Stellung der Mires,

Fig. 28.

I Stellung der Mires bei Nivellation.

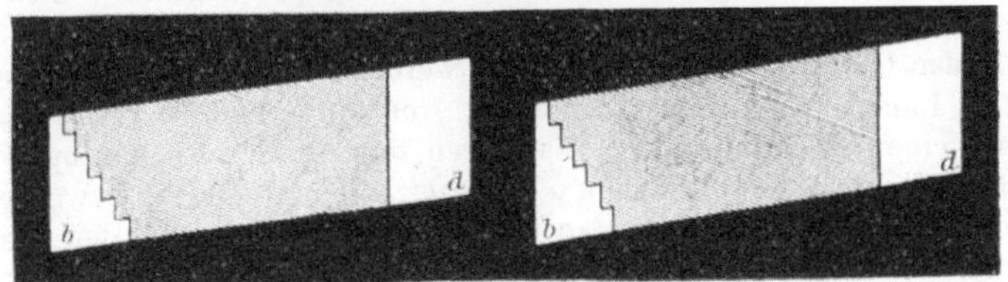

II Stellung der Mires bei Denivellation.

ohne Denivellation in I und denivelliert in II, veranschaulicht. Mittels der Schraube B wird dann die Kollimation der Mires erreicht, indem das Fenster so verschoben wird, daß die Bilder der beiden Fenster einander berühren. Die Stellung des Fensters B wird am Bügel A abgelesen. Nun wird der ganze Bügel um 90° gedreht. Falls er zuerst wagerecht stand, wird er nun senkrecht stehen. Nach Einstellung des Fernrohres wird die Kollimation von neuem zustande gebracht und die Stellung der Fenster wieder an dem Bügel abgelesen. Der Unterschied der beiden Ablesungen ergibt dann direkt den Astigmatismus in Doptrien.

Falls man zuerst den schwächer brechenden Hauptschnitt gemessen hat, kann man den Astigmatismus dadurch ablesen, daß sich dann die Berührung der beiden Mires in eine teilweise Deckung verwandelt, wobei jede in das Rechteck hineinragende Treppenstufe eine Dioptrie Astigmatismus des untersuchten Hornhautelementes bedeutet. Siehe Fig. 26.

Von dem Ophthalmometer von Javal und Schiötz hat man in verschiedenen Richtungen modifizierte Typen, die besonders in Amerika hergestellt werden. Von denselben sei dasjenige von Chambers, Innskeep & Co. (Königshöfer 1903) erwähnt. In diesem sind die beiden hufeisenförmigen Mires fest angebracht und die Verdoppelung wird durch Verschieben des verdoppelnden Prismas nach vorn und hinten erreicht. — Ein portatives Ophthalmometer nach den Prinzipen von Javal und Schiötz hat Reid (1893) konstruiert.

§ 26. Die Denivellation, die bei der Spiegelung eines nicht in einem Hauptschnitte gelegenen Gegenstandes entsteht, kann durch Drehung desselben um die ophthalmometrische Achse wieder ausgeglichen werden. Der Grad der hierzu erforderlichen Drehung ergibt dann den Wert des Astigmatismus der betreffenden Fläche. Auf Grund dieses Prinzipes hat Gullstrand (1889) eine Methode angegeben, nach der man mit dem Ophthalmometer von Javal und Schiötz die Bestimmung des Astigmatismus bei einer einzigen Einstellung des Fernrohres ausführen kann. Denkt man sich, daß nach Auffindung eines Hauptschnittes der Bogen des Ophthalmometers um $45°$ gedreht wird, so entsteht bei dieser Lage desselben ein Maximum der Denivellation. Werden nun in dieser neuen Stellung die Bilder kollimiert und zur Aufhebung der Denivellation das eine Fenster senkrecht zum Bogen verschoben, so wird man einen Gegenstand haben, der in einer Ebene liegt, die einen gewissen Winkel mit der Verdoppelungsebene bildet, deren optische Projektion aber in der Verdoppelungsebene sich befindet. (Von einem Bilde dieses Gegenstandes kann man genau genommen nicht sprechen, denn nach den Gesetzen für die Abbildung werden nur die in einem Hauptschnitte gelegenenen Linien als Linien abgebildet, von außerhalb derselben gelegenen entsteht nur eine Projektionsfigur.) Es lehren nun die Gesetze der optischen Projektion, daß zwischen den Winkeln w und w', die das Objekt bzw. die optische Projektion desselben mit dem ersten Hauptschnitte bildet, und den Projektionskoeffizienten $C_\mathrm{I} C_\mathrm{II}$ in den beiden Hauptschnitten folgende Relation besteht:

$$\frac{\operatorname{tg} w}{\operatorname{tg} w'} = \frac{C_\mathrm{I}}{C_\mathrm{II}}$$

oder, da die Projektionskoeffizienten den katoptrischen Brechkräften in den beiden Hauptschnitten umgekehrt proportional sind:

$$\frac{\operatorname{tg} w}{\operatorname{tg} w'} = \frac{D_2}{D_1}.$$

Da nun weiter der Winkel w' zwischen der Projektion und dem ersten Hauptschnitt $45°$ ist, hat man $\operatorname{tg} w' = 1$ und somit nach der bekannten trigonometrischen Formel

$$\operatorname{tg}(w - 45°) = \frac{D_2 - D_1}{D_2 + D_1}.$$

Ist nun die zur Aufhebung der Denivellation erforderliche Verschiebung des einen Fensters c und die Länge des Objektes b, so hat man für den Winkel $(w - 45°)$, um den das Objekt aus der Verdoppelungsebene gedreht werden mußte, den Ausdruck $\operatorname{tg}(w - 45) = c : b$ und also

$$\frac{D_2 - D_1}{D_2 + D_1} = \frac{c}{b}.$$

Nun gibt es aber einen Satz der Flächengeometrie, den Satz von EULER, welcher besagt, daß, wenn ein Normalschnitt einer Fläche mit dem ersten Hauptschnitte einen Winkel φ bildet, die Krümmung ϱ desselben aus der Gleichung zu finden ist:

$$\frac{1}{\varrho} = \frac{\cos^2\varphi}{\varrho_1} + \frac{\sin^2\varphi}{\varrho_2}$$

wo ϱ_1 und ϱ_2 die Krümmungen der beiden Hauptschnitte bedeuten. In dem vorliegenden Falle kann man nun, statt der inversen Werte für die Radien, die ihnen proportionalen Brechkräfte einführen, und da weiter $\varphi = 45^\circ$ ist, erhält man $D = \frac{1}{2}(D_1 + D_2)$. Da, wie wir aber S. 237 schon gezeigt haben, $D = kb$ ist, so erhält man für den Wert des Astigmatismus

$$D_2 - D_1 = 2\,kc.$$

Diese Formel besagt, daß bei der Gradierung der Skale, an der die zur Aufhebung der Denivellation nötige Verschiebung des einen Fensters abgelesen wird, das einer Dioptrie entzprechende Intervall halb so groß sein muß als das gleichwertige Intervall der an dem Bogen des Ophthalmometers angebrachten Skala.

Für die Bestimmung des Astigmatismus nach diesem Prinzip hat GULLSTRAND auch ein kleines, sehr handliches Instrument, ein Astigmometer, hergestellt. Dasselbe besteht aus einer Scheibe, mit zwei Nivellationsfiguren, die an einem mit einem Biprisma als Verdoppelungsapparat versehenen Fernrohre angebracht wird. Mittels einer Anordnung ähnlich der S. 226 besprochenen wird dieses Fernrohr mit der Scheibe vor das zu untersuchende Auge gebracht und das Bild der Figuren eingestellt. Die Figuren werden zuerst in der Verdoppelungsebene eingestellt und ein Hauptschnitt der vorderen Hornhautfläche aufgesucht; dann wird die Verdopplungsebene um 45° gedreht und schließlich die Figuren unabhängig von dem Verdoppelungsapparate so gedreht, daß die Denivellation derselben verschwindet. An einer Skala, die nach den obigen Formeln gradiert ist, kann man dann den Wert des Astigmatismus finden. Das Instrument ist sehr handlich und ergibt für die Praxis anwendbare Resultate.

§ 29. Die letzte Neuerung auf dem Gebiete der klinischen Ophthalmometrie stellt das Ophthalmometer von SUTCLIFFE (1907) dar. Die Fehlerquelle der Ophthalmometer, welche darin besteht, daß die Untersuchung des zweiten Hauptschnittes eine neue Einstellung des Ophthalmometerfernrohres erfordert, ist hier eliminiert, indem in diesem Instrumente die Kollimation in beiden Hauptschnitten bei einer und derselben Einstellung ausgeführt wird. Dies wird dadurch ermöglicht, daß der Verdoppelungsmechanismus das Bild eines passenden Gegenstandes in zwei zu einander senkrechten Ebenen verdoppelt. Das somit erhaltene dreifache Bild wird dann durch das Ophthalmometerfernrohr betrachtet und dabei die Kollimation bei einer und derselben Einstellung desselben mit einem Kollimationsmechanismus in beiden Verdoppelungsebenen zustande gebracht.

Der kombinierte Verdoppelungs- und Kollimationsmechanismus dieses Instrumentes ist auf die Tatsache gegründet, daß eine positive Zylinderlinse in ihren seitlichen Teilen eine prismatische Wirkung auf die durch sie vermittelten Bilder ausübt und daß diese gegen den Rand zunimmt. Wird nämlich durch die peripheren Teile eines Konvexzylinders ein Gegenstand betrachtet, so erfährt das Bild desselben eine Verschiebung nach der Seite und zwar in der Richtung nach dem Rande zu. Wird nun außerdem die Zylinderlinse in einer zur Achse senkrechten Richtung seitlich verschoben, so daß die Strahlen durch einen mehr peripheren Teil desselben gehen, so bewegt sich das Bild des Gegenstandes in einer zur Bewegung des Glases entgegengesetzten Richtung. Dies sind alles Tatsachen, von denen man sich mit der Hilfe der Probiergläser eines Brillenkastens leicht überzeugen kann.

Die Konstruktion des Instrumentes erklärt sich folgendermaßen: Man denke sich zwei positive Zylinderlinsen kreuzweise so aufeinander gelegt, daß sich ihre Achsen im Mittelpunkte senkrecht schneiden. Diese Kombination wird dann wie eine einfache sphärische Linse wirken und ein axiales Bild des Gegenstandes vermitteln. Verschiebt man nun eine der Linsen in einer zu ihrer Achse senkrechten Richtung, so wird das von der Kombination erzeugte Bild sich in die entgegengesetzte Richtung bewegen. Man denke sich nun weiter jede der beiden Linsen des Systemes senkrecht zur Achse in drei Teile geteilt. Werden nun in diesem aus sechs Linsen bestehenden Systeme die beiden mittleren Streifen senkrecht zwischen den beiden anderen verschoben, so erhält man außer dem ursprünglichen Bilde noch zwei Doppelbilder die sich gleichzeitig mit den beiden mittleren Linsenteilen und zwar in entgegengesetzter Richtung bewegen. In dieser Weise kann man also eine Verdreifachung des Bildes eines Gegenstandes mit Möglichkeit zur Verschiebung der zwei neuen Bilder erhalten.

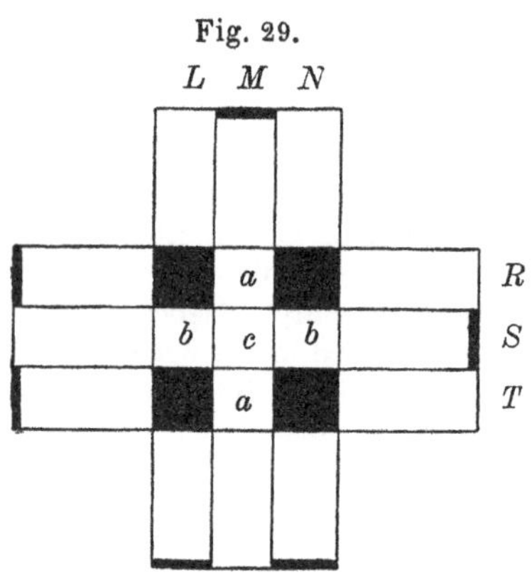

Fig. 29.

Der Verdoppelungsmechanismus von SUTCLIFFE.

Aus praktischen Gründen, — um Glas zu sparen — wird der Kollimations- und Verdoppelungsmechanismus des Instrumentes in einer etwas modifizierten Weise hergestellt. Eine schwache positive Zylinderlinse von etwa 0,06 dptr Brechkraft wird längs ihrer Achse halbiert und die beiden Hälften kreuzweise übereinander gelegt. Diese Kombination wird dann, in Anbetracht der geringen Brechkaft als eine sphärische Linse angesehen werden können; da nun aber die beiden Zylinder dezentriert sind, so erhält man vom Gegenstande nicht ein axiales Bild, sondern dasselbe wird von jeder der Zylinderlinsen in der Richtung nach ihrer Kante verschoben. Die beiden Zylinderlinsen werden weiter senkrecht zur Achse, der Länge nach, in drei gleiche Teile zerlegt. Um nun die Doppelbilder des Objektes zu erhalten, sollten die mittleren Linsenstücke, wie oben dargelegt, verschoben werden. Derselbe Effekt wird aber gewonnen, falls man sie einfach so umlegt, daß ihre Kante in dieselbe Linie wie die Basen der beiden nebenliegenden Stücke kommt und die Basis derselben in einer Linie mit den Kanten jener. Man erhält dann ein System, wie es in der Fig. 29 dargestellt ist. Der gemeinschaftliche Teil der beiden Zylinder des Systems ist in neun kleine Vierecke zerlegt, von denen aber die vier an den Ecken überdeckt werden. Die übrigen fünf dienen zur Bildung der drei gewünschten Bilder und werden jede mit einer kreisförmigen Blende versehen. Die Bilder werden nun in folgender Weise erzeugt:

Die Linsen M und S bilden das System c und dieselben dezentrieren das Bild nach oben und nach links. Die Linsen R, T und M bilden das System a, a und dezentrieren das Bild nach unten und nach links. Die Linsen L, N und S bilden das System b, b und dezentrieren das Bild nach oben und nach rechts. Man erhält also in dieser Weise drei Bilder des Gegenstandes, die gegeneinander verschoben werden können, indem die Linsen M und S zwischen den beiden anderen Paaren RT und LN durch einen Mechanismus verschiebbar sind.

Fig. 30.

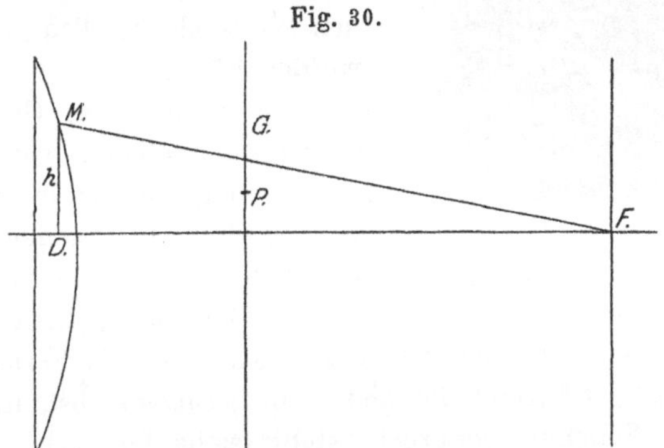

Die Wirkung der Zylinderstreifen im Ophthalmometer von Sutcliffe.

Eine wissenschaftliche Beschreibung des Ophthalmometers von Sutcliffe liegt bis jetzt nicht vor. Die Beurteilung der Genauigkeit desselben wird hierdurch erschwert, und außerdem dadurch, daß die Formeln, nach denen die Gradierung desselben gemacht ist, nicht angegeben werden. Aller Wahrscheinlichkeit nach ist die Gradierung dieses Instrumentes nach der gewöhnlichen Formel für die prismatische Wirkung von sphärischen und zylindrischen Linsen ausgeführt. Ein Strahl (Fig. 30), der vom Brennpunkt F der Linse D kommt und durch dieselbe geht, wird nach der Brechung der Achse parallel. Trifft derselbe die Linse im Punkte M, dessen Abstand von der Achse h ist, so wird derselbe um einen Winkel α abgelenkt, für den die Gleichung $\operatorname{tg}\alpha = h \cdot D$ besteht. Ist nun die Linse schwach, so kann man auf dieselbe das Gesetz für schwache Prismen anwenden, und es kann also angenommen werden, daß jeder Strahl, der das Prisma im Punkte M trifft, dieselbe Ablenkung erfährt, und daß Punkte, die in der Fokalebene unweit von F belegen sind, gleiche Verschiebung erfahren. Die Ablenkung wird also dem Abstande h des Punktes M von der Achse proportional. Handelt es sich nun um einen Punkt, P, der nicht in der Fokalebene der betreffenden Linse liegt, sondern in einer Ebene G im Abstande g von derselben, so verhält sich die Ablenkung in dieser Ebene zur Ablenkung in der Fokalebene wie der Abstand g der Ebene von der Linse zum Abstande $\frac{1}{D}$ der Fokalebene. Durch die in dieser Berechnungsweise eingeführten Approximationen werden indessen Fehlerquellen bei den Messungen des Kornealradius eingeführt, so daß die einzelnen Werte weniger genau sind. Da indessen das Instrument aber nicht zu Messungen des Radius, sondern zu Messungen des Astigmatismus gebraucht wird, gleichen sich diese Fehler aus, so daß die für den Astigmatismus erhaltenen Werte als ziemlich genau betrachtet werden können.

Als gespiegelter Gegenstand wird im Ophthalmometer von SUTCLIFFE ein weißer Ring mit vier in einem Abstande von je 90° aufsitzenden L-förmigen Häkchen, eine sogenannte Swastika benutzt. Der eine Schenkel dieser Häkchen stößt senkrecht auf den Kreis, so daß er in die Verlängerung eines Durchmessers fällt, während der andere in geringem Abstande vom Kreise auf dem ersten Schenkel senkrecht steht (siehe Fig. 31). Dieses Muster ist in Blech ausgeschnitten und auf einer Milchglasplatte montiert, hinter der dann einige kleine elektrische Glühlämpchen zur Beleuchtung desselben kommen. Der Ring hat einen Durchmesser von 100 mm und wird bei den Messungen in einen Abstand von 125 mm vom Hornhautscheitel gebracht. Unter solchen Verhältnissen wird sein Bild an der vorderen Hornhautfläche bei einem Radius von 7,5 mm der letzteren eine Größe von 2,4 mm haben und das spiegelnde Element eine Winkelöffnung von ungefähr 20°. Die senkrecht zum Ringe stehenden Schenkel der Häkchen dienen zur Nivellation der Bilder, die tangentialen zur Kollimation.

Der Kollimationsmechanismus des Ophthalmometers von SUTCLIFFE besteht nun, wie oben gesagt, darin, daß die beiden äußeren Streifenpaare

Fig. 31.

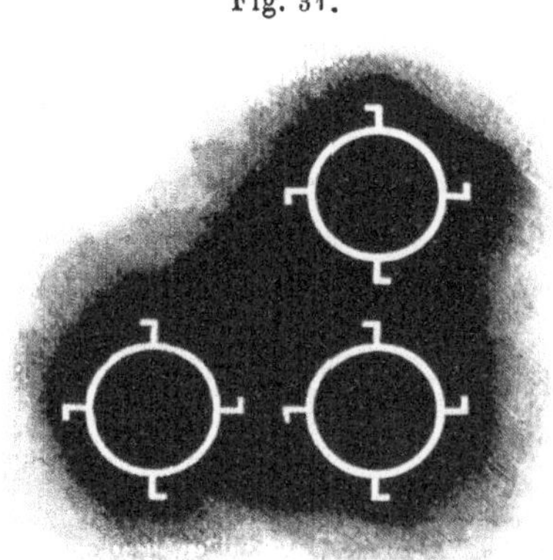

Die Bilder im Ophthalmometer von SUTCLIFFE.

des Verdoppelungsmechanismus gegen die beiden mittleren verschiebbar sind. Der Mechanismus besteht aus zwei Schlitten auf jeder Seite einer Messingplatte. Jeder Schlitten trägt ein Paar der äußeren Zylinderstreifen, und wird mit Hilfe von Exzentern verschoben, während die mittleren Streifen M und S festbleiben. Jeder der beiden Exzentern ist mit einem Zeiger verbunden, von denen der eine i die Form eines Hebels, der andere h die eines Rades hat. Diese beiden Zeiger geben an einer gradierten Scheibe die Dioptriezahl und die Größe des Radius der vorderen Hornhautfläche für die verschiedenen Hauptschnitte an. Außerdem ist der radförmige Zeiger noch so gradiert, daß man an demselben den dioptrischen Unterschied zwischen den beiden Hauptschnitten ablesen kann. Letztere Gradierung ist so angeordnet, daß bei stärkerem dioptrischen Wert des vertikalen Hauptschnittes der Astigmatismus als »nach der Regel«, bei schwächerem als »gegen die Regel« angegeben wird.

Das Bild des Gegenstandes wird durch ein astronomisches Fernrohr beobachtet. Dasselbe besteht aus einem zweigliedrigen Objektive. Die erste Linse hat eine Brennweite von ungefähr 25 cm. In dieser Entfernung befindet sich das Auge des Kranken. Die von demselben kommenden Strahlen durchsetzen parallel den Verdopplungsmechanismus und treffen dann auf die zweite Linse, die eine Brennweite von 37 cm hat. Das Bild wird mit einem Okular von Huygens betrachtet. Der Abstand zwischen Objektiv und Okular ist einmal für alle festgelegt und die Einstellung für die Bilder an der vorderen Hornhautfläche geschieht durch Verschiebung des ganzen Fernrohres gegen das Auge oder von demselben weg.

Das ganze Instrument ist auf einer Grundplatte montiert (Fig. 32). Auf derselben erhebt sich eine feste Säule in derem Inneren sich eine Stange mit Zahntrieb in Höhenrichtung bewegt. Am oberen Ende dieser Stange sitzt wagerecht eine Hülse die also durch die Schraube F auf und ab bewegt werden kann. Außerdem kann dieselbe um die Achse der Säule gedreht werden. In dieser Hülse ist das Fernrohr befestigt, so daß es hin und her verschoben und um seine Achse gedreht werden kann. Erstere Bewegung dient der Einstellung auf die zu untersuchenden Bilder, letztere zur Nivellation derselben. Erstere Bewegung wird mittels der Schraube g, letztere mittels des Hebels a ausgeführt. Den Grad der Drehung des Instrumentes kann man an der gradierten Scheibe c ablesen. Das Fernrohr trägt nun weiter den Verdoppelungs- und Kollimationsmechanismus und an seinem vorderen Ende den gespiegelten Gegenstand mit einem Beleuchtungsapparate. Schließlich trägt die Grundplatte noch eine Kopfstütze, an die der Patient die Stirn anlehnen kann.

Zum Zweck der Anpassung des Apparates an Patienten verschiedener Körpergröße wird das Instrument gewöhnlich mit einem in Höhenrichtung verstellbarem Tische geliefert.

Bei der Untersuchung mit dem Ophthalmometer von SUTCLIFFE verfährt man in folgender Weise: Die Versuchsperson wird vor das Instrument gesetzt und ihr Kopf fixiert, indem die Stirn sich gegen die Stirnstütze lehnt. Mittels der Schraube f wird dann das Fernrohr auf die Höhe des zu untersuchenden Auges gebracht, wobei der Untersucher mittels des Korns d und der Kimme e auf das zu untersuchende Auge visiert. Das Fernrohr wird dann um die Säule gedreht, bis das verdreifachte Bild im Zentrum des Gesichtsfeldes erscheint, und mit Hilfe der Schraube g wird dasselbe auf die Hornhautbilder scharf eingestellt. Hierbei hat man darin ein gutes Kriterium, daß die Einstellung scharf ist, daß die beiden seit-

Fig. 32.

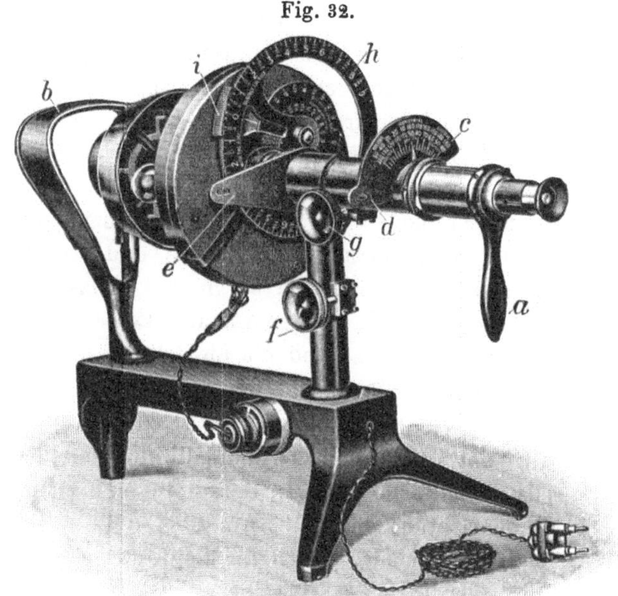

Das Ophthalmometer von SUTCLIFFE.

lichen Bilder dann einfach erscheinen, während sie sonst doppelt wären (SCHEINERs Versuch). Dann schreitet der Untersucher zur Nivellation der Bilder fort. Hierbei hat man die radiär gestellten Schenkel der kleinen Häkchen des Gegenstandes zu beobachten. Durch Drehung des Tubus am Hebel a müssen dieselben so gestellt werden, daß sie auf einer die Mittelpunkte der bezüglichen Kreisfiguren verbindenden Linie liegen. Durch Drehung der beiden Zeiger und des Rades werden dann die Figuren kollimiert, indem dieselben zueinander so verschoben werden, daß die beiden tangential gestellten betreffenden Schenkel in einer Linie zu liegen kommen (Fig. 33). Während dieser Kollimation muß man immerfort darauf achtgeben, daß die Einstellung scharf bleibt. Nach beendeter Kollimation hat

man das Resultat abzulesen. Den Radius der beiden Hauptschnitte liest man
an der Scheibe im Inneren des Rades h ab, den dioptrischen Wert des Astigmatismus findet man an der Skala des Rades h, wo derselbe vom Zeiger
des Hebel i angezeigt wird. Die Lagen der Hauptschnitte sieht man an der
Scheibe c, die zwei Skalen hat, von denen die obere bei Astigmatismus
»nach der Regel«, die untere bei Astigmatismus »gegen die Regel« die Lage
der Achse des korrigierenden Konkavzylinders angibt. Will man die Hauptschnitte in der gewöhnlichen internationalen Bezeichnungsweise benennen, hat
man nur an der unteren Skala abzulesen.

Die Genauigkeit der mit diesem Instrumente erzielten Resultate ist von
BEIGER (1913) näher untersucht worden.
Er kommt zu dem Schlusse, daß man
den Astigmatismus mit einem mittleren
Fehler $\pm$ 0,1 Dioptrie bei 2—5 Ablesungen bestimmen kann. Die maximale
Abweichung bei dieser Bestimmung betrug nach ihm selten mehr als 0,4 Dioptrien. Hierbei sind aber die am Instrumente selbst liegenden Felder nicht berücksichtigt. Bei der Bestimmung der
Hauptschnitte ist die Genauigkeit, wie
leicht ersichtlich, von dem Betrage des

Fig. 33.

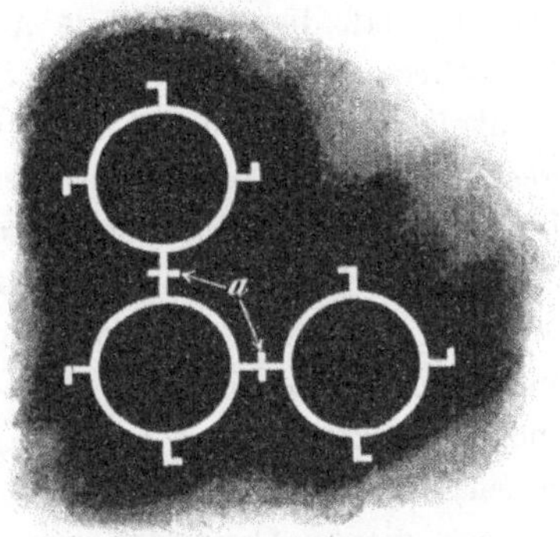

Die Bilder im Ophthalmometer
von SUTCLIFFE nach Kollimation.

Astigmatismus abhängig, indem bei stärkerem Astigmatismus die Denivellation der Bilder weit bedeutender und also die Bestimmung leichter als bei
schwächerem Astigmatismus wird, wo die Denivellation unbedeutend ist. Bei
einem Astigmatismus von 1 D ist der mittlere Fehler bei der Bestimmung
der Achsen mit 5 Ablesungen etwa $\pm$ 5°. Es wäre von Interesse, eine vergleichende Untersuchung über die Genauigkeit der verschiedenen Ophthalmometer zu haben; eine solche scheint aber noch nicht vorzuliegen.

Die hintere Hornhautfläche.

§ 30. Die ophthalmometrische Untersuchung der hinteren Hornhautfläche gehört zu den schwierigsten Aufgaben der Ophthalmometrie. Da die
Brechungsindizes der beiden Medien, welche durch diese Fläche voneinander getrennt werden, wenig voneinander differieren, sind die an derselben entstehenden katadioptrischen Bilder sehr lichtschwach. Hierzu kommt
noch, daß diese Fläche der vorderen Hornhautfläche sehr nahe anliegt, was
zur Folge hat, daß die an den beiden Hornhautflächen entstehenden Bilder
dicht nebeneinander liegen, wobei die lichtstarken Bilder an der vorderen
Hornhautfläche die lichtschwächeren an der hinteren mehr oder weniger
verdecken. Mit der Hilfe von geeigneten Instrumenten — stark vergrößern-

den Fernrohren und starken Lichtquellen — ist es doch möglich, die nötigen
Beobachtungen an dieser Fläche vorzunehmen.

§ 31. Um den Ort der hinteren Hornhautfläche, oder, was dasselbe ist, die Dicke der Hornhautsubstanz zu bestimmen, wird nach den
oben S. 203 dargelegten Prinzipien der Schnittpunkt der Achse mit einem
Strahle, der im Achsenpunkte die Fläche trifft und dort reflektiert wird,
aufgesucht. Zur Achse wird die gemeinschaftliche Normale der beiden
Hornhautflächen gewählt, die in der oben S. 217 angegebenen Weise ermittelt wird, Nachdem der Kopf des Patienten in der Kopfstütze in gehöriger Neigung fixiert ist, wird vor dem Auge eine Fixationsmarke so aufgestellt, daß die betreffende Achse parallel der Nullstellung des Theodolitfernrohres zu stehen kommt. Symmetrisch zur Achse werden dann in einem
Winkelabstande von 25—45° Lichtquellen und Beobachtungsfernrohr aufgestellt. Es ist bei dieser Bestimmung von Vorteil zwei Lichtquellen zu
haben; zwei ophthalmometrische NERNSTlampen werden daher an einem
Stative so übereinander angebracht, daß sie symmetrisch zur Ebene der
Messungen stehen und so, daß die beiden Spalten perspektivisch in einer
vertikalen Linie liegen. Der Abstand zwischen den beiden Lampen soll
möglichst klein sein; GULLSTRAND empfiehlt einen Winkelabstand zwischen
ihnen, vom untersuchten Auge gerechnet, von 12°, was doch eine untere
Grenze dieses Abstandes sein dürfte. Die Bilder der beiden Lichtquellen
werden nun durch das Fernrohr beobachtet und dabei zwei Glühlämpchen,
die in gleicher Weise wie die NERNSTlampen auf einem Stative angebracht
sind, so aufgestellt, daß im Fernrohre die Linie durch ihre Bilder an der
vorderen Hornhautfläche mit der Linie durch die Bilder der beiden NERNST-
lampen an der hinteren Hornhautfläche zusammenfällt. Der Winkelabstand
der beiden Glühlampen von der Achse w wird mit dem Theodolitfernrohr
bestimmt. Man hat nun die nötigen Daten, um aus Formel (10), S. 204,
den gesuchten Ort zu finden. Der Winkelabstand der Lampen, u, ist ja
aus der Versuchsanordnung bekannt und der Scheitelradius der vorderen
Hornhautfläche in dem bei der Messung in Frage kommenden Elemente
kann leicht bestimmt werden. Der Einfallswinkel i des Strahles ist, wie
leicht ersichtlich, gleich der Hälfte des Winkelabstandes zwischen Fernrohr und Glühlämpchen. Derselbe ist nach der oben S. 200 gegebenen Regel
hier negativ; man erhält ihn aus den Ausdruck

$$i = -\frac{(u + w)}{2}.$$

Diese Größen werden nun in die Formel (10) eingesetzt und ergeben dann
den gesuchten Ort d der hinteren Hornhautfläche. Um zu kontrollieren,
daß man wirklich Fernrohr und NERNSTlampen symmetrisch zu der Achse
aufgestellt hat, empfiehlt es sich dieselben ihre Plätze tauschen zu lassen;

ist ihre Stellung richtig, so wird man für den Winkel w in beiden Stellungen denselben Wert bekommen.   Falls dies nicht zutrifft, ist die Achse nicht richtig bestimmt und es muß durch Verschieben der Fixationsmarke dieselbe aufgesucht werden.

Die erste Methode, mit welcher die Dicke der Hornhautsubstanz am lebenden Auge bestimmt wurde, ist nicht die hier angegebene.   Es war nämlich für die älteren Forscher unmöglich, die Bilder an der hinteren Hornhautfläche mit ihren schwachen Lichtquellen unter Fernrohrvergrößerung sichtbar zu machen.   Erst als Blix (1880) ophthalmometrische Untersuchungen bei Mikroskopvergrößerung vornahm, konnte er die Bilder an der hinteren Hornhautfläche wahrnehmen und genaue An-

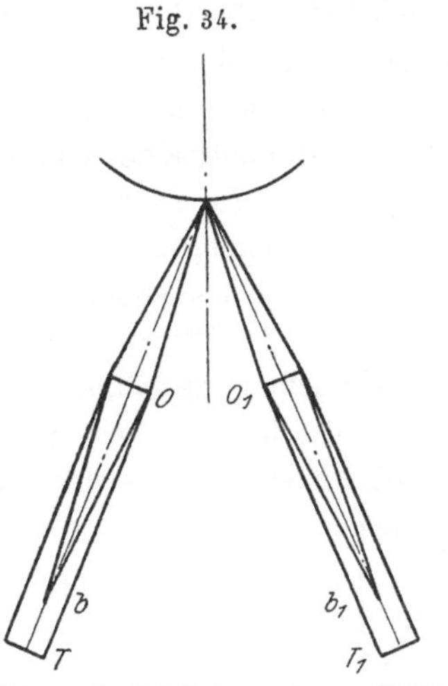

Fig. 34.

Schema des Ophthalmometers von Blix.

gaben über die Hornhautdicke machen.   Das Instrument von Blix ist auf der Tatsache gebaut, daß bei einem Konvexspiegel Bild und Gegenstand im Hauptpunkte und im Krümmungszentrum des Spiegels zusammenfallen. Dasselbe besteht aus zwei Mikroskopen, die, wie Fig. 34 zeigt, einen spitzen Winkel miteinander bilden.   Diese beiden Mikroskope können teils längs der Linie, die den Winkel zwischen ihnen halbiert, gemeinschaftlich bewegt werden, teils können sie, jedes für sich, bei unverändertem Schnittpunkt der Achsen, längs ihren eigenen Achsen verschoben werden.   In dem einen Mikroskope ist das Okular durch eine Lichtquelle, ein hellerleuchtetes Diaphragma ersetzt. Das Objektiv erzeugt nun ein Bild dieser Lichtquelle, das zum Schnittpunkte der beiden Achsen verlegt werden kann. Wird nun das andere Mikroskop auf den Schnittpunkt eingestellt und ein Konvexspiegel vor die Mikroskope gebracht, so sieht man in demselben das Bild der Lichtquelle nur dann scharf, wenn der Schnittpunkt entweder im Hauptpunkte oder im Krümmungsmittelpunkte der betreffenden Spiegelfläche liegt.   Man kann also mit diesem Instrumente sowohl den Ort wie den Radius der brechenden Flächen bestimmen; besonders eignet es sich zur Bestimmung des ersteren.   Da aber das Arbeiten mit demselben ziemlich mühsam fällt, hat dieses Instrument trotz der großen Genauigkeit, die es bietet, keine sehr große Anwendung bei ophthalmometrischen Untersuchungen gewonnen.

Ein anderes Instrument, das zu der Messung des Ortes der hinteren Hornhautfläche Anwendung gefunden hat, ist das oben erwähnte Ophthalmophakometer von Tscherning.   Die Messung geschieht nach einem ganz analogen Verfahren, wie der oben angegebenen, mit Nernstlampe und Fernrohr. Indessen muß man sich erinnern, daß es notwendig ist, durch Vertauschung der Stellung

der Lampe und des Fernrohres sich davon zu überzeugen, daß die Achse
für die Messung richtig bestimmt worden ist. Es braucht nämlich nur ein
ganz kleiner Fehler in der Bestimmung derselben vorhanden zu sein, um
einen recht beträchtlichen Fehler in dem Werte für den Ort der betreffenden Fläche entstehen zu lassen. Da im Ophthalmophakometer das Fernrohr nicht am Perimeterbogen verschieblich ist, dürfte es sich nicht so leicht
stellen, diese Vorsichtsmaßregel einzuhalten.

§ 32. Um den Scheitelradius der hinteren Hornhautfläche zu bestimmen, verfährt man wie bei der Bestimmung des Radius der vorderen, indem
man die Größe des Bildes mißt, welche an der hinteren Hornhautfläche von
einem bekannten Gegenstande entsteht, und daraus dann unter Berücksichtigung
des Einflusses der vorderen Hornhautfläche den Radius der hinteren berechnet.
Indessen erhebt sich hierbei die Schwierigkeit, daß die Bilder an der hinteren Hornhautfläche von denen an der vorderen meistens verdeckt werden, so daß sie schwer zu sehen sind. Diese Schwierigkeit kann nun aber
dadurch umgangen werden, daß man Gegenstand und Fernrohr nicht in
derselben Ebene, sondern beide im gleichen Winkelabstande von der Achse
aufstellt, ein Prinzip, das Saunte (1906) für die Ophthalmometrie der
Linsenflächen angewandt hat und als dezentrierte Ophthalmometrie bezeichnete. Hierbei ist aber zu beachten, daß die Formeln für senkrechten Einfall
nicht angewandt werden dürfen, sondern daß man mit den Formeln für
schiefen Einfall des Strahlenbündels zu rechnen hat.

Am einfachsten geschieht die Bestimmung des Scheitelradius im vertikalen Meridiane durch den ophthalmometrischen Achsenpunkt der hinteren
Hornhautfläche. Da die vordere Hornhautfläche als einfach symmetrisch
mit der Horizontalebene durch den ophthalmometrischen Achsenpunkt als
Symmetrieebene angesehen werden kann, ist es dann erlaubt, die Ab-
bildungsformeln erster Ordnung anzuwenden. Für die Ausführung dieser
Bestimmung hat Gullstrand (1911) eine sehr elegante Methode vorgeschlagen, bei der keine Messung der Spiegelbilder erforderlich ist. Man
verfährt folgendermaßen: Vor das untersuchte Auge werden zwei ophthalmometrische Nernstlampen wie zur Bestimmung des Ortes symmetrisch zur Ebene der Messung in einem Winkelabstande von 12°
voneinander und in einem Winkelabstande von 25—40° von der Achse angebracht. In gleichem Winkelabstande wird auf der anderen Seite der Achse
ein Fernrohr aufgestellt. Die Lampen werden so eingestellt, daß ihre Spalte
parallel der Symmetrieebene, die Verbindungslinie ihrer Mittelpunkte senkrecht zur Symmetrieebene, steht. Zwischen diesen beiden Nernstlampen
werden zwei kleine Glühlämpchen so aufgestellt, daß ihre glühende Fäden,
die gleichfalls horizontal stehen, in der Verlängerung je eines der an der
hinteren Hornhautfläche entstehenden Bilder der beiden Nernstlampen

zu liegen kommen. Die beiden kleinen Glühlämpchen stellen dann einen Gegenstand dar, dessen Bild an der vorderen Hornhautfläche mit dem Bilde der beiden Nernstlampen an der hinteren Hornhautfläche zusammenfällt. Kennt man nun die Abstände zwischen den beiden Nernstlampen und zwischen den beiden Glühlampen, b bzw. b_0, und desgleichen die Abstände derselben vom vorderen Hornhautscheitel, a bzw. a_0, und wird mit einer Skala oder mit dem Theodolitfernrohre der Winkelabstand des Fernrohres, der Nernstlampen und der Glühlampen von der Achse, u bzw. u_0, bestimmt, so hat man die nötigen Daten, um den Scheitelradius berechnen zu können.

Für diese Berechnung geht man von der Tatsache aus, daß die Größe der Spiegelbilder eines Gegenstandes, der sich in gleicher Entfernung von zwei spiegelnden Systemen befindet, sich umgekehrt wie die Brechkräfte derselben verhält. Nennt man nun die katoptrische Brechkraft der vorderen Hornhautfläche D_1^k, diejenige des aus der brechenden vorderen Hornhautfläche und der spiegelnden hinteren Hornhautfläche und wieder aus der vorderen Hornhautfläche zusammengesetzten symmetrischen katadioptrischen Systemes D_{121}, so hat man, wenn man die Bilder des Nernstlampenobjektes an der vorderen und an der hinteren Hornhautfläche mit β bzw. β_0 bezeichnet, den Ausdruck

$$\frac{\beta_0}{\beta} = \frac{D_1^k}{D_{121}} . \quad . \quad . \quad . \quad . \quad . \quad . \quad . \quad . \quad (15)$$

Weiter ergibt sich aus den Gesetzen der Dioptrierechnung

$$D_1^k = \frac{-2\cos u}{\varrho_1} \quad . \quad . \quad . \quad . \quad . \quad . \quad . \quad (16\,\mathrm{a})$$

$$D_{121} = 2\,D_1(1 - \delta_1 D_1) + D_2^k(1 - \tfrac{1}{2}\delta_1 D_1)^2 \quad . \quad . \quad . \quad (16\,\mathrm{b})$$

wo D_1 die dioptrische Brechkraft der vorderen, D_2^k die katoptrische der hinteren Fläche und δ_1 den reduzierten Hauptpunktsabstand bezeichnet.

Da es sich um schiefen Einfall handelt, ergibt sich für die Brechkräfte:

$$D_1 = \frac{n\cos i' - \cos i}{\varrho_1} \quad D_2^k = -\frac{2n\cos u'}{\varrho_2} \quad . \quad . \quad . \quad . \quad (17)$$

Es ist weiter in Fig. 10 B' der Einfallspunkt an der hinteren Hornhautfläche und dabei auch der Hauptpunkt derselben. B' ist der Einfallspunkt an der scheinbaren hinteren Hornhautfläche, wie sie durch die vordere gesehen wird, und gleichzeitig der Hauptpunkt dieser Fläche. Der Abstand AB' dieses Hauptpunktes vom Hauptpunkte A an der vorderen Hornhautfläche ist dann gleich dem ersten Hauptpunktsabstand der Dioptrierechnung für den gewöhnlich die Bezeichnung H gebraucht wird, also

$$H_{121} = - H'_{121} = \frac{\delta_1}{1 - \delta_1 D_1} .$$

Nun hat man aber weiter aus der Fig. 10 $CB' = n\,\delta_1$ und nach dem Sinussatze

$$\frac{n\,\delta_1}{H} = \frac{\sin CB'A}{\sin CBA} = \frac{\sin u}{\sin u'}$$

woraus man

$$1 - \delta_1\,D_1 = \frac{\sin u}{n\,\sin u'}$$

erhält.

Wird dieser Wert in den obigen Ausdruck für D_{121} eingeführt, so erhält man

$$D_{121} = 2\,D_1\,\frac{\sin u}{n\,\sin u'} + D_2^k\left(\frac{\sin u}{n\,\sin u'}\right)^2$$

$$= \frac{2\sin u}{n\,\sin u'}\left(\frac{n\cos i'' - \cos i}{\varrho_1} - \frac{\sin u}{\varrho_2\,\mathrm{tg}\,u'}\right).$$

Werden nun die für D_1^k und D_{121} gewonnenen Ausdrücke in die Formel (15) eingesetzt, so erhält man

$$\frac{\beta_0}{\beta} = \frac{-1}{\dfrac{\mathrm{tg}\,u}{n\,\sin u'}\left(n\cos i'' - \cos i - \dfrac{\varrho_1}{\varrho_2}\dfrac{\sin u}{\mathrm{tg}\,u'}\right)}$$

oder

$$\frac{\varrho_1}{\varrho_2} = \frac{\mathrm{tg}\,u'\,(n\cos i'' - \cos i)}{\sin u} + \frac{n\,\sin u'\,\mathrm{tg}\,u'}{\dfrac{\beta_0}{\beta}\cdot\sin u\,\mathrm{tg}\,u} \quad\ldots\ldots\ (18)$$

Die Größe $\dfrac{\beta_0}{\beta}$ kann man nun aus den gemachten Messungen der Größe des Nernstlampen- bzw. Glühlampenobjektes, deren Abstand vom Hornhautscheitel und deren Winkelabstand von der Achse bestimmen. Die dioptrische Formel $\dfrac{KD}{L} = 1$ ergibt nämlich, wenn man für die beiden Bilder die bezüglichen Ausdrücke einsetzt, eine Beziehung, die die Berechnung von $\dfrac{\beta_0}{\beta}$ ermöglicht. Man hat

$$\text{für } D_1^k \quad -\frac{2\cos u}{\varrho_1} \qquad \text{bzw.} \qquad -\frac{2\cos\frac{1}{2}(u+u_0)}{\varrho_1}$$

$$\text{» } L \qquad \frac{1}{a} \qquad\qquad\; \text{»} \qquad\qquad \frac{1}{a_0}$$

$$\text{» } K \qquad \frac{\beta}{b} \qquad\qquad\; \text{»} \qquad\qquad \frac{\beta_0}{b_0}$$

und erhält durch Einsetzen dieser Werte

$$\frac{\beta_0}{\beta} = \frac{a\,b_0\cos u}{a_0\,b\cos\frac{1}{2}(u+u_0)}\;. \quad\ldots\ldots\ldots\ (19)$$

Aus diesem Ausdrucke und aus Formel (18) kann dann der gesuchte Radius berechnet werden.

Begnügt man sich indessen damit, ein etwas größeres Element der hinteren Hornhautfläche zu messen, so kann man leicht die dann etwas mehr peripher liegenden und von den Bildern an der vorderen Hornhautfläche unbedeckten Bilder an der hinteren Hornhautfläche im Ophthalmometer sehen. Die Größe des Bildes an dieser Fläche kann dann mit dem Ophthalmometer gemessen und der Radius aus den Formeln (15) und (16) berechnet werden. Hierbei kann man die NERNSTspaltlampen in der Symmetrieebene aufstellen und braucht nicht mit schiefem Einfall zu arbeiten und kann, wie bei der vorderen Hornhautfläche, den Radius in der Symmetrieebene messen.

Fig. 35.

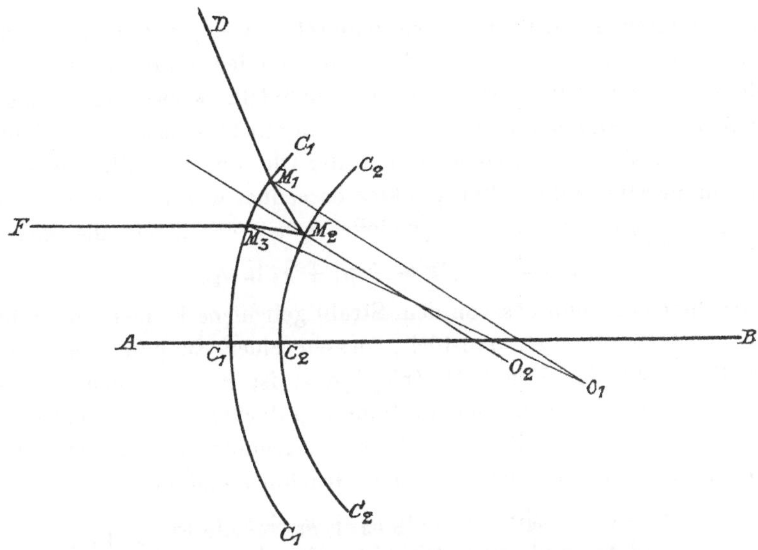

Der Strahlengang bei der Bestimmung der Form der hinteren Hornhautfläche.

§ 33. Die Bestimmung der **Form** der hinteren Hornhautfläche geschieht durch Ermittelung der Bestimmungsstücke von Punkten an der Schnittlinie dieser Fläche mit der Symmetrieebene des Auges, was durch trigonometrische Verfolgung von Lichtstrahlen, die in das optische System des Auges einfallen, an der hinteren Hornhautfläche reflektiert werden und dann wieder das System verlassen, ausgeführt wird. Die zu dieser Verfolgung erforderlichen Formeln werden folgendermaßen hergeleitet:

Es stellt Fig. 35 den Querschnitt der Hornhaut in der Symmetrieebene dar. C_1C_1 ist der Normalschnitt der vorderen Hornhautfläche, C_2C_2 derjenige der hinteren. AB ist die den beiden Flächen gemeinschaftliche Normale, die zur Achse der Kurven gewählt wird. Man hat nun den in der Symmetrieebene verlaufenden Strahl $DM_1M_2M_3F$ durch das System zu verfolgen. Dieser fällt unter dem Öffnungswinkel u_1 auf die Fläche

C_1C_1 in M_1 ein, wo er unter dem Einfallswinkel i_1 und dem Brechungs-winkel i'_1 gebrochen wird. Nach der Brechung in M_1 fällt er auf die Fläche C_2C_2, die er im Punkte M_2 trifft, und von der er reflektiert wird. Der Strahl trifft nun noch einmal die Fläche C_1C_1, diesmal im Punkte M_3, und gelangt hier ins erste Medium zurück. Es ist nun die Aufgabe, die Bestimmungsstücke vom Punkte $M_2(x_2y_2\varphi_2)$ zu bestimmen, unter der Voraussetzung, daß die Bestimmungsstücke der Punkte $M_1(x_1y_1\varphi_1)$ und $M_3(x_3y_3\varphi_3)$ die Winkel i_1 und i'_3 und die Brechungsindizes der bezüglichen Medien bekannt sind. Aus praktischen Gründen, die unten näher dargelegt werden sollen, wird der betreffende Strahl so gewählt, daß er, wenn er nach der Reflexion ins erste Medium zurückgelangt, der Achse parallel verläuft; es ist dann $i'_3 = \varphi_3$.

Die Bestimmung wird am besten dadurch erzielt, daß man den Punkt M_2 als den Schnittpunkt zwischen dem austretenden Strahl M_2M_3 und der Schnittlinie der hinteren Hornhautfläche behandelt, wobei letztere als aus Zirkelelementen bestehend betrachtet wird; durch Elimination zwischen der Gleichung eines dieser Zirkelelemente und der Gleichung des Strahles können die Bestimmungsstücke des Schnittpunktes berechnet werden. Für den reflektierten Strahl, M_2M_3 dessen Öffnungswinkel u_3 ist, erhält man die Gleichung

$$y_2 = - x_2 \operatorname{tg} u_3 + y_3 + x_3 \operatorname{tg} u_3.$$

Betrachtet man nun das von dem Strahl getroffene Element der Schnitt-linie C_2C_2, als ein Zirkelbogenstück, dessen einer Endpunkt M_2, dessen anderer Endpunkt der Punkt $M^I_2(x^I_2y^I_2\varphi^I_2)$ ist und das den Radius ϱ_2 hat, so besteht zwischen den Bestimmungsstücken dieser beiden End-punkte M_2 und M^I_2 die oben angeführte Beziehung (7 u. 8) und die ge-suchten Größen können daher aus dem Gleichungssysteme

$$\left\{ \begin{array}{l} y_2 = - x_2 \operatorname{tg} u_3 + y_3 + x_3 \operatorname{tg} u_3 \\ y_2 - y^I_2 = \varrho_2 (\sin \varphi_2 - \sin \varphi^I_2) \\ x_2 - x^I_2 = \varrho_2 (\cos \varphi^I_2 - \cos \varphi_2) \end{array} \right\} \quad \ldots \quad (20)$$

gefunden werden.

Die Lösung dieses Systemes setzt voraus, daß die Bestimmungsstücke des Punktes M^I_2 bekannt sind, d. h., daß man bei der Ausführung der Untersuchung die Bestimmungsstücke von einem Punkte an der hinteren Hornhautfläche in irgendeiner anderen Weise ermitteln kann. Dies ist auch möglich; für den ophthalmometrischen Achsenpunkt der hinteren Horn-hautfläche kennt man aus seiner Definition die Bestimmungsstücke y und φ, die beide gleich Null sind, und x, das ja dem Ort der Fläche gleich ist, kann leicht durch andere Methoden bestimmt werden. Wird also zuerst dieser x-Wert ermittelt, so kann das obige Gleichungssystem leicht gelöst und die Bestimmungsstücke von M_2 und dann weiter nacheinander die Be-stimmungsstücke einer Reihe von Punkten an der betreffenden Schnittlinie der hinteren Hornhautfläche gefunden werden. Je genauer man die Resultate wünscht, desto mehrere Punkte hat man in dieser Weise aufzusuchen.

Die Verfolgung von Strahlen zur hinteren Hornhautfläche und zurück geschieht folgendermaßen: Vor das in die Kopfstütze eingesetzte und in die gehörige Neigung gebrachte Auge der Versuchsperson wird das Ophthalmometer von HELMHOLTZ in der Höhe der Symmetrieebene so aufgestellt, daß es in der Nullstellung des Theodolitfernrohrs steht. Zur Seite desselben wird als Fixationsmarke ein Glühlämpchen so angebracht, daß die ophthalmometrische Achse der hinteren Hornhautfläche, als welche die gemeinschaftliche Normale der beiden Hornhautflächen gewählt wird, mit der Opthalmometerachse zusammenfällt oder wenigstens derselben parallel wird. Der ophthalmometrische Achsenpunkt an der vorderen Hornhautfläche wird wie bei der Untersuchung der Form der vorderen Hornhautfläche ausgezeichnet. In der Höhe der Symmetrieebene wird dann eine ophthalmometrische NERNSTlampe seitlich von der Achse aufgestellt und die an den brechenden Flächen entstehenden Bilder dieser Lichtquelle mit dem Ophthalmometer beobachtet. Hierbei kann man das sehr lichtstarke Bild derselben an der vorderen Hornhautfläche und zentral davon das weit lichtschwachere und diffuse Bild derselben an der hinteren Hornhautfläche beobachten. Da letzteres so lichtschwach ist, daß es nicht für sich kollimiert werden kann, wird zum Zwecke der Kollimation ein Glühlämpchen so aufgestellt, daß ihr Bild an der vorderen Hornhautfläche mit dem Bilde der NERNSTlampe an der hinteren im Ophthalmometer genau zusammenfällt. Dieses Bild wird dann mit den beiden den Achsenpunkt auszeichnenden Bildern kollimiert. Diese Bestimmung mit dem Ophthalmometer ergibt die y-Koordinate des Punktes M_3 der obigen Formeln. Aus den Formeln (7, 8) kann man die übrigen Bestimmungsstücke desselben Punktes durch Interpolation aus der für die Bestimmungsstücke der vorderen Hornhautfläche aufgestellten Tabelle berechnen. Man kann auch die Bestimmungsstücke von M_3 dadurch finden, daß man mit dem Theodolitfernrohre den Winkelabstand des Glühlämpchens von der Achse ermittelt. Der Winkel φ_3 ist nämlich gleich der Hälfte dieses Winkelabstandes. Letztere Methode ist für die Messung der zentralen Teile mehr angebracht, weil die Bilder hier mit dem Ophthalmometer schwer zu sehen sind; sie erfordert nur ein Fernrohr und das lichtraubende Plattengehäuse des Ophthalmometers kann dabei fortgenommen werden.

Für den Durchstoßungspunkt des einfallenden Strahles M_1 ist es nicht notwendig die Bestimmungsstücke zu ermitteln; es genügt den Einfalls- und Reflexionswinkel in diesem Punkte zu bestimmen. Dies geschieht in der Weise, daß man Ophthalmometerfernrohr und NERNSTlampe die Plätze vertauschen läßt. Das Bild der Lichtquelle an der hinteren Hornhautfläche wird dabei durch das Fernrohr observiert und ein Glühlämpchen so aufgestellt, daß dessen Bild mit dem Bilde der Nernstlampe an der hinteren Hornhautfläche zusammenfällt. Der Winkelabstand zwischen Fernrohr und Glühlämpchen wird dann mit dem Theodolitfernrohre bestimmt. Aus dem Werte desselben kann dann der Einfallswinkel i_1, berechnet werden; derselbe ist ja gleich der Hälfte dieses Winkelabstandes. Mit Kenntnis des Brechungsindizis der Hornhautsubstanz, ist es dann leicht den Winkel i''_1 zu berechnen und da nun die Werte von u_1, i_1 und i''_1 bekannt sind, ergibt die Formel (2) den Wert von u'_1.

Die Nernstlampe wird bei der Ausführung dieser Untersuchung nacheinander in verschiedenen Winkelabständen aufgestellt, wobei man also für verschiedene Punkte an der hinteren Hornhautfläche die Bestimmungsstücke erhält. Je mehr Punkte, desto genauer wird das Resultat. Der Abstand der Lampe vom Auge kann bis $1^1/_2$ m groß gemacht werden.

Die vordere Linsenfläche.

§ 34. Bei den Untersuchungen an dieser Fläche muß man immer, wie bei der hinteren Hornhautfläche, die vor ihr liegenden Teile des optischen Systemes des Auges berücksichtigen. Bei der vorderen Linsenfläche sollten hierbei zwei verschiedene Medien und die sie trennenden Flächen in Frage kommen. Indessen hat schon Helmholtz gezeigt, daß es hier erlaubt ist eine Vereinfachung einzuführen, indem man die Hornhaut vernachlässigen kann. Dieselbe hat nämlich die Form eines dünnen Meniskus, und wie er zeigte, hat ein solcher, wenn er zwischen zwei Medien mit demselben Brechungsindex eingeschoben wird, eine äußerst kleine Brechkraft im Vergleich zu demjenigen des übrigen optischen Apparates, und der durch die Vernachlässigung desselben enstehende Fehler wird daher sehr gering. Diese Annahme von Helmholtz gilt eigentlich für die zentralen Teile des optischen Systems; wie man aber leicht nachweisen kann, wird die Vernachlässigung der Hornhautsubztanz auch für die mehr peripheren Teile keine wesentliche Unrichtigkeit mit sich führen. Im folgenden wird daher das Hornhautsystem als gleichwertig einer brechenden Fläche mit der Form der vorderen Hornhautfläche, mit dem Orte der auf dieser liegenden Tränenschicht und mit dem Brechungsindex der Tränenflüssigkeit, oder was dasselbe ist, dem des Kammerwassers, angenommen.

§ 35. Der Ort der vorderen Linsenfläche wird nach der oben S. 203 in ihren Hauptzügen angegebenen Methode von Helmholtz ermittelt, die in der Bestimmung des Einfallswinkels eines Strahles, der im Achsenpunkte dieser Fläche reflektiert wird, besteht. Die praktische Ausführung geschieht in ganz derselben Weise, wie die Bestimmung des Ortes der hinteren Hornhautfläche. Da aber die Bilder an der vorderen Linsenfläche nicht denen an der vorderen Hornhautfläche so nahe liegen, daß sie von ihnen gedeckt werden, braucht man den Winkelabstand u des Fernrohres und der Lichtquellen nicht so groß zu machen, auch ist es hier nicht notwendig zwei übereinanderstehende Lichtquellen zu haben, sondern man kann sich mit einer begnügen. Für die Bestimmung dürfte es notwendig sein, die Pupille zu dilatieren.

Der Ort der vorderen Linsenfläche kann auch mit dem Instrumente von BLIX bestimmt werden, in ganz analoger Weise, wie der Ort der hinteren Hornhautfläche. Die hierbei erhaltenen Werte dürften hohen Ansprüchen auf Genauigkeit genügen. Auch mit dem Ophthalmophakometer von TSCHERNING können solche Messungen ausgeführt werden; von der Genauigkeit derselben gilt das von der Bestimmung des Ortes der hinteren Hornhautfläche gesagte.

Für die klinische Bestimmung des Ortes der vorderen Linsenfläche hat LINDSTEDT (1913) ein Instrument hergestellt. In diesem wird der Ort der vorderen Linsenfläche dadurch bestimmt, daß man von den beiden Brennlinien eines astigmatischen Strahlenbündels die eine auf der vorderen Hornhautfläche, die andere auf der vorderen Linsenfläche einstellt; kennt man nun das System, welches das astigmatische Strahlenbündel erzeugt, so ist es leicht die Brennstrecke des Bündels und daraus den Abstand zwischen den beiden Flächen zu berechnen. Das Instrument besteht aus einer punktförmigen Lichtquelle — als solche dient der abgeblendete Spalt einer ophthalmometrischen NERNSTlampe — und aus einem vor derselben auf einer Skala angebrachten optischen Systeme, das aus einer aplanatischen Sammellinse und einer konkaven Zylinderlinse besteht. Durch Verschiebung der beiden Linsen dieses Systemes in bezug aufeinander wird der Abstand zwischen den beiden durch dasselbe erzeugten Brennlinien so abgepaßt, daß die eine Brennlinie auf der vorderen Hornhautfläche, die andere auf der vorderen Linsenfläche fällt. Diese Einstellung wird mit der Hilfe eines kleinen Beobachtungssystemes gemacht, welches so abgeblendet ist, daß die von der vorderen Hornhautfläche des beobachteten Auges zurückreflektierten Strahlen unschädlich gemacht werden. Dem Abstande zwischen den beiden Linsen entspricht nun eine gewisse Kammertiefe und die Skala, an der die beiden Linsen verschieblich sind, ist so gradiert, daß man an derselben die Kammertiefe direkt ablesen kann. Das Instrument arbeitet sehr genau, wovon sich der Verfasser durch vergleichende Messungen nach der Methode von HELMHOLTZ hat überzeugen können.

§ 36. Bei der Bestimmung des Scheitelradius der vorderen Linsenfläche verfährt man in ganz analoger Weise wie bei derselben Bestimmung an der hinteren Hornhautfläche. Da aber die Bilder an der vorderen Linsenfläche bei einer Winkelöffnung des gemessenen Elementes von 10—15°, welche wohl meist in Frage kommen dürfte, nicht von denen an der vor-

deren Hornhautfläche überdeckt werden, ist es nicht notwendig die Messung
bei schiefem Einfall der Strahlen auf das Auge auszuführen. In solchem Falle
hat man für die Brechkraft der vorderen Linsenfläche den Ausdruck

$$D_2 = - \frac{2\,n}{\varrho_2}$$

und für diejenige der vorderen Hornhautfläche

$$D_1 = \frac{n-1}{\varrho_1}\,.$$

Man kann selbstverständlich auch die Größe des Bildes an der vorderen
Linsenfläche mit dem Ophthalmometer messen und erhält dann einen Wert
für β_0, welcher in die obige Gleichung (19) eingesetzt, eine Lösung erlaubt.

§ 37. Die Form der vorderen Linsenfläche wird in derselben Weise bestimmt, wie die Form der hinteren Hornhautfläche. Die Berechnung geschieht
nach denselben Formeln, nur muß man sich hierbei erinnern, daß der Einfallswinkel, in dem Punkte, wo der verfolgte Strahl in das optische System
des Auges eintritt, i, hier einen positiven Wert hat. Bei der Ausführung der Messungen an dem zu untersuchenden Auge muß man die
Pupille desselben dilatieren, was am besten mit Kokain und Homatropin
geschieht; die Lichtstärke der Bilder an dieser Fläche variiert sehr, meistens
gelingt es doch die Bilder leidlich scharf zu erhalten, so daß man das Hornhautbild eines Glühlämpchens auf sie einstellen kann, welches dann im
Ophthalmometer kollimiert wird. Auch muß in Betracht genommen werden,
daß dieselben nicht nur von der vorderen Linsenfläche, sondern auch von
der tiefer liegenden Linsensubstanz herrühren. Die Genauigkeit der Messungen an der vorderen Linsenfläche ist daher nicht so groß wie die bei
der Messung an der hinteren Hornhautfläche.

Die Kernflächen der Linse.

§ 38. Die Kernflächen der Linse, deren Vorhandensein zuerst von Hess
durch die Entdeckung der Kernbildchen nachgewiesen wurde, haben bis jetzt
keine eingehendere Untersuchung gefunden. Es dürfte wohl aber nicht unmöglich sein Form und Scheitelradius derselben in geeigneten Fällen zu bestimmen. Der Ort dieser Flächen kann mit ziemlich großer Genauigkeit
mit dem Instrumente von Lindstedt bestimmt werden.

Die hintere Linsenfläche.

§ 39. Bei den Messungen und Berechnungen an der hinteren Linsenfläche
hat man nicht nur auf die optische Wirkung des Hornhautsystemes, sondern auch auf die der vorderen Linsenfläche Rücksicht zu nehmen. Die
Brechkraft der letzteren ist nämlich zu groß, um ähnlich wie die der hinteren Hornhautfläche ohne weiteres vernachlässigt werden zu können. Für

die Linsensubstanz wird bei diesen Rechnungen der in der oben S. 194 geschilderten Weise ermittelte totale Brechungsindex gebraucht, indem man den Umstand vernachlässigt, daß dieselbe kein optisch homogenes Medium darstellt.

§ 40. Der Ort der hinteren Linsenfläche wird in derselben Weise wie diejenige der übrigen Flächen, nach der Methode von HELMHOLTZ ermittelt. Zur Achse wird die Normale zur vorderen Hornhautfläche gewählt, welche nach Brechung an der vorderen Linsenfläche eine Normale zur hinteren Linsenfläche ist. Die Achse wird in der oben S. 217 angegebenen Weise gefunden. Der Ort kann auch mit den Instrumenten von LINDSTEDT (S. 257) und RAEDER (S. 264) bestimmt werden.

Eigentlich sollte man hierbei berücksichtigen, daß die so bestimmte Achse nicht eine Normale zur hinteren Linsenfläche ist, da aber der Einfallswinkel desselben an der vorderen Linsenfläche meistens weniger als $1/_2^{\circ}$ beträgt und da weiter der Unterschied der Brechungsindizes an der vorderen Linsenfläche sehr unbedeutend ist, so dürfte man ohne weiteres diesen Umstand vernachlässigen können. Die praktische Ausführung dieser Bestimmung geschieht wie bei den beiden übrigen Flächen. Was man in dieser Weise bestimmt, ist die scheinbare Lage des Bildes, welches das optische System der vorderen Linsenfläche von der hinteren Linsenfläche gibt. Um hieraus die wirkliche Lage derselben zu finden, kann man in verschiedenen Weisen verfahren. Es läßt sich die gesuchte Größe aus der gewöhnlichen Abbildungsformel erster Ordnung berechnen, da man die Lage der vorderen Linsenfläche und den Ort des von derselben entworfenen Bildes der hinteren Linsenfläche kennt. Man hat nur die betreffenden Größen in die Formel $B = A + D$ einzusetzen. Man kann auch den Einfallswinkel des bei der Messung verfolgten Strahles an der vorderen Linsenfläche bestimmen, indem man zuerst den Schnittpunkt desselben mit der vorderen Hornhautfläche bestimmt, und dann durch Elimination zwischen der Gleichung dieses Strahles nach der Brechung und derjenigen der vorderen Linsenfläche die Bestimmungsstücke des Schnittpunktes des Strahles mit der vorderen Linsenfläche berechnet. Der Einfallswinkel des Strahles an der vorderen Linsenfläche läßt sich dann berechnen.

§ 41. Der Scheitelradius der hinteren Linsenfläche wird in analoger Weise wie derjenige der vorderen bestimmt. Man hat in die Formel 16 für D_1 die Brechkraft des vor ihr liegenden Teiles des optischen Systemes des Auges einzusetzen wonach sich der Scheitelradius nach der angegebenen Formel berechnen läßt.

Für die Bestimmung des Radius einer beliebigen Fläche bei schiefem Einfall hat GULLSTRAND (1909) eine schöne Summenformel hergeleitet für die auf die bezügliche Arbeit hingewiesen wird.

Die Bestimmung der Form der hinteren Linsenfläche oder genauer ausgedrückt der Form des Normalschnittes derselben mit der angenommenen Symmetrieebene des optischen Systemes, geschieht hauptsächlich in derselben Weise wie bei den vor ihr liegenden Flächen. Die Rechnungen werden bei der hinteren Linsenfläche etwas umständlich, indem man hier Rücksicht auf zwei vorliegende Flächen, die vorderen Hornhaut- und Linsenflächen, nehmen muß. Die nötigen Formeln werden folgendermaßen hergeleitet:

Es stellt Fig. 36 einen Querschnitt des optischen Systemes des Auges vor, wo die Kurven C, L_1 und L_2 die Schnittlinien der vorderen Hornhaut- und der beiden Linsenflächen sind. Es ist $D M_1 M_2 M_3 M_4 M_5 F$ ein Strahl, der so gewählt ist, daß er bei der Rückkehr ins erste Medium zur Achse

Fig. 36.

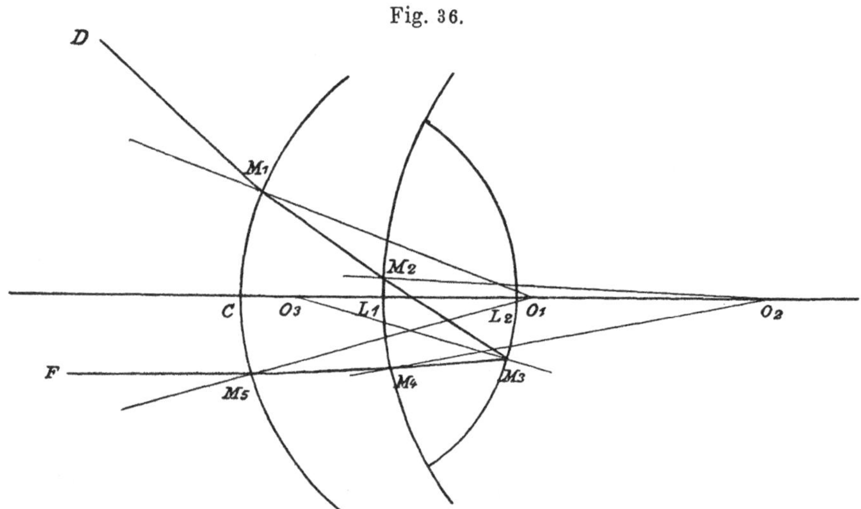

Der Strahlengang bei der Bestimmung der Form der hinteren Linsenfläche.

parallel läuft. Dieser Strahl fällt unter der Neigung u_1 zur Achse auf die erste Fläche im Punkte M_1, wo er unter dem Einfallswinkel i_1 und dem Reflexionswinkel i'_1 die erste Fläche durchstößt. Derselbe durchbricht dann die zweite Fläche in M_2 und wird in M_3 an der hinteren Linsenfläche reflektiert, trifft auf dem Rückgang die vordere Linsenfläche im Punkte M_4 und geht weiter zur vorderen Hornhautfläche, die er im Punkte M_5 wieder durchstößt, und gelangt so ins erste Medium zurück. Kennt man nun die Bestimmungsstücke von M_2 und M_4, die Winkel i_2 und i'_4 und die in Frage kommenden Brechungsindizes, so kann man die Bestimmungsstücke des Punktes M_3, wie leicht ersichtlich, durch Elimination zwischen der Gleichung des Strahles $M_3 M_4$ und der Gleichung der Schnittlinie L_2 ermitteln. Indessen kennt man vorläufig die Punkte M_2 und M_4 nicht, wohl aber kann man durch Messungen die Bestimmungsstücke von M_1 und M_5 und die betreffen-

den Winkel in diesen Punkten finden. Aus diesen Größen sind dann die
Punkte M_2 und M_4 durch Elimination zwischen den Gleichungen der Strahlen
$M_1 M_2$ bzw. $M_4 M_5$ einerseits und der Gleichung der Schnittlinie L_1 andererseits zu ermitteln. Ist für die letztere die Gleichung nicht bekannt, wohl aber
die Bestimmungsstücke einer Anzahl Punkte an derselben, muß der Schnittpunkt durch eine Interpolation gefunden werden. Bei dieser Interpolation
wird der zwischen zwei bekannten Punkten belegene Teil der Schnittlinie
als ein Zirkelbogenstück betrachtet.

Sind nun die Bestimmungsstücke der Punkte $M_2 M_4$ gefunden, so schreitet
man zur Aufsuchung der Bestimmungsstücke des Punktes M_3. Da dieser
Punkt einerseits auf dem Strahle $M_3 M_4$, andererseits auf der Kurve L_2
liegt, erhält man, dem Verfahren an der vorderen Linsenfläche analog, seine
Koordinaten aus dem Gleichungssysteme

$$\begin{cases} y_3 = -x_3 \operatorname{tg} u_4 + y_4 + x_4 \operatorname{tg} u_4 \\ y_3 - y^{\mathrm{I}}_3 = \varrho_3 (\sin \varphi_3 - \sin \varphi^{\mathrm{I}}_3) \\ x_3 - x^{\mathrm{I}}_3 = = \varrho_3 (\cos \varphi^{\mathrm{I}}_3 - \cos \varphi_3) \end{cases}$$

wo die erste Gleichung den Strahl bezeichnet, die beiden letzten eine Beziehung zwischen den Bestimmungsstücken der beiden Endpunkte des
Zirkelbogenelementes $M_3 M^{\mathrm{I}}_3$ enthalten.

Die in den obigen beiden Gleichungssystemen als bekannt angenommenen
Größen müssen nun durch Messungen für eine Anzahl von Strahlen festgestellt werden, wobei man die Bestimmungsstücke der beiden Durchstoßungspunkte an der ersten Fläche und die Größe der Einfallswinkel in diesen Punkten
zu bestimmen hat. Für den Punkt M_5 findet man diese, indem man das kata-
dioptrische Bild der Lichtquelle an der hinteren Linsenfläche mit einem im
ophthalmometrischen Achsenpunkte der vorderen Hornhautfläche erzeugten
Hornhautbildchen kollimiert. Für den Punkt M_1 ermittelt man den Winkel φ_1,
indem man den Einfallswinkel des Strahles in diesem Punkte bestimmt. Die
Bestimmung geschieht in der oben S. 255 beschriebenen Weise, indem man
Lampe und Fernrohr ihre Plätze tauschen läßt und dann eine kleine Glühlampe so einstellt, daß ihr Bild an der vorderen Hornhautfläche mit dem
Bild der Nernstlampe an der hinteren Linsenfläche zusammenfällt. Aus
einer Tabelle über die Bestimmungsstücke der Punkte der betreffenden
Flächen können die übrigen Bestimmungsstücke für diese Punkte dann
bestimmt werden. Nachdem diese Bestimmungsstücke vom M_1 und M_5
bekannt sind, kann man in oben angegebener Weise die Bestimmungsstücke
von M_2 und M_4 und dann von M_3 finden.

III. Die Untersuchung der Blende; Korimetrie.

§ 42. In die Ophthalmometrie gehört auch die Untersuchung der Blende
des optischen Systems des Auges. Als solche kommt die Pupille des Auges
in Betracht.

Der Ort der Pupille oder der Irisebene wurde nach HELMHOLTZ längs der Achse des von ihm angenommenen Hornhautellipsoides bestimmt. Da nunmehr die Annahme des Hornhautellipsoides wohl meistens aufgegeben worden ist, scheint es richtiger, diesen Ort längs der optischen Achse des Systems zu bestimmen; die Methode zur Feststellung dieser Achse wurde oben S. 217 angegeben. Die Bestimmung des Ortes der Pupille geschieht in der gleichfalls oben (S. 204) beschriebenen, von HELMHOLTZ für die Bestimmung des Ortes der hinteren Linsenfläche angegebenen Methode, indem man den Einfallswinkel eines Strahles ermittelt, der durch die Mitte der Pupille geht. Bei der praktischen Ausführung verfährt man so, daß man das Auge der in die Kopfstütze eingesetzten Versuchsperson mittels einer Fixationsmarke eine solche Stellung gibt, daß die optische Achse des Systems parallel der Nullstellung des Teodolitfernrohres zu liegen kommt. In einem Winkelabstande von ungefähr 25° von der Achse wird dann ein Fernrohr aufgestellt und durch dasselbe das von dem Hornhautsystem erzeugte scheinbare Bild der Pupille betrachtet. Eine Lichtquelle wird dann so aufgestellt, daß man deren Bild an der vorderen Hornhautfläche in der Mitte der Pupille sieht; man weiß dann, daß ein in der Richtung der Fernrohrachse laufender Strahl nach Brechung in der Hornhaut durch die Mitte der Pupille gehen und hier die optische Achse schneiden würde. Da man nun den Einfallswinkel dieses Strahles kennt — derselbe ist ja gleich der Hälfte des Winkelabstandes zwischen Fernrohr und Lichtquelle —, kann man aus der Formel (10) den gesuchten Ort berechnen.

§ 43. Klinisch hat es ein großes Interesse, die Tiefe der vorderen Kammer bestimmen zu können. Da die Dicke der Hornhaut als konstant angesehen werden kann, fällt diese Aufgabe mit der Bestimmung des Ortes der Irisebene oder der vorderen Linsenfläche zusammen, da ja diese beiden Orte ungefähr identisch sind. Da die oben angegebenen Methoden für die Bestimmung dieser Größe ein wenig umständlich sind, hat man einige einfachere Methoden ersonnen. Eine von diesen, die von LINDSTEDT, wurde schon bei der Bestimmung des Ortes der vorderen Linsenfläche besprochen.

Nach DONDERS (1872) bestimmt man den Ort der Pupillarebene mit einer mikroskopischen Methode. Ein Mikroskop von passender Vergrößerung wird vor das zu untersuchende Auge aufgestellt und zuerst auf der vorderen Hornhautfläche eingestellt, welche, um diese Einstellung zu ermöglichen, mit etwas Kalomel bestreut wird. Das Mikroskop wird dann auf den Pupillarrand der Iris eingestellt. Die hierzu nötige Verschiebung des Mikroskops ergibt den scheinbaren Ort der Pupillarebene, woraus man mit Kenntnis des optischen Systems der Hornhaut leicht den wirklichen Ort berechnen kann. Durch eine vor das andere Auge der Versuchsperson gestellte Fixationsmarke kann die Achse, längs deren die Messung geschehen soll, gehörig eingestellt werden. Die hauptsächlichste Fehlerquelle bei dieser Methode liegt in der Schwierigkeit, die Akkommodation des untersuchten Auges auszuschalten.

Die Methode von DONDERS ist später von HORSTMANN (1879) modifiziert worden. Nach ihm wird das Mikroskop nicht auf die Kornealfläche, sondern auf das Hornhautbild einer Lichtquelle eingestellt. Eine weitere Modifikation hat dieselbe durch CONTINO (1910) erfahren. Er bewerkstelligt die Veränderung der Einstellung des Mikroskopes nicht durch Verschiebung desselben, sondern durch Veränderung der Tubuslänge. Das Objektiv des Mikroskopes ist so gewählt, daß eine Verschiebung des Tubus direkt das Zehnfache der dabei gemessenen Kammertiefe angibt. Das Resultat kann also direkt abgelesen werden.

MANDELSTAMM und SCHJÖLER (1872) haben zur selben Zeit wie DONDERS eine mikroskopische Methode für die Bestimmung des Ortes der Pupille angegeben. Ihr Instrument besteht aus einem Mikroskope, vor dem eine in 45° zur Achse gestellte Glasplatte aufgestellt ist. Mittels dieser Glasplatte wird Licht von einer zur Seite des Mikroskopes befindlichen Lichtquelle in der Richtung der Mikroskopachse auf das vor dem Mikroskope befindliche untersuchte Auge abgelenkt. Zwischen Lichtquelle und Glasplatte befindet sich eine positive Linse, die von der Lichtquelle ein reelles Bild erzeugt. Nachdem das zu untersuchende Auge vor das Mikroskop angebracht worden ist, beobachtet man das Bild, das vom reellen Bilde der Lichtquelle wieder an der vorderen Hornhautfläche entsteht. Durch Verschieben der Linse wird dieses Bild so eingestellt, daß es sich scheinbar in der Pupillarebene befindet, was mittels Beobachtung der parallaktischen Verschiebung kontrolliert wird, und das Mikroskop dann auf dieses Bild scharf eingestellt. Das Auge und die Glasplatte werden dann fortgenommen und vor dem Mikroskope wird eine feine verschiebbare Nadel so eingestellt, daß dieselbe am Orte der Pupillarebene zu liegen kommt, wobei sie im Mikroskope scharf erscheint. Kennt man nun die Konvergenz des Strahlenbündels, welches das Bild der Lichtquelle erzeugt, so kann man mit Kenntnis der Konstanten des Hornhautsystems den scheinbaren Ort der Pupille und daraus die wirkliche Tiefe der vorderen Kammer leicht berechnen.

Eine recht einfache Methode hat GRÖNHOLM (1903) für die Messung der Tiefe der vorderen Kammer angegeben. Er bringt vor das Auge eine kleine Wanne mit Glaswänden (CZERMAKS Orthoskop), die mit Wasser gefüllt wird. Dabei wird die Brechung der Lichtstrahlen im Hornhautsystem aufgehoben. Durch Beobachtung von der Seite her kann nun die Tiefe der vorderen Kammer leicht gemessen werden.

HEGG (1899) hat ein binokuläres Instrument zur Messung der Tiefe der vorderen Kammer konstruiert, das mit den stereoskopischen Entfernungsmessern gewisse Ähnlichkeiten aufweist. Demselben liegt folgende Tatsache zugrunde: Hält man vor seinen Augen zwei gleichförmige Gegenstände und fixiert man dabei einen Punkt der weiter entfernt liegt, so sieht man von den beiden Gegenständen vier Bilder (Scheiners Versuch). Durch Verschieben der Gegenstände seitlich gegeneinander, können die beiden medialen Bilder dieser Gegenstände zum Zusammenfallen gebracht werden. Kennt man nun den Abstand der beiden Gegenstände voneinander, die sogenannte Querdisparation, so läßt sich leicht die Lage des fixierten Punktes berechnen. — In einem binokularen Kornealmikroskope werden nun in der Bildebene der Objektive zwei seitlich verschiebbare Markenpaare angebracht. Das Sammelbild des einen Paares wird nun auf ein Hornhautbild von bekanntem Orte eingestellt, das Sammelbild des anderen auf die Irisebene. Die Querdisparationen der beiden Bildpaare ergeben dann die Abstände der betreffenden beiden Gegenstände und somit die Tiefe der vorderen Kammer. Das Instrument ist so gradiert, daß die Kammertiefe direkt abgelesen werden kann. Die Genauigkeit der einzelnen Ablesungen schätzt Hegg auf 0,2 mm.

Amberg (1909) hat eine Modifikation der Methode von Mandelstam und Schjöler ausgearbeitet, indem er das Bild einer Lichtquelle zur Pupillarebene verlegt und dann aus dem Abstand der Lichtquelle vom Auge die gesuchte Kammertiefe findet. Die Beobachtung des Bildes geschieht aber nicht mit dem einen Mikroskope, sondern mit dem Hornhautmikroskope von Czapski. Da er keine Messungen mit seinem Instrumente mitteilt, lassen sich Angaben über die Genauigkeit desselben nicht machen.

Weve (1916) hat gleichfalls einige Modifikationen an der Methode von Mandelstamm und Schöler vorgeschlagen, die hauptsächlich darin bestehen, daß man den Abstand im Beleuchtungssystem zwischen Lichtquelle und Kondensor und im Beobachtungssystem zwischen Objektiv und Okular konstant macht.

Raeder (1922) hat — teilweise nach dem Prinzip des Ophthalmometers von Blix — ein Instrument konstruiert. Anstatt zweier Mikroskope benutzt er aber nur ein einziges, welches durch Zweiteilung sowohl als Beleuchtungs- wie als Beobachtungsmikroskop dient. Der Beobachtungsteil ist seinerseits nochmals in zwei Teile zerlegt, von denen jeder für sich eingestellt werden kann; dabei können beide Einstellungen gleichzeitig gemacht werden, was ein entschiedener Vorteil des Instrumentes ist. Die eine Hälfte des Beobachtungsteils wird somit nach dem Vorgang im Opthalmometer von Blix auf das Bild an der vorderen Hornhautfläche, die andere auf den Pupillarsaum eingestellt. An einer Skala kann man nun die der Einstellungsdifferenz entsprechende Kammertiefe ablesen. Das Instrument kann gleichfalls für die Bestimmung des Ortes der hinteren Linsenfläche gebraucht werden.

Für die Ausführung dieser Bestimmung nach dem Prinzip von Donders hat man auch das binokulare Hornhautmikroskop von Czapski in Gebrauch genommen, und zwar hat Ulbrich 1914 für diesen Zweck durch eine angesetzte Scheibe den Triebknopf für die Sagittalverschiebung so weit vergrößert, daß Zehntelmillimeter bequem abgelesen werden können. Bei Bewegungen des Mikroskopes vom Patienten weg wird von der Skale ein Indikator mitgenommen, der bei Umkehr der Bewegungsrichtung die Einstellung auf die Hornhautvorderfläche automatisch vermerkt. Die abgelesene Differenz ergibt dann die scheinbare Kammertiefe, aus der sich die wirkliche berechnen läßt. Die Formeln für die Berechnungen sind von HARTINGER (1921) näher ausgeführt worden.

§ 44. Die exakte Messung der Größe der Pupille geschieht mit dem Ophthalmometer von HELMHOLTZ. Zwei kleine Lichtquellen werden so angebracht, daß ihre Bilder an der vorderen Hornhautfläche im Ophthalmometer mit den beiden Endpunkten eines Durchmessers der Pupille zusammenfallen. Durch Verdoppelung wird die Größe dieses Durchmessers mit dem Ophthalmometer bestimmt. Hierbei findet man die Größe des Durchmessers der scheinbaren Pupille und mit Kenntnis der optischen Konstanten des Hornhautsystems kann man dann die wirkliche Größe derselben berechnen. Als Lichtquellen eignen sich gut Kerzen, da ihre Lichtintensität so klein ist, daß sie die Größe der Pupille kaum beeinflußt. Will man das untersuchte Auge beleuchten, kann man nach HOLMGREN einen kleinen Konkavspiegel am Ophthalmometer anbringen.

Das Ophthalmometer von LANDOLT ist auch für die Messung der Pupille anwendbar, indem die von den beiden Prismen erzeugten Doppelbilder der Pupille kollimiert werden und der zu dem Abstand der Prismen gehörige Wert für die Größe des Gegenstandes an einer besonders hergestellten Skala abgelesen wird.

Für die klinische Messung der Pupillengröße gibt es eine sehr große Zahl von Methoden, die an anderer Stelle beschrieben werden. (Vgl. Band II der Untersuchungsmethoden: C. BEHR, Die Lehre von den Pupillenbewegungen, S. 133 f.)

Literatur.

(Für die Literatur vor 1898 s. dieses Handbuch, 2. Aufl., Die Untersuchungsmethoden Abschnitte III. Ophthalmometrie und IV. Keratometrie und 3. Aufl. Kap. III, C. Heß, Die Akkommodation und Refraktion des menschlichen Auges und ihre Anomalien. S. 94. Von derselben werden hier nur die in dieser Arbeit zitierten Werke aufgenommen.)

1818. Chossat, Sur le pouvoir réfringent des milieux de l'œil. Ann. de chim. et de phys. 8 p. 217.
1819. Brewster, Experiments on the structure and refractive power of the coats and humours of the human eye. Edinburgh philos. Journ.
1855. Krause, Die Brechungsindizes der durchsichtigen Medien des menschlichen Auges. Hannover.
1863. Middelburg, De Zitplaats van het astigmatisme. Utrecht.
1867. v. Helmholtz, H., Handbuch der physiologischen Optik. Leipzig.
1872. Coccius, Ophthalmometrie und Spannungsmessung am kranken Auge. Leipzig.
Donders, Communications diverses. Congrès internat. à Londres. S. 209.

1872. Fleischer, Neue Bestimmung der Brechungsexponenten der durchsichtigen
        flüssigen Medien des Auges. Inaug.-Diss. Jena.
        Mandelstamm und Schöler, Eine neue Methode zur Bestimmung der
        optischen Konstanten des Auges. Graefes Arch. 18. 1. S. 155.
1874. Abbe, Neue Apparate zur Bestimmung des Brechungs- und Zerstreuungs-
        vermögens fester und flüssiger Körper. Jena.
        Hirschberg, Über Bestimmung der Brechungsindizes der flüssigen Augen-
        medien. Zbl. f. m. Wiss. 13 u. 50.
1877. Mathiessen, Grundriß der Dioptrik geschichteter Linsensysteme, Leipzig.
1878. Landolt, L'ophtalmomètre. Congrès intern. à Genève. Cte. rendu.
1879. Horstmann, Über die Tiefe der vorderen Augenkammer. Graefes Arch. 25.
1880. Blix, Oftalmometriska studier. Upsala Läkaref. förhandlingar XV.
1881. Javal et Schiötz, Un ophtalmomètre pratique. Ann. d'Ocul. 84 p. 5.
1882. Berger, Zur Diagnostik der Krümmungsanomalien der Hornhaut mit dem
        Keratoskop. Berl. Klin. Wochenschr. 792.
        Javal, Keratoskop. Zbl. f. Aughlk. S. 122.
        Placido, Keratoskop. Zbl. f. Aughlk. S. 30.
1883. de Wecker et Masselon, Astigmomètre. Ann. d'Ocul. 88 p. 44.
        de Wecker et Masselon, Modification apportée à l'astigmomètre. Ann.
        d'Ocul. 89 p. 138.
1889. Gullstrand, A., En praktisk metod att bestämma hornhinnaus astigmatism
        genom den s. k. denivelleringen af de oftalmometriska bilderna. (Eine
        praktische Methode zur Bestimmung des Hornhautastigmatismus durch
        die sogenannte Denivellation der ophthalmometrischen Bilder.) Nord.
        Oft. Tidskr.
1890. du Bois Reymond, Keratoskop zur Messung des Hornhautastigmatismus.
        Zbl. f. Aughlk. S. 257.
1891. Aubert, H., Die Genauigkeit der Ophthalmometermessungen. Pflügers Arch.
        49 S. 189.
     - Sulzer, La forme de la cornée humaine et son influence sur la vision.
        Arch. Opht. 12 p. 42.
1892. Tscherning, M., Beiträge zur Dioptrik des Auges. Zschr. f. Psychol. u.
        Physiol. d. Sinnesorg. 3.
1893. Reid, On a portable ophthalmometer. Proc. Roy. Soc. London. p. 1.
        Eriksen, Hornhindemaalinger (Hornhautmessungen), Aarhus.
1896. Helmholtz, H. v., Handbuch der Physiol. Optik. 2. Aufl. Leipzig.
        Gullstrand, Photographisch-ophthalmometrische und klinische Unter-
        suchungen über die Hornhautrefraktion. Kungl. Vet. Akad. Handl.
        Stockholm.
        Uthoff, Beitrag zur Keratoskopie. Kl. Mbl. f. Aughlk. S. 219.
1897. Berlin, Über eine Bestimmung des Totalindex der Linse am lebenden Auge.
        Graefes Arch. 43 S. 287.
1898. Antonelli, A., A proposito dello oftalmometer Javal-Schiötz, modello
        recente. Ann. di Ottalm. 27 p. 17.
        Awerbach, M., Zur Frage von der Krümmung der Vorderfläche der Horn-
        haut. Med. Obozrenje 50 S. 870.
        Baxter, Improvement on illuminating the ophthalmometer. Ophth. Record.
        February.
        Hinshelwood, On the advantage of Reids portable ophthalmometer.
        12. Congr. internat. de méd. à Moscou. Sect. IX. Ophthalm. p. 316.
        Satterlee, The Javal ophthalmometer. Ophth. Record. February.
        Stadfeldt, A., Den menneskelige Linses optiske konstanter. (Die optischen
        Konstanten der menschlichen Linse.) Inaug.-Diss. Kopenhagen.
        Straubel, Theorie und Anwendung eines Instrumentes zur Messung des
        Astigmatismus (Astigmometer). Ann. d. Phys. 2 S. 64.
      · Tscherning, M., Optique physiologique. Paris.

1899. Awerbach, M., Der gegenwärtige Stand der Frage nach der Veränderung der Refraktion des Auges bei dessen Übergang in den aphakischen Zustand. (Moskauer ärztl. Ges. 26. Okt.) Wratj 20 S. 1401.

Awerbach, M., Über die Krümmung der vorderen Hornhautfläche. Westnik Ophth. 16 S. 459.

Brudzewski, V., Beitrag zur Dioptrik des Auges. Arch. f. Aughlk. 40 S. 296.

Holth, Études ophtalmométriques sur l'œil humain après la mort. Ber. über d. Verh. d. 9. intern. Ophth.-Kongr. in Utrecht. Beilageheft zur Zschr. f. Aughlk. 2 S. 87 u. IX. Congr. internat. d'opht à Utrecht. p. 386.

Oliver, Description of an adjustable bracket for the Reid ophthalmometer. University m. Magaz. July.

Pulfrich, Über das neue Eintauchrefraktometer der Firma Carl Zeiss. Zschr. f. angew. Chemie. S. 1186.

1900. Davis, The refraction of the eye including a complete treatise of ophthalmometry. Macmillan and c:o. New York.

Holth, S., Über subjektive Astigmometrie bei gewissen ophthalmometrischen Verdoppelungsmethoden, speziell beim Kagenaarschen Biprisma. Arch. f. Aughlk. 41 S. 175.

McConachie, The relative value of instruments used for keratometry. (Amer. m. Assoc.) Ophth. Record p. 352.

1901. Aiken, A new portable and inexpensive ophthalmometer. New York m. Journ. Febr. and Revue gén. d'Opht. p. 528.

Besio, E., La forme du cristallin humain. Journ. de Physiol. et de Path. gén. 3 (3) p. 547. 761. 783.

Hegg, Eine neue Methode zur Messung der Tiefe der vorderen Augenkammer. Arch. f. Aughlk. 44 Ergänzungsheft S. 84.

Hegg, Eine neue Methode für die Messung der Tiefe der vorderen Kammer; ein stereoskopisches Ophthalmometer. Ber. über d. 29. Vers. d. Ophth. Ges. in Heidelberg S. 244.

Javal, E., Die Prüfung des Ophthalmometers. Graefes Arch. 3 S. 536.

Mühsam, Zur ophthalmometrischen Messung. Zbl. f. Aughlk. 25 S. 114.

Treutler, B., Die Refraktionsänderung durch Linsenentfernung und die »optischen Constanten« des schematischen Auges. Zschr. f. Aughlk. 5 S. 39.

1902. Javal, E., Mémoire sur la vérification des ophtalmomètres et la graduation des lunettes déssai. Ann. d'Ocul. 128 p. 5.

Pichon, Ophthalmometer. Ophth. Klin. 1903 S. 205.

Tornabene, L'indice di refrazione dell'umore acqueo nell'occhio irritato e in quello opposto. Arch. di Ottalm. 9 p. 439.

Trombetta, Presentazione di un nuovo apparecchio »astigmometrie«. (16. Congr. dell'Assoc. Oftalm. ital.) Ann. di Ottalm. e Lavori della Clin. ocul. di Napoli 1, 31 p. 731.

Uribe-Troncoso, Un nouveau modèle de mires pour l'ophtalmomètre de Javal. Présentation de différents modèles d'ophtalmomètres. (Soc. mexicaine d'Opht.) Clin. Opht. p. 43.

1903. Bjerke, Über die Veränderung der Refraktion und Sehschärfe nach Entfernung der Linse. Graefes Arch. 55 S. 191 u. 66 S. 292.

Bjerke, Über die Berechnung des Brechwertes der Linse nach Myopieoperationen. Graefes Arch. 55 S. 389.

Blanco, Modificacion al queratoscopo del Dr. Placido. 14. intern. m. Kongr. in Madrid u. Arch. de Oftalm. hisp.-amer. April-Mai.

Cordiale, Études ophtalmométriques. Ann. d'Ocul. 130 p. 225.

Czapski, Über Tiefenmessungen mit Hilfe des stereoskopischen Sehens. Bemerkungen zu der Berichtigung »Suum cuique« des Herrn Dr. Hegg in Bern. Arch. f. Aughlk. 47 S. 86.

1903. Grönholm, Eine einfache Methode, die Tiefe der vorderen Augenkammer
          zu messen. Skand. Arch. f. Physiol. 14 S. 235.
       Hegg, Suum cuique. Arch. f. Aughlk. 47 S. 84.
       Königshöfer, Das Ophthalmometer von Chambers, Inskeep und Cie. Ophth.
          Klin. Nr. 8.
       Streit, Javal-Schiötzes Ophthalmometer mit komplementär gefärbtem
          Figurenpaar. Arch. f. Aughlk. 49. S. 87.
1904. Baslini, Recherches ophtalmométriques. Arch. d'Opht. 24. p. 565.
       Heath, The usefulness of the ophtalmometer. (Amer. m. Assoc. Sect. on
          Ophth.) Ophth. Record p. 326.
       Hoor, Der Wert der Tiefenmessung der vorderen Augenkammer und der
          Zehendersche Apparat. (Ungarisch.) Szemészeti lapok.
1905. Bajardi, Messung der Tiefe der vorderen Kammer. (Ber. über d. 17. Vers.
          d. Ital. Ophth. Ges.) Klin. Mbl. f. Aughlk. 43 (2) S. 566.
       Halben, Ein Differentialrefraktometer zur Bestimmung der Brechungsindizes
          optisch inhomogener Medien, speziell der menschlichen Linse. Ber.
          über d. 32. Vers. d. Ophth. Ges. in Heidelberg S. 354.
       Roth, Das Astigmoskop, eine Vervollständigung des Placidoschen Kerato-
          skops. Zbl. f. Aughlk. Januar.
       Reymond, Procedimento proposto dal dott. Thomas Reid per la deter-
          minazione dell' angolo Alpha. (17. Congr. della Assoc. Ottalm. ital.)
          Ann. di Ottalm. 24 p. 857.
       Siegrist, Demonstration eines neuen Modells des Javalschen Ophthalmo-
          meters. 10. Congr. Internat. d'Opht. c. 168.
       Tscherning, Dioptrique oculaire. Encycl. franç. d'Opht. Paris.
1906. Beach, F. E., A determination of the errors of eccentricity and collimation
          in the human eye. Amer. Journ. of Physiol. 15 p. 295.
       Dalén, A., Ophthalmometrische Messungen an der toten menschlichen
          Krystallinse. Mitt. a. d. Ophth. Klin. d. Carol. Med.-Chir. Inst. zu Stock-
          holm, herausg. v. J. Widmark. H. 8.
       Marquez, Valor clinico de la oftalmometria. (Soc. hisp.-amer.) Revue gén.
          d'Opht. p. 421.
       Saunte, O. H., Linsemaalinger. (Linsenmessungen.) Inaug.-Diss. Kopen-
          hagen 1905.
       Weiß, Leçons d'ophtalmométrie. Paris, Masson & Cie.
1907. Freytag, Vergleichende Untersuchungen über die Brechungsindizes der
          Linse und der flüssigen Augenmedien des Menschen und höherer
          Wirbeltiere in verschiedenen Lebensaltern. Wiesbaden, J. F. Bergmann.
       Freytag, Über die Kernreflexbilder der menschlichen Linse.
       Howe, On the center of motion and the angle alpha. Ann. of Opht. 1906.
          S. 418.
       Sutcliffe, One position ophthalmometry. The optician and photographic
          trades review p. 33.
1908. Schmidt-Rimpler, Astigmatismus. S.-A. aus Eulenburgs Realenzykl. (4).
          Das Sutcliffe-Ophthalmometer. Altstädtische optische Industrieanstalt
          Rathenow.
1909. Gullstrand, Zusatz zum Handb. d. physiol. Optik v. H. v. Helmholtz (3) 1.
          Dioptrik. Hamburg und Leipzig, L. Voß.
       Amberg, Über eine Modifikation des Czapskischen Kornealmikroskopes
          zur Bestimmung der Vorderkammertiefe sowie der übrigen optischen
          Konstanten des Auges. Klin. Mbl. f. Aughlk. 47 (2) S. 60.
       Sutcliffe, The optical principles of the keratometer. Ophthalmoscope 7.
          p. 235.
       Young, Some experiments with Mr. Sutcliffes keratometer. Ophth. Record
          p. 443.

1910. Contino, Sulla misura della profondita della camera anteriore. Clin. Ocul. 11 p. 377.

Gertz, Ein neues Keratoskop. Mitt. a. d. Augenklinik d. Carol. Med.-Chir. Inst. zu Stockholm. H. 2 S. 1.

Howe, Demonstration of the size and position of the angle alpha by a simple modification of the Javal-Schiötz ophthalmometer. Ophthalmology 6 (2) S. 160.

Isakowitz, Das Gertzsche Keratoskop. Klin. Mbl. f. Aughlk. 48 (2) S. 477.

1911. Groenouw, Demonstration des Sutcliffe-Ophthalmometers. Klin. Mbl. f. Aughlk. 49 (1) S. 735.

Gullstrand, A., Einführung in die Methoden der Dioptrik des Auges des Menschen. Leipzig 1911. Sonderabdruck Tigerstedt, Handbuch der physiologischen Methodik.

Isakowitz, Das Gertzsche Keratometer. Zbl. f. Aughlk. 36 S. 19.

1912. Cirincione, Sp., Sull' indice di rifrazione dei mezzi oculari dell' uomo e degli animali alla temperatura normale. Palermo 1912.

Elschnig, Fixiermarke zum Ophthalmometer. Klin. Mbl. f. Aughlk. 50 (2) S. 558.

Wray, C., Modified Placido's discs. Transact. of the Ophth. Soc. of the Unit. Kingd. 32 p. 82.

1913. Beiger, E., Untersuchungen über die Genauigkeit der Bestimmungen des Astigmatismus mit dem Sutcliffe-Ophthalmometer. Berlin.

Folinea, Ricerca del meridiano principale dell' astigmatismo corneale per mezzo del quadrante di Pollack. Arch. di Ottalm. 20 (5) p. 225.

Hallauer, Über refraktometrische Beziehungen zwischen [Kammerwasser, Glaskörper und Zerebrospinalflüssigkeit. Ber. über d. 29. Vers. d. Ophth. Ges. in Heidelberg S. 113.

Nordenson, J. W., Über die Form der Linsenflächen im menschlichen Auge. Nord. Med. Arch. II, 2.

Schiötz, Hj., Optische Mitteilungen. Arch. f. Aughlk. 75 S. 321.

1914. Elschnig, A., Studien zur sympathischen Ophthalmie. Graefes Arch. 88 S. 392.

Nordenson, J. W., Über die Form der hinteren Hornhautfläche im menschlichen Auge. Nord. Med. Arch. II, 12.

Lindshedt, F., Über die Messung der Tiefe der vorderen Augenkammer mittels eines neuen, für klinischen Gebrauch bestimmten Instrumentes. Arch. f. Aughlk. 80.

Ulbrich, Die Messung der Kammertiefe. Klin. Mbl. f. Aughlk. 54 S. 244.

1915. Löwenstein, A., und Kubik, J., Refraktometrische Untersuchungen des Kammerwassers. Graefes Arch. 89 S. 197.

Segal, Konisches Keratoskop. Wjestnik ophthalm. 27 S. 201.

1916. Nordenson, J. W., Über die Orientierung der brechenden Flächen im menschlichen Auge. Nord. Med. Arch. II, 3.

Nordenson, J. W., Über die Form der Linsenflächen im menschlichen Auge bei der Akkommodation. Skand. Arch. f. Physiol. 35 S. 101.

Weve, Entwurf eines Instruments zur Tiefenmessung der vorderen Augenkammer für klinische Zwecke. Arch. f. Aughlk. 81 S. 56.

1920. Sheard, C., Ophthalmometry. Amer. Journ. phys. optics p. 339.

1921. Amsier, M., Keratoscopy. Rev. gén. d'Opht. 35 p. 193.

Hartinger, H., Zur Messung der Kammertiefe und des Irisdurchmessers. Zschr. f. ophthalm. Optik 9 S. 135.

Nordenson, J. W., Über die Größe der Doppelbrechung der Hornhautsubstanz. Arch. f. Ophth. 105 S. 721.

1921. **Pedrazzola, A.**, A proposito dell' apparecchio oftalmometrico di Sutcliffe e le visite di assumzione del personale ferroviario. Giorn. di med. ferroviar 1 S. 278.

Wessely, K., Bemerkungen zu einigen Streitfragen aus der Lehre vom intraokularen Flüssigkeitswechsel. Arch. f. Aughlk. 88 S. 217.

1922. **Aebly, J.**, Zur Frage der geometrischen Gestalt der normalen Hornhautoberfläche. Arch. f. Entwicklungsmechanik d. Organismen 52 S. 223.

Erggelet, H., Beobachtungen an der Hornhaut. (Vermessung der Oberfläche eines Keratokonus mit dem Stereokomparator. Zschr. f. ophth. Optik 10 S. 152.

Gullstrand, A.. Diaphragm lamps in ophthalmology. An international congress of ophthalmology. Washington. p. 69.

1923. **Lopez Lacarrère, H.**, Über eine Modofikation der ophthalmometrischen Figuren. Arch. de oft. 23 p. 366. (Spanisch.)

Lopez Lacarrère, H., Bemerkungen betreffs ophthalmometrischer Bildveränderung. Klin. Mbl. f. Aughlk. 70 S. 439.

Baeder, J. G., Untersuchungen über Lage und Dicke der Linse im menschlichen Auge bei physiologischen und pathologischen Zuständen, nach einer neuen Methode gemessen. Arch. f. Ophth. 110 S. 73.

X. Ophthalmotonometrie.

Von

F. Langenhan.

Mit Textfig. 1—11.

Als ich vor etwa 25 Jahren die Bearbeitung des Kapitels »Ophthalmotonometrie« der 2. Auflage der Untersuchungsmethoden in diesem Handbuche als Assistent E. Landolts in Paris begann, hegte ich ernsthafte Zweifel, ob es berechtigt sei, dieser damals verhältnismäßig nur wenig bekannten und selten geübten Untersuchungsmethode ein besonderes Kapitel zu widmen. In der Tat war die instrumentelle Tonometrie des Auges um die Jahrhundertwende nahe daran, in Vergessenheit zu geraten. Still war es in der Tonometrieliteratur geworden. Selbst in größeren Universitätsaugenkliniken gehörte ein Tonometer meist nicht zum Inventar; der tastende Finger prüfte die Spannung des Augapfels so recht und schlecht er eben konnte.

Und heute? — Kein Ophthalmologe ohne Tonometer! Kein Tag in den Augenkliniken ohne Tonometrie. Fast jeder Band der Fachzeitschriften bringt Mitteilungen über neue Ergebnisse der Tonometrie des Auges.

Wenn diese Untersuchungsmethode in den letzten zwei Jahrzehnten wesentlich dazu beigetragen hat, unsere Kenntnisse der Physiologie und Pathologie des Auges zu erweitern, so gebührt der Dank in erster Linie HJ. Schiötz. Mit der Konstruktion seines leicht und sicher zu handhabenden Tonometers im Jahre 1905 hat die Ophthalmotonometrie einen nicht zu ahnenden Aufschwung genommen, ist die »Vor-Schiötz-Zeit«, um mich Elschnigs treffenden Ausdruckes zu bedienen, beendet, eine neue Epoche der Tonometrie des Auges hat begonnen.

Wir besprechen erst ihre Methodik, dann die wichtigsten Ergebnisse.

Die Höhe des im Auge herrschenden Druckes läßt sich direkt nur durch intraokulare Messung auf manometrischem Wege bestimmen (Ophthalmomanometrie). Diese 1850 von C. Weber begründete Methode zeichnet sich durch Exaktheit und Objektivität aus, kommt jedoch für klinische Zwecke so gut wie nicht in Betracht, da ihre Anwendung mit Gefahren für das zu untersuchende Auge verbunden ist.

Nur dann sind wir ausnahmsweise zu manometrischen Untersuchungen am lebenden menschlichen Auge berechtigt, wenn dasselbe funktionell unbrauchbar ist oder seine Enukleation bevorsteht. Die manometrische Messung des intraokularen Druckes normaler Augen wird daher zu den Seltenheiten gehören; sie ist, soviel mir bekannt, zuerst von WAHLFORS (1888) bei einem zur Enukleation bestimmten Auge ausgeführt worden; der intraokulare Druck betrug 26 mm Hg. In neuerer Zeit hat WESSELY (1916) bei zwei etwa 50jährigen Patienten mit kleineren Aderhautsarkomen des hinteren Bulbusabschnittes den Binnendruck manometrisch bestimmt und Werte von 22,5 und 18,5 mm Hg. gefunden, während SEIDEL (1922) bei einer 44jährigen Patientin mit Limbus-Sarkom einen intraokularen Druck von 25 mm Hg. feststellte[1]).

Für experimentelle Untersuchungen an Tieraugen und menschlichen Leichenaugen dagegen ist die manometrische Messung wegen ihrer Genauigkeit und der Möglichkeit graphischer Aufzeichnungen der tonometrischen vorzuziehen, falls nicht Art und Zweck der Versuche ein unversehrtes Erhaltensein der Bulbuskapsel erfordern.

Beschreibungen der gebräuchlichsten Ophthalmomanometer finden sich in der Abhandlung TH. LEBERS (1903) über »Die Zirkulations- und Ernährungsverhältnisse des Auges« in diesem Handbuch, ferner u. a. in den Arbeiten K. WESSELYS über den Augendruck und E. SEIDELS (1922) über intraokulare Saftströmung.

Am lebenden menschlichen Auge müssen wir, wie gesagt, im allgemeinen auf die direkte Druckbestimmung verzichten und uns mit der indirekten, extraokularen Messung: der Ophthalmotonometrie begnügen.

Ehe wir auf die Besprechung dieser Methode eingehen, sei der Vollständigkeit halber kurz der Versuche gedacht, die auf ophthalmometrischem Wege, und zwar durch Bestimmung des Krümmungsradius der Hornhaut, ein Urteil über die Höhe des intraokularen Druckes zu gewinnen trachteten.

In seiner Arbeit über die Akkommodation des Auges, die v. HELMHOLTZ (1855) im 1. Bande des v. GRAEFESCHEN Archives veröffentlicht hat, berichtet er von Versuchen, die ihm bewiesen haben, daß die Hornhautkrümmung abhängig ist von dem Drucke der intraokularen Flüssigkeiten, und zwar so, daß der Krümmungsradius um so größer wird, je höher der Druck ist. »Es läßt sich also erwarten,« schrieb v. HELMHOLTZ, »daß sich bei den mit Drucksteigerung einhergehenden Krankheiten diese Veränderungen an der Hornhaut verraten werden.«

---

1) Der zweite von SEIDEL mitgeteilte Fall interessiert hier nicht, da es sich um ein bereits erweichtes Auge mit Aderhautsarkom und Ablatio handelte.

Über diese Frage sind von verschiedenen Forschern Versuche angestellt worden.

Schelske (1864) konnte durch Experimente an exstirpierten Kaninchen- und Menschenaugen die Ansicht v. Helmholtzs bestätigen; er fand ebenso wie später Eissen (1888) an den Augen kurarisierter Kaninchen, daß bei Zunahme des intraokularen Druckes die Hornhaut flacher wurde und ihre Asymmetrie abnahm. Allerdings zeigten die Eissenschen Versuche, daß es einer recht beträchtlichen Drucksteigerung bedarf, um eine deutliche Veränderung des Hornhautradius zu erzeugen; Drucksteigerungen um 10 mm Hg und mehr bewirkten in der Regel noch keine nachweisbare Abflachung. Mit Recht sahen daher v. Reuss (1877) und Stocker (1887) davon ab, aus den Kornealmessungen, die sie bei ihren Experimenten über die Beeinflussung des intraokularen Druckes durch Miotika und Mydriatika vorgenommen haben, bindende Schlüsse auf die Höhe des Augendruckes zu ziehen. Die von v. Reuss beim Menschen konstatierte Zunahme der Hornhautkrümmung nach Eserineinträuflung kann wohl ebensowenig wie die von Stocker an Kaninchenaugen beobachtete Verkleinerung des Hornhautradius nach Einträuflung von Miotizis auf die minimale Druckverminderung zurückgeführt werden. Nach meinen tonometrischen Untersuchungen (s. u.) beträgt dieselbe beim normalen menschlichen Auge nach mehrmaliger Einträuflung einer $1/_2$%igen Eserin- bzw. 2%igen Pilokarpinlösung nur wenige Millimeter Hg. Mit größerer Wahrscheinlichkeit ist, wie die Autoren auch selbst geneigt sind anzunehmen, die Verkleinerung des Hornhautradius zurückzuführen auf die Einziehung, die der Korneoskleralrand durch die Ziliarmuskelkontraktion erfährt.

Von Interesse sind die Versuche, die Koster (1900) an einem frisch enukleierten emmetropischen Auge vorgenommen hat, dessen Formveränderung bei verschieden hohem intraokularen Druck durch Gipsabgüsse genau fixiert wurde. Es zeigte sich, daß die Bulbuswandung bei Erhöhung des Binnendruckes bis zu 100 mm Hg nur sehr wenig nachgibt, daß insbesondere der vordere konisch gebildete Abschnitt des Auges so gut wie keine Formveränderung erleidet.

Auch die klinischen Beobachtungen sprechen wenig für die Brauchbarkeit der ophthalmometrischen Druckmessungsmethode; schon Donders (1863) und Coccius (1872), ebenso später Schmidt-Rimpler (1908) vermochten beim Vergleich eines glaukomatösen Auges mit dem gesunden desselben Individuums einen Unterschied in der Größe des Krümmungsradius nicht zu finden. Laqueur (1884) konstatierte, daß die Entspannung glaukomatöser Augen durch Physostigmin ohne Einfluß auf die Gestalt der Hornhaut blieb. ten Doesschate (1910) sah unter dem Einflusse intraokularer Drucksteigerung den Hornhautradius vorübergehend größer oder kleiner werden.

So können wir wohl mit gutem Recht die ophthalmometrische Methode als ungeeignet für Druckbestimmung des Auges beiseite lassen.

KRÜCKMANN (1895) glaubte eine Beurteilung des intraokularen Druckes durch Sensibilitätsprüfung der Hornhaut gewinnen zu können. Er ging von der Voraussetzung aus, daß die Leistungsfähigkeit der Hornhautnerven infolge der durch intraokulare Drucksteigerung verursachten Spannung und Dehnung der Augenhüllen sehr herabgesetzt wird, so daß die peripheren nervösen Endapparate eines stärkeren Reizes bedürfen, um in Funktion zu treten.

Zur Prüfung des Emporsteigens der Reizschwelle bediente sich KRÜCKMANN der von v. FREY (1894) für die Untersuchung der Hornhautsensibilität angegebenen »Reizhaare«. An ein Holzstäbchen als Handgriff wird ein möglichst wenig gekrümmtes Haar etwa 20—30 mm vorstehend befestigt und mit seinem freien Ende senkrecht gegen die zu untersuchende Hornhautstelle gestoßen. »Da das Haar ausweicht, kommt es nicht zu einer Verletzung, sondern nur zu einer ganz umschriebenen Deformation der Hornhaut, welche mit der Krümmung des Haares anfänglich wächst, dann aber einen Grenzwert erreicht, welcher nicht überschritten werden kann. Stößt man das Haar statt gegen die Hornhaut gegen die Schale einer feinen Wage, so läßt sich dieser Grenzwert in Gewichten ausdrücken und daraus sowohl wie aus dem Querschnitt des Haares die Intensität des ausgeübten Druckes in gr/mm berechnen.« Als brauchbares Wertmaß empfiehlt K. Druckwerte von 1—2 gr/mm. Er betrachtet den Borstenversuch mittels Reizhaaren von bekanntem Biegungswiderstand als sicheren Prüfstein sowohl der zunehmenden wie der verschwindenden Drucksteigerung, da er die Hornhauthypästhesie bei allen glaukomatösen Zuständen mit Ausnahme der als Glaucoma simplex bekannten Erkrankungsformen nachweisen konnte.

Abgesehen davon, daß man diese rein subjektive Methode, die uns ganz von den Angaben der mehr oder weniger intelligenten und empfindlichen Patienten abhängig machen würde, von vornherein sehr skeptisch beurteilen wird, sind auch von NAGEL (1905) prinzipielle Bedenken gegen das Verfahren erhoben worden, auf die hier nicht näher eingegangen werden kann. Klinische Verwendung hat diese v. FREY-KRÜCKMANNsche Borstenmethode daher auch kaum gefunden.

Tonometrie des Auges.

Die Tonometrie ist die einzige wissenschaftlich-experimentell und klinisch brauchbare Methode der Druckbestimmung, die für das lebende menschliche Auge in Betracht kommt. Der Name ist nicht gerade glücklich gewählt, denn wir wollen mit diesem Verfahren ein Urteil über den im Auge herrschenden Druck, nicht über den elastischen Druck der gespannten Wandung gewinnen.

Die Ophthalmotonometrie sucht die Höhe des Binnendruckes aus dem Verhältnis zwischen der Größe einer von außen gegen die Bulbuswandung andrückenden Kraft und den Dimensionen der erzielten Formveränderung zu bestimmen. Dieselbe hängt jedoch außer von dem Druck und der Wandspannung noch von einer Reihe anderer mathematisch-physikalisch nicht sicher meßbarer Faktoren ab: Dicke, Härte und Elastizität der Augenkapsel, Beschaffenheit des orbitalen Fettpolsters. Durch Erzeugung des Eindruckes bzw. der Abplattung der Bulbuswandung und die Belastung durch das Tonometer wird ferner der intraokulare Druck um einen gewissen Betrag erhöht, der sich nicht berechnen läßt. Wie LEBER (1903) ausführt, »wird durch den Druck des Tonometers von der eingedrückten Stelle aus eine kleine Menge Flüssigkeit in den übrigen Teil der Bulbuskapsel hinübergedrängt, welche hier nur dadurch Platz finden kann, daß eine entsprechende Dehnung der Wandung stattfindet und dieser Teil des Auges sich der Gestalt einer Kugel nähert, welche bekanntlich bei gleicher Größe der Oberfläche den größtmöglichen Inhalt aufnehmen kann. Der hierzu nötige Grad des äußeren Druckes muß natürlich von der Elastizität und Biegsamkeit der Augenkapsel abhängen, die nicht hinreichend bekannt und auch in verschiedenen Fällen nicht von gleicher Größe ist.«

Das Resultat jeder tonometrischen Prüfung darf daher nur mit Vorbehalt verwertet werden; sie nimmt verschiedene Fehlerquellen mit in Kauf. Wenn dieselben auch, wie aus der verhältnismäßig guten Übereinstimmung der tonometrischen Untersuchungsergebnisse hervorgeht, nur geringe und die individuellen Verschiedenheiten nur von untergeordneter Bedeutung sind, so werden wir doch niemals von einer tonometrischen Druckbestimmung absolute, sondern lediglich vergleichende Zahlenwerte erwarten.

Digitale Tonometrie.

Die einfachste tonometrische Methode ist die digitale Palpation des Augapfels.

Man fordert den Patienten auf, nach abwärts zu sehen, legt die Kuppen der beiden Zeigefinger nebeneinander auf das obere Lid und übt mit ihnen

Fig. 1.

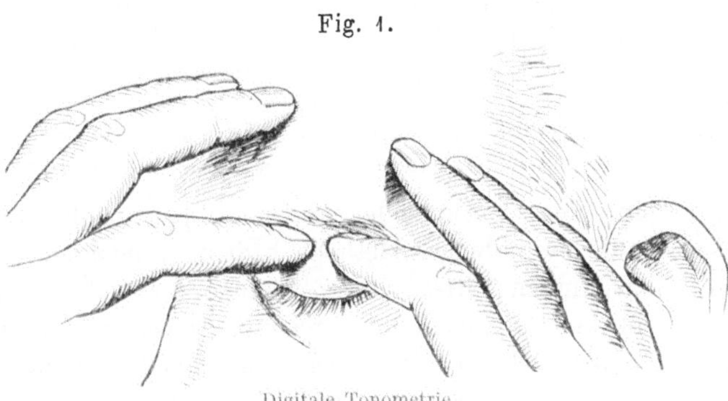

Digitale Tonometrie.

abwechselnd einen sanften Druck auf die Sklera aus. Mittel-, Ring- und kleiner Finger stützen sich dabei auf den oberen Orbitalrand und die Stirn, um die Hand möglichst zu fixieren und zu kontrollieren, ob der Patient Bewegungen mit seinem Kopfe macht, die zu Täuschungen Veranlassung geben könnten (s. Fig. 1). Die Palpationsbewegungen werden nur mit den tastenden Fingerspitzen ausgeführt, Hand und Arm bewegen sich nicht.

Die Fingerkuppen sind möglichst nahe dem Supraorbitalrand aufzusetzen, weil das Augenlid dort am dünnsten ist und unser Urteil nicht durch die bei verschiedenen Individuen ungleiche Dicke des Tarsus gestört wird.

Schmidt-Rimpler (1908) befürchtete, daß durch die Senkung des Blickes eine Druckzunahme eintreten könne, und schlug deshalb vor, den Patienten das geradeaus blickende Auge während der Betastung schließen zu lassen. Dem ist entgegenzuhalten, daß auch der Lidschluß eine gewisse Drucksteigerung im Gefolge hat, wie durch manometrische und tonometrische Untersuchungen nachgewiesen ist (Adamück 1868, v. Hippel und Grünhagen 1869, Engelmann 1904). Es ist wohl ziemlich belanglos, ob das zu prüfende Auge beim Blick nach unten oder unter dem völlig geschlossenen Lide palpiert wird, wichtig ist nur, daß in beiden Fällen krampfhafte Muskelkontraktionen vermieden werden. Ob die Resulate zuverlässiger sind, wenn die beiden Zeigefinger nebeneinander auf das Oberlid gesetzt werden oder nach Schmidt-Rimplers Vorschlag der Zeigefinger der einen Hand auf die innere Hälfte des Oberlides, der der anderen Hand auf die äußere, um ein Ausweichen zu verhüten, dürfte Sache der Übung und Gewöhnung sein. Für schwer entscheidbare Fälle empfiehlt derselbe Autor zum Vergleich das alte Cocciussche Verfahren.

Coccius (1869) ließ den Kranken nach oben sehen und betastete dann direkt die Sklera unterhalb der Hornhaut mit dem vorher in laues Wasser eingetauchten Zeigefinger. »Es ist aber zu beachten, daß man den Bulbus dabei nicht verschiebt, weil man sonst die Kompressionsfähigkeit des orbitalen Fettgewebes, nicht die des Auges prüfen würde.« Diese Forderung ist meines Erachtens unerfüllbar, da jede Betastung des Auges, die so stark ist, daß sie eine fühlbare Formveränderung der Wandung erzeugt, unbedingt eine Verschiebung zur Folge hat. Die Lageveränderung erfolgt bereits bei wesentlich schwächeren Tastversuchen, sie geht der Formveränderung voraus. Erst wenn das orbitale Fettgewebe so stark komprimiert ist, daß der »intraorbitale« Druck den intraokularen übertrifft, werden wir eine Impression der Bulbuskapsel erwarten können.

Um gleichzeitig den Druck beider Augen zu prüfen, kann man sich der von Ayres (1904) empfohlenen Methode bedienen: man legt die Kuppen seines rechten bzw. linken Mittel- und Zeigefingers auf die oberen Lider des nach unten blickenden linken bzw. rechten Auges, und zwar so, daß sich die Nagelwölbungen dieser Finger leicht an den Supraorbitalrand anschmiegen, während die Fingerbeeren die beiden Augen vergleichend palpieren. Ayres glaubt bei Prüfung der Tension mit zwei Fingern derselben Hand Druckabweichungen feiner zu fühlen und hält diese Methode für bequemer bei Untersuchung bettlägeriger Kranker.

Welcher Methode der digitalen Tonometrie wir uns auch bedienen, wir schätzen die Höhe des intraokularen Druckes nach der Kraft, die wir aufwenden müssen, um den Widerstand der Bulbuskapsel zu überwinden und einen deutlich wahrnehmbaren Eindruck in derselben zu erzeugen.

Bowman nahm an, daß man auf diese Weise, d. h. mittels Fingerpalpation, sieben verschiedene Grade des intraokularen Druckes unterscheiden könne, drei über, drei unter der normalen »Tension« (T), und wollte dieselben mit $T + 1$, $T + 2$, $T + 3$, $T - 1$, $T - 2$, $T - 3$ bezeichnet wissen. Setzen wir dafür einfach die Worte: Augendruck normal, leicht erhöht, stark erhöht, maximal erhöht, und: etwas vermindert, stark vermindert, Auge ganz weich! Denn die Zahlen täuschen doch nur eine Genauigkeit vor, die ihnen hier nicht zukommt.

Die Resultate der digitalen Methode sind in der Tat sehr ungenau, wie man schon aus der Bowmanschen Aufstellung von nur sieben verschiedenen Druckhöhen entnehmen kann. Die Fehlerquellen bestehen in der ungleichen Beschaffenheit der Augenlider verschiedener Individuen, in dem ungleichmäßigen Aufsetzen der Finger des Untersuchers bei verschiedenen Palpationen, in der Unvollkommenheit und Verschiedenheit des Tast- und Drucksinnes unserer Fingerspitzen, schließlich in der Schwierigkeit des Vergleiches zweier zu verschiedenen Zeiten perzipierter Tast- und Druckempfindungen.

Differenzen in der Meinung verschiedener Beobachter lassen sich durch digitale Tonometrie natürlich nicht entscheiden.

An Zuverlässigkeit könnte sie gewinnen, wenn nach dem Vorschlage von R. A. Fick (1888) der Druck des palpierten Auges direkt verglichen würde mit dem bekannten Druck eines »Augendruckschemas«. Als solches könnte man z. B. ein Kalbs- oder Schweinsauge verwenden, das mit einem Quecksilbermanometer in Verbindung steht. Der Druck im Tierauge wäre so lange zu ändern, bis er dem tastenden Finger gleich groß erscheint als der Druck in dem Auge des Patienten.

Würden die Grenzen der Unterscheidungsfähigkeit des Druck- und Tastsinnes unserer Fingerbeeren an diesem Augendruckschema durch Experimente festgestellt, so könnte man voraussichtlich mit dieser Art der Bulbuspalpation die tonometrische Skala feiner graduieren als mit den sieben Graden Bowmans.

Instrumentelle Tonometrie.

Das Bedürfnis nach Instrumenten, die auch geringe Druckunterschiede mit möglichster Genauigkeit zu messen gestatten, bedarf schon nach Vorstehendem kaum einer näheren Begründung. Ohne Benutzung eines Tonometers ist der Augenarzt außerstande, Diagnose und Therapie des Glaukoms genügend zu beherrschen. Die leichten Drucksteigerungen, wie sie bei der Frühdiagnose des Glaukoms in Betracht kommen, entziehen sich oft selbst dem geübtesten palpierenden Finger, während sie vom Tonometer sicher nachgewiesen werden. Wie soll sich der Augenarzt Rechenschaft geben, in welchem Grade das verordnete Medikament den Druck herabsetzt, wie die Häufigkeit und Zeitpunkt der Einträuflung, die Konzentration der Lösung regulieren, wenn er nicht auf Grund tonometrischer Messungen die

Druckhöhen zahlenmäßig registriert und vergleicht? Wie die Entscheidung treffen, ob die medikamentöse Behandlung allein genügt, wann ein operativer Eingriff angezeigt ist?

Schon seit länger als einem halben Jahrhundert haben sich Augenärzte und Feinmechaniker um die Konstruktion brauchbarer Tonometer bemüht, so besonders Donders und seine Schüler in Utrecht. Die meisten der erfundenen und empfohlenen Instrumente haben jedoch wegen Unhandlichkeit, Ungenauigkeit oder mangelhafter Konstruktion die Anerkennung der Kliniker nicht gefunden.

Erst in den 80er Jahren ist durch Maklakoff (1885, 1892) und durch Fick (1888) die Tonometrie mehr zu Ehren gebracht worden, und neuerdings hat es Schiötz (1905) verstanden, bei seinen Fachkollegen wieder regeres Interesse für die instrumentelle Druckmessung zu erwecken, indem er ihnen ein neues, praktisch-klinisch tatsächlich brauchbares Tonometer in die Hand gab.

Die bisher konstruierten Tonometer lassen sich ihrer Wirkungsart nach in 2 Kategorien einteilen: Impressions- und Applanationstonometer. Die Impressionstonometer suchen den intraokularen Druck aus der Tiefe des Eindrucks zu bestimmen, den ein gegen die Augapfelwandung mit gewisser und konstanter Kraft wirkendes Stäbchen erzeugt oder aus der Kraft, die erforderlich ist, einen Eindruck von bestimmter Größe zu erzeugen — die Applanationstonometer aus dem Durchmesser der Abplattungsfläche, die an dem Augapfel durch Andrücken einer Platte mit konstanter Kraft entsteht oder umgekehrt aus der Kraft, deren man bedarf, um eine Abplattung von einem gewissen und sich gleichbleibenden Durchmesser zu erzielen.

1. Applanationstonometer.

Gegen das Prinzip der Impressionstonometer ist vom theoretischen Standpunkt der Einwand zu erheben, daß aus der Eindrückbarkeit der Bulbuskapsel nicht ohne weiteres auf die Höhe des intraokularen Druckes geschlossen werden kann.

Nach Snellen (1869) machten Imbert (1885) und A. Fick (1888) darauf aufmerksam, daß die Tiefe des mit einer bestimmten Kraft im Auge erzeugten Eindrucks außer von dem im Auge herrschenden Druck und anderen untergeordneten Faktoren (so z. B. Dicke und Starrheit der Bulbushülle, Abweichung des Auges von der Kugelgestalt usw.), vor allem abhängt von einer zweiten dem Eindruck entgegenwirkenden Kraft: der Wandspannung des Auges.

Zwischen hydrostatischem Druck und Wandspannung besteht allerdings eine innige Beziehung; nimmt man an, daß die Bulbuswandung eine völlig elastische, biegsame Hülle sei, die einen flüssigen Inhalt in Kugelform umschließt, so kann man die Gleichung aufstellen:

$$\frac{\text{Intraokularer Druck} \times \text{Kugelradius}}{2} = \text{Wandspannung}.$$

Man hätte also nur Wandspannung und Radius zu messen, um den intraokularen Druck zu finden. Die praktische Bestimmung der Wandspannung ist jedoch selbst mit dem die Eindrucksform genau wiedergebenden SNELLENschen Tonometer unmöglich, denn man bedürfte verschiedener Radien und Winkel, die am Lebenden nicht meßbar sind (FICK).

IMBERT und A. FICK haben nun beide unabhängig voneinander nachgewiesen, daß man die Wandspannung in sehr einfacher Weise eliminieren kann.

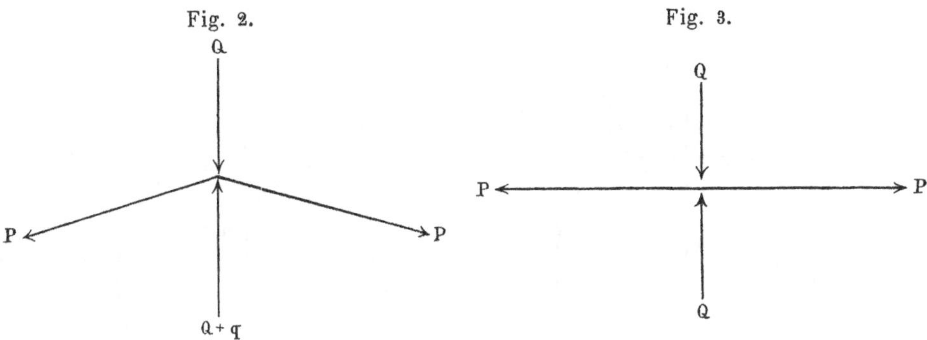

Zur Eliminierung der Wandspannung. (Nach FICK.)

Folgen wir der physikalischen Auseinandersetzung A. FICKS (1888):

Ein geknickt verlaufender Faden sei mit der Kraft P gespannt (Fig. 2), gegen die den Faden halbierende Knickungsstelle wirke von oben die Kraft Q. Soll der Faden seine Lage beibehalten, so muß von unten eine um einen gewissen Betrag q größere Kraft $Q + q$ wirken, da die obere Kraft Q unterstützt wird durch von oben nach unten wirkende Komponenten der Spannung P.

Ist der Faden gerade gespannt (Fig. 3), so besteht Gleichgewicht, wenn auf die Mitte des Fadens mit der gleichen Kraft Q von oben und unten her gedrückt wird, da keine Spannungskomponente in Betracht kommt.

Drückt man ein ebenes Plättchen mm (Fig. 4) mit einer Kraft Q gegen eine Blase, deren Wand von einer biegsamen Membran gebildet ist und in deren Innern ein gewisser hydrostatischer Druck Q' herrscht, so tief, daß sich die angrenzenden Teile der Blasenwand um das Plättchen hervorwulsten, dann hält die Kraft Q Gleichgewicht:

1. Dem auf die ganze Fläche des Plättchens entfallenden hydrostatischen Druck Q',

2. gewissen Komponenten der Blasenwandspannung q.

Wird jedoch das Plättchen von einer Kraft Q nur gerade so tief eingedrückt, daß die direkt angrenzenden Teile der Blasenwand mit der unteren Fläche des Plättchens gerade in eine Ebene fallen (Fig. 5), dann ist die Kraft Q dem auf die Oberfläche des Plättchens entfallenden Innendruck Q' gleich. Die Wandspannung kann völlig eliminiert werden, da keine Komponente derselben mitwirkt, weder im Sinne der Kraft Q, noch im Sinne des Innendrucks, denn die Zugrichtung der Wandspannung rings am Rande des Plättchens fällt in die Ebene des Plättchens.

Auf Grund dieser Erwägung konstruierte A. Fick (1888) folgendes einfache Ophthalmotonometer:

Ein kleines ebenes Plättchen mm (Fig. 6) ist mittels eines Drahtstieles n an der Feder ff fixiert. Das untere Ende der Feder ff ist an einem

Fig. 4.Fig. 5.

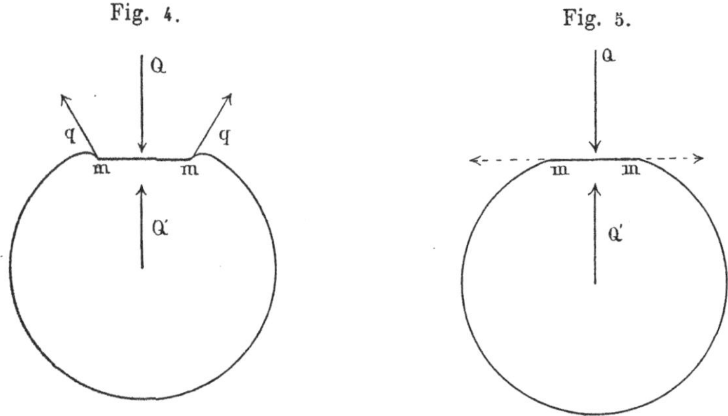

Skizze zum Ophthalmotonometer nach Fick.

Rähmchen RR befestigt, in dessen Lichtung sie in Gleichgewichtslage ganz frei schwebt.

Wird ein Druck gegen mm ausgeübt, so gleitet die Feder längs eines am Rähmchen befestigten, mit der Skala S versehenen Gradbogens zurück.

Die Skala ist so eingeteilt, daß jeder Teilstrich einer Belastung der Tonometerplatte von 1 g entspricht. Die Größe der Platte ist so gewählt (Diameter = 6,8 mm), daß eine darauf gelegte Quecksilberschicht von 2 mm Höhe gerade 1 g wiegt, man also in einfachster Weise den intraokularen Druck in Millimeter Hg ausdrücken kann.

Die Untersuchung gestaltet sich folgendermaßen:

Der Patient wird aufgefordert, seinen Kopf nach hinten zu beugen und den Blick seitwärts zu richten. Das Plättchen wird gegen die Sklera gedrückt, bis es dieselbe so weit abgeplattet hat, daß es mit der nächst angrenzenden Zone der Sklera eine Ebene bildet. Der hierzu erforderliche Druck wird in diesem Momente an der Skala abgelesen. Durch mehrere aufeinander folgende Kontrollmessungen sucht man sich vor Irrtümern zu schützen.

Lachowitsch (1893) und Leber empfehlen das Tonometer an die Kornea anzulegen, da an der Sklera das Vorhandensein der Bindehaut eine Fehlerquelle abgibt und die Einstellung an der Kornea besser beurteilt werden kann.

Eine gewisse Schwierigkeit besteht darin, gleichzeitig den Moment der Abplattung zu bestimmen und auf der Skala den Ausschlag abzulesen.

Das Ficksche Tonometer wurde von Koster eingehend geprüft, indem er die tonometrischen Resultate mittels des Manometers an frischen Schweinsaugen kontrollierte. Es ergab sich, daß auch durch das Aufsetzen des Fickschen Instrumentes eine Steigerung des intraokularen Druckes erfolgt, und daß die Messungsergebnisse nur annähernd genaue waren, da die Beurteilung der eben eingetretenen Abplattung der Skleralkapsel selbst dem Geübten nicht immer gleichmäßig sicher gelingt.

Koster (1895) und Ostwalt (1895) haben deshalb das Ficksche Instrument modifiziert.

Das Kostersche Tonometer soll automatisch mittels einer sehr subtilen Fangvorrichtung den Moment angeben, wo die Platte eben überall die Sklera berührt, und außerdem den Indikator in seiner Stellung fixieren, so daß man das Instrument vom Auge entfernen und dann den Druck ablesen kann. Bezüglich der genaueren Beschreibung verweise ich auf v. Graefes Archiv 41, 2.

Das Kostersche Instrument erinnert sehr an ein altes, in Vergessenheit geratenes Tonometer von Ad. Weber. Dieses war bereits im Jahre 1863 konstruiert worden und bestand aus einem zwischen zwei fixen Stäbchen und mit denselben in einer Ebene befindlichem Stift, der gegen die Kraft einer Spiralfeder auf die Lederhaut drückt, bis deren Krümmung in einer gewissen Ausdehnung zu einer Ebene abgeplattet ist und sein Ende mit dem Ende der beiden Stäbchen in eine Gerade fällt. In diesem Moment wird durch eine Feder der mittlere Stift automatisch immobilisiert, und man kann auf einer Skala die zur Abplattung nötige Kraft ablesen. Das Webersche Instrument war insofern unvollkommen, als die Abplattung keine vollständige war.

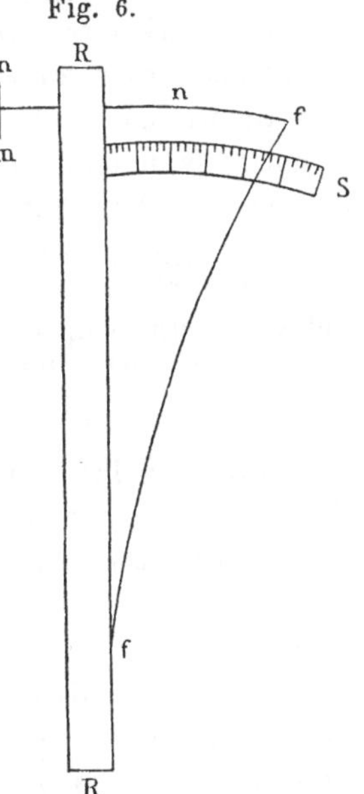

Tonometer nach Fick.

Ostwalt (1895) läßt die Lageveränderung der Feder des Fickschen Apparates durch einen Stift auf einer kleinen berußten Glasplatte aufschreiben, die hinter dem Gradbogen des Tonometers befestigt wird, und erspart so das Ablesen auf der Skala während der Messung.

Recht brauchbar scheint nach den Mitteilungen von Gurwitsch (1906), Schirmer (1910) und Schulze (1906) die von Livschitz (1904) angegebene

»optische« Abänderung des Fickschen Instrumentes zu sein. Livschitz ersetzte die runde Metallplatte durch ein gleichseitiges Glasprisma von quadratischer Grundfläche. Die Berührungsfläche des von der Seite beleuchteten Prismas erscheint als dunkler Kreis auf einem beleuchteten spiegelnden Grund. Das durch die Brechkraft abgelenkte Bild kann bequem von einer der beiden Kathetenseiten aus beobachtet werden. Der Druck wird so lange fortgesetzt, bis der Rand der scheibenförmig niedergedrückten Hornhautpartie die 4 Seiten der Grundfläche berührt. Diese Modifikation mag gewiß eine leichtere und sichere Feststellung des Momentes gestatten, in dem die Kornea gerade zur Ebene heruntergedrückt worden ist.

Bei stärkerem Augentränen wird wie bei dem Maklakoffschen Tonometer der Druck zu niedrig bestimmt.

Gurwitsch kontrollierte die Ergebnisse mit dem Maklakoffschen Instrument (s. unten) und fand, daß der Unterschied zwischen diesen beiden Tonometern 2,5—3 mm Hg nicht übersteigt.

Auf dem gleichen Prinzip wie das Ficksche Tonometer beruht auch die von Ewald (1905) angegebene Vorrichtung. Ein kleiner, dünnwandiger Gummiballon mit veränderlichem, manometrisch bestimmbarem Innendruck wird gegen den Bulbus angedrückt, bis die Berührungsfläche beider eine Ebene ist.

Während bei dem A. Fickschen Instrument und seinen Modifikationen der Durchmesser der Abplattungsfläche konstant ist und die Kraft bestimmt wird, die zur Erzeugung dieser Abplattung nötig ist, konstruierte Maklakoff (1885) ein Applanationstonometer, das bei allen Messungen dieselbe Kraft, dasselbe Gewicht benutzt und den Durchmesser der abgeplatteten Kornealfläche bestimmt.

Maklakoff erzeugt den konstanten Außendruck durch einen kleinen hohlen Metallzylinder (Fig. 7), in welchem frei ein Bleistück gleitet, um den Schwerpunkt nach unten zu verlegen.

Der 10 g schwere Zylinder endet oben und unten mit je einer Halbkugel, deren Äquatorebene durch eine Platte von 1 cm Durchmesser aus weißem polierten Glas gebildet ist. Die Glasplatten sind mit einer dünnen Schicht Glyzerin-Eosin oder Glyzerin-Bismarckbraun-Lösung überzogen.

Mittels eines Handgriffes, in dessen Schlinge der Metallzylinder hängt, setzt man denselben genau senkrecht auf den Scheitel der mit Holokain anästhesierten Hornhaut des horizontal liegenden Patienten auf und hebt ihn, sobald er mit seinem ganzen Gewicht auf der Kornea lastet, rasch in die Höhe. Zu beachten ist dabei, daß der Griff langsam gesenkt wird, damit das Tonometer nicht als fallender Körper auf die Hornhaut aufschlägt. Jeder Druck mit den die Lider auseinanderhaltenden Fingern auf den Bulbus ist zu vermeiden. Die durch den Zylinder auf der Kornea erzeugte runde Abplattungsfläche hebt infolge ihrer Feuchtigkeit auf der korrespondierenden Stelle der gefärbten Glasplatte die Farbschicht ab. Die Glasplatte drückt man auf ein mit Alkohol befeuchtetes Papier, das auf einer gleichmäßig ebenen Unterlage, am besten einer weichen Kautschukplatte, liegt, und erhält so einen Abklatsch, dessen farblose zentrale Partie der Abplattungsfläche der Kornea entspricht.

Man mißt den Diameter $2r$ mit einem Millimetermaßstab und kann daraus den intraokularen Druck in Millimeter Hg nach der Formel: Höhe der

Hg-Säule in Millimeter $= r^2 \dfrac{10000}{\pi \cdot 13,6}$

(OSTWALT) annähernd genau berechnen.

Für Augen mit stärker herabgesetztem Druck verwendet MAKLAKOFF ein Tonometer von nur 6 g Gewicht.

Die Farbstofflösung, deren richtige Konsistenz und Zusammensetzung für Erlangung guter Abdrücke von besonderer Wichtigkeit ist, wird nach dem von ENGELMANN angegebenen Rezept der Moskauer Augenklinik in folgender Weise hergestellt: 20 g Bismarckbraun werden 10—15 Minuten mit 20 Tropfen destill. H_2O verrieben. Hierauf fügt man 10 Tropfen Glyzerin hinzu und verreibt wieder einige Minuten; unter allmählichem Hinzufügen von weiteren 10 gtt. Glyzerin reibt man noch 30—40 Minuten. Von dieser dickflüssigen Masse trägt man ein ganz kleines Quantum auf die Endplatte des Zylinders und streicht sie in einer gleichmäßigen Schicht aus. Hierzu bedient man sich eines weichen kurzgeschorenen Pinsels. In einem gut verschlossenen Gefäß hält sich diese Mischung fast unverändert; sollte sie mit der Zeit zu dick werden, so fügt man 1—2 Tropfen Glyzerin hinzu.

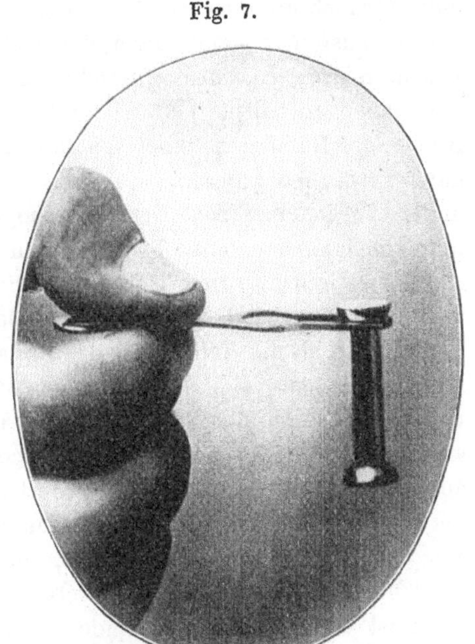

Fig. 7.

Tonometer nach MAKLAKOFF.

Ein Nachteil der MAKLAKOFFschen Methode besteht darin, daß die Messungsergebnisse mit dem Feuchtigkeitszustand der Kornea variieren (OSTWALT 1895, CHWALINSKI 1896, ENGELMANN 1904), da sich beim Aufsetzen des Metallzylinders auf die Kornea die Farbschicht der Platte nicht nur von der wahren Berührungsfläche löst, sondern auch noch durch kapillare Attraktion der Tränenflüssigkeit in der Umgebung der Kontaktfläche, und zwar um so ausgiebiger, je feuchter die Hornhaut ist. Die Abdrücke können ferner bei stärkerer Tränensekretion leicht eine unregelmäßig sternförmige Figur annehmen, und die Ränder des weißen Kreises verwaschen erscheinen. Um diesen störenden Einfluß zu mildern, schlägt Engelmann vor, kurz vor Anlegung des Tonometers die Flüssigkeit im inneren und äußeren Augenwinkel mit Watte abzutupfen. Ganz beseitigt wird dadurch die Fehlerquelle nicht.

Abgesehen davon, daß auch das exakte Aufsetzen des Apparates auf die Hornhautmitte wegen seiner geringen Stabilität mit manchen Schwierigkeiten verbunden ist, besteht ein weiterer Nachteil des Maklakoffschen Tonometers meines Erachtens darin, daß es nicht gestattet, rasch hintereinander mehrere Druckbestimmungen vorzunehmen; man kann nur zwei Messungen ausführen, muß dann die Abdrücke anfertigen, die Glasplatten von neuem mit der Farblösung beschicken und kann nun erst weitere Vergleichsmessungen anstellen. Gerade bei tonometrischen Untersuchungen mit einem frei in der Hand gehaltenen Instrument können gröbere Messungsfehler nur dann vermieden werden, wenn der Mittelwert aus mehreren kurz nacheinander vorgenommenen Druckmessungen bestimmt wird. Um dies auch mit dem Maklakoffschen Tonometer zu ermöglichen, bzw. zu erleichtern, habe ich vor Jahren von dem Mechaniker Emil Sydow, Berlin, kleine Kapseln mit weiß polierten Glasflächen anfertigen lassen, die in allen Dimensionen etwas größer sind als die Halbkugeln des Apparates und sich federnd über letztere schieben lassen. Man kann sich so die Glasplatten beliebig vieler Kapseln nach der Anzahl der beabsichtigten Messungen mit der Farblösung schon kurz vorher präparieren, hat nach jeder zweiten Messung nur die Kapseln auszuwechseln und kann die Anfertigung der Abdrücke bis zum Schluß der Messungen aufschieben. Auch das lästige Herausfallen des Metallzylinders aus der Öffnung des Handgriffes, durch die der Zylinder in die Schlinge eingeführt wird, ist dann ausgeschlossen, da die Kapsel größer als die Öffnung ist und erst auf das Ende des Zylinders aufgedrückt wird, nachdem derselbe in der Schlinge hängt. Das Anbringen einer besonderen Feder zur Verhütung des Herausfallens des Zylinders bei der Messung erübrigt sich also. Die Größe des in dem Metallzylinder gleitenden Bleistückes ist natürlich so modifiziert, daß der Apparat trotz der Kapselvorrichtung genau 10,0 g wiegt.

Das Aufsetzen des Maklakoffschen Tonometers auf die Sklera ist unzweckmäßig, da sich daselbst verschiedene Gewebslagen übereinander befinden, deren Widerstand erst überwunden werden muß; namentlich bei Chemosis können Irrtümer vorkommen.

Nicht selten fallen die Abdrücke dadurch zu klein aus, daß der Untersucher das Instrument in die Höhe hebt, ehe es mit seinem ganzen Gewicht auf der Kornea geruht hat. Ungenauigkeiten entstehen auch durch unwillkürliche Bewegungen, die der Patient während der Untersuchung mit dem Auge macht. Mehrere Messungen sind daher unbedingt erforderlich.

Als normalen Augendruck ergibt das Maklakoffsche Instrument etwa

25 mm Hg[1]). Die von verschiedenen Autoren erhaltenen Werte weichen nur unwesentlich voneinander ab:

MAKLAKOFF . . . 25 mm Hg (= 6,1 mm Durchmesser der Abplattungsfläche)
GOLOWIN . . . . 24,8 mm Hg (zwischen 22 und 28 mm Hg)
LACHOWITSCH . . 26 mm Hg (» 21 » 30 » »)
CHWALINSKI . . . . (» 22,3 » 32 » »)
ENGELMANN . . . 23,9 mm Hg (» 20,4 » 28 » »).

Als Mittelwert sämtlicher Messungen (3670) bei glaukomatösen wie nicht glaukomatösen Augen fand MAKLAKOFF 5,6 mm der Abplattungsfläche, bei nur glaukomatösen Augen 4,7 mm.

OSTWALT hält die mit dem MAKLAKOFFschen Tonometer gewonnenen Werte auf Grund manometrischer Vergleichsversuche für zu niedrig und glaubt dies auf den schon oben erwähnten Fehler zurückführen zu können, daß sich beim Aufsetzen des Metallzylinders auf die Hornhaut der Farbstoff auch in der nächsten Umgebung der Kontaktfläche löst.

Nach LACHOWITSCH (1893) betragen die Fehler des M.schen Apparates 0,1—0,3 mm des Kreisdurchmessers, d. h. bis zu 2,4 mm Hg, beim FICKschen Tonometer bis 3,4 mm Hg.

RÖMERS (1919) Modifikation des MAKLAKOFFschen Instruments sucht dadurch die Abplattungsfläche der Hornhaut möglichst genau zu messen, daß sie — auf optischem Wege (vgl. LIVSCHITZ 1904) — den Übergang der Ebene in die benachbarten Teile der Krümmung bestimmt. Ein durchsichtiger Glaszylinder von konstantem Gewicht wird nach Einträuflung eines Tropfens Fluoreszinlösung auf die anästhesierte Hornhaut aufgesetzt. Im Bereich des zur Ebene heruntergedrückten Kornealbezirkes wird das Fluoreszin beiseite gedrängt, die Übergangsgrenzlinie ist deutlich zu erkennen, der Durchmesser des Abplattungskreises wird mittels einer optischen Meßvorrichtung exakt festgestellt. Dieselbe besteht im wesentlichen aus einem Fernrohr, das mit einem in der Mitte durchbohrtem Paar gegeneinander verschiebbarer Prismen armiert ist. Die Einzelheiten der Konstruktion des von der Fa. Zeiß-Jena hergestellten Instrumentes sind im Original nachzulesen.

Das wenig handliche STEINsche (1921) Applanationstonometer, das seinen Drehpunkt ebenso wie das neue Impressionstonometer von MANGOLD und DETERING (1923) nicht auf den Bulbus selbst aufstützt sondern außerhalb des Kranken auf einen Tisch und deshalb auch das Zurücksinken des Augapfels in die Orbita berücksichtigen muß, hat wohl keine weitere Verbreitung gefunden (SZEKRÉNYI 1922), so daß ein näheres Eingehen auf dasselbe sich erübrigt.

---

1) Zusatz bei der Korrektur: Vgl. die Übereinstimmung mit den neuesten SCHIÖTZschen Zahlen.

Zweifellos sind die Applanationstonometer aus den schon oben dargelegten Gründen den Impressionstonometer ihrem physikalischen Prinzip nach überlegen, wir werden aber auch von ihnen absolute Werte bei der praktischen Tonometrie des Auges schon allein deshalb nicht erwarten, weil die Voraussetzung der Berechnung nicht erfüllt ist, daß die Augenkapsel eine völlig elastische und biegsame Membran ist. Durch experimentelle Nachprüfungen und klinische Erfahrungen ist ferner erwiesen worden, daß auch die Art ihrer Konstruktion und Anwendung Fehlerquellen von nicht unerheblicher Größe bedingen, selbst wenn die Messung von geübter Hand ausgeführt wird. Das subjektive Schätzen der soeben erreichten Abplattung der Augenkapsel bei dem Fickschen Tonometer, die oft nur ungenauen Abdrücke bei dem Maklakoffschen, deren Durchmesser und Begrenzungsschärfe mit der Art des Aufsetzens und der Feuchtigkeit der Hornhaut erheblich variieren können, die große Übung, die ihre Anwendung erfordert, beeinträchtigen ihre praktische Verwendbarkeit und die Zuverlässigkeit ihrer Resultate. Das Maklakoff-Römersche Instrument kommt dem Ideal eines exakt arbeitenden Tonometers wohl am nächsten; ob es sich aber für den praktischen Gebrauch des Augenarztes eignet, scheint mir bei der Art der komplizierten Ablesung mittels Prismenfernrohres zweifelhaft, ob es für experimentelle Untersuchungen dem Schiötzschen Impressionstonometer vorzuziehen ist, bleibt abzuwarten.

2. Impressionstonometer.

Das Prinzip der Impressionstonometer erhellt aus der Erklärung, die A. v. Graefe 1863 bei Beschreibung seines ersten Tonometers gab: Übt man mit einem Stäbchen einen allmählich wachsenden Druck gegen die Bulbuswandung aus, so wird man einen nach und nach größer werdenden Eindruck in derselben erzeugen. Je höher der Druck in den Augen ist, um so geringer wird die Tiefe des Eindrucks, um so größer muß die Druckkraft sein.

Wir werden also Impressionstonometer diejenigen Tonometer nennen, die aus dem Verhältnis zwischen Tiefe des Eindrucks und der denselben erzeugenden Kraft die Höhe des intraokularen Druckes bestimmen wollen.

Das alte v. Graefesche Instrument [1]) besteht aus einem kleinen Stäbchen, das mittels eines belasteten einarmigen Hebels gegen das Auge angedrückt wird, während man auf einer Skala die Tiefe des Eindrucks bei verschiedener Belastung ablesen kann. Als Stützpunkt für das Instrument dient der obere Orbitalrand.

---

[1]) Die Beschreibung der älteren Instrumente, die zwar z. T. schon in Vergessenheit geraten sind, aber mit Rücksicht auf den historischen Entwicklungsgang der Tonometrie eine Erwähnung verdienen, ist in gekürzter Form der 1. Auflage dieses Handbuches entnommen.

Gleichzeitig und unabhängig von v. Graefe hatte Hamer (1874) unter der Leitung von Professor Donders ein Tonometer in dem »Gasthuis voor Ooglijders« in Utrecht konstruiert. Das Hamersche Instrument läßt sich direkt gegen den Augapfel andrücken. Es besteht aus einem Metalltubus, aus dem ein Stift hervorragt. Dieser steht mit einer aufgewundenen Uhrfeder in Verbindung, deren Spannung beim Eindrücken zu überwinden ist. Drückt man das Instrument so gegen die Bulbuswand, daß der Rand des Tubus gerade die Sklera berührt, so wird je nach der Höhe des intraokularen Druckes der Stift einerseits in der Sklera einen Eindruck von gewisser Tiefe hervorbringen, andererseits in bestimmtem Grade zurückweichen und die Druckkraft der Feder überwinden.

Als Maß wurde also bei den v. Graefeschen und Hamerschen Tonometern — ebenso auch bei dem später von dem Genfer Uhrmacher Lecoultre technisch vervollkommneten Hamerschen Instrument, das Dor (1865) auf dem Heidelberger Kongreß 1865 demonstrierte — einerseits die Tiefe des Eindrucks in der Bulbuskapsel benutzt, andererseits die Kraft, durch welche derselbe erzeugt wird; die angeführten Tonometer arbeiteten demnach mit zwei variablen Faktoren, so daß die Resultate verschiedener Untersuchungen nicht direkt miteinander vergleichbar waren.

Diese Forderung kann nur erfüllt werden, wenn einer dieser Faktoren als konstant angenommen wird. Dor wählte als Konstante die Druckkraft und schlug vor, das Tonometer nicht mit der Hand aufzusetzen, sondern an einem Faden aufzuhängen und durch seine eigene Schwere, also mit stets gleichbleibendem Gewicht, auf das Auge wirken zu lassen.

Donders (1874) verschaffte sich eine konstante Druckkraft, indem er die Feder, welche mit dem auf den Bulbus drückenden Stift in Verbindung steht, so lang machte, daß beim Einschieben desselben die Spannung immer annähernd dieselbe blieb. Auf diese Weise war eine konstante Kraft gegeben, und man hatte auf dem Zifferblatt des Instrumentes, das die Form und Größe einer Taschenuhr hatte, nur abzulesen, wie tief der Stift in die Sklera eingedrungen war. (Vgl. das neueste Baillartsche Tonometer.)

Das von Monnik (1870) in Utrecht entworfene Instrument ermöglichte, bald die Druckkraft, bald die Tiefe des Eindrucks als konstant anzunehmen, d. h. bei verschiedenen Untersuchungen entweder dasselbe Gewicht zu benutzen und zu messen, wie tief der durch dasselbe erzeugte Eindruck ist, oder jedesmal einen Eindruck von konstanter Tiefe zu machen und dann abzulesen, welches Gewicht dazu erforderlich war.

Snellens (1872) Tonometer erzeugt mit gegebener Kraft einen Eindruck in der Sklerotika, dessen Tiefe, Breite und gesamte Form gemessen werden können.

Auch die später von Lazerat (1885), Priestley Smith (1887), Helmbold (1896), Gradenigo (1900) angegebenen Instrumente beruhen auf dem Prinzip der Impressionstonometer.

Das Gradenigosche Modell wird durch ein Brillengestell mit einem vor dem dem Auge befindlichen Metallring gehalten. Offenhalten des Augenlides durch Blepharostat ist erforderlich, damit das in einem zylindrischen Glasröhrchen vorlaufend verschiebliche, mit 1—20 g zu belastende Stäbchen in senkrechter Stellung auf die Kornea aufgesetzt werden kann. Die Notwendigkeit der Verwendung eines Blepharostaten ist ein zweifelloser Nachteil des Instrumentes, denn nach den Engelmannschen (1904) Untersuchungen, deren Ergebnisse ich durch meine eigenen Erfahrungen bestätigen kann, wird der intraokulare Druck durch Einlegen eines Lidhalters nicht unwesentlich und um eine nicht konstante Größe erhöht. Die

Drucksteigerung erklärt sich einmal durch den Druck, den der Lidhalter direkt auf den Bulbus ausübt, zweitens durch die unwillkürliche Kontraktion der Lidmuskulatur.

Mittels des Helmboldschen Doppeltonometers (1896) soll sich rasch die Druckdifferenz der beiden Augen eines Individuums bestimmen lassen. Es wird aus zwei federnden, durch einen Querbalken verbundenen Tonometern gebildet, deren jedes auf einem Auge ruht. Man übt in der Halbierungslinie des Querbalkens einen bestimmten Druck auf die Tonometer aus und vergleicht an einer Skala die verschiedene Tiefe des Eindrucks in beiden Augen.

Schiötzs Tonometer.

Dem Bedürfnis nach einem handlichen und zuverlässigen Augendruckmesser ist durch das 1905 von Hj. Schiötz (1905) konstruierte Tonometer abgeholfen worden, dessen unverkennbaren Vorzügen die Ophthalmotonometrie, wie man sich bei Durchsicht der Literatur der letzten Jahre leicht überzeugen kann, ihre Wiedergeburt verdankt.

Auch das Schiötzsche Instrument ist seinem Prinzip nach ein Impressionstonometer, denn es mißt die durch eine bestimmte Belastung erzeugte Eindruckstiefe; die Formveränderung der Bulbuskapsel ist allerdings eine so geringe, daß der »Eindruck« mit einer »Abplattung« annähernd identifiziert werden kann, wenigstens innerhalb der zuverlässigen Ausschlagsbreite.

Aus der angezeigten Eindruckstiefe wird mittels empirisch hergestellter Kurven ohne weiteres der intraokulare Druck berechnet bzw. abgelesen. Die Kurven sind nach den Mittelwerten konstruiert, die Schiötz durch manometrische Vergleichsmessungen an geschlossenen menschlichen Leichenaugen gewonnen hat.

Wie aus Fig. 8 hervorgeht, besteht das Instrument aus einem in einer Hülse gleitenden, durch Gewichte (5,5—7,5—10,0—15,0 g) verschieden belastbaren Zapfen. Das obere zugespitzte Ende teilt seine Bewegungen dem kurzen Arm eines ungleicharmigen Hebels mit, der lange Arm gibt als Zeiger das Messungsresultat auf einer von der Hülse getragenen Millimeterskala an (vgl. das alte Tonometer nach Hamer-Lecoultre [1865]). Das untere Ende der Hülse hat ein Fußstück mit kreisförmiger Basis [1]), dessen untere Seite konkav ist und mitten auf die Hornhaut aufgesetzt wird. Um die Hülse legt sich eine zweite Hülse, an deren beiden aufwärts gebogenen Armen der Apparat zwischen Daumen und Zeige- nebst Mittelfinger gehalten wird.

Die Handhabung ist eine sehr einfache: Der Patient liegt auf dem Operationstisch oder auf einer Bank und hat die Augen gerade aufwärts gerichtet. Der Untersucher steht zur Seite des Kranken, dem Gesicht desselben zugewandt. Die Hornhaut des zu untersuchenden Auges ist

---

1) Später hat Sch. noch ein Fußstück mit halbmondförmiger Basis konstruiert, das sich auch für Druckmessungen bei Augen mit deformierter Hornhautoberfläche eignet.

durch 2 Tropfen einer 2 %igen Holokainlösung unempfindlich gemacht. Mit den Fingern der linken Hand zieht der Arzt die Augenlider ohne den Bulbus zu drücken, vorsichtig auseinander, setzt mit der rechten Hand den mit dem erforderlichen Gewicht belasteten Apparat genau senkrecht auf die Mitte der Hornhaut und liest den Ausschlag des Zeigers auf der Millimeterskala ab. Je höher der Druck, um so kleiner der Ausschlag. Ist der Binnendruck normal, so erhält man mit dem Gewicht 5,5 g einen Ausschlag von 3—6 mm. Beträgt letzterer weniger als 1 mm, so geht man zu dem nächst höheren Gewicht über, bis man mit Lot 7,5, 10,0 oder 15,0 g einen Zeigerausschlag

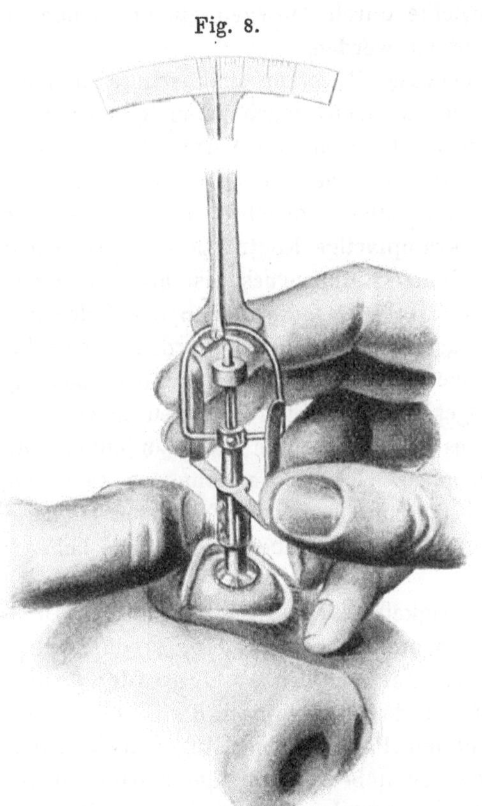

Fig. 8.

Ophthalmotonometer nach HJ. SCHIÖTZ. (Modell 1905.)

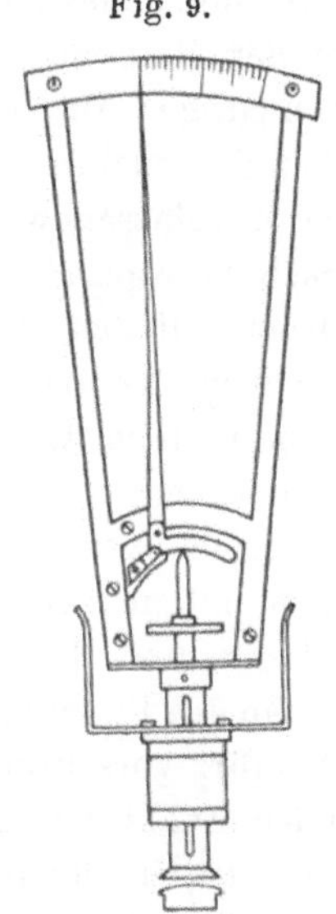

Fig. 9.

Tonometer SCHIÖTZ. (Modell 1924.)

von mindestens 2, höchstens 4 mm erhält. Bei diesen Gewichten sind erfahrungsgemäß kleinere und größere Skalenwerte nicht brauchbar. Messungen bei ausgesprochener Hypotonie werden mit dem nicht belasteten Zapfen ausgeführt, leider sind die Zeigerausschläge auf sehr weichen Augen recht schwankende.

Schon 1920 hatte SCHIÖTZ ein neues Modell seines Tonometers angekündigt, das vor allem dahin verbessert werden sollte, daß die Gewichte aufeinander gesetzt werden können, also das kleinere Gewicht beim Wechseln der Belastung nicht entfernt zu werden braucht. Das Instrument ist jetzt als Modell 1924 im Handel zu haben (Fa. A. Tandberg, Oslo, Norwegen). Der Gradbogen wird von zwei Armen getragen. Der Gleitzylinder mit den vier kleinen runden beweglichen Scheiben ist durch einen auf Kugeln gleitenden Zylinder ersetzt, das Untergestell ist massiver ausgeführt, so daß das Tonometer beim Aufsetzen auf die Hornhaut besser balanziert. Der Nachteil des zeitraubenden Abschraubens beim Wechseln der Gewichte ist beseitigt, da die schwereren Gewichte durch Auflegen entsprechender Ergänzungslote auf das 5,5 g-Lot erzielt werden.

Bei unruhigen Kindern und nervösen Patienten sind sichere Messungen ohne Narkose[1]) nicht ausführbar, da sie meist jeden Versuch, die Lider zu öffnen, mit energischem Zukneifen beantworten. Die Verwendung eines Lidhalters verbietet sich wegen des Druckes, den er auf den Augapfel ausüben würde. Auch bei ruhigen Patienten beobachtet man zuweilen bei den ersten Druckprüfungen diese krampfartige Kontraktion des Orbicularis und findet infolgedessen einen zu hohen Binnendruck. Ist aber der Kranke erst mit der Methode vertraut, so läßt auch das Kneifen der Lider nach. Ein zu niedriger Druck kann dagegen vorgetäuscht werden, wenn kurz hintereinander mehrere Druckmessungen vorgenommen werden, das Auge also einer Art Massagewirkung ausgesetzt wird. Sind die Zilien abgeschnitten (z. B. nach Staroperation), so ist es oft schwer, die Lider zu öffnen, ohne einen Druck auf den Bulbus auszuüben. Ich pflege dann, wie überhaupt in allen Fällen, wo das Oberlid die Neigung hat, dem Finger zu entgleiten, eine dünne Rolle leicht angefeuchteter Watte zwischen Lidrand und hebenden Finger zu legen.

Die einzige wesentliche Schwierigkeit, auf die ich bei meinen Druckmessungen mit dem Schiötzschen Tonometer gestoßen bin, ist die richtige Einstellung und Ruhigstellung des zu untersuchenden Auges. Fordert man den Patienten nur auf, gerade aufwärts nach der Decke zu sehen, wie es Schiötz vorschreibt, so gibt der Patient seinen Augen nicht mit der genügenden Exaktheit die Stellung, die unbedingt für die genaue Messung einzuhalten ist, in der nämlich die Äquatorialebene horizontal verläuft. Er weicht unwillkürlich mit dem Blick ab und verursacht so fehlerhafte Messungen, da der Apparat nicht genau senkrecht auf dem Bulbus ruhen kann und der Zapfen bei schiefgestelltem Auge und schief aufgesetztem Apparat weiter hervorragen muß. Die bequemste Abhilfe ist natürlich die, das Auge durch die anzublickende Hand eines Gehilfen richtig lenken zu lassen. Um unabhängig von einer zweiten Person zu sein, konstruierte ich mir ein sehr einfaches und leichtes Holzgestell von rechtwinkliger Form, auf dessen horizontal verlaufendem, etwa 60 cm langem Arm eine verschiebbare farbige

---

1) Bei Säuglingen genügt nach Sondermann (1924) Hedonaleinschläferung.

Rolle als Fixationsobjekt angebracht ist. Der 175 cm hohe vertikale Arm ist in eine auf dem Fußboden stehende Holzplatte eingelassen. Mit Leichtigkeit läßt sich das Gestell, das an einer Längsseite des Untersuchungstisches etwa neben dem Kopf des Patienten steht, vor- und rückwärts und die Rolle des horizontalen Armes nach rechts und links bewegen. Sie wird direkt vor der Untersuchung so eingestellt, daß bei ihrer Fixierung durch das nicht zu tonometrierende Auge die Äquatorialebene des anderen horizontal verläuft. Bei schlechter Sehschärfe wird statt der Rolle ein Pappquadrat von genügender Größe an dem horizontalen Arm angebracht, bei hochgradiger Amblyopie läßt man den Patienten die eigene, gleichseitige Hand des senkrecht erhobenen Armes fixieren.

Wichtig ist die Beachtung der von Schiötz gegebenen Vorschrift, vor jeder neuen Untersuchungsreihe die Stellung des Zeigers zu kontrollieren, indem man den Apparat fest auf das mitgegebene Modell (Metallblock) setzt und prüft, ob der Zeiger auf Null steht; Verbiegungen der Hebelvorrichtung, besonders des zarten Aluminiumzeigers können zu fehlerhaften Ergebnissen führen.

Noch sicherer geht man, wenn man den Ausschlag nicht nur für die Nullstellung sondern auch für andere Punkte der Skala kontrolliert und justiert. Dies ist möglich mit Hilfe des Combergschen (1921) Testblocks (Fa. Sydow-Berlin), einer konvexen Metallkuppe, die in ihrer Mitte eine durch Mikrometerschraube variierbare zylindrische Vertiefung für den Fuß des Tonometerstiftes enthält. Der verschiedenen Tiefe entsprechen bestimmte Skalenausschläge. Diese Kontrollprobe auf einer starren Fläche kann und will natürlich nicht die systematische Eichung, auf die wir noch zu sprechen kommen, ersetzen (Comberg 1924).

Nach Abschluß der Untersuchung sind Zapfen und Fußstück der Hülse mit Wasser zu reinigen, damit der Zapfen in der Hülse nicht festklebt. Benutzt man zwischen den Messungen mehrerer Patienten zur Desinfektion des Instrumentes Alkohol oder Äther, so hat man sorgfältig darauf zu achten, daß keine Spur am Apparat zurückbleibt. Schiötz berichtet von einem Fall, bei dem die Außerachtlassung dieser Maßregel zu schmerzhafter Verätzung und Trübung der Hornhaut geführt hat.

Irgendwelche Gefahren oder Nachteile für das untersuchte Auge sind im übrigen mit der Tonometrie nicht verbunden, höchstens kann es ausnahmsweise einmal zu einem kleinen zentralen Epitheldefekt der Hornhaut kommen. Bei zahlreichen Messungen habe ich nur ein einziges Mal einen scheibenförmigen Epitheldefekt vom Durchmesser des Zapfens beobachtet; ich war in diesem Falle wegen Unruhe der Patientin gezwungen gewesen, die Messung an dem harten Auge mit Lot 10,0 mehreremals zu wiederholen. Derartige kleine Hornhautabschilferungen sind ziemlich sicher zu vermeiden, wenn man die Patienten nach beendigter Messung 1—2 Minuten

die Augen schließen läßt, etwas Borvaseline einstreicht und so die durch
das Holokain unempfindliche Hornhaut vor Austrocknung schützt, wenn man
sich ferner vor schnellem und brüskem Aufsetzen des Zapfens hütet. Besonders
ist dies bei Verwendung höherer Gewichte und bei Tonometrieren älterer
Personen zu beachten, deren Hornhaut leichter verletzbar ist (GJESSING 1921).

Eine nach Holokaineinträuflung sich zuweilen einstellende zarte Trübung
der Hornhautoberfläche, die zuerst KOEPPE (1920) beobachtete, verschwindet
gewöhnlich spurlos nach kurzer Zeit.

Wie STOCK berichtet, hat das seltene Ereignis einer Erosio corneae nach
einer Tonometerprüfung aber doch schon einmal zu Schadenersatzansprüchen
an den untersuchenden Arzt geführt. Obwohl die Schuldhaftmachung entschieden von dem den Haftpflichtsfall begutachtenden Arzt (WEIGELIN 1922)
abgelehnt wurde, zahlte die Versicherung bedauerlicherweise 10 000 M. Entschädigung und bestätigte dadurch den Schein eines gewiß nicht vorliegenden Kunstfehlers[1]).

Eine ruhige und zarte Hand ist für das Tonometrieren die erste Forderung; der Apparat muß zwischen den Fingern mehr schweben als festgehalten
werden, jeder Druck, jeder Zwang ist zu vermeiden.

Der mit dem Tonometer belastete Augapfel sinkt namentlich bei Verwendung der größeren Gewichte — das SCHIÖTZsche Instrument Mod. 05
wiegt je nach dem aufgesetzten Lot 20,5—30,0 g — deutlich merkbar in
die Augenhöhle zurück[2]).

Werden kurz nacheinander mehrere Messungen ausgeführt, so vermindert sich, wie gesagt, der Augendruck infolge Massagewirkung (SCHIÖTZ,
VAN GELDER (1911), BADER (1918).

Läßt man das Tonometer einige Sekunden ruhig auf dem Bulbus aufliegen, so kann man pulsatorische Schwingungen des Aluminiumzeigers von
0,5—1,0 mm Ausschlag bemerken. Es ist dasselbe Phänomen, das schon
von K. WEBER und C. LUDWIG bei ihren ersten manometrischen Bestimmungen des Augendrucks beobachtet worden ist. Namentlich bei verstärkter
Herztätigkeit treten diese mit dem Puls des Patienten synchronen Zeigerschwankungen in Erscheinung. Die Übertragung des Pulses auf die Augenkapsel muß erfolgen, weil ihr Hohlraum mit praktisch nicht komprimier-
barem Wasser gefüllt ist (FRIEDENTHAL 1924). Wenn die Schwingungen von
anderer Seite (KRÄMER 1910, LEVINSOHN 1911) als bedingt durch den Puls
der das Instrument haltenden Finger angesprochen werden, so ist das eine
irrige, durch genaue Pulsbeobachtung leicht zu widerlegende Auffassung.

---

1) Sonst ist mir von Augenschädigungen in der Literatur nur noch der von
W. J. GILBERT (1922) mitgeteilte Fall begegnet; nach Tonometrie eines 76jährigen
Mannes hatte sich ein ulcus corneae entwickelt, das durch Cauterisation geheilt
wurde.

2) Das Zurücksinken des Bulbus in die Orbita beträgt bei einer Belastung mit
100 g 4³/₄ mm. (LANGENHAN, 1910.)

Baillart (1919) benutzt diese Zeigerschwankungen zur Bestimmung des diastolischen Druckes in den intraokularen Arterien. Der intraokulare Druck ist nach seinen Untersuchungen dem intravaskulären diastolischen Druck dann annähernd gleich, wenn durch entsprechende Belastung des Tonometers die größten Schwankungen des Zeigers erzielt werden. Meist ist dies bei Verwendung des Gewichtes 7,5 der Fall. Je höher der arterielle Druck, um so kleiner sah Baillart die Zeigerpulsationen.

Bei allen tonometrischen Messungen sind je drei Ablesungen vorzunehmen und der Mittelwert zu bestimmen. Treten bei der Messung pulsatorische Zeigerbewegungen auf, so ist grundsätzlich der niedrigste Ausschlag auf der Skala, der dem systolischen Druckmaximum entspricht, zu verwerten. Auf einem dem Apparat beigegebenen, empirisch graduierten Diagramm ersieht man, welcher Druck in mm Hg dem auf der Skala angezeigten Millimeterausschlag entspricht.

Da Schiötz in neuerer Zeit die bisher gebrauchten Kurven wesentlich abgeändert hat und die Möglichkeit weiterer Korrekturen nicht ausgeschlossen ist, ist es ratsam, den Druck nicht in mm Hg zu notieren, sondern den direkt abgelesenen Zeigerausschlag aufzuschreiben, und zwar in Form eines Bruches, dessen Zähler das gebrauchte Gewicht, dessen Nenner die Millimeterzahl des Ausschlages bildet. So bedeutet z. B. $\frac{5,5}{3,0}$ einen Tonometerausschlag von 3,0 mm bei Verwendung eines Gewichtes von 5,5 g.

Die gefundenen Werte trägt man zweckmäßig in Tabellen ein, für die die gewöhnlichen Formblätter der Temperaturkurven sehr gut verwendet werden können. Besonders empfiehlt sich diese tabellarische Kurvenregistrierung bei Glaukomkranken oder Glaukomverdächtigen. Außer den Druckhöhen kann man in diesen Tabellen den Blutdruck und die Pupillenweiten graphisch darstellen. Mit einem Blick übersieht man den Verlauf der Krankheit, die Tagesschwankungen, den Einfluß der Therapie (v. Hippel 1912, Köllner 1916, Birch-Hirschfeld 1922, Butler 1920).

Was nun die Beurteilung der mit dem Schiötzschen Tonometer erzielten Messungsergebnisse anbelangt, so ist von Schiötz selbst nachdrücklichst und wiederholt betont worden, daß wir von dem Instrument absolute Werte nicht erwarten können. Der Schiötzsche Druckmesser ist am menschlichen Leichenauge geeicht; die Elastizitätsverhältnisse der toten Augenkapsel weichen aber erheblich von denen des lebenden Auges ab. Sie variieren sogar, wie Wessely durch manometrische Kontrollversuche nachgewiesen hat, schon bei Leichenaugen, je nachdem dieselben früher oder später post mortem enukleiert worden sind; die später enukleierten Augen zeigen eine verminderte Nachgiebigkeit der Bulbuswand, und zwar hauptsächlich eine Abnahme der Impressibilität der Hornhaut. Hierzu kommen alle die schon oben geschilderten, auch von Römer 1918 in Heidelberg und Comberg (1922) wieder erwähnten, den Impressionstonometern anhaftenden Fehlerquellen: wechselnder Widerstand, Dicke und Elastizität der Bulbuswandung verschiedener Individuen, variierende Größe der Berührungsfläche der Fußplatte mit der Hornhautoberfläche je nach deren Krümmungsradius (Verschiedenheiten in der Form und Größe der Augäpfel), Erhöhung des intraokularen Druckes durch die Belastung des Auges mit dem Apparat.

Wir haben uns daher stets gegenwärtig zu halten, daß das Instrument nicht direkt den intraokularen Druck, sondern die Eindrückbarkeit der Hornhaut mißt. Wenn auch, wie oben bereits ausgeführt wurde, zwischen dieser Eindrückbarkeit und dem intraokularen Druck eine durchschnittliche Beziehung besteht, ist doch das Verhältnis der Eindrückbarkeit zum Binnendruck bei verschiedenen Augen ein verschiedenes. So können, wie Priestley Smith betont, genaue Hg-Äquivalente für die Gradeinteilung der Skala nicht gegeben werden, ungefähre Hg-Äquivalente könnten nur durch eine größere Zahl vergleichender tonometrischer und manometrischer Messungen am lebenden Menschenauge gefunden werden.

Die dem Schiötzschen Apparate (1905) beigegebenen Kurven zur Umrechnung des Skalenausschlages in mm Hg sind u. a. von Mc Lean (1919) und Priestley Smith (1919) nachgeprüft und auf Grund manometrisch-tonometrischer Vergleichsmessungen an menschlichen in der Augenhöble belassenen Leichenaugen als zu niedrig befunden worden. Schiötz selbst hat dann 1920 auf Grund neuerer von ihm an 10 Augen in situ vorgenommenen Messungen die von Priestley Smith angegebenen höheren Zahlen[1]) im wesentlichen bestätigt und die veränderten vorläufigen Werte unter dem Vorbehalt weiterer manometrisch-tonometrischer Nachprüfungen im Brit. Journ. of O. Mai/Juni 1920 bekannt gegeben.

Die nachstehende Tabelle ist dem Sanderschen Referat dieser Schiötzschen Arbeit entnommen.

Zeigerausschlag (d)	Priestley Smith			Eigene frühere Werte (Schiötz)			Eigene neuere Werte		
	Max.	Min.	Mittel	Max.	Min.	Mittel	Max.	Min.	Mittel
$d = 1$ mm	40,8	33,4	37,2	41	29,5	35,5	44,3	38,5	41
$d = 2$ mm	36	29,5	32,4	37	26	29,5	40	34	36,2
$d = 3$ mm	32	25	28,5	29,5	22,5	25	35	29	31,5
$d = 4$ mm	28,7	22,2	25	25,5	18	21	31,7	25,4	28
$d = 5$ mm	23	17,7	19,5	18	12,8	15,6	25	19,2	21
$d = 6$ mm	18,4	13	15,5	13	9	11,5	19	14	17

1) Auch die von E. Seidel (1922) an zwei lebenden menschlichen Augen (mit malignen Geschwülsten) ausgeführten manometrisch-tonometrischen Messungen sprachen für die Richtigkeit der Priestley-Smithschen Behauptung. Nach den

Es handelte sich 1920 aber wohlgemerkt um eine vorläufige Mitteilung. Einem besonderen Glücksumstand habe ich es zu verdanken, daß ich in der Lage bin, auch die definitiven Zahlen noch in dieser Auflage zu bringen; kurz vor Torschluß, während der Fahnendurchsicht, erhielt ich durch die Freundlichkeit des Herrn Prof. H. Schiötz einen Korrekturabzug seiner demnächst in den Acta ophthalmologica erscheinenden neuesten Abhandlung über Tonometrie des Auges mit den nunmehr endgültigen Tonometriekurven.

Die oben erwähnten weiteren manometrisch-tonometrischen Vergleichsmessungen hat Sch. im letzten Jahre an 30 in der Orbita belassenen menschlichen Leichenaugen ausgeführt. Seine Versuchstechnik ist jetzt insofern eine andere, als er die mit dem Manometer in Verbindung stehende Kanüle nicht mehr in den Glaskörper einführt, sondern in die vordere Kammer, da er beobachtet hatte, daß sich bei den Glaskörpermessungen — in situ läßt sich derselbe nur unvollkommen aus dem Augapfel entfernen — die Kanüle zuweilen verstopfte und sich bei Druckschwankungen unzuverlässige Werte ergaben. Er sticht jetzt die Nadel einige Millimeter nach außen vom Hornhautrand durch die Iris, ohne die Linse zu verletzen, ein und führt sie in die Vorderkammer bis ins Pupillargebiet mit dem Ergebnis, daß Verstopfungen des Nadellumens nicht mehr vorkommen.

Auf Grund der so gewonnenen Resultate hat Schiötz neue Eichungskurven (Diagramme auf Millimeterpapier, die Druckhöhen als Ordinaten, die Gewichte als Abszissen) aufgestellt und die Kurven kontrolliert und korrigiert unter Zugrundelegung der von ihm gefundenen gesetzmäßigen Tatsache, daß ein Gewicht von 1 g auf den Zapfen dem Druck von 13 cm H_2O entspricht. (Die Begründung ist im Original nachzulesen.)

Trägt man auf diesen neuen Diagrammen, die für Hg-Druck umgerechnet sind, die alten Kurvenlinien ein, so sieht man, daß die höherliegenden neuen Linien genau parallel zu den alten verlaufen, und zwar beträgt der Unterschied bei dem Gewicht

$$5{,}5 \text{ g} \qquad \text{reichlich } 4 \text{ mm Hg,}$$
$$7{,}5 \text{ g} \qquad 5 \text{ mm Hg,}$$
$$10{,}0 \text{ und } 15{,}0 \text{ g nahezu } 6 \text{ mm Hg.}$$

Sehr instruktiv und wichtig für die ganze Beurteilung der tonometrisch gewonnenen Zahlenwerte ist ein von Schiötz beigefügtes Diagramm mit den Maximal- und Minimalkurven, die nach der Mittelzahl der an den 30 Augen beobachteten höchsten und niedrigsten Werte (Lot 5,5 g) konstruiert sind. Es führt uns klar vor Augen, daß der Ausschlag des Tonometers eben keine absolute Druckzahl, sondern ein »Druckgebiet« angibt.

SEIDELschen Versuchen sind die nach der alten SCHIÖTZschen Eichungskurve erhaltenen Umrechnungswerte der Tonometerausschläge 5—7 mm niedriger als die wirklich vorhandene Höhe des intraokularen Druckes.

Zwischen den Maximal- und Minimalkurven besteht bei dem Gewicht von 5,5 g eine Differenz von über 6 mm Hg. Ein Ausschlag von 3 mm kann 27 bzw. 33 mm Hg bedeuten, wenn er zu einer Minimal- bzw. Maximal-

Fig. 10.

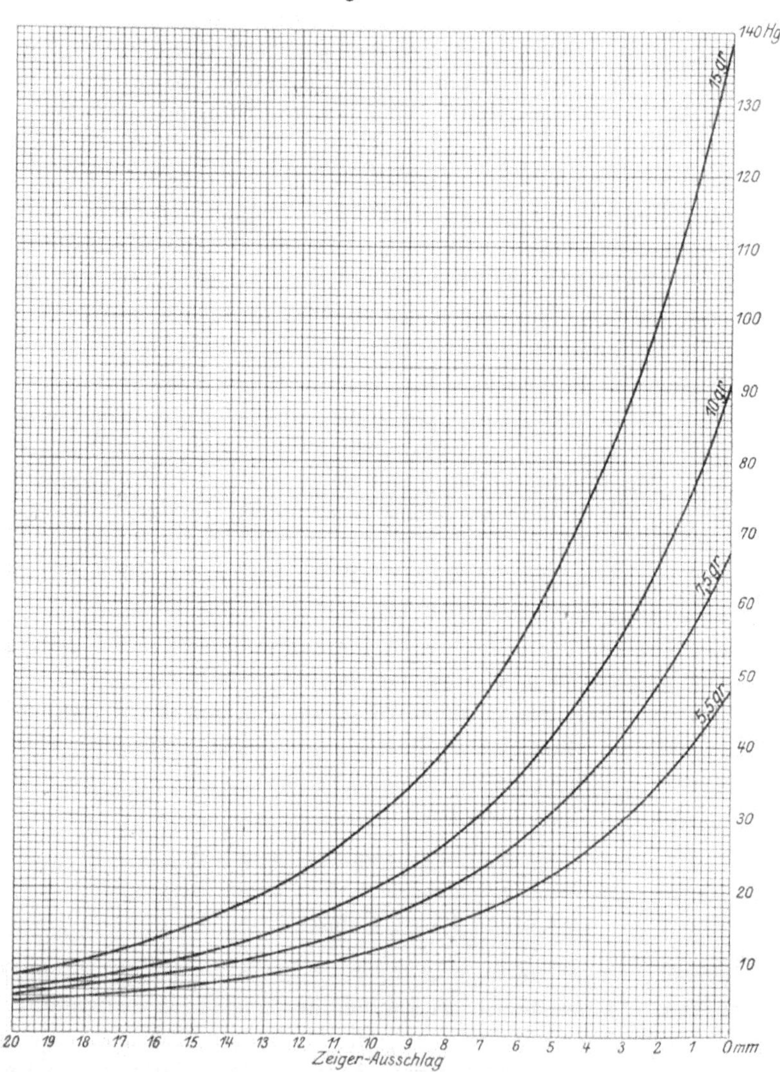

Veränderte Kurven zum Schiötzschen Tonometer (1924).

kurve gehört. Noch erheblich breiter sind die Druckgebiete bei den schwereren Gewichten, an lebenden Augen wohl ebenso wie an toten. Die Ursache sucht Schiötz in den individuellen Verschiedenheiten der Dicke und Elastizität der Augenwand und der Größe des Augapfels.

Damit nun durch die neuen tonometrischen Kurven keine Unklarheit oder Mißverständnisse entstehen, sei nochmals unsere schon oben erhobene Forderung betont, daß grundsätzlich alle tonometrischen Ergebnisse nach Ausschlagsgröße und Gewicht angeführt werden, am besten in Form eines Bruches, dessen Zähler das Gewicht, dessen Nenner den Millimeterausschlag bedeutet; die nach den neuen Schiötzschen Kurven errechneten Hg-Werte fügt man zweckmäßig in Klammern bei.

Der obere Grenzwert des intraokularen Druckes entspricht auch weiterhin einem Zeigerausschlag von 3 mm bei Verwendung des Lotes 5,5 $\left(\dfrac{5,5}{3,0}\right)$. Während nach den alten Kurven für diesen Ausschlag 25 mm Hg einzusetzen war, ist er jetzt, wie die neue Kurve zeigt, mit nahezu 30 mm Hg zu bewerten. Der mittlere normale Druck $\left(\dfrac{5,5}{4,0-4,5}\right)$ beträgt nicht mehr reichlich 20 mm Hg, sondern annähernd 25 mm Hg. Die alte Maklakoffsche Zahl für den physiologischen Durchschnittsdruck des menschlichen Auges ist also wieder zu Ehren gekommen (vgl. Leber [1903] und Seidel [1922]).

Die in den nachfolgenden Paragraphen (Ergebnisse der Tonometrie) in mm Hg angeführten Zahlen sind durchweg noch nach den alten Schiötzschen Kurven berechnet. Die Umrechnung läßt sich leicht an der Hand der alten und neuen Diagramme bewerkstelligen.

Auch die neuen Schiötzschen Tonometerwerte machen natürlich keinen Anspruch auf absolute Genauigkeit. Für Vergleichszwecke sind die Tonometerausschläge aber durchaus brauchbar. Bei verschiedener Belastung stimmen die Resultate gut überein. Änderungen des intraokularen Druckes werden mit großer Sicherheit angezeigt, Druckschwankungen im Verlaufe des Glaukoms, Drucksenkungen durch Medikamente, Druckunterschiede zwischen den beiden Augen registriert der Apparat in zuverlässigster Weise. So gehört das Schiötzsche Tonometer zu dem unentbehrlichen Rüstzeug des Augenarztes. Zahlreiche Kollegen haben das Instrument (s. Literaturverz.) eingehenden Prüfungen an gesunden wie kranken Augen unterzogen, fast ohne Ausnahme sprechen sie sich mit großer Anerkennung über seine wissenschaftliche wie klinische Brauchbarkeit aus. Ich bediene mich schon seit 1908 regelmäßig des Schiötzschen Druckmessers und kann denselben auf Grund vieler Messungen als einen in geübter Hand zuverlässigen und sehr empfindlichen Apparat warm empfehlen.

Allerdings habe ich bisher nur den norwegischen Originalapparat der Fa. Jacobsen-Kristiania benutzt. Die in anderen Werkstätten hergestellten Tonometer zeigen, wie verschiedene Kollegen mit Bedauern konstatiert haben, nicht immer richtige Werte an. Es liegt teils an zu starker Reibung des Zapfens in der Gleithülse, teils an fehlerhaftem Gewicht, meist aber an unrichtiger Krümmung der unteren Aufsatzfläche (BAB 1922). Wenn dieselbe zu stark konkav gearbeitet ist, sinkt natürlich der Zapfen zu tief herab. Schon POLAK VAN GELDER (1911) hatte auf die Notwendigkeit der Tonometerprüfung hingewiesen. BARTELS (1921) schlug vor, im Einverständnis mit den Fabriken einen Zentralausschuß mit der amtlichen Eichung zu beauftragen. Auch BAB (1922), LIEBERMANN (1922) und namentlich GREEFF (1922, Berlin. augenärztl. Ges.) vertraten diese Forderung, mit der sich dann ein eigens eingesetztes Komitee des technischen Ausschusses für Brillenoptik beschäftigte.

Die Tübinger Univ.-Augenklinik hat sich, wie ARNOLD und KARPOW (1923) mitteilen, so beholfen, daß sie ihre Tonometer nur für den klinisch wichtigen oberen Grenzpunkt (nach STOCK 2,75 mm Skala bei 5,5 g Belastung) des normalen Augendruckes eicht. A. und K. geben einer unter Wasserdruck stehenden dünnen Gummimembran eine derartige Spannung, daß das von SCHIÖTZ geprüfte Originaltonometer den oben angegebenen Ausschlag zeigt. Das zu eichende Tonometer wird nunmehr auf diese so gespannte Membran aufgesetzt und die sich hierbei ergebende Zeigerstellung auf der Millimeterskala markiert.

Dieses Tübinger Eichungsverfahren ist natürlich nur ein Notbehelf. Von einer gründlichen, allen klinischen und wissenschaftlichen Anforderungen genügenden Eichung ist zu verlangen, daß das zu prüfende Instrument durch systematische vergleichende Messungen mit dem Normaltonometer nach dem SCHIÖTZschen Verfahren am menschlichen Leichenauge so justiert wird, daß die Ausschläge in allen Punkten der Skala mit denen des Original-Eichungstonometers übereinstimmen.

Wenn SAMOJLOFF (1924) vorschlägt, derartige Eichungskurven durch vergleichende Tonometrie und Manometrie am Kaninchenauge aufzustellen, so ist ihm entgegenzuhalten, daß die am Kaninchenauge erhaltenen Werte wegen der verschiedenen Form, Härte und Elastizität der Kaninchenhornhaut keine geeignete Eichungsgrundlage für die Tonometrie des menschlichen Auges sein können.

Zudem ist gegen die manometrische Eichung am lebenden Tierauge einzuwenden, daß selbst durch die kleinste in die Kammer eingeführte Kanüle immer etwas Augenflüssigkeit verdrängt und die Spannung der Bulbuswandung verändert wird, daß ferner nervöse Reize ausgeübt werden, und daß bei der jeweiligen Abhängigkeit des Augenbinnendruckes von der Blutverteilung im Organismus die manometrische Eichung am lebenden Auge nur willkürliche Durchschnittswerte geben kann (RÖMER 1919).

Da aber das manometrische Kontrollverfahren am normalen menschlischen Auge überhaupt undurchführbar ist, am lebenden Tierauge gefundene Werte nicht ohne weiteres auf das menschliche Auge übertragen werden können (Bliedung 1922), so sind wir schließlich immer wieder auf die Eichung am toten Menschenauge angewiesen.

Inzwischen ist nunmehr nach einer Mitteilung Prof. Schiötz, die gewiß von den Fachkollegen mit Dank begrüßt wird, die langersehnte Eichungskontrollstelle für Augen-Tonometer in Oslo (Christiania), Norwegen, eingerichtet worden, und zwar setzt sich der Prüfungsausschuß zusammen aus Prof. Hj. Schiötz, Dr. med. J. Schiötz und Diplomingenieur Tandberg [1]).

Es bleibt nur noch zu wünschen, daß jedes in Oslo mit dem Original-Eichungstonometer geprüfte und justierte Instrument einen Eichungsstempel erhält; dieser Stempel würde die Fabrikanten veranlassen, ihre Tonometer grundsätzlich dem Prüfungsausschuß vorzulegen und die Augenärzte vor fehlerhaften Fabrikaten schützen.

Als Modifikationen des Schiötzschen Instruments sind noch die Apparate von Gradle (1912) und Mc Lean (1919, 1920) anzuführen. Gradles Tonometer verwendet eine wesentlich schmalere Fußplatte, die genaueres Aufsetzen des Instruments über der Mitte der Pupille ermöglichen soll. Der Zapfen steht mit dem Zeiger in fester Verbindung.

Das Mc Leansche Tonometer (1919, 1920) ist infolge der tiefer angebrachten Skala etwas leichter abzulesen als das norwegische. Die Gewichte brauchen nicht ausgewechselt zu werden; bei seiner viel größeren Schwere übt es aber einen stärkeren Druck auf das Hornhautepithel und auch stärkere Massagewirkung aus (Gjessing).

Statt der Gewichtsbelastung bedient sich Baillart (1923) bei seinem neuen Tonometer der Federkraft, wie wir sie schon bei dem oben beschriebenen alten Donders-Hamerschen Impressionstonometer (1874) angewandt fanden (s. S. 287). Der durch eine äußerst exakt arbeitende Feder (Stahlspirale) belastete Stempel überträgt seine Bewegung mittels Hebels auf den Zeiger einer Vollkreisskala. Die Verwendung der Feder an Stelle des Gewichtes ermöglicht es, die Messung sowohl am liegenden wie am sitzenden Patienten auszuführen, da das federnde Instrument auch wagerecht gehalten werden kann. Es ist für Hornhaut- und Lederhautmessungen graduiert und dient auch zur Bestimmung des diastolischen und systolischen Blutdruckes in den Netzhautgefäßen (Beobachtung der Pulsation der Netzhautgefäße bei gleichzeitiger Ausübung eines bestimmten Druckes auf die Lederhaut [Magitot 1922]).

Das von Bodenheimer (1922) angegebene »Maximumtonometer« fixiert mittels einer besonderen Vorrichtung die Zeigerstellung, so daß der Ausschlag auch nach beendeter Messung festgestellt werden kann. Der Untersucher braucht also nicht gleichzeitig das Tonometer aufzusetzen und den

––––––––––

[1]) Dipl.-Ing. Tandberg, Akersgaten 1.

Skalenausschlag abzulesen. Die gleiche Idee ist, wie wir sahen, schon von Koster und von Ostwalt (1895) bei ihren Modifikationen des Fickschen Tonometers verwirklicht worden.

Die wichtigsten mit dem Schiötzschen Tonometer gewonnenen Untersuchungsergebnisse[1]).

Der Binnendruck des normalen Auges.

Über systematische Messungen des normalen Augendruckes liegen zahlreiche Mitteilungen vor. Ich führe hier vor allem die Arbeiten von Schiötz (1905), Langenhan (1909, 1910), Stock (1910), Oeding (1910), Marple (1910), Wegner (1910), Cridland (1910), Heilbrun (1910), Ruata (1910), Bietti (1911), Knapp (1912), Toczyski (1912), Priestley Smith (1915), Elschnig (1916), Köllner (1916), Bader (1918), Mac Lean (1919), Gjessing (1921), Bruns (1923) und Marx (1923) an. Nach Schiötz, dessen Ergebnisse der Mehrzahl der nachprüfenden Autoren bestätigt werden konnten, beträgt beim normalen Auge der Skalenausschlag 3—6 mm bei einer Belastung mit 5,5 g. Dies entsprach je nach den bisher gebräuchlichen Schiötzschen Kurven einem intraokularen Druck von 15,0—25,0 mm Hg, während nach den soeben bekannt gewordenen endgültigen neuesten Schiötzschen Kurven von 1924 hier 19,0—30,0 mm Hg einzusetzen sind. Von einzelnen Untersuchern (Stock, Heilbrun) wird die obere Grenze[2]) bis 2,75 mm, von Gjessing die untere bis 8,0 mm Skalenausschlag ausgedehnt, allerdings hält er diesen niedrigen Druck nur bei jüngeren Individuen noch für normal. Als Mittelwert des intraokularen Druckes normaler Augen fanden die meisten Forscher 4,0—4,5 mm Skala, d. h. nach alter Berechnung etwa 20 mm Hg, nach den neueren Kurven annähernd 25 mm Hg.

Die zahlreichsten systematischen Messungen gesunder Augen sind von Gjessing und von Cridland ausgeführt worden. Gjessing[3]) sah bei 637 Untersuchten (1271 Augen) im Alter von 10—49 Jahren einen mittleren Tonometerausschlag von 4,526 mm, Cridland bei 1001 Individuen im Alter von 1—88 Jahren einen Mittelwert von 4,17 mm.

Die Frage, ob wesentliche Druckunterschiede in beiden gesunden Augen desselben Individuums bestehen, kann nach den bisher veröffentlichten Untersuchungen verneint werden. Die beobachteten Druck-

---

1) Die in mm Hg angegebenen Zahlenwerte sind sämtlich — wenn nichts anderes bemerkt ist — noch nach den alten Schiötzschen Kurven berechnet.

2) Bezüglich der oberen Grenzwerte vgl. auch S. 317 (Tonometrie und Glaukomdiagnose).

3) Die Gjessingschen Zahlen beziehen sich allerdings nur auf Individuen von 10—49 Jahren. Seine Tabellen über ältere Leute sind nicht ohne weiteres zu verwenden, da sich unter den Untersuchten auch solche mit Veränderungen des Augeninnern finden.

differenzen (Wegner, Gjessing, E. Marx) sind so geringe, daß sie sich im Bereiche der Fehlergrenzen der Methode bewegen. Gjessing verglich den intraokularen Druck von 570 linken und 562 rechten gesunden Augen von Leuten im Alter von 10—80 Jahren. Er fand links einen Zeigerausschlag von durchschnittlich 4,443 mm gegen 4,483 rechts.

Wohl aber können bei demselben Auge zu verschiedenen Tageszeiten verschiedene Druckhöhen gefunden werden; beim normalen Auge pflegen diese Druckschwankungen im Gegensatz zu Glaukomaugen nur unbedeutende zu sein und selten mehr als 2—3 mm Hg zu betragen. Nach Maslenikow (1904, Ton. Maklakoff) ist der Augendruck gewöhnlich abends etwas niedriger als morgens. Zu demselben Ergebnis kamen Ruata (1910), Pisorello (1915) und Köllner (1916). Pisorello fand auch an verschiedenen Tagen bei demselben Individuum nicht größere Druckdifferenzen als 3 mm Hg.

Das Geschlecht hat nach Ruata auf den Augendruck keinen Einfluß. Die von Salvati (1923) bei der Menstruation beobachteten Druckschwankungen hängen wohl mit endokrinen Einflüssen zusammen.

Vom Lebensalter soll nach Wegner (1910), Knapp (1912), Bader (1918) und Striegel (1919) insofern eine Abhängigkeit bestehen, als mit zunehmendem Alter der Druck etwas sinke. Bader glaubt dies auf eine Abnahme des Füllungszustandes des Auges im höheren Alter zurückführen zu sollen, die ihrerseits wieder bedingt sei durch eine herabgesetzte Durchblutung besonders der uvealen Gefäße infolge Starre ihrer Wandung. Andere Autoren, z. B. Heilbrun, Marple, Grönholm, Oeding, konnten einen Einfluß des Lebensalters auf den intraokularen Druck nicht feststellen, ebensowenig wie Engelmann mit dem Maklakoffschen Tonometer.

Über das größte Untersuchungsmaterial in dieser Hinsicht verfügen wieder Gjessing (2186 Augen) und Cridland (1001 Augen). Vergleicht man in den Tabellen dieser Forscher den Durchschnittsdruck im 10.—40. Lebensjahre mit demjenigen im 41.—88. Jahre, so ergibt sich bei

Gjessing für die Jugendlichen ein Mittelwert von 18,06 mm Hg[1])
  » » Älteren » » » 17,4 » »
Cridland » » Jugendlichen » » » 19,7 » »
  » » Älteren » » » 20,1 » ».

Nimmt man aus der Cridlandschen Tabelle (zitiert nach Gjessing) noch die Messungen aus dem ersten Dezennium dazu, so erhöht sich die Zahl für die Jugendlichen auf 20,7 mm Hg. Die Messungen in den ersten 10 Lebensjahren sind aber nicht zuverlässige, da bekanntlich die Tonometrie bei Kindern wegen Unruhe und Zukneifens der Augen ungenaue, und zwar meist zu hohe Werte gibt.

---

[1]) Nach der alten Schiötzschen Berechnung.

Jedenfalls sind die Druckunterschiede in verschiedenen Lebensaltern bei der kornealen Tonometrie geringe. Anders verhält es sich bei der Skleraltonometrie. Infolge größerer Zartheit der jugendlichen Lederhauthülle erscheint der Augendruck jugendlicher Personen niedriger als bei Greisen mit rigider Lederhaut. (Baders differentialtonometrische Untersuchungen s. unten.)

Über das Verhalten des Augendruckes in verschiedener Höhenlage sind von Guglionetti (1914) Untersuchungen angestellt worden; der intraokulare Druck wies im Hochgebirge (Monte Rosa 4565 m) bei demselben Individuum keinen Unterschied auf gegenüber den in der Ebene gefundenen Werten, und zwar ebensowenig wie der Blutdruck.

Den Einfluß des Luftdruckes auf den Augendruck studierte Ascher (1922) in der pneumatischen Kammer (Maximaldruck 380 mm über normal) bei Menschen mit dem Tonometer Sch., bei Tieren manometrisch. Tonometrisch konnten keine wesentlichen Veränderungen nachgewiesen werden. Dagegen wurde bei Messungen des Augendruckes der vorderen Kammer des Kaninchens Druckverminderung bei Vermehrung des Luftdruckes, Drucksteigerung bei Herabsetzung des Luftdruckes beobachtet. Ascher folgert daraus die Möglichkeit des Auftretens von Glaukom in großen Höhen und nach Caissonarbeit.

Abhängigkeit des Augendruckes vom Blutdruck, von der Blutverteilung und Blutzusammensetzung.

Über die Abhängigkeit des Augendruckes vom Blutdruck ist in neuerer Zeit viel geschrieben und diskutiert worden; es handelte sich bei diesen Erörterungen weniger um die Frage, ob überhaupt ein Zusammenhang zwischen Augen- und Blutdruck anzunehmen ist — dieses Problem dürfte einem physiologisch denkenden Augenarzt indiskutabel sein —, als vielmehr um die Frage, ob gesetzmäßige Beziehungen zwischen Blut- und Augendruck bestehen, wieweit der Augendruck noch von anderen Faktoren abhängig ist, und ob er von ihnen unter Umständen so stark beeinflußt wird, daß sogar ein paradoxes Verhalten des Augendrucks zum Blutdruck resultiert.

Was hat die Tonometrie zur Klärung dieser Fragen beigetragen?

Die ersten hierher gehörigen tonometrischen Studien stammen, soweit ich die mir zugängliche Literatur übersehe, von Golowin aus dem Jahre 1901. Er wies bei manueller Kompression der Carotis communis von $1\frac{1}{2}$—2 Minuten Dauer im gleichseitigen Auge ein Sinken des Augendruckes um 2—3,5 mm Hg nach, und zwar mittels des Maklakoffschen Apparates. Engelmann stellte 1904 mit demselben Instrument fest, daß während des Valsalvaschen Versuches der intraokulare Druck gleichzeitig mit dem Blutdruck fällt, daß jedoch die Schwankungen des intraokularen Druckes weniger ausgiebig sind. Er konstatierte auch bereits, daß bei tiefer Chloroformnarkose der Augendruck allmählich und progressiv entsprechend dem Blutdruck sinkt; bei der Äthernarkose beobachtete er zunächst ein langsames Ansteigen des Augendruckes, erst später ein Sinken. Zu demselben Resultat kam Axenfeld (1911) mittels des Schiötzschen Tonometers bei der Chloroformnarkose. Er fand gleichzeitig mit der Herabsetzung des Blutdruckes nach dem Exzitationsstadium ein Sinken des Augendruckes um mehrere Millimeter (vgl. auch Mazzei 1919).

Gunnufsen (1916) gelang es, einen an Buphthalmus leidenden Patienten während des Schlafes zu tonometrieren; er konnte ein Sinken des Druckes entsprechend dem Sinken des Blutdruckes feststellen.

Gjessing (1921) hat zwei in Ohnmacht gefallene Personen tonometriert und sehr herabgesetzten Augendruck konstatiert; derselbe sank von $\frac{5,5}{3,5}$ auf $\frac{5,5}{10,0}$ bzw. von $\frac{5,5}{6,0}$ auf $\frac{5,5}{14,0}$.

Nach Ruata (1910) verlaufen die von ihm beobachteten täglichen physiologischen Schwankungen des Augendruckes (3—5 mm Hg) proportional und parallel zu den Blutdruckschwankungen (5—10 mm Hg). Auch Köllner (1918) weist an der Hand seiner Augen- und Blutdruckkurven nach, daß beim Glaukom Blutdruckänderungen gleichsinnige Tensionsänderungen hervorrufen, siehe Kurve Fig. 11.

Wessely (1916) berichtet von einem Fall, der in klarer Weise den

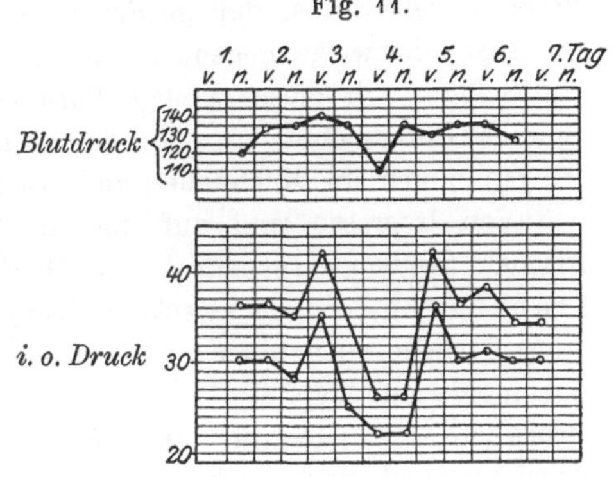

Doppelseitiges noch unbehandeltes Glaucoma simplex mit plötzlicher spontaner Blut- und Augendrucksenkung auf beiden Augen (nach Köllner).

Einfluß akuter Blutdrucksteigerung auf die Entstehung eines Glaukomanfalles illustriert. Einer längere Zeit mit Mioticis behandelten Patientin war eines Tages die Notwendigkeit eines operativen Eingriffes eröffnet worden. Diese Mitteilung erregte sie derartig, daß Blut- und Augendruck einen ganz beträchtlichen, und zwar annähernd parallel verlaufenden Anstieg zeigten: der Blutdruck schnellte von 210 mm auf 250 mm, der Augendruck von 55—60 auf 80 mm Hg empor.

Auffallende Übereinstimmung zwischen Schwankungen des Blut- und Augendruckes beobachtete auch Wesselys Schüler Horovitz (1916) bei seinen Druckmessungen (Riva-Rocci und Schiötz) an Frauen vor und nach der Entbindung. In den ersten 5 Stunden nach der Entbindung war der Blutdruck infolge der plötzlichen Verkleinerung des Kreislaufes um 13—40 % (15—50 mm Hg) gestiegen, der intraokulare Druck zu gleicher Zeit um 15 bis

43% (3—7 mm Hg). Entsprechend dem später — infolge nachträglicher Erschöpfung und Ausgleiches des Kreislaufes — sich anschließenden Blutdruckabfall trat auch eine parallel verlaufende Augendrucksenkung ein. Sich stützend auf diese Beobachtung stellte Horovitz die These auf, daß mit einer plötzlichen Änderung des Blutdruckes jeweils eine gleichsinnige Änderung des Augendruckes einhergehe. Diese Behauptung ist in dieser Verallgemeinerung nicht aufrecht zu erhalten, da der Augendruck nicht einfach eine Funktion des Blutdruckes, sondern, wie wir sehen werden, sehr erheblich noch von anderen Momenten abhängig ist.

Wessely und Horovitz (1921) fanden ferner bei vergleichenden Messungen des Augen- und Blutdruckes Fiebernder (Malariakranker und Milchinjizierter) meist beide Werte erniedrigt. Bei einem Malariakranken, dessen Blutdruck bei einer Temperatur von 41° von 120 mm auf 90 mm sank, fiel der Augendruck von 20 auf 12 mm Hg. Die Autoren folgerten aus diesem Parallelismus, daß im Fieber der Einfluß des allgemeinen Blutdruckes am Auge überwiege gegenüber vasomotorischen Kaliberschwankungen der i. o. Gefäße. Ob dieser völlige Parallelismus in der Tat besteht, ist nach anderen Untersuchungen z. B. den von Chr. Bruns (1923) über Tensionsschwankungen im Milchfieber und Amsler (1922) zweifelhaft.

Von Interesse sind auf diesem Gebiete auch die ophthalmotonometrischen Studien Hamburgers und H. Friedemanns (1921) bei Infektionskrankheiten, die sie zwecks Klärung des Wesens der infektiösen Kreislaufsschwäche vornahmen. Sie beobachteten im Infekt, besonders bei Grippepneumonie und Typhus — dagegen nicht bei Sepsis — recht beträchtliche Druckherabsetzungen (bis auf 6 mm Hg Ton. Sch.), während häufig der Blutdruck normal und auch Vasomotorenlähmung auszuschließen war. Die Ursache der Augendrucksenkung suchen sie in einer Entquellung der Augenkolloide besonders des Glaskörpers[1]), die ihrerseits wieder durch das veränderte Wasserbindungsvermögen der Gewebe im Infekt bedingt ist.

Auch die tonometrisch einwandfrei festgestellte Tatsache der druckherabsetzenden Wirkung des Dyesschen Aderlasses bei Glaukomkranken mit erhöhtem Blutdruck (Gilbert 1911) läßt nicht ohne weiteres auf eine unbedingte Gesetzmäßigkeit im Verhalten des Augen- und Blutdruckes schließen. Bei Blutentleerungen beeinflussen den Augendruck außer der Verminderung des Blutdruckes vor allem noch zwei weitere Faktoren: die periphere Gefäßkonstriktion und die Flüssigkeitsentziehung aus den Geweben (Wessely). So sind die abweichenden Beobachtungen Elschnigs (1916) und Hertels zu erklären. Elschnig fand zwar auch ein Sinken des Augendruckes nach Aderlässen, jedoch sowohl bei sinkendem wie bei steigendem Blutdruck,

---

[1]) Der Einfluß der Quellungsverhältnisse des Glaskörpers auf die Höhe des i. o. Druckes wurde namentlich von M. H. Fischer (1910) betont.

und HERTEL konstatierte, daß nach Blutentziehung sich der Augendruck ohne Sinken des Blutdruckes vermindern kann.

Weiter hat man durch Vergleich der absoluten Blutdruck- und Augendruckhöhen versucht, Schlüsse auf eine gesetzmäßige Abhängigkeit beider Größen zu ziehen. Die Untersuchungen ergaben aber keine einheitlichen Resultate. CHRISTENSEN (1910), GILBERT (1911), KÜMMELL (1911) und RUATA (1910) kamen zu positiven Ergebnissen. CHRISTENSEN maß bei 152 älteren Personen Blut- und Augendruck und glaubte einen bestimmten Zusammenhang zwischen den Druckverhältnissen annehmen zu müssen. GILBERT, KÜMMELL, RUATA und FRICKER (1912) fanden bei Glaukomkranken verhältnismäßig hohe Blutdruckwerte. Dagegen beobachteten KRAEMER (1910), AUGSTEIN (1913) und CHR. BRUNS (1923) ganz beträchtliche Blutdrucksteigerungen ohne pathologisch erhöhten Augendruck, und ELSCHNIG (1916) hat Blutdruckerhöhungen bei Glaukomkranken nicht häufiger als bei Personen mit normalen Augen gesehen. SCHMIDT-RIMPLER (1908) weist darauf hin, daß bei Nierenkranken mit erheblich gesteigertem Aortendruck Glaukom selten ist. Andererseits kommt es vor bei Erschöpfungszuständen mit niedrigem Blutdruck (HERTEL). Jedenfalls läßt sich aus den bisher vorliegenden vergleichenden Blut- und Augendruckmessungen ein Parallelismus zwischen beiden Größen nicht folgern, es müßte ja sonst auch, wie HERTEL sehr richtig sagt, viel mehr Glaukomkranke geben.

Wenn wir also dem Blutdruck nicht die allein ausschlaggebende Rolle für das Verhalten des intraokularen Druckes zuerkennen können, soll damit seine Bedeutung für die Pathogenese des Glaukoms nicht bestritten werden. Der Ausspruch WESSELYS, »daß vorübergehende Steigerungen des allgemeinen Blutdruckes (starke körperliche Anstrengungen, psychische Erregungen) in der Ätiologie des Glaukoms vielleicht im Sinne eines auslösenden Momentes eine gewisse Rolle spielen, dauernde Blutdrucksteigerung im Sinne eines disponierenden Momentes«, verdient unbedingt der Beachtung. Nur dann aber werden natürlich Blutdrucksteigerungen die Entstehung eines Glaukoms auslösen oder begünstigen können, wenn der regulatorische Apparat des Auges nicht intakt ist.

Ein zweiter und zwar sehr wesentlicher Faktor für die Höhe des Augendrucks ist bekanntlich der Füllungszustand der intraokularen Gefäße, der wieder von der Blutverteilung im gesamten Gefäßsystem (LEBER 1903, WESSELY 1918, KOCHMANN und RÖMER 1914) abhängig ist. Manometrisch hatte WESSELY schon 1912 durch gleichzeitiges Registrieren von Blut- und Augendruck im Tierexperiment nachgewiesen, daß es Medikamente gibt, welche die intraokularen Gefäße derartig erweitern, daß die Blutdruckwirkung nicht nur ausgeglichen, sondern sogar überkompensiert wird. Während z. B. nach Amylnitrit, Koffein und Antipyrin der Karotisdruck deutlich sinkt, zeigt sich infolge Kalibererweiterung der intra-

okularen Gefäße und dadurch bedingter stärkerer Absonderung intraokularer Flüssigkeit eine erhebliche Steigerung des Augendruckes. Demgegenüber kann durch intravenöse Adrenalininjektion eine derartige Verengerung der intraokularen Gefäße erzeugt werden, daß trotz Steigens des
Karotisdruckes der Augendruck sinkt.

Köllner (1918) hat diese manometrischen Tierversuche tonometrisch
am Menschenauge, und zwar bei Patienten mit Glaucoma simplex, nachgeprüft. Er konnte mittels des Schiötzschen Apparates eine weitgehende
Übereinstimmung feststellen. Kurve 15, S. 329 zeigt uns die deutliche Drucksenkung, die bei einem an Glaucoma simplex leidenden Auge nach subkonjunktivaler Injektion von 0,2—0,4 ccm einer Adrenalinlösung von 1/20 000
in physiologischer Kochsalzlösung eintrat. Der Umfang der Drucksenkung betrug 26 % des Anfangsdruckes. Die augendrucksteigernde Wirkung des Amyl-
nitrits war am menschlichen Auge tonometrisch weniger deutlich nachweisbar,
da die beim Menschen anwendbare Dosis dieses Mittels natürlich begrenzt ist.

Als ein dritter den Augendruck wesentlich beeinflussender Faktor kommt
die Beschaffenheit bzw. Zusammensetzung des Blutes in Betracht.
Wie Hertels grundlegende Experimente aus dem Jahre 1913 gezeigt haben,
ist durch die Einverleibung von Kochsalz intravenös oder per os ein
erhebliches Sinken des Augendruckes unabhängig vom Blutdruck zu erzielen.
Die Ursache dieser Hypotonie ist auf die osmotischen Austauschprozesse
zwischen Blut- und Augenflüssigkeit zurückzuführen. Die Salzanreicherung
verursacht infolge Änderung der osmotischen Konzentration des Blutes eine
lebhafte Flüssigkeitsabfuhr aus den Geweben, insbesondere auch aus dem
wasserreichen Glaskörper. Im Gegensatz hierzu kann man durch stark
verdünnte, hypotonische Salzlösungen den Augendruck steigern. Inwieweit
allerdings neben den osmotischen noch vasomotorische Einflüsse hierbei in
Frage kommen, bedarf noch der Klärung.

Hertel konnte bei sich selbst durch fortgesetzte NaCl-Gaben den intraokularen Druck auf 4,0 mm Hg herabsetzen. In einem anderen Falle sank
nach 20 g Kochsalz, in 120 ccm heißem Wasser gelöst, per os gegeben der
intraokulare Druck in 45 Minuten von 25 auf 12 mm Hg, in einem weiteren,
nach 30 g NaCl, in einer Stunde von 27 auf 8 mm Hg. Die Blutkonzentration stieg gleichzeitig von 0,313 auf 0,327 bzw. von 0,308 auf 0,346.
Nach 3 bzw. 6 Stunden war der intraokulare Druck wieder normal. Besser
noch und schneller tritt die Wirkung nach intravenöser Injektion von
100—200 ccm 5 %iger NaCl-Lösung ein.

Aus diesen Hertelschen Versuchen[1]) ist zu folgern, daß die Konstanz

---

1) Die Hertelschen Untersuchungen werden in der Leipziger Augenklinik
von Dieter fortgesetzt, der sich insbesondere auch mit dem Problem des Einflusses des intraokularen Kapillardruckes (entoptische Messungen) auf den
Augendruck beschäftigt.

des Augendruckes von einer konstanten Blutzusammensetzung abhängig ist.

Auf die Wirkung und therapeutische Verwertbarkeit hypertonischer
Salzlösungen bei Glaukomkranken werden wir später zu sprechen kommen.

Die von HEINE und RÖMER bei Coma diabeticum beobachtete Hypotonie wird von ihnen ebenfalls auf eine veränderte Blutzusammensetzung
zurückgeführt; nach ihrer Ansicht handelt es sich um die Wirkung eines
spezifischen, den Augendruck beeinflussenden Serumbestandteiles.

Wie weit die fehlenden Hormone des Pankreas, der Blutzuckergehalt
und die Entquellung des Glaskörpers (BAURMANN 1924) hierbei eine Rolle
spielen, bleibt noch zu klären.

Bemerkenswert ist das schnelle Schwinden dieser Hypotonie nach der Behandlung des Diabetes mit Insulin. GRAFE (1924) wies letzthin in Heidelberg auf diese
günstige Insulinwirkung hin; nach 1—2 Tagen erreicht das erweichte Auge infolge Wasserzunahme (HAMBURGER) wieder seine normale Spannung.

Vom Druck der Cerebrospinalflüssigkeit ist der intraokulare Druck,
wie von CASOLINO (1915) und VERDERAME bei Lumbalpunktionen nachgewiesen
wurde, unabhängig.

Augendruck und Massage.

Bei Besprechung der Fehlerquellen der tonometrischen Technik wurde
bereits erwähnt, daß öfter wiederholtes Aufsetzen des Tonometers auf das
Auge den intraokularen Druck infolge von Inhaltsverminderung des Augapfels
sinken läßt. Je schwerer das Gewicht um so stärker die Druckverminderung.
REGINA POLAK VAN GELDER (1911) konnte auf diese Weise beim normalen Auge
eine Druckherabsetzung um 3—13^1/$_2$ mm Hg erzeugen. BADFR (1918) tono-
metrierte 30 Augen mit dem Gewicht 7,5 und zwar je 5 mal innerhalb
1 Minute, indem er das belastete Tonometer jedesmal 5 Sekunden auf der
Hornhaut ruhen ließ. Der Augendruck sank um 2—8 (durchschnittlich 4) mm
Hg. Nach 1—8 Minuten (durchschnittlich 3^1/$_2$ Minuten) erreichte der Druck
wieder den Ausgangswert.

Die druckherabsetzende Wirkung der systematischen Augenmassage ist
auch schon von H. PAGENSTECHER [1] beobachtet worden, der Ende der 70 er Jahre
die Massage (Effleurage) mit gelber Salbe bei Hornhautnarben und Phlyctänen
eingeführt hat. Tonometrisch kontrollierte MAKLAKOFF [2] die Tensionsverminderung nach Vibrationsmassage (Elfenbeinknopf) und fand beim normalen
Auge schon nach kurz dauernder Massage ganz erhebliche Hypotonie.
DOMEC [3] empfahl die Massage wegen ihrer druckvermindernden Wirkung
bei akutem Glaukom, und zwar bediente er sich der nach ihm benannten

---

1) PAGENSTECHER, H., Zentralblatt f. Augenheilk. 1878, Archiv f. Augenheilk.
Bd. 10. 1881.

2) MAKLAKOFF, Arch. d'Opht. 1893. p. 530 ff. (Zit. nach KNAPP).

3) DOMEC, ref. Ophth. Klinik. 1899. Nr. 23. (Zit. nach KNAPP).

digitalen Kompressionsmassage. Auch P. KNAPP (1912) studierte an einem größeren Material den Einfluß der Massage auf den Augendruck. Bei der DOMECschen Druckmassage sank der intraokulare Druck normaler Augen

nach 200 Pressionen (etwa 2 Min.) um 4,5 mm Hg
» 500 » (» 5 ») » 7,2 » »
» 1000 » (» 10 ») » 8,9 » ».

Im höheren Lebensalter wird der intraokulare Druck fast ebenso stark herabgesetzt als im jugendlichen. Die Hypotonie nach Massage beruht áuf Verdrängung intraokularer Flüssigkeit, und zwar kommt dabei in erster Linie das Kammerwasser in Betracht. Meist hält die Druckverminderung nur kurze Zeit an; beim normalen Auge pflegt der Druck innerhalb $3/4$ Stunden zur Norm zurückzukehren.

Über beträchtliche Druckverminderung nach Elektromassage berichtet KAYSER (1911), der auch auf die erstaunliche tensionsherabsetzende Wirkung des Druckverbandes hinweist.

Beeinflussung des intraokularen Druckes normaler Augen durch Medikamente.

Durch Einträufelung von Arzneimitteln in den Bindehautsack wird der Binnendruck gesunder Augen verhältnismäßig wenig verändert.

Die durch pupillenerweiternde Medikamente erzeugten Druckschwankungen sind bei normalen Augen so geringgradig, daß sie sich meist innerhalb der Fehlerquellen des Tonometers halten.

So bleibt der intraokulare Druck nach Einträuflung von Atropin fast unbeeinflußt (SCHIÖTZ 1905, ISAKOWITZ 1908, LANGENHAN 1910, MARPLE 1910, GJESSING 1921), ebenso nach Homatropin (GJESSING) und Skopolamin (HEILBUN 1910). Zu dem gleichen Ergebnis war schon 1895 GOLOWIN mit dem MAKLAKOFFschen Tonometer gekommen.

Wohl aber kann, wie hinlänglich bekannt, bei glaukomdisponierten Augen mit normalem Druck durch Atropin erhebliche Drucksteigerung ausgelöst werden, da bei diesen Augen der den Druck regulierende Apparat nicht intakt ist (LAQUEUR 1877, SUTPHEN 1916).

Auch das lange Zeit als harmlos geltende Homatropin kann bei disponierten Augen die gleiche Wirkung haben (SACHS, O. LANGE 1912). GIFFORD (1916) sah fünfmal Glaukomanfälle nach der Homatropinisierung und gibt daher jedem Patienten nach der Untersuchung mit Homatropin oder anderen Mydriaticis prophylaktisch Eserin.

Kokain bewirkt nach meinen Messungen (1909, Tonometer SCHIÖTZ), mit denen auch diejenigen GJESSINGS (1921) übereinstimmen (vgl. auch BADER), bei gesunden Augen eine geringe Druckherabsetzung, die wohl auf Gefäßverengerung zurückzuführen ist. Subkonjunktivale Einspritzung

4 proz. Kokains (0,5 ccm) bewirkte nach Römer u. Krebs (1924) »kaum meßbare sofortige Druckherabsetzung, bald wieder Tonus wie vor der Injektion«. Stocker (1887) hatte bei seinen Tierexperimenten nach Kokain manometrisch eine Drucksenkung um 2—3 mm Hg festgestellt. Anders verhält es sich, wie wir sehen werden, bei Glaukomaugen.

Holokain ist von Schiötz als geeignetstes Anästhetikum für Druckmessungen auch bei Glaukom empfohlen worden, weil es nicht mydriatisch wirkt und den intraokularen Druck nicht beeinflußt. Den Beweis hierfür konnte ich dadurch erbringen, daß ich Holokain an einem sonst normalen Auge prüfte, dessen Hornhautsensibilität infolge Exstirpation des Ganglion Gasseri erloschen war. Die Druckmessung vor Einträuflung des Holokains war also ohne Anästhesierung möglich. Der Druck blieb vor wie nach Einträuflung von 2 Tropfen 2 %iger Holokainlösung der gleiche. P. Knapp (1911) neigt zu der Ansicht, daß mehrmalige Anwendung von Holokain den Druck etwas vermindere. Er läßt es aber dahingestellt, ob diese Druckabnahme reine Holokainwirkung ist oder die Folge starken Zukneifens (Massagewirkung?) der durch wiederholte Holokaingabe gereizten, brennenden und tränenden Augen. Hughes (1917) berichtet von einem akuten Glaukomanfall, den er bei einer Frau mit Glaucoma simplex beobachtete, nachdem ihr zwecks Tonometrierens 2 Tropfen Holokain eingeträufelt worden waren. Der psychische Eindruck des Tonometrierens dürfte wohl eher an dem Anfall Schuld gewesen sein, als das harmlose Holokain.

Ebenso wie Holokain scheint Alypin nach Oeding (1910) und 5 %iges Novokain (subkonjunktival 0,5 ccm) nach Römer u. Krebs den intraokularen Druck unbeeinflußt zu lassen.

Nach Einstäubung von Dionin konstatierte Toczyski (1912) eine anfängliche Steigerung des Druckes, der später zur Norm event. unter dieselbe zurückgeht.

Über die Wirkung der Nebennierenpräparate auf den normalen Augendruck haben uns außer den manometrischen Tierversuchen Wesselys (1900, 1903, 1905) die sorgfältigen Messungen Ruberts (1909) mit dem Maklakoffschen Tonometer Aufschluß gegeben. Nach Einträuflung von 4—5 Tropfen der üblichen Lösung von Adrenalin (1 : 1000) oder subkonjunktivaler Injektion einer noch geringeren Dosis (2 Tropfen in 0,25 ccm physiologischer NaCl-Lösung) kommt es bei gleichzeitiger Pupillenerweiterung zunächst zu einer vorübergehenden Herabsetzung des Druckes (Verengerung der Gefäße des Corp. cil., Abnahme der Transsudation), auf die eine länger dauernde Druckerhöhung folgt (kollaterale Hyperämie der tiefen Gefäße). An diese schließt sich eine nochmalige Druckabnahme an (sekundäre Verengerung der tiefen Gefäße, Rubert). Beim normalen Auge sind im Gegensatz zum glaukomatösen die erwähnten Druckschwankungen nur von kurzer Dauer und so geringer Größe, daß sie noch in die Fehlergrenzen des Maklakoffschen Apparates fallen (maximale Druckabnahme 0,4—3,5 mm Hg, Drucksteigerung 1,4—5,0 mm Hg).

Ganz erhebliche Hypotonie wird dagegen nach subkonjunktivaler Einspritzung starker Dosen unverdünnter Stammlösung erzeugt. So beobachtete Hamburger (1923), dessen Glaukombehandlung mit Nebennierenpräparaten uns zur Zeit ja besonders interessiert, nach subkonjunktivaler Injektion in Gaben von 0,2—0,5 ccm Suprarenin-Höchst am gesunden Auge neben extremster Pupillenerweiterung Druckherabsetzung bis auf 6 mm Hg (Tonometer Schiötz), d. h. auf etwa $\frac{1}{4}$ des normalen Druckes, die stunden-, ja tagelang anhielt. Diese »breiartige« Erweichung erklärt Hamburger durch Gefäßverengerung infolge von Sympathikusreizung; die zuführenden Gefäße würden gleichsam unterbunden, die kavernösen Hohlräume der Uvea schwammartig ausgepreßt.

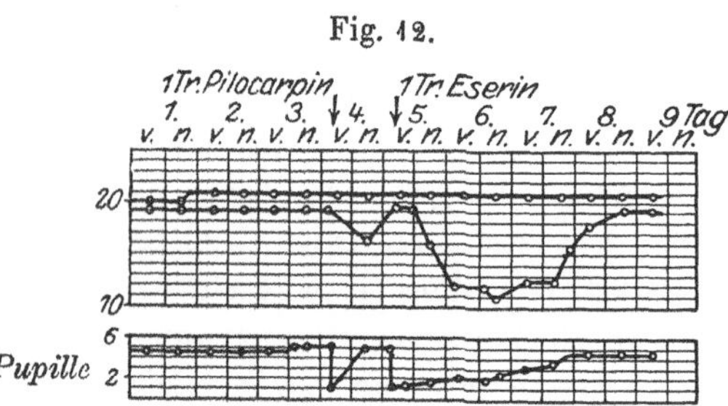

Kurzdauernde Wirkung des Pilokarpins, längere des Eserins bei normalem Auge. Übereinstimmung und Verhalten des intraokularen Druckes und der Pupillenweite. (Nach Köllner.)

Die Höhe der Dosis spielt bei Nebennierenpräparaten also offenbar quoad Druckveränderung die größte Rolle.

Die pupillenverengernden Mittel Eserin und Pilokarpin haben im Gegensatz zum Atropin einen tonometrisch deutlich meßbaren Einfluß auf den Binnendruck des normalen Auges, und zwar setzen sie ihn um einige Millimeter herab (Zeitschr. f. Augenheilk. Bd. 23, H. 3, S. 209/10). Golowin hatte diese Drucksenkung schon 1904 mit dem Tonometer Maklakoff festgestellt, Schiötz (1905), Bietti (1911), Gjessing (1921) u. a. konnten sie mit dem Tonometer Schiötz bestätigen.

Die Eserinwirkung ist, wie die Köllnersche Kurve (Fig. 12) zeigt, intensiver und von längerer Dauer als die des Pilokarpins. Wenn Köllner auf dieser Kurve auf die Übereinstimmung der Druckherabsetzung mit der Pupillenverengerung hinweist, so muß dem gegenüber erwähnt werden, daß Schiötz und Bietti die gleiche Drucksenkung auch bei Augen mit Aniridie sahen. Es müssen hier also noch andere Faktoren mitspielen. — Vergleichsweise sei auf die manometrischen Tierversuche von Hölztke (1883), Stocker (1887) und Grönholm (1910) hingewiesen. Grönholm konnte z. B. sowohl im Katzen- als im Kaninchenauge eine Druckverminderung um etwa 4 mm Hg (im Maximum 10 mm) feststellen.

Dem Druckabfall geht beim Eserin eine anfängliche, kurz dauernde Drucksteigerung voraus, die bei glaukomatösen Augen ausgesprochener ist als bei normalen Augen. Manometrisch wurde sie am kurarisierten Kaninchen von Wessely (1913) exakt nachgewiesen. Er führt diese Erscheinung auf eine vorübergehende reaktive Hyperämie der Iris und Ziliarfortsätze zurück. Bietti stellte die anfängliche Hypertonie auch am gesunden Auge tonometrisch fest, mir selbst gelang dieser Nachweis nur bei Glaukomaugen. Durch subkonjunktivale Injektion von Pilokarpin und Eserin kann ihre druckherabsetzende Wirkung nicht verstärkt werden (Römer u. Krebs 1924).

Nicht unerwähnt möchte ich hier zwei schon früher veröffentlichte aus dem Jahre 1910 stammende klinische Beobachtungen lassen, die ich gelegentlich meiner Versuche mit Mioticis an gesunden und glaukomatösen Augen machen konnte. Um die Wirkung der Miotika auf Augen mit normalem Druck zu studieren, träufelte ich die Lösung bei verschiedenen Glaukompatienten auch in das bisher gesund erscheinende Auge mit normalem Druck, in der Annahme hierdurch dem glaukomdisponierten Auge nicht zu schaden sondern im prophylaktischen Sinne nützen zu können. Nach den ersten Versuchen waren auch schädliche Folgen nicht zu bemerken. An zwei Augen traten jedoch wenige Tage nach der starken Druckherabsetzung Glaukomanfälle auf. Der Augendruck der ersten Patientin war nach Eserin zunächst in überraschend starker Weise von 21,0 mm bis auf 10,0 mm Hg gesunken. Vier Tage nachher stellte sich eine Drucksteigerung auf 62 mm Hg ein, gleichzeitig alle Erscheinungen eines akuten Glaukomanfalles. Ophthalmoskopisch waren einige kleine Netzhautblutungen zu sehen. Durch vorsichtig dosierte Eserinbehandlung gelang es, den Druck wieder dauernd zu normalisieren. In dem zweiten Falle war der Druck des bisher gesunden linken Auges nach Pilokarpin von 26,5 auf 17,5 mm Hg abgefallen. Als die Patientin nach einigen Tagen wieder zur Kontrolle kam, klagte sie über heftige linksseitige Kopfschmerzen und Sehen farbiger Ringe. Der Druck betrug 41,0 mm Hg.

Die beiden Beobachtungen lehren, daß starke Druckherabsetzung glaukomdisponierter Augen mit normalem Druck nicht unbedenklich ist[1]). Die im ersten Falle aufgetretenen Netzhautblutungen sprechen dafür, daß die Ursache dieser sekundären Drucksteigerung in einer reaktiven Hyperämie der tieferen intraokularen Gefäße zu suchen ist, der sich die glaukomdisponierten Augen nicht anzupassen vermochten.

Refraktion und intraokularer Druck.

Nach P. Knapps (1912) Statistik, die 92 Augen verschiedener Brechungszustände umfaßt, übt die Refraktion keinen Einfluß auf den Augendruck aus. Er fand im Durchschnitt bei:

---

1) Nach diesen Erfahrungen ist es kaum zu verwundern, daß die stark dosierten subkonjunktivalen Suprarenininjektionen Hamburgers bei Glaucoma simplex nicht selten akute Glaukomanfälle auslösen; werden doch durch die extreme S. R.-Mydriasis in Augen, deren Druckregulierung gestört ist, noch wesentlich ungünstigere Bedingungen für ein Ertragen starker Schwankungen des Füllungszustandes der intraokularen Gefäße geschaffen.

<table>
<tr><td>Myopie . . . 22,6 mm Hg</td><td rowspan="3">alte Umrechnung nach
Schiötz.</td></tr>
<tr><td>Emmetropie . 22,8 » »</td></tr>
<tr><td>Hypermetropie 22,4 » »</td></tr>
</table>

Auch ich konnte mich wiederholt überzeugen, daß sich die Druckhöhen hochgradig myopischer Augen innerhalb normaler Grenzen bewegen; so ergab sich bei einer exzessiven Kurzsichtigkeit von 32 bzw. 34 Dioptr. ein Druck von 23 mm Hg, ferner bei zwei Patienten mit annähernder Emmetropie des einen und 22 D. Myopie des anderen Auges beiderseits der gleiche Druck.

Heilbrun (1910), Gjessing und Bruns (1923) kamen zu ähnlichen Resultaten. Bader (1918) wies differentialtonometrisch (s. unten) eine erhöhte Impressibilität der Sklera hochgradig myopischer Augen nach und erklärt dieselbe aus der dünneren Skleralwandung kurzsichtiger Augen gegenüber emmetropen.

Heilbrun registrierte ebenso wie Bruns auch bei hochgradig hypermetropischen Augen (8,0 D. und mehr) keine Druckunterschiede im Vergleich zu normalen.

Keratokonus und intraokularer Druck.

Schon die verschiedene Radiusgröße der Hornhaut normaler Augen ist, wie Schiötz erwähnt, eine wenn auch kleine Fehlerquelle tonometrischer Messungen. Die Differenz der Radiusgrößen normaler Hornhäute schwankt nur innerhalb enger Grenzen (6,3—8,5 mm), bei Keratokonus dagegen finden sich nach den Untersuchungen von Zehender, Mauthner, v. Reuss an der Spitze des Kegels Krümmungsradien zwischen 2,57, 3,2 und 5,4 mm, an der Peripherie aber Werte bis 12,7 mm. Die Zahlen sind der Arbeit von Strebel und Steiger (1913) entnommen. Diese Autoren fanden nun auffallender Weise ebenso wie Gilbert (1912) beim Tonometrieren einer Anzahl keratokonischer Augen vollständig normale absolute Druckwerte. Weitere Prüfung der Frage an einem größeren Material ist erwünscht. Exakte Werte dürften nur zu erwarten sein, wenn nicht das gewöhnliche Schiötzsche Modell angewendet würde, sondern ein Apparat mit einem genau der Keratokonusform adaptierten hyperbolisch gekrümmten Fußstücke. Die technischen Schwierigkeiten der Herstellung werden wohl kaum zu überwinden sein.

Einwirkung von Muskeloperationen auf den intraokularen Druck.

Nachdem bereits Engelmann mit dem Maklakoffschen Tonometer nachgewiesen hatte, daß die Tenotomie aller geraden Augenmuskeln beim Kaninchen den intraokularen Druck um 8 mm Hg herabsetzt und nach einer Tenotomie des M. rectus ext. beim Menschen eine Verminderung des Druckes um 3,8 mm Hg gefunden hatte, konnte ich 1909 mit dem Schiötzschen Instrument bei verschiedenen schieloperierten Kindern sowohl nach Rücklagerung wie nach Vorlagerung eine geringe Hypotonie konstatieren (vgl. die Tabelle der Originalarbeit). Die Druckverminderung betrug nach Tenotomie bis zu 4 mm nach Vorlagerung bis zu 6 mm Hg. Während sie bei der

Tenotomie wohl auf Verminderung des extraokularen Muskeldruckes beruht, soll sie nach Oeding (1910) bei der Vornähung auf die durch Anlegung der Nähte bedingte Verdünnung der Sklera (?) (vgl. auch Meller 1909) zurückzuführen sein. Elschnig (1913) dagegen nimmt an, daß die Druckherabsetzung nach beiden Muskeloperationen Folge der Durchschneidung vorderer Ziliararterien ist. Vielleicht wirkt auch der mit der Operation einhergehende mechanische Reiz auf symgathischem Wege druckerniedrigend.

Erkrankungen der Hornhaut und Lederhaut

gehen häufig mit tonometrisch sicher nachweisbarer Druckherabsetzung einher.

Bei Herpes corneae fand ich Drucksenkung bis zu 8 mm Hg. Auch bei anderen oberflächlichen Hornhauterkrankungen, z. B. Phlyktänen (zur Nedden 1911) und bei traumatischen Epitheldefekten stellen sich oft recht nennenswerte Drucksenkungen ein. Engelmann konstatierte bei Ulcus corneae Druckverminderung um 2,6—7 mm Hg (Ton. Maklakoff); je flächenhafter das Geschwür, um so niedriger der Druck, auch wies er auf die Hypotonie bei frischen Fällen von Keratitis parenchymatosa hin.

Die von Heilbrun (1910) bei Kalkverätzungen beobachteten, zum Teil sehr beträchtlichen Drucksteigerungen (bis zu 52 mm Hg) führt er auf Obliteration des Schlemmschen Kanals zurück (vgl. auch Zade, Arch. f. Ophth. Bd. 72, S. 502). Auch das Ulcus serpens erzeugt nach den Erfahrungen der Schiötzschen Klinik häufig (nach Gunnussen 1912 in $^2/_3$ der Fälle) Druckerhöhungen, wie er annimmt infolge Abflußbehinderung nach teilweiser Verlegung der Fontanaschen Räume durch Fibrin und Leukozyten. v. Imre jr. (1924) neigt dagegen dazu, diese Hypertonie mit dem reflektorisch erhöhten Eiweißgehalt des Kammerwassers und veränderten osmotischen Verhältnissen zu begründen.

Nach Mitteilung Igersheimers (1911) treten auch im Verlaufe der Keratitis parenchymatosa Drucksteigerungen gar nicht so selten in Erscheinung, er sah sie bei 10 von 32 tonometrierten Kranken.

Diese Beobachtungen mahnen zu gewissenhafter Kontrolle des Augendruckes, genauer Dosierung und Individualisierung der Atropinbehandlung!

Die starken Drucksenkungen bei Sklerokeratitis sind jedem Augenarzt geläufig. Nach längerem Bestehen kann die Hypotonie so ausgesprochen sein, daß sich der Bulbus beim Palpieren »matsch« anfühlt. Tonometerwerte von 5 mm Hg und weniger sind keine Seltenheit. Auch bei Skleritis und Episkleritis stellt sich häufig Druckverminderung ein, die jedoch kaum derartige Grade erreicht.

Iritis und Iridozyklitis.

Die tonometrischen Untersuchungen bei Iritis und Iridozyklitis haben ergeben, daß diese Erkrankungen fast regelmäßig mit deutlichen Druckschwankungen einhergehen, sei es im Sinne einer Senkung, sei es einer Erhöhung, die beide sehr erhebliche Grade erreichen können (Schiötz, Langenhan, Heilbrun, Straub, Schirmer u. a.). Es empfiehlt sich daher zur Vermeidung therapeutischer Fehler zum mindesten in allen Fällen von schwererer oder langwieriger Regenbogenhaut- und Strahlenkörperentzündung den Augendruck tonometrisch zu überwachen.

Engelmanns Behauptung, daß Iritis im ersten Stadium der Erkrankung stets mit Drucksteigerung verbunden ist, kann ich nach meinen Messungen nicht bestätigen; dieselben zeigten mir vielmehr, daß sich Normen über Zu- bzw. Abnahme des Binnendruckes nach bestimmten zeitlichen Stadien nicht aufstellen lassen. Das Verhalten des intraokularen Druckes ist bei den verschiedenen Krankheitsfällen nach Verlauf, Art und Intensität durchaus variierend und läßt sich in ein bestimmtes Schema nicht zwingen.

Hamburger (1924) mag wohl nicht Unrecht haben, wenn er behauptet, daß Iritis — wie überhaupt Entzündungen des vorderen Auges — trotz Hyperämie meist mit Drucksenkung einhergeht. Er sieht in dieser Erweichung des Auges bei Entzündung — im Gegensatz zu dem vermehrten Turgor, der Druckzunahme aller anderen entzündeten Organe — einen Abwehrvorgang des Organismus zur Vermeidung der gerade vom Auge so schlecht vertragenen Drucksteigerungen, die sonst häufig zum Verlust des Auges durch Glaukom führen würden. Es ist gewiß für den biologisch denkenden Arzt verlockend, Hamburgers Gedankengängen zu folgen. Nur ist der tatsächliche Beweis, daß »Iritis in der Regel gleich Hypotonie« ist, nicht erbracht, jedenfalls nicht durch einwandfreie tonometrische Messungsergebnisse an genügend großem Untersuchungsmaterial.

Daß in den späteren Stadien der Zyklitis, namentlich dann, wenn sie mit abundanter Exsudation in den Glaskörper einhergegangen war und eine Schrumpfung der sich organisierenden Exsudate stattgefunden hatte, der intraokulare Druck außerordentlich sinken kann, ist ja eine häufig beobachtete Tatsache. So fand ich z. B. bei einem seit mehreren Wochen an Iridocyclitis gonorrh. mit reichlichem, teils organisierten Glaskörperexsudat leidenden Auge eine Druckherabsetzung auf 2 mm Hg, ohne daß es übrigens später zu Phthisis bulbi kam. Die stärkste Hypotonie bei Iridozyklitis beobachtete Schiötz. Der Zeiger ging mit dem Gewicht 5,5 bis zum Hemmstift, d. h. der Druck war gleich Null.

Die Schirmersche (1910) Ansicht, daß Hypotonie ein konstantes Symptom der Zyklitis sei, läßt sich, wie Nachprüfungen ergeben haben, nicht aufrecht erhalten; Straub (1913) fand z. B. unter 60 Fällen von Zyklitis 35 mal Druckerhöhungen, Gjessing (1921) bei 53 zyklitischen Augen in 33 Fällen gesteigerten Druck, bei den übrigen Hypotonie. Bei einem an doppelseitiger Zyklitis leidenden Patienten war das eine Auge härter, das andere weicher.

Morbus Basedowii.

Auf das Verhalten des Augendruckes bei Basedowscher Krankheit hat man erst in den letzten Jahren mehr geachtet, seitdem die innere Sekretion der endokrinen Drüsen die Aufmerksamkeit der Forscher auf sich gelenkt hat.

Sattler (1908) zitiert in seiner Monographie nur die tonometrisch nicht kontrollierten Angaben von Gaill[1]) und Brailey und Eyre (1900). Gaill berichtet von einem Fall mit entschieden vermehrter Spannung beider Augäpfel.   Brailey und Eyre sagen, daß Drucksteigerung nicht selten sei. Sattler selbst fand bei den meisten Patienten normale Tension, einigemal vermehrte; zur Beurteilung bediente auch er sich der Fingerpalpation. Ich selbst gewann beim Tonometrieren von 5 Patientinnen mit Basedow den Eindruck, daß ihre Augen zu leichter Drucksteigerung neigen (1910). Das Material ist natürlich viel zu gering, um bindende Schlüsse daraus zu ziehen.   Die Durchschnittswerte lagen 5,5 mm höher als die normalen. Auch Stock (1910) fand bei einem Falle von B. den intraokularen Druck nahe der oberen Grenze des normalen.   Er glaubt ihn durch die prallere Beschaffenheit der ganzen Orbita erklären zu können.

Hertel (1910) dagegen berichtet, ebenso wie später Csapody (1923), Bruns (1923) und Freytag (1924), von niederen Augendruckwerten (14 bis 15 mm Hg bei relativ hohem Blutdruck) und führt die Hypotonie bei diesen Individuen mit Hyperthyreodismus auf den Einfluß zurück, den nach seiner Ansicht die Schilddrüse auf die Regulierung des Flüssigkeitsaustausches im Auge hat.   Bei Patienten mit Hypofunktion der Schilddrüse fand er erhöhte Augendruckwerte.   Imre jr. (1921) schließlich stellte mit dem Schiötzschen Tonometer ebenso wie v. Szily bei Basedowkranken teils erhöhten, teils erniedrigten Druck fest.

Nachprüfungen an größerem Material sind angezeigt, wie überhaupt die ganze Frage der Abhängigkeit des intraokularen Druckes vom endokrinen System und die der spezifischen Wirkung der Organotherapie, mit der sich besonders Hertel (1920) und Imre jr. (1924) beschäftigt haben, noch weiterer Klärung bedarf.

Intraokulare Tumoren.   Ablatio retinae.

Wichtige Ergebnisse lieferten die Druckmessungen bei intraokularen Tumoren und seröser Netzhautabhebung.   Sie lehren, daß Hypotonie kein Ausnahmesymptom bei beginnender Tumorbildung ist und daß bei einfacher Netzhautablösung selbst nach längerem Bestehen Drucksteigerung vorkommt.   So beobachtete Schiötz bei zwei von drei typischen Fällen kleiner intraokularer Geschwülste Herabsetzung des Augendruckes auf

1) Inaug.-Diss. München (ref. n. Sattler).

11,5 mm Hg; ich konnte 1909 bei drei Augen mit beginnendem Aderhautsarkom Druckverminderung um 3 bzw. 4,5 bzw. 5 mm Hg im Vergleich zum anderen gesunden Auge feststellen. Ähnliche Beobachtungen
machte später Franz (1920) bei drei Fällen von intraokularen Tumoren, die
mit Druckherabsetzungen einhergingen, ohne daß die Hypotonie durch entzündliche Komplikation bedingt war. Heilbrun (1910) teilt einen Fall von
ausgedehntem Melanosarkom der Aderhaut mit, das bereits zu Vortreibung
der Linse und Iris geführt hatte; der intraokulare Druck betrug nur
8,0 mm Hg. Auch Schieck[1]) betont, daß Aderhautsarkome, die zu Degeneration neigen, den Tonus herabsetzen können. Die Ursache der Druckverminderung bei beginnenden Tumoren ist noch nicht einwandfrei ge-
klärt, wahrscheinlich spielen trophische Störungen und Hemmungen des
Blutkreislaufes infolge mechanischen Druckes der Geschwulst eine Rolle,
vielleicht auch die Stoffwechselprodukte der Geschwulst (Albrich 1923).
Bei vorgeschritteneren Geschwülsten ist die Hypotonie wohl meist auf
Degeneration bzw. entzündliche Vorgänge, die Glaskörperschrumpfung bedingen, zurückzuführen.

Demgegenüber wurde von verschiedenen Untersuchern, zuerst von
Schiötz, tonometrisch nachgewiesen, daß einfache seröse Netzhautablösung nicht immer mit Hypotonie verbunden ist, sondern in einzelnen
Fällen zu Hypertonie führt. Kümmell (1920) fand bei 46 Augen mit
Netzhautabhebung 39 mal Spannungsverminderung, (die stets bei frischen,
unter 14 Tage alten Fällen bestand), 5 mal den gleichen Druck wie beim
gesunden Auge bei älteren Erkrankungen und 2 mal Drucksteigerung bei
mehrere Wochen alten Abbebungen. Heilbrun konstatierte bei einer bereits 1/2 Jahr bestehenden Ablatio 36 mm Hg im Vergleich zu 26 mm Hg,
des gesunden Auges. Schreiber (1920) sah im Gegensatz zu Kümmell bei
15 Fällen von frischer Netzhautabhebung nicht ein einziges Mal eine
Druckverminderung, auch in Spätstadien nur in 20% Hypotonie.

Wir folgern aus dem Gesagten, daß dem Verhalten des intraokularen
Druckes bei der Differentialdiagnose zwischen intraokularem Tumor und
seröser Netzhautabhebung eine unbedingt ausschlaggebende Bedeutung nicht
beizumessen ist.

Dauer der Hypotonie nach Staroperationen.

Daß bei unkomplizierter Cataracta senilis auch im Stadium der Intu-
meszenz Drucksteigerung nicht eintritt, erklärt sich durch die Selbstregu-
lierung des Augendruckes. Entsprechend der Volumenzunahme der Linse
nimmt das Kammerwasser an Menge ab. Ebensowenig finden wir bei staroperierten Augen einige Zeit nach der Operation Druckherabsetzung, da
die Linse durch Kammerwasser ersetzt worden ist.

---

1) Klin. Monatsbl. f. Augenheilk., 43. II. S. 93.

Was die Dauer der Hypotonie nach Staroperationen betrifft, so ergaben meine Messungen des Augendruckes nach Sklerallappenextraktion mit Iridektomie (1909), daß bei regelrechtem Heilungsverlauf der normále Druck bereits nach 3—6 Wochen wiederhergestellt ist. 14 Tage nach der Operation ist noch eine deutliche Hypotonie vorhanden, bei zwei zu dieser Zeit schon gemessenen Staroperierten betrug der Druck nur $^1/_3$ bzw. $^1/_4$ des normalen. Verzögerungen im Zustandekommen der festen Vernarbung werden natürlich auch die Rückkehr zum normalen Druck zeitlich beeinflussen.

Auch SALVATI (1921) berichtet von tonometrischen Untersuchungen, die zeigten, daß schon 3 Wochen nach der Linsenextraktion die Tension wieder die gleiche ist, wie vor der Operation.

Tonometrie und Glaukomdiagnose.

Die wertvollsten Dienste leistet die Tonometrie auf dem Gebiete der Glaukomdiagnose, besonders wenn es sich um die Feststellung im frühen Stadium und um geringe, durch Fingerpalpation nicht zweifelsfrei zu erkennende Druckerhöhungen handelt.

Die tonometrische Diagnose des Glaukoms stützt sich entweder auf absolute oder auf relative Drucksteigerungen.

Die obere Grenze des physiologischen Druckes entspricht, wie erwähnt, einem Zeigerausschlag von 3,0 mm bei einer Belastung mit 5,5 g $\left(\dfrac{5,5}{3,0}\right)$, d. h. nach den alten SCHIÖTZschen Umrechnungen 25 mm Hg, nach den neuen Kurven von 1924 annähernd 30 mm Hg. STOCK und seine Schüler ziehen die Grenzlinie erst bei $\dfrac{5,5}{2,75}$, ELSCHNIG[1]) schon bei $\dfrac{5,5}{3,0-3,5}$.

Der nachstehende Leitsatz möge als Anhalt für die tonometrische Glaukomdiagnose dienen:

Liegt bei einer Belastung des Tonometers mit 5,5 g der Zeigerausschlag zwischen $2^1/_2$ und 3 Teilstrichen der Millimeterskala $\left(\dfrac{5,5}{2,5-3,0}\right)$, so ist der Druck auf Hochspannung suspekt, beträgt er weniger als 2,5 mm, so ist er mit großer Wahrscheinlichkeit pathologisch erhöht.

Der vorsichtige Augenarzt wird aber auch schon Werten von $\dfrac{5,5}{3,0-3,5}$ mm kritisch gegenüberstehen.

Nochmals sei hier hervorgehoben, daß auch ein dauernd innerhalb der normalen Grenzen sich bewegender Binnendruck ausnahmsweise einmal

---

1) ELSCHNIG (1924) hält schon eine T. über 23 mm (alte Berechnung), d. h. $\dfrac{5,5}{3,5}$, für unbedingt suspekt, von 25 mm (alte Berechnung), d. h. $\dfrac{5,5}{3,0}$, für abnorme Hochspannung.

pathologisch sein kann, wenn nämlich das Auge im gesunden Zustande früher einen außergewöhnlich niedrigen Druck hatte (STOCK, BIETTI). Liegen frühere Messungen nicht vor, so ist in diesen Fällen die tonometrische Glaukomdiagnose nur möglich, wenn die vergleichende Messung des anderen Auges niedrigeren Druck ergibt, wenn also eine relative Drucksteigerung des glaukomverdächtigen Auges vorliegt. Zwischen den beiden gesunden Augen desselben Individuums kommen Druckunterschiede, wie wir gesehen haben, nicht vor oder sind ganz minimal.

Die glaukomatöse Drucksteigerung pflegt im allgemeinen 80—85 mm Hg nicht zu übersteigen, ausnahmsweise sind aber auch höhere Werte zu registrieren. Die stärkste tonometrisch festgestellte Hypertonie betrug nach SCHIÖTZ 122 mm Hg.

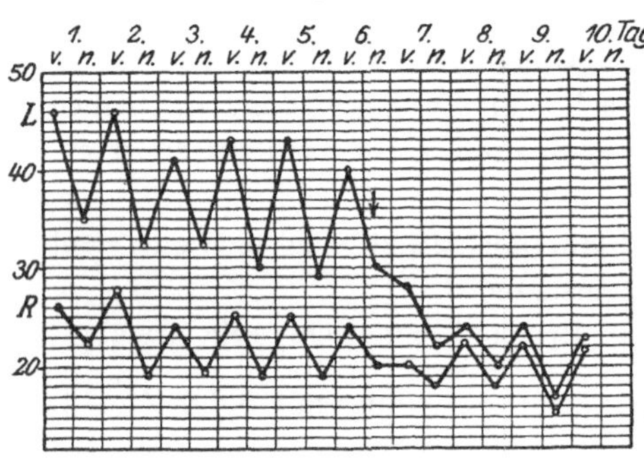

Einseitiges unbehandeltes Glaucoma simplex mit starken Tagesschwankungen. Vom 6. Tage nachm. an (↓) 3 mal täglich Eserin. Die Höhe der Tagesschwankung nimmt mit der Drucksenkung ab bis zu dem Umfang des anderen klinisch noch gesunden Auges. (Nach KÖLLNER.)

Die Tagesschwankungen des intraokularen Druckes sind bei Glaukom viel ausgesprochener als bei normalen Augen, sie belaufen sich oft auf 10—20 mm Hg und mehr und zeigen bei verschiedenen Glaukomaugen weitgehende Verschiedenheiten. Immerhin besteht aber insofern eine gewisse Regelmäßigkeit, als der Augendruck in den Vormittagsstunden sein Maximum zu erreichen pflegt und in den Nachmittagsstunden sinkt. Schon MASLENIKOW (1904) fand mit dem MAKLAKOFFschen Apparat den intraokularen Druck bei Glaukom morgens 3—23 mm Hg höher als nachmittags. Nach KÖLLNER (1916), der sich besonders eingehend mit der Frage der Tagesschwankungen beschäftigt hat, erreichen sie gewöhnlich ihren Gipfel zwischen 10 und 12 vormittags, um dann schnell abzusinken und nachmittags zwischen 2 und 5 am tiefsten abzufallen. Die Größe der Druckschwankungen scheint im allgemeinen mit der Höhe des absoluten Druckes zu steigen, besonders trifft dies bei Glaucoma simplex zu. Hier treten, auch wenn das Auge dauernd unter Miotizis steht, die Druckschwankungen noch deutlich in Erscheinung. Auch nach Iridektomie beobachtete A. MASLENIKOW (1923) ihr Fortbestehen. Die der KÖLLNERschen Arbeit entnommene Kurve (Fig. 13) gibt ein anschauliches Bild der Tagesschwankungen bei Glaukom.

Ursache des täglichen Rhythmus der Augendruckkurve sind in erster Linie Änderungen der Blutzirkulation und zwar scheint die Blutverschiebung und die mit ihr einhergehende Änderung des Füllungszustandes der intraokularen Gefäße eine Hauptrolle zu spielen. MASLENIKOW erinnert daran, daß während des Schlafes der Blutdruck niedriger ist und eine gewisse Stauungshyperämie der Gefäße des Kopfes auch im Hinblick auf die horizontale Lage eintritt, die zu der morgendlichen Druckerhöhung beiträgt. Es liegt ferner nahe, die nachmittägliche Drucksenkung in Zusammenhang mit der Nahrungsaufnahme am Mittag und der damit verbundenen Blutverschiebung nach dem Splanchnikusgebiet zu bringen. Die Pupillenbewegung kommt als Ursache für die täglichen Druckschwankungen nicht in Frage, da nach KÖLLNERS Untersuchungen »der Verlauf der Kurven bei künstlicher Miosis, am iridektomierten, wie am irislosen Auge der gleiche ist wie bei normal reagierender Pupille«. Wie weit der allgemeine Blutdruck und die durch die Nahrungsaufnahme veränderte Blutzusammensetzung die Tageskurve beeinflussen, entzieht sich vorläufig noch unserer Kenntnis.

Da also der intraokulare Druck glaukomatöser Augen recht beträchtliche Tagesschwankungen zeigen kann und sich eventuell nur zu bestimmten Tageszeiten über die obere Grenze des physiologischen Druckes erhebt, sind wir nur dann berechtigt, Glaukom mit annähernder Sicherheit auszuschließen, wenn mehrere an verschiedenen Tagen vor- und nachmittags vorgenommene Messungen normalen Druck ergeben haben; vereinzelte, z. B. nur in der Nachmittagssprechstunde ausgeführte Messungen könnten zufällig in Druckminima fallen. Auch könnte es sonst geschehen, daß ein Arzt am Morgen in seiner Sprechstunde eine Druckerhöhung und ein anderer Arzt am Abend bei demselben Patienten normale Tension findet (KRÜKOW). Schon MASLENIKOW glaubte das scheinbare Fehlen der Druckerhöhung bei einigen Fällen von Glaucoma simplex dadurch erklären zu können, daß die Krankenuntersuchung erst in der zweiten Tageshälfte vorgenommen wurde, wenn die Tension bereits zu sinken begann.

Auch die Größe der Druckschwankungen im Verlaufe des Tages kann die Glaukomdiagnose stützen[1]).

Aus all diesen Gründen wird sich daher auch im diagnostischen Interesse das Anlegen von Tageskurven empfehlen.

Dagegen kann ich die diagnostische Einträuflung von Miotizis, die den intraokularen Druck glaukomatöser Augen zweifellos stärker herabsetzen als denjenigen gesunder, nicht befürworten, da nach meinen Erfahrungen, wie oben ausgeführt, eine plötzliche energische Druckherabsetzung glaukomatös disponierter Augen Glaukomanfälle auslösen kann.

Im besonderen ist die Tonometrie berufen, die Differentialdiagnose zwischen Glaucoma simplex und einfacher Sehnervenatrophie mit Exkavation zu entscheiden; lassen doch die übereinstimmenden Ergeb-

---

1) Nach L. COLOMBO (1923) soll die Grenze bei 6—8 mm Hg liegen.

nisse zahlreicher Untersucher, ich nenne nur MELLER (1909), KRÄMER (1910), STOCK (1910), GILBERT (1917), HEILBRUN (1911), SCHMIDT-RIMPLER (1908), O. LANGE (1912), IMRE jr. (1911), mit aller Wahrscheinlichkeit annehmen, daß eine glaukomatöse Sehnervenexkavation ohne Erhöhung des intraokularen Druckes nicht entsteht, Glaucoma simplex ohne Drucksteigerung nicht existiert[1]). Mit Sicherheit wird sich diese Frage allerdings erst entscheiden lassen, wenn nach dem Vorschlage E. v. HIPPELS (1912) in großen Kliniken Jahre hindurch die einschlägigen Fälle mit dem SCHIÖTZschen Tonometer systematisch gemessen und die Ergebnisse veröffentlicht werden.

Schließlich fällt dem Tonometer die weitere diagnostische Aufgabe zu, das zweite, noch nicht erkrankte Auge Glaukomkranker regelmäßig zu kontrollieren und die ersten Drucksteigerungen aufzudecken.

Tonometrie und Glaukomtherapie.

Einwirkung der gebräuchlichsten Medikamente auf den intraokularen Druck glaukomatöser Augen.

Im Gegensatz zu den verhältnismäßig zahlreichen Untersuchungen über die Einwirkung von Medikamenten auf den Binnendruck normaler Augen, sind systematische tonometrische Messungen über die medikamentöse Beeinflussung glaukomatöser Augen bis 1909 meines Wissens außer von GOLOWIN, der sich des MAKLAKOFFschen Apparates bediente, nicht ausgeführt und veröffentlicht worden. 1909 berichtete ich dann in der Berliner ophthalmalogischen Gesellschaft über die Ergebnisse meiner mit dem SCHIÖTZschen Tonometer an dem Krankenmaterial der Berliner Universitäts-Augenklinik angestellten Untersuchungen, die in der Zeitschr. f. Augenheilkunde, Bd. 23, niedergelegt sind. Die Messungen, die mir nicht nur vom rein wissenschaftlichen sondern vor allem auch vom praktisch-therapeutischen Standpunkt aus wichtig und notwendig erschienen, bezogen sich auf die Einwirkung folgender Medikamente auf den Druck glaukomatös erkrankter Augen: Eserin, Pilokarpin, Mischungen von Eserin und Pilokarpin, Eserin und Kokain, Pilokarpin und Kokain. Ich gebe ohne weiteres zu, daß das Untersuchungsmaterial bei weitem nicht groß genug ist, um ein abschließendes Urteil über die schwierige Materie zu geben, immerhin dürften die Beobachtungen, soweit sie nicht endgültige Ergebnisse liefern konnten, die eine oder andere Anregung zu weiterer Forschung geben. Wer sich einmal eingehender mit systematischen tonometrischen Messungen an Glaukomkranken beschäftigt, wird bald einsehen, wieviel Zeit, wieviel fast nicht aufzubringende Geduld sie beim Arzt wie beim Kranken erfordern. Nur

---

1) Die kürzlich von ELSCHNIG (1924) in seiner interessanten Arbeit »Glaukom ohne Hochdruck und Hochdruck ohne Glaukom« geäußerte gegenteilige Anschauung, die sich allerdings nur auf vereinzelte Fälle stützt, wird zweifellos zu neuen tonometrischen Studien anspornen.

eine kleine Zahl der Patienten ist geeignet und bereit, sich den lästigen kurz hintereinander wiederholten Prozeduren der Augendruckmessung zu unterziehen, nur wenige einwandfreie Messungsserien sind bei den zahlreichen Fehlerquellen wissenschaftlich verwertbar. Wir können daher auf diesem Gebiete nur durch fleißiges Zusammentragen der verschiedenerseits erzielten Ergebnisse vorwärts und schließlich zu endgültigen Resultaten kommen.

Mit den Golowinschen Versuchen lassen sich meine Untersuchungen nicht ohne weiteres vergleichen, da sich Golowin nicht der jetzt allgemein gebräuchlichen Konzentration der Miotika bediente. In den letzten Jahren sind von Köllner (1918, 1920) sorgfältige Untersuchungen angestellt worden, die meine Beobachtungen erweiterten und ergänzten; er verfolgte die Druckmessungen bis zum vollständigen Verschwinden der Druckherabsetzung, bestimmte also die Gesamtdauer der durch Miotika erzielten Druckverminderung und studierte das Verhalten zwischen Druckherabsetzung und Pupillenverengerung. Da er sich kurvenmäßiger Darstellung bedient, sind seine Messungsergebnisse sehr übersichtlich. — Die mm Hg-Werte sind noch durchweg nach den alten Schiötzschen Kurven berechnet.

Eserin.

Ich füge hier zunächst eine Tabelle ein, die illustrieren soll, wie nach Eserineinträuflung bei Glaukomaugen mit nicht zu hohem Druck der Druckherabsetzung eine kurz dauernde Steigerung (4—5 mm Hg) vorausgeht. Nach 10 Minuten ist dieselbe gewöhnlich abgelaufen. Wessely (1913) führt sie auf eine anfängliche Hyperämie der Blutgefäße des Augeninnern zurück.

Tabelle 1.

$^{1}/_{2}\%$ Eserin (2 malige Einträuflung in 5 Minuten Abstand).

		Gewicht	mm Skala	mm Hg
1. Frau E. N. 34 Jahre. Beiderseits Glaucoma simplex.				
Vor der Einträuflung	rechts	7,5	3,5	33,5
	links	10,0	2,0	60,5
5 Min. nach der Einträuflung . .	rechts	7,5	3,0	**36,5**
	links	10,0	2,0	60,5
30 » » » » . .	rechts	5,5	4,0	24,0
	links	7,5	3,0	36,5
2. Frau H. D. 53 Jahre. Beiderseits Glaucoma simplex.				
Vor der Einträuflung	links	7,5	2,0	43,0
5 Min. nach der Einträuflung . .	»	7,5	1,5	**47,9**
15 » » » » . .	»	7,5	2,0	43,0
30 » » » » . .	»	7,5	3,0	36,5

     F. Langenhan: Ophthalmotonometrie.

Bereits Golowin fand in glaukomatösen Augen nach einmaliger Einträuflung einer 1 %igen Eserinlösung eine kurze Zeit andauernde (5—10 Min.), unbeständige und nicht starke (2—4 mm) Drucksteigerung. Nach Köllners Kurven kann dieselbe auch höhere Grade erreichen, so zeigt z. B. die der K.schen Arbeit entnommene Kurve Fig. 14 einen anfänglichen Druckanstieg von 10 mm Hg. Jedenfalls ist derselbe bei Glaukom deutlicher ausgeprägt als bei gesunden Augen. Er wird um so weniger und kürzer zum Ausdrucke kommen, je schneller die Abflußwege durch Entfaltung der Iris und des Ligamentum pektinatum geöffnet werden, die reaktive Hyperämie der intraokularen Gefäße und die damit verbundene stärkere Flüssigkeitsabsonderung kompensiert wird. Verzögert sich diese Öffnung der Abflußwege, wie es offenbar bei glaukomdisponierten Augen der Fall sein kann, so wird die hyperämische Wirkung stärker in Erscheinung treten, sogar einen Glaukomanfall auslösen können (Köllner). So erklären sich auch die bei Glaukom nach Eserin beobachteten paradoxen Drucksteigerungen bzw. Glaukomanfälle, die z. B. von Leplat (1908), O. Lange (1912), Wessely (1913), Gjessing (1921) u. a. beschrieben worden sind.

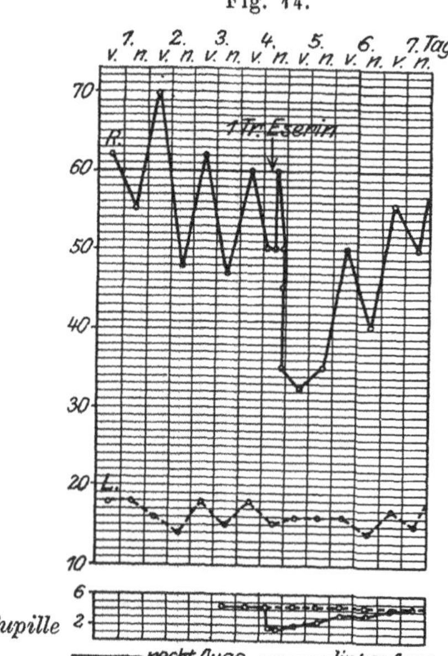

Eserinwirkung bei Glaucoma simplex. Der intensiven Druckherabsetzung geht eine kurz dauernde anfängliche Drucksteigerung voraus. (Nach Köllner.)

Auf Tabelle 2, die uns einen Überblick über den Verlauf der Drucksenkung nach Eserin geben soll, tritt die kurze Druckerhöhung nicht in

Tabelle 2.

¹/₂ prozentiges Eserinum salicylicum

		1. K. L., 35 J. Bds. Glaucoma chronicum infl.			2. F. E., 59 J. Rechts Glaucoma infl. chronicum, links normal			3. G. D., 63 J. Rechts Glaucoma simplex, links normal		
		Gew.	mm Skala	mm Hg	Gew.	mm Skala	mm Hg	Gew.	mm Skala	mm Hg
Vor Einträufelung	rechts	7,5	5,0	26,5	15,0	3,8	74,0	15,0	4,5	67,0
	links	15,0	3,0	82,5	5,0	3,2	24,0	5,5	3,0	25,0
Etwa ¹/₄ Std. ⎫	rechts	5,5	3,5	23,0	7,5	5,5	24,5	10,0	2,5	55,0
	links	10,0	3,0	54,0	5,5	5,0	18,0	5,5	3,8	22,0
» ¹/₂ » ⎬ nach Einträufelung	rechts	5,5	5,0	18,0	5,5	5,5	17,0	10,0	2,2	57,5
	links		4,8	18,5		6,5	14,5	5,5	3,8	22,0
» 1 » ⎭	rechts	5,5			5,5	6,5	14,5	—	—	—
	links		4,8	18,5		5,5	17,0	—	—	—

Augendrucksenkung durch Eserin bei Glaukom. 323

Erscheinung, da die Messungen erst $^1/_4$ Stunde nach der Einträuflung begonnen haben, nachdem also der Druckanstieg bereits abgelaufen war. Die Tabelle (Auszug aus der Orig.-Arbeit Tab. Vb, 1910) zeigt, daß meist bereits nach $^1/_2$—$^3/_4$ Stunde der wesentliche Druckabfall erreicht war. Von Beginn der Einträuflung ab gerechnet müssen diese Zeiten um je $^1/_4$ Stunde verlängert werden. Ich hatte die Messungen so lange fortgesetzt, bis zwei im Abstand von $^1/_4$ Stunde vorgenommene Ablesungen keine weitere Druckabnahme ergaben. Damit ist natürlich nicht bewiesen, daß der Druck im weiteren Verlauf nicht noch tiefer sinken kann. Die Köllnerschen Kurven sprechen dafür.

Die Gesamtdauer der Eserinwirkung erstreckt sich nach den K.schen Kurven auf einen ängeren Zeitraum, als bisher nach den klinischen Beobachtungen angenommen worden ist, und zwar meist auf $2^1/_2$ bis 4 Tage. Es wird eine nützliche und dankenswerte Aufgabe sein, die verdienstvollen Köllnerschen Studien über die Dauer der Eserinwirkung weiter fortzusetzen.

Tabelle 2 belehrt uns weiter darüber, daß eine Regelmäßigkeit in dem Grade der Druckherabsetzung nicht nachgewiesen werden konnte. Wir sehen, daß einerseits Augen mit sehr hohem Druck nach der Einträuflung fast unternormalen Druck zeigen (Fall 1 o. s., 2 o. d., 5 o. d.), andererseits Augen mit kaum erhöhtem Druck nur wenig durch das Eserin beeinflußt werden (Fall 4 o. s.) und umgekehrt (Fall 8 bzw. 1 o. d.). Offenbar hängt die Herabsetzbarkeit des pathologisch erhöhten Druckes weniger von seiner absoluten Höhe als von verschiedenen anderen Faktoren ab: Beschaffenheit der Iris und des Iriswinkels, Zirkulationsverhältnisse, Dauer der Krankheit, vielleicht auch Gewöhnung an das Medikament. Wir werden auf einzelne dieser Momente noch zu sprechen kommen.

Tabelle 3 gibt eine Übersicht über die Wirkung des 2 % igen Pilokarpins auf 10 glaukomatös erkrankte Augen 8 verschiedener Patienten.

Tabelle 2.
(4 mal Einträufelung innerhalb $^1/_4$ Stunde).

4. M. K., 74 J. R. normal, 1. Glauc. chronicum infl. (vor 3 Jahren iridekt.)			5. L. Sp., 43 J. Rechts Glaucoma infl. chronicum, links normal			6. Frau K., 63 J. Bds. Glaucoma simplex			7. Frau B., 55 J. Bds. Glaucoma simplex			8. Herr K., 68 J. Rechts Glaucoma chronicum infl., links normal		
Gew.	mm Skala	mm Hg	Gew.	mm Skala	mm Hg	Gew.	mm Skala	mm Hg	Gew.	mm Skala	mm Hg	Gew.	mm Skala	mm Hg
5,5	4,2	20,5	15,0	5,0	62,5	7,5	1,5	47,0	10,0	2,0	60,0	15,0	4,0	72,0
	2,8	26,0	5,5	4,0	21,0	7,5	3,0	36,5	—	—	—	—	—	—
5,5	4,3	20,0	10,0	3,0	54,0	—	—	—	—	—	—	—	—	—
	3,5	23,0	5,5	6,2	15,0	—	—	—	—	—	—	—	—	—
5,5	4,3	20,0	10,0	4,2	42,5	7,5	4,0	34,0	7,5	4,0	34,0	15,0	5,0	62,5
	3,3	24,0	5,5	8,8	10,0				—	—	—	—	—	—
—	—	—	5,5	5,0	18,0	—	—	—	—	—	—	—	—	—
	—	—		8,5	10,5	—	—	—	—	—	—	—	—	—

Tabelle 3.
2 prozentiges Pilocarpinum muriaticum

		1. Frau K. L., 35 J. Bds. Glaucoma infl. chronicum			2. L. Sp., 43 J. Rechts Glaucoma infl. chronicum, links normal			3. M. K., 74 J. R. normal, l. Glauc. chronicum infl. (vor 3 Jahren iridekt.)		
		Gew.	mm Skala	mm Hg	Gew.	mm Skala	mm Hg	Gew.	mm Skala	mm Hg
Vor Einträufelung	rechts	5,5	4,0	24,0	10,0	2,3	57,0	5,5	3,5	23,0
	links		2,2	29,0	—	—	—	10,0	5,0	37,5
Etwa 1/4 Std.	rechts	5,5	5,7	16,5	—	—	—	5,5	4,5	19,5
	links		4,5	19,5	—	—	—	7,5	4,0	34,0
» 1/2 »	rechts	5,5	5,5	17,0	10,0	4,0	44,0	5,5	5,2	18,5
nach Einträufelung	links		4,7	19,0	—	—	—	7,5	5,0	26,5
» 3/4 »	rechts	—	—	—	10,0	4,0	44,0	—	—	—
	links		—	—	—	—	—	—	—	—
» 1 »	rechts	5,5	5,5	17,0	10,0	3,8	45,5	—	—	—
	links		4,7	19,0	—	—	—	—	—	—

Gegenüberstellung der Tabellen 2 u. 3 zeigt, daß die Druckherabsetzung nach Pilokarpin im allgemeinen einen gleichmäßigeren, aber weniger intensiven Charakter hat als nach Eserin (MASLENIKOW 1923).

Vergleichen wir die durch Eserin bzw. Pilokarpin erzeugte Druckverminderung auf Grund der vorstehenden Tabellen, so ergibt sich nach Eserin eine durchschnittliche Herabsetzung um etwas weniger als die Hälfte des ursprünglichen Druckes (von 55,4 auf 30,6), nach Pilokarpin um etwa ein Drittel (von 41,2 auf 28,8 mm Hg). Bei Beurteilung dieser Zahlen ist aber wohl zu berücksichtigen, daß die Messungen nicht an denselben Glaukomaugen vorgenommen sind und große individuelle Schwankungen bestehen. Nur in 3 Fällen hatte ich Gelegenheit die vergleichenden Messungen an denselben Augen derselben Patienten auszuführen, und zwar zu Zeiten, wo die Druckhöhe ungefähr die gleiche war. Die Durchschnittsberechnung ergab für diese 3 Fälle nach Eserin eine Druckabnahme von 50 auf 30 mm Hg, nach Pilokarpin von 50 auf 40 mm Hg. Selbstverständlich sind die Versuchszahlen viel zu klein, um aus ihnen allgemeinere Schlüsse zu ziehen. Die Gesamtdauer der Tensionsverminderung nach Pilokarpin ist kürzer als nach Eserin, wie aus KÖLLNERS Kurve hervorzugehen scheint.

Ausnahmsweise kann Eserin versagen, während Pilokarpin den Druck herabsetzt; bei einer bisher unbehandelten Patientin mit beiderseits gleichhohem Binnendruck und gleicher Pupillenweite war rechts trotz maximaler Miosis nach Eserin Druckverminderung nicht nachweisbar, links durch Pilokarpin bei geringer Miosis ein Druckabfall von 8 mm Hg. Über eine ähnliche Beobachtung berichtet HEILBRUN (1911). Auch bei Augen mit normalem Druck konnte ich einmal das Versagen des Eserins konstatieren, während das Auge nach Pilokarpin deutlich weicher wurde. WICHERKIEWICZ (1901)

Pilokarpin.
(4 mal Einträufelung innerhalb ¼ Stunde).

4. Frau D., 42 J. Bds. Glaucoma simplex			5. Frau B., 55 J. Bds. Glaucoma simplex			6. Frau K., 63 J. Bds. Glaucoma simplex			7. Frl. H., 61 J. Bds. Glaucoma simplex			8. Herr Sch., 30 J. Bds. Glaucoma simplex		
Gew.	mm Skala	mm Hg	Gew.	mm Skala	mm Hg	Gew.	mm Skala	mm Hg	Gew.	mm Skala	mm Hg	Gew.	mm Skala	mm Hg
10,0	2,0	60,0	7,5	3,0	36,5	—	—	—	7,5	3,8	32,0	7,5	2,5	40,0
5,5	2,7	26,5	—	—	—	7,5	2,0	43,0	—	—	—	—	—	—
10,0	3,0	51,0	—	—	—	—	—	—	7,5	4,0	34,0	7,5	3,5	33,5
5,5	3,5	23,0	—	—	—	—	—	—	—	—	—	—	—	—
10,0	4,5	40,5	7,5	4,0	34,0	—	—	—	7,5	4,8	27,0	7,5	4,0	31,0
5,5	5,3	17,5	—	—	—	7,5	4,0	34,0	—	—	—	—	—	—
7,5	4,0	31,0	—	—	—	—	—	—	7,5	4,5	28,0	7,5	4,0	31,0
5,5	5,3	17,5	—	—	—	—	—	—	—	—	—	—	—	—
—	—	—	—	—	—	—	—	—	—	—	—	—	—	—
—	—	—	—	—	—	—	—	—	—	—	—	—	—	—

versucht die Fälle, in denen nicht Eserin, sondern Pilokarpin den Druck herabzusetzen vermag, dadurch zu erklären, daß es bei gewissen besonders disponierten Augen mit großer Linse und schmalem zirkumlentalen Raum zum Verschluß zwischen Glaskörper und hinterer Kammer kommen kann, wenn durch Eserin infolge starker Kontraktion der Müllerschen zirkular verlaufenden Fasern des Ziliarmuskels eine Turgeszens der Ziliarfortsätze entstanden ist und hierdurch der Abfluß aus dem Glaskörperraum in die vordere Kammer verhindert wird. Diese Folgen seien von dem Pilokarpin nicht zu erwarten, da dasselbe auf den Ziliarmuskel nur wenig wirkt.

Durch Einträufelung von Mischungen von Eserin und Pilokarpin bei 2 Glaukomkranken waren stärkere Druckherabsetzungen nicht zu erreichen, als durch jedes Medikament allein. Nachprüfung dieser therapeutisch wichtigen Frage an großem Material ist wünschenswert, doch müssen die Versuche bei denselben Patienten an denselben Augen zu verschiedenen Zeiten bei gleich hohem Druck vorgenommen werden, mit einem Zwischenraum von mehreren Tagen. Gleichzeitig wäre dabei auf die Gesamtwirkungsdauer zu achten.

Einen praktisch wichtigen Hinweis gaben einzelne Versuche über die Wirkung der kombinierten Lösung von Miotizis mit Kokain, die seiner Zeit von Wicherkiewicz empfohlen worden ist. Es stellte sich dabei heraus, daß die Verwendung von Kokain auch in Verbindung mit Miotizis bei der Glaukombehandlung zuweilen eher schaden als nützen kann. So trat bei einem Glaukomauge mit einem Druck von 44 mm Hg nach Einträuflung einer Mischung von Pilokarpin mit Kokain statt einer Druckherabsetzung eine Steigerung um 15 mm Hg ein, die erst durch nachfolgende Eserinisierung beseitigt werden konnte. Bei demselben Auge hatte einige Tage vorher die reine Pilokarpinlösung den Druck um 9 mm Hg vermindert (s.Tab. IX der Originalarbeit).

Schon Leber (1903) wies in seinem Werke über die Zirkulations- und Ernährungsverhältnisse des Auges darauf hin, daß Drucksteigerung bei Glaukom nicht nur durch Atropin sondern auch durch Kokain erzeugt wird. Er führte dies als Beweis dafür an, daß der gefäßerweiternde Einfluß des Atropins nicht das Wesen der drucksteigernden Wirkung dieses Medikamentes ausmachen kann, da das gleichfalls mydriatisch wirkende Kokain die Gefäße im Gegensatz zum Atropin verengert; die wesentliche Ursache der Drucksteigerung sah er in der Pupillenerweiterung. Auch Schiötz folgerte auf Grund seiner tonometrischen Untersuchungen, daß Kokain wie Atropin durch ihre pupillenerweiternde Wirkung in dazu disponierten Augen eine bedeutende Drucksteigerung hervorrufen können. Nach meinen Messungen ist, wie gesagt, sogar die Verwendung von Kokain in einer Mischung mit Miotizis nicht immer unbedenklich. Bei diesen Versuchen war übrigens deutlich zu beobachten, daß sich die Pupillen nach Einträuflung der Mischlösung erheblich weniger verengerten als nach reiner Eserin- oder Pilokarpinlösung.

Wir kommen damit zu der viel diskutierten Frage des Einflusses der Kontraktion der inneren Augenmuskeln auf den Druck glaukomatöser Augen bzw. des Parallelismus zwischen Pupillenverengerung und Druckabfall.

Die eingehendsten Untersuchungen über die Beziehungen zwischen den zeitlichen Ablauf der durch Miotika bedingten Drucksenkung und ihrer Wirkung auf die inneren Augenmuskeln verdanken wir Köllner (1920). Er verglich bei 20 Fällen von unkompliziertem Glaucoma simplex genau das Verhalten der Pupille mit der durch Eserin bedingten Druckherabsetzung. Wie schon frühere Autoren konnte auch er feststellen, daß die Pupillenverengerung gewöhnlich etwas früher einsetzt, als die Tensionsverminderung; der Grund liegt darin, daß nach Eseringabe, wie oben ausgeführt, zunächst eine vorübergehende Drucksteigerung eintritt. Im weiteren Verlauf der Beobachtungsdauer ließ sich dann eine deutliche Übereinstimmung zwischen dem Verhalten des Druckes und der Pupille erkennen. Die Verengerung der letzteren dauerte nach Einträuflung eines Tropfens Eserin meist $2^1/_2$—3 Tage (!), ebenso lange hielt die Drucksenkung an. Bei Pilokarpin erstreckte sich Miosis wie Druckherabsetzung gleichmäßig auf eine kürzere Zeitdauer. Köllner folgert daraus, »daß beim Glaucoma simplex die Dauer und der Ablauf der Wirkung der Miotika bei der Pupillenverengerung und der Druckherabsetzung vollkommen die gleiche sei«; diese Übereinstimmung zeigt sich auch in der Form der Kurve »im Beginn schneller und steiler Abstieg bis zum Maximum« — wenn man von der vorübergehenden anfänglichen Drucksteigerung absieht, — »sodann die langsamere

Rückkehr zum Anfangswerte, die auf allen Kurven deutlich zum Ausdruck gelangt«.

Als weiteren Beweis für die vorzugsweise Abhängigkeit der druckherabsetzenden Wirkung der Miotika von der Kontraktion der inneren Augenmuskeln führt Köllner seine Beobachtung über die veränderte Eserinwirkung nach vorheriger Homatropineinträuflung in Glaukomaugen an. Ebenso wie die Pupille sich weniger und langsamer verengerte, blieb die Druckherabsetzung teils ganz aus, teils fiel sie nur schwach und kurz aus. Mit diesen Ausführungen Köllners lassen sich allerdings die von ihm im gleichen Jahre in der 42. Vers. der ophth. Ges. zu Heidelberg demonstrierten Kurven über den Einfluß der Pupillenweite auf den Augendruck beim Glaucoma simplex kaum in Einklang bringen. Er bekämpfte gelegentlich dieser Demonstration die Behauptung Grönholms (1910), daß durch wenige Stunden Dunkelaufenthalt infolge Pupillenerweiterung der Druck bei Glaucoma simplex ansteige. Bei drei Fällen von Glaucoma simplex, die er abwechselnd einen ganzen Tag über im Hellen und einen Tag im Dunkelzimmer gelassen hatte, konnte er bei täglich viermaligem Tonometrieren trotz ausgiebiger Änderung der Pupillenweite keine Änderung des Augendrucks bemerken. Er ging sogar so weit, daß er es wagte, bei 12 Fällen von Glaucoma simplex zwecks künstlicher Pupillenerweiterung Homatropin, einigemal auch Atropin und Skopolamin (!) zu geben. Auch hierdurch war es zu Drucksteigerungen nicht gekommen, bis auf einen Fall, wo regelmäßig auf Homatropineinträuflung im Verlaufe von etwa 5 Stunden ein langsamer Druckanstieg von etwa 26 auf 36 mm Hg auftrat. K. folgert aus diesen Versuchen — zu deren Vornahme wahrlich ein gewisser Mut gehörte (vgl. S. 308 die schon bei glaukomdisponierten Augen nach Homatropin und Atropin beobachteten Glaukomanfälle!) —, »daß eine Entfaltung und Zusammenraffung der Iris bei Glaucoma simplex in ziemlich weitem Umfange ohne Einfluß auf den Augendruck und damit ohne nennenswerte Bedeutung für die Flüssigkeitsabfuhr aus der Vorderkammer zu sein pflege, vorausgesetzt, daß nicht dadurch, etwa wie bei flacher Vorderkammer, eine Verlegung des Kammerwinkels erfolgt«. Wie läßt sich diese These mit der oben von K. bewiesenen zeitlichen Übereinstimmung der Pupillenverengerung und Druckverminderung vereinigen?

Ich selbst habe bei meinen Druckmessungen den Eindruck gewonnen, daß Glaukomaugen, deren Pupillen sich auf Miotica prompt und ausgiebig verengern, in der Regel auch deutliche Druckabnahme zeigen, während länger bestehende Glaukome mit atrophischer Iris und weiten, auf Miotika nicht reagierenden Pupillen keine oder wenig Neigung zu Druckverminderung haben. Von einem unbedingten Parallelismus zwischen Pupillenverengerung und Drucksenkung kann aber keine Rede sein. So sah ich in einem Falle einen Druckabfall fast auf die Hälfte, ohne daß sich die

weite Pupille nachweisbar verkleinert hätte, bei einem anderen Kranken
ging trotz prompt erfolgter Miosis der Druck nur unwesentlich zurück.

Die nach Eserineinträuflung vorkommenden Fälle von Miosis ohne
Drucksenkung und umgekehrt, die von Schiötz, Bietti u. a. beobachtete
Drucksenkung bei Aniridie zeigen uns klar, daß die Druckherabsetzung
nach Miotizis durch die Entfaltung der Iris (Vergrößerung der resorbieren-
den Fläche, Lüftung des Kammerwinkels) allein nicht zu erklären ist;
sie weisen vielmehr ebenso wie die anfängliche Drucksteigerung und die
paradoxen Glaukomanfälle nach Eserin auf den gewichtigen Einfluß des
Füllungszustandes der intraokularen Blutgefäße hin (Laqueur 1877, Wessely
1913, Hamburger 1923, Thiel 1924 u. a.). Der durch die Miotika beein-
flußte Kontraktionszustand der Augeninnenmuskulatur und der Füllungszustand der Gefäße sind offenbar zwei nebeneinander und unabhängig voneinander auf den Augendruck wirkende Komponenten. Ein näheres Eingehen auf dieses schwierige, viel umstrittene Problem würde nicht in den
Rahmen dieser Arbeit fallen.

Die tonometrische Kontrolle der druckbeeinflußenden Wirkung der
Miotika bei Glaukom gibt dem Augenarzt wichtige therapeutische Hinweise.
Aus der tonometrisch bestimmten Druckhöhe vor und nach der Einträuflung von Miotizis vermag er den Erfolg seiner Verordnungen zu erkennen
und ist in der Lage dieselben, gestützt auf exakte objektive Messungen,
zu regeln (Häufigkeit, Zeitpunkt, Konzentration der Einträuflungen). Die
»Augendruckkurve« läßt mit einem Blick den Verlauf der Krankheit übersehen. Sie klärt uns zuverlässig darüber auf, ob und wann die Nor-
malisierung des erhöhten Druckes durch Medikamente nicht mehr möglich
und event. ein operativer Eingriff indiziert ist. Damit soll natürlich nicht
gesagt sein, daß allein ein zu hoch befundener absoluter Druckwert beim
Fehlen sonstiger glaukomatöser Symptome den behandelnden Arzt zur Operation berechtigte oder verpflichtete. In einer derartig schematischen Auffassung der Schiötzschen Tonometrie würde, wie Wessely schon gelegentlich der 38. Vers. der ophth. Ges. in Heidelberg betonte, eine direkte
Gefahr zu erblicken sein. Kritisches Studium des gesamten Krankheits-
bildes und gewissenhafte Kontrolle des Krankheitsverlaufes (Sehschärfe,
Gesichtsfeld) sind unerläßliche Voraussetzung richtiger Indikationsstellung
zu operativem Vorgehen. Die oft schwierige und verantwortungsvolle
Entscheidung wird uns aber durch die objektiven Anhaltspunkte der
Tonometrie wesentlich erleichtert.

Nebennierenpräparate.

Auch die zur Zeit im Vordergrund augenärztlichen Interesses
stehende Frage der Einbeziehung von Nebennierenpräparaten in die

Glaukomtherapie ist nur auf tonometrischem Wege zu klären bzw. zu entscheiden.

Rubert (1909) gebührt das Verdienst, als erster systematische tonometrische Untersuchungen über die Beeinflussung des intraokularen Druckes glaukomatöser Augen durch Nebennierenpräparate ausgeführt zu haben, nachdem sich schon seit Mitte der 90er Jahre eine ganze Anzahl von Forschern, z. B. Darier, Grandclément, Nieden u. a. mit der therapeutischen Verwendung der Extrakte des Nebennierensaftes bei Glaukom beschäftigt hatten (vgl. Spenglers Sammelreferat in der Zeitschr. f. Augenheilk. Bd. XII, S. 33 und Literaturverzeichnis am Schlusse der Rubertschen Arbeit, ebenda Bd. 21, S. 229). Er prüfte die Wirkung des Adrenalins an 21 Glaukomaugen mit dem Maklakoffschen Tonometer, und zwar träufelte er 4—5 Tropfen der Lösung 1:1000 in den Bindehautsack. Wie beim normalen Auge (s. oben) konnte er auch an Augen mit erhöhtem Druck zunächst eine Druckabnahme feststellen, der eine vorübergehende Erhöhung und eine abermalige Abnahme folgte, doch waren die Schwankungen viel erheblicher als beim normalen Auge.

Bei einer Reihe von Glaukomkranken stand nach Adrenalingabe die Druckherabsetzung im Vordergrund, bei einer anderen Druckerhöhung, die sich zum Teil bis zum Glaukomanfalle steigerte (vgl. die Kurven in der Originalarbeit).

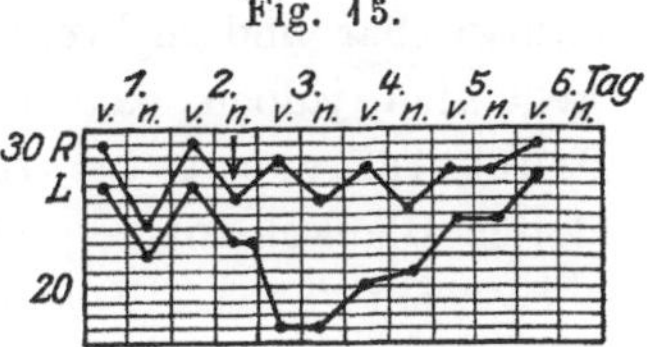

Fig. 15.

Doppelseitiges unbehandeltes Glaucoma chronicum. Am 2. Tage nachmittags subkonjunktivale Adrenalininjektion links mit nachfolgendem Absinken des Augendruckes.

H. Knapp (1921), der etwa die gleichen Dosen Adrenalin einträufelte, fand unter 65 Fällen 20 mal eine deutliche Drucksenkung, 5 mal trat eine Drucksteigerung ein, 40 Fälle blieben unbeeinflußt.

Angeregt durch Wesselys Tierexperimente ging Erdmann (1914) zu subkonjunktivalen Injektionen über (Renoform 1:1000, 1—2 Teilstriche = 0,1—0,2 mg der Substanz) und sah in mehreren Fällen von Glaucoma simplex tonometrisch feststellbare Drucksenkungen, auch Dosen von 2—3 Teilstrichen 1:5000 = 0,05 mg der Substanz waren schon ausreichend.

Die ersten kurvenmäßigen Darstellungen (Tonometrie Schiötz) der druckherabetzenden Wirkung subkonjunktivaler Suprareningaben (0,01 bis 0,02 mg) bei 5 Glaukomkranken brachte Köllner (1918—1920). Etwa 1 Stunde nach der Injektion, während der der Druck normal geblieben oder in geringem Grad angestiegen war, trat bis auf einen Fall eine schnelle und erhebliche Drucksenkung ein, die 22—35% des Anfangsdruckes betrug, der erst nach etwa 2 Tagen wieder erreicht wurde (siehe Fig. 15).

Frommaget (1923) sah bemerkenswerte Druckherabsetzungen bei akuten Glaukomanfällen nach retrobulbärer Einspritzung von Novokain-Adrenalinlösung.

In neuester Zeit hat nun Hamburger (1923, 1924) wesentlich kräftigere subkonjunktivale Suprarenin-Injektionen bei chronischem, nicht entzündlichem Glaukom lebhaft empfohlen, ausgehend von der Annahme, daß das Glaukom häufig auf Nachlassen des Gefäßtonus, besonders der Uvea infolge „Sympathikuserschlaffung" beruhe und dieser Tonus durch die sympathikusreizende Wirkung des Suprarenin wieder hergestellt wird. Er injiziert Dosen von 0,2—0,5 ccm unverdünnter Stammlösung Suprarenin-Höchst (= 0,2—0,5 mg Substanz). Zur Vermeidung von Allgemeinerscheinungen werden vor der Einspritzung 1—2 Tropfen Suprarenin in den Bindehautsack geträufelt; durch die Gefäßverengerung soll ein direktes Einströmen des eingespritzten Suprarenins in das Blut verhindert werden.

Die mit starker Mydriasis einhergehende Druckherabsetzung ist in der Tat meist eine überraschend prompte, gewöhnlich schon nach einer Stunde nachweisbar und mehrere Tage anhaltend. Bei manchen Glaukomkranken stellt sich jedoch bald nach der Injektion oder an den folgenden Tagen Drucksteigerung bis zur Inkompensation ein und zwar sind diese akuten Glaukomanfälle, wie aus den Nachuntersuchungen des Verfahrens hervorgeht (Stock, Elschnig, Hertel, Hegner, Rentz, Safar u. a.), keine Seltenheit.

Hamburger selbst teilt mit, daß ihm bis jetzt schon 12 solcher Fälle bekannt geworden sind. Um diesen Mißerfolgen vorzubeugen, empfiehlt er, wie auch Hertel u. a., Einträufeln von Eserin und zwar etwa 1—2 Stunden nach der Suprarenin-Injektion.

Ungeeignet für die Suprareninbehandlung sind akute Glaukome, auch chronische Sekundärglaukome scheinen weniger beeinflußbar zu sein. Bei frischer glaukomatöser Iritis dagegen leisten die Injektionen, wie es Wessely (1905) schon prophetisch vorausgesagt hatte, gute Dienste und versprechen eine fühlbare therapeutische Lücke auszufüllen, da sie trotz Pupillenerweiterung Druckentlastung erzeugen (Sprengung frischer Verwachsungen).

Von therapeutischem Interesse ist auch die Mitteilung Hamburgers, daß Glaukomaugen, die vorher durch Eserin allein nicht zu beeinflussen waren, prompt auf Miotika reagierten[1]), wenn sie 1—2 Suprarenin-Injektionen erhalten hatten (nach Rentz 1924 unter 23 Fällen 6 mal).

---

[1]) Die eserinunterstützende Wirkung der Nebennierenextrakte hatte schon vor längeren Jahren Darier u. a. veranlaßt, in Glaukomfällen, bei denen trotz Eserin und Iridektomie der Druck hoch blieb, eine Kombination von Eserin und Suprarenin zu verwenden und zwar mit gutem Erfolg.

Mitbeteiligung des anderen Auges an den Druckschwankungen ist zuweilen deutlich zu erkennen und zwar nicht nur im Sinne der Senkung, sondern auch des Anstieges (vgl. Tonometriekurve 4 bei Römer und Krebs 1924). Diese von Hamburger als Reizübertragung gedeutete Mitwirkung auf das nichtbehandelte Auge war übrigens auch Rubert und A. Knapp bei ihren oben angeführten tonometrischen Studien nicht entgangen.

Die Frage der therapeutischen Verwendbarkeit der Hamburgerschen starken subkonjunktivalen Suprarenindosen bei chronischem Glaukom ist heute noch nicht spruchreif. Neben anerkennenden Stimmen der Nachuntersucher fehlt es nicht an Warnungsrufen. Jedenfalls eignet sich das Verfahren wegen der Möglichkeit des Auftretens akuter Glaukomanfälle in seiner jetzigen Form noch nicht für die ambulante Praxis.

Aufgabe der Kliniken ist es zunächst, auf Grund planmäßiger tonometrischer Untersuchungen festzustellen, mit welchen minimalsten subkonjunktivalen Dosen[1]) des für den Gesamtorganismus besonders alter und gefäßkranker Patienten nicht gleichgültigen Suprarenins auszukommen ist und zu prüfen, ob und durch welche Dosen gleichzeitig oder kurz nachher eingeträufelter Eserinlösung dem Auftreten von Drucksteigerungen bedenklicherer Art mit Sicherheit vorzubeugen ist. Ein lohnendes Forschungsgebiet für die Ophthalmotonometrie!

Einfluß der Akkommodation und Konvergenz auf den intraokularen Druck glaukomatöser Augen.

Wir erwähnten bereits die Grönholmschen (1910) Licht- und Dunkelversuche über die Druckveränderungen bei wechselnder Pupillenweite. Im Gegensatz zu Köllner beobachtete er bei seinen Patienten, die er eine Zeitlang im dunklen Zimmer sitzen und dann nach dem hellen Himmel blicken ließ, während der Dunkel-Mydriasis ein Ansteigen, während der Hell-Miosis ein Sinken des Druckes. Die Widersprüche zwischen Köllner (1920) und Grönholm bleiben aufzuklären. Außer dem Einfluß der Pupillenweite auf den Binnendruck beschäftigte sich Grönholm mit den Beziehungen zwischen Akkommodation bzw. Konvergenz und intraokularem Druck. Die Akkommodationsanspannung wurde durch einstündiges Lesen erzielt. Nach demselben war Druckverminderung zu konstatieren. Die Konvergenz soll keinen nachweisbaren Einfluß auf den Augendruck haben.

Auf Grund dieser Versuchsresultate stellt Grönholm die therapeutische Forderung auf, daß Glaukompatienten, deren Pupillen gut reagieren, das Verweilen im Licht und das Lesen anzuraten ist.

---

1) Vgl. Erdmann (l. c.) und Köllner (l. c.): Deutliche Drucksenkung nach niedrigeren Dosen.

Wirkung des Aderlasses auf Glaukomaugen.

Gilbert (1911) hat, wie erwähnt, tonometrisch zuerst die druckherabsetzende Wirkung des Aderlasses bei Glaukom festgestellt, und zwar bediente er sich des von Eversbusch schon seit langer Zeit empfohlenen Dyesschen Aderlasses. Derselbe besteht in Blutentziehung von 3—4 g pro kg Körpergewicht und nachfolgender Diaphorese. Nach Gilberts Versuchen trat bei Glaucoma simplex die stärkste Herabsetzung des Augendruckes entsprechend dem Sinken des Blutdruckes meist 6—8—24 Stunden nach dem Aderlaß ein, bei Glaucoma inflammatorium öfters erst etwas später. Die Druckverminderung ist natürlich nur eine rasch vorübergehende, gewöhnlich ist sie im Verlaufe des zweiten bzw. dritten Tages abgelaufen. Ganz regelmäßig und in hohem Grade scheint dieser Druckabfall bei Glaukomkranken mit erhöhtem Blutdruck einzutreten (Wessely). Therapeutisch kommt der Aderlaß daher in erster Linie als vorbereitende Maßnahme für chirurgische Eingriffe in Frage, wenn es sich darum handelt durch Herabsetzung des Druckes günstigere Operationsbedingungen zu schaffen.

Augenmassage und Glaukomtherapie.

Die therapeutische Verwendung der Augenmassage an Glaukomaugen wurde besonders von Knapp (1912) empfohlen. Er bediente sich dedigitalen Kompressionsmassage nach Domec (s. oben). Seine Technik ist folgende: Hinter dem liegenden Patienten stehend legt er beide Hände auf dessen Stirn und übt nun mit den Mittelfingern leichte gleichmäßige Pressionen durch die geschlossenen Lider auf die Hornhaut aus. Die Massage muß so leicht ausgeführt werden, daß sie keinesfalls schmerzhaft ist. Auf 1 Minute entfallen etwa 100 Pressionen. Bei akutem Glaukom konnte er durch eine Massage von 5 Minuten Druckverminderung nicht erzielen, dagegen in der Mehrzahl der Fälle von Glaucoma simplex. Allerdings war dieselbe meist gering und bereits nach $^{1}/_{4}$ Stunde nicht mehr nachweisbar. Da außerdem bei einzelnen Glaukomaugen eine geringe Drucksteigerung nach der Massage auftrat — infolge Steigerung der sekretorischen Tätigkeit? — rät er selbst zur Skepsis. Jedoch empfiehlt er glaukomoperierte Augen mit Massage nachzubehandeln, da er annimmt, daß die Operationsnarbe unter Einwirkung regelmäßiger Massage durchgängiger, besser filtrierend(?) bleibt, als ohne diese Behandlung.

Beeinflussung des Druckes glaukomatöser Augen durch Kochsalz nach Hertel.

Wie schon oben dargelegt wurde, hat Hertel (1913) den Nachweis erbracht, daß neben dem Blutdruck und der Blutverteilung auch die Blutbeschaffenheit auf den Augendruck bestimmend einwirken und daß durch Änderung der Blutkonzentration auf dem Wege der Kochsalzzufuhr der intraokulare Druck erheblich vermindert werden kann. Diese Druckherabsetzung spielt auch bei Glaukomaugen in therapeutischer Beziehung eine gewisse Rolle. Als Beispiel für die Salzwirkung diene die KÖLLNERsche Kurve, Fig. 16. Es handelte sich um ein Sekundärglaukom bei völlig normalem Befunde des anderen Auges. Der Augendruck war ungefähr auf 60 gesteigert und zeigte ausgesprochene Tagesschwankungen. Am fünften Tage wurde morgens nüchtern 30 g Kochsalz in einem Glas Wasser gelöst eingenommen. Der Druck sank steil von 65 auf 38 ab, auf dem normalen Auge in entsprechend geringerem Grade, und erreichte nach etwa 6 Stunden am Nachmittag etwa wieder den früheren Stand.

Da die Druckentlastung nur kurze Zeit andauert, wird die therapeutische Kochsalzdarreichung in erster Linie für die symptomatische Behandlung akuter Glaukomanfälle und — ähnlich wie der DYEssche Aderlaß — als Vorbereitung für Glaukomoperationen in Frage kommen.

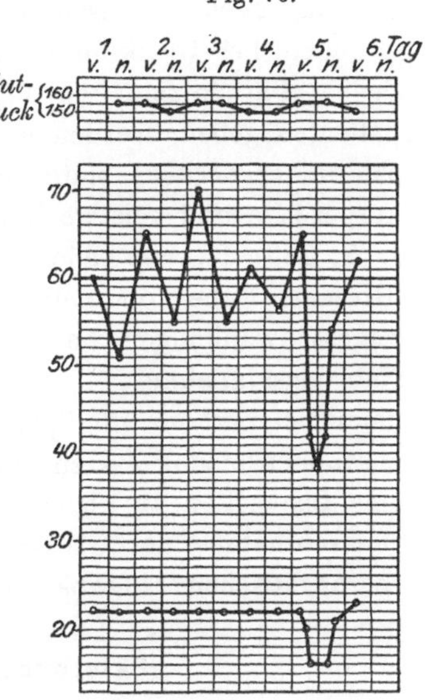

Einseitiges Sekundärglaukom bei normalem zweiten Auge; am fünften Tage Einnahme von 30 g Kochsalz per os: starke Druckabsenkung beider Augen. (Nach KÖLLNER.)

Glaukomoperationen.

Über den Erfolg und die Bewertung der zahlreichen gegen Glaukom vorgeschlagenen und angewandten Operationen liegt eine große Anzahl tonometrischer Studien vor (HOLTH 1907, MELLER 1909, ELSCHNIG 1910, STOCK 1910, BENTZEN 1910, BORTHEN 1910, v. HIPPEL 1912, FOURRIÈRE 1912, TOCZYSKI 1912, UHTHOFF 1921 u. a.). Es würde zu weit führen auf die Arbeiten im einzelnen einzugehen. Sie lassen auch, da die Beobachtungsdauer teils noch zu kurz ist, teils die Resultate widersprechend sind, bisher noch keine bindenden Schlüsse über die definitiven Dauererfolge zu. Es wird noch jahrelang fortgesetzter an großem Material anzustellender sorgsamer Prüfungen und Nachprüfungen bedürfen, bis wir ein sicheres Urteil über den Wert, insbesondere die Wirkungsdauer der einzelnen Glaukomoperationen gewinnen werden. Jedenfalls wird vorzüglich auf tonometrischem Wege dieses Ziel zu erreichen sein.

Glaukomhygiene.

Auch auf dem Gebiete der Glaukomhygiene hat die Tonometrie unsere
Kenntnisse erweitert. Alle Momente, die den Blutdruck erhöhen, alle Faktoren, die die Blutverschiebung im Körper und damit den Füllungszustand
der Augengefäße wesentlich beeinflussen, sind aus den oben dargelegten
Gründen bei Glaukomkranken in hygienischer Beziehung zu berücksichtigen. Die Vorschriften für die Lebensweise, die wir unseren Glaukompatienten geben, werden sich in vielen Punkten mit denjenigen für Arterio-
sklerotiker decken; blutdruckerhöhende Schädlichkeiten sind auszuschalten:
körperliche und geistige Überanstrengungen, seelische Erregungen (WESSELY,
s. S. 303) Exzesse aller Art, besonders im Alkohol- und Nikotingenuß
(GILBERT). Die tonometrischen Studien KÖLLNERS über die regelmäßigen
Tagesschwankungen haben erwiesen, daß dieselben vor allem durch die
Nahrungsaufnahme — sei es infolge der veränderten Blutverteilung (Ver-
dauungshyperämie im Splanchnikusgebiet), sei es infolge veränderter Blutzusammensetzung — entscheidend beeinflußt werden, daß Überhungerung
eine Disposition zu glaukomatösen Anfällen schafft. Überwachung der Nahrungsaufnahme der Glaukomkranken gehört also mit zu den hygienisch-
therapeutischen Aufgaben des Augenarztes.

Sklerokorneale Differentialtonometrie.

Am Schlusse unserer tonometrischen Betrachtungen seien noch die
von BADER (1918) ausgeführten recht interessanten vergleichsweisen
tonometrischen Untersuchungen an der Hornhaut und Lederhaut des gleichen Auges erwähnt. Er bedient sich dazu eines SCHIÖTZschen Tonometers,
dessen Fußplatte einen Krümmungsradius von 15 mm hat.

Bei den Skleralmessungen wird das Tonometer in der Lidspalte oben-
außen vom Hornhautrand so aufgesetzt, daß der Rand der Fußplatte etwa
2 mm vom Hornhautsaum entfernt ist.

Durch seine vergleichenden Druckmessungen ermittelte BADER, daß bei
jugendlichen Augen die auf der Hornhaut erhaltenen Druckwerte höher
sind, als die skleralen Werte (negative Sklerokornealdifferenz). Im höheren
Alter kehren sich die Verhältnisse um (positive Sklerokornealdifferenz). Die
Grenze soll etwa beim 50. Lebensjahre liegen. Die Ursache ist in der
leichteren Eindrückbarkeit der Lederhaut besonders während der Wachs-
tumsjahre und in der größeren Rigidität im späteren Lebensalter zu
suchen.

Bei hochgradig myopischen und hydrophthalmischen Augen ist die
Sklera wegen ihrer dünneren Wandung leichter eindrückbar, man erhält also
bei solchen Augen bei Skleralmessungen einen zu niedrigen Druck (vgl. auch
SCHIÖTZ 1905, 1920).

Von klinischem Werte können die vergleichenden sklerokornealen Druckmessungen vor der Staroperation sein. Bei sehr starrer Sklera, also bei großer Sklerokornealdifferenz ist mit der Möglichkeit eines Hornhautkollapses und der Aspiration von Luft zu rechnen, bei guter Elastizität dagegen eine größere vis a tergo zu erwarten.

Literatur.

1850. Weber, C., Nonnullae disquisitiones quae ad facultatem oculi rebus longinque et propinque accommodandi spectant. Diss. inaug. Marburg. (Zit. nach Leber).

1855. v. Helmholtz, Über die Akkomodation des Auges. v. Graefes Arch. f. Ophth. 1, 2 S. 16.

1861. Hafmans, Beiträge zur Kenntnis des Glaukoms. v. Graefes Arch. f. Ophth. 7, 2 S. 124.

1863. Donders, F. C., Vorzeigung neuer ophthalmometrischer Instrumente. Klin. Monatsbl. f. Augenheilk. S. 502.

Donders, F. C., Über einen Spannungsmesser des Auges (Ophthalmotonometer). v. Graefes Arch. f. Ophth. 9, 2 S. 215.

1864. Schelske, R., Über das Verhältnis des intraokularen Druckes und die Hornhautkrümmung des Auges. v. Graefes Arch. f. Ophth. 10, 2 S. 1.

1865. Dor, H., Über ein verbessertes Tonometer. Klin. Monatsbl. f. Augenheilk. 3 S. 351.

1867. Dor, H., Tonometer. Klin. Monatsbl. f. Augenheilk. 5 S. 299.

Weber, Ad., Einige Worte über Tonometrie. Neues Tonometer. v. Graefes Arch. f. Ophth. 13, 1 S. 201 u. 203. Klin. Monatsbl. f. Augenheilk. 6 S. 405.

1868. Adamück, E., Noch einige Bemerkungen über den Intraokulardruck. Klin. Monatsbl. f. Augenheilk. S. 385.

Dor, H., Über Ophthalmotonometrie. v. Graefes Arch. f. Ophth. 14, 1 S. 13.

1869. Adamück, E., Neue Versuche über den Einfluß des Sympathikus und Trigeminus auf Druck und Filtration im Auge. Sitzungsber. d. Wiener Akad. Math. Kl. 59, 2.

v. Hippel, A. und Grünhagen, A., Über den Einfluß der Nerven auf den intraokularen Druck. v. Graefes Arch. f. Ophth. 15, 1 S. 265; 16, 1 S. 27.

Monnik, A. F. W., Tonometers en Tonometrie. Verslag Nederl. Gasth. voor Ooglijders. No. 10. p. 55 u. Ann. d'Ocul. 61 p. 176; 63 p. 73.

Snellen, Über Tonometer. Klin. Monatsbl. f. Augenheilk. 6, 1 S. 563.

1870. Adamück, E., Over den invloed van atropine op den intraokulaire drukking. Verslag Nederl. Gasth. voor Ooglijders. No. 11 p. 179.

Monnik, A. F. W., En nieuwe Tonometer en zyn gebruik. Nederl. Arch. v. Genees-en Nat. 5 p. 66 en Onderzoekingen gedaan in het Physiol. Laborat. der Utrechtsche Hoogeschool. 3 p. 20 et Ann. d'Ocul. 64 p. 221 u. v. Graefes Arch. f. Ophth. 16, 1 p. 49.

1871. Pflüger, E., Beiträge zur Ophthalmotonometrie. Inaug.-Diss. Bern u. Arch. f. Augen- u. Ohrenheilk. 2, 2 S. 1ff.

1872. Burchardt, Über Tonometrie. Tagebl. d. Naturforschervers. Breslau. S. 229.

Coccius, E. A., Ophthalmometrie und Spannungsmessung am kranken Auge. Leipzig.

Snellen, Un tonomètre. Ann. d'Ocul. 61 p. 270.

1873. Snellen, H., Über einige Instrumente und Vorrichtungen zur Untersuchung der Augen. Klin. Monatsbl. f. Augenheilk. 11 S. 429—431.

Weber, Ad., Bemerkungen zur Ophthalmotonometrie. Klin. Monatsbl. f. Augenheilk. 11 S. 435.

1874. Snellen-Landolt, Die Funktionsprüfungen des Auges (Ophthalmotonometrie). Dieses Handb. 2.

1875. Hirschberg, Zur Beeinflussung des Augendruckes durch den N. trigeminus.
Zentralbl. f. med. Wissensch. S. 82—84.

1877. Landolt, E., Leçons sur le diagnostic des maladies des yeux. p. 60.
Laqueur, Über Atropin und Physostigmin und ihre Wirkung auf den intra-
okularen Druck. v. Graefes Arch. f. Ophth. 23, 3 S. 149.
Pflüger, Weitere Beiträge zur Tonometrie. Bericht über die Augenklinik
Bern.
v. Reuss, Über die Wirkung des Eserins auf das normale Auge. v. Graefes
Arch. f. Ophth. 23, 3 S. 63.

1879. Priestley Smith, Glaucoma. London.

1882. Stellwag von Carion, Über Binnendrucksteigerung und Glaukom. Abhandl.
a. d. Geb. d. prakt. Augenheilk. S. 152. Wien, Wilh. Braumüller.

1883. Höltzke, Experimentelle Untersuchungen über den Druck in der Augenkammer. v. Graefes Arch. f. Ophth. 29, 2 S. 5.

1884. Laqueur, Über die Hornhautkrümmung im normalen Zustande und unter
pathologischen Verhältnissen. v. Graefes Arch. f. Ophth. 30, 1 S. 113 ff.
Schultén, Experimentelle Untersuchungen über die Zirkulationsverhältnisse
im Auge. v. Graefes Arch. f. Ophth. 30, 3 u. 4.

1885. Imbert, Théorie des ophtalmotonomètres. Arch. d'Opht. 5 p. 358.
Lazerat, Un nouveau tonomètre ocul. Recueil d'Opht. p. 614.
Maklakoff, L'ophtalmotonomètre. Arch. d'Opht. 5 p. 159.

1886. Galezowski, Présentation d'un tonomètre. Bull. et mèm. de la soc. franç.
d'opht. 4. année. p. 348.

1887. Priestley Smith, A new tonometer. Ophth. Review. p. 33.
Stocker, Über den Einfluß der Mydriatika und Miotika auf den intraokularen Druck. v. Graefes Arch. f. Ophth. 33, 1 S. 105.

1888. Eissen, Hornhautkrümmung bei erhöhtem intraokularem Drucke. Inaug.-
Diss. Bern u. v. Graefes Arch. f. Ophth. 34, 2.
Fick, A., Über Messungen des Druckes im Auge. Pflügers Arch. f. d. ges.
Physiol. 42 S. 86.
Fick, A., Demonstration eines neuen Ophthalmotonometers. Sitzungsber.
d. phys.-med. Ges. Nr. 7 S. 109.
Fick, E., A. Ficks Ophthalmotonometer. Bericht über d. 7. internat. Ophth.-
Kongr. Heidelberg. S. 289.
Fick, R. A., Ein neues Ophthalmotonometer. Inaug.-Diss. Würzburg.
Wahlfors, Über Druckmessungen im menschlichen Auge. Bericht über
d. 7. internat. Ophth.-Kongr. Heidelberg. S. 268.

1891. Priestley Smith, On the pathol. and treatment of glaucoma. London.

1892. Maklakoff, Contribution à l'ophtalmotonomètrie. Arch. d'Opht. 12 p. 321.
Rindfleisch, Experimentelle Untersuchungen über die bei der eitrigen
Chorioiditis auftretende Herabsetzung des intraokularen Druckes.
v. Graefes Arch. f. Ophth. 38, 2 S. 221.

1893. Lachowitsch, Genauigkeit der gegenwärtigen Methoden der Bestimmung
des intraokularen Druckes und über die Anwendung in der Praxis.
Inaug.-Diss. Petersburg. (Ref. in Nagels Jahresber.)

1894. v. Frey, Beiträge zur Physiologie des Schmerzsinnes. Bericht der math.-
phys. Kl. der Kgl. Sächs. Ges. d. Wissensch. zu Leipzig. Sitzg. vom
2. Juli 1894, 3. Dez. 1894 u. 4. März 1895.
Nicati, Le problème de la tension oculaire et ses applications. Revue
gén. d'Opht. S. 165.
Ostwalt, Ophthalmotonometrische Studie. v. Graefes Arch. f. Ophth. 40, 5 S. 22.

1895. Golowin, S., Ophthalmotonometrische Untersuchungen. Inaug.-Diss. Moskau.
Koster, Beiträge zur Tonometrie und Manometrie des Auges. v. Graefes
Arch. f. Ophth. 41, 2 S. 113.

1895. Koster, Erwiderung an Ostwalt. v. Graefes Arch. f. Ophth. 41,4 S. 274.

Krückmann, Prüfungsmethode des Druck- und Schmerzsinnes der Kornea und Konjunktiva. 24. Vers. d. Ophth. Ges. Heidelberg. S. 124.

Krückmann, Über die Sensibilität der Hornhaut. v. Graefes Arch. f. Ophth. 41,4 S. 24.

Ostwalt, Etudes ophtalmoton. Bull. et mém. de la soc. franç. d'opht. p. 414.

Ostwalt, Bemerkungen zum vorhergehenden Artikel. v. Graefes Arch. f. Ophth. 41,3. S. 264.

Ostwalt, Modification de l'ophtalmoton. de Fick. Revue gèn. d'Opht. 14 p. 481 u. Bericht d. 24. Vers. d. Ophth. Ges. Heidelberg. S. 239.

1896. Chwalinski, Tonometrie des Auges. Westnik Ophth. 4. 5 S. 469. (Ref. in Nagels Jahresber.)

Dor, Nouvel ophtalmotonomètre. Revue gén. d'Opht. No. 6.

Helmbold, Eine Methode Spannungsdifferenzen im Auge zu messen. Klin. Monatsbl. f. Augenheilk. S. 214.

1897. Gruber, Physikalische Studien über Augendruck und Augenspannung. Arch. f. Augenheilk. 33 Erg.-Heft. Festschr. f. Schnabel. S. 71 ff. u. 35 S. 59 ff. 1896/97.

1898. Leber und Krahnstöver, Über die bei Aderhautsarkomen vorkommende Phthisis des Augapfels. v. Graefes Arch. f. Ophth. 44.

Skvortzow, Sur la question de mensuration de la pression intraocul. 12. Congr. internat. 6 p. 353. (Ref. in Nagels Jahresber.)

1900. Brailey and Eyre, Exophthalmic goitre associated with increased intra-ocular tension. Guys Hosp. Rep. 54 and Ophth. Review. 20 p. 7. (Ref. nach Sattler.)

Gradenigo, P., Un nuovo tonometro oculare. Ann. di Ottalm. e Lavori della Clin. Ocul. di Napoli. 29 p. 3 (Ref. v. Michels Jahresber. S. 195.)

Grönholm, Experimentelle Untersuchungen über die Einwirkung des Eserins auf den Flüssigkeitswechsel und die Zirkulation im Auge. v. Graefes Arch. f. Ophth. 49 S. 620 ff.

Koster, W., Zur Untersuchung der Elastizität der Sklera. v. Graefes Arch. f. Ophth. 49 S. 448

Koster, W., Eine Methode zur Bestimmung der Änderungen, welche in der Gestalt des Auges bei Änderung des intraokularen Druckes auf-treten. v. Graefes Arch. f. Ophth. 49 S. 533 ff.

Wessely, K., Über die Wirkung des Suprarenin auf das Auge. Bericht über die 26. Vers. d. Ophth. Ges. Heidelberg.

1901. Golowin, Über die Veränderungen des intraokularen Druckes bei Kompression der Karotis. (Russisch.) Ref. in v. Michels Jahresber. S. 94.

Gruber, Physikalische Studien über Augenspannung und Augendruck. Arch. of Ophth. 30 p. 57.

Koster, W. Gzn., Über die Beziehung der Drucksteigerung zu der Form-veränderung und der Volumzunahme am normalen menschlichen Auge, nebst einigen Bemerkungen über die Form des normalen Bulbus. v. Graefes Arch. f. Ophth. 52,3 S. 402 ff.

Merkel und Kallius, Makroskopische Anatomie des Auges. Dieses Handb. 1. Teil. 1. Bd. 1. Kap. S. 27.

Seeuwen, J. J. S., Jets over ophthalmotonometrie. (Zur Frage der Ophthal-motonometrie.) Inaug.-Diss. Utrecht.

Wicherkiewicz, Einige Worte über die medikamentöse Behandlung des Glaukoms. Klin. Monatsbl. f. Augenheilk. 39 S. 554.

1903. Leber, Die Zirkulations- und Ernährungsverhältnisse des Auges. Dieses Handb. 2. Aufl. 2. Bd. 2. Abt. Kap. 11 S. 296—354.

Prokopenko, Über die Verteilung der elastischen Fasern im menschlichen Auge. v. Graefes Arch. f. Ophth. 55 S. 94 ff.

1910. Wessely, K., Zur drucksteigernden Wirkung des Eserins. 82. Vers. d. Naturf. u. Ärzte in Königsberg. Sitz. v. 19. Sept. 1911.
1911. Asmus, Demonstration des Schiötzschen Tonometers usw. Ber. d. 26. Vers. Rhein.-Westf. Augenärzte Düsseldorf. Klin. Monatsbl. f. Augenheilk. 49 S. 390.

Axenfeld, Bemerkungen über Hydrophthalmus und den Einfluß der Chloroformnarkose auf die intraokulare Spannung. Klin. Monatsbl. f. Augenheilk. 49 S. 503.

Bietti, Beobachtungen über die Tension des normalen und glaukomatösen Auges. Ann. di Ottalm. 40 p. 573. (Ref.: Klin. Monatsbl. f. Augenheilk. 50 S. 761.)

Borthen, Iridotasis antiglaucomatosa. Arch. f. Augenheilk. 68 S. 145 ff.

Van Gelder, Polak, Reg. Untersuchungen mit dem Tonometer von Schiötz. Klin. Monatsbl. f. Augenheilk. 49 S. 592.

van Gelder, R. E. S., Oogheelkundige bijdragen tot de leer der intraokularen drukking. Inaug.-Diss. Amsterdam.

Gilbert, Über die Wirkung des Dyesschen Aderlasses beim Glaukom. v. Graefes Arch. f. Ophth. 80, 2 S. 238 ff.

Gradle, Modification of Schiötz Tonometer. Ophth. Record p. 29.

Heilbrun, Über bisher mit dem Schiötzschen Tonometer erzielte Resultate. v. Graefes Arch. f. Ophth. 79, 2 S. 256 u. 3 S. 553.

Igersheimer, Glaukomatöse Zustände im Verlaufe der Kerat. parenchymatosa. Vereinig. der Augenärzte d. Prov. Sachsen Sitz. v. 5. Nov. Klin. Monatsbl. f. Augenheilk. 50 S. 117.

Imre, I., jr., Erfahrungen mit dem Schiötzschen Tonometer. VII. Vers. d. ungar. ophth. Ges. in Budapest. Ref.: Zeitschr. f. Augenheilk. 27 S. 90.

Kayser, Über tonometrische Untersuchungen. Verein. d. Württemb. Augenärzte. Sitz. v. 21. Mai. Ref.: Klin. Monatsbl. f. Augenheilk. 49 S. 106.

Kümmell, Untersuchungen über Glaukom und Blutdruck. v. Graefes Arch. f. Ophth. 79, 2 S. 183 ff.

Levinsohn, Beitrag zur Tonometrie des Auges. Zentralbl. f. prakt. Augenheilk. S. 69.

Mernes, Jovino V., Essais de tonometrie oculaire. Thèse de Lyon. (Zit. nach Fourrière.)

Nedden, zur, Über Herabsetzung des intraokularen Druckes bei äußeren Augenkrankheiten. Klin. Monatsbl. f. Augenheilk. 49 August S. 168.

Parker, Some observations on the case of tonometer. Ophth. Record p. 96.

Preißner, Beobachtungen mit dem Tonometer Schiötz. Inaug.-Diss. Breslau.

Rollet et Curtil, Recherches de tonometrie oculaire. Revue gén. d'Opht. 30, No. 11 p. 481. (Zit. nach Fourrière.)

Schiötz, Tonometrie. Arch. f. Augenheilk. 68, 1 S. 77.

Stephenson, S., A new tonometer. Ophthalmoscope p. 632.
1912. Clausnitzer, Der Einfluß der Diathermie auf den intraokularen Druck. Klin. Monatsbl. f. Augenheilk. 50 S. 755.

Fourrière, A., Recherches tonometriques dans le glaucome. Thèse de Paris.

Fricker, S., Zur Lehre vom Glaukom. Klin. Monatsbl. f. Augenheilk. 50 S. 723.

Gilbert, W., Beiträge zur Lehre vom Glaukom. v. Graefes Arch. f. Ophth. 82 S. 574.

Gradle, H. S., Tonometry; with a description of a tonometer. Ophth. Record XXI, No. 9 p. 468.

Gunnussen, Klinisches und Statistisches über ulcus serpens corneae mit besonderer Berücksichtigung des intraokularen Druckes. Klin. Monatsbl. f. Augenheilk. 50 S. 717.

1909. Langenhan, F., Zur Ophthalmotonometrie. Vortr. geh. in der Berl. Ophth. Ges., Sitz. v. 28. Okt.

Meller, Über die Sklerekto-Iridektomie. Klin. Monatsbl. f. Augenheilk. 47, 2 S. 641.

Rubert, J., Über den Einfluß des Adrenalins auf den intraokularen Druck. Zeitschr. f. Augenheilk. 21 S. 97 ff.

Schiötz, Tonometrie. Arch. f. Augenheilk. 62 S. 317.

1910. Alfieri, Appunti clinici col tonometro di Schiötz. Arch. di Ottalm. 17 p. 298.

Bentzen, Über Tridenkleisis antiglaucomatosa Holth. v. Graefes Arch. f. Ophth. 74 S. 259.

Borthen, Operative Glaukombehandlung. Arch. f. Augenheilk. 65 S. 42.

Christensen, Untersuchungen über den intraokularen Druck und Blutdruck bei alten Leuten. Hospitalstidende p. 1393 (Ref. nach Michels Jahresbericht.)

Cridland, The tonometer of Schiötz. Ophthalmoscope p. 640.

Elschnig, Über die Zyklodialyse. Klin. Monatsbl. f. Augenheilk., Beilageheft z. 48. Jahrg. S. 1.

Fischer, M. H., Das Ödem. Dresden, Steinkopf.

Grönholm, Untersuchungen über den Einfluß der Pupillenweite, Akkommodation u. Konvergenz auf die Tension glaukomatöser und normaler Augen. Arch. f. Augenheilk. 66 S. 346 u. 67 S. 136.

Heilbrun, Klinisch-tonometrische Untersuchungen, vorgenommen mit dem Schiötzschen Tonometer. (Verein. d. Augenärzte d. Prov. Sachsen.) Klin. Monatsbl. f. Augenheilk. 49.

Krämer, Zur Frage des Anteils des Blutdruckes an der glaukomatösen Drucksteigerung. v. Graefes Arch. f. Ophth. 73 S. 349.

Langenhan, F., Beiträge zur Ophthalmotonometrie. Zeitschr. f. Augenheilk. 23, 3 S. 201 ff.

Langenhan, Instrumentelle Messung der Zurückdrängbarkeit des Augapfels in die Augenhöhle. Zeitschr. f. Augenheilk. 24 S. 417.

Lenz, Erfahrungen mit dem Exophthalmometer, dem Tonometer und dem Anomaloskop. (Med. Sekt. d. Schles. Ges. f. vaterl. Kultur.) Berlin. klin. Wochenschr. S. 1297.

Levinsohn, Über den Einfluß der äußeren Augenmuskeln auf den intraokularen Druck. v. Graefes Arch. f. Ophth. 76 S. 129 u. Zentralbl. f. prakt. Augenheilk. S. 210 (Berlin. Ophth. Ges.).

Marple, Some observations on the use of Schiötz Tonometer. Transact. of the Amer.-Ophth. Soc. Forty-sixth annual meeting. 12, 2 p. 522 and Ophth. Record. p. 467.

Oeding, H., Untersuchungen mit dem Schiötzschen Tonometer an normalen und glaukomatösen Augen. Inaug.-Diss. Rostock.

Rall, Das Tonometer Schiötz. Verein. Württemb. Augenärzte. Sitz. v. 11. Mai. Ref.: Klin. Monatsbl. f. Augenheilk. 48 S. 122.

Ruata, Das Schiötzsche Tonometer und das Sphygmomanometer von Riva-Rocci bei der Bestimmung des Augenbinnendruckes in seiner Beziehung zum Blutdruck bei normalen und pathologischen Individuen. (Ital. Opth. Ges. Sitz. v. 23. April.) Klin. Monatsbl. f. Augenheilk. 49 S. 756.

Schirmer, Die Hypotonie, ein konstantes Symptom der Entzündung des Ziliarkörpers. v. Graefes Arch. f. Ophth. 74 S. 224. Festschr. f. Th. Leber

Stock, Über die mit dem Tonometer Schiötz gewonnenen Resultate bei normalen und glaukomatösen Augen. Klin. Monatsbl. f. Augenheilk., Beilageheft z. 48. Jahrg. S. 124.

Wegner, Ein weiterer Beitrag zur Tonometrie sowie Bestimmung des intraokularen Druckes mit dem Tonometer von Schiötz in Bezug auf die verschiedenen Lebensalter. Arch. f. Augenheilk. 68, 3 S. 290.

1915. **Pisorello**, La curva giornaliere della tensione nell' occhio normale e nell' occhio glaucomatoso e influenza di fattori diversi (miotici, iridectomia etc.) determinata con il tonometre di Schiötz. Ann. di Ottalm. 44. (Ref.: Klin. Monatsbl. f. Augenheilk. 59 S. 687.)

Priestley-Smith, On the limitations of the Tonometer. Ophth. Review p. 65. (Ref.: Klin. Monatsbl. 64 S. 537.)

Wessely, Weitere Beiträge zur Lehre vom Augendruck. Arch. f. Augenheilk. 78 S. 247.

1916. **Elschnig**, Glaukom und Blutdruck. v. Graefes Arch. f. Ophth. 92 S. 237.

Gifford, H., Homatropin glaucoma. (Lect. on Ophth. Amer. Med. Assoc.) Ref.: Klin. Monatsbl. f. Augenheilk. 57.

Gunnufsen, Th., Tonometrie bei Buphthalmus an einem schlafenden Patienten. Klin. Monatsbl. f. Augenheilk. 56 S. 428.

Horowitz, Über die Beziehungen zwischen Augendruck und Blutdruck beim Menschen. Arch. f. Augenheilk. 84, 2 S. 143.

Köllner, Über die regelmäßigen täglichen Schwankungen des Augendrucks und ihre klinische Bedeutung. Arch. f. Augenheilk. 84, 42 S. 120.)

Montagne, L. H., Some observations with the Schiötz Tonometer on the normal eye. Ophthalmoscope July. (Ref.: Klin. Monatsbl. f. Augenheilk. 57 S. 419.)

Souter, Ein einfaches Tonometer für den klinischen Gebrauch. Ophth. Record. Febr. p. 80. (Ref.: Klin. Monatsbl. f. Augenheilk. 57 S. 221.)

Sutphen, A case of glaucoma following use of atropin. With unusual complications. Ann. of Ophth. Oct. (Ref.: Klin. Monatsbl. f. Augenheilk. 58 S. 640.)

Wessely, K., Nachtrag zu vorstehender Arbeit. Arch. f. Augenheilk. S. 147.

Wessely, Über den Einfluß der Augenbewegungen auf den Augendruck. Arch. f. Augenheilk. 84 S. 102.

1917. **Baillart**, P., La pression artérielle dans les branches de l'artère centrale de la rétine; nouvelle technique pour la déterminer. Ann. d'Ocul. p. 648. (Ref.: Klin. Monatsbl. f. Augenheilk. 60 S. 657.)

Cridland, B., Tonometry. Brit. Journ. of Ophth. June. p. 352 ff. (Zit. nach Gjessing.)

Hughes, Akuter Glaukomanfall verursacht durch Holokain. Americ. Journ. of Ophth. Mai. p. 140. (Ref.: Klin. Monatsbl. f. Augenheilk. 60, 1918. S. 124.)

Magitot, La tension oculaire physiologique. Ann. d'Ocul. Juillet. (Ref.: Klin. Monatsbl. f. Augenheilk. 50.)

1918. **Bader**, A., Über Differentialtonometer. Arch. f. Augenheilk. 83 S. 168.

Cars, A., Narrowing of the pupil does not lower normal intraoculare tension. Arch. of Ophth. 17 p. 177. (Ref.: Klin. Monatsbl. f. Augenheilk. 64 S. 851.)

ten Doeschate, G., Über den Zusammenhang von Augendruck und Exophthalmus und von Augendruck und Hornhautwölbung. Klin. Monatsbl. f. Augenheilk. 61, 2 S. 411.

Hertel, Weiterer Beitrag zur Lehre vom Augendruck. Bericht über die 41. Vers. d. Ophth. Ges. Heidelberg. S. 57. 1918.

Köllner, Über den Augendruck bei Glaucoma simplex und seine Beziehungen zum Kreislauf. Arch. f. Augenheilk. 83 S. 135.

Morbaix, Remarques sur l'utilité du tonomètre de Schiötz dans la pratique. Ann. d'Ocul. Janv.

Wessely, Die Beziehungen zwischen Augendruck und allgemeinem Kreislauf. Arch. f. Augenheilk. 83 S. 99.

1919. **Baillart**, P., Les oscillations de levier du tonomètre de Schiötz etc. Ann. d'Ocul. p. 73.

Hertel, Einiges über Augendruck und Glaukom. (Berl. Ophth. Ges. vom 18. Dez.) Ref.: Klin. Monatsbl. f. Augenheilk. 64 S. 390.

1912. v. Hippel, E., Aufgaben der Glaukombehandlung unter der Kontrolle des Schiötzschen Tonometers. Vossius, Samml. zwangl. Abhandl. 8, 7.

Knapp, P., Über den Einfluß der Massage auf die Tension normaler und glaukomatöser Augen. Klin. Monatsbl. f. Augenheilk. 50 S. 691.

Lange, O., Zur Lehre vom Glaukom. Klin. Monatsbl. f. Augenheilk. 50 S. 540.

Stoll, Schiötzs Tonometer. Lancet-Clinic Cincinnati. July 108 No. 2.

Toczyski, F., Über die an normalen und glaukomatösen Augen mit dem Schiötzschen Tonometer gewonnenen Untersuchungsresultate. Klin. Monatsbl. f. Augenheilk. 50 S. 371.

Wessely, K., Beiträge zur Lehre vom Augendruck. 38. Vers. d. Ophth. Ges. Heidelberg.

1913. Augstein, Über einige an der Marburger Augenklinik mit dem Schiötzschen Tonometer gemachte Erfahrungen. Inaug.-Diss. Marburg.

Ballautyne, Beobachtungen mit dem Schiötzschen Tonometer (Internat. med. Kongr. London. Sekt. f. Ophth.) Klin. Monatsbl. f. Augenheilk. 51, 2 S. 422.

Bisell, Some observations in glaucoma with Schiötzs Tonometer. Journ. of Ophth. and Otolaryng. Febr.; Ophthalmology. 9, No. 4 p. 561.

Elschnig, Diskussionsbemerkungen zu Wicherkiewicz, Vers. der Ophth. Ges. Heidelberg 1913 S. 210.

Hertel, E., Über Veränderungen des Augendruckes durch osmotische Vorgänge. Klin. Monatsbl. f. Augenheilk. 51 S. 351.

Kitakata, Über den normalen Augendruck bei den Japanern. Nippon Gankakai Zashi. Juli. (Ref.: Klin. Monatsbl. f. Augenheilk. 54 S. 564).

Ruben, Ein modifiziertes Schiötzsches Tonometer. Ber. der 39. Vers. der Ophth. Ges. Heidelberg S. 395.

Sattler, H., Über den gegenwärtigen Stand der Glaukombehandlung. Berl. klin. Wochenschr. Nr. 49 u. 50.

Straub, M., Über Hyalitis und Zyklitis. v. Graefes Arch. f. Ophth. 86 S. 55.

Strebel u. Steiger, Über Keratokonus. Seine Beziehung zur inneren Sekretion und zum intraokularen Druck. Klin. Monatsbl. f. Augenheilk. 51, 1 S. 260.

Wessely, Die Kurve des Augendruckes. Klin. Monatsbl. f. Augenheilk. 51, 2 (2) S. 596, u. Zeitschr. f. Augenheilk. 30 S. 449.

Wessely, K., Zur Wirkungsweise des Eserins. Zentralbl. f. prakt. Augenheilk. 37 S. 303.

1914. Balten, R. D., An experiment on ocular tension and intraoculare pressure. Ophthalmoscope. Okt. (Ref.: Klin. Monatsbl. f. Augenheilk. 54 S. 525.)

Ellet, E. C., Table instead of a chart for the tonometer. Ophth. Record 23 p. 97.

Erdmann, Über die Wirkuug fortgesetzter subkonjunktiver Injektionen von Nebennierenpräparaten usw. Zeitschr. f. Augenheilk. 32 S. 215.

Gjessing, H. G. A., Akuter Glaukomanfall ausgelöst durch Holokain-Zinkeinträufelung? Kl. Monatsbl. f. Augenheilk. 53 S. 379.

Guglianetti, Über das Verhalten des Augendruckes im Hochgebirge. Arch. di Ottalm. 21 p. 382. (Ref.: Klin. Monatsbl. f. Augenheilk. 52 S. 731.)

Kochmann u. Römer, Experimentelle Beiträge zum pathologischen Flüssigkeitswechsel des Auges. v. Graefes Arch. f. Ophth. 83 p. 528.

Levinsohn, G., Zur Technik der Tonometrie. Klin. Monatsbl. f. Augenheilk. 53 S. 418.

1915. Casolino, Der Augendruck in Beziehung zur Lumbalpunktion. Ann. di Ottalm. 43 S. 554. (Ref.: Klin. Monatsbl. f. Augenheilk. 54 S. 342.)

Hertel, Klinische Untersuchungen über die Abhängigkeit des Augendruckes von der Blutbeschaffenheit. v. Graefes Arch. f. Ophth. 90 S. 309.

Mac Rae, A., Glaucoma and the bloodpressure. Ophthalmoscope April. (Ref.: Klin. Monatsbl. f. Augenheilk. 54 S. 536.)

1915. **Pisorello**, La curva giornaliere della tensione nell'occhio normale e nell' occhio glaucomatoso e influenza di fattori diversi (miotici, iridecto- mia etc.) determinata con il tonometre di Schiötz. Ann. di Ottalm. 44. (Ref.: Klin. Monatsbl. f. Augenheilk. 59 S. 687.)

Priestley-Smith, On the limitations of the Tonometer. Ophth. Review p. 65. (Ref.: Klin. Monatsbl. 64 S. 537.)

Wessely, Weitere Beiträge zur Lehre vom Augendruck. Arch. f. Augenheilk. 78 S. 247.

1916. **Elschnig**, Glaukom und Blutdruck. v. Graéfes Arch. f. Ophth. 92 S. 237.

Gifford, H., Homatropin glaucoma. (Lect. on Ophth. Amer. Med. Assoc.) Ref.: Klin. Monatsbl. f. Augenheilk. 57.

Gunnufsen, Th., Tonometrie bei Buphthalmus an einem schlafenden Pa- tienten. Klin. Monatsbl. f. Augenheilk. 56 S. 428.

Horowitz, Über die Beziehungen zwischen Augendruck und Blutdruck beim Menschen. Arch. f. Augenheilk. 81, 2 S. 143.

Köllner, Über die regelmäßigen täglichen Schwankungen des Augendrucks und ihre klinische Bedeutung. Arch. f. Augenheilk. 81, 42 S. 120.)

Montagne, L. H., Some observations with the Schiötz Tonometer on the normal eye. Ophthalmoscope July. (Ref.: Klin. Monatsbl. f. Augenheilk. 57 S. 419.)

Souter, Ein einfaches Tonometer für den klinischen Gebrauch. Ophth. Record. Febr. p. 80. (Ref.: Klin. Monatsbl. f. Augenheilk. 57 S. 221.)

Sutphen, A case of glaucoma following use of atropin. With unusual complications. Ann. of Ophth. Oct. (Ref.: Klin. Monatsbl. f. Augen- heilk. 58 S. 640.)

Wessely, K., Nachtrag zu vorstehender Arbeit. Arch. f. Augenheilk. S. 147.

Wessely, Über den Einfluß der Augenbewegungen auf den Augendruck. Arch. f. Augenheilk. 81 S. 102.

1917. **Baillart, P.**, La pression artérielle dans les branches de l'artère centrale de la rétine; nouvelle technique pour la déterminer. Ann. d'Ocul. p. 648. (Ref.: Klin. Monatsbl. f. Augenheilk. 60 S. 657.)

Cridland, B., Tonometry. Brit. Journ. of Ophth. June. p. 352 ff. (Zit. nach Gjessing.)

Hughes, Akuter Glaukomanfall verursacht durch Holokain. Americ. Journ. of Ophth. Mai. p. 140. (Ref.: Klin. Monatsbl. f. Augenheilk. 60, 1918. S. 124.)

Magitot, La tension oculaire physiologique. Ann. d'Ocul. Juillet. (Ref.: Klin. Monatsbl. f. Augenheilk. 50.)

1918. **Bader, A.**, Über Differentialtonometer. Arch. f. Augenheilk. 83 S. 168.

Cars, A., Narrowing of the pupil does not lower normal intraoculare tension. Arch. of Ophth. 17 p. 177. (Ref.: Klin. Monatsbl. f. Augenheilk. 64 S. 851.)

ten Doeschate, G., Über den Zusammenhang von Augendruck und Ex- ophthalmus und von Augendruck und Hornhautwölbung. Klin. Mo- natsbl. f. Augenheilk. 61, 2 S. 411.

Hertel, Weiterer Beitrag zur Lehre vom Augendruck. Bericht über die 41. Vers. d. Ophth. Ges. Heidelberg. S. 57. 1918.

Köllner, Über den Augendruck bei Glaucoma simplex und seine Beziehungen zum Kreislauf. Arch. f. Augenheilk. 83 S. 135.

Morbaix, Remarques sur l'utilité du tonomètre de Schiötz dans la pratique. Ann. d'Ocul. Janv.

Wessely, Die Beziehungen zwischen Augendruck und allgemeinem Kreis- lauf. Arch. f. Augenheilk. 83 S. 99.

1919. **Baillart, P.**, Les oscillations de levier du tonomètre de Schiötz etc. Ann. d'Ocul. p. 73.

Hertel, Einiges über Augendruck und Glaukom. (Berl. Ophth. Ges. vom 18. Dez.) Ref.: Klin. Monatsbl. f. Augenheilk. 64 S. 390.

1919. Mac Lean, Experimental studies on intraocular pressure and tonometry. Arch. of Ophth. 48 S. 23.

Mac Lean, Further experimental studies on intraocular pressure and tonometry. Brit. Journ. of Ophth. Sept.

Mazzei, A., Ricerche sulla pressione endoculare. Arch. di Ottalm. 26. (Ref.: Klin. Monatsbl. f. Augenheilk. 64 S. 851.)

Ohsaki, L., Ein Fall von Einfluß der Hornhautelastizität auf den Augendruck. Nippon Gangakai. Juli. (Ref.: Klin. Monatsbl. f. Augenheilk. 65 S. 141.)

Priestley-Smith, On tonometric values. Brit. Journ. of Ophth. July. (Ref.: Klin. Monatsbl. f. Augenheilk. 63 S. 596).

Römer, Neues zur Tonometrie des Auges. Bericht über die 41. Vers. der Ophth. Ges. Heidelberg. S. 62.

Striegel, Augendruck und Blutdruck. Inaug.-Diss. Leipzig.

1920. Albarenque, Über ein neues Tonometer. (Actas y trabajos del 1. congr. nacional de medicina. Buenos Aires.) Ref.: Klin. Monatsbl. f. Augenheilk. 1920 S. 133.

Butler, H., A tonometric chart. Arch. of Ophth. 49 p. 227. (Ref.: Klin. Monatsbl. f. Augenheilk. 64.)

Franz, G., Hypotonia bulbi bei intraokularem Tumor. Klin. Monatsbl. f. Augenheilk. 64 S. 348.

Giffo, F. M., De l'hypotonie oculaire. Inaug.-Diss. Bordeaux. (Zit. nach Gjessing.)

Hamburger, Die neueren Arbeiten über die Ernährung des Auges. I. Teil. Klin. Monatsbl. f. Augenheilk. 64 S. 737.

Hertel, Blut- und Kammerwasseruntersuchungen bei Glaukom. Vers. Ophth. Ges. Heidelberg S. 73.

Imre, J., Beiträge zur Frage der Regulierung des intraokularen Druckes. Orvosi Hetilap, Jahrg. 64 Nr. 29.

Köllner, H., Beobachtungen über die druckherabsetzende Wirkung der Miotica beim Glaucoma simplex. Zeitschr. f. Augenheilk. 43 S. 381.

Köllner, H., Über die Beeinflussung des Augendruckes durch die Pupillenweite beim Glaucoma simplex. Bericht über die 42. Vers. der Ophth. Ges. Heidelberg, Sitz. v. 5. Aug. S. 302.

Koeppe, L., Die Mikroskopie des lebenden Auges. Berlin, Julius Springer.

Kümmell, Über Spannungsverminderung bei Netzhautablösung. Bericht über d. 42. Vers. d. Ophth. Ges. Heidelberg. S. 231.

Mac Lean, W., The tonometry of glaucoma. Arch. of Ophth. 49 S. 201.

Römer, Experimentelles über Hypotonie. Bericht über d. 42. Vers. d. Ophth. Ges. Heidelberg. Sitz. v. 6. Aug.

Schiötz, H., Tonometry. Brit. Journ. of Ophth. p. 201. (Ref.: Klin. Monatsbl. f. Augenheilk. S. 604.)

Schreiber, L., Diskussionsbemerkung hierzu. Bericht über d. 42. Vers. d. Ophth. Ges. Heidelberg. S. 235.

Staicovici und Vobel, Über den Gebrauch des Tonometers in der täglichen Praxis. Arch. d'Opht. S. 238.

1921. Baillart, La vérification des tonomètres. Ann. d'Ocul. 158 S. 652. (Ref.: Klin. Monatsbl. f. Augenheilk. 67 S. 655.)

Bartels, Falsch registrierende Tonometer. (40. Vers. d. Rhein-westf. Augenärzte v. 27. Nov.) Ref.: Klin. Monatsbl. f. Augenheilk. 68 S. 236.

Cohen, M., A mercury tonometer. Arch. of Ophth. 50 S. 326. (Ref.: Klin. Monatsbl. f. Augenheilk. 67 S. 665.

Friedemann, U., Diskussionsbemerkungen hierzu.

Gjessing, H. G. A., Über Tonometrie. v. Graefes Arch. f. Ophth. 105 S. 221 ff.

1921. **Hamburger, C.,** Tonometrische Beiträge zur Ernährung des Auges bei allgemeinen und bei örtlichen Erkrankungen. Klin. Monatsbl. f. Augenheilk. 67 S. 634 ff. (Berl. augenärztl. Ges. Sitz. v. 27. Okt. 1921.)

Imre, J., jr., Die regulatorische Wirkung der endokrinen Drüsen auf den intraokularen Druck. Arch. f. Augenheilk. 88, 3 u. 4 S. 155.

Knapp, A., The action of adrenalin on the glaucomatous eye. Arch. of Ophth. 50 p. 556. (Ref.: Klin. Monatsbl. f. Augenheilk. 68 S. 414.)

Köllner, H., Zum Glaucoma simplex mit normalen Tonometerwerten. Arch. f. Augenheilk. 89, 1 u. 2 S. 80.

Salvati, Etude de la pression artérielle générale et locale de la tension oculaire et des oscillations du tonomètre Schiötz chez les sujets atteints de cataracte sénile. Ann. d'Ocul. Juli. S. 517. (Ref.: Klin. Monatsbl. f. Augenheilk. 67 S. 667.)

Stein, Eine neue Methode zur Messung des Augendruckes. Arch. f. Augenheilk. 87 S. 97.

Wessely u. Horovitz, Das Verhalten des Augendruckes im Fieber. Arch. f. Augenheilk. 89, 1 u. 2 S. 113.

1922. **Amsler, M.,** Observations tonométriques. Rev. gén. d'opht. No. 9.

Ascher, K. W., Tonometrie bei verschiedenem Luftdruck. (100 Jahrfeier d. Vers. d. Naturf. u. Ärzte zu Leipzig.) Ref.: Klin. Monatsbl. f. Augenheilk. 69 S. 525.

Bab, W., Zur Frage der Zuverlässigkeit der Tonometer. Zeitschr. f. Augenheilk. 49, 1 S. 17.

Birch-Hirschfeld, A., Zur Frage der Glaukomtherapie. Zeitschr. f. Augenheilk. 47 S. 197.

Bliedung, C., Experimentelles zur Tonometrie. (Vers. d. Nordwestd. Ärzte v. 11. März.) Arch. f. Augenheilk. 92, 3/4 S. 143—155, 1923.

Bodenheimer, Über ein Maximumtonometer. Berl. augenärztl. Ges. Sitz. v. 14. Dez. 1922. (Ref.: Zeitschr. f. Augenheilk. 53 S. 217.)

Comberg (Berlin), Demonstration einer Vorrichtung zur Nachprüfung des Schiötz-Tonometers. (43. Vers. d. Deutschen Ophth. Ges. in Jena). Ref.: Zeitschr. f. Augenheilk. 48 S. 172. (Berl. augenärztl. Ges. Sitz. v. 22. Nov. 1922.)

Comberg, Einiges über Funktion des Impressions-Tonometers und seine Prüfung. (Berl. augenärztl. Ges. Sitz. v. 22. Nov. 1922.) Klin. Monatsbl. f. Augenheilk. 69 S. 848.

Gilbert, Walter J., Corneal ulcer following application of tonometer. Americ. journ. of ophth. 5 No. 5 p. 371/2.

Greeff, Antrag auf Eichung der Tonometer. (Berl. augenärztl. Ges. Sitz. v. 22. Nov. 1922.) Klin. Monatsbl. f. Augenheilk. 69 S. 849.

Lacroix, A., La tension oculaire dans la myopie éleveé progressive chez l'adulte. Ann. d'Ocul. 1922. (Klin. Monatsbl. f. Augenheilk. 70 S. 254.

Liebermann, L. v., Zu Bartels Beobachtung über falsch registrierende Tonometer. Klin. Monatsbl. f. Augenheilk. 68 S. 643.

Magitot, A. P., How to know the blood pressure in the vessels of the retina. Amer. Journ. of Ophth. 5 p. 777. (Ref.: Klin. Monatsbl. f. Augenheilk. 69 S. 863.)

Paderstein, Lewinsohn, Bab, Diskussionsbemerkungen hierzu. (Berl. augenärztl. Ges. Sitz. v. 22. Nov. 1922. (Klin. Monatsbl. f. Augenheilk. 69 S. 848/49.

Rolandi, S., Beobachtungen über den Augendruck beim Altersstar. Giorn. R. acad. Med. Turin 85 p. 13. (Ref.: Klin. Monatsbl. f. Augenheilk. 71 S. 267.)

Seidel, Erich, Zur Manometrie und Tonometrie des Auges. v. Graefes Arch. f. Ophth. 107, 4 S. 496—506.

1922. Szekrényi, L., Bemerkungen zu Steins Tonometer. Klin. Monatsbl. f. Augenheilk. 69 S. 335.

Tresling, J. H. A. F., Fehlerhafte Anweisung von verschiedenen Tonometern. Nederl. tijdschr. v. geneesk. Jg. 66, 1 No. 17 p. 1738—40.

Weigelin, Über Hornhautschädigung nach Tonometeruntersuchung. Ref.: Klin. Monatsbl. f. Augenheilk. 69 S. 351. (Ver. Württ. Augenärzte 16. Juli 1922 Tübingen.)

1923. Albrich, K., Hypotonie in einem Glaukomauge, hervorgerufen durch intraokularen Tumor. Klin. Monatsbl. f. Augenheilk. 70 S. 508.

Arnold, G. und Karpow, C., Über Eichungsverfahren für das Tonometer von Schiötz. Klin. Monatsbl. f. Augenheilk. 71 Nov./Dez. S. 603.

Baillart, P., Un nouveau tonomètre oculaire. Clin. opht. 12 No. 7 p. 374—377. (Ann. d'Ocul. 160 p. 777, 1923.)

Bruns, Ch., Beiträge zur Tonometrie. Klin. Monatsbl. f. Augenheilk. 71 S. 90—94.

Colombo, Luigi, Untersuchungen über die normalen und pathologischen Veränderungen des Augendruckes usw. Bollet. ocul. Jahrg. 2, Heft 5, 6, 8, 10, 11. (Ref.: Klin. Monatsbl. f. Augenheilk. 72 S. 275.)

Csapody, J. de, Beiträge zur Beziehung zwischen Augendruck und Schilddrüsenfunktion. Klin. Monatsbl. f. Augenheilk. 70 S. 111. (Arch. d'Opht. 40 p. 171.)

Friedenthal, Bemerkungen zum intraokularen Flüssigkeitswechsel. Zeitschr. f. Augenheilk. 52 S. 15.

Frommaget, C., Behandlung akuter Glaukomanfälle mit retrobulbären Novokain-Adrenalininjektionen. Ann. d'Ocul. p. 438.

Hamburger, C., Experimentelle Glaukomtherapie. Med. Klinik 1923. Nr. 36.

Kahler und Sallmann, Über das Verhalten des Augendrucks bei cerebralen Hemiplegien. Wien. klin. Wochenschr. 1923 S. 883.

Magitot, Über den Augendruck und einige experimentelle Beeinflussungen desselben. Ann. d'Ocul. 160 p. 1 u. 81. (Klin. Monatsbl. f. Augenheilk. 70 S. 551.)

Mangold, E. und Detering, C., Eine neue Methode zur Augendruckmessung. Pflügers Arch. f. d. ges. Physiol. 201, 1/2 S. 202—213.

Marx, E., Eine kleine Verbesserung des Tonometers. Oogheelk. Jaarboek 1923. (Ref.: Klin. Monatsbl. f. Augenheilk. 72 S. 273.)

Marx, E.. Über die Druckdifferenz zwischen beiden Augen. Nederl. tijdschr. v. geneesk. 1923, II S. 1082.

Maslenikow, A., Schwankungen des intraokularen Druckes im normalen und pathologischen Auge. Diss. Petrograd. (Ref.: Zeitschr. f. Augenheilk.)

Salvati, Einfluß der Menstruation auf den Augendruck. Ann. d'Ocul. 1923 S. 568. (Ref.: Klin. Monatsbl. f. Augenheilk. 71 S. 493.)

1924. Arnold und Karpow, Erwiderung auf Combergs Anmerkungen zu unserer Arbeit über Tonometereichung. Klin. Monatsbl. f. Augenheilk. 72 S. 740/41.

Braun (Prag), Glaukomtherapeutische Erfahrungen mit Laboratoriumsnummer 23 Dr. Hamburger. 88. Vers. Deutscher Naturforscher u. Ärzte, Abt. Augenheilkunde, Innsbruck 25. Sept. 1924. (Ref.: Zeitschr. f. Augenheilk. 54 S. 139.)

Comberg, W., Anmerkungen zu der Arbeit von Arnold und Karpow über Tonometereichung. Klin. Monatsbl. f. Augenheilk. 72 S. 528/29.

Elschnig, Glaukom ohne Hochdruck und Hochdruck ohne Glaukom. Zeitschr. f. Augenheilk. 52 S. 287.

Freytag, G. Th., Über den Augendruck bei Störungen der inneren Sekretion. Klin. Monatsbl. f. Augenheilk. 72 S. 515—522.

Gallus, Ist die Hypotonia bulbi ein konstantes Symptom des Coma diabeticum? 44. Vers. d. Rhein.-Westfäl. Augenärzte am 6. April 1924.

1924. **Hamburger, Carl,** Zu der neuen Glaukombehandlung. Klin. Monatsbl. f. Augenheilk. 72 S. 47—56. Med. Klinik 1924 Nr. 1 u. 9. 44. Vers. d. Deutschen ophth. Ges. Heidelberg, Juni 1924. Zeitschr. f. Augenheilk. 53 S. 433.

v. **Horay, G.,** Vorübergehende Tensionserhöhungen bei Hornhauterkrankungen. Ungar. ophth. Ges. in Budapest Sitz. v. 3. Juli 1924.

Imre jr., Diskussionsbemerkungen hierzu.

Römer und Krebs, Beitrag zur Hamburgerschen Glaukombehandlung. Zeitschr. f. Augenheilk. 53 S. 12.

Safar und Loewy, Erfahrungen mit der Hamburgerschen Adrenalinbehandlung der Glaukome. 88. Vers. Deutscher Naturforscher u. Ärzte, Abt. Augenheilkunde, Innsbruck 25. Sept. 1924.

Samojloff, A. J., Ein Verfahren zur Eichung des Tonometers nach Schiötz. Klin. Monatsbl. f. Augenheilk. 73 S. 187—191.

Sondermann, Rektale Hedonaleinschläferung zur augenärztlichen Diagnostik usw. Klin. Monatsbl. f. Augenheilk. 72 S. 195.

Thiel, Die medikamentöse Beeinflussung des Augendruckes. 44. Vers. d. Deutschen ophth. Ges. Heidelberg.

XI. Die Ortsbestimmung der Augen.

Neu bearbeitet von

E. Engelking
Freiburg i. Br.

Mit Textfig. 1—35.

Eine vollständige Ortsbestimmung des Auges mit Rücksicht auf seine Umgebung hat die Festlegung von Maßen entsprechend den drei Dimensionen des Raumes zur Voraussetzung.

Die doppelte Anlage der Augen läßt es aber ferner zweckmäßig erscheinen, die Lage des einzelnen Organes nicht nur in bezug auf die umgebenden Teile des Kopfes, besonders die knöchernen Begrenzungen der Orbita, zu ermitteln, sondern auch hinsichtlich des anderen Auges. Beide Untersuchungen, an sich voneinander unabhängig, werden deshalb vielfach von vornherein methodisch miteinander verbunden.

Die Lage des Auges entsprechend der sagittalen Achse, das mehr oder weniger weite Hervorstehen des Auges aus der Orbita bezeichnen wir als absolute oder exorbitale Prominenz, das Vorstehen eines Auges jedoch gegenüber dem anderen als relative Prominenz. Der früher vielfach in gleichem Sinne benutzte Begriff der »Protrusion« (= Vortreibung) sollte nur dort Anwendung finden, wo tatsächlich eine Lageveränderung charakterisiert werden soll.

Die horizontale Entfernung der beiden Augen voneinander pflegt als seitlicher Augenabstand, ein Unterschied in der Höhenlage als Vertikaldifferenz bezeichnet zu werden.

Für Lageveränderungen eines Auges in vertikaler Richtung oder nach den Seiten ohne Rücksicht auf das zweite Auge sind besondere Fachausdrücke nicht geprägt worden.

Da nun sowohl die Augen als auch die Orbitae, in denen sie liegen, selbst räumliche Gebilde darstellen, die als Ganzes der Messung am Lebenden nicht ohne weiteres zugänglich sind, so ist man gezwungen, sich auf die Ermittelung der relativen Lage ausgewählter Punkte am Auge und am Schädel zu beschränken, nachdem man sich durch andersartige Untersuchungen ein Urteil über Form und Größe des Auges einerseits, der Orbita oder des Schädels andererseits gebildet hat.

Von welchen Stellen aus gemessen werden soll, das richtet sich unter Gesichtspunkten der Zweckmäßigkeit wesentlich nach der anatomi-

schen Beschaffenheit der in Betracht kommenden Teile. Die gewählten
Punkte müssen an den verschiedenen Patienten oder auch an ein und demselben zu verschiedenen Zeiten leicht und mit Sicherheit auffindbar, die
Variabilität der betreffenden Körperstelle soll möglichst gering sein, weil die
wissenschaftliche und klinische Verwertbarkeit der Resultate naturgemäß
um so geringer ist, je weniger die benutzten Punkte bei den einzelnen
Individuen, auf beiden Seiten des Körpers oder bei wechselnden Gelegenheiten miteinander verglichen werden können.

In der Tat ist von mannigfaltigen Standpunkten aus nachgewiesen
worden, daß der Wert der von den verschiedenen Autoren zur Messung
benutzten Stellen sehr ungleich ist.

Am Auge allerdings hat man sich, seit überhaupt einschlägige
quantitative Ermittelungen vorgenommen werden, allgemein ohne Widerspruch für folgende Punkte entschieden: Zur Feststellung der exorbitalen
wie der relativen Prominenz und Protrusion wird der Hornhautscheitel,
im übrigen in der Regel die Pupillenmitte gewählt, letztere besonders
auch bei der Untersuchung des seitlichen Augenabstandes, z. B. zum Zwecke
der Brillenverordnung, wo sie bei geradeaus gerichtetem Fernblick als praktisch gleichbedeutend mit der Lage des Augendrehpunktes betrachtet
wird. Zieht man den Bau des Sehorganes im einzelnen in Betracht, so
darf wohl zugegeben werden, daß die erwähnten Stellen sich in bevorzugter Weise zu solchen Messungen eignen.

Leider liegen die Verhältnisse am Schädel demgegenüber nicht so
günstig. Die Übereinstimmung der Autoren in der Wahl der Punkte ist
deshalb auch nicht so rückhaltlos und vollständig, vielmehr tauchen immer
wieder, wenn auch in den letzten Jahren seltener, neue Vorschläge auf.

Ausnahmslos allerdings wird auf die knöchernen Teile des Schädels
zurückgegriffen. Vor allem sind es verschiedene Stellen der Orbitalränder,
die den Messungen zugrunde gelegt werden, dann aber auch, obschon nur
vereinzelt, z. B. auch die »Orbitalbasis« (SNELLEN), der Hinterhauptshöcker
(KIJOSAWA) und andere Stellen.

Da der Zweck der Ortsbestimmung der Augen in sehr vielen Fällen
in der Beurteilung des Verhaltens der Augen zu den normalen und pathologisch veränderten Geweben der Orbita und ihres Inhaltes besteht, so ist
es nicht nur am nächsten liegend, sondern auch sachlich am besten begründet, daß bei der Untersuchung von der Orbita, und zwar von ihrer
vorderen knöchernen Begrenzung als den am leichtesten zugänglichen
und am besten abgrenzbaren Teilen ausgegangen wird.

COHN, der erste, der überhaupt ein Instrument zur Bestimmung der
Prominenz angegeben hat, stellte durch Messung an einer Reihe von Schädeln fest, »daß der hinterste Punkt des äußeren Orbitalrandes nur selten auf
beiden Gesichtshälften gleichweit von einer idealen, durch die beiden

Processus mastoidei von oben nach unten gelegten senkrechten Ebene entfernt ist, ein Vergleich der Protrusion beider Augen wegen der Asymmetrie der beiden Punkta fixa« also nicht exakt sei. Er ließ sich hierdurch bestimmen, statt dessen »die Stelle des Margo supraorbitalis, welche senkrecht über der Mitte der Pupille des in die Ferne blickenden Auges steht« zu benutzen.

Messungen an Lebenden, die zu anthropologischen Zwecken von Rieger ausgeführt wurden, haben jedoch bereits Stölting (Klinische Monatsblätter für Augenheilkunde XXI, 1883, S. 355) veranlaßt, der Meinung Volkmanns, Emmerts und anderer beizutreten, daß der von Cohn gewählte obere Orbitalrand in nicht geringerem Ausmaße zu Asymmetrien neige als der vor und nach Cohn von den meisten Autoren vor allen anderen Stellen des Schädels bevorzugte äußere Orbitalrand, von dem selbst Cohn (a. a. O. S. 342) schreibt, daß er sich »wegen der dünnen, leicht zusammendrückbaren, niemals mit Fett ausgepolsterten, dem Processus ossis zygomatici dicht aufliegenden Haut zum Punctum fixum für Messungen mehr eignete, als irgendein anderer Teil des knöchernen vorderen Randes der Augenhöhle«.

Die anatomischen und anthropologischen Untersuchungen der Folgezeit haben nun die Ansicht Emmerts insofern bestätigt, als sie gezeigt haben, daß nicht nur die Raumgestaltung der Orbita, sondern auch die Form der vorderen Begrenzung in allen einzelnen Teilen ungemein variiert. Weiss insbesondere, aber auch Ambialet, Fürst u. a. konnten nachweisen, daß der Orbitalindex, d. h. das Prozentverhältnis von Höhe und Breite des Augenhöhleneinganges in auffallendem Maße von der Form des Gesichtsschädels abhängig ist. Nach Weiss tritt eine runde Form des Orbitaleinganges vorwiegend bei schmalen Gesichtern, eine mehr ovale bei Breitgesichtern auf, ohne daß jedoch Ausnahmen von dieser Regel selten wären.

Merkel und Kallius (Gräfe-Sämisch, 2. Aufl., I. Bd., S. 1) machen auch bereits darauf aufmerksam, daß Variationen in der Bildung des Orbitaleinganges nicht nur bei den verschiedenen Individuen einer Rasse sehr häufig sind, sondern daß auch Geschlecht und Alter recht bedeutende Unterschiede zu bedingen pflegen.

Die Gesamtheit dieser Tatsachen hat dazu geführt, daß seither von den meisten Autoren der hinterste Punkt des äußeren Orbitalrandes trotz der großen Variabilität, die auch diese Körperstelle mit den meisten anderen teilt, für die Untersuchung der Lageverhältnisse des Auges bevorzugt wird.

Die Frage, ob die Aufgabe der Prominenzbestimmung der Augen mit Hilfe eines einzigen festen Punktes am Schädel praktisch hinreichend genau lösbar sei, oder ob dazu notwendiger- oder zweckmäßigerweise mehrere Stellen einer oder beider Körperhälften benutzt werden, z. B. jederseits der äußere Orbitalrand, braucht hier nicht näher erörtert zu werden, weil die Antwort, wie man leicht gewahr wird, vor allem von der Art des Verfahrens abhängt.

Ehe ich zur Darstellung dieser Methoden und der im Anschluß an sie geschaffenen Instrumente übergebe, ist noch ein Wort über die Beurteilung der Lage der Augen mit dem Augenmaß zu sagen.

Lange ehe man an die Konstruktion mehr oder weniger zusammengesetzter Apparate dachte, sind ja der Exophthalmus und andere Lageveränderungen des Auges erkannt und verfolgt worden, und auch heute noch darf diese Übung als unentbehrlich bezeichnet werden, zumal es in den meisten Fällen tatsächlich die einfache klinische Beobachtung ist, die uns veranlaßt, eines der uns zur Verfügung stehenden Meßinstrumente zur Hand zu nehmen.

Man wird sich freilich nicht auf den durch das Augenmaß bestimmten Eindruck allein verlassen, zumal nicht selten die Aufgabe dahin geht, Befunde, die zu verschiedenen Zeiten erhoben werden, miteinander zu vergleichen. Dennoch aber darf andererseits nicht vergessen werden, daß die großen Verschiedenheiten der individuellen Gesichts- und Schädelbildungen der Genauigkeit aller unserer quantitativen, aber mechanisch angewandten Methoden bemerkenswerten Eintrag tun. Hier hat nach wie vor die freie Beurteilung ergänzend und regulierend einzutreten.

Wir verschaffen uns auf diese Weise einen vorläufigen Überblick nicht nur über den Einfluß der Form der Gesichtsknochen im allgemeinen und der Orbitalränder im besonderen z. B. für den physiognomischen Ausdruck des »Glotzens« eines oder beider Augen, sondern auch über die Symmetrie oder Asymmetrie der Gesichts- und Schädelhälften, die Entfernung des äußeren Orbitalrandes vom Prozessus mastoideus und von der vorderen Begrenzung des äußeren Gehörganges, und endlich noch über die Weite der Lidspalten und überhaupt die Stellung der Lider, sowie über das Verhalten der Haut, des Fettpolsters und der übrigen Weichteile der in Frage kommenden Körperstellen. Aus der Abschätzung dieser Faktoren ergibt sich dann, welche Hilfsmessungen zu einer Verwertung der eigentlichen instrumentellen Untersuchung im Einzelfalle noch vorgenommen werden müssen.

Bei der Darstellung der mannigfaltigen quantitativen Methoden zur Ortsbestimmung der Augen, die im Laufe der letzten Jahrzehnte ausgearbeitet worden sind, kann man unterscheiden zwischen solchen, die sich die Ermittelung der exorbitalen oder der relativen Prominenz zur Aufgabe gesetzt haben, und jenen, die zur Bestimmung des seitlichen Augenabstandes dienen. Die wenigen Vorschläge, die sich auf die Lagebestimmung des Auges hinsichtlich noch anderer Richtungen beziehen, ordnen sich der gewählten Einteilung zwanglos ein, zumal sie fast ausnahmslos zugleich Methoden der Exophthalmometrie oder der Messung des seitlichen Augenabstandes darstellen, und also bei diesen ohnehin Erwähnung finden müssen.

Exophthalmometrie.

Das älteste Exophthalmometer, das wir kennen, stammt von Cohn (1865, 1867, 1868). Den wesentlichsten Teil des Instrumentes (vgl. Fig. 1) bilden zwei durch einen Querbalken verbundene horizontale Lineale, die rechts und links neben den Schläfen sagittal in Augenhöhe schweben. Auf jedem Lineal ist ein graduierter Schieber angebracht, der ein kleines Fern-

Fig. 1.

Exophthalmometer von Cohn.
(Nach Cohn.)

rohr mit Fadenkreuz trägt. Es dient dazu, die Tangente des Hornhautscheitels einzustellen. Der Querbalken, an dessen Griff das Instrument unter Kontrolle einer Pendelvorrichtung senkrecht gehalten werden kann, weist einerseits zwei Polster zum Anlegen an die Stirn auf und außerdem die sogenannten »Orbitalhaken« (*L*), die jederseits genau über der Pupillenmitte dem oberen Orbitalrande so angelegt werden sollen, daß die zugespitzten Enden nach vorn gerichtet sind.

Beobachtet man durch das Fernrohr von der Seite her nacheinander die Lage der Orbitalhakenspitze und des Hornhautscheitels, so ergibt sich durch eine einfache Rechnung die Prominenz des Auges gegenüber dem oberen Orbitalrande, da die Länge des Hakens bekannt ist. Die »Prominenz« kann positiven oder negativen Wert annehmen.

Die Gründe, durch die Cohn sich veranlaßt sah, statt des ursprünglich benutzten äußeren Orbitalrandes den oberen als Punctum fixum einzuführen, haben, wie schon angedeutet, für die Folgezeit keine Durchschlagskraft zu gewinnen vermocht.

Schon v. Hasner (1860, 1869) beschränkte sich bei seinen Untersuchungen über die Statopathien des Auges keineswegs auf die Benutzung des oberen Orbitalrandes als Ausgangspunkt der Messung. Das von ihm angegebene Verfahren ist zwar auch am oberen, vor allem aber doch am äußeren Orbitalrande anwendbar. v. Hasner benutzte nämlich zwei quadratische Rahmen, die durch horizontal und vertikal in bestimmten Abständen ausgespannte Pferdehaare je eine Art von Koordinatensystem abgeben. Bei paralleler Aufstellung entsprechend der Sagittalebene, etwa in einem gegenseitigen Abstande von 43 mm hat man durch Visieren entlang zugeordneter Linien die Möglichkeit, die Prominenz z. B. des Hornhautscheitels bezüglich beliebiger Punkte der umgebenden Körperteile zu bestimmen.

Volkmann (1869), der im gleichen Jahre eingehendere Studien über die Lagebestimmung des Auges — die Koordinatenachsen X, Y, Z — in der Augenhöhle gemacht hat, bezog seine Messungen der exorbitalen Prominenz überhaupt lediglich auf den äußeren Orbitalrand. Er bediente sich eines gewöhnlichen, durch ein Stativ befestigten Maßstabes, der der Schläfe angelegt wurde, und beobachtete Hornhautscheitel und Skala zur Vermeidung parallaktischer Fehler aus größerem Abstande durch ein seitlich stehendes Fernrohr.

Auf Grund eigener Erfahrungen mit Cohns Instrument hebt Emmert (1870, 1871) als wichtigste Schattenseiten desselben hervor: »Die Kompliziertheit in der Zusammensetzung, die Schwierigkeit beim Halten des Instrumentes, den Nachteil, daß es nicht auch in liegender Stellung appliziert werden kann«, daß die Resultate der Messung nur auf dem Wege der Rechnung gewonnen werden usw. Die Wahl des Supraorbitalrandes als Stützpunkt hält er u. a. auch wegen der verschiedenen Stärke des Fettpolsters an dieser Stelle für verfehlt.

Auch v. Zehender (1870) konnte mit diesem Exophthalmometer keine befriedigenden Resultate erzielen. Als Gründe, um zu der der äußeren Lidkommissur entsprechenden Stelle des äußeren Orbitalrandes als Ausgangspunkt der Messung zurückzukehren, bezeichnet er besonders die Möglichkeit, den Maßstab hier fehlerfrei anzulegen und ferner die Tatsache, daß die erwähnte Stelle ungefähr in gleicher Höhe mit dem Drehpunkt des Auges liege.

Beide Autoren haben sich deshalb zur Konstruktion eines neuen Exophthalmometers entschlossen.

EMMERTS (1870) Instrument (Fig. 2) besteht aus einer graduierten Messingstange mit plattenförmig verbreitertem Ende, das zum Anlegen an die hintere Jochbeingegend des Patienten dient. Auf der Stange können, senk-

Fig. 2.

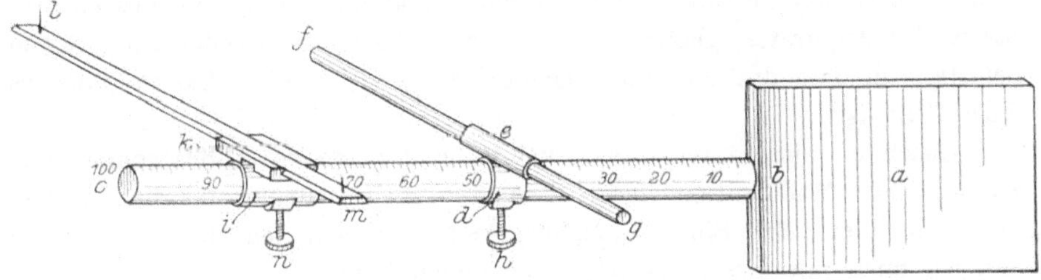

Exophthalmometer von EMMERT.

recht zu ihr, in verschiebbaren Hülsen getrennt zwei Messingstäbe so geführt und angepaßt werden, daß der hintere runde (f—g der Fig. 2) an den äußeren Orbitalrand zu liegen kommt, während der vordere linealische (z—m), der zwei Visierspitzen trägt, auf den Hornhautscheitel gerichtet wird. Die Prominenz des Auges vor dem äußeren Orbitalrande kann dann auf der Stange abgelesen werden.

Fig. 3.

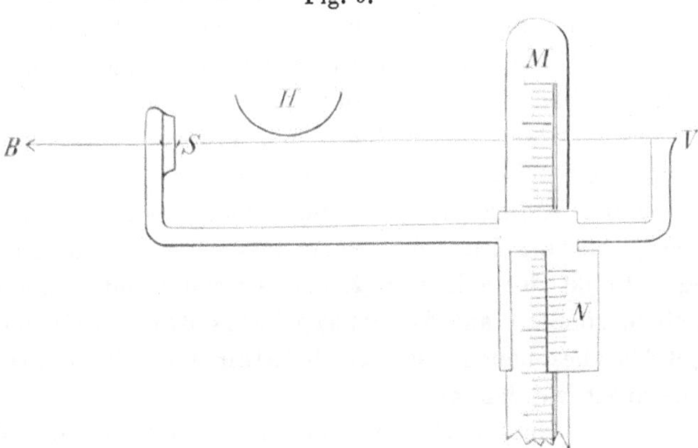

Exophthalmometer von W. v. ZEHENDER.
(Nach LANGENHAN.)

v. ZEHENDERS (1870) Exophthalmometer, das gleich dem EMMERTS ausgesprochenerweise der klinischen Benutzung dienen soll, beruht auf ähnlichen Prinzipien, sie sind aber hier weiter durchdacht und haben einen entsprechend vollkommeneren Ausdruck gefunden. Auf dem Maßstabe M (Fig. 3), der mit dem Ende an den äußeren Orbitalrand gestützt werden soll, gleitet eine Hülse mit einem temporalwärts und einem medialwärts gerichteten Arm. Letzterer trägt ein temporalwärts gerichtetes Spiegelchen, in dem von dem Untersucher durch Einstellen der Hülse die als Visier gedachte Spitze V des anderen Armes mit ihrem Spiegelbilde und dem Hornhautscheitel zur Deckung gebracht wird. Diese Vorrichtung gewährleistet eine zum Maßstab senkrechte Beobachtung. Damit auch die Augenachse stets parallel zum Meßlineal gehalten werden kann, hat v. Zehender an dem Stativ des Apparates, genau dem Auge gegenüber, ein zweites Spiegelchen befestigt, in dem das zu untersuchende Auge sich selbst fixiert, falls es dazu fähig ist.

Gleich an dieser Stelle sei erwähnt, daß Stölting (1883) später eine zweckmäßige Modifikation des v. Zehenderschen Instrumentes beschrieben und abgebildet hat. Eine prinzipielle Änderung liegt jedoch nicht vor, so daß ich mich mit diesem Hinweise begnügen kann.

Im gleichen Jahre wie v. Zehender hat schließlich auch Keyser (1870) ein Exophthalmometer bekannt gemacht. Da sein Instrument im großen und ganzen dem von Emmert sehr ähnlich ist und mit dem v. Zehenders jedenfalls nicht wetteifern kann, darf auf eine genauere Schilderung hier verzichtet werden.

Während die zuletzt beschriebenen Instrumente die Messung der exorbitalen Prominenz bzw. Protrusion zum Ziele hatten, dient die von Coccius (1872) veröffentlichte Methode zur Bestimmung der relativen Lage beider Augen. Er setzt zu diesem Zweck auf das geschlossene Lid jedes Auges einen in sagittaler Richtung verschieblichen Maßstab auf und mißt die Strecken vom Berührungspunkt des Lides bis zu einem in der Frontalebene befindlichen Querbalken. Ein großer Grad von Genauigkeit dürfte auf diese Art kaum erreicht werden.

In der ersten Auflage dieses Handbuches stellt Snellen (1874) die Forderung auf, daß die Lage des Hornhautscheitels nicht mit Bezug auf einen einzigen Punkt des Schädels, z. B. des Orbitalrandes, wie es bis dahin meist geschehen, sondern auf die ganze Basis der Orbita zu bestimmen sei, und daß überdies neben der exorbitalen auch die relative Prominenz berücksichtigt werden müsse.

Ausgehend von diesen Gesichtspunkten schlägt er ein »Ophthalmo-Statometer« vor, das sich von den älteren Methoden besonders die von v. Zehender und Coccius zunutze macht. Wie aus der beigefügten Figur (Fig. 4) hervorgeht, besteht es »aus einem Stabe AA, auf welchem zwei zu ihm senkrechte, gleich lange Arme B und M stehen. Ihr gegenseitiger Abstand läßt sich durch die Verschiebung des einen, B, beliebig verändern. Längs des Armes M ist ein Visier vv verschiebbar, während der zweite einen Spiegel SS trägt, der seine reflektierende Fläche dem Visiere zuwendet«. (Dieses Handbuch I. Aufl., Bd. III, S. 108.) Ein zweites Spiegelchen R dient dem zu untersuchenden Auge als Fixationsmarke, kann aber andererseits auch durch Verschieben des Zapfen C bis an das geschlossene Augenlid zur Messung der Prominenz (besonders bei tiefliegenden Augen) nach der Methode von Coccius verwandt werden. Die Arme M und B werden, je nachdem ob in horizontaler oder vertikaler Richtung gemessen werden soll, am äußeren und inneren, bzw. am unteren und oberen Orbitalrande aufgesetzt.

Fig. 4.

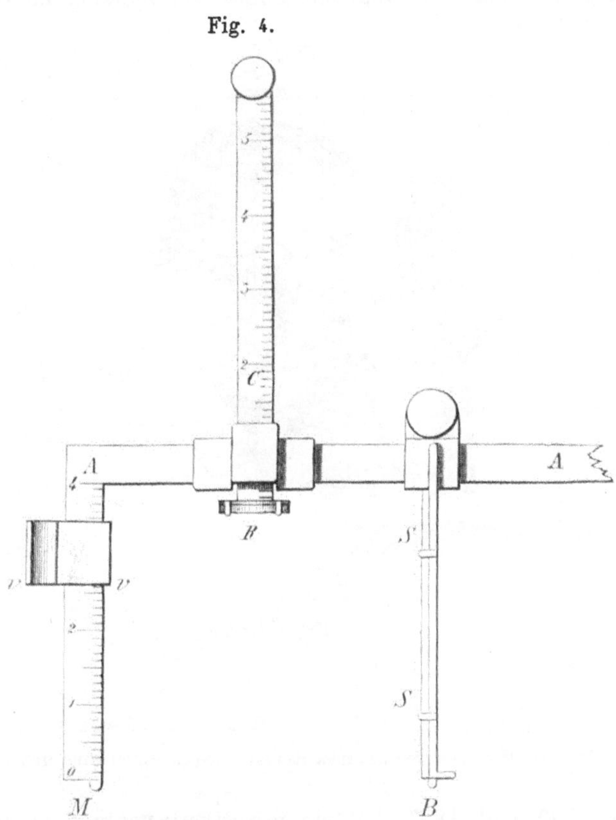

Statometer von Snellen. (Nach Langenhan.)

Zur Feststellung der relativen Prominenz soll der Arm B entfernt, das Instrument nach Augenmaß parallel zur Frontalebene gehalten und die Lage des Hornhautscheitels jederseits mit Bezug auf den Nasenrücken oder dergleichen gemessen werden.

Das Instrument verbindet also die Vorzüge des v. Zehenderschen Exophthalmometers mit der Möglichkeit einer etwas sichereren Fixierung und einer wenn auch noch recht unvollkommenen Beurteilung der relativen Prominenz und stellt insofern einen unleugbaren Fortschritt dar.

23*

LANGENHAN (1904), der in der zweiten Auflage dieses Handbuches das Kapitel über die Ortsbestimmung des Auges bearbeitet hat, beschreibt daselbst ein einfaches und handliches, von LANDOLT stammendes Instrument, das sogenannte Doppellineal, das, wie der Name andeutet, aus zwei in einem Abstande von 2 cm parallel angeordneten und gleichmäßig graduierten Maßstäben besteht. Die Benutzung vollzieht sich in derselben Weise wie bei der grundsätzlich ähnlichen v. HASNERschen Methode. Das Gerät kann auch zur Messung des seitlichen Augenabstandes Verwendung finden.

Fig. 5.

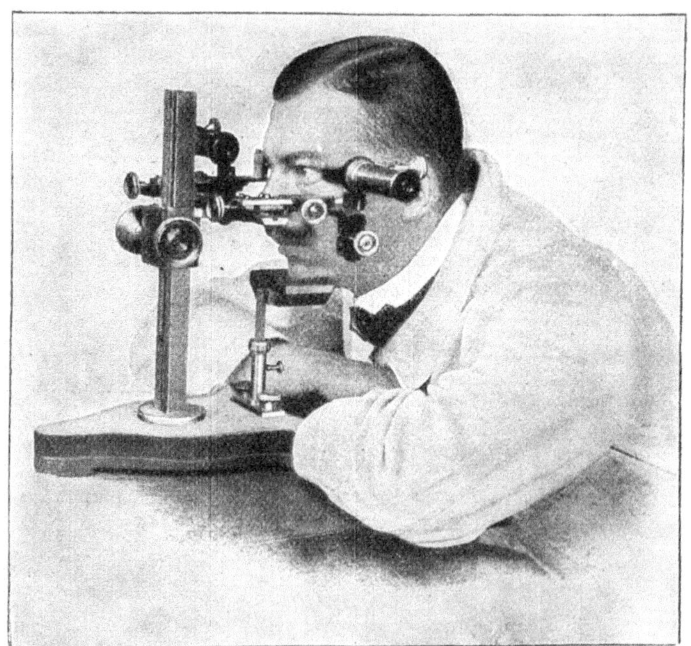

Exophthalmometer von SATTLER-HERING. (Nach BIRCH-HIRSCHFELD.)

WEISS (1892) und (1895) hat ein monokulares und ein binokulares Exophthalmometer angegeben. Das erstere zeigt an einem graduierten Maßstabe einen verschieblichen Schlitten, der ein Elfenbeinknöpfchen trägt, das bei Orientierung des Instrumentes in der Sagittalebene der Hornhaut zugekehrt ist und mit ihr zur Berührung gebracht werden soll. Gemessen wird die exorbitale Prominenz bezogen auf den äußeren Orbitalrand.

Das binokulare Instrument beruht auf dem gleichen Prinzip. An einem Reif, der um die Stirn gelegt wird, befinden sich hier zwei Meßstäbe mit je einem Elfenbeinknöpfchen zum Aufsetzen auf die Hornhaut. Der Stirnreif wird durch einen dem Nasenrücken aufgelegten Bügel in bestimmter Lage festgehalten. Dieses Instrument ist insofern bemerkenswert, als es gestattet, einerseits die exorbitale und die relative Prominenz der

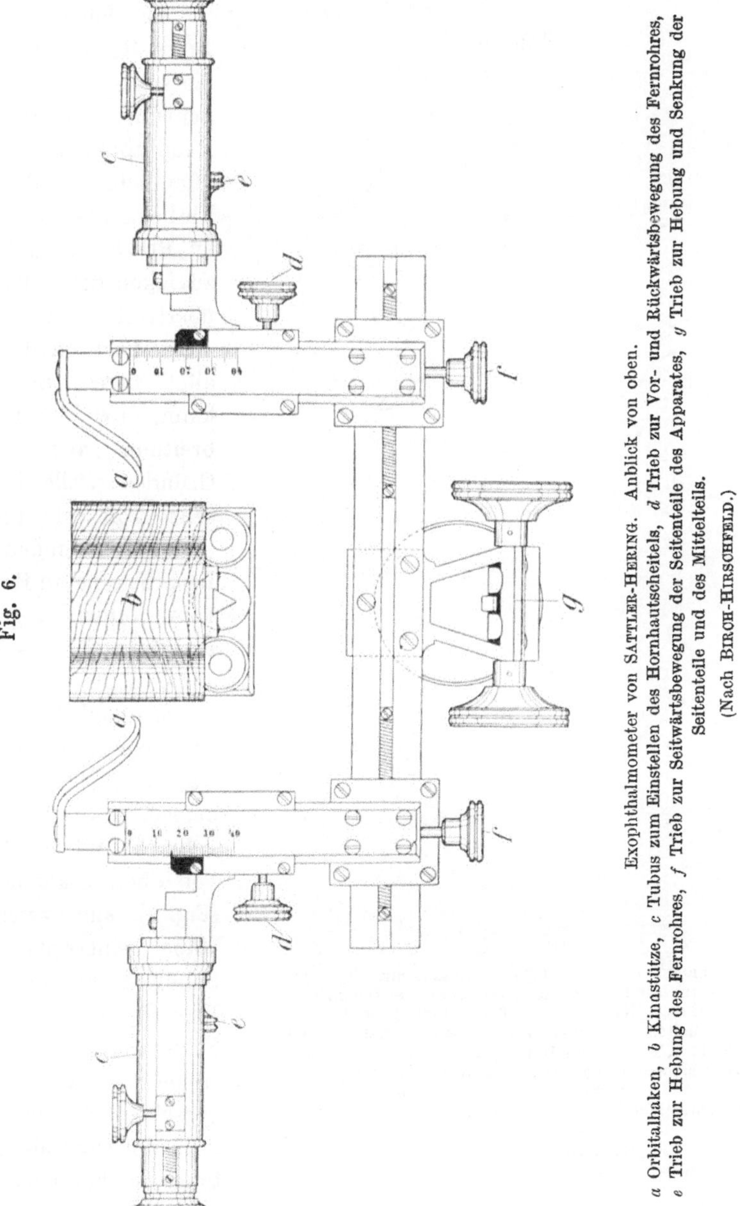

Fig. 6. Exophthalmometer von Sattler-Hering. Anblick von oben. *a* Orbitalhaken, *b* Kinnstütze, *c* Tubus zum Einstellen des Hornhautscheitels, *d* Trieb zur Vor- und Rückwärtsbewegung des Fernrohres, *e* Trieb zur Hebung des Fernrohres, *f* Trieb zur Seitwärtsbewegung der Seitenteile des Apparates, *g* Trieb zur Hebung und Senkung der Seitenteile und des Mittelteils. (Nach Birch-Hirschfeld.)

Augen zu messen, dann aber auch den seitlichen Augenabstand und etwaige Vertikaldifferenzen beider Augen. Ein Mangel liegt aber hier wie bei dem

Instrument von Coccius und teilweise auch dem von Snellen in der· Notwendigkeit, die Hornhaut entweder unmittelbar zu berühren oder durch das geschlossene Lid hindurch zu messen.

Im Jahre 1900 hat Birch-Hirschfeld (1900) ein von Sattler u. Hering gemeinsam konstruiertes Exophthalmometer veröffentlicht, das alle bis dahin bekannten Instrumente an Präzision und Großzügigkeit der Anlage weit übertrifft. Da es auch heute noch nicht als veraltet angesehen werden kann, obwohl seine Verbreitung aus äußeren Gründen vielleicht nicht sehr groß sein mag, so halte ich eine eingehendere Besprechung an Hand der vom Autor mitgeteilten Figuren (Fig. 5—7) für angebracht.

Das Exophthalmometer ist gemeinsam mit einer Kinnstütze auf ein und demselben Standbrett angebracht. Wie die Ansicht von oben erkennen läßt (Fig. 6), sind zwei Maßstäbe einerseits durch Schlitten auf einer in der Frontalebene liegenden Schiene mittels der Antriebe f, f nach der Seite verschieblich, dann aber auch in sagittaler Richtung. Sie können also mit

Fig. 7.

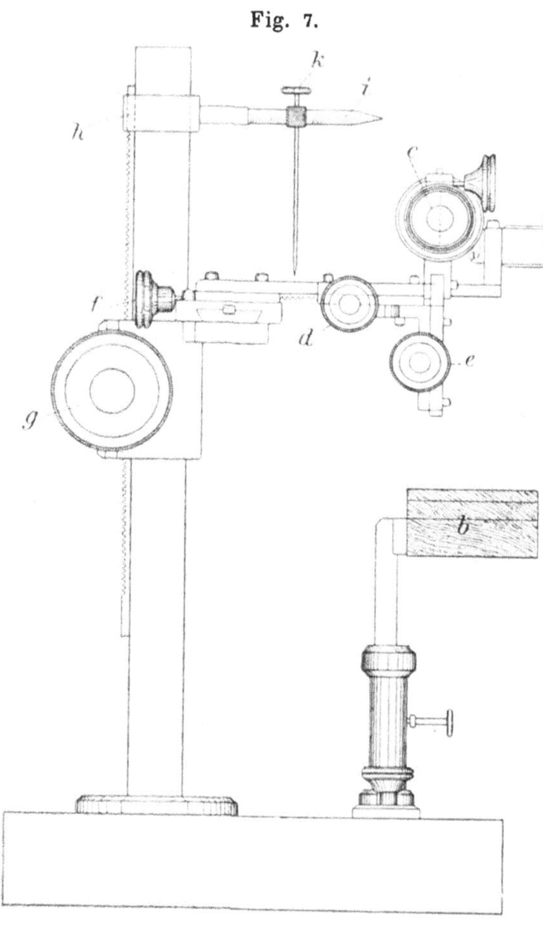

Exophthalmometer nach Sattler-Hering mit der Einrichtungsvorrichtung von Birch-Hirschfeld. Seitenansicht. *a* Orbitalhaken, *b* Kinnstütze, *c* Tubus zum Einstellen des Hornhautscheitels, *d* Trieb zur Vor- und Rückwärtsbewegung des Fernrohres, *e* Trieb zur Hebung des Fernrohres, *f* Trieb zur Seitwärtsbewegung der Seitenteile des Apparates, *g* Trieb zur Hebung und Senkung der Seitenteile und des Mittelteils, *h* verstellbares Metallband, *i* metallener Stab, *k* vertikaler auf *i* verschiebbarer Stab.
(Nach Birch-Hirschfeld.)

den an ihrem Ende befindlichen »Orbitalhaken« *a* dem äußeren Orbitalrande angepaßt werden, ohne daß vom Patienten die Kopfhaltung geändert zu werden braucht, falls die Orbitalränder unsymmetrisch sein sollten. An jedem Maßstab findet sich ein weiterer Schlitten *d*, der ein Fernrohr mit Fadenkreuz zur Einstellung des Hornhautscheitels trägt.

Der Apparat ist in neuerer Zeit von BIRCH-HIRSCHFELD (1907) durch

Fig. 8.

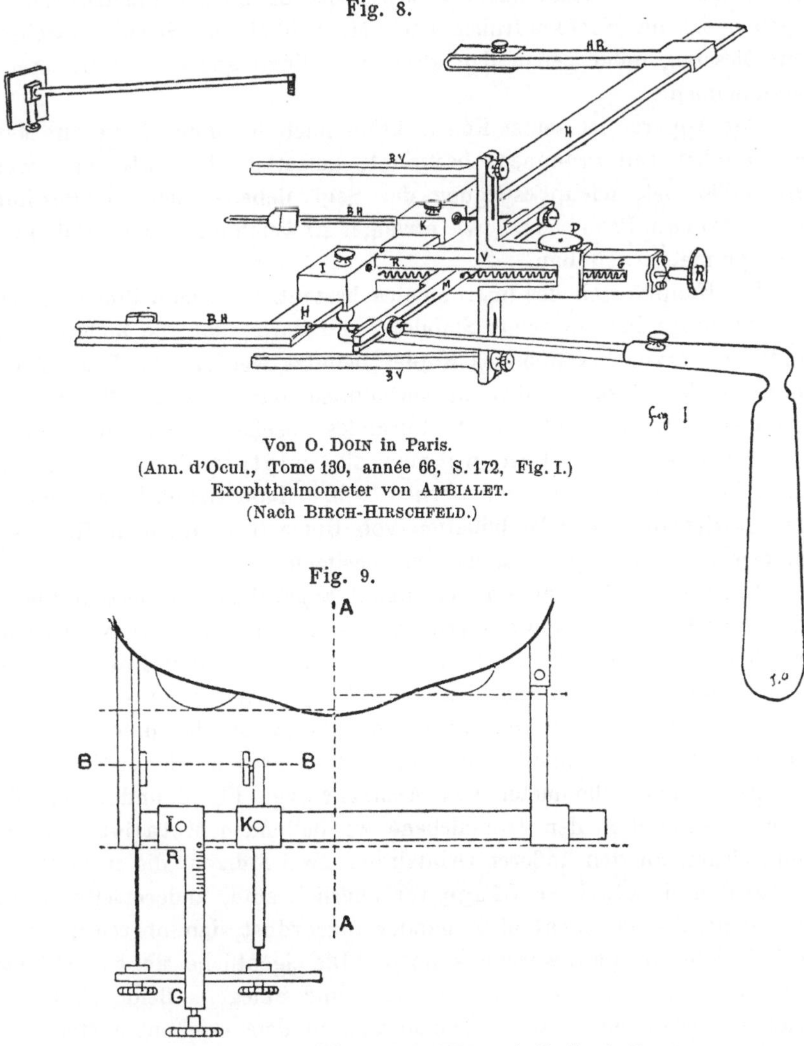

Von O. DOIN in Paris.
(Ann. d'Ocul., Tome 130, année 66, S. 172, Fig. I.)
Exophthalmometer von AMBIALET.
(Nach BIRCH-HIRSCHFELD.)

Fig. 9.

Von O. DOIN in Paris. (Ann. d'Ocul. Tome 130, année 66, S. 174, Fig. IV.)
Exophthalmometer von AMBIALET.
(Nach BIRCH-HIRSCHFELD.)

Anbringung einer Millimeterskala an der frontalgerichteten Schiene, die eine genaue Beurteilung der Lage der Maßstäbe zur Mittellinie des Apparates erlaubt, vervollkommnet worden, ferner durch eine Einrichtung, die »eine genaue Eichung der Einstellung des Apparates für jeden Untersuchten« bezweckt. Das Stäbchen i (vgl. Fig. 7), das in h am Stativ verschieblich befestigt ist, soll mit der Stirn, das Stäbchen k mit der Nasenspitze in Berührung gebracht werden. Durch Notieren der Zahlen, die die Stellung der »Stirn- und Nasentangente« sowie die exophthalmometrischen Werte angeben, ist für Nachkontrollen nach Möglichkeit die Gewähr gegeben, die neue Messung unter genau den gleichen Bedingungen wie die früheren Male vorzunehmen.

Der Apparat ist seiner Konstruktion nach in erster Linie zur Messung der exorbitalen Prominenz bestimmt, gestattet aber, wie ohne weiteres verständlich ist, nach Festlegung der Sagittalebene auch die Bestimmung der relativen Prominenz sowie etwaiger Abweichungen der Orbitalknochen vom symmetrischen Bau.

Der Hauptvorteil des Instrumentes besteht, wie schon BIRCH-HIRSCHFELD hervorgehoben hat, in seiner Stabilität und darin, daß die äußeren Orbitalränder zwar zur Fixation des Kopfes benutzt werden, die Beurteilung der Resultate der Messung aber in verhältnismäßig einfacher Weise von der zufälligen Form des äußeren Orbitalrandes absehen kann, eine Möglichkeit, die besonders von Wert ist, wo man die relative Prominenz bei asymmetrischen Schädeln kennen lernen will. Das Exophthalmometer nach SATTLER-HERING in der Modifikation von BIRCH-HIRSCHFELD dürfte das vollkommenste Instrument sein, das wir besitzen.

AMBIALET (1903) hat ein Instrument angegeben, das letzten Endes wie schon das Statometor von SNELLEN auf die zuerst von v. ZEHENDER benutzten Prinzipien zurückgreift, insofern es die Lagebestimmung des Hornhautscheitels mittels Spiegel und Visier vorschlägt. Andererseits aber liegt hier doch auch eine weitgehende eigene Fortbildung der bis dahin vorliegenden Grundgedanken vor; eine Beschreibung ist deshalb an dieser Stelle geboten.

Das Exophthalmometer von AMBIALET (vgl. Fig. 8 und 9) enthält an einem horizontal in der Frontalebene zu haltenden Metallstab einerseits zum Anlegen an den äußeren Orbitalrand zwei Stützen, die nach Breitenabstand und relativer Länge veränderlich sind, andererseits aber auch zwei Arme, die, vertikal übereinander angeordnet, dem oberen und unteren Orbitalrande angepaßt werden können. Die eigentliche Meßvorrichtung besteht, wie schon angedeutet, aus Visier und Spiegel. Beide sind so miteinander verkoppelt, daß sie gemeinsam auf dem erwähnten Metallstab in frontaler, aber auch in sagittaler Richtung verschoben werden können. Die Verschiebungen werden auf einem Maßstabe abgelesen, der sich am Trieblager für Spiegel und Visier befindet. Bei richtigem Anlegen kann sowohl die exorbitale als auch die relative Prominenz gemessen werden.

Über eine im gleichen Jahre von JACKSON (1903) veröffentlichte Methode der Exophthalmometrie konnte ich leider keine genaueren Angaben erhalten.

Das heute wohl am meisten benutzte Gerät zur Bestimmung der relativen wie der exorbitalen Prominenz ist das sogenannte Spiegelexophthalmometer von Hertel (1905) in der Ausführung von Carl Zeiss (1905). An einer soliden Führungsstange (Fig. 10 und 11) sind zwei gegen-

Fig. 10.

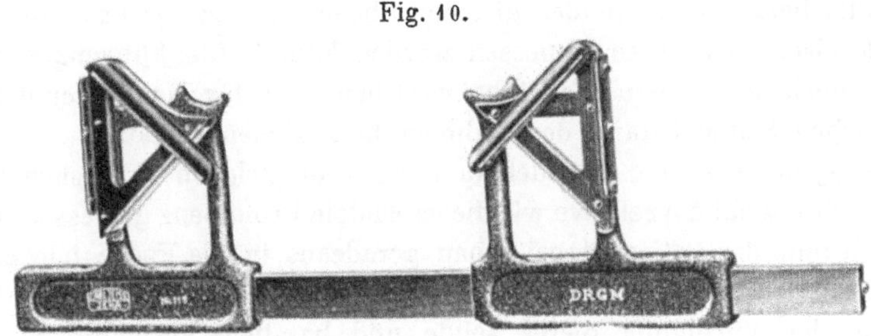

Spiegelexophthalmometer von Hertel.

einander verschiebliche Rahmen angebracht, die mit einem Sporn jederseits dem äußeren Orbitalrande aufgesetzt werden können. Jeder Rahmen trägt einen schmalen senkrecht aufgestellten Spiegel, der bei seiner Neigung von 45° gegen die Medianebene dem Untersucher das Profil des Horn-

Fig. 11.

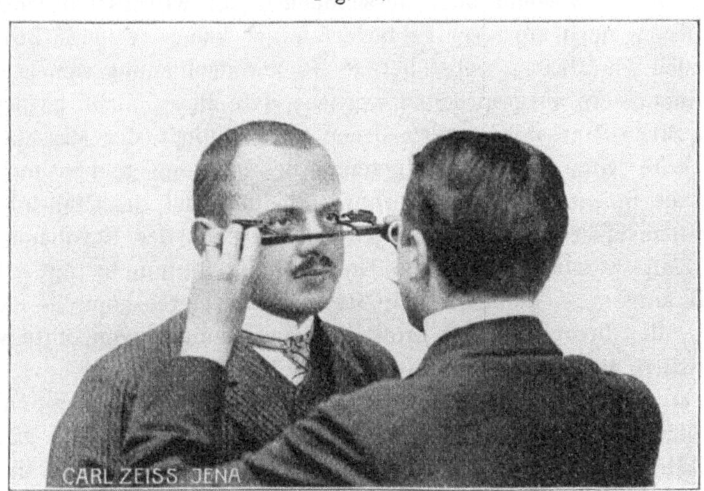

Spiegelexophthalmometer von Hertel im Gebrauch.

hautscheitels zeigt. Das Spiegelbild liegt hinter dem Spiegel in einer Entfernung, die durch den seitlichen Abstand des Hornhautscheitels vom Spiegel bestimmt wird. Dieser Abstand ist naturgemäß bei verschiedenen Personen verschieden groß. Hertel hat für sein Instrument einen Durchschnittswert von 20 mm angenommen. Unter Zugrundelegung dieser Zahl ist an der temporalen Seite jedes Rahmens parallel zur Medianebene ein Millimetermaßstab angebracht, der durch einen zweiten Spiegel über dem Hornhautprofil zu schweben scheint. Dies ist dadurch erreicht, daß der zweite Spiegel in rechtem Winkel über dem ersten steht, also ebenfalls senkrecht. Liegen die erwähnten Durchschnittsmaße vor, so sieht man Maßstab und Hornhautscheitel genau in der gleichen Ebene, so daß die Prominenz ohne stereoskopische Parallaxe gemessen werden kann. Die Führungsstange ist endlich noch mit einem Maßstabe versehen, die für Nachuntersuchungen den gleichen Seitenabstand der Rahmen herzustellen gestattet.

Bei symmetrischem Schädelbau kann vom gleichen Untersucher leicht und schnell sowohl die relative wie die exorbitale Prominenz gemessen werden. Natürlich muß der Patient dabei genau geradeaus in die Ferne blicken. Die Kontrolle ist bei gehöriger Übung des Untersuchers unschwer durchzuführen.

Für die Würdigung dieses solide und handlich ausgeführten Instrumentes ist es von Nutzen, sich zu fragen, was man von ihm verlangt.

Wo es darauf ankommt, wissenschaftlich exakte Werte zu gewinnen, die unter Umständen bis in die Bruchteile von Millimetern verfolgt werden sollen, ist dieses Exophthalmometer nicht verwendbar. BIRCH-HIRSCHFELD hält mit Recht dafür nicht einmal das von ihm mitgeteilte große Modell der Leipziger Klinik nach SATTLER-HERING für ausreichend. Ich komme auf Apparate, die vorwiegend oder ausschließlich der wissenschaftlichen Forschung dienen, noch zurück. Es bedarf ferner keiner weiteren Erörterung und. ist auch von HERTEL selbst bereits bei Veröffentlichung seines Spiegelexophthalmometers ausgesprochen worden, daß dieses nicht beansprucht, dem von BIRCH-HIRSCHFELD angegebenen an Exaktheit der Messung überlegen zu sein. Aus der oben mitgeteilten Beschreibung geht vielmehr hervor, daß die Spiegelbilder des Hornhautscheitels und des Maßstabes nur dann ideal in einer Ebene liegen, wenn der Abstand des Hornhautscheitels von der Aufsatzstelle des äußeren Orbitalrandes 20 mm beträgt. Ist das Verhältnis anders, so kann bei der Messung eine stereoskopische Parallaxe entstehen, die theoretisch bei größeren Abweichungen vom Mittelwert zu Unsicherheiten der Resultate führen könnte.

HERTEL schlägt jedoch vor, in solchen Fällen »durch Visieren mit dem jeweilig dem untersuchten Auge gegenüberstehenden Auge die Lage des Scheitelbildes zum Maßstabe zu bestimmen«. Überhaupt hält er irgendwie nennenswerte d. h. praktisch bedeutsame parallaktische Verschiebungen für ausgeschlossen, weil der Abstand der Bilder der Hornhautscheitel von denen der Maßstäbe nur »ganz geringfügig« sei. Im Vergleich mit dem von BIRCH-HIRSCHFELD beschriebenen Exophthalmometer muß dies immerhin als eine mögliche Fehlerquelle bemerkt werden, die jenes Instrument, das überdies eine zweifellos zuverlässigere Anlegung und damit exaktere Ablesung gestattet, nicht hat.

Dafür hat aber Hertels Spiegelexophthalmometer allerlei Vorzüge, die es für den Zweck, zu dem es bestimmt ist, außerordentlich geeignet erscheinen lassen. Als wichtigster ist hier die große Einfachheit in Bau und Handhabung bei verhältnismäßig zuverlässiger Ablesung zu nennen. Wir sind dadurch in die Lage versetzt, selbst im Rahmen der Sprechstunde derartige Messungen schnell vorzunehmen und zahlenmäßig zu registrieren.

Die Brauchbarkeit des Hertelschen Instrumentes ist mehrfach in systematischer Weise nachgeprüft worden.

So benutzte es Birnbaum (1915) mit Erfolg zur Feststellung der exophthalmometrischen Maße beim Normalen und den zur Größe der Orbitalöffnung obwaltenden Beziehungen.

Zwei dort mitgeteilte Tabellen gebe ich hier wieder, weil sie eine Art empirischer Eichung der Durchschnittsprominenz nach Hertels Exophthalmometer darstellen und insofern auch für die Beurteilung pathologischer Fälle von Interesse sind. (Arch. f. Ophth. 90, S. 379, Tab. I u. Ia.)

Tabelle I.

	Männer									Summa
Exophthalmometermaße	11	12	13	14	15	16	17	18	19	
Zahl der Augen	1	13	45	39	56	32	23	19	13	241
Prozentsatz	0,41	5,39	18,67	16,18	23,23	13,27	9,54	7,88	5,39	99,96 %

Tabelle Ia.

	Frauen									Summa
Exophthalmometermaße	11	12	13	14	15	16	17	18	19	
Zahl der Augen	3	4	9	11	15	10	5	2	—	59
Prozentsatz	5,08	6,77	15,25	18,64	25,42	16,96	8,47	3,38	—	99,97 %

Hinzuzufügen ist noch, daß nach Birnbaum »die Größe der Orbitalöffnung eine Gesetzmäßigkeit in dem Sinne schafft, daß vorstehende Bulbi mit großen und ovalen Orbitalöffnungen, tiefliegende mit kleineren und runden einhergehen«.

Auch Schlabs (1915) spricht sich auf Grund umfangreicher eigener Erfahrungen dahin aus, daß die Messungen mit dem Hertelschen Exophthalmometer in einer »für die Zwecke der klinischen Beobachtungen« zweifellos vollkommen ausreichenden Genauigkeit möglich sind.

Zur Feststellung von physiologischen Schwankungen dagegen kommt es nach Schlabs wegen der ihm immerhin doch anhaftenden Fehlerquellen nicht in Betracht. Die mittleren Schwankungen des Apparates betrugen nämlich, »berechnet aus dem in jedem einzelnen Fall aus allen Messungen

gefundenen Mittelwert, maximal 2 mm; d. h. also, die Schwankungen des
Apparates über den Mittelwert hinaus nach der positiven und negativen
Seite zusammen betrugen nie mehr als 2 mm, nach jeder Seite hin also
nur 1 mm; die geringste Schwankung war 0 mm. Man kann also mit
dem Hertelschen Exophthalmometer Messungen bis auf 2 mm Genauigkeit
ausführen. Wenn man sich in dem einzelnen Falle nicht auf eine Messung
beschränkt, sondern mehrere vornimmt und das Mittel aus ihnen zieht, so
ist die Messung bis auf $\pm 1,0$ mm genau«. (Klin. Monatsbl. f. Augenheilk.
55 S. 634.)

Fig. 12.

Exophthalmometer von Birch-Hirschfeld zur Ermittelung von Lageveränderungen
unter physiologischen Bedingungen.
(Nach Birch-Hirschfeld.)

Zur Erforschung der Lageveränderungen der Augen unter physiologischen Bedingungen, z. B. Einfluß der Kopfhaltung, Änderung der Lidspalten-
weite, Änderung der Zirkulationsverhältnisse usw. hat Birch-Hirschfeld
(1907 S. 34 u. 737) ein photographisches Exophthalmometer angegeben.

Er konstruierte (Fig. 12) sich einen seiner Kopfform genau angepaßten
Bleihelm, »an dem ein leichter photographischer Apparat seitlich befestigt
war, der also den Bewegungen des Kopfes genau folgen mußte. Der Helm
war durch ein Stirnnackenband und außerdem durch ein Beißbrett, das mit
ihm in fester Verbindung stand, fixiert. Es gelang ... die Fixation des
Helmes und des Apparates so fest zu gestalten, daß bei mehrfachen Auf-

nahmen auf dieselbe photographische Platte sich die Konturen vollständig deckten, ja daß sogar nach ausgiebigen Bewegungen und Erschütterungen des Körpers keine Verschiebungen der Konturen eintraten. Da auf der photographischen Platte nicht nur der Hornhautscheitel und die Lider, sondern ein größerer Bezirk von Nasenrücken, Wange und mehreren angebrachten Merkzeichen sich abbildete, hätte sich jede kleinste Veränderung des Apparates zwischen den einzelnen Aufnahmen als Unschärfe oder Doppelkontur verraten müssen«.

Fig. 13.

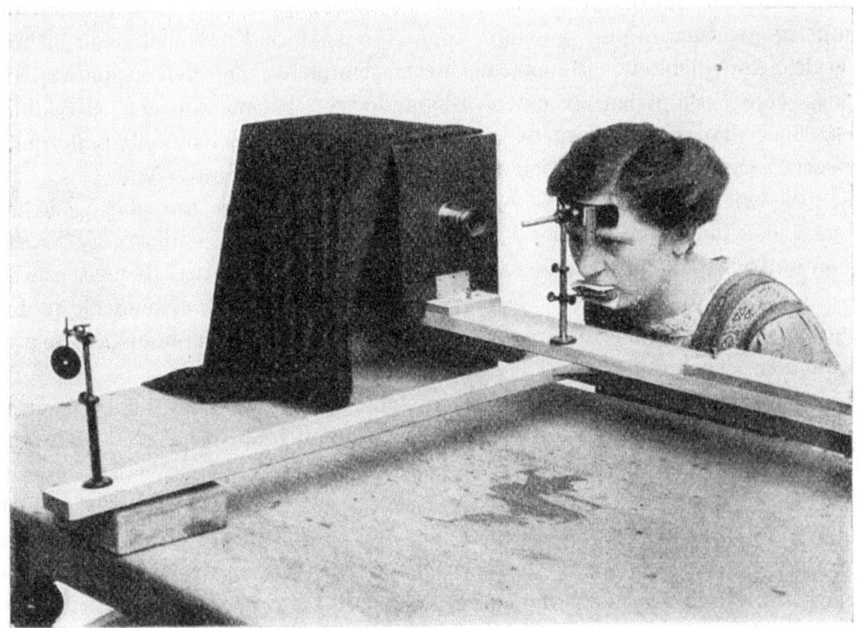

Photographisches Exophthalmometer von Birch-Hirschfeld für die Praxis.
(Nach Birch-Hirschfeld.)

»Damit das Auge auch bei verschiedener Kopfhaltung die Primärstellung beibehalte, wurde an das Beißbrett eine 30 cm lange Stahlnadel befestigt, an deren Spitze ein kleiner Knopf als Fixationsobjekt diente.«

Der geschilderte Apparat liefert, wie aus den vom Autor mitgeteilten Resultaten ersichtlich, zweifellos genaue und wissenschaftlich gut verwertbare Resultate; aus der obigen Beschreibung dürfte aber ohne weiteres hervorgehen, daß er nur ein beschränktes Anwendungsgebiet besitzen kann und sich insbesondere nicht für den klinischen Betrieb eignet, für den er ja auch gar nicht erdacht ist. Zur vergleichenden Messung der exorbitalen Prominenz am Kranken ist dieser Apparat kürzlich von Birch-Hirschfeld (1912) zweckentsprechend modifiziert worden (Fig. 13).

Durch Beißbrett und Kinnstütze wird der Kopf des Patienten in der gewünschten Stellung fixiert, durch Darbietung einer Fixiermarke dafür gesorgt, daß die Augen während der Messung in der Primärstellung bleiben. Der äußere Orbitalrand wird durch einen Tintenstrich bezeichnet. An der Stirnstütze wird genau in der Sagittalebene des zu untersuchenden Auges ein Millimetermaßstab angebracht.

Zur Seite des Patienten steht auf einer Gleitschiene in der Frontalebene ein einfacher photographischer Apparat mit Mattscheibe, auf der sich Orbitalrand und Hornhautscheitel in Profilstellung abbilden sollen. Durch eine Aufnahme oder durch Aufzeichnen mittels Pauspapier, das der Glasscheibe aufgelegt werden kann, gewinnt man für spätere Kontrollen eine sichere Vergleichsmöglichkeit. BIRCH-HIRSCHFELD empfiehlt für den Apparat eine Linse von 7 Dioptrien in einem Abstande von 24 cm von der Mittellinie. Bei einer Länge der Kamera von 36 cm entsteht so eine etwa doppelte lineare Vergrößerung, die sich für die Durchzeichnung gut eignet.

Die wichtigsten Vorzüge dieses Apparates scheinen mir darin zu bestehen, daß hier mit Hilfe der Photographie die Befunde objektiv und zwar quantitativ genau festgestellt und in dokumentarischer Form aufbewahrt werden können. Daß dieses Verfahren nicht so einfach in der Handhabung ist wie die Messung mit HERTELS Exophthalmometer, bedarf kaum der Erwähnung.

Ausgehend von der durch BIRCH-HIRSCHFELDS wissenschaftlichen Apparat erweisbaren Tatsache, daß die Lage der Augäpfel in der Orbita sich mit den verschiedenen Körperstellungen des Menschen und unter mancherlei anderen Bedingungen sonst ändern kann, konstruierte GUTMANN ein auch für die Praxis bestimmtes Instrument, um bei ruhiger Rückenlage des Patienten die Verschieblichkeit des Auges in der Richtung seiner Längsachse zu messen. Der Apparat, dessen er sich bediente, der Verschieblichkeitsmesser oder »Piezometer« ähnelt dem SCHIÖTZschen Tonometer. Man stelle sich vor, die Handhabe des SCHIÖTZschen Tonometers sei mit dem Skalenträger starr und fest verbunden, der Stift, an dem die Gewichte aufgeschraubt werden, beweglich mit dem kurzen Hebelarm der Zeigervorrichtung. Wenn dann noch der Stift selbst die Platte zum Aufsetzen auf die Hornhaut trüge, so wäre im Prinzip aus dem Tonometer ein Piezometer geworden.

Das GUTMANNsche Instrument ist allerdings dem speziellen Zweck besser angepaßt: An dem Stativ mit der Skala, die Ausschläge von 0,1 mm Verschiebung anzeigt, befindet sich fest die Handhabe zum Halten des Instrumentes mit Daumen und Zeigefinger. Die Zeigervorrichtung ist genau wie beim Tonometer angebracht, doch hängt am kurzen Hebelarm, in einer feinen Führung gleitend, eine in zwei starre Bügel eingefaßte Gewichtsschale. Sie soll Gewichte zwischen 15 und 50 g aufnehmen. Unter dem

Boden der Schale ist ein 2 cm langer Fuß befestigt, dessen Ende eine Platte von der Größe und Wölbung der Hornhaut trägt und zum Aufsetzen auf diese bestimmt ist.

Der Apparat wird mit aufgestützter Hand auf die Hornhaut aufgesetzt. Für den jeweiligen, an sich beliebigen Druck der Hand wird die Stellung des Zeigers auf der Skala abgelesen und als Nullstellung angenommen. Der Assistent legt nun Gewichte auf die Schale und beobachtet, während das Instrument möglichst gleichmäßig gehalten wird, die momentan oder allmählich eintretende Änderung der Zeigerstellung, aus der dann die Verschieblichkeit des Bulbus erschlossen wird.

Aus dem Mitgeteilten ergibt sich bereits, worauf auch der Autor selbst hinweist, daß jede Bewegung der haltenden Hand einen Ausschlag des Zeigers bewirkt, der nicht als Verschiebung des Augapfels gedeutet werden darf. Schon die Pulsation macht derartige Ausschläge.

In dieser Applikationsart des Instrumentes liegt meines Erachtens eine bedenkliche Fehlerquelle. Dazu kommt noch ein zweites: Wenn das Piezometer auf dem Auge ruht, sind wir nicht in der Lage, zu beurteilen, ob der beobachtete Ausschlag wirklich rein die Verschiebung des Bulbus anzeigt, denn es ist sehr wohl möglich, daß der abgelesene Ausschlag mindestens zum Teil auch der Eindrückbarkeit des Auges mit zur Last zu legen ist. Dieser Einwand besteht auch, wenn das Instrument eine Handhabe zum Aufstützen auf die Orbitalränder bekommt, wie das bei den von Sydow vertriebenen der Fall ist.

Würde die zuletzt erörterte Möglichkeit nicht bestehen, so hätten wir in dem jüngst von Mangold angegebenen Tonometer das ideale »Piezometer«. Mangold hat seinen Apparat als Tonometer beschrieben. Ich darf deshalb an dieser Stelle auf eine eingehende Schilderung verzichten. Nur so viel sei gesagt, daß das Instrument im wesentlichen aus einem Wagebalken besteht, dessen Stativ auf dem Tisch neben dem liegenden Patienten steht oder auch auf die Stirn des Patienten aufmontiert werden kann. Das eine Ende des Wagebalkens ist in einen Zeiger ausgezogen. An diesem hängt der »Stift« zum Aufsetzen auf die Hornhaut und außerdem ein Häkchen zum Anhängen verschiedener Gewichte. Am anderen befindet sich ein Ausgleichsgewicht, so daß der Stift ohne wesentlichen Druck auf der Hornhaut ruhen kann. Durch Anhängen der Gewichte prüft Mangold die Eindrucksfähigkeit der Hornhaut, während das Stativ unveränderlich stehen bleibt. Bei schmalem Stiftende wird naturgemäß vor allem die Eindrucksfähigkeit der Hornhaut geprüft. Als Fehlerquelle kommt die Möglichkeit in Betracht, daß gleichzeitig der ganze Bulbus durch den Gewichtsdruck verschoben wird. Würde man das Stiftende zu einer breiten Bodenplatte von Form und Ausdehnung der Hornhaut erweitern, so wird vor allem die Verschieblichkeit des Bulbus gemessen werden — und die Eindrückbarkeit der Hornhaut käme als Fehlerquelle in Betracht.

Während die meisten Exophthalmometer auch nach dem Anlegen und während der Ablesung vom Arzt gehalten werden müssen, hat Lohmann (1913) ein Instrument konstruiert, das durch eine über die Mitte des Kopfes bis etwa zur Protuberantia occipitalis hinunterreichende Metallfeder sowie Bänder, die von den Ansatzpunkten am äußeren Orbitalrande um den Kopf zu legen sind, so befestigt werden kann, daß die Ablesung ohne Halten des Apparates und bei jeder Kopfhaltung vom Arzt oder auch bei Demonstrationen von Dritten vorgenommen werden kann (Fig. 14 u. 15). Die eigentlichen Meßapparate, die in einer quer an der Feder befestigten Hülse verschieblich angebracht sind, bestehen jederseits aus einem Millimetermaßstab

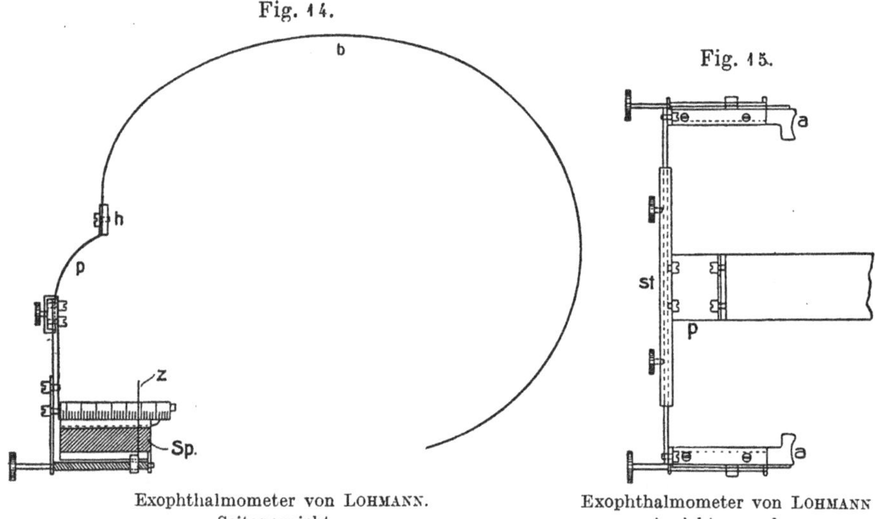

Exophthalmometer von Lohmann.
Seitenansicht.

Exophthalmometer von Lohmann
Ansicht von oben.

mit Ansatz *a* für den äußeren Orbitalrand, einem parallel darunter stehenden Spiegel *Sp.* und der in sagittaler Richtung beweglichen Meßzunge *z*, die, in 6 mm Abstand vom Spiegel, zum Anvisieren des Hornhautscheitels dient. Lotrechte Beobachtung zur Hornhautnormalen ist bei regulierter Blickrichtung des Patienten dann gegeben, wenn Zunge und Spiegelbild der Zunge sich genau decken. Wie man sieht, liegt hinsichtlich der Meßmethode eine Fortbildung der ursprünglich von v. Zehender entwickelten Idee vor. Die Anfertigung hat die Firma Dörffel und Färber, Berlin, übernommen.

Über die Brauchbarkeit des Lohmannschen Instrumentes liegen in der Literatur Angaben von Barkan vor.

Barkan (1915) benutzte den Apparat zu Studien über »die Lage des Auges in der Augenhöhle unter verschiedenen physiologischen Bedingungen«. Die in der angeführten Arbeit mitgeteilten Resultate sind hier insofern von

Interesse, als sie zeigen, daß das Lohmannsche Exophthalmometer nicht nur für den klinischen Betrieb, sondern auch für feinere Untersuchungen, bei denen es sich um Registrierung kleinerer Veränderungen handelt, Verwendung zu finden berechtigt ist.

Das Exophthalmometer des Japaners Kiyosawa (1914) ist nach Analogie eines Beckenmessers gebaut: »Ein Arm soll am Hinterhaupthöcker und der andere auf die Hornhaut angesetzt werden. Aus der Differenz der Entfernung zwischen Auge und Hinterhaupt soll der Grad des Exophthalmus berechnet werden«. Dieser Beschreibung zufolge darf gesagt werden, daß Kiyosawas Instrument nicht geeignet sein wird, irgendeines der neueren Exophthalmometer zu verdrängen.

Dagegen verdient ein in allerjüngster Zeit von Trendelenburg (1920, 1921) beschriebener Apparat Beachtung, der nicht nur die exorbitale Prominenz, sondern nach dem gleichen Prinzip auch die Pupillenweite, den seitlichen Augenabstand sowie den Hornhautdurchmesser festzustellen gestattet.

Hatte Hertel sich bei der Konstruktion seines Exophthalmometers der Raumbildmessung mittels eines in der Mitte des Hornhautscheitels scharf begrenzten Spiegels und eines unmittelbar darüber in der Ebene des Raumbildes liegenden Maßstabes bedient, so wählte Trendelenburg für seinen zu sehr viel umfangreicherer Verwendung bestimmten Apparat das Prinzip der Raumbildmessung

Fig. 16.

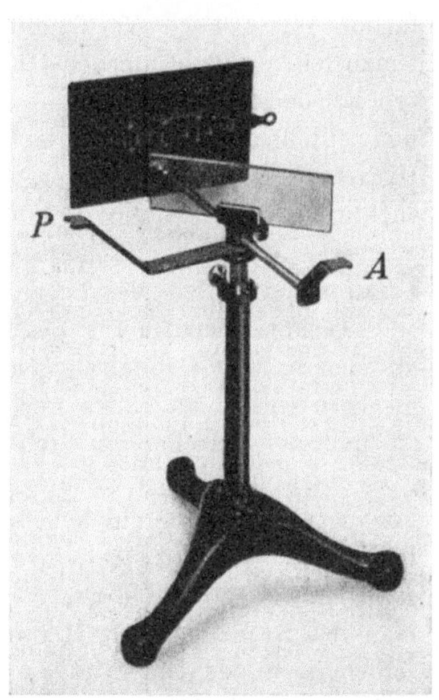

Trendelenburgs Apparat zur Messung der exorbitalen Prominenz, des seitlichen Augenabstandes, der Pupillenweite usw.

durch eine halbdurchlässige Glasscheibe, die unter 45 Grad sowohl zum Patienten (P) als zum Untersucher (A) steht (Fig. 16). In dieser Scheibe — bei dem fertigen Apparat ein halbversilberter Spiegel — sieht der Untersucher gleichzeitig die zu beobachtenden Körperteile des Patienten, z. B. Hornhautscheitel und äußeren Orbitalrand, und einen verschieblichen Maßstab, der sich dem Beobachter gegenüber auf einer geschwärzten Hintergrundplatte befindet, die dort zur Hebung der Lichtstärke des Raumbildes angebracht ist. Beide Bilder decken sich und gestatten so leicht die messende Ablesung. Spiegelglas und geschwärzte Metallscheibe sind auf einem veränderlichen Stativ angebracht, das überdies je eine Metallstütze

für die Nasenwurzel des Patienten und des Untersuchers trägt. Die den
Maßstab führende Platte kann dem Arzt genähert oder von ihm entfernt
werden; dadurch wird bezweckt, Raumbild und Maßstab stets in die gleiche
Ebene zu bringen; die Scheibe kann aber auch um ihre Achse gedreht
werden, was bei manchen Messungen von Bedeutung sein mag. Das Gerät
ist von den optischen Werken von Nitsche und Günther in Rathenow hergestellt worden.

Der Hauptvorzug des stabil gebauten Instrumentes scheint mir in der
mannigfaltigen Verwendbarkeit bei verhältnismäßig einfacher Handhabung
zu liegen. So kennen wir meines Wissen kein Instrument, das in so einfacher Weise auch Vertikaldifferenzen in der relativen Lage der Augen
festzustellen erlaubt, ferner den Abstand der Brillenglasebene vom Hornhautscheitel, den Hornhautdurchmesser, den seitlichen Augenabstand, Pupillenweite
und Pupillendifferenzen. Als Exophthalmometer wird man, z. B. dem
Hertelschen Gerät gegenüber, es als Mangel empfinden, daß in einem Untersuchungsgang nur die exorbitale, nicht sogleich auch die relative Prominenz
gemessen wird; doch lassen sich natürlich die relativen Werte aus zwei
zusammengestellten Messungen unschwer gewinnen.

Trendelenburg mißt die Prominenz des Hornhautscheitels mit Bezug
auf den äußeren Orbitalrand; letzteren markiert er durch eine kleine Platte,
die vorn seitlich an einem gewöhnlichen Brillengestell beweglich angebracht
ist und der betreffenden Stelle des äußeren Orbitalrandes aufgesetzt wird.

· Zur Kontrolle der Genauigkeit der Ablesungen mit diesem Gerät schlägt
Trendelenburg vor, ein beliebiges Hornhautmikroskop auf dem Zeissschen
Kreuztisch, wie er für Hornhautmikroskope oder auch für Gullstrands
Ophthalmoskop üblich ist, als Exophthalmometer zu benutzen, indem
man den Kreuztisch mit Millimeterskala und Nonius versieht, um die Ver-
schiebungen des Mikroskopes exakt registrieren zu können. Ein solches
Instrument soll v. Schleich seit Jahrzehnten geradezu zur Exophthalmometrie
anwenden. An den Seiten der Kinn- bzw. Stirnstütze können nach
Trendelenburg dann Ansätze für die äußeren Orbitalränder nach Art der
Orbitalhaken, die Birch-Hirschfeld beschrieben hat, angebracht werden.

Jackson benutzt zur Messung der Orbita und der Lage des Augapfels
in ihr ein sehr einfaches Instrument, das aus einer in Millimeter eingeteilten
Schiene besteht, die U-förmig zwei Arme trägt, den einen fest am einen
Ende, den zweiten auf der Schiene verschieblich. Wie bei Hertels Exophthalmometer werden die Arme jederseits dem äußeren Orbitalrande aufgesetzt. Jackson mißt damit z. B. die Verbindungslinie zwischen den beiden
äußeren Orbitalrändern, die sogenannte Grundlinie. Durch Ermittlung der
halben Pupillardistanz können dann auch die Abstände der Pupillenmitten
vom äußeren Orbitalrande gefunden werden.

Zur Beobachtung der exorbitalen Prominenz sind auf den Armen des

»Prontometers« in Abständen von 1 mm feine der Grundlinie parallele Linien eingezeichnet. Wird über eine derselben der Hornhautscheitel anvisiert, so kann die exorbitale Prominenz ohne weiteres abgelesen werden. Angeblich soll die Genauigkeit der Messungen nicht wesentlich geringer sein als bei Verwendung von Hertels Exophthalmometer.

Terrien empfiehlt zur Messung der exorbitalen Prominenz einen Millimeterstab, auf dem rechtwinklig ein zweiter verschoben werden kann. Er setzt den Stab am äußeren Orbitalrande an und verschiebt den beweglichen Arm bis zur Berührung mit der Cornea. Die Methode ist gedanklich nicht neu und zweifellos den neueren in Deutschland üblichen unterlegen.

In jüngster Zeit hat P. Knapp (1922) über eine Methode berichtet, die exorbitale Prominenz mit Hilfe eines gewöhnlichen soliden Probierbrillengestelles zu messen. An der Außenseite der gleichmäßig gearbeiteten Bügel ist jederseits ein Millimetermaßstab angebracht. Zur Messung stellt man sich seitlich vom Patienten in durch Meßband fixiertem Abstande auf, und liest zunächst die Lage der Hornhautscheitel, bezogen auf die Gestellhinterfläche ab. Natürlich kann aber auf diese Art auch die exorbitale Prominenz im Verhältnis zum äußeren Orbitalrande festgestellt werden.

Das Instrument dient dann auch noch zur Messung des Abstandes von Glashinterfläche und Hornhautscheitel. Die mit diesem Exophthalmometer erzielten Resultate sollen nach P. Knapps Untersuchungen mit den nach Hertel gemessenen Werten hinreichend übereinstimmen. Bei der mannigfaltigen Verwendbarkeit eines solchen Gestelles empfiehlt Knapp, jedes Brillengestell von vornherein mit der beschriebenen Graduierung versehen zu lassen. Als Improvisation und Behelfsinstrument mangels komplizierterer Apparate mag die beschriebene Methode von Nutzen sein; daß es jene nicht zu ersetzen imstande ist, bedarf kaum der Erwähnung.

Der Vollständigkeit halber sei endlich noch erwähnt, daß auch die Stereoskopie bzw. die auf ihr beruhenden Tiefenmessungsverfahren zur Exophthalmometrie herangezogen werden können. Praktische Bedeutung haben derartige Verfahren bisher nicht gewonnen.

Die Messung des seitlichen Augenabstandes.

Die Lagebesimmung der Augen entsprechend der sagittalen Richtung kann, wie aus den geschilderten Mehoden hervorgeht, als Messung entweder der exorbitalen oder der relativen Prominenz ausgeführt werden. Mit Recht haben allgemeinere Verbreitung in den letzten beiden Jahrzehnten nur solche Verfahren gewonnen, die beide Möglichkeiten zulassen.

Bei der Untersuchung der Lageverhältnisse der Augen in den beiden anderen Dimensionen, nämlich der frontalen Abweichungen des Auges in vertikaler und horizontaler (transversaler) Richtung sind, soviel ich sehe, von Anfang an die Beziehungen beider Augen zueinander für die Ausbildung der Untersuchungsmethoden maßgebend gewesen.

Dieses Vorgehen hat seine sachliche Begründung in dem hohen Interesse, das der Kenntnis des seitlichen Augenabstandes, also eines relativen Maßes, einmal für die verschiedensten physiologischen Fragen, andererseits aber auch für die Praxis besonders der Brillenverordnung zukommt. Instrumente zur Messung eigens von Abweichungen in vertikaler Richtung sind kaum beschrieben worden. Man wird daraus nicht schließen, daß derartige Veränderungen als bedeutungslos angesehen wurden, aber eine dringende klinische Veranlassung zu einer solchen Bestimmung liegt nicht oft vor, zumal in den fraglichen Fällen wohl fast immer gleichzeitig entweder eine Änderung der relativen Prominenz oder doch des seitlichen Augenabstandes besteht. Überdies gestatten gewisse Methoden zur Messung des seitlichen Augenabstandes auch eine mehr oder weniger genaue Feststellung der Vertikaldifferenz nach den gleichen Prinzipien; die Verhältnisse liegen hier zwar nicht genau gleich aber doch sehr ähnlich wie hinsichtlich der Methoden der Lageermittelung der Augen entsprechend der Horizontalen in der Frontalebene.

Die in diesem Kapitel in Betracht kommenden Untersuchungsmethoden wird man zweckmäßig, wie auch Langenhan (1904) getan hat, nach objektiven und subjektiven unterscheiden.

Bei jenen wird im allgemeinen der Abstand der Pupillenmitten bei parallel oder doch praktisch parallelgerichteten Visierlinien vom Arzt gemessen, bei diesen vom Untersuchten selbst der Abstand der Visierlinien beobachtet, und unter Zugrundelegung desselben wird die Drehpunktsdistanz erschlossen. Es leuchtet ohne weiteres ein, daß in der Regel weder der Abstand der Visierlinien noch der der Pupillenmitten genau der Drehpunktsdistanz, der »Basallinie«, wie sie auch genannt wird, gleich ist. Die Unterschiede pflegen aber gering zu sein.

Neuerdings ist noch einmal von Canitano auf Grund von 123 Messungen der Basallinie sowie der Pupillendistanz darauf hingewiesen worden, daß die beiden Maße sich nicht decken. Es läßt sich nach ihm auch keinerlei Gesetzmäßigkeit für die Differenz zwischen Basallinie und Pupillendistanz erkennen. Der Refraktionszustand der Augen gibt jedenfalls keinen Anhaltspunkt. Für eine richtige Zentrierung der Brillengläser ist allein die Basallinie von Bedeutung.

Danach könnte der Gedanke aufkommen, daß dann die Messung der Pupillendistanz eigentlich überflüssig würde. Aber die Ermittlung des seitlichen Augenabstandes wird ja aus sehr verschiedenen Gründen ausgeführt und nicht nur zur Brillenverordnung. Nicht selten wird dabei unter Bedingungen gearbeitet, die, wie z. B. die Erblindung eines Auges die Ermittlung der Basallinie unmöglich macht.

Die einfachste objektive Methode besteht im Anlegen eines Maßstabes bei in die Ferne blickenden Augen; durch Hinzufügen eines zweiten, rechtwinklig zum ersten gehaltenen kann auch die Vertikaldifferenz abgeschätzt werden. Da sich bei diesem Verfahren leicht parallaktische Fehler einschleichen, so darf man genaue Resultate nicht erwarten.

Alfred Smee legte einem bereits im Jahre 1854 bekannt gemachten Instrumente, dem sogenannten Vuerometer, ein subjektives Prinzip zugrunde; jedem Auge bot er eines von zwei parallel zu einander verschieblichen engen Rohren so dar, daß ein entferntes Objekt dem betreffenden Auge genau in der Mitte der objektseitigen Öffnung zu liegen scheine. Am graduierten Verbindungsstück der beiden Zylinder war dann unmittelbar ihr gegenseitiger Abstand und damit der der Visierlinien abzulesen.

Einfacher, und besonders zur Bestimmung der Vertikaldifferenz auch heute eventuell noch mit Nutzen zu verwenden sind Verfahren, die v. Hasner (1860, 1869) in seinen »klinischen Vorträgen über Augenheilkunde« bespricht. Die zuerst erwähnte Methode stellt freilich nur eine Modifikation der oben schon beschriebenen Maßstabmethode dar: v. Hasner läßt den Patienten einen fernen Gegenstand, z. B. eine Kirchturmspitze anblicken und mißt den Abstand der Visierlinien durch Anlegen zweier Zirkelspitzen.

Mehr Interesse bieten seine Vorschläge zur Messung der Horizontalstellung der Abstandslinie. Blickt der zu Untersuchende durch eine frontalgestellte Glasscheibe, die nahe vor den Augen steht, so kann die Pupillenmitte jederseits auf dem Glase markiert werden, und, vorausgesetzt daß der Kopf senkrecht gehalten wurde, was man durch Verwendung einer Kinnstütze erleichtern soll, so kann nun nicht nur der seitliche Augenabstand, sondern auch bie Vertikaldifferenz gemessen werden.

Bei einer anderen Methode zur Prüfung der Horizontalstellung der Abstandslinie läßt v. Hasner den Patienten bei senkrecht gehaltenem Kopf zunächst mit dem einen Auge über eine in der Medianebene stehende Nadelspitze hinweg eine horizontale Linie fixieren, die z. B. auf der Fensterscheibe angebracht sein kann; sodann beobachtet das andere Auge, ebenfalls über die Spitze hinweg. Kennt man die Entfernungen von der Nadel bis zu den Augen und bis zur Horizontallinie bzw. zum visierten Punkte der Glasscheibe, so läßt sich daraus die verschiedene Höhenlage der beiden Augen leicht berechnen.

Einige der im folgenden beschriebenen Methoden zur »Messung des gegenseitigen Abstandes der Drehpunkte beider Augen«, der Länge der »Basallinie« also, mit v. Helmholtz zu sprechen, beruhen auf jener Überlegung, die v. Zehender schon seinem Exophthalmometer zugrunde gelegt und auch zur Messung des seitlichen Augenabstandes verwendet hatte, daß nämlich, wenn ein Auge sich selbst im Spiegel sieht, die Visierlinie desselben senkrecht auf der Spiegelebene stehen muß. Wir können diese subjektive

Methode mit Langenhan als »Spiegelmethode« bezeichnen. Die Messung selbst geschieht nach v. Zehender durch Einstellen senkrechter Stifte auf die Pupillenmitte.

Schröters (1873) »Basalmesser« ist so eingerichtet, daß auf einem frontal vor dem fixierten Kopf des Beobachters aufgestellten Holzrahmen ein Planspiegel, dessen spiegelnde Fläche durch einen feinen vertikalen linearen durchsichtigen Spalt unterbrochen ist, so hin- und hergeschoben werden kann, daß zunächst das eine, sodann das andere Auge den linearen Spalt mitten durch das Spiegelbild der eigenen Pupille gehen sieht. Durch Ablesung der Strecke, um die der Spiegelspalt verschoben wurde, findet man die gesuchte Länge der Basallinie, da der Abstand der Visierlinien

Fig. 17.

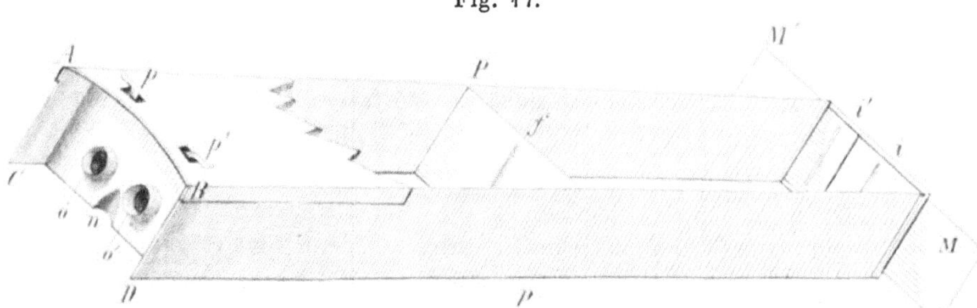

Chiastometer von Landolt zur Messung des seitlichen Augenabstandes. o und o′ Okularteile, p, p′ Klappen zum Verdecken des einen oder des anderen Auges. f, i und i′ die drei vertikalen Spalten. (Nach Langenhan.)

zwar nicht streng aber praktisch hinreichend genau mit dem der Drehpunkte übereinstimmt.

Ed. Landolt (1873) hat im gleichen Jahre ein Instrument veröffentlicht, mit dem man »die Distanz zwischen beiden Augen ohne Parallelstellung und auch bei Schielenden messen kann, solange noch etwas Sehvermögen und etwas Tätigkeit der R. interni vorhanden ist«. (Klin. Monatsbl. f. Augenheilk. 11 S. 450). Das Prinzip ist das gleiche wie bei dem von v. Hasner angegebenen Experiment, wo (vgl. S. 373) der Patient abwechselnd erst mit dem einen dann mit dem anderen Auge über eine feine senkrechte Nadel hin die in bestimmtem Abstande angebrachte horizontale graduierte Linie zu fixieren hatte, und nach dem bekannten Parallelsatze sich der Abstand der Gesichtslinien berechnen ließ. Landolt hat daraus ein handliches Instrument entwickelt (Fig. 17), das im wesentlichen aus einem länglichen Kasten besteht, der durch eine Querscheidewand in zwei gleiche Hälften aufgeteilt ist; nur durch eine feine senkrechte Spalte (f) in der Mitte der Scheidewand ist der Durchblick möglich. Das dem Auge zugekehrte Ende des Kastens zeigt zwei Ansätze für die Augen nach Art eines Stereoskops, das andere zwei seitlich verschiebliche Platten, in denen je eine feine Spalte (*i* und *i'*) ähnlich der in der mittleren Scheidewand ausgespart ist. Nach Belieben kann das eine oder andere Auge verdeckt werden. Der Patient muß angeben, wann er mit dem freibleibenden Auge gleichzeitig durch die Scheidewandspalte und die ungleichnamige Spalte des jenseitigen Kastenendes sieht. Alsdann wird das betreffende Auge verdeckt und ohne Verschiebung des Kopfes das zweite in gleicher Weise geprüft. Da der feststehende Spalt den gleichen Abstand vom beweglichen und vom Auge hat, so zeigt die Entfernung zwischen den beiden beweglichen Spalten annäherungsweise den Abstand der Drehpunkte der beiden Augen an. LANDOLT nennt diesen Apparat Chiastometer, weil die Messung eine Kreuzung der Sehlinien zur Voraussetzung hat.

Fig. 18.

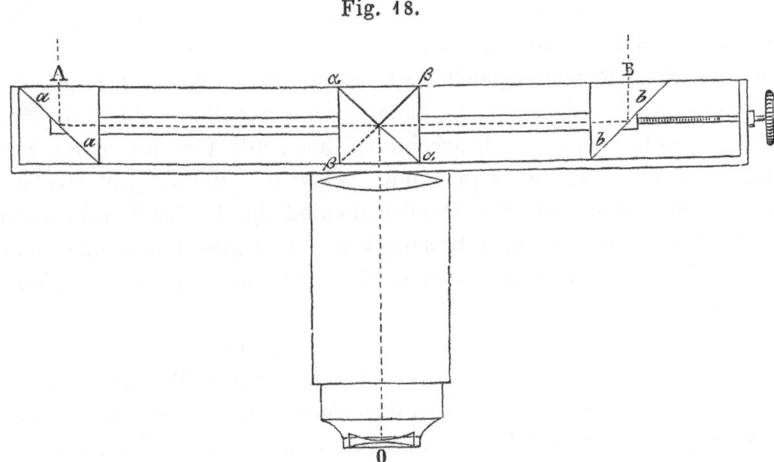

Skopometer von SNELLEN. α α und β β vertikal übereinander stehende Spiegel, mit der spiegelnden Fläche dem vor 0 befindlichen Beobachter zugekehrt. *a a* und *b b* zwei weitere Spiegel, in frontaler Richtung verschieblich. (Nach LANGENHAN.)

Eine eigenartige objektive Methode hat SNELLEN (1874) in der ersten Aufl. dieses Handbuches vorgeschlagen. Das als »Metroskop« oder »Skopometer« bezeichnete Instrument geht von einem ähnlichen Prinzip aus, wie es für v. HELMHOLTZ maßgebend war bei der Konstruktion seines Ophthalmometers, aber mit dem Ziel, die Messungen an Objekten von größerem gegenseitigen Abstand vorzunehmen, als das im Rahmen der Ophthalmometrie erforderlich ist.

SNELLENS Skopometer (Fig. 18) zeigt ein Fernrohr, vor dessen Objektiv vertikal übereinander zwei Spiegel unter einem Winkel von 45° zur optischen Achse stehen, der eine nach rechts, der andere nach links gerichtet. Parallel zu ihnen, aber mit der spiegelnden Fläche den zu untersuchenden Augen zugekehrt, sind in einem zum Fernrohr senkrechten Gehäuse zwei weitere Spiegel angebracht, deren Abstand gegeneinander solange geändert werden muß, bis die Bilder der Pupillenmitten genau zur Deckung gebracht sind. Die Entfernung der beiden äußeren Spiegel voneinander, die an einem Nonius abgelesen werden kann, zeigt den Abstand der Pupillenmitten bzw. der zur Messung benutzten Objektpunkte unmittelbar an. Liegen die zu messenden Punkte nicht genau gleich weit vom Instrument entfernt, so kann nach Bedarf vor dem einen oder anderen äußeren Spiegel ein optisches System angebracht werden, das eine scharfe Einstellung gleichzeitig auf beide Objekte ermöglicht.

Diesen Instrumenten gegenüber darf die Methode von Panum (1875) nur als Behelf angesehen werden, immerhin mag sie hier Erwähnung finden: Der Autor befestigt vertikal auf den beiden Teilen eines sogenannten Parallellineals, wie es Landolt schon zur Exophthalmometrie verwandte, je zwei Nadeln. Der zu Untersuchende soll mit dem einen Auge über die Nadeln des einen Teils, mit dem anderen genau über die Nadeln des andern ein und denselben fernen Gegenstand fixieren; die Entfernung zweier nebeneinanderstehender Nadeln gibt die Länge der »Grundlinie« an. Die Methode kann unter entsprechender Umrechnung auch bei Fixation eines Punktes in endlichem Abstande zur Anwendung gelangen. Weiter gibt Panum noch eine Anweisung, den seitlichen Pupillenabstand durch eine Kombination der Spiegelmethode mit der oben beschriebenen v. Hasnerschen Zirkelmethode zu messen. Da wesentlich neues darin nicht enthalten ist, begnüge ich mich mit diesem Hinweise.

Pflüger (1875, 1878) hat etwa gleichzeitig ein aus zwei gekreuzten, ihren Winkeln nach gegeneinander veränderlichen Röhren bestehendes »Chiastometer« beschrieben, das von dem durch Landolt zuerst angewandten Prinzip ausgeht. Der Patient muß dabei drei Punkte genau in eine bestimmte Richtung bringen: »ein kleines Loch vorn, eine Spalte in der Mitte und eine Spalte mit einem Faden am anderen Ende«. Die Verschiebung der Röhren soll an einem Maßstab abgelesen werden.

Emmert (1880) mißt die Pupillendistanz objektiv, indem er an den zur Aufnahme von Probiergläsern bestimmten Ringen eines Probierbrillengestelles mit veränderlichem Gläserabstand jederseits ein weißes Pferdehaar senkrecht anbringt. Der Patient soll einen fernen Gegenstand anblicken. Der Untersucher betrachtet aus einer Entfernung von etwa 8 Fuß mittels Opernglases, ob die Pferdehaare jederseits genau vor der Pupillenmitte stehen. Alsdann zeigt der Abstand der Haare den seitlichen Augenabstand an. An einem zweiten Ringpaar, das Emmerts Brillengestell vor dem ersten trägt, können nach Bedarf für den zu Untersuchenden korrigierende Gläser eingesetzt werden.

Durch eine andere Abänderung des erwähnten Probiergestells kann man die Sehliniendistanz auch auf subjektivem Wege messen. Emmert nennt ein solches Instrument im Gegensatz zu dem soeben beschriebenen Pupillen-

distanzmesser »Sehliniendistanzmesser« oder »Sehliniendiastometer«.
Statt der Roßhaare am hinteren Ringpaar sind hier am vorderen zwei innen
und außen geschwärzte je 45 mm lange Zylinder mit einem Durchmesser
von 37 mm so aufgeschraubt, daß ihre Achse senkrecht zur Querstange des
Brillengestells, also sagittal verläuft. Die objektseitigen Zylinderöffnungen
sind geschlossen bis auf einen feinen senkrechten, 30 mm langen Spalt von
$1/4$ mm Durchmesser. Da die Zylinder mit dem zugehörigen Fassungsring
seitlich verschieblich sind, können sie leicht so eingestellt werden, daß jedes
Auge durch den zugehörigen Spalt einen fernen Objektpunkt fixieren kann.
Der Abstand der Spalten entspricht der gesuchten Sehliniendistanz. EMMERT
gibt selbst zu, daß die Genauigkeit des Instrumentes unter anderem wesentlich
von der Länge der Zylinder abhängig sein muß, hält aber eine Verlängerung
für untunlich, weil das größere Gewicht das Tragen auf der Nase nach Art
einer Brille unmöglich machen würde; letzteres würde andererseits doch
insofern einen Vorteil darstellen, als es die Prüfung erleichtert.

Während DE WECKER und MASSELON (1890) ein Ophthalmostatometer
angaben, das dem Prinzip nach dem von PANUM angegebenen ähnlich ist,
suchte OSTWALT (1892) die ursprünglich von v. ZEHENDER und von SCHRÖTER
angewandte Methode wieder zur Geltung zu bringen. Sein Gerät zeigt einen
senkrechtgestellten Planspiegel in der Frontalebene. Die dem zu Untersuchenden zugekehrte reflektierende Fläche ist durch eine feste und eine
bewegliche Deckplatte bis auf zwei umschriebene Aussparungen unsichtbar
gemacht. Das bewegliche Stück muß solange verschoben werden, bis jedes
Auge in dem zugehörigen Spiegelteil das eigene Pupillenspiegelbild erblickt.
Der an einem Maßstab ablesbare Abstand der Aussparungen gibt dann den
Abstand der Visierlinien an.

Der Vollständigkeit halber sei an dieser Stelle noch erwähnt, daß auch
das oben besprochene Exophthalmometer von WEISS zur Messung des
seitlichen Augenabstandes Verwendung finden kann. Die Methode wird
allerdings kaum Anspruch auf genaue Resultate machen können.

v. HESS (1893) konstruierte ein Instrument zur Messung des Pupillen-
durchmessers und der Pupillendistanz, das sich gegenüber den bis dahin
üblichen vor allem dadurch auszeichnet, daß bei ihm das Bild der Meßskala
nicht vor das Auge, wie bei den bisherigen Veröffentlichungen, sondern in
die Pupillarebene selbst zu liegen kommt. Dies wird beim Pupillometer
erzielt durch »ein dünnes vertikal gestelltes Deckglas, welches um einen
Winkel von 45° zur Blickrichtung gedreht ist. Seitlich davon ist in geeigneter Entfernung eine auf Glas eingeritzte Skala angebracht«. (Klin.
Monatsbl. f. Augenheilk. 31. Jahrg. Beilageheft, S. 235, 1893.) Durch Spiegelung
kann ein virtuelles Bild der Skala in der Pupillenebene entworfen und zur
Messung benutzt werden. Bei Ermittelung der seitlichen Pupillardistanz muß
eine entsprechende Modifikation vorgenommen werden.

Dönitz (1901) hat einen von den optischen Werkstätten von Karl Zeiß in Handel gebrachten Augenabstandsmesser zu subjektivem Gebrauch beschrieben, der gleichsam eine Kombination der alten v. Zehenderschen »Spiegelmethode« mit dem v. Hessschen Vorschlage der Abbildung der Meß-

Fig. 19.

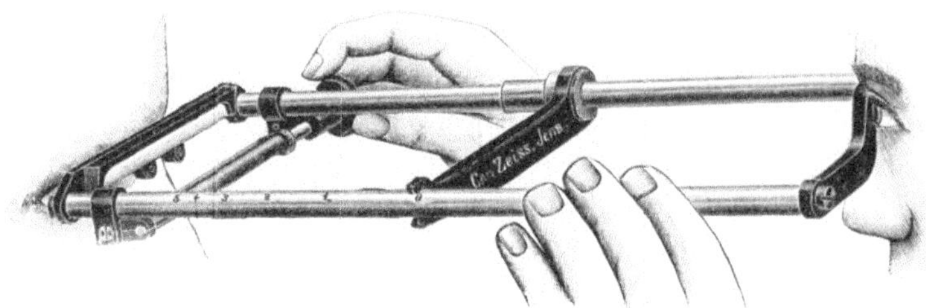

Augenabstandsmesser der Firma Zeiß von Dönitz.

skala in der Pupillarebene darstellt. Das rahmenförmige Instrument (Fig. 19), das der Nasenwurzel des Patienten aufgesetzt wird, zeigt einen an den Führungsstangen verschieblichen senkrechten Spiegel, der dem Patienten zugekehrt ist, so daß dieser seine Pupillen darin beobachten kann. Durch

Fig. 20.

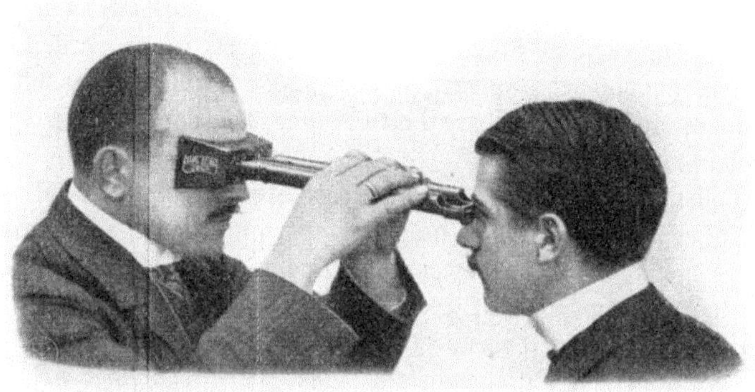

Neuer Augenabstandsmesser der Firma Zeiß (mit Hertel) im Gebrauch.

einen zweiten Spiegel, der geneigt über den Augen des zu Untersuchenden am Rahmen angebracht ist, kann eine Millimeterskala, die sich in angemessener Entfernung etwas unterhalb der Führungsstangen an diesen befindet, bei entsprechender Drehung um ihre eigene Achse zur scheinbaren Abbildung in der Pupillarebene gebracht werden.

Betrachtet der Patient zunächst sein rechtes Pupillenbild im Spiegel und nach Einstellung des Nullpunktes der Skala auf die Pupillenmitte durch Verschieben des Maßstabes in der Längsrichtung das Bild seiner linken

Pupille, so zeigt der durch die Mitte der letztbeobachteten Pupille verlaufende Teilstrich der Skala ohne weiteres den Pupillarabstand an.

WILLIAMS (1902) demonstrierte im Jahre 1902 in der American ophthalmological Society »ein verbessertes Instrument zur Messung der Lage der Augen beim Sehen in die Ferne und in die Nähe«. Nähere Angaben über das Instrument stehen mir leider nicht zur Verfügung. Gleiches gilt

Fig. 21.

Fig. 22.

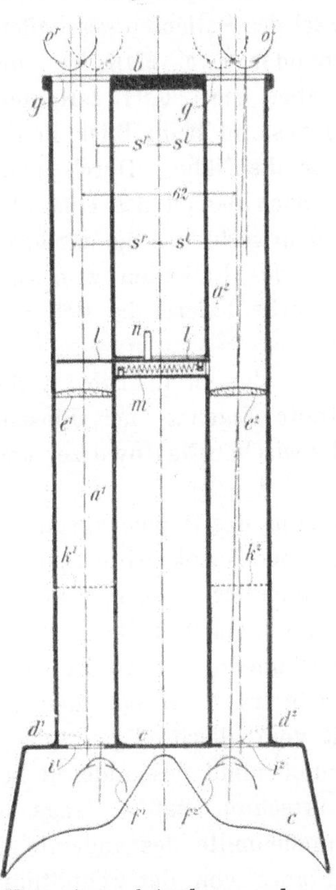

Neuer Augenabstandsmesser der
Firma Zeiß (mit HERTEL).
Ansicht von oben, schematisch.

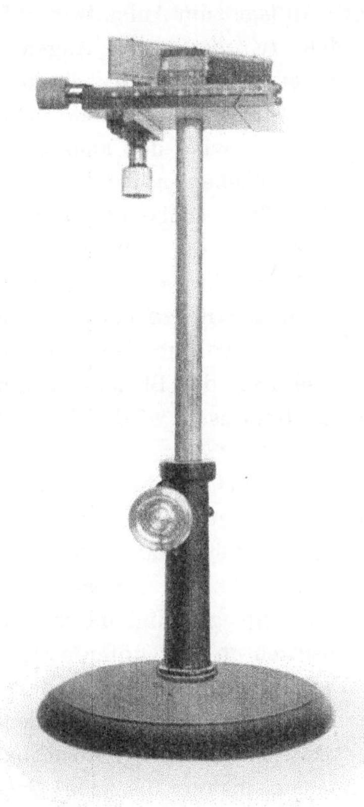

Augenabstandsmesser von HELMBOLD.

über die Methoden zur Bestimmung der Pupillardistanz, über die KUBLY (1903) in der Petersburger Ophthalmologischen Gesellschaft sprach; ob letzterer nur die vorhandenen Instrumente gewürdigt, oder auch eigene Konstruktionen vorgelegt hat, ist aus dem mir zugänglichen Bericht nicht ersichtlich.

Die Zeißwerke in Jena empfahlen 1907 an Stelle des seinerzeit von DÖNITZ veröffentlichten Augenabstandsmessers für den Handgebrauch einen neuen, an dessen Ausgestaltung vor allem HERTEL (1907) sich beteiligt hat. Das für binokulare Beobachtung bestimmte Instrument (Fig. 20, 21) besteht aus parallel angeordneten Rohren, die, etwa in der Mitte, mit vergrößernden Linsen versehen sind. Die Verhältnisse sind so gewählt, daß sowohl die Augen des Patienten als auch zwei auf der gegenüberliegenden Seite in den Rohren angebrachte Fixationsmarken sich in der Brennebene der Linsen befinden. Die Benutzung geschieht also im telezentrischen Strahlengang. Durch einen die Rohre verbindenden Steg am einen Ende ist eine Auflage zum Aufstützen auf die Nasenwurzel des Patienten geschaffen. Vor den zu messenden Augen liegen übereinander zwei Maßstäbe mit gleichlautender Bezifferung, deren Teilungen sich aber wie 1 : 0,91 verhalten. Der eine wird benutzt, wenn man den Pupillarabstand beim Blick in die Ferne messen will, der andere für das Sehen in die Nähe. Durch einen federnden Schieber (n, l, l der Fig. 21), läßt sich nach Bedarf das eine oder das andere Rohr schließen, so daß entweder mit dem rechten Auge das linke des Patienten, oder mit dem linken das rechte des Patienten gemessen wird, während dieses eine im Rohr angebrachte Marke fixiert, die sich wie erwähnt in der Brennebene der Linsen befindet.

Neu und von maßgebender Bedeutung ist an diesem Instrument die Parallelisierung der Blicklinien durch die erwähnte Eigenart der Linsenstellung. Gemessen wird jederseits der Abstand zwischen Nasenwurzel und Pupillenmitte.

HELMBOLD (1906) benutzt zur subjektiven Messung des Pupillenabstandes zwei unter einem Winkel von 90° zueinander stehende senkrechte Spiegel. In der winkelhalbierenden Ebene ist ein zur Schnittlinie der Spiegel paralleler, also auch senkrecht stehender Stab meßbar verschieblich. Die freien Kanten der Spiegel sind durch einen Querstab verbunden, der zwei Polster zum Ansetzen an den unteren Orbitalrand jederseits trägt. Bringt man die Augen so vor das Instrument, daß sie gleich weit vom gleichseitigen Spiegel entfernt sind, so kann mit jedem Auge das Pupillenbild des anderen beobachtet werden. Der Patient hat nun den senkrechten Stab so lange zu verschieben, bis er für jedes Auge vor der Pupillenmitte des anderen zu stehen scheint. Die doppelte Entfernung des Stabes von der Schnittlinie der Spiegel entspricht dann einfachen mathematischen Überlegungen zufolge dem gesuchten Pupillarabstande.

HELMBOLD hat seinen Apparat, der in der ursprünglichen Form durch Gebr. Penner in Danzig gebaut wurde, später (1912, 1913, 1914) wesentlich verändert und verbessert (Fig. 22—24), indem er besonders darauf Rücksicht nahm, dem untersuchenden Arzt eine kontrollierende Beobachtung zu ermöglichen. Statt des zweiten Spiegels ist nun ein horizontal, und zwar sagittal zum Patienten, also in der Fig. 23 von oben nach unten verschiebliches, total reflektierendes Prisma (b in Fig. 23) angebracht, dessen total reflektierende Fläche parallel zur Spiegelfläche steht. Das Prisma ist mit Diopter und Nonius versehen und gleitet auf einer von 25 bis 90 mm eingeteilten Skala. Das ganze Instrument ruht verschieblich auf einem soliden Stativ.

Zur Messung steht der Patient rechts von der Skala d_1 (Fig. 23), der Arzt vor ihr. Zwei Halbbilder beider Pupillen, die untere Hälfte der einen, die obere der anderen sind nun in symmetrische Stellung zueinander zu bringen (Fig. 24) — genaue Adaptierung ist nicht möglich, weil die virtuellen Pupillenbilder vom Beobachter verschieden weit entfernt sind — der gesuchte Pupillarabstand ist dann mittels des Nonius abzulesen. Man kann den Abstand beim Blick in die Ferne und auch für die Nähe (Arbeits-abstand) bestimmen.

Der Apparat wird in dieser Form von der Firma Carl Zeiß, Jena geliefert.

Kurz nach HELMBOLDS erster Veröffentlichung hat LEPLAT (1907,

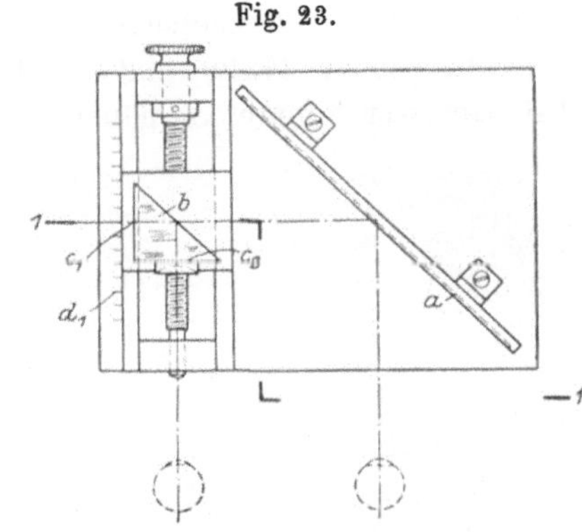

Fig. 23.

Augenabstandsmesser von HELMBOLD.
Ansicht von oben.

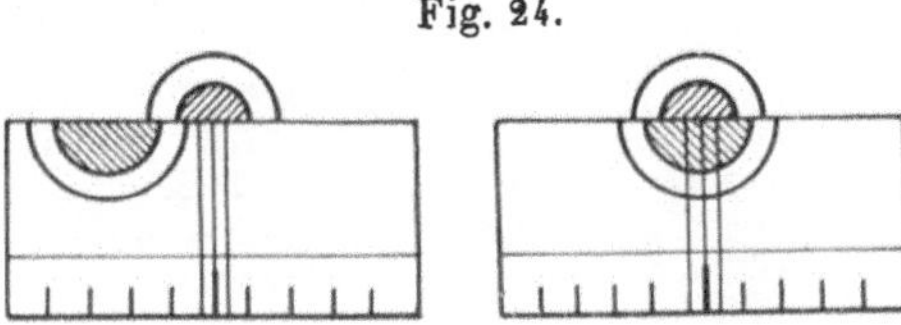

Fig. 24.

Schematische Wiedergabe der Pupillenhalbbilder;
links vor, rechts nach erfolgter Einstellung.

1908) ein einfaches Instrument zur Messung des Pupillarabstandes bei Einstellung auf Arbeitsabstand (33 cm) bekanntgemacht, das im wesentlichen aus

Fig. 25.

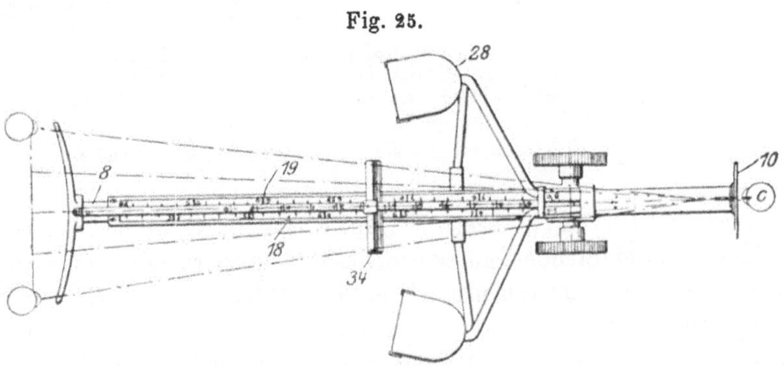

STEVENSONS Instrument zur Messung des seitlichen Pupillenabstandes. (Nach Z. f. ophth. Opt.)

einem quer über die Augen des Patienten zu haltenden Lineal besteht. Zur Einhaltung der gewünschten Entfernung ist an dem Maßstab senkrecht ein

Stab entsprechender Länge angebracht. Außerdem trägt das Lineal zwei Marken, die vom Untersucher auf die Pupillenmitten des Patienten eingestellt werden sollen, während dieser das beobachtende Auge des Arztes fixiert. Die Maßeinteilung gibt dann den auf die Pupillendistanz beim Blick in die Ferne bereits umgerechneten Wert an.

Über einen (1909 und 1913) von POLACK demonstrierten Pupillendistanzmesser konnte ich nähere Angaben nicht gewinnen.

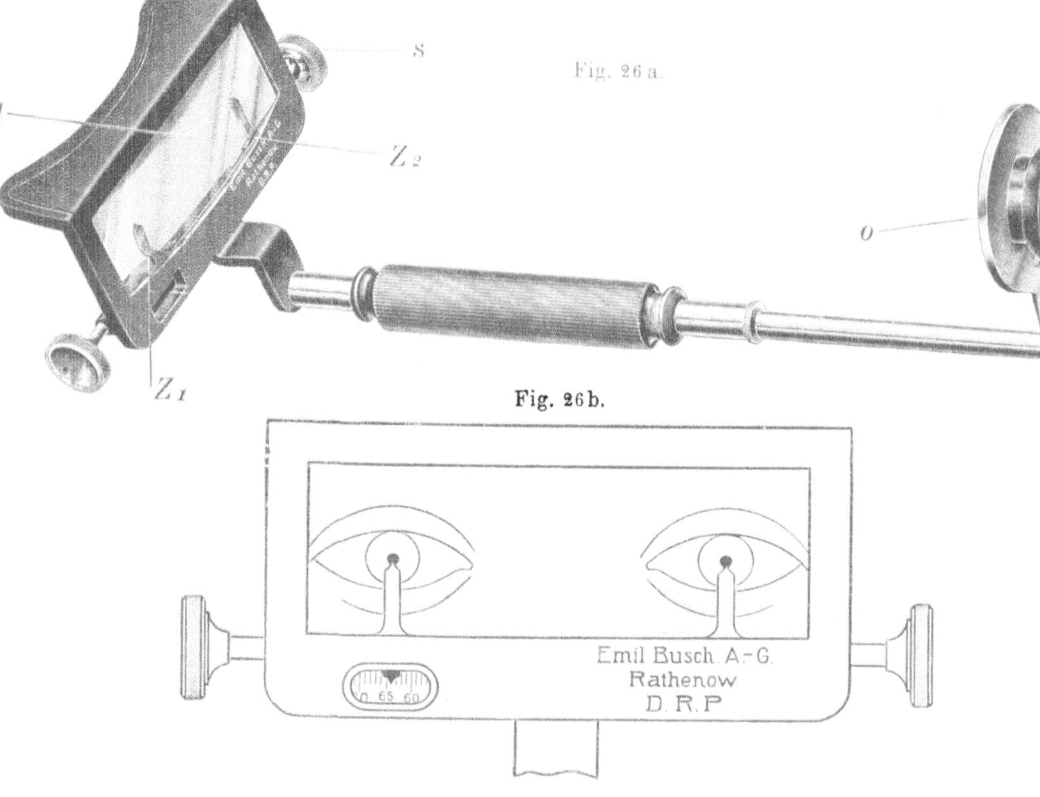

OPPENHEIMERS Apparat zur Messung des seitlichen Pupillenabstandes.

CAMPOS (1910, 1911) setzt in ein Brillengestell mit verschieblichen Gläserhaltern zwei Blenden mit stenopäischen Löchern ein. Es wird beim Blick in die Ferne ein Gegenstand in der Medianebene fixiert, dabei die Scheiben solange verschoben, bis die Bilder beider Augen miteinander verschmolzen werden können. Die Entfernung der Lochmitten gibt dann die Entfernung der Gesichtslinien an. Die an sich nicht neue Methode eignet sich besonders zur praktischen Bestimmung der Entfernung der Gläsermittelpunkte von Brillen.

Harmann (1911) verwandte in Anlehnung an ein »Strabometer« von Galezowsky zur Messung zwei senkrechte Drähte, die er mit den Reflexbildchen der Hornhäute zur Deckung brachte. An dem horizontal vor den Augen angebrachten Millimetermaßstabe wurde der gesuchte Abstand abgelesen. Außer der wagerechten Skala ist eine senkrechte angebracht, so daß auch Lageunterschiede in vertikaler Richtung festgestellt werden können.

Stevenson (1911) hat zur Messung des seitlichen Pupillenabstandes ein Instrument konstruiert (Fig. 25), bei dem der Beobachter durch die mit einem *Bi*-Prisma ausgestattete Blende 10 die horizontal nebeneinander entstehenden Doppelbilder der Augen des Patienten beobachten kann, der seine Stirn gegen die Stütze 8 lehnt und im Spiegel 34 das Bild einer an der Rückseite des Bogens angebrachten Marke fixieren soll. Der Beobachter hat die Blende 10 solange auf der Skala 18 zu verschieben, bis die nasalen Bilder beider Augen zur Deckung gelangen. Es kann dann auf der Skala 18

Fig. 27.

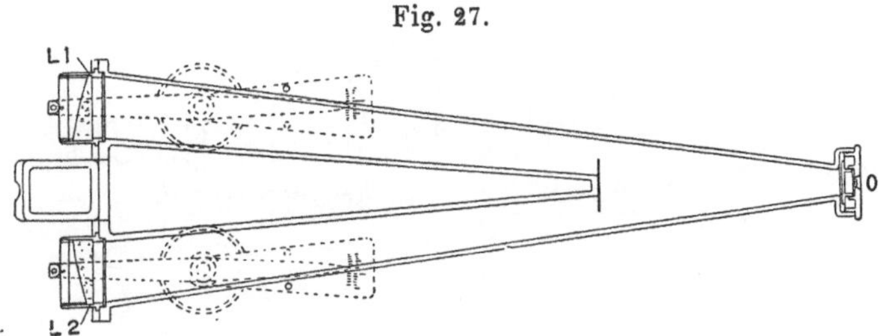

Pupillendistanzmesser der Emil Busch A.-G. nach Pitzmann.

auf Grund der Blendenstellung der Abstand der Pupillen abgelesen werden. Je nach dem Abstande des verschieblichen Spiegels 34 von der Stirnstütze wird die Pupillardistanz für beliebige Leseabstände festgestellt. Eine zweite Skala 19 zeigt die für den Blick in die Ferne umgerechneten Werte. Zwei seitliche Arme tragen Glühkörper (28) zur Beleuchtung der zu untersuchenden Augen.

Einen sehr handlichen und in der Praxis brauchbaren Apparat stellt Oppenheimers (1912) Veröffentlichung dar (Fig. 26). Es handelt sich um ein ähnliches Prinzip, wie es schon von Hertel für seinen Augenabstandsmesser und von Wessely (Arch. f. Augenheilk. 1911 S. 265) für die Konstruktion seines Keratometers verwandt worden ist. Mittels einer Stirnstütze wird die große, plankonvexe Linse *l* vor den Augen des Patienten angebracht. Dieser fixiert ein vor ihm in der Brennebene der Linse am sogenannten Okularteil *O* des Instrumentes in etwa 30 cm Abstand befindliches Fadenkreuz. Der Arzt betrachtet durch einen Diopter die Pupillen des Patienten und stellt auf die Mitte derselben jederseits einen Zeiger ein (Z_1 u. Z_2), der mit der Millimeterskala verbunden ist. Auf solche Art ist der Untersucher in der Lage, die Pupillendistanz bei parallelgerichteten Gesichtslinien des Patienten festzustellen. Der Apparat wird von der Firma Emil Busch A.-G. Rathenow hergestellt.

Ein zweiter »Pupillendistanzmesser der Emil Busch A.-G.«, den Ritzmann (1914) beschrieben hat, modifiziert den ersten in geschickter Weise, ohne übrigens seinen Grundgedanken wesentlich zu ändern. Bei dem neuen Instrument werden an den Enden eines gegabelten Rohres (Fig. 27) nur die zur Messung notwendigen Teile der oben erwähnten großen Sammellinse verwendet und zwar wiederum so, daß der Brennpunkt der Linse mit der Vereinigungsstelle der Rohre, bzw. einem dort angebrachten Diopter O zu-

Fig. 28.

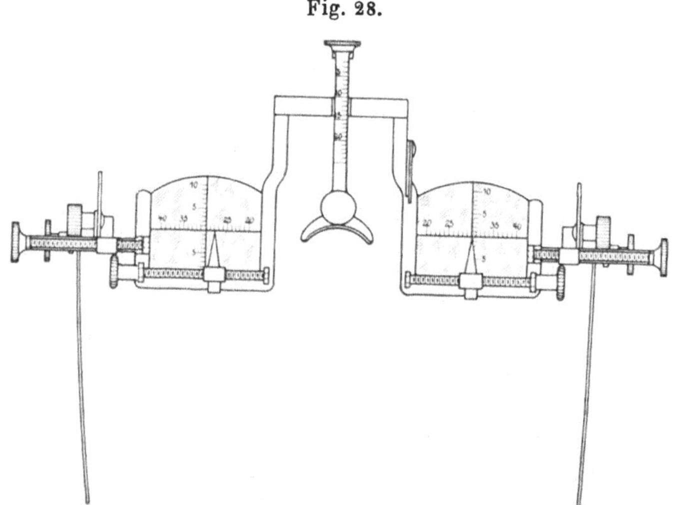

Pupillendistanzmesser von Crawley. (Nach Z. f. ophth. Opt.)

sammenfällt. Das Gerät wird mit einem in der Mitte zwischen den Rohrenden angebrachten Stege auf den Nasenrücken des Patienten aufgestützt. Der Beobachter kann nun durch den Diopter beide Pupillen übersehen, während der Patient eine an der Hinterseite des Diopters befindliche Marke (mit parallelen Gesichtslinien) fixiert. Stellt der Beobachter die jenseits der Linsenausschnitte beweglich angebrachten Zeigerspitzen jeweils auf die Pupillenmitten ein, so kann auf einer Skala unmittelbar der seitliche Abstand der Pupillen von der Mitte der Nasenwurzel, und zwar beim Blick in die Ferne abgelesen werden. Bei Ametropen müssen geeignete Korrektionslinsen vorgeschaltet werden.

Ein eigenartiges Instrument, das in erster Linie zur Ermittelung aller zur Abmessung einer Brille oder eines Kneifers notwendigen Maße dient, möge hier Erwähnung finden, weil es auch zur Feststellung des Pupillenabstandes und der Vertikaldifferenz der Augen benutzt werden kann. Der von Crawley (1914) angegebene Apparat zeigt, wie aus der Figur (Fig. 28) hervorgeht, etwa die Form eines Brillengestelles. Der Abstand der Pupillenmitten von der Mitte der Nasenwurzel, sowie die Höhenlage der Augen kann durch Verschiebung zweier Marken mit Bezug auf die den Gläsern eingravierten Skalen beim Blick des Patienten in die Ferne ermittelt werden. Die Messungen mit diesem Instrument werden nicht besonders genau ausfallen, da Fehler durch Parallelaxe nicht sicher zu vermeiden sind, immerhin mag das Gerät aber bei der Anmessung von Brillen mit Nutzen verwendbar sein. Wertvoll ist jedenfalls auch die Möglichkeit einer bequemen Feststellung zugleich des seitlichen Augenabstandes und etwaiger Vertikaldifferenzen. Nebenbei sei erwähnt, daß das Instrument noch Vorrichtungen trägt zur Messung der Neigung der Bügel gegenüber der Gläserebene, der Neigung des Nasenrückens, der Bügellänge einer Brille usw.

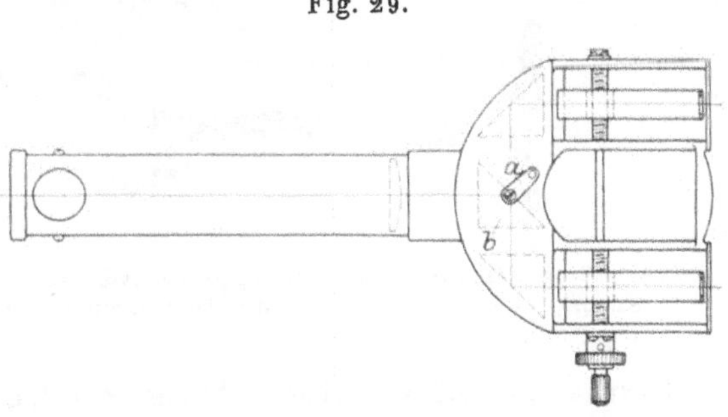

Fig. 29.

Augenabstandsmesser der Zeißwerke, für monokularen Gebrauch.

Nitsche und Günther (1916) empfehlen zur Messung des seitlichen Augenabstandes einen durchsichtigen planparallelen Stab, z. B. aus Glas, der auf der Vorderseite eine Millimeterskala zeigt, auf der Rückseite aber »etwa bis zur halben Höhe« eine spiegelnde Versilberung. Durch diese Vorrichtung, die wie ein Diopter wirkt, sollen parallaktische Fehler vermieden werden. Gemessen wird der Abstand der Pupillen von der Mitte der Nasenwurzel.

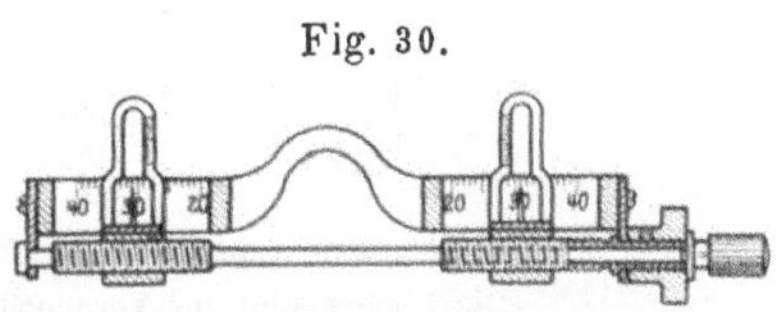

Fig. 30.

Meßvorrichtung des Augenabstandmessers der Zeißwerke.

Von den Zeißwerken (1916) liegt neben den besprochenen noch ein Augenabstandsmesser aus neuerer Zeit für monokulare Beobachtung vor (Fig. 29). In einem hufeisenförmigen Rohr, das vor die Augen des zu Untersuchenden gehalten wird, befinden sich zwei total reflektierende Prismen, vor jedem Auge eines, und in der Mitte vor dem Okularteile des Instrumentes ein drittes (b der Abbildung), das um die Achse a mittels einer Umschaltevorrichtung so gedreht werden kann, daß der Beobachter nacheinander monokular den Abstand der linken und rechten Pupillenmitte von der Nasenwurzel messen kann, während das betreffende Auge einen entfernt abgebildeten Punkt fixiert. Die Beobachtung erfolgt, wie auch bei dem früher beschriebenen Instrument für binokulare Beobachtung im telezentrischen Strahlengang. Die Pupillenmitte wird jederseits durch eine verschiebliche Marke eingestellt. Diese besteht je aus zwei parallelen senkrechten Bügeln, deren Abstand einer normalen Pupillengröße angepaßt ist. Die Innenkanten dieser Bügel (vgl. Fig. 30) werden als Meßmarken verwendet. Um auch Höhendifferenzen in der Lage der Pupillenmitten messen zu können, ist auch eine Vertikalteilung angebracht.

Fig. 31.

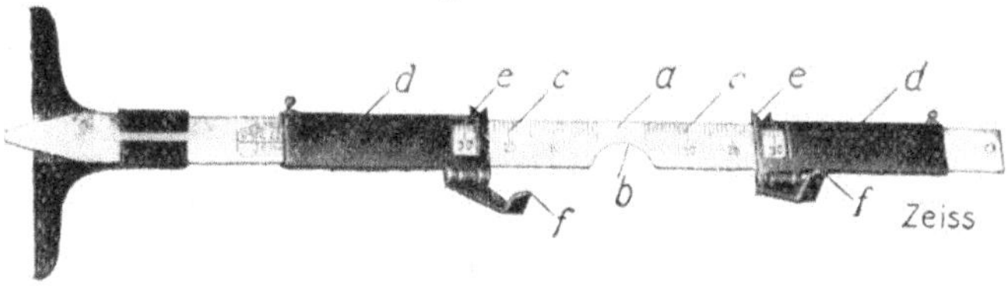

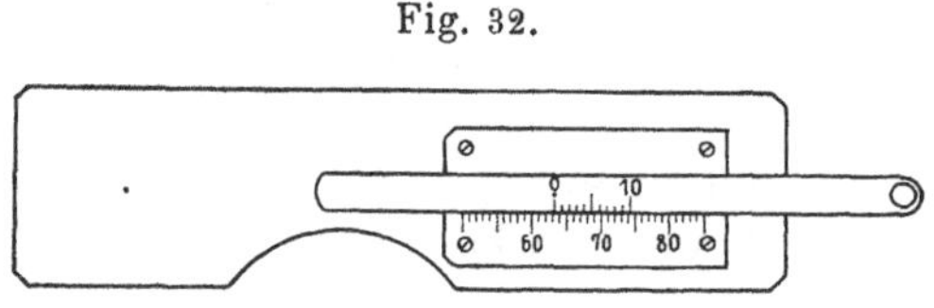

Das »Viermaß« von HENKER und MÜHSAM; Ansicht von vorn. *b* Ausschnitt für die Nasenwurzel, *e* Kimme, *f* Korn zum Anvisieren der Pupillenmitten. (Nach Zeitschr. f. ophth. Opt.)

HENKER und MÜHSAM (1917) haben ein kleines handliches Instrument »zum Ermitteln der beim Verordnen starker Brillengläser nötigen Masse« bekannt gemacht, das sogenannte »Viermaß«. Da das Gerät auch zur Feststellung des seitlichen Augenabstandes Verwendung finden soll, sei es hier beschrieben. Auf einem graden Stahlmaßstabe, der in der Mitte eine für den Nasenrücken bestimmte Ausbuchtung zeigt (*b* in Fig. 31), sind zwei

Fig. 32.

Pupillendistanzmesser von TRENDELENBURG zu subjektivem Gebrauch.
(Die Löcher sind zur Verdeutlichung etwas vergrößert gezeichnet.)

Diopter auf der jederseits von 0 bis 40 mm fortschreitenden Skala verschieblich angebracht. Jedes besteht aus Kimme und dem in der Höhe verstellbaren Korn (*f*). Durch diese Einrichtung können die Pupillenmitten ohne wesentlichen parallaktischen Fehler anvisiert werden. Der Patient muß angehalten werden, einen genau vor ihm liegenden, entfernten Gegenstand zu betrachten. Die Ablesung erfolgt nach Abnahme des Instrumentes an den erwähnten Maßstäben und gibt den Abstand jeder Pupillenmitte von der Mitte der Nasenwurzel. In analoger Weise kann natürlich ferner der Abstand des Hornhautscheitels vom hinteren Brillenglasscheitel oder vom äußeren Orbitalrande, d. h. die exorbitale Prominenz gemessen werden. Es sei noch erwähnt, daß das Instrument auch praktische Einrichtungen aufweist zur Ermittelung des Abstandes zwischen Brillenscheitel und Brillenrand, des Abstandes der beiden Probiergläser, der Mitteldicke von Zerstreuungsgläsern usw.

Einen eigenartigen, genau arbeitenden und doch einfachen Augenabstandsmesser zu subjektivem Gebrauch hat TRENDELENBURG (1918) angegeben. Das Prinzip, auf dem er beruht, ist an sich nicht neu. Es geht von dem bekannten und schon erwähnten »Zirkelversuch« aus, der darin besteht, daß man einen fernen Punkt mit beiden Augen über je eine Zirkelspitze anvisiert und aus dem Abstande der Spitzen den Drehpunktsabstand der Augen ermittelt. Nach M. v. ROHR (Zeitschr. f. ophth. Opt. 7. Bd., S. 119)

Fig. 33.

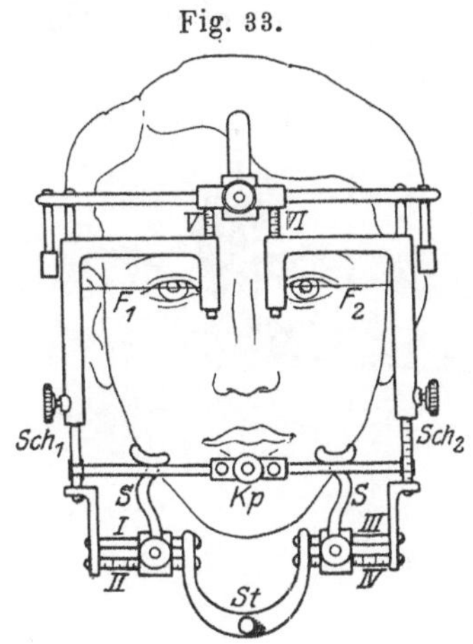

GUISTS Instrument zur Messung von
Höhenverdrängungen der Augen.
Ansicht von vorn.

Fig. 34.

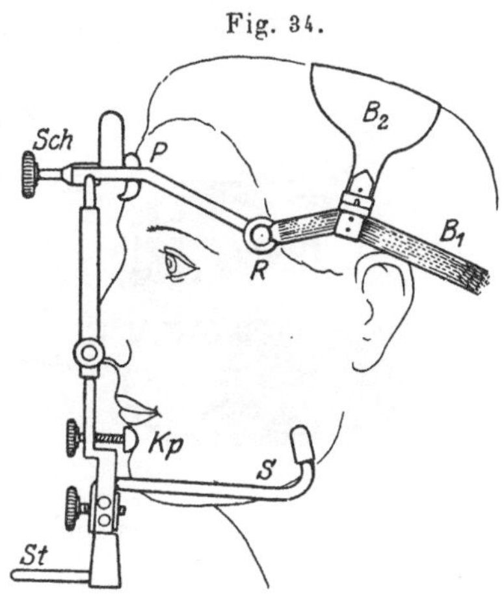

GUISTS Instrument zur Messung von Höhenverdrängungen der Augen.
Ansicht von der Seite.

liegt der gleiche Grundgedanke bereits auch den weit zurückliegenden (anno 1677) Studien des Ordensgeistlichen CHÉRUBIN D'ORLÉAN, sowie in neuerer Zeit einem für den praktischen Brillenoptiker bestimmten Verfahren von F. VIKTORIN vor.

TRENDELENBURG hat den Zirkelversuch zunächst dadurch verbessert, daß er an den Enden des Instrumentes statt der Spitzen je eine Blechscheibe mit einem feinen runden Loch befestigte und nun nach Anvisieren des fernen Gegenstandes durch diese den Abstand der Löcher maß. Der neue Abstandsmesser zeigt dieses Prinzip in einer für die Praxis handlich ausgeführten Form (Fig. 32). In eine flache Metallplatte mit einem für den Nasenrücken bestimmten Ausschnitt ist auf der einen Seite ein ganz feines Loch eingebohrt. Die andere Seite zeigt eine Schlittenführung mit Millimetereinteilung, deren Nullpunkt genau im Loch der ersten Seite liegt. In der Führung gleitet ein Schieber mit Nonius, in dessen Nullpunkt sich ein zweites Loch befindet. Die Ablesung ist also auf $1/10$ mm genau möglich. Zur Benutzung wird, wie beim Zirkelversuch, die Spitze eines fernen Blitzableiters oder dergleichen durch beide Löcher beobachtet, wobei sich die Zerstreuungskreise vollkommen decken sollen, und der gefundene Drehpunktsabstand an der Teilung abgelesen. Das Instrument gibt, wie aus den Versuchsreihen TRENDELENBURGS hervorgeht, sehr exakte Resultate, eignet sich aber seiner Idee und Ausführung nach mehr für wissenschaftliche Versuche als für Bestimmungen am ungeübten Patienten. Die Ausführung des Instrumentes liegt in den Händen der Optischen Werke E. LEITZ, Wetzlar.

Hier sei auch noch einmal auf den bereits gelegentlich der Beschreibung der Instrumente zur Messung der Prominenz der Augen genauer dargestellten Augenabstandsmesser hingewiesen, der nach den Angaben

Fig. 35.

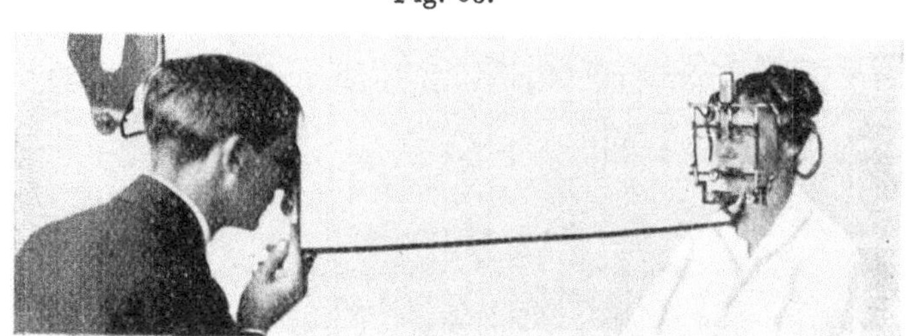

GUISTS Instrument im Gebrauch.

TRENDELENBURGS von der Firma NITSCHE und GÜNTHER hergestellt worden ist.

Eine sehr genaue, aber ausschließlich für physiologisch-optische Versuche bestimmte und verwendbare subjektive Methode zur Ermittlung der Pupillardistanz und zur Festsetzung der Stellung der Gesichtslinien hat TSCHERMAK angegeben. In Anbetracht der rein physiologischen Bedeutung dieser subjektiven Methode muß ich mich hier mit diesem kurzen Hinweis begnügen.

Endlich hat in jüngster Zeit GUIST (1922) ein Instrument angegeben, das speziell zur Messung von Höhenverdrängungen der Augen dient. Es besteht (vgl. Fig. 33—35) aus einem Metallrahmen, der mit zwei verstellbaren Stützen den »seichten Einziehungen vor den Anguli der beiden horizontalen Mandibulaäste« angelegt wird. Diese Punkte sollen sich nach GUIST als symmetrische Fixpunkte am Schädel besser eignen als der äußere Gehörgang oder die Orbitalränder. Es wird demnach »das Verhältnis der beiden Augen zu dieser willkürlich gewählten Linie« festgestellt. Der Rahmen ruht, abgesehen von den »Stützen«, mit einer Pelotte am Kinn und mit einer weiteren an der Stirn, und kann durch Riemen und Bänder, die über die Höhe des Schädels und den Hinterkopf zu spannen sind, so am Kopf des Patienten befestigt werden, daß das Instrument die Bewegungen desselben mitmacht. Millimetereinteilungen an den verschiedenen Teilen gestatten eine symmetrische Fixation der Stützen und bei Nachuntersuchungen die Herstellung gleicher Verhältnisse. Vor jedem Auge befindet sich eine Schlittenvorrichtung mit einem horizontal ausgespannten »Visierfaden« (F_1 und F_2 der Fig. 33). Durch Schraubengänge Sch_1 und Sch_2 kann jeder Schlitten für sich vertikal so lange verschoben werden, bis der Visierfaden mitten durch das PURKINJEsche Hornhautbildchen geht, das der Beobachter durch einen Augenspiegel entwirft, der sich am Ende der auf Fig. 35 erkennbaren, etwa 1 m langen Führungsstange befindet. Damit das Bildchen möglichst genau der Hornhautmitte entspreche, muß der Patient das Loch des Augenspiegels fixieren. Die Lampe soll zur Seite des Untersuchten stehen. Die Einstellung der Schlitten bzw. der Visierfäden wird an symmetrisch angeordneten Millimeterskalen abgelesen und gibt den Grad der Vertikaldifferenz bezüglich der Verbindungslinie der Mandibulastützen an.

Literatur.

Bis 1901 unter Benutzung der Literaturangaben von Langenhan (1904).

1854. Smee, Alf., The eye in health and disease. London.

1860. Ritter v. Hasner, J., Fehlerhafte Lage der Augen. Klin. Vortr. über Augenheilk.

1865. Cohn, H., 43. Jahresber. d. Schles. Ges. f. vaterl. Kultur. S. 156.

1867. Cohn, H., Messungen der Prominenz der Augen mittels eines neuen Instrumentes, des Exophthalmometers. Klin. Monatsbl. f. Augenheilk. 5. S. 339.

1868. Cohn, H., Présentation d'un instrument destiné à determiner avec précision le dégré de saillie du globe oculaire dans l'exophtalmus. Compte rendu du Congr. d'Opht. p. 21.

1869. Ritter v. Hasner, J., Die Statopathien des Auges. Prag.
Volkmann, A. W., Von der Lage der Koordinatenachsen x, y, z in der Augenhöhle. Bericht über d. Verh. d. königl. sächs. Ges. d. Wissensch. zu Leipzig. 1. S. 36.

1870. Emmert, E., Beschreibung eines neuen Exophthalmometers. Klin. Monatsbl. f. Augenheilk. 8. S. 33.
Keyser, P., Über das Messen der Prominenz des Auges. Arch. f. Augenheilk. u. Ohrenheilk. 1, 2. S. 183.
Keyser, P., On the measurement of the prominence of the eye. Arch. of Ophth. and Otol. 1. p. 431.
Zehender, W., Noch ein Exophthalmometer. Klin. Monatsbl. f. Augenheilk. 8. S. 42.

1871. Emmert, E., Deux cas de Sarcôme de l'orbite et description d'un nouvel instrument pour mesurer la prominence des yeux. Diss. inaug.

1872. Coccius, E. A., Ophthalmometrie und Spannungsmessung am kranken Auge. Leipzig.

1873. Gayat, J., Essais de mensuration de l'orbite. Ann. d'Ocul. 70. p. 5.

1874. Snellen, H., Statomètre. Ann. d'Ocul. 71. p. 270 u. Klin. Monatsbl. f. Augenheilk. 11. S. 424.

1874. Snellen-Landolt, Die Funktionsprüfungen des Auges. Ophthalmostato-metrie. Dieses Handbuch. I. Aufl. 2. S. 194.
1881. Cohn, H., Exophthalmometrie. Eulenbergs Realenzyklop. 5. S. 153.
1883. Stölting, v. Zehenders Exophthalmometer. Klin. Monatsbl. f. Augenheilk. 21. S. 355.
1892. Weiss, L., Über ein neues einfaches Exophthalmometer. Bericht über d. 22. Vers. d. Ophth. Gesellsch. Heidelberg. S. 212.
1894. Antonelli, L'ophtalmomètre Javal employé pour l'exophtalmométrie et l'ophtalmostatométrie. Arch. d'Opht. 11. p. 529.
1895. Weiss, L., Demonstration eines binokularen Exophthalmometers. Bericht über d. 24. Vers. d. Ophth. Gesellsch. Heidelberg. S. 269.
1898. Maklakoff, A., Ein Fall von Enophthalmus traumaticus und Demonstration eines neuen Statometers nach Golovin. Sitzungsbericht d. Moskauer ophth. Vereins. Westnik Opht. 15, 4, 5. p. 413. Ref. in Nagels Jahres-bericht.
1899. Praun, Die Verletzungen des Auges. S. 346. Wiesbaden, J. F. Bergmann.
  Schreiber, Exophthalmometer. (Med. Ges. zu Magdeburg, 2. 3.) Münch. med. Wochenschr. S. 498.
1900. Birch-Hirschfeld, Ein neues Exophthalmometer (Sattler-Hering). Klin. Monatsbl. f. Augenheilk. 38. S. 1.
1903. Ambialet, Mensuration des protrusions oculaires, Ophtalmomètre exorbi-taire. Ann. d'Oculist. 130. p. 170 u. Bull. et Mem. S. fr. p. 358.
  Ambialet, Statomètre oculaire, ophtalmomètre exorbitaire. Recueil d'Opht. p. 318.
  Jackson, The prominence of the eyeball and a method for measuring it. Amer. Journ. of med. science. 127. p. 95.
1904. Adachi, Die Orbita und die Hauptmaße des Schädels der Japaner und die Methode der Orbitalmessung. Stuttgart, E. Nägele.
  Adachi, Topographische Lage des Augapfels der Japaner. Stuttgart, E. Nägele.
  Langenhan, F., Ortsbestimmung des Auges. Dieses Handbuch. 2. Aufl. 4. 1. Abt. S. 640.
  Mac Callum, The mechanism of exophthalmus. Boston Med. and Surg. Journ. Juni. Ref. Ophthalmology. p. 119.
  Willets, The differential diagnosis of exophthalmus. Penns. med. Journ. Juni. Ref. Ophthalmology. p. 120.
1905. Hertel, Ein einfaches Exophthalmometer. Arch. f. Ophth. 60. S. 171.
  Zeiss, Jena, Optische Werkstätten, Spiegelexophthalmometer nach Prof. Hertel. Druckschrift Med. 8.
1907. Birch-Hirschfeld, Die Krankheiten der Orbita. Dieses Handbuch. 2. Aufl. 9. Kap. 13.
1909. Polack, Ein Ophthalmostatometer. Sitzungsberichte d. Soc. fr. d'ophtalm. 3. u. 4. Mai. Ref. Klin. Monatsbl. f. Augenheilk. 1. S. 654.
1910. Langenhan, Instrumentelle Messung der Zurückdrängbarkeit des Augapfels in die Augenhöhle. Zeitschr. f. Augenheilk. 24. S. 417 u. Zentralbl. f. prakt. Augenheilk. S. 331.
1912. Birch-Hirchfeld, Demonstration einiger Apparate zur Exophthalmometrie und Skotometrie. Versamml. d. Ophth. Gesellsch. Heidelberg.
  Fernandez, Manifestationes oculares del bocio exoftalmico. Ann. de of-talm. 14. p. 9.
  Rollet et Durand, Mensuration des protrusions oculaires (l'exophtalmie dans l'atrophie optique). Revue générale d'Opht. 31. p. 193.
  Vossius u. v. Eicken, Exophthalmus des linken Auges. Deutsche med. Wochenschr. S. 532.
1913. Géraud, De la protrusion oculaire et de la mensuration. Revue générale d'Opht. (Thèse de Lyon.) p. 323. Ref. Nagels Jahresbericht.

1913. **Lohmann**, Beschreibung eines Exophthalmometers. Arch. f. Augenheilk. 75. S. 85.

1914. **Gutmann**, A., Physiologische Untersuchungen über die Lageveränderung des Bulbus in der Orbita. Zeitschr. f. Augenheilk. 34. S. 109.
Kijosawa, Exophthalmometer. Sitzungsbericht der »Nippon Gankakai Zasti«. Ref. Klin. Monatsbl. f. Augenheilk. 1. S. 564.

1915. **Barkan**, Die Lage des Auges in der Augenhöhle unter verschiedenen physiologischen Bedingungen. Inauguraldiss. München 1914 u. Arch. f. Augenheilk. 80. Heft 2. S. 168.
Birnbaum, Exophthalmometrische Maße bei Normalen und deren Beziehungen zur Größe der Orbitalöffnung. v. Gräfes Arch. f. Ophth. 40. S. 378.
Schlabs, Messungen mit dem Hertelschen Exophthalmometer. Klin. Monatsbl. f. Augenheilk. 2. S. 611.

1917. **Schwarz**, Die einfachsten augenärztlichen Werkzeuge: Sehfeldmesser, Augenscheitelmesser (Exophthalmometer), Zweiaugenlupe. Münchener med. Wochenschr. S. 1414.

1920. **Kraemer**, Die Schiebleere. Klin. Monatsbl. f. Augenheilk. 65. S. 425.
Trendelenburg, Ein einfacher Apparat zur genauen Messung des Augenabstandes, der Pupillenweite, der Hornhaut und des Exophthalmus. Klin. Monatsbl. f. Augenheilk. 65. S. 527.

1921. **Trendelenburg**, Zweite Mitteilung über den Apparat zur Augenabstandmessung. Klin. Monatsbl. f. Augenheilk. 66. S. 859.
Jackson, Ed., The position of the eyeball in the orbit. Transact. of the sect. on ophthalm. of the americ. med. assoc. 27. ann. sess. Boston 6.—10. VI. S. 58.
Jackson, Ed., Instruments for measuring the orbit. Transact. of the sect. on ophth. of the americ. med. assoc. 27. ann. sess. Boston 6.—10. VI. S. 342.

1922. **Knapp**, P., Einfaches Hilfsmittel zur Bestimmung eines Exophthalmus. Zeitschr. f. Augenheilk. 47. S. 213.
Terrien, F., Valeur sémiologique de l'exophtalmie. Paris méd. Jg. 12. S. 33.
Mangold, E. und C. **Detering**, Eine neue Merhode zur Augendruckmessung. Pflügers Arch. f. d. ges. Phys. 201. S. 202.

1872. **Krukhoff**, A., Appareil pour définir la distance entre les centres des pupilles. Compte rendu de la Soc. des med. russes à Mouscou. Nr. 17.

1873. **Schroeter**, Paul, Basalmesser zur Messung der gegenseitigen Abstände der Drehpunkte beider Augen. Klin. Monatsbl. f. Augenheilk. 11. S. 37.
Landolt, E., Le chiastomètre. Ann. d'Ocul. Jan.—Fevr. S. 3. Klin. Monatsbl. f. Augenheilk. 11. S. 450.

1875. **Panum**, Pl., Bestemmelsen of Afstonden im bägge Oejnes Omdrejningspunkter. Nordiskt Medicink. Arkiv. 7. No. 9. Ref. in Nagels Jahresber.
Pflüger, Über Pupillendistanz. Klin. Monatsbl. f. Augenheilk. 13. S. 451.

1878. **Pflüger**, Phakometer und Chiastometer. Sitzungsbericht d. Ophth. Gesellsch. Heidelberg. S. 46.

1880. **Emmert**, E., Auge und Schädel. Ophth. Untersuchungen. Berlin, A. Hirschwald.

1890. **De Wecker** et **Masselon**, Ophtalmostatomètre. Ann. d'Ocul. 104. p. 147.

1892. **Ostwalt**, Pupillostatomètre. Rev. gén. d'Opht. 11. p. 289.

1893. **Hess**, C., Demonstration eines Instrumentes zur Messung von Pupillendurchmesser und Pupillendistanz. Bericht über d. 23. Vers. d. ophth. Gesellsch. Heidelberg. S. 235. Klin. Monatsbl. f. Augenheilk. 31. Beilageheft.

1901. Dönitz, E., Augenabstandsmesser. Mitteilung aus d. opt. Werkstätte von Carl Zeiss, Jena. Zeitschr. f. Instrumentenkunde. Heft 9. S. 260.

1902. Williams, C. H., Ein verbessertes Instrument zur Messung der Lage der Augen beim Sehen in die Ferne und in die Nähe. Sitzungsberichte d. Amerik. ophth. Society, Neulondon 16 u. 17. VII.

1903. Kubly, Über Bestimmung der Pupillendistanz. Petersburger ophth. Ges. 25. Nov.

1904. Langenhan, F., Ortsbestimmung des Auges. Dieses Handb. 2. Aufl. Bd. IV. Abt. I. S. 640.

1906. Helmbold, Beitrag zur Bestimmung des Pupillenabstandes. Zeitschr. f. Augenheilk. 16. Ergänzungsheft. S. 45.

1907. Hertel, E., Arch. f. Ophth. 65. S. 176 u. Zentralzeitung f. Optik u. Mechanik. 28. S. 61, 74.

Leplat, Instrument simple pour mesurer l'écartement pupillaire. Journ. médical de Bruxelles. No. 23.

Zeiss, Jena, Optische Werkstätten, Augenabstandsmesser (mit Prof. Hertel). Druckschrift Med. 6.

1908. Leplat, Mensurateur de l'écart pupillaire. Annales de la Soc. médico-chir. de Liège, u. Inaug.-Diss. Lüttich.

1909. Polack, Présentation d'un appareil mensurateur de la ligne de base et de la distance interpupillaire, ophtalmostatomètre. Recueil d'opht. p. 168.

Zeiss, New. interpupillary distance gauge. Ophth. Review. p. 162.

1910. Campos, Mensuration pratique de l'écartement des lignes visuelles et détermination de la ligne de base. Application à la préscription des lunettes. Revue générale d'ophtalm. p. 388.

1911. Campos, Remarques sur quelques procédés de mensuration de l'écartement des lignes visuelles et de l'évaluation de ligne de base. Recueil d'opht. p. 259.

1911. Harmann, Bishop, New ophthalmic calipers. Ophthalmoscope. p. 697.

Stevenson, Cl. M., Device for measuring interpupilary distance. Ref. Zeitschr. f. ophth. Optik. 1913. 87.

1912. Helmbold, Weiterer Beitrag zur Bestimmung des Pupillenabstandes. Med. Klinik. S. 1354.

Oppenheimer, Ein neuer Pupillendistanzmesser. Klin. Monatsbl. f. Augenheilk. 1. S. 570.

Ryland and Lang, An instrument for measuring the distance between the centres of rotation of the two eyes. Proceedings of the royal soc. of London. Series B. Vol. 85. p. 53.

Zeiss, C., Augenabstandsmesser. Veröffentlicht 22. April. Ref. Zeitschr. f. ophth. Optik 1913. S. 88.

1913. Helmbold, Pupillenabstandsmesser. Zeitschr. f. Augenheilk. 30. S. 566.

Polack, Demonstration d'un Diploskope à ligne de base variable. 39. Versammlung d. Ophth. Ges. Heidelberg. S. 409.

1914. Crawley, H., Improvements in and relatiner to measuring instruments for fitting spectacles, pince-nez and the like. Ref. Zeitschr. f. ophth. Optik. 1914/15. S. 168.

Gutmann, A., Physiologische Untersuchungen über Lageveränderung des Bulbus in der Orbita. Zeitschr. f. Augenheilk. 31. S. 109.

Gutmann, A., Untersuchungen über orbitale Verschieblichkeit des Bulbus bei hochgradigen Refraktionsanomalien und intraokularer Drucksteigerung. Zeitschr. f. Augenheilk. 31. S. 295.

Ritzmann, K., Pupillenabstandsmesser der Emil Busch A.-G., Optische Industrie, Rathenow. Zeitschr. f. ophth. Optik. 1914/15. S. 155.

1915. **Kunz und Ohm**, Über photographische Messung des Augenabstandes und der Pupillen bei Bewegung der Augen von unten nach oben in der mittleren Blickrichtung. v. Gräfes Arch. f. Ophth. 89. Heft 3.

1916. **Nitsche u. Günther**, Brillen- und Pupillenabstandsmesser. Ref. Zeitschr. f. ophth. Optik. S. 89.

Zeiss, Carl, Augenabstandsmesser. Ref. Zeitschr. f. ophth. Optik. 4. S. 158.

Zeiss, Carl, Marke für einen Augenabstandsmesser. Ref. Zeitschr. f. ophth. Optik. 4. S. 159.

1917. **Henker, O. u. Mühsam, W.**, Das Viermaß, ein einfaches Instrument zum Ermitteln der beim Verordnen starker Brillengläser nötigen Maße. Zeitschr. f. ophth. Optik. 5. S. 162.

1918. **Trendelenburg**, Ein genauer Augenabstandsmesser zu subjektivem Gebrauch. Klin. Monatsbl. f. Augenheilk. 2. S. 564.

1920. **Trendelenburg, W.**, Zwei einfache Methoden zur Messung der Augendistanz. Tagung der Deutsch. physiol. Ges. Hamburg. Sitzung vom 26.—28. V.

1921. **Tschermak, A.**, Über einen Apparat (Justierblock) zur subjektiven Bestimmung der Pupillendistanz und zur Festsetzung der Stellung der Gesichtslinien. Pflügers Arch. f. d. ges. Phys. 188. S. 21.

1922. **Guist, G.**, Über ein Instrument zur Messung von Höhenverdrängungen der Augen. Zeitschr. f. Augenheilk. 49. S. 189.

1923. **Conitano, Saverio**, Linea base e distonzo interpupillare nello correzione dei vizzi di refrazione. Arch. di ottalmol. 30. S. 409.

XII. Die Untersuchung des indirekten Sehens.

Neubearbeitet von

H. Köllner †
Würzburg.

Mit Textfig. 1—37.

———

Eingegangen im Mai 1920.

———

Mit Nachträgen ab Mai 1920 versehen
von

E. Engelking,
Freiburg i. Br.

Das Gesichtsfeld stellt den Inbegriff aller Punkte des Raumes dar, welche bei einer bestimmten unveränderten Stellung der Augen gleichzeitig wahrgenommen werden können.

Dem fovealen oder direkten Sehen stellt man die Funktionen der extrafovealen Netzhaut als exzentrisches, peripheres oder indirektes Sehen gegenüber.

Auch im indirekten Sehen muß der Lichtsinn im engeren Sinne (Schwarz-Weiß-Sehen) und der Farbensinn voneinander getrennt untersucht werden. Ihnen schließt sich der Raumsinn an, d. h. die Wahrnehmung der Formen, in welchen die verschiedenen Farben im Sehraume erscheinen.

I. Allgemeine Methodik der Gesichtsfeldprüfung.

Die Unveränderlichkeit der Gesichtsfeldausdehnung für eine bestimmte Entfernung benutzen wir bei der klinischen Gesichtsfeldprüfung. Für bestimmte Zwecke wird auch die Zunahme der Ausdehnung mit der Entfernung vom Auge geprüft (z. B. bei der Untersuchung auf Simulation).

Auf die Bedeutung der Gesichtsfeldmessung, namentlich für die Prognose von Augenerkrankungen, machte v. GRAEFE zuerst aufmerksam in seiner Arbeit: »Über die Untersuchung des Gesichtsfeldes bei amblyopischen Affektionen« 1855.

Bevor auf die Methodik der Gesichtsfelduntersuchung genauer eingegangen werden kann, sind die verschiedenen Verfahren und Hilfsmittel, die bisher angegeben und konstruiert worden sind, zu besprechen. Soweit sie besonderen Zwecken dienen, z. B. zur Prüfung von Skotomen (Skotometer) oder zur Untersuchung des Farbensinnes usw., werden sie später an entsprechender Stelle behandelt werden.

Man kann im allgemeinen 3 verschiedene Methoden, das Gesichtsfeld zu prüfen, unterscheiden. Die einfachste ist ohne jedes Hilfsmittel und überall anwendbar, es ist die Bestimmung mit der Hand, irgendeinem hellen Objekt oder einem Licht, die in einer Ebene frei im Raume bewegt werden. Genauer ist die zweite Methode, die Bestimmung an einer Tafel, an der die Ausdehnung gemessen oder sogar gleich abgelesen werden kann. Sie ist auch heute noch für bestimmte Untersuchungen außerordentlich wertvoll und unentbehrlich, wurde aber als einziges Untersuchungsverfahren wegen seiner großen Nachteile für die Mehrzahl der Gesichtsfeldprüfungen schon frühzeitig verdrängt durch die dritte Methode, die Untersuchung an einer Hohlkugel, einem Verfahren, aus denen sich die verschiedenen Formen der Perimeter entwickelt haben.

1. Die freie Bestimmung des Gesichtsfeldes.

Die Bestimmung des Gesichtsfeldes mit der Hand oder einem Stück weißen Papiers oder dgl. gestattet uns, die Ausdehnung des Gesichtsfeldes abzuschätzen, nicht direkt zu messen. Sie ist aber noch immer eine durchaus brauchbare Methode, um sich unter Verhältnissen, welche die Aufstellung eines Apparates nicht erlauben, ein Urteil zu bilden, ob gegenüber der normalen Ausdehnung des Gesichtsfeldes wesentliche Abweichungen vorhanden sind. Man geht nach Donders so vor, daß man den zu Prüfenden mit dem Rücken gegen das Fenster und sich selbst 1 1/2 Schritte gegenüberstellt. Der zu Prüfende wird aufgefordert, mit seinem z. B. rechten Auge das linke des Untersuchers zu fixieren, während beide das andere Auge schließen. Auf diese Weise kann der Untersucher die Fixation des Auges sehr gut kontrollieren.

Dieser bewegt nunmehr seine Hand oder das Papier in einer Ebene, die in der Mitte zwischen beiden Personen liegt, von peripherwärts heran. Damit prüft er zugleich das Gesichtsfeld des rechten Auges des Patienten und das seines eigenen linken Auges und kann kontrollieren, ob sich beide annähernd miteinander decken, was bei normalem Gesichtsfelde natürlich der Fall sein muß. Unentbehrlich ist dieses Vorgehen noch heute für den praktischen Arzt zur schnellen Orientierung, und auch für den Spezialisten, wenn es sich darum handelt, am Krankenbett zu untersuchen, ferner bei Kranken, deren Zustand eine genaue Messung des Gesichtsfeldes nicht mehr gestattet. Außerdem sind wir darauf angewiesen, wenn es sich um so starke Trübungen der brechenden Medien des Auges handelt, daß kleinere Meßobjekte nicht mehr erkannt werden.

Sind die Trübungen der brechenden Medien so hochgradig, daß auch die Hand oder das Papier nicht mehr genügend deutlich erkannt wird, so bewegt man statt dessen eine Kerzenflamme im verdunkelten Raume oder man stellt eine Lampe hinter den Kopf des zu Prüfenden, läßt diesen geradeaus blicken und wirft von den verschiedenen Stellen der Peripherie mit dem Augenspiegel Licht in das Auge hinein. Der Patient hat dann anzugeben, von wo das Licht in das Auge fällt oder muß mit der Hand nach dem Spiegel deuten.

Man sieht zuweilen Anfänger fälschlich so vorgehen, daß sie den Spiegel z. B. in den oberen Teil des Gesichtsfeldes halten, aber ihn so drehen, daß das Licht von unten her in das Auge fällt. Dadurch kann der zu Untersuchende irre geführt werden. Will man den unteren Teil des Gesichtsfeldes prüfen, so muß auch der Spiegel sich in der unteren Hälfte befinden und der Lichtstrahl von unten her in das Gesichtsfeld geführt werden.

Eventuell kann man durch Heller- oder Dunklerschrauben der Lampe, welche als Lichtquelle dient, die Prüfung auch mit verschiedenen Lichtstärken vornehmen.

Bei kleinen Kindern oder bei benommenen oder aphasischen Kranken kann wenigstens versucht werden, auf grobe Gesichtsfeldausfälle (auf Hemianopsie) durch plötzliche starke Lichteindrücke zu prüfen, indem man dabei auf Augen- und Kopfbewegungen achtet, welche durch die Lichtempfindung ausgelöst werden. Es darf aber nicht übersehen werden, daß das Auftreten derartiger Reaktionsbewegungen keineswegs Gesichtsfelddefekte ausschließt. Das diffuse Zerstreuungslicht im Auge ist stark genug, um auch bei Hemianopsie eine Lichtempfindung in der erhaltenen Gesichtsfeldhälfte hervorzurufen und dadurch Suchbewegungen nach der Seite der Hemianopsie auszulösen.

2. Die Bestimmung des Gesichtsfeldes an einer ebenen Tafel (Kampimeter).

Die Untersuchung des Gesichtsfeldes an einer ebenen, frontal durch den Fixierpunkt gelegten Tafel ist die einfachste Methode und wurde bereits von v. Graefe eingeführt.

Derartige für die Gesichtsfeldprüfung eingerichtete Tafeln werden Kampimeter genannt.

Zur Prüfung genügt eine schwarze Tafel (Wandtafel oder Vorhang), auf welcher man einen Punkt in Augenhöhe fixieren läßt. Dann bewegt man ein kleines helles Objekt von der äußersten Peripherie her unter leichtem Oszillieren zentripetal heran, bis es eben wahrgenommen wird. Der Punkt, an dem es die Wahrnehmungsschwelle überschritten hat, wird auf der Tafel markiert.

In dieser einfachen Form ist die Kampimetrie für bestimmte Sonderfälle der Gesichtsfeldprüfung noch heute durchaus brauchbar, besonders wenn es sich darum handelt, Defekte in den zentralen Teilen des Gesichtsfeldes zu untersuchen oder eine Untersuchung in verschiedener Entfernung vorzunehmen. Ich werde später noch hierauf zurückzukommen haben.

Eine Reihe besonderer Apparate, die in früherer Zeit angegeben wurden und die der Vollständigkeit wegen im folgenden mitgeteilt werden, haben im wesentlichen nur noch historischen Wert.

So bediente sich z. B. v. GRAEFE einer Strahlenfigur, die auf einem Bogen Papier aufgezeichnet war. Die einzelnen von dem Fixierpunkt ausgehenden Strahlen bestanden aus Punktreihen. Der zu Untersuchende wurde aufgefordert, die äußersten Punkte anzugeben, die er noch differenzieren konnte. Dies Verfahren stellte also zugleich schon eine Art Sehschärfeprüfung der Netzhautperipherie dar.

Komplizierter gebaut war das Kampimeter von DE WECKER (1867). In der Mitte einer vertikal gestellten, etwa 1 m² großen, mit schwarzem Tuch überzogenen Tafel war ein kleines weißes Kreuz als Fixationsobjekt angebracht. Von ihm strahlten nach allen Seiten geschwärzte Metalldrähte aus, auf denen mit Hilfe eines hinter der Tafel befindlichen Mechanismus kleine, zur Hälfte ebenfalls geschwärzte Elfenbeinkugeln glitten. Man schob mittels eines Räderwerkes eine solche Kugel, während sie ihre weiße Fläche dem zu Untersuchenden zukehrte, vor, bis sie eben gesehen wurde und drehte sie dann um, so daß sie dem Patienten nunmehr ihre schwarze Seite zukehrte und somit bei der weiteren Untersuchung nicht mehr störte. Nach Beendigung der Gesichtsfeldprüfung waren auf der anderen Seite der Tafel alle weißen Kugelhälften sichtbar, deren Stellung sofort die Ausdehnung des Gesichtsfeldes erkennen ließ (vgl. Fig. 1 S. 400). Eine Kinnstütze diente zur Fixation des Kopfes in der gewünschten Höhe, ihr graduierter Verbindungsarm mit der Tafel gestattete die Entfernung zwischen Auge und Fixationskreuz zu messen.

SCHENKLS (1874) Gesichtsfeldmesser, der vorwiegend zur Demonstration bestimmt war, bestand einfach aus einer Anzahl vom Fixierpunkt radienartig ausstrahlender Drähte, die in einem Holzring steckten und auf denen als Probeobjekte Kugeln verschoben wurden.

Um die Untersuchung bequemer zu gestalten, sind eine Reihe transportabler Kampimeter konstruiert worden, so von GAZEPY (1884), MELLO (1885), GURFINKEL (1891) u. a. Sie bestehen nur aus dem Fixationsobjekt, dem Prüfungsobjekt und einem Maßstabe, der beide verbindet. Eventuell ist noch eine Kopfstütze beigegeben. Dagegen verzichten sie auf die unhandliche Tafel, die durch die Zimmerwand oder einen dunklen Vorhang oder dgl. ersetzt wird. Als Beispiel möge GAZEPYS Instrument dienen: Eine mit Fixationsmarke und Gradeinteilung versehene Scheibe bildet das Ende eines elastischen metallenen Meßbandes. Dieses rollt sich in einer Hülse auf, auf welcher zwei übereinanderliegende Scheiben befestigt sind. Von diesen trägt die obere verschiedene große Ausschnitte, die untere verschiedene gefärbte Sektoren (Weiß, Gelb, Blau, Rot und Grün), ganz in der gleichen Weise, wie sie bei einigen Perimeterkonstruktionen angebracht sind. Die Fixationsscheibe wird an der Wand oder dem Vorhang befestigt.

BISHOP HARMAN benutzt statt der BJERRUMschen Anordnung eine dunkelgraue Tuchfläche in 33 cm Abstand, die als transportables Kampimeter konstruiert ist. Hinter dem Tuch wird das Schema zur Aufzeichnung der Befunde mit einem Pauspapier der jeweils zu prüfenden Farbe angebracht. Bei der Untersuchung findet dann sogleich durch einen am Objektträger befindlichen Metallstift die Aufzeichnung in das Schema statt.

Es sei noch eine besondere Art von Kampimeter erwähnt, zu der das bereits 1868 angegebene Instrument HEYMANNS gehört. Dies besteht aus zwei großen, konzentrisch übereinander drehbaren Scheiben, in deren Zentrum der Fixationspunkt liegt. Die hintere hat einen 1 mm breiten Spalt, der radiär vom Mittelpunkte bis zur Peripherie läuft; in die vordere ist eine schneckenförmig gewundene Reihe je 1 mm voneinander abstehender, punktförmiger Öffnungen gebohrt, so daß nur eine jedesmal über den Spalt zu liegen kommt. Durch Drehung der Scheibe wird immer wieder eine weiter vom Fixierpunkt gelegene Punktöffnung eingestellt. Dreht man beide Scheiben gleichzeitig, so kann man mit demselben Öffnungsabstand vom Fixierpunkt in allen Meridianen, also einen ganzen Parallelkreis untersuchen.

Eine ganz ähnliche Konstruktion beschreibt SCHRÖTER (1874), nur daß noch eine dritte Scheibe hinzukommt, welche in mehrere Sektoren eingeteilt ist.

Schließlich wurden ziemlich frühzeitig zur Gesichtsfeldbestimmung Vorrichtungen angegeben, die der gebräuchlichen MADDOXschen Tangentenskala ähneln und zugleich auch dem gleichen Zwecke dienen sollten. So bestand der Gesichtsfeldmesser, den MELLO (1885) angab, aus zwei Scheiben, die an der Wand befestigt werden mußten und ausziehbaren Linealen, auf denen die Tangenten für 16 cm und 2 m Entfernung angegeben waren. Zur Fixierung des Kopfes war außerdem eine Stütze vorhanden.

Zum Zwecke bequemer Messung und Reproduktion des Befundes hat man die Projektionstafel durch feine Linien auch in Quadrate zerlegt oder mit einem System von Fäden überspannt. So entstanden Quadrate bzw. Vierecke, die numeriert werden konnten. Auch eine Einteilung in Sektoren wurde wohl hinzugefügt.

Alle wie auch immer erhaltenen linearen Maße müssen natürlich in Winkelgrade umgerechnet werden. Diese Umrechnung ist sehr einfach, wenn der Abstand zwischen dem untersuchten Auge und dem Fixierpunkt auf der Tafel bekannt ist. Denn die lineare Entfernung Objekt—Fixierpunkt ist einfach gleich dem Produkt aus dem Abstand Auge—Fixierpunkt und der Tangente des gesuchten Winkels. Dementsprechend sind auch viele Kampimeter gleich mit einer derartigen Gradeinteilung — immer nur für einen bestimmten Augenabstand — versehen.

Außer auf diesem trigonometrischen Wege kann die Umrechnung auch graphisch durch direkte Messung des Winkels erfolgen. Man trägt nämlich auf der Tafel vom Fixationspunkte F aus auf dem Meridian, der senkrecht zu dem untersuchten steht, die Differenz zwischen Auge und Fixierpunkt ab bis zum Punkt C. Verbindet man diesen Punkt mit dem kampimetrisch gefundenen Punkt A des Gesichtsfeldes, so muß das Dreieck FAC kongruent sein dem Dreieck FA-Auge. Der Winkel FCA auf der Tafel ist also gleich dem gesuchten und kann einfach gemessen werden. Anstelle der Logarithmentafel braucht man nur einen Winkelmesser und ein Bandmaß (PITOU 1892).

PITOU konstruierte auch einen kleinen Apparat, der diese Hilfsmittel in sich vereinigt: ein kurzer Metallstab ist in dem Zentrum der Tafel senkrecht zu derselben um seine Achse drehbar befestigt. Er setzt sich mit einem Scharnier in einer graduierten Leiste fort, die in zwei Blätter gespalten, eine zweite Leiste aufnimmt mit einem gleichfalls drehbaren Quadranten an ihrem freien Ende. Der Patient stützt den Schaft des Quadranten mittels einer Klemme gegen die Nasenwurzel oder hält ihn dicht vor das Auge, etwas oberhalb, unterhalb oder seitlich von der Kornea, je nach dem zu untersuchenden Meridian. Dann bestimmt man auf diesem die Grenze des Gesichtsfeldes, senkt den Apparat auf den dazu senkrecht stehenden Meridian und markiert hier den Punkt, wo der Schaft des Quadranten endigt.

Durch einfaches Abmessen, wie oben angegeben, kann man aber dasselbe Ergebnis erreichen.

Vorteile und Nachteile der Kampimeter.

Das Untersuchen an der Tafel oder dem Vorhang hat den Vorteil, daß es in sehr einfacher Weise und ohne besondere Hilfsmittel eine freie Objektführung gestattet, die sich der Form der zu bestimmenden Gesichtsfelddefekte anzupassen vermag.

Die Kampimeterprüfung hat ferner vor den Perimetern, auch den Hohlkugelperimetern, welche ja ebenfalls freie Objektführung ermöglichen, den wichtigen Vorzug, daß die Helligkeit der Prüfungsobjekte in allen Teilen der Tafel eine gleichmäßigere ist, weil der Einfallswinkel des durch das Fenster fallenden Tageslichtes hier überall angenähert der gleiche bleibt. Wir werden später noch sehen, daß dieses Moment bei der Beleuchtung eine große Rolle spielt.

Der Umstand, daß die Entfernung des Prüfungsobjektes vom Auge eine wechselnde und zwar mit zunehmender Exzentrizität wachsende ist, kommt für die Objekthelligkeit nicht in Frage, da dadurch nicht die Lichtstärke des Netzhautbildes, sondern lediglich seine Größe sich ändert (s. a. HESS 1919).

Die Kampimeter haben ferner den Vorzug, daß bei ihnen in sehr einfacher Weise in verschiedenen Entfernungen untersucht werden kann.

Allerdings darf hierbei nicht übersehen werden, daß mit zunehmendem Abstande auch in den peripheren Teilen des Gesichtsfeldes die Entfernung des Objektes vom Auge stark zunimmt. Wenn dadurch auch nicht die Gesamthelligkeit des Netzhautbildes leidet, so spielt bekanntlich dessen scheinbare Größe doch für die Erkennbarkeit des Objekts eine merkliche Rolle.

Vergleichende experimentell-psychologische Untersuchungen über diese psychischen Einflüsse bei kampimetrischer Untersuchung einerseits und der Perimetrie anderseits sind neuerdings von Goldstein und Gelb (1918) eingeleitet worden und scheinen in der Tat zu beweisen, daß zum mindesten kampimetrische Untersuchungsergebnisse nicht einfach auf dem Wege der Umrechnung mit den am Perimeter gefundenen Werten verglichen werden können.

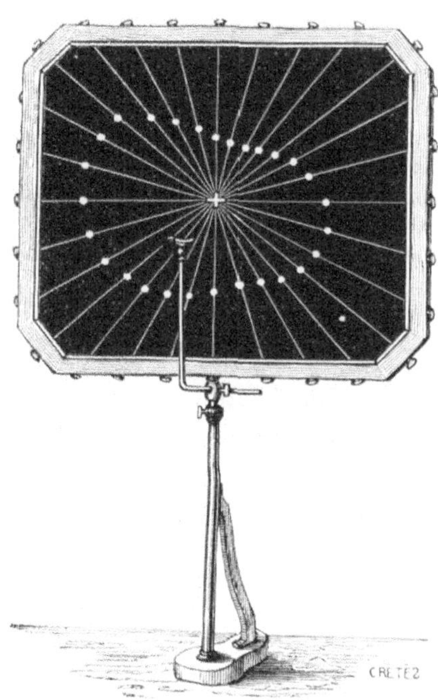

Fig. 1.

Kampimeter von DE WECKER.

Man hat den Kampimetern schließlich noch nachgerühmt, daß die Aufzeichnung des Befundes (s. später) naturgetreu und ohne Verzerrung erfolgt (Hilbert 1883). Das trifft allerdings — im Gegensatz zu den Perimetern — zu, aber die Verzeichnung besteht deswegen doch; sie erfolgt nur eben schon bei der Aufnahme. Denn projiziert man bei unbewegtem Auge z. B. die Geraden, welche mit der durch den Fixierpunkt verlaufenden Horizontalen und Vertikalen scheinbar parallel laufen, auf eine ebene Tafel, so erscheinen sie dabei nicht mehr als Gerade, sondern als Hyperbeln.

Um die Einzeichnung der Befunde an einer ebenen Fläche in ein Gesichtsfeldschema zu ermöglichen, muß, falls die Tafel keine Gradeinteilung trägt, natürlich eine Umrechnung der Tangentenwerte in Winkelgrade erfolgen. Zur Erleichterung hat Fleischer (1918) die betreffenden Zahlen in einer Tabelle angeführt.

Freilich kann man nun an einer ebenen Fläche die Grenzen eines normalen Gesichtsfeldes nicht mehr allseitig richtig bestimmen, da dieses temporalwärts bis mindestens 90° reicht. Da Tg. 90° $= \infty$ ist, so muß der Punkt, welcher auf der Tafel einem Winkel von 90° entspricht, stets im Unendlichen liegen, gleichgültig, wie sehr sich auch das beobachtende Auge der Tafel nähert (s. Fig. 1).

Selbst, wenn man das Gesichtsfeld nur bis 85° nach temporalwärts und 65° nach nasalwärts aufnehmen wollte, so müßte die Tafel — einen Augenabstand von 30 cm angenommen — schon eine sehr große Ausdehnung haben. Denn da die Ausdehnung gleich dem Produkt aus der Winkeltangente und dem Abstand ist, so müßte der horizontale Tafeldurchmesser in diesem Falle, wie schon Landolt betont hat, bereits über 4 m betragen.

Man hat wegen dieser Unbequemlichkeit vorgeschlagen, die Gesichtsfeldaufnahme auf kürzere Entfernung vom Auge vorzunehmen, um so geringere Größen zu erhalten. De Wecker hat 16 cm Augenabstand vorgeschlagen. Dann lassen sich die Tangentenwerte der Winkel bis zu 70° auf einer Tafel von 90 cm Durchmesser aufzeichnen. · Dabei wird aber wieder die Untersuchung der dem Fixierpunkt naheliegenden Netzhautbezirke zu ungenau, denn hier sind die linearen Werte zu gering. Deswegen sollte durchgängig ein Abstand von 30 cm als Mindestentfernung gewählt werden.

Als gewisser Nachteil wurde auch die Schwierigkeit für den Untersucher angesehen, die Fixation des zu prüfenden Auges zu kontrollieren, da er diesem nicht gegenüber, sondern nur hinter ihm oder seitlich stehen kann. Man hat dies dadurch vermeiden wollen, daß man wenigstens im Zentrum eine durchsichtige Glasplatte verwendete. So hatte z. B. Michel (1898) als Kampimetertafel eine durchsichtige Glasplatte von 80 cm Höhe und 100 cm Breite empfohlen. Dies ist aber ein schlechter Notbehelf, weil dadurch die Gleichmäßigkeit des Untergrundes viel zu sehr gestört ist. Im großen und ganzen sind überhaupt derartige Hilfsmittel entbehrlich, da man die Fixation bei der heutigen beschränkten Anwendung auch bei seitlichem Stande überwachen kann.

Die heutige Anwendung der Tafelmethoden beschränkt sich daher auf die Untersuchung des zentralen Teiles des Gesichtsfeldes, etwa bis 30° Radius. Hierfür ist sie in neuerer Zeit, besonders nach dem Vorgehen von Bjerrum (1890; s. auch später) mit Recht wieder sehr in Aufnahme gekommen und bildet hier neben der Perimeteruntersuchung ein wertvolles und unentbehrliches Hilfsmittel zur Aufsuchung feiner bzw. eben beginnender Gesichtsfeldausfälle und hat zur Ausarbeitung besonderer Untersuchungsmethoden geführt (S. 473).

3. Die Perimeter.

Soll das Untersuchungsobjekt für die gesamte Netzhaut unter annähernd gleichem Gesichtswinkel erscheinen, so muß es auf einer mit der Netzhaut konzentrischen Hohlkugelfläche entlang geführt werden können. Nachdem bereits Purkinje diesen Weg im Prinzip eingeschlagen hatte, benutzten Aubert und Förster (1857) einen Gradbogen, der durch Drehung um seinen Scheitelpunkt die gewünschte Hemisphäre darstellte. Förster (1869) hat dann noch an dem ursprünglichen Modell Verbesserungen angebracht, welche die Untersuchung erleichtern und größere Genauigkeit gewährleisten. Ihm gebührt das Verdienst, das Perimeter in die Praxis eingeführt zu haben.

Die Perimeter gestatten am vollkommensten die Untersuchung des Gesichtsfeldes unter möglichst gleichen Bedingungen[1]), ohne daß dabei ihre Aufstellung großen Raum beansprucht. Sie sind deswegen für die Praxis zur absolut vorherrschenden Methode geworden.

Im Laufe der Zeit sind die Perimeter mehr und mehr vervollkommnet worden. Je nach dem Geschmack der Untersucher und der Bedeutung, die sie dem einen oder anderen Punkte bei der Untersuchung beimessen, sind die verschiedensten Konstruktionen entstanden und beschrieben worden. Sie unterscheiden sich im wesentlichen durch die verschiedene Ausdehnung des Bogens oder der Hohlkugelfläche, deren größeren oder kleineren Halbmesser, der gleichzeitig die Entfernung von dem zu untersuchenden Auge bedingt, und durch die Art und Gestaltung des Prüfungsobjektes bzw. der Objektführung. Bei den neueren Formen, welche der Bequemlichkeit wegen gleichzeitig die Aufzeichnung des Befundes auf ein Schema gestatten (die sog. selbstregistrierenden Perimeter), ist begreiflicherweise die Zahl der Konstruktionen, die noch immer nebeneinander in Gebrauch sind, vermehrt worden. Bei einfacheren behelfsmäßigeren Apparaten und sogenannten Taschenperimetern ist wiederum der Hauptwert auf Wohlfeilheit und Handlichkeit gelegt. Die heute unter dem Namen der betreffenden Autoren erhältlichen, am meisten eingebürgerten Apparate haben längst nicht mehr die ursprüngliche Gestalt. Die einzelnen Firmen, die sich mit der Herstellung befassen, haben mancherlei kleine technische Änderungen und Verbesserungen angebracht, wenn auch das Prinzip unverändert beibehalten wurde.

a) Die Bogenperimeter.

Das von Förster angegebene Perimeter erfreut sich in seinem Grundprinzip noch heute großer Beliebtheit. Den Hauptbestandteil seines Apparates (Fig. 2) bildet ein 5 cm breiter geschwärzter Halbring, der einen Radius von 30 cm hat und an seiner Innenfläche eine Gradeinteilung trägt. In seinem Scheitel ist er an einer vertikalen Säule befestigt und dort um eine horizontale Achse drehbar. Die Neigung zur Senkrechten, die der Bogen bei seiner jeweiligen Stellung einnimmt, d. h. also die Meridianstellung, läßt sich mittels eines Zeigers auf einer ebenfalls graduierten vertikalen kleinen Scheibe ablesen, welche hinter dem Scheitel des Bogens befindlich, in jeder Hälfte in 180° eingeteilt ist. Das Probeobjekt wird dargestellt durch ein kleines weißes Viereck inmitten eines schwarzen Metallplättchens. Dieses kann als Schlitten auf dem Gradbogen hin- und hergleiten und wird durch folgenden besonderen Mechanismus bewegt. An der Basis der erwähnten Säule befindet sich ein senkrechtstehendes Rad

---

[1]) Über die Nachteile, welche die Änderung der Objekthelligkeit bedingt, s. S. 448.

Fig. 2.

Altes FÖRSTERsches Perimeter.

mit einer Kurbel. Die Peripherie des Rades ist rinnenförmig ausgehöhlt; auf dieser Rinne und weiterhin über drei Rollen, von denen eine am Scheitel, die beiden anderen nahe den Enden des Bogens angebracht sind, läuft eine Schnur. Sie endigt an den Seiten des Läufers. Durch Drehen der Kurbel wird das Probeobjekt längs des Metallbogens geführt (über Objektführung s. a. S. 443).

Der Knotenpunkt des zu untersuchenden Auges soll mit dem Zentrum des Perimeterhalbkreises zusammenfallen. Um den Kopf des zu Untersuchenden in der entsprechenden Stellung möglichst zu fixieren, erhebt sich am Fußbrett des Apparates eine kleine Säule mit einer Kinnstütze, die seitlich und in senkrechter Richtung verschoben und durch eine Schraube fixiert werden kann. Von der Platte des Kinnhalters ragt als Fortsetzung der Säule ein schmaler elfenbeinerner, an seinem Ende leicht dem Auge zugebogener Stab empor. Seiner oberen Kante soll der Augenhöhlenrand des zu prüfenden Auges dicht anliegen. Ein vom Fuße der kleinen Säule ausgehender gabelförmiger Metallbügel, als Quadrant gekrümmt, steht an seinem Ende durch ein Scharnier mit einem Stäbchen in Verbindung, auf dem eine Elfenbeinkugel verschoben werden kann. Diese gibt das Fixationsobjekt ab.

Bei dem Perimeter sollte die Papille den Ausgangspunkt der Messung darstellen. Um die Eintrittsstelle des Sehnerven dem Scheitel des Bogens gegenüberzubringen, war das Fixationszeichen $15°$ nach innen vom Nullpunkte angebracht. Übrigens wurde schon bei dem von Förster und Aubert benutzten Modell (Aubert 1865, S. 116) auch der Mittelpunkt des Bogens fixiert.

Später hat Förster sein Perimeter modifiziert, indem er die Graduierung auf beiden Seiten des Bogens aufgezeichnet hat. Die kleine Elfenbeinkugel zur Fixation wird von einem einfachen, als Quadrant gebogenen Draht getragen; an ihrer Rückseite befindet sich ein kleiner Spiegel, der zu dem gleichen Zweck benutzt werden kann. Die Kurbel für die Bewegung des Fixationsobjektes hat jetzt hinter der Meridianstelle am Scheitel des Perimeterbogens Platz gefunden. Der Schlitten besteht aus einer drehbaren Scheibe mit verschiedenen Farbensektoren und einem darüberliegenden Diaphragma, eine Vorrichtung, wie sie bei vielen anderen Perimeterkonstruktionen in Gebrauch ist.

Wesentlich verbessert wurde das Förstersche Modell von Landolt (1871). Er verlegte die Einteilung des Bogens von der Innenfläche auf die Rückseite, so daß sie dem zu Prüfenden verborgen blieb (Fig. 3).

Dadurch wurde die Objektivität der Untersuchung, zumal wenn es sich um die Möglichkeit von Simulation handelte, wesentlich gefördert. Ferner geschah die Führung des Objektes mit der Hand, entweder mittels zweier Rahmen (eines für jede Bogenhälfte), in welche sie eingepaßt werden,

oder mit Hilfe einer Fixierpinzette. Dadurch fiel die komplizierte Kurbel-
einrichtung fort. Um die Hand des Untersuchers zu verdecken, wurde der
Bogen breiter gewählt, als der Förstersche. Vom Nullpunkt aus ging eine
Einteilung in halbe Winkelgrade lateralwärts bis 20°, nach oben und unten
bis 10°. Sie diente zu genaueren Messungen am hinteren Pol. Die Kinnstütze war um ihre vertikale Achse drehbar. So ließ sich der störende Einfluß
der Nase und des Augenhöhlengrundes (s. später) gegebenenfalls ausschalten.

Fig. 3.

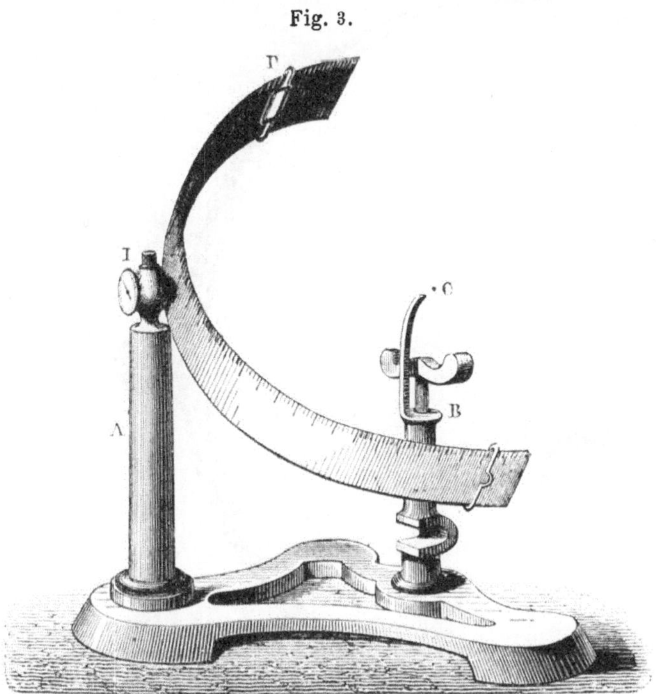

Landoltsches Perimeter.

Vor allem hatte Landolt den Ort der Fixation wieder, wie früher
Förster und Aubert (s. oben), in den Scheitel des Bogens verlegt und dort
durch einen weißen Punkt markiert. Er war also nicht, wie bei dem
Försterschen Modell, beweglich. Diese Methode, den Fixierpunkt zum Ausgangspunkt der Messung zu machen, ist weit vorzuziehen und ist nunmehr
bei allen späteren Perimeterkonstruktionen fast ausschließlich in Gebrauch.

Das Förstersche und Landoltsche Perimeter hat im Laufe der Zeit
noch manche Abänderungen erfahren. Aber sein Grundgedanke ist stets
erhalten und vorbildlich geblieben. Fig. 4 gibt ein Beispiel für eine
moderne Konstruktion eines Försterschen Perimeters, bei welchem auf jede
Schlittenführung des Prüfungsobjektes verzichtet wird. Diese werden dafür

an einer dünnen Stange mit der Hand den Bogen entlang geführt (s. auch unter Prüfungsobjekte S. 440).

Das Försterische Perimeter ist auch mit Selbstregistriervorrichtung versehen worden (s. S. 428 und Fig. 20). Zur genaueren Untersuchung des zentralen Teiles des Gesichtsfeldes ist eine Kombination mit einer Kampimeterscheibe oder mit der Uhthoffschen Scheibe (S. 408) anzuraten.

Fig. 4.

Förstersches Perimeter in moderner Form.

Um die Perimeter etwas handlicher zu gestalten, wurde bei vielen Konstruktionen an Stelle des Halbkreisbogens nur ein Viertelkreisbogen benutzt. Allerdings kann dann bei jeder Stellung des drehbaren Bogens immer nur eine Meridianhälfte geprüft werden, während bei dem Halbkreisbogen auf beiden Seiten des Meridians untersucht werden kann, ohne den Bogen weiterzudrehen. Es kommt ganz auf die Neigung des Untersuchers an, ob er der einen oder der anderen Konstruktion des Perimeters den Vorzug geben will.

An dem Perimeter von Carter (1872) fand sich bereits an Stelle des halben Kreisbogens nur ein derartiger Quadrant. Außerdem war der Scheitel des Metallbogens durchbohrt, und das zu untersuchende Auge blickte durch die kleine Öffnung auf ein entferntes Objekt. Dadurch sollte während der Untersuchung die Akkommodation ausgeschaltet bleiben.

Auch de Lapersonnes (1890) Perimeter ist mit einem Viertelkreisbogen versehen. Eine solide Radscheibe, wie sie jetzt fast allgemein an den Perimetern angebracht sind, verbarg im übrigen in zweckmäßiger Weise die drehende Hand. Der Schlitten lief längs des Bogens auf kleinen Rollen.

Die meisten selbstregistrierenden Perimeter (s. S. 428) verwenden ebenfalls nur einen Viertel-Kreisbogen.

Im Gegensatz zu diesen Konstruktionen ist auch umgekehrt die Zahl der Halbkreisbogen noch vermehrt worden. Sie haben sich jedoch wenig eingebürgert und sind in der Tat auch entbehrlich.

Maklakoff (1884) verwendete z. B. zwei Halbkreisbogen, die sich unter einem rechten Winkel kreuzen, und ihre schmale Seite dem Patienten zuwenden, ihre freien Enden sind durch einen Drahtreif miteinander verbunden. Der Fixationspunkt entsprach natürlich dem Kreuzungspunkt der Bogen. Eine einmalige Drehung des Apparates um die horizontale Achse um 45° genügte dann, um in 4 Meridianen bzw. an 8 verschiedenen Punkten der Peripherie die Grenzen zu bestimmen.

6 Halbkreise verwendete Braunschweig (1891); die 6 Bogen von Bandeisen, welche jedesmal einen Winkel von 30° einschlossen, bildeten zusammen ein korbartiges Instrument. Jeder Bandstreifen führte einen Schlitz, in welchem der Träger des Objekts verschoben wurde.

Hudson benutzt einen Doppelbogen mit zwei verschieden großen Radien. Der kleinere weist eine Krümmung von 33 cm Radius auf, der größere eine solche von 100 cm. Bei Benutzung des letzteren kann natürlich nur ein kleinerer zentraler Ausschnitt des Gesichtsfeldes untersucht werden. Die Registrierung findet mittels einer kleinen Marke statt, die entsprechend der Objektstellung über ein großes Gesichtsfeldschema gleitet.

b) Kombination zwischen Tafel und Perimeterbogen; Hohlkugelperimeter.

Alle Perimeter müssen gegenüber den Kampimetern bei allen sonstigen Vorzügen einen Nachteil haben: die verhältnismäßig schmalen Kreisbogen halten die störenden Nebeneindrücke nicht immer genügend ab. Diese Störung macht sich besonders dann bemerkbar, wenn es sich darum handelt, das Zentrum des Gesichtsfeldes mit besonders kleinen Objekten zu untersuchen. Auch ist man bei ihnen hinsichtlich der Objektführung an eine ausschließlich radiäre Richtung gebunden, während es nicht selten wünschenswert erscheint, auch in anderen Richtungen die Objekte frei durch das Gesichtsfeld zu bewegen. Man hat daher Kombinationen zwischen den Kampimetern und den Perimeterbogen konstruiert, um so wenigstens für den mittleren Teil des Gesichtsfeldes die Vorteile beider zu vereinigen und die gerügten Nachteile zu beseitigen.

Ein Perimeter dieser Art hat Snellen angegeben. In dem Mittelpunkte einer senkrechten schwarzen Holztafel ist, um seinen Scheitel drehbar, der flache metallene Perimeterbogen befestigt. Ihm gegenüber in 35 cm Entfernung erhebt sich die Stütze für das zu untersuchende Auge bzw. dessen unteren Orbitalrand. Auf der Tafel sind die den Winkeln entsprechenden Tangentenwerte eingetragen, so daß die Aufzeichnung eines Gesichtsfeldes von 45° nach jeder Richtung hin ermöglicht wird. Um eine möglichst ruhige Kopfstellung zu sichern, ist zugleich noch eine Stütze für das andere Auge vorhanden.

Auch Ole Bull verwendete ein ähnliches Perimeter. Der Halbkreisbogen war bis zu 20° nach jeder Seite in halbe Grade, darüber hinaus in ganze Grade eingeteilt. Die Meridianstellung des Bogens wurde auf der Tafel durch einen Zeiger markiert. In der Mitte befand sich eine Durchbohrung (ähnlich wie bei dem Perimeter von Carter u. A.), so daß für Untersuchungen im verdunkelten Raume als Fixationsmittel eine Lichtquelle hinter der Scheibe dienen konnte. Für gewöhnlich diente ein 3 mm großes weißes Scheibchen als Fixierpunkt.

Eine Vereinigung der Vorteile von Kampimeter und Perimeter suchte Lewkowitsch, indem er hinter dem Försterschen Perimeterbogen eine ebene Tafel anbrachte, die nun allein oder in Kombination mit dem eigentlichen Perimeter Verwendung finden soll.

Jetzt wird fast allen modernen Perimetern eine runde abnehmbare Scheibe beigegeben, welche im mittleren Teile des Gesichtsfeldes für einen gleichmäßigen Hintergrund sorgt und vor allem die Hand des Untersuchers dort verdeckt, wo die Objektführung mit Hilfe eines Triebrades erfolgt. Die Scheibe trägt meist gleichzeitig die Meridianbezeichnungen, dient aber im allgemeinen nicht als Untergrund für die Objektführung, wenigstens ist sie meist mit keinerlei Gradeinteilung versehen.

Eine freie Objektführung wird dagegen wieder ermöglicht bei der Uhthoffschen Scheibe (1881), die sich auf der Vorderseite eines Perimeters aufsetzen läßt. Sie bildet eine wesentliche Verbesserung und ist sehr zu empfehlen. Uhthoff verwendete an Stelle der planen Scheibe ein Hohlkugelsegment in gleichem Radius, wie bei dem Perimeterbogen. Das Segment hat eine Winkelöffnung von 50°, so daß die Untersuchung des zentralen Gesichtsfeldes allseitig bis 25° erfolgen kann. Eine Gradeinteilung ist auf der Vorderfläche eingeritzt. Die flache Kugelkalotte kann nach Bedarf leicht an- und abgeschraubt werden.

Die Hohlkugelperimeter. Die Nachteile aller Perimeter, nämlich störender Einfluß von Nebeneindrücken und ausschließlich radiäre Objektführung werden beseitigt, wenn man den Perimeterbogen durch die Hälfte einer Hohlkugel von gleichem Radius ersetzt. Schon frühzeitig war die Konstruktion derartiger Hohlkugelperimeter versucht worden.

Den ersten Apparat dieser Art hatte SCHERCK (1872) angegeben. Eine Hohlhalbkugel von 1′ Radius war an ihrem Scheitel an einer senkrechten Stütze befestigt. Die Innenfläche war matt geschwärzt, die Meridiane und Parallelkreise mit roter Farbe eingezeichnet. Um die Innenfläche gleichmäßig und genügend erleuchten zu können, war die Kugelschale im vertikalen Meridian halbiert (s. Fig. 5). Beide Teile waren am hinteren Pol mit einem Scharnier verbunden, so daß diejenige Hälfte, welche nicht gerade zur Messung benutzt wurde, zurückgeklappt werden konnte. Das

Fig. 5.

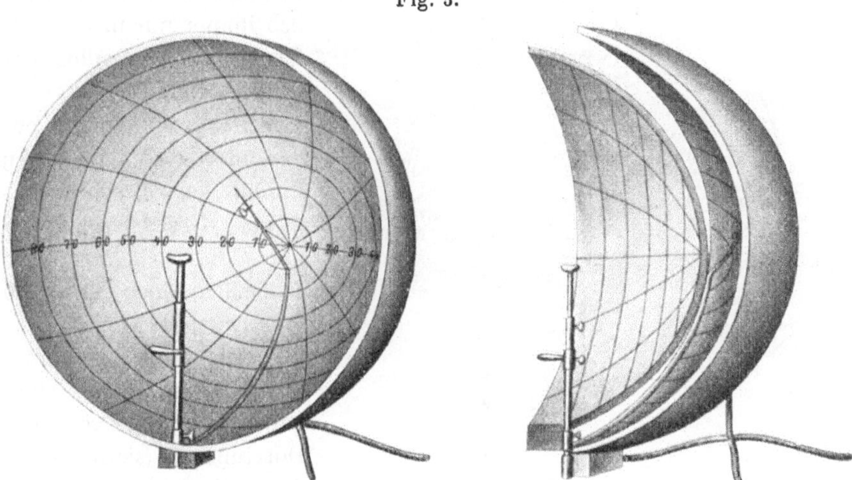

Hohlkugelperimeter, auseinanderklappbar, nach SCHERK.

Prüfungsobjekt wurde frei, an einem Stab befestigt, auf der Innenfläche herumgeführt und das Ergebnis durch Kreide markiert.

PFLÜGER hat auf der einen Seite den Rand der Halbkugel um 20° abgeschnitten. Diese verkürzte Partie war für die nasale Gesichtsfeldhälfte bestimmt. Bei der Untersuchung des zweiten Auges wird die ganze Kalotte um 90° gedreht. Beiläufig war die Innenfläche anstatt schwarz in neutralem Grau gehalten (s. hierüber später).

MONDEJARS Perimeterregistrator vereinigte das Hohlkugelperimeter mit einer Einrichtung, wie sie bereits von DE WECKER beschrieben wurde: an Stelle der freien Objektführung geschah sie von rückwärts entlang den Meridianen, die durch enge Spalten gebildet wurden, in denen der Untersucher weiße bzw. farbige Knöpfe gleiten ließ. Ein Vorgehen, das deswegen nicht empfehlenswert ist, weil dabei auf den wesentlichsten Vorzug der Hohlkugelperimeter, den der freien Objektführung, verzichtet wird.

Neuerdings hat Igersheimer (1918) speziell für die Untersuchung der zentralen Teile der Sehbahn ein Hohlkugelperimeter angegeben, das einen Radius von 1 m besitzt, um auf diese Weise unter kleinerem Gesichtswinkel perimetrieren zu können. Die Scheibe hat einen Durchmesser von 2 m und zeigt innen eine scharfe, mit blauer Farbe angegebene Gradeinteilung bis zu 50° Abstand vom Mittelpunkte. Man kann den Apparat auch als eine vergrößerte Uhthoffsche Scheibe ansehen. Sie ersetzt für viele Zwecke die Kampimeterprüfung und hat vor dieser den Vorteil, daß in den weiter peripher gelegenen Teilen die Tangentenverzeichnung wegfällt. Freilich ist dafür wieder ein Wechsel im Abstand, in welchem die Prüfung vorgenommen wird, nicht möglich; diese kann natürlich immer nur in 1 m Entfernung, dem Radius der Kugel, erfolgen.

Das Bestreben, bei unveränderter Fixation den Einfluß der Umgebung des Auges (Nase, Orbitalrand usw.) auszuschalten, hatte schließlich auch zu einem Ganzkugelperimeter (Stilling, 1877) geführt.

Es bestand aus einer ganzen Hohlkugel von 9 Zoll Durchmesser (siehe Fig. 6), die nach Art der Lampenglocken matt geschliffen war und zwei Öffnungen trug, die einander diametral

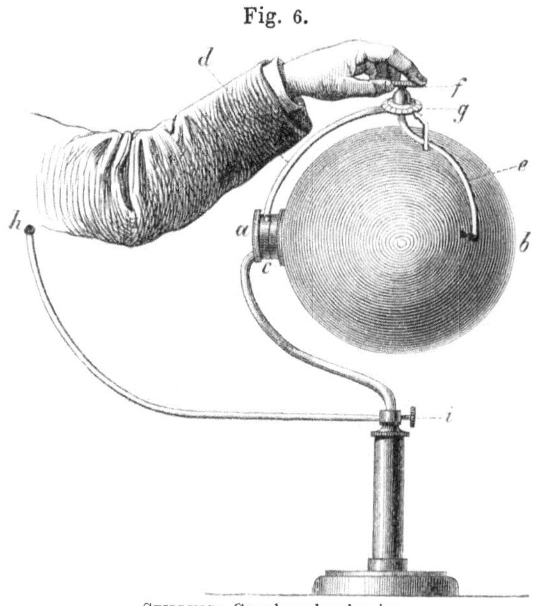

Fig. 6.

STILLINGS Ganzkugelperimeter.

gegenüberlagen. In der einen Öffnung (a) war eine graduierte Metallfassung eingelassen mit einem drehbaren Ring (c). Von dem Ring aus griff ein Stahlquadrant (d) über die Hohlkugel hinüber und endigte an deren oberem Pol. Mit ihm war dort ein zweiter Quadrant (e) beweglich verbunden, der zum Äquator hinabstieg. Sein freies Ende trug als Probeobjekt ein Kautschukplättchen, das der Halbkugel dicht anlag und durch das Glas hindurchschimmerte. Ein Zeiger gab auf einer horizontalen Scheibe (g) die jeweilige Stellung des beweglichen Quadranten an. Der zu Untersuchende brachte das Auge vor die eine Öffnung der Kugel und blickte durch diese hindurch nach einem kleinen Knopf (h), dem Fixierobjekt, das an einem Drahtbügel sich vom Stativ abzweigte. Die Beleuchtung war somit für alle Teile des Gesichtsfeldes gleich. Der Gesichtsfeldwinkel, welcher die Stellung des beweglichen Quadranten angab, mußte halbiert werden, da hier nicht der Radius, sondern der Durchmesser der Kugel zugrunde gelegt war. Die Fixationskontrolle war durch zentrale Durchbohrung erleichtert, die Größenbeeinflussung des Gesichtsfeldes durch die Umgebung des Auges in der Tat möglichst ausgeschaltet. Dagegen war das Objekt der Netzhautperipherie wesentlich näher als das Zentrum, mußte also auch unter größerem Gesichtswinkel erscheinen, der umgekehrte Fehler wie bei den Kampimetern.

c) Perimeter mit Okulartubus.

Bei einigen anderen Perimeterkonstruktionen wird die Fixierung des Auges an Stelle der bis jetzt beschriebenen Stütze durch einen Tubus er-

Fig. 7.

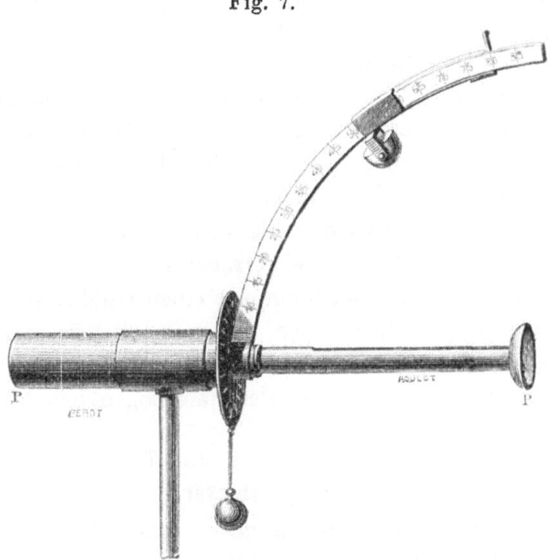

BADALs Perimeter.

reicht, welcher direkt an das zu untersuchende Auge angelegt wird. Durch die Wand des Tubus werden zugleich die störenden Nebeneindrücke abgehalten, so daß damit wieder gleichsam die Hohlkugel ersetzt wird. Hierzu gehören die folgenden beiden Apparate:

Das Diopsimeter von HOUDIN (1868) bestand aus einem kleinen Holzzylinder mit einem muschelförmigen Ansatz für das Auge. Der Zylinder trug am anderen Ende eine graduierte Scheibe mit einem Zeiger, der bei Drehung des Instrumentes und der Scheibe stets seine vertikale Stellung beibehielt und so die Meridianstellung anzeigte. In der Achse des Zylinders befand sich ein kleiner Tubus von 2—3 mm Weite zur Sicherung der Fixation eines entfernten Punktes. Die Seitenwand des Zylinders hatte einen länglichen Spalt von 6 mm Weite; in ihm war ein Arm beweglich, der eine weiße Elfenbeinkugel trug. Die Kugel konnte bis nahe an den Fixierpunkt gebracht werden, aber auch um 160° nach rückwärts geführt werden. Die Bewegung der Kugel geschah also stets in dem Meridian, welcher der Lage des Schlitzes im Zylinder entsprach und blieb so stets sichtbar, während störende Nebeneindrücke durch den Zylinder vom Auge ferngehalten wurden.

BADAL (1875) benutzte statt des beweglichen Armes einen Quadranten von 15 cm Radius; im übrigen war sein Instrument ähnlich dem HOUDINS gebaut (vgl. Fig. 7). Der Apparat ist auch in deutschen Handlungen erhältlich.

d) Besonders einfache Perimeterkonstruktionen.

Um die immerhin etwas kostspieligen Apparate wohlfeiler zu gestalten, hat man auch den Perimeterbogen besonders einfach hergestellt oder auf ihn gänzlich verzichtet. So wurde von DU BOIS-REYMOND (1884) ein Apparat angegeben, der vom Tischler hergestellt werden kann und bei welchem der Bogen aus Fournieren zusammengeleimt ist. OZOULAY (1888) hat sogar einen hölzernen Halbreifen an beiden Enden durch eine Schnur verbunden und läßt den Examinanden die Nasenwurzel einfach gegen die Mitte der Schnur anlegen. Der Bogen wird dabei von einem senkrechten, am Untersuchungstisch festgeklemmten Stabe getragen.

Besser kann man sich vom Klempner einen halbkreisförmig gebogenen starken Blechstreifen herstellen lassen, ihn mit schwarzem Tuchpapier oder ähnlich bekleben und an einem kleinen Stativ drehbar befestigen. Einen spiralförmig gewundenen Draht als Perimeterbogen benutzte DYER (1885).

e) Perimeter mit Führung entlang der Bogensehne und sog. Fadenperimeter.

PEDRAZZOLI (1888) hat an Stelle des gebräuchlichen Kreisbogens eine gerade Stange verwendet, welche gerade der Sehne dieses Bogens entspricht. Das Auge fixiert wieder die Mitte einer schwarzen Scheibe, die aber weiter von dem zu untersuchenden Auge entfernt ist, wie gewöhnlich, nämlich 43 cm. Eine so große Entfernung ist zweifellos von gewissem Vorteil, besonders wenn es sich um Untersuchung der zentraleren Gesichtsfeldpartien handelt; sie wird hier durch die Sehnenführung ermöglicht. Die Führungsstange bildet mit der Scheibe einen Winkel von 65°. Wird die Scheibe gedreht, so beschreibt die Stange demnach gleichzeitig einen stumpfen Kegelmantel um die Gesichtslinie. Auf der Stange, die in entsprechende Grade eingeteilt ist, gleiten mittels Rolle und Schnur die Probeobjekte. Die Probeobjekte werden also bei diesem Apparat wieder nicht überall unter gleichem Gesichtswinkel gesehen, sondern liegen für die Netzhautperipherie z. T. näher.

Ein Bandmaß benutzt Aubaret (1906), das sich aus der Mitte des Apparates herausziehen läßt und durch eine Feder wieder zurückgeschnellt wird. An seinem Ende befindet sich ein Würfel mit den Probeflächen, den man mit der einen Hand faßt und entsprechend weit herauszieht. Die verschiedenen Meridiane, in denen dies geschieht, sind auf einer Scheibe

Fig. 8.

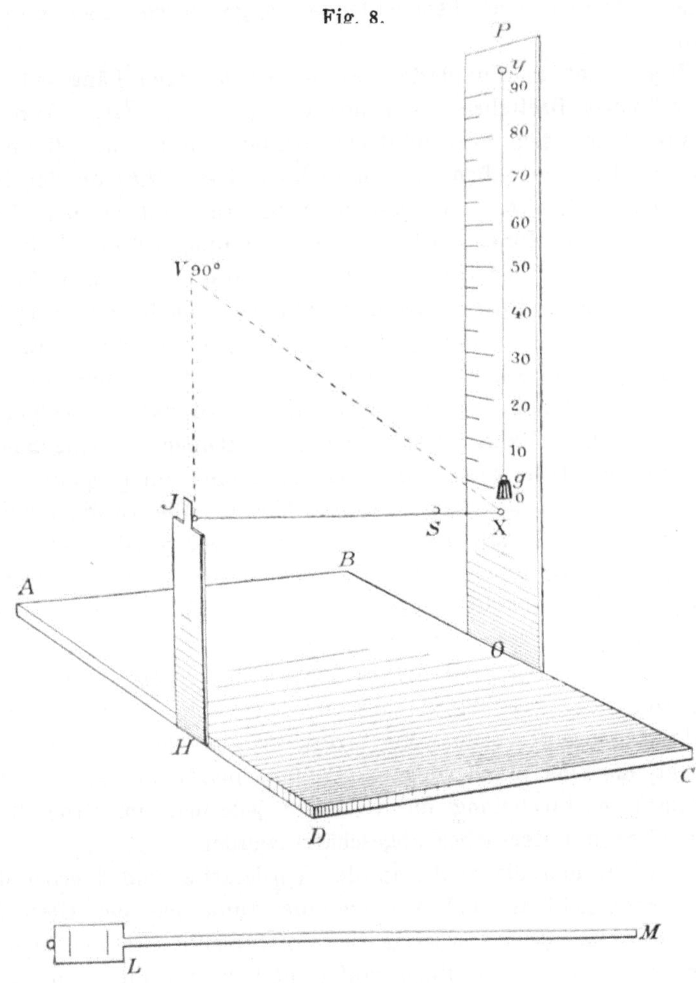

Helmbolds Fadenperimeter.

angegeben. Die Bandmaßfeder bewegt zugleich auf der Rückseite der Scheibe einen Zeiger, welcher die Winkelgrade angibt, in welchen der Probeflächenwürfel sich gerade befindet.

Größere Bedeutung als alle diese Notbehelfskonstruktionen hat der Apparat Helmbolds (1897), der bis in neuere Zeit hinein mehrfach verbessert worden ist. Das Verfahren HELMBOLDS gestattet vor allem, die Entfernung des zu Untersuchenden vom Apparat zu verändern und ersetzt somit ein Perimeter mit verstellbarem Radius.

Der HELMBOLDsche Apparat ist sehr einfach aus Holz konstruiert. Er verzichtet vollkommen auf einen Perimeterbogen und hält die gleiche Entfernung des Objektes vom beobachtenden Auge durch einen gespannten Faden aufrecht.

Ein Brett dient als Fußplatte. An seiner vorderen Längsseite erhebt sich ein schmales Brettchen als Kinnstütze (Fig. 8, HJ). Von diesem Fortsatz aus spannt sich horizontal eine Schnur durch eine Öffnung X in einem zweiten längeren, ebenfalls senkrechten Brett (OP) an der hinteren Längsseite der Fußplatte. Die gespannte Schnur läuft an der Rückseite dieses Brettes in die Höhe, wird durch eine Öffnung (y) nahe der oberen Kante wieder an die Vorderseite geführt und trägt am freien Ende, das fast wieder zur ersten Durchbohrung hinabreicht, ein kleines Gewicht, das dazu bestimmt ist, die Schnur gespannt zu halten. In 30 cm Entfernung von dem vorderen befestigten Ende des Fadens ist an dessen horizontalem Teil ein kleines Häkchen S angebracht. Hier wird das Probeobjekt L — eine Marke an einem Stäbchen M — mit einer kleinen Öse eingehakt. Mittels des Stäbchens läßt es sich in allen Meridianen am gespannten Faden JS im Halbkreis um das Auge herum führen. Die Gradeinteilung des Meridians geschieht so, daß man den Punkt an der Vorderfläche des hinteren Brettes, welchen das Gewicht einnimmt, wenn der Faden allein durch dieses gespannt ist, mit 0° bezeichnet. Nun wird das Objekt eingehakt und bei gespannt gehaltenem Faden in den zu dem ersteren senkrechten Meridianen geführt. Der jetzt dem Gewicht entsprechende Punkt auf dem Brettchen erhält die Zahl 90, da das Objekt ja um 90° um den Befestigungspunkt J gedreht wurde. Die Strecke von 0—90 wird in 9 gleiche Teile zerlegt, die eine Wanderung der Prüfungsmarke um je 10° anzeigen. So gibt die Gewichtsstellung die Gradzahl jedesmal an. Die Meridianneigung muß vom Untersucher abgeschätzt werden.

Das Gewicht und die Skala an der Vorderseite sind hierbei dem zu Untersuchenden sichtbar und konnten die Aufnahme des Gesichtsfeldes stören. GAGZOW (1898) verbesserte das Instrument. Er ließ den Faden am oberen Ende über eine Rolle laufen und führte ihn, wie es naheliegend ist, auf der Rückseite des längeren Brettes wieder nach unten. Die Skala erhält damit ihren Platz ebenfalls auf der Rückseite und bleibt für den zu Untersuchenden unsichtbar. Das Gewichtsende des Fadens kann weiter nach unten reichen, so daß das hintere Brett erheblich verkürzt werden kann. Eine Führung verhindert außerdem das Pendeln der Schnur. v. ZEHENDER (1901) läßt den Faden der leichteren Führung wegen noch über eine Rolle am unteren Ende des graduierten Brettchens gehen. Um störende Lichtreflexe zu vermeiden, hat er die Holzteile des Apparates geschwärzt und umgab ihn außerdem mit einem schwarzen Vorhang, der an der Nasenseite des zu Untersuchenden etwas zurückgeschoben wird. Die Skala bleibt auf der Vorderseite des Brettes. Die Meridianstellung wird auf einer schwarzen Scheibe mit Winkelteilung abgelesen. Als Probeobjekte dienen Kugeln verschiedener Farbe und Größe, welche an den Führungsstäben angeschraubt werden.

GOLDSTEIN und GELB (1918) haben schließlich die Methode für die Untersuchung in verschiedener Entfernung eingerichtet. Die Kinnstütze ist auf einem Tischchen befestigt. Unmittelbar unter der Kinnstütze ist deren Träger, ein Eisenstab, durchbohrt. Hier ist die Schnur durchgezogen und mit einer Schraube an dem Stabe festklemmbar. Von hier aus spannt sich die Schnur horizontal zu dem Ständer, läuft hier durch eine Öffnung und verläuft an der Rückseite über die Rollen eines Flaschenzuges und endet an dem Gewicht, welches die Schnur gespannt erhält. Eine kleine Metallplatte am Gewicht gleitet an der Skala des Ständers entlang und zeigt den jeweiligen Stand an. Der Ständer selbst steht auf verstellbaren Schraubfüßen, so daß seitliche Verschiebungen des Gewichtes ausgeglichen werden können. Die Schnur trägt die Vorrichtung für die Anbringung des Prüfungsobjektes (letzteres wird mit Hilfe eines kleinen Gewichtes immer in senkrechter Lage gehalten). Will man nun in beliebiger Entfernung perimetrieren, so lockert man, um den Abstand des Fixationspunktes vom Auge zu verändern, die Schnur an ihrer Befestigungsstelle unterhalb der Kinnstütze, bringt den Ständer in die gewünschte Entfernung vom Auge und klemmt dann die Schnur aufs neue fest.

Die Skala, welche die Stellung des Gewichts und damit auch die Exzentrizität des Prüfungsobjektes angibt, ist natürlich nur für eine bestimmte Entfernung berechnet. Der Apparat GOLDSTEINS und GELBS trägt drei Skalen, für eine Entfernung von 50 cm, 150 cm und 300 cm, wobei die Bogengrade von 10 zu 10° aufgetragen sind. Feinere Bestimmungen sind dann nur durch Schätzung möglich. Natürlich ließen sich auch für andere Entfernungen, als die genannten, Skalen herstellen.

f) Transportable Perimeter bzw. Taschenperimeter.

Taschenperimeter sind dazu bestimmt, vom Arzt mitgeführt und z. B. am Krankenbett benutzt zu werden. Die gewünschte Handlichkeit wird fast durchgängig dadurch erreicht, daß entweder auf einen Perimeterbogen überhaupt verzichtet und statt des Perimeters eine Art Zirkel verwendet wird (auch die HELMBOLDsche Konstruktion S. 414 verwendete ja das Zirkelprinzip), ferner daß der Perimeterbogen oder die -halbkugel schirmartig zusammenzuklappen ist oder daß schließlich der Radius des Halbkreises erheblich verkleinert wird. Durch das letztere Vorgehen muß allerdings die Untersuchung wesentlich ungenauer werden, und meist wird hierfür eine weitere Prüfung mit geeigneteren Hilfsmitteln, etwa ein Tafelkampimeter, notwendig sein.

Ein Zirkelperimeter hat Bagot (1893) angegeben. Es besteht aus zwei durch ein Gelenk miteinander verbundenen Armen. Das Gelenk — also der Scheitel des Zirkels — wird gegen den Augenhöhlenrand gestützt, so daß der eine Arm der Gesichtslinie entspricht. Der andere Arm trägt am freien Ende das Probeobjekt (einen um einen Stift drehbaren Würfel, dessen vier Seitenflächen, verschieden gefärbt, dem Auge nacheinander zugekehrt werken können). Der Winkel zwischen den beiden Stäben, d. h. zwischen Gesichtslinie und Untersuchungsobjekt, kann auf einem Kreisbogen abgelesen werden. Die Ebene der Stäbe, d. h. die Meridianstellung, läßt sich leicht ändern und ihre Lage an einer

Fig. 9.

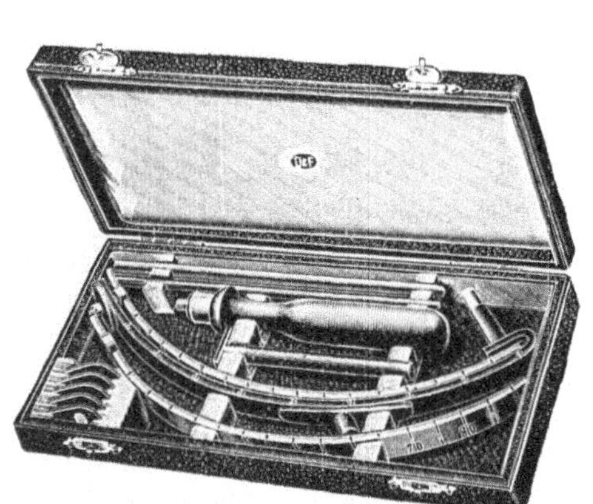

Schweiggers Handperimeter, zum Zusammenlegen eingerichtet.

ruhenden Scheibe, welche an dem ersten Arm befestigt ist und durch ein Gewicht senkrecht erhalten wird, ablesen. Durch einen Schlitz in ihrer oberen Hälfte fixiert der zu Untersuchende einen entfernten Punkt.

Einen zusammenklappbaren Apparat, bei welchem ebenfalls auf einen Perimeterbogen verzichtet wird, hat Holth (1914) beschrieben. Er besteht aus zwei in rechtem Winkel zueinander stehenden Linealen, deren Scheitel den Fixationspunkt darstellt. Zwei weitere kleine Stangen gehen in ihrer Mitte im rechten Winkel ab und vereinigen sich ebenfalls rechtwinkelig in einem Scharnier, das gegen den unteren Orbitalrand gestützt wird. Das Objekt wird den Linealen entlang, also in der Sehne des gedachten Perimeterbogens, geführt. Die dadurch bedingte Verschiedenheit der Objektentfernung vom Auge spielt bei größeren Objekten keine nennenswerte Rolle. Will man in verschiedenen Meridianen untersuchen, so dreht man den

Apparat nach dem Augenmaß. Wenn auch diese Art des Perimetrierens nur als Notbehelf angesehen werden kann, so hat der Apparat zweifellos den Vorteil, daß er, zusammengeklappt, in der Tat ein »Taschenapparat« ist.

Transportable Konstruktionen stellen übrigens auch die S. 411 erwähnten Tubusinstrumente von HOUDIN und BADAL dar.

Ein verkleinertes Bogenperimeter hat SCHWEIGGER (1888) angegeben, das sich durch leichten Bau und einfache Konstruktion auszeichnet. Der Perimeterbogen reicht nach der einen Seite bis 90°, auf der

Fig. 10 a.

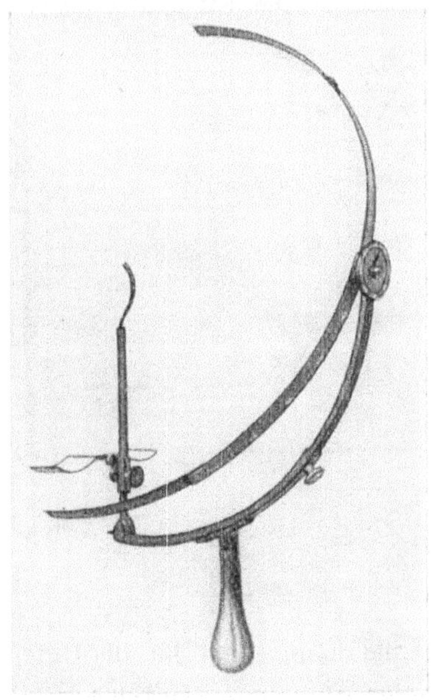

Fig. 10 b.

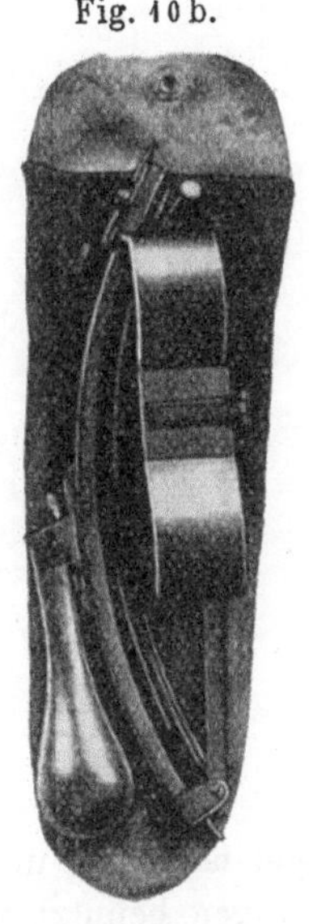

ELSCHNIGs Taschenperimeter,
gebrauchsfertig.

ELSCHNIGs Taschenperimeter,
zusammengelegt.

anderen nur bis 30°. Die Graduierung ist auf der Außenseite angebracht, der Radius beträgt 20 oder gar 15 cm. Die Gesichtslinie soll über den Nullpunkt hinaus auf ein fernliegendes Objekt gerichtet werden. Das Objekt wird an einem Stäbchen den Bogen entlang geführt. Der Patient hält den ganzen Apparat an einem Handgriff. Neuerdings wird das SCHWEIGGERsche Perimeter zum Zusammenlegen hergestellt (s. Fig. 9).

Fig. 10a und b stellt ein zusammenlegbares Taschenperimeter von ELSCHNIG dar. Es ist noch unveröffentlicht.

Bei dem Instrument von JOCQS (1890) bewegt der Kranke selbst mit der freien Hand die Objekte auf dem Bogen. Der Apparat ist in zwei Teile zum bequemen Transport zerlegbar.

Ein zusammenlegbares Perimeter aus Aluminiumröhren hat auch James (1903) angegeben. Der Apparat kann zusammengelegt in einem Kasten untergebracht werden.

Ein verkleinertes Hohlkugelperimeter hat Ascher (1898) ersonnen. Das Kugelsegment reicht nach außen bis 90°, nach innen bis 60°. Es ist aus Zelluloid gefertigt, also durchscheinend und gestattet das Objekt, ein Papierscheibchen an schwarzem Stäbchen, auf der konvexen Außenseite umherzuführen. Die Außenseite trägt eine Graduierung in Meridiane und Parallelkreise. Die gefundenen Ergebnisse werden mit Kreide angezeichnet. Die Halbkugel hat nur einen Radius von 17 cm. An einem Bügel ist der Handgriff befestigt, der sich nach oben in eine Kinnstütze fortsetzt. Die

Fig. 11.

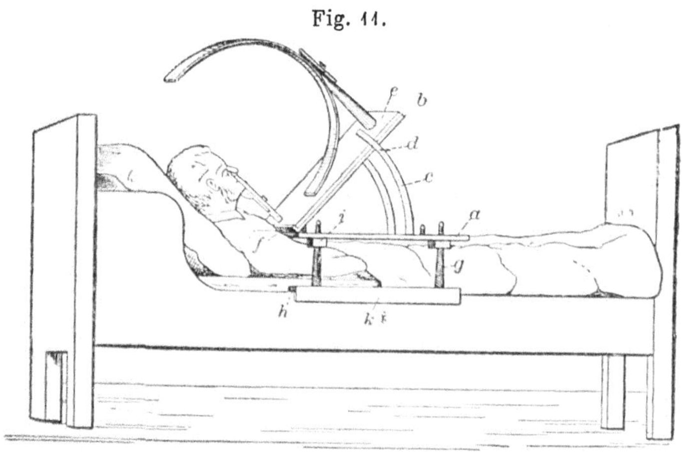

Bettperimeter nach Wilbrand.

Hohlkugel läßt sich um 90° drehen und kann somit für die Untersuchung beider Augen benutzt werden. Bei der Aufnahme zentraler Skotome soll zur Fixation nicht der gewöhnliche Nullpunkt gewählt werden, weil hier der Metallbeschlag stört, sondern der Ort des blinden Fleckes. Er ist zu diesem Zweck mit vier konzentrischen Kreisen umgeben, deren Zentrum den Fixationspunkt darstellt.

Zusammenklappbare Hohlkugeln nach Art eines Fächers oder Schirmes haben Galezowsky (1885) und Sinclair (1907) beschrieben. Die Objektführung geschieht von der Rückseite her. Das erstere Instrument wird beim Gebrauch auf dem Deckel des Kastens befestigt, der zu seiner Aufbewahrung dient.

Eine Abänderung des gewöhnlichen Sonnenschirmes als Perimeter haben neuerdings noch Reber und Mc Cool (1911) empfohlen.

Bishop Harman beschreibt einen vom Skotometer abnehmbaren Arm, der als transportables Perimeter benutzbar ist.

g) **Perimeter für das Krankenbett.**

Hierfür eignen sich fast alle hier soeben beschriebenen Handperimeter. Für größere Krankenhäuser hat WILBRAND (1892) außerdem ein Bettperimeter angegeben, das auch die Benutzung des FÖRSTERschen (oder eines anderen) Perimeters gestattet. Auf einer Holzplatte nach Art eines Bettisches liegt eine zweite, welche das Perimeter trägt. Diese ist winkelförmig gegen die erste zu verstellen und in beliebiger Lage festzuklemmen nach Art eines Lesepultes (vgl. Fig. 11).

4. Die graphische Darstellung des Gesichtsfeldes am Perimeter.

Die Aufzeichnung eines Ergebnisses bei der Gesichtsfelduntersuchung geschieht bei der kampimetrischen Messung einfach durch Übertragung des auf der Kampimetertafel aufgezeichneten Befundes auf das Papier. Zu

Fig. 12.

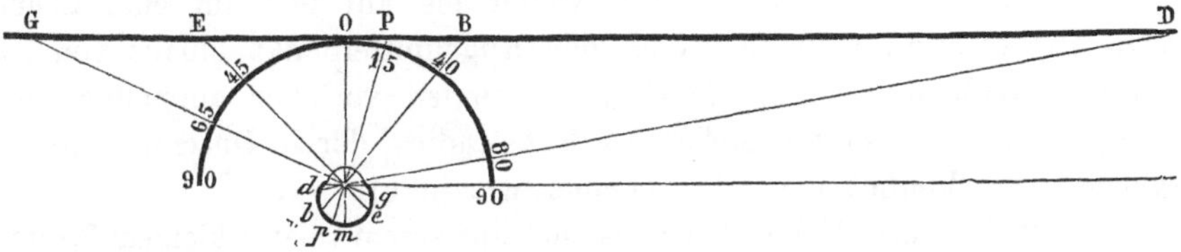

Tangentiale Projektion.

diesem Zwecke ist die Tafel auch bereits in Vierecke zerlegt worden (s. oben), um den Ort des Objektes jedesmal schnell bestimmen zu können. Die Gesichtsfeldfigur wird dann in ein ebenso eingeteiltes, verkleinertes Schema eingezeichnet. Dies geschieht in der Regel ohne besondere Hilfsmittel, die auch in den meisten Fällen entbehrlich sein werden. Die Aufzeichnung kann aber auch, wie MARKS vorgeschlagen hat, mittels mechanischer Übertragung durch ein storchschnabelähnliches Instrument geschehen, das selbst das Prüfungsobjekt trägt und die Befunde in einer Verkleinerung von 7:1 zu Papier bringt.

a) **Die Projektion auf die Ebene.**

Wenn aber die Gesichtsfelduntersuchung mit dem Perimeter geschieht, so handelt es sich darum, die Kugelfläche auf die Ebene des Papiers zu projizieren. Das läßt sich natürlich mit absoluter Genauigkeit überhaupt nicht erzielen. Es kann sich nur darum handeln, eine Projektionsmethode zu finden, bei welcher die Fehler so gering wie möglich sind. Die Übertragung kann in verschiedener Weise geschehen. Am nächsten liegt die Projektion mit Hilfe der Tangente, auch zentrale Projektion genannt. Man denke sich an den Scheitel der Kugelfläche, die der Perimeterbogen bei seiner Drehung umschreibt, eine Tangentialebene gelegt und die vom Zentrum des Bogens ausgehenden Radien verlängert, bis sie jene schneiden. Dann erhält man auf der Ebene eine Figur, in der die Kugelmeridiane als gerade Strahlen erscheinen, die sich im Berührungspunkte der Tangente mit der Kugeloberfläche schneiden, während die Parallelkreise konzentrische, immer weiter voneinander abstehende Kreise bilden. In Fig. 12 stellt AOA den Querschnitt der Perimeterkugelfläche, PP die Tangentialebene dar, und das darüberliegende Schema gibt die tangentiale Projektion wieder.

Diese Darstellungsmethode muß natürlich an demselben Fehler leiden wie die Gesichtsfeldmessung mit der Kampimetertafel, der sie ja in der Lage der Ebene genau entspricht. Die Tangentenwerte wachsen nach der Peripherie des Gesichtsfeldes hin sehr schnell und werden mit 90° unendlich groß. Die Methode läßt sich demnach höchstens für Gesichtsfelder verwerten, welche etwa 60°, vom Fixierpunkt aus gerechnet, nicht überschreiten (Fig. 13).

Will man also die Hemisphäre weiter bis auf 90° auf eine Ebene projizieren, so muß man sich über den Kugelmittelpunkt hinaus von ihr entfernen. Läßt man z. B. die Projektionslinien von der doppelten Entfernung — d. h. also an Stelle des Kugelradius deren Durchmesser — ausgehen, so bekommt man ein Schema, wie in Fig. 14.

Hier ist die ganze Hemisphäre bis 90° auf einem relativ kleinen Raume wiedergegeben und die relativen Abstände der einzelnen Parallelkreise voneinander wachsen nur unerheblich mit ihrer Entfernung vom Mittelpunkte. In der Geographie ist diese Art der Projektion unter dem Namen der polaren bekannt.

Man könnte hoffen, daß mit zunehmender Entfernung des Konstruktionspunktes von der Projektionsebene auch über den Kugeldurchmesser hinaus schließlich ein Punkt erreicht würde, von welchem aus gleich weiten Meridianabschnitten auch unter sich gleich weit entfernte Parallelkreise auf der Projektionsfläche entsprechen. Dies ist jedoch nicht mit mathematischer Genauigkeit der Fall (LANDOLT 1878). Annähernd trifft es zu, wenn man die Projektion von einem Punkte ausgehen läßt, der um das 1,7fache des Perimeterradius vom Krümmungsmittelpunkte der Kugel entfernt ist (s. Fig. 15).

Eine derartige Projektion, bei welcher die Abstände der Parallelkreise gleich groß sind, bezeichnet man als äquidistante polare Projektion. FÖRSTER hat sie zur Aufzeichnung des Gesichtsfeldes eingeführt. Ein genaues Abbild kann auch sie natürlich nicht abgeben. Die Länge der einzelnen Meridianabschnitte untereinander entspricht zwar durchaus der entsprechenden Strecke des Perimeterbogens. Dagegen sind die Zwischenräume zwischen den verschiedenen Meridianen relativ zu groß. Denn wenn man eine Halbkugel durch radiäre Schnitte in gleiche Teile zerlegen und diese auf der Ebene ausbreiten würde, so ergiebt sich daraus Fig. 16.

Man sieht sofort, daß die Breite der Segmente viel geringer ist, als bei dem entsprechenden Schema Fig. 15, und daß jedesmal zwei benachbarte

Fig. 13.

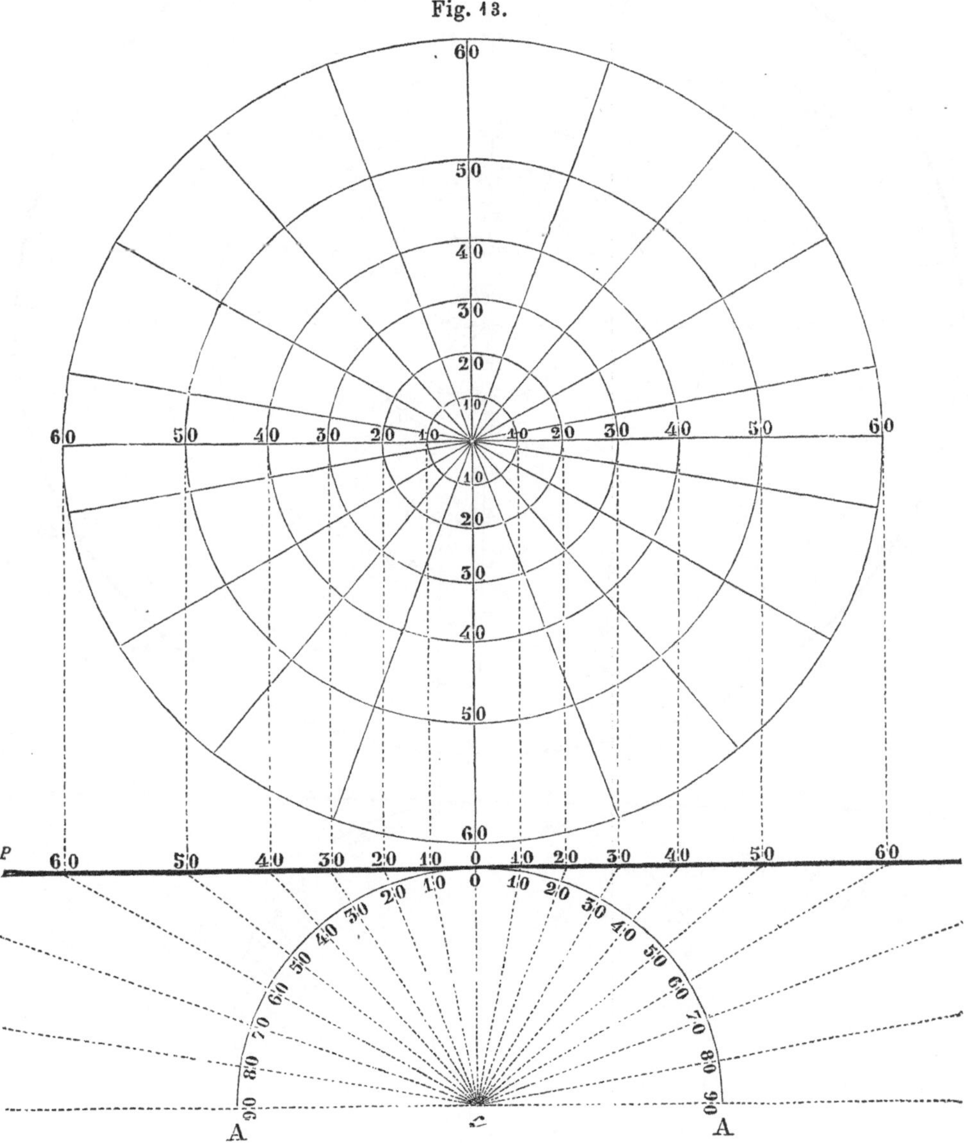

Tangentiale Projektion für Gesichtsfelder bis zu 60°.

Kugelausschnitte einen freien Raum zwischen sich lassen, um den sie bei der Entfaltung auseinandergewichen sind, welcher jedoch bei dem Schema Fig. 15 nicht berücksichtigt ist. Ein kreisförmiger Gesichtsfelddefekt z. B.,

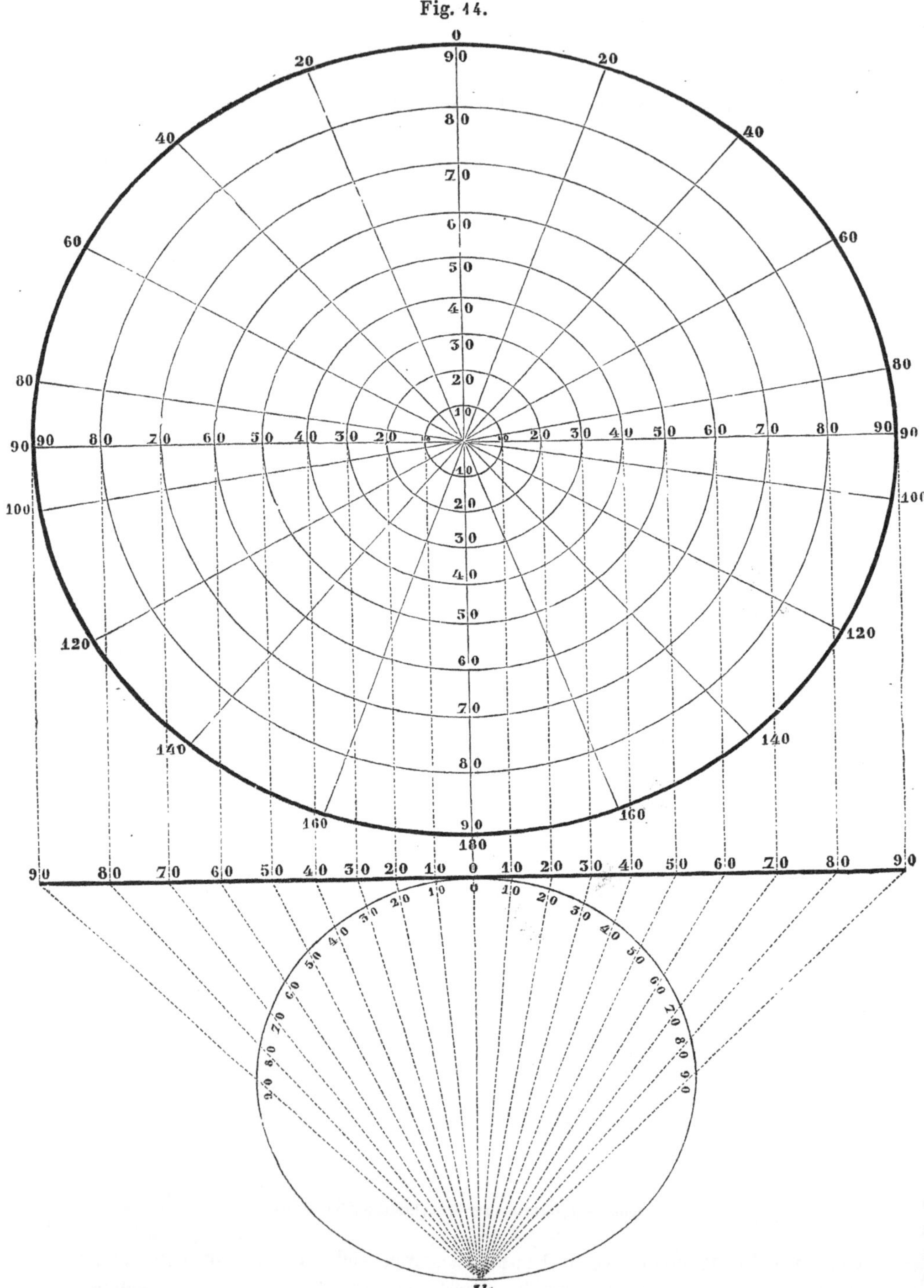

Darstellung des Gesichtsfeldes in polarer Projektion.

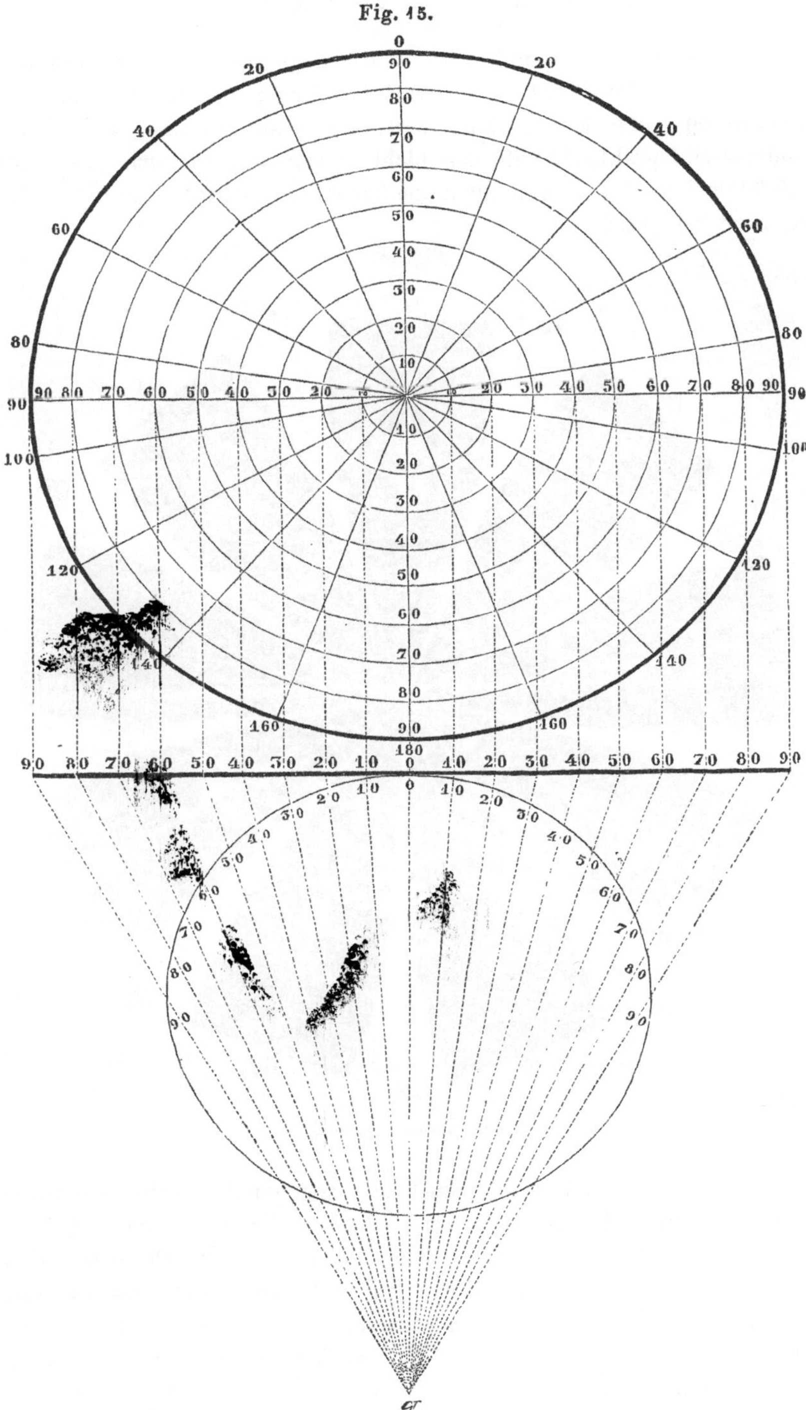

Darstellung des Gesichtsfeldes in äquidistanter polarer Projektion.

dessen Mittelpunkt nicht mit dem Zentrum dieses Schemas zusammenfällt, muß daher die Gestalt eines Ovals annehmen, dessen lange Achse den
Parallelkreisen entspräche. Ein »zerschnittenes« Schema, wie Fig. 16,
ist andererseits praktisch natürlich nicht verwertbar, da auch eine Teilung
der Halbkugel in 9 Sektoren nicht genügend sein würde, um eine völlige
Genauigkeit zu erzielen.

Fig. 16.

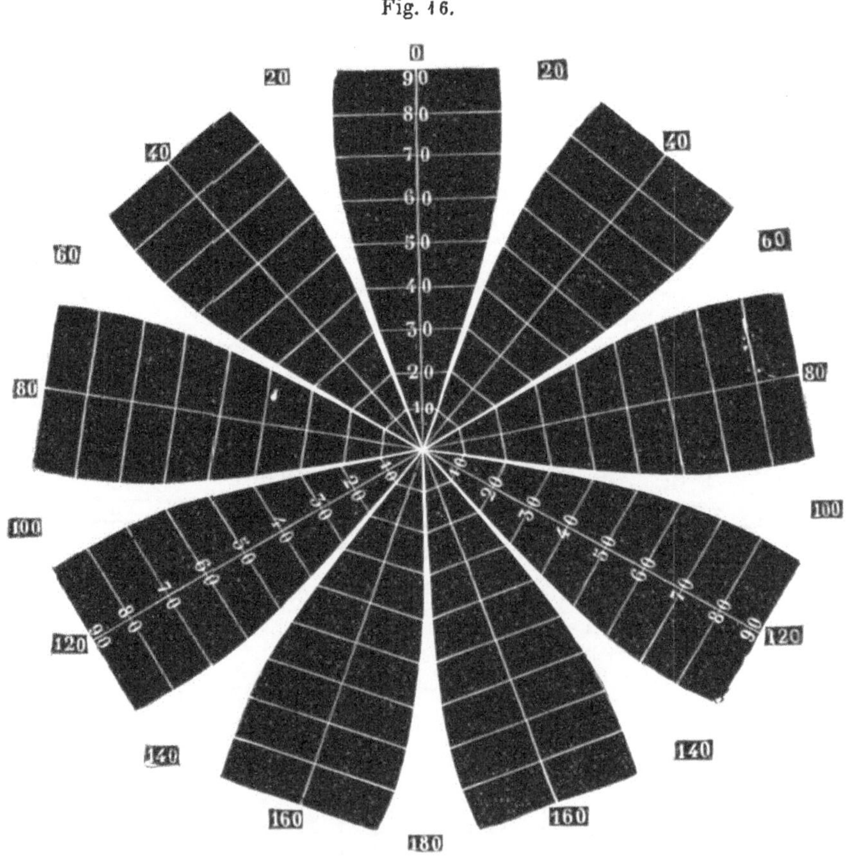

»Zerschnittenes« Schema.

HIRSCHBERG (1875) hat schließlich die sogenannte orthographische
oder orthogonale Projektion vorgeschlagen (Fig. 17). Die Projektionslinien kommen nicht an einem endlichen Punkte vor der Projektionsebene,
sondern aus unendlicher Entfernung und sind daher senkrecht zur Ebene
und einander parallel. Die einzelnen Meridianabschnitte bzw. die Entfernungen
der Parallelkreise voneinander sind hier wieder verschieden groß. Diesmal
nehmen sie umgekehrt nach der Peripherie hin ab, statt zu, genau so, als
wenn man von oben auf eine Kugeloberfläche mit Breitengraden herabschaut.

Auch hier würde ein runder peripherer Defekt im Gesichtsfeld oval erscheinen, noch mehr verzerrt, wie bei dem vorhergehenden Schema entsprechend der äquidistanten polaren Projektion.

Ein unmittelbar an den Äquator grenzender viereckiger Gesichtsfeldausfall von 10° Seitenlänge zwischen dem 80. und 90. Parallelkreise würde

Fig. 17.

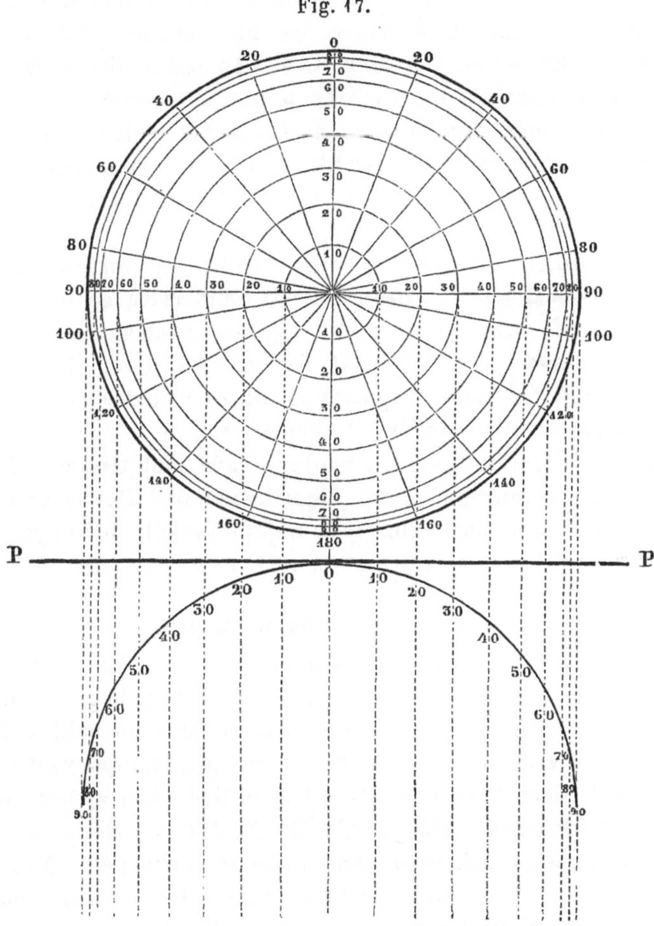

Gesichtsfelddarstellung in orthogonaler Projektion.

auf der Kugeloberfläche annähernd ein Quadrat darstellen. In Försters Schema (Fig. 15) wäre das Verhältnis der mittleren Breite des Skotoms zu dessen Höhe etwa wie 2 : 3, in Hirschbergs Schema entsprechend der orthogonalen Projektion dagegen wie 1 : 11 (Groenouw 1895).

Reicht das Gesichtsfeld weiter wie 90°, so ließe es sich übrigens nicht mehr aufzeichnen, denn der entsprechende Parallelkreis würde wieder weiter zentral zu liegen kommen.

Von den genannten Projektionen hat sich fast allgemein das Schema nach Förster eingebürgert; und das mit Recht, weil hierbei die Verzerrungen des Bildes, wie soeben auseinandergesetzt, am geringsten sind. Das Hirschbergsche Schema liefert zwar geometrisch richtigere Bilder, hat jedoch vor allem den Nachteil, daß alle peripheren Gesichtsfeldausfälle in der Darstellung nur wenig in die Augen fallen können, da sich die Parallelkreise zu nahe aneinanderdrängen. Man wird daher das Förstersche Schema vorziehen wegen seiner größeren Übersichtlichkeit, auf die es bei allen Aufzeichnungen in erster Linie ankommt. Die Projektion auf eine ebene oder auch eine Kugelfläche kann man zudem jederzeit nach Belieben vornehmen, wenn man die Meridian- und die Gradabstandszahlen der aufgenommenen Grenzpunkte im Gesichtsfelde kennt (Groenouw 1895, Baas 1896, Wilbrand und Sänger 1904).

Der Nullpunkt für die Gradbezeichnung entsprach nach Förster (s. oben) ursprünglich der Eintrittsstelle des Sehnerven, so daß dieser der Mittelpunkt des Schemas wurde. Das Fixationszeichen befand sich also etwa 15° nach innen vom Nullpunkt seines Perimeters. Ebenso rechnet auch Michel (1898) bei seinem Apparat (s. oben) von der Sehnervenpapille aus. Fast allgemein hat man jedoch heute nach dem späteren Vorgange von Aubert und Förster, sowie Landolt, Schön und Hilbert (1883) den Fixierpunkt zum Ausgangspunkt der Bezeichnung und Darstellung gewählt. Dieses Verfahren ist weitaus vorzuziehen, weil die Makula den physiologischen Mittelpunkt der Netzhaut darstellt; es ist sozusagen das klassische geworden.

b) Die Meridianbezeichnung.

Hinsichtlich der Meridianbenennung hat bis heute noch keine Einheitlichkeit bestanden. Daß sie von großem Vorteil wäre, liegt auf der Hand, denn dann ließe sich auch ohne Schema das Gesichtsfeld zahlenmäßig ausdrücken und man würde sehr bald lernen, aus den Meridianzahlen sich das Bild des beschriebenen Gesichtsfeldes sofort in Gedanken zu rekonstruieren.

Die verschiedenen Vorschläge, die für die Art der Meridianberechnung gemacht worden sind, erschöpfen nahezu alle Möglichkeiten. Man kann sie einteilen in solche, bei welchen für beide Augen die Zählung gleichförmig, und in solche, bei denen sie gegensinnig erfolgt.

Die gleichsinnige Zählung läge eigentlich am nächsten, weil dann die gleichen Schemata sowohl für das eine, wie für das andere Auge gelten könnten. Sie hat allerdings den Nachteil, daß die Stellen der größten normalen Ausdehnung (temporal, s. unten) usw. nicht bei den gleichen Meridianzahlen zu liegen kommen. Ebenso liegt z. B. der blinde Fleck auf beiden Augen zwischen verschieden numerierten Meridianen (Förster). In diesem Sinne hat Hirschberg, einfach nach Art des Zifferblattes einer Uhr, die Endpunkte der je 30° auseinanderliegenden Meridiane seines Gesichtsfeldschemas mit den Zahlen I—XII bezeichnet. Schreibt man die erhaltenen Zahlenwerte in zwei Querreihen untereinander, so hat man zur Bestimmung der Gesamtausdehnung des untersuchten Gesichtsfeldes in einem jeden der 6 Meridiane nur die beiden untereinanderstehenden Zahlen zu addieren. Eine Schwierigkeit entsteht aber bei der Bezeichnung der intermediären Meridiane, in denen auch oft untersucht werden muß.

In gleichem Sinne, also im Sinne des Uhrzeigers, zählte NIEDEN (1886) in seinem Schema die Meridiane, nur wählt er nicht die Zahlen I—XII, sondern 1—360. Er begann am linken Ende der horizontalen Meridiane (des aufgezeichneten Schemas) mit 0, so daß die oberen Enden des senkrechten Meridians 90°, die rechten Enden des horizontalen 180 und die unteren Enden des senkrechten 270° erhalten. Der Vorschlag zu dieser Art der Aufzeichnung ging von KNAPP aus, der damit einer von HELMHOLTZ beim Studium der Augenbewegungen gegebenen Anregung folgte.

Neuerdings befürworteten auch PARSIVAL (1909) und EMMERT (1910) nochmals die für beide Augen gleichsinnige Meridianbezeichnung, nachdem schon der internationale Kongreß zu Neapel 1909 für die Astigmatismusachsen seine entgegengesetzte Entscheidung gefällt hatte. EMMERT hatte schon 1882 umgekehrt das rechte Ende des horizontalen Meridians mit 0 und dessen linkes mit 180° bezeichnet; oben und unten entsprach wieder 90° und 270°. Die Zahlenfolge lief also dem Uhrzeiger entgegengesetzt.

Eine gegensinnige Zählung hatte FÖRSTER (1883) bereits vorgeschlagen. Er wollte die Numerierung am oberen Ende des senkrechten Meridians beginnen lassen und von dort nach außen, d. h. beim rechten Gesichtsfelde nach rechts, beim linken nach links herumführen. Der senkrechte Meridian eignet sich nach seiner Ansicht ganz besonders zum Nullpunkt, weil hier die Grenze zwischen den Gebieten der beiden Tractus optici liegt. Die Schwierigkeit, die Stellung des Perimeterbogens für jedes Auge sofort ablesen zu können, läßt sich dadurch heben, daß die verschiedene Meridianeinteilung auf beiden Seiten eines auf der Meridianscheibe befestigten Ringes angebracht ist, innerhalb dessen sich der Zeiger dreht. Der Ring ist leicht abzunehmen und umgekehrt aufzusetzen.

Das äußere Ende des horizontalen Meridians hatte STEVENS an seinem Perimeter zum Nullpunkt gewählt, also beiderseits temporal zu zählen begonnen. Das obere Ende des senkrechten Meridians war wieder bei 90°, das untere bei 270°, nasal befand sich für beide Augen 180°.

In gleichem Sinne zählt DE GRANDMONT (1885 und 1888). Er will die Gesichtsfeldgrenzen für gewöhnlich nur in den vier Hauptmeridianpunkten außen, oben, innen und unten bestimmen. Diese vier Bezeichnungen läßt er einfach weg und setzt die vier gefundenen Gradzahlen, bei denen er nur den Zähler berücksichtigt, nebeneinander. Zum Beispiel 9667 würde bedeuten, daß das Gesichtsfeld außen bis 90°, oben bis 60°, innen bis 60° und unten bis 70° reicht.

Auch Lopez (1907) will in ähnlicher Weise das Gesichtsfeld aufzeichnen, nur daß er die Bruchform wählt und dafür die Einerzahlen stehen läßt. Er schreibt also $\frac{a\ o}{i\ u}$ bzw. in dem eben erwähnten Beispiel $\frac{90\ 60}{60\ 70}$. Für Zwischenstellungen wird die Meridianzahl davorgeschrieben. Diese rechnet er gleichsinnig und zwar von rechts nach links oben herum (s. Emmert).

Umgekehrt beginnen Freytag (1907), Groenouw (1910), v. Speyer (1911) und Nieden (1911) die Benennung am nasalen Ende des horizontalen Meridians und führen — in der gleichen Weise wie bei der international festgelegten Astigmatismusachsenbezeichnung, — die Zählung oben herum nach außen weiter. Nieden läßt sie bei 180° im horizontalen Meridian enden, Freytag ebenfalls. Dieser zählt in der unteren Gesichtsfeldhälfte in gleicher Weise bis 180° (wieder nasal angefangen), nur daß er hier ein u zur Unterscheidung hinzusetzt. Groenouw führt dagegen die Zahlen wieder bis 360° durch, so daß also das untere Ende des senkrechten Meridians bei ihm 270° (bei Freytag 90°u) heißt.

Am einfachsten wird es sein, sich der gleichen Bezeichnung für das Gesichtsfeld wie für die Astigmatismusbezeichnung zu bedienen, um nicht noch eine neue Rechnung einzuführen. Einheitlichkeit besteht jedoch, wie gesagt, hierin noch nicht.

Salomonisch hinsichtlich der Frage, ob gleichsinnig oder gegensinnig gezählt werden soll, verhält sich eine ebenfalls weitverbreitete Numerierung: Bei ihr wird das obere Ende des senkrechten Meridians wieder mit 0° bezeichnet, aber nach beiden Seiten über 90° nach 180° gezählt; mit dieser Zahl bezeichnet man demnach das untere Ende des vertikalen Meridians.

Die käuflichen Gesichtsfeldschemata zum Einzeichnen des Befundes zeigen in der Regel zwei nebeneinander befindliche Gesichtsfeldvordrucke, für jedes Auge eins, die entweder getrennt in 2 Blätter, oder auf einem vereint sind, evtl. mit Perforierung in der Mitte. Nieden (1911) hat neuerdings Formulare angegeben, bei denen auf der einen Seite des Blattes der Umriß für das eine Auge, auf der andern für das andere gezeichnet ist, so daß man beide Gesichtsfelder auf ihre Kongruenz vergleichen kann, wenn man das Blatt gegen das Licht hält. Freytag (1911) gibt ein Formular an, bei welchem auf der Rückseite für das Gesichtsfeldzentrum ein Schema in vierfachem Maßstabe des Hauptschemas angebracht ist.

c) Die selbstregistrierenden Perimeter.

Sie entspringen dem Verlangen, den mit der Aufzeichnung des Befundes verbundenen Zeitverlust und auch leicht vorkommende Irrtümer zu vermeiden. Der älteste Apparat wurde 1882 von Stevens angegeben: Eine Stütze trägt einen aufrechtstehenden Messingring, in welchem sich ein zweiter Ring dreht. Dieser trägt wieder einen Halter, durch den ein Mes-

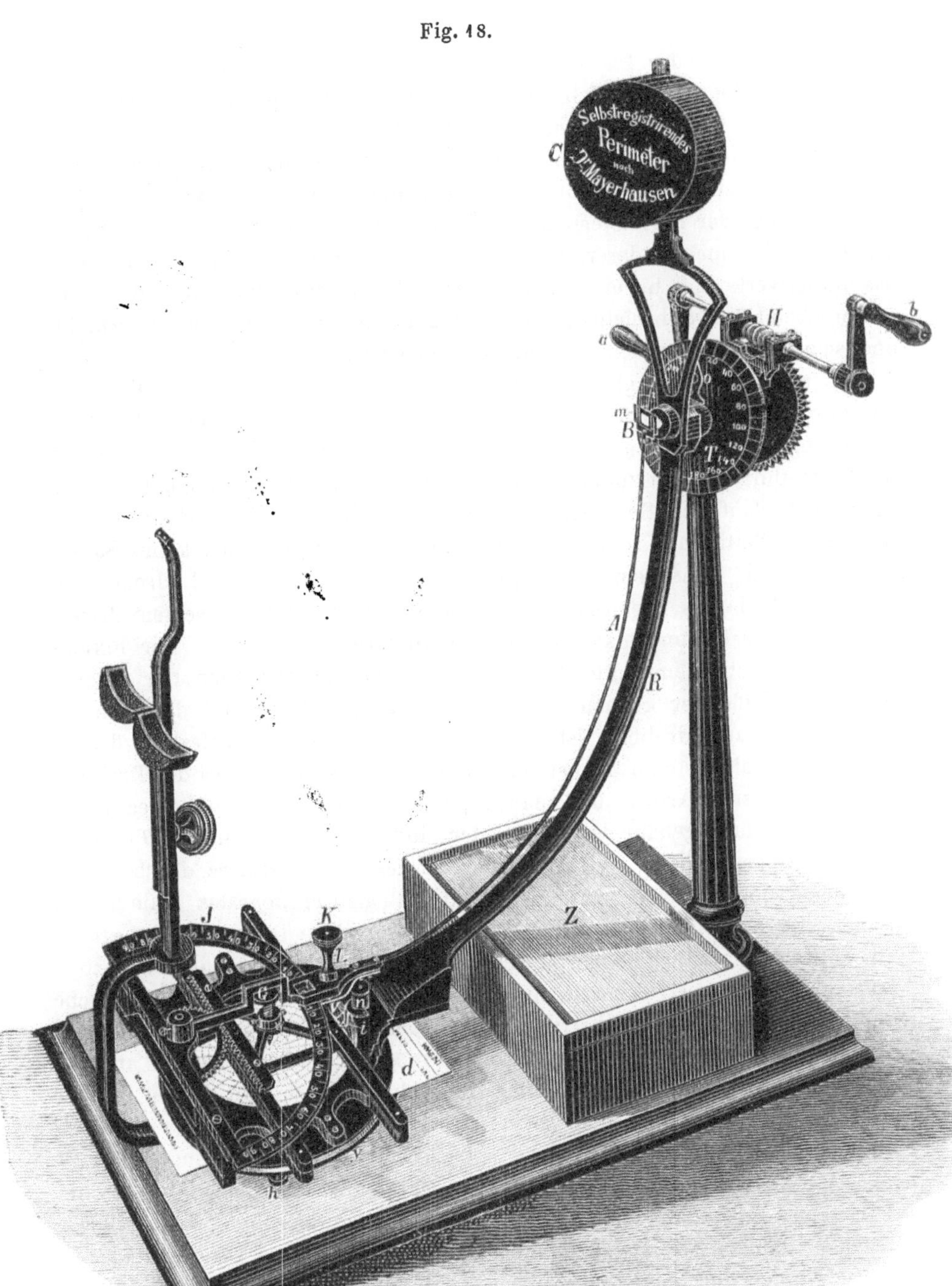

Perimeter nach MAYERHAUSEN.

singbogen von 30 cm Radius hindurchgeht mit einer schwarzen Platte am freien Ende. Auf der Platte wird das Probeobjekt von einer Feder gehalten. Der Bogen läßt sich durch den Halter so weit verschieben, bis das periphere Objekt mit dem Fixierpunkt zusammenfällt, einem hellen Punkt auf schwarzer Scheibe, hinter welchem der Registrierapparat verborgen ist. Letzterer besteht aus einem Räderwerk. In dieses greifen Zähne, welche der Perimeterbogen trägt, bei dessen Verschiebung ein. Wenn der Bogen in einen anderen Meridian eingestellt wird, so dreht sich auch das Räderwerk mit herum. Mit diesem ist ein Stift verbunden, der sich entsprechend dem Sehzeichen, aber in entgegengesetzter Richtung, verschiebt und seine Stellung auf einem Schema registriert.

In anderer Weise ging MAYERHAUSEN (1884 und 1885) vor. Er konstruierte mit einer nachträglichen Verbesserung folgendes Perimeter (s. Fig. 18): Ein gebogener Metallarm (R) ist an dem oberen Ende einer Säule befestigt und dort um eine horizontale Achse drehbar. Das untere Ende trägt bei geradem Verlauf den Registrierapparat. Dieser hat die Form einer durchbrochenen Platte; auf seiner vorderen Leiste erhebt sich eine kleine Säule, um welche als Achse ein zweiter, schwächerer Arm (AB) sich dreht, der dicht oberhalb des ersteren diesem parallel läuft und an seinem freien Ende in einer Klemme das viereckige periphere Objekt hält. Der Fixierpunkt entspricht dem Ende der Stützsäule, wie bei fast allen Perimetern. Nahe dem Fuße der kleinen Säule, um die gleiche Achse mit dem schwächeren Bogenarm drehbar, ist die Hälfte eines Zahnrades befestigt, das in eine horizontal gestellte Zahnstange eingreift. Diese macht bei der Drehung des schwächeren Armes und damit des Zahnrades seitliche Bewegungen, welche jedesmal genau der Größe der auf einem Quadranten (T) abzulesenden Bogendrehung entsprechen. Markiert wird letztere durch Druck auf den Knopf G einer im Zentrum des Registrierapparates befindlichen Nadel, die sich in das Perimeterschema eingräbt. Das Schema liegt in einem Rahmen unterhalb der durchbrochenen Platte. Steht der Perimeterarm mit der Registriervorrichtung senkrecht, so ist durch eine einfache Umdrehung des das Objekt tragenden Bogens die Untersuchung des horizontalen Meridians in ganzer Ausdehnung möglich. Will man einen anderen Meridian vornehmen, so dreht man den stärkeren Arm, an dessen oberem Ende ein Gegengewicht angebracht ist. Das Perimeterschema wird durch Drehen seiner Einfassung auf den entsprechenden Meridian eingestellt.

ALBERTOTTIS (1884) Instrument gleicht äußerlich dem FÖRSTERschen Perimeter. Es ist auf einem besonderen Tischchen befestigt. Die den Bogen tragende Säule wird in ganzer Länge von einer um ihre Längsachse drehbaren Stange durchbohrt, die oben und unten in ein horizontales Zahnrad endigt. Das obere steht durch Zahnradbetrieb mit dem Perimeterbogen in Verbindung; das untere mit einem Zylinder, der, schräg unter der Tischplatte verlaufend, an der linken Seite des Patienten in ein Kurbelrad endigt. Die Drehung des Rades wird also mittels der Stange in der Tragsäule auf die sagittale Achse des Perimeterbogens übertragen. Bei Drehung der senkrechten Stange werden weiterhin durch Zahnräder zwei horizontale Drehscheiben bewegt, die auf der Tischplatte nebeneinander liegen und Perimeterschemata für das rechte und linke Auge tragen. Der Stift, welcher die Aufzeichnungen ausführt, ist an einem Hebel befestigt und wird längs einer graduierten bogenförmigen Zahnschiene, der Stellung des peripheren Objektes entsprechend, eingestellt. Das Auge blickt durch eine Durchbohrung in der Drehungsachse des Bogens. Hier kann eventuell auch ein Korrektionsglas eingesetzt werden. Die Kinnstütze ist auf einer nach jeder Richtung verstellbaren Drehscheibe befestigt. Eine Pelotte an einem bogenförmigen Arm kommt als Stütze an die Schläfe zu liegen. Ein zweiter Arm trägt eine kleine Schale zum Verdecken des anderen Auges. Albertotti führt das periphere Objekt in konzentrischen Kreisen um den Fixierpunkt herum. Das Instrument kann zur Selbstuntersuchung verwendet werden. Die linke Hand dreht die Kurbel, die rechte besorgt die Registrierung.

Das Schiötzsche Perimeter (1885) besteht aus einem Bogenquadranten, dessen Meridianstellung in Abständen von 15° durch federnde Zapfen als Arretierung festgehalten wird. Die Übertragung der Stellung des Objektschlittens geschieht mit Hilfe einer Metallfeder, welche sich durch Drehen eines Handgriffes auf eine Trommel wickelt. Einer gewissen Rotation der Trommel entspricht infolgedessen eine bestimmte Objektverschiebung. Die Bewegung der Trommel wird durch ein Zahnrad auf eine Zahnstange übertragen, von der nach hinten zu ein Stift ausgeht. Dieser trägt ein sternförmiges Rad mit sechs Spitzen, die sich jede der senkrechten Platte gegenüberstellen lassen, welche das Gesichtsfeldschema aufnimmt. Die Platte wird gegen die Spitze angedrückt. Für die verschiedenfarbigen Objekte des Perimeters haben die Spitzen entsprechend verschieden geformte Stanzen.

Das viel angewendete Perimeter Mc Hardys (1882) (Fig. 19) trägt einen Bogenquadranten aus Hartgummi (T), der an seinem zentralen Ende mit einem Gegengewicht (H) versehen ist, das die Handhabung erleichtert. Ein Zeiger (O) gibt auf einer Platte (i) hinter dem Bogen dessen Stellung an. Mit ihm dreht sich auch gleichzeitig das Registriersystem um dieselbe sagittale Achse. Das Objekt wird mittels Rolle und Schnur an einem Knopfe (P) hinter dem Registrierapparat bewegt. Gleichzeitig dreht sich dabei ein kleines Zahnrad, das in einen Zahntrieb (g) eingreift und so die seitliche Verschiebung eines nach hinten ragenden Stiftes (e) besorgt. Das Schema wird auf eine Platte gespannt, die gegen diesen Stift angeschlagen wird. Der Stift zeigt also jedesmal Meridian- und Parallelkreisstellung des Objektes an.

Die neuen Apparate der Firma FRITSCH lassen in zweckmäßiger Weise den Perimeterbogen in den einzelnen Meridianstellungen mit Arretierung einschnappen. Außerdem ist die Spitze des Einschlagstiftes durch eine

Fig. 19.

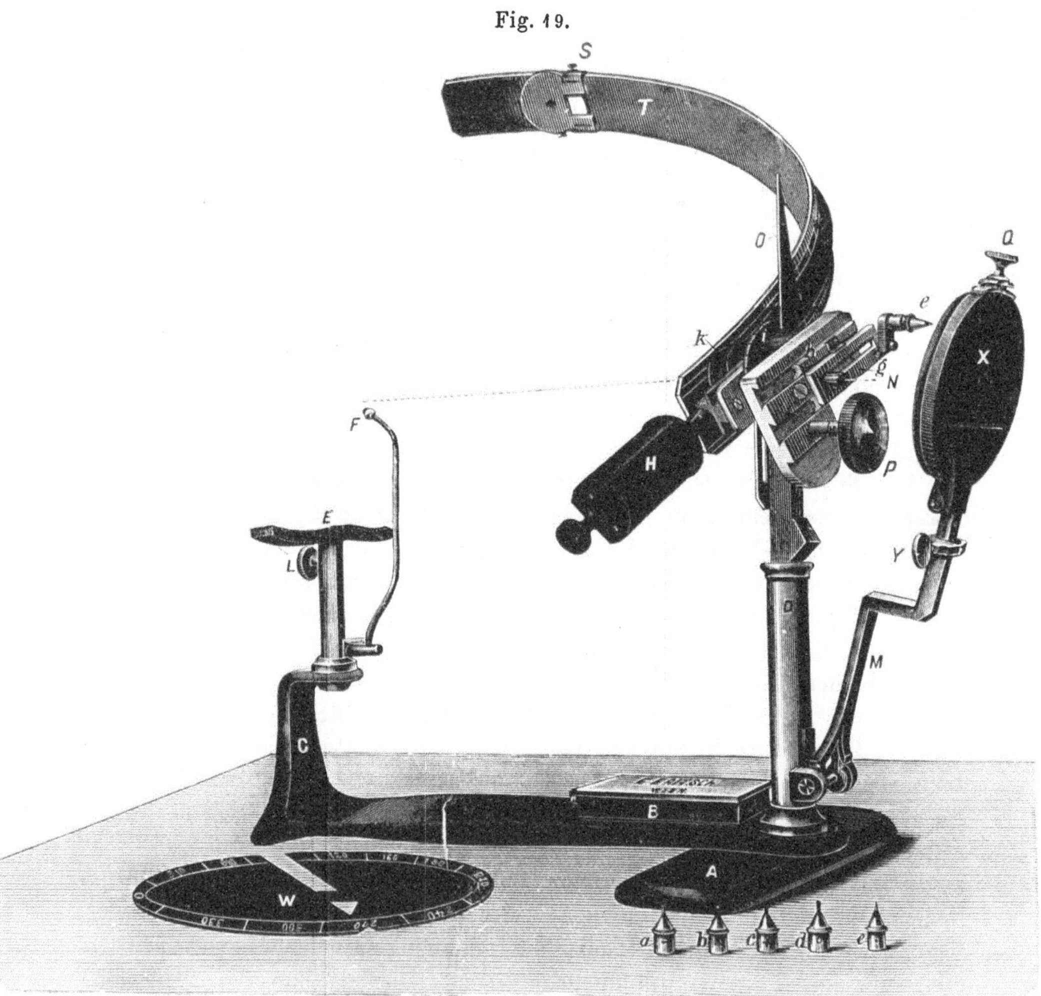

Mc HARDYs Perimeter.

federnde Hülse gestützt, so daß man sich nicht an der scharfen Spitze verletzen kann.

In ähnlicher Weise werden jetzt auch selbstregistrierende Perimeter mit dem FÖRSTERschen Halbkreisbogen konstruiert (s. Fig. 20).

Auf dem gleichen Prinzip beruht auch das COLLINsche (1906) elektrische Perimeter (s. S. 452), das dem McHARDYschen in der Konstruktion überhaupt sehr ähnelt. Auch hier sind für die verschiedenen Farben des Prüfungsobjektes verschiedene Stiftpunzen einsetzbar.

Comberg (1924) hat kürzlich eine Vorrichtung mitgeteilt, die in einfacher Weise gestattet, das McHardysche Perimeter auch zur Darstellung

Fig. 20.

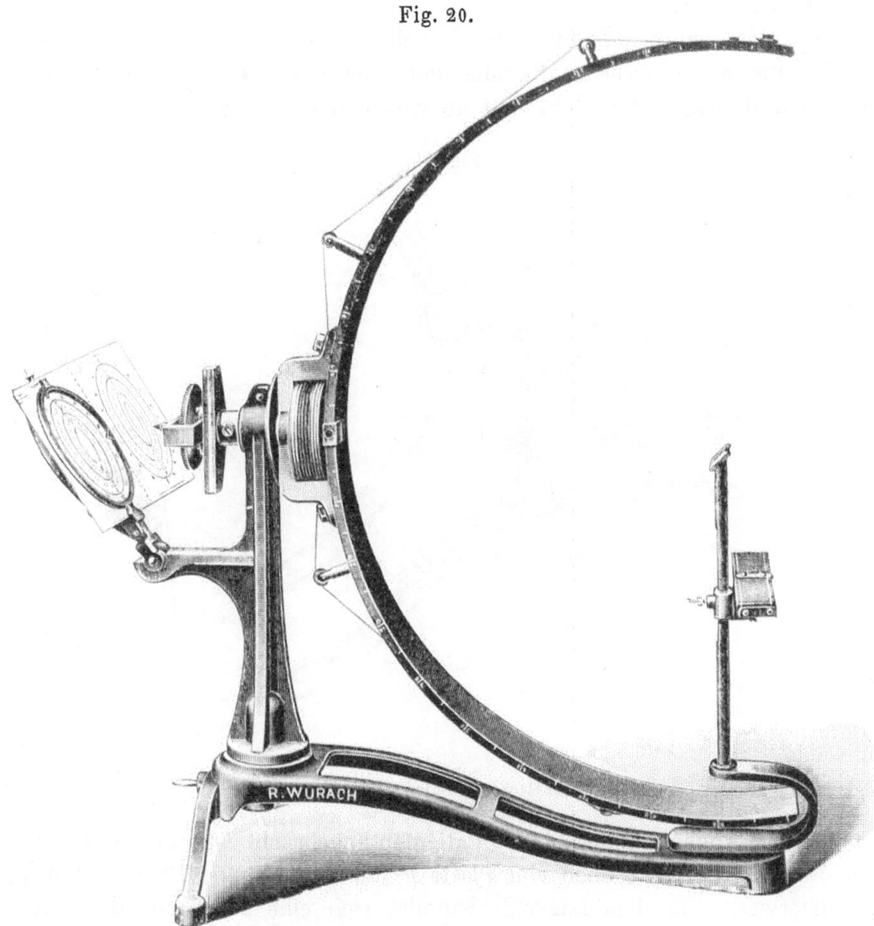

Förrtersches Perimeter mit Selbstregistrierung.

des Totalgesichtsfeldes zu benutzen. Dabei wird wie bei dem Perimeter von Lang der Fixierpunkt um 30° verlegt und die Registriervorrichtung entsprechend umgeschaltet.

Wenn auch die Registriervorrichtung an den McHardyschen und Collinschen Perimetern eine verhältnismäßig gefällige und leichte Form hat, so hat sie doch den Nachteil, daß sich bei sehr häufiger Anwendung der Zahntrieb und der Stift lockern oder sich die Teile der Vorrichtung verbiegen können. Dadurch leidet die Übereinstimmung zwischen der Stellung des Prüfungsobjektes auf dem Perimeter und des Stiftes auf dem Schema, und die Einzeichnung kann ungenau werden.

Wesentlich unhandlicher und äußerlich plumper, aber stabil und zuverlässig ist eine Registriervorrichtung, wie sie das Registrierperimeter nach Löw (Fig. 21) zeigt.

Auf dem wagrechten Ende des Gestells G erhebt sich die Kinnstütze K, welche aus einem eisernen Ständer mit einem in der Höhe verstellbaren hölzernen Kinnlager l besteht und an welchem oben ein Widerlager w für

Fig. 21.

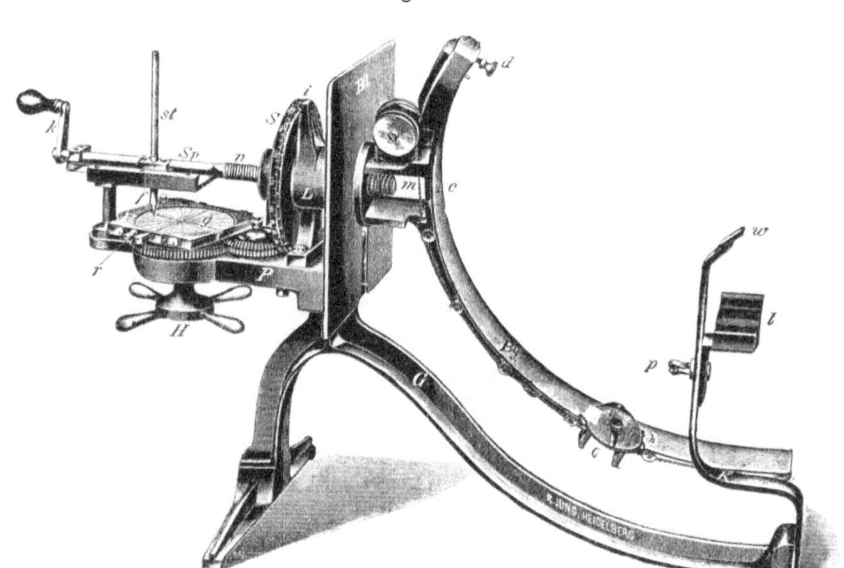

Perimeterkonstruktion nach Löw.

den unteren Augenhöhlenrand des Patienten angebracht ist. Der senkrechte Teil des Gestells trägt oben eine Platte P mit dem Lagerstück L und dem Registrierwerk. In dem Lager L befindet sich eine durchgehende Achse, die vorne mit dem Bogen Bg fest verbunden ist. Auf dem anderen Ende der Achse sitzt eine Scheibe S mit Teilung und ein großes Kegelrad.

Dieses Kegelrad ist durch drei andere Räder in Verbindung mit dem Träger T gebracht, worauf sich das Schema g des Gesichtsfeldes in horizontaler Lage befindet. Bei Drehung des unter P befindlichen Hebelrades H dreht sich das Schema und der Bogen stets im gleichen Sinne und um die gleiche Winkelgröße. Das Schema wird durch einen passenden Rahmen und eine von oben drückende Klappe Kl in der richtigen, zentrischen Lage gehalten.

Durch die Hauptachse hindurch ist eine lange Spindel Sp geführt, welche sich in der ersteren schraubt. Sp trägt außerdem noch am rechten Ende ein Gewinde, worin zwei Saiten befestigt sind, von denen sich beim Drehen von Sp eine ab-, die andere aufwickelt. Diese Saiten sind über Rollen längs des Bogens zu dem Objektschieber O geleitet und daran befestigt und zwar eine direkt, die andere über eine Rolle am Ende des Bogens laufend. Beim Drehen der Sp wird sich also der Objektschieber auf dem Bogen verschieben. Der Objektträger besteht aus einem Revolver, bei welchem man die Farben rot, gelb grün, blau und weiß in den □ Ausschnitt a der Deckscheibe bringen kann. Der Revolver ist auf dem Schieber O befestigt, welcher mittels dreier Röllchen auf dem aus einem Viertelkreis bestehenden Bogen Bg läuft.

Der linke Teil von Sp ist mit einem Schlitten verbunden, welcher die Führungshülse f für einen Farbstift trägt, der zum Markieren des Schemas dient. Am Ende von Sp befindet sich eine Kurbel k. Wird diese Kurbel nach links gedreht, so bewegt sich f mit dem Stift von der Mitte des Schemas nach außen und dementsprechend der Objektschieber des Bogens im gleichen Sinne. Wird die Kurbel nach rechts gedreht, so bewegen sich Farbstift und Objekt von außen nach innen.

Zur Bewegung des Objektschiebers dient eine Darmsaite, die nicht auf dem Perimeter schleift, wie bei den meisten Perimeterkonstruktionen, sondern über kleine Rollen läuft. Dadurch, daß die Saite infolgedessen nicht genau im Perimeterbogen, sondern in Sehnen läuft, entsteht ein kleiner Fehler, der aber auf dem Schema nur etwa $^1/_{40}$ mm ausmacht (auf der Fig. 21 ist an Stelle der Saite noch eine Kette gezeichnet, die bei früheren Modellen verwendet wurde, sich aber nicht recht bewährte).

In neuerer Zeit verfertigt die Firma Sydow in Berlin eine besonders einfache und daher nicht teure Registriervorrichtung: Der Stift, welcher die registrierende Spitze trägt, gegen die das Schema gedrückt wird, wandert auf der Scheibe in einer Schneckenlinie mit dem Objekt korrespondierend und gibt so dessen jeweiligen Stand an.

Ein selbstregistrierendes Perimeter, das in seinem Bau wesentlich von den gebräuchlichen abweicht, hatte Blix (1882) angegeben. Es stammt noch aus der ersten Zeit dieser Apparate. Das Prüfungsobjekt befindet sich am Ende eines dichteren Metallarmes und beschreibt bei dessen Umdrehung einen Kreis. Der Mittelpunkt des Kreises muß der Lage des Knotenpunktes des Auges entsprechen. Mit Hilfe einer Rollen- und Schnurübertragung macht ein Stift die Bewegungen mit, gegen den sich eine federnde Platte mit dem Schema drücken läßt.

Bei dem Hertzellschen Blitzlichtperimeter (s. S. 453) ist die Selbstregistrierung sehr einfach zu erreichen, weil hier kein Objekt bewegt wird, sondern an seiner Stelle eine Reihe verschiedener Kontakte vorhanden sind, welche nebeneinander liegen und welche auf den verschiedenen Graden des Perimeterbogens die Lämpchen zum Glühen bringen. Da die Brücke mit

28*

den Kontakten entsprechend den verschiedenen Meridianstellungen des Perimeterbogens drehbar ist, so erfolgt die Meridianeinstellung selbsttätig. Die
Aufzeichnung entsprechend den einzelnen Parallelkreisen wird dadurch erreicht, daß durch etwas stärkeren Druck der entsprechend gelegenen Kontakte sich ein Stift in das darunterliegende Schema eingräbt.

Fig. 22.

Selbstregistrierendes Perimeter nach PRIESTLEY SMITH.

Einfach und gerade deswegen recht praktisch ist das Registrierperimeter nach PRIESTLEY SMITH (1883) (s. Fig. 22). Ein Viertelkreisbogen ohne
Gegengewichte, aber über den Fixier- bzw. seinen Drehpunkt etwas hinüber-
ragend, ist auf seiner konvexen Seite graduiert. Das Objekt wird entweder
an einem Stabe entlang geführt oder es wird ein Schieber, der auf dem

Bogen gleitet, mit Hilfe eines Hakens bewegt. Hinter dem Drehpunkte dieses Perimeterbogens befindet sich eine runde Metallplatte *M*. Die Drehung des Bogens wird bei einigen Modellen in einem Abstand von 15 zu 15° durch eine Feder aufgehalten. Die Metallplatte trägt auf der Rückseite einen Rahmen *k* zur Aufnahme des Schemas. Auf der Platte und 'dem eingespannten Schema liegt nun eine feste horizontale Leiste, welche graduiert ist entsprechend den Parallelkreisen des eingespannten Schemas. Wird der Perimeterbogen in die verschiedenen Meridianeinstellungen gedreht, so dreht sich gleichzeitig das Schema unter der graduierten Leiste

Fig. 23.

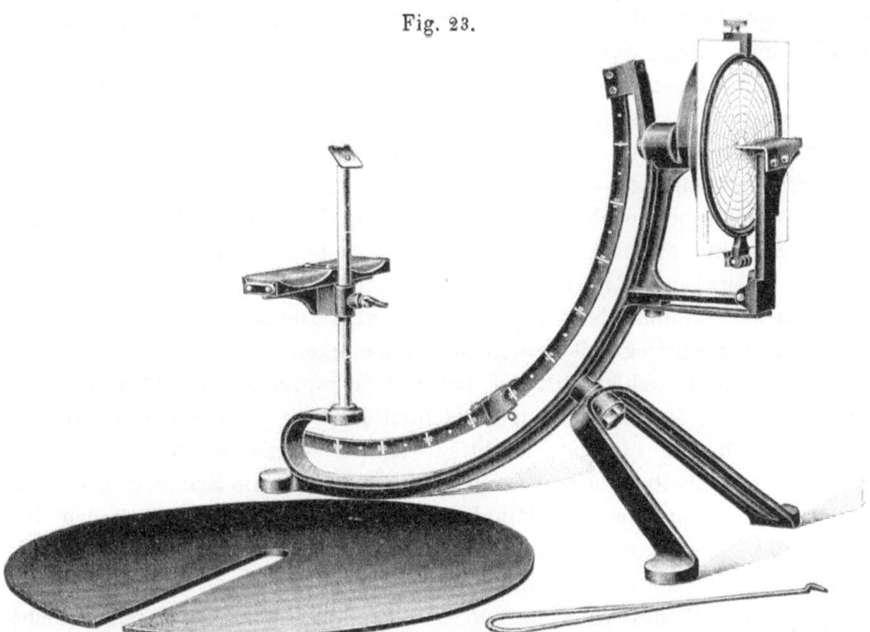

Selbstregistrierendes Perimeter nach Priestley-Smith, in etwas geänderter Form.

mit, so daß diese stets die Meridianstellung des Bogens selbsttätig anzeigt. Die Exzentrizität des Prüfungsobjektes muß allerdings am Bogen abgelesen werden, wird aber dann einfach mit Hilfe der Graduierung der Leiste an dieser entlang mit einem Stift eingestochen. Der Apparat registriert also nur die Meridianstellung, nicht die Exzentrizität des Objektes von selbst, ist aber wegen seines einfachen Baues zuverlässig und stabil und eignet sich daher besonders gut für größere Polikliniken.

Der Apparat wird neuerdings auch in veränderter Form hergestellt, derart, daß sich das Objekt über den Fixierpunkt hinüber bewegen läßt, zur Erleichterung der Aufnahme zentraler Skotome (s. Fig. 23).

Die neueren Formen des Perimeters werden in verschiedener Ausführung und mit verschiedenem Radius des Bogens (25 und 33 cm) geliefert. Vorzuziehen sind stets Apparate mit 33 cm Radius und mit breitem Perimeterbogen.

Rückblick auf die Perimeterkonstruktionen.

Welchem von den verschiedenen hier angeführten Perimetern der Vorzug gegeben werden soll, hängt so sehr von dem Geschmack des Untersuchers ab, daß es nicht möglich ist, bestimmte Konstruktionen zu empfehlen. Auch werden von den verschiedenen Firmen, welche die Herstellung der Apparate übernehmen, noch mannigfaltige Vereinfachungen und Verbesserungen gegenüber den von den Autoren ursprünglich angegebenen Modellen vorgenommen, wenn auch das Prinzip erhalten bleibt.

Immerhin lassen sich jedoch gewisse Richtlinien geben, welche die Anschaffung eines zweckmäßigen Perimeters erleichtern können.

Alle Perimeter mit künstlicher Beleuchtung können niemals solche mit Pigmentfarben-Objekten ersetzen, weil sie nur im Dunkelzimmer anwendbar sind, also Untersuchungsbedingungen schaffen, die nicht in jedem Falle genügen. Sie sind also als alleiniges Instrument unzweckmäßig.

Den selbstregistrierenden Perimetern ist überall dort, wo es auf Zeitersparnis ankommt, der Vorzug einzuräumen. Die neueren Konstruktionen arbeiten fast durchweg mit genügender Genauigkeit. Eine federnde Schutzhülse für den Einschlagsstift ist bei den entsprechenden Apparaten zu empfehlen (s. S. 432). Ein großer Nachteil ist aber immer die unvermeidliche Objektführung mit dem Schlitten, einmal wegen seiner weiter unten gerügten Unebenheiten, zum anderen dort, wo es sich um Schnurübertragung handelt, die leicht ihre Gleitfähigkeit einbüßt. Er wird vermieden bei Konstruktion von Priestley-Smith (S. 436), bei welcher nur eine Selbstregistrierung der Meridiane ermöglicht wird. Bei starker Inanspruchnahme ist dieses Modell deswegen besonders zu empfehlen. Das ursprüngliche Modell hat leider nur 25 cm Radius.

Die Entfernung zwischen Auge und Fixierpunkt sollte nämlich nicht weniger als 33 cm betragen, weil sonst die Ungenauigkeiten der Untersuchung zu groß werden. Aus diesem Grunde können auch alle Taschenperimeter und ähnliche verkleinerte Konstruktionen nur immer Notbehelfe darstellen.

Wenn auch die Mehrzahl der Untersucher auf die ausgesprochenen Hohlkugelperimeter schon wegen ihrer Unhandlichkeit verzichten werden, so empfiehlt es sich doch, wenigstens einen breiten Perimeterbogen zu wählen, um einen einigermaßen gleichmäßigen Untergrund für das Objekt zu schaffen, mag man dabei den Viertelbogen mit Gegengewicht oder den Halbkreisbogen nach Art des Försterschen Perimeters vorziehen. Im ersteren Falle ist es wünschenswert, daß sich das Objekt über den Fixierpunkt noch ein Stück nach der andern Seite hinausführen läßt. Die Gradeinteilung des Bogens darf natürlich dem zu Untersuchenden keinesfalls sichtbar sein.

Verzichtet man ganz auf selbstregistrierende Konstruktionen, so wähle man ein Perimeter mit breitem Viertelkreisbogen ohne Objektschlitten. Ein federndes Einschnellen in die verschiedenen Meridianstellungen ist wünschenswert.

Die Perimeterprüfung in verschiedener Entfernung läßt sich an keiner der Konstruktionen in befriedigender Weise vornehmen. Will man sich für bestimmte Zwecke nicht mit der kampimetrischen Prüfung behelfen, so kommt das S. 413 beschriebene Verfahren von HELMBOLD-GOLDSTEIN-GELB in Betracht (»Fadenperimeter«).

Zur Untersuchung der zentralen Gesichtsfeldpartien bedarf es außer dem Perimeter noch einer besonderen Vorrichtung, welche die Untersuchung in größerer Entfernung bei freier Objektführung vor gleichmäßig schwarzem Hintergrunde vorzunehmen gestattet. Die auf das Perimeter aufzusetzende UHTHOFFsche Scheibe ist daher m. E. allein noch nicht ausreichend. Entweder kommt hierfür wieder die kampimetrische Untersuchung in Betracht, oder ein Hohlkugelsegment von größerem Radius nach IGERSHEIMER. Die Tafel (Kampimeter) hat vor letzterem immer den Vorteil, daß man die Entfernung, in der untersucht werden soll, jederzeit wechseln kann und daß die Helligkeit des Prüfungsobjektes in allen Teilen der Tafel eine gleichmäßige ist (s. S. 448), ist aber dafür nur für einen relativ kleinen zentralen Bezirk verwertbar, während das IGERSHEIMERsche Hohlkugelsegment eine Untersuchung bis zu 50° Abstand vom Fixierpunkte gestattet.

5. Die Prüfungsobjekte und der Untergrund.

Bei der Mehrzahl der modernen Perimeter, aber auch bei vielen älteren (z. B. dem FÖRSTERschen Perimeter) ist am Bogen des Instrumentes ein Schlitten angebracht, welcher an ihm entlang gleitet, und an welchem sich das Objekt selbst als eine weiße oder farbige Scheibe in runder oder Quadratform anbringen läßt. Die umfangreichen Schlitten tragen, wie bereits bei einzelnen Konstruktionen erwähnt wurde, zwei übereinanderliegende Scheiben, von denen die obere verschieden große Ausschnitte oder Blenden trägt, zur Veränderung der Objektgröße, während die untere aus einem weißen und verschiedenfarbigen Feldern besteht, um die Objektfarbe wechseln zu können. Die Schlitten können häufig durch Schnur- oder Drahtlauf mit Hilfe einer Kurbel oder eines Rades verschoben werden.

Bei anderen Apparaten, z. B. dem S. 436 beschriebenen PRISTLEY-SMITHschen Perimeter, trägt der Schlitten eine Öse, in welche ein Haken, der an langem Stiel befestigt ist, eingeführt werden kann. So wird das Objekt bewegt, ohne daß die Hand des Untersuchers im Bereich des Gesichtsfeldes sich befindet.

Schließlich sind im Vorstehenden Modelle (Hohlkugelperimeter von Mondejar, Kampimeter von de Wecker) beschrieben worden, bei welchen das Objekt unsichtbar vom Beobachter von rückwärts her in Schlitzen des Apparates bewegt wird, ein Verfahren, das auch bei einigen Skotometern (s. später), vor allem von Gradle und Marx (s. unten) angewendet wurde.

Alle derartigen Konstruktionen, besonders die Schlitten, haben einen schweren Nachteil, daß nämlich unter Umständen die kaum zu umgehenden Kanten und Ecken des Objektträgers störend wirken können. Bei starker Inanspruchnahme kommt an den Kanten gar noch das glänzende Metall zum Vorschein. Besonders die Prüfung der zentralen Gesichtsfeldteile wird dadurch recht ungenau. Jedenfalls steht ihr Nutzen nur selten im Einklang mit den Mehrkosten, welche ein derartiger Apparat verursachen muß, ganz abgesehen, daß nicht selten Reparaturen notwendig werden. Am besten ist es, man wendet sie nur dort an, wo sie unentbehrlich sind, nämlich bei den selbstregistrierenden Perimetern (s. später), bei denen der Objektschlitten in irgendeiner Weise mit der Registriervorrichtung verbunden sein muß.

Bei allen nichtregistrierenden Apparaten bedient man sich am einfachsten und praktischsten einer mattschwarzen (bzw. in der Farbe des Perimeterbogens gehaltenen) Führungsstange, an welcher das Objekt z. B. in Form eines Quadrates befestigt ist, und führt dieses mit der Hand am Bogen entlang. Man kann so die Art und Schnelligkeit der Objektbewegung beliebig verändern, kann leicht das Objekt aus Papier oder Tuch jederzeit neu ergänzen (aufkleben) und hat den Vorteil, ohne Unkosten stets saubere Objekte zur Hand zu haben. Solche Objekte sind leicht selbst herzustellen. Es genügt z. B. ein Holzgriff, der vorn einen Schlitz trägt, in welchem ein Pappstückchen mit dem Quadrat — man stellt sich derartige Objekte von verschiedener Größe her — eingesteckt wird.

Will man sich fertige Objekte verschiedener Größe in besserer Ausführung anschaffen, so empfehlen sich sehr die von Simon angegebenen runden Scheibchen von verschiedenem Durchmesser (1, 2, 5 mm usw.), die an einem dünnen Draht befestigt sind, der in einen ebenfalls dünnen langen Handgriff eingesteckt wird, so daß die Objektgröße ausgewechselt werden kann. Auch farbige Objekte werden in der gleichen Weise angewendet.

Andere häufig gebrauchte Vorrichtungen sind vierkantige schwarze Stäbe, welche an ihrem Ende auf jeder Seite eine verschiedenfarbige Objektscheibe tragen, die entweder aufgeklebt, oder in eingeschnittenen Vertiefungen mit Farbe aufgetragen sind. Ferner Fächer aus Leisten, die an einem Ende zusammengehalten werden, während die Enden Scheiben von verschiedenem Durchmesser und verschiedener Farbe tragen. Neuerdings hat Oppenheimer (1914) einen Objektträger aus Aluminium angegeben, der ähnlich wie in dem ersterwähnten Schlitten Scheiben mit Blenden und mit verschiedenen Farben trägt.

Doch bieten alle diese letzterwähnten Objektträger verhältnismäßig wenig Vorteile. Insbesondere sind die mit Farbe hergestellten Objektscheiben denen aus aufgeklebtem gutem Papier oder Tuch unterlegen, da sie sich nicht so häufig und einfach erneuern lassen.

GRADLE (1915 u. 1916) und MARX (1918 u. 1920) haben neuerdings zur Vervollkommnung des BJERRUMschen Verfahrens (s. später) empfohlen als Objekte weiße und farbige Stahlkugeln zu verwenden, welche auf einem ausgespannten Tuchvorhang von der Rückseite her mit einem Magneten bewegt werden. Hierbei ist Führungsstange des Objektes und der Untersucher für den Beobachter vollkommen unsichtbar. Die Fixation wird durch ein Loch in der Mitte des Vorhanges kontrolliert.

Finden die Untersuchungen mit kleinen Objekten (unter 5 mm) und in größerer Entfernung vom Beobachter statt, wie es bei der von BJERRUM eingeführten und neuerdings besonders von IGERSHEIMER weiter ausgebauten Methode der Prüfung der zentralen Teile des Gesichtsfeldes der Fall ist, so hat man sich auch kleiner Elfenbeinkugeln bedient. Sie sind natürlich nicht einem flächenhaften Objekt gleicher Größe gleichzusetzen, da die Belichtung durchaus ungleichmäßig ist, haben dafür allerdings den Vorteil, daß sie wenigstens insofern immer annähernd gleichmäßig hell belichtet sind, als der Winkel des Lichteinfalles auf das Objekt ohne Einfluß auf dessen Helligkeit ist.

Die Grenzen der Verfeinerung der Gesichtsfeldprüfung durch die Verkleinerung der Objekte. Ich komme damit auf die Bestrebungen der jüngsten Zeit, durch möglichste Verringerung der Netzhautbildgröße der Prüfungsobjekte allerfeinste Ausfälle im Gesichtsfeld nachweisen zu wollen, welche bei gewöhnlicher Untersuchung der Beobachtung entgehen würden. HESS (1919) hat diese Verfahren kurz und treffend unter dem Namen »Punktperimetrie« zusammengefaßt und bereits eine eingehende Kritik ihrer Leistungsfähigkeit gegeben. IGERSHEIMER (1916 und 1918) prüfte in einer Entfernung von 1 m mit Objekten von 2 mm (unter Umständen selbst von 1 mm Durchmesser). Das Netzhautbild eines derartigen Objektes von 2 mm hat nach HESS' Berechnungen unter Zugrundelegung des reduzierten Auges und ohne Berücksichtigung der vielfachen Unregelmäßigkeiten in den brechenden Medien einen Durchmesser von 30 μ, und ihr Lichtkegel ist selbst bei einer Pupillenweite von 4 mm erst etwa halb so groß, wie die Breite eines Netzhautgefäßes in der Nähe der Papille. Hieraus ergibt sich schon, daß die Netzhautgefäße die Lichtintensität des Perimeterobjektes in unkontrollierbarer Weise zu vermindern imstande sind; dazu kommt, daß in der Umgebung der Sehnervenpapille die Ausstrahlung der Sehnervenfasern ein weiteres optisches Hindernis abgibt, durch welches ein erheblicher Teil der auffallenden Lichtstrahlen reflektiert und zerstreut wird, so daß sie für die perzipierenden Elemente verloren gehen. Nach

der Peripherie der Netzhaut hin liegen zwar in dieser Hinsicht die Verhältnisse günstiger, doch kommen hier andere Hindernisse in Betracht: mit zunehmender Exzentrizität gelangt von den vom Objekt zur Pupille verlaufenden
Strahlen nur ein Teil zur Netzhaut (die Abnahme entspricht annähernd dem
Kosinus des Einfallswinkels). Außerdem nimmt die Lichtstärke der Objekt-
scheibchen beim Bewegen im Perimeterbogen weiterhin auch dadurch ab,
daß das Licht nicht mehr senkrecht auf sie auffällt, und zwar ebenfalls entsprechend dem Kosinus des Einfallswinkels.

Dieser Fehler läßt sich zwar dadurch ändern, daß man die Scheibchen so
hält, daß das Licht überall annähernd senkrecht auffällt, doch wird durch diese
schräge Haltung natürlich wieder der scheinbare Durchmesser verringert. Man
kann wenigstens dadurch die Bedingungen für alle Stellen der Netzhaut annähernd
gleichmäßig gestalten, daß man Elfenbeinkugeln verwendet. Freilich ist dann, wie
bereits erwähnt, nicht der ganze Durchmesser der Kugel gleichmäßig belichtet.

Endlich ist das kleine Bild auf der peripheren Netzhaut auch weniger
scharf, als in den zentralen Partien infolge des hier vorhandenen Astigmatismus. Rechnet man zu dem allen noch die Lokaladaptation, welche in den
peripheren Teilen des Gesichtsfeldes derartige kleine Objekte schnell unsichtbar macht, wenn diese nicht mit einer gewissen Schnelligkeit bewegt
werden, so ergibt sich, daß bei dieser Verfeinerung der Methodik leicht
S c h e i n s k o t o m e auftreten können, welche sich von wirklichen Skotomen
nicht mehr mit Sicherheit trennen lassen.

Wir sehen also, daß hier sehr bald der Verkleinerung der Objekte eine
Grenze gesetzt wird, und daß bei einer Untersuchung in 1 m Entfernung
eine Objektgröße von weniger als 5 mm Durchmesser unsichere Ergebnisse
liefern muß, sowie man sich aus der nächsten Umgebung des Fixierpunktes
entfernt.

Hess betont ferner auch, daß eine Steigerung der Lichtintensität so
kleiner Objekte nichts weiter erreichen würde, als daß infolge der Lichtzerstreuung im Auge der Durchmesser des Netzhautbildes zunehmen würde,
also der gleiche Erfolg erzielt werden würde, als wenn von vornherein ein
lichtschwächeres, aber größeres Objekt zur Untersuchung gewählt werden
würde.

Der Untergrund des Perimeters für die Objekte ist am besten schwarz
bzw. dunkelgrau, um bei weißen Objekten die Wirkung des Simultankontrastes
ausnutzen zu können. Über den Einfluß der Helligkeit des Untergrundes
auf die Grenzen des Gesichtsfeldes siehe S. 460 ff. Für die Erkennung
farbiger Objekte wäre ein Untergrund, welcher die gleiche Helligkeit wie
die Objekte besitzt, allerdings am günstigsten. Doch ist es aus begreif-
lichen Gründen kaum möglich, hierfür ein geeignetes Grau zu finden,
das unter allen Umständen diese Forderung auch nur annähernd erfüllt.
S. auch S. 507 ff.

Daß es bei dem Untergrund wichtig ist, störende Nebeneindrücke möglichst zu beseitigen, wurde schon mehrfach hervorgehoben. Hierher gehören die Schlittenobjekte der Perimeter, wenn sie abgebraucht sind. Die Perimeterbogen selbst sollen möglichst breit sein, um dem Objekt eine möglichst große Unterfläche zu bieten. Daß es nicht statthaft ist, die Gradeinteilung auf der Innenseite bzw. sichtbar für den Beobachter anzubringen, wird aus naheliegenden Gründen jedem einleuchten.

Der Hintergrund des Perimeters wird am besten durch eine gleichmäßig und nicht weiß gefärbte Zimmerwand gebildet, von welcher alle sich stark abhebenden Gegenstände entfernt sind. Der zentrale Teil des Gesichtsfeldes ist ohnehin bei den meisten modernen Perimetern durch eine aufgesetzte Scheibe abgedeckt, schon um die Bewegungen des Untersuchers etwas zu verbergen.

Wenn man die feineren Gesichtsfelduntersuchungen im zentralen Bezirke an einer schwarzen Tafel nach Bjerrum untersucht (s. S. 473), so sind Maßnahmen, wie schwarzgestrichener Raum und schwarze Kleidung des Untersuchers, wie sie Ole Bull und Wilbrand anwenden, im allgemeinen entbehrlich.

6. Die Objektführung.

Die Führung des Prüfungsobjektes erfolgt im allgemeinen von außen her in das Gesichtsfeld hinein, also zentripetal. Bei umgekehrter, d. h. zentrifugaler Führung erhält man normalerweise etwas weitere Grenzen (s. a. S. 486 ff.).

Bei inselförmigen Defekten (Skotomen) geht man meist so vor, daß man umgekehrt den Moment des Verschwindens des Objekts im Bereich des Skotoms feststellt. Bei kleinen Skotomen führt man auch das Objekt quer durch den Defekt und stellt den Augenblick des Verschwindens, sodann den des Wiederauftauchens fest. In den zentralen Teilen des Gesichtsfeldes sind die Unterschiede im Ergebnis bei beiden Führungsarten, d. h. in das Skotom hinein oder umgekehrt aus dem Skotom heraus, nicht so erheblich.

Die Objektführung soll mit mäßiger Geschwindigkeit geschehen. Die Gleichmäßigkeit spielt hierbei für die Zuverlässigkeit der Ergebnisse eine große Rolle und macht sie bei Anfängern nicht selten ungenau und unbrauchbar. Bei der sehr leichten Lokaladaptation der Netzhaut in der Peripherie ist ein zu langsames Führen ebenso zu verwerfen, wie bei einer zu schnellen Führung die Fehlermöglichkeiten steigen müssen, da der Untersuchte nicht so schnell seine Wahrnehmung äußern kann. Viele Untersucher (Landolt, Hess u. a.) pflegen das Objekt in der Peripherie mit auf dem zu prüfenden Meridian senkrechten oszillierenden Bewegungen dem Fixierpunkte zu nähern. Hierbei wird einerseits ein größerer Netzhautbezirk gereizt, andererseits eine schnelle Lokaladaptation vermieden; zugleich wird auch die Aufmerksamkeit auf die ersten schwachen Empfindungen des Objektes in erhöhtem Maße gelenkt. In den zentralen Gesichtsfeldbezirken erfolgt die Bewegung besser stetig, um die Genauigkeit der Ergebnisse nicht zu beeinträchtigen.

Hierbei sei erwähnt, daß unter Umständen bei künstlicher Beleuchtung das Oszillieren des Objektes ersetzt werden kann durch abwechselndes Verdunkeln und Aufleuchten, z. B. am HERTZELschen Perimeter und bei der POPPELREUTERschen Anordnung (S. 455).

Da keine Gesichtsfeldprüfung zu lange ausgedehnt werden soll, kann man nicht in allzuvielen Meridianen prüfen. Man muß hier sehr individualisieren, und erreicht oft bei zerebralen Leiden, z. B. Hirntumoren u. a. Erkrankungen, mit Bestimmungen in wenigen Meridianen zuverlässigere Ergebnisse, als wenn man möglichst genau prüfen will. Es empfiehlt sich im allgemeinen, bei Verdacht auf eine Einengung der Grenzen in einem bestimmten Teil des Gesichtsfeldes, etwa beim Glaukom, zuerst wenige Bestimmungen in den Meridianen vorzunehmen, wo am wenigsten Störungen zu erwarten sind, um den Beobachter in die Methode etwas einzuführen, und dann in möglichst vielen Meridianen die kritische Stelle der Grenze zu untersuchen.

Wegen der starken Lokaladaptation der Gesichtsfeldperipherie ist es auch zweckmäßig, als Fixierpunkt bei der Gesichtsfeldprüfung am Perimeter keinen Punkt zu wählen, vielmehr bedient man sich statt dessen einer allgemein eingeführten kleinen Fixierscheibe. Sie ermöglicht dem zu untersuchenden Auge in geringem Umfange ein Wechseln des Fixationspunktes, ohne daß die Genauigkeit der Untersuchung dadurch nennenswert beeinträchtigt wird.

Die Richtung der Objektführung ist am Perimeterbogen auf eine rein radiäre beschränkt. Für die Prüfung normaler und annähernd konzentrisch eingeengter Gesichtsfelder ist diese Art der Bewegung auch die zweckmäßigste, denn die Bestimmung ist am zuverlässigsten, wenn die Objektführung senkrecht auf die Grenze des Gesichtsfeldes bzw. die Grenze zwischen erhaltenem Gesichtsfeldbezirk und Ausfall erfolgt.

Dieser Forderung entsprechend muß die radiäre Führung aber stets dann unzweckmäßig werden, wenn die Grenze des Gesichtsfeldausfalles nicht mehr annähernd konzentrisch, sondern etwa gar selbst radienförmig verläuft. Das ist der Fall z. B. bei vielen hemianopischen Defekten, bei dem sogenannten nasalen Sprung im Gesichtsfelde bei Glaukom und anderen Sehnervenerkrankungen (RÖNNE), sowie annähernd auch bei den feineren bogenförmigen Nervenfaserdefekten, welche vom blinden Fleck ihren Ausgang nehmen.

Hier genügt daher der Perimeterbogen nicht mehr; vielmehr ist die sogenannte freie Objektführung an einer planen Fläche (Kampimeter) oder Hohlkugelinnenfläche notwendig, um auch hier senkrecht auf die Defekte perimetrieren zu können. Das Vorgehen von BJERRUM und RÖNNE bei der Untersuchung am schwarzen Schirm bzw. Vorhang entspricht dieser Forderung (S. 473).

Mit Recht hat auch IGERSHEIMER (1916 und 1918) neuerdings darauf hingewiesen, daß überall dort, wo vermutet werden muß, daß die Funktionsausfälle im Gesichtsfelde dem Verlaufe der bekannten Nervenfaserausbreitung in der Netzhaut folgen — und das ist bei vielen Sehnervenerkrankungen der Fall —, es notwendig ist, die Objektführung senkrecht auf eben diesen Nervenfaserverlauf vorzunehmen, d. h. also den blinden Fleck zu umkreisen und z. B. nach der Macula lutea und der nasalen Raphe hin eine entsprechend mehr vertikale Führung der Prüfungsobjekte vorzunehmen.

Will man die Bestimmung am Perimeter vornehmen, so bleibt nur übrig, im Falle eines annähernd meridionalen Verlaufes der Gesichtsfeldgrenzen an der betreffenden Stelle in sehr dicht nebeneinanderliegenden Meridianen (5—10° Abstand voneinander) zu untersuchen.

Über Objektführung mittels Magneten s. S. 441.

Verschiebung des Netzhautbildes des Objektes mittels Prismen. Während bei fast allen Perimeteruntersuchungen das Objekt vom Untersucher durch das Gesichtsfeld geführt wird, ist auch vorgeschlagen worden, ein unbewegtes Objekt zu benutzen und dessen Bild mit Hilfe drehbarer Prismen über die Netzhaut zu verschieben. REID (1886) hat zuerst diese Methode angewandt und dabei das Bild eines leuchtenden Punktes benutzt.

Neuerdings hat EPPENSTEIN (1918) hierzu den bekannten Universalprismenapparat von BIELSCHOWSKY verwendet. Er untersucht in 1 m Entfernung und benutzt als Objekt ein schwarzes Quadrat von 1 cm Seitenlänge auf hellem Grunde. Die Fixation erfolgt, indem er vor jedes Auge einen Prismenapparat setzt, d. h. es wird ähnlich wie beim Verfahren von HAITZ (s. später) binokular beobachtet. Die Bildverschiebung in der Horizontalen wird durch entsprechende Drehung des Prismas, welches sich vor dem zu untersuchenden Auge befindet, erreicht, die Bildverschiebung in der Senkrechten dadurch, daß das Prisma vor dem fixierenden Auge um 1°, 2° usw. nach oben und unten eingestellt wird. Um Fusionsbestrebungen, durch welche die Stellung der Augen zueinander verändert werden könnte, zu vermeiden, werden die beiden Doppelprismen von vornherein so eingestellt, daß eine abduzierende Wirkung von 10° resultiert, die bei dem Ergebnis natürlich in Rechnung gestellt werden muß.

Das Verfahren eignet sich natürlich nur für bestimmte Zwecke, und wurde von EPPENSTEIN dazu verwendet, um den Durchmesser des blinden Fleckes zu bestimmen. Für die Untersuchung auf die eben erwähnten sogenannten Nervenfaserdefekte ist dieses Prismenverfahren kaum anwendbar, weil auch bei ihm die Richtung der Objektführung nicht frei genug stattfinden kann.

Erwähnt sei, daß MILLETS (1896) einen Glaskegel von genau bekanntem Brechungsindex verwendete, dessen Mantel zur Basis einen bestimmten Winkel bildete. Der Kegel verwandelte ein Glühlicht in einen Lichtkreis, der 70° von der Fovea entfernt sich auf der Netzhaut abbildete. Sollte das Objekt näher am Fixierpunkt erscheinen, wurde ein anderer Kegel mit entsprechend anderer Neigung eingesetzt, dessen Bild in 60° Entfernung von der Fovea zu liegen kam usw. Die Anwendung eines derartigen Verfahrens ist natürlich umständlich und recht beschränkt.

7. Die Beleuchtung bei der Gesichtsfelduntersuchung.

a) Verwendung des Tageslichtes.

Da es sich meist darum handelt, bei möglichst gutem Licht bzw. bei guter Helladaptation des Auges zu untersuchen, muß das Tageslicht möglichst ausgenutzt werden. Perimeteruntersuchungen sind demnach, wenn irgend möglich, in die hellen Stunden des Tages zu verlegen.

Freilich schwankt das Tageslicht bekanntlich sehr in seiner Intensität, nicht nur nach dem Stande der Sonne, sondern auch je nach der Bedeckung des Himmels. Bei genauen Untersuchungen muß daher außer der Tageszeit immer notiert sein, ob wolkenloser Himmel, weiße Wolken oder bedeckter Himmel zur Zeit der Prüfung vorlag.

Als Kontrolle für die Konstanz des Tageslichtes hat WOLFFBERG (1885) auf Grund größerer Versuchsreihen für die Praxis folgende Prüfung des zentralen Lichtsinnes empfohlen: wenn an hellen Tagen bei diffusem Licht die besten Augen mit etwa 1,5 Sehschärfe ein weißes Objekt von 0,2 mm Durchmesser auf schwarzem Samtgrunde in 5 m Entfernung bei Abhaltung seitlichen diffusen Lichtes noch eben wahrnehmen, so ist man berechtigt, diejenige Tagesbeleuchtung, bei welcher dasselbe Objekt unter den gleichen Bedingungen wieder wahrgenommen werden kann, als hinreichend konstant anzusehen. TREITEL (1888) benutzt in ähnlicher Weise die Bestimmung des zentralen Lichtsinnes als Maßstab für die Beleuchtung.

Neuerdings haben FERREE und RAND (1913) folgendes Verfahren empfohlen, um einen bestimmten Grad einer Beleuchtung im Zimmer immer wieder zu finden: man nimmt eine graue Fläche (HERINGS Grau Nr. 14) und stellt für die betreffende Beleuchtung eine Gleichung auf dem Farbenkreisel mit schwarzen und weißen Sektoren her. Die geringste Änderung der Helligkeit des Zimmers stört die Gleichung sofort. Man verschiebt dann die Vorhänge so lange, bis die Gleichung wieder hergestellt ist.

Um im Untersuchungszimmer das vorhandene Tageslicht möglichst voll auszunutzen, stellt man das Perimeter in einem Raume mit einem Fenster so auf, daß der zu Untersuchende in dessen Nähe und mit dem Rücken gegen das Fenster zu sitzen kommt, das Perimeter demnach seine Konkavität dem Fenster zukehrt. Dadurch wird allerdings in dem unteren Teile des Gesichtsfeldes infolge Beschattung durch den zu Untersuchenden die Beleuchtung des Objektes etwas ungünstiger. In einem mehrfenstrigen Untersuchungsraum stellt man deswegen den Apparat besser zwischen zwei nebeneinander oder noch besser rechtwinkelig zueinander liegende Fenster auf, dabei wieder so, daß der zu Untersuchende dem Licht den Rücken kehrt, dieses demnach voll auf das Prüfungsobjekt fällt. Zur gleichmäßigeren hellen Beleuchtung ist auch empfohlen worden, das Perimeter in einem vorgebauten Glaserker aufzustellen.

Soll bei herabgesetzter Beleuchtung untersucht werden, so muß das Tageslicht entsprechend gedämpft werden. Am einfachsten erzielt man die Lichtherabsetzung natürlich durch Schließen dunkler Fenstervorhänge bis auf einen entsprechend kleinen Spalt. Freilich ist eine quantitative Herabsetzung auf diese Weise auch nicht annähernd möglich. Man muß sich dann darauf beschränken, das Zimmer soweit zu verdunkeln, daß für einen Normalen, welcher sich die gleiche Zeit dunkeladaptiert hat, wie der zu Untersuchende, das Prüfungsobjekt eben noch bis zu den normalen Gesichtsfeldgrenzen hinaus erkannt wird.

Will man die Abstufung der Beleuchtung meßbar regulieren, so ist ein Dunkelraum unerläßlich, in dessen Fensterladen sich ein quadratischer Ausschnitt befindet, welcher am besten durch mattes Glas verschlossen ist. Der Ausschnitt soll so hoch liegen, daß der Kopf des Patienten, der wieder mit dem Rücken gegen das Fenster sitzt, den unteren Rand nicht erreicht, um Beschattungen zu vermeiden. Der Ausschnitt wird am einfachsten durch einen Aubertschen Schieber verschlossen (zwei gegeneinander verschiebliche rechtwinkelige Ausschnitte).

Statt des Schiebers können auch Rahmen verwendet werden, welche mit verschiedenen Lagen Seidenpapier bespannt sind, die das einfallende Licht je nach ihrer Zahl abdämpfen (Wolffberg 1885). Freilich muß zuvor photometrisch bestimmt werden, um wieviel durch das Papier das Licht geschwächt wird. Bei kleineren Öffnungen kann durch graue Filmscheiben in ein- oder mehrfachen Lagen der Lichteinfall um einen gewissen Prozentsatz verringert werden, der ebenfalls photometrisch gemessen werden kann.

Endlich ist es möglich, durch Aufsetzen grauer Gläser von bekanntem Lichtabsorptionsgrade für den Beobachter die Beleuchtung herabzusetzen (Katz 1893 u. A.).

Allen diesen mit Tageslicht arbeitenden Perimeterbestimmungen haften jedoch große Mängel an, die sich um so mehr bemerkbar machen, je geringer die Gesamtbeleuchtung ist. Ganz abgesehen von den unkontrollierbaren Schwankungen des Tageslichtes, welche keine absoluten Werte für die durchgelassene Lichtmenge ohne photometrische Bestimmung erlauben, sind natürlich besonders bei herabgesetzter Beleuchtung, nicht alle Stellen des Raumes, ja des Perimeters selbst, gleichmäßig belichtet. Je stärker die Beleuchtung herabgesetzt wird, desto weiter muß man sich mit dem Perimeter von dem Lichtfenster entfernen, um wenigstens einigermaßen diffuse Belichtung zu erhalten.

Vor allem aber spielt der Einfallswinkel des Lichtes auf das Perimeterobjekt eine große Rolle. Befindet sich das Fenster im Rücken des Beobachters, so beträgt der Einfallswinkel in der Umgebung des Fixierpunktes angenähert 90°, hier sind also die Beleuchtungsverhältnisse am günstigsten. Mit wachsender Exzentrizität am Perimeterbogen müßte die Beleuchtung mit dem Kosinus des Einfallswinkels abnehmen, wenn die Lichtquelle punktförmig oder doch sehr klein wäre. Das ist z. B. annähernd der Fall, wenn man in einem Dunkelzimmer die Beleuchtung durch eine kleine Öffnung reguliert. In diesem Falle würde bei einer Exzentrizität von 90° die Belichtung fast nur noch durch das schwache diffuse Zimmerlicht erfolgen.

Kommt das Licht in einem hellen Raum von einem größeren Fenster, so ist der Unterschied nicht gar so groß, da es sich hier nicht um eine punktförmige Lichtquelle handelt, aber immerhin besteht noch ein beträchtlicher Unterschied in der Helligkeit des Feldes bei seiner verschiedenen Lage auf dem Perimeterbogen. Es wird verstärkt dadurch, daß im allgemeinen das von unten zurückgeworfene Zimmerlicht beträchtlich schwächer zu sein pflegt, als das von oben reflektierte. Hess (1919) hat das durch einen hübschen einfachen Versuch demonstriert. Man bringt zwei weiße Quadrate an der tiefsten und höchsten Stelle eines senkrecht gestellten Perimeterbogens an. In der Gegend der Kinnstütze stellt man sodann zwei unter rechtem Winkel aneinanderstoßende Planspiegel mit wagerechter Kante so auf, daß der Beobachter bei passender Blickrichtung in den Spiegeln die beiden Scheibchen nebeneinander sieht. Der Helligkeitsunterschied tritt sofort deutlich hervor, und man kann ihn durch Zwischenschalten grauer Gläser von bekannter Absorption leicht angenähert bestimmen.

Weitere störende und unkontrollierbare Beeinträchtigungen der Helligkeit des Objektes kann, wie schon erwähnt, z. B. im unteren Teil des Gesichtsfeldes durch den Körper und Kopf des zu Prüfenden erfolgen, im oberen Teile durch die Beschattung des Auges durch die Wimpern (Hess).

Bei der Untersuchung des normalen Gesichtsfeldes mit größeren Objekten ist diese wechselnde Feldhelligkeit von relativ geringem Einfluß. Geht man jedoch unter Verkleinerung der Objekte oder unter pathologischen Verhältnissen bis an die Grenze der Wahrnehmungsschwelle, so muß diese natürlich durch derartige Differenzen beeinflußt werden.

Comberg (1920), der sich ebenfalls mit den bei natürlicher Beleuchtung auftretenden Helligkeitsdifferenzen beschäftigt hat, empfiehlt auf Grund seiner Versuche mit photographischen Expositionsmessern das Perimeter vor einem breiten hellen Fenster aufzustellen, also nicht zwischen zwei Fenstern. Zu beiden Seiten sollen weiße Blenden angebracht werden. Die Flächen des Fensterbrettes und des Fußbodens wünscht er weiß gestrichen.

Bei allen Perimeteruntersuchungen muß man sich jedenfalls über diese schwer vermeidbaren Fehlerquellen durchaus im klaren sein. Es kann sich immer streng genommen nur darum handeln, verschiedene Perimeteraufnahmen, die unter möglichst gleichen Beleuchtungsverhältnissen gemacht sind, miteinander zu vergleichen und dabei auf Differenzen von einigen Grad kein Gewicht zu legen.

b) Die Verwendung künstlicher Beleuchtung und die elektrischen Perimeter.

Frühzeitig hatte man versucht, sich von den Schwankungen der Tagesbeleuchtung und dem verschiedenen Einfallswinkel des auffallenden Lichtes dadurch unabhängig zu machen, daß man künstliche Beleuchtung verwendete.

Durch künstliche Beleuchtung ein einigermaßen befriedigendes gleichmäßiges diffuses Licht zu erzielen, wäre nur mit guter indirekter Deckenbeleuchtung zu erreichen. Bei gewöhnlicher Zimmerbeleuchtung, auch wenn sie hell ist, sind die Schwierigkeiten noch größer, als bei Tageslicht. Genaue Vorschriften lassen sich hier überhaupt nicht geben, da in jedem Raum die Art der Beleuchtungseinrichtung in Betracht gezogen werden muß.

Es ist versucht worden, in einem sonst dunklen Raum durch den Reflektor einer Lampe eine weiße Wand im Rücken des zu Prüfenden zu beleuchten und auf diese Weise ein möglichst helles diffuses Licht zu erzielen (Priestley-Smith 1883). Die Wirkung kann dann der eines Fensters im Rücken des Patienten nicht unähnlich sein.

Landolt und Hummelsheim werfen in der vorigen Auflage dieses Handbuches die Frage auf, ob man nicht durch Anbringung eines Leuchtkörpers an der Kinnstütze des Perimeters eine genügend helle und gleichmäßige Beleuchtung aller Teile des Gesichtsfeldes erzielen könnte.

Gelöst ist das Problem einer in allen Teilen des Perimeters gleichmäßigen Beleuchtung durch Tageslicht oder ihm durchaus gleichwertiges künstliches Licht bis heute nicht. Auch die verdienstvollen Bemühungen von Ferrée und Rand um eine befriedigende Beleuchtung des Perimeterbogens haben dieses Ziel nicht erreicht, obgleich das von diesen Forschern angegebene Perimeter mit der zugehörigen Beleuchtungsvorrichtung von der amerikanischen ophthalmologischen Gesellschaft als »Normaltyp für Klinik und Praxis« anerkannt wurde. Senkrecht zu den beiden Perimeterarmen ist ein dritter 90° langer Bogen angebracht worden, an dessen freiem Ende in dunklem Gehäuse eine regulierbare Beleuchtungsvorrichtung hängt, die den Perimeterbogen gleichmäßig beleuchtet. Das Licht ist aber dem gemischten Tageslicht nur ähnlich, außerdem mit den Stromschwankungen wechselnd. Vergleichbare Resultate würden nicht nur die Anwendung eben dieser Beleuchtungsquelle, sondern auch eine stetige genaue Regulierung der Stromstärke und eine dieser Beleuchtung streng angepaßte Voradaption voraussetzen, würden aber mit den Resultaten bei Tageslicht trotzdem nicht übereinstimmen.

Für den Dunkelraum sind eine Anzahl Vorrichtungen konstruiert worden, bei denen man ganz auf reflektiertes Licht verzichtete, und dafür selbstleuchtende Objekte verwendet wurden. Das einfachste Verfahren ist natürlich eine brennende Kerze den Bogen entlang zu führen, wie sie PURKINJE bereits für die Gesichtsfeldprüfung benutzte. Für feinere Untersuchungen sind Objekte und Fixierpunkt aus Leuchtfarbe angewendet worden (WILBRAND 1904).

Die elektrischen Lampen mußten sich für diesen Zweck besonders gut eignen, da man bequem mit einem kleinen in ein Kästchen eingeschlossenen Glühlämpchen eine Milchglasscheibe von rückwärts genügend gleichmäßig beleuchten kann. Auf diese Weise gelingt es, Objekte zu schaffen, deren Größe sich durch vorgesetzte Ausschnitte beliebig ändern, deren Helligkeit sich durch Rheostaten oder vorgesetzte Mattscheiben abstufen und deren Farbe sich durch vorgesetzte Glas- oder Gelatinefilter leicht variieren läßt.

Derartige von rückwärts erleuchtete Objekte können an dem Bogen jeden Perimeters einfach mit der Hand entlang geführt werden. So hat STARGARDT (1906) zur Untersuchung des Dunkelgesichtsfeldes ein Objekt konstruiert, bei welchem ein breiter Holzstiel von beiläufig 24 cm Länge ein Kästchen mit einer kleinen Glühbirne trägt. Der Blendenausschnitt stellt ein Quadrat von 2 cm Seitenlänge dar. Die für gewöhnlich angewendete Lichtintensität wird durch Vorsetzen einer Milchglasscheibe und einiger Kartonblätter erhalten, kann natürlich beliebig verändert werden. Ein sehr einfaches und zweckmäßiges Modell hat neuerdings WESSELY konstruiert, nämlich einen Aufsatz auf eine gewöhnliche elektrische Taschenlampe, mit welcher ein kleiner Rheostat verbunden ist. Durch Reflektion und zwischengesetzte Milchglasscheiben ist eine gleichmäßige Beleuchtung des Objektfeldes erzielt. Als Fixationspunkt dient eine zweite am Perimeter anschraubbare Lampe, welche einen kleinen wegen der bekannten geringen Adaptationsfähigkeit der Fovea centralis rot gefärbten Fleck freiläßt. Der besondere Vorteil liegt darin, daß sich die Helligkeit so stark herabsetzen läßt, daß das Objekt auch für das hochempfindliche dunkeladaptierte Sehorgan eine Aufnahme des Gesichtsfeldes gestattet und besonders bei Adaptationsstörungen und Netzhauterkrankungen zu empfehlen ist. (Die Bogenablesung muß in derartigen Fällen mit einer kleinen roten Taschenlampe erfolgen, um den Adaptationszustand des zu untersuchenden Auges nicht zu sehr zu stören).

Der WESSELYsche Apparat hat vor anderen im Prinzip sonst ähnlichen (s. u.) den Vorzug, daß der Aufsatz sowohl vor- als rückseitig ein Objektfeld trägt, von denen jedes für sich in der Helligkeit abgestuft werden kann. Auf diese Weise läßt er sich auch ohne Perimeter in der S. 395 genannten Weise verwerten, daß man die Untersuchung einfach in der Frontalebene in der Mitte zwischen Untersucher und Patient vornimmt und die so am eigenen Auge festgestellten Gesichtsfeldgrenzen als Kontrolle für eine etwa gefundene Einengung beim Patienten benutzen kann.

Kleine Apparate für die Dunkel-Gesichtsfeldprüfung haben ferner Neu-schüler (1899) und Wölfflin (1910) angegeben. Der des letzteren ist allerdings eigentlich für die Aufnahme des binokularen Gesichtsfeldes bei Schielenden bestimmt, läßt sich aber durch kleine Änderungen auch allgemein brauchbar gestalten. Das Objekt besteht aus einem von Hartgummi umschlossenen Lämpchen (um die Bewegung möglichst geräuschlos zu gestalten) und wird an einem Holzstiel entlang geführt. Es hat eine Führungsleiste, mit welcher es auf dem Perimeterbogen entlang gleitet, der Ausschnitt ist rautenförmig, damit die Spitze des Objektfensters ein genaueres Ablesen ermöglichen soll. Als Fixationsmarke dient auch hier wieder eine zweite Kapsel, welche eine Glühlampe enthält, und die mittels Stellschraube an jedem Perimeter befestigt werden kann. Das ebenfalls rautenförmige Fenster von 1,5 cm Seitenlänge könnte gegebenenfalls entsprechend verkleinert werden.

Der geringe Umfang, in welchem derartige Prüfungsobjekte hergestellt werden können, ermöglichen es leicht, Perimeter zu konstruieren, an welchen die Objekte mit einer Schlittenvorrichtung bewegt werden können, so daß sich auch eine Selbstregistriervorrichtung damit verknüpfen läßt. In diesem Sinne sind verschiedene elektrische Perimeter beschrieben worden, so von Hoor, Lewis, Wells, Johnson (1906), Polignani (1896), Polack (1905) und Collin (1906). Die von letzterem angegebene Konstruktion ähnelt in Form und Größe dem Mc Hardyschen selbstregistrierenden Perimeter. Auf der Innenfläche des Perimeterbogens ($^1/_4$ Kreisbogen) befindet sich eine tiefe Rinne, in welcher der kästchenförmige Schlitten mit der Objektlampe gleitet. Um ein rein weißes Objekt zu erzielen, wird vor das gelbliche Licht der Milchglasscheibe ein blaues Glas vorgesetzt, die verschiedenen Farben werden durch Vorsetzen farbiger Gläser, die in einer Revolverscheibe eingelassen sind, erhalten. Objektgröße und Helligkeit lassen sich ebenfalls variieren. Das Perimeter ist grau gestrichen, was in diesem Falle belanglos ist, da der Apparat doch wegen der störenden Unebenheiten des Bogens nur im Dunkeln angewendet werden kann.

Als Fixationspunkt dient ein rötliches Lämpchen, vor das sich verschieden große Diaphragmen vorsetzen lassen.

Polack verwendet bei seinem Apparat als Fixierpunkt einen phosphoreszierenden Körper, welcher dem Auge genähert werden kann, um eine Prüfung bei verschiedenem Akkommodationszustand zu ermöglichen.

Da diese elektrischen Perimeter nur im Dunkelraum anwendbar sind und demnach stets einen gewissen Zustand von Dunkeladaptation bei dem zu untersuchenden Auge zur Voraussetzung haben, können sie niemals ein Tageslichtperimeter ersetzen, sondern nur zur Ergänzung dienen. Ihre Anwendung beschränkt sich in erster Linie auf alle Fälle, bei denen man die regionäre Anpassungsfähigkeit an die Dunkelheit prüfen will, ferner bei

Fig. 24.

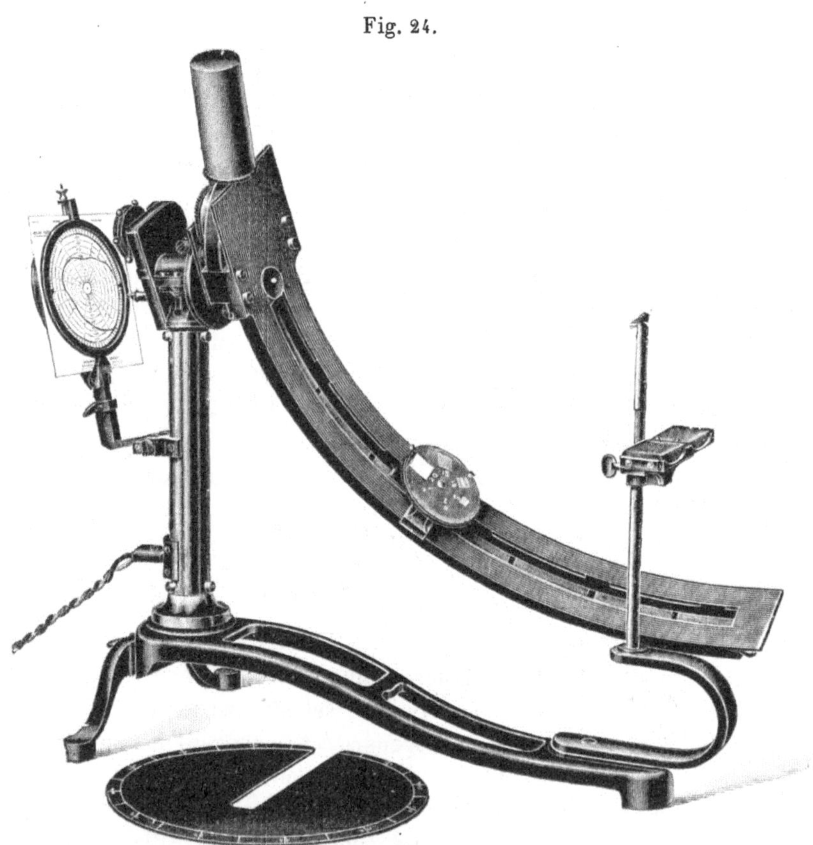

Elektrisches Perimeter nach v. MICHEL-COLLIN.

denen infolge starker Trübung der brechenden Medien bzw. Herabsetzung der Lichtempfindung überhaupt stärkere Lichtreize angewendet werden müssen, als sie beim gewöhnlichen Perimeter möglich sind. Praktischer sind demnach die oben genannten mit der Hand zu führenden elektrisch erleuchteten Objekte, die sich an jedem Perimeter anwenden lassen.

Die Zuverlässigkeit der Untersuchungsergebnisse mit allen elektrischen Perimetern wird neben dem wechselnden Grade der Dunkeladaptation des zu untersuchenden Auges noch stark beeinträchtigt durch die Helligkeitsschwankungen des Prüfungsobjektes, wie sie durch die wechselnde Stromstärke bedingt wird.

Die Fehler bei der Gesichtsfeldprüfung sind im allgemeinen immer noch am geringsten, wenn man bei Tageslicht untersucht und dafür sorgt, daß zur Zeit der verschiedenen Gesichtsfeldaufnahmen, deren Ergebnisse miteinander verglichen werden sollen, die Beleuchtung möglichst gleichmäßig ist.

Insofern verdient das neue HERTELsche Perimeter besondere Erwähnung. HERTEL benutzt zur Untersuchung selbstleuchtende Objekte, deren Intensität so stark ist, daß die Untersuchung nicht an das Dunkelzimmer gebunden ist, sondern auch im gleichmäßig künstlich oder natürlich beleuchteten Zimmer ausgeführt werden kann. Dabei brauchen die Patienten nicht mit dem Rücken gegen das Licht zu sitzen. Die von HERTEL benutzten elektrisch beleuchteten Filter teilen mit den Pigmenten von ENGELKING und ECKSTEIN die Eigenschaft der Invariabilität, sind aber nicht peripheriegleich sondern »eindrucksgleich« gewählt. Der Apparat als Ganzes weicht nicht grundsätzlich von der gewöhnlichen Perimeterform ab. Der Perimeterbogen besteht aber aus einer breiten dunkellakierten Blechwand, hinter der sich die Farbfilter, deren Intensität durch einen Goldbergkeil abgeändert werden kann, befinden. Der Patient sieht die fertiggestellte Probe in einem schmalen Schlitz aufleuchten. Die Proben können unbemerkt verschoben werden, die Registrierung geschieht automatisch, für die verschiedenen Farben verschieden. Der Fixierpunkt kann ebenfalls, und zwar in verschiedenen Farben, erleuchtet werden. Die Ausführung des Perimeters liegt in den Händen der Firma C. Zeiß.

Einen ganz eigenen Typus eines elektrischen Perimeters stellt das Blitzlichtperimeter HERTZELLS (1909) dar. Bei ihm wird nicht mehr mit bewegtem Objekt untersucht, vielmehr kann man in bestimmten Abständen von 5 zu 5° ein kleines elektrisches Licht aufblitzen lassen. Die Untersuchung geschieht auch hier bei mäßiger Tagesbeleuchtung oder besser im Dunkeln. Der Perimeterbogen, auf dem die kleinen Lampen angebracht sind, wird in gewöhnlicher Weise in die verschiedenen Meridiane eingestellt, wobei sich die Brücke b mit einer Reihe von Kontakten durch Vermittelung der Zahnräder e in entsprechender Stellung über dem Gesichtsfeldschema c zwecks Selbstregistrierung befindet. Der Untersucher drückt den Kontakt nieder, welcher sich über der gewünschten Stelle des Schemas befindet, und fragt den zu Untersuchenden einfach, ob es irgendwo im Gesichtsfeld hell aufblitzt. Wird die Frage verneint, so wird ein dem Fixierpunkt entsprechend näherer Kontakt niedergedrückt usw. Hierbei ist es in den meisten Fällen angezeigt, zunächst sprungweise vorzugehen und erst dann die Grenzen genauer festzulegen, wenn zum erstenmal der Lichtblitz gesehen wird. Die Selbstregistrierung erfolgt einfach durch stärkeres Niederdrücken der Kontakte, da sich darunter eine kleine Spitze befindet, die sich in das eingespannte Schema eindrückt. Der Abstand der einzelnen Lämpchen voneinander beträgt 5°, der Durchmesser der aufleuchtenden Scheiben 3 mm. Die Intensität des Lichtes wird wiederum durch einen Widerstand reguliert. Durch Drehen einer Schraube f erhalten alle Lämpchen gleichzeitig eine farbige Vorsatzscheibe.

Fig. 25.

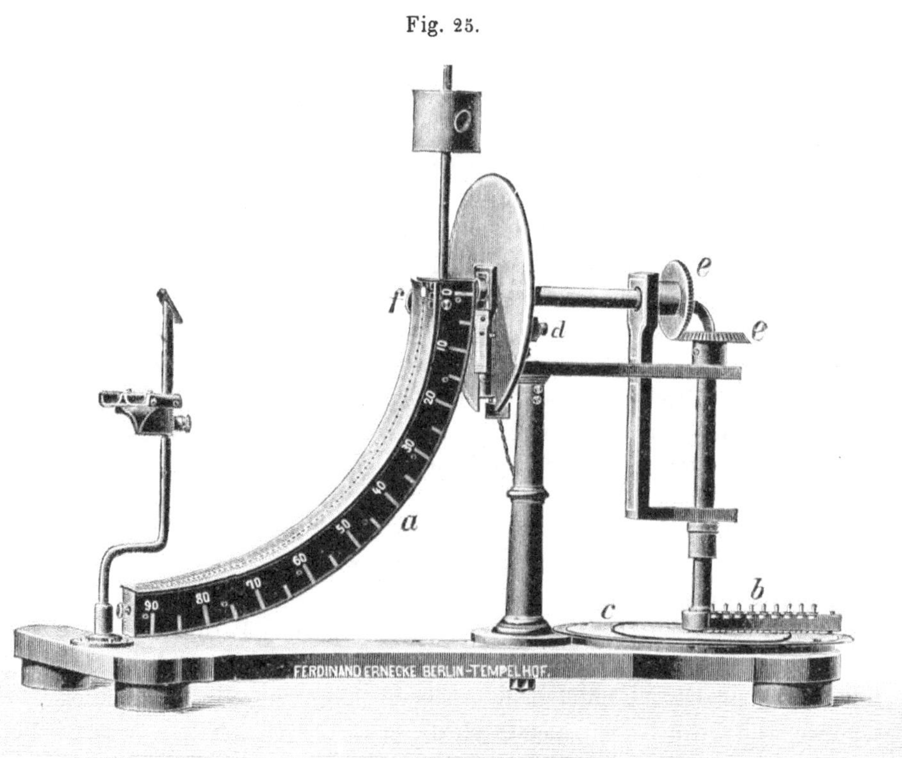

HERTZELLS Blitzlichtperimeter.

Der Apparat hat den Vorzug, daß er an die Intelligenz des Patienten weniger Anforderungen stellt, wie die Untersuchung mit dem gewöhnlichen Perimeter, und die Untersuchung dabei verhältnismäßig schnell geht. Er kann besonders bei Nervenkranken, Hysterischen usw. gute Dienste leisten. Freilich darf nicht übersehen werden, daß das diffuse Zerstreuungslicht im Auge indirekt bereits zur Wahrnehmung des Aufblitzens führen kann, auch wenn das Lichtfeld selbst noch unsichtbar ist. Die erhaltenen Gesichtsfeldgrenzen müssen damit zu weit werden. Das Instrument ist übrigens gleichzeitig auch als gewöhnliches Perimeter mit beweglichem Objekt zum Führen eingerichtet.

Endlich sei noch eine Versuchsanordnung Poppelreuters (1907) erwähnt, die an Stelle des Perimeters das Kampimeter anwendet und als Objekt ein helles Feld, welches mit Hilfe eines geeigneten Projektionsapparates von rückwärts auf eine Milchglastafel geworfen wird. Die Bewegung des Feldes geschieht durch Verschieben des Projektionsapparates; damit dies schnell vor sich gehen kann, muß dafür eine besondere Einrichtung angebracht werden. Die Methode hat den Vorteil, daß die Helligkeit und Größe des Objektfeldes leicht variiert werden kann und daß man, an Stelle oszillierender Bewegungen, das Objekt abwechselnd verdecken und aufleuchten lassen kann. Der Apparat kommt natürlich niemals für allgemeine Perimeteruntersuchungen, sondern nur für bestimmte Zwecke in Betracht.

II. Die Untersuchung des Lichtsinnes im peripheren Sehen.

A. Die Bestimmung der Grenzen des Gesichtsfeldes.

1. Das normale Gesichtsfeld.

Die Messung der Gesichtsfeldgrenzen wurde bereits von Ptolemaeus versucht. Young und Purkinje (1825) haben sie wohl zuerst ausgeführt.

a) Die absoluten Grenzen des normalen Gesichtsfeldes.

Als absolute Grenze des Gesichtsfeldes im weitesten Sinne muß diejenige bezeichnet werden, bei welcher sich bei unbewegtem Auge auf der dunkeladaptierten Netzhaut überhaupt noch eine Lichtempfindung auslösen läßt. Untersuchungen hierüber sind freilich dadurch sehr erschwert, daß im dunkeladaptierten Auge das abirrende Licht bereits eine Lichtempfindung hervorruft. Die auf diese Weise bestimmten Grenzen des Gesichtsfeldes müssen demnach immer zu groß ausfallen.

Diese Grenze ist im horizontalen Meridian nach temporalwärts am weitesten und reicht hier im normalen Auge 95—100°, selbst etwas darüber. Daß Lichtstrahlen, welche unter einem Winkel von 90° und darüber ins Auge fallen, noch wahrgenommen werden, beruht auf der starken Ablenkung, welche sie in der Hornhaut und dem Kammerwasser erleiden (v. Helmholtz).

Danach ist die Netzhaut zum mindesten bis zu einer Entfernung von etwa 7,5 mm vom Hornhautrande noch lichtempfindlich.

Donders (1877) hat über die Beziehungen zwischen den Grenzen des Gesichtsfeldes und der Netzhaut messende Untersuchungen angestellt. Bei blonden Individuen kann man nämlich im verdunkelten Raum das Netzhautbild einer Kerzenflamme außen durch die Sklera hindurchschimmern sehen. Bei gleichzeitigem Exophthalmus läßt sich dann die Entfernung des Flammenbildes von der Hornhaut messen und unter Berücksichtigung des Winkels γ mit dem am Perimeter gefundenen Winkel vergleichen.

Es entsprach bei DONDERS
einem Winkel von 40° ein Abstand von der Hornhaut von 17   mm
»   »   » 50° »   »   »   »   »   » 15,3 »
»   »   » 60° »   »   »   »   »   » 13,2 »
»   »   » 65° »   »   »   »   »   » 12,2 »
»   »   » 70° »   »   »   »   »   » 11,2 »
»   »   » 75° »   »   »   »   »   » 10,35 »
»   »   » 80° »   »   »   »   »   » 9,3 »
»   »   » 85° »   »   »   »   »   » 8,55 »
»   »   » 90° »   »   »   »   »   » 8   »
»   »   » 95° »   »   »   »   »   » 7,5 »

Fig. 26.

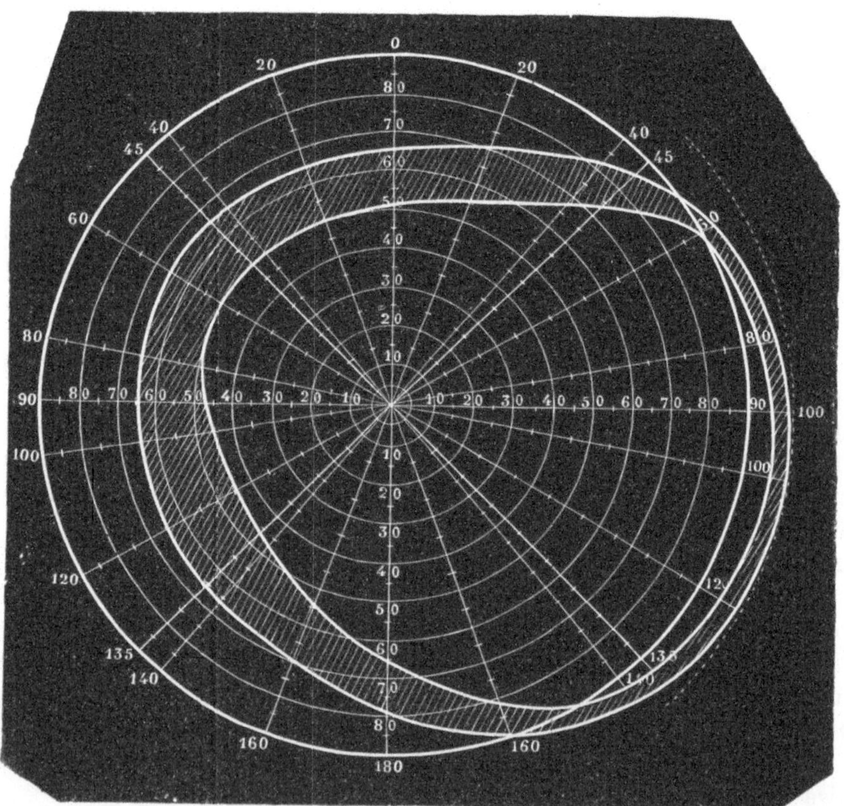

Relative und absolute Grenzen des Gesichtsfeldes nach LANDOLT.

Auf der Nasenseite ist die Ausdehnung des absoluten Gesichtsfeldes am geringsten. Wenigstens mit weißen Objekten von 10 qmm und mit dem Druckphosphen geprüft reicht sie nur bis etwa 60° vom Fixierpunkte (FÖRSTER 1869, MAUTHNER, AUBERT, DONDERS 1877). Hingegen fand SCHWEIGGER (1876) im Gegensatz zu DONDERS, daß das Bild einer Kerzenflamme, direkt

und reflektiert, beim normalen dunkeladaptierten Auge auch nasal bis etwa
90° Lichtempfindung auslöst (vgl. die obige Bemerkung über den fehlerhaften Einfluß des abirrenden Lichtes).

Demnach ist überall wohl der äußerste Teil der Netzhaut nicht völlig
unempfindlich für Licht, doch erhebt sich in der temporalen Netzhauthälfte
das Sehvermögen nicht über die Wahrnehmung stärkster Lichtquellen und
reicht nicht mehr zur Erkennung des gewöhnlichen Perimeterobjektes aus.
Dieser zweifellos bestehende graduelle Unterschied zwischen temporaler und
nasaler Netzhauthälfte findet seine Erklärung in der kürzlich von mir (1914)
erneut betonten Tatsache, daß die erstere in ganzer Ausdehnung bis zu
der durch den Fixierpunkt gehenden Trennungslinie der nasalen Netzhauthälfte unterlegen ist. Diese Unterlegenheit macht sich in gleicher Weise
bemerkbar, wenn die viel engeren Gesichtsfeldgrenzen für kleinere weiße
und auch farbige Objekte bestimmt werden (s. später). Jedenfalls besteht
kein zwingender Grund für die früher angenommene Amblyopia exanopsia,
die verminderte Empfindlichkeit der temporalen Netzhauthälfte infolge der
dauernden Beschattung durch die Nase, wie sie PURKINJE annahm.

Untersucht man am Perimeter, wie weit ein größeres weißes Quadrat
auf schwarzem Grunde, wie etwa die gebräuchlichen Perimeterobjekte, nach
allen Richtungen hin noch eben wahrgenommen wird, so erhält man die
absoluten Grenzen des Gesichtsfeldes in engerem Sinne, die dann
nur für die gewählte Versuchsanordnung Geltung haben.

Die Ausdehnung eines so gewonnenen Gesichtsfeldes entspricht etwa
folgenden von DONDERS ermittelten Zahlen:

Gesichtsfeldgrenzen.

Meridian		nach DONDERS	Meridian		nach DONDERS
oben	0°	67°	unten	180°	69°
	20°	72,5°		200°	64°
	40°	85°		220°	60°
	60°	97,5°		240°	60,5°
	80°	102°		260°	59°
außen	90°	103,5°	innen	270°	60,5°
	100°	103,5°		280°	57,5°
	120°	96,5°		300°	58,5°
	140°	95,5°		320°	58,5°
	160°	85,5°		340°	60°

Fast in gleicher Ausdehnung gibt Fig. 26 von LANDOLT die absoluten
Grenzen des Gesichtsfeldes wieder.

Bei der gewöhnlichen Bestimmung des Gesichtsfeldes werden seine
absoluten Grenzen durch eine Anzahl individuell verschiedener Faktoren
eingeschränkt bzw. beeinflußt, so daß für das normale Gesichtsfeld sich

keine genauen Grenzwerte mehr, sondern lediglich Durchschnittswerte aufstellen lassen. Man erhält so die relativen Gesichtsfeldgrenzen.

b) Einfluß der Nachbarorgane auf die Gesichtsfeldgrenzen.

Die Bestimmung der absoluten Gesichtsfeldgrenzen kann nur erfolgen,
wenn man am Exophthalmus untersucht, oder wenn durch entsprechende
Drehungen des Kopfes die störende Wirkung der umgebenden Schutzorgane
ausgeschaltet wird. Physikalisch einschränkend auf das Gesichtsfeld wirken:

1. Die Lider. Durch stärkeres Öffnen der Lidspalte und Hebung des oberen
Augenlides lassen sich bei unbewegtem Kopf die Grenzen merklich erweitern.
Bei tiefliegenden Augen läßt sich zuweilen selbst die temporale Grenze durch
Zurückziehen des äußeren Augenwinkels noch hinausrücken (Dobrowolsky
1872). Die Wimpern beeinträchtigen die Helligkeit des Objektes (Hess 1919).

2. Der Augenhöhlenrand verengert das Gesichtsfeld hauptsächlich
nach oben, unter Umständen auch nach unten.

3. Die Nase bildet nach innen hin das stärkste Hindernis für das
Gesichtsfeld und macht sich je nach ihrem Bau natürlich individuell sehr verschieden bemerkbar. Relativ am geringsten ist der Einfluß an der Nasenwurzel, so daß in der Regel nach innen oben die relativen Grenzen nahezu
die mit Perimeterobjekten bestimmten absoluten zu erreichen pflegen, d. h.
bis. etwa 60° reichen (Donders 1877 u. a.); nicht selten findet man aber
auch hier eine erhebliche Beschränkung (vgl. z. B. Fig. 26).

Bei den weitgehenden individuellen Verschiedenheiten im Bau der
Nachbarorgane des Auges dürfte es sich erübrigen, für den Unterschied
zwischen der Ausdehnung der absoluten und relativen Gesichtsfeldgrenzen, die
unter den gleichen Versuchsbedingungen gewonnen werden, die Zahlen wieder-
zugeben, wie sie in Untersuchungen von Aubert, Donders, Landolt, Plank, Butz
u. a. gewonnen wurden. Die Differenz ist stets nach außen sehr geringfügig,
so daß man hier ohne weiteres nahezu die absoluten Grenzen des Gesichtsfeldes
erhält. Am größten pflegt der Unterschied nach innen unten, innen und oben
zu sein. Fig. 26 gibt einen ungefähren Überblick über diese Verhältnisse.

Für die praktische Gesichtsfeldprüfung geht daraus hervor, daß die
Kopfhaltung des Patienten von sehr großem Einfluß auf das
Ergebnis der Gesichtsfeldprüfung ist. Man muß sich jedesmal vor
der Prüfung den Patienten auf die Gesichtsbildung ansehen und alle Hindernisse möglichst ausschalten. Dies läßt sich leicht durch entsprechende
leichte Kopfdrehungen, durch Emporziehen stark vorspringender Augen-
brauen usw. erreichen. Neuerdings sind eigens einige Konstruktionen angegeben worden, um mit Hilfe des Perimeters am Patienten die absoluten
Grenzen des Gesichtsfeldes zu ermitteln und zu registrieren, so von Lang
(1923) und Comberg (1924). Beide verlegen dabei nach dem Vorschlage
von Lang den Fixierpunkt exzentrisch um 30° auf den einen Perimeterarm.

c) Einfluß der Beschaffenheit des Prüfungsobjektes.

Da der Lichtsinn nach der Gesichtsfeldperipherie hin kontinuierlich abnimmt, die Schwellenwerte für die Wahrnehmung eines Objektes demnach steigen, je peripherer es gesehen wird, müssen die Grenzen des Gesichtsfeldes in erster Linie durch die Beschaffenheit des Prüfungsobjektes beeinflußt werden: sie werden um so enger, je kleiner der Gesichtswinkel, unter dem es gesehen wird, und je schwächer sein Kontrast gegen den Untergrund ist.

α) Der Gesichtswinkel, unter dem das Objekt gesehen wird.

Da am Perimeter wegen des Bogenradius der Abstand des Objektes vom beobachtenden Auge unveränderlich ist, wird der Gesichtswinkel, unter dem es erscheint, lediglich durch Änderung der Objektgröße variiert.

Bei normalen, gut beobachtenden Personen kann die Größe weißer Quadrate auf dunklem Untergrunde ziemlich weitgehend verringert werden, ohne daß eine nennenswerte Einengung der Grenzen eintritt. Aus der von Hummelsheim (1902) auf Grund von Durchschnittszahlen aufgestellten Tabelle, die ungefähr das Richtige treffen dürfte, geht hervor, daß bei einem Objekt von 5 mm² bereits außen 90°, innen 55°, oben 59° und unten 61° erreicht sind, Werte, welche hinter den von Donders angegebenen Grenzen für das absolute Gesichtsfeld um weniger als 10° zurückbleiben. Zu gleichem Ergebnis gelangt neuerdings auch Hefftner (1915), welcher diese Befunde nochmals nachprüfte. Bei einer Vergrößerung der Seitenlänge der Quadrate von 5 auf 10 mm erweitert sich das Gesichtsfeld nach oben und innen kaum noch nennenswert, nur nach unten nimmt es noch um etwa 5°, nach außen um 8—10° zu.

Gesichtsfeldgrenzen für weiße Quadrate verschiedener Größe nach
Hummelsheim (1902).

Meridian	0,5	1	2	3	5	10	15	20 mm²
oben	37	50	55	58	59	59	60	60
oben außen (45°)	33	57	71	79	83	84	87	89
außen	51	77	86	89	92	96	98	100
außen unten	50	74	83	86	89	95	96	97
unten	37	47	51	58	61	63	64	66
unten innen	45	52	55	58	59	60	61	61
innen	37	47	52	53	55	55	57	57
innen oben	36	51	55	57	58	59	61	61

Mit einer Objektgröße von 5 mm² wird demnach an der Grenze des normalen Gesichtsfeldes die Schwelle nahezu erreicht. Erst wenn das weiße Quadrat kleiner als 3 mm² wird, tritt eine erhebliche Einengung der Gesichtsfeldgrenzen auf. Infolge der Unvollkommenheit der optischen Abbildung in der Peripherie verkleinert sich jedoch das Netzhautbild hier nicht etwa mehr proportional der Objektgröße.

Für gewöhnlich ist es demnach zweckmäßig, bei Perimetern mit 33 cm Radius bei Feststellung der Gesichtsfeldgrenzen Quadrate von 10 mm anzuwenden. Größere Quadrate kommen nur in Frage, wenn stärkere Trübungen der brechenden Medien vorhanden sind, oder wenn die Funktion des Auges so stark herabgesetzt ist, daß eine für die Diagnose charakteristische Form des Gesichtsfeldes sonst nicht mehr erhalten werden kann.

Über den Einfluß der scheinbaren Größe s. später.

β) Die Helligkeit des Objektes bzw. der Kontrast zum Untergrund.

In gleicher Weise kann man die Helligkeit des Prüfungsobjektes im Verhältnis zum Untergrund soweit herabsetzen, bis die Grenzen des normalen Gesichtsfeldes eben beginnen merklich enger zu werden.

Um die Helligkeit des Objektes hierbei zu messen und in Bruchteilen von Weiß angeben zu können, ist es erforderlich, einen Absolutwert des Weiß zu besitzen. Eine ideal weiße Fläche ist eine solche, welche alles auffallende Licht restlos zurückwirft. Man bezeichnet diesen theoretischen Absolutwert der Weiße als Albedo. Er ist technisch unerreichbar, doch besitzt ein Anstrich von gefälltem Baryumsulfat eine Albedo, welche nur relativ wenig von der absoluten Weiße abweicht (Ostwald 1916). Durch entsprechende Mischungen mit Schwarz (eine ideal schwarze Fläche darf umgekehrt überhaupt kein Licht zurückwerfen) lassen sich alle Zwischenstufen von Grau meßbar herstellen.

Es ist frühzeitig versucht worden, diese Art des Vorgehens in die Diagnostik einzuführen, d. h. dasjenige Grau zu bestimmen, mit welchem beim Normalen nach oben noch die gleichen Gesichtsfeldgrenzen erhalten werden, wie mit einem weißen Objekt, und nun ein Gesichtsfeld erst dann für normal zu erklären, wenn man auch mit einem derartigen »Grenzgrau« keine Einengung erhält.

So verwendete z. B. Ole Bull (1881) eine Reihe grauer Untersuchungsobjekte und fand, daß durchschnittlich ein Grau von $^1/_8$ der Weißhelligkeit erforderlich war, damit die Grenzen des Gesichtsfeldes gerade enger erschienen.

In ähnlicher Weise untersuchte Senn (1895) die Grenzen, aber nicht auf dunklem Untergrund, sondern auf solchem von Heggschem Neutralgrau, und bestimmte den geringsten Helligkeitsunterschied, den eine Objektscheibe haben mußte, um vom helladaptierten Auge noch bis zu denselben Grenzen gesehen zu werden, wie ein gleichgroßes weißes Objekt. Wenn er die Helligkeit des Kremserweißes mit 1, die des Neutralgrau mit $^1/_{16}$ bezeichnete, so wurde diese Grenze bei einer Objekthelligkeit von $^{12}/_{16}$ erreicht. Er nannte dieses Grau das physiologische Grenzgrau. Die Grenzen eines Gesichtsfeldes bezeichnete er erst dann als normal, wenn sie mit einem weißen Objekt nicht über 2—3° weiter sind, als mit dem grauen.

Diese Methoden haben sich aber bisher in die klinische Untersuchung nur wenig Eingang verschaffen können. In der Tat sind die Zweifel an der Zuverlässigkeit berechtigt. Graue Objekte in genügender Abstufung würden sich für klinische Zwecke wohl herstellen lassen, zumal es sich meist um ungeschulte Beobachter handelt. Aber schwer kontrollierbar ist die so wechselnde Beleuchtung des Untersuchungsraumes und des Objektes selbst (Einfallswinkel des Lichtes! s. o.) und der jeweilige Adaptationszustand des Sehorganes. Man hat deswegen bisher lieber zu anderen Hilfsmitteln gegriffen, so der Verwendung verschieden großer weißer Objekte oder Bestimmung der peripheren Farbengrenzen. Zur gegenseitigen Kontrolle ist auch empfohlen worden, die Untersuchung einerseits mit kleinen, punktförmigen, anderseits mit lichtschwachen, also grauen Objekten vorzunehmen (Holden 1894).

Alle derartigen Schwellenbestimmungen der Gesichtsfeldgrenzen leiden aber an den mehrfach betonten physikalischen Fehlerquellen.

d) Einfluß der Pupillenweite.

Das Pupillenspiel ist bei der gewöhnlichen Gesichtsfeldprüfung ohne nennenswerten Einfluß auf die normalen Gesichtsfeldgrenzen, obwohl ihm Matthiessen (1879) und Helmholtz (1896), wie auch v. Graefe (1855) eine Bedeutung beigemessen hatten.

Ein solcher Einfluß kann sich in zweierlei Weise geltend machen, einmal dadurch, daß eine stärkere Pupillenverengerung die äußersten Strahlen von der Netzhautperipherie abhalten muß, zweitens dadurch, daß die Abnahme der Lichtstärke des Netzhautbildes, welche bei dem schrägen Einfall durch die Pupille in der Peripherie des Gesichtsfeldes ohnehin recht bedeutend ist, bei enger Pupille so stark wird, daß die Wahrnehmungsschwelle merklich erhöht wird.

Das erstere Moment, die Abblendung der äußersten Randstrahlen, kommt erst in Frage, wenn der Pupillendurchmesser kleiner als 3,5 mm wird (Groenouw 1889, Guillery 1898). Die Abnahme der Helligkeit der Netzhautbilder in der Gesichtsfeldperipherie kann sich normalerweise bemerkbar machen, wenn die Objektgröße so klein gewählt wird, daß die Grenze der Wahrnehmung erreicht wird (weniger als 5 mm).

Bei extremen Änderungen der Pupillenweite liegen die Verhältnisse natürlich ungünstiger. Zur Entscheidung der Frage ist eine Reihe von Versuchen mit künstlicher Miosis (Eserin) und Mydriasis (Atropin) angestellt worden. So hatten Purkinje und Baas eine Vergrößerung des Gesichtfeldes unter dem Einflusse von Atropin nach temporalwärts von 100° auf 115° beobachtet, während Charpentier (1877) eine Verengerung bei Eserinwirkung feststellte. Von anderer Seite ist die Verschiebung der Gesichtsfeldgrenzen unter Atropinmydriasis und Eserinmiosis vermißt worden, allein man darf diesen Versuchen keine zu große Bedeutung beimessen, da einmal der dadurch bedingte verschiedene Adaptationszustand des Auges und ferner auch bei der Eserinwirkung der gleichzeitige Akkommodationskrampf die Wirkung der Pupillenweite hemmen oder gar verhindern kann.

Beugungserscheinungen an der Pupille, deren Einfluß auf die Sehschärfe Thorner (1910) nachgewiesen hat, üben auf die Helligkeit des Netzhautbildes und damit auf die Gesichtsfeldgrenzen keinen Einfluß aus.

e) Der Einfluß der Akkommodation.

Bei Akkommodationsanstrengungen pflegen bei der Mehrzahl der Normalen die Gesichtsfeldgrenzen etwas weiter zu werden.

Schon v. Graefe gibt eine diesbezügliche Beobachtung Liebreichs wieder. Auch Aubert und Förster (1857) fanden die Erweiterung des Gesichtsfeldes bei der Akkommodation. Sie betrug bei Schneller (1879) auf dem üblichen Perimeterradius zu beiden Seiten des horizontalen Meridians 1,5—3°. Emmert (1882) gibt sie auf 1,5—2,5° in 6 Meridianen nach jeder Richtung hin an, bei Butz betrug die Differenz nach außen etwa 2,5°, nach innen etwa 2°, nach unten 1° bei einer Akkommodation von 10,0 D.

Rählmann (1874) glaubte auch für farbige Objekte unter dem Einflusse der Akkommodation eine Änderung der Gesichtsfeldgrenzen zu finden: ein unbewegtes farbiges Objekt, das nicht mehr in seiner spezifischen Farbe erkannt wurde, erschien wieder, wenn der Beobachter in die Ferne blickte oder wenn ein entsprechendes Konvexglas vorgesetzt wurde. Derartige Versuche sind jedoch keineswegs einwandsfrei, da nicht genügende Gewähr vorhanden ist, daß das farbige Objekt sich stets auf derselben Netzhautstelle abbildet. Schon bei kleinen Verschiebungen kommt die in der Peripherie so ausgesprochene Lokaladaptation der Netzhaut für Farben in Fortfall und erleichtert wieder das Erkennen des farbigen Objektes.

Als Ursachen für die Erweiterung des Gesichtsfeldes bei der Akkommodation sind zwei angeführt worden, eine anatomische, eine Verschiebung der Aderhaut und Netzhaut nach vorn unter dem Einflusse der Akkommodation, und eine dioptrische, das Vorrücken des Irisdiaphragmas und des vorderen Linsenpols nach der Hornhaut zu.

Das Vorrücken der Netzhaut haben die Mehrzahl der Autoren als Ursache angesehen (Emmert, Aubert u. a.). Guillery meint, daß dieses Moment für die vordersten Abschnitte der Netzhaut auch in Betracht kommen kann, für die hinter dem Äquator des Auges gelegenen konnte er im Gegensatz zu Emmert (s. o.) keinen Einfluß der Akkommodation finden.

Auf die Bedeutung des Vorrückens des Irisdiaphragmas hat Helmholtz (1867) hingewiesen. Die Pupille ist etwas hinter dem Limbus gelegen. Je näher sie nun bei der Akkommodation an die Hornhautbasis heranrückt, um so peripherer auffallende Strahlen gelangen noch in die Pupille und damit zur Netzhaut. Die dabei auftretende Abblendung der

peripheren Randstrahlen durch die gleichzeitige starke Pupillenverengerung kann nach Guillerys Berechnung auf diese Weise überkompensiert
werden.

Schließlich kann auch durch das Vorrücken der vorderen Linsenfläche die Gesichtsfeldgrenze erweitert werden, weil hierdurch noch Strahlen
zur Netzhaut gelangen können, die so peripher auffallen, daß sie im ruhenden Auge durch die Pupille abgeblendet würden. Guillery berechnete die
hierdurch mögliche Gesichtsfelderweiterung auf 3—4°.

Nicht bei allen Individuen läßt sich übrigens diese physiologische Erweiterung des Gesichtsfeldes bei der Akkommodation feststellen. Man kann
zuweilen sogar eine Verengerung des Gesichtsfeldes bei Akkommodations-
anstrengung, eine Erweiterung dagegen bei Akkommodationsruhe finden.

Diese von Groenouw (1894) genauer studierte paradoxe Verengerung
und Erweiterung des Gesichtsfeldes findet sich besonders bei denjenigen Fällen, bei denen bereits eine leichte konzentrische Einengung
besteht und gleichzeitig der Förstersche oder Wilbrandsche Ermüdungs-
typus (s. unten) nachweisbar ist.

Schon das gleichzeitige Vorkommen mit den eben genannten Ermüdungs-
symptomen macht es wahrscheinlich, daß es sich hierbei ebenfalls nur um
eine Ermüdungserscheinung handelt, begünstigt durch das andauernde Fest-
halten der Akkommodation auf einen bestimmten Punkt bei der ungewohnten
Körperhaltung und der starken Inanspruchnahme der Aufmerksamkeit.

f) Einfluß der Form des Augapfels.

Bei der Achsen-Hypermetropie sind die Gesichtsfeldgrenzen durchschnittlich weiter, bei der Achsen-Myopie enger, als bei den Emmetropen.

Uschakoff (1870) gab folgende Schwankungen für die Grenzen bei den
einzelnen Refraktionszuständen an:

Größte Ausdehnung im horizontalen Meridian bei E $= 142°$, kleinste $= 137°$
»　　　　　　　»　　　　» vertikalen　　　　»　　　» E $= 120°$　　»　　$= 114°$
»　　　　　　　»　　　　» horizontalen　　»　　　» M $= 140°$　　»　　$= 100°$
»　　　　　　　»　　　　» vertikalen　　　　»　　　» M $= 120°$　　»　　$= 92°$
»　　　　　　　»　　　　» horizontalen　　»　　　» H $= 174°$　　»　　$= 147°$
»　　　　　　　»　　　　» vertikalen　　　　»　　　» H $= 146°$　　»　　$= 123°$

Reich (1871) fand unter 220 Augen zwar einen noch größeren Spielraum
zwischen den Maximal- und Minimalwerten, sonst aber etwa das gleiche
Verhältnis der verschiedenen Brechungsarten untereinander. Pietsch (1896)
bestimmte den Unterschied nach jeder Richtung hin auf etwa 2° für weiße Objekte (für Blau auf etwa 3—7°, für Rot auf 1—4°). Auch nach Liévin (1877)
weichen die Durchschnittszahlen für die Gesichtsfeldgrenzen bei den beiden
Arten der Ametropie um 4—6° voneinander ab. Otto (1896) fand ebenfalls

bei einer größeren Anzahl hochgradiger Kurzsichtiger meist starke konzentrische Einengung der Grenzen, Gelpke und Richter (1897) wenigstens bei der Hälfte ihrer Fälle. Auch Weiss (1898) und Baas gaben eine Einengung der Grenzen bei der Myopie zu, wenn auch letzterer für die Hypermetropie eine nennenswerte Erweiterung des Gesichtsfeldes bestreitet.

Im Gegensatze zu diesen Autoren leugnete Mauthner (1876), daß die verschiedenen Refraktionszustände einen charakteristischen Unterschied in der Ausdehnung der Gesichtsfeldgrenzen aufweisen.

Übrigens wurde der Grad der Einengung der Grenzen nicht immer entsprechend dem Grade der Kurzsichtigkeit gefunden; selbst bei hohen Myopiegraden können die Grenzen zuweilen normal sein.

Als Ursache für den Unterschied der Grenzen bei den beiden Ametropien nahmen die Autoren in der Regel an, daß die vordere Grenze der Netzhaut bei den langen myopischen Augen etwas weiter nach hinten liegt, und daß dadurch das kleinere Gesichtsfeld bedingt wird. Umgekehrt träfen bei dem kurzen hypermetropischen Auge die am meisten peripher eintretenden Lichtstrahlen auch auf lichtempfindlichere Netzhautstellen.

Es kommen aber noch weitere Möglichkeiten in Betracht. v. Reuss (1877) hat darauf hingewiesen, daß auch hierbei ein Unterschied in der Tiefe der vorderen Augenkammer von Einfluß sein kann (s. auch unter Akkommodation). Vor allem aber darf nicht vergessen werden, daß gerade bei der Axenmyopie Funktionstörungen der Netzhautperipherie auftreten können, deren Größe sich völlig einer Kontrolle entzieht. Wenigstens dokumentieren sie sich in den mittleren Teilen des Gesichtsfeldes als eine Erhöhung der Schwellen sowohl bei der Lichtsinn-, wie Farbensinnprüfung (Wessely 1916) und können somit auch zu einer Einengung der Grenzen führen.

g) Einfluß des Adaptationszustandes des Auges.

Die klinische Bestimmung der Gesichtsfeldgrenzen am Perimeter findet, wie im folgenden noch genauer zu besprechen sein wird, für gewöhnlich an einer gut und gleichmäßig erleuchteten Stelle des Untersuchungszimmers mit weißen Objekten von 10—20 qmm auf dunklem Untergrund statt.

Das Auge eines Betrachters, der sich zuvor im hellen Zimmer aufgehalten hat, befindet sich hierbei keineswegs im Zustande vollkommener Hellanpassung, vielmehr in einem recht vorgeschrittenen Zustande der Dunkeladaptation, wie man sich bei einem ausgesprochenen Hemeralopen leicht überzeugen kann. Der Grund des Adaptationszustandes hängt natürlich weitgehend von der jeweiligen Beleuchtung ab und läßt sich im Einzelfalle schwer genau bestimmen. Durch ihn werden jedoch am normalen Auge bei der eben erwähnten Versuchsanordnung die Grenzen des Gesichtsfeldes nicht in nennenswerter Weise beeinflußt.

Der Einfluß der Ermüdung wird später besprochen werden (S. 484 ff.), da sich eine Grenze zwischen physiologischen und pathologischen Ermüdungserscheinungen bei der Gesichtsfeldprüfung nicht ziehen läßt.

h) Die Durchschnittswerte für das normale Gesichtsfeld.

Berücksichtigt man noch die psychischen Einflüsse, welche gerade beim indirekten Sehen in hohem Grade mitspielen, so ergibt sich ohne weiteres, daß für ein Normalgesichtsfeld keine genauen Grenzwerte angegeben werden können. Vielmehr ist man, auch die gleiche Versuchsanordnung vorausgesetzt, lediglich auf Durchschnittswerte angewiesen.

Zahlreiche Autoren haben auf Grund möglichst sorgfältiger Perimeteruntersuchungen an normalen emmetropischen oder schwach ametropischen Beobachtern derartige Durchschnittszahlen aufgestellt. Auch wenn man die Prüfungsergebnisse, die mit gleicher Objektgröße gefunden wurden, miteinander vergleicht, findet man, daß diese Durchschnittszahlen noch untereinander nicht unbeträchtlich abweichen. Einige Beispiele mögen das erläutern.

BAAS hat die Ergebnisse, welche er und neun andere Untersucher mit annähernd dem gleichen — 20 mm^2 — Prüfungsobjekt erzielten, zusammengestellt und daraus folgende Durchschnittsgrenzwerte für die beiden Hauptmeridiane gefunden.

Oben	Außen	Unten	Innen
65°	99°	76°	63°

Für eine Objektgröße von 10 mm^2 berechneten:

	Oben	Außen	Unten	Innen
LANDOLT (1900)	56°	93°	65°	60°
v. REUSS (1902)	53,5°	88,5°	70,2°	58,2°
HUMMELSHEIM (1902)	59°	96°	63°	55°
GROENOUW (1911)	61°	95°	76°	64°

In fast allen käuflichen Gesichtsfeldschematen sind ähnliche Durchschnittsgrenzen als Anhaltspunkt bei der klinischen Untersuchung eingezeichnet. Daß sie besonders nach oben und innen schon physikalisch weitgehend durch die individuell verschiedene Ausbildung des oberen Orbitalrandes und der Nase beeinflußt werden, wenn man diese Hindernisse nicht ausschaltet, wurde bereits betont.

Um bei der klinischen Untersuchung einen besseren Anhaltspunkt zu haben, wann die Ausdehnung eines Gesichtsfeldes noch normal genannt werden kann, ist versucht worden, das »minimalste physiologische Gesichtsfeld« in Zahlen auszudrücken. LANDOLT (1904) fixiert es ungefähr folgendermaßen:

Oben	Oben Außen	Außen	Unten Außen
50°	68°	85°	85°

Unten	Unten Innen	Innen	Oben Innen
60°	50°	55°	52°

Aber auch diese Zahlen sind nur als annähernde anzusehen und man wird sich hüten müssen, eine Abweichung um nur 5° bereits als sicher pathologisch anzusehen. So findet man bei ungeschickten aber ganz normalen Beobachtern besonders nach außen, also dort, wo die Schutzorgane des Auges kaum Hindernisse bieten, gar nicht selten die Grenze erst bei etwa 80° und auf die mannigfaltigen Fehler, wie sie durch die verschiedenen physikalischen, physiologischen und psychologischen Momente bedingt sind, wurde wiederholt hingewiesen.

B. Untersuchung inselförmiger Defekte (Skotome).

Alle Ausfälle des Gesichtsfeldes werden Dunkelflecke oder Skotome genannt. Für gewöhnlich ist diese Bezeichnung nur gebräuchlich für diejenigen Ausfälle, welche von den äußeren Grenzen des Gesichtsfeldes durch eine Zone mit höherer Funktion getrennt sind, also gänzlich innerhalb des Gesichtsfeldes liegen (»inselförmige Defekte«). Fallen sie dagegen an einer Stelle mit der äußeren Grenze zusammen, so spricht man von einer peripheren Gesichtsfeldeinengung, die dann je nach ihrer Form näher charakterisiert wird.

Die Skotome sind relativ, wenn der Lichtsinn in ihrem Bereich nur herabgesetzt, nicht erloschen ist; sie sind absolut, wenn überhaupt keine Lichtempfindung nachweisbar ist. Bei der klinischen Untersuchung gilt jedoch letzterer Ausdruck stets nur für die jeweilig zur Anwendung kommende Versuchsanordnung. Häufig ist ein Skotom, das bei Untersuchung mit einem Objekt von z. B. 5 mm Durchmesser absolut erscheint, schon durch Steigerung der Objektgröße (bzw. des Gesichtswinkels) in ein relatives zu verwandeln. Andererseits verbietet sich die Anwendung stärkerer Reize (größere Objekte bzw. solche höherer Lichtintensität) oftmals wegen der Kleinheit der Skotome. Daher muß bei absoluten Skotomen stets die Versuchsanordnung (Objektgröße usw.) angegeben sein.

Alle Defekte, welche beim Blicken auf eine gleichmäßige Fläche vom Patienten als Flecke subjektiv wahrgenommen werden, werden außerdem positive Skotome genannt im Gegensatz zu den negativen, bei welchen diese Wahrnehmung fehlt. Die letzteren werden nur mit Hilfe der Perimetrie nachgewiesen. Über den Nachweis und die Bedeutung der subjektiven Skotome s. S. 480.

1. Der blinde Fleck und andere physiologische Skotome im Gesichtsfeld.

In jedem normalen Gesichtsfeld sind Stellen vorhanden, an denen die Lichtempfindung herabgesetzt ist oder gänzlich fehlt.

An erster Stelle steht die Eintrittsstelle des Sehnerven, der blinde Fleck. Er hat für die Gesichtsfeldprüfung insofern eine besondere Bedeutung erlangt, als seine Feststellung eine Art Intelligenzprüfung für den Patienten darstellt, und außerdem von ihm aus im Beginn zahlreicher Erkrankungen des Sehnerven feine Skotome (Nervenfaserdefekte) ihren Ausgang nehmen, deren Nachweis für die Frühdiagnose von großer Bedeutung ist.

Da die Papilla N. optici in der Regel nach innen und etwas nach oben von der Fovea centralis gelegen ist, liegt der ihr entsprechende Gesichtsfeldausfall, d. h. der blinde Fleck im Gesichtsfelde nach außen und etwas nach unten vom Fixierpunkte. v. d. Hoeve (1911) fand ihn unter hundert normalen Augen 92 mal unter-, 8 mal oberhalb der Horizontalen.

Die Entfernung zwischen Fixierpunkt und blindem Fleck ist mehrfach berechnet worden. Angaben finden sich bereits bei Young, Listing, Helmholtz u. a. Landolt (1871) fand den Winkel zwischen Fixierpunkt und blindem Fleck, den er mit ξ bezeichnete, in der Horizontalen zu 15°, in der Vertikalen zu 3° für das emmetropische Auge. Neuerdings hat v. d. Hoeve (1911) die früheren Messungen an 100 Augen mit Refraktionsfehlern unter 1 D oder Emmetropie bei Personen von 18—22 Jahren wiederholt. Als Mittel ergab sich, daß das Zentrum des blinden Fleckes horizontal 15° 33′ 47″ (zwischen 12° 1′ 28″ und 18° 0′ 15″), vertikal 1° 40′ 41″ (zwischen 0° 5′ 34″ und 4° 58′ 20″ unterhalb) vom Fixierpunkt entfernt ist. de Vincentiis berechnet den $\measuredangle \xi$ zu etwa 15°, den Abstand vom horizontalen Meridian zu 3°; Marlow: 12° 27′ bzw. 13° und 2° 47′ bzw. 2° 24′.

Bei ein und derselben Person kann zwischen rechts und links ein erheblicher Unterschied bestehen, nach v. d. Hoeve bis zu 3° bei der horizontalen Entfernung.

Landolt hatte seine Untersuchungen am Perimeter vorgenommen. Die Winkelgröße konnte so am Perimeterbogen abgelesen werden.

Allerdings korrespondieren, auch wenn eine Kugelform der Netzhaut angenommen wird, die durch solche Winkelgröße auf der Retina und dem Perimeterbogen gemessenen Strecken nicht vollständig miteinander, denn der Krümmungsmittelpunkt der Netzhaut fällt nicht mit dem Knotenpunkt zusammen. Der daraus entstehende Fehler ist aber, wie schon Mauthner (1876) betont, wegen der geringen Größe des Bulbushalbmessers im Vergleich zum Perimeterhalbmesser zu vernachlässigen.

v. d. Hoeve nahm seine Messungen an einer schwarzen Wand in 2 m Entfernung vor.

Eine ausführliche Arbeit über den blinden Fleck hat übrigens Ovio (1907) gegeben, und endlich in jüngster Zeit de Vincentiis (1922).

Bei Myopie und Hypermetropie änderte sich nach Landolts Untersuchungen der Winkel ξ. Im hypermetropischen Auge war er fast ausnahmslos größer, im myopischen kleiner. Der Unterschied nahm im ganzen mit dem Grade der Ametropie zu. So fand sich bei einem Hypermetropen von 3,5 D ein Winkel von 19°, während er bei einem Myopen von 13 D nur 11° betrug. Der Abstand in vertikaler Richtung verhielt sich etwa dem horizontalen analog, wenn auch Ausnahmen vorkamen. Dobrowolsky (1871), Schleich (1885) u. a. kamen zu ganz ähnlichen Ergebnissen, ebenso neuerdings v. d. Hoeve; dieser fand bei einer Myopie von 15 D sogar nur 10° 45′ 33″. Dagegen vermißte Mauthner diesen konstanten Unterschied bei Augen verschiedener Refraktion.

Bei Deutung dieser Befunde ist zu berücksichtigen, daß gleichen Winkeln bei den verschiedenen Refraktionen nicht gleiche lineare Werte entsprechen können. Denn die lineare Ausdehnung auf der Netzhaut wird nicht allein durch den Winkel ξ, sondern auch durch den Knotenpunkt-Netzhaut-Abstand bestimmt. Wird dieser mit g'' und die gesuchte Entfernung mit x bezeichnet, so ist

$$x = g'' \sin \frac{\xi}{2}.$$

g'' ist im achsenmyopischen Auge größer, im achsenhypermetropischen Auge größer, als im emmetropischen.

Nimmt man für das emmetropische Auge $g'' = 15$ mm an (Listing), so wird x für einen Winkel von 15° = 3,9 mm, für 3° = 0,78 mm. Der erste Wert entspricht nach Landolts Berechnungen dem horizontalen, der letztere dem vertikalen Abstand der Fovea von der Papille. Die Winkelwerte v. d. Hoeves ergeben für die horizontale Entfernung etwas größere Zahlen, nämlich im Durchschnitt 4,0245 mm, für die vertikale einen geringeren Wert, im Durchschnitt 0,4425 mm. Im allgemeinen stimmen diese Zahlen mit den anatomischen Messungen ganz gut überein (Ritter 4 mm, Müller 3,9—4,6, Rollet und Jacqueau 4 mm.)

Freilich ist diese Art, die Entfernung der Papille von der Fovea zu berechnen, nur dann statthaft, wenn beide annähernd gleichweit vom Knotenpunkte des Auges entfernt sind. Bei Myopien mit umschriebenen staphylomatösen Ausbuchtungen trifft das oft nicht zu. Bei Myopien mit Konus dürfen außerdem die Messungen nicht von der Mitte des blinden Fleckes aus geschehen, sondern es muß die Ausdehnung des Konus mit in Rechnung gezogen werden. Die berechnete Entfernung würde sonst zu kurz ausfallen.

Nach Ovio (1903) verändert der blinde Fleck bei der Akkommodation ein wenig entsprechend dem Herabsinken der Linse seine Lage.

Die Größe des blinden Fleckes. Wie aus einer Mitteilung von Zehender (1864) hervorgeht, hat Bernoulli bereits im Jahre 1728 Größe und Form des blinden Fleckes genau bestimmt und ihn als eine Ellipse beschrieben, deren längere Achse vertikal steht, ferner festgestellt, daß er in Lage und Form mit der Sehnervenpapille übereinstimmt. DE VINCENTIIS weist darauf hin, daß schon MARIOTTE (1668) am oberen und unteren Ende des blinden Fleckes kleine Fortsätze beobachtete, die dem Austritt der großen Gefäße entsprechen. Nach DE VINCENTIIS ist die Form des blinden Fleckes nicht immer ein senkrechtes Oval. Bei 18 emmetropischen Augen fand er den blinden Fleck in $^9/_{10}$ der Fälle längsoval, in $^1/_{10}$ dagegen kreisrund. Die Ausdehnung läßt sich sehr einfach durch Projektion auf eine Fläche oder auf den Perimeterbogen bestimmen. HELMHOLTZ hat die Aufzeichnung so vorgenommen, daß er auf einem Blatt Papier einen Fixierpunkt betrachtete; dann führte er eine hellfarbige, an der Spitze in Tinte getauchte Feder in den blinden Fleck hinein, bis die schwarze Spitze verschwand, schob sie nach verschiedenen Richtungen gegen seine Peripherie vor und markierte die Punkte, an denen sie wieder erschien. Dabei konnte er auch die Anfangsteile der großen Gefäßstämme der Netzhaut als Skotome aufzeichnen.

Ebenso kann man umgekehrt eine kleine Marke von außen in den Fleck hineinführen und die Punkte, an denen sie verschwindet, aufzeichnen.

Den Winkel, welchem der Durchmesser des blinden Fleckes entspricht, kann man aus der Flächenprojektion leicht berechnen: sei A der Knotenpunkt des Auges, F der Fixierpunkt, XY ein Durchmesser des blinden Fleckes, so ist der gesuchte Winkel XAY gleich der Differenz zwischen den Winkeln FAY und FAX.

Am Perimeterbogen kann man den Winkel natürlich einfach ablesen.

Der horizontale Durchmesser des blinden Fleckes entspricht nach den verschiedenen Untersuchern folgenden Werten:

nach HANNOVER und THOMSON . . zwischen 3° 39′ und 9° 47′
 »   LISTING (1852) . . . . .   5° 56′
 »   GRIFFIN (1838) . . . . .   7° 34′
 »   HELMHOLTZ . . . .   6° 30′
 »   AUBERT (1865) . . . . . .   5° 54′
 »   FICK u. DUBOIS-REYMOND (1852)   »   5° 4′ und 6° 3′
 »   WITTICH (1863) . . . . . .   »   7° 30′ » 8°
 »   LANDOLT (1878) . . . . .   6° 45′
 »   OLE BULL (Mittelwert) . . .   6° 30′
 »   BAAS (Mittelwert) . . . . .   6° 12′
 »   V. D. HOEVE (1911, an 100 Augen)   »   4° 43′ 3″ u. 6° 32′ 45″,
         im Mittel 5° 42′ 55″
 »   EPPENSTEIN (1918) bei Emmetropen zwischen 4° und 8°,
         im Mittel 5,4°,
 »   DE VINCENTIIS . . . . zwischen 4° und 6° 30′
 »   GRADLE . . . .   4° 54′
 »   MARLOW . . . .   5° 48′ bzw. 6° 9′.

Die z. T. sehr abweichenden Durchmesser erklären sich wohl, wie auch Ovio annimmt, aus den verschiedenen Untersuchungsmethoden. Der vertikale Durchmesser ist in der Regel, wie schon erwähnt, etwas größer. Aubert fand ihn z. B. 6°, v. d. Hoeve berechnet ihn bei seinen Durchschnittswerten auf 7° 26′ (zwischen 6° 19′ 32″ und 8° 56′ 41″).

Auch hier kommen Unterschiede zwischen rechts und links bei demselben Individuum vor.

De Vincentiis fand das Verhältnis von Länge und Breite des blinden Fleckes im Mittel wie 1 : 7. Diese Form rührt aber nach ihm nicht allein von der tatsächlichen anatomischen Form der Papille her, sondern auch von der optischen Abbildung, z. B. dem Astigmatismus schiefer Büschel, eine Anschauung, die durch Untersuchungen von La Cascio (1922) erhärtet wird.

Will man den Durchmesser der Sehnervenpapille aus der Größe des blinden Fleckes berechnen, so kann das nach folgender Formel geschehen: bezeichnet man die Entfernung der Projektionsfläche vom Knotenpunkte des Auges mit g', die Knotenpunkt-Netzhautentfernung mit g'' (sie ist für jeden Refraktionszustand zu bestimmen), den Durchmesser der Zeichnung des blinden Fleckes mit B, den Durchmesser der Sehnervenscheibe mit β, so ist

$$\frac{\beta}{B} = \frac{g''}{g'}\,.$$

Für den horizontalen Durchmesser der Papille wurde L berechnet für $g'' = 15$ mm.

Listing	1,55	mm
Helmholtz	1,81	»
Hannover u. Thomson	1,616	»
Landolt	1,86	»
v. d. Hoeve . . .	1,613	» (Mittelwert von 100 Augen).

Die so gefundenen Werte für den horizontalen Durchmesser stimmen gut mit den anatomischen Messungen der Papille überein. Für diesen fanden nämlich Ritter 1,5—1,8, Müller 1,6, Charpentier 1,6, Schwalbe 1,5—1,7, Techot 1,5—1,7, Koster 1,5, Druault 1,5—1,7, Volpe 1,6, Kölliker 1,5—1,7 (zit. nach Ovio).

Übrigens ist der blinde Fleck, wie Bjerrum (1889) und Groenouw (1893) gezeigt haben, von einer relativen Zone umgeben, innerhalb welcher die Funktionen der Netzhaut nur herabgesetzt sind. Prüft man mit einem kleinen Punkt von $^1/_2$ mm Durchmesser (Bestimmung der Punktsehschärfe nach Groenouw), so findet man das Skotom um etwa 1° größer, wie bei der Untersuchung mit großen Objekten. Eine ähnliche Beobachtung wurde auch mit farbigen Objekten gemacht (s. dort). Als Ursache kommt vor allem die geringere Lichtdurchlässigkeit der Netzhaut infolge der Dicke der Nervenfaserschicht in Betracht.

Man wird nach dem vorstehenden einen horizontalen Durchmesser von über 8° fast immer als pathologisch ansehen müssen.

Der blinde Fleck ist nicht das einzige physiologische Skotom im Gesichtsfelde. Schon von Coccius, Aubert und Förster (1857), sowie von Landolt sind konstant vorkommende kleinste physiologische Skotome entdeckt worden, die wohl den Teilungsstellen größerer Netzhautgefäße entsprechen dürften.

Coccius gibt folgendes Verfahren an, um diese kleinen Skotome aufzufinden: Auf einer weißen Fläche (Papierbogen) wird der blinde Fleck durch eine schwarzeScheibe markiert. Oberhalb und unterhalb von ihr macht man einen feinen Strich oder Punkt und läßt das Auge an einer Skala von Punkten auf jeder der beiden Seiten entlang wandern, bis Strich oder Punkt plötzlich verschwindet.

Landolt hat ebenso wie Aubert durch Verschieben kleinster Objekte am Perimeterbogen die Lage der Skotome für das eigene Auge fixiert. Basevi (1890) konnte sie in mehr als 75 % der untersuchten Fälle von beträchtlicher Zahl stets an der gleichen Stelle nachweisen. Er fand sogar mit einem Objekt von 5 mm² am Perimeter in der oberen Gesichtsfeldhälfte zwei sehr kleine Skotome, deren Verbindungslinie annähernd horizontal läuft.

Des Zusammenhanges wegen sei gleich an dieser Stelle erwähnt, daß außerdem noch Birch-Hirschfeld (1909 und 1912) bei allen untersuchten normalen Personen gefunden hatte, daß das zirkuläre Gebiet von 20—40° Radius nicht vollkommen gleichmäßig funktionstüchtig ist, sondern daß hier, besonders im oberen Teile des Gesichtsfeldes, ziemlich ausgedehnte physiologische Skotome bestehen, allerdings nur relative und für farbige Objekte. B. bediente sich dabei der zirkulären Prüfung, weil sie einen besseren Vergleich der Farbenempfindung der verschiedenen Netzhautstellen gleicher Exzentrizität gestattet.

Kleinsasser (1922) fand bei einer Reihe normaler Versuchspersonen ungefähr in der gleichen Zone zwei bis drei Ringskotome, die aber für weiß und Farben absolut waren. Diese Skotome erinnerten in ihrer Anordnung an die von Jess beschriebenen vorübergehenden Skotome. Eine Erklärung dieser Befunde konnte nicht gegeben werden, so daß die Möglichkeit nicht von der Hand zu weisen ist, daß hier vielleicht psychische Momente mit im Spiel sind (vgl. auch S. 484 ff.).

Außer diesen ständigen physiologischen Skotomen kann man zuweilen auch noch vorübergehende bzw. flüchtige physiologische Skotome beobachten. Blickt man z. B. bei geschlossenem einen Auge (wie es gewöhnlich beim Perimetrieren geschieht) gegen eine helle Fläche, so kann man in den mittleren Teilen des Gesichtsfeldes einen vorübergehenden dunklen Fleck wahrnehmen, ein positives Skotom. Vogt (1913), der diese Beobachtung neuerdings beschrieb, hat sie zunächst als ein Blendungsskotom angesehen. Es handelt sich dabei um weiter nichts, als um ein vorübergehendes Überwiegen der Dunkelempfindung des anderen Auges, also um einen Wettstreit der beiden Gesichtsfelder, der Empfindung des geschlossenen und der Hellempfindung des offenen Auges. Man muß sich überhaupt stets darüber klar sein, daß man ein Auge nicht einfach von dem gemeinschaftlichen Sehakt dadurch ausschließen kann, daß man es schließen läßt. Wenn auch die dadurch bedingte Dunkelempfindung bei der gewöhnlichen Perimeteruntersuchung sich nicht störend bemerkbar macht, weil für das geöffnete Auge die Konturen der gesehenen Objekte im Gesichtsfelde weit überwiegen, so kann unter besonderen Beobachtungsbedingungen die Beimischung der Empfindung des geschlossenen Auges aber doch merklich werden.

Schließlich kommen noch besonders bei Untersuchung mit sehr kleinen Objekten zuweilen flüchtige kleine Skotome zur Beobachtung, die rein funktioneller bzw. zentraler Natur sind. Das geht schon daraus hervor, daß sie homonym in den Gesichtsfeldern beider Augen auftreten (HAITZ 1905).

2. Untersuchung peripherer inselförmiger Ausfälle.

In der Gesichtsfeldperipherie liegende inselförmige Gesichtsfeldausfälle werden am besten am Perimeter in gleicher Weise wie die Gesichtsfeldgrenzen bestimmt, d. h. mit der gleichen Objektgröße wie dort und mit zentripetaler Führung, bei welcher man sich angeben läßt, wann im Bereiche des Skotoms das Objekt verschwindet bzw. undeutlich wird und wann es wieder auftritt bzw. heller gesehen wird. Um die Form des Skotoms zu bestimmen, muß an der entsprechenden Stelle in dicht aneinanderliegenden Meridianen geprüft werden, da sonst leicht Skotome übersehen werden können (über ihre Verzeichnung auf dem Gesichtsfeldschema s. S. 425).

Hohlkugelperimeter erleichtern durch die freie Objektführung natürlich die Umgrenzung der Skotome. Auf die Fehler, welche bei Verwendung sehr kleiner bzw. lichtschwacher Objekte der Genauigkeit der Ergebnisse eine Grenze setzen, wurde bereits oben hingewiesen (S. 441).

Liegen die Ausfälle nicht weiter als etwa 40° vom Fixierpunkt entfernt, bedient man sich anstatt des Perimeters besser einer Tafel, um überall die Möglichkeit freier Objektführung senkrecht zur Begrenzung des Gesichtsfelddefektes zu haben (s. folgenden Abschnitt) und weil hier die Gleichmäßigkeit der Objekthelligkeit besser gewährleistet ist.

3. Untersuchung zentral gelegener Defekte (Skotome).
Skotometer.

Ist ein größerer Teil des zentralen Gesichtsfeldes in Verlust geraten, oder der Lichtsinn in diesem Teile hochgradig herabgesetzt, so läßt sich der Nachweis des Defektes am Perimeter bei gewöhnlicher zentripetaler Objektführung mit der üblichen radiären Objektführung vornehmen, da diese dann annähernd auch senkrecht auf die Grenze des Skotoms erfolgt.

Dagegen sind besondere Maßnahmen erforderlich, um die ersten Anfänge von Skotomen in der Umgebung des Fixierpunktes und des blinden Fleckes nachzuweisen. Sie gipfeln in

1. sorgfältiger Ausschaltung von Nebeneindrücken. Außer dem Prüfungsobjekt und der möglichst kleinen Fixiervorrichtung darf auf dem gleichmäßigen schwarzen bzw. dunkelgrauen Untergrunde keine andere störende Unterbrechung sichtbar sein. Auch eine Gradeinteilung des Grundes soll eben nur angedeutet sein, so daß sie nicht für den zu Prüfenden auffällig hervortritt;

2. Verkleinerung des als Prüfungsobjekt dienenden Lichtreizes. Dieser muß unter entsprechend kleinerem Gesichtswinkel erscheinen, als bei der Gesichtsfeldperipherie zur Bestimmung der Grenzen notwendig ist. Über die Grenzen, welche der Verkleinerung des Netzhautbildes des Prüfungsobjektes gesetzt sind, ohne daß zu große Fehler die Genauigkeit der Untersuchung beeinträchtigen, wurde S. 441 bereits gesprochen. Besser als zu kleine weiße Objekte sind entsprechend größere graue;

3. richtiger Objektführung, welche möglichst senkrecht auf die Begrenzung des Skotoms erfolgen soll, so z. B. senkrecht auf den Faserverlauf der Sehnervenfasern in der Netzhaut, wenn die Skotome diesen entsprechen (Igersheimer 1916 und 1918). Hierzu ist eine freie, d. h. nicht an den Perimeterbogen gebundene Objektführung unerläßlich.

4. Um die Zuverlässigkeit der Angaben des zu Untersuchenden zu kontrollieren, ist es immer notwendig, eine Bestimmung der Grenzen des blinden Fleckes vorauszuschicken. Nur wenn diese vom Beobachter richtig angegeben werden, ist ein negativer Untersuchungsbefund verwertbar.

Diese Forderungen lassen sich am einfachsten und dabei vollkommensten erreichen, wenn man einen mattschwarzen Vorhang oder noch praktischer eine mattschwarz gestrichene Tafel wählt, die so groß ist, daß in einer Entfernung von 1 m ein zentraler Gesichtsfeldteil von 50—60° Durchmesser, also allseits 25—30° vom Fixierpunkt entfernt, untersucht werden kann. Auf der Tafel lassen sich die Parallelkreise von 5 zu 5° Abstand zart und für den Beobachter fast unsichtbar einritzen und der Fixierpunkt und der Untersuchungsbefund mit Kreide anzeichnen. Die Tangentenabweichung ist dabei für den hier nur in Betracht kommenden mittleren Gesichtsfeldteil unerheblich, muß natürlich bei der Graduierung berücksichtigt werden.

Das Bjerrumsche Verfahren. Bjerrum (1890) hat diese meist nach ihm benannte Methode besonders ausgebildet. Er verwendet einen mattschwarzen Vorhang von etwa 2 m Breite, der gegenüber den 2 Fenstern eines Zimmers angebracht ist. In 1 m Entfernung läßt sich dadurch das Gesichtsfeld bis zu einem Umkreis von 45° Radius absuchen. Will man für feinere Prüfungen den Gesichtswinkel des Objektes verkleinern, so wird in einem Abstande von 2 m geprüft; dadurch verringert sich der Radius des äußersten Umkreises auf 16°. In besonderen Fällen kann man natürlich den Abstand beliebig vergrößern. Als Objekte dienen kleine kreisrunde Elfenbeinscheiben. Sie sind an einem langen mattschwarzen Stäbchen befestigt, das für den Beobachter fast unsichtbar ist. Prüft man bei einem Abstand von 2 m mit einem Scheibchen von 6 mm Durchmesser, so entspricht das einem Gesichtswinkel von 10' (geschrieben wird »$6/2000$«, um ähnlich wie bei der Sehschärfeprüfung Objektgröße und Entfernung gleichzeitig auszudrücken). Für das normale Gesichtsfeld wird bei dieser Versuchsanordnung gefunden etwa 50° nach außen, 40° nach innen, 40° nach unten und 35° nach oben. Die gewöhnlichen Schwankungen des Tageslichtes haben nach Bjerrum keinen nennenswerten Einfluß auf das Versuchsergebnis. Refraktionsfehler sollen ungefähr korrigiert sein.

Neuerdings hat Hefftner (1915) die Grenzen des Gesichtsfeldes für derartig kleine Objekte nochmals zahlenmäßig bestimmt. Doch kann natürlich derartigen absoluten Zahlen nur ein bedingter Wert beigemessen werden.

. Die Methode ist, sofern nicht zu kleine Objekte verwendet werden, mit Recht später von vielen Autoren (Rönne 1913, Fleischer 1912 u. A.) warm empfohlen worden. Wie schon erwähnt bedient man sich m. E. noch praktischer einer schwarzen Tafel an Stelle des Vorhanges. Eine entsprechende Zeichnung von schwach angedeuteten Parallelkreisen, wie sie Fleischer (1912) empfohlen hat, ist sehr zweckmäßig. Duane (1906) bringt die Zeichnung auf der Rückseite an und sticht an den gefundenen Grenzen der Gesichtsfeldausfälle Nadeln durch den Vorhang, auch Marx (1918) hat bei seiner Magnetmethode die Zeichnung auf der Rückseite.

Erst durch diese Methode ist es möglich gewesen, den diagnostischen Wert bestimmter charakteristischer Gesichtsfelddefekte zu erkennen, so die Vergrößerung des blinden Fleckes, die von diesem ausgehenden Nervenfaserdefekte (Igersheimer), den der Raphe der Nervenfasern der Netzhaut entsprechenden sog. »nasalen Netzhautsprung«, auf den Rönne wiederholt hingewiesen hat; auch läßt sich die Grenze hemianopischer Gesichtsfeldausfälle auf diese Weise genauer bestimmen, als es am Perimeter möglich ist.

De Vincentiis benutzt zur Untersuchung des blinden Fleckes ein perimeterähnliches Kampimeter, das aus einem einzigen geraden schwenkbaren Arm von 120 cm Länge besteht, der vor einem schwarzen Schirm angebracht ist. Der Patient fixiert durch ein kurzes geschwärztes Rohr einen hellen Punkt des schwarzen Schirmes. Die Stellung des Armes kann an einer genauen Gradeinteilung am Ringstativ des Apparates abgelesen werden.

Über das von Bishop Harman angegebene Verfahren vgl. S. 398.

Die Hohlkugelperimeter bzw. entsprechende Hohlkugelsegmente bieten für den zentralen Gesichtsfeldbezirk vor den ebenen Flächen keine besonderen Vorteile (hinsichtlich der Objektbeleuchtung s. S. 446 ff.).

Man kann übrigens die Herabsetzung des Lichtsinnes im Bereiche eines Skotoms auch mit schwarzen Objekten auf hellem Grunde prüfen. Die schwarzen Scheiben erscheinen dann im Bereich eines Skotoms grauer, wie denn auch schwarze Druckschrift in dem betreffenden Bezirk grau erscheint.

Gegenüber diesem einfachen Verfahren treten an praktischer Bedeutung andere Verfahren (sog. Skotometer), die besonders für die Skotomaufnahme im zentralen Gesichtsfeldbezirk konstruiert sind, zurück. Ihnen haftet auch zum Teil der Fehler an, daß sie keine freie Objektführung gestatten.

So verwendet Priestley-Smith (1906) eine Verkleinerung des Bjerrumschen Schirmes in Gestalt einer mit schwarzem Tuch überzogenen Scheibe, die in 13 cm Entfernung betrachtet wird. Die Scheibe gestattet eine Gesichtsfelduntersuchung bis etwa 25°. Als Probeobjekte dienen 2 mm große Objekte aus Löschpapier, das sich auf dem Tuch leicht befestigen läßt. Die Scheibe kann dann herumgedreht werden, so daß die Untersuchung in Parallelkreisen erfolgt. Das Verfahren ist von Birch-Hirschfeld (1912) insofern verfeinert worden, als er mit kleineren Objekten und größerem Abstande arbeitet: auf einer schwarzen Samtscheibe, die ebenfalls um ihr Zentrum drehbar ist, werden Heringsche Papiere von 1 mm Durchmesser aufgelegt und in einem Abstande von 58 cm geprüft, so daß dann 1 cm der Scheibe etwa einem Gesichtswinkel von 1° entspricht.

In ähnlicher Weise kann man sich vom Buchbinder aber auch einfache mattschwarze Pappscheiben, mit Samt oder Tuchpapier überzogen, herstellen lassen, die man mit einem kleinen Fixierpunkt versieht. Die Objekte werden entweder ebenfalls aufgelegt, oder — besser — man verwendet kleine Objekte an feinem Draht, z. B. die dem Haitzschen Apparat beigegebenen.

Auf das Hohlkugelprinzip, das wir schon bei der Uhthoffschen Scheibe kennen gelernt haben, die ebenfalls ein Skotometer darstellt, greift Bardsley (1908) wieder zurück. Der Kopf des zu Untersuchenden ruht auf einer Kinnstütze. Die Hohlkugel ist im Zentrum, d. h. am Fixierpunkt, durchbohrt, so daß man das Auge des zu Prüfenden beobachten kann.

Die Absuchung des Gesichtsfeldes kann in einem Bezirk von etwa 30° erfolgen. Die Marke wird in einem Schlitz geräuschlos und unsichtbar verschoben und die Kugel gedreht. Posey (1912) empfiehlt dieses Instrument
ebenfalls. Aber auch ihm fehlt die freie Objektführung. Viel besser eignet
sich für die Untersuchung kleiner Skotome im zentralen Bereich bis zu
etwa 10° Abstand vom Fixierpunkt das Haitzsche stereoskopische Verfahren (s. S. 478).

Die Untersuchung parazentraler Skotome mittels Prismen,
wie sie von Eppenstein (1914 und 1918) wieder empfohlen wurde (vgl.
S. 445), kommt nur für besondere Fälle, wie die Bestimmung der Größe
des blinden Fleckes, in Betracht.

4. Besondere Vorrichtungen zur Erleichterung der Fixation bei der Untersuchung zentraler Skotome.

Wenn zentrale Gesichtsfeldausfälle den Fixierpunkt mit einschließen,
so ist oftmals die Fixation mit der Fovea unmöglich. Die Beobachter versuchen entweder mit einer bestimmten exzentrischen Stelle zu fixieren oder
lassen die Blicke hin- und herwandern.

Man muß sich dann besonderer Hilfsmittel bedienen, um diese Fehlerquellen auszuschalten.

α) Schnelles Vorzeigen verschieden großer Objekte zentral
und exzentrisch. Skotometer: Man kann dem Patienten schnell kleine
Objekte vorhalten und wieder verdecken — meist werden hierfür allerdings Farben benutzt, also der Farbensinn und nicht der Lichtsinn geprüft —, bevor er Zeit hat, den Blick wandern zu lassen. Wird das
Prüfungsobjekt nicht erkannt, so hält man es peripher in das Gesichtsfeld,
um nachzuweisen, wie weit hier im Gegensatz zum zentralen Teil des
Gesichtsfeldes die Funktionen noch erhalten sind.

Es liegt auf der Hand, daß man auf diese Weise nur feststellen kann.
ob überhaupt ein Skotom vorliegt. Dessen genaue Ausdehnung läßt sich
nur durch Perimeter bzw. Kampimeter nachweisen. Auch ist bei relativen
Skotomen ein negativer Ausfall der Prüfung nicht beweisend, weil mit
dem Objekt der Übergang vom erhaltenen Gesichtsfeld in das Skotom-
bereich, bei dem der Patient oft allein imstande ist, die Funktionsherab-
setzung wahrzunehmen, nicht möglich ist.

Einen gewissen Anhalt über die Größe des Skotoms bzw. den Grad
der Funktionsstörung gibt freilich dabei die Untersuchung mit verschieden
großen Objekten, die schnell ausgewechselt werden können. Nur muß man
beachten, daß es nicht gleichwertig ist, ob ein kleines Skotom von z. B.
1° Durchmesser mit bis zu 1° wachsender Objektgröße untersucht wird,
oder ob seine Ausdehnung nach der Bjerrumschen Methode mit einem konstant kleinen Objekt von etwa 10′ Durchmesser bestimmt wird.

Es sind zahlreiche Skotometer dieser Art konstruiert worden, die im wesentlichen alle auf dem Prinzip beruhen, verschiedenfarbige Objekte mit verschieden weiten Diaphragmen einstellen zu können, so daß dem zu Prüfenden schnell Farbe und Objektgröße geändert werden kann. So enthält in dem Instrument von Guitterez-Ponce (1892) eine Scheibe außer einer leeren Öffnung eine Anzahl verschiedenfarbiger Gläser, die andere eine Anzahl runder Öffnungen von verschiedenem Durchmesser. Antonelli (1893) verwendet sogar eine Irisblende, mit deren Hilfe man das Objekt von 1—15 mm vergrößern kann. Außerdem enthält sein Instrument eine Scheibe mit farbigen Gläsern für durchfallendes, eine zweite mit farbigen Papieren für Untersuchung mit auffallendem Licht. Truc (1897) verwendet außerdem noch rechteckige Ausschnitte. Birch-Hirschfelds (1912) Apparat enthält eine Scheibe mit Weiß und acht Farbenproben und eine zweite mit Blenden von 2—12 mm Durchmesser. Am Apparat ist ein Bandmaß für die Entfernung vom Auge angebracht; die Blendenweite ist auf der Rückseite angegeben. Auch die Skotometer von Langdon (1912) und Cruise (1912) entsprechen diesem Prinzip. Hird (1912) stellt die verschiedenen Blenden durch seitliches Verschieben ein. Sein Apparat hat etwa die Größe einer Besuchskarte. Eine ähnliche Vorrichtung hat auch Walker (1913) angegeben.

Moretti (1909) hat einen besonderen Apparat konstruiert, der an jedem Perimeter angebracht werden kann. Er besteht im wesentlichen aus zwei runden Scheiben, von welchen die eine durchsichtig und graduiert, die andere matt ist. Zwischen beiden Platten werden verschieden gefärbte Darmbläschen angebracht, die mit Hilfe eines Gebläses aufgeblasen werden.

β) Bestimmung der Lage des Skotoms mit Hilfe des blinden Fleckes. In denjenigen Fällen von zentralem Skotom, bei denen mit einer bestimmten exzentrischen Stelle fixiert wird, das Auge also nicht bewegt wird, kann man auch an der Tafel nach Bjerrum die Ausdehnung des Ausfalls in gewöhnlicher Weise bestimmen. Man bekommt so ebenfalls die Ausdehnung des Skotoms, aber seine Lage wird falsch auf die Tafel projiziert. Man hat jedoch in der Bestimmung des blinden Fleckes die Möglichkeit, den Grad der Verschiebung festzustellen und nachträglich zu korrigieren.

γ) Die binokularen Untersuchungsmethoden. Ist das zweite Auge gesund bzw. in der Lage, foveal zu fixieren, kann man mit gutem Erfolg dieses Auge zur Fixation heranziehen. Als Methoden kommen in Betracht die Prüfung mit komplementärgefärbten Gläsern, die Fixation mit Hilfe einer Röhre, beide anwendbar besonders dann, wenn man das Gesichtsfeld in größerer Ausdehnung am Perimeter anwenden will; ferner das stereoskopische Verfahren, welches unbedingt dann den Vorzug verdient, wenn es sich um die Aufnahme kleiner zentraler Skotome innerhalb eines Radius von etwa 10—12° handelt.

Die binokulare Prüfung mit farbigen Gläsern, welche Schlösser (1901) nach Analogie einer früheren Methode von Hirschberger einführte, wird folgendermaßen vorgenommen: Man prüft mit einem farbigen, z. B. roten Objekt, und setzt vor das nicht zu prüfende Auge, das die Fixation übernehmen soll, ein komplementär zum Objekt gefärbtes, also grünes Glas. Das Perimeterobjekt wird nun als Farbe nur von dem zu prüfenden Auge, und in der Helligkeit von diesem wenigstens zuerst wahrgenommen. Wo Rot gesehen wird, sieht also das zu prüfende Auge, wo nichts gesehen wird, besteht ein Skotom. Zur Orientierung, ob überhaupt Störungen im Gesichtsfeld vorliegen, eignet sich die Methode recht gut. Gewisse Nachteile sind vor allem darin zu sehen, daß erstens eine Prüfung mit weißen Objekten unmöglich ist, ferner aber die Schwierigkeit, den binokularen Wettstreit der Sehfelder auszuschließen. Durch diesen können Skotome vorgetäuscht werden oder vorhandene auch größer erscheinen. Bei gewissen Gelegenheiten, z. B. bei Amblyopie eines Auges infolge Refraktionsfehlers, wird die Gefahr eines Versuchsfehlers durch Wettstreit sinken, wenigstens bekam Heine (1905) bei Schielenden konstante Ergebnisse. Immerhin wird ihm von anderer Seite (z. B. Visser) derselbe Einwand gemacht.

Man kann das zweite — nicht zu prüfende — Auge auch anstatt durch ein farbiges Glas durch einen engen Tubus nach dem Fixierpunkt blicken lassen. Diesen Vorschlag machte bereits Haitz (1905). Herczogh (1907) gibt einen entsprechenden Apparat an. Die dafür notwendige Vorrichtung kann man sich ja jederzeit selbst leicht konstruieren.

Unter den stereoskopischen Methoden ist das von Haitz (1905) angegebene Verfahren am meisten zu empfehlen. Es kommt zur Anwendung bei Skotomen, die innerhalb des zentralen Gebietes von 10—12° Radius liegen, kann natürlich auch dann gebraucht werden, wenn die peripheren Grenzen des Gesichtsfeldes aus irgendeinem Grunde bis nahe an den Fixierpunkt reichen, z. B. bei Hemianopsien, sektorenförmigen Defekten, bei Glaukom usw., gewissermaßen dann als feinere Nachprüfung des gewöhnlich aufgenommenen Perimeterbefundes. Auch bei Verdacht auf Hypophysistumoren kann ich diese Methode wegen des nicht seltenen Vorkommens bitemporaler Skotome empfehlen.

Der Apparat besteht aus einer kleinen Mappe mit stereoskopischen Gesichtsfeldtafeln und einem Kästchen mit kleinen weißen und farbigen Objekten (kleine Farbflecken an schwarzen Stangen von $1\frac{1}{4}$ und 2 mm Durchmesser). Man benutzt dazu eines der gebräuchlichen amerikanischen Stereoskope und stellt die Gesichtsfeldtafel so ein, daß ihre Nullpunkte in die Brennebene der Halblinsen des Stereoskops zu liegen kommen. Für die gebräuchlichen Stereoskope entspricht das einer Entfernung von etwa 19 cm von den Linsen des Apparates. Ametrope Personen bekommen ihr

Korrektionsglas für die Ferne vorgesetzt. Die Tafeln gestatten allerdings nur eine Aufnahme des Gesichtsfeldes bis zu etwa 10°, haben aber den Vorteil, daß sie wegen ihrer Kleinheit in jedes Stereoskop eingesteckt werden können.

Lloyd (1917) hat für die Methode, um diesem Nachteil zu begegnen, ein größeres Stereoskop und entsprechend temporalwärts vergrößerte Tafeln, welche noch die Aufnahme des blinden Fleckes gestatten, verwendet.

In ähnlicher Weise verwendet Joseph (1908) Pigeons dihedrales Stereoskop. Das eine Auge sieht unmittelbar auf das Blatt, das andere sieht in einem Spiegel, der unter 70° steht, ein zweites Blatt, das 140° zu dem ersten geneigt ist. Beide Blätter haben starke Parallelkreise, welche zur Verschmelzung anregen, während die Mitten zur Untersuchung freibleiben.

Tomlinson (1910) beschreibt folgendes Verfahren: Ein Spiegelbild des Fixierpunktes wird in einem langen schmalen Spiegel gesehen, der nahe an dem Augenteil des Instrumentes sitzt, und dient als Prüfungsmarke, die mit den Drehungen des Spiegels ihre scheinbare Lage verändern muß. Der Apparat kann um seine Achse gedreht werden, so daß damit die Marke in beliebigen Parallelkreisen zirkulär bewegt werden kann. Das zweite Auge blickt durch ein Rohr nach einer Fixiermarke, die mit derjenigen, welche das zu untersuchende Auge erblickt, stereoskopisch verschmolzen wird. Die Aufzeichnung geschieht mit Hilfe einer Nadel, die durch Luftdruck, ähnlich wie bei einem photographischen Apparat, bedient wird.

Auch Eppenstein (1918) verwendet bei seiner Prismenmethode die binokulare Fixation; er verlegt durch abduzierende Prismen das Netzhautbild des zu untersuchenden Auges soweit seitwärts, daß eine Fusion ausgeschlossen ist (10°). Bei dem Ergebnis muß dann die Abduktion in Rechnung gezogen werden.

Bei allen stereoskopischen Methoden ist vorausgesetzt, daß auch die Blicklinie des zu untersuchenden Auges nach dem Mittelpunkte des Perimeters bzw. der Prüfungstafel gerichtet ist, daß also keine Abweichung des Auges in Schielstellung erfolgt. In diesem Falle muß entweder für das zweite Auge die Lage des Fixierpunktes entsprechend geändert oder wenigstens der Schielwinkel nachträglich entsprechend in Rechnung gezogen werden.

δ) Besondere Hilfsmittel für exzentrische Fixation des zu untersuchenden Auges. In besonders schwierigen Fällen, so bei doppelseitigen kleinen Skotomen, kann es notwendig werden, zum Nachweis der zentralen Skotome eine exzentrische Fixation des zu untersuchenden Auges zu ermöglichen. Hierher gehören die Methoden, welche bei der angeborenen totalen Farbenblindheit zur Anwendung gelangt sind.

Sehr zu empfehlen ist das Hess'sche Punktmuster. Man stanzt aus einem schwarzen Karton ein gleichmäßiges Muster gleichgroßer runder Löcher von beiläufig 1 cm Durchmesser aus und hinterklebt den Karton mit durchscheinendem Papier, das man von rückwärts dann mit beliebiger Intensität erleuchten kann, und das je nach dem gewünschten Gesichtswinkel, unter welchem die Scheibchen erscheinen sollen, in verschiedener Entfernung betrachtet werden kann. Es eignet sich sowohl zur Prüfung erworbener wie angeborener Skotome. Der Einwurf, daß bei letzteren das Punktmuster auch bei einem Skotom ergänzt erscheint, gilt, wie Hess gezeigt hat und wie ich für mich selbst nur bestätigen kann, für den blinden Fleck nicht; an seiner Stelle fehlt der entsprechende Teil des Punktmusters. Bei Nystagmus, z. B. bei angeborener totaler Farbenblindheit, erfolgt die Darbietung des Musters nur momentan.

Ein ringförmiges Fixationszeichen wurde von Uhthoff empfohlen. Das Auge erblickt den Ring mit der Umgebung der Fovea, während diese selbst auf die Mitte des Ringes eingestellt ist. Marx (1918) hat durch vergleichende Untersuchungen gefunden, daß die Fixation des Ringmittelpunktes fast ebenso genau möglich ist, wie bei einem gewöhnlichen Fixierpunkte.

Bei angeborener totaler Farbenblindheit konnte Hessberg (1909) durch folgendes Vorgehen zentrale Skotome nachweisen: im verdunkelten Zimmer waren Gesicht und Figur des Untersuchers durch schwarze Bekleidung abgeblendet. Die feinen punktförmigen weißen Objekte von 1 mm Durchmesser wurden momentan in den Fixierkreis hineingebracht, wobei der Untersuchte nur angeben mußte, ob er etwas sieht oder nicht (natürlich sind Kontrollen nötig). Die Beleuchtung betrug etwa 3—5 Meterkerzen; sie ist so stark, daß beim Normalen kein Skotom bei diesem Vorgehen vorhanden ist.

Ferner benutzte Gertz (1911) bei angeborener totaler Farbenblindheit zum Nachweis eines zentralen Skotoms noch die Methode des Punktzählens. Ist z. B. der Patient noch imstande, die Punktreihen, deren Interstitien unter einem Winkel von 50′ erscheinen, zu zählen, so soll ein Skotom, das diesen Durchmesser überschreitet, ausgeschlossen sein.

Die Methode des unterbrochenen Striches zur Fixation bevorzugt Grunert (1905). Das zu untersuchende Auge stellt sein Skotom dabei auf die Lücke des Striches ein.

Anhang:

Die subjektive Wahrnehmung von Skotomen beim Blicken auf eine gleichmäßige Fläche bezeichnete man gewöhnlich als positive Skotome im Gegensatz zu den negativen, bei denen diese Wahrnehmung fehlt.

Der Unterschied ist diagnostisch kaum brauchbar, denn die Wahrnehmung derartiger Skotome als dunkle usw. Flecke im Gesichtsfelde hängt in unkontrollierbarem Grade von der individuellen Beobachtungsgabe und Schulung im Beachten peripherer Eindrücke im Gesichtsfelde ab. Davon kann man sich am besten bei der Sichtbarkeit der blinden Flecke überzeugen (s. unten).

Am leichtesten werden im allgemeinen spontan positive Dunkelflecke im Gesichtsfelde dann angegeben, wenn vor der noch funktionsfähigen perzipierenden Netzhautschicht ein lichtabsorbierendes Medium sich befindet, also einen Schatten auf die perzipierenden Elemente wirft. Es handelt sich demnach in derartigen Fällen um rein physikalische Ursachen. Allgemein bekannt ist als derartiges Skotom die Purkinjesche Aderfigur, der Baum der Netzhautgefäße, welcher schon ohne weitere Hilfsmittel nach vorangegangenem Augenschluß leicht als schwarzes Astwerk für einen Moment gesehen werden kann, wenn man gegen eine graue Fläche blickt. Pathologischerweise handelt es sich meist um Blutungen oder dicke Exsudate vor der Retina oder in deren innersten Schichten, die dann von den Patienten als dunkle oder farbige Scheiben gesehen werden.

Gibt also ein Patient an, daß er seit einiger Zeit eine dunkle, vor allem farbige Scheibe im Gesichtsfeld sieht, so spricht das mit einer (besonders rot, gelbgrün) gewissen Wahrscheinlichkeit (nicht mit Sicherheit!) für eine retinale Blutung oder Exsudat.

Aber auch Gesichtsfelddefekte, die nicht physikalischer Natur sind, bei denen die nervösen Bahnen zerstört oder nicht vorhanden sind, können von geschulten Beobachtern besonders unter günstigen Beobachtungsbedingungen als positive Skotome subjektiv wahrgenommen werden.

Ein klassisches Beispiel ist die Sichtbarkeit der beiden blinden Flecke im Gesichtsfelde, welche bei einiger Übung leicht gelingt, wenn auch nur für einen kurzen Augenblick.

Um diesen blinden Fleck zu sehen, schließt man am besten beide Augen eine Zeitlang, öffnet dann das eine und blickt gegen eine graue (nicht zu helle) Fläche. Dann erscheint der blinde Fleck, welcher der Papille des geöffneten Auges entspricht, als dunkle, von hellem Hof umgebene Scheibe, ähnlich wie man eine totale Sonnenfinsternis mit der Corona abbildet. Eine gewisse Übung im Beobachten ist allerdings erforderlich. Hat man sich diese erst erworben, so gelingt es auch bald beide blinde Flecke gleichzeitig zu sehen, sowohl wenn beide Augen geöffnet, als auch wenn eines geschlossen ist. Näher kann hierauf an dieser Stelle nicht eingegangen werden. Es sei auf die neueren Arbeiten von Brückner (1910) und Köllner (1912) verwiesen.

Die Ursache der Sichtbarkeit der blinden Flecke beruht im wesentlichen darauf, daß die Empfindung der im gemeinschaftlichen Sehfelde dem Sehnerveneintritt korrespondierenden Netzhautstelle des andern Auges merklich wird. Durch Simultankontrast wird die Sichtbarkeit dann erheblich begünstigt. Daß die Erscheinung außerordentlich flüchtig und verhältnismäßig schwer bemerkbar ist, beruht auf dem hemmenden Einflusse der sogen. Lokaladaptation der Netzhaut sowie auf der mangelnden Übung im Beachten peripherer Eindrücke im Gesichtsfelde.

In ähnlicher Weise kann man sich auch pathologische Skotome subjektiv sichtbar machen. GAHLEN (1911) berichtet über eine Selbstbeobachtung bei abgelaufener Chorioiditis, während er entsprechend der von HELMHOLTZ mitgeteilten Methode im Dunkelzimmer eine Kerzenflamme seitlich vom Auge hin- und herbewegte.

Er beobachtete dabei außer der PURKINJEschen Aderfigur dunkle Felder im Gesichtsfelde, welche den nerventoten Skotomen entsprechen, sowie eigentümliche helle Felder. Anscheinend zeigt diese subjektive Beobachtung der Skotome ihre Lage und Ausdehnung genauer an, als es die Perimeterprüfung tut; ihrer allgemeinen diagnostischen Verwendung steht nur die Schwierigkeit der Beobachtung entgegen, welche bei der Flüchtigkeit der Erscheinung große Geduld und z. T. besondere Methoden verlangt, sowie eine Beobachtungsgabe, über die nur wenige Patienten verfügen (näheres s. GAHLEN, der auch eine Abbildung der entoptisch wahrgenommenen Skotome gibt.)

Erschwerend kommen für die diagnostische Bedeutung positiver Skotome noch die zentralen bei nervösen funktionellen Erkrankungen (Neurasthenie usw.) auftretenden in Betracht. Derartige Skotome sind meist farbiger Natur (näheres s. KÖLLNER 1912).

C. Die Gesichtsfeldprüfung bei Dunkeladaptation.

Bei denjenigen Erkrankungen der Netzhaut, welche mit einer Beteiligung der Stäbchen- und Zapfenschicht einhergehen, pflegt die Störung der Dunkeladaptation diejenige Funktionsstörung zu sein, welche am frühesten von allen einwandsfrei nachweisbar ist. Daher kann die Prüfung des Gesichtsfeldes nach einer gewissen Anpassung an den Dunkelraum große diagnostische Bedeutung haben, um beginnende Netzhautablösungen aufzufinden oder ihre Ausdehnung festzustellen, ferner für die Diagnose der Hemeralopie u. a. m.

Da die Dunkelanpassung beim Normalen in den ersten Minuten sehr schnell vor sich geht, genügt für klinische Untersuchungen in den meisten Fällen schon ein Dunkelaufenthalt von 10—15 Minuten, um gegenüber dem Normalen einen deutlichen Unterschied hervortreten zu lassen. Unter Umständen ist es freilich wünschenswert, die Adaptation vor der Untersuchung weiter fortschreiten zu lassen und $1/2$ Stunde oder länger die zu untersuchenden Augen vor Lichteinfall zu schützen. Man setzt zu diesem Zwecke die Patienten am besten ins Dunkelzimmer, läßt die Augen schließen und schützt sie außerdem durch eine nicht zu fest angelegte schwarze Binde, so daß dann, wenn der Untersucher später den Raum betritt, kein Licht in das Auge fallen kann.

Die Hauptschwierigkeiten, welche sich bei der Untersuchung ergeben, sind:

1) die **Einhaltung der Fixation** während des Perimetrierens. Nicht nur, daß es im Dunkelzimmer nicht mehr möglich ist, das Auge des zu Untersuchenden auf seine Unbeweglichkeit hin zu kontrollieren; bei der geringen Adaptationsfähigkeit der Fovea centralis ist es erforderlich, bei exakten Untersuchungen sich in gleicher Weise eines besonderen Fixierpunktes zu bedienen, wie bei der Untersuchung des Lichtsinnes an dem Adaptometer, wenigsten stets dann, wenn man erst nach länger andauernder Adaptation untersucht. Man verwendet dazu einen kleinen schwachen roten Lichtpunkt, den man am besten aus einem elektrischen Lämpchen mit Hilfe vorgestellter Blende und abschwächendem Milch- bzw. Rauchglas sowie eines roten Lichtfilters sich herstellt (s. S. 451).

Über die Einhaltung der Fixation seitens des Patienten kann man sich durch Kontrollaufnahmen des blinden Fleckes informieren. Vor allem ist aber eine geräuschlose Objektführung notwendig. Schlimmstenfalls ist ein kurzes Beleuchten des zu untersuchenden Auges mit einer schwachen roten Lampe gestattet, die man sich aus einer elektrischen Taschenlampe mit Hilfe roter Gelatinefilter einfach herstellen kann. Nach STARGARDT (1904) ist eine derartige Beleuchtung praktisch ohne nennenswerten Einfluß auf das Untersuchungsergebnis.

2) Die Ablesung des Untersuchungsergebnisses und die Aufzeichnung, wenn die Untersuchung im völlig verdunkelten Zimmer vorgenommen wird. Ersteres kann am einfachsten durch Abtasten vorgenommen werden. Man stellt sich am besten ein **Dunkelperimeter** her, wie es STARGARDT angegeben hat, bei welchem in Abständen von 10 zu 10° kleine fühlbare Einkerbungen vorhanden sind, die sich leicht abzählen lassen und nach welchen die Stellung des am Perimeterbogen entlang geführten Prüfungsobjektes bestimmt werden kann. Auch eine federnde Einstellung des Bogens beim Drehen in die verschiedenen Meridiane ist erwünscht. Die Aufzeichnung geschieht am besten wieder bei einer schwach leuchtenden roten Lampe. Selbstregistrierende elektrische Perimeter erleichtern die Aufzeichnung natürlich sehr.

Das **normale Auge** paßt sich auch in der äußersten Peripherie so schnell an die herabgesetzte Beleuchtung an, daß keine Einengung des Gesichtsfeldes eintritt. Verwendet man ein gewöhnliches Perimeter und dämpft das Tageslicht ab, so soll ein normales Gesichtsfeld im allgemeinen noch die gleichen Außengrenzen haben, solange der Fixierpunkt des Perimeters erkannt wird (WOLFFBERG 1903). Untersucht man nach etwa halbstündiger Dunkeladaptation im völlig dunkeln Raum mit einem lichtschwachen Objekt, das ein normales Auge nach etwa zehnminutenlangem Dunkelaufenthalt eben erkennt, so erhält man eher etwas weitere Außengrenzen, als bei gewöhnlicher Perimeteruntersuchung (STARGARDT). (Hier kommt die erhöhte Empfindlichkeit für abirrendes Licht störend in Betracht.)

Die Untersuchung nimmt man am besten im vollkommen dunkeln Raume vor und verwendet selbstleuchtende Objekte. WILBRAND (1904) hat 1 mm² große Scheiben aus Leuchtfarbe angegeben. Zuverlässiger sind Objekte, die aus elektrischen Lampen hergestellt sind, weil sie eine bessere Abstufung der Helligkeit gestatten. Die verschiedenen hierfür angegebenen Modelle sind S. 449 ff. angeführt. Selbstregistrierende elektrische Perimeter (S. 452 ff.) haben hier ihr Hauptanwendungsgebiet.

Durch die notwendige Herabsetzung der Lichtintensität der elektrischen Glühlampen, mag sie durch Rheostaten oder durch zwischengeschaltete Milch- oder Rauchgläser (Films) erzielt werden, wird die Farbe des Objekts stets rötlich. Man kann durch passende blaue Lichtfilter diese Farbe kompensieren. Notwendig ist dies jedoch nicht.

Verfügt man über derartige Vorrichtungen nicht und will man sich begnügen, die Untersuchung nach kurzdauernder Dunkeladaptation vorzunehmen, so kann man sich auch damit helfen, daß man das Auge schließen läßt bzw. mit einer schwarzen Binde schützt und dann das in den Raum einfallende Tageslicht weitgehend abblendet. Die hierzu anwendbaren Vorrichtungen sind S. 447 beschrieben worden. Man kann die Gesichtsfelduntersuchung dann am gewöhnlichen Perimeter und mit weißen Papierquadraten ausführen. Zur Kontrolle untersucht man eine normale Vergleichsperson in gleichem Adaptationszustand und unter den gleichen Beobachtungsbedingungen.

D. Methoden zur Erkennung psychischer Gesichtsfeldstörungen. Untersuchung auf Gesichtsfeldermüdung.

Die Gesichtsfeldeinengungen, wie sie bei der Hysterie und den Neurosen vorkommen, entspringen in letzter Linie ebenso einer Begehrungsvorstellung, die zur Vorstellung des Schlechtersehens führt, wie es bei der reinen Simulation der Fall ist. Beide Formen lassen sich überhaupt nicht durch die Prüfung des Gesichtssinnes allein, sondern nur durch psychologische Beurteilung des Gesamtverhaltens des Betreffenden unterscheiden.

Die entsprechenden Untersuchungsmethoden decken sich demnach vollkommen mit den sogenannten Simulationsproben, so daß auf diese verwiesen werden kann.

Ich kann mich daher hier darauf beschränken, die Untersuchung auf Gesichtsfeldermüdung zu besprechen, soweit eine besondere Art der Objektführung dazu verwendet wird.

Die Grenzen des Gesichtsfeldes bleiben auch bei mehrfacher Prüfung — von unbedeutenden Beobachtungsfehlern abgesehen — im allgemeinen die gleichen, das Objekt wird also stets an dem gleichen Punkte sichtbar, wenn unter gleichen Bedingungen untersucht wird, d. h. daß das Auge sich in gleichem Adaptationszustand befindet und wenn Helligkeit und Gesichtswinkel, unter welchem das Prüfungsobjekt gesehen wird, unverändert ist.

Im Gegensatz dazu tritt bei einer Reihe von Personen eine ausgesprochene Ermüdung ein, derart, daß sich unter bestimmten Versuchsbedingungen eine Erhöhung der Schwellenwerte und damit eine zunehmende Einengung der Gesichtsfeldgrenzen nachweisen läßt.

GELB und GOLDSTEIN beobachteten als Zeichen abnormer »Ermüdbarkeit« des Auges außer der bekannten spiralförmigen Einengung des Gesichtsfeldes bei fortlaufendem Perimetrieren im Sinne des Uhrzeigers Verdunkelungen der zentralen wie peripheren Gesichtsfeldteile bei anhaltender zentraler Fixation, vor allem aber ferner ringskotomartige Verdunkelungen im Gesichtsfelde. Es handelte sich um absolute oder auch relative »Ringskotome«, deren Lage und Anordnung in der intermediären Zone bei zu verschiedenen Zeiten stattfindenden Wiederholungen der Untersuchung wechselte. Hier und da konnten auch am gleichen Auge mehrere konzentrische »Ringskotome« dieser Art nachgewiesen werden.

Man hat früher diese Erscheinungen als pathologisch, besonders als pathognomonisch für Neurosen und Neurasthenie angesehen, doch kommt sie, wie die Untersuchungen von SIMON (1894), PETERS (1894), SIEMSEN (1895) u. a. im Gegensatz zu LANGER (1907) ergaben, auch bei Individuen vor, welche keinerlei neuropathische Veranlagung verraten. Überhaupt ist hier keine Grenze zwischen Physiologie und Pathologie zu ziehen, da im allgemeinen Ermüdung immer ein physiologischer Vorgang ist, dessen Steigerung erst pathologisch werden kann. Diese Gesichtsfeldermüdung kann Begleiterscheinung geistiger und körperlicher Ermüdung sein und unter dem Einflusse auch körperlicher Anstrengung zunehmen (KRONER 1904).

Herrscht auch Einigkeit über das Vorkommen der Gesichtsfeldermüdung, so gingen und gehen noch die Ansichten über ihre Ursache zum Teil weit auseinander. Auf der einen Seite wurde die Erscheinung durch Ermüdung der Retina erklärt (WILBRAND, KÖNIG), PETERS (1894) nahm eine Störung der peripheren Innervation, SCHIELE (1886) Ermüdung der Hirnrinde an. Auf der anderen Seite — besonders in neuerer Zeit — neigt man mehr und mehr dazu, die Ermüdung psychisch zu erklären. Daß dabei nicht einfach eine Ermüdung der Aufmerksamkeit (SALOMONSOHN 1894), bzw. Mangel an Konzentration der Aufmerksamkeit (VOGES 1895) in Betracht kommen kann, hat KRONER (1904) aufs neue betont. In einer Ermüdung der psychischen Leistungsfähigkeit gipfeln die Auffassungen von PLACZEK (1892), SIMON (1894) und REUSS. Inwieweit die einzelnen Anschauungen des näheren voneinander abweichen, inwieweit weiterhin Änderungen der Blutzirkulation oder Stoffwechselprodukte eine Rolle für das Zustandekommen der Ermüdungserscheinungen spielen, kann hier nicht näher erörtert werden.

Wie dem auch sei, für die Untersuchung ist in erster Linie nur die Tatsache wichtig, daß die Ermüdung nicht etwa durch die Wahrnehmung des Prüfungsobjektes bedingt wird. SIMON hatte bereits festgestellt, daß sie ebenso groß ist, wenn man nur 8—10°, als wenn man 200—220° eines Netzhautmeridians reizt. Das Prüfungsobjekt bzw. die Schwellenerhöhung, die man mit ihm nachweist, dient lediglich als Maß für den Grad der allgemeinen psychischen Leistungsfähigkeit bzw. deren Erschöpfung. Dementsprechend haben auch fast alle Untersucher festgestellt, daß nach der Untersuchung des einen Auges die Ermüdung auch auf dem zweiten noch nicht untersuchten nachweisbar ist. Durch die Untersuchung der Gesichtsfeldermüdung kann es demnach auf relativ einfache Weise gelingen, ein ungefähres Bild von der psychischen Leistungsfähigkeit eines Individuums zu erhalten, wie es sonst nur durch langwierige psychologische Untersuchungen möglich ist (Kroner).

Schon bei gewöhnlicher Objektführung ergibt sich hierbei ein spiralförmiges Gesichtsfeld (v. Reuss).

Der Förster-Wilbrandsche Verschiebungstypus. Untersucht man beim Normalen das Gesichtsfeld nicht mit zentripetaler, sondern mit zentrifugaler Objektführung, so wird das Verschwinden der Perimetermarke eher später angegeben, als bei umgekehrter Richtung ihr Erscheinen. Die Schnelligkeit der Objektführung ist auf diesen »normalen Verschiebungstypus« kaum von Einfluß, vielmehr beruht er auf dem für alle Sinnesempfindungen gültigen Gesetz, daß ein bereits im Bewußtsein stehender Reiz noch bei einer niedrigeren Schwelle wahrgenommen wird, als ein Reiz, der erst ins Bewußtsein übertritt.

Umgekehrt verschwindet bei abnormer Ermüdbarkeit die Perimetermarke bei zentrifugaler Führung früher, als sie in zentripetaler Richtung wahrgenommen wurde. Hierauf beruht folgendes Untersuchungsverfahren Försters (1876).

Man nimmt bei demselben Auge 2 Gesichtsfelder auf, das eine von der temporalen Seite her, indem man mit mäßiger Geschwindigkeit das Objekt gleichmäßig in das Gesichtsfeld hinein- und an der nasalen Seite wieder herausführt, und sowohl die Eintritts- wie Austrittsstelle, d. h. das Verschwinden des Objektes notiert. Ist die Ermüdungseinengung bei zentrifugaler Führung vorhanden, so muß dann das Gesichtsfeld auf der nasalen Seite enger werden. In gleicher Weise wird nach einer Ruhepause eine zweite Prüfung von nasalwärts begonnen, die dann eine Ermüdungseinengung auf der temporalen Seite ergibt. Die beiden Gesichtsfelder schneiden sich in diesem Falle, und sie erscheinen gegeneinander verschoben (sogenannter Försterscher Verschiebungstypus). Diese Untersuchung hat den Nachteil der langen Dauer. Sie ist deswegen von Wilbrand vereinfacht worden, nachdem er festgestellt hatte, daß die Ermüdungserscheinungen dort, wo sie gefunden wurden, stets in allen Meridianen vorhanden sind.

Wilbrand (1892 und 1896) beschränkte die Untersuchung auf den horizontalen Meridian als dem Meridian der größten Gesichtsfeldausdehnung.

Er beginnt wieder am temporalen Rande und führt hier das Objekt in zentripetaler Richtung in das Gesichtsfeld hinein; der Punkt, bei welchem das Objekt sichtbar wird, wird mit 0 bezeichnet. Das Objekt wird quer durch das Gesichtsfeld geführt, bis zu dem Punkte 1, wo es an der nasalen Seite verschwindet. Hier wird sofort umgekehrt und das Objekt nach der temporalen Seite wieder zurückgeführt, bis es dort verschwindet (Punkt 2). Hier wird wieder umgekehrt, bis das Objekt wieder an der Nasenseite verschwindet (Punkt 3) und so fort. Die Ermüdungseinengung nimmt dabei

Fig. 27.

Linkes Auge.

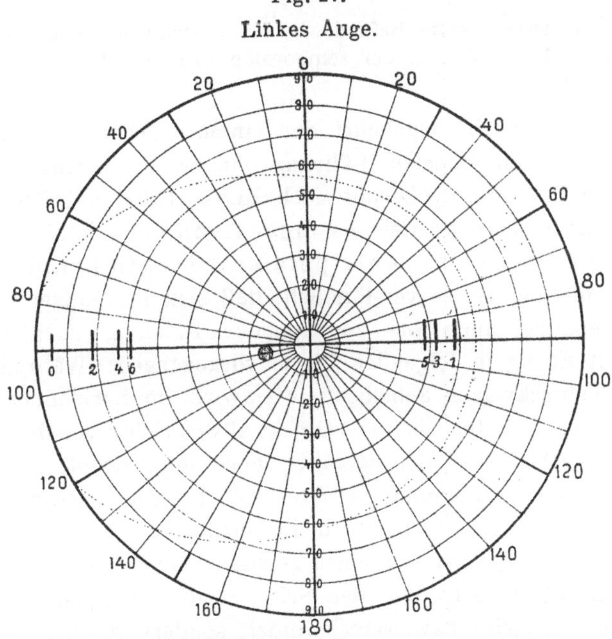

WILBRANDscher Ermüdungsversuch. Allmähliche Verengerung der Gesichtsfeldgrenzen im horizontalen Meridian, wenn das Objekt mehrmals quer durch das Gesichtsfeld geführt wird.

im Anfange viel schneller zu als später, ebenso auf der temporalen Seite meist schneller, als auf der nasalen (Fig. 27).

Beide Erscheinungen dürften ihren Grund in dem physiologischen Bau der Netzhaut haben (SIMON) und decken sich mit den physiologischen Außengrenzen des Gesichtsfeldes, welche man mit verschieden großen weißen und farbigen Objekten, sowie bei der Bestimmung der Punktsehschärfe usw. erhält (s. unten).

Erforderlich ist, daß bei dieser Prüfung das Objekt gleichmäßig geführt wird. Bei oszillierenden Bewegungen brauchen die Ermüdungserscheinungen nicht mehr nachweisbar zu werden, ebensowenig bei Anwendung sehr großer Objekte (SIMON).

Die Ermüdungseinengung hört zuweilen bereits nach der ersten Umkehrung auf, oftmals nimmt sie auch noch weiter zu. Setzt man die Ermüdungsturen bis zu einer gewissen Einengung fort, führt aber dann das Objekt weiter nach außen hinweg und sofort wieder in das Gesichtsfeld hinein (kehrt also nicht am Punkte des Verschwindens um), so erhält das Gesichtsfeld wieder die gleiche Ausdehnung, wie vorher, d. h. die Ermüdungseinengung erscheint geschwunden (Simon). Kroner (1904) will diese Erholung mit einem Nachlassen der Aufmerksamkeitsanspannung für die Zeit, während das Objekt für den Beobachter unsichtbar bleibt, erklären.

Während Wilbrand seine Befunde in ein Gesichtsfeldschema eintrug (vgl. (Fig. 27), schrieb König die an der temporalen bzw. nasalen Seite gefundenen Werte einfach untereinander.

Zuweilen kann auch umgekehrt der einmal vorhandene Eindruck des Objektes bei der zentrifugalen Führung länger als normal festgehalten werden. Diese Erscheinung beruht nach Klien (1907) auf Erschlaffen der Aufmerksamkeit; er bezeichnet sie als »negativen Verschiebungstypus«.

Ermüdung bei rein zentripetaler Objektführung. Bei dem Wesen der Ermüdung ist es verständlich, daß sich bei einiger Vorsicht die Ermüdungseinengung auch bei zentripetaler Führung nachweisen läßt. Kroner ist mit Erfolg in folgender Weise vorgegangen: Während der Beobachter die lichtschwache Scheibe fixiert, wird im horizontalen Meridian in unregelmäßigen Zeitintervallen das Objekt abwechselnd von der temporalen und von der nasalen Seite herangeführt, aber nur soweit, bis es gerade sichtbar wird; in diesem Moment wird es sofort wieder nach der Peripherie bewegt, so daß es keinen Lichtreiz mehr ausübt.

Dieses Vorgehen hat insofern einen gewissen Vorteil, als der Untersuchte seine Aufmerksamkeit nicht nur der Seite zuzuwenden hat, wo er weiß, daß das Objekt erscheint bzw. verschwindet, sondern dauernd nach beiden Seiten. Er kann auch nicht, wie bei der Wilbrand-Försterschen Methode, vom Sichtbarwerden des Objektes bis zu seinem Verschwinden an der gegenüberliegenden Seite in der Anspannung nachlassen.

E. Eingehende Untersuchung des Lichtsinnes einer bestimmten Stelle der Netzhautperipherie.

Bereits Aubert (1865) sowie eine Anzahl späterer Autoren (Hilbert 1884, Segal 1888, Kirschmann 1889) haben den peripheren Lichtsinn untersucht durch Vergleichen der Helligkeitseindrücke zwischen dem Zentrum und einer bestimmten peripheren Stelle. Hierbei wurden entweder zwei gleichgroße und gleichhelle, oder verschiedenhelle (Segal) Objekte gleichzeitig verwendet, oder sukzessiv betrachtet.

In manchen Fällen, besonders für wissenschaftliche Untersuchungen, wird es sich notwenig erweisen, eine genauere quantitative Bestimmung des Lichtsinnes einer bestimmten Netzhautstelle vorzunehmen, sowohl die Bestimmung der Unterschiedsschwelle bei verschiedenen Adaptationszuständen des Auges, der Reizschwelle sowie der Verschmelzungsfrequenz.

Bezüglich der Untersuchung der Reiz- und Unterschiedsschwelle kann auf das in demselben Bande bearbeitete Kapitel über die Untersuchung des Lichtsinnes verwiesen werden. Von den dort erwähnten Methoden eignen sich für das periphere Sehen vor allem diejenigen, bei welchen ein Hineinblicken in einen Apparat etwa durch ein Okularrohr vermieden wird, bei denen also die als Reiz dienende Fläche frei sichtbar liegt.

1. Bestimmung der Unterschiedsschwelle.

Zur genaueren Bestimmung der Unterschiedsschwelle sei in erster Linie der Farbenkreisel empfohlen, bei welchem auf einer Massonschen Scheibe mit Hilfe von Schwarz-Weißmischungen ein Grau der gewünschten Helligkeit erzielt wird.

Um die gewünschte Exzentrizität der zu untersuchenden Netzhautstelle zu erzielen, kann man die Scheibe auf einer Kreislinie verschieben, deren Scheitelpunkt das im Krümmungsmittelpunkt befindliche Auge fixiert (so waren schon Exner [1870] und Treitel [1889] bei ihren Untersuchungen über den peripheren Lichtsinn verfahren). Snellen und Landolt (1874) hatten sogar empfohlen, am Perimeterbogen eine kleine Massonsche Scheibe, die durch ein Uhrwerk getrieben wird, zu befestigen.

Einfacher verfährt man umgekehrt, d. h. man läßt die Scheibe ruhen und verschiebt den Fixierpunkt, wie es Dobrowolsky und Gaine (1876) schon getan hatten.

Dobrowolskys und Gaines Untersuchungsergebnisse mögen als Beispiel für die Abnahme der Unterschiedsempfindlichkeit nach der Peripherie des Gesichtsfeldes hin angeführt werden. Sie fanden sie im Mittel in einer Entfernung von $5°$ vom Fixierpunkte um das Doppelte geringer, bei $20°$ um das 4fache, bei $35°$ um das 7fache, bei $50°$ um das 13fache, bei $65°$ um das 20fache und bei $80°$ um das 33fache. Die Abnahme des Lichtsinnes erfolgte viel langsamer, als die Abnahme der Sehschärfe.

Bei derartigem Vorgehen wird die Unterschiedsempfindlichkeit für die beiden verschieden grauen Zonen der Massonschen Scheibe (Zentrum und Peripherie) bestimmt, am besten unter Vorsetzen eines Diaphragmas, welches mit seiner Öffnung nur einen Teil der ganzen Scheibe ausschneidet.

Für wissenschaftliche Untersuchungen empfehlenswerter ist statt dessen die Heringsche Methode des verschwindenden Fleckes: in einem großen Schirm, welcher als Untergrund dient und welchem man durch passende Grau- bzw. Weißfärbung, durch entsprechende Belichtung oder durch Neigung zur Lichtquelle die gewünschte Helligkeit gibt, befindet sich ein sorgfältig und scharf ausgestanztes Loch, dessen Durchmesser der gewünschten Größe des Objektfeldes entspricht (es darf bei der geringen peripheren Sehschärfe nicht zu klein sein). Hinter bzw. unter dem Schirm befindet sich der rotierende Kreisel mit der durch die Sektorgröße veränderlichen Schwarz-Weißmischung. Natürlich muß die Versuchsanordnung so aufgestellt sein, daß der Schirm keinen Schlagschatten auf die Kreiselscheibe wirft. Der Fixierpunkt wird in eine Entfernung vom Schirmloch verlegt, welche der Exzentrizität der zu untersuchenden Netzhautstelle entspricht. Man verändert dann die Schwarz-Weißmischung auf dem Kreisel so lange, bis keine Helligkeitsdifferenz zwischen Schirm und dem ausgeschnittenen Loch mehr sichtbar ist, dieses also verschwindet. Infolge der leichten peripheren Ermüdbarkeit der Netzhaut läßt man nur immer für einen Augenblick beobachten, d. h. man bedeckt das Loch mit einem dem Schirm gleichhellen Blatt und gibt es nur für einen Augenblick frei.

Treitel verfuhr 1889 in ähnlicher, nicht ganz so zweckmäßiger Weise, indem er vor einer senkrecht rotierenden Kreiselscheibe einen kleinen schwarzen Schirm mit entsprechendem Lochausschnitte vorsetzte.

Andere Versuchsanordnungen sind leicht nach dem im Kapitel über den Lichtsinn Ausgeführten zu konstruieren. Hier soll nur noch erwähnt werden, daß Rupp (1869) sich des Schattenprinzips bediente: er belichtete einen senkrecht aufgestellten durchsichtigen Papierschirm von rückwärts her mit einem Kerzenlicht. Auf den Schirm fiel der Schatten eines straff gespannten Fadens, welcher von einer zweiten Kerze belichtet wurde. Durch Änderung des Abstandes der ersten Lichtquelle von dem Papier ließ sich der Kontrast zwischen Schatten und hellem Grund bis zur Wahrnehmungsgrenze abstufen.

Eine eigenartige Methode zur vergleichenden Schwellenbestimmung zwischen Netzhautzentrum und Peripherie hat Guillery (1897) angewendet. Sie kann hier, da es sich dabei um ganz spezielle Untersuchungen handelt, nicht näher ausgeführt werden.

Befindet sich eine Lichtsinnstörung nur in einer Hälfte des Gesichtsfeldes, so kann man auch sehr gut eine Netzhautstelle auf dieser Hälfte mit der gleichweit exzentrisch gelegenen der anderen vergleichen, besonders dann, wenn beide nicht allzuweit (etwa 5—10°) vom Fixierpunkte abliegen. Am vorteilhaftesten dürfte auch hier wieder die Methode des verschwindenden Fleckes sein. Hess (1890) hat dieses Vorgehen in einem Falle erworbener Farbensinnstörung (siehe später) angewendet: In einem grauen Karton bzw. Schirm, der, wie oben erwähnt, als Untergrund dient, befinden sich nun nicht ein, sondern zwei gleichgroße ausgestanzte Löcher, durch welche andere in ihrem Grau meßbar veränderliche Scheiben sichtbar sind. Der Fixierpunkt befindet sich in der Mitte

zwischen den Löchern. Durch entsprechende Entfernung der Löcher voneinander und des Beobachters vom Fixierpunkte läßt sich leicht die gewünschte Winkelexzentrizität der zu untersuchenden Netzhautstellen erzeugen.

2. Bestimmung der Reizschwelle.

Für sie eignen sich in erster Linie die sogenannten Adaptometer,
welche zur Untersuchung der Dunkeladaptation dienen (z. B. die Apparate von NAGEL und PIPER); denn sie gestatten eine feine, meßbare Abstufung der Helligkeit des Objektfeldes, wobei letzteres völlig gleichmäßig
erleuchtet ist.

Auch das LANDOLTsche Photoptometer läßt sich in ähnlicher Weise
verwenden (CHARPENTIER und LANDOLT 1878). Andere Forscher benutzten
zur Abstufung der Helligkeit des Probeobjektes das Photometerprinzip.
SCHADOW (1879) ließ z. B. das Licht der Platte eines Photometers in eine
Röhre einfallen und durch 2 Nikols abgeschwächt weiterhin auf eine Mattglasscheibe mit vorgesetzter Blende mit gewünschtem Ausschnitt. Von
dieser Objektscheibe ging ein Perimeterbogen aus, welcher die Fixiermarke trug.

SCHADOW fand auf diese Weise z. B., daß die Lichtempfindlichkeit (des
dunkeladaptierten Auges) 30° nach innen von der Fovea centralis noch $4/_3$ betrug, also größer war, wie die der Fovea. Diese physiologische Unterwertigkeit der Fovea des dunkeladaptierten Auges ist jetzt hinreichend bekannt. Das
Nähere ist aus jedem physiologischen Handbuche zu entnehmen. 60° nach
innen vom Fixierpunkte fand er die Empfindlichkeit noch gleich $1/_2$.

Die größte Schwierigkeit bei allen diesen Untersuchungen der Reizschwelle eines dunkeladaptierten Auges im Dunkelzimmer ist die genaue
Einhaltung der Fixation. KÖNIG (1891) fand die Netzhautstelle, welche
zum Fixieren von kleinen Lichtpunkten gewählt wird, die mit der Fovea
centralis beim Dämmerungssehen nicht mehr wahrgenommen werden (also
für foveal »unterschwellige« Reize) individuell verschieden. Man braucht aber
andererseits für derartige Reizschwellenbestimmungen, wenn sie Anspruch
auf wissenschaftliche Genauigkeit machen sollen, foveal unterschwellige Lichtpunkte, um den Adaptationszustand des Auges nicht zu beeinflussen.
Daraus geht hervor, daß man besondere Vorsichtsmaßregeln hinsichtlich
der Fixiervorrichtung treffen muß, will man sicher sein, daß auch
wirklich die gewünschte periphere Netzhautstelle in ihrer Funktion geprüft
wird. Der Wille des zu Untersuchenden, foveal zu fixieren, allein tut es
jedenfalls nicht.

Wichtig ist dabei vor allem, daß der Fixierpunkt möglichst nur rote
Lichtstrahlen aussendet, denn alle nicht roten Lichter werden im Zustande
der Dunkeladaptation des Auges immer foveal dunkler gesehen, als extrafoveal.

Aus diesem Grunde sind auch für genauere Untersuchungen Fixationszeichen aus Leuchtfarbe unzweckmäßig, denn das Fluoreszenzlicht enthält kurzwellige Lichtstrahlen. Auch die Anbringung zweier derartiger Lichtpunkte, wobei der Blick in die Mitte zwischen beide zu richten ist (Fick 1888) empfiehlt sich nach Nagel weniger.

Ahlström (1896) ließ ein kleines helles Licht nur momentan aufblitzen und glaubte so, die Richtung der Fixation im Dunkeln sichern zu können. Er fand jedoch, daß dies nur zutrifft, wenn das Auge sich in den Endstellungen der seitlichen und vertikalen Bewegungsbahn befand.

Bei der Untersuchung der Nachbarschaft des Netzhautzentrums bot v. Kries (1897), um den Einfluß der Reizung der Fovea nach Möglichkeit auszuschalten, Fixiermarke und Objekt dem Auge alternierend dar.

Zweckmäßige Fixiervorrichtungen hat z. B. Nagel empfohlen: man läßt in einer kleinen unter 45° aufgestellten Glasplatte (Deckgläschen) einen kleinen Lichtpunkt spiegeln, vor welchem ein rotes Glas vorgeschaltet ist.

Noch bequemer hat Nagel eine Fixiervorrichtung konstruiert, welche nicht erst aufgebaut zu werden braucht, sondern einfach aus einem Metallgehäuse besteht, das an einer Stelle einen kleinen schwach rotleuchtenden Knopf trägt (über die Konstruktion s. Tigerstedt 1909).

Hinsichtlich der Objektgröße, welche für die periphere Reizschwellenprüfung in Betracht kommt, sei erwähnt, daß Charpentier (1887) fand, daß sie ohne Bedeutung sei, solange das Netzhautbild der leuchtenden Marke einen Durchmesser von mehr als 0,17 mm habe. Wird das Objekt kleiner, so muß seine Helligkeit umgekehrt proportional seiner Größe zunehmen. Kommt es nicht darauf an, besonders kleine Netzhautstellen zu untersuchen, wird man zweckmäßig ein größeres Objekt wählen.

Die genaueren Beobachtungen Pipers (1903) dagegen ergaben, daß auf exzentrischen Netzhautstellen im dunkeladaptierten Zustande innerhalb gewisser Grenzen (für quadratische Felder von 2—20° Seitenlänge) die Schwellenwerte von der Objektgröße abhängig sind; sie verhalten sich etwa der Quadratwurzel der gesehenen Flächen, nicht den Flächen selber umgekehrt proportional. Nur für das gut helladaptierte Auge war eine nur geringe Abhängigkeit der Schwellenwerte von der Flächengröße nachzuweisen.

3. Prüfung der Verschmelzungsfrequenz in der Gesichtsfeldperipherie.

Mit dem Ausdrucke »Verschmelzungsfrequenz« (v. Kries) bezeichnet man bekanntlich die Zahl der Unterbrechungen des Lichtreizes, welche erforderlich ist, damit ein periodischer Reiz einen gleichmäßigen Eindruck macht.

Diese Verschmelzungsfrequenz ist nach den übereinstimmenden Ergebnissen vieler Forscher für Peripherie und Zentrum der Netzhaut nicht

gleich, sondern nimmt für die erstere offenbar kontinuierlich zu.[1] Ihre
Prüfung hat jetzt weniger klinisch-diagnostisches als physiologisch-wissen-
schaftliches Interesse.

Die Methoden, welche für eine Untersuchung der Verschmelzungsfrequenz für die Peripherie der Netzhaut angewendet werden können, sind
mehrere und decken sich wiederum im wesentlichen mit denen für das
direkte Sehen, sofern man wieder von den Apparaten absieht, bei welchen
ein Hineinblicken in einen Tubus notwendig ist, wie z. B. bei dem Flimmer-
photometer (beschrieben bei NAGEL 1909). Ich brauche daher an dieser
Stelle nicht ausführlich darauf einzugehen, sondern kann mich darauf beschränken, die Momente hervorzuheben, welche für eine einwandfreie
Prüfung beim peripheren Sehen beachtet werden müssen.

Man verwendet am einfachsten wieder eine Kreiselscheibe, welche abwechselnd aus schwarzen und weißen Sektoren besteht, die am besten
gleiche Größe haben, und versetzt sie in Rotation, bis sie nicht mehr
flimmert.

Man kann auch eine Scheibe so herstellen, daß sie in ihrem innersten
Teil aus einer weißen und schwarzen Hälfte, in ihrem mittleren Teile aus je
2 weißen und 2 schwarzen Quadranten besteht, während der Randteil endlich
aus 8 Sektoren besteht. Dann versetzt man sie in Umdrehung, bis die vier-
teilige Zone der Scheibe noch flimmert, die achtteilige dagegen aber nicht mehr
(s. NAGEL 1909).

Derartige Scheiben dürften sich jedoch für die Prüfung des peripheren
Sehens meines Erachtens weniger eignen wegen des peripher so geringen räumlichen Sehens. Eine durchweg in gleiche Sektoren zerlegte Scheibe ist hier
empfehlenswerter.

Notwendig ist allerdings bei allen derartigen Versuchen, daß erstens
die Umdrehungsgeschwindigkeit der Scheibe gleichmäßig und meßbar ist.
Hierzu ist ein elektrischer Antrieb des Kreisels erforderlich; welcher zugleich
eine Registrierung der Umdrehungszahlen erlaubt (s. LOHMANN 1908). Ferner
muß die Beleuchtung konstant sein. Überhaupt ist zu beachten, daß die Verschmelzungsfrequenz bereits normalerweise von vielen Faktoren abhängt,
so daß in jeder Hinsicht eine sorgfältige Versuchsanordnung notwendig ist,
und vor allem ihre genaue Aufzeichnung bei allen Notizen über
derartige Versuche.

Umgekehrt kann man eine gleichmäßige Objektscheibe auch von einer
intermittierenden Lichtquelle beleuchten. EXNER (1886) benutzte z. B. einen
Perimeterbogen, in dessen Mittelpunkt sich eine Öffnung befand, welche mit
einem durchsichtigen (mit Paraffin getränkten) Papier verschlossen war.
Dieses wurde von einer Gasflamme beleuchtet, vor welcher eine gezähnte

---

1) Näheres über die Verschmelzungsfrequenz siehe bei v. KRIES (1905) und die
physiologischen Handbücher. Literatur ist auch bei LOHMANN (1908) zu finden.

Scheibe (bzw. Episkotister, wie er bei physiologischen Untersuchungen benutzt wird) rotierte. Der Fixierpunkt für das zu untersuchende Auge kann dann beliebig auf dem Perimeterbogen gewählt werden.

Gerade bei Untersuchung der Verschmelzungsfrequenz im indirekten Sehen sind noch einige weitere wichtige Punkte zu berücksichtigen, welche das Ergebnis wesentlich beeinflussen können (die erforderliche Konstanz der Beleuchtung und der Umdrehung wurde bereits erwähnt), nämlich

a) Die Augenbewegungen müssen möglichst ausgeschaltet werden. NAGEL empfiehlt daher, die Scheibe des Kreisels aus mindestens 2—5 m Entfernung zu betrachten. Auf jeden Fall muß sorgfältige Fixation angestrebt werden.

b) Der Adaptationszustand des Auges muß berücksichtigt werden; denn mit der Dunkeladaptation ändert sich die Verschmelzungsfrequenz für ein und dieselbe Netzhautstelle. Will man zwei verschieden exzentrisch liegende Stellen hinsichtlich ihrer Verschmelzungsfrequenz vergleichen, so muß auch die örtliche Verschiedenheit des Dämmerungssehens auf der Netzhaut in Betracht gezogen werden, wenn etwa bei herabgesetzter Beleuchtung bzw. mehr oder wenig dunkeladaptiertem Sehorgan geprüft wird.

c) Das Objekt bzw. der Gesichtswinkel, unter welchem es gesehen wird, darf nicht zu klein sein, da die Sehschärfe vom Zentrum der Netzhaut nach ihrer Peripherie hin schnell abnimmt. Diesem Faktor muß Rechnung getragen werden, will man nicht zu falschen Ergebnissen gelangen (LOHMANN).

Streng genommen mußte man für wissenschaftliche Untersuchungen demnach die Größe des zu den Verschmelzungsversuchen dienenden Objektes jedesmal nach der jeweiligen exzentrischen Sehschärfe wählen. Da das aus mehrerlei Gründen sich doch nicht mit der wünschenswerten Genauigkeit ausführen ließe, betont LOHMANN mit Recht, daß es genügt, eine Scheibe zu wählen, die unter einem so großen Gesichtswinkel erscheint, daß sie keine nennenswerten Anforderungen mehr an die jeweilige örtliche Sehschärfe stellen kann, etwa die übliche Kreiselscheibe von etwa 20 cm Durchmesser, aus wenigen Metern Entfernung betrachtet.

d) Die leichte Ermüdbarkeit der Netzhautperipherie für Reize erfordert, daß stets ein bestimmter Gang der Untersuchung eingehalten wird (LOHMMANN).

III. Die Untersuchung des Farbensinnes beim peripheren Sehen.

A. Unterschiede des peripheren Farbensehens vom fovealen.

Die Untersuchung des Farbensinnes beim exzentrischen oder peripheren Sehen gestaltet sich ganz wesentlich schwieriger als beim direkten Sehen.

Der Grund liegt in dem eigentümlichen Verhalten der allmählig abnehmenden Farbenempfindung. Zum Verständnis für die Methodik der Prüfung des peripheren Farbensehens erscheint mir ein kurzes Eingehen auf deren Wesen geboten.

Die Abnahme des Farbensinnes geht schon in der Umgebung der Fovea centralis außerordentlich schnell vor sich.

Angeblich beträgt, in Zahlen abgeschätzt, die Farbenempfindung $10°$ von der Fovea centralis entfernt, nur noch $1/4$, $20°$ etwa $1/10—1/20$, $35°$ etwa $1/40$ der fovealen. Jedoch muß beachtet werden, daß alle derartigen quantitativen Bestimmungen bisher noch nicht mit brauchbaren Messungsmethoden vorgenommen sind.

Das periphere Farbensehen wird gegenüber dem fovealen von vornherein durch drei Momente beeinflußt, die bei der Untersuchung von Wichtigkeit sind:

1. Die physikalischen Verhältnisse der Makula lutea, durch welche für das foveale Sehen die verschiedenen Lichtstrahlen in ungleichem Grade — elektiv — absorbiert bzw. zerstreut werden, z. B. Lichtstrahlen von $536\ \mu\mu$ Wellenlänge (= spektrales Grün) stärker wie Lichtstrahlen von $670\ \mu\mu$ Wellenlänge (= spektrales Rot), vor allem aber Blau stärker, wie die anderen Farben. Die genauere Besprechung der physikalischen Vorgänge in der Makula lutea gehört nicht hierher. Sie fallen nunmehr im peripheren Sehen fort. So kommt es, daß die gleichen Lichter peripher etwas anders gesehen werden müssen, wie foveal. Schon beim exzentrischen Betrachten der sog. Rayleigh-Gleichung (wie natürlich jeder Gleichung mit einem Farbengemisch, in welchem Grün oder Blau enthalten ist) kann man sich von diesem Unterschiede zwischen makularem und peripheren Sehen überzeugen. Die Feldhälfte, welche von dem Rot-Grün-Gemisch erhellt wird, sieht gegenüber dem Vergleichsgelb peripherer betrachtet zu grün aus, wenn die Gleichung für das foveale Sehen stimmte. Kleine blaue Objekte müssen aus dem gleichen Grunde extrafoveal leichter als Blau erkannt werden, wie beim direkten Fixieren.

2. In physiologischer Hinsicht ist von dem größten Einflusse die verschiedene Stimmung des Sehorganes, denn peripherwärts von der Fovea beginnt sofort der stärkere Einfluß der höheren Dunkeladaptation, die bekanntlich in der Fovea selbst nur in relativ geringem Grade ausgesprochen ist. Betrachtet man z. B. ein blaues und rotes Feld, welche foveal gesehen gleich hell erscheinen, bei peripherer Blickrichtung, so sieht das blaue Feld sofort merklich heller aus, weil unter dem Einflusse der vermehrten Dunkeladaptation alle kurzwelligen Lichter an Reizwert gewinnen. Aus diesem Grunde werden peripher blaue Objekte besser und länger erkannt, wie foveal. Dieser Einfluß des Adaptationszustandes der Netzhaut auf das extrafoveale Farbensehen läßt sich niemals

ganz vermeiden. Denn der Zustand voller Helladaptation, bei welchem sich die ersten Spuren der Einwirkung des Dämmerungssehens auf den Farbensinn erst nach etwa 1 Minute Lichtabschluß bemerkbar macht, läßt sich im Sommer nur durch Aufenthalt von wenigstens $1/4$ Stunde auf sonnenbeschienenem Platze erreichen und im Winter nur bei ganz besonders günstigen Verhältnissen, z. B. bei Schnee (NAGEL 1909). Daher muß dieser Faktor auch dann in Rechnung gezogen werden, wenn man in einem sehr gut beleuchteten Zimmer untersucht. Diese Untersuchung in hellem Zimmer sollte stets geschehen, um diese Fehlerquelle wenigstens möglichst gering zu machen. Denn wenn der Einfluß des Adaptationszustandes auf die Erkennung blauer Farben auch bei normalen Gesichtsfeldern und denen mit erworbener Rotgrünblindheit nicht nennenswert ins Gewicht fällt, so spielt er eine um so größere Rolle bei Netzhauterkrankungen besonders bei Ablösung der Netzhaut. Kontrolluntersuchungen des Gesichtsfeldes mit farbigen Objekten an ein und demselben Fall, um den Verlauf der Ablösung zu überwachen, können nur dann miteinander verglichen werden, wenn man für gleichen und möglichst geringen Grad von Dunkeladaptation sorgt.

Bei der hier geforderten Untersuchung des extrafovealen Farbensehens bei heller Beleuchtung muß sich allerdings wieder eine andere schwer zu vermeidende Fehlerquelle bemerkbar machen: jedes dem Licht ausgesetzte Auge ist schon infolge des ziemlich reichlich eindringenden diaskleralen Lichtes für Rot bis zu einem gewissen Grade ermüdet und besitzt daher eine größere Empfindlichkeit für Grün. Man kann sich davon leicht durch den sog. seitlichen Fensterversuch überzeugen: setzt man sich so, daß eine Lichtquelle von der linken Seite in die Augen fällt, blickt auf ein kleines weißes Feld auf dunklem Grunde und erzeugt sich davon Doppelbilder, so erscheint das Bild des der Lichtquelle zugewendeten Auges auffallend grünlicher.

Aus dem Vorstehenden ist ersichtlich, daß die extrafovealen Teile des Gesichtsfeldes der Fovea centralis in doppelter Hinsicht im Erkennen blauer Farben überlegen sind, einmal infolge der physikalischen Verhältnisse, zum anderen infolge der größeren Adaptationsfähigkeit. Bekanntlich gibt es Theorien, welche die Blaublindheit der Fovea bzw. der Netzhautzapfen vertreten (KÖNIG, SIVÉN).

3. In psychischer Hinsicht kann die Wahrnehmung farbiger Objekte noch beeinflußt werden durch ihre verschiedene Anziehungskraft auf die Aufmerksamkeit, wenn auch dieser Einfluß für die praktische Untersuchung gegenüber der Dunkeladaptation kaum ins Gewicht fällt. Besonders die roten Farben sollen die Aufmerksamkeit in hohem Grade erregen, also eine große »Auffälligkeit« besitzen.

Vergleicht man, abgesehen von diesen drei Momenten, das periphere Farbensehen mit dem fovealen bei dem möglichst gut helladaptierten Auge, also bei Untersuchung in möglichst hellem Raume, so ergeben sich folgende Tatsachen:

A. Übereinstimmung des Farbensehens beim fovealen und peripheren Sehen. Alle Lichter und Lichtgemische, welche foveal die gleiche Farbenempfindung auslösen, sehen auch in der Peripherie des Gesichtsfeldes gleich aus. Die Qualität der Empfindung selbst kann sich natürlich dabei ändern, z. B. können zwei physikalisch verschiedene Lichter foveal gleich grün aussehen, peripher aber weiß; nur ein Unterschied zwischen beiden in der Peripherie tritt nicht auf. In gleicher Weise ist das Helligkeitsverhältnis, in dem die verschiedenen Lichter gesehen werden, foveal und peripher gleich. Von den spektralen Lichtern erscheinen also beide Male die gelben am hellsten, ganz gleichgültig, ob sie nun auch noch gelb gesehen werden, oder farblos. Erst unter dem Einfluß der Dunkeladaptation ändert sich das Helligkeitsverhältnis.

B. Unterschiede des Farbensehens beim fovealen und peripheren Sehen. Für ein und dieselbe Versuchsanordnung nimmt das Unterscheidungsvermögen für Farbentöne nach der Peripherie hin mehr und mehr ab; ein rotes und ein gelbes Objekt z. B. sehen sehr bald gleichfarbig aus. Gleichzeitig werden alle Farben mit zunehmendem exzentrischen Sehen immer weißlicher, also ungesättigter, bis sie in der äußersten Peripherie fast ganz farblos erscheinen.

Der erste, welcher darauf aufmerksam machte, daß farbige Objekte, indirekt gesehen, farblos erscheinen, war wohl Purkinje (1825), nach ihm Hück (1843).

Es ergibt sich somit — immer nur für ein- und dieselben farbigen Beobachtungsobjekte — eine allmähliche Vereinfachung des Farbensehens nach der Peripherie des Gesichtsfeldes hin. Natürlich ist das nur dadurch möglich, daß eine Anzahl von farbigen Objekten ihren Ton gegenüber dem zentralen Sehen ändern. Nach den klassischen Versuchen Hess' (1889) gibt es nur vier Farbentöne, welche in allen Teilen des Gesichtsfeldes ihren Farbenton beibehalten und lediglich ihre Sättigung allmählich einbüßen; es sind dies die vier von Hering als Urrot, Urgrün, Urgelb und Urblau bezeichneten

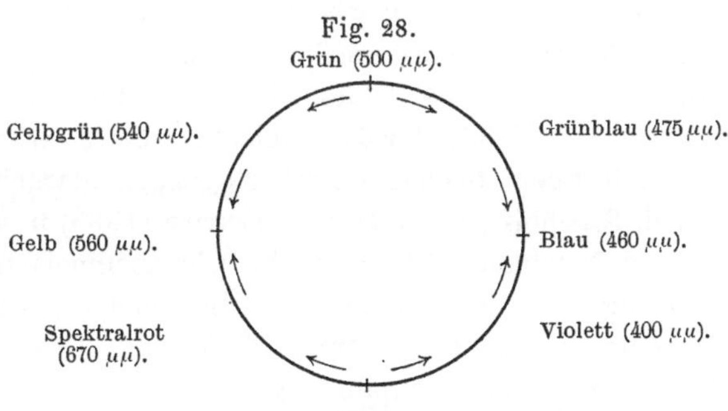

Schematische Darstellung der Veränderung des Aussehens farbiger Lichter nach der Peripherie der Netzhaut hin.

Farbentöne. Die letzten drei entsprechen den homogenen Lichtern 495 μμ, 574,5 μμ und 471 μμ Wellenlänge bei etwa 3 μμ Fehlerschwankungen (v. Hess, für das dunkeladaptierte Auge bestimmt). Das unveränderliche

Rot ist unter den spektralen Lichtern nicht enthalten, sondern entspricht einem der Purpurtöne. Alles spektrale Rot und die entsprechend getönten Pigmente (z. B. Papier, Tuche) werden peripher betrachtet, mehr und mehr gelblich. Das gleiche ist auch mit Orange und gelblichem Grün der Fall. Umgekehrt ändern Blaugrün und Violett ihren Farbenton, indem sie sich mehr und mehr dem unveränderlichen Urblau nähern.

Dabei werden zwei gleich große Objekte in unveränderlichem Rot und Grün (vorausgesetzt, daß sie gleichwertig sind, d. h. die gleiche »farbige« und weiße Valenz besitzen) genau in gleicher Entfernung vom Fixierpunkte farblos (Hess 1889, Ole Bull 1893). Das gleiche gilt vom unveränderlichen Gelb und Blau, nur daß der »Blaugelbsinn« langsamer nach der Peripherie hin abnimmt, wie der »Rotgrünsinn«.

Infolge dieses Verhaltens des Farbensinnes können aus dem allmählichen Schwinden des Farbenunterscheidungsvermögens nach der Gesichtsfeldperipherie hin zwei Grade besonders hervorgehoben werden: Unter bestimmten Beobachtungsbedingungen erscheint

1. eine mittlere Zone »rotgrünblind«,

2. die äußerste Zone total farbenblind«.

Man kann aber keinesfalls sagen, von so und soviel Grad an vom Fixierpunkte entfernt ist die Netzhaut rotgrünblind bzw. total farbenblind. Denn bei dieser peripheren Rotgrünblindheit handelt es sich nicht um eine eigentliche Farbenblindheit im Sinne der angeborenen Farbenblindheit, sondern lediglich um eine quantitative Herabsetzung des Farbensinnes. So ist denn auch die Abgrenzung der eben genannten Zonen im Gesichtsfeld vollkommen von den Untersuchungsbedingungen abhängig. Die Grenzen der Zonen lassen sich desto weiter nach der Peripherie hinausschieben, je günstiger die Beobachtungsbedingungen gewählt werden. Landolt (1873) hat sowohl mit Pigment- wie Spektralfarben gezeigt, daß auch in der äußersten Peripherie des Gesichtsfeldes, d. h. bei 90°, wenigstens an der nasalen Seite der Netzhaut, farbige Objekte richtig erkannt werden, wenn sie unter günstigen Beobachtungsbedingungen dargeboten werden. Zu dem gleichen Ergebnis kam auch Charpentier (1883) u. a. Auch die periphersten Teile der Netzhaut sind demnach, wie nochmals betont werden soll, nicht notwendiger Weise vollkommen farbenblind, es ist nur ein stärkerer Reiz notwendig, als in den zentralen Teilen des Gesichtsfeldes, um noch eine entsprechende Farbenempfindung hervorzurufen.

In diesem Sinne lassen sich günstigere Untersuchungsbedingungen schaffen.

1. Durch die Vergrößerung des Gesichtswinkels, bei konstanter Entfernung also durch Vergrößerung des farbigen Objektes. Die Veränderung der Objektgröße, d. h. die Untersuchung mit verschieden großen farbigen Quadraten ist die gebräuchlichste und bequemste Methode, um die Gesichts-

feldgrenzen für die Erkennung der Farben willkürlich zu verändern. Allein durch allmähliche Verkleinerung der farbigen Quadrate kann man die Farbengrenzen von der größten peripheren Ausdehnung über das ganze Gesichtsfeld allmählich nach dem Fixierpunkt hin wandern lassen (Fig. 29).

Betrachtet man mit einer Stelle der mittleren Zone der peripheren Netzhaut farbige Objekte von genügend kleinem Durchmesser, so kann man noch das Stadium der totalen Farbenblindheit finden. Mit zunehmender Objektvergrößerung bildet sich das Stadium der peripheren Rotgrünblindheit

Fig. 29.

Rechtes Auge.

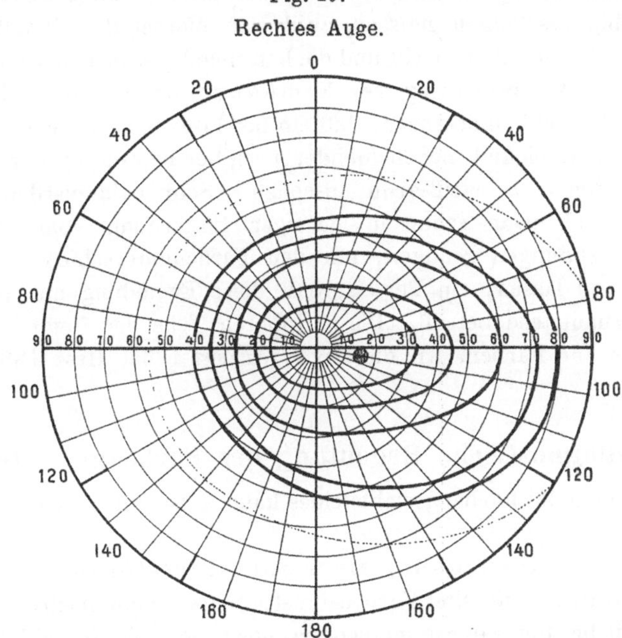

Abhängigkeit der Außengrenzen für farbige Objekte von der Objektgröße. Spezifische Grenzen für ein rotes Quadrat von 20 mm, 15 mm, 10 mm, 5 mm und 2 mm Seitenlänge beim Verfasser.

heraus, um schließlich mehr und mehr dem normalen Farbensehen Platz zu machen.

2. Durch Objekte in möglichst gesättigten Farben. So wählt man z. B. umgekehrt kleine und ungesättigte Objekte, will man in der Nähe des Fixierpunktes, also an einer Stelle, wo noch ein relativ hohes Farbenunterscheidungsvermögen besteht, möglichst ungünstige Beobachtungsbedingungen schaffen, um die Grenze des Erkennens dem Fixierpunkte mehr zu nähern und so pathologische Ausfälle des Farbensehens an dieser Stelle leicht und früh genug feststellen zu können.

3. Durch Objekte von möglichster Lichtstärke. Will man mit farbigen Objekten unveränderliche Größe und Sättigung an einer peripheren

32*

Gesichtsfeldstelle ein höheres Farbenunterscheidungsvermögen hervorrufen, so kann das durch Steigerung der Lichtintensität[1]) geschehen.

4. Durch zweckmäßige Wahl des Untergrundes. Am günstigsten ist ein grauer Untergrund von der gleichen Helligkeit, wie das farbige Objekt besitzt. Nun wird im allgemeinen bei klinischen Untersuchungen des peripheren Farbenunterscheidungsvermögens ein schwarzer (in Wirklichkeit dunkelgrauer) Untergrund bevorzugt, weil sich eine dem farbigen Objekt genau gleiche Helligkeit doch nicht für alle Untersuchungsbedingungen passend einwandfrei erzielen läßt (vgl. dagegen S. 514). Dabei ist aber zu beachten, daß besonders kleine farbige Objekte auf dem schwarzen Grunde weißlicher, d. h. weniger farbig erscheinen müssen, weil sich hierbei der Simultankontrast Schwarz-Weiß bemerkbar macht und die betreffende Farbe gleichsam übertönt.

5. Durch Vermeidung der Ermüdung oder Lokaladaptation. Man kann sich leicht überzeugen, daß ein farbloses und farbiges z. B. grünes Objekt gleicher Helligkeit, nebeneinander peripher betrachtet, nur ganz kurze Zeit verschieden d. h. weiß-grün aussehen. Sehr bald werden sie völlig gleichfarbig und zwar schon in geringer Entfernung vom Fixierpunkt. Kleine Blickwendungen genügen, um den Farbenunterschied sofort wieder hervortreten zu lassen; ein Beweis, daß diese Ermüdung nur die jeweilig gereizte Netzhautstelle betrifft. Die peripheren Teile der Netzhaut ermüden viel schneller für Farben, wie die Fovea (AUBERT 1865, HESS 1889, TSCHERMAK u. a.).

B. Die diagnostische Bedeutung des Farbengesichtsfeldes.

Die Prüfung des Farbengesichtsfeldes kann Aufschluß geben über folgende Fragen:

1. Über die Ausdehnung einer Funktionsstörung im Gesichtsfeld überhaupt. Oft sind Farbensinnstörungen schon nachweisbar, wenn die gewöhnliche Perimeteruntersuchung noch normale Gesichtsfeldgrenzen ergeben hat. So kann bei bestimmten Netzhauterkrankungen (alle exsudativen und transsudativen Prozesse der Netzhaut, KÖLLNER 1912) die Blaugelbblindheit die einzige Funktionsstörung des helladaptierten Auges darstellen, anderseits geht sie auch bei den Erkrankungen der Leitungsbahnen dem völligen Funktionsausfall für weiße Objekte im Gesichtsfeld in der Regel voraus (in Gestalt der progressiven Rotgrünblindheit). Hier würde also eine Farbensinnstörung eine Vorstufe zum völligen Gesichtsfeldausfall auch für weiße Objekte bedeuten.

Nun mindert aber schon die große Schwierigkeit, von den Beobachtern verläßliche Angaben über ihre Farbenempfindung im indirekten Sehen zu

---

1) Das gilt allerdings nicht mehr für die extremsten Grade blendender Lichtintensität, doch kommen diese bei klinischen Prüfungen nicht in Betracht.

erhalten, für alle diese Fälle den Wert des Farbengesichtsfeldes in Wirklichkeit wesentlich herab. Ganz allgemein sind Angaben über eine konzentrische
Einengung der Farbengrenzen, wenn sie nicht sehr hochgradig sind, nur sehr
vorsichtig zu verwerten, und nur umschriebene, z. B. sektorenförmige
und vor allem inselförmige zentrale Ausfälle des Gesichtsfeldes bieten einen
zuverlässigen Anhalt für eine partielle Erkrankung der Sehbahnen.

Bei konzentrischer Einengung der Grenzen läßt sich auch für die Diagnose der betreffenden Erkrankungen die Prüfung des Farbensinnes oft durch
die weit exakter auszuführende Lichtsinnprüfung mit weißen Objekten ersetzen,
bei den Netzhauterkrankungen, welche zur erworbenen Blaugelbblindheit
führen, durch die Prüfung des »Dunkelgesichtsfeldes« (S. 482), da die Störung
der Dunkeladaptation in derartigen Fällen stets die am ehesten nachweisbare Funktionsstörung ist. Bei den Erkrankungen der Leitungsbahnen,
welche progressive Rotgrünblindheit bedingen, kann eine stärkere Einengung
der Rot- und Grüngrenzen gegenüber denen für Blau und Gelb auch bei
guten Angaben des Beobachters kaum diagnostisch verwertet werden, wenn
die erstere nicht ganz besonders auffällig ist, z. B. bis in die Umgebung
des Fixierpunktes heranreicht. Denn auch bei sorgfältiger Auswahl der in
Betracht kommenden Farben (s. unten) stehen die Farbenwerte der roten und
grünen Objekte zu denen der blauen und gelben in keinem genau bestimm-
baren Verhältnis zueinander, sondern sind mehr oder weniger willkürlich
gewählt (HESS 1919 und ENGELKING und ECKSTEIN 1920).

Man kann übrigens gegebenenfalls auch bei der progressiven Rotgrünblindheit die Untersuchung mit farbigen Objekten durch die mit weißen,
welche unter entsprechend kleinerem Gesichtswinkel erscheinen oder von
geringer Helligkeit sind, ersetzen, da bei gewissen Erkrankungen wie z. B.
tabischen Atrophien der Grad der Farbensinnstörung mit der Abnahme
des Lichtsinnes (und Raumsinnes) parallel zu gehen pflegt (KÖLLNER 1912).
Das Farbengesichtsfeld kommt hier jedenfalls für alle derartige Untersuchungen nur in zweiter Linie als Kontrolluntersuchung in Frage und ist
für genauere quantitative Bestimmungen der Funktionsstörung vorläufig
noch nicht geeignet.

2. Über die Unterscheidung zwischen angeborener und erworbener Farbensinnstörung. Ein scharf abgesetzter nur teilweiser
Defekt des Farbensinnes im Gesichtsfeld beweist stets letztere. Eine derartige Entscheidung, ob angeboren oder erworben farbenblind, kann unter
Umständen Schwierigkeiten bereiten:

zwischen angeborener Rotgrünblindheit (und zwar Deuteranopie) und
erworbener Rotgrünblindheit, ebenso

zwischen angeborener Deuteranomalie und beginnender progressiver
Rotgrünblindheit,

zwischen angeborener und erworbener Blaugelbblindheit

zwischen angeborener Protanomalie und erworbener Blaublindheit (näheres s. Köllner 1912).

3. Bei erworbenen Farbensinnstörungen in der Fovea ganz allgemein über die Qualität des Farbensehens. Bekanntlich genügt das einfache Vorhalten und Benennenlassen farbiger Objekte allein oft nicht, um Aufschluß darüber zu geben, wie die Farben gesehen werden. Anders bei der Gesichtsfeldprüfung. Beim Überführen des farbigen Objektes aus gesunden auf erkrankte Bezirke ist der Patient in der Lage, die dicht aufeinanderfolgenden Eindrücke, die er empfängt, direkt zu vergleichen; er und der Untersucher brauchen sich nicht mehr auf seine Erinnerungsbilder zu verlassen. So spielt denn die Prüfung des Farbengesichtsfeldes eine erste Rolle für die Diagnostik in Fällen, bei denen man besonders auf die Feststellung der Empfindungen angewiesen ist, weil Gleichungen zwischen farbigen Objekten nicht immer zum Ziele führen, z. B. bei der erworbenen Blaublindheit bei Netzhauterkrankungen.

4. Zur Feststellung der allerersten Anfänge einer fovealen Funktionsstörung, besonders der so wichtigen über die progressive Rotgrünblindheit führenden, also bei fast allen Erkrankungen der Leitungsbahnen. Bisher haben sich zum Nachweis der allerersten Anfänge noch keine quantitativen Methoden sicher bewährt. Und voraussichtlich wird bis auf weiteres eine Perimeteruntersuchung mit aller Sorgfalt ausgeführt, auch nicht zu ersetzen sein, denn bei der isolierten Prüfung des fovealen Farbensinnes können etwaige individuelle Verschiedenheiten, mögen sie physikalischer (Absorption durch gefärbte Linse oder Makulapigment usw.) oder physiologischer Natur (Häufigkeit geringfügiger angeborener Anomalien des Farbensinnes) sein, nie berücksichtigt werden. Man würde also bei jeder wirklich festgestellten eben merklichen Herabsetzung des Farbenunterscheidungsvermögens im Verhältnis zu einer Vergleichsperson wiederum vor der Frage stehen, ist das nun schon pathologisch oder noch nicht. Am Perimeter dagegen kann ein partieller Defekt im Gesichtsfeld, wenn auch noch so gering, nachgewiesen und so an ein und demselben Sehorgan der direkte Übergang aus dessen normaler Farbenschwelle in die pathologisch erhöhte geprüft werden.

In diesem Sinne kann man auch einen, wenn auch unvollkommenen Anhalt für den Grad der progressiven Farbensinnstörung am Perimeter erhalten, wenn man die große Abhängigkeit der Funktionsstörung von den Untersuchungsbedingungen, speziell der Objektgröße ausnutzt: mit je größeren Objekten sich noch die Störung nachweisen läßt, desto weiter vorgeschritten muß sie sein.

Vor allem aber vermag die Untersuchung auf das Vorhandensein eines Farbenskotoms eine gute Kontrolle abzugeben, wenn die Prüfung mit einem weißen Objekt ein zweifelhaftes Ergebnis geliefert hatte. Es fällt vielen

Beobachtern leichter wahrzunehmen, ob z. B. ein rotes Objekt seine Farbe verliert oder z. B. in gelb ändert, als anzugeben, ob ein weißes Scheibchen nur »dunkler« wird.

C. Die Außengrenzen für farbige Objekte im Gesichtsfeld.

Bei der Prüfung des Farbengesichtsfeldes bestimmt man die spezifischen Schwellen für die einzelnen Farben, d. h. den Augenblick, in welchem das farbige Objekt, mit dem man untersucht, in der Farbe gesehen wird, in welcher es der Normale beim fovealen Fixieren sieht.

Verwendet man die invariablen Farben, so läßt man sich den Moment angeben, in welchem das Objekt ohne Rücksicht auf die Sättigung der Farbe zum ersten Male farbig statt grau erscheint. Bei anderen Objekten bestimmt man den Umschlag des Farbentones, z. B. bei Gelbrot, wann es zum ersten Male statt gelb bzw. orange rot aussieht.

Sucht man also mit einer bestimmten Objektgröße so in dieser Weise die spezifischen Grenzen im Gesichtsfeld auf, so stellt man fest, welche Punkte im Gesichtsfeld gleich hohe spezifische Schwellen haben.

Je günstiger man die Erkennung des farbigen Objekts gestaltet (Größe, Helligkeit, Farbensättigung!), desto weiter kann man diese Grenzen gleicher Schwellenhöhe nach der Peripherie hinausschieben. Das empfiehlt sich dann, wenn man, wie meist, die äußersten Teile der Peripherie des Gesichtsfeldes untersuchen will. Je ungünstiger die Beobachtungsbedingungen, desto mehr wandern die Grenzen nach innen. Man muß demnach letztere wählen, wenn man die zentraleren Teile des Gesichtsfeldes auf ihre Schwellen untersuchen will.

Bei allen Gesichtsfelduntersuchungen mit Farben kommt es dagegen nicht darauf an, wenn das Objekt überhaupt gesehen wird, gleichgültig in welcher Farbe. Hierbei handelt es sich um die Bestimmung der absoluten Schwellen. Deren Grenzen müssen durchgängig im Gesichtsfeld weiter sein, wie die spezifischen, weil, wie wir sahen, ein Stadium der totalen Farbenblindheit in der Peripherie der Farbenempfindung vorausgeht (s. oben). Absolute und spezifische Schwellen fallen dann zusammen, wenn man als Farben die vier unveränderlichen Rot, Grün, Gelb und Blau anwendet, und wenn deren Helligkeit mit der Helligkeit des Untergrundes (Perimeterbogens) übereinstimmen, ein Verfahren, wie es neuerdings von ENGELKING und ECKSTEIN (1920) versucht worden ist, vollkommener von HESS (1920), s. S. 505.

1. Die Bestimmung der Außengrenzen für farbige Pigmente.

Bei der Prüfung geht man in der gleichen Weise vor, wie bei dem Perimetrieren mit weißen Objekten (s. o.), d. h. man läßt einen Punkt am Perimeter fixieren und bewegt als Objekt ein Papier oder Tuchquadrat von der Peripherie nach dem Zentrum zu. Infolgedessen sind für die Untersuchung alle die gleichen Perimeterkonstruktionen anwendbar, die oben aufgeführt worden sind; ihnen sind ja auch meist von vornherein gleich verschiedenfarbige Quadrate zu diesem Zweck beigegeben.

Aber der große Einfluß der Untersuchungsbedingungen auf das Farbensehen macht doch die Beachtung einer Reihe von wichtigen Momenten bei der Prüfung notwendig. Auch sind zur Erleichterung der Grenzbestimmung einige besondere Apparatkonstruktionen angegeben worden, die hier ihre Erwähnung finden müssen.

a) Die Größe der farbigen Objekte. Handelt es sich darum, die normalen spezifischen Farbengrenzen möglichst weit nach der Peripherie hinauszurücken, um kleinere periphere Gesichtsfelddefekte feststellen zu können, so muß man, wie bereits erwähnt, die Objekte groß wählen.

Bestehen keine zu starken Störungen der Durchsichtigkeit der brechenden Medien, so dürften hierfür Quadrate von 20 mm Seitenlänge genügen. Handelt es sich um stärkere Trübungen in den brechenden Medien, so können eventuell auch größere Quadrate gewählt werden (5 cm Seitenlänge). Die hierbei gefundenen Grenzen können selbstverständlich nur einen ganz ungefähren Anhalt bieten, da ein so großes Objekt jede genaue Bestimmung unmöglich macht.

Wählt man die Quadrate aus Papier und Tuch von kleinerer Seitenlänge, so rücken die Grenzen schnell nach dem Fixierpunkt hin. Man kann so die Farbengrenzen über das ganze Gesichtsfeld verschieben.

Die folgenden Zahlen zeigen das am besten. Es sind die bei mir selbst aufgenommenen Grenzen mit scharlachroten Papierquadraten von verschiedener Seitenlänge (s. a. Figur 29).

Seitenlänge des roten Quadrates	außen °	oben	innen °	unten °
20 mm	78	42	40	50
15 »	72	38	34	45
10 »	60	31	28	28
5 »	43	20	22	20
2 »	29	14	13	12

Will man bei normalen brechenden Medien die Grenzen bei Farben noch weiter nach der äußersten Peripherie verschieben, so nimmt man besser hellere oder gesättigtere Farben, als daß man die Objekte über 20 mm vergrößert.

Die Tatsache, daß die Außengrenzen des Farbengesichtsfeldes ceteris paribus von der Objektgröße abhängig sind, ist von Behr (1922) zu einer genaueren Untersuchung des intermediären Gesichtsfeldes verwertet worden.

Behr perimetriert mit roten Objekten gleicher Farbe und Sättigung, aber verschiedener Größe. Am vorteilhaftesten erwies es sich ihm, die Objekte jedesmal um die Hälfte zu verkleinern. Es entstehen dann annähernd konzentrische Gesichtsfelder, bei denen die Abstände ziemlich gleich groß werden. Auffälliges Aneinanderrücken, Verwerfungen in den verschiedenen Feldgrenzen oder »Unruhe im Schachtelgesichtsfeld« sollen bisweilen zur Erkennung von Störungen führen, die mit anderen perimetrischen Methoden noch nicht nachweisbar sind.

b) Die Farbe und Beschaffenheit der Objekte. Für die klinische Untersuchung genügen im allgemeinen zur Orientierung die gebräuchlichen vier Farben Rot, Gelb, Grün und Blau, ja auch Gelb ist oft völlig entbehrlich. Für eingehendere Untersuchungen können dann nach Bedarf die Zwischenfarben verwendet werden.

Von Wichtigkeit ist es, als Objekt farbige Gegenstände (Papiere oder Tuche usw.) zu benutzen, die allgemein zugänglich sind, um eine einheitliche Untersuchung und eine Nachprüfung unter den gleichen Beobachtungsbedingungen zu ermöglichen. Vor allem vermeide man, irgendwelche Farbenpapiere aus einem obskuren Papierladen. Daß Glanzpapiere unstatthaft sind, darüber stimmen sämtliche Autoren überein. Als gebräuchliche Papiere sind zu empfehlen die sogenannten Heidelberger Blumenpapiere und vor allem die Heringschen Papiere[1]). Auch die Marxschen Tuche werden mit Recht viel angewendet. Man schafft sich am besten die Papiere bzw. Tuche in großen Bogen auf Vorrat an und erneuert die kleinen Objekte oft um Ausbleichen und Verschmutzungen zu verhindern. Viel weniger brauchbar, weil nicht so schnell ersetzbar, sind die gemalten Farbflächen, welche sich an den käuflichen, aus Holzstäben bestehenden Fächern befinden, auch wenn hier die Farben in eingeschnittene Vertiefungen eingetragen sind.

Es ist naheliegend, für die vier Farben Rot, Grün, Gelb, Blau, diejenigen Töne zu wählen, welche ihren Ton nach der Peripherie hin normalerweise nicht ändern, sondern lediglich an Sättigung einbüßen, d. h. allmählich grau werden, d. h. die sogenannten unveränderlichen Farben (Urrot, Urgrün, Urgelb und Urblau nach Hering). Vor allem hat Hess (1889) gezeigt, wie man in einwandsfreier Weise sich mit Hilfe des Farbenkreisels jedesmal die unveränderlichen Farben mischen und aussuchen kann, so daß sie auch den Anforderungen für wissenschaftliche Untersuchungen genügen. Hegg (1892) hat die betreffenden Töne versucht, mit beständigen Malerfarben auf Metallscheibchen zu übertragen, um sie so der klinischen Untersuchung zugänglich zu machen.

Mit den entsprechend ausgesuchten invariablen Farben, die nicht nur gleiche farbige, sondern auch gleiche Weißvalenz haben müssen, bestimmt

---

[1]) Erhältlich in optischen Handlungen bes. Zimmermann in Leipzig.

man, in welchem Augenblick das Objekt zum ersten Male farbig erscheint. Es muß sich bei der Perimeteruntersuchung ergeben, daß die Grenzen für Grün und Rot einerseits, für Blau und Gelb andererseits zusammenfallen.

Als Schwierigkeit setzt sich hier allerdings entgegen, daß diese vier Farben nur immer unter ganz bestimmten Untersuchungsbedingungen, zu denen vor allem die Beleuchtung auch bei dem verschiedenen Tageslicht und die Stimmung des zu untersuchenden Auges gehört, unveränderlich sind. Für wissenschaftliche Untersuchungen müssen sie demnach jedesmal für die jeweiligen Versuchsbedingungen, am besten nach Hess' Angaben bestimmt werden.

Neuerdings haben Engelking und Eckstein (1920) mit großer Sorgfalt Perimeterobjekte hergestellt, denen die invariablen Farben zugrunde gelegt sind und welche wenigstens in gewissem Sinne den praktischen Anforderungen genügen können. Sie sind so gewählt, daß sie bei einem Grade von Helladaptation, wie er in einem hellen Zimmer nahe dem Fenster besteht, annähernd gleiche Helligkeit besitzen. Dadurch wird ein Erkennen an ihren Helligkeitswerten unmöglich gemacht. Die Verfasser wählen auch als Untergrund ein gleichhelles Grau. Durch leichtes Hin- und Herdrehen der Objekte während des Perimetrierens erreichen sie, daß sich etwaige noch vorhandene kleine Helligkeitsunterschiede der Beobachtung entziehen. Die gefundenen Zahlen für die Außengrenzen sollen hier nicht angeführt werden, da auch ihnen als Norm nur ein geringer Wert zukommen kann. Ein gewisser Nachteil ist, daß die Grenzen für Rot und Grün bei den gewählten Farben ziemlich enge sind. Hertel benutzt an seinem neuen Perimeter ebenfalls invariable Objekte. Durch Verwendung selbstleuchtender Proben kann er eine größere Intensität erzielen. Außer durch diese Art der Beleuchtung unterscheiden sich die Hertelschen Objekte von denen von Engelking und Eckstein noch dadurch, daß sie nicht peripheriegleich, sondern »eindrucksgleich« sind. Die Bestimmungsmethode dieser Eigenschaft lehnt sich besonders an die Arbeiten von Kohlrausch an. Als Untergrund verwendet Hertel mattschwarz lakiertes Blech. Die Objekte sind also dem Grunde nicht helligkeitsgleich.

Es ist meines Erachtens nicht zweckmäßig, in allen Fällen ausschließlich invariable Farben zu benutzen, wenigstens wenn ein dunkler Perimetergrund gewählt wird. Manchen Beobachtern fällt es schwer, genau zu beobachten, wann die Sättigung des farbigen Objektes für sie so zugenommen hat, daß sie es als »Farbe« sehen. Leichter wird es manchen, die allmähliche Änderung des Farbentones zu beobachten, welche anders getönte Farbenquadrate durchmachen. Führt man z. B. ein mehr gelblich rotes Quadrat, etwa von der Farbe des spektralen Rot von der Peripherie heran, so erscheint es zunächst farblos, um dann über Gelb sich in Rot zu verwandeln. Der Moment, in welchem das Objekt seinen roten Farbenton erhält, wird im allgemeinen leicht erkannt. Das Gleiche gilt für Grün, auch hier ist es in solchem Falle zweckmäßig, lieber ein gelblicheres Grün zu wählen, das von der Peripherie her ebenfalls von Weiß über Gelb erst seinen grünen Farbenton erhält. Besonders bei Untersuchung auf zentrale Skotome habe ich dieses Verfahren oft zweckmäßig gefunden. Die meisten der den Perimetern beigegebenen farbigen Objekte entsprechen mehr oder weniger diesen letzterwähnten Farbentönen.

Es untersucht sich also zuweilen mit den mehr gelblichen Farbentönen leichter, wie mit dem unveränderlichen Rot und Grün. Und um eine Veränderung der Farbengrenzen relativ zu den unter denselben Bedingungen an einem normalen Auge aufgenommenen festzustellen, reichen sie auch im allgemeinen aus. Um eine genaue Prüfung der Farbenempfindung an einer bestimmten peripheren Netzhautstelle vorzunehmen, sind natürlich weitere Untersuchungen notwendig (s. u.).

Bei Verwendung der invariablen Farben hat man vorgeschlagen, die Prüfung nur mit je einer Komponente der beiden Farbenpaare Rot und Grün, bzw. Gelb und Blau vorzunehmen. Schon HEGG hat darauf hingewiesen, daß vorher festzustellen wäre, ob auch wirklich für den jeweiligen Beobachter die Grenzen beider jedesmal zusammenfallen. So hat sich denn auch diese Art der Farbenperimetrie nicht einbürgern können.

Es gibt eine große Anzahl von käuflichen farbigen Perimeterobjekten, bei denen die gebräuchlichen Farben fertig zusammengestellt sind. Auch an manchen Augenspiegelgriffen befinden sich derartige farbige Objekte. Am einfachsten und besten ist es jedoch stets, sie für sich selbst aus farbigen Papieren oder Tuchen herzustellen.

c) Die Führung der farbigen Objekte auf dem Untergrund ist von großem Einfluß auf die Farbengrenzen infolge der schnellen totalen Adaptierung der peripheren Netzhaut. Sie muß schnell und stetig erfolgen. Ist die Führung unregelmäßig, so tritt leicht eine Lokaladaptation an den Stellen des Gesichtsfeldes auf, wo die Verzögerung der Bewegung stattfindet, und die Ergebnisse werden ungenau. Man überzeuge sich nur einmal an sich selbst von der Größe dieser Fehlerquelle, um sie recht zu würdigen.

Außerdem soll die Führung stets zentripetal erfolgen, niemals umgekehrt; denn es ist erfahrungsgemäß viel schwieriger die allmählig eintretende Abnahme der Sättigung oder die Änderung des Farbentones zu beurteilen, als umgekehrt.

d) Die Farbe bzw. Helligkeit des Untergrundes ist für die Erkennung der farbigen Objekte von wesentlicher Bedeutung. Am weitesten werden die Farbengrenzen, wenn die Helligkeit des Untergrundes mit der des Objektes übereinstimmt, bzw. wenn beide gleiche Weißvalenz haben (CHODIN 1877, HESS 1889). Mit einem derartigen neutralen Grau nach Angabe von HEGG hatte bereits PFLÜGER u. A. die Innenfläche seiner Perimeterhalbkugel ausgemalt. Verwendet man an einem derartigen Instrument dann die unveränderlichen Farben gleicher Weißvalenz, so muß die absolute Schwelle und die spezifische der farbigen Objekte zusammenfallen, denn wenn die Farben überhaupt mit dem Grund kontrastieren, kann das nur farbig geschehen. Eine derartige Methode erscheint als die exakteste und deswegen erstrebenswerteste. Für Fälle, wo sie technisch nicht in genügend einwandfreier Weise durchführbar ist, sei es wegen der variablen Beleuchtung oder wegen des verschiedenen Adaptationszustandes der zu prüfenden Augen, hat neuerdings Hess (1920) einige einfache Versuchsanordnungen angegeben (s. u.), bei denen auch dieser Forderung gerecht geworden ist: Der Beobachter blickt auf die horizontal graue Fläche des Hessschen Farbenmischapparates und erblickt in dem ausgestanzten Loch die farbige Fläche. Nun stellt man z. B. ein unveränderliches Grün durch passende Mischung mit Hilfe des blauen und gelben Gelatinekeils her, so daß also dieses Grün im indirekten Sehen weder bläulich noch gelblich wird. Die Helligkeit der grauen Fläche wird durch entsprechende Neigung gegen die Lichtquelle so eingestellt, daß der grüne Fleck peripher weder heller noch dunkler erscheint, sondern gerade verschwindet. Man bewegt nun einen feinen Draht, der ein Fixierknöpfchen trägt, von dem Loch aus so lange peripherwärts, bis die Farbe unsichtbar wird. Hierbei wird also der Fixierpunkt bewegt und nicht das farbige Objekt und die später noch zu erörternde Methode des verschwindenden Fleckes verwendet.

Für die praktische Prüfung verwendete man bisher meist einen sogenannten schwarzen, in Wirklichkeit dunkelgrauen Untergrund, weil die meisten Perimeter doch nun einmal in erster Linie zur Untersuchung mit weißen Objekten dienen, deren Erkennung natürlich wieder ein dunkler Hintergrund begünstigen muß (Steigerung des Schwarz-Weiß-Kontrastes). Daß neuerdings Engelking und Eckstein einen grauen Untergrund mit Erfolg angewendet haben, ist S. 506 erwähnt.

Viel wichtiger ist, daß der Untergrund überall gleichmäßig gefärbt und matt ist. Er darf vor allen Dingen keine glänzenden stark lichtreflektierenden Stellen aufweisen (Lichtreflexe am Lack, durchschimmerndes Metall u. dgl.). Schon aus diesem Grunde müssen mit besonderer Sorgfalt alle Unebenheiten und überflüssigen Kanten vermieden werden. Besonders die selbstregistrierenden Schlittenperimeter sind in dieser Hinsicht mit skeptischem Auge zu betrachten, so schön bequem sie sich auch sonst handhaben lassen. Am schlimmsten sind in dieser Hinsicht die elektrischen Perimeter mit einem Schlitten, der die Glühlampe enthält (siehe oben). Sie können daher nur im verdunkelten Zimmer benutzt werden, wobei natürlich nunmehr die eintretende Dunkeladaptation des Auges in Rechnung gezogen werden muß.

e) Die Vermeidung störender Nebeneindrücke ist gerade bei dem Perimetrieren mit Farben ganz besonders wichtig. Wie hier Abhilfe zu schaffen ist, habe ich bereits besprochen.

2. Bestimmung der Gesichtsfeldgrenzen mit farbigen Lichtfiltern
(Gläsern, Flüssigkeitsfiltern usw. im durchfallenden Licht).

Der Versuch, an Stelle der leicht schmutzenden Papier- und Tuchquadrate lieber Lampen mit farbigen Filtern zu verwenden, hat etwas Bestechendes an sich, schon weil sich hierbei eine größere Konstanz der Helligkeit erzielen läßt, wie bei dem schwankenden auffallenden Tageslicht. Die elektrischen Perimeter (s. oben S. 452, sowie das WUNDTsche Perimeter, S. 519) tragen denn auch in der Regel farbige Gläser, welche dem Licht die gewünschte Farbe geben.

Man hat eingewendet, daß die farbigen Gläser zu unrein sind. Freilich wirklich rein sind meist nur rote Gläser, wenn auch andersfarbige Glasfilter ganz brauchbar hergestellt werden. Man pflegt jedoch dem Einfluß der sog. Reinheit der Lichter auf die Genauigkeit des Untersuchungsergebnisses im allgemeinen gern eine zu große Bedeutung beizumessen; besonders für das periphere Sehen könnte dieser Fehler am ehesten mit in den Kauf genommen werden.

Daher ist es auch entbehrlich, an Stelle der Gläser (die sich übrigens auch durch entsprechend gefärbte Gelatineplatten gut ersetzen lassen)[1] Flüssigkeitsfilter zur Untersuchung des peripheren Farbensehens zu verwenden, wie es SULZER (1899) z. B. getan hat. Flüssigkeitsfilter lassen sich an dem WUNDTschen Perimeter (s. S. 519) verwenden, bei welchem eine elektrische Lampe mit davor befindlichem Flüssigkeitsbehälter sich auf einem Perimeterbogen verschieben läßt.

Ein größerer Nachteil der ganzen Methode liegt darin, daß man im teilweise oder ganz verdunkelten Zimmer untersuchen muß, einmal, um eine genügende Helligkeit des leuchtenden Objektes über das auf die Umgebung auffallende Licht zu bekommen, zum anderen um die durch den Lampenkasten bedingte Unebenheit der Umgebung des Objektes der Wahrnehmung zu entziehen (s. oben). Dabei spielt der Adaptationszustand des Auges und sein Einfluß auf das Farbensehen eine Rolle und muß entsprechend berücksichtigt werden. Bei allen Erkrankungen der Netzhaut z. B., welche mit Adaptationsstörungen einherzugehen pflegen, ist deswegen die Methode wenig geeignet. Dagegen kann sie ganz gute Dienste leisten, wenn es sich bei Erkrankungen der Leitungsbahnen darum handelt, die äußerste Peripherie des Gesichtsfeldes auf ihre Farbenempfindung zu prüfen. Wenigstens lassen sich beim Normalen mit Hilfe eines elektrischen Perimeters, das dem farbigen Objekt genügende Helligkeit gibt, die spezifischen Grenzen sehr weit nach außen verschieben, weiter als mit gleich großen Papierquadraten bei Tagesbeleuchtung.

---

1) Über Lichtfilter siehe NAGEL (1909).

Übrigens hat CHARPENTIER bereits 1883 mit farbigen, durch eine elektrische Lampe belichteten Gläsern die LANDOLTschen Befunde, daß die Netzhaut bis in die äußerste Peripherie hinaus farbenempfindlich ist, bestätigen können.

Außer der hier besprochenen gewöhnlichen Art der Farbenperimetrie kann man auch umgekehrt das Objekt unbeweglich lassen und dafür den Fixationspunkt des zu untersuchenden Auges ihm allmählich nähern. In diesem Falle bedient man sich am besten der HERINGschen Methode des verschwindenden Fleckes (s. auch S. 508 und näheres S. 521). Es muß betont werden, daß diese Methode der Grenzenbestimmung für alle sorgfältigen Untersuchungen die weitaus beste und genaueste ist; denn sie gestattet mühelos sowohl Helligkeit und Farbe des Objektes, wie die Helligkeit des Untergrundes zu verändern. Man kann somit genau die Stelle der Netzhaut bestimmen, bei welcher der Farbensinn soweit herabgesetzt ist, daß die Unterscheidung des farbigen Fleckes von dem farblosen Untergrund unmöglich ist, also das, was am Perimeter mit den unveränderlichen Farben und dem neutralen Grau in unvollkommener Weise versucht worden ist. HESS hat schon früher (1889) und neuerdings wieder (1920) sich mit Erfolg dieser Methode bedient und mit ihr eine Anzahl höchst wichtiger neuer Ergebnisse erzielt, für welche die bisherige Methode nicht ausreichte.

Auch LANDOLTS Chromatometer (s. Abschnitt Farbensinn) läßt sich in ähnlicher Weise verwenden, wenn man den Fixierpunkt an Stelle des Objektes bewegt, sowie jeder Farbenkreisel, aus welchem man mit einem vorgesetzten Schirm mit entsprechender Öffnung ein Objektfeld von gewünschter Größe ausschneidet. In letzterem Falle muß darauf geachtet werden, daß der Schirm keinen Schlagschatten auf das Objektfeld wirft.

3. Bestimmung der Gesichtsfeldgrenzen mit spektralen Lichtern

ist für die klinische Untersuchung kaum erforderlich. Wenn auch gegenüber den spektralen Farben die Pigment- und Filterfarben stets »unrein« sind, d. h. Strahlen von vielerlei Schwingungen in das Auge senden, so wird, wie schon erwähnt, die Bedeutung dieses Fehlers im allgemeinen sehr leicht überschätzt. Die spektrale Untersuchung kann demnach für einige besondere wissenschaftliche Zwecke reserviert bleiben.

Man pflegt alle diese Bestimmungen im Dunkelzimmer vorzunehmen. Ein spektrales Licht wird auf einem Schirme aufgefangen, der an einem Perimeterbogen befestigt ist. Das Objekt bleibt unbeweglich, dafür wird wieder der Fixierpunkt des zu untersuchenden Auges über den Perimeterbogen bewegt. Die Spektralfarbe gewinnt man am besten, indem man von einer hellen und möglichst konstanten Lichtquelle (s. hierüber NAGEL 1909, KÖLLNER 1912) mit Hilfe eines stark lichtbrechenden Prismas (am besten ein hohles Glasprisma, das mit Schwefelkohlenstoff gefüllt ist) ein Spektrum entwirft, dieses mit einem schwarzen Schirm auffängt, der an einer Stelle einen Spalt hat, um das gewünschte Licht hindurchzulassen, das nun auf einem Schirm aufgefangen wird.

Derartige Untersuchungen wurden schon frühzeitig vorgenommen. SCHELSKE (1863) ließ einen Sonnenlichtstrahl in das Dunkelzimmer, der mit Hilfe eines Glasprismas zerlegt wurde. Weiterhin schaltete er eine Konvexlinse ein, in deren Brennpunkt sich ein Spalt eines schwarzen Schirmes befand. Mit Hilfe einer zweiten Konvexlinse wurde dann die Spektralfarbe auf einen Schirm transparenten Papiers gelenkt, das eigentliche Objekt.

In ähnlicher, aber zweckmäßigerer Weise verfuhr vor allem LANDOLT (1873). Er erzeugte ebenfalls ein intensives Sonnenspektrum und lenkte es mit Hilfe einer achromatischen Linse auf einen am Ende eines Perimeters befindlichen Schirm. Dieser hatte einen Spalt, mit dessen Hilfe man die einzelnen Farben des Spektrums isolieren konnte. Der Untersuchte fixierte seine am Perimeterbogen entlang bewegte Fingerspitze. Auch mit diesen spektralen Farben konnte übrigens LANDOLT nachweisen, daß bis zu 90° noch eine Farbenempfindung vorhanden ist (s. auch oben). Auch RÄHLMANN (1874) und KLUG (1875) gingen in ähnlicher Weise vor.

Ferner verwendete LANDOLT als Lichtquelle DRUMMONDsches Kalklicht, ließ das Spektrum auf eine Mattglasscheibe mit Diaphragmaschirm fallen und entwarf von ihr mit Hilfe einer Linse ein 1 cm großes Bild auf den Objektschirm. Die Intensität des Lichtes wurde durch eingefügte Blenden abgestuft.

4. Die normalen Gesichtsfeldgrenzen für farbige Objekte.

Wie oben ausführlich auseinandergesetzt wurde, hängen die normalen Grenzen für farbige Objekte in sehr hohem Maße von den jeweiligen Untersuchungsbedingungen ab. Es ist daher unmöglich, bestimmte Werte für die Ausdehnung der Erkennbarkeit der verschiedenen Objekte anzugeben, auch wenn die Größe und Beschaffenheit der farbigen Felder angegeben ist. Gerade hier könnten derartige Angaben (z. B. LAMPEL 1906) leicht zu falschen Diagnosen führen, wenn sie wörtlich genommen worden.

Will man im einzelnen Falle entscheiden, ob die Grenzen für farbige Objekte noch normal sind oder nicht, so kann man nicht nach derartigen Zahlen urteilen, sondern muß unter den gleichen Untersuchungsbedingungen bei einer normalen Vergleichsperson eine Kontrolluntersuchung des Farbengesichtsfeldes vornehmen. Noch besser ist es, wenn möglich (z. B. bei Erkrankung nur eines Auges), das zweite gesunde Auge desselben Beobachters zur Kontrolle zu benutzen. Am sichersten ist das Urteil, daß eine pathologische Einengung der Farbengrenzen vorliegt, noch immer dann, wenn es sich um sektorenförmige Defekte handelt. Hierbei sind auch geringere Einengungen diagnostisch verwertbar, während eine gleichmäßige konzentrische Einengung stets mit größter Vorsicht verwertet werden muß. Kommt doch hier ganz besonders auch die Suggestion, welche von Seiten des Untersuchers unwillkürlich bei jeder Gesichtsfeldprüfung auf den Patienten

ausgeübt wird, als Fehler in Betracht; man erhält dann leicht die Gesichtsfeldstörungen, die man erwartete, an Stelle einer wirklich vorhandenen Beeinträchtigung der Funktionen.

Es sind in älteren käuflichen Gesichtsfeldschemata zuweilen die
normalen Durchschnittsgrenzen für farbige Objekte mit eingezeichnet worden, um einen Anhaltspunkt zu. gewähren.   Auch GROENOUW hat neuerdings (1911) wieder derartige Schemata empfohlen.   Wenn er auch die
Art der verwendeten Objekte (farbige Tuchquadrate von 10 und 5 mm
Seitenlänge) angegeben hat, so muß doch immer beobachtet werden, daß
derartige Schemata — entsprechend den obigen Ausführungen — nur einen
ganz ungefähren Anhalt bieten können.

D. Die Untersuchung auf Farbenskotome.

1. Allgemeines über deren Prüfung.

Die Mehrzahl der Farbenskotome ist zentral bzw. parazentral,
d. h. also in der Umgebung des Fixierpunktes gelegen, weil sowohl der
Netzhaut in der Gegend des hinteren Augenpols, als auch dem diese Gegend
versorgenden papillo-makularen Bündel des Sehnerven in der Pathologie
eine gewisse Sonderstellung im Sinne einer erhöhten Vulnerabilität zukommt.

Zwischen den zentralen und parazentralen Skotomen besteht weder
genetisch noch auch für die Untersuchungstechnik ein nennenswerter Unterschied, wenn man von der eventuellen Fixationsschwierigkeit bei ersteren
absieht (s. hierüber S. 476).

Von weit größerer Bedeutung für das Vorgehen bei der Untersuchung
der Farbenskotome ist deren Größe.   Denn je weiter sie in die Peripherie
des Gesichtsfeldes in Zonen mit geringerer Farbenempfindung hineinreichen,
desto gröbere bzw. größere Farbenobjekte müssen angewendet werden, um
noch einen eventuellen Unterschied gegenüber der normalen Farbenempfindung herauszuperimetrieren.

Umgekehrt, je mehr sich der Defekt auf die nächste Umgebung des
Fixierpunktes mit deren hochentwickeltem Farbensinne beschränkt, desto
feinere bzw. kleinere Farbenfelder müssen benutzt werden, damit eine beginnende Funktionsstörung nicht übersehen wird.

Meist findet man eine ungefähre Übereinstimmung zwischen der Größe eines
zentral gelegenen Farbenskotoms und dem Grade der Herabsetzung der Funktionen in seinem Zentrum.   Da häufig Sehschärfe und Farbensinn in gleichem
Grade sinken (s. KÖLLNER 1912), wenigstens bei Erkrankungen der Leitungsbahnen, so kann man von vornherein aus dem Grade des noch erhaltenen Sehvermögens mit einer gewissen Wahrscheinlichkeit einen Rückschluß auf die Ausdehnung des zu erwartenden Skotoms machen und danach die Untersuchungsmethode wählen.

Die Führung der Objekte soll bei Farbenskotomen immer aus dem Gesunden ins Kranke, meist also zentripetal erfolgen. Der Patient ist dann in der Lage, an der Grenze des Skotoms den Eindruck von einer Stelle des Gesichtsfeldes mit noch normalem Farbensinn mit dem neueren Eindruck der veränderten Farbenempfindung wenigstens sukzessive zu vergleichen. Sein Urteil muß dadurch viel genauer ausfallen, als wenn er einfach im Fixierpunkte farbige Objekte gezeigt bekommt, die er benennen soll, ohne daß ihm ein Vergleichsobjekt zur Verfügung steht (abgesehen von den Erinnerungsbildern an den normalen Farbensinn). Das einfache Vorzeigen farbiger Objekte im Fixierpunkt genügt daher nicht, um ein zentrales Farbenskotom mit Sicherheit ausschließen zu können.

Über die Zuverlässigkeit der Angaben des Beobachters unterrichtet man sich am einfachsten wieder, wenn man zu Beginn der Untersuchung den blinden Fleck herausperimetriert (OLE BULL u. a.).

Ein Farbenskotom soll man nur dann diagnostizieren, wenn mindestens eines der verwendeten farbigen Objekte seinen Farbenton oder seine Sättigung einwandsfrei ändert. Es genügt im allgemeinen nicht, daß der Beobachter angibt, die farbigen Objekte würden »dunkler« oder »heller«. Überhaupt muß man daran denken, daß der Laie den Begriff der Sättigung einer Farbe und deren Helligkeit oft nicht auseinanderhalten kann, wenn man ihn nicht besonders darauf aufmerksam macht. Daß die Veränderungen, welche die farbigen Objekte in Ton und Sättigung im Bereiche eines Skotoms erleiden können, ganz wesentlich von ihrer Beschaffenheit abhängen, braucht kaum noch einmal betont zu werden.

Für klinische Untersuchungen reicht es im allgemeinen aus, die Farben Grün, Rot und Blau anzuwenden.

Bei Sehnervenerkrankungen ist die Verwendung eines roten Objektes oft allein ausreichend, sofern man, wie oben erwähnt, damit nichts weiter wünscht, als eine Kontrolle für ein zweifelhaftes »relatives« Skotom für Weiß zu besitzen. Bei frischen Netzhauterkrankungen (Verdacht auf Netzhautödem) kommt in erster Linie die Anwendung blauer Objekte in Frage, auf deren Tonänderung in Grün besonders zu achten ist.

Für den Grad der Farbensinnstörung im Bereiche des Skotoms bietet die Größe der verwendeten farbigen Objekte wenigstens einen ungefähren Anhalt[1]); wählt man größere Quadrate, so wird — wenigstens bei Erkrankungen der Leitungsbahnen — die wahrnehmbare Farbenänderung im Bereiche des Skotoms immer geringer. Deswegen ist es unbedingt notwendig, wenn in den Aufzeichnungen der Ausdruck

---

1) Eingehendes über quantitative Farbensinnprüfung siehe KÖLLNER, Die Störungen des Farbensinnes 1912, Verlag S. Karger, S. 172 u. a. O.

z. B. »Skotom für Rot und Grün« angewendet wird, daß die genauen Untersuchungsbedingungen, vor allem die Objektgröße, mitgeteilt werden. Sonst kann sich der Leser gar keine Vorstellung von der Schwere der vorliegenden Störung machen. Man kann eben lediglich durch Änderung der Objektgröße die meisten Skotome für Rot und Grün zum Schwinden bringen, wenn man große Quadrate wählt, und man kann das Skotom oft in ein total farbenblindes verwandeln, wenn man sie nur genügend klein wählt.

Vermutet man ein Skotom mittlerer Größe, d. h. etwa von 10 bis 15° Radius, wobei die Sehschärfe bei Sehnervenerkrankungen annähernd $^{1}/_{6}$—$^{1}/_{10}$ betragen mag (dieser Wert soll nur einen ganz ungefähren Anhaltspunkt geben!), so wählt man am Perimeter am besten Quadrate von 5 mm Seitenlänge.

Schwierigkeiten bei der Untersuchung entstehen eigentlich nur dann, wenn das Skotom sehr klein ist, oder umgekehrt, wenn es so groß ist, daß es die normalen Außengrenzen für farbige Objekte beinahe erreicht (etwa über 30° Radius vom Fixierpunkte an gerechnet).

2. Die Untersuchung sehr kleiner zentral gelegener Farbenskotome.

Mit dem gewöhnlichen Perimeter kann die Prüfung meist nicht mehr vorgenommen werden wegen der bereits gerügten Nebeneindrücke, sowie wegen des großen Fixierpunktes.

Am einfachsten ist es, eine gleichmäßige schwarze Scheibe zu verwenden mit kleinem eben angedeuteten Fixierpunkt. Eine derartige Scheibe kann man sich selbst beim Buchbinder herstellen lassen. Die BJERRUMsche Methode (S. 473) läßt sich ebenfalls verwenden. Empfehlenswert ist das stereoskopische Verfahren von HAITZ (S. 478), besonders bei einseitigen Erkrankungen, weil es auf binokularem Wege die Fixation erleichtert. Natürlich kann man sich auch komplizierterer Skotometer bedienen, wobei aber stets auf die oben erwähnten Fehler zu achten ist.

Als Objekte dienen am besten 1 mm große Scheiben, deren Farben nicht zu gesättigt zu sein brauchen. Übrigens erscheinen bei Verwendung schwarzen Hintergrundes derartige kleine Farbflecke durch Schwarz-Weiß-Simultankontrast noch etwas ungesättigter.

Auch hier kann man sich wieder kleine Stücke aus farbigem Papier jedesmal frisch schneiden. Da das bei dem geringen Durchmesser nicht leicht ist, empfiehlt sich die Anwendung der dem HAITZschen Verfahren beigegebenen Stäbe, bei welchen jetzt die Felder nicht mehr aus aufgeklebtem Papier, sondern aus Farbe bestehen, welche in Vertiefungen eingelassen sind.

Man kann so, z. B. bei beginnender Sehnervenerkrankung, ein zentrales Farbenskotom mit progressiver Rotgrünblindheit schon zuweilen nachweisen, wo die Sehschärfe noch fast normal ist. Kleine »blaublinde« (s. Köllner 1912, S. 115 u. 239) Skotome können zuweilen die Frage, ob Neuritis oder Pseudoneuritis vorliegt, entscheiden.

Empfehlenswert ist unter besonderen Umständen zur Aufdeckung feinster Skotome noch folgende Methode: Man läßt den Patienten eine Tafel mit farbigem Punktmuster (z. B. eine ausgestanzte schwarze Papptafel mit hintergeklebtem farbigen Seidenpapier, die von rückwärts beleuchtet wird) betrachten (Hess). Bei schwieriger Fixation oder bei Nystagmus ist eventuell momentane Darbietung des Punktmusters geboten. Im Bereiche des Skotoms fallen dann eine entsprechende Anzahl Punkte aus. Bei Fixierungsschwierigkeiten kommen auch die übrigen S. 476 angegebenen Methoden in Frage.

Auch mehrere (3) nebeneinander befindliche farbige Scheibchen sind empfohlen worden. Ihr Farbenton kann miteinander verglichen werden. Zeigt eine der Scheiben eine auffällige Sättigungs- oder Tonänderung, so liegt ein Skotom vor. Holth (1921) z. B. hat einen vierkantigen Stab angegeben, der nebeneinander in einem Abstande von 4 cm drei gleichfarbige Flächen von je 1 cm Durchmesser trägt. Die vier Seiten zeigen rote, grüne gelbe und blaue Felder. Dabei werden die Engelking-Ecksteinschen Objekte benutzt, weil man mit ihnen auch einen schnellen Überblick bei angeborenen Störungen des Farbensinnes gewinnen kann. Die mittelste farbige Fläche soll fixiert werden. Die Probe kann dadurch empfindlicher gestaltet werden, daß man neben dem erst beschriebenen Stab einen weiteren mit Objekten von 0,5 cm Durchmesser vorrätig hält.

Einfacher ist es, wenn man bei sehr kleinen Skotomen, welche gerade die Fovea einnehmen, ein kleines ungesättigtes farbiges Papierscheibchen auf schwarzem Grunde abwechselnd foveal und exzentrisch fixieren läßt. Dabei deckt man am besten den Farbenpunkt mit einem schwarzen Papier zu und gibt ihn nur für einen Augenblick frei. Zur schnellen Orientierung ist dieses Vorgehen ganz geeignet, nur darf man dem Bestehen der Prüfung nicht zuviel Gewicht beilegen.

3. Die Untersuchung auf sehr große Farbenskotome.

Meist handelt es sich um eine Herabsetzung der Farbenempfindung im Sinne einer progressiven Rotgrünblindheit infolge Erkrankung der Leitungsbahnen, die sich bei oberflächlicher Untersuchung mit Objekten von 5 bzw. 10 mm Seitenlänge und bei ungenügender Beleuchtung über das ganze Gesichtsfeld zu erstrecken scheint. In derartigen Fällen ist eine Verwechslung eines großen Skotoms mit den Folgen einer konzentrischen Einengung der Farbengrenzen, ja selbst mit angeborener Farbenblindheit möglich.

Man muß dann festzustellen suchen, ob sich nicht doch noch graduelle Unterschiede der Farbenempfindung in dem scheinbar gleichmäßig farbenblinden Gesichtsfeld nachweisen lassen.

Es ist dabei notwendig, die peripheren Grenzen für farbige Objekte möglichst weit hinauszuschieben; man wählt dementsprechend große (2 cm Seitenlänge, bzw. noch darüber) und möglichst gesättigte Farben und sorgt für gute Beleuchtung. Für solche Fälle sind zuweilen auch die elektrischen Perimeter mit ihren im verdunkelten Zimmer verhältnismäßig hellen Objektfeldern ganz zweckmäßig.

Sehr wichtig ist es, dabei auf »Kernstellen« im Skotom zu achten: man versteht hierunter bekanntlich Stellen, an denen innerhalb eines z. B. »rotgrünblinden« Skotoms die Farbensinnstörung bereits weiter fortgeschritten ist, so daß etwa an zentraler umschriebener Stelle bereits ein kleineres totalfarbenblindes Skotom vorhanden ist.

Deswegen eignen sich bei sehr großen Skotomen zum Perimetrieren in erster Linie rote und blaue Objekte, weniger grüne, weil bei diesen — falls nicht unveränderliche Farben, wie die von ENGELKING, verwendet werden —, die normalen Grenzen verhältnismäßig eng sind.

Bewegt man z. B. ein großes rotes Quadrat in einem Falle mit sehr großem Skotom nach dem Zentrum zu, so kann es vorkommen, daß es nirgends als »rot« bezeichnet wird. Aber man findet doch vielleicht, daß an einer peripheren Zone das Quadrat wenigstens orange aussieht (die Gegend des Überganges der normalen peripheren Rotgrünblindheit zum normalen Farbensinn); einige Grad weiter zentralwärts wird das Objekt plötzlich graugelb gesehen. So findet man doch noch eine Andeutung des Skotoms heraus.

4. Untersuchung auf Farbenskotome bei gleichzeitiger angeborener Farbenblindheit.

Ein Farbenskotom mit erworbener progressiver Rotgrünblindheit bei vorhandener angeborener Rotgrünblindheit läßt sich auch am Perimeter feststellen, wenn der Beobachter einigermaßen brauchbare Angaben macht. Bei der Häufigkeit der angeborenen Rotgrünblindheit (etwa 4 % aller Männer) ist das Zusammentreffen beider Störungen durchaus möglich und auch beobachtet worden (UHTHOFF 1887).

Der Hauptunterschied zwischen angeborener und erworbener Rotgrünblindheit besteht bekanntlich darin, daß bei letzterer alle Farben ungesättigter erscheinen. Beide sehen natürlich rote und grüne Objekte nicht rot und grün, sondern grau bis gelb, je nach dem gewählten Farbenton des Perimeterquadrates.

Man wählt deswegen am besten ein blaues und ein gelbes Quadrat und läßt sich angeben, ob es in einem umschriebenen Bezirk ungesättigter, d. h. »weißlicher«, erscheint. Der angeboren Farbenblinde hat bekanntlich für derartige Sättigungsabstufungen ein viel feineres Urteil wie der Normale, da er auf sie vielmehr angewiesen ist; daher kann man hoffen, zuverlässige Angaben zu erhalten.

Ein reingrünes (»urgrünes«) Objekt (etwa dem spektralen Grün von 495 $\mu\mu$ Wellenlänge entsprechend) und ein dazu komplementäres reinrotes

(»urrotes«) Farbenfeld darf man natürlich nicht zum Perimetrieren verwenden, denn sie werden sowohl von angeboren wie von erworben Rotgrünblinden durchgängig farblos bzw. grau gesehen.

HOLTH und SOEDERLINDH (1908) haben auf der Rückseite ihres Ebonithstabes, der drei rosafarbene Kreisflächen trägt, auch drei bläulichgraue Flächen von 0,5 cm Durchmesser angebracht, um auf Skotome bei angeborener Rotgrünblindheit zu untersuchen. Die Flächen nennt der Rotgrünblinde bläulich bzw. blau, während ihm bei gleichzeitigem Skotom mit erworbener Rotgrünblindheit die eine oder andere rein grau erscheint.

5. Physiologische Farbenskotome im Gesichtsfelde.

Bei normalen Personen gibt es nach BIRCH-HIRSCHFELD (1909 und 1912) eine Stelle im Gesichtsfelde, an der eine gewisse graduelle Herabsetzung der Farbenempfindung vorhanden ist. Sie ist ziemlich ausgedehnt und liegt im oberen Teile des Gesichtsfeldes etwa zwischen 20 und 40° Radius. BIRCH-HIRSCHFELD fand sie besonders bei der zirkulären Objektführung, weil diese einen besseren Vergleich der Farbenempfindung der verschiedenen Netzhautstellen gleicher Exzentrizität gestattet.

Bekannt ist ferner, daß besonders bei herabgesetzter Beleuchtung die Fovea centralis unterempfindlich für blaue Farben ist (vgl. auch S. 482). So kann man bei geeigneter Wahl kleinster blauer Objekte bei passend herabgesetzter Beleuchtung und bei geeigneter Fixationsvorrichtung diese Unterwertigkeit als ein Skotom für blaue Objekte nachweisen.

Schließlich sei erwähnt, daß nach den Angaben OVIOS (1907), die neuerdings auch HAYCRAFT (1911) bestätigt, eine schmale Zone um den blinden Fleck herum relativ farbenblind ist. Der blinde Fleck erscheint danach für blaue Objekte am kleinsten, für die gebräuchlichen grünen am größten, mit anderen Worten, die Farbengrenzen verhalten sich hier ebenso wie in der Gesichtsfeldperipherie.

E. Genauere Untersuchung des Farbensinnes einer peripheren Netzhautstelle.

Eine eingehende Untersuchung der peripheren Farbenempfindung stößt auf weit größere Schwierigkeiten wie die des Lichtsinnes und erfordert seitens des Untersuchers viel Geduld, seitens des Untersuchten Geschicklichkeit und Übung. Das ungewohnte Beobachten peripherer Eindrücke, die große Ermüdbarkeit und der Einfluß der gegenüber dem fovealen Sehen größeren Dunkeladaptationsfähigkeit sind es, die in erster Linie erschwerend wirken.

Auch bei Geübten bilden die beiden letzteren Momente die Hauptfehlerquellen.

1. Was die Adaptation anbetrifft, so ist es am leichtesten, durch einen längeren Lichtabschluß das zu untersuchende Auge in den Zustand vollkommener Dunkeladaptation zu bringen und so konstante Versuchsbedingungen zu schaffen. Will man dann in diesem Zustande völliger Adaptation untersuchen, so muß allerdings Sorge getragen werden, daß sie durch die Versuchsanordnung nicht wieder zerstört wird; deswegen sind nur die Methoden brauchbar, welche sich im völlig verdunkelten Raum anwenden lassen, also vorzugsweise farbige Gläser, welche von rückwärts beleuchtet werden können und spektrale Lichter.

Umgekehrt, der Zustand völliger Helladaptation, bei welcher sich kein Unterschied zwischen fovealer und peripherer Stimmung des Auges mehr ergibt, ist unter gewöhnlichen Bedingungen kaum zu erreichen. Keinesfalls genügt ein einfaches Anblicken einer weißen Fläche oder zum Fenster hinausblicken, um diesen Zustand der Helladaptation auch nur in einigermaßen befriedigendem Maße zu erhalten. Deswegen muß bei allen derartigen Untersuchungen die verschiedene Stimmung des Auges in Rechnung gezogen werden und bei Kontroll- und Wiederholungsuntersuchungen bei gleichen Belichtungsverhältnissen (man beachte die Schwankungen des Tageslichtes!) untersucht werden.

2. Der leichten lokalen Ermüdung der Netzhaut in der Peripherie begegnet man nur dadurch, daß man das Objekt momentan darbietet, etwa durch schnelles Auf- und Zudecken. Das gilt besonders bei farbigen Gleichungen. Diese werden andernfalls vollkommen unbrauchbar.

Das einfache Benennenlassen farbiger Objekte von verschiedener Größe, Farbe und Sättigung kann wegen seiner Einfachheit als orientierende Voruntersuchung empfohlen werden. Man kann auf diese Weise die Schwellenwerte ähnlich bestimmen, wie es für das direkte Sehen (s. dort) angegeben worden ist. Freilich ist das Ergebnis besonders bei wenig geübten Beobachtern oft ein recht ungenaues, da sich im indirekten Sehen das Fehlen von Vergleichsmomenten besonders bemerkbar macht. Als Objekte können fast alle diejenigen Farben (Pigmente, Filter, Spektrallichter) verwendet werden, welche sich zur Schwellenbestimmung im direkten Sehen eignen. Entweder nimmt man die Untersuchung am gewöhnlichen Perimeter oder dem für diese Zwecke besonders ausgestatteten Wundtschen Perimeter (s. S. 519) vor, oder, einfacher, man wählt feststehende Objekte und verändert den Fixierpunkt seitlich davon in entsprechender Lage.

Bei spektralen Lichtern ist natürlich notwendig, daß ihre Intensität meßbar abgestuft werden kann. Das läßt sich durch Änderung der Spaltbreiten an den Apparaten, durch entsprechend eingefügte Diaphragmen verschiedener Größe, durch Nikolpaare sowie durch Episkotister erreichen (s. über die entsprechenden Konstruktionen in physiologischen Handbüchern z. B. Nagel, 1905).

Statt des objektiven Spektrums kann man auch ein subjektives benutzen, wie es bei den größeren, zu physiologischen Untersuchungen dienenden Spektralapparaten verwendet wird. Diese haben natürlich den Vorteil, daß die Versuchsanordnung bereits in zuverlässiger Weise von vornherein fertig aufgebaut ist; auch gestatten sie gewöhnlich eine feinere Abstufung der Intensität der Lichter, sowie eine leichte Variation ihrer Wellenlänge. In diesem Falle muß durch Anbringen einer entsprechenden Fixiervorrichtung am Apparat dafür gesorgt werden, daß die entsprechende exzentrische Stelle wirklich geprüft wird.

Dobrowolsky benutzte bereits 1886 hierzu einfach einen Perimeterbogen von 180°, der horizontal dicht unterhalb des Spektralapparates in genügender Entfernung vom Auge, damit dieses sich im Krümmungsmittelpunkte befand, angebracht war. Das Auge selbst befand sich 3—4 cm vom Okularspalt des Apparates entfernt.

Eine ähnliche Einrichtung von Nagel und v. Kries ist S. 523 erwähnt. Modifikationen können natürlich beliebig vorgenommen werden.

Die Methode der Gleichungen zwischen zwei nebeneinanderliegenden Farbenfeldern bietet eine bessere Gewähr für die Zuverlässigkeit der Ergebnisse. Die beiden Felder (z. B. die Hälften eines kreisförmigen Objektfeldes) müssen einen etwas größeren Durchmesser besitzen wie beim direkten Sehen, entsprechend der Herabsetzung der peripheren Funktionen, z. B. etwa 5°. Wählt man ihn zu groß, so werden gleichzeitig Netzhautteile mit zu verschiedengradiger Farbenempfindung geprüft, so daß die Ergebnisse ungenau werden müssen.

Mit Erfolg läßt sich eine derartige Gleichung meist nur in nicht zu großer Entfernung vom Fixierpunkte anwenden. Nach Nagel dürfte es mit spektralen Gleichungen gelingen noch etwa 5° von diesem entfernt brauchbare Ergebnisse zu erhalten. Weiter peripher nimmt der Umfang der Fehlergrenzen schnell zu.

Die Trennungslinie der beiden Vergleichsfelder darf aus naheliegenden Gründen nicht entlang einem Parallelkreis des Gesichtsfeldes verlaufen, sondern muß einem Radius folgen.

Da die Farben der Vergleichsfelder in Ton, Sättigung und Helligkeit veränderlich sein müssen, ist es zweckmäßig, sich des Farbenkreisels zu bedienen. Hier kann durch einen Schirm mit entsprechendem Ausschnitt das gewünschte Stück der Kreiselscheibe, halbiert durch die Trennungslinie zwischen Randteil und Mittelscheibe, herausgeschnitten werden. Der Fixierpunkt läßt sich leicht in gewünschter Exzentrizität auf dem Schirm anbringen.

Es ist daher nicht unbedingt nötig sich hierzu eines besonderen Perimeters zu bedienen. Wundt beschreibt (1902) ein derartiges Instrument, an dessen Bogen sich auch ein elektromotorisch betriebener handlicher Farbenkreisel anbringen läßt. Natürlich ist das Perimeter in erheblich größeren Dimensionen ausgeführt als die in der augenärztlichen Praxis gebräuchlichen. Der Radius des Viertelkreisbogens, der in üblicher Weise mit einem Gewicht ausbalanciert ist, beträgt 1,10 m, der Bogen selbst besteht aus einem stählernen mit Einteilung versehenen Bügel, der auf einem Holzgestell montiert ist. Der Fixierpunkt besteht aus einem durch eine Glühlampe zu belichtenden Scheibchen. An dem Bogen läßt sich außerdem auch als Objekt ein farbiges Lichtfilter (Glas, Gelatine und Flüssigkeiten) vor einer Glühlampe, zusammen in einem Kästchen montiert, anbringen[1]).

Viel zweckmäßiger ist es aber, das HERINGsche Verfahren des verschwindenden Fleckes anzuwenden. Hierbei werden nicht zwei gleichgroße nebeneinander befindliche farbige Felder in andersfarbiger (dunkler oder heller) Umgebung miteinander verglichen, sondern eine Gleichung zwischen einem kleinen farbigen Felde und seinem Umfelde hergestellt, indem man das eine der beiden so lange verändert, bis das kleine Feld unsichtbar wird, d. h. in seiner Umgebung verschwindet.

Ja, man kann hierfür, wenigstens zu orientierenden Versuchen, die Methode noch vereinfachen, indem man auf große graue ausgespannte Papierbogen ohne Loch einfach die verschiedenen Farbscheibchen auflegt und jedesmal dasjenige hellere oder dunklere Grau aussucht, bei welchem das Farbscheibchen völlig verschwindet.

Nach HESS (1889) verfährt man im einzelnen am besten folgendermaßen: Ein ebener mit entsprechendem Papier (grau oder farbig) überzogener Rahmen von 70 cm Länge und 40 cm Breite wird etwa horizontal so vor dem Fenster aufgestellt, daß er gleichmäßig beleuchtet erscheint. Bei fixiertem vorwärts geneigten Kopfe blickt das zu untersuchende Auge zunächst abwärts durch ein kreisrundes Loch, das sorgfältig scharf ausgestanzt sein muß, da Unregelmäßigkeiten sich gerade im peripheren Sehen als hellere und dunklere Stellen störend markieren können. (Das Loch hatte bei HESS' Versuchen einen Durchmesser von 7 oder von 14 mm.) Durch das Loch ist eine zweite Fläche sichtbar, welche die für das eigentliche Farbenobjekt gewünschte Farbe hat. Diese Fläche muß soweit unterhalb der ersten sich befinden, daß letztere keinen Schlagschatten auf sie werfen kann. Der Fixierpunkt wird in entsprechender Entfernung von dem Loche gewählt.

Will man dabei Gleichungen zwischen einer farbigen Objektscheibe und grauem Grunde haben, so muß für erstere eine der vier invariablen Farben (s. o.) von verschiedener Sättigung und Helligkeit gewählt werden. Zu dem grauen Untergrunde wählt man am besten verschieden graue Papierbogen (HERINGsche Papiere), durch deren verschiedene Abtönungen man im groben die zur Gleichung notwendige Helligkeit reguliert. Die genauere Helligkeitseinstellung erfolgt dann am besten durch eine Änderung der Neigung des Rahmens zum Fenster bzw. zum Lichteinfall; Zuneigung erhöht die Helligkeit, Abneigung vermindert sie je nach dem Neigungswinkel.

---

1) Erhältlich bei E. ZIMMERMANN, Berlin—Leipzig.

Will man mit Gleichungen zwischen zwei Farben untersuchen, so wählt man für die obere Fläche statt des grauen ein farbiges Papier, für die untere durch das Loch sichtbare Scheibe die andere zur Gleichung gewünschte Farbe.

Als veränderliches farbiges Objekt für die untere Scheibe verwendet man am einfachsten den Farbenkreisel, auf dessen Scheibe man durch Zusatz beliebiger Sektoren in bekannter Weise die gewünschte Farbe mischen kann. Für die eben beschriebene Versuchsanordnung bedarf man eines horizontallaufenden Kreisels.

Besitzt man keinen Kreisel und handelt es sich nur darum, die Sättigung des Farbenfeldes abzustufen, während der einmal gewählte Farbenton unveränderlich bleiben kann, so empfiehlt sich folgendes Vorgehen: Man läßt durch das Loch des oberen Rahmens A (Fig. 30) auf eine horizontale entsprechend gefärbte Papierfläche B (am besten auf Glas aufgespannt) blicken. Mit Hilfe eines unbelegten Spiegelglases S spiegelt man seitliches weißes Licht in gewünschter Menge hinzu. Dieses wird durch einen weißen Schirm W geliefert, der um eine Axe gegen das Licht drehbar ist und so die Menge des zugespiegelten Weiß reguliert (ganz wie bei dem bekannten Heringschen Kastenapparat, s. and. Ort). Vgl. auch Hering (1890) über eine derartige Versuchsanordnung. In ähnlicher Weise kann man auch farbiges Licht zuspiegeln und so eine Art Farbenmischung ohne Kreisel herstellen.

Hess (1920) hat kürzlich nach diesem Prinzip einen einfachen Farbenmischapparat angegeben, der in höchst

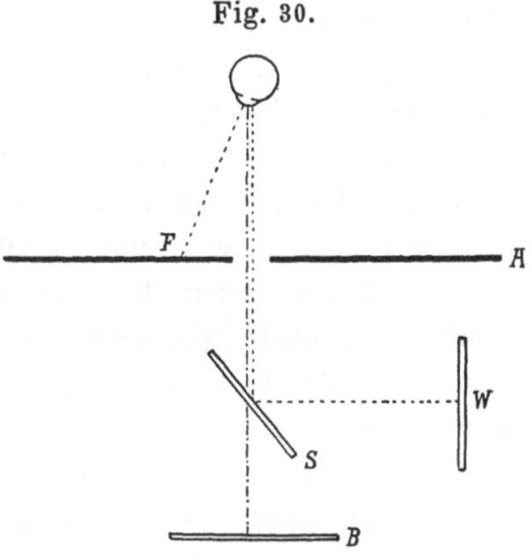

Fig. 30.

Skizze zur Untersuchung der Farbenempfindung nach der Methode des verschwindenden Fleckes. Die Farbenmischung erfolgt mit Hilfe eines unbelegten Spiegels S. F Fixationspunkt, A Rahmen mit ausgestanztem Loch, B farbige Fläche, welche durch das Loch erblickt wird, W zweite Fläche, deren Licht zugespiegelt wird.

zweckmäßiger Form die Mischung eines Farbenfeldes aus Rot sowie einem blauen und gelben Gelatine-Farbkeil gestattet. Als Umfeld dient eine graue, mit einem Loch versehene Fläche (s. o.). Der Hesssche Farbenapparat gestattet in sehr einfacher Weise eine Prüfung des Farbensinnes in der Peripherie, besonders in der näheren Umgebung des Fixierpunktes (s. a. unter Farbensinnprüfung).

Handelt es sich um Untersuchung der sogen. totalfarbenblinden Zone im Sinne der Bestimmung der Peripheriewerte nach v. Kries (1905), so kann die Zuspiegelung weißen Lichtes natürlich unterbleiben und es genügt, verschiedenfarbige Papiere (z. B. den Satz Heringscher Papiere) zu verwenden, da ja hier sämtliche Farben farblos gesehen werden. Zur genaueren Bestimmung der Peripheriewerte verwendet man auch spektrale Lichter (s. S. 523).

Eine einfachere Versuchsanordnung, welche wenigstens einige Gleichungen zwischen zwei Farben, oder einem farbigen und farblosen Felde ermöglichte, ist ein früher von mir angegebenes Farbengleichungsperimeter.

Der Apparat ist der Farbengleichungslampe von NAGEL und KÖLLNER (s. KÖLLNER 1912) nachgebildet[1]). Vor einer Gasglühlichtlampe befindet sich eine kurze Röhre, welche durch eine längsverlaufende Scheidewand in zwei Hälften geschieden ist. Durch mehrere Milch- bzw. Mattglasscheiben wird erreicht, daß zwei gleichmäßig beleuchtete halbkreisförmige weiße Flächen sichtbar sind, deren Helligkeit — jede für sich — durch je eine Blende reguliert werden kann. Vor die weißen Flächen lassen sich in quadratischen Blenden verschiedenfarbige Gläser verschieben, so daß nebeneinander zwei farbige Quadrate von je 15 mm Seitenlänge sichtbar sind, welche durch einen Steg von 2—3 mm voneinander getrennt sind. Als Verlängerung dieses Steges gleichsam geht ein Perimeter-Viertelkreisbogen ab, in dessen Scheitel sich die Objektfelder befinden, und welcher einen verschieblichen Fixierpunkt trägt. Dieser wird also umgekehrt, wie beim elektrischen Perimeter, verschoben, während die Objekte ruhen. Perimeterbogen und gleichzeitig damit verbunden die beiden farbigen Vergleichsfelder lassen sich um die Mitte des beide trennenden Steges herumdrehen, so daß in allen Meridianen untersucht werden kann. Die Helligkeit der Felder wird durch Schieber reguliert.

Die Vergleichung z. B. eines derartigen farbigen und gleichhellen weißen Feldes ist natürlich für den Beobachter viel leichter, als am Perimeter zu beurteilen, wann eine Farbe über ihre spezifische Schwelle tritt. Auf diese Weise kann man sich auch von der ungeheuer schnellen Ermüdbarkeit der Gesichtsfeldperipherie für Farben überzeugen; denn zwei Felder, die im ersten Moment deutlich verschiedenfarbig erscheinen, werden bei unveränderter Fixation sehr schnell gleichfarbig, schon bei geringer Exzentrizität vom Fixierpunkte.

Die durch die Dunkeladaptation bedingte, eben besprochene Fehlerquelle kommt natürlich für diesen Apparat ebenso in Betracht, wie für die elektrischen Perimeter.

Will man spektrale Lichter verwenden, so kann man sich wieder des objektiven Spektrums bedienen, bei welchem die Lichter auf einem Schirm aufgefangen werden. Über die entsprechenden Versuchsanordnungen ist S. 518f. das Nötige gesagt. Der Vorsatzschirm mit dem Lochausschnitt muß dann von einer besonderen Lichtquelle beleuchtet werden.

---

1) Hergestellt bei ÖHMKE, Berlin, Luisenstr. 21.

Bei Verwendung des subjektiven Spektrums in einem Spektralapparat muß für eine entsprechende seitliche Fixiervorrichtung für das zu untersuchende Auge gesorgt werden, damit sich das spektrale Licht auch auf der gewünschten exzentrischen Stelle abbildet. Der Vorsatzschirm mit Lochausschnitt muß wiederum gesondert belichtet werden.

Als Beispiel für eine derartige Versuchsanordnung sei folgende von Nagel und v. Kries angegebene erwähnt.

Auf der Fig. 34 ist F die graue Fläche, welche der horizontalen mit Loch versehenen Fläche der Hess'schen Vorrichtung entspricht. Sie wird von der künstlichen Lichtquelle L_1 erleuchtet. Hinter der Öffnung $Ö$ dieses Schirmes befindet sich die Linse eines Spektralapparates, dessen senkrechter Spalt Sp_1 von der Lampe L_2 erleuchtet wird. Das Auge A befindet sich dicht vor einer kleinen Metallplatte, in welche der schmale senkrechte Spalt Sp_2 eingeschnitten ist. Dieser Spalt liegt in der Ebene, in welche die Linse des Spektralapparates das Spektrum entwirft. Würde der Schirm F entfernt werden, so würde das Auge die ganze Linse mit dem eingestellten homogenen Licht erfüllt sehen.

Auf dem seitlich angebrachten Gradbogen G kann ein Fixierpunkt verschoben werden.

Die Wellenlänge des den Fleck erfüllenden Lichtes kann sowohl durch Verschiebung von Spalt Sp_1 wie Spalt Sp_2 verändert werden.

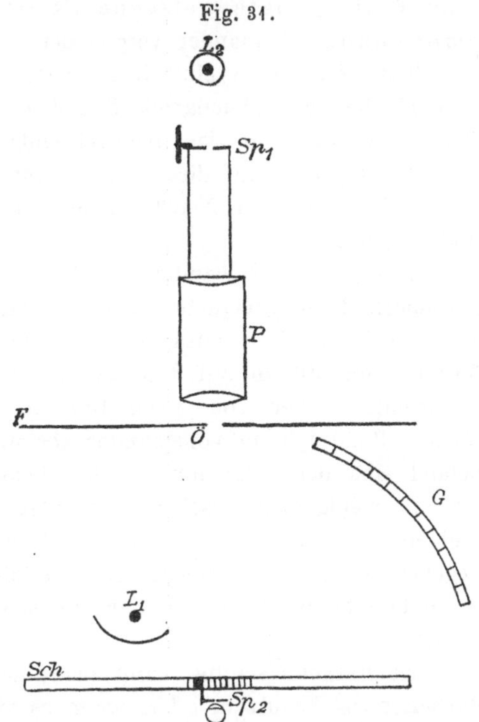

Versuchsanordnung zur Bestimmung der Helligkeitswerte spektraler Lichter in der Gesichtsfeldperipherie (sog. Peripheriewerte) nach v. Kries. (Aus Tigerstedt, Handbuch der physiol. Methodik 1909.)

Um die Helligkeit zu regulieren, wird in diesem Falle nicht die Belichtung des Schirmes geändert, sondern einfacher die des Fleckes. Das kann auf verschiedene Weise geschehen, wie überhaupt bei derartigen Spektralapparaten, entweder durch Änderung der Weite des Spaltes Sp_1, durch Nikols oder auch durch Vorsetzen eines Episkotisters.

Will man die sogen. Peripheriewerte bestimmen, so muß man den farbigen Fleck soweit peripher sich abbilden lassen, daß alle Spektrallichter farblos erscheinen. Es ist natürlich nicht möglich, hierfür eine bestimmte Gradzahl der Exzentrizität anzugeben, da der Einfluß der Untersuchungsbedingungen zu verschieden ist (S. 503 ff.).

Vergleichung der Farbenempfindung zweier verschiedener Gesichtsfeldteile.

Besteht eine mutmaßliche Farbensinnstörung nur in einem Teile des Gesichtsfeldes, so kann man zweckmäßig zwei verschiedene exzentrisch vom Fixierpunkte gelegene Stellen hinsichtlich ihrer Farbenempfindung miteinander vergleichen.

Dabei geht man einfach so vor, daß auf einer gleichmäßig grauen Grundfläche zwei gleichgroße Scheiben derselben Farbe aufgelegt werden. Der Fixierpunkt für das beobachtende Auge befindet sich in der Mitte zwischen beiden. Auf diese Weise kann der Beobachter den farbigen Eindruck des normalen Netzhautteiles mit dem des erkrankten vergleichen und angeben.

Hess (1890) verwandte für dieses — wie gesagt nur für bestimmte, besonders dafür geeignete Fälle anwendbare — Verfahren folgende sehr empfehlenswerte Versuchsanordnung: Der Beobachter blickte aus einer Entfernung von 30 cm auf eine gleichmäßig graue Fläche, in welcher zwei kreisrunde Löcher von 3 cm Durchmesser ausgeschlagen waren, deren mediale Ränder 3 cm voneinander abstanden. In der Mitte zwischen beiden befand sich der Fixierpunkt. (Die beiden Löcher bildeten sich demnach auf nur wenig exzentrischen Netzhautstellen ab, nämlich etwa 5°.) Unterhalb der beiden Löcher befanden sich farbige Flächen, ganz wie oben angegeben; durch sie erschienen beide Löcher als farbige Kreisflächen. Einer jeden konnte mit Hilfe von Farbenmischung eine beliebige Farbe gegeben werden.

Zur Farbenmischung kann man, wie bereits erwähnt, entweder den Farbenkreisel benutzen, oder, wenn es sich nur um Sättigungsabstufungen handelt, nach dem Vorgange von Hess weißes Licht mit Hilfe eines unbelegten Spiegels beimischen. Näheres s. S. 521.

IV. Die Untersuchung der Sehschärfe im indirekten Sehen.

Daß die Sehschärfe im Gesichtsfelde von der Fovea centralis zur Peripherie hin abnimmt, hat bereits Purkinje 1825 betont. Die ersten mehr orientierenden Untersuchungen stammen von Hück (1843), Volkmann (1846), Weber (1852), v. Graefe (1855), Aubert und Förster (1857, Fig. 32). Sie bestimmten, in welcher Entfernung vom Fixierpunkte noch Doppelpunkte und parallele Linien getrennt sichtbar waren und noch Buchstaben erkannt wurden.

VOLKMANN verwendete unter anderem, wie er es auch bei der Feststellung der zentralen Sehschärfe getan hatte, parallele Spinngewebsfäden. Zur Beleuchtung verwendete er den elektrischen Funken, um Fehler durch Fixationsschwankungen auszuschalten.

WEBER belichtete in derselben Weise einen mit Druckbuchstaben bedeckten Bogen und stellte fest, wieviel Buchstaben gleichzeitig sichtbar waren.

AUBERT und FÖRSTER haben WEBERS Methode noch verbessert. Ihnen verdanken wir die genauesten Untersuchungen aus der frühen Zeit. Sie wählten einen Papierbogen von 65 cm Breite und 162 cm Länge, der mit Zahlen und Buchstaben von gleicher Größe und gleicher Entfernung voneinander bedeckt war. Der Bogen wurde senkrecht über zwei Walzen gespannt, so daß durch

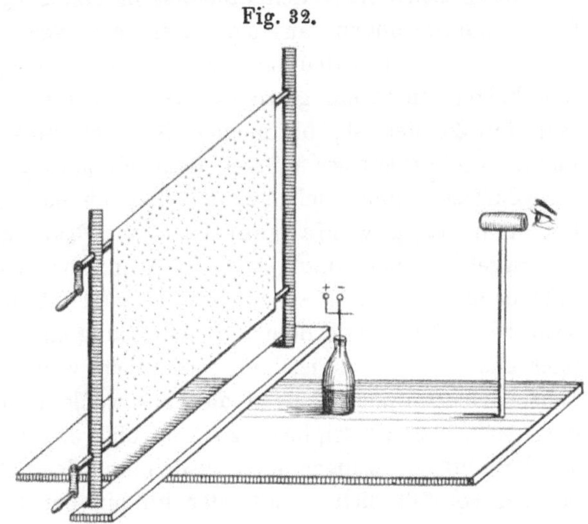

Fig. 32.

Prüfung des Raumsinnes an einer Tafel mit Sehzeichen nach AUBERT u. FÖRSTER (1857). Belichtung durch elektrischen Funken.

deren Drehung immer neue Zeichen sichtbar wurden. Die Beleuchtung des Untersuchungszimmers wurde soweit herabgesetzt, daß der Beobachter nach $^1/_4$ stündiger Dunkeladaptation die Sehobjekte nur noch gerade als matte Punkte wahrnahm. Zur Belichtung wurde wiederum der Funken einer Leydener Flasche gewählt. Der Beobachter mußte angeben, wieviel Zeichen er gleichzeitig entziffern konnte. Aus dem so festgestellten Sehfelde konnte dann leicht die Ausdehnung des Netzhautbezirkes berechnet werden, in welchem Objekte bestimmter Größe noch erkannt werden können.

v. GRAEFE ließ den Mittelpunkt einer Sternfigur fixieren, deren 8 Strahlen aus schwarzen Punkten bestanden. Der Beobachter mußte angeben, wie weit er bei jedem Strahl erkannte, daß er noch aus Punkten bestand.

Die wichtigsten Ergebnisse dieser Untersuchungen waren, daß die Sehschärfe vom Fixationspunkte normalerweise nach der Peripherie hin schnell abnimmt, und zwar nach oben und unten schneller als in der Horizontalen, nach innen schneller, als nach außeu. Daher ist die Grenzlinie, innerhalb deren Formen gleicher Größe noch unterschieden werden, kein Kreis, sondern eine annähernde Ellipse mit liegendem größten Durchmesser. Möglicherweise bestehen auch bei gleicher zentraler Sehschärfe ziemlich weitgehende individuelle Unterschiede.

In späterer Zeit sind eine große Anzahl von Untersuchungen der peripheren Sehschärfe nach verschiedenen Methoden vorgenommen worden, Sie führten im großen und ganzen zu diesen gleichen Ergebnissen, zeigen aber doch untereinander recht beträchtliche Abweichungen. Schon hieraus kann man ersehen, auf welche Schwierigkeiten eine einigermaßen genaue Sehschärfenbestimmung im indirekten Sehen stößt.

Diese Schwierigkeiten bestehen in erster Linie darin, daß ungewohnt hohe Anforderungen an das periphere Sehen der Beobachter gestellt werden. Auch bei Geübteren erhält sich, wie später LANDOLT und ITO betont haben, meist ein gewisses Grenzgebiet bzw. -zone, innerhalb welcher man im Zweifel ist, ob man z. B. zwei Punkte noch unterscheidet oder nicht. Die Ergebnisse müssen dadurch naturgemäß ungenau werden.

Daraus ergibt sich schon, daß einmal die Art des gewählten Untersuchungsverfahrens bzw. der Prüfungsobjekte einen Einfluß auf das Ergebnis haben muß, zum anderen aber die Übung, welche ja gerade beim peripheren Sehen eine so große Rolle spielt. Der Untersuchte lernt bei jeder Wiederholung der Prüfung die Objekte immer weiter peripher erkennen. Das ist außerordentlich wichtig, und läßt die periphere Sehschärfenprüfung bis jetzt als eine wenig geeignete Methode, die Funktion der Netzhautperipherie zu kontrollieren, erscheinen. Denn wenn bei Wiederholungsprüfungen eine Ausdehnung der Sehschärfegrenzen nachweisbar ist, so läßt sich gerade der Einfluß der Übung nur sehr schwer bei der Beurteilung ausschalten.

Klinische Bedeutung der peripheren Sehschärfeprüfung. So kommt es, daß sich noch keine bestimmte Methode für die periphere Sehschärfeprüfung eingebürgert hat. Und während man allgemein als Maßstab für die foveale Sehleistung auch heute noch die Sehschärfeprüfung bei der klinischen Untersuchung vorzieht, hat man sich daran gewöhnt, beim indirekten Sehen fast ganz darauf zu verzichten und lieber die Lichtsinn- und eventuell noch die Farbensinnprüfung vorzunehmen. Mit Recht. Denn selbst die einfache Anforderung, zwei Punkte räumlich zu unterscheiden, macht für ungeübte Beobachter zu große Schwierigkeiten, um eine diagnostische Verwertung zu rechtfertigen. Hierauf hat schon AUBERT hingewiesen: »Die Schwierigkeiten zu entscheiden, ob man einen oder zwei Punkte im indirekten Sehen wahrnimmt, werden nur dem einleuchtend sein, welcher selbst Messungen an den Grenzen der Wahrnehmbarkeit ausgeführt und sich gewöhnt hat, selbst Oberrichter seiner eigenen Urteile zu sein.« Man wird vorläufig wohl demnach noch immer die Sehschärfeprüfung nur als eine Kontroll- bzw. Ergänzungsprüfung neben Licht- und Farbensinnuntersuchung vornehmen bzw. sie nur in den besonderen Fällen anwenden, wo man speziell über sie informiert sein will.

Von den verschiedenen Methoden haben bei ihren Untersuchungen verwendet zwei schwarze Punkte auf hellem Grunde AUBERT und FÖRSTER (1857), KÖNIGSHOFER (1876), BUTZ (1881 und 1883), KLUG (1875), GROENOUW (1893), GUILLERY (1897), Gruppen von schwarzen Punkten BURCHARDT

(1871), CHARPENTIER (1877), EXNER (1886), WERTHEIM (1887), Doppellinien bzw. Liniengitter BUTZ, WERTHEIM (1894), Quadrate FÖRSTER und AUBERT, LANDOLT und ITO, BUTZ, CALDERARO (1913), Probebuchstaben und Haken AUBERT und FÖRSTER, LEBER (1869), SCHADOW, DOR (1873), DOBROWOLSKY und GAINE (1876), KÖNIGSHOFER, HIRSCHBERG (1878), BUTZ und BECKER (1883); dazu kommt noch die Verwendung einfacher Punkte (Bestimmung der sog. Punktsehschärfe, GROENOUW), die mit der Raumsinnprüfung direkt nichts zu tun hat, denn bei ihr wird im Gegensatz zum Minimum separabile nur das Minimum visibile geprüft.

Zur Anwendung der einzelnen Methoden sind noch einige Erläuterungen erforderlich. An erster Stelle soll die Bestimmung der Punktsehschärfe, also die Unterscheidung eines Punktes von seiner Umgebung, besprochen werden, schon weil einige technische Bemerkungen auch für die anderen Methoden gelten. Ich kann durchaus der gründlichen Arbeit GROENOUWS (1893) folgen.

Den kleinsten eben noch wahrnehmbaren Punkt bezeichnete AUBERT als »physiologischen Punkt«, während, nebenbei bemerkt, GROENOUW die von ihm bedeckte Netzhautstelle so nennt.

Als Punktobjekte eignen sich helle Objekte auf schwarzem Grunde wenig. Leuchtende Punkte bilden infolge der optischen Fehler der brechenden Medien des Auges bekanntlich Zerstreuungskreise und sind deswegen zu verwerfen. Dazu kommt noch der Einfluß der Dunkeladaptation des Auges (siehe unten). Aber auch auf Papierbogen sind weiße Punkte auf schwarzem Grunde nicht zu empfehlen, da sie infolge der Irradiation größer erscheinen, als schwarze auf weißem Grunde. In der Tat konnte GROENOUW nachweisen, daß ein weißer Punkt an einer Stelle der Netzhautperipherie unter kleinerem Gesichtswinkel wahrgenommen wird, als ein schwarzer auf hellem Grunde.

Man wähle deswegen letztere zur Untersuchung. Die Helligkeit des Grundes bzw. des Punktes (der ja streng genommen nicht »schwarz«, sondern dunkelgrau ist) kann ziemlich beträchtlich schwanken, ohne daß die Ergebnisse der Untersuchung über die normalen Fehlergrenzen hinaus — GROENOUW fand sie zu etwa 2° — beeinflußbar würden.

Als Punktgröße verwendete GROENOUW $\frac{1}{4}$ mm, $\frac{1}{2}$ mm, 1 mm, für die äußerste Peripherie 2 und 4 mm. Die Grenzlinien für das Erkennen von derartigen Punkten gleicher Größe im Gesichtsfelde stellen etwa liegende Ovale dar, von um so kleinerem Durchmesser, je kleiner die Punkte sind (s. Fig. 33). GROENOUW bezeichnet diese Grenzlinien mit gleicher Punktsehschärfe als Isopteren, während er die Linien gleichen Formsinnes (Unterscheidung zweier Punkte voneinander, s. u.) Isomorphopteren nennt. Die konzentrische Lage der »Isopteren« erinnert sehr an das gleiche Verhalten der »Farbengrenzen« beim Perimetrieren mit farbigen

Objekten verschiedener Größe. Es sei noch zur Orientierung hinzugefügt, daß normalerweise der eben erkennbare Punkt bei 10° Abstand vom Fixierpunkt einen 3—6 mal so großen Durchmesser haben muß als im Zentrum.

Die Untersuchung wird am einfachsten an einem gewöhnlichen Perimeter derart vorgenommen, daß ein großes weißes Kartonblatt, welches in seiner Mitte den Objektpunkt trägt, am Perimeterbogen entlang geführt

Fig. 33.

Rechtes Auge.

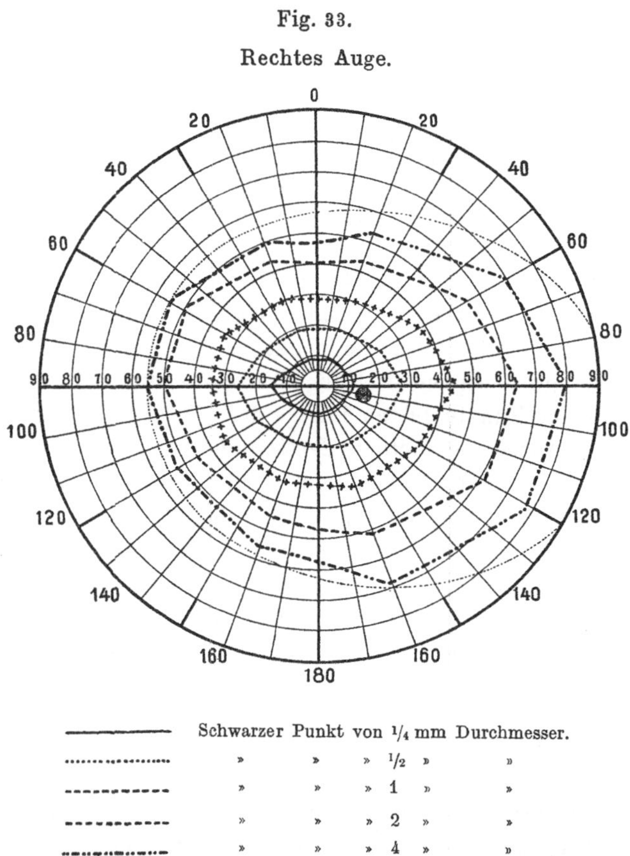

———————	Schwarzer Punkt von ¹/₄ mm Durchmesser.			
··················	»	»	» ¹/₂ »	»
– – – – –	»	»	» 1 »	»
– · – · – · –	»	»	» 2 »	»
– ·· – ·· – ·· –	»	»	» 4 »	»

Linien gleicher Punktsehschärfe im Gesichtsfelde (Isopteren). (Nach GROENOUW.)

wird, bis der Punkt eben wahrgenommen wird (GROENOUW wählte eine Kartongröße von 30 × 80 mm). Auf dem dunklen Grunde des Perimeters wird dann die weiße Karte zeitig sichtbar und markiert für den Beobachter deutlich diejenige Stelle, auf welche er seine Aufmerksamkeit zu richten hat.

Ein derartiges Vorgehen ist aber weiter nichts als ein Perimetrieren mit sehr kleinen Objekten, d. h. eine »Punktperimetrie« (S. 441) mit allen ihren Nachteilen. Das Aussehen sehr kleiner Gegenstände (bis zu 2—3′ Sehwinkel) hängt nämlich fast ausschließlich von ihrer Lichtstärke ab (z. B. ASHER). An Stelle eines Bildpunktes ist ja auf der Netzhaut infolge der Aberration im Auge eine Bildfläche vorhanden, die für die Größenwahrnehmung maßgebend ist und deren Ausdehnung in erster Linie von der Lichtstärke, den Kontrastverhältnissen usw. abhängt. Bei sehr kleinen Objekten ist die Grenze zwischen Raum- und Lichtsinn demnach nicht mehr scharf zu ziehen.

Im Gegensatz zu dieser Untersuchung kommen für die Prüfung des eigentlichen Raumsinnes, der Unterscheidung mehrerer Punkte bzw. Objekte voneinander, mehrere Methoden (s. o.) in Betracht. Über die näheren Beziehungen dieser Prüfung der »Empfindungskreise« zur »Punktsehschärfe« zu sprechen, ist hier nicht der Ort. Das Notwendige muß im Kapitel über die Untersuchung der Sehschärfe nachgelesen werden.

Für alle diese Methoden gelten hinsichtlich der Wahl heller Objekte auf dunklem Grunde die gleichen Bedenken, wie sie oben genannt wurden. Es sind daher schwarze auf weißem Grunde stets vorzuziehen. Zu den von den verschiedenen Autoren empfohlenen Vorgehen ist noch folgendes zu bemerken:

Untersuchung mit zwei Punkten. Auch hierbei bevorzugt man aus den eben genannten Gründen schwarze Punkte auf weißem Untergrunde. Wie schon AUBERT und FÖRSTER betont haben, ist für die räumliche Unterscheidung der Punkte nicht nur ihr Abstand, sondern auch ihr Durchmesser maßgebend. Wenn andere, wie KLUG, gefunden haben, daß die Größe der Punkte nicht in Betracht kommt, so liegt das offenbar an der Methode: er verwendete nämlich leuchtende Punkte im verdunkelten Raume. Über die Unzweckmäßigkeit ihrer Anwendung wurde bereits oben gesprochen.

Am besten dürfte ein Verfahren sein, das dem von GUILLERY (1897) angegebenen entspricht. Er verwendete zwei Punkte, welche von der zu untersuchenden Netzhautstelle gerade noch wahrgenommen werden konnten, deren Netzhautbild also dem »physiologischen Punkte« (s. o.) entsprach und ordnete sie so an, daß sie — jeder auf einem weißen Karton — gegeneinander verschoben werden konnten. Das Verhältnis der Helligkeit zwischen Punkten und Untergrund war stets das gleiche. Für die zentraler gelegenen Netzhautstellen müssen die Punkte freilich sehr klein gewählt werden, kleiner als $^1/_4$ mm Durchmesser (s. auch unter Punktsehschärfe).

Man bestimmt also erst die Punktsehschärfe der Netzhautstelle mit einem Punkt, sodann nimmt man beide Punkte und bestimmt ihre Entfernung voneinander, bei welcher sie eben getrennt wahrgenommen werden.

GUILLERY fand dabei, daß in 10° Entfernung vom Fixierpunkte dieser Abstand der beiden Punkte voneinander gleich ihrem Durchmesser war, in 20°

Entfernung bereits doppelt so groß, bei $30°$ Entfernung etwa vierfach usw. (Diese Angaben können natürlich nicht für alle Meridiane zutreffen, da die »Isomorphopteren« [s. o.] Ellipsenform haben.)

Klug hat übrigens auch mit farbigen Punkten (allerdings im verdunkelten Raume) gearbeitet und gefunden, daß der Farbenton ohne Einfluß auf das Ergebnis war.

Gruppen von Punkten als Sehzeichen zu verwenden, erschwert die Beobachtung. Es ist dabei zu beachten, daß im exzentrischen Sehen es zwar bereits unmöglich sein kann, die Punkte einer Gruppe zu zählen, wenn sie sich nämlich relativ zu peripher abbilden, daß aber sehr wohl bemerkt wird, wenn man mit Hilfe einer geeigneten Vorrichtung (z. B. Verdecken und Freigeben mit einer Scheibe von der Farbe und Helligkeit des Untergrundes) einen Punkt wegnimmt oder hinzufügt (Exner). Es hängt das z. T. mit der großen Empfindlichkeit der Netzhautperipherie für Bewegungsvorgänge zusammen.

Charpentier (1877) benutzte als Objekt Täfelchen mit 9 schwarzen Quadraten.

Für die nächste Umgebung der Fovea hat sich übrigens Wertheim (1887) einer Versuchsanordnung bedient, wie sie Dubois-Reymond schon für die Fovea anwandte: Unter besonderen Vorsichtsmaßregeln wurden in ein Stanniolblättchen mit Hilfe einer Nadel gleichmäßige Löcher von $0{,}24$ mm Durchmesser gebohrt. Die für die Untersuchung notwendige meßbare Variierung der Größe dieses Sehzeichens geschah durch Verschieben des Blättchens auf einer 5 cm langen Bahn. Der Beobachter blickte durch eine 1 m lange Röhre. Um Akkommodationsfehler auszuschalten, wurde ein achromatisches Fernrohrobjektiv von 32 cm Brennweite in einer Entfernung von 66 cm vom Auge eingeschaltet. Seitlich befand sich auf einem schwarzen Schirm der Fixierpunkt. Wertheim verzichtete demnach darauf, die Größe der einzelnen Punkte der Gruppe konstant dem »physiologischen Punkte« entsprechend zu wählen.

Er fand für die mittleren Teile der Netzhaut einen schnellen Abfall der Sehschärfe von der Fovea aus. Das Ergebnis ist der Arbeit in Kurvenform beigegeben.

Auch Burchardt (1871) hatte bei seinen Versuchen für die Funktion der parazentralen Netzhaut feine Unterschiede in der Sehschärfe gefunden. Sie blieb bis $1/4$—$1/3°$ vom Zentrum gleich und wurde bei $1/2°$ gleich $4/5$—$1/2$ der zentralen Sehschärfe. Weiter peripherwärts ließ sie sich durch einen Bruch ausdrücken mit dem Zähler 1, während der Nenner gleich ist dem 2—$4^{1}/_{2}$ fachen der Anzahl der Grade, um welche die betreffende Netzhautstelle von der Fovea entfernt ist. Über 40—$45°$ hinaus nahm die Sehschärfe schneller ab.

Parallele Linien lassen sich in ähnlicher Weise als Objekt verwenden, wie zwei Punkte. Alles dort Gesagte gilt auch für sie.

Wie eingangs erwähnt, verwendete bereits Volkmann unter anderem parallel ausgespannte Spinngewebsfäden, die er momentan durch den elektrischen Funken erleuchtete.

Von einigen Forschern sind Unterschiede beobachtet worden, je nachdem die Linien parallel oder senkrecht zum Meridian, in welchem geprüft wird, standen. Für derartige Fragen muß im Einzelfalle vor allem der bestehende physiologische Astigmatismus berücksichtigt werden.

Gekreuzte Linien verwendete WERTHEIM (1894). Er nahm ein Gitter von schwarzen Stäben, deren gegenseitiger Abstand ihrem Durchmesser gleich war. Sie waren in einem Halter befestigt, der auf einem 2 m langen Schlitten einherglitt. Das Drahtgitter hob sich von einer Milchglasplatte ab, welche in die vordere Wand eines Kastens eingeschlossen und von einer Gaslampe erhellt war. Durch Drehen des Gitters konnte den schwarzen Linien jede Neigung gegeben werden. Außerdem ließ sich die Schlittenbahn in beliebige Meridianstellungen bringen. Damit das Fixierobjekt und das periphere Gitterobjekt stets den gleichen Abstand vom Auge hatten, dieses also für beide in derselben Weise eingestellt war, damit aber andererseits die Bahnen der Objekte bei der Untersuchung der zentralen Netzhäute nicht kollidierten, diente als Fixierpunkt das virtuelle Bild eines in einem Spiegel gesehenen Lichtpunktes. Die Versuche wurden natürlich im Dunkelzimmer vorgenommen. Die Versuchsanordnung ähnelte demnach im Prinzip derjenigen, welche WERTHEIM bereits bei seinen Untersuchungen mit Punktgruppen angewendet hatte.

WERTHEIM fand übrigens auf diese Weise, daß die Ausdehnung des benutzten Objekts bei gleicher Drahtstärke bzw. Liniendicke von Einfluß auf die Wahrnehmung war. Je größer das Objekt bzw. eine je größere Netzhautfläche gezeigt wurde, desto höher stieg die Sehschärfe. Dieses Ergebnis müßte bei allen Untersuchungen mit parallelen Linien in Rechnung gezogen werden.

WERTHEIM hat bei seiner Versuchsanordnung, um stets eine gleiche Netzhautfläche zu prüfen, verschieden große Blenden eingesetzt, welche in ihrem Durchmesser der verschiedenen Entfernung des Gitters vom untersuchten Auge entsprachen.

Die Ergebnisse WERTHEIMS bezüglich der »Isomorphopteren« entsprechen im wesentlichen dem Befunde GROENOUWS hinsichtlich der »Isopteren«: sie liefen der Außengrenze des Gesichtsfeldes annähernd parallel.

Schwarze Quadrate können an Stelle der Doppelpunkte oder Linien ebenfalls verwendet werden.

LANDOLT und ITO [1]) haben besonders hierüber ausführliche Untersuchungen vorgenommen. Sie verwendeten Quadrate verschiedener Größe und wählten einen feststehenden gegenseitigen Abstand, der jedesmal der Seitenlänge entsprach, ähnlich wie bei WERTHEIMS Liniengitter, während GUILLERY, wie

---

1) Siehe auch dieses Handbuch 2. Aufl.

oben erwähnt, bei seinen Punkten den gegenseitigen Abstand aufsuchte und als Maß für die Sehschärfe verwendete.

Es wurden vier Objektgrößen angewendet, nämlich

$$\begin{array}{rcl} \text{Objektgröße I} & 1,9 & \text{mm} \\ \text{»} \quad \text{II} & 2,8 & \text{»} \\ \text{»} \quad \text{III} & 4,7 & \text{»} \\ \text{»} \quad \text{IV} & 6,6 & \text{»} \end{array}$$

Die Quadrate befanden sich auf weißem Untergrunde und wurden am Perimeterschlitten befestigt.

Fig. 34.

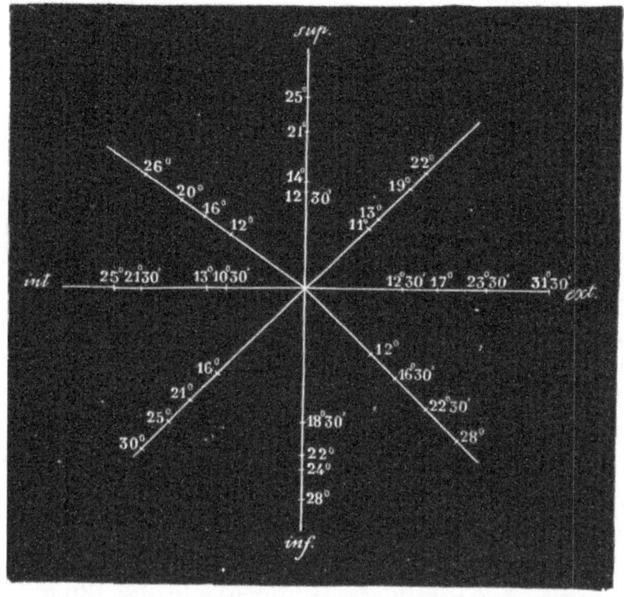

Ergebnisse der peripheren Sehschärfe mit den oben genannten 4 Objektgrößen in 8 Meridianen. Nach Beobachtungen von LANDOLT.

Auch bei dieser Versuchsanordnung ist es schwer, genau anzugeben, bis wann die Quadrate getrennt unterschieden werden, bzw. umgekehrt aufhören einen dunklen Streifen mit hellerer Linie in der Mitte zu bilden, besonders bei den größeren Objekten (III und IV). In den Regionen, welche noch die Objekte I und II unterscheiden, konnten LANDOLT und ITO viel genauere Angaben machen.

Die Ergebnisse mit dieser Methode beim Normalen sind auf Fig. 34 und Fig. 35 wiedergegeben. Wenn der Perimeterbogen einen Radius von 32 cm hat, so entsprechen die erhaltenen Werte der peripheren Sehschärfe einer zentralen von etwa

$$^1/_{14} \text{ für Objektgröße I}$$
$$^1/_{22} \quad \text{»} \qquad \text{»} \qquad \text{II}$$
$$^1/_{35} \quad \text{»} \qquad \text{»} \qquad \text{III}$$
$$^1/_{48} \quad \text{»} \qquad \text{»} \qquad \text{IV.}$$

(Zur Berechnung ist natürlich nur notwendig festzustellen, in welcher Entfernung vom Auge die betreffenden Quadrate im direkten Sehen vom Normalen noch unterschieden werden.)

Fig. 35.

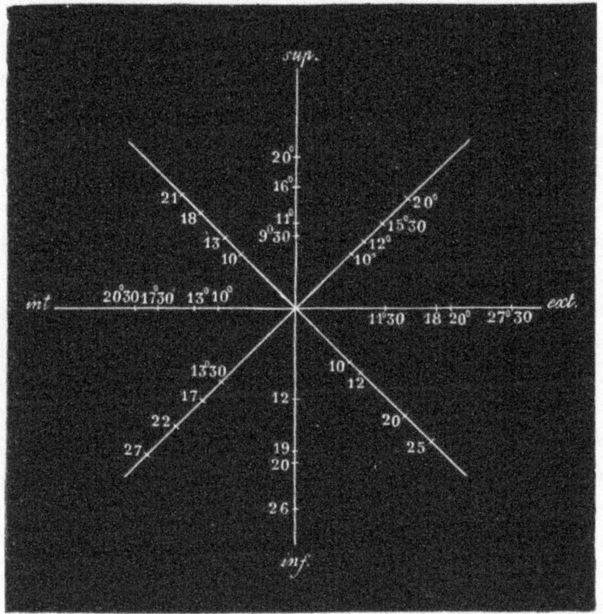

Ergebnisse der peripheren Sehschärfe bei ITO mit den oben genannten Objektgrößen.

CALDERARO (1913) empfiehlt einfach zwei schwarze Quadrate von 5 mm Seitenlänge, durch den gleichen Zwischenraum getrennt, zu verwenden.

Verwendet man Probebuchstaben bzw. -zahlen als Prüfungsobjekte, so ist zu berücksichtigen, daß die Buchstaben, die in den diagonalen Meridianen, senkrecht zu diesen stehend, dem beobachtenden Auge genähert werden, erst weiter zentralwärts zu erkennen sind, als die in dem horizontalen. Aber auch wenn man einzelne Buchstaben aufrecht an den Fixierpunkt heranführt, werden sie im horizontalen Meridian am weitesten erkannt (RADOJEVIC 1920). Auch hat natürlich die Art und Form der Probebuchstaben einen gewissen Einfluß auf das Ergebnis (BUTZ 1883). So sind z. B. Antiquaschriftzeichen weit gewisser zu erkennen als Fraktur (RADOJEVIC). Diese Differenzen hinsichtlich der Stellung und Form der Probebuchstaben kann man vermeiden, wenn man Landoltsche Ringe oder Snellensche ⊏-Haken verwendet. In jedem Falle bedeckt man zweckmäßig die auf weißem Untergrunde befindlichen Zeichen mit gleichem weißen Karton und gibt sie jedesmal nur für einen Augenblick frei, um die Ermüdung auszuschalten.

Als Beispiel für die mit Probebuchstaben gewonnenen Ergebnisse über die periphere Sehschärfe des normalen Auges seien Hirschbergs Worte angeführt: Es wurden erkannt am Försterschen Perimeter im horizontalen Meridian nach außen bei 4—5° Snellen IV, bei 10° Snellen X, bei 20° Snellen XX, dann folgt eine schnellere Abnahme, nämlich bei 30° nur Snellen L—LXX usw.

Butz fand 1883, daß für kleine Probebuchstaben die Sehschärfe in allen Meridianen etwa gleichweit abnimmt. Zum Vergleich und zugleich als Beweis für die Verschiedenheit der Ergebnisse bei normalen Versuchspersonen seien noch folgende Ergebnisse angeführt:

Fick (1898) fand mit Snellenschen Haken beim helladaptierten Auge die periphere Sehschärfe in 5° Abstand von der Fovea etwa $1/4$, in 10° etwa $3/20$, in 15° etwa $1/10$, in 20° etwa $1/12$, in 30° etwa $1/24$, in 40° etwa $1/48$, in 50° etwa $1/80$ der zentralen (Fig. 36).

Dor hatte 1873 mit Snellenschen Buchstaben viel geringere Werte gefunden, nämlich in 5° Abstand vom Fixierpunkt $1/4$, bei 10° $1/15$, bei 15° $1/30$, bei 20° $1/40$, bei 25° bereits $1/50$ der zentralen Sehschärfe.

· Kritik der Methoden. Welche von den hier angeführten Versuchsanordnungen den unbedingten Vorzug verdient, ist schwer zu entscheiden. Die Verwendung eines schwarzen Punktes auf weißem Grunde zur Bestimmung der Punktsehschärfe (nach Groenouw) ist zweifellos die einfachste und am leichtesten durchzuführende Methode, doch wird, wie schon erwähnt, damit nicht die Sehschärfe (das »Distinktionsvermögen«) geprüft.

Von den hierfür in Betracht kommenden Prüfungsobjekten sind als einwandfreiestes Verfahren zu empfehlen die Untersuchung mit zwei Punkten mit veränderlichem Abstand nach dem Vorgehen von Guillery; dabei muß die Verbindungslinie der beiden Punkte senkrecht zu dem betreffenden Gesichtsfeldmeridian stehen, damit beide Punkte etwa gleich weit vom Fixierpunkte entfernt liegen und somit gleich deutlich gesehen werden.

Für die Prüfung der nächsten Umgebung der Fovea centralis müssen besondere Vorkehrungen getroffen werden, da hier die Sehschärfe eine sehr hohe ist. Man muß daher die Sehzeichen verkleinern, wie es schon Guillery tat, oder sich eines Vorgehens bedienen, wie Wertheim mit seinen sorgfältig hergestellten Punktgruppen. Diese haben allerdings den Nachteil, daß sie als helle Punkte auf dunklem Grunde erscheinen. Dabei müssen nicht nur die oben genannten Momente in Rechnung gezogen werden, sondern auch der Einfluß der Dunkeladaptation, wenn im verdunkelten Zimmer untersucht wird (s. u.). Kommt es auf möglichst genaue Bestimmung der peripheren Sehschärfe an, so ist stets eine Kontrolluntersuchung mit verschiedenen der oben genannten Methoden vorzunehmen.

Fig. 36.

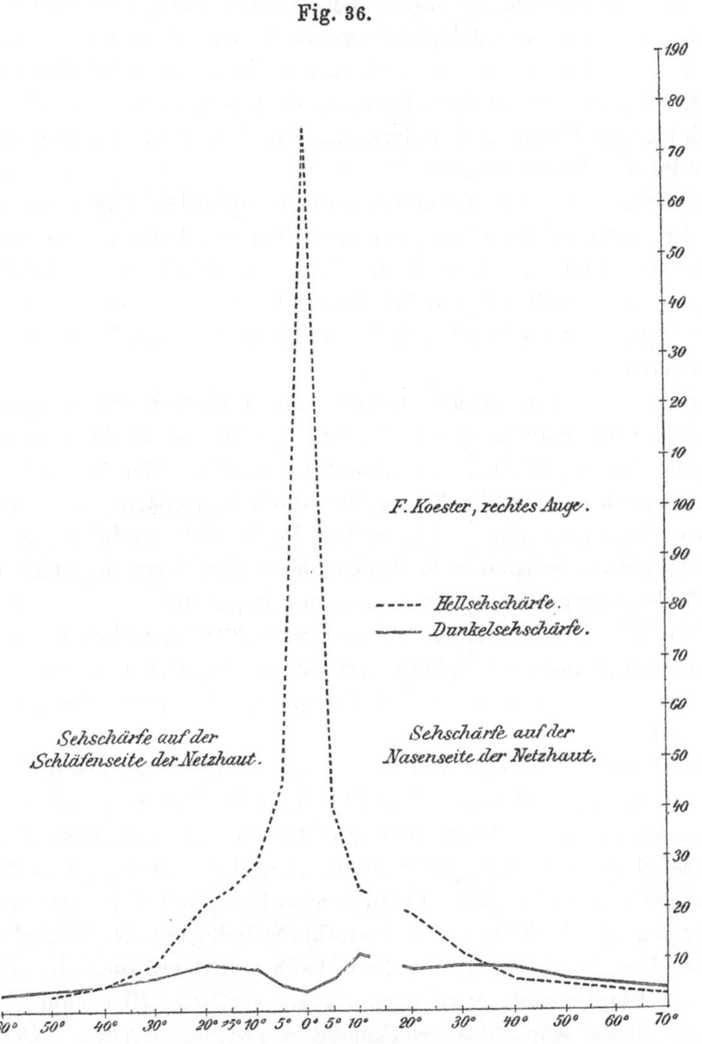

Sehschärfe eines linken Auges im horizontalen Netzhautmeridian bei Helladaptation (- - -) und nach 20 Minuten Dunkeladaptation (===), mit SNELLENschen Haken geprüft. (Nach FICK.)

Die Prüfung mit Probebuchstaben und ähnlichen Sehzeichen hat meist nur für die mittlere Zone des Gesichtsfeldes einen orientierenden Wert. Hier empfehlen sich am meisten die LANDOLTschen Ringe. Für die zentraler gelegenen Bezirke sind die käuflichen Sehproben meist nicht exakt genug gedruckt.

Untersuchung der peripheren Sehschärfe des dunkeladaptierten Auges.

Die Dunkeladaptation hat auch auf die periphere Sehschärfe einen sehr merklichen Einfluß, so daß es bei exakten Untersuchungen notwendig ist, stets auch auf den Adaptationszustand des zu untersuchenden Auges Rücksicht zu nehmen. Aus diesem Grunde kann auch ein Teil der bisher erwähnten Ergebnisse der verschiedenen Forscher, so weit sie das eine Mal im verdunkelten Raum, das andere Mal bei Tageslicht erhalten sind, nicht miteinander verglichen werden.

Die Sehschärfe des normalen dunkeladaptierten Auges ist mehrfach untersucht worden, doch weichen auch hier die Befunde wesentlich voneinander ab. KRIES (1894) fand die Dunkelsehschärfe in der Netzhautmitte etwa gleich 0, zwischen 4 und 12° Abstand von der Fovea nahezu konstant, weiter peripherwärts stimmten Hell- und Dunkel-Sehschärfe annähernd miteinander überein.

KÖSTER und FICK (1898) fanden die Dunkelsehschärfe ebenfalls im Netzhautzentrum nahezu gleich 0; von 5—10° stieg sie schnell an und blieb nach der Peripherie hin annähernd gleich. Bei 30—40° Abstand vom Fixierpunkte stieg die Kurve der Dunkelsehschärfe — im Gegensatz zu v. KRIES' Beobachtungen — etwas über die der Hellsehschärfe (vgl. Fig. 36). D. h. also seitlich werden vom dunkeladaptierten Auge die lichtschwachen Gegenstände besser erkannt, wie vom helladaptierten.

Schließlich fanden BLOOM und GARTEN (1898) umgekehrt, daß weder Netzhautzentrum noch -peripherie des dunkeladaptierten Auges je diejenige Sehschärfe erreicht, die sich bei Helladaptation bei passender Beleuchtung erzielen ließ.

Hinsichtlich der Technik wurden fast ausnahmlos SNELLENsche Haken verwendet, die transparent bzw. schwach-hell auf lichtlosem Grunde erschienen.

Man schneidet die Sehzeichen am besten aus schwarzem Papier aus und befestigt sie vor einer Milchglasscheibe, deren Helligkeit meßbar veränderlich sich abstufen läßt (Versuchsanordnungen bei KÖSTER und FICK). Zur Erzielung gleichmäßiger und abstufbarer Helligkeit der Milchglasscheibe sind besondere Vorrichtungen (s. FICK 1898) nicht erforderlich, wenn man über einen Adaptometer, etwa nach NAGEL, verfügt. Hier kann die Milchglasscheibe dieses Apparates zweckmäßig verwendet werden. Der Fixierpunkt wird seitlich in dem entsprechenden Abstand angebracht, natürlich wieder unter den gleichen Vorsichtsmaßregeln, wie sie bereits oben geschildert wurden (vgl. S. 483).

Sollen Sehschärfe eines Auges bei Helladaptation und Dunkeladaptation miteinander verglichen werden, so wird zweckmäßig die in beiden Fällen verschiedene Pupillenweite berücksichtigt und durch entsprechende Vorkehrungen ausgeglichen, wie es auch BLOOM und GARTEN (1898) getan haben.

Untersuchung einiger optischer Auffassungsvorgänge.

Auf den Empfindungen, wie sie durch Lichtsinn, Farbensinn vermittelt werden, baute sich im Verhältnisse der Überordnung die optische Auffassung auf. Unter ihr muß eine Anzahl höherer Sehfunktionen zusammengefaßt werden, zu denen das einfache Auffassen bzw. Bemerken, die Richtungslokalisation, die Formauffassung usw. gehört, Funktionen, die bei Erkrankungen und Verletzungen der Hirnrinde bekanntlich gestört sein können auch ohne daß die Empfindungen selbst nennenswert gelitten haben. Meist sind sie ja mit Hemianopsie vergesellschaftet und es handelt sich um die Feststellung, inwieweit in den erhaltenen Gesichtsfeldpartien entsprechende Störungen vorhanden sind.

Über ihre Prüfung ist nur wenig zu sagen; sie ergibt sich auch für das exzentrische Sehen meist von selbst und ist mit einfachen Mitteln zu erreichen, doch mögen einige Hinweise willkommen sein.

Die Aufmerksamkeitsprüfung wird sich fast stets auf die Vergleichung der Aufmerksamkeit an gleich weit vom Fixierpunkt entfernten Stellen beider Gesichtsfeldhälften beschränken. Man bietet auf einer gleichmäßigen Fläche einfache Punktgruppen, einfache Figuren wie Kreise, Vierecke usw., symmetrisch vom Fixierpunkt entfernt, dar, und läßt sich angeben, ob sie beide überhaupt gleichzeitig, ob gleich schnell und richtig aufgefaßt werden. Um die Expositionszeit bei Ausschaltung von Nebeneindrücken regulieren zu können, ist die Versuchsanordnung POPPELREUTERS (1917) zu empfehlen, nämlich im Dunkelzimmer die Projektion auf eine Milchglasscheibe mit Hilfe eines Projektionsapparates.

Die Richtungslokalisation, deren Untersuchung bei Hemianopsien wegen ihrer häufigen Störung ebenfalls in Frage kommt, kann an einem einfachen Perimeter ausgeführt werden, indem man mit der Fingerspitze schnell auf das Objekt stoßen läßt. Der Normale trifft das Prüfungsobjekt, auch wenn es schnell bewegt wird, fast immer richtig, während bei Störung der Richtungslokalisation entsprechend vorbeigezeigt wird.

Freilich haben die Perimeter den Nachteil, daß die Entfernung vom Beobachter bis zum Objekt für diese Prüfung etwas kurz ist (meist 33 cm).

POPPELREUTER (1917) hat dafür ein besonderes Greifperimeter mit 60 cm Radius konstruiert. Man perimetriert seitlich hinter dem Patienten stehend mit einer rasch bewegten kreisförmigen weißen Holzscheibe von 10 cm Durchmesser, die an einer 80 cm langen Stange befestigt ist, und läßt den zu Untersuchenden danach greifen, sobald er etwas sieht. Vorschriften, welche Hand dazu benutzt wird, werden nicht gegeben. Als richtig wird gerechnet, wenn die Scheibe berührt wird. In den so gewonnenen Lokalisationsgesichtsfeldern wird die Stellung der Scheibe am Perimeter durch einen kleinen Kreis markiert. Ist die Lokalisation richtig, setzt man ein kleines Kreuz in den Kreis, ist sie falsch, wird ein Pfeil gezeichnet, dessen Spitze die Stellung der Hand angiebt, so daß durch Richtung und Länge des Pfeils der Lokalisationsfehler angegeben ist.

Neuerdings hat die Richtungslokalisation im peripheren Sehen eine besondere Bedeutung erlangt durch die Aufdeckung eines besonderen physiologischen Lokalisationsgesetzes (Köllner 1920). Hier genügt zur genaueren Prüfung nicht mehr das einfache Greifen oder Zeigen nach einem peripher sich abbildenden Objekt, weil hierbei die Handbewegungen durch die Augen kontrolliert und entsprechend beeinflußt werden. Es war daher notwendig, die Stellung der Hand, welche die Richtungslokalisation ausführt, den Augen verborgen zu halten. Ich bediene mich hierzu einer Versuchsanordnung, wie sie ähnlich von Landolt, Best und Bielschowsky angewendet worden ist, d. h. der Beobachter blickt über ein horizontales

Fig. 37.

Köllners Apparatur zur Prüfung der Richtungslokalisation im peripheren Sehen.

Brett hinweg, während unter dem Brett auf einer senkrechten Tafel die Richtung angezeichnet wird. Da es außerdem bei meinen Untersuchungen notwendig war, den in der Medianlinie befindlichen Fixierpunkt in verschiedene Entfernung zu verlegen, habe ich folgenden Apparat (Fig. 37) konstruiert:

An einem Ende einer tischähnlichen Holzplatte von 30 cm Länge befindet sich eine verstellbare Kinnstütze, am anderen Ende befindet sich eine senkrechte Schiefertafel, welche die Holzplatte 2 cm überragt, mit ihrem Hauptteil sich unterhalb der Platte befindet und in einem Schlitz auswechselbar ist. Die Tischplatte ist so auf drei Füßen montiert, daß beide Hände ungehindert von ihnen zu allen Teilen der Schiefertafel gelangen können. In der Verlängerung der Holzplatte über die Schiefertafel hinaus befindet sich eine 70 cm lange Laufschiene, auf welcher in der Medianebene des Körpers ein Schlitten mit einem Fixierknopf verschoben werden kann. Zur Untersuchung wird der Beobachter so gesetzt, daß die Augen über den oberen Rand der Schiefertafel und die Tischplatte des

Apparates hinweg nach dem Fixierpunkt blicken, der am besten für gewöhnlich am Ende der Schiene, also 1 m vom Auge entfernt, gestellt wird. Die Schiefertafel wird nun so eingeschoben, daß ihre markierte Mittellinie sich in der Medianlinie des Körpers, d. h. der Verbindungslinie Fixierpunkt-Nasenwurzel befindet, was durch Anvisieren leicht gelingt. Als Lokalisationsobjekt dient z. B. eine elektrische Birne, die seitlich vom Fixierpunkt mindestens in einer Entfernung von 1 m vom Auge in dem gewünschten Abstand aufgestellt wird. Die Schnittlinie ihrer Richtlinie (Verbindungslinie Beobachterauge-Licht) mit der Tafel wird auf dieser mit Kreide am oberen sichtbaren Rande markiert und nun der Beobachter aufgefordert, unter dem Tischbrett, also ohne Kontrolle seitens des Auges, die Stellung der Lampe auf der Tafel anzuzeichnen. Ich lasse stets mit beiden Händen nacheinander anzeichnen und zwar mit verschiedenfarbiger Kreide, um die Differenzen zwischen rechts und links beobachten zu können. Die Einhaltung der Fixation des Beobachters muß natürlich kontrolliert werden. Nach Beendigung des Versuchs wird die Tafel herausgezogen und festgestellt, inwieweit der Lokalisationsstrich von der am oberen Rande markierten Richtungslinie des Lichtes abweicht. Man untersucht monokular, indem man das eine Auge abdeckt, kann aber auch binokular prüfen und dann beobachten, wie sich der Lokalisationsstrich zu der Lage der Richtungslinien für beide Augen (Doppelbilder!) verhält.

Ein derartiges Verfahren läßt sich auch in anderer Weise anwenden, indem man die Tafel in die Ebene des Fixierpunktes in etwas größere Entfernung bringt. Vor dem Greifperimeter hat sie den Vorteil, daß die Grundstellung verdeckt ist; sie läßt sich aber dafür nur im horizontalen Meridian anwenden.

Literatur.

(Bis zum Jahre 1903 sind nur die zitierten Arbeiten angeführt.)

1825. Purkinje, Beobachtungen und Versuche zur Physiologie der Sinne. 2. Berlin.
1838. Griffin, Contribution to the physiology of vision. Med. Gaz. London.
1843. Hueck, A., Von den Grenzen des Sehvermögens. Müllers Arch. S. 94.
1846. Volkmann, A. W., Wagners Handwörterbuch. 3. 1 S. 331.
    Weber, E. H., Ebenda. 2 S. 528.
1852. Fick, A. u. du Bois-Reymond, Müllers Arch. S. 405.
    Listing, J. B., Ber. d. Kgl. Sächs. Ges. d. Wiss. S. 149.
    Weber, E. H., Über den Raumsinn und die Empfindungskreise in der Haut und im Auge. Ber. d. Leipziger Ges. d. Wiss. 2 S. 134.
1855. v. Graefe, A., Mitteilungen von Krankheitsfällen und Notizen vermischten Inhalts: Fall von Miosis von Dr. Felix v. Willebrand. Graefes Arch. 1. 1 S. 319.
    v. Graefe, A., Über die Untersuchung des Gesichtsfeldes bei amblyopischen Affektionen. Ebenda 2. 2 S. 258.
1857. Aubert, H. u. Foerster, R., Beiträge zur Kenntnis des indirekten Sehens Ebenda 3. 2 S. 1, 38.

1863. Schelske, R., Zur Farbenempfindung. Ebenda 9. 3 S. 41.
 Wittich, Studien über den blinden Fleck. Ebenda S. 1.
1864. v. Zehender, W., Historische Notiz zur Lehre vom Glaukom. Ebenda
  10. 1 S. 152.
1865. Aubert, H., Physiologie der Netzhaut. Breslau.
1867. Helmholtz, Physiol. Optik (1).
 de Wecker, Ein neuer Gesichtsfeldmesser. Klin. Mbl. f. Aughlk. S. 275.
1868. Heymann, F. M. Demonstrationen eines Instrumentes zur Gesichtsfeldmessung. Sitzungsber. d. opth. Ges. zu Heidelberg. S. 415.
 Houdin, R., Compte rend. du congr. périod. intern. d'opht. Congr. de
  Paris. p. 70.
1869. Foerster, R., Das Perimeter. Sitzungsber. d. ophth. Ges. zu Heidelberg
  S. 411.
 Leber, Über das Vorkommen von Anomalien des Farbensinnes bei Krank-
  heiten des Auges nebst Bemerkungen über einige Formen der Am-
  blyopie. Graefes Arch. 15. (3) S. 26.
 Rupp, I. F., Über die Dauer der Nachempfindung auf den seitlichen Teilen
  der Netzhaut. Inaug.-Diss. Königsberg.
 Woinow, M., Über das Sehen mit dem blinden Fleck und seiner Umgebung.
  Graefes Arch. 15. 2 S. 155.
1870. Exner, S., Bemerkungen über intermittierende Netzhautreizungen. Pflüg.
  Arch. 3 S. 214.
 Uschakoff, Über die Größe des Gesichtsfeldes bei Augen verschiedener
  Refraktion. J. Müllers Arch. S. 454.
1871. Burchardt, M., Internationale Sehproben zur Bestimmung der Sehschärfe
  und Sehweite. Kassel.
 Dobrowolsky, W., Über den Abstand der Fovea centralis von dem Zen-
  trum des blinden Fleckes in Augen von verschiedener Refraktion.
  Klin. Mbl. f. Aughlk. S. 437.
 Landolt, E., Die direkte Entfernung zwischen Macula lutea und Nervus
  opticus. M. Zbl. S. 45.
 Landolt, E., Il perimetro e la sua applicazione. Ann. di Ottalm. 1. 1.
 Landolt, E., La distanza tra la macula lutea ed il centro della papilla.
  Ebenda 1.
 Reich, M., Material zur Bestimmung der Gesichtsfeldgrenzen und der dy-
  namischen Verhältnisse der Musculi recti externi und interni in Augen
  mit verschiedener Refraktion. Inaug.-Diss. Petersburg.
1872. Carter, B., Ein neues Perimeter. Klin. Mbl. f. Aughlk. S. 282.
 Dobrowolsky, W., Zur Lehre von der Größe des Gesichtsfeldes. Klin.
  Mbl. f. Aughlk. S. 159.
 Raehlmann, E., Über Farbenempfindungen in den peripherischen Netz-
  hautpartien in bezug auf normale und pathologische Brechungszustände. Inaug.-Diss. Halle.
 Scherk, Ein neuer Apparat zur Messung des Gesichtsfeldes. Klin. Mbl. f.
  Aughlk. S. 151.
1873. Dor, H., Beiträge zur Elektrotherapie der Augenkrankheiten. Graefes Arch.
  29. 3 S. 320.
 Landolt, E., Farbenperzeption der Netzhautperipherie. Sitzungsber. d.
  ophth. Ges. zu Heidelberg. S. 376.
1874. Raehlmann, E., Über Verhältnisse der Farbenempfindung bei indirektem
  und direktem Sehen. Graefes Arch. 20. 1 S. 15.
 Raehlmann, E., Über Schwellenwerte der verschiedenen Spektralfarben
  an verschiedenen Stellen der Netzhaut. Ebenda S. 232.
 Schenkl, A., Ein Beitrag zur Sehfeldbestimmung. Prag. Vrtljschr. Nr. 123
  S. 77.
 Schoen, W., Die Lehre vom Gesichtsfeld. Berlin.

1874. Schroeter, P., Zur Gesichtsfeldmessung. Klin. Mbl. f. Aughlk. S. 39.

Snellen, H. u. Landolt, E., Perioptometrie. Dieses Hb. (1) 3. 1. Leipzig.

1875. Badal, Note sur la mesure et la représentation graphique du champ visuel à l'aide du périmètre portatif et du schémographe. Ann. d'Ocul.
74 p. 239.

Hirschberg, J., Zur Gesichtsfeldmessung. Arch. f. Aughlk. 4 S. 268.

Klug, F., Über Farbenempfindung beim indirekten Sehen. Graefes Arch.
21. 1 S. 251.

1876. Dobrowolsky, W., Über die Empfindlichkeit des Auges gegen die Lichtintensität der Farben (Farbensinn) im Zentrum und an der Peripherie
der Netzhaut. Pflüg. Arch. 12 S. 441.

Dobrowolsky, W. u. Gaine, A., Über die Lichtempfindlichkeit (Lichtsinn)
an der Peripherie der Netzhaut. Ebenda. S. 432.

Foerster, R., Gesichtsfeldmessung bei Anästhesie der Retina. Sitzungsber. d. ophth. Ges. zu Heidelberg. S. 162.

Königshofer, Das Distinktionsvermögen der peripheren Teile der Netzhaut. Diss. Erlangen.

Mauthner, L., Vorlesungen über die optischen Fehler des Auges. Wien.

Schweigger, Hemiopie und Sehnervenleiden. Graefes Arch. 22. (3) S. 276.

1877. Charpentier, A., De la vision avec les diverses parties de la rétine. Arch.
de Physiol. norm. et Path. 4 S. 894.

1877. Chodin, A., Über die Empfindlichkeit für Farben in der Peripherie der
Netzhaut. Graefes Arch. 23. 3 S. 177.

Donders, F. C., Die Grenzen des Gesichtsfeldes in Beziehung zu denen
der Netzhaut. Ebenda 23. 2 S. 255.

Liévin, H., Über die Größe und Begrenzung des normalen Gesichtsfeldes.
Inaug.-Diss. Königsberg.

v. Reuß, A., Untersuchungen über die optischen Konstanten ametropischer
Augen. Graefes Arch. 23. 3 S. 183.

Stilling, J., Notiz über einen neuen Perimeter. Zbl. f. Aughlk. S. 105.

1878. Hirschberg, J., Über graphische Darstellung der Netzhautfunktion. Arch.
f. Anat. u. Phys., Phys. Abt. S. 324.

Landolt, E., Traité complet d'Ophthalmologie par de Wecker et Landolt.
II. Périoptométrie.

1879. Matthiessen, L., Über die geometrische Gestalt der theoretischen Retina
des periskopischen schematischen Auges. Graefes Arch. 25. 4 S. 272.

Mauthner, L., Die Funktionsprüfungen des Auges. Wiesbaden.

Schadow, G., Die Lichtempfindlichkeit der peripheren Netzhautteile im
Verhältnis zu deren Raum- und Farbensinn. Pflüg. Arch. 19 S. 439.

Schneller, Zur Lehre von der Ernährung der Netzhaut. Graefes Arch.
25. 3 S. 1.

Schweigger, C., Notiz über die mediane Gesichtsfeldgrenze. Ebenda
S. 254.

Treitel, Th., Über den Wert der Gesichtsfeldmessung mit Pigmenten für
die Auffassung der Krankheiten des nervösen Sehapparates. Ebenda
25. 2 S. 1.

1880. Meyer, Ed., Traité pratique des maladies des yeux. Paris.

Schneller, Eine praktische Methode, Sehschärfe und Gesichtsfeld bei herabgesetztem Licht zu prüfen. Tagebl. d. Vers. D. Nat. u. Ärzte in
Danzig. S. 253.

1881. Ole B. Bull, Studien über Lichtsinn und Farbensinn. Graefes Arch. 27. 1
S. 54.

Butz, R., Vorläufige Mitteilungen über Untersuchungen der physiologischen
Funktionen der Peripherie der Netzhaut. Arch. f. Anat. u. Phys., Phys.
Abt. S. 441.

Uhthoff, W., Notiz zur Gesichtsfeldmessung. Klin. Mbl. f. Aughlk. S. 404.

1882. Blix, M., Ein selbstregistrierendes Perimeter. Zschr. f. Instrumentenk. April.

Emmert, E., Die Größe des Gesichtsfeldes in Beziehung zur Akkommodation. Arch. f. Aughlk. 11 S. 303.

Mc Hardy, Macd., A new selfregistering perimeter. Ophth. Rev. March.

Stevens, W. L. C., Description of a registering perimeter. Transact. of the intern. m. Congr. 7. Sess. London 1881 3 S. 123.

1883. Becker, Neue Untersuchungen über die exzentrische Sehschärfe. Wiesbaden.

Butz, R., Untersuchungen über die physiologischen Funktionen der Peripherie der Netzhaut. Inaug.-Diss. Breslau.

Charpentier, A., Perception des couleurs à la périphérie de la rétine. Arch. d'Opht. 3 p. 12.

Foerster, R., Das Kartennetz zur Eintragung des Gesichtsfeldes. Ber. über die 21. Vers. d. ophth. Ges. zu Heidelberg S. 131.

Hilbert, R., Die Darstellung der Gesichtsfeldgrenzen. Arch. f. Aughlk. 12 S. 436.

Priestley Smith, A mode of illuminating the perimeter. Ophth. Rev. 2 No. 21.

Priestley Smith, A new registering perimeter. Transact. of the Ophth. Soc. of the Unit. Kingd. 1882—1883 3 p. 294.

Stoeber, Du champ visuel simple ou achromatique et de ses anomalies. Arch. d'Opht. 3.

1884. Albertotti, J., Ein autometrisches, selbstregistrierendes Perimeter. Klin. Mbl. f. Aughlk. S. 465.

du Bois-Reymond, Cl., Ein Perimeter. Zbl. f. Aughlk. S. 283.

Gazepy, Campimètre portatif. Rec. d'Opht. p. 455.

Hilbert, R., Ortsbestimmungen derjenigen Zone der Retina, in welcher lichtschwache Objekte am deutlichsten wahrgenommen werden. Fortschritte d. M. Nr. 24 S. 796.

Maklakoff, Le périmètre de précision. Rec. d'Opht. Févr.

Mayerhausen, G., Ein neues selbstregistrierendes Perimeter. Arch. f. Aughlk. 23 S. 207.

1885. Dyer, E., A new perimeter. Transact. of the Amer. Ophth. Soc. p. 686.

Galezowsky, Périmètre portatif. Arch. d'Opht. 5 p. 181.

de Grandmont, G., De la nécessité d'une numération commune en périoptométrie. Rec. d'Opht. Mars.

Mayerhausen, G., Verbesserungen an meinem selbstregistrierenden Perimeter. Arch. f. Aughlk. 15 S. 306.

Mello, Note sur un nouvel instrument destiné à la mensuration du champ visuel et la diplopie. Arch. d'Opht. 5 p. 276.

Schioetz, Hj., Ein selbstregistrierendes Perimeter. Arch. f. Aughlk. 16 S. 13.

Schleich, G., Untersuchungen über die Größe des blinden Fleckes und seine räumlichen Beziehungen zum Fixationspunkte. Mitt. a. d. ophth. Klin. in Tübingen. 2, 2 S. 181.

Wolffberg, L., Über die Prüfung des Lichtsinnes. Graefes Arch. 31, 1 S. 23.

1886. Exner, Über die Funktionsweise der Netzhautperipherie. Ebenda 32, 1.

Nieden, A., Demonstrationen eines Perimeterschemas. Ber. üb. die 18. Vers. der ophth. Ges. zu Heidelberg. S. 100.

Reid, Th., Perimeter. Ophth. Rev.

1886. Schiele, Über Unterregungen im Bereiche homonymer Gesichtsfeldbezirke. Arch. f. Aughlk. 16 S. 145.

1887. Charpentier, A., Nouveaux faits sur la sensibilité lumineuse. Arch. d'Opht. 7 p. 13.

Uhthoff. Untersuchungen über den Einfluß des chronischen Alkoholismus usw. Graefes Arch. 33 (1) S. 257.

1887. Wertheim, Über die Zahl der Seheinheiten im mittleren Teile der Netzhaut. Ebenda (2) S. 137.

1888. Fick, E., Studien über Licht- und Farbenempfindung. Pflüg. Arch. 43 S. 441.

de Grandmont, G., Périoptométrie et chromatopsie; périmètre et chromatoptomètre. Arch. d'Opht. 8 p. 208.

Ozoulay, L., Campimètre de poche. Progr. méd. 46 p. 428.

Pedrazzoli, Nuovo perimetro. Ann. di Ottalm. 17 p. 217.

Schweigger, C., Ein handliches Perimeter. Arch. f. Aughlk. 19 S. 469.

Segal, S., Über die Lichtempfindlichkeit der Retina und eine einfache Methode zur Bestimmung derselben. Ruskaja m. No. 1 u. 2.

1889. Bjerrum, J., Über Untersuchung des Gesichtsfeldes. M. selsk. forhandl. S. 219.

Groenouw, A., Wo liegt die vordere Grenze des ophthalmoskopisch sichtbaren Augenhintergrundes? Graefes Arch. 35, 3 S. 29.

Hess, C., Über den Farbensinn bei indirektem Sehen. Ebenda S. 1 u. Ber. üb. d. Verh. d. Ophth. Ges. zu Heidelberg. S. 24.

Kirschmann, A., Über die Helligkeitsempfindung im indirekten Sehen. Phil. Stud. (Wundt) 5 S. 447.

Treitel, Th., Über den Lichtsinn der Netzhautperipherie. Graefes Arch. 35, 1 S. 50.

1890. Basevi, V., Über die direkte Entfernung der negativen physiologischen Skotome von dem Fixierpunkte und dem Mariotteschen Fleck. Arch. f. Aughlk. 22 S. 1.

Bjerrum, J., Ein Zusatz zur gewöhnlichen Gesichtsfelduntersuchung und über das Gesichtsfeld bei Glaukom. Verh. d. 10. intern. m. Kongr. zu Berlin 4, 2 S. 66.

Hering, Die Untersuchung einseitiger Störungen des Farbensinnes mittels binokularer Farbengleichungen. Graefes Arch. 36 (3) S. 1.

Hess, Untersuchung eines Falles halbseitiger Farbensinnstörung am linken Auge. Ebenda S. 24.

Jocqs, Modifikation dans l'emploi du périmètre de Foerster. Ann. d'Ocul. 103 S. 250.

de Lapersonne, Un nouveau périmètre pratique. Ebenda S. 29.

1891. Braunschweig, P., Eine neue Form des Perimeters. Zschr. f. Instrumentenk. S. 58.

Gurfinkel, Apparat zur Untersuchung des Gesichtsfeldes. Charkower m. Ges. 1.

König, O., Beobachtungen über Gesichtsfeldeinengungen nach dem Försterschen Typus. Arch. f. Aughlk. 22 S. 264.

1892. Guitterez-Ponce, Une scotomètre. Compt. rend. de la soc. d'opht. de Paris. Mars.

Hegg, E., Zur Farbenperimetrie. Graefes Arch. 38, 3 S. 145.

Pitou, Un nouveau campimètre. Ann. d'Ocul. 108 p. 37.

Placzek, Der Förstersche Verschiebungstypus, ein objektives Symptom der traumatischen Neurose. B.kl.W. Nr. 35, 36.

Schmidt-Rimpler, H., Zur Simulation konzentrischer Gesichtsfeldeinengungen mit Berücksichtigung der traumatischen Neurosen. D.m.W. Nr. 24.

Wilbrand, H. u. Saenger, Über Sehstörungen bei funktionellen Nervenleiden. Leipzig.

1893. Antonelli, A., Il scotometro. Ann. di Ottalm. 22 p. 19 u. Ann. d'Ocul. 110 p. 31.

Bagot, Nouveau périmètre de poche. Ann. d'Ocul. 110 p. 100.

Ole B. Bull, Sur la périmétrie du moyen de pigments colorés. Ebenda S. 169.

1893. Groenouw, A., Über die Sehschärfe der Netzhautperipherie und eine neue Untersuchungsmethode derselben. Arch. f. Aughlk. 26 S. 85 u. Habilitationsschrift. Breslau.

Haab, O., Die wichtigsten Störungen des Gesichtsfeldes. Breslau.

1894. Groenouw, A., Beiträge zur Kenntnis der konzentrischen Gesichtsfeldeinengung. Graefes Arch. 15, 2 S. 172.

Holden, W. A., On tests of the light sens of the periphery of the retina for diagnostic purposes. Arch. of Ophth. 23 p. 40.

König, A., Über den menschlichen Sehpurpur und seine Bedeutung für das Sehen. Sitzungsber. d. Berlin. Akad. d. Wiss.

v. Kries, Zbl. f. Physiol. 8 S. 694.

Peters, A., Über das Vorkommen und die Bedeutung der sog. Verschiebungstypen des Gesichtsfeldes. D. Zschr. f. Nervhlk. 5 S. 302.

Salomonsohn, Über die sog. pathologische Netzhautermüdung. Berlin. Klin. Nr. 70.

Simon, R., Über die Entstehung der sog. Ermüdungseinschränkungen des Gesichtsfeldes. Graefes Arch. 40, 4 S. 276.

Wertheim, Th., Über die indirekte Sehschärfe. Zschr. f. Psychol. u. Physiol. d. Sinnesorg. 7 S. 172.

1895. Groenouw, A., Über die beste Form der Gesichtsfeldschemata. Arch. f. Aughlk. 31 Ergänzungsheft S. 75.

Senn, A., Beiträge zu den Funktionsprüfungen der Netzhautperipherie. — Lichtsinnperimetrie. Mitt. a. Klin. u. m. Inst. d. Schweiz. Basel u. Leipzig und Inaug.-Diss. Bern.

Siemsen, Über konzentrische Gesichtsfeldeinengung bzw. den Verschiebungstypus unter besonderer Berücksichtigung der Unfallverletzten. Inaug.-Diss. Berlin.

Voges, Die Ermüdung des Gesichtsfeldes. Diss. Göttingen.

1896. Ahlstroem, G., Sur la perception lumineuse à la périphérie du champ visuel. Ann. d'Ocul. 115.

Baas, K., Das Gesichtsfeld. Stuttgart.

v. Helmholtz, H., Physiol. Optik (2). Hamburg und Leipzig.

Otto, F., Beobachtungen über hochgradige Kurzsichtigkeit und ihre operative Behandlung. (Forts.) Graefes Arch. 43, 3 S. 543.

Pietsch, Die Ausdehnung des Gesichtsfeldes für weiße und farbige Objekte. Inaug.-Dis.s Breslau.

Polignani, E., Il perimetro fotoelettrico e le sue applicazioni in ottalmiatria. Napoli.

Wilbrand, H., Die Erholungsausdehnung des Gesichtsfeldes unter normalen und pathologischen Bedingungen. Wiesbaden.

Willets, The prismatic perimeter. Ann. of Ophth. and Otol. July.

1897. Gelpke, Th. u. Bihler, W., Die operative Behandlung der myopischen Schwachsichtigkeit. Beitr. z. Aughlk. H. 28.

Guillery, H., Zur Physiologie des Netzhautzentrums. Pflüg. Arch. 66 S. 401.

Guillery, H., Über die Empfindungskreise der Netzhaut. Ebenda 68 S. 120.

Helmbold, Ein Perimeter für den praktischen Arzt. Klin. Mbl. f. Aughlk. S. 435.

v. Kries, J., Über die absolute Empfindlichkeit der verschiedenen Netzhautteile im dunkeladaptierten Auge. Ebenda 15 S. 327.

Truc, Nouveau scotomètre central. Ann. d'Ocul. 118 p. 285.

1898. Ascher, J., Ein transparentes Kugelperimeter aus Zelluloid für den Handgebrauch. Ophth. Klin. 2. Jhg. Nr. 5 u. 12.

Bloom und Garten, Vergleichende Untersuchungen der Sehschärfe des hell- und des dunkeladaptierten Auges. Pflüg. Arch. 72 S. 372.

Fick, Über Stäbchen- und Zapfen-Sehschärfe. Graefes Arch. 45 S. 336.

1898. Gagzow, R., Einige Verbesserungen am Perimeter von Helmbold. Klin. Mbl. f. Aughlk. S. 184.

Guillery, H., Akkommodation und Gesichtsfeld. Arch. f. Aughlk. 36 S. 272.

Michel, A., Modification et simplification du Campimètre. Mode d'emploi chez les gens suspects de dissimulation. Conférence intern. de services sanit. et d'Hyg. Bruxelles.

Weiß, L., Über das Gesichtsfeld der Kurzsichtigen. Leipzig.

1899. Neuschueler, Ein Perimeter für das Dunkelzimmer. Sitzungsbericht der Berliner ophth. Gesellschaft. Zbl. f. Aughlk. S. 240.

Sulzer, De la périmétrie des couleurs. Verh. d. 9. intern. ophth. Kongr. zu Utrecht.

1901. Schloesser, C., Die für die Praxis beste Art der Gesichtsfelduntersuchung. ihre hauptsächlichsten Resultate und Aufgaben. Sml. Abh. d. Aughlk. Herausgegeben v. Vossius. 3 H. 8.

v. Zehender, W., Helmbolds Perimeter nebst einigen Abänderungsvorschlägen. Graefes Arch. 52 S. 384.

1902. Hummelsheim, Ed., Die Bedeutung der Objektgröße für die Ausdehnung der Gesichtsfeldgrenzen. Klin. Mbl. f. Aughlk. S. 372.

v. Reuß, A., Das Gesichtsfeld bei funktionellen Nervenleiden. Leipzig und Wien.

Waldeck, E., Über das Abhängigkeitsverhältnis der Gesichtsfeldgrenzen von der Objektgröße. Inaug.-Diss. Bonn.

Wundt, Grundzüge der physiologischen Psychologie. 2. Engelmann, Leipzig.

1903. Bichelonne, Considérations sur la simulation du rétrécissement concentrique du camp visuel. Ann. d'Ocul. 129 p. 252.

Hoor, Mein neues leuchtendes Perimeter. (Ungarisch.) Budapesti orvosi njsag. Szemészeti lapok. No. 1.

James, A new portable perimeter. Lanc. Aug. 1.

Levi, Sur la vision des taches colorées dans le champ visuel. Clin. Opht. p. 7 (siehe diesen Bericht für 1902 S. 177).

Lewis, A modification of the perimeter, with electric transillumination of the mires. Ophth. Rec. p. 111.

Mabillon, Mise au point de la question de l'utilité du relevé des champs visuels colorés pour le diagnostic et le pronostic de certains troubles nerveux consécutifs au traumatisme. Journ. de m. de Bruxelles. 29. Oct.

Ovio, Sul campo visivo. Osservazioni di fisiologia oculare. Arch. di Ottalm· 11 p. 181.

Piper, Über die Abhängigkeit des Reizwertes leuchtender Objekte von ihrer Flächen- und Winkelgröße. Zschr. f. Physiol. und Psychol. d. Sinnesorg. 32 S. 98.

Terson, Sur l'utilité de la recherche du champ visuel. Arch. m. de Toulouse. 15. février.

Wolffberg, Die klinisch wichtigsten Punkte der Perimetrie mit besonderer Berücksichtigung der traumatischen Neurose. Arch. f. Aughlk. 47 S. 416.

1904. Haitz, Binokulare Untersuchung des Gesichtsfeldzentrums vermittels des Stereoskops. Klin. Mbl. f. Aughlk. 42, 2 S. 321.

Kroner, Über Gesichtsfeldermüdung. Zschr. f. klin. Med. 54 H. 3, 4 und Inaug.-Diss. Berlin.

Landolt, Dieses Hb. (2) 4.

Schwarz, Die Funktionsprüfung des Auges. Berlin, S. Karger.

Wilbrand und Sänger, Neurologie des Auges. 3.

1905. Grunert, Eine Vorrichtung zur Skotometrie. Ber. üb. d. 33. Vers. d. Ophth. Ges. Heidelberg. S. 329.

Haitz, Tafeln zur binokularen Untersuchung des Gesichtsfeldzentrums vermittels des Stereoskops. Wiesbaden, Bergmann.

1905. Heine, Über das zentrale Skotom. Verh. d. Ges. D. Nat. u. Ärzte. 76. Vers.
        zu Breslau (Abt. f. Aughlk.). 2, 2 S. 326.
   Heine, Kritik der Heßschen »Bemerkungen« betreffend den Nachweis an-
        geborener zentraler Skotome. Arch. f. Aughlk. 52 S. 236.
   Hess, Bemerkungen zur Untersuchung auf zentrales Skotom. Ebenda
        S. 388.
   Hummelsheim, Ein Vorschlag zur Einigung über die Meridianbezeichnung
        bei der Astigmatismus- und Gesichtsfeldaufnahme. Congr. intern.
        d'Opht. B. p. 3. (Siehe vorj. Jber. S. 198.)
   v. Kries in Nagels Hb. d. Physiol. d. Menschen. 3. Braunschweig, Vieweg u. S.
   Polack, Périmètre-photoptomètre. Ann. d'Ocul. 133 p. 45.
   Sinclair, Bjerrums method of testing the field of vision, the advantages
        of the method in clinical work, and its special value in the diagnosis
        of glaucoma. Transact. of the Ophth. Soc. of the Unit. Kingd. 25
        p. 384 and (Ophth. Soc. of the Unit. Kingd.) Ophth. Rev. p. 189.
   Visser, Gezichtsveldbepaling bij eenzijdige z. g. n. aangeboren gezichts-
        zwakte. Militair Geneesk. Tijdschr.
1906. Aubaret, Étude d'un nouveau modèle de campimètre. Arch. d'Opht. 26
        p. 693.
   Collin, Zur Methodik klinischer Farbensinn-Untersuchungen. Zschr. f.
        Aughlk. 15 S. 305.
   Davis, A., Recent improvements in perimetry. Ophth. Rec. p. 180, 210.
   Duane, A tangent-plane for accurately mapping scotomata and the fields
        of fixation and single vision and for indicating the precise position
        of double images in paralysis. Ophth. Rec. p. 497 and Transact. of
        the Amer. Ophth. Soc. Forthy-second Meeting. p. 67.
   Johnson, Lindsay, A new electric perimeter. (Ophth. Soc. of the Unit.
        Kingd.) Ophth. Rev. p. 51.
   Johnson, Lindsay, An electric perimeter, based on Smiths instrument.
        Transact. of the Ophth. Soc. of the Unit. Kingd. 26 p. 214.
   Lampel, Tabellen über die Außengrenzen des Gesichtsfeldes für weiße
        und farbige Objekte. Inaug.-Diss. Leipzig.
   Landolt, Marc, Beobachtungen über die Wahrnehmbarkeit des blinden
        Fleckes. Arch. f. Aughlk. 15 S. 108.
   Priestley Smith, A scotometer for the diagnosis of glaucoma and other
        purposes. Transact. of the Ophth. Soc. of the Unit. Kingd. 26 p. 215
        and (Ophth. Soc. of the Unit. Kingd.) Ophth. Rev. p. 153, 154.
   Stargardt, Die Untersuchung des Gesichtsfeldes bei Dunkeladaptation mit
        besonderer Berücksichtigung der Solutio retinae. Klin. Mbl. f. Aughlk.
        (2) 44 S. 353.
   Willets, Fixed fallacies in ophthalmology. Amer. Journ. of Ophth. p. 114.
   William and Sinclair, The apparatus for Bjerrums test. Ophth. Rev.
        p. 141.
1907. Falch, Om Farvekurver (über Farbenkurven). Norweg. Sitzungsber. d.
        3. Nord. Ophth. Kongr. Kristiania 27.—29. Juni 1907. Hospitalstid.
        No. 32 p. 845 und Tidskr. for den Norske Laegeforen. p. 830.
   Herczogh, Vorrichtung zur Bestimmung der zentralen Amblyopie. (Ber.
        ü. d. 3. Vers. d. ung. Ophth. Ges. in Budapest.) Zschr. f. Aughlk. 18.
        S. 89.
   Holth, Paavisning of centralt Farveskotom. (Das Konstatieren von zen-
        tralem Farbenskotom.) Norweg. Sitzungsber. d. 3. Nord. Ophth. Kongr.
        Kristiania 27.—29. Juni 1907. Hospitalstid. p. 845 und Tidskr. for den
        Norske Laegeforen. p. 831.
   Joseph, Recherche et mensuration des scotomes centraux par la méthode
        stéréoscopique au moyen du stéréoscope dièdre de Pigeon. (Soc.
        d'Opht. de Paris.) Clin. d'Opht. p. 344.

1907. Klien, Über die psychisch bedingten Einengungen des Gesichtsfeldes. Arch. f. Psych. u. Nervenkrankheiten 42 S. 359.

Langer, Über Gesichtsfeldeinschränkung nach dem Försterschen bzw. Wilbrandschen Typus. Deutschmanns Beitr. z. Aughlk. H. 68 u. Inaug.-Diss. Breslau.

Lopez, Formule du champ visuel. Rec. d'Opht. p. 354.

Oliver, A brief summation of the interrelationship of binocular field of vision and combined areas of astigmine. Ann. of Ophth. January 1906.

Ovio, Osservationi sulla regione cieca di Mariote. Ann. di Ottalm. 36 p. 3.

Sinclair, A collapsible apparatus for testing the field of vision. (Ophth. Soc. of the Unit. Kingd.) Ophth. Rev. p. 217.

Stargardt, Die Untersuchung des Gesichtsfeldes bei Dunkeladaptation. (Physiol. Ver. in Kiel.) M.m.W. S. 962.

1908. Bardsley, A new form of scotometer. Transact. of the Amer. Ophth. Soc. 28 p. 98 and Ophth. Rev. p. 327.

Charles, Demonstrationen of the stereoscopic scotoma charts of Haitz. (Ophth. Sect. St. Louis m. Soc.) Ophth. Rec. p. 260.

Holth, Om paavisningen af centralt farvescotom. (Norweg.) Norsk. Mag. for laege vidensk. p. 460.

Holth et Soederlindh, Du diagnostic du scotome central pour les couleurs à l'aide de trois objets identiques simultanés. Ann. d'Ocul. 140 p. 169.

Joseph, Recherche et mensuration des scotomes centraux. — Procédé nouveau de la méthode stéréoscopique par l'emploi du stéréoscope dièdre de Pigeon. Arch. d'Opht. 28 p. 98.

Lohmann, Über die lokalen Unterschiede der Verschmelzungsfrequenz auf der Retina und ihr abweichendes Verhalten bei der Amblyopia congenita. Graefes Arch. 68 S. 395.

1909. Armaignac, Mensuration et notation du champ visuel. Arch. d'Opht. 28 p. 593.

Hertzell, Das Blitzlicht-Perimeter. B.kl.W. S. 2147.

Heßberg, Ein Beitrag zur angeborenen totalen Farbenblindheit. Klin. Mbl. f. Aughlk. (2) 47 S. 129.

Moretti, Scotometro rilevatore degli scotomi centrali. Ann. di Ottalm. 38 p. 295.

Mosso, Il campo del Bjerrum nella nevrite del fascetto papillomaculare e nella oftalmia simpatica. Ibid. p. 262.

Nagel in Tigerstedt, Handbuch der physiologischen Methodik. 3, 2. Leipzig, Hirzel.

Priestley Smith, An improved perimeter. Transact. of the Ophth. Soc. of the Unit. Kingd. 29 p. 52 and (Ophth. Soc. of the Unit. Kingd.) Ophth. Rev. p. 27.

Rönne, Über das Gesichtsfeld bei Glaukom. Klin. Mbl. f. Aughlk. 47 S. 12.

Visser, Congenitale amplyopie. Nederl. Tijdschr. v. Geneesk. 1 p. 290, 353.

Zentmayer, The clinical value of perimetry. (Wills Hospit. Ophth. Soc.) Ophth. Rec. p. 372. (Nichts Neues.)

1910. Behr, Der Reflexcharakter der Adaptationsvorgänge, insbesondere der Dunkeladaptation und deren Beziehungen zur topischen Diagnose und zur Hemeralopie. Habilitationsschrift Graefes Arch. 75 H. 2.

Brückner, Über die Sichtbarkeit des blinden Fleckes. Pflüg. Arch. 136 S. 610.

Groenouw, Gesichtsfeldschema mit eingezeichneten Farbengrenzen. Ber. ü. d. 36. Vers. d. Ophth. Ges. S. 304.

Haitz, Schemata für das Gesichtsfeldzentrum. Wiesbaden, J. F. Bergmann.

Krusius, Klinische Beiträge zur Frage des topischen Wertes des hemianopischen Prismenphänomens und der Hemikinesie bei hemianopischen Störungen. Arch. f. Aughlk. 65 S. 383.

1910. Schaefer, L. K., Ein Apparat für Demonstration und Versuche über den blinden Fleck. Zschr. f. biolog. Technik u. Methodik. 2 S. 39.
Thorner, Die Grenze der Sehschärfe. Klin. Mbl. f. Aughlk. (1) 48 S. 590.
Tomlinson, Scotomagraph with stereoscopic fixation. Ophth. Rev. p. 90.
Woelfflin, Elektrischer Beleuchtungsapparat zur Aufnahme des binokularen Gesichtsfeldes. Klin. Mbl. f. Aughlk. 48, 1 S. 194.
1911. Emmert, Zur Bezeichnung der Gesichtsfeldmeridiane. Ebenda 49, 2 S. 511.
Evans, The field of vision. Ophthalmosc. p. 698, 776, 839.
Freytag, Demonstrationen eines Gesichtsfeldschemas für Peripherie und Zentrum. Ber. üb. d. 37. Vers. d. Ophth. Ges. S. 372.
Gahlen, Entoptischer Befund bei Chorioretinitis. Verh. d. physik.-m. Ges. zu Würzburg 44 S. 99.
Gertz, Einige Bemerkungen über das zentrale Sehen bei der angeborenen totalen Farbenblindheit und ein Beitrag zur Diagnostik der Zentralskotome. Arch. f. Aughlk. 70 S. 202.
Haitz, Schemata für das Gesichtsfeldzentrum. Wiesbaden, Bergmann.
Haycraft, A delicate method of mapping out the blind spot. Lanc. August 19.
v. d. Hoeve, Die Größe des blinden Fleckes und seine Entfernung vom Fixationspunkte in emmetropen Augen. Arch. f. Aughlk. 70 S. 155.
Nieden, Gesichtsfeldumrisse zum Gebrauch für gewöhnliche und für selbstzeichnende Perimeter. (5.) Wiesbaden, J. F. Bergmann.
Reber and Mc Cool, A new perimeter. Ophthalmosc. p. 500.
Reber and Mc Cool, Umbrella perimeter. (Sect. on Ophth., Coll. of Physic. of Philadelphia.) Ophth. Rec. p. 192.
v. Speyr, Vereinheitlichung der Gesichtsfeldmeridiane. Klin. Mbl. f. Aughlk. 49, 2 S. 247.
v. Speyr, Bezeichnung der Gesichtsfeldmeridiane. Ebenda S. 664.
Snydacker, A useful addition to the test chart. Ref. Arch. f. Aughlk. 49 S. 411.
1912. Birch-Hirschfeld, Kleiner Apparat zur Feststellung zentraler Skotome, der aus zwei gegeneinander drehbaren Scheiben besteht. Ber. üb. d. 38. Vers. d. ophth. Ges. S. 350.
Birch-Hirschfeld, Zum Kapitel der Sonnenblendung des Auges. Zschr. f. Aughlk. 28 S. 324.
Birch-Hirschfeld, Kleiner, leicht zu improvisierender Apparat zur Ergänzung der Prüfung am Pristley-Smithschen Skotometer zur genaueren Bestimmung zentraler Skotome. Ebenda.
Cruise, A scotometer for testing defects of colour vision in the centrafield. Transact. of the Ophth. Soc. of the Unit. Kingd. 32 p. 185 and Ophth. Rev. p. 125. (Demonstration.)
Evans, The field of vision. Ophthalmosc. 10 p. 23, 76.
Fleischer, Über die Bjerrumsche Methode der Gesichtsfelduntersuchung und über ihre Resultate beim Glaukom. Klin. Mbl. f. Aughlk. 50, 2 S. 62. (Ver. der Württ. Augenärzte.) Ebenda S. 103.
Hird, Scotometer for measuring central scotoma. Ophthalmosc. 10 p. 142.
Köllner, Der blinde Fleck im binokularen Sehfelde. Arch. f. Aughlk. 71 S. 306.
Köllner, Die Störungen des Farbensinnes, ihre klinische Bedeutung und ihre Diagnose. Berlin, S. Karger.
Langdon, Scotometer. (College of Physic. of Philadelphia.) Ophth. Rec. p. 376.
Posey, Bardsley scotometer. (Wills Hosp. Ophth. Soc..) Ibid. p. 80.
Williams, A convenient method to test the visual field for colour without the use of a perimeter, for application in cases suspected of increased intracranial tension. Lanc. 181 p. 500.

1913. **Calderaro**, Contributo allo studio della visione indiretta. Clin. ocul. 12 Ott., Nov., Dez.

Crampton, An electrical perimeter. (College of Physic. of Philadelphia.) Ophth. Rec. p. 163.

Charles, A conveniant form of the Haitz stereoscopic chart for the investigation of scotoma. Amer. Journ. of Ophth. 30 p. 69.

Campos, Remarques sur la détermination du champ visuel binoculaire à l'aide des couleurs chez les strabiques. Ann. d'Ocul. 150 p. 199.

Ferree and Rand, An optic room and a method of standardizing its illumination. Psych. Rev. 19 p. 364.

Rönne, Über das Vorkommen von Nervenfaserdefekten im Gesichtsfelde und besonders über dem nasalen Gesichtsfeldsprung. Arch. f. Aughlk. 74 S. 180.

Vogt, Willkürliche Erzeugung und Beseitigung von vorübergehenden Blendungsskotomen während der Fixation einer grellen Fläche. Arch. f. Aughlk. 74 S. 41.

Walker, Some new instruments for measuring visuel field defects. Arch. of Ophth. 42 No. 6.

1914. **Holth**, Das Kartenperimeter. Klin. Mbl. f. Aughlk. 53 S. 197.

Oppenheimer, Zschr. f. physiol. Optik 1.

1915. **Gradle**, The blind spot. The annales of Ophthalmology. Oktober.

Hefftner, Objektgröße und Gesichtsfeld. Graefes Arch. 89 S. 186.

1916. **Igersheimer**, Ein neuer Weg zur Erkenntnis krankhafter Vorgänge in der Sehbahn. Ber. d. 40. Ophth. Ges. zu Heidelberg S. 343.

Ostwald, Das absolute System der Farben. Zschr. f. physik. Chemie 91 S. 179.

1917. **Lloyd**, Stereoskop. Gesichtsfeldschema. Ophth. Rec. p. 391.

Poppelreuter, Die psychischen Schädigungen durch Kopfschuß im Kriege. Leipzig.

Price, Ein einfaches, schnell arbeitendes Perimeter. Ophth. Rec. p. 244.

1918. **Eppenstein**, Zur Untersuchung des Gesichtsfeldzentrums und des blinden Fleckes mittels des »Universalprismenapparates«. Klin. Mbl. f. Aughlk. 60 S. 620.

Fleischer, Zur Kampimetrie nach Bjerrum. Ebenda S. 265.

Goldstein und Gelb, Das röhrenförmige Gesichtsfeld nebst einer Vorrichtung für perimetrische Gesichtsfelduntersuchungen in verschiedener Entfernung. Neurol. Zbl. Nr. 22.

Igersheimer, Zur Pathologie der Sehbahn. I. Graefes Arch. 96 S. 1.

Marx, Enkele Opmerkinger over de bepaling van de Grenzen van het gezechtsfeld. Nederl. Tijdschr. voor Geneesk. 2. Hälfte Nr. 11.

1919. **Best**, Zur Theorie der Hemianopsie und der höheren Sehzentren. Arch. f. Ophth. 100 S. 1.

v. Hess, C., Untersuchungen über die Methoden der klinischen Perimetrie. Archiv f. Aughlk. 84 S. 1 und ~5 S. 1.

1920. **Beach, Sylvester I.**, Perimeter. Transact. of the sect. on Ophth. of the Amer. med. Assoc. New Orleans S. 234.

Comberg, W., Zur Untersuchung des peripheren Gesichtsfeldes. Ber. d. d. Ophth. Ges. 42 S. 268.

Cowan, Alfred, A suggestion for a new perimetric chart. Amer. Journ. of Ophth. 3 p. 49.

Ebbecke, U., Der farbenblinde und schwachsinnige Saum des blinden Fleckes. Pflüg. Arch. 185 S. 173.

Engelking, E. und Eckstein, A., Physiologische Bestimmung von Musterfarben für die klinische Perimetrie. Klin. Mbl. f. Aughlk. 64 S. 88.

Engelking, E. und Eckstein, A., Neue Farbenobjekte für die klinische Perimetrie. Klin. Mbl. f. Aughlk. 64 S. 664.

1920. Engelking, E. und Eckstein, A., Peripheriegleiche und invaraible Perimeterobjekte zur Vereinfachung und Verbesserung der Farbenperimetrie. Speyer & Koerner, Freiburg i. Br.

Engelking, E., Perimetrie mit »physiologischen« (peripheriegleichen und invariablen) Farbenobjekten. Ber. d. d. Ophth. Ges. 42 S. 127.

Ferree, C. E. and Rand, G., The campimeter — an illuminated perimeter with campimeter features. Transact. of the Amer. Ophth. Soc. 56. ann. meet. 18 p. 146.

Hess, Die angeborenen Farbensinnstörungen und das Farbengesichtsfeld. Arch. f. Aughlk. 86 S. 317.

Hess, Einfache Apparate zur Untersuchung des Farbensinnes und seiner Störungen. Ebenda S. 222.

Hoeve, J. van der, Die Bedeutung des Gesichtsfeldes für die Kenntnis des Verlaufs und der Endigung der Sehnervenfasern in der Netzhaut. Antwort an Prof. Dr. I. Igersheimer. Arch. f. Ophth. 102 S. 184.

Köllner, Ein neues Gesetz der Richtungslokalisation und seine Bedeutung für die Frage der Angewöhnung an das Sehen Einäugiger. Ber. d. Ophth. Ges. zu Heidelberg.

Köllner, Das gesetzmäßige Verhalten der Richtungslokalisation im peripheren Sehen nebst Bemerkungen über die klinische Bedeutung ihrer Prüfung. Pflüg. Arch. 184 S. 134.

Lloyd, Ralph J., The stereoscopic campimeter slate. New York med. Journ. 112 p. 944.

Luther, P., Uniformity in the essentials of perimetry. Amer. Journ. of Ophth. 3 p. 584.

Luther, P., Newer methods in perimetry and the character of studies for which they are especially adapted. Brit. Journ. of Ophth. 4 p. 441.

Marx, E., A few notes regarding the determination of the limits of the visual fields. Brit. Journ. of Ophth. 4 p. 459.

Radojevic, Die Erkennbarkeit von Antiqua- und Frakturbuchstaben im indirekten Sehen. Diss. Würzburg.

Rössler, F., Die Höhenstellung des blinden Fleckes in normalen Augen. Arch. f. Aughlk. 86 S. 55.

The standardization of the illumination of test-cards and perimeters. Brit. Journ. of Ophth. 4 p. 420.

Zade, Ringskotome im Telegraphendienst. Zschr. f. Aughlk. 43 S. 681.

1921. Brown, Edw. I., Convenient and accurate measurement of blind spots and scotomata. Amer. Journ. of Ophth. 4 p. 665.

Cowan, Alfred, Perimetrie chart used for measuring retinal lesions. Transact. of the sect. on Ophth. 4 p. 28.

Doyne, P. G. Some, Observations with the scotometer. Transact. of the Ophth. Soc. of the Unit. Kingd. 44 p. 281.

Engelking, E., Über den methodischen Wert physiologischer Perimeterobjekte. Erfahrungen mit peripheriegleichen, invariablen Farben bei den angeborenen und erworbenen Störungen des Farben- und Lichtsinnes. Arch. f. Ophth. 104 S. 75.

Harman, N. Bishop, A detachable arm for converting the stand of the direct record scotometer into a full field portable perimeter. Transact. of the Ophth. Soc. of the Unit. Kingd. 44 p. 362.

Harman, N. Bishop, A direct record scotometer. Proc. of the Roy. Soc. of Med. 14. Sect. of Ophth. p. 12.

Harman, N. Bishop, A direct record scotometer for investigoting the central field of vision. Brit. Journ. of Ophth. 5 No. 4 p. 175.

Holth, S., Meine Drei-Objektenprobe für zentrales Foebenskotom auch bei Rotgrünblinden oder anderen Farbensinnabnormen. Klin. Mbl. f. Aughlk. 67 S. 166.

1921. Hudson, A. C., Description of new perimeter. Proc. of the Roy. Soc. of Med. 14 No. 6. Sect. of. Ophth. p. 28—29.

Köllner, H., Die klinische Prüfung der Richtungslokalisation im peripheren Sehen, ihre Ergebnisse bei Einäugigen, sowie über die phylogenetische Bedeutung des Lokalisationsgesetzes. Arch. f. Aughlk. 88 S. 117.

Lang, Basil T., A new form of scotometer. Proc. of the Roy. Soc. of Med. 14 No. 7. Sect. of Ophth. p. 43.

Lang, Basil T., Scotometry. Proc. of the Roy. Soc. of Med. 14 S. 45.

Lang, Basil T., Scotometry. Brit. Journ. of Ophth. 5 p. 157.

Lewkewitsch, H., An improved perimeter and scren for examining the field of vision. Brit. Journ. of Ophth. 5 p. 166.

Marks, E. O., A recording scotometer. Brit. Journ. of Ophth. 5 p. 170.

Roenne, H., Über klinische Perimetrie. Arch. f. Aughlk. 87 p. 137.

Walker, Cl. B., The value of quantitative perimetry in the study of post-ethmoidal sphenoidal sinusitis causing visual defects. Boston med. a. s. Journ. 185 p. 321.

1922. Behr, C., Die Untersuchung des intermediären Gesichtsfeldes. Ber. üb. d. 43. Vers. d. Ophth. Ges. Jena. S. 216.

Ferree, C. E. and Rand, Gertrude, An illuminated perimeter with campimeter features. Amer. Journ. of Ophth. 5 p. 455.

Ferree, C. E. and Rand, Gertrude, A new laboratory and clinic perimeter. Journ. of. exp. psych. 5 No. 1 p. 47.

Ferree, C. E. and Rand, Gertrude, Perimetry: Variable factors influence the breadth of the color fields. Amer. Journ. of Ophth. 5 p. 886.

Ferree, C. E. and Rand, Gertrude, Some contributions to the science and practice of ophthalmology. Intern. congr. of Ophth. Washington 1922. p. 479.

Ferree, C. E. and Rand, Gertrude, The effect of variations of the intensity of the illumination of the perimeter arm on the determination of the color fields. Psychol. Review 29 p. 457.

Foucault, M., Les sensations visuelles élémentaires en dehors de la région centrale de la rétine. Année psychol. 22 p. 1.

Gelb, Adhémar und Goldstein, Kurt, Psychologie Analysen hirnpathologischer Fälle auf Grund von Untersuchungen Hirnverletzter. VII. Über Gesichtsfeldbefunde bei abnormer »Ermüdbarkeit« des Auges (sogenannte »Ringskotome«). Arch. f. Ophth. 109 S. 387.

Gradle, Harry S., The blind spot. Journ. of the Michigan state med. Soc. 21 p. 435.

Gradle, Harry S., Practical perimetry. Illinois med. Journ. 1 p. 435.

Kleinsasser, E., Physiologische Ringskotome. Zschr. f. Aughlk. 47 S. 268.

Kümmell, Nachweis von Skotomen. Vers. nordwestd. Augenärzte, Rostock 2. März 1022. Klin. Mbl. f. Aughlk. 68 S. 389.

Kümmell, R., Zum Nachweis von Skotomen. Zschr. f. Aughlk. 48 S. 443.

La Cascio, G., Influenza della posizione della papilla del nervo ottico rispetto all'asse ottico dell'occhio sulla forma della sua proiezione perinetrica. Ann. di Ottalm. e clin. Ocul. 50 p. 607.

Luther, P., Standardization of perimetric technic. Intern. congr. of Ophth. Washington 1922. p. 613.

Marks, E. O., A recording scotometer. Optician 63 p. 123.

Oloff, Über Gesichtsfeldbefunde bei psychogenen Erkrankungen. Ber. üb. d. 43. Vers. d. d. Ophth. Ges. Jena 1922. S. 256.

Rochon-Duvigneaud, A., Une méthode de détermination du champ visuel chez les vertébrés. Quelques résultats obtenus par cette méthode. Leurs conséquences. Ann. d'Ocul. 159 p. 561.

1923. Downey, Jesse W., A self registering campimeter and scotometer. Amer. Journ. of Ophth. 6 p. 281.

1923. Fenton, Rolph A., Screen celluloid scotometer. Amer. Journ. of Ophth. 6 p. 916.
  Lang, Basil, The unobstructed field in perimetry. Transact. of the Ophth.
    Soc. of the Unit. Kingd. 43 p. 330.
  Marlow, Searle B., Observations on the normal blind spot. New York
    state Journ. of Med. 23 p. 369.
  McMorton, Howard, Historical and other notes regarding the perimeter
    and perimetry. Amer. Journ. of Ophth. 6 p. 740.
  McMorton, Howard I., Notes regarding the perimeter and perimetry.
    Optician 66 p. 233.
  Rhoads, J. N., Funcional chromo periodic hemianopsia. Amer. Journ. of
    Ophth. 6 p. 392.
  Ricci, Ernesto, Metodi ed apparechi scotometrici. Boll. d'Ocul. 2 p. 603.
1924. Comberg, W., Einrichtung des McHardyschen Perimeters zur Aufnahme
    des Totalgesichtsfeldes. Klin. Mbl. f. Aughlk. 73 S. 37.
  Ferree, C. E. and Rand, G., Effect of brightness of preexposure and
    surrounding field on breadth and shape of the color fields for stimuli
    of different sizes. Amer. Journ. of Ophth. Nov. 1924 p. 843.
  Hertel, E., Über Perimetrie und Perimeter. Ber. üb. d. 44. Vers. d. d. Ophth.
    Ges. Heidelberg 1924 S. 45.
  Ingham, S. D. and Lyster, Theodore C., Abnormalities of the visual
    fields. Journ. of the Amer. med. Assoc. 82 p. 17.
  Kestenbaum, D. A., Zur Perimetrie. Ber. üb. d. 44. Vers. d. d. Ophth. Ges.
    Heidelberg 1924 S. 37.
  Salzer, Die vereinfachte Gesichtsfeldaufnahme nach Bjerrum und ihre prak-
    tische Bedeutung. Vers. d. d. Ophth. Ges. Heidelberg 1924. Ref. Zen-
    tralbl. f. d. ges. Ophth. 12 S. 294.

XIII. Die Untersuchung auf Simulation.

Neubearbeitet von

H. Köllner †

Würzburg.

Mit Textfig. 1—23.

Eingegangen im Mai 1920.

Nach dem 1923 erfolgten Tode des Autors wurde die Literatur ab 1920
von E. Engelking, Freiburg i. Br., ergänzt.

Allgemeines. Die Simulation ist mit der Lüge wesensverwandt, aber
nicht identisch. Unter Lüge versteht man eine bewußt unwahre Aussage,
die meist zum Zwecke der Täuschung gemacht wird. Ein Patient, welcher
wider besseres Wissen dem Arzte gegenüber äußert, er sähe schlecht, lügt,
und ebenso lügt ein Verletzter, welcher seinen Schaden fälschlich auf ein
bestimmtes Unfallereignis zurückführt, obwohl er sich dabei der Unwahrheit sehr ·wohl bewußt ist. Das gleiche gilt von den bewußt falschen Aussagen über den Einfluß eines Krankheitszustandes auf die Erwerbsfähigkeit.
In allen diesen Fällen handelt es sich aber noch nicht um Simulation. Bei
ihr kommt noch das Moment der Verstellung hinzu: Simulation ist die
bewußte Vortäuschung eines Krankheitszustandes, der in Wirklichkeit nicht
vorhanden ist. Fälle reiner Simulation sind verhältnismäßig nicht häufig.
Meist sind gewisse Beschwerden des Patienten durch den Untersuchungsbefund begründet, und die vorhandenen, an und für sich vielleicht geringfügigen Veränderungen führen nur zur bewußten Übertreibung der vorhandenen Funktionsstörungen. Man spricht dann von Aggravation.

Für gewöhnlich werden unter dem Begriff der Simulation alle diese
Täuschungsversuche, echte Simulation, Aggravation, Lüge, zusammengefaßt.

Häufig, besonders von unerfahrenen Untersuchern, wird nicht genügend
unterschieden zwischen Übertreibung und bewußter Übertreibung. Mit
Recht ist mehrfach darauf hingewiesen worden, daß man gewissermaßen
zwei Gruppen von gutachtenden Ärzten unterscheiden kann: Die einen erblicken in allen Angaben des Kranken, für welche der objektive Untersuchungsbefund keinen genügenden Anhalt bietet, einen bewußten Täu-
schungsversuch, die anderen umgekehrt halten von den geäußerten Beschwerden nur diejenigen für bewußte Übertreibung, deren Unwahrheit sie
durch die Untersuchung nachweisen können (Entlarvung) oder welche doch

mit der Leistungsfähigkeit des Kranken in offenem Widerspruch stehen. BECKER (1908) führt als Beispiel hierfür an, daß in der ersten Zeit der staatlichen Arbeiterversicherung von manchen Autoren in über ein Drittel aller Fälle der traumatischen Neurosen Simulation bzw. Aggravation angenommen worden ist, während z. B. nach BRUNS (1901) diese nur 8 Prozent ausmachen sollen.

Die Grenze der bewußten Täuschung ist gegenüber den in gutem Glauben gemachten Angaben nicht immer scharf zu ziehen, selbst wenn es sich um nicht nervös veranlagte Individuen handelt. Die mit einer Krankheit verbundene Muße, eventuell auch die teilnehmenden Reden der Angehörigen und Bekannten führen in der Regel zu einer gesteigerten Selbstbeobachtung. Sie wird nicht selten noch vermehrt durch die Befürchtung, einen dauernden, später vielleicht sogar zur Erblindung führenden Schaden zu erleiden. Dadurch wird oft geringfügigen Beschwerden eine übermäßige Bedeutung beigelegt. Glaskörpertrübungen z. B., welche unter gewöhnlichen Verhältnissen keinerlei nennenswerte Belästigung bedingen würden, können in der Tat mit der Zeit zu wesentlicher Beeinträchtigung der Arbeit führen, weil sich der Kranke angewöhnt hat, dauernd seine Aufmerksamkeit darauf zu lenken. Weiß doch mancher Ophthalmologe von sich selbst, daß sogar physiologische entoptische Phänomene bei fortgesetzter Eigenbeobachtung, obwohl lediglich zum Zwecke des Studiums vorgenommen, schließlich das Erkennen von Objekten, welche an der Grenze der Wahrnehmungsschwelle liegen, unter gewissen Bedingungen merklich erschweren können, weil sie sich aus dem Bewußtsein nicht mehr wie früher ausschalten lassen.

So kann es kommen, daß an und für sich geringfügige Symptome nicht nur in der Einbildung des Kranken, sondern auch in Wirklichkeit einen größeren Einfluß auf die Beeinträchtigung der Erwerbsfähigkeit haben, als es unter gewöhnlichen Umständen der Fall sein würde.

Leichter tritt dieser Fall natürlich ein bei allen Verletzten und Kranken, welche für ihren Zustand eine Entschädigung von den Versicherungsanstalten erstreben. Auch wenn diese Forderung ungerechtfertigt ist, so brauchen sich die Patienten hierbei noch keines Unrechtes bewußt zu sein. Häufiger, als man gemeinhin denkt, sind die Fälle, welche in völliger Unkenntnis über das Versicherungswesen bei allen geringfügigen Leiden glauben, auf Grund ihrer eingezahlten Beiträge ein Anrecht auf Entschädigung zu haben, und die nun fürchten, daß man ihre Ansprüche nicht genügend anerkennt. So entsteht ein gewisser Kampf um das Recht. Der Unfallverletzte, der ja seine Ansprüche beweisen muß, folgt unwillkürlich der natürlichen Neigung der meisten Menschen, bei der Schilderung und Vorführung ihrer Leiden zu übertreiben, schon deswegen, um seinen vermeintlichen Gegner leichter zu überzeugen (vgl. PELMAN 1912).

Damit tritt die Begehrungsvorstellung, krank zu scheinen, auf. Es hängt nun im wesentlichen von der Moral des Betreffenden ab, inwieweit diese Vorstellung zur bewußten Übertreibung, also zur Aggravation führt (vgl. KLIEN 1907).

Die Aggravation bzw. Simulation hat hierin große Ähnlichkeit mit der Hysterie. Man hat den Unterschied zwischen beiden mit dem Wortspiel charakterisiert, daß der Simulant nicht können wolle, der Hysterische dagegen nicht wollen könne. Der Ausdruck hat zweifellos eine gewisse Berechtigung, doch würde es zu weit führen, hier näher auf das Wesen der Hysterie einzugehen. Gemeinschaftlich ist der Simulation und Hysterie bis zu einem gewissen Grade jedenfalls die Begehrungsvorstellung, krank zu sein oder zu erscheinen, bzw. schlecht zu sehen. Ob sich daraus Hysterie entwickelt, kommt auf die nervöse Veranlagung an.

Damit ist auch bereits die Schwierigkeit einer Unterscheidung der Simulation bzw. Aggravation von der Hysterie mit unseren Untersuchungsmethoden angedeutet. Denn in welchen Symptomen sich die Funktionsstörung äußert, inwieweit sie mit den physiologischen und optischen Gesetzen in Einklang steht oder von ihnen abweicht, hängt beide Male lediglich von dem Bildungsgrade und der Intelligenz des Kranken ab. Die Erfahrungen, welche der Patient bei früheren Untersuchungen zu sammeln gewußt hat, spielen hierbei natürlich eine große Rolle[1]). Die Symptome können also in beiden Fällen ganz die gleichen sein.

Alle unsere Untersuchungsmethoden zur Aufdeckung der Simulation und Aggravation zielen darauf ab, die Beobachtungsbedingungen für den zu Untersuchenden so zu gestalten bzw. zu verändern, daß seine Vorstellung nicht mehr zu folgen vermag, so daß sich Widersprüche mit den optischen und physiologischen Gesetzen ergeben. Je unbekannter diese Gesetze sind, auf denen das Prüfungsverfahren beruht, je unkomplizierter und damit unverfänglicher die Versuchsanordnungen erscheinen und je weniger Zeit man dem zu Untersuchenden zur Überlegung läßt, desto vollkommener sind die Simulationsproben und desto eher wird man ein Ergebnis mit ihnen erzielen. Stets kann man aber durch eine Entlarvung zunächst nur feststellen, daß die angegebene Sehstörung auf der Vorstellung des Schlechtsehens und nicht auf einer Erkrankung beruht. Ob es sich dabei um Hysterie oder um bewußte Übertreibung handelt, geht aus der Untersuchung nicht ohne weiteres hervor.

Was die Möglichkeit einer Unterscheidung von Hysterie und

---

1) Mancher Untersucher vermag unbewußt die späteren Untersuchungen sehr mühsam zu gestalten, lediglich durch unvorsichtige Fragestellungen oder durch ungerechtfertigte Aufklärungen, welche er dem Untersuchten gibt, damit dieser nicht etwa in dem Bewußtsein fortgeht, den Arzt betrogen zu haben.

Simulation anbetrifft, so sei zunächst darauf hingewiesen, daß eine scharfe Grenze zwischen beiden schon deswegen nicht zu ziehen ist, weil auch die Hysterischen bekanntlich zur bewußten Übertreibung neigen.

In Wirklichkeit kommt der Unterscheidung für den begutachtenden Arzt in jedem Falle nicht die große praktische Bedeutung zu, welche ihr oft zugeschrieben wird. Denn für ihn handelt es sich meist nicht darum, in strafrechtlichem Sinne die Schuldfrage zu lösen (etwa im Sinne des § 51 St.G.B.), vielmehr lediglich festzustellen, inwieweit eine Beschränkung der Erwerbsfähigkeit besteht. In den leichten Fällen von monosymptomatischer Hysterie, soweit sie sich in der Herabsetzung der Sehschärfe eines Auges äußert, wird sich der Arzt kaum verleiten lassen, aus diesem Grunde allein eine nennenswerte Beeinträchtigung der Erwerbsfähigkeit anzunehmen. Man würde hier diejenige Herabsetzung der Sehstärke, welche sich als nicht durch objektive Symptome begründet herausstellt, im allgemeinen ebenso wenig in Anrechnung bringen, wie bei der Simulation. Soll nebenbei die Frage entschieden werden, ob bewußte Übertreibung vorliegt oder nicht, so ist diese natürlich zu verneinen, sobald begründeter Verdacht auf Hysterie vorliegt.

Anders liegen die Verhältnisse freilich in Fällen schwerer Hysterie, z. B. doppelseitiger Sehstörung, zumal wenn noch weitere hysterische Symptome vorhanden sind. Hier kann sehr oft eine erhebliche Erwerbsbeschränkung vorliegen. Die Entscheidung, ob Hysterie oder nur reine Simulation vorliegt, ist daher in derartigen Fällen notwendig.

Hiefür kommen in Betracht die klinische Beobachtung und die allgemeine neurologische Untersuchung.

Die klinische Beobachtung hat nicht nur den Zweck, mehrfache Wiederholungen der Simulationsprüfungen vornehmen zu können, um die Beständigkeit der Angaben zu prüfen, als vielmehr eine Überwachung des Patienten außerhalb der Untersuchung vor allem durch Laien und Pflegepersonal zu ermöglichen, also dann, wenn sich der Patient unbeobachtet glaubt. Bei einer Hysterie, und zwar gerade bei der monosymptomatischen Hysterie, bei welcher der Patient dauernd in der Vorstellung des Krankseins seines Sehorgans lebt, ist es selbstverständlich, daß diese Vorstellung nicht mit Aufhören der Untersuchung gleich wieder abgelegt wird oder durch andere Eindrücke und Zerstreuungen leicht beseitigt werden kann. Umgekehrt gehört für einen Simulanten schon große Willenskraft und Übung dazu, um für längere Zeit auch unter den Ablenkungen des täglichen Lebens seine Vorstellung folgerichtig beizubehalten. Freilich darf nie übersehen werden, daß es auch bei Hysterischen sehr oft gelingt, sie durch suggestive Beeinflussung schnell von ihrer Krankheitsvorstellung abzubringen.

Der klinischen Beobachtung fällt weiterhin die Aufgabe zu, den Seelenzustand des Kranken zu beobachten. Es sei hier nur auf den bei der Hysterie so häufigen Stimmungswechsel, ihre Willensschwäche, ihre Neigung zur Selbstbeobachtung usw. hingewiesen, Momente, welche zwar nicht immer allein ausschlaggebend, die aber für die Gesamtbeurteilung von großer Bedeutung sind.

Einen auf Simulation Verdächtigen von vornherein durch Vorhaltungen oder Drohungen zum Aufgeben seines Täuschungsversuches zu bewegen, ist nicht zweckmäßig, da man ja noch nicht sicher ist, einen Kranken vor sich zu haben. Auch bei einem Simulanten kann es nur Erfolg haben, wenn er seine Simulation schon im Anfang der Untersuchung als aussichtslos ansieht, was meist nicht der Fall ist.

Die allgemeine neurologische Untersuchung gibt in erster Linie Aufschluß darüber, ob auch an anderen Teilen des Körpers Symptome vorhanden sind, welche sich nur aus einer Krankheitsvorstellung erklären lassen. Ein Simulant, dessen Begehren lediglich auf den wirtschaftlichen Vorteil gerichtet ist, den er mit der Funktionsstörung seiner Augen erreichen will, verfällt kaum auf den Gedanken, weitere Krankheitserscheinungen zu simulieren, welche auf seine Erwerbsfähigkeit ohne Einfluß sein müssen. Daher bilden z. B. die bekannten Sensibilitätsstörungen, wie sie bei Hysterie gefunden werden, und ähnliche für die Arbeitsfähigkeit an sich belanglose Symptome für die Differentialdiagnose wichtige Anhaltspunkte

Freilich, wenn die neurologische Untersuchung nicht Symptome nachweist, deren dauernde willkürliche Erzeugung unmöglich ist, wird man auch durch sie die Simulation nicht mit völliger Sicherheit ausschließen können. Aber zum mindesten liegt ihr Wert in einer weitgehenden Vermehrung der Prüfungsmethoden, die sich besonders auf Teile des Körpers zu erstrecken vermag, welche der Aufmerksamkeit des zu Untersuchenden bisher nicht unterlagen.

Ist die »Entlarvung« des Patienten mit Hilfe der Simulationsproben, d. h. also der Nachweis, daß die Sehstörung lediglich auf einer Vorstellung des Schlechtsehens beruhen kann, nicht gelungen, so muß man sich bei der Abfassung des Gutachtens darauf beschränken, festzustellen, daß die angegebene Sehschärfe mit dem objektiven Befunde in Widerspruch steht. Es ist deswegen unbedingt notwendig, daß jeder Simulationsprüfung eine genaue objektive Untersuchung vorausgeht. Bei vielen Erkrankungen, z. B. Trübungen der brechenden Medien, läßt sich bis zu einem gewissen Grade abschätzen, inwieweit durch sie die Sehschärfe herabgesetzt wird, und man kann diese Schätzung der Beurteilung der Erwerbsfähigkeit zugrunde legen. Benachteiligungen des zu Begutachtenden sind im allgemeinen nicht sehr zu fürchten, da man erfahrungsgemäß hier stets die Herabsetzung der Sehschärfe eher zu hoch als zu niedrig bemißt. Bei manchen Affektionen, z. B. Aderhaut-, Netzhautveränderungen, Sehnervenatrophien, ist allerdings ein Schluß vom Spiegelbefunde auf den Grad der vorhandenen Funktionsstörung in der Regel unmöglich.

Stets muß man sich gegenwärtig halten, daß militärische, gerichtliche und andere Behörden die Simulation nur dann als strafbar anzuerkennen pflegen, wenn der Nachweis gelungen ist, daß der Patient eine höhere Sehschärfe hat, als er zuvor angegeben, und wenn es sich dabei um bewußte Übertreibung auf nicht krankhafter Basis handelt. Die Überzeugung des Arztes allein genügt dabei ebensowenig, wie auch die Tatsache, daß bei der Untersuchung unwahre und widersprechende Angaben gemacht wurden.

Am häufigsten und praktisch am wichtigsten von allen Vortäuschungen am Auge ist die Simulation einer Herabsetzung der Sehschärfe verschiedenen Grades bis zur völligen Blindheit. Das kann nicht wundernehmen, da es jedem Laien verständlich ist, daß eine Störung der Sehschärfe für die Arbeitsfähigkeit eine entscheidende Rolle spielt.

Dabei kann seitens ganz Unverfrorener die Simulation bei vollkommen normalen Augen stattfinden, häufiger wird eine Herabsetzung der Sehschärfe durch irgendeine pathologische Veränderung übertrieben, so daß die oft schwierige Entscheidung darüber getroffen werden muß, wieviel von der angegebenen Sehstörung auf den objektiven Befund am Auge zurückgeführt werden muß.

Bei vorangegangener sorgfältiger objektiver Untersuchung des Auges ist es für den erfahrenen Arzt allerdings nicht schwer, auf Grund des Mißverhältnisses der Angaben des Patienten mit dem erhobenen Befunde zu der Überzeugung zu gelangen, daß hier Vortäuschung oder Übertreibung vorliegt, und ebenso leicht ist es, schon durch mechanische Anwendung einiger gebräuchlicher Simulationsproben den Untersuchten in Widersprüche zu verwickeln und damit den Beweis zu erbringen, daß er simuliert oder übertreibt.

Aber es gehört große ärztliche Erfahrung, Geduld und List, vor allem aber genaue Kenntnis des Grundprinzips und der physiologischen Tatsachen, auf welchen die einzelnen Simulationsproben aufgebaut sind, dazu, um nachweisen zu können, daß der Untersuchte in Wirklichkeit eine höhere, dem Zustande seiner Augen entsprechende Sehschärfe besitzt, als er angibt. Hierbei muß im einzelnen Falle weitgehend individualisiert und aus der großen Zahl der sogen. Simulationsproben die richtigen herausgegriffen werden, mit welchen man entsprechend der Intelligenz des Prüflings am besten zum Ziele zu gelangen vermag.

I. Simulation von Blindheit und Schwachsichtigkeit.

Je nachdem man sich auf die objektive Beobachtung des zu Prüfenden beschränkt oder seine Angabe über die Sehleistung bei der Beurteilung verwertet, spricht man von objektiven und von subjektiven Untersuchungsmethoden (vgl. Wessely 1908).

Das Anwendungsgebiet der ersteren, die uns ja allein vollkommen unabhängig von den Angaben des Simulanten machen, ist leider recht beschränkt. Denn es liegt auf der Hand, daß wir mit ihnen unter Umständen zwar einwandfrei beweisen können, daß der Patient mehr sieht, als er zu sehen vorgibt, aber daß wir nicht in der Lage sind, mit ihnen den Grad der wirklich vorhandenen Sehschärfe festzustellen. Auf die objektive Beobachtung allein ist man immer dann angewiesen, wenn Blindheit beider Augen simuliert wird.

Die subjektiven Simulationsproben zerfallen in zwei prinzipiell verschiedene Gruppen, erstens in solche, bei denen der Simulant im Unklaren gelassen wird, mit welchem Auge er sieht, und zweitens in solche, welche auf Täuschung über die Erkennbarkeitsbedingungen der Probeobjekte beruhen. Auf die letzteren muß man sich beschränken, wenn Schwachsichtigkeit beider Augen vorgetäuscht wird; denn die ersteren sind nur dann anwendbar, wenn es sich vorwiegend um Simulation von Blindheit oder Schwachsichtigkeit nur eines Auges handelt.

In den folgenden Ausführungen lehne ich mich hinsichtlich der Einteilung der verschiedenen Methoden an die Ausführungen Wesselys (1908) an. Viel benutzt habe ich auch die Zusammenstellung von Roth (1907).

Objektive Simulationsproben.

1. Prüfung der Pupillenreaktion.

Die Prüfung der Pupillenreaktion vermag nur darüber Aufschluß zu geben, ob ein Auge vollkommen blind ist oder nicht.

Quantitative Prüfungen, z. B. die der motorischen Unterschiedsempfindlichkeit, wie sie durch das Hess'sche Differentialpupilloskop in großer Feinheit möglich ist, können bei der Simulationsprüfung schon deswegen keinen Schluß auf die noch bestehende Sehschärfe zulassen, weil der Grad der Pupillenreaktion nicht von der Schärfe des Netzhautbildes abhängt.

Auf die Technik der Prüfung braucht hier nicht näher eingegangen zu werden, da sie in einem eigenen Abschnitt ausführlich besprochen wird. Bei jeder Untersuchung muß vor allem sorgfältig darauf geachtet werden, daß das zweite, nicht untersuchte Auge vor gleichzeitigem Lichteinfall geschützt wird, ferner daß bei der Prüfung nicht eine zufällige Konvergenzreaktion eine Lichtreaktion vortäuscht. Um noch schwache Lichtreaktionen gut zu erkennen, empfiehlt sich die Beobachtung mit der starken Vergrößerung der Binokularlupe.

Der Ausfall der Pupillenreaktion läßt, ganz allgemein, noch kein entscheidendes Urteil darüber zu, ob eine Lichtwahrnehmung vorhanden ist oder nicht.

Einerseits ist das Vorhandensein einer Lichtreaktion bei angeblicher Blindheit natürlich noch kein Beweis, daß Simulation vorliegt. Denn die Pupillarreaktion bleibt sowohl bei der hysterischen Amaurose, bei manchen toxischen Erblindungen, Urämie, Blei-, Chininblindheit, als auch bei allen Herderkrankungen, welche die Sehbahn zentralwärts von der Abzweigung der Pupillenreflexbahn betreffen, erhalten. Außerdem sind in der Literatur einige Fälle von Erkrankung des Sehnerven (meist Neuritis oder neuritische Atrophie) beschrieben, bei denen trotz Fehlens einer Lichtwahrnehmung doch eine prompte Pupillarreaktion erfolgte.

Beide Möglichkeiten können jedoch in vielen Fällen von Simulationsverdacht von vornherein ausgeschaltet werden. Es braucht kaum betont zu werden, daß eine Erblindung, wenn sie durch eine Herderkrankung in den zentralen Teilen der Sehbahn bedingt ist, doppelseitig vorhanden sein muß, also bei vorgegebener Blindheit nur eines Auges nicht in Frage kommen kann. Einer jener Fälle einseitiger Erkrankungen des Sehnerven läßt sich fast immer ophthalmoskopisch erkennen oder aber bei der Art der erlittenen Verletzung ausschalten, wenn diese z. B. zu Trübungen der brechenden Medien geführt hat.

Umgekehrt ist das Fehlen einer Lichtreaktion der Pupille bei erhaltener Konvergenzreaktion kein sicheres Zeichen, daß das betreffende Auge auch wirklich blind ist, daß also Simulation vollkommen ausgeschlossen ist. In erster Linie muß sowohl bei doppelseitiger als auch bei einseitiger reflektorischer Pupillenstarre immer an ein beginnendes Nervenleiden wie Tabes, Paralyse usw. gedacht werden. Freilich pflegt diese Diagnose schon dadurch erleichtert zu werden, daß hierbei meist eine Miosis gleichzeitig vorhanden ist, die besonders bei der selteneren einseitigen reflektorischen Pupillenstarre deutlich hervortritt, während bei Erblindung eines Auges dessen Pupille umgekehrt häufig weiter ist als die des sehenden Auges.

Endlich kommt in allen derartigen Fällen noch die heimliche Benutzung eines Mydriatikums (Atropin usw.) seitens des Simulanten in Frage. Unter Umständen kann hier eine sorgfältige Untersuchung nach vorangegangenem Bad und vollständigem Kleiderwechsel notwendig werden. Roth (1907) erwähnt z. B. einen Fall, bei welchem sich der Inkulpat ein kleines Atropindepot unter dem Nagel einer großen Zehe angelegt hatte. Das Fehlen ausgesprochener Mydriasis schließt nicht immer ohne weiteres den Gebrauch von Atropin aus. Es ist bekannt genug, daß bei älteren Personen die Pupille nicht selten auf Atropingaben nur wenig über mittelweit wird. Beim Abklingen von Atropinwirkung ist überdies beobachtet worden, daß die Lichtreaktion noch fehlte, während die Konvergenzreaktion schon nachzuweisen war, ganz ebenso, wie bei im Rückgang befindlichen Okulomotoriuslähmungen.

Wenn demnach die Lichtreaktion der Pupille auch ganz allgemein keine vollkommen sichere Entscheidung zuläßt, ob ein Auge blind ist oder nicht, so bildet sie doch, besonders zum mindesten bei Vorgeben einseitiger Erblindung, ein wichtiges und zuverlässiges diagnostisches Mittel:

Ein angeblich blindes Auge, bei welchem die direkte Licht-reaktion der Pupille in gleicher Weise auftritt, wie auf dem anderen sehenden Auge, ist nicht vollkommen blind.

Umgekehrt kann ein Auge als erblindet angesehen werden, dessen Pupille ebensoweit oder weiter ist, als die des anderen sehenden Auges, sich beim Verdecken des sehenden Auges er-weitert, bei dessen Belichtung zusammenzieht und überdies prompte Konvergenzreaktion zeigt, das dagegen bei direkter Belichtung keine Pupillarreaktion zeigt und auch die konsen-suelle Reaktion der Pupille des sehenden Auges vermissen läßt.

2. Prüfung auf Abwehrbewegungen bei Herannahen eines Gegenstandes und auf Blinzelreflex bei Belichtung.

Stößt man nahe auf das angeblich blinde Auge schnell mit dem Finger oder mit einem spitzen Gegenstand, ohne das Auge oder die Lider natür-lich zu berühren, so zuckt der Sehende gewöhnlich unwillkürlich zurück oder blinzelt wenigstens mit den Lidern. Jede derartige Reaktion muß als Zeichen dafür angesehen werden, daß das angenäherte Objekt mit dem betreffenden Auge wahrgenommen wird.

Man -ist auch so vorgegangen, daß der Untersuchte den herannahenden Finger, welchen der Simulant durchaus nicht sehen wollte, faradisch lud und damit sein Gesicht berührte. Vor der zweiten Berührung wich er bereits dem Finger sorgfältig aus. In ähnlicher Weise gelang der Nachweis, daß ein an-geblich Blinder einen elektrisch geladenen doppelten Eisendraht von einem ein-fachen sehr wohl unterscheiden konnte. Die Sehschärfe ließ sich hieraus auf etwa $1/20$ berechnen (ROTH 1907).

Läßt man in ein Auge plötzlich aus nächster Nähe ein helles Licht einfallen, so beweist der auftretende Blinzelreflex, daß das Licht wahr-genommen wird (SCHMIDT-RIMPLER 1871). Nur in ganz seltenen Fällen von Rindenblindheit ist dieser Blinzelreflex vermißt worden (LIEPMANN und LEVIN-SOHN 1912). Zu beachten ist aber hierbei, daß auch wirklich Blinde re-agieren können, wenn die Wärme des Lichtes auf der Haut merkbar wird. Man wirft daher das Licht mit Hilfe eines Spiegels von einer hinter dem Untersuchten stehenden Lichtquelle in das Auge.

3. Prüfung, ob ein angeblich blindes Auge fixiert.

a) Prüfung auf absichtliche Vermeidung der Fixation.

Ein wirklich Blinder vermag natürlich Objekte nur dann zu fixieren, wenn er sich durch Betastung oder durch das Gehör von ihrer Richtung im Raume informiert hat. In diesem Falle gelingt ihm die Fixation trotz seiner Blindheit in der Regel sehr wohl. Besonders vermag er seinen eigenen Finger zu fixieren, über dessen Lage er durch das Muskelgefühl ja jederzeit unterrichtet ist.

Man kann zunächst diese Tatsache zur Simulationsprüfung benutzen, wenigstens um in einfacher und praktischer Weise festzustellen, ob der zu Untersuchende wahre Angaben macht oder nicht: Am besten hält man dem angeblich Blinden dessen eigenen Zeigefinger in einiger Entfernung vor das Gesicht, faßt ihn an bzw. drückt ihn und fordert ihn gleichzeitig eindringlich auf, diesen seinen Finger fest anzusehen (Schmidt-Rimpler 1871 und 1876). Kommt er dieser Aufforderung nicht nach, sondern läßt statt dessen seine Augen oder — wenn das eine Auge verschlossen wurde — sein Auge planlos im Zimmer umherirren oder sieht irgendeinen ganz anderen Punkt starr an, so muß, wenn nicht besondere Gründe vorliegen, angenommen werden, daß er die Fixation des Fingers absichtlich vermeidet.

Mehr kann zunächst aus dem Ausfall dieser Probe, die also in gewissem Sinne eine negative ist, nicht geschlossen werden. Der Untersuchte ist damit zwar der Simulation verdächtig, aber es ist ihm noch nicht nachgewiesen, daß er wirklich sieht. Denn es ist auch denkbar, daß ein wirklich Blinder aus Furcht, für einen Simulanten gehalten zu werden, sich ebenso verhält.

Die gleiche Bewertung gilt von einer Abänderung des Versuches, die Burchardt (1894) angegeben hat. Sie hat allerdings mit der Fixation der Augen streng genommen nichts zu tun, ist aber als Anhaltspunkt für die Wahrhaftigkeit der Angaben eines Patienten ebenso praktisch: Man fordert ihn auf, seinen eigenen, ihm vorgehaltenen Finger mit dem Zeigefinger der anderen Hand schnell zu stoßen. Ein wirklich Blinder, falls er nicht besondere Störungen des Muskelgefühls hat, kann diesen Versuch ohne weiteres ausführen.

Burchardt ließ in einem Falle, bei welchem der auf Simulation Verdächtige bei diesem Versuche mit dem Finger ostentativ vorbeigestoßen hatte, ohne nähere Erklärung einem normalen Manne die Augen verbinden und an diesem nun den Versuch wiederholen, der richtig ausgeführt wurde. Am nächsten Tage wurde bei dem Simulanten ein zweites Mal die Prüfung vorgenommen, und nunmehr traf auch dieser beim Vorstoßen seinen Finger. Es wurde dadurch wahrscheinlich, daß er tags zuvor trotz seiner angeblichen Blindheit beobachtet hatte, wie ein wirklich Nichtsehender sich in diesem Falle verhält. Ein sicherer Beweis, daß Simulation vorliegt, ist damit natürlich auch noch nicht erbracht.

b) Prüfung auf monokulare Fixation.

Wichtiger als die Beobachtung, daß die Fixation unter bestimmten Verhältnissen vermieden wird, ist natürlich der Nachweis, daß ein angeblich blindes Auge wirklich fixiert. Ein bekannter Versuch ist folgender:

Bei doppelseitiger und natürlich auch bei einseitiger Blindheit — falls das sehende Auge verschlossen wird — kann man fürs erste folgenden einfachen Versuch anstellen: Man läßt den zu Prüfenden in unregelmäßigem Wechsel nach den vier verschiedenen Richtungen blicken, indem man kommandiert: nach rechts, nach links, nach oben, nach unten, und gleichzeitig einen Gegenstand oder den Finger in die betreffende Richtung wie zur Fixation führt. Nach kurzer Zeit unterläßt man die Kommandos und bewegt nur noch das Fixierobjekt. Läßt man dabei die Übungen schnell hintereinander ausführen, so kann es gelingen, einen Simulanten dazu zu überlisten, daß er sich vergißt und mit den Augen auch den stummen Bewegungen des Fingers usw. regelmäßig folgt. Oder aber man bewegt nach dem Vorschlage von Höeg (1910) die Hand nach einiger Zeit plötzlich in einer anderen Richtung, als das Kommando angibt. Wenn er mit den Augen der Hand folgt, so ist bewiesen, daß er ein entsprechendes Sehvermögen haben muß.

Man kann auch bei der Untersuchung plötzliche lebhafte Änderungen der eigenen Blickrichtung oder der Kopfhaltung vornehmen, und dabei beobachten, ob nicht der Untersuchte mit seinen Augen ebenfalls der Blickbewegung folgt (Picha).

Die Vorschaltung eines Prismas vor das Auge wird ebenfalls oft mit gutem Erfolg angewendet (Graefe in der 1. Aufl. dieses Handbuchs). Man verbindet das eine Auge — bei Simulation einseitiger Blindheit das sehende — und fordert den angeblich Blinden auf, ruhig geradeaus zu blicken. Auch ein Simulant kommt in der Regel dieser Aufforderung willig nach, die ihm ja durchaus unverfänglich erscheinen muß. Um den starren Blick des Blinden nachzuahmen, pflegt der Simulant dabei nicht selten irgendeinen Gegenstand ihm gegenüber, z. B. ein zu diesem Zwecke hingestelltes Licht, eine Sehprobentafel oder dergleichen, anzusehen. Man hält ihm nun schnell ein Prisma (am besten von etwa 12°) mit der Kante nach rechts oder links, besser noch nach unten oder oben, vor das Auge, so daß das Bild des fixierten Gegenstandes nach der Prismenkante hin abgelenkt wird. Führt das Auge dabei eine reflektorische Einstellbewegung nach der entsprechenden Seite aus, so ist damit erwiesen, daß es fixiert, also einen entsprechenden Grad von Sehvermögen haben muß. Beweisend ist immer nur der positive Ausfall des Versuches. Denn das Ausbleiben der Fixationsbewegung bedeutet, wie bei allen diesen Fixierproben, noch keineswegs, daß das betreffende Auge auch wirklich blind ist. Man kann bei einigem Geschick nämlich auch mit einem sehenden Auge die Einstellungsbewegung vermeiden, wenn man sich bemüht, den Blick krampfhaft ins Leere zu richten. Es gelingt dies um so eher, wenn das betreffende Auge von vornherein schwachsichtig ist.

Man setze ferner umgekehrt das Prisma vor das angeblich allein gesunde Auge und beobachte, ob das angeblich blinde Auge mit dem anderen eine assoziierte Mit-Einstellbewegung macht. In diesem Falle liegt wahrscheinlich Schwachsichtigkeit vor, wenn auch natürlich deren Grad übertrieben sein kann (A. Graefe).

Nach einem Vorschlage von Roth (1907) kann man diesen Prismenversuch auch mit dem Versuche von Schmidt-Rimpler und Burchardt verbinden: man läßt, wie oben angegeben, den vorgehaltenen Finger fixieren. Kommt der Simulant dieser Aufforderung gut nach, so hält man schnell vor das eine seiner Augen ein Prisma. Tritt an diesem die entsprechende Einstellbewegung ein, so ist der Beweis geliefert, daß es nicht erblindet sein kann.

Weniger zuverlässig ist der Burchardtsche Versuch mit der Prismen-Kombination: Man veranlaßt den Untersuchten durch Belehrung oder auch durch Einübung, mit den Fingern sicher aufeinanderzutreffen. Setzt man dann ein stärkeres Prisma mit der Basis nach oben oder unten vor ein Auge, so wird er, falls er sieht, unter Umständen wieder mit dem Finger vorbeistoßen, während ein vollkommen Blinder natürlich durch das Prisma nicht gestört werden kann.

c) Prüfung auf binokulare Fixation.

Für den Fall, daß nur auf einem Auge Erblindung angegeben wird, gibt es eine Anzahl einfacher und sehr brauchbarer Methoden, um nachzuweisen, ob sich das angeblich blinde Auge an der binokularen Fixation beteiligt. Nimmt es tatsächlich regelmäßig an der Fixation teil, so ist damit bewiesen, daß es nicht blind sein kann.

Dabei bleibt zunächst noch unentschieden, ob das Auge in Wirklichkeit gutes Sehvermögen besitzt oder ob es hochgradig schwachsichtig ist. Wir werden sehen, daß man durch Anwendung bestimmter Versuche auch hierüber ein Urteil gewinnen kann.

Dagegen beweist umgekehrt das Ausbleiben der Beteiligung eines Auges an der binokularen Fixation niemals, daß es nun auch wirklich vollständig blind ist. Ein alter Versuch ist folgender:

Man nähert zunächst den Zeigefinger oder einen Bleistift u. dgl. dem Patienten langsam und fordert ihn auf, ihn zu fixieren. Normale Augen konvergieren mühelos auf das vorgehaltene Sehobjekt und erst bei starker Annäherung weicht ein Auge nach außen ab. Tritt die Abweichung des Auges schon frühzeitig, d. h. auch bei größerer Entfernung des Objektes vom Auge ein, so ist das abweichende Auge entweder blind bzw. hochgradig schwachsichtig, oder es ist zwar sehtüchtig, aber es liegt eine Anisometropie oder eine Störung des Muskelgleichgewichtes (Insuffizienz der Konvergenz) vor. Zur Entscheidung hierüber verdeckt man in dem Augenblicke der Abweichung des einen Auges das andere, fixierende: erfolgt dabei eine prompte Einstellung des abgewichenen Auges, so ist eine höhere Schwachsichtigkeit oder gar Erblindung ausgeschlossen.

Falta, welcher diese Probe neuerdings (1915) wieder empfohlen hat, rät den Versuch, wenn das erstemal die Konvergenz erfolgt ist, 5—6 mal zu wiederholen. Bleibt auch hierbei jede Abweichung aus, so kann Blindheit oder hochgradige Schwachsichtigkeit mit Sicherheit ausgeschlossen werden. Mittelstarke Schwachsichtigkeit kann man zuweilen noch daran erkennen, daß das kranke Auge schneller in seine Primärstellung zurückgeht als das andere (»sekundäre positive Annäberungsprobe« FALTAS).

Oder man verdeckt, während beide Augen den vorgehaltenen Gegenstand fixieren, das angeblich blinde Auge zeitweilig durch einen vorgehaltenen Schirm. Weicht es hinter dem Schirm zwar nach außen ab, kehrt aber nach dessen Entfernung sogleich wieder in die alte Fixationsstellung zurück, so ist es nicht blind. Schwachsichtigkeit kann allerdings hierbei bestehen (ROTH 1907). Zweckmäßig ist es, wenn man das Fixationsobjekt zur Kontrolle bald nahe, bald fern in verschiedenen Richtungen vor die Augen hält und dabei das angeblich blinde Auge abwechselnd verdeckt und freigibt. Stellt sich auch dabei das Auge immer richtig auf das Objekt ein, so kann eine Blindheit oder hochgradige Schwachsichtigkeit ausgeschlossen werden (KNAPP 1876).

Zuverlässiger wird die Neigung zur Fixationseinstellung des angeblich blinden Auges mit Hilfe von Prismen vorgenommen, ein Versuch, welcher von ALFRED GRAEFE (1867) bereits angegeben wurde. Man läßt irgendein Objekt (Sehproben, Kerzenflamme, Bleistift u. dgl.) mit beiden Augen fixieren und setzt dann vor das angeblich blinde Auge ein Prisma mit der Kante nach innen oder außen. Hierdurch werden normalerweise Doppelbilder hervorgerufen, welche die Fusion anregen und das betreffende Auge zu einer kompensierenden Einstellbewegung veranlassen. Deutlicher kann man in der Regel beim Fortnehmen des Primas die entgegengesetzte Einstellung des Auges wahrnehmen. Welche Stärke des Prismas am zweckmäßigsten ist, muß im Einzelfalle ausprobiert werden, da es durch die Fusion überwunden werden muß und die Fusionsbreite normalerweise individuell bekanntlich verschieden ist. KNAPP empfiehlt ein Prisma von 12°, zuweilen muß man zwischen 6 und 18° (WELZ empfiehlt 3—25°, ROTH 1907) probieren, ehe man eine deutliche Fusionsbewegung auslösen kann.

Läßt sich eine derartige normale Fusionsbewegung auch an einem angeblich blinden Auge beobachten, so ist es nicht blind, vielmehr muß es, je nach der Wahl des Fixationsobjektes, einen gewissen Grad von Sehvermögen besitzen. Bleibt die Einstellungsbewegung des Auges dagegen aus, so darf daraus keineswegs ohne weiteres der Schluß auf Blindheit oder hochgradige Sehstörung des einen Auges gezogen werden. Denn schon bei einem mäßigen Grade von Schwachsichtigkeit kann das Bild bei seiner Verschiebung durch das Prisma unterdrückt werden, und ebenso kann bei einem Fehlen des Fusionsvermögens (z. B. nach früherem Schielen) trotz guter Sehschärfe die Einstellungsbewegung des Auges ausbleiben. Schließlich kann auch durch Übung die Neigung unterdrückt werden, die Doppelbilder durch Fusion auszugleichen, d. h. die Fusionsbewegung kann auch bei reiner Simulation unter Umständen fehlen.

Im Großen und Ganzen kann aber ein Auge mit großer Wahrscheinlichkeit als schwachsichtig angesehen werden, wenn bei mehrmaliger Wiederholung des Prismenversuches jede Fusonseinstellung ausbleibt und wenn umgekehrt beim Vorsetzen des Prismas vor das gesunde Auge dessen Fusionsbewegung regelmäßig eine assoziierte Mitbewegung des angeblich kranken Auges veranlaßt (A. GRAEFE 1904).

Treten beim Vorsetzen des Prismas vor das angeblich nichtsehende Auge an Stelle der kompensatorischen Einstellungsdrehung unbestimmt hin- und herirrende Bewegungen dieses oder auch beider Augen auf, so ist ebenfalls völlige Blindheit eines Auges unwahrscheinlich; denn die Bewegungen beruhen auf einer gewissen Unsicherheit gegenüber den durch das Prisma hervorgerufenen Doppelbildern. Dagegen kann in diesem Falle sehr wohl das eine Auge amblyopisch sein (A. GRAEFE). Der positive Ausfall des Versuches kann demnach nur zur Entlarvung einseitiger Blindheit, nicht aber einseitiger Schwachsichtigkeit dienen.

Durch den positiven Ausfall der Prismenversuche läßt sich zwar nachweisen, daß ein angeblich blindes Auge einen gewissen Grad von Sehvermögen besitzen muß, doch kann auf diese Weise nicht festgestellt werden, ob nicht gegenüber dem gesunden Auge doch eine beträchtliche Schwäche vorliegt.

- Diese Sehschwäche eines Auges, selbst wenn sie gering ist, kann beim Binokularsehen die Unterdrückung des einen Bildes erleichtern. Sie spielt daher bei denjenigen subjektiven Simulationsproben, welche den Beobachter im Unklaren darüber lassen, mit welchem Auge er sieht, eine um so größere Rolle, als in der Praxis so häufig das verletzte Auge eine gewisse Herabsetzung seiner Sehschärfe aufweist, die dann vom Simulanten nur übertrieben wird.

Durch zwei sehr einfach auszuführende wichtige Versuche WESSELYS (1908) kann man sich leicht objektiv eine Kenntnis davon verschaffen, ob der zu Untersuchende in Wahrheit zu einer Exklusion des Bildes des einen Auges beim Binokularsehen neigt. Ihr Prinzip beruht darauf, daß der zu Prüfende mit Hilfe eines dicht vor die Augen gehaltenen Gegenstandes den Kopf oder das eine Auge des Untersuchers binokular anvisiert und nun letzterer beobachtet, ob hierbei die Medianlinie eingehalten wird, oder ob statt dessen die Visierlinie nach der Blicklinie des einen Auges hin abweicht.

Der Normale erhält in Wirklichkeit von dem nahe vor den Augen befindlichen Visiergegenstand Doppelbilder, weil seine Augen für die Ferne, d. h. auf den Kopf des Untersuchers eingestellt sind, und er hält den Gegenstand so, daß die Doppelbilder rechts und links in gleichem Abstande von der Visierlinie liegen. Das geschieht, wenn letztere, wie es normalerweise der Fall ist, annähernd durch die Medianebene verläuft. Jeder Beobachter aber, welcher dazu neigt, das Bild eines Auges und damit auch das eine Doppelbild zu unterdrücken, visiert mit dem besser sehenden (»führenden«) Auge und nähert daher den Visiergegenstand der Blicklinie dieses Auges.

Die Ausführung der Versuche geschieht nach Wessely in folgender Weise: Man stellt sich den Patienten in etwa 5 m gegenüber und fordert ihn auf, einen Bleistift oder dergl. von unten her mit der Hand zwischen seinem Gesicht und dem des Untersuchers schnell so in die Höhe zu führen, daß er ihm genau in der Mitte vor dessen Gesicht zu stehen scheint. Der Untersucher seinerseits achtet darauf, ob der Stift hierbei in der Medianlinie, d. h. in der Mitte zwischen beiden Augen des Patienten gehalten wird, oder statt dessen nahe oder gänzlich vor das eine Auge. Im letzteren Falle ist damit bewiesen, daß der Betreffende die Neigung zur Unterdrückung des einen Doppelbildes hat.

Bei dem zweiten Versuch hält sich der Patient statt des Bleistifts eine weite Pappröhre, wie die beim Heringschen Fallversuch verwendete, vor das Gesicht. Man fordert ihn nun auf, die Röhre so zu halten, daß ihm der Kopf (oder das eine Auge) des Untersuchers genau in der Mitte der Rohröffnung erscheint. Wird, wie beim Normalen, mit beiden Augen visiert, so sieht der Untersucher die Mitte der Rohröffnung mit der Medianlinie des Patienten zusammenfallen. Unterdrückt dieser aber das eine Doppelbild von der Rohröffnung und visiert nur mit einem Auge, so erscheint dieses in der Mitte der Rohröffnung oder ihr wenigstens genähert.

Die Frage, wie stark bei diesen Versuchen die Sehschärfe des einen Auges herabgesetzt sein muß, damit das andere bei dem Anvisieren die Führung übernimmt, läßt sich nicht einfach in Zahlen beantworten, da hier noch andere Faktoren, vor allem Muskelgleichgewicht, ferner auch die Fähigkeit, Bildeindrücke binokular zu verschmelzen, in Betracht kommen. So kann die vorwiegend monokulare Visierung schon bei einer ganz geringfügigen Herabsetzung des Visus naturalis erfolgen, wenn eine an sich unbedeutende Insuffizienz der Recti interni besteht. Bei vorhandenem Muskelgleichgewicht muß man bei Normalen die Sehschärfe in der Regel schon recht beträchtlich (nach Wessely mindestens auf $1/10$) herabsetzen, damit das monokulare Visieren in Erscheinung tritt. Anisometropen verhalten sich hier anders; jedenfalls können besonders einseitige Myopen[1]), selbst wenn der Visus naturalis für die Ferne nur $1/20$ beträgt, den Versuch noch richtig binokular bestehen.

Diese Visierversuche lassen also, wenn sie monokular ausfallen, nicht ohne weiteres einen Schluß auf den Grad des Sehvermögens zu, aber sie

---

1) Die einseitige Myopie nimmt unter den Anisometropien hinsichtlich des Binokularsehens immer eine gewisse Sonderstellung ein wegen der guten Sehschärfe beim Nahesehen innerhalb des Fernpunktes des myopischen Auges.

zeigen eben, daß die Neigung besteht, bei vorhandenen Doppelbildern das Bild eines Auges zu unterdrücken. (Infolgedessen kann das Tiefensehen, z. B. beim Heringschen Fallversuch, ungestört sein, obwohl nur monokular visiert wird, und umgekehrt kann, z. B. bei einseitiger Myopie, trotz binokularem Visieren der Heringsche Fallversuch fehlerhaft bestanden werden, wenn der Fernpunkt des myopischen Auges zu nahe liegt.)

Hier sei noch ein mehr scherzhafter Versuch von Bastier (1888) erwähnt, nämlich dem Patienten eine Zigarette anzubieten und aufzupassen, ob er sie in den Mundwinkel steckt, der dem angeblich blinden Auge entspricht. Zündet er sie hier mit gewohnter Sicherheit an, so ist das Auge nicht erblindet. Man kann sich von der Richtigkeit selbst leicht überzeugen, wenn man bei Lidschluß eines Auges den Versuch vornehmen will.

4. Das Verhalten des Patienten bei Erzeugung von Doppelbildern.

Ruft man bei einem Normalen künstlich Doppelbilder mit nicht zu großem Abstand hervor, so ist er in seinem beidäugigen Sehen durch den entstehenden Wettstreit der verschiedenen Seheindrücke beider Augen bekanntlich stark gestört; er ist in der Orientierung im Raum unsicher, Lesen und Schreiben ist äußerst erschwert oder gänzlich unmöglich. Hierzu ist keineswegs erforderlich, daß beide Augen annähernd gleiche Sehschärfe haben. Auch bei mäßiger Schwachsichtigkeit eines Auges, z. B. bei Anisometropen, kann die Störung, vorausgesetzt, daß binokularer Sehakt vorhanden ist, voll ausgeprägt sein. Anderseits vermögen freilich auch viele mit geringfügiger Herabsetzung des Sehvermögens eines Auges dessen Bild zu unterdrücken.

Man kann sich dieses Versuches zur Entlarvung bei Simulation von Sehschwäche bedienen, freilich nur dann, wenn Blindheit oder hochgradige Schwachsichtigkeit eines Auges vorgetäuscht wird. Am einfachsten erzeugt man die Doppelbilder, indem man ein so starkbrechendes Prisma vor das angeblich schwachsichtige Auge setzt, daß die entstehenden Doppelbilder nicht mehr durch Fusion überwunden werden können.

Man läßt am besten nach dem alten Vorschlage von Berthold (1869) den Patienten aus einem Buche die gebräuchlichsten Leseproben laut vorlesen und hält ihm dann plötzlich ein entsprechendes Prisma mit der Basis nach oben oder unten vor das angeblich blinde Auge. Ist ihm dabei das Weiterlesen unmöglich, so darf daraus geschlossen werden, daß die Doppelbilder der übereinander stehenden Zeilen sich decken, daß demnach auch das angeblich blinde oder schwachsichtige Auge imstande sein muß, die Eindrücke der Schrift aufzunehmen, mit anderen Worten, daß Simulation vorliegt. Zur Gegenkontrolle kann man das angeblich blinde Auge sodann mit einem Schirm bedecken. Der Simulant wird dann mit dem gesunden Auge allein wieder fließend weiterlesen.

Oder man kann dem Patienten, nach Vorsetzen des Prismas vor das angeblich kranke Auge (Basis wieder nach oben) schnell eine ihm unbekannte Treppe auf- und abgehen lassen (BAUDRY, 1897). Für jeden, dessen beide Augen sehtüchtig sind, ist dieses Experiment natürlich recht schwierig, während ein wirklich einseitig Blinder oder Schwachsichtiger sich durch das Prisma nicht stören läßt. Stolpert also ein Patient mit angeblich einseitiger Blindheit, so ist wiederum Simulation wahrscheinlich.

Bei beiden Versuchen ist zu beachten, daß das Prisma stets auch nur vor das angeblich schwache Auge vorgesetzt wird. Bei Bewaffnung des gesunden wird durch die scheinbare Lageveränderung der Gegenstände sowie durch die Verzerrungen, welche schon bei geringen Blickbewegungen besonders an horizontalen Linien merklich werden, auch für wirklich Einäugige sowohl das Weiterlesen als auch die Orientierung im Raume im Augenblick des Vorsetzens des Prismas erschwert.

Ein Bestehen der Versuche, d. h. also ein glattes Weiterlesen und glattes Begehen der Treppe, beweist freilich umgekehrt keineswegs, daß das eine Auge auch wirklich schwachsichtig ist, denn wie schon erwähnt vermögen viele auch bei geringfügiger Minderwertigkeit eines Auges dessen Netzhautbilder zu unterdrücken, so daß dann ebenfalls keine Stockung im Leseversuch einzutreten braucht.

In jedem Falle muß man sich vergewissern, daß der zu Prüfende hinter dem Prisma nicht etwa das Auge schließt und damit den Effekt des Versuches verdirbt. Alte erfahrene Simulanten sind mit diesem Kniff bei allen Untersuchungsmethoden schnell bei der Hand.

5. Prüfung auf Gleichgewichtsstörung nach kalorischer Reizung des Vestibularapparates.

Durch Spülung des äußeren Gehörganges mit Wasser, dessen Temperatur von der des Körpers abweicht, tritt bekanntlich normalerweise eine thermische Reizung des Vestibularapparates ein (BÁRÁNY). Läßt man, wie es am einfachsten ist, kühles Wasser (etwa 20° C) bei aufrechter Kopfhaltung in den Gehörgang mittels eines Irrigators einlaufen (eine Spritze faßt nicht genügend Flüssigkeit), so tritt nach wenigen Sekunden Nystagmus ein, dessen schnelle Phase nach der entgegengesetzten Seite, dessen langsame Phase nach der gleichen Seite gerichtet ist. In demselben Sinne, wie diese langsamen Augenbewegungen, neigen auch die übrigen Bewegungen des Körpers nach der Seite der Spülung hin. Das zeigt sich sofort, wenn man die Augen schließen läßt: Mit den Armen wird bei dem Versuche, auf einen Punkt zu zeigen, nach der Seite des gereizten Ohresvorbeigezeigt (BÁRÁNYscher Zeigeversuch), und beim ROMBERGschen Versuch neigt der Untersuchte dazu, bei aufrechter Kopfstellung nach der gleichen Seite zu fallen. Bei geöffneten Augen können diese Bewegungsstörungen mit Hilfe des Blickes ganz oder teilweise gehemmt werden.

GOLDMANN (1917) hat nun empfohlen, diesen Unterschied, der normalerweise beim Ausfall des Versuches regelmäßig auftritt, je nachdem die Augen offen oder geschlossen sind, bei der Simulationsprüfung anzuwenden.

Es kommen in erster Linie die Fälle von Simulation doppelseitiger völliger oder fast völliger Blindheit in Betracht. Natürlich kann man auch bei einseitiger Blindheit jederzeit wieder durch Verschluß des sehenden Auges die gleichen Bedingungen herstellen, wie bei doppelseitiger Erkrankung oder Simulation.

Bei wirklicher Blindheit müssen der Grad und die Richtung des Vorbeizeigens und die Fallbewegung sowohl bei offenen wie geschlossenen Augen die gleichen sein. Denn hier fällt die korrigierende Wirkung des Blickes fort. Steht aber der Untersuchte bei geöffneten Augen fest und zeigt beim Ausstrecken der Arme kein Abweichen, fällt er dagegen bei Augenschluß und zeigt nach der Seite der Spülung vorbei, so ist sicher Sehvermögen vorhanden und die Angabe der Blindheit beruht auf Simulation.

Es kommt also bei dieser Methode, wie nochmals betont sei, nur auf den Unterschied der Reaktionsbewegung bei offenen und geschlossenen Augen an, nicht auf ihren Grad überhaupt. Voraussetzung ist selbstverständlich, daß die kalorische Reaktion nicht etwa durch Erkrankung der Vestibularisbahnen überhaupt aufgehoben ist.

Wie sich bei funktionellen, ja hysterischen Amblyopien der Ausfall der Reaktion gestaltet, bedarf noch der Prüfung.

6. Beobachtung des Verhaltens des zu Prüfenden im allgemeinen.

Während bei der Simulation einseitiger Blindheit oder Schwachsichtigkeit, wie wir schon sahen, eine Reihe zuverlässiger objektiver Entlarvungsmethoden und ebenso zahlreiche subjektive gute Untersuchungsverfahren zu Gebote stehen, ist in Fällen doppelseitiger Blindheit und noch mehr doppelseitiger hochgradiger Schwachsichtigkeit (denn bei dieser läßt auch die Pupillenprüfung im Stich) die sorgfältige Beobachtung des Verhaltens des Simulanten von großem Werte und für die Beurteilung unentbehrlich. Freilich kann auch auf diesem Wege in der Regel nicht der Beweis erbracht werden, wieviel er in Wirklichkeit sieht, wohl aber können wir zuverlässige Anhaltspunkte gewinnen, daß das Sehvermögen besser sein muß, als bei der Sehprüfung angegeben wurde.

Verhältnismäßig leicht wird das Urteil dann sein, wenn völlige Blindheit angegeben wird, die Beobachtung des Patienten dagegen ergibt, daß er über eine Orientierung verfügt, die nur mit Hilfe des Gesichtssinnes möglich ist. Schwieriger liegen die Verhältnisse bei Simulation hochgradiger Schwachsichtigkeit beider Augen. Hier muß außer dem angegebenen zentralen Sehvermögen auch das Gesichtsfeld berücksichtigt werden. Es ist erstaunlich, wie gut z. B. bei zentralem Skotom mit erhaltenem peripheren Gesichtsfeld auch bei sehr geringer zentraler Sehschärfe die Orientierung selbst in unbekannter Umgebung gelingt.

Das eigentümliche charakteristische Verhalten eines wirklich Blinden längere Zeit nachzuahmen, ist für einen Sehenden außerordentlich schwierig und erfordert nicht nur große Selbstüberwindung, sondern auch ein gewisses schauspielerisches Talent. Der leere Blick des Blinden mit den weit geöffneten Lidspalten, die langsamen, hin und her irrenden Augenbewegungen ohne bestimmte Fixationsrichtung werden von Simulanten entweder überhaupt nicht nachgeahmt, oder stark übertrieben. Vor allem ist dies der Fall bei dem eigentümlich vorsichtigen, tastenden Gange. Stellt man Stühle oder andere Gegenstände in den Weg, so läuft der Simulant, wenn er sich beobachtet fühlt, oft mit großer Präzision anschaulich gegen sie an, während der wirklich Blinde sich in dem ihm unbekannten Raume vorsichtig vortastet. Umgekehrt verstellt man dem Simulanten in dem wenig erleuchteten Dunkelzimmer den Weg, so geht er nicht selten sicher um die Stühle herum oder rückt sie beiseite, weil er in dem Glauben ist, daß er dort nicht beobachtet wird. Auch das Verhalten beim Treppengehen ist oft charakteristisch: der Blinde geht gewohnheitsgemäß eine größere Anzahl Treppenstufen, sowie er ihre Breite und Höhe kennt, ziemlich sicher hinunter und hinauf, der Simulant vermeidet dies. Sieht man aber nach der Untersuchung dem Simulanten auf der Straße nach, so kann man oft wahrnehmen, wie er hier, froh der Verstellung entronnen zu sein, schnell seine natürliche Sicherheit wiedergewinnt.

Sehr zu empfehlen ist es bei angeblicher Blindheit, die Gegenprobe vorzunehmen und die Augen zu verbinden. Der Simulant ist davon nicht sonderlich erbaut, weil er fürchten muß, sich unter den für ihn nun ungewohnten Verhältnissen anders als vorher zu benehmen und so zu verraten. Der wirklich Blinde wird natürlich in seinem Verhalten dadurch nicht berührt.

Durch Dunkelkuren, die man aus therapeutischen Gründen vorschlägt, kann man unter Umständen einem reuigen Simulanten das Einlenken erleichtern. Denn für ihn muß die Aussicht auf einen längeren Aufenthalt im Dunkelzimmer ohne Gesellschaft und Beschäftigung sehr unangenehm sein.

Das ist natürlich nur bei Aufnahme in eine Klinik möglich. Überhaupt ist, will man zu einem sicheren Urteil kommen, oft einer längeren Beobachtung auch außerhalb der ärztlichen Untersuchung nicht zu entraten. Es ist deswegen notwendig, derartige Fälle mit Verdacht schwerer Simulation durch ein erfahrenes Pflegepersonal und auch durch zuverlässige andere Kranke während der täglichen Lebensgewohnheiten, Essen, Trinken, An- und Auskleiden, beobachten zu lassen. Meist wird eine derartige Aufnahme zur Beobachtung ja auch schon durch die wiederholten ärztlichen Untersuchungen notwendig.

Während dieser Zeit kann man auf verschiedene Weise versuchen, dem Simulanten seine Rolle zu erschweren. Da der angeblich Blinde zu andauernder völliger Beschäftigungslosigkeit verurteilt ist, kann man ihm Zeitungen oder anderen Lesestoff mit aktuellen Nachrichten zukommen lassen (Rabl-Rückhardt, 1876). Zuweilen gelingt es auch, nachdem im Verlaufe eines Gespräches die Aufmerksamkeit abgelenkt ist, durch einfaches Winken ihn zum Mitgehen zu veranlassen und ihn so zu überführen. Bestimmte Vorschriften lassen sich natürlich hierfür überhaupt nicht geben. Der Arzt muß selbst erfinderisch sein und in jedem Falle zu individualisieren verstehen.

Ein Kniff, der sich in jedem Falle von Simulation doppelseitiger hochgradiger Schwachsichtigkeit, deren Entlarvung am mühsamsten zu sein pflegt, ausführen läßt, sei noch erwähnt.

Man läßt den zu Prüfenden seinen Namen schreiben, unterbricht ihn in der Mitte des Wortes mit irgendeiner Frage und läßt ihn dann fortfahren. Setzt er die Feder genau dort wieder an, wo er aufgehört hatte, so muß er die feinen Federstriche natürlich sehen. Roth (1907), der diesen recht brauchbaren Versuch angab, ließ als Gegenprobe später noch einen Strich von entsprechender Deutlichkeit machen und forderte den Simulanten auf, den Strich zu verlängern. Dabei konnte der Simulant angeblich den Strich so schlecht erkennen, daß er ihn stets verfehlte.

Ich habe einen Fall von besonders hartnäckiger Simulation doppelseitiger hochgradiger Sehschwäche ($= \frac{1}{60}$ beiderseits) gesehen, bei welchem dieser Versuch schon einige Male angestellt war und versagte. Der Mann schrieb nach der Unterbrechung beim Wiederansetzen der Feder in den letzten Buchstaben der ersten Worthälfte hinein. Bei oftmaliger Wiederholung des Versuches mit Unterbrechung an derselben Stelle des Wortes (an verschiedenen Tagen) zeigte sich, daß er stets genau an der gleichen Stelle des Buchstabens wieder zu schreiben anfing. Er war offenbar über den Ausfall des Versuches aufgeklärt und suchte nun das Schreiben eines wirklich Schwachsichtigen vorzutäuschen. Die regelmäßige Wiederholung desselben Fehlers machte also ebenfalls Simulation sehr wahrscheinlich. Freilich war damit nicht erwiesen, daß er mehr sah, als er angab, sondern lediglich, daß er absichtlich Fehler machte (ähnlich wie bei der absichtlichen Vermeidung der Fixation des eigenen Fingers, vgl. S. 561f.).

Subjektive Simulationsproben.

Die subjektiven Simulationsproben lassen sich in zwei prinzipiell verschiedene Gruppen einteilen. Bei der ersten Gruppe sucht man den Beobachter über die Größe des dargebotenen Sehzeichens zu täuschen. Da hierbei jedes Auge gesondert untersucht wird, können sie sowohl bei Simulation einseitiger, wie auch bei doppelseitiger Sehschwäche angewendet werden. In letzterem Falle sind wir überhaupt auf diese Proben allein angewiesen.

Die Methoden der zweiten Gruppe können dagegen ausschließlich bei Simulation einseitiger Sehschwäche angewendet werden und beruhen darauf, daß bei dem zu Prüfenden die Vorstellung erweckt wird, als sähe er mit dem gesunden Auge, während in Wirklichkeit das angeblich schwachsichtige geprüft wird.

A. Täuschung über die Erkennbarkeitsbedingungen der Sehzeichen.

Die meisten Simulanten, welche zur Untersuchung und Begutachtung kommen, sind bereits früher ein- oder mehrmals mit den gebräuchlichen Sehzeichen geprüft worden. Sie vermögen daher aus der Erinnerung wenigstens ungefähr eine bestimmte Objektgröße wiederzuerkennen, welche sie als Grenze ihrer Sehleistung vorzugeben wünschen. Sehr erleichtert wird ihnen diese Absicht natürlich durch die üblichen Sehprobentafeln, welche die Zeichen in bekannter Größenabstufung reihenweise untereinander dargestellt tragen, so daß der Simulant nur bis zu einer bestimmten Reihe zu lesen braucht, um bei allen Untersuchungen stets die gleiche Leistung zur Schau zu tragen. Der Vergleich mit den Gegenständen der Umgebung im Raume bietet ihnen einen weiteren Anhaltspunkt.

Alle Methoden, die zu Prüfenden über die Größe der Sehobjekte zu täuschen, stimmen darin überein, ihnen die eben genannten Anhaltspunkte zu nehmen. Der Wege hierzu gibt es verschiedene. Man kann in verschiedener Entfernung prüfen, Sehprobentafeln verwenden, welche die Probezeichen in unregelmäßiger Anordnung tragen oder zwar scheinbar die übliche Reihenabstufung aufweisen, aber mit anderer Zeichengröße. Man kann ferner die Sehzeichen nur immer einzeln exponieren, so daß ein Vergleich mit größeren und kleineren unmöglich wird, kann dabei die Umgebung aus dem Gesichtskreis des zu Prüfenden ausschalten, indem man ihn durch Röhren usw. blicken läßt oder im Dunkelzimmer mit künstlich erleuchteten Objekten untersucht. Man kann endlich mit Hilfe optischer Instrumente eine bestimmte scheinbare Vergrößerung der Sehzeichen erzielen oder eine Täuschung über die Entfernung der Sehproben z. B. mit Hilfe der Spiegelreflexion hervorrufen. Durch Kombination läßt sich die Zahl der Methoden weitgehend vermehren.

1. Täuschung über die Größe der Probeobjekte.

a) Prüfung in verschiedener Entfernung.

Man untersucht mit Hilfe der gebräuchlichen Sehproben nicht nur in der üblichen Entfernung von 5—6 m, sondern auch in näherer, bzw. es die Größe des Zimmers gestattet, auch in weiterer. Freilich ist es dabei wenn zweckmäßig, sich nicht der Sehprobentafeln mit Reihen von Sehzeichen, sondern lieber einzeln aufgeklebter Sehproben zu bedienen (siehe unten).

Wird dabei in unregelmäßigem Wechsel geprüft, so ergeben sich meist deutliche Widersprüche in den Angaben des Simulanten, da er den Gesichtswinkel, unter welchem er das Objekt sieht, nicht so genau abzuschätzen vermag. Nicht selten wird in näherer Entfernung, etwa 1—2 m, eine wesentlich höhere Sehschärfe erzielt, als in größerer. Dabei muß aber beachtet werden, daß nahe am Auge, d. h. in Leseentfernung von 30—50 cm, meist auch bei wirklicher Sehschwäche sowie auch beim Normalen eine beträchtlich höhere Sehleistung erzielt wird, als in weiterer. Auf die psychologische Begründung dieser ja allgemein bekannten Erscheinung näher einzugehen ist hier nicht der Ort. Man wird jedenfalls als untere Grenze des Abstandes der Proben vom Auge nicht weniger als 1, besser noch 2 m wählen.

Man kann sich dabei natürlich auch an Stelle unregelmäßigen Wechsels an ein bestimmtes Vorgehen halten. So empfiehlt es sich zunächst in weitem Abstande zu prüfen, dabei immer kleinere Proben zu wählen und den Patienten jedesmal so weit herankommen zu lassen, bis das Sehzeichen erkannt wird (BELOW 1889).

Umgekehrt prüft man dann zuerst nahe am Auge mit Leseproben und läßt hier die feinste Schrift, die noch erkannt wird, lesen. Dann wählt man immer größere Leseproben und vergrößert die Entfernung entsprechend, bis sie gerade noch erkannt werden. Auf diese Weise kann man zuweilen bis zum Abstande von 5 m, wo die Sehpropentafeln hängen, gelangen, und dabei ein günstigeres Ergebnis erzielen, als mit den Probebuchstaben an der Wand. Der Grund ist darin zu suchen, daß die zusammenhängende Schrift der Leseproben in ihrer Größe leichter überschätzt wird. Hat man den Simulanten auf diese Weise dazu gebracht, eine kleinere Schriftprobe zu lesen, als er vorher auf der Sehprobentafel an der Wand lesen wollte, so kann man ihn nun sogar selbst seiner Widersprüche überführen (ROTH u. a.).

Freilich ist bei diesem Vorgehen Voraussetzung, daß noch ein nennenswerter Grad von Sehvermögen überhaupt vorhanden ist, bzw. angegeben wird. Bei hochgradigster Schwachsichtigkeit beider Augen ist mit der Mehrzahl der subjektiven Methoden nicht viel anzufangen. Beträgt das angegebene Sehvermögen nur Fingerzählen dicht vor dem Auge, so versucht man zweckmäßig die Prüfung, wie weit es Handbewegungen vor dem Auge und den Schein einer Kerzenflamme im dunklen Raum, wenn sie abwechselnd verdeckt und freigegeben wird, wahrnimmt. Hierbei muß der Unterschied zwischen hell und dunkel immer noch in einem Abstande von 6 m erkannt werden; denn jedes gesunde Auge ist hierzu sogar bei geschlossenen Lidern imstande. Einem Sehvermögen von Fingerzählen dicht vor dem Auge entspricht außerdem im allgemeinen ein Erkennen von Handbewegungen in mindesten 1 m vor einem dunklen Hintergrunde.

Wird diese u. a. besonders von GROENOUW (1894) empfohlene Kerzenprobe nicht in der genannten Entfernung bestanden, so beruht der Widerspruch auf Simulation, vorausgesetzt, daß nicht etwa ein hoher Grad von Nachtblindheit vorliegt.

Freilich bewiesen ist auch hier wieder nur, daß der zu Prüfende unwahre Angaben macht, noch nicht aber, daß er wirklich mehr sieht, als er angibt. Wenn man aber mit der Kerze im Dunkelzimmer sich bei Wiederholungen der Prüfung allmählich vom Patienten entfernt, so gelingt es oft, auch dann ihn noch zu der Angabe, daß er hell und dunkel zu unterscheiden vermag, zu veranlassen (Vorschlag von GROENOUW).

b) Prüfung mit verschiedenen Sehprobentafeln.

Da besonders bei wiederholten Untersuchungen sowie bei Massenuntersuchungen, z. B. bei Rekruten, der zu Prüfende häufig durch einfaches Zählen der Reihen weiß, bis wohin er lesen muß und sein Verhalten danach einrichtet, so ist mehrfach empfohlen worden, wenigstens die Sehprobentafeln zu wechseln und zwischendurch mit solchen zu untersuchen, welche eine andere Abstufung der Reihen aufweisen oder für eine etwas höhere Sehschärfe gedacht sind. Denn auf diese Weise gelingt es oft zu erreichen, daß der der Simulation Verdächtige auf einer anderen Sehprobentafel eine etwas kleinere Zeichenreihe erkennt.

Bei der Bewertung derartiger relativ geringer Unterschiede muß man jedoch recht vorsichtig sein. Die verschiedenen Sehprobentafeln, sofern sie nicht aus den SNELLENschen Haken, LANDOLTschen Ringen u. dgl. einheitlichen Zeichen bestehen, haben bekanntlich auch bei gleichen Entfernungszahlen recht ungleichen Erkennungswert, und die Untersuchungen von GEBB und LÖHLEIN (1910) haben erst wieder ergeben, daß die Untersuchungsergebnisse, die von den verschiedenen Sehprobentafeln gewonnen sind, sich nicht miteinander vergleichen lassen.

Sehr empfehlenswert ist es dagegen, zur Abwechslung oder noch besser von vornherein mit einer Tafel zu prüfen, welche als oberste Reihe Zeichen trägt, die nicht einer Sehschärfe von $^1/_{10}$ entsprechen, wie gewöhnlich, sondern etwa $^1/_2$, und von hier an weiter abgestuft sind. Überhaupt sollten Sehproben, die zur Simulationsentlarvung dienen, als unterste Reihe Zeichen tragen, welche doppelter Sehschärfe entsprechen, so daß die Reihe entsprechend $S = 1{,}0$ sich in der Mitte der Tafel befindet. Der Simulant liest häufig wenigstens die ersten Reihen, weil er seine Übertreibung nicht »übertreiben« will. Damit ist dann aber nicht nur die weitere Entlarvung als Simulant oft überflüssig, sondern es wird auch, was oft sonst zeitraubend ist, sofort nachgewiesen, daß ein nahezu normales Sehvermögen vorliegt.

Man kann sich eine entsprechende Tafel durch Ausschneiden von Sehzeichen anderer Tafeln selbst herstellen.

Um die Täuschung noch etwas zu begünstigen, kann man auch eine Reihe, die etwa doppelter Sehschärfe entspricht, farbig dick unterstreichen, so daß bei dem Simulanten der Eindruck erweckt wird, als wenn hier erst die Grenze des normalen Sehvermögens läge. Er ist dann vielleicht eher geneigt, bis in die Nähe derjenigen Reihe, welche in Wirklichkeit einer Sehschärfe von 1,0 entspricht, zu lesen.

c) Sehprobentafeln, die in einer Reihe verschiedengroße Sehzeichen oder solche in unregelmäßiger Anordnung tragen.

Die Kenntnis fast aller Simulanten, daß auf den Sehprobentafeln die Zeichen gleicher Größe in Reihen abgestuft untereinander angeordnet sind, hat man dazu benutzt, um besondere Tafeln für Simulanten zu konstruieren, bei denen in einer Reihe auch Zeichen geringerer Größe beigefügt sind. Ist der Unterschied nicht sehr groß, so wird er dann nicht bemerkt und der Simulant hat, ohne daß er sich dessen bewußt ist, gewissermaßen schon eine Reihe weiter gelesen.

Man kann sich nach dem Vorschlage von ADLER (1896) aus anderen Proben Zeichen ausschneiden und in diesem Sinne solche ähnlicher, aber verschiedener Größe unregelmäßig in Reihen nebeneinander kleben. Derartige Tafeln sind auch käuflich. Die GEBB-LÖHLEINschen Sehprobentafeln (1910) sind nach diesem Prinzip aufgebaut. Diejenigen Zeichen, welche einer Sehschärfe von 0,4—2,0 entsprechen, sind so angeordnet, daß sie daneben noch einmal, aber in umgekehrter Reihenfolge, stehen. Der zarte Trennungsstrich kann von dem zu Prüfenden aus der Entfernung von 5 m nicht gesehen werden, so daß er darüber hinweg lesen muß.

Auch die Anordnung, wie sie die KERN-SCHOLZschen Sehproben (1912) zeigen, sind für derartige Simulationsproben gut geeignet. Eine unregelmäßige Gruppierung der Sehzeichen hat TERSON (1909) gewählt. Recht brauchbar erscheinen mir ferner die Simulationstafeln von PASSERA (1910), bei dem die Sehzeichen konzentrische Kreise mit sehr augenfälliger Abstufung zeigen, daneben aber innerhalb jeden Kreises noch eine weniger auffällige Größenabstufung. Letztere kann von dem Simulanten leicht übersehen werden, besonders an dem mittleren Kreise der Tafeln.

Man kann, wie schon gesagt, sich durch Ausschneiden und Zusammenkleben nach eigenem Geschmack und Erfahrung die Sehzeichenordnung oder -unordnung bilden. Bei den relativ geringen Größenunterschieden, die zur Verwechslung angewendet werden können, wenn sie der Simulant nicht bemerken soll, ist nur immer erforderlich, daß gleichwertige Zeichen hierzu benutzt werden, d. h. entweder nur Haken und Ringe, oder nur bestimmte Buchstaben und Zahlen. Die genannten Tafeln von GEBB-LÖHLEIN, PASSERA u. a. berücksichtigen dieses Moment ebenfalls.

d) Auswechselbare Tafeln mit Zeichen von gleicher Anordnung, aber von verschiedener Größe.

Die sog. Verwechslungssehproben von ROTH (1906) bestehen aus zwei Tafeln mit lediglich SNELLENschen Hakenreihen. Der ersten Reihe der einen Tafel entspricht die zweite auf der anderen, und so fort. Der Patient muß also auf der Tafel mit den größeren Zeichen eine Reihe weiter lesen, als auf der anderen. Da aber der Größenunterschied der Haken auf beiden Tafeln nicht sehr erheblich ist, wird der Simulant leicht geneigt sein, beide Male bei der gleichen Reihe aufzuhören, die er sich als Grenze seines Sehvermögens vorgenommen hat.

Einen Satz von 7 Tafeln hat KRÖGER (1899) angegeben. Sie tragen in 5 Reihen alle die gleichen Buchstaben und Zahlen in gleicher Anordnung. doch sind sie auf jeder Tafel etwas kleiner. So entspricht auf Tafel I der erste Buchstabe einer Entfernung von 60, die letzte Reihe einer Entfernung von 12 m, auf der letzten Tafel VII der erste Buchstabe 30, die letzte Reihe 6 m. Man hängt nun am 1. Tage Tafel I auf, am nächsten Untersuchungstage Tafel II mit den nächstkleineren Zeichen, bis man an Tafel VII angelangt ist. Dem Simulanten, dem der verhältnismäßig geringe Größenunterschied der Sehzeichen seit der letzten Prüfung nicht zum Bewußtsein kommt und dann jedesmal bis zu seiner bestimmten Reihe liest, ist dann am 7. Tage die doppelte Sehschärfe von der am 1. Tage zugegebenen nachgewiesen.

Diese Probe ist recht empfehlenswert, nur ließen sich die Tafeln noch etwas vervollkommnen. Sie sollten mehr Buchstaben bzw. Zahlen tragen und die Abstufung sollte so gewählt sein, daß die letzte Reihe auf Tafel VII einer Entfernung von 3 m, also einer doppelten Sehschärfe bei Untersuchung in 6 m Entfernung entspricht. Bei der ursprünglichen Gestalt liegt die Gefahr des Auswendiglernens nahe. KRÜGER empfiehlt denn auch, die erforderliche Glaskorrektion lieber erst mit anderen Sehproben festzustellen, so daß die Untersuchung sich jedesmal nur auf kurze Zeit auszudehnen braucht, auch ist es wünschenswert, die Aufmerksamkeit des Simulanten noch durch andere Untersuchungen abzulenken.

Vorbedingung bei allen derartigen Prüfungen an verschiedenen Tagen ist natürlich, daß die Beleuchtungsverhältnisse stets die gleichen sind. Wenn man sich nicht des Sehprobenbeleuchtungsapparates bedienen kann, sondern mit Tageslicht untersuchen muß, so sind unbedingt jedesmalige Kontrolluntersuchungen mit einer normalen Vergleichsperson notwendig, um sich vor einem falschen Urteil zu bewahren. Geringfügige Unterschiede in den Angaben an den verschiedenen Untersuchungstagen sind auch dann noch nicht für Simulation beweisend.

Man kann die auswechselbaren Sehprobentafeln natürlich auch mit der Prüfung in verschiedener Entfernung kombinieren. BJERKE (1905, 1917) hat, um diese Probe zuverlässiger zu gestalten, seine Sehprobentafeln auf photographischem Wege in entsprechendem Grade reduzieren lassen. Dabei ist auf den so verschiedenen Tafeln auch die Größenabstufung der Optotypen geändert. Es wird dadurch einem Simulanten sehr erschwert, in den verschiedenen Entfernungen mit den verschiedenen Tafeln jedesmal die gleiche Sehschärfe vorzutäuschen. Auch für die Naheprüfung sind diese reduzierten Optotypen hergestellt (für die Entfernungen 25, 16,6 und 12,5 cm, 4, 6 und 8 D entsprechend)[1]), dazu ein kleiner Leseprobenhalter. Die Akkommodation wird ausgeschaltet, indem die entsprechende Dioptrienzahl, für welche die Optotypen reduziert sind, vorgesetzt bzw. zu der Refraktion des zu prüfenden Auges hinzugerechnet wird. Die Entfernung der Sehproben rechnet man vom vorderen Brennpunkt des Auges, der ziemlich genau mit dem Achsenort der Brillengläser zusammenfällt. Will man genau arbeiten, so verwendet man ein Brillengestell, das die Anbringung der Brillengläser im vorderen Brennpunkt des Auges gestattet (BJERKE 1914).

e) Prüfung mit einzelnen Buchstaben bzw. Sehzeichen.

Die Prüfung mit einzelnen Sehzeichen statt mit Tafeln, welche die verschiedenen Größenabstufungen gleichzeitig darbieten, hat den Vorteil, daß den Beobachtern die Möglichkeit, die verschiedenen Größen miteinander zu vergleichen, genommen wird. Auf der anderen Seite ist eine Täuschung der Simulanten durch besondere Anordnung oder Abstufung der Zeichen natürlich auch nicht mehr möglich.

Das Verfahren ist schon seit langem angewendet worden und wird von vielen nicht nur für Simulationsprüfungen, sondern überhaupt bei allen Sehprüfungen bevorzugt.

Man kann sich einfach verschiedene Zeichen ausschneiden und einzeln auf Tafeln kleben, die man dann in beliebiger Abwechslung, am besten noch bei gleichzeitigem Wechsel der Entfernung, vorhält. Als Größenabstufungen mag man sich solche entsprechend einer Sehschärfe von 1,0, 0,9 usw. bis 0,1 vorrätig halten (neuerdings von ROCHE 1912 geraten).

Man erleichtert sich die Prüfung, wenn man den Größenunterschied der direkt nacheinander vorgezeigten Objekte nicht groß wählt. Denn es liegt auf der Hand, daß, wenn nach mehreren großen Objekten plötzlich ein ganz kleines auftaucht, dessen geringe Größe ganz besonders eindringlich wird.

Um gleichmäßige Beleuchtung bei Untersuchungen, die zu verschiedenen Zeiten wiederholt werden, zu erzielen, ist es ratsam, sich auch hierbei der künstlichen Beleuchtung statt des diffusen Lichts zu bedienen. Eine ganz zweckmäßige Beleuchtungslampe ist die von STARGARDT (1912) angegebene,

---

[1]) Von der Firma Zeiß erhältlich.

da sie eine größere Fläche belichtet, innerhalb deren man die verschiedenen Tafeln vorzeigen kann. An dem ROTHschen Beleuchtungsapparat läßt sich die kleine Abänderung von OPPENHEIMER (1913) anbringen, bei welcher ein Schirm mit einem Ausschnitt vor der Tafel bewegt werden kann. Ähnliche Vorrichtungen sind auch von MEYER, FOLINEA (1913) u. a. angegeben (s. auch Abschnitt »Sehschärfeprüfung«).

Es sind hierfür auch noch besondere Apparate verwendbar, so die von CARL (1891) und BECKER (1891) angegebenen, bei denen die Sehzeichen auf einer runden, sich drehenden Scheibe angebracht sind, bei der die einzelnen Zeichen in einem Ausschnitt des Apparats erscheinen. Die Bedienung erfolgt vom Platze des Patienten aus, bei ersterem elektrisch, bei letzterem mittels Schnurlaufs.

Am zweckmäßigsten ist es, wenn die Anwendung einzelner Sehzeichen gleichzeitig mit einer Täuschung des zu Prüfenden über ihre Entfernung verbunden wird, um ihm die Größenschätzung noch weiter zu erschweren.

Auch die Optometer (s. a. O.) lassen sich für die Simulationsprüfung verwerten.

Für hochgradige Schwachsichtige hat BURCHARDT (1894) verschieden große weiße Scheiben angewendet, welche durch einen Schirm verdeckt und nur vorübergehend gezeigt werden. Anfangs werden nur große Scheiben gezeigt und der Beobachter wird angewiesen und eingeübt, jedesmal bei ihrem Sichtbarwerden schnell ein Zeichen zu geben. Zeigt man nun dazwischen plötzlich kleine Scheiben, so läßt sich ein Simulant zuweilen überrumpeln, auch hier sein Zeichen zu geben. Es braucht kaum betont zu werden, daß das Vorzeigen nicht in regelmäßigen Intervallen erfolgen darf, ebenso daß es geräuschlos erfolgen muß. Mit SNELLENschen Haken kann man unter Umständen in gleicher Weise vorgehen und so die Sehschärfe des Auges herausbekommen.

f) Verwendung von Gläsern mit vergrößernder Wirkung.

Man läßt die Sehprobentafeln mit einem gewöhnlichen Opernglas betrachten und lesen. Die Gläser haben etwa dreifache Vergrößerung und dementsprechend steigt auch die Sehschärfe für gewöhnlich um das Dreifache, wie man sich leicht selbst überzeugen kann. Simulanten machen dabei meist nicht die entsprechenden Angaben. Entweder sie lesen auch mit dem Glase nicht weiter als vorher, dann ist damit erwiesen, daß ihre Angaben unwahr sind. Oder sie lassen sich zuweilen dazu verleiten, weiter zu lesen, als der Vergrößerung entsprechen würde, weil die Vergrößerung der Operngläser besonders für kurze Entfernungen leicht überschätzt wird. In diesem Falle ist ihnen dann die höhere Sehschärfe nachgewiesen. Doch erprobe man die Wirkung des Glases bei der zur Untersuchung verwendeten Sehprobentafel jedesmal an einer normalen Kontrollperson.

37*

Weniger Bedeutung hat die vergrößernde Wirkung vor das Auge gehaltener stärkerer Konvexgläser, weil sie nur für sehr nahe Entfernungen in Frage kommen. Wird von dem Untersuchten die vergrößernde Wirkung zugegeben, so kann man ihm das entsprechende neutralisierende Konkavglas noch davorsetzen mit dem Bemerken, daß man das Glas noch verstärken wolle. Unter Umständen kann dabei in der Tat eine höhere Sehleistung erzielt werden.

g) Die Prüfung des Sehvermögens mit dem diagnostischen Farbenapparat nach Wolffberg.

Wolffberg (1894, 1895) nimmt bekanntlich die Funktionsprüfung des Auges nach drei Richtungen hin vor, nämlich

1. die Prüfung des dioptrischen Apparates durch Bestimmung der Sehschärfe in gewöhnlicher Weise;
2. die Prüfung des photochemischen Apparates der Netzhaut (des Neuroepithels, soweit es für den photochemischen Teil des Sehaktes in Betracht kommt) durch Bestimmung des Blaulichtsinnes mit Hilfe einer blauen Tuchscheibe von 7 mm Durchmesser;
3. die Prüfung des neuroptischen Apparates des Sehorgans durch Bestimmung des Rotlichtsinnes mit Hilfe einer roten Tuchscheibe von 2 mm Durchmesser.

Über die theoretischen und praktischen Grundlagen der Methode sowie über die diagnostische Bedeutung und Verwertung bei den verschiedenen Störungen des dioptrischen Apparates und den Erkrankungen des Sehorgans muß auf die Veröffentlichungen Wolffbergs und auf die Besprechung an anderer Stelle verwiesen werden. Ein normales Auge ohne Refraktionsanomalie muß jedenfalls bei voller Sehschärfe die rote und die blaue Scheibe in $5\frac{1}{2}$ m erkennen können, vorausgesetzt, daß die Tagesbeleuchtung ausreichend ist. Wie man sich hierüber informiert und wie die Prüfung im einzelnen ausgeführt wird, ist in der Gebrauchsanweisung angegeben.

Für die Simulationsprüfung ist das Verfahren deswegen geeignet, weil ein Simulant trotz großer Erfahrung diese gegenseitigen Beziehungen, welche zwischen den drei Prüfungen bestehen, nicht wissen kann. Sie liegen vollkommen außerhalb seiner Berechnungen und Schätzungen, und er wird sich deswegen leicht in Widersprüche verwickeln.

Zunächst ist ein Beobachter dann der Simulation sehr verdächtig, wenn der Farbenlichtsinn nach der Refraktionstabelle, die dem Apparat beigegeben ist, den Wert der angegebenen Sehschärfe wesentlich übersteigt und wenn die Untersuchung Astigmatismus und Amblyopie (z. B. bei Strabismus) auszuschließen gestattet. Man kann aus den Entfernungen, in welchen die farbigen Scheiben erkannt werden, einen gewissen Rückschluß auf das wirklich vorhandene Sehvermögen erhalten, besonders wenn man mit verschieden großen Scheiben in wechselnden Entfernungen untersucht.

Falsche Angaben kann man dem zu Untersuchenden auch dann mit dem Apparat nachweisen, wenn er vorgibt, die farbigen Scheiben auch in nächster Nähe nicht zu erkennen, am leichtesten, wenn es sich um Trübungen der brechenden Medien handelt.

Besonders die Erkennung des roten Scheibchens wird wegen seiner Kleinheit leicht geleugnet. Damit scheiden Ametropien so gut wie aus, und es kann sich nur noch um Trübungen oder um Erkrankungen des neuroptischen Apparates handeln. Die Trübungen müssen aber sehr erheblich sein, wenn sie die Wahrnehmung des roten Scheibchens unmöglich machen sollen. Inwieweit eine Erkrankung des neuroptischen Apparates (z. B. retrobulbäre Neuritis u. a. m.) in Frage kommen, entscheidet die weitere Untersuchung.

Empfehlenswert sind auch die blauen WOLFFBERGschen Tuchbuchstaben auf schwarzem Grunde. Sie werden vom Simulanten nach ihrer Größe geschätzt und dann zuweilen annähernd so weit gelesen wie gleichgroße schwarze Buchstaben auf weißem Grunde. Damit verriet er aber ein erheblich sicheres Sehvermögen als vorher, wie ein Vergleich mit einem Normalen leicht ergibt.

2. Täuschung über die Entfernung der Sehobjekte.

Bei den bisher beschriebenen Untersuchungsverfahren konnte der Beobachter die Entfernung der ihm vorgehaltenen Probeobjekte, auch wenn diese gewechselt wurden, übersehen und dadurch einen gewissen Rückschluß auf ihre Größe bzw. Erkennbarkeit ziehen.

Man kann ihn nun außerdem auf besondere, aber ganz einfache Weise entweder über die wahre Entfernung vollkommen im unklaren lassen, oder ihm eine nähere Entfernung vortäuschen, als die Prüfungsobjekte in Wirklichkeit besitzen.

a) Der Untersuchte bleibt über die Entfernung der Objekte im unklaren.

Das einfachste Verfahren ist, die Untersuchung im vollkommen dunkeln Zimmer vorzunehmen und durchscheinende, von rückwärts erleuchtete Sehproben zu nehmen. Man kann im Ausschnitt eines Fensterladens auf transparentem Stoff gedruckte Sehzeichen verwenden (auch die SYMENSsche Simulantenscheibe [s. unten] ist hierzu brauchbar) oder auch, weniger praktisch, in einem Kasten derartige Proben künstlich erleuchten.

Zweckmäßig ist hierfür der handliche von BIRCH-HIRSCHFELD (1913) für Lichtsinnprüfung angegebene Apparat. Hier erscheinen die Sehzeichen auf einer kleinen hellen Scheibe, die von einer Taschenlampe beleuchtet wird.

Auf diese Weise kann ohne Schwierigkeit die Entfernung vom Patienten während der Prüfung ohne dessen Kenntnis verändert werden.

Ein Fehler haftet natürlich jeder dieser Sehschärfeprüfungen im Dunkelzimmer an, das ist der große Einfluß des Adaptationszustandes des untersuchten Auges. Jedenfalls muß bei herabgesetzter Sehschärfe ohne entsprechenden objektiven Befund auch an eine Beeinträchtigung der Dunkeladaptation gedacht werden.

Bei Untersuchung im hellen Raume läßt man am einfachsten den zu Untersuchenden durch eine zylindrische Röhre blicken, welche von einem Schirm oder Vorhang umgeben ist. Die Länge der Röhre mag ungefähr $1/_2$ m betragen, als Durchmesser wird gewöhnlich 4—5 cm gewählt (Specht 1891, Nieden 1893 u. a.). Auf diese Weise ist die Umgebung für den Beobachter genügend abgedeckt und dieser erblickt durch die Röhre nur die Sehzeichen, die ihm am besten einzeln und in unregelmäßiger Reihenfolge vorgezeigt werden (s. oben). Er kann dann weder ihre Entfernung übersehen, noch hat er Anhaltspunkte, um sie mit anderen Objekten direkt zu vergleichen.

b) Dem zu Untersuchenden wird ein geringerer Abstand der Sehobjekte vorgetäuscht.

Man läßt die Sehproben in einem Spiegel lesen. Dadurch soll bei Beobachtern, welche mit den optischen Gesetzen nicht vertraut sind, der Eindruck erweckt werden, als ob sich die Sehobjekte in der Ebene des Spiegels befänden, während sie in Wirklichkeit um ein mehrfaches — je nach der Aufstellung — der Entfernung Beobachter-Spiegel erscheinen müssen.

Soll die Spiegelmethode zu einem Erfolg führen, muß sie geschickt durchgeführt werden.

Man prüft am besten zuerst die Sehschärfe in gewöhnlicher Entfernung von 5—6 m und läßt sodann die gleichen Sehproben in einem Spiegel betrachten, der in kürzerer — etwa halber — Entfernung aufgestellt ist. Es kommt alles darauf an, daß der Simulant den Eindruck erhält, daß er nunmehr in kürzerer Entfernung untersucht wird. Es ist deswegen auch wünschenswert, daß der Spiegel für den Beobachter wirklich eine Ebene oder Wand repräsentiert, d. h. daß er an einer Wand hängt und genügende Größe hat; nicht vorteilhaft dagegen ist es, wenn ein kleiner Spiegel mitten im Zimmer aufgestellt ist in halber Entfernung einer dahinter befindlichen noch sichtbaren Sehprobentafel.

Es sind eine Anzahl bestimmter Verfahren empfohlen worden, um die Täuschung besonders eindringlich zu gestalten. Das älteste (Peltzer 1879) Vorgehen ist das einfachste und unstreitig beste: man bedarf dazu nur eines größeren Wandspiegels. Man läßt die Sehproben zuerst in gewöhnlicher

Entfernung lesen. Erklärt der Simulant bei einer bestimmten Reihe, er könne sie nicht mehr lesen, so gibt man ihm die Tafel in die Hand, läßt sie vor seine Brust halten und nun langsam an den Spiegel von 5 m Entfernung aus herantreten. Dabei wird entweder zu ihm oder erklärend zu einem Assistenten (so, daß es der Patient hört), bedeutet, man wolle sehen, ob er es in halber Entfernung wenigstens lesen könne. Wird dann die Reihe in der Tat in $2^1/_2$ m gelesen, so entspricht das natürlich ebenfalls einer Entfernung von 5 m.

Barthélémy (1889) geht folgendermaßen vor: an einer Wand befindet sich der große Spiegel, an der gegenüberliegenden Wand die Sehprobentafel. Der zu Prüfende wird in die Mitte zwischen beide geführt und zuerst wie gewöhnlich mit den Sehproben untersucht. Darauf muß er sich umdrehen und nun die Sehzeichen im Spiegel lesen. Diese befinden sich nunmehr in der dreifachen Entfernung der früheren.

Der Unterschied zwischen der einfachen und dreifachen Entfernung ist allerdings doch recht merklich und infolgedessen nicht zweckmäßig. Besser ist daher der von Helmbold (1896) gemachte Vorschlag: »Man hängt in gewöhnlicher Entfernung von 5 oder 6 m Leseproben auf, solche gewöhnlicher Art und solche, die das Spiegelbild derselben darstellen (nebeneinander). Nun läßt man, nach Korrektion der eventuellen Refraktionsanomalien den ‚Patienten‘ lesen; er wird vielleicht zugeben, daß er die beiden obersten Reihen ($^5/_{35}$) erkenne und läßt sich nicht bewegen weiter zu lesen. Jetzt dreht man ihn um, so daß die Leseproben hinter seinem Rücken sind, und er in einen an der Wand hängenden Spiegel schaut, der sich halb so weit von ihm, wie die Leseproben befindet, und zwar so, daß er das Spiegelbild der Zahlen sieht.« Was er liest, befindet sich infolge der Spiegelung nunmehr in doppelter Entfernung.

Dadurch, daß die Sehproben im Spiegel eben in Spiegelschrift erscheinen, wird ihre Entzifferung erschwert und vielleicht auch der Erfolg der Täuschung in Frage gestellt. Man muß sich aus den Tafeln, welche Buchstaben enthalten, entweder solche auswählen, die auch in Spiegelschrift gelesen werden, d. h. die symmetrischen A, H, I, M, O, T, U, V oder besser Sehprobentafeln verwenden, welche lediglich derartige Buchstaben enthalten, wie die von Pflüger angegebenen. Alle Proben mit Haken und Ringen sind natürlich ohne weiteres im Spiegel verwendbar. Was Tafeln mit Zahlen anbetrifft, so hat, wie schon erwähnt, Helmbold empfohlen, die Tafel in gewöhnlicher und in Spiegelschrift nebeneinander zu hängen. Im Spiegel gesehen ist dann wiederum die eine richtig zu lesen, die andere erscheint in Spiegelschrift. Übrigens sind auch die internationalen Sehproben für den Rothschen Beleuchtungsapparat passend, in Spiegelschrift herausgegeben (Spengler 1911).

Sehproben in Gestalt einer besonderen »Simulantenscheibe« hat Symens angegeben: Hier erscheinen die Sehzeichen (Zahlen usw. in Spiegelschrift), auf transparentem Papier einer drehbaren runden Scheibe gedruckt, in einem kleinen Fensterausschnitt eines dunklen Rahmens, und zwar immer zwei Proben untereinander, von denen die untere halb so groß ist, als die obere. Auch diese Scheibe, die am Fenster aufgestellt oder auch von hinten her künstlich beleuchtet werden kann, wird im Spiegel betrachtet, leistet aber m. E. nicht mehr, als die oben erwähnten Spiegelproben, von denen, wie schon erwähnt, die Peltzersche die empfehlenswerteste ist.

Das gleiche wie von Symens' Apparat gilt auch von den transparenten Sehproben, die Gesang (1908) angegeben hat. Sie sind im Prinzip den Symensschen durchaus ähnlich, nur daß hier ein auf Gummirollen verschieblicher Rahmen die Proben trägt. Durch entsprechende Scheiben können einzelne Sehzeichen isoliert gezeigt werden. Die Entfernung kann hier auch durch Verschieben des Rahmens verändert werden. Die Helligkeit der Proben kann außerdem durch rauchgraue Gläser gemindert werden. Beide Simulationsproben, die von Symens und von Gesang, können durch Vorschieben von rotgrünen Gläsern in farbige verwandelt und dann nach dem S. 599 ff. beschriebenen Verfahren verwendet werden.

Schließlich gibt es Simulationsapparate, bei denen die Spiegelung dem Beobachter überhaupt verborgen bleibt. So hat Beck (1914) einen Kasten angegeben, der äußerlich etwa dem Försterschen Photometer ähnelt. Durch eine Röhre, die 8 cm aus dem Kasten herausragt und 25 cm nach innen hineinreicht, blickt der Beobachter auf einen schrägen drehbaren Spiegel. Außerdem gehört noch ein großer Spiegel zu dem Apparat, der an der Decke hängt und durch einen Schirm wie eine Lampe maskiert ist. Der Kasten wird unter den großen Spiegel auf einen Tisch gestellt, die Rückseite des Kastens heruntergeklappt und hier die Sehproben heraufgelegt, die nun erst durch Spiegelung an der Decke auf den zweiten kleinen Spiegel vor dem Tubus gelangen und statt in nächster Nähe in Wirklichkeit in etwa 4 m Entfernung erscheinen. Am besten verwendet man dabei Proben, die dem Patienten schon von der Naheprüfung her bekannt sind. Zur Täuschung für den Simulanten ist noch ein Vexierokular da, das scheinbar scharf eingestellt werden kann.

3. Verwertung der fehlerhaften Angaben.

Man kann den Grad der vorhandenen Sehschärfe nicht nur aus den richtigen Angaben des zu Prüfenden entnehmen, sondern auch aus den falschen. Wenn nämlich ein bestimmtes Sehobjekt, z. B. eine Snellensche Hakenfigur, in ihrer Stellung, ob z. B. nach rechts oder links gerichtet, nicht mehr richtig erkannt und der betreffende Beobachter nun zum Raten aufgefordert wird, so muß er nach der Wahrscheinlichkeitsrechnung ungefähr 10 mal auf 30 Fragen die Lage der Haken richtig raten. Es ist eine interessante psychologische Erscheinung, daß Simulanten, welche die Figur noch gut sehen, glauben besonders überzeugend zu wirken, wenn sie stets falsche Angaben machen. Gibt also ein Patient 30—50 mal hintereinander die Richtung des Hakens ausnahmslos falsch an, so kann daraus mit ziem-Bestimmtheit entnommen werden, daß er die richtige Angabe **absichtlich vermeidet, die Figur also erkennt.**

Mit dieser hübschen von Wick (1901) angegebenen, neuerdings auch von Majewski (1916) mit Recht wieder warm empfohlenen Methode kann man nämlich nicht nur den Simulanten wissentlich falscher Angaben überführen, sondern bis zu einem gewissen Grade sogar seine Sehschärfe bestimmen.

Wick empfiehlt dazu die Snellenschen Haken — die Landoltschen Ringe eignen sich natürlich in gleicher Weise — auf einzelne gleich große Pappquadrate aufzukleben. Dem zu Untersuchenden wird zunächst der Haken, welcher der von ihm noch zugegebenen Sehschärfe entspricht, in verschiedenen Stellungen gezeigt, die von ihm richtig angegeben werden. Nunmehr wird die nächst kleinere Figur gezeigt, und wenn er angibt, ihre Stellung nicht zu erkennen, wird er zum Raten aufgefordert. Rät er, wie gesagt, etwa 30 mal hintereinander stets falsch, so erkennt er in Wirklich-keit die Lage des Hakens. So geht man zu immer kleineren Haken über und bestimmt damit, ohne daß der Geprüfte es ahnt, dessen Sehschärfe. Erst wenn er in Wahrheit die Haken nicht mehr erkennt, werden zeitweise richtige Angaben auftreten.

Man kann dieses Verfahren durch Spiegelproben (s. o.) u. dgl. für den Beobachter noch schwieriger gestalten (Majewski 1916).

B. Täuschung darüber, mit welchem Auge gesehen wird.

Bei Simulation von Blindheit oder Schwachsichtigkeit nur eines Auges ist die Entlarvung gegenüber der doppelseitigen Simulation sehr viel leichter. Denn hier stehen uns außer den bisher genannten eine ganze Gruppe ver-schiedenster Prüfungsmethoden zur Verfügung, welche alle darin gipfeln, bei dem zu Prüfenden den Glauben zu erwecken, als sähe er mit dem ge-sunden Auge die Sehzeichen, welche er in Wirklichkeit nur mit dem an-geblich schwachsichtigen wahrnimmt. Diese Täuschung gelingt meist viel schneller und vollkommener, als die über die Erkennbarkeitsbedingungen der Sehobjekte, und bei einseitiger Simulation verdienen daher die im folgen-den mitgeteilten Methoden fast durchweg den Vorzug.

Hierbei ist vorausgesetzt, daß dem menschlichen Sehorgan eine Fähig-keit fehlt, nämlich

Die Unterscheidbarkeit rechts- und linksäugiger Eindrücke.

In der Tat ist es uns unter bestimmten Beobachtungsbe-dingungen unmöglich, wahrzunehmen, ob ein Gesichtseindruck dem linken oder dem rechten Auge angehört, dann nämlich, wenn die Bilder

beider Augen angenähert gleiche Helligkeit und gleiche Deutlichkeit besitzen. Dabei kann der Inhalt der beiden monokularen Gesichtsfelder wesentlich verschieden voneinander sein. Man blicke z. B. mit
beiden Augen durch eine Doppelröhre von beiläufig 4—5 cm Weite und
bringe beide Röhrenöffnungen, welche als helle Scheiben erscheinen, zur
binokularen Vereinigung. Führt man dann vor die eine Röhrenöffnung
einen schmalen Gegenstand, z. B. einen Bleistift, so ist es unmöglich anzugeben, mit welchem Auge der Bleistift gesehen wird. Bringt man am Haplo-
skop oder an einem Stereoskop mit kleinen Gesichtsfeldern zwei verschiedenfarbige Flächen zur binokularen Vereinigung, so ist es bei dem auftretenden
Wettstreit nicht möglich zu beurteilen, welche Farbe mit dem rechten,
welche mit dem linken Auge gesehen wird. Derartige Versuche sind wiederholt zur Veranschaulichung der fehlenden Unterscheidbarkeit rechts- und
linksäugiger Eindrücke mitgeteilt worden (z. B. Heine 1901, Brückner und
Brücke 1902).

Bei fast allen stereoskopischen Untersuchungsmethoden und immer
dann, wenn ein relativ kleines Feld beiden Augen in dunkler Umrahmung
erscheint, sind die eben genannten Bedingungen annähernd erfüllt, desgleichen dann, wenn in das Gesichtsfeld eines Auges ein relativ kleiner
Gegenstand, wie z. B. ein Bleistift oder dgl. eingefügt wird, weil hierdurch
eine wesentliche Ungleichartigkeit der beidäugigen Sehfelder nicht bedingt wird.

Anders liegen aber nun die Verhältnisse, wenn die Seheindrücke eines
Auges wesentlich undeutlicher oder dunkler, als die des anderen Auges er-
scheinen, oder wenn der Unterschied zwischen beiden Seheindrücken da-
durch maximal wird, daß ein Auge gänzlich vom Sehakte ausgeschaltet
wird. Wie ich 1914 ausgeführt habe und wie auch aus früheren Versuchen
Schöns zu entnehmen ist, überwiegt im gemeinschaftlichen Sehfelde der
Eindruck der temporalen Gesichtsfeldhälfte wesentlich über den der nasalen.
Setzt man z. B. vor das rechte Auge ein rotes, vor das linke ein grünes
Glas, so erscheint im ersten Augenblick das gemeinschaftliche Sehfeld durch
eine vertikale durch den Fixierpunkt gehende Trennungslinie halbiert derart, daß die rechte Sehfeldhälfte rot, die linke grün erscheint. Auf diese
Weise ist für einen Augenblick wenigstens die Unterscheidung des rechts-
äugigen und linksäugigen farbigen Eindruckes ohne weiteres möglich, eine
Unterscheidung, welche allerdings schnell durch den einsetzenden Wettstreit
der Sehfelder unmöglich gemacht wird. Lohmann hat die gleiche Erscheinung
auch bei verschiedenem Adaptationszustande der Augen beobachten können.

Es ist ersichtlich, daß bei Simulationsproben, bei welchen z. B. verschiedenfarbige Gläser vor beide Augen gesetzt werden, dieses Überwiegen
der temporalen Gesichtsfeldhälften die Unterscheidung der rechts- und linksäugigen Eindrücke ermöglichen kann, um so mehr als, wie ich gezeigt habe,
durch leichte Augenbewegungen nach rechts und links die Erscheinung

noch deutlicher wird, insofern hier jedesmal das Sehfeld die Farbe der jeweiligen temporalen Gesichtsfeldhälfte annimmt.

Besonders eindringlich tritt diese Erscheinung in einem Versuche Wesselys (1913) hervor, der gerade für die Frage der Zweckmäßigkeit derartiger Prüfungsmethoden auf Simulation von größter Bedeutung ist: läßt man im Dunkelzimmer abwechselnd auf die geschlossenen Lider des rechten und linken Auges von vorn das Licht einer Lampe mit Hilfe eines Spiegels fallen, so ist es fast ausnahmslos möglich, zu unterscheiden, welches Auge gerade belichtet ist, weil der Lichtschein regelmäßig zu weit temporalwärts lokalisiert wird (s. S. 586).

Ja es kommt gar nicht einmal darauf an, daß der Eindruck des einen Auges absolut heller ist, als der des anderen, um die Unterscheidung zu ermöglichen. In einem weiteren Versuche hat Wessely (1913) nämlich gezeigt, daß bereits am Stereoskop eine leichte plötzliche Erhellung des Bildes des einen Auges auch dann richtig lokalisiert werden kann, wenn das Bild objektiv noch immer dunkler geblieben ist als das des anderen Auges.

Wahrscheinlich beruht auf diesem Überwiegen der temporalen Gesichtsfeldhälften auch folgende früher wiederholt diskutierte Erscheinung (Heine, Brückner und Brücke u. a.): Wenn man im Dunkeln mit beiden Augen nach einem hellen entfernten Punkt blicken läßt und das eine Auge in unregelmäßigem Wechsel unbemerkt vom Beobachter abdeckt, wird von diesem meist richtig angegeben, mit welchem Auge der Punkt gesehen wird. Man erhält nämlich auf diese Weise keineswegs ein punktförmiges Netzhautbild, vielmehr ist infolge des im Auge auftretenden Zerstreuungslichtes in Wirklichkeit ein größerer Teil der Netzhaut belichtet [1]).

Daß bei diesen Phänomenen dem peripheren monokulären Anteil der temporalen Gesichtsfeldhälfte allein keine entscheidende Bedeutung zukommt, habe ich bereits gezeigt (1914). Die Erscheinung z. B. bei der Anwendung farbiger Gläser ist auch dann nachweisbar, wenn das Objektfeld im Bereiche des mittleren gemeinschaftlichen Sehfeldes liegt.

Das starke Überwiegen der Eindrücke der temporalen Gesichtsfeldhälften kommt übrigens noch deutlicher zum Ausdruck bei der Richtungslokalisation bei einäugiger Beobachtung, sowie auch bei Betrachtung von Doppelbildern; meine Versuche hierüber sind im Erscheinen, sollen hier aber nur beiläufig erwähnt werden, da sie für die Simulationsprüfung keine unmittelbare Bedeutung haben.

Ob es nur diese Ungleichheit der Eindrücke korrespondierender Teile der Gesichtsfelder ist, welche die unbewußte streng verschiedene Bewertung der rechts- und linksäugigen Eindrücke beim Tiefensehen zugrunde liegt, soll hier dahingestellt bleiben. Daß jedoch eine scharfe Trennung zwischen rechts- und linksäugigen Bildern zentral durchgeführt ist, geht aus einer

---

1) Auf andere Erklärungsmöglichkeiten dieser Erscheinungen kann hier nicht näher eingegangen werden.

weiteren eigentümlichen Erscheinung hervor, welche mit dem Überwiegen der temporalen Gesichtsfeldhälften direkt nichts zu tun hat, die aber gerade für die Simulationsprüfung als Unterscheidungsmerkmal für die rechts- und linksäugigen Eindrücke eine wichtige Rolle spielt: das sog. Abblendungsgefühl (s. Brückner und Brücke 1902)[1] an dem vom Sehakte ausgeschlossenen oder doch im Sehen stark behinderten Auge.

Am eindringlichsten erscheint der Versuch, wenn der Unterschied in der Deutlichkeit des rechts- und linksäugigen Bildes durch einen verschiedenen Adaptationszustand der Augen hervorgerufen wird. Trägt man z. B. längere Zeit vor einem Auge einen abschließenden Verband und entfernt ihn in einem nur schwach erleuchteten Zimmer, so tritt auf dem zuvor nicht verbundenen, also helladaptierten und deshalb im Dunkeln minderwertigen Auge ein höchst charakteristisches Gefühl auf: man bekommt in ganz zwingender Weise die Vorstellung, als ob das Lid dieses Auges herabgesunken sei. In ähnlicher Weise kann man das Phänomen hervorrufen durch Vorsetzen von matten Gläsern, selbst von starken Konvex- oder Konkavgläsern, durch künstliche Pupillenerweiterung auf einem Auge u. a. m., also unter Beobachtungsbedingungen, wie sie gerade bei der Simulationsprüfung angewendet werden (über die verschiedenen Versuchsbedingungen zur Hervorrufung des Abblendungsgefühles s. vor allem bei Brückner und Brücke 1902).

Zweifellos ist es mit Hilfe des Abblendungsgefühles durchaus möglich zu unterscheiden, welches Auge das sehende ist. Dies Phänomen nimmt — im Gegensatz zu dem oben erwähnten Dominieren der temporalen Gesichtsfeldhälften über die nasalen — mit der Dauer der Beobachtung an Deutlichkeit zu, eine Tatsache, deren Kenntnis ebenfalls von Wichtigkeit für Simulationsprüfungen ist.

Auf die Frage, wie dieses »scheinbare Organgefühl«, wie es Brückner und Brücke nennen, zustande kommt, kann hier nicht näher eingegangen werden. Daß ein vermehrter Muskeltonus in Betracht kommt, ist an sich schon wenig wahrscheinlich, auch konnte ich das Phänomen an einem Auge mit vollkommener Okulomotoriuslähmung in gleicher Stärke wie auf dem gesunden Auge hervorrufen. Hoffmann hat auch hierfür den monokularen halbmondförmigen Gesichtsfeldanteil verantwortlich machen wollen. Allein es läßt sich leicht zeigen, daß diese Ansicht irrig ist: man kann nämlich das Abblendungsgefühl auch dann deutlich auf einem Auge hervorrufen, wenn dieses im Dunkelzimmer zwar peripher entsprechend dem genannten Gesichtsfeldbezirk belichtet ist, dagegen im zentralen Gesichtsfeldteil vom Sehakte ausgeschlossen wird. Ja man kann direkt beobachten, wie das Phänomen um so deutlicher wird, je näher auf dem sehenden Auge der belichtete Netzhautbezirk dem Fixierpunkt liegt. Auch zwischen nasaler und temporaler Netzhauthälfte besteht hierbei kein prinzipieller Unterschied. Am wahrscheinlichsten ist die Ansicht Brückners und Brückes, daß das

---

[1] Ältere Arbeiten über diese Frage siehe Brückner und Brücke, Arch. f. d. ges. Physiol. Bd. CVII. S. 263. 1905.

Abblendungsgefühl zentral bedingt ist, insofern hier auf Grund von Erfahrung die Vorstellung erweckt wird, als ob das eine Auge geschlossen ist.

Aus diesen Ausführungen geht hervor, daß alle Simulationsproben, welche darauf beruhen, ein Auge unbemerkt vom Beobachter vom Sehakte auszuschließen, nur dann keinen Anhaltspunkt für die Unterscheidung der rechts- und linksäugigen Eindrücke bieten, wenn diese hinsichtlich Helligkeit und Deutlichkeit der Bilder keine zu starke Differenz aufweisen. Dieser Forderung entsprechen durchaus nicht alle die Methoden, die ich als erste Gruppe der hier in Frage kommenden Proben zusammenfassen will. Man hat nämlich vorgeschlagen, das Bild des einen Auges dadurch undeutlich zu machen, indem man einfach undurchsichtige oder stark konvexe bzw. konkave Gläser usw. vorsetzt, den Adaptationszustand beider Augen verschieden macht, durch Medikamente Akkommodationslähmung usw. hervorruft oder auch totalreflektierende Prismen vorsetzt. In zweiter Linie kommt dabei die Verwendung roter und grüner Gläser in Betracht, so daß dem einen Auge Sehobjekte sichtbar sind, welche dem anderen infolge der elektiven Absorption der Gläser verborgen bleiben. Schließlich können durch undurchsichtige Gegenstände (Lineal u. dgl.), welche in die Blickrichtung des einen Auges eingeschaltet werden, diesem nur kleinere Teile einer fortlaufenden Leseschrift verborgen bleiben, die dann nur mit dem anderen Auge allein gelesen werden.

Die zweite Gruppe der Proben beruht darauf, daß auf verschiedene Weise Doppelbilder eines Gegenstandes erzeugt werden. Dadurch kann der Beweis erbracht werden, daß der Beobachter mit beiden Augen zugleich sieht, während er selbst glaubt, die Objekte nur mit seinem einen gesunden Auge wahrzunehmen.

Die dritte Gruppe bietet jedem Auge je ein Halbbild dar, die beide etwas different voneinander sind, aber stereoskopisch verschmolzen werden können. Auch auf diese Weise kann der Nachweis geführt werden, daß beide Augen sich gleichzeitig am Sehakte beteiligen, während bei dem Beobachter wieder der Glauben erweckt wird, daß er nur mit einem Auge sieht.

Die vierte Gruppe beruht darauf, daß jedem Auge je eine Leseprobe gezeigt wird, die nicht miteinander stereoskopisch verschmolzen werden, sondern nebeneinander getrennt sichtbar bleiben, bei denen jedoch durch bestimmte Maßnahmen eine Kreuzung der Blicklinien erreicht wird, so daß die beiden Bilder vertauscht erscheinen. Der Simulant glaubt die linksstehende Probe mit seinem linken Auge zu lesen, sieht sie aber in Wirklichkeit mit dem rechten Auge, und umgekehrt. Dies entspricht der Erfahrung, daß wir immer geneigt sind, alle in der rechten Sehfeldhälfte befindlichen Objekte dem rechten Auge zuzuschreiben, die der linken Hälfte dem linken.

Ein fünftes Verfahren endlich verzichtet auf das gleichzeitige Sehen mit beiden Augen und begnügt sich, abwechselnd, also nacheinander, Licht in das rechte und linke Auge zu werfen. Sie ist besonders für diejenigen Fälle angebracht, welche infolge Störung des Muskelgleichgewichtes oder aus einem anderen Grunde keinen binokularen Sehakt haben.

Eine annähernde Gleichwertigkeit der Netzhautbilder, welche wenigstens für gleich funktionstüchtige Augen die Unterscheidung der rechts- und linksäugigen Eindrücke unmöglich macht, wird erreicht von den Proben der ersten Gruppe dann, wenn die Ausschaltung des einen Auges nur teilweise, z. B. durch einen schmalen undurchsichtigen Gegenstand, erfolgt, während im übrigen das Gesichtsfeld frei bleibt; in befriedigender Weise auch bei Anwendung roter und grüner Gläser, wie oben auseinandergesetzt wurde. Bei den Proben der zweiten bis vierten Gruppe läßt sich die Gleichwertigkeit der Netzhautbilder ebenfalls in genügender Weise erreichen. Dagegen kann bei einem einfachen Vorsetzen eines matten, dunklen oder stark brechenden Glases der Beobachter sehr wohl imstande sein, durch das entstehende Abblendungsgefühl bzw. durch die Differenz zwischen den beiden Hälften des binokularen Sehfeldes zu unterscheiden, mit welchem Auge er schlechter sieht. Hier ist deswegen nur der positive Ausfall der Probe, d. h. die Entlarvung des Simulanten beweisend, das häufige Versagen dagegen nicht. Man muß deswegen hier zu besonderen Hilfsmitteln greifen, um die Aufmerksamkeit des Beobachters abzulenken, z. B. durch gleichzeitige Anwendung des binokularen Farbenwettstreites (z. B. Verfahren von Markbreiter, S. 591), oder auf andere Weise.

Im folgenden sollen die verschiedenen Methoden eingehend besprochen werden.

I. Methoden, bei welchen das eine Auge ganz oder teilweise vom gemeinschaftlichen Sehakt ausgeschaltet wird.

1. Gänzliche Ausschaltung des gesunden Auges bei der Sehprüfung.

Eine vom Beobachter unbemerkte Ausschaltung des gesunden Auges während der Sehprüfung läßt sich entweder durch einfaches Vorsetzen von Gläsern verschiedener Art erreichen, durch welche das Zustandekommen eines deutlichen Netzhautbildes verhindert wird, ferner dadurch, daß man mit Hilfe von Medikamenten einen Akkommodationskrampf und damit eine künstliche Myopie (für die Naheprüfung eine Akkomomdationslähmung) erzielt oder endlich einen verschiedenen Adaptationszustand zwischen beiden Augen schafft.

a) Vorsetzen von Gläsern vor das gesunde Auge.

Man kann sich hierbei einfach solcher Gläser aus dem Brillenkasten bedienen, welche die Erkennung der Sehproben unmöglich machen, von denen aber der zu Prüfende glaubt, daß sie Korrektionsgläser sind.

Es liegt auf der Hand, daß diese Täuschung am leichtesten gelingt, wenn man ein Brillengestell aufsetzt und möglichst vor beide Augen des Patienten Korrektionsgläser hineinsetzt. Um das vor dem gesunden Auge befindliche Glas unbemerkt vom Beobachter für das Sehen untauglich zu gestalten, gibt es sehr verschiedene Verfahren.

Am einfachsten, zwar etwas roh, aber zuweilen zum Ziele führend, kann man das eine Brillenglas anfetten, mit Lykopodium bestreuen oder auch anhauchen (SEGEL 1895, ROTH 1907 u. a.).

Ferner kann man mit Hilfe der Blechscheibe das gesunde Auge ausschalten, wenn man sich besonderer Versuchsmaßregeln bedient, nämlich vor das zu prüfende Auge eine gleiche nur mit einem kleinen stenopäischen Loch versehene Scheibe vorsetzt. Das »Abblendungsgefühl« (S. 588) tritt hierbei kaum auf und der Beobachter vermag nicht zu unterscheiden, welches Auge durch das stenopäische Loch hindurchsieht. Man wird zunächst am besten die Lochscheibe erst dem gesunden Auge vorsetzen und während der Untersuchung unbemerkt die Scheiben umwechseln.

Der Versuch das Auge einfach durch eine vorgesetzte Mattglasscheibe am Sehakte zu verhindern, schlägt meist fehl, weil hier auch für schlechte Beobachter leicht das »Abblendungsgefühl« auftritt und so die Ausschließung des gesunden Auges verrät. Immerhin gelingt es auch hiermit gut, wenn man seine Aufmerksamkeit durch weitere Hilfsmittel ablenkt. Das gelingt gut z. B. durch farbige Gläser (s. auch S. 599 ff.). Setzt man vor das angeblich schwache Auge eine grüne Scheibe, vor das gesunde eine rote, welche gegen das Auge gekehrt ist und davor die Milchglasscheibe, dann ruft der auftretende binokulare Farbenwettstreit für den Beobachter das Gefühl hervor, als sähe er mit beiden Augen, also auch mit dem gesunden (MARKBREITER 1916).

Mit dem grünen Glase wird das Milchglas am besten nicht kombiniert, weil es meist zu hell ist. Anderseits darf das rote Glas auch nicht zu dunkel gewählt werden, weil sonst im Verein mit dem Milchglas das Licht so stark abgeblendet wird, daß kein Farbenwettstreit mehr auftritt. Zweckmäßig lenkt man die Aufmerksamkeit des Simulanten noch dadurch ab, daß man ihn ersucht darauf zu achten, in welcher Farbe die Sehproben erscheinen.

Mit farbigen Gläsern kann man auch noch in anderer Weise vorgehen. Man setzt z. B. dunkelfarbige Gläser verschiedener Tönung schnell vor beide Augen, das dunklere, durch welches die Sehproben unsichtbar werden, vor das gesunde, das hellere vor das zu prüfende Auge. KUGEL (1870) verwendete in dieser Weise zwei blaue Gläser. Die Ausschaltung des gesunden Auges wird bei diesem Vorgehen kaum bemerkt, wenn nicht der Simulant wieder schnell ein Auge zukneift.

Wieder kann man hier durch den binokularen Farbenwettstreit die Aufmerksamkeit ablenken, indem man vor das gesunde Auge z. B. ein

dunkleres blaues, vor das angeblich schwachsichtige ein rotes Glas vorsetzt.
Man überzeugt sich selbst vorher, ob durch ersteres die Sehschärfe entsprechend stark herabgesetzt, durch das letztere dagegen nicht nennenswert
beeinträchtigt wird.

Noch besser gelingt die Täuschung, wenn man auch das blaue Glas so
hell wählt, daß die Sehschärfe des gesunden Auges dadurch nur mäßig —
etwa auf $1/4$ — herabgesetzt wird. Hängt nämlich der erleuchtete Seh-
probenkasten an einer nur schwachbeleuchteten Zimmerwand, so erscheinen
durch das blaue Glas die Umgebung der Sehproben erheblich heller, als
durch das rote (PURKINJEsches Phänomen). Der Beobachter gewinnt so den
Eindruck, als sähe er mit dem gesunden, blaubewaffneten Auge besser,
während er in Wirklichkeit durch das rote Glas die höhere Sehschärfe hat.
Das Überwiegen der temporalen Gesichtsfeldhälften (s. S. 586) macht sich
hierbei nicht hinderlich bemerkbar; die Sehprobentafel ist dafür zu klein.

Rauchgraue Gläser wendet man am besten so an, daß in das
Brillengestell zunächst für beide Augen schwachgefärbte Gläser eingesetzt
werden, die man dann mit etwas dunkleren vertauscht, um dann plötzlich
vor das gesunde Auge das dunkelste Glas zu setzen. Natürlich muß man
sich zuvor überzeugen, daß durch letzteres auch wirklich das Erkennen der
Sehproben verhindert wird. Ist das nicht der Fall, kann durch Kombination z. B. des grünen mit dem roten Glase Ersatz geschaffen werden
(WESSELY 1908).

Zweckmäßiger ist die Verwendung durchsichtiger Gläser, weil hier die
Täuschung, daß es sich um korrigierende Brillengläser handelt, durch die
man sehen kann, am besten aufrecht erhalten wird. Man verwendet hierzu sphärische oder Zylindergläser.

Von den sphärischen Gläsern kommen für die Fernprüfung natürlich nur die Konvexgläser in Frage. Am besten geht man bei dieser einfachen Prüfung, die anscheinend zuerst von SCHENKL (1875) veröffentlicht
worden ist, folgendermaßen vor. Man setzt das Brillengestell auf, in dem
sich für das angeblich schlechtsehende Auge das entsprechende Korrektions-
bzw. Planglas befindet, läßt den Simulanten mit beiden Augen nach den
Sehproben blicken und beschäftigt sich nun zunächst ostentativ nur mit
dem gesunden Auge. Zunächst prüft man die Sehschärfe ohne bzw. mit
dem Korrektionsglase, setzt dann ein ganz schwaches Glas — etwa konkav oder konvex 0,15 — davor und fragt den Beobachter: nicht wahr,
Sie sehen jetzt noch ebenso? Dann hält man ein etwas stärkeres Konvexglas — vielleicht $+ 1,0$ oder $+ 2,0$ D — vor und sagt: jetzt sehen Sie
etwas schlechter? und bestimmt nunmehr den Grad der Sehschärfe. Dann
nimmt man, um den Beobachter noch mehr in Sicherheit zu wiegen, das
Konvexglas wieder fort, und fragt ihn: nicht wahr, jetzt sehen Sie wieder
besser? Die Frage wird bejaht werden. Sodann setzt man das starke

Konvexglas vor, durch welches das gute Auge ausgeschaltet wird, und bestimmt nunmehr die Sehschärfe scheinbar des guten, in Wirklichkeit des angeblich schlechten Auges (Silex, Schmeichler 1916 u. a.).

Man kann nun letzteres zuhalten und dadurch dem Simulanten selbst beweisen, daß er mit seinem guten Auge nichts mehr sieht, daß er also überführt worden ist. Oder aber mit Rücksicht auf spätere Nachprüfungen steht man hiervon gänzlich ab, läßt das gesunde Auge schließen, bestimmt die angeblich schlechte Sehschärfe des zweiten Auges und läßt den Simulanten in dem Glauben, daß er den Arzt getäuscht hat. Man kann dann den Mann später wieder in gleicher Weise überführen. Nur muß stets darauf geachtet werden, daß der Simulant nicht schnell ein Auge zukneift, um sich zu orientieren. Sobald man das bemerkt, muß das Brillengestell sofort entfernt werden. Der Untersucher darf sich daher nicht nach den Sehproben hin vom Beobachter entfernen!

Dieses Vorgehen ist außerordentlich einfach und führt in vielen Fällen von Simulation herabgesetzter Sehschärfe eines Auges schnell und sicher zum Ziele, trotzdem hier die Bedingungen für Entstehung des Abblendungsgefühles (S. 588) gegeben sind.

Es ist nicht immer ratsam, die stärksten Konvexgläser, $+ 20,0$ D, zu wählen, wie mehrfach empfohlen wurde (z. B. Schmeichler). Wenn auch hiermit häufig Erfolge erzielt werden, so fällt doch manchem Beobachter der große Unterschied der Netzhautbilder auf: der Rothsche Beleuchtungskasten erscheint bei $+ 20,0$ D dem betreffenden Auge als großer heller Fleck, welcher sich mit dem viel kleineren und scharfen Bilde des anderen Auges nicht mehr deckt. Der Beobachter kann dadurch leicht den Eindruck erhalten, daß mit dem gesunden Auge etwas nicht mehr in Ordnung ist. Besser ist es daher schwächere Gläser anzuwenden, für Emmetropen bzw. bereits auf Emmetropie korrigierte Augen etwa $+ 3,0$ bis $+ 6,0$ D, welche ebenfalls die Sehschärfe so stark herabsetzen, daß ein Erkennen der Sehproben auf 5 m unmöglich wird (Wessely 1908, Barrossio 1887).

Szokolik (1911) hat sogar empfohlen, noch schwächere Gläser zu verwenden, um die Täuschung zu erleichtern. Er wählt nur einen Unterschied von 1,5 D, z. B. $+ 0,25$ D vor das eine, $+ 1,75$ D vor das andere Auge. Zunächst wird, Emmetropie vorausgesetzt, das gesunde Auge allein geprüft und festgestellt, wie weit die Sehschärfe durch $+ 1,75$ D herabgesetzt wird (auf etwa $1/10$). Sodann wird das andere Auge freigegeben und vor das gesunde Auge $+ 0,25$ D, vor das kranke $+ 1,75$ D gesetzt. Die Sehschärfe ist nun noch normal. Sodann werden die Gläser vertauscht. Wird hierbei eine bessere Sehschärfe erhalten wie vorher mit dem gesunden Auge allein, als es mit $+ 1,75$ D bewaffnet war, so entspricht sie dem angeblich schwachsichtigen Auge. Brechungsfehler müssen natürlich entsprechend berücksichtigt werden.

In gleicher Weise geht man bei der Naheprüfung vor, nur daß hier anstatt der Konvexgläser Konkavgläser angewendet werden müssen. Das

Glas muß dabei mindestens den Grad der Akkommodationsbreite des Beobachters haben, da sonst bei stärkster Akkommodationsanspannung trotzdem noch gelesen werden kann. Man soll aus diesem Grunde bei der Naheprüfung auch stets die Kontrollprobe anschließen, nämlich mit dem gesunden Auge (mit dem vorgesetzten Konkavglase) allein den Leseversuch anstellen (Wessely).

Zylindergläser. In gleicher Weise wie durch sphärische Konvexgläser kann man auch durch Vorsetzen stärkerer Zylindergläser das gesunde Auge vom Sehen ausschalten. Man hat dabei den Vorteil, daß man die Gläser nicht auszuwechseln braucht, sondern die Wirkung durch einfaches Drehen des Glases im Brillengestell erreicht. Man setzt nämlich vor das gesunde Auge zwei starke sich ausgleichende Zylindergläser vor, d. h. also einen gleichstarken Konvex- und Konkavzylinder mit gleichgerichteter Achse, und dreht dann, nachdem der Simulant sich dabei von seiner guten Sehschärfe überzeugt hat, das eine Glas um 90°, so daß sich nunmehr die beiden Zylindergläser in ihrer Wirkung nicht mehr aufheben, sondern verstärken (Jakson 1898).

Einen ähnlichen Versuch hatte in einfacher, aber nicht so zweckmäßiger Weise Kugel (1889) angegeben: man verwendet als Sehprobe eine Reihe paralleler Linien, die man sich auf Papier aufzeichnet, und dreht sie so, daß sie durch das Zylinderglas, welches sich vor dem gesunden Auge befindet, nicht mehr erkannt werden können. Werden sie trotzdem gezählt, so ist damit erwiesen, daß sie nur mit dem angeblich sehschwachen Auge erkannt worden sind.

Besser werden nach einem weiteren Vorschlage Kugels in ähnlicher Weise eine Anzahl sich kreuzender horizontaler und senkrechter Linien gezeichnet. Vor jedes Auge kommt ein starkes Zylinderglas (5—6 Dioptrien) derart, daß die Achse bei dem einen Auge horizontal, bei dem anderen senkrecht steht. Infolgedessen werden mit dem einen Auge ausschließlich die horizontalen, mit dem anderen nur die vertikalen Linien erkannt, während die dazu senkrechten jedesmal ganz unsichtbar werden oder doch so undeutlich, daß sie nicht gezählt werden können, der Normale sieht natürlich infolge der binokularen Vereinigung sämtliche sich kreuzenden Linien. Gibt der Beobachter daher an, daß er alle Linien sieht, oder daß er diejenigen Linien zählt, welche nur durch dasjenige Zylinderglas erkannt werden können, welches vor dem angeblich schwachsichtigen Auge sich befindet, so ist damit dessen Sehtüchtigkeit erwiesen. Entfernung der Probe vom Auge und Feinheit bzw. Abstand der Linien lassen einen Schluß auf entsprechende Sehschärfe zu.

In gleicher Weise kann man auch einen leuchtenden Punkt betrachten lassen, aus welchem für den Beobachter mit beiderseits guter Sehschärfe beim Blicken durch eine derartige Zylinderbrille ein Kreuz zweier Lichtlinien wird.

Als Lichtpunkt dient eine kleine runde Öffnung (3 mm Durchmesser) in einem Kasten, der eine Lichtquelle trägt. Polignani (1904) hat das Verfahren noch vervollkommnet, indem er einen Kasten benutzt, der auf 4 Seiten die Lichtöffnung trägt, die nun durch weiße oder farbige Gläser verschlossen wird. Der zu Prüfende betrachtet durch die Zylindergläser mit gekreuzten Achsen den Lichtpunkt aus 5 m Entfernung. Der Grad der Sehschärfe wird aber besser mit Hilfe der Sehprobentafel, wie oben angegeben, festgestellt.

Erwähnt sei noch, daß Lippincot (1891) vorgeschlagen hat, abwechselnd vor das eine oder andere Auge ein schwaches Zylinderglas (2 D) zu setzen, damit ihn quadratische Figuren betrachten und angeben zu lassen, wann er eine Deformation des Quadrates sieht, wie sie eintreten muß, wenn das mit dem Zylinderglas bewaffnete Auge sehtüchtig ist.

b) Vorsetzen eines total reflektierenden Prismas vor das gesunde Auge.

Die vollkommene Ausschaltung eines Auges vom Sehakte gelingt auch, wenn man ein totalreflektierendes Prisma vor dasselbe hält, d. h. ein rechtwinkeliges Prisma, dessen eine Kathete senkrecht und dessen Hypothenuse schräg vor dem Auge sich befindet. Nach diesem Prinzip ist von Santamaria (1910) ein Simulationsapparat konstruiert worden. In ihm befindet sich für jedes Auge eine drehbare Scheibe mit drei Löchern, deren eines von einem Blauglas verschlossen ist, das zweite von einem total reflektierenden Prisma und das dritte von einem Prisma in einer solchen Stellung, daß monokulare Diplopie entsteht. Brechungsfehler müssen, wie in allen derartigen Fällen, vorher korrigiert sein. Als Sehobjekte können die üblichen Proben verwendet werden.

c) Erzeugung eines verschiedenen Adaptationszustandes beider Augen.

Dadurch, daß man das eine Auge vor Lichteinfall schützt (durch Verband oder dgl.), das zweite dem Licht aussetzt, erreicht man einen so erheblichen Unterschied in dem Adaptationszustande beider, daß es möglich wird, gewisse Sehobjekte bzw. Sehproben nur mit dem einen Auge zu erkennen. So könnte man z. B. daran denken, das angeblich sehschwache Auge zu verbinden und so in einen Grad beträchtlicher Dunkeladaptation zu versetzen, das gesunde Auge dagegen dem Lichte auszusetzen. Beim Blicken in einen dunkeln Kasten mit schwach erhellten Sehproben würden diese dann nur von dem bereits dunkeladaptierten, angeblich sehschwachen Auge erkannt werden. Allein ein derartiges Vorgehen ist unzweckmäßig, da erstens in kurzer Zeit das gesunde Auge den Vorsprung des anderen einholt und sich genügend dunkeladaptiert, um die Sehzeichen zu erkennen, anderseits gerade hierbei das »Abblendungsgefühl« sehr merklich wird und dadurch den Beobachter leicht merken läßt, mit welchem Auge er liest.

Ein umgekehrtes Vorgehen hat Beckmann (1912) empfohlen[1]. Er läßt den zu Untersuchenden durch ein Stereoskop blicken, dessen eine Hälfte dem Lichte zugänglich ist, während die andere allseitig abgedeckt bleibt. Durch erstere blickt das angeblich schwachsichtige Auge, das demnach hell-adaptiert ist, durch die dunkle Hälfte sieht das gesunde Auge, das dunkel adaptiert wird. Wenn nun auf der hellen Hälfte plötzlich viel Licht zuge-führt wird, so kann das dunkeladaptierte gesunde Auge nichts mehr er-kennen. Liest der Beobachter trotzdem weiter, so sieht er mit dem an-geblich schwachsichtigen Auge. Auch bei diesem Verfahren, bei dem es sich demnach im wesentlichen um das Überwiegen des hellen Gesichtseindruckes des zu untersuchenden Auges handelt, muß es nach dem oben S. 588ff. ge-sagten für den Beobachter bei der Ungleichwertigkeit der Gesichtseindrücke nicht schwer sein, zu unterscheiden, ob er rechts oder links sieht. Ein negativer Ausfall der Probe kann leicht eintreten und beweist daher in keiner Weise, daß das eine Auge wirklich schwachsichtig ist.

d) Künstlicher Akkommodationskrampf bzw. Lähmung am gesunden Auge.

Durch Einträufeln von Eserin in das gesunde emmetropische Auge wird infolge des nachfolgenden Akkommodationskrampfes eine vorübergehende Myopie hervorgerufen, welche das Erkennen der Sehproben unmöglich machen kann. Baroffio (1887) hat dieses Verfahren, das wegen seiner Einfachheit im ersten Augenblick besticht, zur Entlarvung von Simulanten empfohlen.

In der Tat erscheint es sehr leicht, auf diese Weise unauffällig das gesunde Auge auszuschalten: man träufelt einige Tropfen der Eserinlösung ein, in das kranke Auge einige Tropfen Wasser, um die Täuschung zu er-leichtern und setzt den Patienten in das Dunkelzimmer, bis die Wirkung eingetreten ist. Um den Vorgang ganz unauffällig zu gestalten, kann man auch nach Hamann (1895) den Zeigefinger mit der Lösung[2] befeuchten und bei der Untersuchung auf diese Weise in das Auge gelangen lassen. Der Nachteil der Methode ist, daß durch die Eserinwirkung die Abnahme des Sehvermögens für die Ferne eine recht wechselnde ist. Das liegt daran, daß hier mehrere Momente zusammentreffen. Die Verengerung der Pupille bedingt gleichzeitig noch eine beträchtliche Abnahme der Lichtstärke des Netzhautbildes, andererseits kann aber infolge der Blendenwirkung dessen Schärfe bis zu einer gewissen durch die Lichtbeugung an der Pupille ge-setzten Grenze zunehmen. So kann es kommen, daß die Patienten auch trotz der Eserinwirkung noch eine ganz gute Sehschärfe für die Ferne haben. Überdies darf auch hier nicht übersehen werden, daß das »Abblen-

---

1) Mir ist nur das Referat zugänglich.
2) Die Angaben Hamanns beziehen sich nur auf Atropin (s. später).

dungsgefühl« wieder die Wahrnehmung der Eserinisierung ermöglichen kann. Im späteren Lebensalter gestalten sich die Verhältnisse infolge der zunehmenden Presbyopie ohnehin noch ungünstiger. In jedem Falle muß daher die Gegenprobe vorgenommen werden, wieviel Sehschärfe das gesunde Auge nach der Eserinisierung noch besitzt.

Etwas günstiger und einfacher liegen die Verhältnisse bei der Naheprüfung, wenn es sich darum handelt, durch Atropin die Akkommodation des gesunden emmetropischen (bzw. durch Gläser emmetropisch gemachten) Auges zu lähmen. Die dadurch hervorgerufene Ausschaltung des Auges von der Naheprüfung ist eine viel zuverlässigere. Freilich kommt auch hier die Anwendung für das höhere Lebensalter mit seiner Presbyopie nicht in Betracht.

Auch bei Myopen führt das Verfahren leicht zum Versagen, weil hier für die Nähe erst die Kurzsichtigkeit durch Gläser korrigiert werden muß. Da die Myopen häufig nicht gewohnt sind, mit Brillengläsern in der Nähe zu lesen, stößt die ganze Probe leicht auf Schwierigkeiten, indem die Simulanten dann erklären, nun überhaupt nichts mehr sehen zu können. Bei Hypermetropen wirkt die Akkommodationslähmung natürlich am sichersten. Stets ist aber auch hier hinterher die Kontrollprüfung, durch Verdecken des angeblich sehschwachen Auges das gesunde noch einmal allein zu prüfen, notwendig, um sich von der Wirkung des Atropins auch zu überzeugen; denn die Erweiterung der Pupille allein darf nicht als Maßstab genommen werden.

Gelegentlich mag auch der von JAKSON (1898) gemachte Vorschlag empfehlenswert sein, beide Augen zu atropinisieren, sodann vor das gesunde Auge ein Glas zu setzen, das den Fernpunkt in 50 cm verlegt, vor das angeblich schwachsichtige dagegen ein stärkeres Glas, welches den Fernpunkt in 25 cm fixiert. Hält der zu Untersuchende die Leseproben in einem Abstand von 25 cm und vermag er dann zu lesen, so ist er überführt. Die Gegenprobe ist auch hierbei wieder notwendig.

2. Teilweise Ausschaltung eines Auges vom Sehakte durch undurchsichtige Objekte, welche in die Blickrichtung eingeschaltet werden.

JAVAL empfahl 1867 das einfache Verfahren, den zu Untersuchenden aus einem Buche in Leseentfernung laut vorlesen zu lassen und während des Lesens ihnen ein schmales Lineal, Bleistift oder einen ähnlichen Gegenstand senkrecht zwischen Buch und Augen vorzuhalten. Dadurch wird sowohl für das rechte als auch für das linke Auge ein kleiner Teil jeder Zeile verdeckt. Hält man das Lineal nicht zu dicht an das Buch, sondern am besten etwa in die Mitte zwischen Augen und Schrift, so liegen die verdeckten Teile der Sehprobe für beide Augen an verschiedenen Stellen. Liest ein Beobachter gleichviel fließend weiter, so ist infolgedessen damit bewiesen, daß er auf beiden Augen eine genügende Sehschärfe dazu haben muß. Denn der einseitig Schwachsichtige müßte jedesmal an der verdeckten Stelle stottern und entweder das für ihn unsichtbare Wort auslassen oder den Kopf bewegen, um an dem Lineal vorbeisehen zu können.

Daraus geht schon hervor, daß die Ruhigstellung des Kopfes für das einwandfreie Gelingen der Prüfungsmethode eine unerläßliche Bedingung ist. In etwas anderer Weise hatte Perrin (1877) vorgeschlagen, abwechselnd vor jedes Auge einen Gegenstand von 1 cm Durchmesser in wenigen Zentimetern Entfernung vorzuhalten und währenddessen lesen zu lassen.

Zweckmäßig ist aber der Vorschlag Roths (1907), dem Beobachteten mit einem Bleistift zu zeigen, wo er im Buch zu lesen anfangen soll und dann — scheinbar unabsichtlich — den Bleistift zwischen Buch und Augen zu lassen. Um die Ruhigstellung der Augen besser zu gewährleisten, sind nach diesem Prinzip auch besondere Apparate konstruiert worden. So hatte Martin schon 1878 einen Kasten anfertigen lassen, bei welchem die Augen durch 2 Öffnungen auf die an der gegenüberliegenden Seite einschiebbaren Sehproben blicken. Der verdeckende Stab ist in der Mitte befestigt. Diesen Kasten hat Loiseau (Froidbise 1883) insofern vervollkommnet, als anstelle des Stabes eine Zwischenwand mit Öffnung eingesetzt werden kann. Dadurch wird der Apparat nach Art des Berteléschen mit gekreuzten Blicklinien verwertbar (s. S. 622). Auch das früher viel besprochene Diploskop von Rémy ist hier zu erwähnen.

Auf ähnliche Kombinationen stößt man bei den veröffentlichten Kastenapparaten nicht selten, da die Autoren bestrebt sind, durch auswechselbare Zwischenteile die Apparate möglichst vielseitig zu gestalten. So hat auch Marini (Astegiano 1889) den Martinschen Kasten mit dem Prinzip der Flésschen Spiegel- (S. 625) und der Berteléschen Scheidewand kombiniert. Handlicher und einfacher ist Armaignacs (1906) Konstruktion (Autosynopsomètre à curseur). Auf einer Schiene ist auf der einen Seite eine Art Brillengestell zum Anlegen der Augen, an der anderen Seite die Sehprobe befestigt. In der Mitte läßt sich der verdeckende Stab hin- und herschieben. Das Ganze ist auf einem kleinen Stativ befestigt. Die Sehproben bestehen aus einzelnen Silben, die in Zeilen von abnehmender Größe untereinander stehen. Der Apparat ist neuerdings noch mit Verbesserungen versehen worden (1913).

Eine ganz ähnliche Konstruktion hatte Barthélémy (1889) angegeben. Sie ist nicht auf einem Stativ, sondern an einem Handgriff befestigt und zeichnet sich noch durch besondere Vielseitigkeit ihrer Anwendung aus.

So lassen sich zwei kleine, im Winkel zueinander stehende Spiegel aufschrauben und dann der Apparat wie der Flés sche Kasten verwenden (s. S. 625). Schließlich können in die beiden Augenöffnungen starke Prismen und zwischen den Öffnungen eine Scheidewand in der Längsrichtung auf die Schiene eingesetzt werden, so daß ein Stereoskop entsteht.

Erwähnt sei noch, daß bei dem JAVALschen Verfahren CUIGNET (1870) eine eigene Art Sehproben verwendete, die aus einer Reihe gleichgroßer schwarzer Scheibchen, darunter eine Reihe gleichgroßer schwarzer Kreise und darunter endlich eine dritte Reihe Kreise mit feinpunktierter Linie bestehen. Die Kreise haben sämtlich einen Durchmesser von 8 mm, stehen 2 cm voneinander entfernt und sind numeriert (im ganzen sieben in jeder Reihe). Indem man das Lineal bzw. einen anderen Gegenstand etwa in der Mitte zwischen Beobachter und Probe einfügt, läßt man die Kreise zählen und angeben, welche nicht gesehen werden. Das Sehprobenblatt ist durchsichtig, und da der zu Untersuchende mit dem Rücken gegen das Fenster sitzt und der Untersucher ihm gegenüber steht, kann dieser selbst die durchscheinenden Kreise von rückwärts sehen und die Angaben kontrollieren. Ich bin mit ROTH der Ansicht, daß gewöhnliche Leseproben einfacher und weniger auffällig sind.

Für die Fernprüfung läßt sich das Prinzip in ähnlicher Weise verwenden. Man läßt den Kopf auf eine Kinnstütze legen und stellt auf den Tisch davor ein breites Lineal so auf, daß die an der Wand hängende Sehprobentafel dem gesunden Auge dadurch verdeckt bleibt und nur mit dem angeblich schwachsichtigen Auge gesehen werden kann. Am zweckmäßigsten ist es, nach WESSELY (1908), um die Täuschung zu erleichtern, noch ein zweites Lineal so aufzustellen, daß es für das andere Auge neben der Sehprobentafel erscheint. Man fordert dann den Patienten auf, mit beiden Augen zwischen den beiden Linealen hindurch die Proben zu lesen.

Die Anwendung zweier verschiedener Sehprobentafeln, von denen je einem Auge eine durch das Lineal verdeckt wird, hatte DRIVER (1872) empfohlen. Sie sind aber durchaus entbehrlich.

Unter Umständen ist bis zu einem gewissen Grade auch die natürliche Einschränkung des Gesichtsfeldes jeden Auges durch die Nase und die Augenhöhlenränder verwertbar. Der Vorschlag stammt von CUIGNET (1870). Man prüft binokular die Ausdehnung des Gesichtsfeldes. Wird die Wahrnehmung des Prüfungsobjektes auf der angeblich blinden Seite eher angegeben, als es das gesunde Auge infolge der nasalen Beschränkung würde erkennen können, so muß das »blinde« Auge eine entsprechende Funktion haben. Freilich ist die Anwendung dieses Veruches recht beschränkt, denn es wird hierbei nicht die Sehschärfe festgestellt, worauf es in der Regel ankommt, auch kommt ja nur Simulation gänzlicher oder nahezu gänzlicher Blindheit eines Auges in Frage. Wo es sich aber um die Beurteilung einer Einengung des binokularen Sehfeldes durch die angebliche Blindheit handelt, mag die Probe immerhin gelegentlich angewendet werden. Freilich geben Simulanten, wie so häufig, auch zugleich hochgradige Gesichtsfeldeinengung an, dann ist die Probe natürlich wertlos.

3. Verwertung der elektiven Wirkung farbiger Gläser; farbige Sehproben.

Schon SNELLEN hat 1877 daran gedacht, sich zur unmerklichen Ausschaltung des gesunden Auges der elektiven Absorption farbiger Gläser zu bedienen.

Blickt man durch geeignete rote Gläser z. B. auf eine Skala verschiedener Farben, so werden bekanntlich nur rote und gelbe Strahlen fast vollkommen durchgelassen. Ein Spektrum erscheint in seinem roten und gelben Teil fast ebenso hell wie ein weißes Objekt, im übrigen aber dunkelgrau bis schwarz. Daraus folgte für die Sehprüfung:

Rote Gläser machen unkenntlich auf weißem Grunde rote und gelbe Zeichen,
auf schwarzem Grunde grüne und blaue Zeichen
und ebenso schwarze Zeichen auf grünem und blauem Grunde.

In gleicher Weise:

Grüne Gläser machen unkenntlich auf weißem Grunde grüne Zeichen,
auf schwarzem Grunde rote Zeichen,
und ebenso schwarze Zeichen auf rotem Grunde.

Blaue Gläser lassen sich in ähnlicher Weise verwenden, da sie blaue schrift auf weißem Grunde auslöschen usw.

Man nimmt z. B. schwarze und rote Buchstaben auf weißem Grunde und setzt vor das gesunde Auge ein rotes Glas. Dann werden mit diesem Auge nur die schwarzen Teile der Schrift erkannt, die roten Teile ausgelöscht. Liest der Beobachter alle, auch die roten Buchstaben, so erkennt er sie mit seinem angeblich schwachsichtigen Auge.

Am besten setzt man gleichzeitig vor das zweite Auge noch ein grünes Glas. Erstens ist es für ihn weniger auffällig, wenn beide Augen mit Gläsern bewaffnet sind, zweitens erscheinen nunmehr durch das grüne Glas auch die roten Teile der Schrift und somit diese wiederum schwarz.

Dieser Grundversuch läßt sich je nach Wahl der Proben und Farben entsprechend variieren.

Soll die Untersuchung nach diesem Prinzip gelingen, müssen die zur Anwendung kommenden farbigen Gläser allerdings nun auch so getönt sein, daß sie die gleichartigen Strahlen so gut wie vollkommen durchlassen, die Gegenfarben dagegen gleichzeitig vollkommen absorbieren, d. h. sie müssen gute Farbenfilter sein.

Die roten Gläser, auch die den Brillengläsern beigegebenen, erfüllen diese Forderung in der Regel befriedigend. Rote Buchstaben und ihre Auslöschung durch rote Gläser spielen daher auch die Hauptrolle bei diesem Prinzip. Nur zuweilen findet man zu dunkle Gläser, welche zu viel Licht wegnehmen oder auch so helle, daß sie auch andere Strahlen mit hindurchlassen, so daß grüne Schrift durch sie betrachtet nur dunkler, aber nicht schwarz erscheint, rote anderseits sich noch von weißem Untergrunde abhebt. Die grünen und blauen Gläser des Brillenkastens dagegen entsprechen nur selten den Anforderungen.

Man muß daher für die im folgenden zu beschreibenden Untersuchungen stets die Zuverlässigkeit der Gläser selbst nachkontrollieren und sich die erforderliche Reinheit beschaffen oder herstellen. Das geschieht am besten durch Kombination zweier schwächer gefärbter Gläser (oder auch farbiger Filmscheiben) von etwas verschiedenem Farbton. So gibt z. B. manches gelbliche Grün und grünliche Blau zusammen ein brauchbares Grünfilter. Blaue Gläser sind in Glashandlungen zuweilen in genügender Dunkelheit und Reinheit käuflich.[1] Man blickt durch die Gläser nach den farbigen Sehproben, die zur Anwendung kommen sollen, und überzeugt sich selbst, ob sie imstande sind, die betreffende Schrift vollkommen auszulöschen.

Die farbigen Sehproben kann man sich unschwierig selbst herstellen. Am besten und einwandfreiesten ist es, wenn man sich des durchfallenden Lichtes bedient und Tafeln aus den gleichen Glassorten verwendet, aus denen die Brillengläser hergestellt sind. Auf ihnen klebt man aus schwarzem Stoff (Papier) geschnittene Probebuchstaben (positive oder negative) verschiedener Größe auf. Hat man auf diese Weise sich rote und grüne Sehzeichen hergestellt und läßt diese durch eine rot-grüne Brille betrachten, so wird für das Auge, welches durch das rote Glas sieht, jedes grüne Probeobjekt unsichtbar, und ebenso für das andere grünbewehrte Auge das rote Objekt.

Dieses Prinzip ist von Stoeber 1883 verwendet worden, welcher derartige Glastafeln in Kartonpapier einfügen und albumartig einbinden ließ. Die Tafeln wurden dann gegen das Fenster gehalten. Auch bei der Symensschen Simulantenscheibe und den sehr ähnlichen transparenten Sehproben von Gesang (vgl. S. 584) können die transparenten Sehzeichen durch vorgesetzte rote und grüne Scheiben in entsprechende farbige umgewandelt werden. Snellen hat ebenfalls Glastafeln mit transparenten Buchstaben, die durch Gläser farbig gemacht werden können, angegeben.

Einfacher, allerdings nicht so zuverlässig, ist es, sich mit farbigen Bleistiften auf weißem Karton Buchstaben verschiedener Größe aufzumalen, immer unter sorgfältiger Kontrolle, ob diese denn auch durch die verwendeten andersfarbigen Gläser richtig ausgelöscht werden. Man kann hierzu sogar die gebräuchlichen roten bzw. blauen Bleistifte benutzen mit passenden roten und blauen Gläsern. Bravais, der 1884 diesen Vorschlag machte, empfahl dabei, Worte und Sätze zweifarbig so aufzuschreiben, daß sie auch nach dem Auslöschen des einen, z. B. roten Anteils durch das rote Glas noch einen Sinn ergeben. Ich empfehle z. B. SAUHUND — UHU, BEERE — PIEPE; weitere Beispiele sind wohl überflüssig, da sie bei einiger Findigkeit in beliebiger Zahl erdacht werden können. In der Simulantenfalle von Beykowsky (1907, s. S. 626) sind ähnliche Proben verwendet. Man kann auch nach Haselbergs Vorschlag den Namen des Simulanten mit Rotstift auf weißem Papier falsch aufschreiben, vor das gesunde Auge ein

---

[1] Gute, allerdings teure farbige Gläser sind diejenigen, wie sie bei der Dreifarbenphotographie benutzt werden.

rotes (vor das zu prüfende eventuell ein grünes) Glas vorsetzen und nun fragen, ob der Name richtig geschrieben ist. Durch diese Ablenkung läßt sich der Simulant leichter zu Angaben überlisten. Stets handelt es sich darum, daß der ganze Satz bzw. das Wort nur mit beiden Augen gelesen werden kann, die Satz- bzw. Wortteile dagegen nur mit dem gesunden Auge.

Ganz brauchbare Proben kann man erhalten, wenn aus farbigem Tuch Sehzeichen ausgeschnitten und auf mattschwarzes Tuch aufgeklebt werden (ähnlich den Wolffbergschen Proben, s. S. 584).

Einfache und zuverlässige Proben erhält man ferner, wenn man sich, wie es Wessely getan hat, die farbigen Buchstaben mit passender Wolle sticken läßt, nachdem man sich die Gläser ausgesucht hat, welche die Wollfarben vollkommen auslöschen.

Fertige gedruckte farbige Sehproben, für Simulanten verwendbar, sind mehrfach hergestellt worden.

Snellen hat seinen optotypischen Tafeln solche beigegeben, welche auf schwarzem Grunde rote und grüne Buchstaben trugen.

Die Stillingschen Tafeln zur Prüfung des Farbensinnes tragen am Schlusse einige Tafeln mit farbigen Buchstaben auf schwarzem Grunde zur Bestimmung der Farbensehschärfe. Diese Buchstaben werden ebenfalls durch passende farbige Gläser so gut wie vollkommen ausgelöscht; allerdings verrät sich bei schiefer Haltung der Tafel die Schrift zuweilen durch den fehlenden Glanz des schwarzen Untergrundes.

Am besten sind hier die Tafeln mit teils schwarzen, teils roten Buchstaben auf weißem Grunde (Dujardin, nach Fröhlich 1891), und am verbreitetsten die von v. Haselberg (1901, 1908, auch in russischen Zeichen erschienen). Letztere sind nach dem früheren Vorschlage Michauds (1888) konstruiert, indem die Buchstaben einen schwarzen und einen roten Anteil besitzen, derart, daß nach Auslöschen der roten Striche ein anderer Buchstabe übrigbleibt, z. B. aus dem B ein P, aus dem E ein L. Seine Proben bestehen aus 2 Tafeln mit je 6 Reihen von Buchstaben und Zahlen in der Größe Snellen 60—8. Vor das gute Auge wird das rote Glas gesetzt, vor das angeblich blinde das grüne. Wer mit beiden Augen sieht, dem erscheint auch der rote Anteil und somit der ganze Buchstabe schwarz, wer mit dem guten Auge allein sieht, nur der schwarzgedruckte Buchstabe. Zuvor läßt man zweckmäßig zur Sicherheit mit den farbigen Brillengläseru eine gewöhnliche Sehprobentafel lesen. Da die Gläser die Lichtintensität abschwächen, ist die wirkliche Sehschärfe etwas höher, als die mit den Tafeln festgestellte ($^6/_8$ entsprechen etwa $^6/_6$).

Es sind noch mehrfache Vorschläge gemacht und zu Simulantenproben verwertet worden, die hier nur kurz angeführt werden sollen, da das Prinzip sich überall wiederholt und Abänderungen in beliebiger Zahl nach dem Wunsche jedes Untersuchers vorgenommen werden können. Haupt (1887) wählte seine Buchstaben auf schwarzem Grunde, welche durch rote Gläser ausgelöscht werden. BAUDRY (1898) schlug vor, auch mit schwarzem Bleistift Buchstaben auf halb rote und halb blaue Tafeln zu zeichnen und mit roten und blauen Gläsern zu betrachten. Mehrfarbige Sehproben verwendeten MICHAUD (1888) und BASTIER (1888). VANDERSTRAETEN (1892) riet zu gelben Buchstaben für diejenigen Simulanten, welchen die roten Sehproben und ihr Verschwinden beim Sehen durch rote Gläser schon bekannt sind, welche aber nicht wissen, daß auch gelbe Zeichen durch Rot ausgelöscht werden.

Für geschulte Simulanten empfahl NIEDEN (1893) sich einen Apparat anzufertigen, in welchem durch einen Schieber die verschiedenfarbigen Buchstaben sehr schnell gezeigt und gewechselt werden können. Es ist auf diese Weise auch für erfahrene Simulanten nicht möglich, sich dauernd vor Irrtum zu schützen.

Falsche Angaben kann man unter Umständen wenigstens dadurch nachweisen, daß man beim Versagen derartiger Proben die roten Buchstabenteile mit Bleistift umrandet. Da sie nunmehr auch durch das rote Glas sichtbar sind, müssen sie auch von einem Einäugigen erkannt werden (MULLIER nach ROTH 1907).

Endlich lassen sich auch stereoskopische Proben (s. S. 611) teils farbig herstellen und mit farbigen Gläsern betrachten.

Nicht immer führen diese Untersuchungen mittels farbiger Gläser zum Ziele, und sie sind daher, wie sämtliche Simulationsproben, nur dann beweisend, wenn sie positiv ausfallen, d. h. wenn der Beobachter überführt worden ist, daß er mit beiden Augen liest.

Die Gefahr, daß ein Unschuldiger für einen Simulanten gehalten wird, läßt sich bei einiger Vorsicht vermeiden. Man hat sich eben vorher zu überzeugen, daß die betreffenden, vor dem gesunden Auge befindlichen Gläser auch wirklich die betreffende Farbe der Sehproben vollkommen auslöschen, was — wie schon gesagt — bei Rot sich leicht erreichen läßt. Natürlich muß darauf geachtet werden, daß nicht durch sekundäre Hilfsmittel, wie verschiedener Glanz gegenüber dem Untergrund, Sichtbarkeit der Konturen u. dgl., auch für das gesunde Auge trotz des passenden farbigen Glases diejenigen Sehproben erkennbar werden, welche verborgen bleiben sollen.

Es ist aber bereits S. 586 ausgeführt worden, daß es beim Vorsetzen zweier verschiedenfarbiger Gläser vor die Augen unter Umständen sehr wohl entschieden werden kann, welche Farbe vor dem rechten und welche vor dem linken sich befindet, nämlich dann, wenn der Patient lebhafte Blickbewegungen nach rechts und links ausführt. In einem derartigen Falle kann der Erfolg der Prüfung zuweilen ausbleiben.

Gelegentlich stört auch im Anfang der Wettstreit der Sehfelder; dadurch, daß einmal das eine, einmal das andere Gesichtsfeld dominiert, können auch abwechselnd die Buchstaben für das eine und die für das andere Auge wahrgenommen werden und den Beobachter darauf aufmerksam machen, daß die Sehproben für beide Augen verschieden sind. Längeres Auflassen der farbigen Brille und eine Vorprüfung mit einer gewöhnlichen Sehprobentafel, bei welcher die Buchstaben auch für die verschiedenfarbig bewehrten Augen natürlich gleich aussehen, ist daher stets geboten, um ein Mißtrauen des Beobachters zu zerstreuen.

Auf dem Wettstreit der beiden farbigen Sehfelder beruht übrigens ein einfaches Verfahren WESSELYS (1908), welches wenigstens ermöglichen kann, festzustellen, ob eine Kerzenflamme oder ein anderes leuchtendes Objekt in mehreren Metern Entfernung wahrgenommen werden kann: Man läßt im Dunkelzimmer den zu Prüfenden nach dem Licht blicken und schiebt ihm von der Stirn her schnell ein Stiellorgnon, das ein rotes und grünes Glas von annähernd gleicher Helligkeit trägt, in wechselnder Stellung vor die Augen. Der Beobachter hat nun anzugeben, in welcher Farbe ihm das Licht erscheint. Jede Überlegung bei der Antwort ist verdächtig und eine einmalige Angabe der Farbe, die sich gerade vor seinem angeblich blinden Auge befindet, beweisend, daß er mit diesem das Licht zu sehen vermag.

II. Erzeugung von Doppelbildern.

1. Verwendung von Prismen.

Läßt man den zu Prüfenden nach einem Sehobjekt (Licht, ein Punkt auf einer Tafel u. dgl.) blicken und setzt vor ein Auge ein Prisma von einer Stärke vor, daß es durch Fusion nicht überwunden werden kann, so entstehen Doppelbilder. Gibt der Untersuchte zu, daß er zwei Bilder sieht, so muß auch das angeblich kranke Auge eine entsprechende Sehschärfe haben.

A. v. GRAEFE hat 1855 bereits diesen einfachen Versuch empfohlen. Man verwendet dazu am besten ein Prisma von etwa 12°, das vor das gesunde Auge mit der Basis nach oben oder unten gehalten wird. Den zu Untersuchenden fragt man nicht erst, ob er ein oder zwei Sehobjekte erblickt, sondern setzt letzteres einfach voraus und fragt lediglich nach ihrer Stellung zueinander.

So einfach dieses Verfahren auch erscheint, so scheitert es häufig an der großen Kenntnis, über welche viele Simulanten verfügen, sowie an ihrem berechtigten Mißtrauen gegen die Untersuchungsmethoden, so daß dann einfach Doppelbilder geleugnet werden.

Es kommt sehr darauf an, den Simulanten sicher zu machen. Dies geschieht am einfachsten, indem man zuvor auf dem gesunden Auge monokulare Doppelbilder erzeugt. Ganz primitiv kann man für das gesunde Auge einfach zwei Kerzen übereinander halten. In der Tat ist es ROTH (1907) geglückt, auf diese Weise einen Simulanten zu überführen.

Für gewöhnlich bedient man sich aber gleich des folgenden Verfahrens: Nachdem man das angeblich blinde Auge verdeckt hat, schiebt man das Prisma so vor das gesunde Auge, daß die Basis oder die Kante des Prismas horizontal durch das Pupillargebiet schneidet (ALFRED GRAEFE 1867). Dann entstehen auf der Netzhaut des Auges zwei Bilder des Sehobjektes, ein normales durch den freibleibenden Teil der Pupille und ein abgelenktes durch den vom Prisma verdeckten Teil. Man kann sowohl die Kante des Prismas hierzu verwenden (GRAEFE, NIEDEN 1893, SPECHT 1891) oder auch die Basis (bevorzugt von FRÖHLICH 1895 und auch von BAUDRY u. a., siehe die folgenden Versuche).

Der Versuch ist technisch nicht so schwierig, wie es zunächst den Anschein hat. Denn es ist nicht notwendig, daß die Prismenkante oder -basis genau die Pupillenmitte überschneidet; die Doppelbilder verschwinden erst, wenn das Prisma bis über den gegenüberliegenden Pupillenrand hinübergeführt ist.

Als Fehlerquelle muß erwähnt werden, daß die Benutzung schwächerer Prismen als 12° ein Spiegelbild des Gegenstandes an der einen Seitenfläche von dem Prisma ebenfalls so getroffen werden kann, daß es in die Pupille fällt, dadurch kann ein allerdings lichtschwächeres Doppelbild auch dann gesehen werden, wenn das Prisma, wie nachher zur Erzeugung der binokularen Doppelbilder, ganz vor das Auge geschoben wird. Ein gut beobachtender einseitig Erblindeter könnte auf diese Weise in den unberechtigten Verdacht der Simulation kommen. Die Erscheinung ist, wie erwähnt, durch Anwendung stärkerer Prismen zu vermeiden.

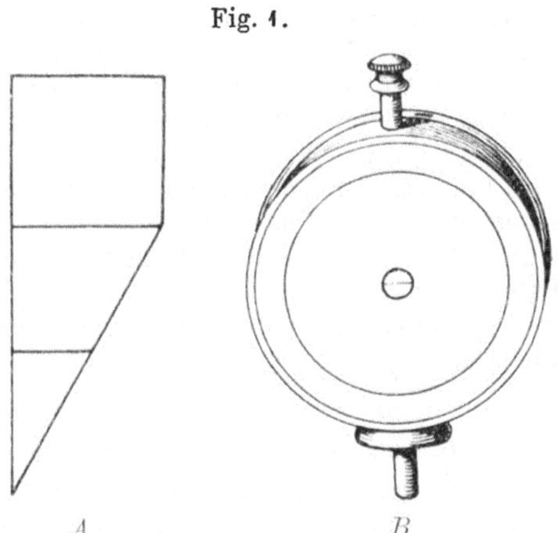

Fig. 1.

BAUDRYS Prismenapparat. (Nach ROTH.)
A schematischer Durchschnitt durch das Prisma mit den beiden Trennungsstellen. B Apparat von vorn gesehen.

Da bei diesen Vorversuchen alles darauf ankommt, daß der Simulant die monokularen Doppelbilder zugibt — denn nur dann hat ja der nachfolgende Hauptversuch Wert —, so hat man dieses einfache GRAEFEsche Verfahren noch zu vervollkommnen versucht, am besten in Gestalt eines kleinen handlichen und billigen Apparates von BAUDRY (1897 u. 1898): In einem kleinen Gehäuse, dessen einander gegenüberliegende Flächen je eine Öffnung besitzen, so daß man mit einem Auge hindurchblicken kann, ist das Prisma angebracht. Dieses Prisma ist in seiner Mitte durch einen Schnitt geteilt (s. Fig. 1 A) und wieder zusammengefügt und geht an seiner Basis in einen Glaskörper mit planparallelen Flächen über, der wiederum von der Prismenbasis durch eine ähnliche Schnittlinie (B) getrennt ist.

Durch einen einfachen Federdruck kann abwechselnd die eine Schnittlinie zwischen Prisma und planparallel begrenztem Glas eingestellt werden oder auch die andere, welche durch das Prisma allein geht. In ersterem Falle entstehen monokulare Doppelbilder, im zweiten Falle entsteht nur ein abgelenktes Netzhautbild und bei Freigabe des zweiten Auges binokulare Doppelbilder. Der Beobachter kann unmöglich unterscheiden, welche Trennungslinie sich vor dem Auge befindet und wird, vorausgesetzt, daß er nicht überhaupt jedes Doppelbild konsequent leugnet, sich entlarven lassen.

Weniger praktisch ist demgegenüber ein ähnlicher vorher schon von Monoyer (1876) konstruierter Apparat: In einem größeren Gehäuse befinden sich an zwei gegenüberliegenden Wänden je zwei Öffnungen (für jedes Auge eine), die vordere, wie bei Baudry, von Pupillengröße, die hintere größer. Zwei Prismen von 10° sind mit der Basis aneinandergeklebt und lassen sich bald so verschieben, daß die Trennungsstelle in der Öffnung erscheint (monokulare Doppelbilder), bald so, daß das eine Prisma allein sich vor der Okularöffnung befindet.

Fröhlich (1895) empfiehlt einfach ein Doppelprisma, aus einem Stück geschliffen, dessen Mitte durch die aneinanderstoßende Basis beider Prismen (jedes 12°) gebildet wird.

Ein weiterer Vorschlag Fröhlichs, ein Kalkspatprisma zu verwenden, das so geschliffen ist, daß für alle auffallenden Lichtstrahlen Doppelbrechung erfolgt, kann eventuell als Prüfstein für die Zuverlässigkeit der Angaben des zu Untersuchenden dienen. Leugnet er hierbei jedes Doppeltsehen, so ist eine weitere Anwendung aller dieser hier erwähnten Prismenversuche aussichtslos. Freilich sind die Kalkspatprismen ziemlich teuer.

In noch anderer Weise verwendet Magnani (1901) Prismen für den Fall, daß der Simulant jedes, monokulares und binokulares, Doppeltsehen leugnet: Zwei stärkere Prismen, welche mit der Kante zusammenstoßen, werden zunächst so vor das gesunde Auge gehalten, daß der eine Prismenkörper die Pupille ganz überdeckt. Wird das binokulare Doppeltsehen jetzt nicht zugegeben, so schiebt man nunmehr die Trennungslinie vor die Pupille. Dadurch entsteht ein Feld totaler Ablenkung, das Sehobjekt wird für das gesunde Auge unsichtbar. Wird auch jetzt wieder Einfachsehen angegeben, so ist der Patient entlarvt, denn er kann nur mit dem angeblich schwachsichtigen Auge gesehen haben.

Um die bei den Prismen auftretende verräterische chromatische Aberration zu vermeiden, hat man auch farbige Prismen versucht (Monoyer, Nikali 1904), doch dürfte ihnen gegenüber der Simulant noch mißtrauischer sein (s. auch unten Fröhlichs Versuch). Einfacher ist es, ein rotes Licht zu benutzen bzw. ein rotes Glas vor das Licht zu setzen.

Um die Entlarvung zu erleichtern, ist anstelle der monokularen Diplopie auch monokulares Dreifachsehen hervorgerufen worden. Entfernt man z. B. bei dem Monoyerschen Apparat die beiden mit ihrer Basis zusammenstoßenden Prismen von 10° voneinander durch einen Zwischenraum, der kleiner ist als der Pupillardurchmesser, so müssen anstelle der zwei

Netzhautbilder des einen Auges nunmehr drei entstehen, da die Strahlen durch die Pupillenmitte ungebrochen hindurchziehen, während sie zu beiden Seiten abgelenkt werden. Durch einen besonderen Mechanismus hat Monoyer diesen Handgriff erleichtert.

Fröhlich (1895) hat den Versuch durch teilweise Färbung der Bilder noch kompliziert: Man verdeckt das angeblich sehschwache Auge und erzeugt in der ebengenannten Weise an einer Kerzenflamme oder dgl. für das gesunde Auge monokulares Dreifachsehen, wobei die drei Kerzenbilder übereinanderstehen. Nun hält man abwechselnd vor ein oder beide Prismen ein rotes Glas oder schiebt auch nur einen schmalen roten Glasstreifen vor den Spalt zwischen den beiden Prismen. Der Beobachter sieht dementsprechend einzelne der drei Bilder, je nach der Art der Verdeckung, rot gefärbt. Auf diese Weise übt man den der Simulation Verdächtigen ein und gibt dann das zweite zu prüfende Auge, das ebenfalls mit einem roten Glase bewaffnet ist, frei, während auch das gesunde Auge mit dem Prisma von einem roten Glase ganz verdeckt ist. Der Beobachter erblickt jetzt drei rote Flammen, von denen das mittlere Bild, falls beide Augen sehtüchtig sind, ein binokulares sein muß. Nun bedeckt man auf dem gesunden Auge nur die beiden Prismen mit roten Gläsern, läßt aber den mittleren Spalt frei. Der wirklich Einäugige sieht jetzt das mittlere Bild weiß. Werden auch in diesem Falle drei rote Flammen gesehen, so ist damit der Beweis erbracht, daß auch das zweite Auge die entsprechende Sehschärfe besitzt. Der Versuch ist umständlich und zeitraubend und im allgemeinen entbehrlich.

Fig. 2.

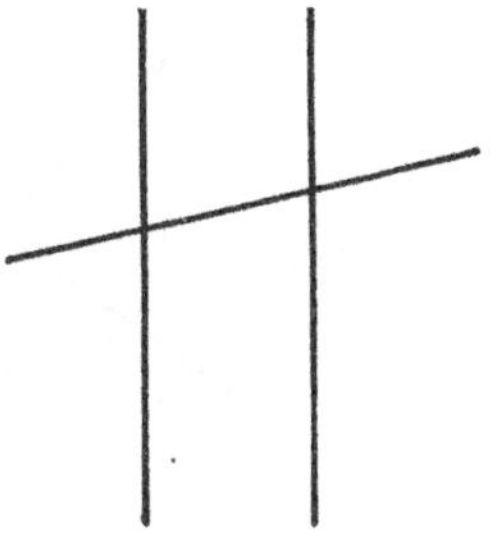

Erwähnt sei, daß man durch Verschieben eines doppelbrechenden Fröhlichschen Kalkspatprismas bis zur Mitte der Pupille (entsprechend dem A. Graefeschen Versuch) ebenfalls monokulares Dreifachsehen erzeugen kann.

Endlich hat Monoyer mit Hilfe bewegter Doppelprismen vor jedem der beiden Augen Fünffachsehen erzeugt.

Nach Berthold und Roth.

Außer durch monokulare Diplopie (bzw. Triplopie) kann man die zu Prüfenden dadurch verwirren, daß man bestimmte Linienzeichnungen betrachten läßt, welche beim Vorsetzen eines Prismas vor ein Auge in verschiedener Weise doppelt erscheinen:

Läßt man die in Fig. 2 angegebenen Linien binokular betrachten, während vor dem gesunden Auge sich ein Prisma mit der Basis nach oben oder unten befindet, so erscheint nur der eine Querstrich verdoppelt, die senkrechten Striche dagegen einfach und verlängert. Werden vom Beobachter zwei wagerechte und zwei senkrechte Striche angegeben, so ist er überführt. Oft wird der Simulant freilich nur zwei sich kreuzende Linien angeben, weil er in Wirklichkeit die beiden sich schneidenden Linienpaare sieht, daher vermeint alles doppelt zu sehen, aber es nicht zugeben will. Zeigt man ferner zwei sich schräg kreuzende Linien (Fig. 3), so müssen, wenn beide Augen sehtüchtig sind, ebenfalls zwei sich kreuzende Linienpaare gesehen werden (Berthold 1869, Roth 1907). Läßt man endlich Fig. 4 betrachten, indem man die Basis des Prismas nach oben links stellt, so entsteht fast das gleiche Bild wie Fig. 3 (Herter 1878). Durch abwechselnde Darbietung der Figuren kann sehr wohl der Simulant in Verwirrung gesetzt und zu den richtigen Angaben verleitet werden.

Läßt man schließlich eine senkrechte Linie mit einem dickeren schwarzen Punkt in der Mitte betrachten, so wird durch ein Prisma mit wagerechter Basis natürlich nur der Punkt verdoppelt (genau wie beim Graefeschen Gleichgewichtsversuch), während die Linie einfach bleibt, nur verlängert wird. Infolgedessen wird vielleicht ein Simulant nicht an die verdoppelnde Wirkung des Prismas denken und richtig zwei Punkte angeben (Armaignac 1878).

Störung des Muskelgleichgewichtes bei diesen Versuchen. Freilich darf nicht übersehen werden, daß alle diese Versuche mit Linienzeichnungen nur gelingen, wenn keine Störung des Muskelgleichgewichtes vorliegt. Schon bei geringer Heterophorie kann jenes eigentümliche

Fig. 3.   Fig. 4.

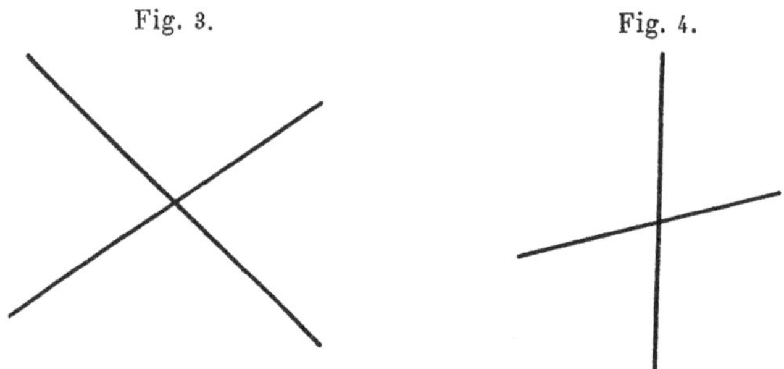

Schwanken der Konvergenz und damit die entsprechende seitliche Verschiebung der Doppelbilder auftreten. Die Wirkung des Prismas bei Zeichnungen, wie die von Berthold, Armaignac u. a., wird damit natürlich illusorisch.

Handelt es sich einfach darum, die Verdoppelung einer Lichtquelle zu verwenden, so kann sie auch bei Schielenden zuweilen noch versucht werden. Allerdings würde ein Einfachsehen, auch wenn alle Vorsichtsmaßregeln angewendet sind, hier niemals beweisen, daß das Auge erblindet ist, da ja in zahlreichen Schielfällen auch eine Unterdrückung des Netzhautbildes stattfindet.

Ferner ist der Vorschlag gemacht worden, das Vorbeizeigen bei den durch das Prisma hervorgerufenen Doppelbildern für die Entlarvung zu verwerten. Man setzt vor das angeblich blinde Auge ein starkes Prisma mit der Basis nach oben oder unten, dann hält man dem zu Prüfenden Druckschrift bzw. Buchstaben- oder Zahlenreihen vor und fordert ihn auf, bestimmte Buchstaben oder Zeichen schnell mit dem Finger zu zeigen. Wenn er das Doppelbild zeigt, bzw. danebengreift, so ist er überführt (Schenkl 1875). Besser, weil eindeutiger, ist der Vorschlag Millers (1885), die Zeichen mit einen Bleistift durchstreichen zu lassen und damit das Verfehlen zu markieren.

Prüfung der Sehschärfe des angeblich schwachsichtigen Auges mit Hilfe von Prismendoppelbildern. Verwendet man bei den Prismenversuchen als Objekt nur eine Lichtflamme, so kann man allerdings wenig mehr feststellen, als daß eben das betreffende Auge nicht blind sein kann. Es genügt nämlich schon eine recht geringe Sehschärfe, um im Dunkelzimmer das Doppelbild einer Kerzenflamme noch wahrzunehmen. Man kann sich hiervon selbst überzeugen, wenn man das Bild eines Auges durch vorgehaltenes Seidenpapier, Bestreichen eines Glases mit Vaseline, Berußen u. dgl. unscharf macht. Ist auf dem zu prüfenden Auge von vornherein nach dem objektiven Befunde eine stärkere Herabsetzung der Sehschärfe zu erwarten, so kann es wünschenswert sein, auch das Bild des gesunden Auges auf die eben genannte Weise abzuschwächen. Eine wie große Sehschärfe das zu prüfende Auge besitzen muß, läßt sich annähernd berechnen, wenn man statt dessen Punkte oder entsprechende Zeichen verwendet, immer vorausgesetzt, daß es gelingt, damit den Simulanten zum Zugeben des Doppeltsehens zu bewegen. In gleicher Weise läßt sich aus den Prüffiguren BERTHOLDS und HERTERS, je nach deren Stärke, ein gewisser Rückschluß vornehmen. Zuweilen kann hier auch ein Vorschlag PEPPMÜLLERS (GRAEFE 1873) zum Ziele führen: Man nimmt als Sehprobe eine Zeile der gewöhnlichen Sehproben und setzt vor das gesunde Auge ein Prisma, beiläufig mit der Basis nach oben. Räumt der zu Untersuchende dabei ein, daß er zwei Reihen sieht und liest er auch die obere, so ist damit der Beweis erbracht, daß das angeblich schwachsichtige Auge eine entsprechende Sehschärfe haben muß. Auch hier ist es angenehm, um jeden Irrtum auszuschließen, welche Zeile er liest, diese etwa mit einem Bleistift unterstreichen oder auch ein Wort an die betreffende Stelle hinschreiben zu lassen (Vorschlag von WELZ). Um das Zugeben von Doppelbildern zu erleichtern, wird es meist notwendig sein, wiederum zuvor monokulare Doppelbilder auf oben genauer beschriebenem Wege hervorzurufen.

Über das objektive Verhalten des Patienten bei Erzeugung von Doppelbildern s. S. 568.

2. Verwendung von Doppelbildern naher Gegenstände bei fernem Fixierpunkt.

Wie schon erwähnt, hat jedes Prisma den Nachteil, daß das Mißtrauen des Simulanten gegenüber diesen ihm fremden Doppelbildern verstärkt wird, und daß infolgedessen viele sich überhaupt nicht oder erst nach zeitraubender Prüfung darauf einlassen, Doppelbilder zuzugeben. Freilich sind in diesen Fällen die unwahren Angaben mit Hilfe der monokularen Doppelbilder stets festzustellen, aber damit ist dem Simulanten noch nicht ein entsprechendes Sehvermögen auf dem angeblich schwachsichtigen Auge nachgewiesen.

Es bedarf nun natürlich durchaus nicht nur der Prismen, um Doppelbilder hervorzurufen. Blickt man mit beiden Augen in die Ferne oder fixiert einen in einiger Entfernung befindlichen Gegenstand und hält den Finger nahe vor die Augen, so wird dieser bekanntlich doppelt gesehen, sowie er auf nicht identische Netzhautstellen von größerer Querdisparation abgebildet wird. Der Ungeübte neigt allerdings dazu, diese physiologischen Doppelbilder zu unterdrücken. Doch ist es möglich, ihre Wahrnehmung durch einfache Versuchsanordnungen so zu erleichtern, daß sie zur Simulationsprüfung verwendet werden können.

Einen derartigen sehr hübschen und einfachen Versuch hat WESSELY (1908) angegeben: Zwei konvergierende Röhren von beiläufig etwa 4—5 cm Durchmesser (Fig. 5), die sich auf leichte Weise jederzeit herstellen lassen, hält sich der zu Prüfende selbst vor die Augen. Während er durch sie mit beiden Augen nach einem 1 oder 2 m entfernten Gegenstand blickt, werden 1 oder 2 Finger der Hand langsam vor den Rohröffnungen vorbeigeführt. Da ihre Doppelbilder nacheinander entstehen, werden sie kaum unterdrückt. Es gelingt auf diese Weise oft, hartnäckige Simulanten noch zu überführen und so wenigstens festzustellen, daß sie Finger in nächster Nähe vor dem Auge zählen können.

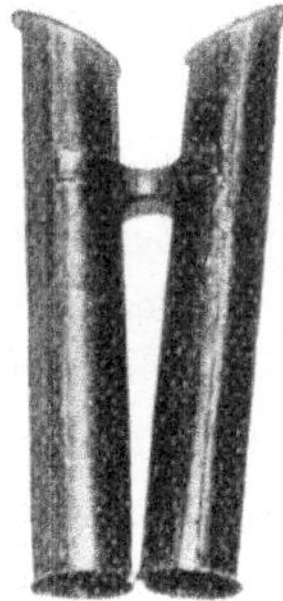

Fig. 5.

Ein anderer Vorschlag geht dahin, das Prüfungsobjekt so stark an die Augen des zu Untersuchenden heranzubringen, daß es auch bei stärkster Konvergenz nicht mehr einfach gesehen werden kann. In dieser Weise setzt BECKMANN (1910) einen vertikal gestellten Karton ganz nahe vor die Augen. Es entstehen unter allen Umständen gekreuzte Doppelbilder. Der Karton trägt auf beiden Seiten Zeichen, z. B. eine Zahl; um die Erkennung in so starker Annäherung zu ermöglichen, wird $+ 13{,}0$ D vor die Augen gesetzt. Die mit dem linken Auge auf der linken Seite des Kartons gesehene Zahl liegt dann scheinbar rechts und umgekehrt die rechts stehende Zahl links. Dadurch kann der Simulant in ähnlicher Weise getäuscht werden, wie es durch stereoskopische Bilder sowie durch die Überkreuzung der Blicklinien geschieht (s. S. 621 ff.). BECKMANN hat das Verfahren noch dahin abgeändert, daß er einen Würfel anwendet, welcher auch noch auf der Vorderseite eine Zahl trägt. Die ganze Anordnung ist in einem Apparat vereinigt, bei welchem sich vorn die Linsen einfügen lassen, ferner etwaige Korrektionsgläser, sowie auch Prismen, durch welche die Zahlenbilder verschoben werden können.

Schließlich sei noch erwähnt, daß empfohlen worden ist, durch Verschieben eines Auges mit dem Finger Doppelbilder hervorzurufen und dadurch den Simulanten zur Entlarvung zu bringen.

III. Die Anwendung der Stereoskopie.

Die Verwendung der Stereoskopie ist schon frühzeitig als außerordentlich geeignet für die Simulationsprüfung erkannt worden. Nach ROTH wurde sie zuerst 1867 von LAWRENCE und von HOGG angewendet.

Voraussetzung für ihr Gelingen ist natürlich, daß die Fähigkeit zur binokularen Verschmelzung der Seheindrücke beider Augen vorhanden ist. Es scheiden also z. B. Schielende für die Untersuchung von vornherein aus.

Da bei der Stereoskopie die Bedingungen für die Unterscheidbarkeit rechts- und linksäugiger Eindrücke fehlen[1]), vermag der Beobachter in dem gemeinschaftlichen Bilde nicht zu erkennen, welche Teile er mit dem rechten, welche mit dem linken Auge wahrnimmt. Sieht er das stereoskopische Sammelbild richtig, so ist damit ohne weiteres bewiesen, daß er mit beiden Augen sieht. Wählt man dabei für die beiden Augen genügend feine Sehobjekte aus, so wird auf diese Weise sehr einfach die Sehschärfe beider Augen gleichzeitig geprüft, ohne daß der zu Prüfende sich dessen bewußt wird.

Soweit ist die stereoskopische Simulationsprüfung sehr einfach, und es würden sich alle weiteren Bemerkungen erübrigen, da ja die Mehrzahl der Stereoskopbilder, besonders wie sie zu Übungen für Schielende hergestelt sind, für beide Augen so verschieden sind, daß der Untersucher aus der Art des Gesehenen erkennen kann, ob eine binokulare Vereinigung stattgefunden hat, oder ob nur ein Teilbild wahrgenommen wird.

Aber es bilden sich doch bei der Prüfung gewisse Schwierigkeiten, welche eine Auswahl der Stereoskope und der geeigneten Bilder notwendig machen.

Das Gelingen der Prüfung bzw. der binokularen Verschmelzung scheitert nicht selten an drei Faktoren:

1. Die Gewohnheit aller erfahrenen und mißtrauischen Simulanten, sich durch schnelles Zukneifen eines Auges zu informieren, was sie mit jedem einzelnen Auge von dem Dargebotenen wahrnehmen. Das Modell des Stereoskops muß daher so gewählt werden, daß eine Überwachung des Beobachters nach dieser Richtung möglich ist.

2. Gerade bei der Simulation ist häufig die Sehschärfe des angeblich schwachsichtigen Auges in Wirklichkeit etwas herabgesetzt, wenn auch nicht in dem angegebenen Grade. Diejenigen Teile des binokular vereinigten Bildes, welche von dem sehschwächeren Auge allein gesehen werden, erscheinen daher undeutlicher, um so mehr, je feiner die betreffenden Bildteile (z. B. kleine Leseproben) sind. Ein erfahrener Simulant kennt zuweilen

---

1) Siehe S. 585 ff. Die besonderen Versuchsbedingungen, unter welchen auch am Stereoskop die Unterscheidung, was mit dem rechten und was mit dem linken Auge gesehen wird, möglich ist, kommen bei der praktischen Prüfung nicht in Frage.

diesen Unterschied in der Schwäche seiner beiden Augen sehr genau. Er braucht dann nur alle Eindrücke, welche er im Stereoskop in undeutlichen Konturen erhielt, zu leugnen, um sich genau wie ein Einäugiger zu verhalten. Durch eine richtige Auswahl der Bilder kann hierbei der Vergleich zwischen den Konturen, die das rechte und das linke Auge sieht, erschwert werden. Man wählt z. B. nur für das eine Teilbild zarte Linien, für das andere dagegen gröbere Konturen (s. unten).

3. In einem Teil der Fälle wird unbewußt das Bild des einen Auges leicht unterdrückt, wenn nämlich dieses eine geringere Sehschärfe hat, oder wenn eine oft nur geringe Störung des Muskelgleichgewichtes (latente Divergenz) vorhanden ist. Eine ähnliche Erscheinung wurde bereits bei den Wesselyschen binokularen Visierversuchen kennen gelernt.

Wann diese Ausschaltung eines Eindruckes am Stereoskop erfolgt, hängt in erster Linie von der Art der dargebotenen Proben und der Stärke des dadurch hervorgerufenen Fusionszwanges ab. Infolgedessen kann bei geeigneten Bildern eine gute binokulare Verschmelzung auch bei solchen Beobachtern erfolgen, welche bei dem Wesselyschen Versuch monokular visieren, und umgekehrt erfolgt zuweilen trotz Bestehen des Wesselyschen Versuches die einseitige Bildunterdrückung, nämlich dann, wenn die Konturen des Bildes infolge ihrer Feinheit wenig aufdringlich sind und ihre Art keinen genügenden Zwang zur Verschmelzung ausübt. Man biete z. B. im Stereoskop jedem Auge eine verschiedene Leseprobe in feiner Druckschrift dar. Für den Normalen wird infolge des Wettstreites der Sehfelder das fließende Lesen unmöglich, da die einzelnen Werte durch die binokulare Überdeckung unkenntlich werden bzw. abwechselnd die Werte des rechten und des linken Bildes in Erscheinung treten. Aber bereits eine unbedeutende Anisometropie, welche die Stereoskopie sonst nicht nennenswert beeinträchtigt, kann genügen, daß die Leseprobe mit den schwächeren Konturen unbewußt im Interesse des Deutlichsehens unterdrückt wird. Derartige Anisometropen vermögen dann im Stereoskop fließend monokular zu lesen. Stereoskopische Leseproben, wie die eben genannte, sind daher bei Simulationsprüfungen weniger geeignet, weil bei monokularem Lesen noch keineswegs erwiesen ist, daß das eine Auge auch wirklich in seiner Sehkraft so erheblich geschwächt ist, daß es für sich allein die dargebotene Schrift nicht zu erkennen vermag.

1. Die Wahl des Stereoskopes.

Von den drei angewendeten Stereoskopformen, dem Wheatstoneschen Spiegelstereoskop, dem Helmholtzschen Linsenstereoskop und dem Brewsterschen Prismenstereoskop ist das letztere das gebräuchlichste und in der Anwendung bequemste. Es genügt für die Simulationsprüfung vollkommen.

Die Einrichtung soll hier nochmals kurz erwähnt werden. Vor beiden Augen befinden sich zwei mit der Basis nach außen gerichtete starke Prismen mit konvexer Oberfläche (die Hälften einer starken Konvexlinse von meist 5,0 D). Beim Blick in den Apparat wird eine leichte Konvergenz, wie sie für das Nahesehen zur Gewohnheit geworden ist, eingehalten, und die beiden Bilder zu einem in der Medianlinie liegenden Sammelbilde vereinigt.

Anstelle des Kastenstereoskopes wählt man das offene sog. amerikanische Modell, weil auf diese Weise die Überwachung der Augen des Beobachters durch die Gläser hindurch möglich ist (zuerst von RABL-RÜCKHARDT 1873), für Simulationsprüfungen empfohlen). In dem recht handlich gebauten Stereoskop von BURCHARDT-ROTH (1902) befindet sich noch in den beiden Seitenwänden rechts und links von den Augen je eine Öffnung, durch welche eine bequeme Beobachtung der Augen des Beobachters erfolgen kann.

Von RABL-RÜCKHARDT war vorgeschlagen, anstelle der konvexgeschliffenen Prismen plangeschliffene zu verwenden. HAAB (1885), der den gleichen Versuch gemacht hatte, war wieder davon abgekommen und auch sonst haben sich die planen Prismen nicht einbürgern können. Die Erleichterung, welche die Konvexgläser beim Stereoskopieren bieten, ist doch zu groß gegenüber dem Nachteil, daß dadurch eine gewisse Vergrößerung der Sehproben bedingt wird.

Diese Vergrößerung ist im allgemeinen recht gering — bei dem BURCHARDTschen Stereoskop soll sie $^6/_5$ betragen — und kommt daher praktisch bei den Simulationsproben um so weniger in Betracht, als man bei den stereoskopischen Vorlagen kaum bis an die Grenze der Sehleistung des zu prüfenden Auges geht, vielmehr sich im allgemeinen darauf beschränkt, Schriftproben von mittlerer Größe vorzulegen. Wenn man wünscht, kann man auch stets den Vergrößerungskoeffizienten in Rechnung setzen. Da der Fehler aber zugunsten des zu Untersuchenden ausfällt, kann man hiervon ruhig Abstand nehmen.

Die für die Simulationsprüfungen verwendeten Stereoskope tragen zweckmäßig hinter den Prismen noch Einsteckvorrichtungen für Korrektionsgläser oder auch für Scheiben, welche dazu dienen, das Bild des einen (gesunden) Auges unbemerkt vom Beobachter abzuschwächen. Auf welche Weise diese Abschwächung erreicht werden kann, ist S. 590 ff. beschrieben. Alle dort angeführten Verfahren lassen sich auch am Stereoskop anwenden.

RABL-RÜCKHARDT hat an den Innenflächen der Seitenwände zwei zurückklappbare federnde Halter für die Gläser anbringen lassen. Andere Modelle tragen Schlitze zum Einstecken der Gläser von außen, drehbare Gläserscheiben usw.

Um die Prismenwirkung im Stereoskop schnell und einfach beseitigen zu können, hat BALDANZA (1897) an den Okularen statt je eines je zwei

Prismen von 12° angebracht, von denen die beiden hinteren drehbar sind. Ist bei sämtlichen Prismen die Basis nach außen gerichtet, so verstärkt sich deren Wirkung. Wird dagegen die Basis der hinteren Prismen nach innen gedreht, so ist dadurch jede Prismenwirkung aufgehoben.

Endlich sei erwähnt, daß Boudon (Kugel 1889) ein aus zwei Röhren bestehendes Stereoskop verwendete, an deren augenseitigen Enden sich die Prismen befanden. Kugel änderte den Apparat insofern noch ab, als er die Röhren konvergent machte und dafür schwächere Prismen verwendete.

Das Worthsche Amblyoskop sowie das Krusiussche mit Wechselbelichtung läßt sich ebenfalls mit seinen Bildern zur Simulationsprüfung sehr gut verwenden. Sie haben noch den Vorteil, daß man beliebig das eine oder andere Bild in seiner Helligkeit abschwächen kann. Hierdurch wird die Möglichkeit einer Unterscheidung der rechts- und lingsäugigen Eindrücke noch mehr erschwert [1]).

Das Optometer von Seggel (1882 siehe auch a. a. O.) besteht aus zwei Röhren, nämlich neben dem der Untersuchung dienenden noch aus einem blinden. Letzteres dient in Wirklichkeit dazu, die Akkommodationsentspannung zu erleichtern, indem der Patient beide Augen offen halten kann. Die Versuchsanordnung läßt sich aber auch für die Simulationsprüfung verwenden.

2. Die Wahl der Stereoskopbilder.

Die für die Simulationsprüfungen geeigneten Bilder kann man sich entweder selbst herstellen oder aus den verschiedenen Serien der für Schielende konstruierten Stereoskopbilder heraussuchen (z. B. die Sortimente von Hegg, Dahlfeld, v. Pflugk).

Zusammenstellungen von Bildern für Simulationsprüfungen, welche nach den im nachfolgenden erörterten Grundsätzen konstruiert sind, wurden schon von Rabl-Rückhardt (1874, 1884) veröffentlicht, von Schmidt-Rimpler (1876) und Armaignac (1878) angegeben, und sind in recht zweckmäßiger Weise z. B. von Burchardt-Roth sowie von Kroll-Perlia in käuflichen Sortimenten angegeben.

Es ist völlig unmöglich, hier sämtliche je für Simulationsprüfungen angegebenen Tafeln einzeln aufzuführen. Ich muß mich begnügen, die Gesichtspunkte, welche für die Auswahl maßgebend sind, zusammenzufassen unter Anführung einiger Beispiele:

Auf alle Bilder, welche eine Tiefenwirkung erzielen sollen, wird am besten verzichtet, sofern nicht gerade das Tiefensehen einer Prüfung unterzogen werden soll (s. u.). Denn ein Teil der Simulanten ist zu wenig intelligent, um die Proben zu verstehen, und ein großer Teil läßt sich gar nicht erst auf die Tiefenunterschiede ein und leugnet sie von vornherein.

Erforderlich ist, daß die binokulare Verschmelzung der Teilbilder mühelos erfolgt. Um sie zu gewährleisten, müssen die beiden Teilbilder identische, stark in die Augen fallende Zeichnungen tragen, wie dicke

---

1) Vorausgesetzt, daß die Veränderung der Lichtstärke nicht vorgenommen wird, während der Simulant in den Apparat blickt.

schwarze Linien, Punkte, Kreuze, Umrahmungen oder bildliche Darstellungen. Das erstere ist z. B. bei den Burchardt-Rothschen Bildern der Fall, während geeignete bildliche Darstellungen meist die Stereoskopbilder für Schielende (z. B. Dahlfeld, Hegg) aufweisen.

Ist so eine leichte binokulare Verschmelzung flächenhaft wirkender Bilder gesichert, so kann man sich folgender Bildanordnungen für die Simulationsprüfung bedienen:

1. Beide Bilder (oder nur eines) enthalten außer den beiden gemeinsamen, die Verschmelzung anregenden Darstellungen noch Zeichnungen, welche nur auf der einen Seite vorhanden sind und sich im binokularen Bilde erst ergänzen. Gibt der Beobachter an, daß er im Verschmelzungsbild auch den Teil wahrnimmt, der nur seinem angeblich blinden oder schwachsichtigen Auge entspricht, so muß dieses eine entsprechende Sehschärfe besitzen.

Es liegt auf der Hand, daß man, um diese Sehschärfe möglichst gleich mit festzustellen, sich hierzu feinerer Schriftproben bedienen kann, bei denen in dem einen Teilbild einzelne Worte ausgelassen, die dafür im anderen Bilde enthalten sind.

Fig. 6.

Auch Monoyer hat schon 1876 geraten, sich verschiedene Vorlagen, jede mit kleineren Schriftproben herzustellen, bei denen dann auf den beiden Hälften bestimmte Zeichen fehlen, damit so die Sehschärfe des angeblich schwachsichtigen Auges festgestellt werden kann. Um den Simulanten möglichst unbefangen zu machen, wurde ihm zunächst eine Vorlage gezeigt, deren Text auf beiden Seiten vollkommen gleich war. Bjerke (1905) hat sich derartige Sehproben in sorgfältiger Weise durch photographische Verkleinerung von großen Optotypen herstellen lassen (s. auch S. 577).

Derartige Proben haben allerdings einen gewissen Nachteil. Ist nämlich auf dem zu prüfenden Auge, wie so häufig, die Sehschärfe etwas herabgesetzt, so daß die Schrift undeutlich, grauer erscheint, so vermag der Beobachter an diesem Unterschied der Schriften sehr deutlich zu erkennen, welche Worte der rechten und welche der linken Bildhälfte entsprechen. Er braucht dann nur die undeutlicheren auszulassen, um die Probe scheinbar rein monokular zu bestehen.

Man wird deswegen in allen Fällen, bei denen trotzdem der Verdacht auf Simulation fortbesteht, mit weiteren Bildern untersuchen, bei denen der Unterschied in der Schärfe der Konturen nicht so merklich ist. Hierzu gehören:

a) Bilder mit großen Sehzeichen (Zahlen, Buchstaben oder auch bildlichen Darstellungen [s. Fig. 6] aus den Rothschen Simulationsbildern).

An ihnen fällt die Unschärfe der Konturen, wie sie durch das Sehen in Zerstreuungskreisen entsteht, nicht so sehr auf, wie bei kleineren Schriftproben. Infolgedessen wird dem Simulanten das Erkennen, welche Bildteile dem rechten, welche dem linken Auge angehören, wesentlich erschwert; freilich kann man damit auch nicht den Grad der Sehschärfe bestimmen.

b) Man wählt Tafeln, bei denen für das gesunde Auge gröbere, für das angeblich schwachsichtige feinere Leseproben dargeboten werden. Bei der binokularen Bildvereinigung ist infolgedessen ein Vergleich der Konturenschärfe der beiden Teilbilder weniger leicht (z. B. die Tafel Fig. 7 aus HELMHOLTZ' physiologischer Optik (von RABL-RÜCKHARDT und ROTH empfohlen).

c) Im binokularen Vereinigungsbild befinden sich außer den identischen, zur Verschmelzung gelangenden Darstellungen nur noch solche, welche mit dem angeblich sehschwachen Auge allein gesehen werden. Dann wird ein

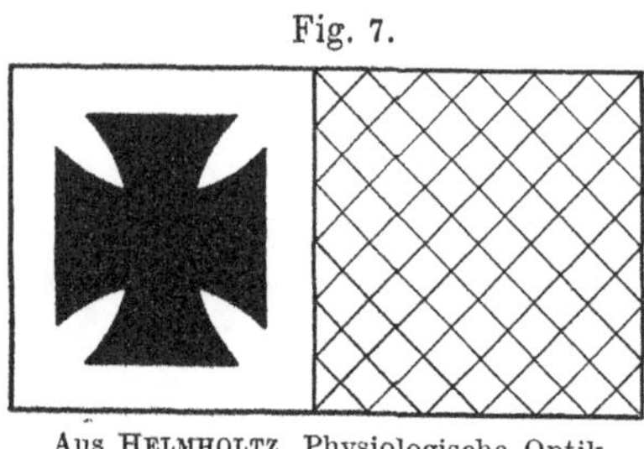

Fig. 7.

Aus HELMHOLTZ, Physiologische Optik.

Vergleich zwischen der Konturenschärfe beider Teilbilder ebenfalls unmöglich. So empfiehlt z. B. schon RABL-RÜCKHARDT, auf die eine Hälfte des Stereoskopbildes zwei Buchstaben N und H zu zeichnen, auf die andere nur N. Die beiden N werden binokular vereinigt, das H kann nur mit dem einen (angeblich sehschwachen) Auge gesehen werden. Handelt es sich beiläufig um das linke Auge, so steht das H im Sammelbild noch dazu rechts von N. Der Simulant wird daher noch in den Glauben versetzt, daß er es mit dem rechten, gesunden Auge sieht, und wird sich leicht bequemen, es mitzulesen (s. unter 2). Soll das rechte Auge geprüft werden, muß natürlich mit der Vertauschung der Tafelhälften auch die Buchstabenfolge umgekehrt werden.

Zur Sicherheit wird man zweckmäßig zuvor eine Tafel lesen lassen, wo umgekehrt das H nur vom gesunden Auge erkannt wird.

Um die Darbietungen für das rechte und für das linke Auge leichter und vor allem sehr schnell zu wechseln, kommen mit gutem Erfolg Tafeln zur Verwendung, bei denen ein Schieber hin und her bewegt werden kann, welcher abwechselnd eine Schriftprobe dem rechten und linken Auge darbietet. Die Schriftproben können entweder für beide Augen die gleichen sein (SCHRÖDER 1883) oder verschieden (BURCHARDT-ROTH). Letztere sind empfehlenswerter, weil der Vergleich dann erschwert wird. Bei der ROTHschen Schiebertafel kann durch einen zweiten kleinen Schieber die dargebotene Schrift jederzeit verdeckt werden, falls der Beobachter sich durch Zukneifen der Augen orientieren will. Man hat dadurch überhaupt den Vorteil, die Schrift in einfacher Weise nur für kurze Augenblicke exponieren zu können.

2. Die Stellung der Zeichnungen beider Halbbilder wird so gewählt, daß im Sammelbild die dem rechten Auge angehörenden links, die dem linken zugehörigen rechts liegen. Wenn dann der Beobachter auch vermutet, daß er einen Teil des Sammelbildes mit seinem angeblich schwachsichtigen Auge allein sieht, so wird er doch zunächst annehmen, daß alles, was im Bilde links liegt, auch mit dem linken Auge wahrgenommen wird, alles Rechtsliegende mit dem rechten. Als Beispiel mag die in Fig. 8 abgebildete ROTHsche

Fig. 8.

Tafel dienen. Sehr zweckmäßig ist es auch hierbei, die Tafel zunächst zu verdecken und nur momentan freizugeben, um die Orientierung des Beobachters zu erschweren.

Um den Beobachter irrezuführen, kann man auch mehrere Tafeln konstruieren, bei welchen das Sammelbild stets das gleiche ist, dessen einzelne Zeichnungen aber bald der rechten, bald der linken Bildhälfte angehören. So ergeben z. B. die in Fig. 9 a—c wiedergegebenen ARMAIGNACschen Bilder (1878) trotz ihrer Verschiedenheit stets das gleiche Verschmelzungsbild. Ähnliche Anordnungen hatte schon vorher SCHMIDT-RIMPLER (1876) empfohlen.

Bei den letzterwähnten Bildern ARMAIGNACS und SCHMIDT-RIMPLERS wird übrigens, wie schon aus Fig. 9 ersichtlich ist, auf die oben erwähnte Forderung, beiden Hälften identische, die Verschmelzung begünstigende Darstellungen zu geben, verzichtet. Es kommt hierbei auch nicht genau darauf an, ob die Figuren im binoku-

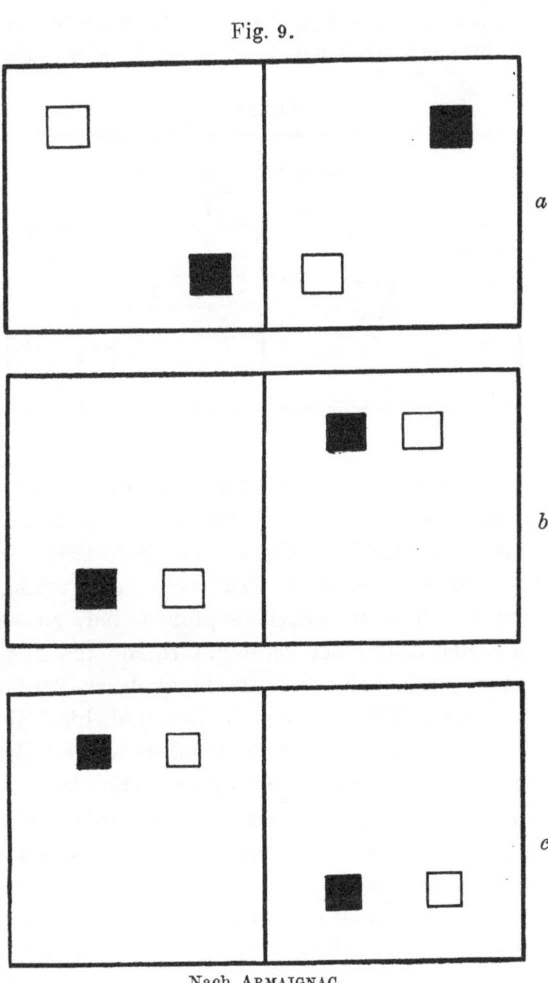

Fig. 9.

Nach ARMAIGNAC.

laren Sammelbilde etwas mehr voneinander entfernt oder angenäherter erscheinen. In Fällen der Heterophorie, bei denen die binokulare Vereinigung der Teilbilder erschwert ist, lassen sie sich daher besser verwenden als die unter 1. angeführten Bilder. Auf einer anderen Tafel hat Schmidt-Rimpler dieses Prinzip noch etwas für den Beobachter verwirrender ausgeführt (Fig. 10).

3. Man verwendet den Wettstreit der Sehfelder, indem man als Halbbilder zwei verschiedene Darstellungen, z. B. Schriftproben, verwendet. Man erreicht dann die gleiche Wirkung, wie bei künstlicher Erzeugung von Doppelbildern einer Leseprobe: Die Zeilen bilden sich im Sammelbilde ineinander ab und ein fließendes Fortlesen der Worte ist unmöglich (vgl. den unteren Teil der unten abgebildeten Tafel (Fig. 11, sowie die Fig. 12 und 13). Freilich ist zu beachten, daß bei einer Herabsetzung der Sehschärfe eines Auges, z. B. schon bei nichtkorrigierter Anisometropie, das schwächere Halbbild hierbei leicht unterdrückt wird. Ein fließendes Weiterlesen beweist

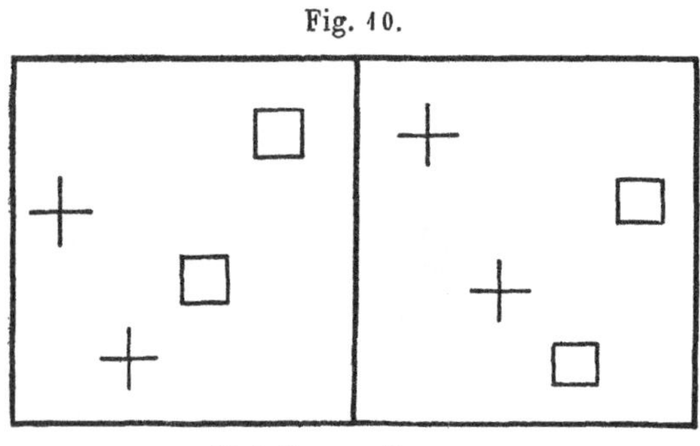

Fig. 10.

Nach Schmidt-Rimpler.

also noch nicht, daß das angeblich schwachsichtige Auge die Worte nicht zu sehen vermag. Nur aus der Unmöglichkeit zu lesen kann man entnehmen, daß beide Augen über eine genügende Sehschärfe verfügen, um die Schrift zu erkennen.

4. Die binokulare Farbenmischung läßt sich ebenfalls für die Simulationsprüfung mittels des Stereoskops mit Vorteil verwenden: Man bietet jedem Auge eine andere Farbe dar und läßt sich angeben, ob die binokulare Mischfarbe bei der Vereinigung wahrgenommen wird.

Hierbei ist es freilich nicht zweckmäßig, größere farbige Flächen, wie sie früher z. B. Kugel empfohlen hat, zu vermeiden. Dieser riet nämlich, die eine Hälfte der Tafel mit rotem, die andere mit beiläufig blauem Papier so zu bekleben, daß bei binokularer Vereinigung die beiden Hälften sich in einem Mittelstreifen decken und hier die binokulare Mischfarbe violett entsteht. Bei derartigen Flächen hindert der Wettstreit der Sehfelder die binokulare Farbenmischung oft sehr stark — es bestehen hier weitgehende individuelle Verschiedenheiten —, und der Beobachter vermag leicht zu erkennen, daß er die eine Farbe unterdrücken muß, um wie ein Einäugiger zu erscheinen.

Fast immer gelingt dagegen der Versuch, wenn man an Stelle farbiger Flächen nur farbige Linienzeichnungen wählt, bei denen die Konturen die binokulare Verschmelzung begünstigen. So kann man beiderseits die gleichen

Fig. 11.

Nach Burchardt-Roth.

Fig. 12.

A E O	B D K
J U A	R C F
E A J	G F T

Fig. 13.

1 5 3 7	8 4 2 0
5 3 9 1	2 6 4 8
3 7 5 9	6 2 8 4

Zahlen oder Buchstaben wählen, auf der einen Seite z. B. in roter, auf der anderen Seite in grüner Farbe. Bei beiderseits entsprechendem Sehvermögen erscheint die Zahl im Sammelbilde grau bis braun (Segal 1895). Am einfachsten ist hierfür die »Briefmarkenprobe« (als Beispiel für binokulare Farbenmischung von Stirling 1901 empfohlen). Man klebt auf die eine Hälfte eine rote (z. B. 10-Pfennig-)Marke, auf die andere Hälfte eine grüne (5-Pfennig-Marke). Binokular werden die Konturen sofort verschmolzen, und das Sammelbild erscheint normalerweise etwa in der Farbe der 3-Pfennig-Marke. Die Verschiedenheit der Zahlen stört gegenüber der Übereinstimmung der ganzen übrigen Markenzeichnung nicht; sie können auch durch schwarze Punkte verdeckt werden, die zugleich die Fusion anregen.

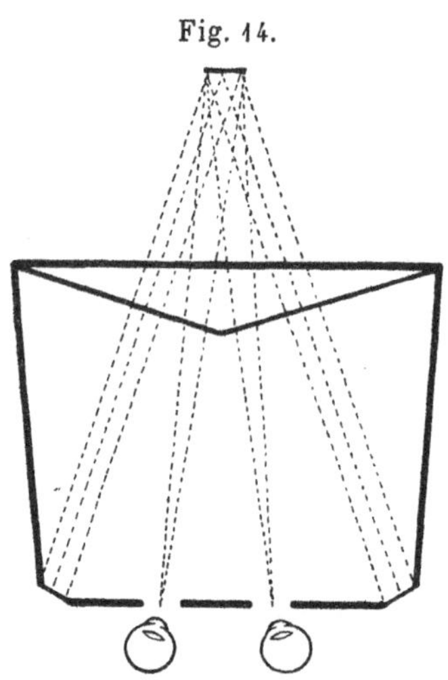

Fig. 14.

Apparat von Bertin-Sans. (Nach Roth.)

Farbige Vorlagen in Gestalt roter, grüner, blauer Scheiben auf mattschwarzem Grunde hat auch Hoor (1889) empfohlen, aber nicht zur binokularen Farbenmischung. Der Farbenton ist teils auf der rechten, teils auf der linken Hälfte matter, und die Größe der Scheibchen ist sehr wechselnd, bald punktförmig, bald größer. Durch diese Verschiedenheiten wird dem Beobachter sehr erschwert, zu erkennen, was er im Sammelbilde mit dem rechten und was er mit dem linken Auge erkennt. Aus der Größe der wahrgenommenen Scheibchen kann man natürlich gleichzeitig einen gewissen Anhalt für die Sehschärfe des angeblich schwachsichtigen Auges gewinnen.

5. Außerdem läßt sich jedes Stereoskop in der S. 599 ff. ausgeführten Weise verwenden, indem man ein rotes und ein grünes Glas vor die Okulare schaltet und sich farbige Sehproben herstellt, welche teilweise durch die Gläser unsichtbar werden. Über das Nähere kann auf die früheren Ausführungen verwiesen werden.

Kuhnts Stereoskop (zit. nach Roth 1907) trägt z. B. in drehbaren Scheiben von vornherein rote und grüne Gläser. Außerdem ein hell- und ein dunkelblaues, nach dem Vorgehen von Kugel (S. 591), und ein rauchgraues.

Schließlich sei noch ein stereoskopisches Verfahren von Bertin-Sans (1885) angeführt, das jedoch bei der Fülle der übrigen möglichen Variationen stereoskopischer Bilder entbehrlich erscheint, zumal es einen eigenen Apparat erfordert: In einem stereoskop-ähnlichen Kasten befinden sich seitlich neben den Okularen zwei kleine runde Öffnungen (Fig. 14), welche durch Mattglas verschlossen sind und die sich leicht durch den Finger des Untersuchers verschließen lassen, ohne daß es der Beobachter bemerkt. An der den Okularen gegenüberliegenden Wand befinden sich zwei Spiegel, in welchen die Bilder der Öffnungen so reflektiert werden, daß sie sich für den Beobachter zu einen binokularen Sammelbilde vereinigen. Verschließt man nun schnell abwechselnd mit dem Finger die Öffnungen, während der zu Prüfende hindurchblickt, so muß bei einseitiger Blindheit (oder höchstgradiger Schwachsichtigkeit) die helle Scheibe gänzlich verschwinden, wenn die dem Bilde des gesunden Auges entsprechende Öffnung verdeckt wird. Bleibt die helle Scheibe aber dauernd sichtbar, so ist damit bewiesen, daß sie auch mit dem zu prüfenden Auge erkannt wird. (Die geringe Abnahme der Helligkeit, welche das Scheibenbild auch für den Normalen beim Verdecken der einen Öffnung aufweist, dürfte das Gelingen der Probe kaum erschweren.)

Über die Anwendung siehe auch Délay (1887). Die Probe läßt sich durch Vorsetzen von verschiedenen Scheiben mit Sehzeichen beliebig abändern. Auch die Prüfung auf binokulare Farbenmischung dürfte sich damit unschwer vornehmen lassen.

IV. Kreuzung der Blicklinien beider Augen.

Infolge gewisser physiologischer Eigentümlichkeiten im funktionellen Aufbau unseres Sehorganes besteht bei allen Menschen die Neigung, Sehobjekte in der rechten Sehfeldhälfte dem rechten, in der linken Hälfte dem linken Auge zuzuschreiben (Köllner 1920).

Oben war eine Versuchsanordnung erwähnt worden, bei welcher die Bilder beider Augen nebeneinander stehen, aber vertauscht, so daß das Bild des rechten Auges links, das des linken Auges rechts sich befindet. Diese pseudoskopische Wirkung war dadurch zustande gekommen, daß ein Kartenblatt in der Sagittallage zwischen beide Augen des Beobachters herangebracht wurde, so daß jedes Auge je eine Seite des Blattes sieht, deren Netzhautbilder nun gekreuzt sind.

Man kann diese Täuschung des Beobachters, bei dem also die Vorstellung begünstigt wird, das rechtsstehende Bild gehöre auch dem rechten, das linke dem linken Auge an, noch zwingender gestalten, wenn man sich Versuchsanordnungen bedient, bei welchen sich die Blicklinien beider Augen vor den Sehobjekten unbemerkt von dem Beobachter überkreuzen. Man kann sich dann zweier nebeneinander stehender Leseprobentäfelchen in ähnlicher Anordnung wie die Teilbilder am Stereoskop bedienen. Natürlich muß eine stereoskopische Verschmelzung beider vermieden werden, so daß sie auch nebeneinander sichtbar sind. Macht man nun durch die gleich zu besprechenden Anordnungen das linke Bild nur dem rechten, das rechte nur dem linken Auge zugänglich, so erscheinen die beiden Bilder für den Beobachter vertauscht nebeneinander. Da sich die räumliche Anordnung der beiden Bilder nicht geändert hat, so kann er sich bei einer Simulation, z. B. linksseitiger Schwachsichtigkeit, leicht zu der Angabe verleiten lassen, das linksstehende Bild nicht sehen zu können. Da er dieses aber nur mit seinem gesunden rechten Auge sieht, so ist er damit überführt.

Was zunächst die rein technische Seite anlangt, so läßt sich eine derartige Überkreuzung der Blicklinien auf mehrfache Weise relativ einfach erreichen.

Am urwüchsigsten ist die Anwendung von zwei sich in der Mitte kreuzenden Röhren. Ein derartiger Apparat wurde bereits 1868 von PRATO (LUCCIOLA 1896) angegeben. Die beiden Röhren hatten je 20 cm Länge und waren in einem Kasten eingeschlossen, damit ihre Anordnung dem Beobachter verborgen blieb. An der einen Seite befanden sich die beiden Okularöffnungen, auf der gegenüberliegenden Seite die beiden Fenster für die Probeobjekte, welche aus durchscheinenden Sehzeichen bestanden (s. Fig. 15). Später sind dann von BONALUMI (LUCCIOLA) Buchstabenproben hinzugefügt worden, die Röhren wurden außerdem 30 cm lang gemacht, damit Divergenz und Akkommodation nicht zu stark in Anspruch genommen wurden.

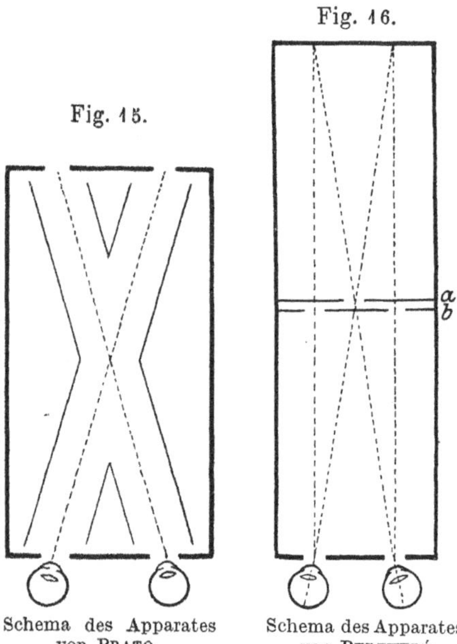

Fig. 15.

Fig. 16.

Schema des Apparates von PRATO. (Nach ROTH.)

Schema des Apparates von BERTHELÉ. (Nach ROTH.)

Ein ähnlicher Kasten ist auch von ELLIOT (1903) hergestellt worden, und zwar mit 3 Röhren.

Einfacher ist die Konstruktion von BERTELÉ (1880). Hier wird die Kreuzung der Blicklinien dadurch erreicht, daß in der Mitte zwischen den Augen und den Sehproben eine mit entsprechender Öffnung versehene Zwischenwand eingeschoben wird (s. Fig. 16, a). Die Entfernung der Okulare von den Sehproben bzw. die Kastenlänge war auf 33 cm bemessen.

Der Apparat ist von anderer Seite mehrfach vervollkommnet worden. Um die Täuschung zu erleichtern, ist es natürlich zweckmäßig, wenn die beiden Sehproben dem Beobachter abwechselnd in richtiger und in vertauschter Anordnung erscheinen, d. h. wenn er bald mit gekreuzten, bald mit ungekreuzten Blicklinien sieht. Das ist leicht durch Änderung des Diaphragmas zu erreichen, wenn nämlich an Stelle der mittleren Öffnung, wie sie in Fig. 16, a wiedergegeben ist, zwei seitliche Öffnungen angebracht werden (Fig. 16, b). ANDRÉ (1882) führte zwei auswechselbare Zwischenwandungen, die nach diesem Prinzip durchlocht waren, ein. MELSKENS (1884) erleichterte die Handhabung, indem er ein Diaphragma mit 3 Öffnungen benutzte, von denen mit Hilfe eines Schiebers bald die mittlere, bald die beiden seitlichen verdeckt werden konnten. CHAUVEL (1885) versah die seitlichen Öffnungen noch mit schwachen Prismen, um eine binokulare Verschmelzung der Bilder zu verhindern, und versah die Schieber mit einer Vorrichtung zum Einfügen von Korrektionsgläsern.

Das BERTELÉsche Prinzip ist auch in den Apparaten von LOISEAU (S. 598), MARINI (S. 598), BEYKOWSKY (S. 626) usw. unter anderen mitverwertet worden.

Auch die Sehproben sind mehrfach abgeändert worden. CHAUVEL verwendete kurze Sätze, welche einem Sehvermögen von $1/_2$ bis herunter zu $1/_{10}$ entsprechen. RENÉ (1893) verwendete immer nur eine Reihe SNELLENscher Buchstaben.

Auf dem gleichen Prinzip beruhen die GRATAMASCHen Röhren, die von KOSTER (1906) noch wesentlich verbessert worden sind. Sie sind ebenso einfach, aber zweckmäßiger als die eben erwähnten Konstruktionen, denn bei ihnen wird auf die Kastenkonstruktion verzichtet und statt dessen zwei parallele Röhren angewendet, durch welche der Beobachter hindurchsieht. Es ist ohne weiteres verständlich, daß dadurch die Täuschung, als ob der

Fig. 17.

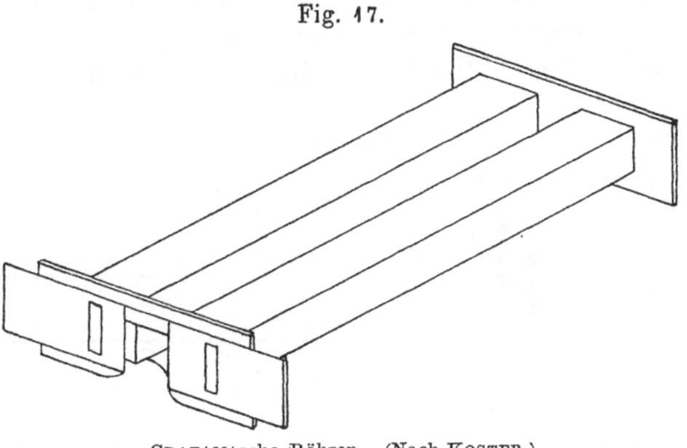

GRATAMAsche Röhren. (Nach KOSTER.)

Beobachter mit ungekreuzten Blicklinien sieht, noch wesentlich erhöht und das Mißtrauen, das jeder Simulant vor Kastenapparaten hat, erheblich verringert wird.

Die Konstruktion GRATAMAS (s. KOSTER) ist auf Fig. 17 ersichtlich. Die beiden Röhren, der Einfachheit und des Raumgewinnes halber von quadratischem Querschnitt, sind an beiden Enden miteinander verbunden. An dem Okularende befinden sich zwei Schieber mit breiten Spalten, welche so gestellt werden können, daß sie dem Augenabstande des Beobachters entsprechen. An der Objektseite sind ebenfalls zwei ähnliche Schieber angebracht, deren Abstand geringer ist, so daß die Augen nicht geradeaus in die Ferne sehen können, sondern entweder etwas nach links oder nach rechts gewandt werden müssen. Die Größe der Spalte auf der Objektseite ist so gewählt, daß in einer Entfernung von 6 Metern das Gesichtsfeld ungefähr einer SNELLENschen Probetafel entspricht. Sieht man durch die Röhren nach der Wand, an welcher in passender Entfernung voneinander zwei Probetafeln aufgehängt sind, so daß die rechte Tafel nur vom linken, die linke vom rechten Auge gesehen werden, so wird bei dem Beobachter die zwingende Vorstellung erweckt, daß das rechte Auge durch das rechte Rohr nur die rechte, das linke Auge durch das linke Rohr nur die linke Tafel sehen könne. Durch entsprechende Verstellung der Schieber können die Blicklinien leicht in ungekreuzte verwandelt werden, ähnlich wie bei MELSKENS Diaphragma.

Ein Nachteil des Versuches in dieser Form ist zunächst, daß die Röhren jedesmal mühsam eingestellt werden müssen und daß sie leicht verschoben werden können, so daß dann die Lage zu den an der Wand hängenden Sehproben nicht mehr stimmt.

Zweckmäßiger ist daher die KOSTERsche Anordnung, bei welcher Sehproben und Röhren miteinander verbunden sind (s. Fig. 18). Die Röhren selbst sind verkürzt und jede Röhre durch eine Stange mit dem Halter der Sehproben verbunden. Diese befinden sich $^3/_4$ Meter von den Augen des Beobachters entfernt. Die Okularschieber sind nicht mehr beweglich,

Fig. 18.

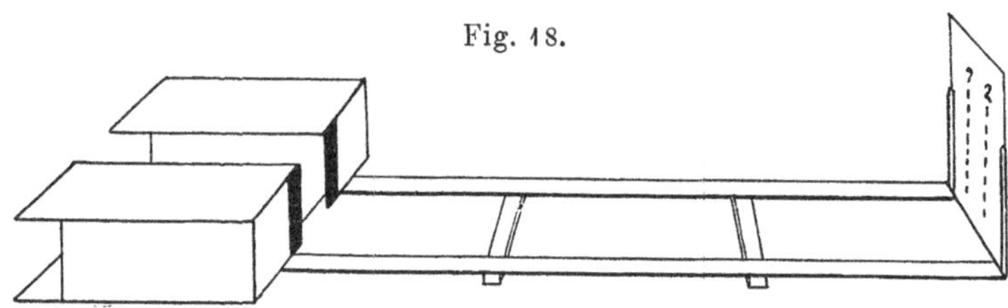

KOSTERsche Anordnung des GRATAMAschen Prinzips.

um ungewollte Verschiebungen während der Untersuchung zu vermeiden. Damit verzichtet KOSTER allerdings auf die Möglichkeit, die Blicklinien in ungekreuzte zu verwandeln und damit die scheinbare Stellung der Proben zueinander zu ändern. An den temporalen Seiten fehlen überdies auf 3 cm die Seitenwände der Röhren, um eine Beobachtung der Augen des Simulanten zu ermöglichen. Die KOSTER-GRATAMAschen Röhren haben auch noch den Vorteil, daß der Beobachter die beiden nebeneinander stehenden Sehproben sieht. Der Apparat ist erhältlich bei Brouver, Mechaniker, Leiden. Doch kann er bei seiner Einfachheit, wie überhaupt alle bisher beschriebenen Versuchsanordnungen, leicht mit einfachen Mitteln hergestellt werden.

Bei allen diesen Versuchsanordnungen werden allerdings niemals beide Proben gleichzeitig deutlich gesehen. Die Augen müssen vielmehr stets etwas nach rechts oder links gewendet werden. Die Täuschung ist aber hierdurch nicht beeinträchtigt.

Eine gewisse Schwierigkeit liegt ferner darin, daß die beiden hellen Sehbilder in der dunkeln Umgebung zur Fusion anregen. Sie werden daher leicht mit Hilfe der Konvergenz verschmolzen. Es ist deswegen zweckmäßig, die Entfernung der Sehproben von den Augen möglichst groß zu wählen, da die mit der Konvergenz bei Ungeübten meist gleichzeitig auftretende Akkommodation hierbei die Sehschärfe so stark beeinträchtigt, daß auch die Konvergenz leicht unterbleibt.

Man hat nun in anderer Weise die Kreuzung der Blicklinien mit Hilfe von Spiegelapparaten vorgenommen. Der Beobachter blickt hier in einen ihm gegenüber befindlichen Spiegel, während die Sehproben sich rechts und links von seinen Augen befinden.

Die einfachste Form ist der Spiegelapparat von Maréchal (1879). In einem Kasten von 27 cm Länge und 17 cm Breite befindet sich gegenüber der die Okularöffnungen tragenden Seite ein Planspiegel, dessen Länge den Augenabstand nicht überschreitet. Skizze Fig. 19 zeigt, daß die neben

Fig. 19.

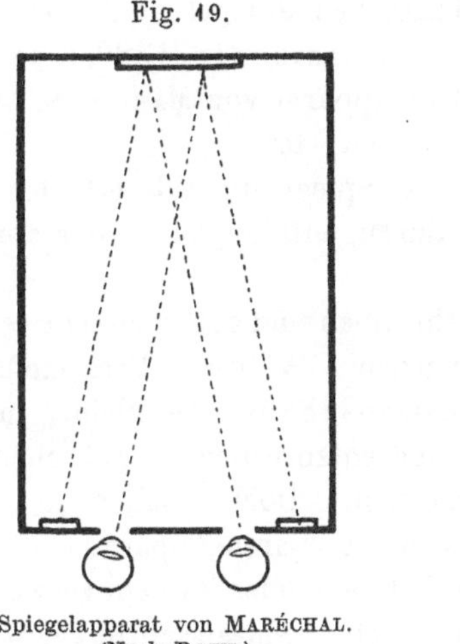

Spiegelapparat von Maréchal.
(Nach Roth.)

Fig. 20.

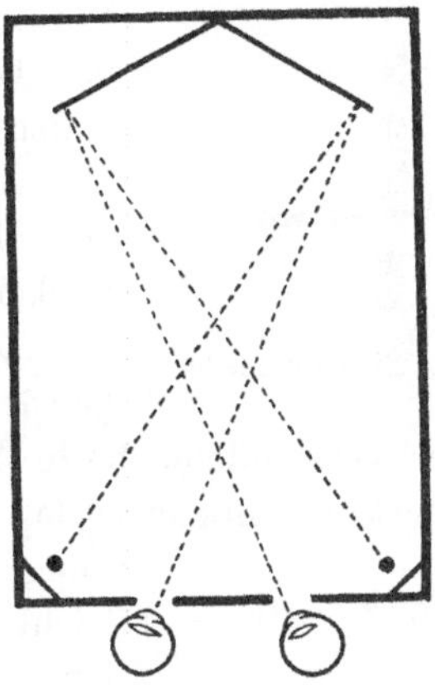

Spiegelapparat von Fles.
(Nach Roth.)

den Okularen angebrachten Sehproben sich derart spiegeln, daß beide nebeneinander erscheinen, jedoch die rechtsstehende nur mit dem linken, die linksstehende nur mit dem rechten Auge gesehen wird. Auch dieser Apparat läßt sich jederzeit leicht improvisieren.

Schon vorher hatte Fles (1860) einen ganz ähnlichen Kasten in etwa gleicher Größe konstruiert, bei welchem die Spiegelung aber nicht an einem, sondern an zwei Spiegeln stattfand, die einen Winkel von 120° miteinander bildeten (vgl. Fig. 20).

Dieser Apparat ist dann von Armaignac (1878) noch vervollkommnet worden, indem er die beiden Spiegel so um eine Achse an ihrer Berührungslinie drehbar machte, daß durch Umstellung die Sehproben statt den wechselseitigen Augen den gleichseitigen sichtbar gemacht werden konnten, ähnlich wie es bei Melskens Kasten (S. 622) durch Verschieben des Diaphragmas erreicht wurde. Der Apparat ist neuerdings (1906, 1913) noch vervollkommnet worden.

Fig. 21.

BEYKOWSKYS Simulantenfalle.

In gleicher Weise sind die verstellbaren Spiegel auch von MONOYER (1884) und neuerdings bei der Simulantenfalle BEYKOWSKYS (1911) angewendet worden, hier in einem etwas größeren Kasten (33 × 21 cm), mit mehreren Ergänzungen und Kombinationen mit anderen Simulationsproben (Verwendung farbiger Schrift, welche durch entsprechende Gläser ausgelöscht wird, vgl. S. 601, seitlich neben den Augen des Beobachters angebrachte Spionspiegel, Zwischenwand von BERTELÉ [vgl. S. 622] usw. s. Fig. 21).

Die FLESschen Spiegel sind auch bei dem Pseudoskop von BARTHÉLÉMY (1889, s. auch S. 598), und bei dem Apparat von MARINI (S. 598) unter anderem mitverwertet.

Alle diese Spiegelapparate erhalten ihr Licht von oben durch aufklappbare oder abnehmbare Deckel.

Die Sehproben sind natürlich sehr verschieden gewählt worden. Während FLES einfach Spielkartenblätter verwendete, hatte ASTEGNIANO (1889) eine kleine, in Spiegelschrift gedruckte Sehprobentafel mit der entsprechenden Sehschärfeberechnung hergestellt. Doch können in derartigen leicht selbst herstellbaren Apparaten einfach diejenigen Buchstaben oder Zahlen verwendet werden, welche auch in Spiegelschrift gelesen werden können, und auch die Sehschärfe ist aus der Entfernung der Proben vom Spiegel und daher von den Augen sowie der Zeichengröße mühelos jederzeit zu berechnen, so daß es eigener Sehprobentafeln kaum bedarf.

Fig. 22.

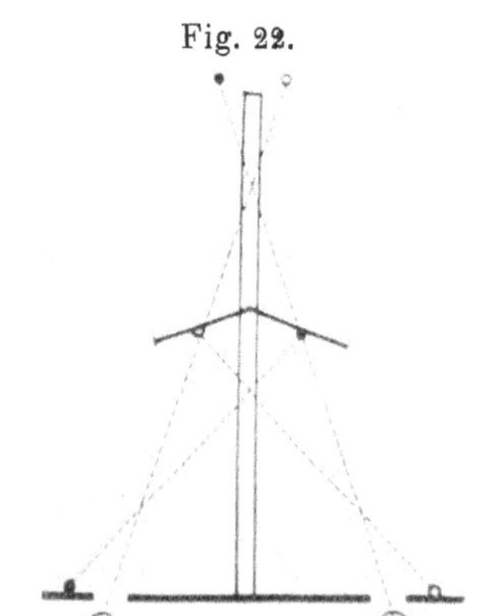

Prinzip des Pseudoskops von BARTHÉLÉMY. (Nach ROTH.)

Mittels eines einfachen Planspiegels kann man übrigens nach dem Vorschlage von SCHMITZ (1900) die Probe in gleicher Weise ausführen. Man nimmt einen gewöhnlichen Spiegel von 8—10 cm Breite, setzt den zu Untersuchenden in einer Entfernung von 15—30 cm gerade gegenüber und läßt ihn hineinsehen. Hält man ihm nun zwei kleine Karten mit Spiegelschrift an beide Schläfen, so wird ebenfalls das rechtsseitige Täfelchen nur mit dem linken Auge, das linke mit dem rechten gelesen. Wenn man sich hinter den Beobachter stellt und über seinen Kopf in den Spiegel mit hineinsieht, kann man sich von der Richtigkeit der Versuchsanordnung überzeugen (eine entsprechende Sehprobentafel in Buchformat wird von der Buchdruckerei Crüwell, Dortmund, mit vier Reihen Zahlen in Spiegelschrift geliefert.

FRIDENBERG (1899) hatte in ähnlicher Weise die Anwendung eines Konkavspiegels, wie er zur laryngologischen Untersuchung gebräuchlich ist, empfohlen. Der Spiegel wird ihm so vorgehalten, daß er etwas nach der gesunden Seite verschoben ist und der Patient sein gesundes Auge im Spiegel erblickt. Hält man nun wiederum die kleine Visitenkarten-Sehprobentafel an die gesunde Schläfe, und zwar ein Stückchen davon entfernt, dann kann sie der Beobachter nur mit seinem angeblich sehschwachen Auge lesen. Überzeugender wird der Versuch noch, wenn die Sehprobe seitlich neben und noch etwas vor das Auge gehalten wird. Man kann natürlich auch die Gegenprobe auf der angeblich kranken Seite machen. Wird die Sehprobe dann nicht gelesen, so ist damit ein weiterer Beweis für die Unwahrheit der Angaben des Untersuchten erbracht. Die Stellung bzw. Haltung des Sehprobentäfelchens muß allerdings sorgfältig ausprobiert werden, da sonst leicht ein Teil der Schrift für das gleichnamige bzw. gesunde Auge lesbar wird.

Hält man den Konkavspiegel so vor, daß der Beobachter seine beiden Augen darin erblicken kann, so muß man die Sehzeichen dicht am Rande der kleinen Karte schreiben und diese dicht an die Schläfe halten (ROTH).

Schließlich kann auch das WORTHSche Amblyoskop für Schielende in gleicher Weise verwendet werden (WESSELY 1908). Die Bilder der durchsichtigen Sehobjekte werden bei ihm durch Reflexion an Spiegeln in das Auge geworfen und man kann durch die verschiedene Spiegelstellung die Bilder sich leicht kreuzen lassen. Die Täuschung ist hierbei ganz besonders zwingend, so daß sich sogar der untersuchende Arzt über die Lage der Bilder im Irrtum befinden kann. Ein besonderer Vorteil ist noch, daß die Helligkeit der Bilder reguliert werden kann, so daß der Patient, welcher auf beiden Augen eine verschiedene Sehschärfe hat, auch hiernach nicht mehr gut die Zugehörigkeit der Bilder zum rechten und linken Auge beurteilen kann.

Im allgemeinen ist das Prinzip der Blicklinienkreuzung für die Simulationsprüfung ganz besonders brauchbar, da der Eindruck, als ob der Beobachter wie gewöhnlich mit ungekreuzten Blicklinien sieht, besonders zwingend ist.

Vor allem diejenigen Proben sind zu empfehlen, bei welchen durch äußere Umstände, wie zwei Röhren anstatt eines Kastens und die freie Sichtbarkeit zweier getrennter Sehproben für die beiden Augen, noch nachgeholfen wird. Aus diesem Grunde sind die GRATAMAschen Röhren in der

Modifikation von Koster in erster Linie zu empfehlen. Für gewohnheitsmäßige bzw. schon mehrfach untersuchte Simulanten haben alle Kastenapparate, in welche durch Okularöffnungen hineingesehen wird, etwas Mißliches, da hier die »Falle« von vornherein viel eher vermutet wird. Der Beobachter wird dadurch mißtrauisch und läßt sich auf irgendwelche Angaben oft gar nicht erst ein.

Versager kommen natürlich auch bei diesen Proben vor. Nicht daß die Unterscheidbarkeit rechts- und linksäugiger Eindrücke, wie sie S. 585 ff. besprochen wurde, einen Anhaltspunkt über die Zugehörigkeit der Bilder bietet. Denn die Gesichtsfelder sind genügend klein und die Objekte annähernd gleichwertig. Auf die Möglichkeit, daß der Beobachter schnell abwechselnd ein Auge schließt und sich auf diese Weise informiert, muß natürlich immer geachtet werden, und verschiedene Apparate tragen ja durch besondere Vorsichtsmaßregeln dem Rechnung (z. B. die Seitenöffnungen an den Kosterschen Röhren, die Spiegel an der Simulantenfalle Beykowskys).

Eine größere Schwierigkeit ist aber der Umstand, daß das angeblich sehschwache Auge häufig durch die Verletzungsfolgen in Wirklichkeit eine gewisse Herabsetzung der Sehschärfe aufweist, wenn auch nicht so stark, wie vorgegeben wird. Die beiden nebeneinander sichtbaren Sehproben erscheinen dadurch in verschiedener Deutlichkeit und der erfahrene Simulant weiß sehr wohl, daß das undeutlichere Bild, gleichgültig ob es sich rechts oder links befindet, immer seinem verletzten Auge entspricht.

Man hat sich hier häufig so geholfen, daß man gar nicht mehr zwei Proben verwendet, sondern nur eine, welche sich auf der Seite des gesunden Auges befindet, aber mit dem angeblich kranken allein gelesen wird. Freilich eignen sich hierzu wieder am wenigsten die Kastenapparate, weil der Beobachter dann die Sehproben nicht, ohne durch die Öffnungen zu blicken, sehen kann, also auch nicht die Überzeugung gewinnt, daß sich die Probe wirklich vor dem gesunden Auge befindet. Wiederum sind daher hiefür die Koster-Gratamaschen Röhren, sowie auch Versuchsanordnungen wie die Schmitzsche oder auch die Fridenbergsche Spiegelprobe vorzuziehen. Daß das Worthsche Amblyoskop in dieser Hinsicht gute Dienste leistet, wurde schon oben erwähnt.

Alle diese Proben lassen sich natürlich noch mit anderen Simulationsproben kombinieren, besonders dadurch, daß man das Bild des einen Auges auf die S. 590 ff. näher beschriebene Weise unbemerkt vom Beobachter undeutlich macht.

V. Abwechselnde Belichtung beider Augen.

Die bis jetzt unter III und IV beschriebenen Methoden haben alle zur Voraussetzung, daß das muskuläre Gleichgewicht bei binokularer Fixation nicht gestört ist. Falls Strabismus vorliegt, müssen alle diese Methoden versagen. Man muß in diesem Falle entweder auf die binokulare Prüfung überhaupt verzichten und sich der S. 573 ff. besprochenen Verfahren bedienen, welche den Beobachter über die Erkennbarkeitsbedingungen der dargebotenen Sehzeichen hinwegtäuschen, oder man kann versuchen dadurch zum Ziel zu gelangen, daß man im Dunkelzimmer die beiden Augen abwechselnd belichtet und sich angeben läßt, wann das Licht wahrgenommen wird. Vermag der Beobachter nicht zu unterscheiden, ob das Licht in das rechte oder linke Auge fällt, wird er zuweilen auch dann Lichtschein angeben, wenn das angeblich blinde Auge Licht erhält, und ist damit überführt.

In diesem Sinne hat Herter (1878) vorgeschlagen, mit einem planen Augenspiegel den Lichtreflex einer Lampe in unregelmäßigem Wechsel in das rechte und linke Auge fallen zu lassen, bald auf die Mitte, bald auf seitliche Partien der Netzhaut. Macht der zu Untersuchende bei zahlreichen Wiederholungen auch nur einmal Fehler, so ist er bereits entlarvt.

So einfach dieses Vorgehen zunächst auch erscheint, so führt es doch nur selten zum Ziele, wenn nicht besondere Vorsichtsmaßregeln ergriffen werden. Schon die Bewegungen des Spiegels bzw. des Spiegelbildes bieten einem aufmerksamen Beobachter entsprechende Anhaltspunkte.

Man muß daher zum mindesten den Wechsel in den Belichtungen sehr schnell vornehmen. Herter selbst hat aus diesem Grunde schon vorgeschlagen, den Spiegel bewegungslos zu machen und statt dessen mit einem zweiten Spiegel hinter dem Kopfe des zu Untersuchenden die abwechselnde Belichtung zu bewerkstelligen, während die Lichtquelle sich neben dem Beobachter befindet.

Trotzdem ist für die Mehrzahl der Beobachter die Unterscheidung, ob das rechte oder linke Auge belichtet wird, nicht schwierig infolge des Überwiegens der temporalen Gesichtsfeldhälften beim gemeinschaftlichen Sehen (s. S. 586 ff.). Daran ändert auch der Vorschlag, die Lichtquelle möglichst klein zu gestalten, nichts. So ist Délay (1887) rein empirisch darauf gekommen, recht kleine Spiegel zu verwenden oder einen Schirm zu benutzen, der nur eine kleine Öffnung zum Durchlassen des Lichtes trägt. Roth (1900) setzte vor die Augen starke Konvexgläser, um so die Erkennung der Lichtquelle zu erschweren.

Wicherkiewicz (1893) hatte vorgeschlagen mit der einen Hand dem zu Untersuchenden die Augenlider zuzuhalten, mit der anderen den Augenspiegel so zu dirigieren, daß die Augen abwechselnd belichtet werden. Die Spiegelbewegungen bleiben dabei allerdings verborgen, aber eine Verbesserung der Methode kann hierin keinesfalls erblickt werden. Denn da auf diese Weise der Lichtschein so diffus wird, daß der größte Teil der Netzhaut belichtet werden muß, wird das Überwiegen der temporalen Gesichtsfeldhälften und damit die Möglichkeit, die rechts- und linksäugigen Eindrücke zu unterscheiden, noch erleichtert. Wie gut bei derartigem Vorgehen die Unterscheidung gelingt, hat Wessely (1913) in hübscher Weise gezeigt, indem er nachwies, daß fast ausnahmslos dabei der Lichtschein ganz falsch, nämlich wesentlich zu weit temporalwärts lokalisiert wird.

Am zweckmäßigsten wird der Versuch in einer Abänderung Wesselys (1908) vorgenommen: Man verwendet zwei Kerzen, vor deren eine ein rotes, vor die andere ein grünes Glas gesetzt wird. Nun wird im Dunkelzimmer mittels Planspiegels in regellosem Wechsel rotes oder grünes Licht in das rechte oder linke Auge geworfen und der zu Prüfende aufgefordert anzugeben, welche Farbe er sieht. Dadurch wird dessen Aufmerksamkeit auf etwas Unwesentliches, nämlich die Farbe des Lichtes, abgelenkt, und es besteht somit mehr Aussicht, eine Entlarvung herbeizuführen. Eine weitere Wesselysche Modifikation s. S. 604.

Auch wenn diese Verfahren zum Ziele führen, kann freilich immer nur festgestellt werden, ob ein angeblich blindes Auge noch Lichtempfindung hat oder nicht, dagegen bleibt der Grad der vorhandenen Sehschärfe unberücksichtigt. Herter hat deswegen den Vorschlag gemacht, vor die Lampe transparente Sehzeichen (auf Glasplatten geklebte Snellensche Probebuchstaben in Spiegelschrift) zu setzen, diese in die Augen zu werfen und nun lesen zu lassen. Man kann sich derartige Anordnungen in beliebiger Abänderung ja leicht selbst herstellen. Es wird auf diese Weise zuweilen gelingen, einen Simulanten zu überlisten, daß er auch mit dem angeblich blinden Auge die Buchstaben liest.

In ähnlicher Weise ist von Maldutis (1913) ein etwa 1 m langer Apparat gebaut, bei welchem mit einem Spiegel abwechselnd Sehproben in das rechte und linke Auge geworfen werden können. Soweit aus der Beschreibung erkenntlich ist, wird dabei das Prinzip der Überkreuzung der Blicklinien (siehe S. 621ff.) entsprechend dem Verfahren von Schmitz und Maréchal mitverwendet.

VI. Die Methode des blinden Flecks.

Ein recht interessantes Verfahren zur Entlarvung der Simulation einseitiger Blindheit ist jüngst von A. v. Szily sen. angegeben worden: An einer senkrechten Wand werden drei runde, etwa talergroße Marken nebeneinander in gleichem Abstande angebracht. Wird der Patient auf die Marken zugeführt, so sieht er zunächst alle drei Marken, wenn die mittlere Marke fixiert wird. Wird nun zwischen beide Augen in die Medianebene eine genügend große sagittale Scheidewand eingeschaltet, so verschwindet für einen Einäugigen die dem erblindeten Auge entsprechende Marke. In gleicher Weise wird auch der Simulant vorgeben, diese nicht zu sehen.

Nähert man den Patienten nunmehr allmählich den Marken so weit, daß die Bilder der seitlichen auf die Stelle des Sehnerveneintrittes fallen, so wird jetzt nur die mittlere Marke noch sichtbar sein. Entfernt man nun die mediane Scheidewand, so werden bei Sehtüchtigkeit beider Augen augenblicklich auch die beiden seitlichen Marken wieder auftauchen; ist das eine Auge blind, so wird außer der fixierten Marke nur noch die der Seite des blinden Auges entsprechende Marke sehen. Der Simulant wird aber nach wie vor angeben, die auf der Seite des blinden Auges stehende Marke nicht zu sehen und sich dadurch verraten.

VII. Rückblick über die Methoden, welche auf Täuschung beruhen, mit welchem Auge gesehen wird.

Aus der großen Zahl der verschiedenen Verfahren ist es schwer, eine Anzahl als besonders brauchbar hervorzuheben.

1. Es kommt bei der Wahl vor allem darauf an, daß die Bedingungen so gewählt werden, daß dem Beobachter alle Anhaltspunkte für die Unterscheidbarkeit rechts- und linksäugiger Eindrücke genommen werden. Es wurde oben bereits hervorgehoben, daß dabei in erster Linie dafür gesorgt werden muß, daß die Seheindrücke der beiden Augen nicht zu different gewählt werden, damit die Entstehung des Abblendungsgefühls vermieden wird, an welchem jeder sofort erkennen kann, mit welchem Auge er sieht. Daher ist das Ausschließen eines Auges vom Sehakte durch vorgeschaltete Blenden, matte oder unreine Gläser usw. nicht zweckmäßig, außer es wird die Aufmerksamkeit des Beobachters gleichzeitig durch verschiedene Farbscheiben abgelenkt (s. oben).

Die Unterscheidung der rechts- und linksäugigen Eindrücke an dem Überwiegen der temporalen Gesichtsfeldhälften im gemeinschaftlichen Sehen ist bei differenten Eindrücken beider Augen fast immer nur im ersten Moment merklich. Daher spielt dieser Einfluß z. B. bei Verwendung verschiedenfarbiger Gläser vor beiden Augen keine störende Rolle.

Stereoskopische Proben genügen in dieser Hinsicht fast immer den Anforderungen und lassen eine Unterscheidung, welches Bild mit dem rechten, welches mit dem linken Auge gesehen wird, im allgemeinen nicht zu, wenigstens dann nicht, wenn die Schärfe der Netzhautbilder auf beiden Augen annähernd gleich ist.

2. Diese verschiedene Bildschärfe beider Augen erschwert in vielen Fällen die Anwendung einer Reihe von Proben, in erster Linie, wie eben betont, der stereoskopischen. Ein Beobachter, welcher weiß, daß er mit dem einen Auge undeutlichere Seheindrücke erhält als mit dem anderen, vermag bei der stereoskopischen Verschmelzung von Seh- bzw. Leseproben, von denen Teile mit dem rechten, andere mit dem linken Auge gesehen werden, an dieser verschiedenen Bildschärfe sofort zu unterscheiden, was er mit dem rechten, was mit dem linken Auge sieht, und braucht nur die undeutlichen, dem kranken Auge mit herabgesetzter Sehschärfe angehörigen auszulassen, um nun sich wie ein Einäugiger zu verhalten. Hierauf muß bei der Auswahl der Bilder Rücksicht genommen werden (S. 614).

3. Zu den weiteren Schwierigkeiten, welche die Prüfung in jedem Falle stören können, gehört das Zukneifen eines Auges seitens des Beobachters, um sich zu vergewissern, was er von den vorgezeigten Proben mit dem rechten, was mit dem linken Auge sieht. Erfahrene Simulanten bringen es zu einer großen Fertigkeit, blitzschnell die Augen abwechselnd zu schließen. Der Untersucher darf in keinem Falle die genaue Überwachung des Prüflings unterlassen, also etwa ein Brillengestell mit verschiedenfarbigen Gläsern aufsetzen und nun zu den Sehproben hingehen. Vielmehr muß er bei dem zu Untersuchenden stehen bleiben und behält am besten das Brillengestell in der Hand, um es sofort von den Augen abzuheben, wenn dieser den Versuch macht, das eine Auge zu schließen.

4. Sämtliche Apparate, bei welchen der zu Untersuchende in einen Kasten hineinblicken muß, haben den Nachteil, daß das Mißtrauen des zu Untersuchenden wach wird. Er vermutet dann sofort, daß es sich um eine Falle handelt, da ihm wohlbekannt ist, daß bei den gebräuchlichen Sehprüfungen keine derartigen Apparate verwendet werden. Oft macht er dann unbestimmte Angaben oder gibt lieber an, überhaupt nichts deutlich zu sehen, als daß er sich der Gefahr aussetzt, sich zu verraten. Alle jene einfachen Verfahren, bei denen er frei nach Sehproben blickt und bei denen die Ausschaltung des einen Auges vom Sehakte mit Hilfe eines Brillengestells erfolgen kann oder in die Sehrichtung des Auges ein Gegenstand zwischengeschaltet wird, sind daher den Kastenapparaten vorzuziehen. Eine Ausnahme machen natürlich Apparate, welche auch dem Simulanten bereits bekannt zu sein pflegen, wie das Stereoskop, oder so einfache und die falsche Vorstellung geradezu erzwingende Methoden wie die WESSELYsche Probe mit der Doppelröhre oder auch die KOSTER-GRATAMAsche Probe[1]).

II. Simulation der Gesichtsfeldstörungen.

Die Prüfung des Gesichtsfeldes spielt bei der Simulation eine wichtige Rolle; die Neigung, Gesichtsfeldstörungen vorzutäuschen, ist nicht nur bei Erkrankungen des Sehorgans vorhanden, sondern kann auch als Teilerscheinung der Simulation allgemeiner Herabsetzung der Leistungsfähigkeit auftreten, findet sich daher nicht selten bei Nervenerkrankungen.

Dadurch nimmt die Simulation von Gesichtsfeldstörungen eine gewisse Sonderstellung ein. Denn die angegebenen Ausfälle im Gesichtsfeld, wenn sie nicht zu hochgradig sind, würden ja an sich keine sehr erhebliche Erwerbsbeschränkung bedingen. Der Simulant will vielmehr meistens nur zeigen, daß sein Sehorgan oder seine Nerven ganz allgemein weniger leistungsfähig sind, als normalerweise.

---

1) Für letztere gilt das unter 2. für das Stereoskop Gesagte natürlich ebenfalls.

Begünstigt wird diese Art der Simulation ungemein durch das ganze Prinzip der Gesichtsfeldprüfung oder richtiger durch die Eigentümlichkeiten, durch welche sich das indirekte Sehen vom direkten unterscheidet. Wir wissen ja, daß die Aufnahme des Gesichtsfeldes eine gewisse Kunst ist, daß es nicht leicht ist, bei einem Beobachter auch bei Fehlen jeder Simulationsneigung ein objektiv vollkommen richtiges Gesichtsfeld aufzunehmen und nicht eine Gesichtsfeldstörung, die man bei dem Patienten erwartet, durch unbewußte Suggestion hineinzuperimetrieren. Bei Anfängern findet man diesen Fehler nur allzuhäufig, und es erscheint mir fraglich, ob unter gewissen Umständen, z. B. bei Aufnahme der Gesichtsfeldgrenzen für farbige Objekte, überhaupt eine Beeinflussung des zu Untersuchenden durch den Untersucher sich vollkommen vermeiden läßt.

In erheblich höherem Grade machen sich diese suggestiven Einflüsse durch die Art der Objektbewegung und der Fragestellung dabei bemerkbar, wenn von vornherein der Beobachter von der Vorstellung des Schlechtsehens beherrscht wird, wie es bei der Simulation und Hysterie der Fall ist[1]).

Es kommt nach alledem bei der Gesichtsfelduntersuchung auf Simulation im Gegensatz zur Simulation von Schwachsichtigkeit weniger darauf an, nachzuweisen, daß der Beobachter ein größeres Gesichtsfeld hat, als er angibt, als vielmehr darauf, die Unwahrheit seiner Angaben festzustellen.

Bei der Untersuchung wird zunächst jede Einengung, welche nicht durch eine nachweisbare organische Erkrankung der Sehbahn begründet ist, bei Nichthysterischen den Verdacht einer Simulation aufkommen lassen. Aber es wäre falsch, hierin mehr als eben nur einen Verdacht zu erblicken; denn es gibt, wie gleich noch hervorgehoben werden wird, auch psychische Einengungen des Gesichtsfeldes, welche mit der Vorstellung des Schlechtsehens, also mit Hysterie und Simulation, nichts zu tun haben.

Auch die Form der Gesichtsfeldstörung bietet niemals einen bestimmten Anhalt für die Simulation.

Es liegt wieder in der Eigentümlichkeit des indirekten Sehens, daß es in erster Linie die konzentrische Gesichtsfeldeinengung ist, zu welcher in der überwiegenden Mehrzahl der Fälle die Vorstellung des Schlechtsehens führt und die somit bei weitem am häufigsten von den Simulanten angegeben wird.

Man kann hier zwei verschiedene Formen simulierter konzentrischer Gesichtsfeldeinengung unterscheiden:

a) Die Grenzen des Gesichtsfeldes verlaufen konzentrisch zu den normalen Außengrenzen, so daß das Gesichtsfeld in der temporalen Hälfte weiter ist, als in der nasalen. Das Gesichtsfeld ähnelt dann der-

---

1) S. auch S. 555 ff.

jenigen Form, wie sie vorzugsweise durch Veränderungen innerhalb der Sehbahn bedingt ist. Der Simulant gelangt zu seinen Angaben dabei entweder dadurch, daß er die Intensität des Eindruckes, welchen das Perimeterobjekt hervorruft, abschätzt, oder aber die Zeit, welche von dem Auftauchen des Objekts in der Peripherie bei der allmählichen zentripetalen Führung verstreicht (Klien 1907, Pichler 1917).

b) Das Gesichtsfeld ist kreisförmig, also wirklich konzentrisch, d. h. temporal relativ stärker eingeengt, als nasal. Der Simulant legt hierbei seinen Angaben mehr die Abschätzung der Entfernung zwischen Fixierpunkt und Objekt zugrunde und läßt sich dabei häufig durch kleine zufällige Marken (z. B. schadhafte Stellen) am Perimeterbogen bestimmen. Es ist deswegen direkt empfohlen worden, bei Simulationsprüfungen derartige Marken anzubringen, um diese Art der Simulation zu erleichtern (Nieden 1893). Bei Fehlen einer entsprechenden Erkrankung der Netzhaut (z. B. Retinitis pigmentosa) oder des Sehnerven hat man ein derartiges kreisförmiges Gesichtsfeld stets gern als ein Zeichen für Simulation (bzw. Hysterie) angesehen (z. B. Nieden). Es muß aber beachtet werden, daß diese Gesichtsfeldform auch zustande kommen kann, wenn eine Alteration derjenigen physiologischen Vorgänge stattgefunden hat, welche einem psychischen Erlebnis entsprechen, und welche stets eine für die Wahrnehmung optischer Reize notwendige Komponente bilden. Die Weite des Gesichtsfeldes wird nämlich nach Jaensch überhaupt mitbestimmt von der Fähigkeit, das Stück zwischen Fixierpunkt und peripherem Reiz zu überblicken, d. h. von der Größe der »Überschaubarkeit«. Die Störung dieser Überschaubarkeit, die man als eine Störung einer lokalisiert zu denkenden Aufmerksamkeit auffassen kann, scheint unter Umständen bei Hirnverletzungen sich in der temporalen Gesichtsfeldhälfte stärker bemerkbar zu machen, als in der nasalen, und Goldstein (1918) sieht in dieser temporal stärkeren Einengung geradezu einen typischen Gesichtsfeldausfall bei Schädigung dieser zentralen Komponente. Daraus geht hervor, daß auch das kreisförmige Gesichtsfeld bei fehlendem Nachweis einer organischen Erkrankung der Sehbahn noch keinerlei Beweis für Hysterie oder Simulation bildet. Daß sich auch Gesichtsfelder mit Försterschem Verschiebungstypus und mit ausgesprochener Ermüdungsspirale unschwer simulieren lassen, hat Pichler (1917) gezeigt. So kann also diese Gesichtsfeldform nicht als Beweis gegen Simulation angesehen werden.

Andere Gesichtsfelderscheinungen, als die konzentrische, kommen bei Simulation recht selten vor, da den Laien die dazu notwendigen spezialistischen Kenntnisse fehlen. Immerhin sind selbst zentrale Skotome beobachtet (Klauber 1917). Durch die Fragestellung bei mehrfacher Untersuchung kann der Simulant auch mit diesem Symptom bekannt werden und es dann auch anderen Untersuchern gegenüber mit Erfolg vortäuschen.

Wir sind infolgedessen beim Nachweis der Simulation von Gesichtsfelddefekten stets darauf angewiesen festzustellen, daß die Angaben des Beobachters mit den optischen Gesetzen, die ihm in der Regel nicht genügend bekannt sind, nicht in Einklang stehen, und zwar durch Untersuchung unter verschiedenen Bedingungen; denn durch einfache Wiederholungen zu verschiedenen Zeiten auf Widersprüche in den Angaben zu fahnden, führt meist nicht zum Ziele. Die Schätzungen, auf welche der Simulant seine Angaben aufbaut, sind doch in der Regel genau genug, um allzu große Abweichungen, wie sie allein beweisend wären, zu vermeiden.

Die Änderung der Beobachtungsbedingungen läßt sich vor auf zweierlei Weise erreichen, erstens durch Untersuchung in verschiedenen Entfernungen, zweitens durch Verlegen des Fixierpunktes auf verschiedene Stellen des Perimeterbogens (»abgelenkte Fixation«).

Die Untersuchung des Gesichtsfeldes in verschiedenen Entfernungen wurde zuerst von Schmidt-Rimpler (1892) empfohlen. Es erscheint zunächst ohne weiteres verständlich, daß die Ausdehnung eines Gesichtsfeldes proportional mit der Entfernung zunehmen muß, da die Größe des Winkels, unter welchem es erscheint, stets gleich bleibt. Selbst wenn ein Simulant von diesem Gesetz Kenntnis hat, ist er kaum imstande die Winkelgröße, welche er seinen ersten Angaben willkürlich zugrunde gelegt hat, bei Untersuchung in wachsender Entfernung stets einzuhalten und danach die lineare Vergrößerung des Gesichtsfeldes richtig abzuschätzen. Meist sind aber die Simulanten hierüber in Unkenntnis, dafür treibt sie die Vorstellung, daß man mit zunehmender Entfernung schlechter sehen müsse, dahin, das Gesichtsfeld in allen Entfernungen mindestens gleichgroß (»röhrenförmiges Gesichtsfeld«, v. Hösslin 1902), oder, noch häufiger, sogar mit wachsendem Abstande erheblich kleiner anzugeben.

Ist eine vom Beobachter angegebene konzentrische Gesichtsfeldeinengung nicht sehr hochgradig, so läßt man am besten den Kopf von der Kinnstütze des Perimeters weg- und in die doppelte Entfernung zurücknehmen. Sodann wird die Untersuchung wiederholt. Zwar stimmt dann der Krümmungsradius des Perimeterbogens nicht mehr, doch kommt dieser Fehler nicht in Betracht, wenn das Gesichtsfeld in dieser doppelten Entfernung ebensogroß oder gar kleiner angegeben wird.

Handelt es sich um ein stärker eingeengtes Gesichtsfeld (oder auch um ein zentral gelegenes Skotom), so bedient man sich einfacher der kampimetrischen Untersuchung an einer Fläche (schwarze Tafel). Hier kann man abwechselnd in Entfernungen von beiläufig $1/2$—5 m prüfen. Daß in diesem Falle die gefundene lineare Ausdehnung des Gesichtsfeldes im Verhältnis der Tangente des Winkels umgerechnet werden muß, braucht kaum erwähnt zu werden. Übrigens genügt ja meist die Feststellung, daß das Gesichtsfeld mit zunehmender Entfernung kleiner wird.

Was das Untersuchungsverfahren anbetrifft, so kann man am gewöhnlichen Perimeter höchstens noch in doppelter Entfernung des Radius des Bogens untersuchen, da sonst das Misverhältnis zwischen dem Abstand des Patienten und dem Halbmesser des Perimeterbogens zu groß wird. Die Kampimetrie ist daher dem Perimeter überlegen, da man hier die Entfernung leicht bis auf die zehnfache steigern kann. Freilich muß dabei beachtet werden, daß auch das Objekt entsprechend vergrößert wird, d. h. wenn man in einem Abstande von $1/2$ m ein Perimeterobjekt von 1 cm verwendet, muß dieses in 5 m Entfernung über 10 cm Seitenlänge haben, um unter gleichem Gesichtswinkel zu erscheinen. Übrigens vermindert sich auch bei Gesichtsfeldeinengungen organischer Ursache die absolute Größe des Gesichtsfeldes zuweilen mit wachsendem Abstande an der Kampimetertafel. Hierbei spielen psychische Momente, vor allem die scheinbare Objektgröße eine Rolle, besonders bei zerebralen Erkrankungen (GOLDSTEIN und GELB 1918, BEST 1917). Jedenfalls muß man bei der Beurteilung einer geringfügigen Verkleinerung der absoluten Gesichtsfeldgröße bei wachsender Entfernung vorsichtig sein und nicht zu schnell die Diagnose einer Einengung auf Grund der Vorstellung des Schlechtsehens stellen. Ein sehr brauchbares Verfahren ist die Schnurperimeteranordnung GOLDSTEINS und GELBS (1918; s. unter Perimetrie), da sich hier die Perimetrie mit überall gleichbleibendem Objektabstand in beliebiger Entfernung vornehmen läßt. Bei allen derartigen Gesichtsfeldaufnahmen muß man sich aber hüten, nicht Gesichtsfeldeinengungen unbewußt hineinzuperimetrieren. Gerade in der Bewertung von Gesichtsfeldaufnahmen, besonders bei Patienten, welche leicht der Suggestion zugänglich sind, kann man nicht vorsichtig genug sein, wie jedem erfahrenen Gutachter bekannt ist.

Die Untersuchung bei abgelenkter Fixation. Nach Vornahme der gewöhnlichen Perimeteruntersuchung wird die Entfernung des Beobachters beibehalten, aber man läßt nicht mehr den Fixierpunkt ansehen, sondern einen etwa $20°$ auf dem Perimeterbogen liegenden Punkt (der mit Kreide markiert werden mag). Bestimmt man nun die Grenzen in dem betreffenden Meridian, so leuchtet ein, daß sich bei organischen Erkrankungen der angegebene Gesichtsfeldausfall, z. B. das konzentrische Gesichtsfeld mitverschieben muß, so daß der neue Fixierpunkt wieder annähernd in der Mitte liegt. Demgegenüber folgt die Vorstellung des Beobachters bei Hysterischen und Simulanten der Sachlage meist nicht so schnell, das Gesichtsfeld verschiebt sich nicht in entsprechendem Maße mit dem Fixierpunkte, es »klebt« am Zentrum (KLIEN 1907) [Fig. 23]. Umgekehrt kann man dem Beobachter ein Prisma vorsetzen, ihm zeigen, wie sich die Gegenstände dadurch seitlich verschieben, und ihn nun glauben machen, daß sich auch das Gesichtsfeld gegen den Fixierpunkt verschieben muß. Macht er dann in der Tat diese Angaben, so ist damit ihre Unrichtigkeit bewiesen. Dieses Verfahren wurde von Klauber (1917) bei zentralem Skotom angewendet, kann jedoch auch bei hochgradig konzentrisch eingeengten Gesichtsfeldern versucht werden.

Will man nachweisen, daß das Gesichtsfeld größer ist, als angegeben wird, so kann man sich nachstehender Verfahren bedienen:

Die gewöhnliche Gesichtsfeldaufnahme mag z. B. eine konzentrische Gesichtsfeldeinengung bis auf 20° ergeben haben. Man befestigt nun das

Fig. 23.

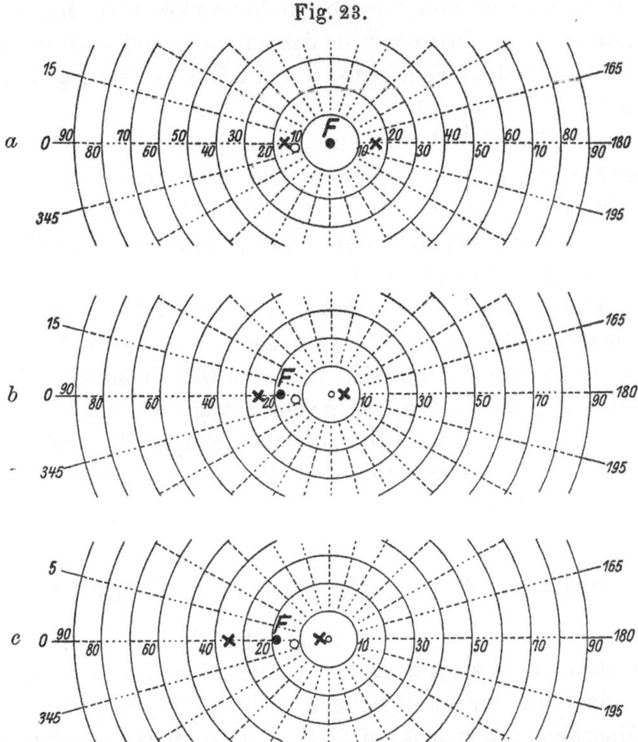

Gesichtsfeldprüfung bei abgelenkter Fixation: *a* konzentrisch auf etwa 15° eingeengtes Gesichtsfeld, im horizontalen Meridian bestimmt (✕✕), *b* derselbe bei abgelenkter Fixation bei organischen Erkrankungen, *c* derselbe bei funktioneller Gesichtsfeldeinengung: das Gesichtsfeld klebt am Zentrum, der Fixierpunkt liegt infolgedessen nicht mehr in der Mitte wie bei *a*.

Perimeterobjekt an der Grenze, also bei 20° Entfernung am Fixierpunkte, setzt vor das zu untersuchende Auge ein starkes Prisma von 30° (eventuell 2 Prismen von je 15° zusammengelegt), die Basis nach innen, und läßt mit beiden Augen beobachten. Da ein Prisma von dieser Stärke durch Fusion nicht überwunden werden kann, treten Doppelbilder auf: der Fixierpunkt erscheint doppelt, das eine Bild mit farbigen Rändern. Wird auch das periphere Perimeterobjekt doppelt gesehen, so ist damit bewiesen, daß das Gesichtsfeld in Wirklichkeit größer ist, als angegeben. Das gleiche gilt dann, wenn der Beobachter vorgibt, nur ein peripheres Objekt zu sehen, dieses aber farbige Ränder hat; denn dann gehört das Bild dem mit dem Prisma bewaffneten, also dem untersuchten Auge an. Wenn keine Fusionsbewegung eintritt, würde die so nachgewiesene Gesichtsfelderweiterung 15° betragen (SCHMIDT-RIMPLER 1876). — Freilich wird infolge der Fusionstendenz häufig der Abstand der Doppelbilder erheblich verringert und damit dieses Ergebnis hinfällig. Man kann sich dann damit helfen, daß man die Basis des Prismas etwas schräg stellt, so daß gleichzeitig Höhenabstand entsteht, oder man prüft von vornherein im senkrechten Meridian, z. B. nach oben, und stellt die Prismenbasis dementsprechend nach unten. Praktisch fällt freilich in jedem Falle eine Gesichtsfelderweiterung von 20° auf 35° nicht erheblich ins Gewicht.

Bei Gesichtsfeldbeschränkung nur eines Auges kann man auch in folgender Weise vorgehen. Das Gesichtsfeld wird zunächst binokular mit einem roten Objekt aufgenommen, wobei es nicht auf die Festlegung der Farbengrenzen ankommt, sondern nur darauf, wann das Objekt überhaupt zum ersten Male aufgenommen wird.

Dem zu Untersuchenden wird dabei bedeutet, daß er mit seinem gesunden Auge beobachtet. Nun setzt man eine rot-grüne Brille auf, so daß vor dem angeblich kranken Auge sich das rote Glas befindet, während das Grün so gewählt ist, daß es für das gesunde Auge den Eindruck des roten Objektes auslöscht. Wird das Gesichtsfeld jetzt auch noch in weiten Grenzen angegeben, so ist erwiesen, daß die zuvor angegebene Einengung in Wirklichkeit nicht besteht.

III. Simulation von Augenmuskelstörungen.

Die Vortäuschung einer Lähmung oder Schwäche einer oder beider Lidheber ist unschwer aus dem Verhalten des Simulanten zu erkennen, besonders an der gleichzeitigen mehr oder weniger starken Kontraktion des Musculus orbicularis an Stelle des frontalis. Fordert man den Simulanten auf nach oben zu sehen, so wird weniger der M. frontalis innerviert, wie es bei echter Ptosis geschieht, sondern es wird meist der Kopf gehoben, um die andernfalls eintretende unwillkürliche Mitbewegung des Levator palpebrae zu vermeiden (HELLER 1890). So ist der Gesamteindruck eines Ptosis-Simulierenden ein völlig verschiedener von denjenigen mit echter Lähmung der Augenlider. Simulation von Lagophthalmus ist durch Berühren der Hornhaut leicht festzustellen: Der Lidschlußreflex läßt sich kaum unterdrücken, während bei wirklichem Lagophthalmus die Lidspalte natürlich offen bleibt und das Auge statt dessen ausweicht, meist nach oben.

Simulation von Lähmungen einzelner Augenmuskeln werden nur in der Horizontalen beobachtet. Sie werden vorgetäuscht durch verstärkte

Innervation der Adduktoren bzw. der Konvergenz. Es ist vielen Menschen möglich, auch ohne vorgehaltenes Fixierobjekt zu konvergieren und ebenso die Konvergenz auch bei gleichzeitiger Seitwärtswendung der Augen anzuspannen; läßt man die Augen dann langsam seitwärts wenden, so folgt nur das eine Auge in die Adduktionsstellung, das andere überschreitet entweder überhaupt nicht die Mittellinie oder geht oft unter leichten nystagmischen Zuckungen in geringe Konvergenzstellung zurück.

Diese Konvergenzinnervation erfolgt übrigens nicht immer willkürlich zum Zwecke der Täuschung, sie wird auch bei Hysterischen und Unfallneurotikern beobachtet.

Eine Abduzenslähmung wird durch sie wohl nur bei oberflächlicher Untersuchung vorgetäuscht. Von ihr läßt sie sich leicht in folgender Weise unterscheiden:

1. Bei mehrfacher Aufforderung abwechselnd in die Ferne und in die Nähe zu blicken, am besten unter Vorzeigung von Fixationsobjekten, bleibt die Konvergenz gewöhnlich nicht im gleichen Grade bestehen, sie verschwindet bei der Aufforderung einen fernen Gegenstand zu fixieren oft vorübergehend ganz.

2. Ein länger andauerndes Beibehalten der willkürlichen Konvergenz ist in der Regel unmöglich; die Augen gehen allmählich wieder in die Parallelstellung zurück.

3. Bei schneller Seitwärtswendung der Augen gelingt es den Patienten meist nicht, durch die Konvergenz die Abduktionsbewegung des einen Auges aufzuhalten (Erben 1912).

4. Schon bei geringer Aufwärtswendung der Augen kann die willkürliche Konvergenz meist nicht mehr beibehalten werden.

5. Man drehe im Zweifelsfalle den Kopf, bis das betreffende Auge in der gewünschten Abduktionsstellung steht, während man gleichzeitig in der Ferne Sehproben lesen läßt.

6. Bei der Konvergenzinnervation tritt gleichzeitig Pupillenverengerung und Akkommodationsanspannung auf.

Blickparesen können natürlich sehr leicht vorgetäuscht werden, indem die Simulanten einfach behaupten, nicht nach rechts oder links sehen können. Auch hier kann man sie meist leicht überlisten, indem man sie einen Gegenstand fixieren oder eine Sehprobe lesen läßt und dabei den Kopf nach der entgegengesetzten Seite dreht. Wenn die Aufmerksamkeit des Simulanten dabei genügend von seinen Augenmuskeln auf die Sehprobe abgelenkt ist, denkt er nicht daran, daß er die Augen eigentlich nicht über die Mittellinie hinaus bewegen darf.

Schwieriger kann die Entlarvung einer Simulation von Doppelbildern sein, wie sie besonders nach überstandenen oder geheilten traumatischen Augenmuskelparesen vorkommt. An und für sich ist es natürlich für einen Laien kaum möglich, Doppelbilder bei allen Blickrichtungen folgerichtig, d. h. mit richtigem Abstand voneinander vorzutäuschen, und mancher Simulant wird schon an den widersprechenden und unmöglichen Stellungen der angeblichen Doppelbilder zueinander zu erkennen sein.

Aber man darf doch nicht vergessen, daß eine Reihe Unfallkranker, die früher an Augenmuskelparesen gelitten haben, durch die mehrfachen Doppelbilderprüfungen gelernt haben, wie die Doppelbilder zueinander stehen müssen, so daß Täuschungen des Arztes immerhin möglich sind.

Als Entlarvungsmethoden kommen folgende in Betracht:

Zunächst vertauscht man die farbigen Gläser, welche bei der Doppelbilderprüfung verwendet werden, möglichst unauffällig und achtet darauf, ob sich nun auch die Stellung der angeblichen Doppelbilder zueinander entsprechend umkehrt. Um die farbigen Nebeneindrücke, an denen der Wechsel der Gläser erkannt werden könnte, auszuschalten, ist die Probe nur im Dunkelzimmer mit Kerzen vorzunehmen.

Eine weitgehende Verwirrung des Simulanten erreicht man ferner meist, wenn man vor ein Auge ein stärkeres Prisma vorsetzt und nun sich angeben läßt, in welcher Weise die Doppelbilder ihre Stellung zueinander geändert haben. Ein Simulant, der vorher in Wirklichkeit einfach gesehen hat, sieht nunmehr doppelt und es wird ihm kaum möglich sein, die Stellung des von ihm vorgegebenen Doppelbildes mit dem durch das Prisma hervorgerufenen wirklichen Bilde richtig zu kombinieren und sich nicht dabei in Widersprüche zu verwickeln.

Es kann auch gelingen, mit Hilfe des Prismas ein Dreifachsehen zu suggerieren, besonders dann, wenn die angeblichen Doppelbilder nur in einem Teil des Blickfeldes bestehen sollen, und der Simulant sich in dem Teil, in welchem er einfach sieht, durch das Prisma von dem Vorhandensein zweier Bilder überzeugt. In der anderen Hälfte des Blickfeldes, in welchem er seine Doppelbilder haben will, kommt dann, so stellt man ihm vor, sein Doppelbild hinzu, und das müsse doch drei Bilder ergeben. Läßt er sich auf diese Angabe ein, so ist damit wenigstens die Unwahrhaftigkeit seiner Aussagen bewiesen. Das gleiche gilt natürlich, wenn er nach Vorsetzen eines Prismas in allen Teilen des Blickfeldes seine früheren Doppelbilder leugnet.

Ein sehr empfehlenswertes Vorgehen, das wohl fast immer zum Ziele führt, ist das Doppelbilderprüfungsverfahren von W. Hess (1909). Es beruht bekanntlich darauf, daß dem Beobachter eine rot-grüne Brille vorgesetzt und er aufgefordert wird, an einem schwarzen Vorhang rote Marken mit einem grünen Zeiger zu berühren. (Auf das Nähere muß auf die Besprechung an anderer Stelle verwiesen werden.) Man erhält auf diese Weise für das gelähmte Auge ein verengertes Blickfeld, das sich in ein Schema aufzeichnen läßt, und, bei Umkehr der farbigen Gläser, ein entsprechend erweitertes Blickfeld[1]). Die beiden so bestimmten »Blickfelder« müssen stets ein genau gegensätzliches Verhalten aufweisen, wenn wirklich Doppelbilder vorhanden sind: Bei einer rechtsseitigen Abduzensparese ist z. B. das eine Mal für das rechte Auge nach außen eine Einengung, nach Vertauschen der farbigen Gläser aber nach außen eine entsprechende Erweiterung vorhanden. Beruhen die Doppelbilder nicht auf einer Muskelparese, sondern auf einer mechanischen Verdrängung des Auges, so ist zwar die Größe des Blickfeldes nicht verändert, aber es erscheint das eine Mal nach einer Seite, nach Vertauschen der Gläser um den entsprechenden Betrag nach der anderen Seite verschoben.

Wenn dieses gegensätzliche Verhalten fehlt, dann müssen die Doppelbilder auf einer — falschen — Vorstellung des zu Untersuchenden, also auf Simulation oder Hysterie, beruhen.

Es sei hier noch erwähnt, daß sich von manchen Individuen sowohl Schielen, als auch Nystagmus willkürlich hervorrufen und demnach, wenn es zweckmäßig erscheint, auch simulieren läßt.

Das willkürliche Schielen ist ein Einwärtsschielen und beruht auf willkürlicher Konvergenz, wobei, wie oben schon betont wurde, das eine Auge geradeaus gerichtet sein kann, das andere sich nach dem medialen Lidwinkel hin wendet. Fast immer verengern sich dann auch gleichzeitig die Pupillen und es tritt Akkommodationsanspannung ein (s. oben).

Beim willkürlichen Nystagmus liegen die Verhältnisse ähnlich. Es tritt gleichzeitig Akkommodationsanspannung und Pupillenverengerung auf, und die Zuckungen sind gegenläufig, d. h. sie vollziehen sich im Sinne der Konvergenz (»Konvergenzzittern«). Man kann sie dem Zittern bei starker Anspannung anderer Körpermuskeln vergleichen. Beobachtungen liegen neuerdings vor von Brückner (1917) und Elschnig (1917). Brückner vermag den Nystagmus bei sich selbst etwa 15—20 Sekunden aufrecht zu erhalten bei etwa 8 Schlägen in der Sekunde.

IV. Simulation in Farbensinnstörungen.

Eine Vortäuschung von Farbenblindheit und Farbenschwäche ist zwar im allgemeinen selten, kommt aber immerhin mehrfach zur Beobachtung, im Eisenbahn- und Marinedienst vor allem dann, wenn der Beamte eine dienstliche Nachlässigkeit (Überfahren von Signalen usw.) begangen hat und nun versucht, seine Vergehen auf Farbenblindheit zurückzuführen.

Eine erworbene Farbensinnstörung kann fast ausnahmslos durch die genaue ophthalmologische Untersuchung ausgeschlossen werden. Denn

---

1) Der Ausdruck Blickfeld trifft eigentlich nicht zu und ist hier nur der Einfachheit halber gebraucht.

sie findet sich im gesamten Gesichtsfelde nicht ohne nachweisbare Erkrankung der Sehbahn.

Demnach kommt in Wirklichkeit nur eine Vortäuschung **angeborener Farbensinnstörungen**, vor allem **Rotgrünblindheit (Protanopie und Deuteranopie)** und **Farbenschwäche (Protanomalie und Deuteranomalie)** in Frage.

Die Entlarvung einer derartigen Simulation wird dem Ungeübten zunächst schwierig erscheinen, sie ist jedoch leicht und sicher möglich, wenn man bei der Untersuchung berücksichtigt, daß bei angeborener Farbensinnstörung in mehrfacher Beziehung ein ganz charakteristisches Verhalten bei der Beurteilung der Farben besteht, das in folgerichtiger Weise von Farbentüchtigen, selbst wenn sie sich direkt einem Studium unterzogen haben, nicht simuliert werden kann. Hierher gehört:

1. Die Sehweise der Rotgrünblinden und unter entsprechend ungünstigen Beobachtungsbedingungen der Farbenschwachen und die daraus entspringenden **typischen Farbenverwechselungen**. Es ist für einen Simulanten kaum möglich, unter allen Beobachtungsbedingungen diese Verwechselungen folgerichtig vorzutäuschen.

2. Die eigentümliche auf die Erfahrung sich gründende Erscheinung, daß Farbenblinde und unter entsprechend ungünstigen Beobachtungsbedingungen Farbenschwache dazu neigen sattgelbe Farben, zumal wenn sie dunkel sind, als Rot und farblose oder gelblichgraue, zumal wenn sie hell sind, als Grün zu bezeichnen.

Wer sich so verhält und dabei das eigentümliche zögernd-kritische Verhalten der Farbenblinden zeigt, ist in der Regel kein Simulant. Freilich darf man umgekehrt ein Individuum, welches diese falschen Urteile Rot und Grün vermeidet, nicht ohne weiteres als Simulanten bezeichnen. Denn ein Farbenblinder, welcher kein Interesse daran hat, daß seine Anomalie verborgen bleibt, vermag unter Umständen sehr wohl die Farben so anzugeben, wie er sie wirklich wahrnimmt, d. h. er kann alle roten, gelben, gelbgrünen usw. Farben als gelb und braun bezeichnen, ohne den Ausdruck Rot anzuwenden, und ebenso alle grünen, rosafarbenen und farblosen Objekte regelmäßig farblos, nicht aber grün nennen. Er ist deswegen noch kein Simulant, wenn nur seine Bezeichnungen regelmäßig mit der Schwäche der Rotgrünblinden übereinstimmen. Einen derartigen Fall sah ich kürzlich bei einem farbenblinden Lokomotivführer, welcher durch Überfahren der Signale einen Zusammenstoß der Züge herbeigeführt hatte und deswegen zur Rechenschaft gezogen worden war. Ihm lag natürlich daran, seinen Fehler nicht zu verbergen, wie es bei der Einstellung von Bahnbeamten in den Fahrdienst in der Regel geschieht, vielmehr ihn möglichst zu zeigen.

3. Die **Wahrnehmung geringfügiger Helligkeitsunterschiede** bei farbigen Objekten. Sie ist bekanntlich bei Farbenblinden und Farben-

schwachen in viel höherem Grade vorhanden, als bei Normalen. Denn bei der Beurteilung von Rot und Grün sind sie zum großen Teil auf kleine Helligkeitsdifferenzen angewiesen, während der Normale diese Farben direkt wahrnimmt und nicht erst nach derartigen Hilfsmitteln auf ihr Vorhandensein schließen muß. Daher kommt es, daß Farbenblinde und -schwache noch Helligkeitsunterschiede sehen können, welche einem Normalen und auch einem Simulanten entgehen.

4. Die sichere Unterscheidung gelblicher und bläulicher Nuancen bei roten und grünen Farben. Während für den Normalen die feineren gelblichen und bläulichen Tönungen gegenüber der Grundfarbe Rot und Grün als kaum beachtenswert zurücktreten, bilden sie für die Farbenblinden und Farbenschwachen die Hauptunterschiede. Sie werden von ihnen z. B. beim Sortieren von Wollbündeln scharf auseinandergehalten, während ein simulierender Normaler diese Unterscheidung in der Regel nicht durchführt. Bei dem Einstellen farbiger Gleichungen z. B. zwischen Grün und Purpur, zwei Farben, welche bekanntlich dem Rotgrünblinden bei richtigem Helligkeitsverhältnis gleichmäßig farblos erscheinen, läßt sich dieses Verhalten besonders gut beobachten: ist das Rot auch nur eine Spur zu gelblich oder bläulich, so bleiben die Felder ungleich. Der Farbenblinde stellt das richtige Rot mit einer Genauigkeit ein, wie es ein Simulant niemals fertig bringen würde.

5. Der sog. gesteigerte Farbenkontrast der Farbenschwachen. Bekanntlich bilden die Farbenschwachen (»anomale Trichromaten«) nicht zum wenigsten deswegen eine besondere Gefahr für das Signalwesen bei Eisenbahn und Marine, weil ihnen neben roten Farben gelbe oder weiße Objekte bzw. Signallichter leicht durch Kontrast grün erscheinen und umgekehrt neben grünen Farben rot. Diese Erscheinung ist besonders dann ausgesprochen, wenn die beiden nebeneinander stehenden Lichter annähernd gleich hell sind. Der Simulant geht meist nur von der Vorstellung aus, daß er rote und grüne Lichter nicht erkennen darf, dagegen ist ihm diese Erscheinung des »gesteigerten Simultankontrastes« kaum bekannt.

Es ist hiernach schon ersichtlich, daß es bei Verdacht auf Simulation von Farbenblindheit oder Farbenschwäche notwendig ist, mit möglichst zahlreichen Methoden zu prüfen, um den Unterschied gegenüber dem charakteristischen Verhalten bei wirklicher Farbensinnstörung aufzudecken. Die Wahl der Versuchsanordnungen wird dabei zweckmäßig von Fall zu Fall getroffen und oft in entsprechender Weise abgeändert werden können. Folgende Verfahren mögen dabei als Richtlinien dienen.

a) Benennenlassen farbiger Objekte. Während bei der Untersuchung auf Farbensinnstörung, sofern diese dem Prüfling möglichst verborgen wird, das Benennenlassen vorgehaltener farbiger Objekte nicht angebracht ist, weil das Urteil über die Farbe dabei häufig richtig erfolgt und dem Untersucher infolgedessen die Anomalie leicht entgehen kann, kann bei Verdacht auf Simulation nich eindringlich genug empfohlen werden, dem zu Untersuchenden möglichst viel Farbenproben (z. B. die HOLMGREN-schen Wollbündel) vorzuhalten. Der Simulant beeilt sich meist, möglichst viele unrichtige Urteile zu fällen und die Farben in einer Weise falsch zu benennen, wie es ein Farbenblinder auf Grund seiner ihm eigentümlichen Farbenempfindung niemals tun kann. Sehr wertvoll für alle Gutachten ist hierbei die schriftliche Fixierung der Farbenbenennungen des Simulanten. Hierzu eignen sich sehr gut die Farbenstiftproben: man läßt die Farbenbenennung, wie sie der Simulant angibt, mit dem betreffenden Farbstift niederschreiben [1].

b) NAGELS Farbentafeln gegenüber kann der Simulant in der gleichen Weise versagen wie ein Farbenuntüchtiger, und die Anzahl der Fragen, die dabei an ihn gerichtet werden können, sind im allgemeinen nicht zahlreich genug, um zu einem sicheren Prüfungsergebnis zu gelangen.

Auch die COHNschen Täfelchen eignen sich aus diesem Grunde für Simulationsproben nicht, da ein Nichtlesen der Probe weder für Farbensinnstörung noch für Simulation beweisend ist.

c) Empfehlenswerter sind die STILLINGschen Tafeln. Sie haben den Vorzug, daß sie aus einer größeren Anzahl verschiedener Teilproben bestehen, wodurch die Untersuchung vollkommener wird. Vor allem aber sind ihnen sowohl Tafeln für Gelbblaublindheit beigegeben, die ein rein Rotgrünblinder oder Farbenschwacher, wenn er nicht übertreibt, lesen muß, als auch speziell für Simulanten bestimmte Tafeln, bei denen sich die aus Punkten zusammengesetzten Zahlen durch ihre Dunkelheit so stark vom Untergrund abheben, daß sie von Normalen und von allen Farbenanomalen und -blinden sofort erkannt werden müssen. Wer vorgibt, sie nicht lesen zu können, ist sicher ein Simulant. Es wäre übrigens zweckmäßiger, bei einer Neuauflage der Tafeln (zurzeit die 14. Auflage) den Unterschied zwischen Zahlen und Grund etwas weniger auffällig zu gestalten. Das ließe sich erreichen, ohne daß die Erkennbarkeit auch für Farbenblinde leiden würde. Bei ihrer jetzigen Gestalt kann ein Simulant mißtrauisch werden und dann die Tafeln ebenfalls lesen (s. a. VIERLING).

d) PODESTAS Tafeln bieten für die Simulationsprüfung insofern einen weiteren Fortschritt, als bei ihnen außer ähnlichen Simulationsproben, wie bei den STILLINGschen Tafeln, ein neues Prinzip zur Anwendung kommt: Bei einer Reihe Täfelchen sind zwei verschiedene Sehzeichen hineinver-

---

[1] Neuerdings mit Recht warm von VIERLING (Zeitschr. f. Bahn- u. Bahnkassenärzte 1920, S. 37) empfohlen. Die Stifte (äußerlich ungefärbt) kann man in den brauchbaren Nüancen von der Firma Großberger und Kurz, Nürnberg, beziehen. Nach VIERLING verwendet man am besten die Nummern 0, 3, 4, 6, 9, 10, 14, 17, 18, 19, 20, 21, 27, 28, 29, 30, 34, 36, 40, 42, 43, 45, 48, 52.

arbeitet, von denen das eine sich durch Farbigkeit vom Grund abhebt und infolgedesssen wohl von Normalen, nicht aber von Farbenuntüchtigen gelesen wird, das andere sich aber nur durch verschiedene Helligkeit vom Untergrunde unterscheidet, infolgedessen vom Normalen meist nicht beachtet wird, vom Farbenblinden aber gelesen werden muß. Ein Beobachter, welcher trotz mehrfachem Vorhalten vorgibt, auf diesen Tafeln überhaupt keinen Buchstaben erkennen zu können, ist immer stark simulationsverdächtig. Freilich kann dabei außerdem noch Farbenblindheit vorliegen.

e) Bei allen den hier genannten gedruckten Tafelproben kann man die Erkennbarkeitsbedingungen für die Farbenblinden und Farbenschwachen dadurch vollkommen ändern, daß man ihnen farbige Gläser vorsetzt. Durch ein rotes Glas z. B. erscheinen alle roten Teile bzw. Zahlen und Buchstaben, welche der Farbenuntüchtige vorher nicht erkennen konnte, nunmehr viel heller als die nichtrote Umgebung. Bei der schon erwähnten großen Empfindlichkeit für Helligkeitsunterschiede müssen sie nunmehr ohne Zögern auch gelesen werden. Wer derartige rote Buchstaben und Zahlen z. B. bei Podestas und Stillings Tafeln auch jetzt noch nicht zu erkennen vorgibt, muß als Simulant betrachtet werden (Farbenblindheit kann trotzdem noch vorliegen). Diese Gläserversuche werden zweckmäßig schnell ausgeführt. Ist man im Zweifel, welche der Einzeltäfelchen sich dafür eignen, kann man diese mit Hilfe eines Rotgrünblinden heraussuchen.

f) Die Holmgrenschen Wollproben sind gerade für Simulationsproben sehr wertvoll; denn sie ermöglichen in zahlreichen Variationen die Feststellung, ob die Farbenverwechselungen, welche der zu Untersuchende begeht, auch wirklich dem Farbensehen des Farbenblinden oder -schwachen entsprechen. Es ist für einen Simulanten mit normalem Farbensinn kaum möglich, hierbei Zusammenstellungen von Wollbündeln zu vermeiden, welche für einen wirklich Farbenblinden ausgeschlossen sind. Man führt zweckmäßig die Untersuchung mit den verschiedensten Wollbündeln aus, d. h. man läßt nicht nur zu roten und grünen die entsprechenden gleichfarbigen Bündel heraussuchen (natürlich stets ohne Rücksicht darauf, daß sie heller oder dunkler sind), sondern man verwendet als Vorlagen auch olivfarbene, braune, violette, rosa, gelbe, blaue usw. in satten und ungesättigten Tönen. Dabei hat man stets in erster Linie darauf zu achten, ob nicht zu denjenigen Farben, welche Gelb enthalten (Gelbgrün, Braun, Oliv, Gelbrot usw.) Bündel hinzugelegt werden, welche einen blauen Farbton aufweisen (Bläulichgrün, Blaugrau, Violett, Lila usw.). Hierdurch wird stets Übertreibung bewiesen, da kein Rotgrünblinder derartige Verwechselungen machen würde; für ihn ist Blau und Gelb, selbst in den zarten Schattierungen, welche der Normale gegenüber den darin gleichzeitig vorhandenen anderen Farben gar nicht beachtet, der größte Gegensatz, über welchen seine rudimentäre Farbenempfindung verfügt.

Zur Prüfung auf derartige, der Farbenblindheit widersprechende Zusammenstellungen können auch die HELMBOLDschen drehbaren Farbenscheiben verwendet werden.

g) An den Farbengleichungslampen von NAGEL, KÖLLNER, VIERLING und ähnlichen Apparaten ist darauf zu achten, daß die Gleichungen, welche der zu Untersuchende angibt, sowohl hinsichtlich der Farben, als auch des Helligkeitsverhältnisses der beiden Vergleichsfelder vollkommen der Sehweise der Farbenblinden und Farbenschwachen entsprechen. Gleichungen zwischen Rot und Blau, Rot und Grau, Gelb und Grau und ähnliche sind natürlich bei wirklicher Farbenblindheit unmöglich. Kommt nur Farbenschwäche (anomale Trichromasie) in Betracht, so ist gerade an diesen Apparaten ein Fehlen jeglichen Simultankontrastes auf Simulation verdächtig. Ein Farbenschwacher pflegt z. B. ein farbloses Licht neben einem roten oder einem grünen kaum regelmäßig als weiß und nicht kontrastiv gefärbt anzugeben. Allerdings muß betont werden, daß ein absoluter Beweis für Simulation hierin nicht erblickt werden kann, da die Erscheinung des sog. »gesteigerten Simultankontrastes« nicht bei allen Farbenschwachen gleich stark ausgesprochen ist und besonders bei den schweren, der Farbenblindheit nahestehenden Formen zuweilen fehlen kann.

Gleichungen zwischen zwei Farben sind dann besonders geeignet für Simulationsproben, wenn die betreffenden Apparate erlauben, den Farbenton und die Helligkeit der Vergleichsfelder zahlenmäßig zu verändern und abzulesen. Ein Nichtfarbenblinder kann nämlich wohl vorgeben, zwei Felder, die ihm in Wirklichkeit verschieden erscheinen, gleich zu sehen und damit Farbenblindheit vortäuschen. Es ist ihm aber vollkommen unmöglich, selbst wenn er über eine gewisse Erfahrung und Übung verfügt, den zur Prüfung notwendigen Farbenton und Helligkeit immer wieder mit der gleichen Genauigkeit einzustellen, wie ein Farbenblinder. Denn was dieser in Wirklichkeit vollkommen gleich sieht und daher auch stets exakt einstellen kann, muß der Simulant nur ungefähr abschätzen.

Läßt man also an derartigen Apparaten dieselbe Gleichung mehrmals hintereinander wiederholen, so nimmt der Farbenblinde (bzw. Farbenschwache) innerhalb gewisser geringer Fehlergrenzen, über die man sich ja leicht informieren kann, immer wieder die gleichen Einstellungen vor, während beim Simulanten die Zahlen untereinander oft beträchtlich differieren.

Hierfür kommt als besonders geeignet in Betracht:

h) Der HERINGsche Apparat, besonders auch in einer einfachen neuen Konstruktion (BIELSCHOWSKY 1911). Bei ihm kann man eine Gleichung zwischen Grün und Purpurrot (bzw. reines Rot) einstellen, zwei Farben, die der Rotgrünblinde bekanntlich gleichmäßig farblos sieht. Den zur Gleichung erforderlichen richtigen Ton des Rot erhält man durch zahlenmäßige Mischung von Rot und Blau, eine Mischung, welche der Farbenblinde, wie oben erwähnt, mit großer Genauigkeit immer wieder in gleicher Weise einstellt, während der Simulant hierzu nicht imstande ist und bald das Rot etwas gelblicher, bald etwas bläulicher wählt.

i) Das Anomaloskop und in ähnlicher Weise der mir noch nicht zugängliche Chromotestor[1]). Beide ermöglichen bekanntlich eine Gleichung zwischen Gelb (Natriumgelb) einerseits und einer Mischung aus Rot und Gelbgrün anderseits, die meßbar veränderlich ist. Hier geht man am besten so vor, daß man für eine ganze Anzahl verschiedener Rotgrünmischungen von Grün bis zum reinen Rot hin Gleichungen vornehmen läßt: das Rotgrüngemisch stellt der Untersucher ein (am Anomaloskop z. B. auf die Zahlen 0, 10, 20, 30, 40, 50, 60, 70 der linken Stellschraube), und nun wird der zu Prüfende aufgefordert, durch Änderungen der Helligkeit des Gelb (am Anomaloskop rechte Schraube) die Gleichungen herzustellen, etwa jedesmal fünf Einstellungen. Ein Rotgrünblinder wählt dabei immer annähernd die gleichen Einstellungszahlen (mit etwa 15 % Fehlerumfang), deren Durchschnittswerte ja dem Untersucher in der Regel von früheren Prüfungen her bekannt sind. Der Simulant dagegen verhält sich meist hierbei hilflos und auf jeden Fall viel ungenauer.

Übrigens kann man die Untersuchungsbedingungen jederzeit noch dadurch verändern und vermehren, daß man vor den Spalt, welcher das rote oder das grüne Licht liefert, ein rauchgraues Glas vorsetzt. Dadurch wird natürlich das Mischungsverhältnis und die Helligkeit des Rotgrüngemisches·geändert und infolgedessen ändern sich nun auch die Einstellungszahlen der zur Gleichung für den Rotgrünblinden erforderlichen Helligkeit des Gelb. Es kann einem Simulanten nicht gelingen, sich wieder diesen neuen Verhältnissen anzupassen und die Einstellungen mit der Genauigkeit vorzunehmen, wie der wirklich Farbenblinde.

Ein Rückblick über die hier erwähnten Simulationsproben, die, wie schon erwähnt, für den Einzelfall modifiziert und vermehrt werden können, ergibt folgendes: Als sicher farbenblind kann bezeichnet werden, wer bei den Holmgrenschen Wollproben alle Verwechselungen folgerichtig im Sinne der Rotgrünblindheit wahrnimmt, wer bei den Tafelproben auch nach Vorsetzen farbiger Gläser die hellen Zahlen und Buchstaben liest, wie ein Farbenblinder unter den gleichen Bedingungen, und wer bei Gleichungen, wie sie am Heringschen Apparat und am Anomaloskop möglich sind, die Einstellungen mit der gleichen Genauigkeit vornimmt, wie sie beim Rotgrünblinden bekannt ist. Zeigen sich außerdem bei anderen Methoden noch Ergebnisse, welche mit dem Sehen eines Farbenblinden in Widerspruch stehen, so handelt es sich um einen Rotgrünblinden, welcher außerdem seinen Defekt noch übertreibt. Bei der Farbenschwäche (anomale Trichro-

---

1) Über die einzelnen Methoden und Apparate ist Genaueres in dem betreffenden Kapitel nachzulesen.

masie) liegen die Verhältnisse ähnlich, nur daß hierfür eine Reihe von Gleichungen in Wegfall kommt.

Die Art der fehlerhaften Angaben, welche bei den Untersuchungen gemacht werden, lassen, soweit sie nicht mit der Sehweise des Rotgrünblinden übereinstimmen, zuweilen direkt erkennen, von welchen Vorstellungen der Simulant bei seinen Verhalten ausgeht.

Einige besondere Fälle von Simulation einer Farbensinnstörung sind mit ausführlichem Untersuchungsgang veröffentlicht worden (Guttmann 1907, Köllner 1914).

V. Simulation fehlenden Tiefensehens.

Einen Simulanten zu entlarven, der vorgibt, keinen stereoskopischen Sehakt zu besitzen, ist äußerst schwer, weil er gewöhnlich bei allen Methoden jede Tiefenwahrnehmung ableugnet.

Roth (1907) hat vorgeschlagen, ihn z. B. am Pfalzschen Apparat zur Beurteilung des Tiefenschätzungsvermögens die Lage der Kügelchen oder Stäbchen von oben her betrachten zu lassen, so daß er demnach ihre Lage zueinander auch mit einem Auge sehen muß. Leugnet er auch hierbei, ihre Stellung erkennen zu können, so ist er wenigstens unwahrer Angaben überführt. Aber freilich, ein stereoskopischer Sehakt ist ihm damit nicht nachgewiesen.

Am besten benutzt man den Heringschen Fallversuch und wiederholt hier die Untersuchung möglichst oft und notiert sich jedesmal die Angaben des Patienten, ob die Kugel vor oder hinter der fixierten Kugel gefallen ist. Sind die Angaben jedesmal unrichtig, so kann daraus geschlossen werden, daß er in Wirklichkeit die Tiefenverhältnisse richtig wahrgenommen hat, denn nach der Wahrscheinlichkeitsrechnung müßte beim Raten ein Teil der Antworten richtig ausgefallen sein.

In gleicher Weise läßt sich sehr gut die Wesselyschen Stereoskoptafel (Wessely 1908) verwenden. Auch hier stellt man in unregelmäßigem Wechsel die Tafel so ein, daß der eine Kreis bald vor, bald zurück liegt. Wird bei fortgesetzter Prüfung jedesmal falsch geraten, so kann wieder angenommen werden, daß der Beobachter nicht einfach rät, sondern die richtige Angabe absichtlich vermeidet, also in Wirklichkeit die Lage der Ringe zueinander sehr wohl erkennt.

VI. Simulation von Lichtsinnstörungen.

Die Entlarvung der Lichtsinnstörungen ist schwieriger, als die der Farbensinnstörungen; denn es ist im allgemeinen leichter, eine Erhöhung der Wahrnehmungsschwelle für einfache Lichtreize vorzutäuschen, als das Verhalten der Farbenblinden und Farbenschwachen mit ihren eigentümlichen, durch die Erfahrung gesammelten Urteilen.

Bei der Simulation grober Lichtsinnstörungen freilich liegen die Verhältnisse relativ einfach, denn hier steht uns neben der subjektiven Methode der systematischen Schwellenbestimmungen noch die objektive Beobachtung zur Verfügung, so daß das Mißverhältnis zwischen den Angaben des Simulanten bei der Untersuchung und seines Verhaltens bei herabgesetzter Beleuchtung, wenn er sich unbeobachtet glaubt, festgestellt werden kann, ferner steht unter Umständen die quantitative Prüfung der Pupillarreaktion zur Verfügung.

Anders bei der Vortäuschung mäßiger oder geringer Grade von Lichtsinnstörungen. Hier ist ein Urteil auf Grund der Beobachtung des Verhaltens des Simulanten wesentlich schwieriger (s. u.), und wir sind hier vorwiegend auf die Bestimmung der Schwellenwerte bei der Adaptationsprüfung angewiesen, bei welcher es darauf ankommt, die Widersprüche in den Angaben des Simulanten festzustellen. Diese Angaben entbehren auch bei wiederholten Untersuchungen oft nicht einer gewissen Folgerichtigkeit, wenigstens dann nicht, wenn bei der Prüfung, wie es meist geschieht, die Intensität des Reizlichtes allmählich gleichmäßig gesteigert wird, bis die Wahrnehmungsschwelle erreicht ist, oder umgekehrt seine Intensität in gleicher Weise vermindert wird, bis es nicht mehr wahrgenommen wird. Besonders im ersteren Falle hat der Simulant gewisse Anhaltspunkte, um eine Schwellenerhöhung vorzutäuschen: er kann, nachdem er das Reizlicht wirklich wahrgenommen hat, eine gewisse Zeit verstreichen lassen, bis er seine Angaben macht; bei gleichmäßiger Intensitätssteigerung können dabei die gefundenen Reizschwellen in der Tat die wirklichen immer um einen gewissen Betrag übersteigen. Ebenso vermag ein intelligenter Beobachter ungefähr wenigstens abzuschätzen, wann die allmählich wachsende Helligkeit eines Lichtreizes das Mehrfache des wahrgenommenen Schwellenwertes beträgt. Freilich müssen sich dabei im Verlaufe der Adaptationskurve Unregelmäßigkeiten ergeben. Aber da man bei ungeübten Beobachtern auch sonst gelegentlich Beobachtungsfehler von beträchtlichem Umfange findet, welche den gleichmäßigen Verlauf der Adaptationskurve stören, so kann das Urteil, ob Simulation oder ungenaue Beobachtung vorliegt, unter Umständen schwierig sein. Es kommt daher bei allen Simulationsprüfungen in erster Linie darauf an, dem Beobachter derartige Anhaltspunkte nach Möglichkeit zu nehmen und ihn durch Abänderung der Versuchsanordnung zu verwirren.

Im einzelnen ist zu den verschiedenen Vorgehen folgendes zu bemerken:

Objektive Simulationsproben.

1. Wird hochgradige Nachtblindheit simuliert und am Adaptometer vorgegeben, daß auch ein relativ helles Reizlicht nicht gesehen wird, so ergibt die objektive Beobachtung des Verhaltens des Simulanten relativ

leicht die Unwahrheit der Angaben: Man stellt in einem stärker verdunkelten Zimmer einige Stühle umher und läßt dann den Simulanten, während er sich unbeobachtet wähnt, zwischen ihnen hindurchgehen (wobei natürlich seine Aufmerksamkeit auf anderes gelenkt werden muß). Weicht er den Stühlen mit Sicherheit aus, zeigt er überhaupt nicht das hilflose Verhalten, welches jedem hochgradig Nachtblinden in der Dämmerung eigentümlich ist, so ist damit erwiesen, daß er eine so hochgradige Hemeralopie nicht besitzen kann.

Daß es außerordentlich wichtig ist, in jedem Falle auf Xerosis epithelialis zu achten, braucht kaum erwähnt zu werden.

Erzielt die subjektive Adaptationsprüfung nur leichtere Grade von Adaptationsstörung, also eine Erhöhung der Wahrnehmungsschwellen auf das Drei- bis Sechsfache, so ist die Entscheidung, ob Simulation vorliegt, durch die objektive Beobachtung schwieriger. Es handelt sich dabei vornehmlich um diejenigen Fälle, welche im Kriege eine große Rolle gespielt haben, da hier gleichzeitig über die Felddienstfähigkeit ein Urteil abzugeben war.

Bei ihnen gestattet die objektive Beobachtung meist nur dann ein Urteil, wenn nach dem Vorgange von Wessely (1916), später auch von Birch-Hirschfeld (1917), eine Beobachtung im Gelände stattfindet. Dabei sind im Finstern schwer sichtbare Hindernisse (Drahtverhau usw.) anzubringen und gleichzeitig als Kontrolle normale Versuchspersonen mit bekannter Adaptation zu verwenden, bei denen die gleiche Schwellenerhöhung künstlich durch Vorsetzen z. B. von Rauchgläsern bekannter Absorption hervorgerufen wird.

2. Die Prüfung, ob ein Reizlicht, dessen Wahrnehmung geleugnet wird, noch imstande ist, eine Pupillarreaktion auszulösen, läßt sich in folgender Weise vornehmen. Man setzt dem Beobachter eine Automobilbrille auf, welche das eine Auge zur Beobachtung freiläßt, das andere dagegen vollkommen lichtdicht abschließt. An letzterem wird dann die Hesssche Einrichtung zur Beobachtung der Pupillarreaktion angebracht (Hess 1916) und mit deren Hilfe festgestellt, ob bei abwechselndem Verdecken und Freigeben des Reizlichtes eine konsensuelle Pupillenverengerung auftritt oder nicht.

Subjektive Methoden.

1. Die Bestimmung der Adaptationskurve. Zur Prüfung auf Simulation ist die Untersuchung des Verlaufes der Adaptation mit Hilfe von Adaptometern unerläßlich. Ich kann hierbei auf das Kapitel über Lichtsinnprüfung verweisen und betone nur, wie ich schon oben erwähnte, daß es notwendig ist, dem Simulanten möglichst jeden Anhaltspunkt zu nehmen, aus Nebenumständen Schlüsse auf den Grad der Helligkeit des Reizlichtes zu ziehen. So darf man nicht gleichmäßig die Helligkeit erhöhen und ver-

ringern. Vielmehr sind Kontrollen erforderlich, bei denen z. B. scheinbar
die Helligkeit verändert wird, während sie in Wirklichkeit konstant bleibt.
Auch ist es wünschenswert, nicht immer die Helligkeit des Reizlichtes unter
den Augen des Beobachters zu verändern, sondern es bei verschiedener
Helligkeit abwechselnd freizugeben und zu verdecken. Wiederholungsprüfungen zu verschiedenen Zeiten sind sehr zu empfehlen, um die Zuverlässigkeit der Angaben zu prüfen, nur muß man sich dabei darüber im
klaren sein, daß in der ersten Zeit der Dunkelanpassung der Grad der
vorausgegangenen Helladaptation von entscheidender Bedeutung ist und auch
normalerweise hier bei verschiedenen Untersuchungen unter Umständen zu
weit abweichenden Ergebnissen führen muß. Überhaupt dürfen nur erhebliche Verschiedenheiten der Angaben als Simulation gedeutet werden, da
selbst für Geübte die Wahrnehmung des ersten Lichtscheins schon infolge
des Eigengraues der Netzhaut bekanntlich nicht leicht ist.

Gerade bei Simulationsprüfungen ist es übrigens ratsam, lieber von
überschwelligen Werten als von unterschwelligen bei der Adaptionsprüfung
auszugehen, da hierbei die Abschätzung, um wieviel die Helligkeit des Reizlichtes die Wahrnehmungsschwelle übersteigt, wesentlich schwerer ist.

Die Tatsache, daß im Verlaufe der Adaptation die Schwellenwerte gelegentlich wieder höher werden als die eine gewisse Zeit zuvor gefundenen, ist —
sofern der Unterschied nicht zu groß ist — an sich noch kein Beweis für
Simulation. Abgesehen von unvermeidlichen Beobachtungsfehlern finden wir
auch bei echter Hemeralopie gelegentlich, daß im weiteren Verlaufe der
Dunkelanpassung die Schwellenwerte wieder ansteigen.

Alle stärkeren Unregelmäßigkeiten im Verlauf einer Adaptionskurve,
sowie bei wiederholten Untersuchungen weitgehende Verschiedenheiten in
den Endwerten bei einer halbstündigen oder länger dauernden Dunkeladaptation sprechen bei einer mit obigen Vorsichtsmaßregeln vorgenommenen
Untersuchung dagegen für Simulation.

Bei allen derartigen Adaptationsprüfungen ist die Untersuchung einer normalen Kontrollperson unter den gleichen Beobachtungsbedingungen unerläßlich.

Leugnen die Beobachter, im Dunkeln ein so helles Reizlicht zu erkennen, wie es selbst bei fortgeschrittener Retinitis pigmentosa noch gesehen wird, so muß natürlich Simulation angenommen werden (s. a. Best
1918). Freilich sind dann auch hier wieder nur die unwahren Angaben
nachgewiesen, nicht aber ist festgestellt, welcher Grad der Dunkeladaptation wirklich vorliegt.

2. Von Nutzen für die Simulationsprüfung ist die Anwendung des Ge-
setzes, daß die Wahrnehmungsschwelle entsprechend der Abnahme der
Flächengröße des Reizlichtes steigt. Nach Piper verhalten sich innerhalb
ziemlich weiter Grenzen hierbei die Schwellenwerte annähernd umgekehrt

proportional der Quadratwurzel der gesehenen Flächen. Best (1918) gibt
für Leuchtfarbenschirme eine kleine Tabelle, in welchem Grade für das
normale Auge die Empfindlichkeit bei der verschiedenen Größe der Netzhautbilder sich ändert. Sie mag für Simulationsprüfungen einen Anhaltspunkt bieten. Gelingt es also z. B. mit reduzierter Objektgröße bei
einem Beobachter noch annähernd die gleichen Schwellenwerte zu erhalten,
wie bei großen Lichtfeldern, so ist in Wirklichkeit die Empfindlichkeit mindestens um den entsprechenden Betrag höher.

Eine Verkleinerung des Netzhautbildes durch Vergrößerung des Abstandes des Beobachters vom Objektfelde ist natürlich fehlerhaft, da sich
hierbei die Gesamtlichtstärke des Bildes nicht ändert.

3. Prüfung der Adaptationskurve sowohl für kurzwellige
wie für langwellige Lichter, am einfachsten nach dem Vorgehen von
Wessely (1916) durch Vorsetzen roter und blauer Lichtfilder vor die Scheibe
eines Adaptometers (Best verwendet als kurzwellige Reizlichter Leuchtfarbe).
Man macht sich hierbei die bekannte Tatsache zunutze, daß normalerweise
für kurzwellige Lichter die Schwellenwerte erheblich niedriger sind. Freilich ist es bei dem großen Unterschied im Reizwerte kurz- und langwel-
liger Lichter beim Dämmerungssehen auch für einen geschickten Simulanten
nicht sehr schwer, Angaben zu machen, welche einer Schwellenerhöhung,
wie wir sie bei mäßigen Graden von sog. Nachtblindheit finden, nahe-
kommen. Man muß daher auch hier die ganze Adaptationskurve aufnehmen
und fahndet dabei einerseits bei den Simulanten auf Widersprüche, andererseits versucht man, möglichst niedrige Schwellenwerte zu erzielen. Eine
normale Kontrollperson ist auch für diese Untersuchungen unerläßlich.
Um Wiederholungen zu vermeiden, verweise ich hinsichtlich Einzelheiten
der Untersuchung auf das Kapitel über Lichtsinnprüfung. Die oben genannten Vorsichtsmaßregeln bei der Untersuchung auf Simulation Verdäch-
tiger haben auch hier natürlich Geltung.

4. Endlich hat Wessely (noch nicht veröffentlicht) einen gänzlich neuen
Weg für die Simulationsprüfung eingeschlagen, bei welchem nicht wie bisher
die Schwellenwerte bestimmt, vielmehr Gleichungen zwischen dem
Seheindruck des einen helladaptierten Auges und des anderen,
dunkeladaptierten, vorgenommen werden. Dem zu Prüfenden wird zu
diesem Zwecke ein Auge lichtdicht verbunden und das offene eine bestimmte
Zeit, etwa $1/2$ Stunde, hellem Lichte ausgesetzt. Im Dunkelzimmer wird
die Binde abgenommen und sofort die Untersuchung an dem Gleichungs-
apparat vorgenommen. Dieser ist so gebaut, daß der Beobachter beim
Hineinblicken bei binokularer Vereinigung zwei halbkreisförmige Felder untereinander erblickt, von denen das eine nur mit dem rechten, das andere
mit dem linken Auge gesehen wird. Beide Felder sind gleichmäßig belichtet und ihre Helligkeit läßt sich mit Hilfe einer Aubertschen Blende

meßbar abstufen. Durch Verdunkelung des Feldes für das dunkeladaptierte Auge werden beide Felder auf gleiche Helligkeit gebracht, so daß auf diese Weise bestimmt werden kann, um wieviel die Schwellenwerte auf dem dunkeladaptierten Auge tiefer liegen.

Störend macht sich die verschiedene Farbe der beiden Vergleichsfelder bemerkbar (das dunkeladaptierte Auge sieht bekanntlich alles in bläulicher Farbe gegenüber dem helladaptierten). WESSELY hat diesen Farbenunterschied mit Hilfe blauer und gelber Scheiben soweit ausgeglichen, daß er für praktische Zwecke die Gleichung nicht mehr stört. Eingehende Untersuchungen mit diesem Verfahren stehen noch aus.

5. Die Prüfung des Gesichtsfeldes bci hcrabgesetzer Beleuchtung ist insofern von Wert, als hinsichtlich der Grenzen ein normales Verhalten eine stärkere Hemeralopie ausschließt. Hinsichtlich der Untersuchung sei auf den betreffenden Abschnitt verwiesen, nur sei hier erwähnt, daß sich der kleine WESSELYsche Taschenapparat für die Gesichtsfeldprüfung im Dunkelzimmer zur schnellen Untersuchung sehr eignet.

Literatur.

Zusammenfassende Abhandlungen aus neuerer Zeit WICK-ROTH 1907, WESSELY 1908, SCHIECK 1914. Ausführliches Literaturverzeichnis s. II. Auflage dieses Handbuches sowie auch bei ROTH 1907.

1855. v. Graefe, A., Über ein einfaches Mittel, Simulation einseitiger Amaurose zu entdecken nebst Bemerkungen über die Pupillarreaktion der Erblindeten. v. Graefes Arch. f. Ophth. II, 1. S. 266.

1860. Fles (Utrecht), Moyen de reconnaître la simulation de l'amaurose ou de l'amblyopie monoculaire. Arch. belges de méd. milit. XXV. p. 170.
Graefe, Alfred, Simulation einseitiger Amaurose. Klin. Monatsbl. f. Augenheilk. S. 53.

1869. Berthold, Ein neues Verfahren, die Simulation monokularer Blindheit zu ermitteln. Zehenders klin. Monatsbl. S. 300.

1870. Cuignet, Moyens de constation de l'amblyopie ou de l'amaurose d'un œil. Recueil de mém. de méd. et pharm. milit. p. 320—329.
Kugel, Eine Methode, in leichter Weise Simulation einseitiger Amaurose und Amblyopie festzustellen. Arch. f. Ophth. XVI, I. S. 343.

1871. Schmidt-Rimpler, Notiz für Untersuchung auf Simulation von Blindheit. Berliner klin. Wochenschr. S. 526—527.

1872. Orwer, Beitrag zur Entdeckung simulierter einseitiger Amaurose. Berliner klin. Wochenschr. Nr. 12. S. 143.

1873. v. Graefe, A., Eine Methode, simulierte einseitige Amblyopie resp. den Grad der Übertreibung festzustellen. Zehenders klin. Monatsbl. S. 481—483.

1874. Rabl-Rückhardt, Über die Anwendung des Stereoskops bei Simulation einseitiger Blindheit. Deutsche Militärärztl. Zeitschr. Heft 1.
Rabl-Rückhardt, Nachtrag zu vorstehendem Aufsatz. Ebenda. Heft 3. S. 172—173.

1875. Schenkl, Über Simulation der einseitigen Blindheit. Ärztl. Korrespondenzbl. Prag. Juli, Nr. 28. S. 205.

1876. Knapp, Die Verwertung der Augenbewegungen zur Diagnose einseitiger Blindheit. Arch. f. Augen- u. Ohrenheilk. V. S. 190.

1876. Monoyer, Note sur trois nouveaux moyens de découvrir la simulation de l'amaurose etc. Gaz. hebd. de méd. et de chir. No. 25. p. 388—390.
Rabl-Rückhardt, Über Vortäuschung von Blindheit. Vierteljahresschr. f. gerichtl. Med. N. F. XXIV. Heft 1.
Schmidt-Rimpler, Zur Erkennung von Simulation von Blindheit. Zehenders klin. Monatsbl. S. 176.
1877. Snellen, Entdeckung von Simulation einseitiger Blindheit. Zehenders klin. Monatsbl. S. 303.
Perrin, De l'examen de la vision devant les conseils de révision. Recueil de mém. de méd. etc. milit. p. 1—8.
1878. Armaignac, Traité élémentaire d'ophtalmoscopie, d'optométrie et de réfraction oculaire. Paris.
Herter, Zur Entlarvung der Simulation einseitiger Amaurose und Amblyopie. Klin. Monatsbl. f. Augenheilk. S. 385—393.
Herter, Entlarvung der Simulation von Sehstörungen. Deutsche Militärärztl. Zeitschr. Heft 9 u. 10.
Martin, Note sur un moyen de reconnaître et de mesurer l'amblyopie unilatérale. Recueil de mém. de méd., de chir. et de pharm. milit. p. 307—310.
1879. Bürgl, Über Augenuntersuchungen bei der Rekrutierung und einen neuen Apparat hierzu. Deutsche militärärztl. Zeitschr. Heft 12. S. 591.
Maréchal, Note sur une modification à la boîte de Fles. Recueil de mém. de méd., de chir. et de pharm. milit. p. 437—41.
Peltzer, Über Optometer und militärärztliche Augenuntersuchungen beim Ersatzgeschäft. Deutsche Militärärztl. Zeitschr. Heft 12. S. 604.
1880. Bertelé, Note sur une modification à la boîte de Fles. Recueil de méd. milit. p. 297.
1882. André, Modification pratique apportée à la boîte de Fles. Recueil de mém. de méd., de chir. et de pharm. milit. p. 627.
Seggel, Ein doppelröhriges metrisches Optometer. Ärztl. Intelligenbl. München. Nr. 7 u. 8.
1883. Froidbise, Note sur l'examen des miliciens au point de vue de la simulation de l'amblyopie monoculaire. Arch. méd. belges.
Schroeder, Zur Frage der Aufdeckung der Simulation einseitiger Blindheit. Berliner klin. Wochenschr. Oktober. Nr. 44. S. 678.
1884. Brevais, Simulation de l'amaurose unilatérale. Nouvelle forme donnée à l'épreuve par les verres colorées de Snellen. Bull. et mém. de la société franç. d'opht. Paris. p. 166.
Rabl-Rückhardt, Zur Entlarvung der Simulation einseitiger Blindheit durch das Stereoskop. Berliner klin. Wochenschr. Febr. Nr. 6. S. 83.
Wundt und Monoyer, Physique médicale 1884.
1885. Bertin-Sans, Nouvel optoscope pour déjouer la simulation de l'amblyopie et de la cécité monoculaire. Annales d'hygiène et de méd. legale. p. 340.
Chauvel, Diagnostic de l'amblyopie unilatérale simulée. Arch. de méd. milit. p. 129. Recueil d'opht. 1886. p. 225.
Haab, Simulation von Blindheit oder Schlechtsehen und der Nachweis derselben. Vortrag. Korrespondenzbl. f. Schweiz. Ärzte. Nr. 19.
1887. Baraffio, Diagnosi medico-legale militare della amaurosi e dell' amblyopia monoculare. Giornale med. del ro esercito e della ra marina. No. 8. p. 897.
Delay, Des principaux moyens de reconnaître la simulation de l'amaurose unilatérale. Thèse de Montpellier.
Haupt, Simulation einseitiger Amaurose. Friedrichs Bl. f. gerichtl. Med. Heft 6. S. 433.
1888. Bastier, Examen de la vision pour la service de la marine. Thèse de Montpellier.

1888. **Ziem**, Zur Erkennung aggravierter Angenleiden. Zentralbl. f. prakt. Augenheilkunde. S. 344.
1889. **Astegiano**, Un' aggiunta alla cassetta de Fles. Giornale medico del ro
esercito e della ra marina. No. 3. p. 241.
Barthélémy, L'examen de la vision devant les conseils de révision et de
réforme. Paris. Arch. de méd., de chir. et de pharm. milit. XIII. p. 316.
Below, Zur Bestimmung der Sehschärfe bei zum Militär Einberufenen, die
die der Simulation von Amblyopie verdächtig sind. Wjestnik ophth.
VI, 2. S. 12.
Hoor, Neue stereoskopische Tafeln zur Konstatierung simulierter monoku-
lärer Amblyopie und Amaurose. Der Militärarzt. Wien. Juni. Heft 11 u. 12.
Kugel, Über Diagnose der Simulation von Amaurose und Amblyopie. Wiener
med. Wochenschr. Heft 6, 7, 8 u. 9.
1890. **Heller**, Simulation und ihre Behandlung. Verlag von Abel, Leipzig.
1891. **Becker**, F., Ein Apparat zur Sehschärfenbestimmung mit beweglichen Lese-
zeichen. Zentralbl. f. Augenheilk. S. 171.
Carl, Ein Apparat zur Prüfung der Sehschärfe. Arch. f. Augenheilk. XXIV.
S. 41.
Fröhlich, L., Des procédés modernes pour reconnaître la simulation de
la cecité ou de la faiblesse visuelle. Revue méd. de la Suisse romande.
No. 12.
Lippincott, New test for binocular vision. American ophth. Society.
XXVI. Jahresversamml.
Specht, Eine kritische Zusammenstellung der Verfahren, durch welche Simulation auf Aggravation von Sehstörungen nachgewiesen werden
kann. Dissertation. Bonn.
1892. **Schmidt-Rimpler**, Zur Simulation konzentrischer Gesichtsfeldeinengungen
mit Berücksichtigung der traumatischen Neurosen. Deutsche med.
Wochenschr. Juni. Nr. 24. S. 561.
Vanderstraeten, Des moyens de reconnaître la simulation de l'amaurose
et de l'amblyopie. Arch. méd. belges 3, sér. 41. p. 217—241.
1893. **Nieden**, A., Über Simulation von Augenleiden und die Mittel ihrer Entdeckung. Festschr. z. Feier d. 25jähr. Jubil. d. ärztl. Vereine d. Regie-
rungsbezirkes Arnsberg. Wiesbaden, Verlag v. Bergmann.
Ohlemann, Über Aggravation von Augenverletzungen. Zeitschr. f. Medizinal-
beamte. Oktober. Nr. 20. S. 495—501.
Ohlemann, Zur Aggravation von Amblyopie. Ebenda. Dezbr. Nr. 23. S. 584.
Wicherkiewiecz, Beitrag zu den Entdeckungsmethoden einseitig simulierter Amblyopie und Amaurose. Zehenders klin. Monatsbl. S. 134.
1894. **Barthélémy**, E., Amblyopie double simulée, procédé pour la déjouer et
mesurer l'acuité visuelle. Arch. de méd., de chir. et de pharm. milit.
XXIII. p. 285.
Burchardt, Max, Praktische Diagnostik der Simulationen usw. 3. Aufl.
Berlin.
Groenouw, Über einige Mittel zur Entlarvung simulierter Schwachsichtig-
keit. Monatsschr. f. Unfallheilk. Nr. 6. S. 167.
Herter, Zur Frage einseitiger Blindheit ohne objektiven Befund. Deutsche
militärärztl. Zeitschr. Heft 9 u. 10. S. 411.
Minor, Simulation of monocular Amblyopia. Arch. of Ophth. XXII, 4.
p. 493.
Segal, Neue Methoden zur Entdeckung der vorgetäuschten Blindheit und
der Aggravation. Medizinskoje obozensce. LXI. S. 1155.
Wolffberg, Diagnostischer Farbenapparat. 4. Aufl. Breslau, Preuß &
Jünger.
1895. **Hamann**, Fall von erheuchelter einseitiger Blindheit. Deutsche militärische
Zeitschr. Heft 8 u. 9. S. 378.

1895. Ohlemann, Kasuistische Beiträge zur Simulationsfrage. Ärztl. Sachver-ständigen-Zeitschr. März. Nr. 6. S. 65.

Segal, Zur Frage der Entlarvung einseitiger Blindheit. Wjestnik ophth. Novbr.-Dezbr. Referat in Nagels Jahresbericht.

Schmidt-Rimpler, Bemerkungen zu wirklicher und simulierter Sehschärfe- und Gesichtsfeldeinengung. S.-A. a. d. Festschr. z. 100jähr. Stiftungs-feier d. med.-chir. Friedrich-Wilhelms-Instituts.

Wolffberg, Über die diagnostische Bedeutung der Augenfunktionsprüfungen Deutschmanns Beiträge z. Augenheilk. II. S. 533.

1896. Adler, Über Wechsel und Verwechselungsproben. Bericht üb. d. 25.Versamm-lung d. ophthalmolog. Gesellsch. zu Heidelberg. S. 325.

Beaureis, Un cas de simulation d'amblyopie (d'amaurose) double. Bull. méd. Mai.

Helmbold, Über Simulation. Zehenders klin. Monatsbl. S. 217—218.

Micciola, Guida all' esame functionale del occhio. Torino. Tipografia Sabesiana.

Roth, A., Vortrag auf der 68. Versammlung deutscher Naturforscher und Ärzte. Frankfurt a. M.

1897. Baudry, Un procédé facile de produire la diplopie á l'aide du prisme simple. Son application à la recherche de la simulation de la cécité unilatérale. Arch. d'opht. XVII. p. 550.

Baldanza, Un nuova mezzo di misura dell' acuita visiva per i sospetti simulatori dell' amaurosi o della amblyopia monoculari. Giornale med. del. regio esercito. No. 4. p. 376.

Roth, Zur Diagnostik der Sehstörungen mit besonderer Berücksichtigung der Simulationsfrage. Der Militärarzt. Nr. 1 u. 2. (Wiener Wochen-schrift. Nr. 3.)

1898. Baudry, Revue gén. d'opht. 1897. p. 433. Wiener klin. Wochenschr. 1897. No. 41. Wjestnik ophth. 1897. XIV. S. 530. Simulation de l'amaurose et de l'amblyopie bilatérale.

Jakson, College of physicans of Philadelphia. Ophth. section. Jan. 18.

1899. Fridenberg, The dehection of simulated monocula clindness. The ophthalm. Record. January.

Kröger, Die Prüfung der Sehschärfe bei Verdacht auf Simulation. St. Pe-tersburger med. Wochenschr. Nr. 3. S. 21.

1900. Fridenberg. P., Minor test for simulated blindness. New York med. Rec. March 17. Ref. Ophth. Rec. January.

Norrie, G., Über Simulation von Sehschwäche in der Augenklinik des Gar-nisonshospitals Kopenhagen. Hosp. Tid. S. 549. (Dän.)

Roth, Die Krankheiten des Sehorganes. Handbuch d. Militärkrankh. van Dums. Verlag von Georgi.

Schmitz, Simulationsprobe unter Benutzung der Spiegelschrift. Wochen-schrift f. Ther. u. Hyg. d. Auges. 22. Febr. Nr. 21. Zeitschr. f. Augenheilk. Heft 4. S. 364 u. ff.

Wick, K., Über Simulation von Blindheit und Schwachsichtigkeit und über deren Entlarvung. Zeitschr. f. Augenheilk. III. S. 403, 597 u. 688.

1901. v. Haselberg, Tafel zur Entlarvung der Simulation einseitiger Blindheit und Schwachsichtigkeit. Nach Snellen entworfen. Arch. f. Augenheilk. XVIII. S. 245.

Heine, Die Unterscheidbarkeit rechtsäugiger und linksäugiger Wahrnehmun-gen und deren Bedeutung für das körperliche Sehen. Klin. Monatsbl. f. Augenheilk. XXXIX. (II.) S. 615.

Magnani, Nuovo mezzo per lo smascheramento della simulazione di amaurosi monoculare. Arch. di Ottalm. VIII. p. 355.

Symens, Deutsche militäräztl. Zeitschr. Heft 12.

1901. Stirling, An experiment on binocular vision with half penny postage stamps. Journal of Physiol. XXIII.

Wick, K., Nachtrag zu meinem Referat über Simulation von Blindheit und Schwachsichtigkeit und deren Entlarvung. Zeitschr. f. Augenheilk. VI. S. 309.

1902. Brückner und Brücke, Zur Frage der Unterscheidbarkeit rechts- und linksäugiger Gesichtseindrücke. Arch. f. d. ges. Physiol. XC. S. 190.

Höslin, O., Zum Nachweis der Simulation bei Hysterischen und Unfallkranken. Münchener med. Wochenschr. S. 1521.

Matussowsky, Über Blindheitsimulation mit Demonstration des Simulanten. (Gesellsch. d. Marineärzte in Nikolajew. 1900—1901.) Medic. Pribawl. k. Morsk. Sborn. Febr.

Roth, Das Stereoskop und die Simulation einseitiger Sehstörungen. 4. Aufl. von M. Burchardts Prakt. Diagnostik d. Simulationen. Berlin. O. Enslin.

1903. Alexander, Entlarvung eines Simulanten. (Ärztl. Verein in Nürnberg.) Münchener med. Wochenschr. S. 1236.

Bourdon, L'année psychologique. p. 43.

Elliot, Vafiadi's instrument for detecting feigned amblyopia. (Ophth. Society of the United Kingd.) Ophth. Review. p. 176.

Mayeder, Mein Optometer. Med. Woche. Nr. 2.

v. Siklossy, Die Enthüllung der Simulation von Blindheit und Schwachsichtigkeit. (Ungarisch.) Budapesti orvosi njsag.

Valenti, Consideracioni sulla simulazione di cecità e su di un nuovo apparecchio per riconoscerla. (Studio sperimentale.) Bollett. dell' Ospedale Oftalmico della Provincia di Roma. p. 174, 185.

1904. Charles, Contribution à l'étude de la simulation des affections oculaires. Thèse de Lille. 1903. Arch. d'Opht. XXIV. p. 338, et Revue gén. d'Opht. p. 426.

Graefe, A., Graefe-Saemisch, Handbuch d. ges. Augenheilk. II. Aufl.

Nicati, Amaurose et amblyopie unilatérales, épreuves de simulation. Arch. d'Opht. XXIV. p. 65.

Polignani, Apparecchio fotoscopico per l'esperimento di Kugel, nella simulazione di ambliopia ed amaurosi monoculare. Napoli, Tocco, editore. 1903. Revue gén. d'Opht. p. 403.

Schmeichler, Simulation von Augenleiden. Wiener med. Wochenschr. Nr. 23.

1905. Bouchart, Boîte pour déterminer l'acuité vraie d'un simulateur. L'Ophtalmologie provin. p. 34.

Bjerke, Über die Verwendung photographisch verkleinerter Leseproben zur Bestimmung der Sehschärfe in der Nähe. v. Graefes Arch. f. Ophth. LX. S. 319.

Brückner und Brücke, Nochmals zur Frage der Unterscheidbarkeit rechts- und linksäugiger Eindrücke. Arch. f. d. ges. Physiol. CVII. S. 263.

Schmeichler, Über Entlarvung einseitig simulierter Sehschwäche. Wiener klin. Wochenschr. Nr. 46.

Segal, Die Methoden zur Aufdeckung der Simulation. Wratschebnaja Gazeta. Nr. 30, 31 u. 32.

1906. Armaignac, Un autosynoptomètre. (Acad. de Méd.) Ann. d'Ocul. CXXXV, p. 142.

Armaignac, Autosynoptomètre à curseur et à miroirs. Recueil d'Opht. p. 65.

Delord, Simulation d'une amblyopie élevée dans un cas de strabisme alternant. Ann. d'Ocul. CXXXVI. p. 311.

Koster, Die Röhren von Gratama zur Entdeckung der Simulation von Blindheit oder Schwachsinnigkeit eines Auges nebst einer Verbesserung dieses Apparates. v. Graefes Arch. f. Ophth. LXIV. S. 502.

Roth, Verwechslungssehproben zum Nachweis der Vortäuschung von Schwachsichtigkeit. Leipzig. Thieme.

Terrien, Simulation et accidents du travail. Gaz. des hôpit. No. 33.

1907. Beykowsky, Eine Simulantenfalle. Wiener med. Wochenschr. Nr. 23.

1907. **Groenouw**, Über Simulation von Augenleiden und deren Entlarvung. Deutsche med. Wochenschr. S. 968.

Guttmann, A., Ein Fall von Simulation einseitiger Farbensinnstörung. Zeitschr. f. Sinnesphysiol. XLI, 2. S. 338.

Klien, Über die physisch bedingten Einengungen des Gesichtsfeldes. Arch. f. Psych. XLII. S. 359.

Roth, Über Simulation von Blindheit und Schwachsichtigkeit und deren Entlarvung. Karger, Berlin.

Stargardt, Über Simulation. (Med. Gesellsch. in Kiel.) Münchener med. Wochenschr. S. 1060.

1908. **Becker**, Die Simulation von Krankheiten und ihre Beurteilung. Thieme, Leipzig.

Gesang, Transparenter Sehprobe-, zugleich Simulationsentlarvungsapparat. (Ophth. Gesellsch. in Wien.) Zeitschr. f. Augenheilk. XX. S. 184. Wiener med. Wochenschr. Nr. 51 u. 52 (s. unter a).

v. Haselberg, Tafeln zur Entlarvung der Simulation einseitiger Blindheit und Schwachsichtigkeit. Nach Quellen entworfen. 2. verm. Aufl. Wiesbaden, Bergmann.

Howard Hansell, A comparison between simulated and hysterical blindness. (Section on Ophth. College of Physic. of Phyladelphia.) Ophth. Record. p. 46.

Remy, Ein neues Modell des Diploskopes. Recueil d'Opht. 30. Jahrg. S. 350.

Wessely, Simulation von Krankheiten und Funktionsstörungen der Augen, s. Becker.

Wessely, Demonstration einiger Simulationsproben. 35. Versammlung der ophthalm. Gesellschaft zu Heidelberg. S. 339.

1909. **Beckmann**, Ein neues Prinzip einer subjektiven Methode zur Entlarvung der Simulation von Blindheit auf einem Auge. Woennos med. Journ. CCXXVII. p. 583.

Bourgeois, Monotypes pour la détermination de l'acuité visuelle dans les expertises. Clinique opht. p. 581.

Gaupillat, Simulation. Echelle rouge à caractères renversés. Clinique d'Opht. p. 269.

Hess, W., Eine neue Untersuchungsmethode mit Doppelbildern. Arch. f. Augenheilk. LXII.

Hoeg, En ny metode til afslöring of simulation af blindhet. (Eine neue Methode zur Entlarvung der Simulation.) (Sitz.-Ber. d. ophth. Gesellschaft zu Kopenhagen.) Hospitalstidende. p. 457.

Mohr, Über Simulation und Aggravation von Augenleiden in Verbindung mit Unfällen. (Ungarisch.) Gyógyászat. S. 232 u. 249.

Santa Maria, Un nouvel appareil pour découvrir la simulation de l'amblyopie et de l'amaurose monoculaires. Clinique opht. p. 425.

Terson, Nouvelle échelle pour l'examen visuel de la simulation. (Société d'Opht. de Paris.) Recueil d'Opht. Anhang S. 57.

Terson, Sur l'examen visuel de la simulation et sur une échelle appropriée. Arch. d'Opht. XXIX. p. 453.

Passera, Tavola murale per la determinazione dell' acutezza visiva in casi di frode. Giornale di med. milit. Giugno.

Vela Vásquez, Un nuevo medio para demostrar la simulación de la ceguera monocular. Anales de Oft. XII. No. 7.

Visser, S., Een eenvoudige methode om simulatie van zwakziendheid of blindheid te ontdekken. (Eine einfache Methode zur Entlarvung von simulierter Sehschwäche oder Blindheit.) Nederl. Tijdschr. v. Geneesk. II. p. 1228.

Wasjutinsky, Die Simulation von Blindheit und Herabsetzung des Sehvermögens. Woenno-med. Journ. CCXXIX. p. 519.

1910. **Gebb u. Coflein**, Zur Frage der Sehschärfebestimmung. Arch. f. Augenheilk. 65. Bd. S. 189.

1911. Bielschowsky, Herings neuer Apparat zur Herstellung von Verwechselungsfarben für die Untersuchung auf Farbenblindheit. Bericht der 37. Vers. d. Ophth. Gesellsch. zu Heidelberg.

Beykowsky, Demonstrationen der Simulantenfalle. (Vers. deutsch. Augenärzte Böhmens und Mährens.) Klin. Monatsbl. f. Augenheilk. XLIX, 2. S. 744. (Vgl. diesen Ber. f. 1907. B. hat einige technische Veränderungen vorgenommen.)

Pfalz, Die Simulation von Augenleiden und Sehstörungen. Klin.-ther. Wochenschrift, Nr. 43, und Ver. d. Ärzte Düsseldorfs. Deutsche med. Wochenschrift. S. 1151.

Roche, Exagération de l'amblyopie unilatérale. Recueil d'Opht. p. 257.

Santa Maria, Simulazione in rapporto alla vista e relativi metodi d'indagine. Arch. di Ottalm. XXIX. fasc. 1. p. 1. fasc. 2. p. 89.

Spengler, Tableau international pour examiner la réfraction dans un miroir à 10 mètres. Clinique opht. p. 17.

Szokolik, Neues Entlarvungsverfahren bei einseitiger angeblicher Schwachsichtigkeit usw. (Ungarisch.) Szemészet 1. S. 38.

Wuerdemann, Visual malin gering. Ophthalmology. VIII. p. 426.

1912. Andrews, Detection of alleged visual defects. (Journ. of Ophth. and Oto-Laryngol. February. VI. No. 2.) Ophthalmology. IX. p. 248. (Beschreibung einer Reihe von bekannten Verfahren.)

Beckmann, Über eine photometroskopische Methode zur Untersuchung von Simulation von einseitiger Blindheit. Woennos med. Journ. CCXXXIII. S. 120.

Erben, Diagnose der Simulation nervöser Symptome. Berlin, Urban & Schwarzenberg.

Kern und Scholz, Sehprobentafeln. 3. Aufl. Berlin, Hirschwald.

Pelmann, Psychische Grenzzustände. 3. Aufl.

Pfalz, Einige Winke für die militärärztliche Nachuntersuchung von Sehstörungen. Deutsche militärärztl. Zeitschr. Heft 12.

Roche, Exagération de l'amblyopie unilatérale. Recueil d'Opht. 1911. p. 393.

Roche, Nouveaux tests permettant de déterminer l'acuité visuelle des sujets qui exagèrent. (Soc. franç. d'Opht. congr. de Mai.) Arch. d'Opht. XXXII. p. 393.

Stargardt, Eine neue Sehprobenbeleuchtung. Zeitschr. f. Augenheilk. XVII. S. 109.

1913. Armaignac, Nouvelle contribution à l'étude de l'autosynoptométrie pour la recherche de l'amblyopie simulée ou vraie. Annales d'Ocul. CXLIX. p. 396. Arch. d'Opht. XXXIII. p. 440 und Clinique opht. p. 418.

Maldutis, Zur Untersuchung der Sehschärfe bei Simulanten. Woennos med. Journ. CCXXXVIII. S. 273.

Oppenheimer, Klin. Monatsbl. f. Augenheilk. XLVII. (I.) p. 88.

Folinea, Un nuovo apparecchio a funtionamento elettrico per la misurazione della acutezza visive. Arch. di Ottalm. XXI. p. 202.

Wessely, Zur Unterscheidung rechts- und linksäugiger Eindrücke. 85. Vers. deutscher Naturforsch. u. Ärzte. Wien.

1914. Beck, Ein Apparat zur Bestimmung der Sehschärfe bei Verdacht auf Simulation. Wochenschr. f. Ther. u. Hyg. d. Auges. Nr. 30. S. 245.

Bjerke, Ein neues Probiergestell. Actes du XIIe Congrès intern. d'Opht. St-Pétersbourg. p. 226.

Köllner, Ein lehrreicher Fall konsequenter Simulation angeborener Farbenschwäche. Zeitschr. f. Augenheilk. XXXI. S. 503.

Köllner, Das funktionelle Überwiegen der nasalen Netzhauthälften im gemeinschaftlichen Sehfelde. Arch. f. Augenheilk. LXXVI. S. 153.

Schieck, aus: Lochte, Gerichtsärztl. und polizeiärztl. Technik. Bergmanns Verlag.

1915. **Falta**, Eine einfache Methode zur Bestimmung einseitiger Blindheit und hochgradiger Schwachsichtigkeit. Wochenschr. f. Ther. u. Hyg. d. **Auges.** XVIII. S. 29.

1916. **Heß**, Das Differentialpupilloskop. Arch. f. Augenheilk. LXXX. S. 213.

Majewski, Über Entlarvung der Simulation. (Kriegstagung d. ungar. ophth. Gesellsch.) Arch. f. Augenheilk. LXXXI. Ergänzungsheft S. 88.

Marschreiter (Kriegstagung d. ungar. ophth. Gesellsch.), Arch. f. Augenheilk. LXXXI. S. 96.

Schmeichler (Kriegstagung d. ungar. ophth. Gesellsch.), Arch. f. Augenheilk. LXXXI. S. 88.

Wessely, Über Störungen der Adaptation. (Kriegstagung d. ungar. ophth. Gesellsch.) Arch. f. Augenheilk. LXXXI. Ergänzungsheft S. 53.

1917. **Best**, Hemianopsie und Seelenblindheit bei Hirnverletzungen. Graefes Archiv 93. S. 49.

Bjerke, Über die Verwendung von reduzierten Optotypen zur Entlarvung von Simulanten. Zeitschr. f. ophth. Optik. V. S. 55.

Birch-Hirschfeld, Eine einfache Methode zur Bestimmung der Sehschärfe bei Simulation und Übertreibung. Zeitschr. f. Augenheilk. XXXVII. S. 289.

Birch-Hirschfeld, Weitere Untersuchungen über Nachtblindheit. Zeitschr. f. Augenheilk. XXXVIII. S. 57.

Brückner, Zur Kenntnis des sogen. willkürlichen Nystagmus. Zeitschr. f. Augenheilk. XXXVII. S. 184.

Elschnig, Konvergenzkrämpfe und intermittierender Nystagmus. Klin. Monatsbl. f. Augenheilk. S. 142.

Goldmann, Die Hemeralopie als Teilerscheinung eines zentralen Symptomenkomplexes. Zeitschr. f. Augenheilk. LXXVI. S. 220.

Klauber, Simulation und Aggravation zentraler Skotome. Deutsche med. Wochenschr. Nr. 42. S. 1346.

Pichler, Über simulierte Gesichtsfeldeinengung. v. Graefes Arch. f. Ophth. XCIV. S. 227.

1918. **Best**, Über Nachtblindheit. v. Graefes Arch. XCVII. S. 168.

Birch-Hirschfeld, Weitere Untersuchungen über Nachtblindheit im Kriege. Zeitschr. f. Augenheilk. XL. S. 57.

Goldstein, Konzentrische Gesichtsfeldeinengung. Deutsche Zeitschr. f. Nervenheilk. LII. Heft 1—4.

Goldstein und **Gelb**, Das röhrenförmige Gesichtsfeld nebst einer Vorrichtung für perimetrische Gesichtsfelduntersuchungen in verschiedener Entfernung. Neurolog. Zentralbl. Nr. 22. S. 738.

Pichler, Simuliertes Schielen. Zeitscrh. f. Augenheilk. XL. S. 157.

Utitz, Psychologie der Simulation. Stuttgart, Enke.

Wessely, Nachtblindheit. Würzburger Ärzteverband.

1920. **Köllner**, Über das Problem der Unterscheidbarkeit rechts- und linksäugiger Eindrücke. Physikalisch-med. Gesellschaft zu Würzburg. Juni.

v. Szily, A., Der blinde Fleck im Dienste der Entlarvung von Simulation einseitiger Blindheit. Klin. Monatsbl. f. Augenheilk. LXV. S. 1.

1921. **Santa-Maria, Alberto**, Lesioni oculari provocote e simulate in infortunistica. (Cong. naz. di oc. inf. Roma. X. 1920.) Giorn. di med. milit. LXIX. S. 20.

1923. **Jackson, Ed.**, Exaggeration of umbluerto shon by cylinder test. Amer. journ. ophth. VI. S. 999.

1924. **Anarade, Gabr. de**, Simulation von Sehstörungen nach »Unfällen« und Entlarvung derselben. Brazil.-med. I. S. 167.

de Vincentiis, G., A proposito di un esame critico sul »Perimetro a raggio variabile«. Boll. d'oculist. III. S. 165.

Druck von Breitkopf & Härtel in Leipzig.

Von der **3. neubearbeiteten Auflage** des
„**Handbuches der gesamten Augenheilkunde**" sind ferner erschienen:

Entwicklungsgeschichte des menschlichen Auges. Von Professor **M. Nußbaum** in Bonn. Mit 63 Figuren im Text. (110 S.) 1912.
3,50 Goldmark; gebunden 5,50 Goldmark

Organologie des Auges. Von Professor **A. Pütter** in Bonn. Mit 220 Figuren im Text und 25 auf 10 Tafeln. (431 S.) 1912. 15 Goldmark; gebunden 17 Goldmark

Pathologie und Therapie des Linsensystems. Von **C. Heß** in München. Mit 115 Figuren im Text und 21 Figuren auf 3 Tafeln. (441 S.) 1911.
13 Goldmark; gebunden 15 Goldmark

Die Refraktion und Akkommodation des menschlichen Auges und ihre Anomalien. Von **C. Heß** in München. Mit 105 Abbildungen im Text und 4 Tafeln. (627 S.) 1910. Gebunden 19 Goldmark

Verletzungen des Auges mit Berücksichtigung der Unfallversicherung. Von **A. Wagenmann,** Professor in Heidelberg.
I. Band. Mit 62 Figuren im Text. (901 S.) 1915.
27 Goldmark; gebunden 29 Goldmark
II. Band. Mit 79 Textfiguren und 2 Tafeln. (750 S.) 1921.
23 Goldmark; gebunden 25 Goldmark
III. Band. Mit 59 Textfiguren. (592 S.) 1924.
36 Goldmark; gebunden 38 Goldmark

Die sympathische Augenerkrankung. Von Professor **A. Peters** in Rostock. Mit 13 Figuren im Text und auf 1 Tafel. (303 S.) 1919.
11 Goldmark; gebunden 13 Goldmark

Die Untersuchungsmethoden.
Erster Band: Bearbeitet von **E. Landolt** in Paris. Unter Mitwirkung von **F. Langenhan.** Mit 205 Textfiguren und 5 Tafeln. (514 S.) 1920.
19 Goldmark; gebunden 21 Goldmark
Zweiter Band: **Die Lehre von den Pupillenbewegungen.** Von Dr. **Carl Behr,** o. ö. Professor der Augenheilkunde an der Hamburgischen Universität. Mit 34 Textfiguren. (230 S.) 1924. 16,50 Goldmark
Gleichzeitig erschien von dem 2. Band unter dem gleichen Titel eine Sonderausgabe zu demselben Preise.

Beziehungen der Allgemeinleiden und Organerkrankungen zu Veränderungen und Krankheiten des Sehorganes. Von Professor **A. Groenouw** in Breslau. Abteilung I A: Erkrankungen der Atmungs-, Kreislaufs-, Verdauungs-, Harn- und Geschlechtsorgane, der Haut und der Bewegungsorgane. Abschnitt I—VII. Abteilung I B: Konstitutionsanomalien, erbliche Augenkrankheiten und Infektionskrankheiten. Abschnitt VIII—X. Mit 93 Figuren im Text und 12 Tafeln. (1378 S.) 1920. 44 Goldmark; gebunden 47 Goldmark

Die Brille als optisches Instrument. Von Professor Dr. phil. **M. von Rohr** in Jena, wissenschaftl. Mitarbeiter bei Carl Zeiss in Jena. Mit 112 Textabbildungen. (268 S.) 1921. 8 Goldmark; gebunden 10 Goldmark

Augenärztliche Operationslehre. Bearbeitet von Th. Axenfeld, A. Birch-Hirschfeld, R. Cords, A. Elschnig, B. Fleischer, A. Franke, K. Grunert, O. Haab, L. Heine, J. van der Hoeve, J. Igersheimer, H. Köllner, H. Kuhnt, R. Kümmell, G. Lenz, A. Linck, W. Löhlein, A. Löwenstein, A. Peters, C. H. Sattler, H. Schloffer, K. Wessely. Herausgegeben von **A. Elschnig.** Zweite und dritte Auflage. Zwei Bände. Mit 1142 Textfiguren. (2255 S.) 1922. 80 Goldmark; gebunden 84 Goldmark

Die Krankheiten der Augenlider. Von **L. Schreiber,** Professor in Heidelberg. Dritte Auflage unter Zugrundelegung der J. von Michelschen Darstellung. Mit 139 Abbildungen. (624 S.) 1924.
48 Goldmark; gebunden 49,50 Goldmark

Refraktion und Akkommodation des menschlichen Auges. Mit Berücksichtigung der Lehre von den Brillen und der Sehschärfe. Von Professor Dr. **A. Siegrist,** Direktor der Universitäts-Augenklinik Bern. Mit 108 zum großen Teil farbigen Abbildungen. (154 S.) 1925. Gebunden 18,60 Goldmark

Der Augenhintergrund bei Allgemeinerkrankungen. Ein Leitfaden für Ärzte und Studierende. Von Dr. med. **H. Köllner,** a. o. Professor an der Universität Würzburg. Mit 47 großenteils farbigen Textabbildungen. (191 S.) 1920. 11,50 Goldmark; gebunden 13,40 Goldmark

Die Krankheiten des Auges im Zusammenhang mit der inneren Medizin und Kinderheilkunde. Von Professor Dr. **L. Heine,** Geh. Medizinalrat, Direktor der Universitäts-Augenklinik Kiel. Mit 219 zum größten Teil farbigen Textabbildungen. (Aus »Enzyklopädie der klinischen Medizin«. Spezieller Teil.) (560 S.) 1921. 21 Goldmark

Die Mikroskopie des lebenden Auges. Von Professor Dr. **Leonhard Koeppe,** Privatdozent für Augenheilkunde an der Universität Halle, Professor h. c. für Augenheilkunde der Universität Madrid.
Erster Band: **Die Mikroskopie des lebenden vorderen Augenabschnittes im natürlichen Lichte.** Mit 62 Textabbildungen, 1 Tafel und 1 Porträt. (319 S.) 1920. 23 Goldmark
Zweiter Band: **Die Mikroskopie der lebenden hinteren Augenhälfte im natürlichen Lichte** nebst Anhang: Die Spektroskopie des lebenden Auges an der Gullstrandschen Spaltlampe. Mit 42 zum Teil farbigen Textabbildungen. (128 S.) 1922. 8,40 Goldmark

Grundriß der Augenheilkunde für Studierende. Von Prof. Dr. **F. Schieck,** Geh. Medizinalrat, Direktor der Universitäts-Augenklinik in Halle a. S. Dritte, verbesserte und vermehrte Auflage. Mit 125 zum Teil farbigen Textabbildungen. (178 S.) 1922. Gebunden 6,50 Goldmark

Die binokularen Instrumente. Von Professor Dr. phil. **Moritz von Rohr,** Jena. Nach Quellen und bis zum Ausgang von 1910 bearbeitet. Zweite, verm. und verbess. Aufl. Mit 136 Textabb. (Band II der Naturwissenschaftlichen Monographien und Lehrbücher. Herausgegeben von der Schriftleitung der »Naturwissenschaften«.) (320 S.) 1920. 8 Goldmark; gebunden 11 Goldmark

Grundzüge der Lehre vom Lichtsinn. Von Professor **Ewald Hering** (†) in Leipzig. 1. Lieferung. Mit Figur 1—13 und Tafel I. (Bogen 1—5.) 1905. 2 Goldmark. 2. Lieferung. Mit Figur 14—33 und Tafel II und III. (Bogen 6—10.) 1907. 2 Goldmark. 3. Lieferung. Mit Figur 34—65. (Bogen 11—15.) 1911. 2 Goldmark. 4. (Schluß-)Lieferung. Mit Figur 66—77 im Text. (Bogen 16—19.) 1920. 2,30 Goldmark. (Sonderabdruck aus dem »Handbuch der gesamten Augenheilkunde«, 2. Aufl. I. Teil, XII. Kapitel.)

Grundzüge der Brillenlehre für Augenärzte. Von **A. Brückner,** o. ö. Professor der Augenheilkunde an der Universität Basel. Erster Band: **Die Brille und das ruhende Auge.** Mit 83 Abbildungen. (167 S.) 1924. 7,50 Goldmark

Jahresbericht über die gesamte Ophthalmologie. Zugleich bibliographisches Jahresregister des Zentralblattes für die gesamte Ophthalmologie und ihre Grenzgebiete und Fortsetzung des Nagel-Michelschen Jahresberichts über die Leistungen und Fortschritte im Gebiete der Ophthalmologie. Unter Mitwirkung hervorragender Fachleute herausgegeben v. Prof. Dr. **O. Kuffler,** Berlin.
49. Jahrgang. Bericht über das Jahr 1922. (555 S.) 1924. 42 Goldmark
48. Jahrgang. Bericht über das Jahr 1921. (540 S.) 1924. 42 Goldmark
47. Jahrgang. Bericht über das Jahr 1920. (394 S.) 1922. 22 Goldmark